Cataldo Di Gennaro
Anna Luisa Chiappetta
Antonino Chillemi

# Corso di TECNOLOGIA MECCANICA

## NUOVA EDIZIONE OPENSCHOOL

## Volume 1

Controlli - Produzione dei materiali
Processi di trasformazione - Collegamenti

EDITORE ULRICO HOEPLI MILANO

**Copyright © Ulrico Hoepli Editore S.p.A. 2015**
via Hoepli 5, 20121 Milano (Italy)
tel. +39 02 864871 – fax +39 02 8052886
e-mail hoepli@hoepli.it

**www.hoepli.it**

Tutti i diritti sono riservati a norma di legge
e a norma delle convenzioni internazionali

Le fotocopie per uso personale del lettore possono essere effettuate nei limiti del 15% di ciascun volume/fascicolo di periodic
dietro pagamento alla SIAE del compenso previsto dall'art. 68, commi 4 e 5, della legge 22 aprile 1941 n. 633.
Le fotocopie effettuate per finalità di carattere professionale, economico o commerciale o comunque per uso diverso da quello per
sonale possono essere effettuate a seguito di specifica autorizzazione rilasciata da CLEAREdi, Centro Licenze e Autorizzazior
per le Riproduzioni Editoriali, Corso di Porta Romana 108, 20122 Milano, e-mail **autorizzazioni@clearedi.org** e sito we
**www.clearedi.org**.

Nel volume e nei materiali digitali collegati (testi, immagini e video) sono riprodotti articoli tutt'oggi in commercio e sono citat
marchi di aziende attualmente presenti nel mercato. Ciò risponde a un'esigenza didattica da non interpretarsi in nessun cas
come una scelta di merito dell'Editore né come un invito al consumo di determinati prodotti. I marchi sono di proprietà dell
rispettive società anche quando non sono seguiti dal simbolo ©.

**ISBN 978-88-203-6650-6**

Ristampa:

11   10   9   8                 2022   2023   2024   2025

Copertina: mncg S.r.l., Milano

Redazione e coordinamento: Luigi Caligaris, Stefano Fava, Carlo Tomasello

Progetto grafico: Rubber Band, Torino

Impaginazione: Rubber Band, Torino

Revisione a cura di: Katia Cicuto

Stampato da Arti Grafiche Franco Battaia S.r.l., Zibido S. Giacomo (Milano)

Printed in Italy

# INDICE

| | |
|---|---|
| **Prefazione** | IX |

## MODULO A

### SALUTE, SICUREZZA, AMBIENTE ED ENERGIA ............................................. 1

VERIFICA PREREQUISITI ............................................. 2

### Unità A1

**Sicurezza, salute e prevenzione dagli infortuni** ............................................. 3

**A1.1** Definizioni ............................................. 3
**A1.2** Leggi nazionali e comunitarie e norme tecniche ............................................. 5
**A1.3** Direttive comunitarie di prodotto ............................................. 16
**A1.4** Sicurezza e salute, stress da lavoro correlato ............................................. 19
VERIFICA DI UNITÀ ............................................. 22

### Unità A2

**Mezzi per la prevenzione dagli infortuni negli ambienti di lavoro** ............................................. 23

**A2.1** Dispositivi di protezione individuale ............................................. 24
**A2.2** Requisiti di salute e di sicurezza dei luoghi di lavoro ............................................. 27
**A2.3** Requisiti di sicurezza delle attrezzature da lavoro ............................................. 30
VERIFICA DI UNITÀ ............................................. 32

### Unità A3

**Impatto ambientale e risorse energetiche** ............................................. 33

**A3.1** Effetti delle emissioni idriche, gassose, termiche, acustiche ed elettromagnetiche ............................................. 33
**A3.2** Procedure della valutazione di impatto ambientale ............................................. 38
**A3.3** Recupero e smaltimento dei residui e dei sottoprodotti delle lavorazioni ............................................. 41
**A3.4** Riciclaggio delle materie plastiche ............................................. 42
**A3.5** Metodologie per lo stoccaggio dei rifiuti pericolosi ............................................. 44
**A3.6** Risorse energetiche ............................................. 45
VERIFICA DI UNITÀ ............................................. 47
VERIFICA FINALE DI MODULO ............................................. 48

▶ **VIDEO**
 # Videocorso INAIL sull'uso del videoterminale (parte 1 e parte 2)
 # Controllo di una gru a ponte (carroponte) effettuato con drone

⬇ **APPROFONDIMENTO** CLIL Lab
 The near-misses

**AREA DIGITALE**

## MODULO B

### METROLOGIA — 49
✓ VERIFICA PREREQUISITI — 50

### Metrologia dei materiali, dei prodotti e dei processi produttivi — 51

**B1.1** Metrologia: organizzazione, unità di misura, terminologia — 52
**B1.2** Incertezza di misura — 62
**B1.3** Metodologie di controllo e gestione delle misurazioni — 69

⬇ **B1.4** Tolleranze dimensionali — AREA DIGITALE
✓ VERIFICA DI UNITÀ — 72

### Unità B2 — Misure e dispositivi di misurazione — 73

**B2.1** Misure dimensionali, di massa e di forza — 73
**B2.2** Misure termiche — 92
**B2.3** Misure elettriche, di tempo e di frequenza — 100
**B2.4** Misure acustiche, interferometriche e fotometriche — 105
**B2.5** Misure soggettive — 123
**B2.6** Misure di fluidi — 127
✓ VERIFICA DI UNITÀ — 145
VERIFICA FINALE DI MODULO — 146

▶ **VIDEO** — AREA DIGITALE
# Controllo di ruote dentate con una macchina di misura a coordinate

⬇ **APPROFONDIMENTO** CLIL Lab
The innovative hammer for impact test

## MODULO C

### PROPRIETÀ E PROVE DEI MATERIALI — 147
✓ VERIFICA PREREQUISITI — 148

### Unità C1 — Proprietà dei materiali — 149

**C1.1** Microstruttura dei metalli — 150
**C1.2** Proprietà chimiche e ambientali, inquinamento — 163
**C1.3** Proprietà fisiche: massive e di contatto — 166
**C1.4** Proprietà meccaniche — 169
**C1.5** Meccanismi di rottura e meccanismi di rafforzamento dei materiali — 179
**C1.6** Proprietà tecnologiche — 184
**C1.7** Proprietà termiche e termomeccaniche — 185
**C1.8** Proprietà elettriche — 188
**C1.9** Proprietà dei fluidi — 190
**C1.10** Costo e disponibilità — 195
✓ VERIFICA DI UNITÀ — 199

### Unità C2 — Prove meccaniche — 200

**C2.1** Prove di trazione, compressione, flessione, torsione, taglio — 201
**C2.2** Prove di fatica — 221
**C2.3** Prove di resilienza — 229
**C2.4** Prova di determinazione della tenacità alla frattura — 237
**C2.5** Prova di scorrimento viscoso — 242

**C2.6** Prove di durezza _____ 245
**C2.7** Prova di durezza Rockwell _____ 256
**C2.8** Prove dei fluidi _____ 262
✓ VERIFICA DI UNITÀ _____ 276

## Unità C3

### Prove tecnologiche _____ 277

**C3.1** Prove tecnologiche dei processi produttivi di solidificazione _____ 277
**C3.2** Prove tecnologiche dei processi produttivi di deformazione plastica _____ 278
**C3.3** Prove tecnologiche dei processi produttivi di asportazione di materiale _____ 280
**C3.4** Prove tecnologiche dei processi produttivi di collegamento di materiali _____ 281
**C3.5** Prove tecnologiche dei processi produttivi di lavorazione in lastra _____ 283
**C3.6** Prove tecnologiche dei processi produttivi di trattamento superficiale _____ 284
**C3.7** Prove tecnologiche dei processi produttivi di trattamento termico _____ 285
✓ VERIFICA DI UNITÀ _____ 286
VERIFICA FINALE DI MODULO _____ 287

⬇ APPROFONDIMENTO
# Prove di creep a carico costante

▶ VIDEO
# Prova di trazione su viti di acciaio
# Prova di trazione su fili di rame
# Prova di trazione con estensimetro Lasertech
# Prova di flessione su metallo saldato
# Prova di resilienza

⬇ APPROFONDIMENTO CLIL Lab
The biggest differences between polymer and metal materials

AREA DIGITALE

## MODULO D

# MATERIALI METALLICI _____ 289
✓ VERIFICA PREREQUISITI _____ 290

## Unità D1

### Processi siderurgici _____ 291

**D1.1** Ferro e leghe _____ 292
**D1.2** Produzione della ghisa: l'altoforno _____ 295
**D1.3** Produzione dell'acciaio _____ 305
**D1.4** Colata dell'acciaio _____ 320
**D1.5** Processi di rifusione dell'acciaio _____ 327
✓ VERIFICA DI UNITÀ _____ 329

## Unità D2

### Acciai e ghise _____ 330

**D2.1** Introduzione ai trattamenti termici _____ 331
**D2.2** Classificazione e designazione dell'acciaio _____ 332
**D2.3** Classificazione e designazione della ghisa _____ 344
✓ VERIFICA DI UNITÀ _____ 352

## Unità D3

### Materiali metallici non ferrosi _____ 353

**D3.1** Alluminio e leghe _____ 354
**D3.2** Titanio e leghe _____ 365
**D3.3** Magnesio e leghe _____ 371
**D3.4** Rame e leghe _____ 377
**D3.5** Nichel e leghe _____ 384

**D3.6** Zinco e leghe .................................................................................................................... 387

○ **VERIFICA DI UNITÀ** ................................................................................................................ 391

## Unità D4 — ○ Confronto e scelta dei metalli — AREA DIGITALE

VERIFICA FINALE DI MODULO .................................................................................................... 392

▶ **VIDEO** — AREA DIGITALE
# Colata continua e ottenimento
  di coils in acciaio
# Raddrizzatura di alberi sterzo
# Metallurgia del titanio: processo Kroll

○ **APPROFONDIMENTO** CLIL Lab
The bake-hardening steel

# MODULO E — MATERIALI NON METALLICI — 393

○ **VERIFICA PREREQUISITI** ...................................................................................................... 394

## Unità E1 — Materiali ceramici, refrattari e vetri — 395

**E1.1** Struttura dei materiali ceramici e dei vetri ................................................................... 396
**E1.2** Proprietà meccaniche dei ceramici ............................................................................... 402
**E1.3** Refrattari e abrasivi ....................................................................................................... 404
**E1.4** Ceramici strutturali ........................................................................................................ 406
**E1.5** Vetro ............................................................................................................................... 410
**E1.6** Produzione dei ceramici e dei vetri ............................................................................... 412
**E1.7** Dati per il confronto dei materiali ceramici ................................................................... 412
○ **VERIFICA DI UNITÀ** ............................................................................................................... 414

## Unità E2 — Materiali polimerici — 415

**E2.1** Struttura dei materiali polimerici ................................................................................... 416
**E2.2** Proprietà dei materiali polimerici .................................................................................. 429
**E2.3** Processi di ottenimento, classificazione e designazione ............................................. 438
**E2.4** Caratteristiche delle materie plastiche .......................................................................... 446
○ **VERIFICA DI UNITÀ** ............................................................................................................... 450

## Unità E3 — Materiali compositi — 451

**E3.1** Introduzione ai materiali compositi ............................................................................... 451
**E3.2** Materiali compositi a matrice plastica ........................................................................... 456
○ **VERIFICA DI UNITÀ** ............................................................................................................... 465

## Unità E4 — ○ Progettare con i materiali — AREA DIGITALE

VERIFICA FINALE DI MODULO .................................................................................................... 466

▶ **VIDEO** — AREA DIGITALE
# Prova di trazione su gomma

○ **Approfondimento** CLIL Lab
Plastic material selection

## MODULO F

# PROCESSI DI SOLIDIFICAZIONE — 467

VERIFICA **PREREQUISITI** — 468

## Unità F1

### Fonderia — 469

**F1.1** Processo di fonderia — 469
**F1.2** Colata in terra — 472
**F1.3** Prove tecnologiche sulle terre da fonderia — 474
**F1.4** Metallo liquido e introduzione nella forma — 475
**F1.5** Formatura con modello permanente — 477
**F1.6** Dispositivi di colata — 482
**F1.7** Spinta metallostatica — 482
**F1.8** Formatura con modello perduto — 483
**F1.9** Forma permanente — 484
**F1.10** Innovazioni di processo — 490
**F1.11** Prototipazione rapida degli stampi — 492
**F1.12** Difetti dei getti — 493
**F1.13** Forni fusori — 494
**F1.14** Fonderia della ghisa — 497
**F1.15** Dispositivi di sicurezza per i processi fusori e di solidificazione — 501
VERIFICA **DI UNITÀ** — 505

## Unità F2

### Formatura dei materiali compositi a matrice plastica — 506

**F2.1** Tecnologie di fabbricazione dei pezzi — 506
**F2.2** Dispositivi di sicurezza per la formatura dei materiali compositi — 514
VERIFICA **DI UNITÀ** — 517
VERIFICA FINALE **DI MODULO** — 518

---

**AREA DIGITALE**

▶ VIDEO
# Preparazione pacco anime
# Ramolaggio
# Colata
# Scarico
# Fabbricazione di una sezione di fusoliera

⬇ APPROFONDIMENTO CLIL Lab
Metallic matrix composites

---

## MODULO G

# PROCESSI DI LAVORAZIONE PER DEFORMAZIONE PLASTICA — 519

VERIFICA **PREREQUISITI** — 520

## Unità G1

### Processi di deformazione plastica dei materiali metallici in massa — 521

**G1.1** Introduzione alle lavorazioni plastiche — 522
**G1.2** Laminazione — 528
**G1.3** Fucinatura e stampaggio — 554
**G1.4** Estrusione — 576
**G1.5** Trafilatura — 583
**G1.6** Rastrematura — 587
**G1.7** Dispositivi di sicurezza per le lavorazioni di stampaggio, estrusione, trafilatura — 588
VERIFICA **DI UNITÀ** — 591

INDICE **VII**

## Unità G2

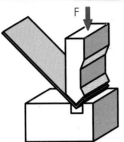

### Lavorazione delle lamiere — 592

- **G2.1** Cesoiatura — 593
- **G2.2** Tranciatura e punzonatura — 596
- **G2.3** Aggraffatura — 601
- **G2.4** Piegatura — 601
- **G2.5** Calandratura e curvatura — 605
- **G2.6** Imbutitura — 605
- **G2.7** Profilatura — 614
- **G2.8** Dispositivi di sicurezza delle attrezzature di lavoro — 615
- ✓ VERIFICA DI UNITÀ — 619
  - VERIFICA FINALE DI MODULO — 620

**AREA DIGITALE**

▶ VIDEO
# Produzione di un tubo senza saldatura
# Sagomatura tubi
# Utilizzo del laser per la lavorazione della lamiera
# Produzione di bombole gas

⬇ APPROFONDIMENTO CLIL Lab
3D laser cutting machine

## MODULO H

### COLLEGAMENTI DEI MATERIALI — 621

✓ VERIFICA PREREQUISITI — 622

## Unità H1

### Processi di saldatura — 623

- **H1.1** Definizione e classificazione dei processi di saldatura — 623
- **H1.2** Processi di saldatura autogena — 625
- **H1.3** Processo di saldatura ossiacetilenica — 626
- **H1.4** Processi di saldatura elettrica ad arco — 631
- **H1.5** Macchine per saldatura ad arco — 631
- **H1.6** Processi di saldatura ad arco elettrico a filo continuo — 636
- **H1.7** Processi di saldature per resistenza elettrica — 642
- **H1.8** Processi di saldatura eterogena o di brasatura — 648
- **H1.9** Dispositivi di sicurezza per i processi di saldatura — 650
- ✓ VERIFICA DI UNITÀ — 652

## Unità H2

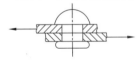

### Giunzioni meccaniche e incollaggio — 653

- **H2.1** Giunzioni meccaniche — 653
- **H2.2** Incollaggio — 656
- ✓ VERIFICA DI UNITÀ — 660
  - VERIFICA FINALE DI MODULO — 661

**AREA DIGITALE**

▶ VIDEO
# Saldatura TIG
# Incollaggio robotizzato di alcune parti dell'autoveicolo

⬇ APPROFONDIMENTO CLIL Lab
Plasma Cleaning

VIII INDICE

# PREFAZIONE

Il *Corso di Tecnologia Meccanica* si propone di fornire agli allievi un percorso didattico completo e articolato, finalizzato all'apprendimento progressivo della materia in vista di una formazione tecnica nel settore tecnologico. L'opera, strutturata per l'indirizzo di Meccanica, Meccatronica ed Energia degli istituti tecnici, è composta da tre volumi che sviluppano le Tecnologie Meccaniche. Ciascun volume è suddiviso in **moduli** indipendenti, articolati in **unità didattiche**, che rendono possibile l'adozione di percorsi differenziati e adattabili alle necessità delle singole classi e delle specifiche realtà. Ogni modulo si apre con le indicazioni dei prerequisiti, degli obiettivi didattici, in termini di conoscenze, abilità e competenze di riferimento, e delle unità che lo compongono; seguono la verifica dei prerequisiti di modulo, che indica le principali conoscenze necessarie per affrontare le tematiche contenute nel modulo, lo sviluppo delle unità didattiche e, in chiusura, le verifiche di unità e di modulo che testano gli obiettivi che l'allievo è chiamato a raggiungere.

Il **box *Area Digitale***, presente all'inizio del modulo, contiene i titoli delle rubriche aggiuntive e di approfondimento reperibili nell'**eBook+**, incluso un **approfondimento in lingua inglese ( CLIL Lab )** per consentire all'allievo di affrontare in questa lingua alcuni argomenti trattati nel modulo, corredato di un glossario dei termini tecnici.

La parte preponderante delle unità è dedicata ai contenuti, rispetto ai quali gli autori si sono prefissati lo scopo di coniugare il rigore logico e scientifico con un linguaggio essenziale e diretto, così da presentare anche gli argomenti più impegnativi in modo chiaro e lineare.

I contenuti sono aggiornati con le più moderne tecnologie e tecniche italiane ed europee, e prestano particolare attenzione all'evoluzione tecnologica. Il progetto grafico ha previsto la presenza di un colonnino, destinato a ospitare ed evidenziare supporti didattici quali le didascalie delle figure, i richiami di concetti che si relazionano con i contenuti trattati e la traduzione in inglese delle parole chiave.

I richiami consentono, inoltre, di collegarsi con altre parti della materia e con nozioni relative ad altre discipline curricolari.

Il **Volume 1** sviluppa nel **modulo A** la sicurezza, la salute e i mezzi per la prevenzione degli infortuni sul lavoro, l'impatto ambientale e le risorse energetiche. Il **modulo B** tratta la metrologia dei materiali, dei prodotti e dei processi produttivi, le misure e i dispositivi di misurazione. Il **modulo C** affronta le proprietà dei materiali, le prove meccaniche, le prove tecnologiche e gli elementi di prove non distruttive. Nel **modulo D** si analizzano i processi di ottenimento dei materiali metallici ferrosi e non ferrosi, acciai e ghise. Il **modulo E** tratta i materiali ceramici, refrattari e i vetri, i materiali polimerici e compositi. Il **modulo F** analizza la fonderia e la formatura dei materiali compositi. Il **modulo G** affronta i processi di deformazione plastica dei materiali metallici in massa e i processi di lavorazione della lamiera. Il **modulo H**, infine, analizza la saldatura, le giunzioni meccaniche e l'incollaggio.

Nel corso del testo, le numerose immagini con didascalie e i frequenti riferimenti ai contenuti aggiuntivi presenti nell'eBook+ consentono un percorso di studio che collega costantemente la teoria alla pratica professionale.

L'**eBook+** che completa il volume, oltre all'intero testo utilizzabile su dispositivo elettronico (tablet, LIM e computer), offre:

- ✓ domande a completamento, scelta multipla e di tipo vero o falso interattive e autocorrettive per la verifica dei prerequisiti di modulo e la verifica di fine unità;

- ⬇ approfondimenti relativi ai numerosi argomenti direttamente collegabili alle tematiche sviluppate nei contenuti delle unità e brochures aziendali;

- ⬇ approfondimenti in lingua inglese per attività CLIL ( CLIL Lab );

- ▶ filmati inerenti alla sicurezza e salute nei luoghi di lavoro e ai diversi processi di controllo e di produzione industriale.

## Risorse online 🌐 hoepliscuola.it

Il sito fornisce ulteriori materiali didattici integrativi e tutti gli aggiornamenti tecnologici e legislativi che si renderanno progressivamente necessari.

Gli autori ringraziano anticipatamente quanti vorranno fare loro pervenire, attraverso l'Editore, osservazioni, critiche e suggerimenti atti a migliorare il testo.

C. Di Gennaro    A.L. Chiappetta    A. Chillemi

# L'OFFERTA DIDATTICA **HOEPLI**

L'edizione **Openschool** Hoepli offre a docenti e studenti tutte le potenzialità di Openschool Network (ON), il nuovo sistema integrato di contenuti e servizi per l'apprendimento.

## Edizione **OPENSCHOOL**

 +  +  +

**LIBRO DI TESTO** | **eBOOK+** | **RISORSE ONLINE** | **PIATTAFORMA DIDATTICA**

Il libro di testo è l'**elemento cardine** dell'offerta formativa, uno strumento didattico **agile** e **completo**, utilizzabile **autonomamente** o in combinazione con il ricco **corredo digitale** offline e online. Secondo le più recenti indicazioni ministeriali, volume cartaceo e apparati digitali **sono integrati in un unico percorso didattico.** Le espansioni accessibili attraverso l'eBook+ e i materiali integrativi disponibili nel sito dell'editore sono puntualmente richiamati nel testo tramite apposite icone.

L'**eBook+** è la versione digitale e interattiva del libro di testo, utilizzabile su **tablet, LIM e computer**. Aiuta a comprendere e ad approfondire i contenuti, rendendo l'apprendimento più attivo e coinvolgente. Consente di leggere, annotare, sottolineare, effettuare ricerche e accedere direttamente alle numerose **risorse digitali integrative**.
→ Scaricare l'eBook+ è molto **semplice**. È sufficiente seguire le istruzioni riportate nell'ultima pagina di questo volume.

Il sito della casa editrice offre una ricca dotazione di **risorse digitali** per l'approfondimento e l'aggiornamento. Nella pagina web dedicata al testo è disponibile **my BookBox**, il contenitore virtuale che raccoglie i materiali integrativi che accompagnano l'opera.
→ Per accedere ai materiali è sufficiente registrarsi al sito **www.hoepliscuola.it** e inserire il codice coupon che si trova nell'ultima pagina di questo volume. **Per il docente** nel sito sono previste ulteriori risorse didattiche dedicate.

La **piattaforma didattica** è un ambiente digitale che può essere utilizzato in modo duttile, a misura delle esigenze della classe e degli studenti. Permette in particolare di **condividere contenuti** ed **esercizi** e di partecipare a **classi virtuali**. Ogni attività svolta viene salvata sul **cloud** e rimane sempre disponibile e aggiornata. La piattaforma consente inoltre di consultare la versione online degli eBook+ presenti nella propria libreria. È possibile accedere alla piattaforma attraverso il sito **www.hoepliscuola.it**.

# MODULO A

## SALUTE, SICUREZZA, AMBIENTE ED ENERGIA

### PREREQUISITI

**Conoscenze**

- Le fonti normative e la loro gerarchia, la codificazione delle norme giuridiche, la Stato e la sua struttura secondo la Costituzione italiana, le istituzioni locali, nazionali e internazionali.
- I materiali, i principali processi produttivi e i prodotti ottenibili, le caratteristiche dei materiali.
- I tipi di composti chimici.

**Abilità**

- Descrivere la funzione legislativa delle istituzioni locali, nazionali e internazionali.
- Descrive le principali caratteristiche dei materiali.
- Descrivere la funzione dei diversi processi produttivi per l'ottenimento di semplici manufatti.
- Descrivere la struttura chimica dei composti chimici.

**AREA DIGITALE**

- **Video**
  - # Videocorso INAIL sull'uso del videoterminale (parte 1 e parte 2)
  - # Controllo di una gru a ponte (carroponte) effettuato con drone
- **Verifiche interattive**
- **Approfondimento**
  - The near-misses

Ulteriori esercizi e Per documentarsi 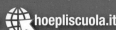 hoepliscuola.it

### OBIETTIVI

**Conoscenze**

- Le principali leggi nazionali e comunitarie sociali e di prodotto.
- Le principali norme tecniche.
- Le tecniche di recupero, riciclaggio e smaltimento.
- Le risorse energetiche disponibili.
- Le metodologie per lo stoccaggio dei materiali pericolosi.

**Abilità**

- Individuare i pericoli e i rischi nell'ambiente di lavoro.
- Descrivere i concetti della normativa italiana e comunitaria relativa alla sicurezza e alla salute sul lavoro.
- Descrivere le modalità di valutazione dei rischi nei luoghi di lavoro.
- Descrivere la funzione della conversione e utilizzazione dell'energia.

**Competenze di riferimento**

- Gestire progetti secondo le procedure e gli standard previsti dai sistemi aziendali della qualità e della sicurezza.
- Individuare i mezzi per la prevenzione degli infortuni negli ambienti di lavoro.
- Descrivere le metodologie di valutazione di impatto ambientale nelle industrie manifatturiere.

---

**UNITÀ A1**
SICUREZZA, SALUTE E PREVENZIONE DAGLI INFORTUNI

**UNITÀ A2**
MEZZI PER LA PREVENZIONE DAGLI INFORTUNI NEGLI AMBIENTI DI LAVORO

**UNITÀ A3**
IMPATTO AMBIENTALE E RISORSE ENERGETICHE

# AREA DIGITALE

# VERIFICA PREREQUISITI

Gli esercizi sono disponibili anche nella versione digitale come test interattivi e autocorrettivi

## COMPLETAMENTO

1. Le principali categorie di composti _____ sono: ossidi, anidridi, acidi, basi, _____, idrossidi.

2. Il processo di laminazione dell'acciaio, ovvero della trasformazione della _____ e delle _____ avviene allo stato _____.

## SCELTA MULTIPLA

3. Se non vengono convertiti in legge, i decreti legge decadono entro:
   a) 30 giorni   b) 60 giorni
   c) 40 giorni   d) 120 giorni

4. I componenti del Parlamento europeo sono eletti:
   a) dai cittadini dell'UE
   b) dai parlamenti dell'UE
   c) dai ministri degli esteri dell'UE
   d) dai giudici dell'UE

5. Il presidente della Repubblica è eletto dal Parlamento in seduta comune e da:
   a) 58 rappresentanti regionali
   b) 315 rappresentanti regionali
   c) 20 componenti dell'Unione Europea
   d) 20 presidenti delle Regioni

6. In fonderia il materiale metallico è trattato allo stato:
   a) liquido
   b) solido
   c) aeriforme
   d) solido-liquido

7. Le materie plastiche sono:
   a) composti inorganici
   b) composti organici
   c) composti ionici
   d) tutti i precedenti

## VERO O FALSO

8. La Costituzione italiana è una fonte secondaria del diritto.
   Vero ☐   Falso ☐

9. La funzione giudiziaria è svolta dai parlamentari in Italia.
   Vero ☐   Falso ☐

10. Le misure di temperatura si effettuano con un dinamometro.
    Vero ☐   Falso ☐

11. I materiali metallici sono sempre ferromagnetici.
    Vero ☐   Falso ☐

# SICUREZZA, SALUTE E PREVENZIONE DAGLI INFORTUNI

## Obiettivi

**Conoscenze**
- Le definizioni di sicurezza, salute e prevenzione.
- Le principali leggi nazionali e comunitarie.
- Le principali norme tecniche.
- Le principali direttive comunitarie di prodotto.
- Gli aspetti legati alla sicurezza e salute sul lavoro.
- Gli aspetti legati allo stress da lavoro correlato.

**Abilità**
- Individuare i pericoli e i rischi nell'ambiente di lavoro.
- Descrivere i concetti della normativa relativa alla sicurezza e salute sul lavoro.
- Descrivere i concetti applicabili alla marcatura dei prodotti.
- Descrivere le modalità di valutazione dei rischi per la sicurezza e la salute e dello stress da lavoro correlato.

## PER ORIENTARSI

Lo studio degli aspetti della *sicurezza*, della *salute* e della prevenzione degli *infortuni* nell'ambito dei processi produttivi e, più in generale, in relazione a tutte le attività svolte nel mondo del lavoro, richiede la conoscenza di specifiche *leggi* e *norme tecniche* che possono essere sia nazionali sia sopranazionali. In particolare, le leggi sopranazionali sono quelle emanate dall'Unione Europea (UE) di cui l'Italia è parte integrante ( ▶ **Fig. A1.1**).

### A1.1 DEFINIZIONI

#### PERICOLO E RISCHIO

Il **pericolo** è la proprietà o qualità intrinseca di un determinato fattore (un oggetto, un'attività, una sostanza chimica ecc.) avente la facoltà e di causare danni.

Per chiarire le idee, nella **tabella A1.1** sono riportati alcuni esempi di pericoli associati al fattore che lo genera e ai danni che possono causare.
Il *rischio* è definito come la probabilità di raggiungere il livello potenziale di danno nelle condizioni di impiego o di esposizione a un determinato fattore o agente oppure alla loro combinazione.

Un pericolo generato da un certo fattore, quindi, non costituisce un rischio per le persone se non vi è la possibilità di venirne a contatto: un coltello affilato chiuso in una cassaforte di cui si è persa la chiave non è un rischio! Viceversa, se si utilizza il coltello per sbucciare una mela si è esposti al rischio perché esiste la probabilità di tagliarsi.

**Figura A1.1**
La bandiera europea è il simbolo dell'Unione europea; la corona di stelle dorate indica la solidarietà e l'armonia tra i popoli d'Europa; le stelle sono dodici in quanto il numero dodici è tradizionalmente simbolo di perfezione, completezza e unità.

**PER COMPRENDERE LE PAROLE**

**Pericolo**: tale termine è usato con altre parole che indicano la sua origine o la natura della lesione o del danno alla salute previsti (pericolo di schiacciamento, pericolo di taglio, di intossicazione ecc.).

**Figura A1.2**
a) Attività di taglio con coltello di un macellaio.
b) Guanto antitaglio a protezione delle mani.

(a)

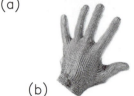
(b)

Naturalmente il rischio aumenta se si utilizza il coltello in modo inesperto e maldestro, mentre diminuisce se lo si impiega con la dovuta attenzione e perizia, ovvero se si è informati del rischio e formati e addestrati nel suo impiego.

**Tabella A1.1** Alcuni esempi di pericoli associati ai danni che possono causare

| Fattore | Coltello (oggetto) | Spigolo vivo costituito dall'unione di due lamiere (oggetto) | Pietre (oggetto) | Salire su una scala (attività) | Batterio di legionella (agente biologico) | Acido solforico (sostanza chimica) |
|---|---|---|---|---|---|---|
| Pericolo | Taglio e puntura | Urto, puntura e abrasione | Urto, schiacciamento, inciampo ecc. | Caduta dall'alto | Contagio da inalazione | Contatto, inalazione di vapori |
| Danno | Ferita da punta e/o da taglio, amputazione | Escoriazioni, abrasioni, ferita da punta e/o da taglio | Contusioni, schiacciamenti, fratture | Fratture | Legionellosi (infezione causata dal batterio della legionella) | Ustioni chimiche, tumori del polmone, tumori della laringe |

Proseguendo nell'esempio, se si considera l'uso professionale del coltello, come nel caso di un macellaio, allora, a causa dell'uso intenso dell'utensile e quindi dell'aumento della probabilità di subire un danno, si ha un rischio elevato che impone l'uso di guanti antitaglio a protezione delle mani (▶ **Fig. A1.2**), per ridurlo a un livello accettabile.

### SICUREZZA, SALUTE E PREVENZIONE

In generale il termine *sicurezza* identifica lo stato dell'essere "sicuri" che coincide con l'assenza di pericoli e di situazioni di rischio che possono causare danni alle persone sia deliberatamente sia accidentalmente. Tuttavia, a causa della impossibilità di eliminare tutti i pericoli e/o di rendere il rischio pari a zero, si può affermare, più realisticamente, che la sicurezza è l'individuazione e il controllo di rischi al fine di raggiungere un accettabile livello del rischio stesso.

La salute è lo stato di completo benessere fisico, mentale e sociale, non consistente solo in un'assenza di malattia o d'infermità.

Tali definizioni si possono ricondurre alla definizione di salute del lavoro data in comune, nel 1950 e aggiornata nel 1995, dall'Organizzazione Internazionale del Lavoro (ILO, *International Labour Organization*) e dall'Organizzazione

Mondiale della Salute (WHO, *World Health Organization*). La definizione individua i seguenti elementi fondanti:
— la salute del lavoro dovrebbe tendere a promuovere e mantenere il più alto grado di benessere fisico, mentale e sociale di tutti i lavoratori;
— la **prevenzione** deve contrastare i danni alla salute dei lavoratori causata dalle loro condizioni di lavoro;
— i lavoratori devono essere protetti dai rischi risultanti dai fattori avversi alla salute;
— l'ambiente di lavoro in cui sono inseriti i lavoratori deve essere adatto alle loro capacità fisiologiche e psicologiche.

In sintesi, si deve adattare il lavoro all'uomo e ogni uomo al suo lavoro. Questo modello è basato sulla metodologia denominata *Plan-Do-Check-Act* (*PDCA*, pianificare, attuare il piano, verificarne i risultati positivi, agire applicando i risultati).

La citata definizione di salute del lavoro evidenzia la necessità di fare prevenzione per controllare i rischi, al fine di eliminarli o di ridurli a un livello accettabile. La prevenzione è il complesso delle disposizioni o misure necessarie anche secondo la particolarità del lavoro, l'esperienza e la tecnica, per evitare o diminuire i rischi professionali nel rispetto della salute della popolazione e dell'integrità dell'ambiente esterno. La prevenzione agisce diminuendo la probabilità, ovvero la frequenza con cui si può verificare un danno, con misure atte a impedire che si verifichi. I più significativi principi generali di prevenzione sono i seguenti:
— evitare i rischi;
— sostituire i fattori di rischio con fattori non pericolosi o meno pericolosi;
— combattere i rischi alla fonte;
— adeguarsi al progresso tecnico e ai cambiamenti nelle informazioni.

Alle misure preventive si aggiungono quelle protettive che forniscono la **protezione** contro ciò che potrebbe recare danno. Esse permettono di eliminare o ridurre il danno possibile in conseguenza di un evento indesiderato, diminuendone la gravità. In particolare, si adottano le misure protettive quando, dopo aver applicato le misure preventive, permane del **rischio residuo** accettabile, oppure per trasformare in accettabile un rischio che rimane inaccettabile, nonostante l'azione preventiva. I più significativi principi generali di protezione sono i seguenti:
— adottare misure protettive di tipo collettivo anziché misure di protezione individuali (per esempio, controllare l'esposizione ai fumi attraverso sistemi di aspirazione dei locali piuttosto che con l'ausilio di maschere);
— migliorare continuamente il livello di protezione.

---

**COME SI TRADUCE...**

| ITALIANO | INGLESE |
|----------|---------|
| *Prevenzione* | *Prevention* |
| *Protezione* | *Protection* |

**PER COMPRENDERE LE PAROLE**

**Rischio residuo**: rischio che non si riesce a eliminare.

---

## A1.2 LEGGI NAZIONALI E COMUNITARIE E NORME TECNICHE

### LEGGI NAZIONALI E COMUNITARIE

In Italia, le principali fonti dell'ordinamento giuridico sono le leggi emanate dal Parlamento o leggi ordinarie del Parlamento (L), i decreti legge (DL) e il decreto legislativo (DLgs) emanati dal Governo e i decreti del Presidente della

## PER COMPRENDERE LE PAROLE

**Trattati**: i trattati (quali il Trattato di Roma, il Trattato di Amsterdam o il Trattato di Maastricht) sono base del diritto comunitario e formano il diritto primario dell'Unione europea; fanno parte del diritto primario anche gli atti assimilati (protocolli e convenzioni annessi ai trattati) e i trattati di adesione; tutti gli atti legislativi comunitari devono essere conformi ai trattati.

**Articolo 2087**: l'imprenditore è tenuto ad adottare nell'esercizio dell'impresa le misure che, secondo la particolarità del lavoro, l'esperienza e la tecnica, sono necessarie a tutelare l'integrità fisica e la personalità morale dei prestatori di lavoro.

**Figura A1.3**
Firma del Trattato di Roma: il 25 marzo 1957 i plenipotenziari di Belgio, Francia, Germania, Italia, Lussemburgo e Paesi Bassi firmarono a Roma, in Campidoglio, nella Sala degli Orazi e dei Curiazi, i Trattati istitutivi della Comunità economica europea (CEE) e della Comunità europea dell'energia atomica (CEEA o Euratom).

---

Repubblica (DPR). Una fonte normativa secondaria, che non ha valore di legge, è il decreto ministeriale (DM): è un atto amministrativo emesso da un ministro nell'ambito delle materie di competenza del proprio ministero.

A queste normative di valore nazionale, si aggiungono le leggi regionali (LR), emanate dal Consiglio Regionale, che possono riguardare tutte le materie tranne quelle riservate al Parlamento e valgono solo sul territorio della Regione.

Nell'ambito dell'ordinamento giuridico comunitario, si considerano solo gli atti vincolanti che si basano sui **trattati** europei e che creano un obbligo giuridico di attuazione per gli Stati membri dell'Unione europea. Sono atti giuridici presi dal Consiglio dell'Unione europea e dal Parlamento europeo, nei campi di competenza dell'Unione stessa. Si distinguono i seguenti tipi di atti: il regolamento, la direttiva e la decisione.

Il *regolamento* è una regola direttamente applicabile in tutti gli Stati membri, al fine di garantire l'applicazione uniforme del diritto comunitario in tutti gli Stati membri. Il regolamento fissa un obiettivo e i mezzi per raggiungerlo. La *direttiva*, invece, stabilisce gli obiettivi che gli Stati membri devono raggiungere, lasciando loro la scelta dei mezzi. Serve ad armonizzare le legislazioni nazionali, in particolare per la realizzazione del mercato unico. La *decisione*, infine, consente di regolamentare le situazioni particolari e non si rivolge a tutti gli attori dell'Unione europea.

In materia di salute e sicurezza nel lavoro, la recente normativa italiana riguarda, in molti casi, l'adozione di direttive europee o di regolamenti. Nel seguito vengono esaminati i più importanti provvedimenti legislativi che affrontano le problematiche inerenti alla sicurezza, alla salute e alla prevenzione degli infortuni.

### Costituzione italiana

La Costituzione (articoli 2, 32, 35 e 41) afferma la salvaguardia della persona umana e della sua integrità psico-fisica come principio assoluto e incondizionato, senza ammettere condizionamenti come quelli derivanti dalla ineluttabilità, dalla fatalità, oppure dalla fattibilità economica e dalla convenienza produttiva circa la scelta e la predisposizione di condizioni ambientali e di lavoro sicure e salubri.

In particolare, l'articolo 32 impegna lo Stato a tutelare la salute come fondamentale diritto dell'individuo e interesse della collettività. L'articolo 41 sancisce che l'iniziativa economica privata "è libera", ed è dunque diritto costituzionalmente protetto, ma ciò avviene in un quadro di limiti e controlli: infatti questa "non può svolgersi in contrasto con l'utilità sociale o in modo da recare danno alla sicurezza, alla libertà, alla dignità umana". Viene così attribuita preminenza assoluta al diritto alla salute di cui all'art. 32 citato.

Questi articoli trovano una loro specifica applicazione nell'**articolo 2087** del Codice civile che stabilisce l'obbligo per il datore di lavoro di garantire la massima sicurezza tecnologicamente fattibile.

### Trattati europei

Il Trattato che istituisce la Comunità economica europea (CEE), firmato a Roma il 25 marzo 1957 ed entrato in vigore il 1° gennaio 1958, denominato **Trattato di Roma** (▶ **Fig. A1.3**), riunisce Francia, Germania, Italia e Paesi del **Benelux** in una Comunità avente per scopo l'integrazione tramite gli scambi in vista dell'espansione economica. La CEE diventa la Comunità europea (CE) con il Trattato di Maastricht, del 7 febbraio 1992, che esprime la volontà degli Stati membri della CEE di ampliare le competenze comunitarie a settori non economici. Tale trattato decreta anche la nascita dell'Unione europea, fondata sulle Comunità europee (CEE, CECA, CEEA o Euratom), che ha il compito di organizzare in modo coerente e solidale le relazioni tra gli Stati membri e i loro popoli. La norma fondamentale del Trattato di Roma è rappresentata dall'art.118A, in base alla quale gli Stati membri si adoperano per promuovere il miglioramento dell'ambiente di lavoro per la tutela della sicurezza e della salute dei lavoratori, avendo come obiettivo l'armonizzazione, in una prospettiva di progresso, delle condizioni esistenti in questo settore.

### Normativa sulla assicurazione obbligatoria contro gli infortuni e malattie professionali

L'assicurazione obbligatoria contro gli infortuni e **malattie professionali** è stata introdotta nel 1965 dal DPR n. 1124 – Testo unico delle disposizioni per l'assicurazione obbligatoria contro gli infortuni sul lavoro e le malattie professionali.

Questo decreto riguarda principalmente i lavoratori dell'industria dell'agricoltura e i marittimi imbarcati su navi straniere. L'assicurazione comprende i casi di infortunio dai quali sia derivata la morte o una inabilità temporanea superiore ai tre giorni. In particolare, l'art. 53 prescrive che il datore di lavoro deve denunciare all'INAIL (Istituto Nazionale per l'Assicurazione contro gli Infortuni sul Lavoro) gli infortuni non guaribili entro tre giorni, e lo deve fare entro due giorni da quando ne ha avuto notizia. In caso di morte deve darne notizia entro 24 ore. La denuncia di malattia professionale deve essere fatta entro cinque giorni successivi a quello in cui il lavoratore ha presentato il certificato medico. Secondo l'art. 54 del decreto, il datore di lavoro deve denunciare l'infortunio, entro due giorni, all'autorità locale di Pubblica Sicurezza. In caso di decesso o per inabilità superiore a 30 giorni, l'autorità di Pubblica Sicurezza deve far giungere al Pubblico Ministero copia della denuncia.

### Testo unico in materia di salute e sicurezza sul lavoro

Come indicato in precedenza, gli stati membri dell'Unione europea hanno l'obbligo di adottare e attuare le direttive europee. Nell'ambito del miglioramento della sicurezza e della salute dei lavoratori durante il lavoro, la Direttiva 89/391/CEE del Consiglio europeo del 12 giugno 1989, denominata *Direttiva quadro*, stabilisce un complesso di principi basilari al fine di tutelare la salute e la sicurezza dei lavoratori. L'approccio europeo per la prevenzione degli infortuni sul lavoro e delle malattie professionali si basa essenzialmente sulla valutazione dei rischi. Lo scopo della valutazione dei rischi è di consentire l'adozione delle misure necessarie per la tutela della sicurezza e della salute dei lavoratori in tutti gli aspetti connessi con l'attività lavorativa. Tali misure comprendono:
— la messa a disposizione dell'organizzazione e dei mezzi per attuare le misure necessarie volte, in particolare, a eliminare i fattori di rischio di malattie professionali e infortuni sul lavoro;
— la prevenzione e la protezione dai **rischi occupazionali** (detti anche *professionali*);
— l'informazione, la formazione dei lavoratori e l'addestramento dei lavoratori.

La Direttiva 89/391/CEE ha dato il via all'emanazione di una serie di direttive particolari in tema di prevenzione degli infortuni e di igiene del lavoro.

---

**PER COMPRENDERE LE PAROLE**

**Malattie professionali**: sono malattie dovute all'azione nociva, lenta e protratta nel tempo, di un lavoro o di materiali o di fattori negativi presenti nell'ambiente in cui si svolge l'attività lavorativa.

---

**COME SI TRADUCE...**

| ITALIANO | INGLESE |
|---|---|
| *Rischio occupazionale* | *Occupational risk* |

## PER COMPRENDERE LE PAROLE

**Ateco**: è la traduzione italiana della nomenclatura delle attività economiche (Nace) creata da Eurostat, adattata dall'Istat alle caratteristiche specifiche del sistema economico italiano; il suo acronimo sta per "**At**tività **eco**nomiche"; attualmente è in uso la versione Ateco 2007, entrata in vigore dal 1° gennaio 2008; ad esempio, le aziende operanti nei settori della produzione e lavorazione metalli della fabbricazione di macchine e apparecchi meccanici e di autoveicoli appartengono al macrosettore Ateco 4; l'istruzione appartiene al macrosettore Ateco 8.

**Azienda**: il complesso della struttura organizzata dal datore di lavoro pubblico o privato.

**Unità produttiva**: stabilimento o struttura finalizzati alla produzione di beni o all'erogazione di servizi, dotati di autonomia finanziaria e tecnico funzionale.

Tali norme sono state recepite e attuate progressivamente dallo Stato italiano attraverso specifici atti legislativi che giungono fino al DLgs n. 81 del 9.04.2008, definito testo unico perché raccoglie in unica legge tutte le disposizioni relative alla sicurezza e alla salute nei luoghi di lavoro, comprese quelle di attuazione di direttive comunitarie. Esso è stato successivamente modificato, con disposizioni integrative e correttive, dal DLgs n. 106 del 5.7.2009.

Il DLgs 81/08 si applica a tutte le tipologie di rischio e ha la finalità di garantire la tutela della salute e della sicurezza di tutti i lavoratori e lavoratrici, indipendentemente dalla tipologia contrattuale, con o senza retribuzione, in ogni settore di attività, privato e pubblico. Di conseguenza, è considerato lavoratore anche l'allievo degli istituti di istruzione e universitari e il partecipante ai corsi di formazione professionale nei quali si faccia uso di laboratori, attrezzature di lavoro in genere, agenti chimici, fisici e biologici, ivi comprese le apparecchiature fornite di videoterminali limitatamente ai periodi in cui l'allievo sia effettivamente applicato alla strumentazioni o ai laboratori in questione.

È importante sottolineare che i lavoratori, pur essendo oggetto di tutela, sono anche soggetti attivi per i quali il DLgs 81/08 prevede specifici obblighi e, nel caso di mancato rispetto, sanzioni.

Il DLgs 81/08 mette in pratica le misure previste dalla Direttiva 89/391/CEE attraverso l'obbligo fondamentale di organizzare il servizio di prevenzione e protezione dai rischi (SPP) in ogni **azienda** o **unità produttiva**. Il servizio può essere interno o esterno all'azienda ed è costituito dall'insieme di persone, sistemi e mezzi finalizzati all'attività di prevenzione e protezione dai rischi professionali per i lavoratori. Fanno parte del servizio obbligatoriamente il responsabile del servizio di prevenzione e protezione (RSPP) ed eventualmente, in funzione delle caratteristiche dell'azienda, gli addetti al servizio di prevenzione e protezione (ASPP). Il responsabile del servizio (che ha la funzione di coordinare il servizio stesso) e l'addetto devono essere in possesso, oltre che della formazione scolastica di base e l'esperienza sul campo anche delle capacità e dei requisiti professionali necessari acquisiti attraverso percorsi di formazione specialistici e aggiornati con continuità, variabili in funzione del settore economico d'appartenenza dell'azienda in cui operano. Sono stati individuati nove macrosettori in base alla classificazione *Ateco*.

Di seguito sono descritte le altre figure previste dal Testo Unico che, insieme al servizio di prevenzione e protezione dai rischi, costituiscono il funzionigramma della sicurezza di un'azienda ( ▸ **Tab. A1.2**), contribuendo ad attuare le dovute misure di tutela.

**Tabella A1.2** Funzionigramma che descrive il sistema organizzativo aziendale della sicurezza, basato sulla classica distinzione tra linea operativa e linea consultiva (continua)

| Linea operativa (coloro che hanno obblighi in materia di sicurezza sul lavoro) | Linea consultiva (figure con particolari competenze di cui il datore di lavoro si avvale per adempiere al meglio ai propri obblighi in materia di sicurezza) |
|---|---|
| Datore di lavoro | Datore di lavoro |
| Dirigenti | Servizio di prevenzione e protezione: <br> – responsabile del servizio di prevenzione e protezione (RSPP) <br> – addetto/i al servizio di prevenzione e protezione (ASPP) |
| Preposti | |

**Tabella A1.2** Funzionigramma che descrive il sistema organizzativo aziendale della sicurezza, basato sulla classica distinzione tra linea operativa e linea consultiva (segue)

| Linea operativa (coloro che hanno obblighi in materia di sicurezza sul lavoro) | Linea consultiva (figure con particolari competenze di cui il datore di lavoro si avvale per adempiere al meglio ai propri obblighi in materia di sicurezza) |
|---|---|
| Lavoratori | Rappresentante/i dei lavoratori per la sicurezza (RLS) |
| Medico competente (MC) | Medico competente (MC) |

Il datore di lavoro, pubblico o privato, è il soggetto titolare del rapporto di lavoro con il lavoratore o, comunque, il soggetto che, secondo il tipo e l'assetto dell'**organizzazione**, ha la responsabilità dell'organizzazione stessa o dell'unità produttiva in quanto esercita i poteri decisionali e di spesa. Nel caso dell'organizzazione scolastica (istituto tecnico, scuola media, scuola elementare ecc.), il datore di lavoro è il Dirigente Scolastico. Il datore di lavoro, nei casi determinati, può svolgere i compiti del servizio di prevenzione e protezione dai rischi (RSPP). Il datore di lavoro ha l'obbligo di effettuare le seguenti attività, non delegabili ad altri:
— valutare tutti i rischi con la conseguente elaborazione del documento valutazione dei rischi (DVR);
— designare il responsabile del servizio di prevenzione e protezione dai rischi.

> **PER COMPRENDERE LE PAROLE**
>
> **Organizzazione**: è un insieme di persone e di mezzi, con definite responsabilità, autorità e interrelazioni; in questa generica definizione rientrano, per esempio, società, raggruppamenti di società, aziende, imprese, istituzioni, organismo umanitario, concessionario, associazione, o loro parti o combinazioni.

Il dirigente è la persona che, in ragione delle competenze professionali e di poteri gerarchici e funzionali adeguati alla natura dell'incarico conferitogli, attua le direttive del datore di lavoro organizzando l'attività lavorativa e vigilando su di essa.

Il preposto è persona che, in ragione delle competenze professionali e nei limiti di poteri gerarchici e funzionali adeguati alla natura dell'incarico conferitogli, sovrintende alla attività lavorativa e garantisce l'attuazione delle direttive ricevute, controllandone la corretta esecuzione da parte dei lavoratori ed esercitando un funzionale potere di iniziativa.

Il medico competente è un medico in possesso di specifici titoli e requisiti formativi e professionali, nominato dal datore di lavoro per collaborare ai fini della valutazione dei rischi, per effettuare la sorveglianza sanitaria e per visitare regolarmente i luoghi di lavoro. La sorveglianza sanitaria è l'insieme degli atti medici (visite ed esami medici), finalizzati alla tutela dello stato di salute e sicurezza dei lavoratori, in relazione all'ambiente di lavoro, ai fattori di rischio professionali e alle modalità di svolgimento dell'attività lavorativa.

Il rappresentante dei lavoratori per la sicurezza è la persona eletta o designata per rappresentare i lavoratori per quanto concerne gli aspetti della salute e della sicurezza durante il lavoro.

A queste figure si aggiungono i lavoratori incaricati dell'attuazione delle misure di prevenzione incendi e lotta antincendio, di evacuazione dei luoghi di lavoro in caso di pericolo grave e immediato, di salvataggio, di primo soccorso e, comunque, di gestione dell'emergenza. I lavoratori incaricati sono designati dal datore di lavoro e del dirigente. In casi determinati, il datore di lavoro può svolgere direttamente i compiti di primo soccorso, di prevenzione degli incendi e di evacuazione.

**PER COMPRENDERE LE PAROLE**

**Buone prassi:** soluzioni organizzative o procedurali coerenti con la normativa vigente e con le norme di buona tecnica, adottate volontariamente e finalizzate a promuovere la salute e sicurezza sui luoghi di lavoro attraverso la riduzione dei rischi e il miglioramento delle condizioni di lavoro, elaborate e raccolte dalle regioni, dall'Istituto Nazionale per l'Assicurazione contro gli Infortuni sul Lavoro (INAIL) e dagli organismi paritetici costituiti tra le organizzazioni sindacali dei datori di lavoro e dei lavoratori.

In base all'esito della valutazione dei rischi, vengono individuate le misure di prevenzione e di protezione da adottare, che si dividono in:

— organizzative, riconducibili principalmente all'informazione, alla formazione, all'addestramento e alla sorveglianza sanitaria dei lavoratori;
— procedurali, essenzialmente riconducibili a procedure o istruzioni di lavoro orientale alle **buone prassi**;
— tecniche, essenzialmente riconducibili alle conoscenze in materia di sicurezza messe a disposizione dal progresso scientifico e tecnologico e dalle norme di buona tecnica.

Le misure di prevenzione e di protezione possono essere correttive quando sono tese a eliminare una situazione di rischio non accettabile oppure migliorative quando sono tese a migliorare la sicurezza e la salute del lavoro riducendo ulteriormente il rischio.

Per affrontare i rischi occupazionali è necessario possedere le competenze (conoscenze e capacità) sulle caratteristiche e sulle modalità di gestione dei rischi stessi. Di conseguenza, è di fondamentale importanza garantire l'informazione, la formazione e l'addestramento dei lavoratori ( ▸ **Tab. A1.3**).

**Tabella A1.3** Contenuti dell'informazione, della formazione e dell'addestramento dei lavoratori

| | |
|---|---|
| **Informazione** | – Sui rischi per la salute e sicurezza sul lavoro connessi all'attività dell'impresa in generale<br>– Sulle procedure che riguardano il primo soccorso, la lotta antincendio, l'evacuazione dei luoghi di lavoro<br>– Sui nominativi dei lavoratori incaricati<br>– Sui nominativi del responsabile e degli addetti del servizio di prevenzione e protezione, e del medico competente<br>– Sui rischi specifici cui è esposto in relazione all'attività svolta, le normative di sicurezza e le disposizioni aziendali in materia<br>– Sui pericoli connessi all'uso delle sostanze e dei preparati pericolosi sulla base delle schede dei dati di sicurezza previste dalla normativa vigente e dalle norme di buona tecnica<br>– Sulle misure e le attività di protezione e prevenzione adottate |
| **Formazione** | – Concetti di rischio, danno, prevenzione, protezione, organizzazione della prevenzione aziendale, diritti e doveri dei vari soggetti aziendali, organi di vigilanza, controllo, assistenza<br>– Rischi riferiti alle mansioni e ai possibili danni e alle conseguenti misure e procedure di prevenzione e protezione caratteristici del settore o comparto di appartenenza dell'azienda |
| **Addestramento specifico** | – Rischi specifici che richiedono una riconosciuta capacità professionale, specifica esperienza<br>– Corrette manovre e procedure da adottare nella movimentazione manuale dei carichi<br>– Uso dell'attrezzatura di lavoro<br>– Uso corretto e utilizzo pratico dei dispositivi di protezione individuale ( ▸ **Par. A2.1**, per i dispositivi appartenenti alla terza categoria e i dispositivi di protezione dell'udito)<br>– Impiego di sistemi di accesso e di posizionamento mediante funi<br>– Uso di sostanze pericolose |

**MODULO A** SALUTE, SICUREZZA, AMBIENTE ED ENERGIA

L'informazione è il complesso delle attività dirette a fornire conoscenze utili alla identificazione, alla riduzione e alla gestione dei rischi in ambiente di lavoro. La formazione è il processo educativo attraverso il quale trasferire ai lavoratori e agli altri soggetti del sistema di prevenzione e protezione aziendale conoscenze e procedure utili alla acquisizione di competenze per lo svolgimento in sicurezza dei rispettivi compiti in azienda e alla identificazione, alla riduzione e alla gestione dei rischi.

L'addestramento è il complesso delle attività dirette a fare apprendere ai lavoratori l'uso corretto di attrezzature, macchine, impianti, sostanze, dispositivi, anche di protezione individuale, e le procedure di lavoro.

### Regolamento (CE) n. 1272/2008 del Parlamento europeo e del Consiglio del 16 dicembre 2008

Il Regolamento (CE) n. 1272/2008 del Parlamento europeo e del Consiglio del 16 dicembre 2008 relativo alla classificazione, all'etichettatura e all'imballaggio delle sostanze e delle miscele che modifica e abroga le direttive 67/548/CEE e 1999/45/CE e che reca modifica al regolamento (CE) n. 1907/2006, è entrato in vigore negli Stati membri dal 20 gennaio 2009. Il nuovo Regolamento, denominato brevemente *Regolamento CLP* (*Classification, Labelling and Packaging*), norma la classificazione, l'imballaggio e l'etichettatura delle sostanze chimiche e delle loro miscele in funzione delle loro proprietà chimico-fisiche, tossicologiche ed ecotossicologiche ed è una revisione e un aggiornamento del sistema di classificazione ed etichettatura dei prodotti chimici, basato sulle direttive 67/548/CEE, sulle sostanze pericolose, e 1999/45/CE, sui preparati pericolosi. Il Regolamento riprende i principi del Globally Harmonized System (GHS) precedentemente definito dal Consiglio economico e sociale delle Nazioni Unite indirizzato verso una classificazione ed etichettatura armonizzate a livello mondiale. Il Regolamento si riferisce a tutte le sostanze chimiche e le miscele, anche ai biocidi e gli antiparassitari, che dovranno quindi essere classificati ed etichettati secondo le nuove indicazioni di pericolo (Frasi H), i consigli di prudenza (Frasi P) e i nuovi **pittogrammi** (simboli). Il Regolamento prevede che dal 1° dicembre 2010 le sostanze devono essere classificate ed etichettate secondo il CLP, mentre per le miscele sarà obbligatoria la classificazione secondo il sistema vigente (Direttiva 67/548/CE) e volontaria quella secondo CLP fino al 1° giugno 2015. A partire da questa data il sistema CLP diventerà completamente obbligatorio e saranno abrogate le direttive 67/548/CEE e 1999/45/CE.

I principi del GHS prevedono la ripartizione dei pericoli legati alle sostanze e alle miscele nelle seguenti classi di pericolo: pericoli fisici; pericoli per la salute; pericoli per l'ambiente. I pittogrammi, la designazione, il significato e l'eventuale vecchio simbolo corrispondente sono riportati nella **tabella A1.4**, per i pericoli fisici, nella **tabella A1.5**, per i pericoli per la salute e nella **tabella A1.6**, per i pericoli per l'ambiente.

La **tabella A1.7** riporta le principali **indicazioni di pericolo** (**Frasi H**), che descrivono la natura e la gravità dei pericoli della sostanza o miscela; la **tabella A1.8** riporta i principali **consigli di prudenza** (**Frasi P**) che forniscono le indicazioni sulle misure necessarie per ridurre al minimo o prevenire gli effetti nocivi per la salute umana o l'ambiente derivanti dai pericoli della sostanza o miscela. La corrispondenza tra le indicazioni di pericolo H e le vecchie frasi di rischio R non è frequente a causa della scarsa correlazione tra le due metodologie, come dimostra la **tabella A1.9**.

---

**PER COMPRENDERE LE PAROLE**

**Pittogrammi**: sono la rappresentazione grafica di un particolare pericolo che comunica immediatamente l'informazione relativa al pericolo associato alla sostanza o miscela; ne consegue che la classificazione della sostanza o miscela determina i pittogrammi di pericolo che devono essere riportati sull'etichetta.

**COME SI TRADUCE...**

| ITALIANO | INGLESE |
|---|---|
| *Indicazioni di pericolo* (Frasi H) | Hazard statements |
| *Consigli di prudenza* (Frasi P) | Precautionary statements |

## Tabella A1.4 Pericoli fisici

| Pittogramma | | | | | |
|---|---|---|---|---|---|
| Designazione | Bomba che esplode | Fiamma | Fiamma su cerchio | Bombola per gas | Corrosione |
| Significato | Il simbolo è utilizzato per sostanze che possono esplodere o comportare un pericolo di proiezione di frammenti | Il simbolo è utilizzato per sostanze o miscele che comportano il rischio di incendio | Il simbolo è utilizzato per indicare proprietà comburenti, ossia la capacità di favorire la combustione | Il simbolo è utilizzato nel caso di gas contenuti in recipienti a pressione | Il simbolo è utilizzato per sostanza o miscela che, per azione chimica, può attaccare o distruggere i metalli o produrre gravissimi danni al tessuto cutaneo/oculare |
| Vecchio simbolo | E | F / F+ | O | nessuna corrispondenza | C |

## Tabella A1.5 Pericoli per la salute

| Pittogramma | | | | |
|---|---|---|---|---|
| Designazione | Corrosione | Teschio e tibie incrociate | Punto esclamativo | Pericolo per la salute |
| Significato | Il simbolo è utilizzato per sostanza o miscela che, per azione chimica, può attaccare o distruggere i metalli o produrre gravissimi danni al tessuto cutaneo/oculare | Il simbolo è utilizzato in caso di pericolo di effetti nocivi che si manifestano in breve tempo | Il simbolo è utilizzato per indicare diverse possibilità di danno | Il simbolo è usato per sostanze che possono provocare malattie che si manifestano anche dopo lungo tempo dall'esposizione |
| Vecchio simbolo | C | T / T+ | Xi / Xn | Xn / T |

MODULO A  SALUTE, SICUREZZA, AMBIENTE ED ENERGIA

**Tabella A1.6** Pericoli per l'ambiente

| Pittogramma | Designazione | Significato | Vecchio simbolo |
|---|---|---|---|
| | Ambiente | Il simbolo è utilizzato per sostanze o miscele pericolose per l'ambiente acquatico | N |

**Tabella A1.7** Principali indicazioni di pericolo (Frasi H)

| Pericoli fisici (H2xx) | | |
|---|---|---|
| **H223** – Aerosol infiammabile | **H224** – Liquido e vapori altamente infiammabili | **H225** – Liquido e vapori facilmente infiammabili |
| **H226** – Liquido e vapori infiammabili | **H228** – Solido infiammabile | **H240** – Rischio di esplosione per riscaldamento |
| **H261** – A contatto con l'acqua libera gas infiammabili | **H270** – Può provocare o aggravare un incendio; comburente | **H271** – Può provocare un incendio o un'esplosione; molto comburente |
| **Pericoli per la salute (H3xx)** | | |
| **H312** – Nocivo per contatto con la pelle | **H314** – Provoca gravi ustioni cutanee e gravi lesioni oculari | **H315** – Provoca irritazione cutanea |
| **H330** – Letale se inalato | **H331** – Tossico se inalato | **H332** – Nocivo se inalato |
| **H340** – Può provocare alterazioni genetiche | **H341** – Sospettato di provocare alterazioni genetiche | **H350** – Può provocare il cancro |
| **Pericoli per l'ambiente (H4xx)** | | |
| **H400** – Molto tossico per gli organismi acquatici | **H410** – Molto tossico per gli organismi acquatici con effetti di lunga durata | **H411** – Tossico per gli organismi acquatici con effetti di lunga durata |

**Tabella A1.8** Principali consigli di prudenza (Frasi P)                    (continua)

| Consigli di prudenza di carattere generale (P1xx) | | |
|---|---|---|
| **P101** – In caso di consultazione di un medico, tenere a disposizione il contenitore o l'etichetta del prodotto | **P102** – Tenere fuori dalla portata dei bambini | **P103** – Leggere l'etichetta prima dell'uso |
| **Misure preventive (P2xx)** | | |
| **P231** – Manipolare in atmosfera di gas inerte | **P232** – Proteggere dall'umidità | **P233** – Tenere il recipiente ben chiuso |
| **P234** – Conservare soltanto nel contenitore originale | **P235** – Conservare in luogo fresco | **P240** – Mettere a terra/massa il contenitore e il dispositivo ricevente |
| **P244** – Mantenere le valvole di riduzione libere da grasso e olio | **P250** – Evitare le abrasioni / gli urti /…. /gli attriti | **P251** – Recipiente sotto pressione: non perforare né bruciare, neppure dopo l'uso |

SICUREZZA, SALUTE E PREVENZIONE DAGLI INFORTUNI **UNITÀ A1**

**Tabella A1.8** Principali consigli di prudenza (Frasi P)  (segue)

| Raccomandazioni (per il primo soccorso, misure di salvataggio – P3xx) | | |
|---|---|---|
| **P313** – Consultare un medico | **P314** – In caso di malessere, consultare un medico | **P315** – Consultare immediatamente un medico |
| **P333** – In caso di irritazione o eruzione della pelle | **P334** – Immergere in acqua fredda/avvolgere con un bendaggio umido | **P335** – Rimuovere le particelle depositate sulla pelle |
| **P350** – Lavare delicatamente e abbondantemente con acqua e sapone | **P351** – Sciacquare accuratamente per parecchi minuti | **P352** – Lavare abbondantemente con acqua e sapone |
| **P362** – Togliersi gli indumenti contaminati e lavarli prima di indossarli nuovamente | **P363** – Lavare gli indumenti contaminati prima di indossarli nuovamente | **P370** – In caso di incendio: |
| **P381** – Eliminare ogni fonte di accensione se non c'è pericolo | **P390** – Assorbire la fuoriuscita per evitare danni materiali | **P391** – Raccogliere il materiale fuoriuscito |
| Indicazioni per lo stoccaggio (P4xx) | | |
| **P401** – Conservare … | **P402** – Conservare in luogo asciutto | **P403** – Conservare in luogo ben ventilato |
| **P407** – Mantenere uno spazio libero tra gli scaffali/i pallet | **P410** – Proteggere dai raggi solari | **P411** – Conservare a temperatura non superiore a … °C/…°F |

**Tabella A1.9** Alcune delle rare corrispondenze tra le vecchie frasi di rischio R e le indicazioni di pericolo H

| Frasi di rischio R | Indicazioni di pericolo H | Descrizione | Frasi di rischio R | Indicazioni di pericolo H | Descrizione |
|---|---|---|---|---|---|
| R 20/21 | Nessuna | Nocivo per inalazione e contatto con la pelle | R 21/22 | Nessuna | Nocivo per contatto con la pelle ed ingestione |
| R 20/21/22 | Nessuna | Nocivo per inalazione, contatto con la pelle ed ingestione | R 22 | H 302 | Nocivo per ingestione |

**PER COMPRENDERE LE PAROLE**

**Regolamento (CE) n. 1907/2006**: regolamento del Parlamento europeo e del Consiglio, del 18 dicembre 2006, concernente la registrazione, la valutazione, l'autorizzazione e la restrizione delle sostanze chimiche.

Agli utilizzatori professionali insieme all'etichetta di pericolo deve essere consegnata la Scheda Informativa di Sicurezza (SDS), come definita dal **Regolamento (CE) n. 1907/2006**, che descrive in 16 punti tutte le informazioni e le indicazioni per un uso corretto e sicuro negli ambienti di lavoro e in tutte le fasi del ciclo produttivo della sostanza o miscela chimica. Tale Regolamento è denominato "REACH". Il termine *REACH* è l'acronimo delle parole inglesi che sintetizzano il titolo esteso del Regolamento: **R**egistration, **E**valuation, **A**uthorisation and restriction of **CH**emicals (REACH).

## NORME TECNICHE NAZIONALI, EUROPEE E INTERNAZIONALI

La norma tecnica, o specifica tecnica, è un documento approvato, secondo procedure riconosciute e ufficiali, e pubblicato da un organismo nazionale, europeo o internazionale, riconosciuto a svolgere attività normativa ( ▶ **Par. B1.1**), la cui osservanza non è obbligatoria. Di conseguenza si hanno:
— le norme internazionali, elaborate ed emesse dall'Organizzazione Internazionale per la Standardizzazione (ISO) o dalla Commissione Internazionale Elettrotecnica (IEC) per il settore elettrico;

— le norme europee (sigla in inglese, EN), elaborate ed emesse dal *Comitato Europeo di normalizzazione* (CEN), dal *Comitato Europeo per la standardizzazione elettrotecnica* (CENELEC) per il settore elettrico e dall'*Istituto Europeo per le norme di telecomunicazione* (ETSI) per il settore delle *tecnologie dell'informazione e delle comunicazioni*;
— le norme nazionali, elaborate ed emesse dall'Ente Nazionale di Unificazione (UNI) o dal Comitato Elettrotecnico Italiano (CEI) per il settore elettrico.

Le norme tecniche, sebbene siano volontarie, divengono obbligatorie quando sono espressamente richiamate da un provvedimento legislativo e, in questo caso, sono anche chiamate **regole tecniche**.

Nel seguito vengono esaminate alcune norme tecniche, richiamate dal DLgs 81/08, che affrontano la valutazione dei rischi (▶ **Par. A1.3**) causati dalla movimentazione manuale dei carichi e dall'esposizione al rumore nei luoghi di lavoro.

### Norme UNI ISO 11228 per la valutazione del rischio da movimentazione manuale dei carichi

La movimentazione manuale dei carichi riguarda il sollevamento e lo spostamento di carichi, il traino e la spinta di carichi, l'esecuzione di movimenti ripetuti (▶ **Fig. A1.4**).

La norma UNI ISO 11228-1 "Ergonomia – Movimentazione manuale – Parte 1: Sollevamento e spostamento" specifica i limiti raccomandati per il **sollevamento/abbassamento** e il **trasporto manuale** prendendo in considerazione, rispettivamente, l'intensità, la frequenza e la durata del compito lavorativo.

(a)          (b)          (c)

La norma suggerisce un approccio basato sul confronto, per ogni azione di sollevamento, della massa limite raccomandata con la massa effettivamente movimentata, attraverso un'equazione che, a partire da una massa massima sollevabile in condizioni ideali, considera l'eventuale esistenza di fattori lavorativi sfavorevoli introducendo nell'equazione fattori moltiplicativi che per ciascun fattore considerato possono assumere valori compresi tra 0 e 1. Per l'applicazione del metodo generalmente si considerano come masse ideali massime di 25 kg per gli uomini e 20 kg per le donne.

La norma UNI ISO 11228-2 "Ergonomia – Movimentazione manuale – Parte 2: Spinta e traino" offre indicazioni per la valutazione dei fattori di rischio ritenuti rilevanti per le azioni manuali di spinta e traino. Tale norma richiede la misurazione della forza richiesta per effettuare tali attività per mezzo di uno speciale dinamometro (▶ **Fig. A1.5**).

---

**PER COMPRENDERE LE PAROLE**

**Regole tecniche**: sono specificazioni tecniche che definiscono le caratteristiche richieste di un prodotto come i livelli di qualità o adeguatezza per l'uso; esse sono generalmente basate su considerazioni di protezione del consumatore, qualità, compatibilità fra differenti prodotti o componenti, protezione dell'ambiente o altri interessi generali; la regola tecnica è legalmente vincolante mentre la conformità ad una norma è volontaria, di conseguenza, la regola tecnica può essere la norma inserita in una legge oppure una specifica regolamentazione emanata dal legislatore stesso (come ad esempio i decreti ministeriali relativi all'antincendio).

**Figura A1.4**
Movimentazione manuale dei carichi:
a) sollevamento e spostamento di carichi;
b) traino di carichi;
c) esecuzione di movimenti ripetuti illustrata da una scena tratta dal film "Tempi moderni" di e con Charles Chaplin che mostra un processo produttivo che richiede movimenti ripetuti da parte dei lavoratori.

**Figura A1.5**
Dinamometro per effettuare la misurazione della forza richiesta per le azioni manuali di spinta e traino.

## PER COMPRENDERE LE PAROLE

**Livelli di esposizione**: livello di esposizione giornaliera al rumore (LEX,8h) pari al valore medio, ponderato in funzione del tempo, dei livelli di esposizione al rumore per una giornata lavorativa nominale di otto ore; livello di esposizione settimanale al rumore (LEX,w) pari al valore medio, ponderato in funzione del tempo, dei livelli di esposizione giornaliera al rumore per una settimana nominale di cinque giornate lavorative di otto ore.

La norma UNI ISO 11228-3 "Ergonomia – Movimentazione manuale – Parte 3: Movimentazione di piccoli carichi con grande frequenza" si occupa della valutazione del rischio da movimenti ripetuti di carichi leggeri ad alta frequenza che richiede una specifica analisi di tutti i singoli movimenti compiuti.

### Norme per la valutazione del rischio da esposizione al rumore nell'ambiente di lavoro

Le norme UNI 9432:2011 "Acustica – Determinazione del livello di esposizione personale al rumore nell'ambiente di lavoro" e UNI EN ISO 9612:2011 "Acustica – Determinazione dell'esposizione al rumore negli ambienti di lavoro – Metodo tecnico progettuale", da considerarsi complementari, sono finalizzate a valutare i **livelli di esposizione** al rumore nell'ambiente di lavoro su scala giornaliera, settimanale e di picco (valore massimo della pressione acustica istantanea).

La determinazione dei livelli di esposizione si basa sull'esecuzione delle misurazioni fonometriche ( ▸ **Par. B2.4**).

## A1.3 DIRETTIVE COMUNITARIE DI PRODOTTO

### PER COMPRENDERE LE PAROLE

**Nuovo approccio**: sostituisce il cosiddetto "Vecchio approccio", in vigore fino al Maggio 1985, che prevedeva un approccio per prodotto; ciò significa che ciascuna direttiva avrebbe dovuto coprire tutti gli aspetti legati a un singolo prodotto e poteva avere carattere obbligatorio (Total Directive) o informativo (Optional Directive); in ogni caso i Paesi Membri erano obbligati ad accettare i prodotti realizzati in accordo a tali specifiche; nel 1986 una revisione del Trattato di Roma consentiva l'adozione delle direttive della Comunità europea in base all'approvazione di una maggioranza qualificata (nuovo articolo 100A del Trattato).

### NUOVO APPROCCIO DELL'ARMONIZZAZIONE TECNICA COMUNITARIA E APPROCCIO GLOBALE

L'estrema complessità e diversificazione dei prodotti immessi ogni giorno sul mercato europeo, il ridotto tempo a disposizione e la difficoltà di ottenere l'unanimità nell'approvazione di direttive dall'elevato contenuto tecnico hanno spinto il Consiglio dei Ministri della Comunità ad adottare, con la Risoluzione del Consiglio 85/C 136/01, del 7 maggio 1985, il principio innovativo del **Nuovo approccio** alla regolamentazione dei prodotti basato sull'armonizzazione tecnica e la stesura delle norme.

Grazie al Nuovo approccio la legislazione deve fissare solo i requisiti essenziali di sicurezza e di tutela della salute (RESS) e non le specifiche tecniche della produzione. La stesura delle specifiche tecniche, infatti, è demandata agli organismi di normazione europei: CEN, CENELEC e ETSI. Ciò ha permesso l'emanazione di direttive comunitarie di prodotto che riportano i RESS per settori o famiglie di prodotti il cui impiego può risultare pericoloso per l'utilizzatore e/o dannoso per l'ambiente e per le cose. Tali direttive applicano il "rinvio alle norme tecniche armonizzate", piuttosto che sovrapporsi o sostituirsi alla produzione di regole tecniche statali dei diversi Paesi dell'Unione europea, e il principio di riconoscimento reciproco per abolire gli ostacoli tecnici alla libera circolazione delle merci.

### DIRETTIVE DI PRODOTTO NUOVO APPROCCIO

Le direttive di prodotto Nuovo approccio introducono il seguente concetto fondamentale: il fabbricante ha il dovere di rendere i propri prodotti sicuri e deve poter dimostrare di aver fatto tutto il possibile per rendere i prodotti sicuri per poter meglio definire, dai punti di vista costruttivo e della sicurezza, il libero scambio interno dei prodotti di fabbricazione. Le modalità di utilizzo delle direttive di prodotto Nuovo approccio sono i seguenti:

— la libera circolazione è garantita ai prodotti rispondenti ai requisiti essenziali di sicurezza definiti nelle direttive stesse;

**MODULO A** SALUTE, SICUREZZA, AMBIENTE ED ENERGIA

— l'interpretazione tecnica dei requisiti essenziali di sicurezza è demandata alle Norme Armonizzate;
— l'applicazione di tali norme (dove esistono), pur essendo volontaria, permette di attivare il principio di "presunzione di conformità";
— la dimostrazione della conformità ai requisiti essenziali è attuata tramite procedure specifiche di valutazione della conformità e attestata dalla Dichiarazione CE di conformità;
— sul prodotto deve essere presente la marcatura CE (▶ **Fig. A1.6**).

### Direttiva Macchine 06/42/CE

La Direttiva Macchine 2006/42/CE è una direttiva di prodotto recepita in Italia con il DLgs 27 gennaio 2010, n. 17. Per macchina si intende un insieme equipaggiato di un sistema di azionamento diverso dalla forza umana o animale diretta, composto di parti o di componenti, di cui almeno uno mobile, collegati tra loro solidamente per un'applicazione ben determinata. Nell'ambito di applicazione della Direttiva Macchine sono anche inclusi cosiddette quasi-macchine: nuova categoria costituita dai cosiddetti insiemi, aggregati che, da soli, non sono in grado di garantire un'applicazione ben determinata, unicamente destinati ad essere incorporati o assemblati in altre macchine o ad altre quasi-macchine (▶ **Fig. A1.7**).

**Figura A1.6**
Marcatura «CE» di conformità: è costituita dalle iniziali «CE» secondo il simbolo grafico riportato che, in caso di riduzione o di ingrandimento, deve continuare a rispettarne le proporzioni; diversi elementi devono avere sostanzialmente la stessa dimensione verticale, che non può essere inferiore a 5 mm (derogabile, per le macchine di piccole dimensioni); la marcatura «CE» deve essere apposta nelle immediate vicinanze del nome del fabbricante o del suo mandatario usando la stessa tecnica.

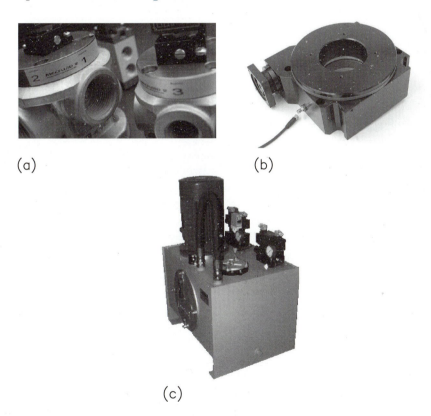

**Figura A1.7**
Esempi di quasi-macchine:
a) valvole asservite;
b) tavole rotanti (montati senza dispositivi di sicurezza);
c) centraline oleodinamiche con elettrovalvole.

### Direttiva Compatibilità Elettromagnetica 2014/30/UE

La direttiva, denominata anche EMC (dall'acronimo inglese *Electro Magnetic Compatibility*), disciplina la compatibilità elettromagnetica delle apparecchiature (apparecchi singoli o impianti fissi) e prescrive la conformità delle apparecchiature a un livello adeguato di compatibilità elettromagnetica.

> **PER COMPRENDERE LE PAROLE**
>
> **Norme tecniche**: stato delle norme è dato dalla sigla prEN... che indica un progetto di norma non ancora approvato definitivamente, dalla sigla EN... che indica una norma approvata ed in vigore e dalla sigla TS... che indica una specifica tecnica.

Per *compatibilità elettromagnetica* si intende l'idoneità di un'apparecchiatura a funzionare nel proprio ambiente elettromagnetico in modo soddisfacente e senza produrre, in altre apparecchiature e nello stesso ambiente, perturbazioni elettromagnetiche inaccettabili.

### Direttiva Bassa Tensione 2014/35/CE

La direttiva denominata anche LVD (dall'acronimo inglese *Low Voltage Directive*), disciplina i requisiti del materiale elettrico destinato a essere adoperato a una tensione nominale compresa fra 50 e 1000 V in corrente alternata e fra 75 e 1500 V in corrente continua.

### Direttiva 2014/68/UE in materia di attrezzature a pressione

La direttiva, denominata PED (*Pressure Equipment Directive*), stabilisce che la fabbricazione di attrezzature a pressione "esige l'impiego di materiali sicuri". Essa si applica alla progettazione, fabbricazione e valutazione di conformità delle attrezzature a pressione e degli insiemi sottoposti a una pressione massima ammissibile PS superiore a 0,5 bar. Per attrezzature a pressione si intendono recipienti, tubazioni, accessori di sicurezza e accessori a pressione. Se del caso, le attrezzature a pressione comprendono elementi annessi a parti pressurizzate, quali flange, raccordi, manicotti, supporti, alette mobili ecc.

### Direttiva 2014/34/UE per la regolamentazione di apparecchiature destinate all'impiego in zone a rischio di esplosione

La direttiva, denominata ATEX (acronimo delle parole *ATmosphères* ed *EXplosibles*), riguarda tutte le apparecchiature e i sistemi di protezione destinati a essere utilizzati in atmosfera potenzialmente esplosiva, inclusi i dispositivi installati fuori dall'atmosfera esplosiva, ma che hanno funzioni di protezione contro i rischi d'esplosione. Il campo di applicazione della direttiva coinvolge quindi miniere e superficie, gas e polveri, apparecchiature elettriche e non elettriche (cioè meccaniche), sistemi di protezione. Le apparecchiature sottoposte alla direttiva devono avere una targhetta d'identificazione in cui è riportata, oltre alla marcatura CE, la marcatura specifica "Ex" ( ▶ **Fig. A1.8a**). Si sottolinea che, per quanto riguarda la classificazione dei luoghi di lavoro in base alla possibile formazione di miscele esplosive, oltre che l'obbligo di utilizzo di attrezzature specifiche nelle zone classificate Atex, la direttiva sociale 99/92/CE, recepita dal DLgs 81/08, prevede la presenza del cartello di segnalazione del pericolo di esplosione ( ▶ **Fig. A1.8b**).

### NORME ARMONIZZATE

Sono **norme tecniche** atte a soddisfare i RESS delle direttive di prodotto, create dai vari comitati tecnici europei sotto il mandato della Commissione dell'Unione europea.

Le norme armonizzate ( ▶ **Tab. A1.10**) si dividono in 3 gruppi: norme di tipo A, norme di tipo B e norme di tipo C. Le norme di tipo A specificano i principi generali di progettazione applicabili a tutti i tipi di macchine. Le norme di tipo B si dividono in due categorie: norme di tipo B1 che riguardano un aspetto specifico della sicurezza; norme di tipo B2 che riguardano i dispositivi di sicurezza (dispositivi di arresto di emergenza, barriere fotoelettriche, laser scanner ecc.). Le norme di tipo C riguardano specifici tipi di macchine (presse meccaniche, presse idrauliche,

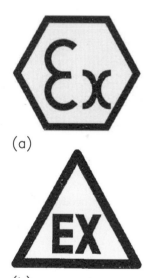

**Figura A1.8**
Segnalazione del rischio di esplosione:
a) marcatura specifica "Ex";
b) cartello di segnalazione del pericolo di esplosione nei luoghi di lavoro.

macchine per imballaggio, robot industriali). Una norma di tipo C è prioritaria rispetto alle norme di tipo A e B. In assenza di norme di tipo C è possibile raggiungere la conformità alla direttiva utilizzando le norme di tipo A e B.

**Tabella A1.10** Esempi di norme armonizzate

| Tipo | Norma armonizzata |
|------|-------------------|
| A | EN ISO 12100:2010 – Sicurezza del macchinario – Principi generali di progettazione – Valutazione del rischio e riduzione del rischio <br> UNI ISO/TR 14121-2:2010 – Sicurezza del macchinario – Valutazione del rischio – Parte 2: Guida pratica ed esempi di metodi |
| B1 | UNI EN ISO 13849-1:2008 – Sicurezza del macchinario – Parti dei sistemi di comando legate alla sicurezza – Parte 1: Principi generali per la progettazione |
| B2 | UNI EN ISO 13850:2008 – Sicurezza del macchinario – Arresto di emergenza – Principi di progettazione <br> UNI EN ISO 13857:2008 – Sicurezza del macchinario – Distanze di sicurezza per impedire il raggiungimento di zone pericolose con gli arti superiori e inferiori <br> IEC 60204-1 – Sicurezza dell'equipaggiamento elettrico delle macchine |
| C | UNI EN 692:2009 – Macchine utensili – Presse meccaniche – Sicurezza |

## A1.4 SICUREZZA E SALUTE, STRESS DA LAVORO CORRELATO

Per poter attuare la prevenzione e la protezione dai rischi occupazionali è necessario effettuare l'attività preliminare, l'identificazione dei rischi stessi. Per effettuare correttamente l'identificazione dei rischi occupazionali è utile disporre di una mappa completa dei possibili rischi riscontrabili nei luoghi di lavoro.

La completezza della mappa è fondamentale poiché il DLgs n. 81 del 9.4.2008 obbliga a valutare tutti i rischi. A tal fine, è bene ricordare che il primo stadio della valutazione è verificare se un rischio esiste o meno. I rischi occupazionali possono essere divisi in tre grandi categorie di seguito spiegate.

### Rischi per la sicurezza

Sono rischi di natura infortunistica responsabili del potenziale verificarsi di incidenti o infortuni, ovvero di danni o menomazioni fisiche (più o meno gravi) subite dalle persone addette alle varie attività lavorative, in conseguenza di un impatto fisico-traumatico di diversa natura (meccanica, elettrica, chimica, termica ecc.).

### Rischi per la salute

Sono rischi igienico-ambientali responsabili della potenziale compromissione dell'equilibrio biologico del personale addetto a operazioni o a lavorazioni che comportano l'emissione nell'ambiente di fattori ambientali di rischio, di natura chimica, fisica e biologica, con conseguente esposizione del personale addetto.

La **tabella A1.11** riporta la mappa completa dei possibili rischi riscontrabili nei luoghi di lavoro, sia per la sicurezza sia per la salute.

SICUREZZA, SALUTE E PREVENZIONE DAGLI INFORTUNI **UNITÀ A1**    19

**Tabella A1.11** Mappa dei possibili rischi riscontrabili nei luoghi di lavoro

| Caduta dall'alto | Scivolamenti, cadute a livello | Corpi estranei-lesioni oculari (Proiezione di materiali) | Seppellimento, sprofondamento | Urti, colpi, impatti, compressioni e schiacciamenti |
|---|---|---|---|---|
| Punture, tagli, abrasioni ed escoriazioni | Cesoiamento, stritolamento, intrappolamento (▶ Fig. A1.9a) | Caduta materiale dall'alto | Investimento, incidente stradale | Amputazione, scuotimento e trascinamento (▶ Fig. A1.9b) |
| Annegamento | Movimentazione manuale dei carichi/sovraccarico biomeccanico | Incendio | Atmosfere esplosive | Calore, fiamme |
| Freddo | Microclima termico | Illuminazione | Elettrocuzione (compreso folgorazione e sovratensione) | Esposizione a videoterminali |
| Rumore, ultrasuoni, infrasuoni | Vibrazioni meccaniche (▶ Fig. A1.9c) | Campi elettromagnetici e radiazioni non ionizzanti | Radiazioni ottiche artificiali (▶ Fig. A1.9d) | Atmosfere iperbariche |
| Radiazioni ionizzanti | Agenti chimici pericolosi (inalazione, ingestione, contatto) | Agenti cancerogeni e mutageni | Amianto | Agenti biologici |
| Stress lavoro-correlato | Lavoratrici in stato di gravidanza e allattamento | Differenze di genere | Differenze di età | Provenienza da altri paesi |
| Tipologia contrattuale | Lavoro notturno | Lavoro isolato | Tossicodipendenza | Bevande alcoliche e superalcoliche |

**Figura A1.9**
Alcuni tipi di rischio:
a) cesoiamento;
b) trascinamento;
c) vibrazioni meccaniche riguardanti il sistema mano-braccio;
d) radiazioni ottiche artificiali.

(a)

(b)

(c)

(d)

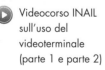

**AREA DIGITALE**
- Videocorso INAIL sull'uso del videoterminale (parte 1 e parte 2)

MODULO A   SALUTE, SICUREZZA, AMBIENTE ED ENERGIA

## Stress lavoro-correlato

Nell'ambito lavorativo, per **stress lavoro correlato** si intende quella situazione che richiede al lavoratore la capacità di affrontare un evento particolare come può essere la gestione quotidiana degli impegni lavorativi, il relazionarsi con i propri colleghi ecc. In questo caso, la condizione di stress può essere accompagnata da disturbi o disfunzioni di natura fisica, psicologica e sociale, derivata dal fatto che taluni individui non si sentono in grado di corrispondere alle richieste o alle aspettative riposte in loro. I fattori di rischio correlati allo stress ( ▸ **Tab. A1.12**) si possono suddividere in due grandi categorie:

— quelli relativi al contesto di lavoro di natura gestionale (i flussi comunicativi, il ruolo dell'organizzazione, il grado di partecipazione, l'interfaccia casa/lavoro ecc);

— quelli relativi al contenuto del lavoro di natura organizzativa (le problematiche connesse con l'ambiente di lavoro, quali i rischi tradizionali, i rischi infortunistici, quelli fisici, chimici ecc.) ma anche problematiche legate alla pianificazione dei compiti, ai carichi e ritmi di lavoro, all'orario di lavoro.

**Tabella A1.12** Fattori di rischio stressogeni

| Contesto di lavoro | |
|---|---|
| Cultura organizzativa | Scarsa comunicazione, bassi livelli di sostegno per la risoluzione di problemi e lo sviluppo personale, mancanza di definizione degli obiettivi organizzativi |
| Ruolo nell'organizzazione | Ambiguità e conflitto di ruolo, responsabilità di altre persone |
| Sviluppo di carriera | Incertezza/blocco della carriera, insufficienza/eccesso di promozioni, bassa retribuzione, insicurezza dell'impiego, scarso valore sociale attribuito al lavoro |
| Autonomia decisionale/controllo | Partecipazione ridotta al processo decisionale, carenza di controllo sul lavoro (il controllo, specie nella forma di partecipazione, rappresenta anche una questione organizzativa e contestuale di più ampio respiro) |
| Relazioni interpersonali sul lavoro | Isolamento fisico o sociale, rapporti limitati con i superiori, conflitto interpersonale, mancanza di supporto sociale |
| Interfaccia famiglia/lavoro | Richieste contrastanti tra casa e lavoro, scarso appoggio in ambito domestico, problemi di doppia carriera |
| Contenuto del lavoro | |
| Ambiente di lavoro e attrezzature | Condizioni fisiche di lavoro, problemi inerenti l'affidabilità, la disponibilità, l'idoneità, la manutenzione o la riparazione di strutture e attrezzature di lavoro |
| Pianificazione dei compiti | Monotonia, cicli di lavoro brevi, lavoro frammentato o inutile, sottoutilizzazione, incertezza elevata |
| Carico/ritmi di lavoro | Sovraccarico o sottocarico di lavoro, mancanza di controllo sul ritmo, alti livelli di pressione temporale |
| Orario di lavoro | Lavoro a turni, orari di lavoro rigidi, imprevedibili, eccessivamente lunghi o che alterano i ritmi sociali |

---

**PER COMPRENDERE LE PAROLE**

**Stress**: il termine stress fu utilizzato in campo medico scientifico per la prima volta da Hans Selye, alla metà degli Anni 50, che lo definì come la "sindrome generale di adattamento alle sollecitazioni/richieste (stressor) dell'ambiente", necessario alla sopravvivenza e alla vita; lo stress, infatti, è la risposta complessa prodotta da un soggetto, nell'interazione con l'ambiente. Di per sé il termine "stress" non indica necessariamente qualcosa di negativo ma, invece, la naturale risposta di un organismo messo dinnanzi a una fonte di pressione.

SICUREZZA, SALUTE E PREVENZIONE DAGLI INFORTUNI **UNITÀ A1**

# UNITÀ A1 — AREA DIGITALE

# VERIFICA DI UNITÀ

Gli esercizi sono disponibili anche nella versione digitale come test interattivi e autocorrettivi

## COMPLETAMENTO

1. La salute è lo stato di completo _____ fisico, mentale e _____, non consistente solo in un'assenza di _____ o d'infermità.

2. Il preposto è persona che, in ragione delle _____ professionali e nei _____ di poteri gerarchici e funzionali adeguati alla natura dell'incarico conferitogli, _____ alla attività lavorativa e garantisce _____ delle direttive ricevute, _____ la corretta esecuzione da parte dei lavoratori ed esercitando un funzionale potere di iniziativa.

3. La stesura delle specifiche tecniche è demandata agli organismi di _____ europei: _____, CENELEC e ETSI. Ciò ha permesso l'emanazione di direttive comunitarie di _____ .

## SCELTA MULTIPLA

4. Il pittogramma con la fiamma su cerchio indica:
   a) sostanze o miscele che comportano il rischio di incendio
   b) sostanze che possono esplodere o comportare un pericolo di proiezione di frammenti
   c) proprietà comburenti, ossia la capacità di favorire la combustione
   d) la richiesta di speciali condizioni di lavoro per ottenere il prodotto
   e) gas contenuti in recipienti a pressione

5. I RESS sono:
   a) i requisiti minimi di sicurezza e di tutela della salute
   b) i requisiti essenziali di sicurezza e di tutela della salute
   c) i requisiti essenziali di sicurezza
   d) i requisiti essenziali di sicurezza sostanziale

6. Le norme che riguardano i dispositivi di sicurezza sono:
   a) di tipo A
   b) di tipo B1
   c) di tipo B2
   d) di tipo C

## VERO O FALSO

7. Il pericolo è la proprietà o qualità intrinseca di un determinato fattore (un oggetto, un'attività, una sostanza chimica ecc.) avente la facoltà di causare danni.

   Vero ☐          Falso ☐

8. L'assicurazione obbligatoria introdotta nel 1965 dal DPR n. 1124 riguarda solo gli infortuni.

   Vero ☐          Falso ☐

9. Le Frasi H indicano i consigli di prudenza.

   Vero ☐          Falso ☐

10. La Direttiva Macchine 2006/42/CE è stata recepita dal DLgs n.17 del 27.1.2010.

    Vero ☐          Falso ☐

11. La Direttiva Compatibilità Elettromagnetica 2014/30/UE è una direttiva di prodotto.

    Vero ☐          Falso ☐

12. Lo stress lavoro correlato non dipende dalle relazioni interpersonali sul lavoro.

    Vero ☐          Falso ☐

# MEZZI PER LA PREVENZIONE DAGLI INFORTUNI NEGLI AMBIENTI DI LAVORO

## A2

## Obiettivi

### Conoscenze

- La definizione dei dispositivi di protezione individuale.
- Le categorie dei dispositivi di protezione individuale.
- I criteri di scelta dei dispositivi di protezione individuale.
- I requisiti di salute e sicurezza dei luoghi di lavoro.
- I requisiti di sicurezza delle attrezzature di lavoro.

### Abilità

- Individuare il dispositivo di protezione individuale da utilizzare in funzione dei rischi e delle parti del corpo da proteggere.
- Descrivere le caratteristiche di salute e sicurezza dei luoghi di lavoro.
- Descrivere le caratteristiche di sicurezza di semplici attrezzature di lavoro.

## Per orientarsi

Gli infortuni possono causare menomazioni (▶ **Tab. A2.1**) o determinare la morte dei lavoratori. Gli infortuni, oltre al costo in termini di perdita di vite umane e di sofferenza per i lavoratori e le loro famiglie, producono conseguenze anche per le aziende e per la società nel suo complesso.

**COME SI TRADUCE...**

| ITALIANO | INGLESE |
|---|---|
| Dispositivo di protezione individuale (DPI) | Personal Protection Equipment (PPE) |

**Tabella A2.1** Natura e sede delle lesioni dovute a infortuni sul lavoro

| | |
|---|---|
| **Natura lesione** | Ferita, contusione, lussazione, frattura, perdita anatomica, lesione da agenti infettivi, lesione da altri agenti (calore ecc.), corpi estranei, lesioni da sforzo (ernie ecc.) |
| **Sede lesione** | Cranio, occhi, faccia, collo, cingolo toracico, parete toracica, organi interni, colonna vertebrale, braccio, avambraccio, gomito, polso, mano, cingolo pelvico, coscia, ginocchio, gamba, caviglia, piede, alluce |

Le cause di infortunio dovute a ustioni termiche e chimiche a sostanze pericolose ecc. sono spesso riconducibili a mancanza di dispositivi di protezione individuale e/o all'uso di attrezzature di lavoro prive degli idonei dispositivi di sicurezza.

La prevenzione dagli infortuni nei luoghi di lavoro comporta, quindi, l'uso, quando necessario, di **dispositivi di protezione individuale**, indicati anche con la semplice sigla "DPI", di luoghi di lavoro e di attrezzature di lavoro dotati dei requisiti di sicurezza.

## A2.1 DISPOSITIVI DI PROTEZIONE INDIVIDUALE

**PER COMPRENDERE LE PAROLE**

**89/686/CEE**: la direttiva 89/686/CEE del Consiglio del 21.12.1989, concernente il ravvicinamento delle legislazioni degli Stati membri relative ai dispositivi di protezione individuale è stata recepita in Italia con il DLgs n. 475 del 4.12.1992; con le direttive 93/68/CEE, 93/95/CEE e 96/58/CE, recepite in Italia dal D.Lgs. n. 10 del 2.1.1997, si sono apportate delle modifiche alla direttiva e al decreto di recepimento.

### Definizione

Nel caso in cui vengano individuati nei luoghi di lavoro rischi occupazionali che non possono essere evitati o sufficientemente ridotti da misure tecniche di prevenzione, da mezzi di protezione collettiva (▶ **Par. A2.2**), da misure, metodi o procedimenti di riorganizzazione del lavoro, devono essere impiegati i dispositivi di protezione individuale. Per *dispositivo di protezione individuale* si intende qualsiasi attrezzatura destinata a essere indossata e tenuta dal lavoratore allo scopo di proteggerlo contro uno o più rischi suscettibili di minacciarne la sicurezza o la salute durante il lavoro, nonché ogni complemento o accessorio destinato a tale scopo.

### Requisiti dei dispositivi di protezione individuale

La Direttiva di prodotto **89/686/CEE** (PPE) fissa i requisiti essenziali di sicurezza, cui devono rispondere i DPI per poter essere muniti della marcatura CE e immessi sul mercato in Europa. In particolare, sono definiti i requisiti essenziali di ergonomia, di innocuità e relativi ai fattori di comfort e di efficacia.

#### Categorie di DPI

I DPI sono suddivisi in tre categorie. Appartengono alla prima categoria, i DPI di progettazione semplice destinati a salvaguardare la persona da rischi di danni fisici di lieve entità e progettati in modo che la persona che li usa abbia la possibilità di valutare l'efficacia e di percepire, prima di riceverne un danno, la progressiva verificazione di effetti lesivi. Rientrano esclusivamente nella prima categoria (▶ **Fig. A2.1**) i DPI che devono salvaguardare da:
— azioni lesive con effetti superficiali prodotte da strumenti meccanici;
— azioni lesive di lieve entità e facilmente reversibili causate da prodotti per la pulizia;
— rischi derivanti dal contatto o da urti con oggetti caldi, che non espongano ad una temperatura superiore ai 50 °C;
— ordinari fenomeni atmosferici nel corso di attività professionali;
— urti lievi e vibrazioni inidonei a raggiungere organi vitali e a provocare lesioni a carattere permanente;
— azione lesiva dei raggi solari.

**Figura A2.1**
Dispositivi di protezione individuale di prima categoria:
a) tuta di salvaguardia da azioni lesive prodotte da strumenti meccanici;
b) giubbotti di salvaguardia da ordinari fenomeni atmosferici;
c) guanti di salvaguardia da azioni lesive prodotte da strumenti meccanici;
d) abbigliamento antipioggia di salvaguardia da ordinari fenomeni atmosferici.

(a)　　　　(b)　　　　(c)　　　　(d)

Appartengono alla seconda categoria i DPI che non rientrano nelle altre due categorie (▶ **Fig. A2.2**) adatti a salvaguardare i lavoratori da rischi reali di lesione di livello intermedio presenti nella maggior parte delle applicazioni industriali.

**Figura A2.2**
Dispositivi di protezione individuale di seconda categoria:
a) schermo di salvaguardia da rischio di proiezione corpi estranei;
b) guanti di salvaguardia da rischio meccanico;
c) cuffie di protezione dal rumore;
d) elmetto di salvaguardia da rischio urto e caduta materiali; e) scarpe di salvaguardia da rischio scivolamento ecc.;
f) occhiali di salvaguardia da rischio di proiezione corpi estranei.

Appartengono alla terza categoria ( ▶ **Fig. A2.3**) i DPI di progettazione complessa destinati a salvaguardare da rischi di morte o lesioni gravi e di carattere permanente. Tali DPI devono essere progettati presumendo che la persona che usa il DPI non abbia la possibilità di recepire tempestivamente la verificazione istantanea di effetti lesivi.

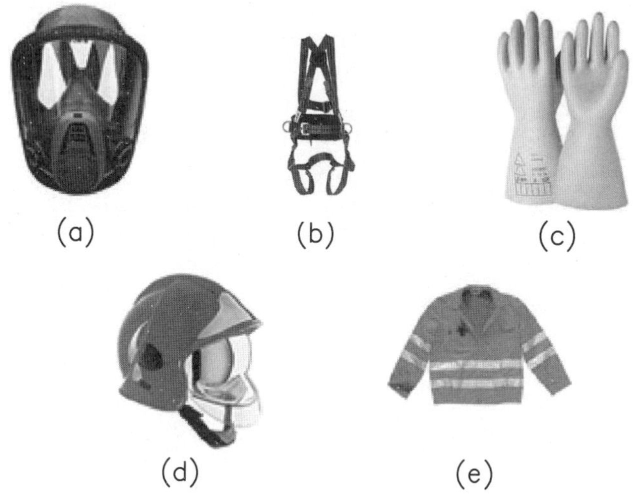

**Figura A2.3**
Dispositivi di protezione individuale di terza categoria:
a) maschera di protezione respiratoria filtrante contro gli aerosol solidi, liquidi o contro i gas irritanti, tossici o radiotossici;
b) imbracatura destinata a salvaguardare dalle cadute dall'alto;
c) guanti destinati a salvaguardare dai rischi connessi ad attività che espongono a tensioni elettriche pericolose;
d) casco per vigili del fuoco per attività in ambienti con una temperatura d'aria non inferiore a 100 °C;
e) giacca ad alta visibilità contro i pericoli della circolazione stradale.

I DPI che rispondono ai requisiti previsti dalle norme armonizzate si presumono conformi ai requisiti essenziali di sicurezza previsti dalla direttiva 89/686/CEE in modo da risultare adeguati ai rischi da prevenire (senza comportare di per sé un rischio maggiore), alle condizioni esistenti sul luogo di lavoro, alle esigenze ergonomiche o di salute del lavoratore, all'utilizzatore secondo le sue necessità.

È importante prestare attenzione ai livelli di prestazione dei DPI, definiti per ogni tipo di rischio, per i quali sono fissati valori crescenti che devono essere rapportati all'entità del rischio valutato. A titolo di esempio, si consideri la protezione delle mani garantita dai guanti. I requisiti generali dei guanti di protezione sono definiti dalla norma EN 420; su ogni tipo di guanto o nella sua confezione (per quelli monouso) è impresso il pittogramma che indica la protezione dal rischio ( ▶ **Tab. A2.2**) e i livelli prestazionali indicati da numeri.

**Tabella A2.2** Alcuni pittogrammi che indicano la protezione dal rischio

| Pittogramma | Descrizione della protezione dal rischio |
|---|---|
| (scudo con martello) | Rischi meccanici; resistenza all'abrasione (4 livelli), al taglio (5 livelli), alla lacerazione (4 livelli), alla perforazione (4 livelli) |
| (scudo con beuta) | Rischi chimici; resistenza alla penetrazione definita in base a 3 livelli |
| (scudo con fiamma) | Calore e/o fiamma; comportamento alla fiamma (4 livelli) |
| (scudo con coltello) | Rischi da taglio da urto o impatto |

Per i guanti che devono essere utilizzati per la "protezione da rischi meccanici", la norma armonizzata EN 388 ha previsto che questi DPI devono essere sottoposti a prove di resistenza all'abrasione, al taglio da lama, allo strappo, alla perforazione. Per ciascun requisito sono previsti 4 livelli (5 per la resistenza al taglio da lama) che consentono valori di resistenza crescenti (▶ **Fig. A2.4**).

**Figura A2.4**
Il pittogramma "Rischio meccanico" è seguito da un codice a quattro cifre:
a) resistenza all'abrasione;
b) resistenza al taglio (da lama);
c) resistenza allo strappo;
d) resistenza alla perforazione.
Nei quattro casi lo zero indica il livello più basso di prestazione. La lettera "i" costituisce l'obbligo a leggere la nota informativa, in pratica, le istruzioni per l'uso del DPI.

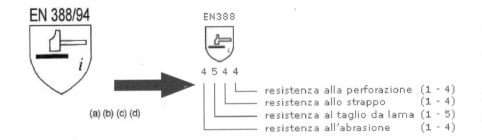

## SCELTA DEI DISPOSITIVI DI PROTEZIONE INDIVIDUALE

Il datore di lavoro, dopo aver effettuato una attenta analisi del rischio e la valutazione dei rischi che non possono essere evitati con altri mezzi, sceglierà il DPI più adatto alle esigenze lavorative.

La **tabella A2.3** riporta alcune indicazioni per la valutazione dei guanti di protezione.

**Tabella A2.3** Alcune indicazioni per la valutazione dei guanti di protezione

| Rischi da coprire | Origini e forme dei rischi dovuti a manipolazione di oggetti con spigoli vivi, esclusi i casi in cui sussista il rischio che il guanto rimanga impigliato nelle macchine | Fattori da prendere in considerazione dal punto di vista della sicurezza per la scelta e l'utilizzazione dell'attrezzatura |
|---|---|---|
| Generali | Contatto, sollecitazioni connesse con l'utilizzazione | Rivestimento della mano resistenza allo strappo, resistenza all'abrasione |
| Meccanici | Oggetti taglienti o appuntiti, impatti | Resistenza alla penetrazione, alla perforazione e al taglio |

## A2.2 REQUISITI DI SALUTE E DI SICUREZZA DEI LUOGHI DI LAVORO

I luoghi di lavoro sono i luoghi destinati a ospitare posti di lavoro, ubicati all'interno dell'azienda o dell'unità produttiva, nonché ogni altro luogo di pertinenza dell'azienda o dell'unità produttiva accessibile al lavoratore nell'ambito del proprio lavoro. Le caratteristiche generali dei luoghi di lavoro devono essere conformi ai requisiti indicati nell'allegato IV del DLgs n. 81 del 9.4.2008.

Nel seguito vengono esaminati in modo semplificato gli aspetti legati agli ambienti di lavoro e alle misure contro l'incendio e l'esplosione.

### AMBIENTI DI LAVORO

I luoghi di lavoro destinati a deposito devono avere, su una parete o in altro punto ben visibile, la chiara indicazione del carico massimo dei solai, espresso in chilogrammi per metro quadrato di superficie.

I limiti minimi per altezza, cubatura e superficie dei locali chiusi destinati al lavoro nelle aziende industriali che occupano più di cinque lavoratori, ed in ogni caso in quelle che eseguono le lavorazioni che comportano la sorveglianza sanitaria, sono i seguenti: altezza netta non inferiore a 3 m; cubatura non inferiore a 10 m$^3$ per lavoratore; ogni lavoratore occupato in ciascun ambiente deve disporre di una superficie di almeno 2 m$^2$. I pavimenti dei locali devono essere fissi, stabili e antisdrucciolevoli nonché esenti da protuberanze, cavità o piani inclinati pericolosi; le pareti dei locali di lavoro devono essere a tinta chiara. Le pareti trasparenti o traslucide, in particolare le pareti completamente vetrate, nei locali o nelle vicinanze dei posti di lavoro e delle vie di circolazione, devono essere chiaramente segnalate e costituite da materiali di sicurezza fino all'altezza di 1 metro dal pavimento. Le finestre, i lucernari e i dispositivi di ventilazione devono poter essere aperti, chiusi, regolati e fissati dai lavoratori in tutta sicurezza. Qualora sulle vie di circolazione siano utilizzati mezzi di trasporto, dovrà essere prevista per i pedoni una distanza di sicurezza sufficiente. Il tracciato delle vie di circolazione deve essere evidenziato. I pavimenti degli ambienti di lavoro e dei luoghi destinati al passaggio non devono presentare buche o sporgenze pericolose e devono essere in condizioni tali da rendere sicuro il movimento e il transito delle persone e dei mezzi di trasporto. Le vie e le uscite di emergenza devono rimanere sgombre e consentire di raggiungere il più rapidamente possibile un luogo sicuro. Le vie e le uscite di emergenza devono avere altezza minima di 2 m e larghezza minima conforme alla normativa

### PER COMPRENDERE LE PAROLE

**Via di emergenza**: percorso senza ostacoli al deflusso che consente alle persone che occupano un edificio o un locale di raggiungere un luogo sicuro.

**Uscita di emergenza**: passaggio che immette in un luogo sicuro.

**Luogo sicuro**: luogo nel quale le persone sono da considerarsi al sicuro dagli effetti determinati dall'incendio o altre situazioni di emergenza.

**PER COMPRENDERE LE PAROLE**

**Certificato di prevenzione incendi**: documento rilasciato dai Comandi Provinciali dei Vigili del Fuoco che attesta che l'attività soggetta ai controlli ha requisiti idonei in materia di prevenzione e protezione dall'eventualità di incendio; il controllo avviene secondo una procedura autorizzativa ben definita, che termina con il rilascio del certificato di prevenzione incendi.

**Prevenzione incendi**: materia interdisciplinare nel cui ambito vengono promossi, studiati, predisposti e sperimentati provvedimenti, misure, accorgimenti e modi di azione intesi ad evitare l'insorgere di un incendio od a limitare le conseguenze.

vigente in materia antincendio. Le vie e le uscite di emergenza devono essere evidenziate da apposita segnaletica, conforme alle disposizioni vigenti, durevole e collocata in luoghi appropriati. I gradini delle scale fisse devono avere pedata e alzata dimensionate a regola d'arte e larghezza adeguata alle esigenze del transito. Un parapetto è considerato "normale" quando soddisfa le seguenti condizioni: è costruito con materiale rigido e resistente; ha un'altezza utile di almeno un metro; è costituito da almeno due correnti, di cui quello intermedio posto a circa metà distanza fra quello superiore e il pavimento. È considerato "parapetto normale con arresto al piede" il parapetto definito al comma precedente, completato con fascia continua poggiante sul piano di calpestio e alta almeno 15 centimetri.

## MISURE CONTRO L'INCENDIO E L'ESPLOSIONE

In generale, nelle aziende o lavorazioni in cui esistono pericoli specifici di incendio, è vietato fumare, usare apparecchi a fiamma libera e manipolare materiali incandescenti, a meno che non siano adottate idonee misure di sicurezza. Inoltre, devono essere predisposti mezzi e impianti di estinzione idonei in rapporto alle particolari condizioni in cui possono essere usati, in essi compresi gli apparecchi estintori portatili o carrellati di primo intervento. Detti mezzi e impianti devono essere mantenuti in efficienza e controllati almeno una volta ogni sei mesi da personale esperto.

Il Decreto del Presidente della Repubblica n. 151 del 1.8.2011, "Regolamento recante semplificazione della disciplina dei procedimenti relativi alla prevenzione degli incendi" ha introdotto una semplificazione sugli adempimenti inerenti la **prevenzione incendi** e le modalità di rilascio del **certificato di prevenzione incendi** (CPI).

Le attività soggette ai controlli di prevenzione incendi ( ▶ **Tab. A2.4**) sono state suddivise in tre categorie (A,B,C) dalle quali discendono diversi adempimenti e procedure. Le diverse categorie sono individuate in relazione alla dimensione dell'impresa, al settore di attività, alla esistenza di specifiche regole tecniche, alle esigenze di tutela della pubblica incolumità. Nella categoria A sono state inserite attività che, considerata la consistenza dell'attività, l'affollamento e i quantitativi di materiale presente, sono da ritenersi a basso rischio. La categoria B, a rischio intermedio, comprende quelle caratterizzate da un maggior livello di complessità e attività sprovviste di una specifica regolamentazione tecnica di riferimento. La categoria C comprende quelle con alto livello di complessità.

**Tabella A2.4** Alcune delle attività soggette alle visite e ai controlli di prevenzione incendi    (continua)

| N. | Attività | Categoria | | |
|---|---|---|---|---|
| | | A | B | C |
| 9 | Officine e laboratori con saldatura e taglio dei metalli utilizzanti gas infiammabili e/o comburenti, con oltre 5 addetti alla mansione specifica di saldatura o taglio | | Fino a 10 addetti alla mansione specifica di saldatura o taglio | Oltre 10 addetti alla mansione specifica |
| 14 | Officine o laboratori per la verniciatura con vernici infiammabili e/o combustibili con oltre 5 addetti | | Fino a 25 addetti | Oltre 25 addetti |

**Tabella A2.4** Alcune delle attività soggette alle visite e ai controlli di prevenzione incendi (segue)

| N. | Attività | Categoria A | Categoria B | Categoria C |
|---|---|---|---|---|
| 44 | Stabilimenti, impianti, depositi ove si producono, lavorano e/o detengono materie plastiche, con quantitativi in massa superiori a 5000 kg | | Depositi fino a 50 000 kg | Stabilimenti e impianti; depositi oltre 50 000 kg |
| 52 | Stabilimenti, con oltre 5 addetti, per la costruzione di aeromobili, veicoli a motore, materiale rotabile ferroviario e tramviario, carrozzerie e rimorchi per autoveicoli; cantieri navali con oltre 5 addetti | | Fino a 25 addetti | Oltre 25 addetti |
| 67 | Scuole di ogni ordine, grado e tipo, collegi, accademie con oltre 100 persone presenti; asili nido con oltre 30 persone presenti | Fino a 150 persone | Oltre 150 e fino a 300 persone; asili nido | Oltre 300 persone |

## DISPOSITIVI DI PROTEZIONE COLLETTIVA

I dispositivi di protezione collettiva (DPC) hanno la "funzione di salvaguardare le persone da rischi per la salute e la sicurezza". L'adozione dei dispositivi di protezione collettiva ( ▶ **Fig. A2.5**) è prioritaria rispetto all'adozione dei dispositivi di protezione individuale e risultano particolarmente importanti in presenza di agenti nocivi nei luoghi di lavoro poiché essi intervengono direttamente sulla fonte inquinante riducendo o eliminando il rischio di esposizione del lavoratore e la contaminazione dell'ambiente di lavoro.

(a)

(b)

(c)

(d)

(e)

(f)

**Figura A2.5**
Esempi di dispositivi di protezione collettiva:
a) barriere anticaduta per tetti fino a 10° di pendenza;
b) barriera interbloccante contro le cadute dall'alto;
c) rete di protezione anticaduta conforme;
d) cappa di aspirazione per i fumi di saldatura;
e) cappa di aspirazione per laboratorio chimico;
f) armadio di sicurezza per lo stoccaggio di prodotti liquidi e solidi infiammabili.

## A2.3 REQUISITI DI SICUREZZA DELLE ATTREZZATURE DA LAVORO

**PER COMPRENDERE LE PAROLE**

**Antecedentemente all'emanazione:** già immessa sul mercato o già entrata in servizio alla data del 21.9.1996.

**Situazioni pericolosa:** circostanza in cui una persona è esposta ad almeno un pericolo; l'esposizione può determinare un danno immediatamente o dopo un periodo di tempo.

**AREA DIGITALE**

 Controllo di una gru a ponte (carroponte) effettuato con drone

### DEFINIZIONI

Le attrezzatura di lavoro sono qualsiasi macchina, apparecchio, utensile o impianto, inteso come il complesso di macchine, attrezzature e componenti necessari all'attuazione di un processo produttivo, destinato a essere usato durante il lavoro. L'uso di una attrezzatura di lavoro è definito come qualsiasi operazione lavorativa connessa a una attrezzatura di lavoro, quale la messa in servizio o fuori servizio, l'impiego, il trasporto, la riparazione, la trasformazione, la manutenzione, la pulizia, il montaggio, lo smontaggio.

La zona pericolosa di un'attrezzatura di lavoro è qualsiasi zona al suo interno o in vicinanza, nella quale la presenza di un lavoratore costituisce un rischio per la salute o la sicurezza dello stesso.

Le attrezzature di lavoro messe a disposizione dei lavoratori devono essere conformi alle specifiche disposizioni legislative e regolamentari di recepimento delle direttive comunitarie di prodotto ( ▶ **Par. A1.3**). Di conseguenza, esse devono essere dotate di marcatura CE e della dichiarazione di conformità previste.

Nel caso di attrezzature di lavoro costruite messe a disposizione dei lavoratori **antecedentemente all'emanazione** di norme legislative e regolamentari di recepimento delle direttive comunitarie di prodotto, perciò prive di marcatura CE e della dichiarazione di conformità previste, devono essere conformi ai requisiti generali di sicurezza di cui all'allegato V del DLgs n. 8 del 9.4.2008.

### VALUTAZIONE DELLO STATO DI CONFORMITÀ

La valutazione permette di individuare eventuali non conformità e **situazioni pericolose** e di definire le misure di sicurezza che portano alla eliminazione o riduzione dei rischi accertati, a selezionare i ripari, i dispositivi di protezione e i DPI da usare e a stabilire le istruzioni per l'addestramento e le precauzioni da adottare nell'uso dell'attrezzatura di lavoro. La selezione ed eventuale implementazione dei ripari e dei dispositivi di protezione è certamente lo scopo principale della valutazione di conformità che consente di proteggere le persone contro i pericoli delle parti in movimento. Il riparo è una barriera fisica, progettata come parte della attrezzatura di lavoro, per fornire protezione. I ripari si dividono nei tipi di seguito esaminati.

Il *riparo fisso* ( ▶ **Fig. A2.6a**) è un riparo fissato in modo tale (per esempio mediante viti, dadi, saldatura) da poter essere aperto o rimosso solo mediante l'uso di utensili o la distruzione dei mezzi di fissaggio. Il *riparo mobile* è un riparo che può essere aperto senza l'utilizzo di utensili. Il *riparo regolabile* ( ▶ **Fig. A2.6b**) è un riparo fisso o mobile che è regolabile nell'insieme o che integra una parte regolabile; la regolazione rimane fissa durante una particolare operazione.

Il *riparo interbloccato* ( ▶ **Fig. A2.6c**) è un riparo associato a un dispositivo di interblocco in modo che, insieme al sistema di comando della macchina, siano eseguite le seguenti funzioni:
— le funzioni pericolose delle macchine "coperte" dal riparo non possono essere attivate finché il riparo non è chiuso;
— se il riparo è aperto mentre le funzioni pericolose della macchina sono attive, è inviato un comando di arresto;

— quando il riparo è chiuso, le funzioni pericolose della macchina "coperte" dal riparo possono essere attivate, la chiusura del riparo non avvia di per sé le funzioni pericolose della macchina.

Il dispositivo di interblocco o interblocco è un dispositivo meccanico, elettrico o di altro tipo, il cui scopo è di impedire l'attivazione delle funzioni pericolose della macchina in condizioni specificate (generalmente fintanto che il riparo non è chiuso). Il riparo interbloccato con bloccaggio del riparo è un riparo associato a un dispositivo di interblocco e un dispositivo di bloccaggio del riparo in modo che, insieme al sistema di comando della macchina, siano eseguite le seguenti funzioni:
— le funzioni pericolose della macchina "coperte" dal riparo non possono essere attivate finché il riparo non è chiuso e bloccato;
— il riparo rimane chiuso e bloccato finché il rischio dovuto alle funzioni pericolose della macchina "coperte" dal riparo è scomparso;
— quando il riparo è chiuso e bloccato, le funzioni pericolose della macchina "coperte" dal riparo possono essere attivate, la chiusura e il bloccaggio del riparo non avviano di per sé le funzioni pericolose della macchina.

Il dispositivo di protezione, infine, e un mezzo di protezione diverso da un riparo, come, ad esempio, un dispositivo di comando a due mani ( ▶ **Fig. A2.6d**), una barriera ottica immateriale ( ▶ **Fig. A2.6e**), un tappeto sensibile ( ▶ **Fig. A2.6f**), ecc.

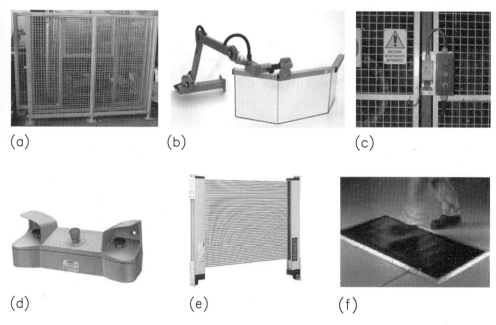

**Figura A2.6**
a) Riparo fisso.
b) Riparo regolabile con interblocco.
c) Riparo interbloccato.
d) Dispositivo di comando a due mani.
e) Barriera ottica immateriale.
f) tappeto sensibile.

# UNITÀ A2

# VERIFICA DI UNITÀ

Gli esercizi sono disponibili anche nella versione digitale come test interattivi e autocorrettivi

## COMPLETAMENTO

1. Appartengono alla prima categoria, i _____ di _____ individuale (_____) di progettazione semplice destinati a _____ la persona da rischi di danni fisici di _____ entità e progettati in modo che la persona che li usa abbia la possibilità di valutare l'efficacia e di percepire, prima di riceverne un _____, la progressiva verificazione di effetti _____.

2. Un parapetto è considerato "_____" quando soddisfa le seguenti condizioni: è costruito con materiale _____ e resistente; ha un'_____ utile di almeno un _____; è costituito da almeno due _____, di cui quello intermedio posto a circa _____ distanza fra quello superiore e il pavimento. È considerato "parapetto normale con _____ al piede" il parapetto definito precedentemente, completato con fascia continua poggiante sul piano di _____ e alta almeno 15 _____.

3. In generale, nelle aziende o lavorazioni in cui esistono _____ specifici di incendio, è vietato _____, usare apparecchi a _____ libera e manipolare materiali _____, a meno che non siano adottate idonee _____ di sicurezza.

4. Il riparo fisso è un riparo fissato in modo tale da poter essere _____ o rimosso solo mediante l'uso di _____ o la distruzione dei mezzi di fissaggio. Il riparo mobile è un riparo che può essere aperto senza l'utilizzo di _____.

## SCELTA MULTIPLA

5. Il pittogramma con una lama di coltello, relativo ai guanti di protezione, indica:
   a) il comportamento alla lacerazione
   b) i rischi da taglio da urto o impatto
   c) i rischi biologici
   d) i rischi termici

6. Le attività soggette ai controlli di prevenzione incendi si dividono in:
   a) due categorie
   b) tre categorie
   c) quattro categorie
   d) cinque categorie

## VERO O FALSO

7. Gli indumenti di lavoro ordinari e le uniformi non specificamente destinati a proteggere la sicurezza e la salute del lavoratore costituiscono un dispositivo di protezione individuale.
   Vero ☐    Falso ☐

8. Appartengono alla seconda categoria i DPI che non rientrano nella prima e nella terza categoria.
   Vero ☐    Falso ☐

9. Le prove di resistenza all'abrasione riguardano i guanti di protezione dal rischio meccanico.
   Vero ☐    Falso ☐

10. I dispositivi di protezione collettiva (DPC) hanno la funzione di salvaguardare le persone da rischi per la salute e la sicurezza.
    Vero ☐    Falso ☐

11. Il riparo è un dispositivo di protezione.
    Vero ☐    Falso ☐

# IMPATTO AMBIENTALE
## E RISORSE ENERGETICHE

## Obiettivi

**Conoscenze**
- Gli effetti delle emissioni idriche, gassose, termiche, acustiche ed elettromagnetiche.
- Le procedure di valutazione di impatto ambientale.
- La tipologia di recupero e smaltimento dei residui e dei sottoprodotti delle lavorazioni, le metodologie di riciclaggio delle materie plastiche.
- Le metodologie per lo stoccaggio dei materiali pericolosi.
- Le risorse energetiche disponibili.

**Abilità**
- Descrivere l'applicazione delle procedure di valutazione di impatto ambientale nelle industrie manifatturiere.
- Descrivere gli aspetti operativi del recupero e smaltimento dei residui e dei sottoprodotti delle lavorazioni.
- Descrivere l'applicazione delle metodologie di riciclaggio delle materie plastiche.
- Descrivere l'applicazione delle metodologie per lo stoccaggio dei materiali pericolosi.
- Descrivere la funzione della conversione e utilizzazione dell'energia.

## PER ORIENTARSI

Si definisce *ambiente* l'insieme dei fattori esterni a un organismo che ne influenzano la vita.

L'applicazione della **Valutazione di Impatto Ambientale** (VIA) è orientata a prevenire gli effetti indesiderati sull'ambiente, causati dalle attività umane, anziché rimediare unicamente a posteriori ai danni, e a stimolare la ricerca e l'adozione di politiche di sviluppo compatibili da un punto di vista ecologico e di salute pubblica. Il termine *impatto* sottolinea l'effetto che un'azione di origine umana o naturale genera su un bersaglio ambientale o umano.

Negli ultimi decenni i problemi ambientali hanno anche stimolato la ricerca di energie alternative come l'energia solare, eolica, geotermica e delle biomasse. Tutto ciò che produce energia viene chiamato *risorsa* o *fonte energetica*. Le risorse energetiche della Terra vengono classificate in *risorse non rinnovabili* e *risorse rinnovabili*.

**COME SI TRADUCE...**

| ITALIANO | INGLESE |
|---|---|
| Valutazione di Impatto Ambientale | Environmental Impact Assessment |

## A3.1 EFFETTI DELLE EMISSIONI IDRICHE, GASSOSE, TERMICHE, ACUSTICHE ED ELETTROMAGNETICHE

### NORMATIVA E PRINCIPI ISPIRATORI

Il DLgs n.152 del 3.4.2006, comunemente indicato come *Testo Unico Ambientale* o *Codice Ambientale*, è la normativa di riferimento in materia ambientale.

## PER COMPRENDERE LE PAROLE

**Ecosistema**: è l'insieme costituito da tutti gli esseri viventi di un determinato ambiente fisico e delle relazioni che intercorrono sia tra loro che tra loro e l'ambiente fisico.

**Inquinanti**: sono, in genere, i sottoprodotti (in forma di sostanze o di energia) dell'attività umana liberati nell'aria, nell'acqua e nel suolo.

Il decreto è stato aggiornato modificato e ampliato (anche sotto la spinta della pubblicazione di nuove direttive europee) con il DLgs n.4 del 16.1.2008, con il DLgs n.128 del 29.6.2010 e il DLgs 3 n. 205 del 3.1.2010.

L'obiettivo principale del DLgs 152/06 è la promozione dei livelli di qualità della vita umana, da realizzare attraverso la salvaguardia e il miglioramento delle condizioni dell'ambiente e l'utilizzazione accorta e razionale delle risorse naturali. A questo principio si aggiungono alcuni principi ispiratori della normativa ambientale a livello europeo, di seguito esaminati sinteticamente.

### Principio dell'azione ambientale

La tutela dell'ambiente e degli **ecosistemi** naturali e del patrimonio culturale deve essere garantita da tutti gli enti pubblici e privati e dalle persone fisiche e giuridiche pubbliche o private, mediante una adeguata azione ispirata ai principi della precauzione, dell'azione preventiva, della correzione, intervenendo in via prioritaria alla fonte, dei danni causati all'ambiente, nonché al principio "chi inquina paga" che regolano la politica della Comunità europea in materia ambientale.

### Principio dello sviluppo sostenibile

Ogni attività umana giuridicamente rilevante ai sensi del codice ambientale deve conformarsi al principio dello sviluppo sostenibile, al fine di garantire che il soddisfacimento dei bisogni delle generazioni attuali non possa compromettere la qualità della vita e le possibilità delle generazioni future. Gli effetti delle diverse emissioni dovute a tali attività dipendono dall'azione di **inquinanti** presenti che alterano gli equilibri esistenti e costituiscono l'inquinamento dell'ambiente. L'inquinamento, infatti, è definito come il complesso di effetti nocivi e alterazioni non desiderabili delle caratteristiche fisiche, chimiche e/o biologiche dell'acqua, della terra e dell'aria che possono mettere in pericolo la salute dell'uomo, danneggiare le risorse biologiche e gli ecosistemi, deteriorare i beni materiali e nuocere ai valori ricreativi e ad altri usi legittimi dell'ambiente.

### EMISSIONI IDRICHE

Le acque di scarico di un impianto produttivo si possono classificare, in base alla loro origine e caratterizzazione, in:
— acque reflue industriali, ovvero acque provenienti da attività artigianali o industriali caratterizzate da inquinanti specifici generati dall'attività svolta (reflui da industrie, da laboratori ecc);
— acque meteoriche di dilavamento, ovvero acque meteoriche potenzialmente contaminate in quanto possono trascinare eventuali inquinanti presenti sulle superfici (pavimentate e non pavimentate) che dilavano.

In casi specifici vige l'obbligo di separare e trattare le acque di prima pioggia (acque meteoriche derivanti dai primi minuti degli eventi di pioggia) e di lavaggio di aree esterne che dilavano superfici nelle quali possono essere presenti sostanze inquinanti.

Gli inquinanti industriali che normalmente si trovano nelle acque possono essere raggruppati in classi diverse, a seconda della loro natura e degli effetti che possono produrre, di seguito elencate:

**MODULO A** SALUTE, SICUREZZA, AMBIENTE ED ENERGIA

— materiali galleggianti, cioè tutte quelle sostanze più leggere dell'acqua e insolubili (oli, schiume ecc.) che formano sul pelo libero uno strato superficiale che impedisce il passaggio dei raggi solari, fondamentali per i processi di fotosintesi algale, limitando l'aerazione dell'acqua e inibendo la respirazione dei microrganismi acquatici;
— materiali in sospensione, cioè sostanze insolubili, con densità uguale o maggiore di quella dell'acqua che sedimentandosi sul fondo, più o meno rapidamente, creano ostacoli al nutrimento dei pesci e danno inizio a fenomeni di decomposizione;
— materiali disciolti, cioè acidi, sali, metalli e altre sostanze che rappresentano la fonte più critica di inquinamento per le acque.

Poiché è impossibile individuare tutte le tipologie di **inquinanti industriali dell'acqua**, si determina una serie limitata di parametri fisici, chimici e biologici che caratterizzano, in generale, le acque stesse ( ▸ **Tab. A3.1**).

### COME SI TRADUCE...

| ITALIANO | INGLESE |
|---|---|
| *Inquinanti industriali dell'acqua* | *industrial water pollution* |

**Tabella A3.1** Principali parametri usati per caratterizzare le acque reflue

| Parametri | Descrizione |
|---|---|
| Fisici | Temperatura, conducibilità elettrica, solidi, colore |
| Chimici | pH, alcalinità, richiesta di ossigeno (COD, BOD, TOD), composti organici totali (TOC), azoto (ammoniacale, organico, nitriti, nitrati), fosforo (ortofosfati, polifosfati, organico), oli e grassi, oli minerali, tensioattivi |
| Biologici | Coliformi totali, coliformi fecali |

### Tutela delle acque dall'inquinamento

Le norme ambientali che regolamentano la gestione dell'acqua nell'ambito industriale si indirizzano verso due aree principali:
— l'approvvigionamento e il consumo al di fuori dei pubblici servizi;
— gli scarichi idrici, per esempio in pubblica fognatura.

L'azienda che, al di fuori dei pubblici servizi, provvede autonomamente all'approvvigionamento idrico (da pozzo o sorgente) deve installare misuratori di portata delle acque prelevate e comunicare i volumi misurati ai competenti uffici. Per gli insediamenti produttivi la tipologia degli scarichi terminali è individuabile con i seguenti criteri:
— scarichi industriali, ovvero tutte le acque utilizzate a qualsiasi titolo nei processi produttivi;
— scarichi civili, derivanti dai servizi igienici di uffici ed aree produttive, mensa e abitazioni, situate entro il perimetro dello stabilimento.

Un principio fondamentale da rispettare nella disciplina degli scarichi è quella del "divieto di diluizione". Ciò significa che non è consentito diluire, con acqua appositamente prelevata o derivante da utilizzi / processi più "puliti", reflui che altrimenti avrebbero concentrazioni superiori a quelle consentite allo scarico. Il rispetto dei limiti delle emissioni deve essere quindi verificato

### PER COMPRENDERE LE PAROLE

**COD (Chemical Oxygen Demand):** è la richiesta chimica di ossigeno (espressa in mg/l); indica il fabbisogno di ossigeno necessario per ossidare chimicamente le sostanze organiche e inorganiche ossidabili presenti in un campione di acqua; in assenza di ossigeno si innescano fenomeni putrefattivi anaerobici con trasformazione degli inquinanti in ammoniaca, acido fosforico, idrogeno solforato, sostanze dannose e nocive che pregiudicano possibili utilizzi dell'acqua.

**COME SI TRADUCE...**

| ITALIANO | INGLESE |
|---|---|
| Particolato | Particulate |

**PER COMPRENDERE LE PAROLE**

**ARPA**: Agenzia Regionale per la Protezione dell'Ambiente.

**ASL**: Azienda Sanitaria Locale.

**Particolato**: sabbia, ceneri, polveri, fuliggine, composti metallici, sali, elementi come il carbonio o il piombo ecc.; si classifica in ragione del diametro delle particelle, pertanto si considerano grossolane quelle con diametro maggiore di 2,5 μm e fini quelle con diametro inferiore a 2,5 μm; si distinguono inoltre come inalabili le particelle con diametro minore di 10 μm (PM10).

**Figura A3.1**
Camino di un grande impianto di combustione: le reazioni di combustione producono composti del carbonio, monossido di carbonio (CO) e, soprattutto, il biossido o anidride carbonica ($CO_2$).

a monte di tali diluizioni. Tutti i punti di scarico industriali devono essere predisposti, in genere con pozzetti di ispezione, per permettere i controlli da parte sia dell'autorità competente (**ARPA**, **ASL**, Province ecc.), sia del gestore dell'attività produttiva.

## EMISSIONI GASSOSE IN ATMOSFERA

Si tratta delle emissioni in atmosfera di inquinanti derivati dagli impianti industriali. Gli inquinanti industriali sono costituiti da sostanze gassose o da particelle sospese nell'aria. Le principali sostanze gassose sono:
— composti dello zolfo, biossido di zolfo ($SO_2$), solfuro di carbonile (COS), solfuro di carbonio ($CS_2$), solfuro di idrogeno ($H_2S$), derivanti, in genere, dalla combustione dei combustibili fossili e di materia organica;
— composti del carbonio, monossido di carbonio (CO) e il biossido o anidride carbonica ($CO_2$), derivanti dai processi di combustione ( ▶ **Fig. A3.1**);
— idrocaburi policiclici aromatici (IPA), derivanti dalla combustione di legna, nafta e gasolio, il più importante è il benzopirene considerato cancerogeno;
— ossidi di azoto (NOx), prodotti nelle reazioni di combustione.

Le particelle (**particolato**) sono sostanze allo stato solido o liquido che, a causa delle loro piccole dimensioni, restano sospese in atmosfera per tempi più o meno lunghi.

### Tutela dell'atmosfera dall'inquinamento

Per gli inquinanti dell'atmosfera, la legislazione prevede specifici limiti alle emissioni e l'autorizzazione all'emissione. I limiti sono definiti come quantità di sostanze contenute nell'emissione espresse come valore di massa per unità di volume o di massa nell'unità di tempo rilevata sperimentalmente.

Il DLgs 152/06 suddivide le emissioni in atmosfera in due tipologie principali:
— emissioni convogliate, ossia rilasciate in atmosfera attraverso uno o più appositi punti di emissione (camini);
— emissioni diffuse, ossia non convogliate.

Esempi di emissioni convogliate sono le emissioni generati da impianti di combustione e le emissioni derivanti da processi di trasformazione chimica e/o fisica di sostanze e materiali (verniciatura, sgrassaggio con utilizzo di solventi ecc). Esempi di emissioni diffuse sono le emissioni di idrocarburi volatili da serbatoi ed elementi di tenuta delle pompe in un deposito o in un distributore di carburanti.

## EMISSIONI TERMICHE

L'inquinamento termico, causato dalle attività industriali e di produzione dell'energia, è dovuto al calore immesso nell'ambiente. Vi sono due tipologie d'inquinamento termico:
— diretto, dovuto direttamente alle attività produttive;
— indiretto, derivato indirettamente dalle attività produttive.

La prima tipologia comporta l'incremento della temperatura locale del ricettore, come nel caso dell'aumento della temperatura dei corsi d'acqua a causa degli scarichi idrici.

La seconda tipologia di inquinamento è dovuta all'immissione in atmosfera di gas che alterano il clima come il metano, gli idrocarburi alogenati e l'anidride carbonica, denominati *gas serra*. Tali gas accrescono l'**effetto serra** e contribuiscono ad aumentare la temperatura globale del pianeta, determinando l'effetto serra; poiché quest'ultimo è causato fortemente dalla presenza di anidride carbonica ($CO_2$) nell'aria, allo stato attuale, essa è l'unico gas serra oggetto di regolamentazioni di legge.

## EMISSIONI ACUSTICHE

Le emissione acustiche riguardano l'inquinamento acustico dell'ambiente esterno e di quello abitativo, dovuto al rumore prodotto da sorgenti sonore fisse e mobili, quali:

— le emissioni di rumore dai diversi mezzi e infrastrutture di trasporto (autoveicoli e strade, treni e ferrovie, aeromobili e aeroporti);
— le emissioni di rumore da attività produttive a ciclo continuo.

In ambito industriale le sorgenti sono gli impianti tecnici degli edifici (camini, aspiratori, attrezzature di lavoro ecc.), le aree adibite a movimentazione di merci e i depositi dei mezzi di trasporto merci.

Il rumore nell'ambiente esterno e negli ambienti abitativi è disciplinato dalla Legge quadro n. 447/1995 con l'obiettivo di tutelare i ricettori (un ospedale, una civile abitazione ecc.) del rumore emesso dalle sorgenti sonore individuate. La regolamentazione del rumore nell'ambiente esterno e negli ambienti abitativi è fondata su due concetti fondamentali, introdotti e definiti dalla Legge quadro:

— *rumore di emissione*, cioè emesso da una sorgente sonora e misurato in prossimità della sorgente stessa;
— *rumore immesso*, cioè immesso da una o più sorgenti sonore nell'ambiente abitativo o nell'ambiente esterno e misurato in prossimità dei ricettori.

L'emissione è una proprietà di ciascuna singola sorgente sonora. L'immissione è l'effetto complessivo, rilevabile in un punto dell'ambiente (sia all'esterno sia negli ambienti abitativi), dovuto alle emissioni di tutte le sorgenti sonore in grado di influire in quel punto. Sia per le emissioni che per le immissioni sono stati definiti dei valori limite, differenziati in funzione delle caratteristiche della zona da proteggere e del periodo del giorno (diurno o notturno).

## EMISSIONI ELETTROMAGNETICHE

Le **radiazioni non ionizzanti** (NIR) sono radiazioni elettromagnetiche, comunemente chiamate **campi elettromagnetici** (CEM), che si distinguono in tre grandi categorie corrispondenti ai seguenti intervalli di frequenza:

— frequenze estremamente basse (ELF - Extra Low Frequency), comunemente pari a $50 \div 60$ Hz; la principale sorgente è costituita dagli elettrodotti, che trasportano energia elettrica dalle centrali elettriche agli utilizzatori;
— radiofrequenze (RF - Radio Frequency), comprese tra 300 kHz e 300 MHz, le cui principali sorgenti sono costituite dagli impianti di ricetrasmissione radio/TV;
— microonde (MW - Microwave), con frequenze comprese tra 300 MHz e 300 GHz, le cui principali sorgenti sono costituite dagli impianti di telefonia cellulare e dai ponti radio.

---

### PER COMPRENDERE LE PAROLE

**Effetto serra:** i gas serra permettono alle radiazioni solari di passare attraverso l'atmosfera, mentre ostacolano il passaggio verso lo spazio di parte delle radiazioni infrarosse provenienti dalla superficie della Terra e dalla bassa atmosfera (il calore riemesso), comportandosi come i vetri di una serra.

**Campi elettromagnetici:** hanno origine dalle cariche elettriche e dal loro movimento (corrente elettrica); l'oscillazione delle cariche elettriche, in un'antenna o in un conduttore percorso da corrente, produce campi elettrici e magnetici che si propagano nello spazio sotto forma di onde; le onde elettromagnetiche, a differenza delle onde meccaniche, si possono propagare anche nel vuoto; il campo elettrico (*E*) e il campo magnetico (*H*) oscillano perpendicolarmente alla direzione dell'onda; la velocità di propagazione delle onde elettromagnetiche è di circa 300 000 km/s.

---

### COME SI TRADUCE...

| ITALIANO | INGLESE |
|---|---|
| *Radiazioni non ionizzanti* | *Non Ionizing Radiation (NIR)* |

**PER COMPRENDERE LE PAROLE**

**IPPC**: sigla di Integraded Pollution Prevention Control, documento che proviene dalla direttiva europea che ha introdotto l'AIA.

Il fenomeno costituito dalla dispersione nell'ambiente delle onde elettromagnetiche è detto *inquinamento elettromagnetico* o *elettrosmog* (▶ **Fig. A3.2**). La diffusione delle sorgenti di CEM (specialmente in ambito industriale, ma anche per uso quotidiano di apparecchi comuni quali videoterminali, televisori, forni a microonde e telefoni cellulari) ha determinato un forte interesse sul tema dei possibili effetti che può avere sulla salute umana.

**Figura A3.2**
Alcune sorgenti di CEM:
a) elettrodomestici;
b) elettrodotto;
c) antenne per telefonia cellulare;
d) strumentazione di misurazione dei CEM;
e) videoterminale.

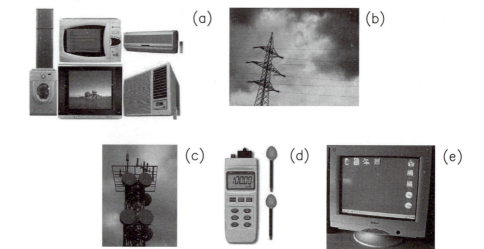

Le grandezze fisiche caratteristiche delle CEM, prese a riferimento nelle misurazioni e, di conseguenza, nella definizione dei limiti di esposizione previsti dalla normativa sono riportate nella **tabella A3.2**.

**Tabella A3.2** Valori dei limiti di esposizione previsti dal DPCM n. 199 del 8.7.2003

| Campi di frequenza f | | Limiti di esposizione Valore di attenzione | | |
|---|---|---|---|---|
| | | Valore di intensità di campo elettrico E | Valore di intensità di campo magnetico H | Densità di potenza $D(W/m^2)$ |
| Frequenza di rete (50 Hz) | | 5 kV/m | 100 | – |
| Frequenza compresa tra 100 kHz e 300 GHz | $0,1 < f ≤ 3$ MHz | 60 (V/m) | 0,2 | – |
| | $3$ MHz $< f ≤ 3000$ MHz | 20 (V/m) | 0,05 | 1 |
| | $3000$ MHz $< f ≤ 300$ GHz | 40 (V/m) | 0,01 | 4 |

## A3.2 PROCEDURE DELLA VALUTAZIONE DI IMPATTO AMBIENTALE

L'adozione di obiettivi di sviluppo fondati sul concetto di sostenibilità ha portato nel corso degli ultimi anni all'adozione da parte delle comunità internazionali delle procedure per la valutazione ambientale.

Il DLgs n.152/2006 prevede due importanti procedure autorizzative, la cui applicazione riguarda un'ampia gamma di opere e interventi: "Valutazione di Impatto Ambientale (VIA)"; "Autorizzazione Integrata Ambientale (AIA o anche **IPPC**)". La differenza fondamentale tra le due procedure consiste nel fatto che la VIA si applica alla fase progettuale di un'opera, mentre l'AIA si applica alla fase di esercizio di un'opera; entrambe le procedure sono applicabili alle modifiche di opere esistenti.

Le opere soggette a VIA riguardano progetti di impianti, quali raffinerie di petrolio, centrali termoelettriche e altre tipologie di impianti industriali, ma anche progetti di infrastrutture, quali autostrade, ferrovie, elettrodotti, oleodotti, gasdotti, porti, parcheggi interrati con determinate caratteristiche ecc.

Le opere soggette ad AIA riguardano le seguenti categorie principali:
— attività energetiche (centrali di produzione energia, raffinerie di petrolio, cokerie, impianti di gassificazione e liquefazione del carbone);
— produzione e trasformazione dei metalli; industria dei prodotti minerali;
— industria chimica, suddivisa in produzione di prodotti chimici organici di base e prodotti chimici inorganici di base.

## PROCEDURA DELLA VALUTAZIONE DI IMPATTO AMBIENTALE

In funzione della tipologia dei progetti, l'Autorità competente per la procedura di VIA è il Ministero dell'Ambiente o le regioni, che possono, con proprie leggi, delegare ulteriormente la competenza agli enti locali (generalmente le Province). Lo svolgimento della procedura della VIA è riportata nella **tabella A3.3**.

**Tabella A3.3** Schema di svolgimento della procedura della VIA

| Proponente | Autorità competente (Ministero dell'Ambiente o Regione/Provincia) | |
|---|---|---|
| Domanda all'Autorità competente corredata dai seguenti documenti:<br>– progetto "definitivo"<br>– studio di impatto Ambientate (SIA)<br>– sintesi non tecnica<br>– elenco autorizzazioni e altri atti necessari alla realizzazione e all'esercizio dell'opera | Avvio dell'istruttoria tecnica con verifica completezza della documentazione entro 30 giorni (Commissione VIA, Conferenza di Servizi, eventuale inchiesta pubblica) | Giudizio di compatibilità ambientale, con eventuali prescrizioni, entro 150 giorni Pubblicazione integrate sul sito web dell'Autorità competente e sintetica in Gazzetta Ufficiale |
| Pubblicità (quotidiani, sito web Autorità competente) all'avvio del procedimento | Partecipazione del pubblico:<br>– possibilità di consultazione della documentazione;<br>– eventuali osservazioni scritte entro 60 giorni. | |
| Copie documentazione a Regioni e soggetti competenti in materia ambientale (Province, comuni, aree protette interessate) | Pareri entro 60 giorni | |
| Risposta a eventuale richiesta di integrazioni alla documentazione (una sola volta) | Sospensione istruttoria, riattivazione dalla data di ricezione delle integrazioni | |

IMPATTO AMBIENTALE E RISORSE ENERGETICHE **UNITÀ A3**

I contenuti dello Studio di Impatto Ambientale (SIA) sono normalmente articolati in tre grandi parti, denominate "quadri": quadro programmatico, quadro progettuale, quadro ambientale.

## PROCEDURA DELL'AUTORIZZAZIONE INTEGRATA AMBIENTALE

L'Autorizzazione Integrata Ambientale (AIA) è il provvedimento che autorizza l'esercizio di un impianto o di parte di esso, a condizione di soddisfare i seguenti principi:

— adottare misure di prevenzione dell'inquinamento, applicando in particolare le migliori tecniche disponibili;
— evitare la produzione di rifiuti, in caso contrario recuperare i rifiuti o, ove tecnicamente ed economicamente impossibile, eliminarli evitandone e riducendone l'impatto sull'ambiente;
— utilizzare l'energia in modo efficace;
— adottare le misure necessarie per prevenire gli incidenti e limitarne le conseguenze;
— evitare qualsiasi rischio di inquinamento al momento della cessazione dell'attività e ripristino ambientale del sito.

La competenza per la procedura di AIA è affidata al Ministero dell'Ambiente, per specifiche categorie di attività mentre, per le altre attività, la competenza è affidata alle regioni, che possono, con proprie leggi, delegare ulteriormente la competenza agli enti locali (le province). Lo svolgimento della procedura di AIA è articolato nelle fasi illustrate nella **tabella A3.4**.

**Tabella A3.4** Schema di svolgimento della procedura dell'AIA

| Gestore dell'impianto | Autorità competente (Ministero dell'Ambiente o Regione/Provincia) | |
|---|---|---|
| Domanda all'Autorità competente corredata da documentazione tecnica inerente:<br>– identificazione dell'impianto e della sua capacità produttiva<br>– dati su emissioni verso l'ambiente e consumi di risorse<br>– valutazioni sull'applicazione delle Migliori Tecniche Disponibili e sugli effetti sull'ambiente<br>– sintesi non tecnica | Avvio dell'istruttoria tecnica (Commissione IPPC, Conferenza di Servizi); entro 30 giorni comunicazione al Gestore dell'avvio dell'istruttoria | Autorizzazione integrata ambientale (valori limite e altre disposizioni entro 150 giorni) |
| Pubblicità (quotidiani) all'avvio del procedimento (entro 15 giorni dalla comunicazione dall'Autorità competente | Partecipazione del Pubblico:<br>– possibilità di consultazione della documentazione<br>– eventuali osservazioni scritte entro 30 giorni | |
| Risposta a eventuale richiesta di integrazioni alla documentazione (una sola volte, entro 30 giorni dalla richiesta) | Sospensione istruttoria, riattivazione dalla data di presentazione delle integrazioni | |

## A3.3 RECUPERO E SMALTIMENTO DEI RESIDUI E DEI SOTTOPRODOTTI DELLE LAVORAZIONI

### DEFINIZIONI

La corretta **gestione dei rifiuti** ha come obiettivo primario la tutela della salute dell'uomo e l'eliminazione dei rischi per l'ambiente acquatico, la qualità dell'aria, il suolo, la flora e la fauna. In virtù del principio comunitario di "chi inquina paga", la gestione dei rifiuti coinvolge, insieme con i distributori e gli utilizzatori, le aziende che fabbricano i prodotti da cui hanno origine i rifiuti.

Il "rifiuto" è qualsiasi sostanza/oggetto di cui il detentore si disfi, abbia l'intenzione o abbia l'obbligo di disfarsi. La norma definisce anche il "sottoprodotto": il prodotto dell'impresa che, pur non costituendo l'oggetto dell'attività principale, è generato in maniera continuativa dal processo industriale dell'impresa stessa ed è destinato a un ulteriore impiego o consumo. In particolare, per poter considerare una sostanza o un oggetto come sottoprodotto, devono essere soddisfatte le seguenti condizioni:

— devono derivare da un processo produttivo il cui scopo primario non è la produzione di tale oggetto o sostanza;
— sono destinati a un ulteriore utilizzo da parte del produttore stesso o da terzi;
— devono essere utilizzati direttamente senza alcun ulteriore trattamento diverso dalla normale pratica industriale;
— il loro utilizzo è legale e non comporta impatti complessivi negativi sull'ambiente o sulla salute umana.

Tutti gli scarti, sfridi o residui che derivano da un processo produttivo sono sottoprodotti.

Si definisce *recupero* qualsiasi operazione il cui principale risultato sia permettere ai rifiuti di svolgere un ruolo utile, sostituendo altri materiali utilizzati per assolvere una particolare funzione, o di prepararli per assolvere tale funzione. Per *smaltimento* si intende qualsiasi operazione diversa dal recupero, anche quando l'operazione comporta il recupero di sostanze o di energia (ad esempio, nel caso degli inceneritori). Infine, per *raccolta differenziata* si intende genericamente la raccolta in cui un flusso di rifiuti è tenuto separato in base al tipo e alla natura dei rifiuti, al fine di facilitarne il trattamento specifico.

### RIFIUTI

La normativa classifica i rifiuti provenienti da lavorazioni industriali come rifiuti speciali che si possono dividere in pericolosi e non pericolosi, in funzione della presenza o meno di una sostanza pericolosa. Si ricorda che anche gli imballaggi devono essere considerati rifiuti. Le aziende, che hanno l'obbligo di non miscelare i rifiuti pericolosi con i non pericolosi, devono gestire i propri rifiuti seguendo il principio gerarchico secondo il quale nella produzione dei rifiuti è privilegiata la prevenzione, seguita dal recupero e dal riciclaggio, con priorità al recupero di materia rispetto a quello energetico, e per finire con lo smaltimento. Le aziende, inoltre, hanno l'obbligo di identificare i rifiuti, attribuendo il relativo codice **CER** ( ▸ **Tab. A3.5**), e di tenere aggiornati appositi registri di carico e scarico dei rifiuti.

---

**PER COMPRENDERE LE PAROLE**

**Gestione dei rifiuti**: è l'insieme delle politiche volte a gestire l'intero processo dei rifiuti, dalla loro produzione fino al loro destino finale.

**CER**: Codice Europeo dei Rifiuti, è un codice identificativo che viene assegnato ad ogni tipologia di rifiuto in base alla composizione e al processo di provenienza. Il CER (in vigore dal 1 gennaio 2002) è composto da sei cifre.

---

IMPATTO AMBIENTALE E RISORSE ENERGETICHE **UNITÀ A3**

**Tabella A3.5** Alcuni codici CER di possibili rifiuti di aziende industriali metalmeccaniche relativi a rifiuti prodotti dalla lavorazione e dal trattamento fisico e meccanico superficiale di metalli e plastica ( codice categoria generale: 12)

| Codice | Rifiuto | Codice | Rifiuto |
|---|---|---|---|
| 120101 | Limatura e trucioli di materiali ferrosi | 120106 | Oli minerali per macchinari, contenenti alogeni (eccetto emulsioni e soluzioni) |
| 120102 | Polveri e particolato di materiali ferrosi | 120108 | Emulsioni e soluzioni per macchinari, contenenti alogeni |
| 120103 | Limatura e trucioli di materiali non ferrosi | 120113 | Rifiuti di saldatura |
| 120104 | Polveri e particolato di materiali non ferrosi | 120118 | Fanghi metallici (fanghi di rettifica, affilatura e lappatura) contenenti olio |

| COME SI TRADUCE... | |
|---|---|
| ITALIANO | INGLESE |
| Riciclaggio | Recycling |

### RICICLAGGIO

Il **riciclaggio** comprende tutte le operazioni di recupero attraverso le quali i rifiuti vengono sottoposti a trattamento per ottenere prodotti, materiali o sostanze da utilizzare per la loro funzione originaria o per altri fini.

I materiali che possono essere riciclati sono numerosi (metalli, carta, vetro, plastiche ecc.). In questi ultimi anni, l'accresciuta sensibilità dell'opinione pubblica verso la difesa dell'ambiente ha portato all'emanazione di leggi europee e nazionali che promuovono il recupero dei materiali d'imballaggio attraverso la costituzione del Consorzio Nazionale Imballaggi (CONAI) che raggruppa specifici consorzi di settore elencati nella **tabella A3.6**.

La disponibilità di materiali recuperati permette il loro riciclo a costi sempre più contenuti. Tutto ciò comporta una crescente incentivazione della progettazione e fabbricazione di prodotti più facilmente smontabili e riciclabili.

**Tabella A3.6** Elenco consorzi di recupero materiali

| Consorzio nazionale acciaio | CIAL: Consorzio Imballaggi in Alluminio | COMIECO: Consorzio nazionale recupero e riciclo degli imballaggi a base cellulosica | RILEGNO: Consorzio nazionale per il recupero e riciclaggio degli imballaggi di legno | CO.RE.PLA.: Consorzio nazionale per il recupero degli imballaggi in plastica | CO.RE.VE.: Consorzio recupero vetro |
|---|---|---|---|---|---|

## A3.4 RICICLAGGIO DELLE MATERIE PLASTICHE

### SMALTIMENTO DEGLI SCARTI

Le problematiche sullo smaltimento degli scarti delle materie plastiche riguardano:
— la necessità di evitare o ridurre gli scarti in seguito ad una scelta del materiale secondo il punto di vista ecologico, alla limitazione dei tipi, alla costruzione leggera e al sistema di progettazione e fabbricazione sempre con orientamento ecologico;

— l'eccessivo consumo di materie plastiche, determinato dalle abitudini riguardanti i consumi (per esempio nel settore imballaggio);
— il riciclaggio degli scarti con l'obiettivo di diminuire drasticamente i depositi finali di rifiuti di materie plastiche.

La **tabella A3.7** elenca i possibili metodi di smaltimento delle materie plastiche.

**Tabella A3.7**  Metodi di smaltimento delle materie plastiche

| | | |
|---|---|---|
| Rivalorizzazione | Riciclaggio del prodotto | Utilizzazione plurima del prodotto per scopi di destinazione uguale o diversa |
| | Riciclaggio del materiale | Rilavorazione di materiali di recupero preparati (riciclati) come rigenerati o rigranulati |
| | | Riciclaggio chimico mediante trasformazione della materia (pirolisi, solvolisi) |
| | Riciclaggio energetico | Combustione di materiali di scarto, vecchi residui |
| Stoccaggio finale | Raccolta | ***Compostaggio*** materiali biologicamente biogradabili |
| | | Deposito finale materiali non degradabili |

Le abitudini riguardanti i consumi, le motivazioni logistiche e di economia aziendale, ma anche gli aspetti ecologici (per esempio costi energetici per il riciclaggio dei materiali) esigono un'utilizzazione integrale di tutti i metodi di smaltimento. Il potenziale di riciclaggio dei prodotti, ovvero il loro utilizzo per più di una volta, è limitato in una società industriale con un benessere relativamente elevato, sebbene anche qui possano sussistere ulteriori possibilità di miglioramento. Al contrario, il riciclaggio di materiali può portare un notevole contributo alla soluzione del problema della rivalutazione degli scarti di materiale plastico, mediante la rilavorazione dei riciclati.

### CIRCUITO DELLA LAVORAZIONE E IMPIEGO

La **figura A3.3** riporta il circuito della lavorazione e impiego delle materie plastiche da cui dipendono l'economicità e i costi tecnici e logistici del riciclaggio.

Di norma, si adotta il circuito di materiale del tipo 1 (scarti di produzione), chiuso nell'azienda di trasformazione o con la cooperazione di diverse aziende, ma sono in aumento esempi di applicazione del circuito 2 (ad esempio nel settore automobilistico). Notevolmente problematica è la realizzazione del circuito 3 per i rifiuti domestici, a causa soprattutto del rischio sulla qualità dei prodotti finiti dovuto all'impiego dei riciclati. Inoltre, non si registra ancora un ritorno economico per le aziende derivante dall'utilizzo di materiale riciclato e, quindi, di seconda scelta. I riciclati termoindurenti agiscono

**PER COMPRENDERE LE PAROLE**

**Compostaggio**: è una tecnica che, attuando una separazione spinta della frazione umida da quella secca, permette di produrre energia elettrica sfruttando il biogas ottenuto dalla frazione umida, mentre la frazione secca viene avviata in discarica o utilizzata per produrre combustibile solido.

IMPATTO AMBIENTALE E RISORSE ENERGETICHE **UNITÀ A3**

in particolare come cariche, mentre per le miscele di riciclato di termoplastici si tratta di miscele, che, nel caso di materiale plastico di uguale tipo, risultano omogenee sul piano molecolare.

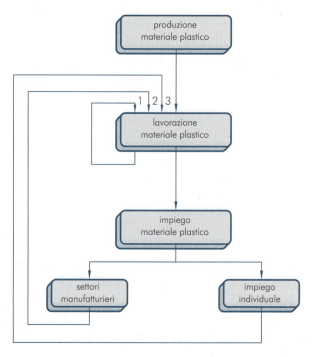

**Figura A3.3**
Circuito della lavorazione e impiego delle materie plastiche. I costi per la raccolta, la cernita, la pulizia, la rimessa in ciclo nonché la preparazione aumentano proporzionalmente dal circuito 1 al circuito 3, se si dovesse produrre con uguale qualità.

Ulteriori metodi sono il riciclaggio di materie prime per via chimica, oppure il riciclaggio energetico mediante combustione. La trasformazione degli scarti di materiali plastici a materie prime di bassa massa molecolare può sicuramente offrire un notevole contributo per la riduzione quantitativa degli scarti stessi. Nella maggior parte dei casi, i polimeri sono pregiati combustibili; inoltre, gli impianti di combustione hanno raggiunto un livello tecnico tale da poter garantire i valori limiti richiesti di purezza dell'aria. Bruciare le materie plastiche, come avviene con il petrolio, ne permette il **riciclaggio energetico**. Soltanto il 5% dell'estrazione mondiale di petrolio è utilizzato per la produzione di polimeri, mentre più del 90% viene direttamente bruciato, con mediocre grado di rendimento.

**PER COMPRENDERE LE PAROLE**

**Riciclaggio energetico**: noto anche come incenerimento con recupero di energia, è una tecnologia di smaltimento rifiuti che permette di ottenere energia elettrica ed energia termica.

## A3.5 METODOLOGIE PER LO STOCCAGGIO DEI RIFIUTI PERICOLOSI

### DEFINIZIONI

Il DLgs 152/2006 identifica il rifiuto come *pericoloso* mediante un riferimento specifico o generico a sostanze pericolose e come *non pericoloso* il rifiuto diverso da quello pericoloso ("voce a specchio"). In particolare il rifiuto è classificato come pericoloso solo se le sostanze pericolose contenute raggiungono determinate concentrazioni.

Lo stoccaggio dei rifiuti pericolosi può avvenire in un deposito temporaneo o in una discarica. Il deposito temporaneo è uno stoccaggio di rifiuti effettuato dal produttore nel luogo nel quale gli stessi vengono prodotti (per esempio all'interno della stessa azienda), senza dover richiedere nessun tipo di autorizzazione, rispettando però specifiche modalità e tempistiche, massimo tre mesi di permanenza, definite in maniera puntuale dalla normativa vigente. La discarica è definita come area adibita a smaltimento dei rifiuti mediante operazioni di deposito sul suolo o nel suolo, compresa la zona interna al luogo di produzione dei rifiuti adibita allo smaltimento dei medesimi da parte del produttore degli stessi, nonché qualsiasi area ove i rifiuti sono sottoposti a deposito temporaneo per più di un anno.

## METODOLOGIE

I maggiori aspetti critici delle discariche sono la produzione di **percolati** (con eventuali rischi di contaminazione di suolo, sottosuolo e della falda acquifera), l'emissione di odori e l'emissione di biogas contenente metano che, se non recuperato per usi energetici ed emesso in atmosfera rappresenta gas serra circa 21 volte più dannoso della $CO_2$. Tali problemi possono essere notevolmente ridotti mediante la separazione e il trattamento della frazione umida attraverso compostaggio o **biostabilizzazione**.

Lo stoccaggio dei rifiuti pericolosi riguarda le principali tipologie di seguito trattate.

### Oli minerali esausti

Gli oli minerali esausti prodotti nella maggior parte dalle attività industriali e artigianali. In Italia è presente il Consorzio Obbligatorio degli Oli Usati (COOU) il quale ha l'obbligo di garantire la raccolta dell'olio usato nell'intero territorio nazionale, avvalendosi di raccoglitori concessionari diffusi sul territorio nazionale che provvedono alla raccolta presso ciascun produttore di oli minerali esausti. Per la gestione degli oli esausti valgono tutti gli altri obblighi a carico dei produttori di rifiuti pericolosi quali l'iscrizione al sistema **SISTRI** (Sistema di Controllo della Tracciabilità dei Rifiuti), il registro carico/carico e il formulario per il trasporto (quest'ultimo effettuato solo da raccoglitori concessionari di un consorzio) fino alla data di definitiva operatività del SISTRI.

### Altre tipologie particolari di rifiuti

Per le altre tipologie di rifiuti sono presenti specifici consorzi dedicati alle attività di raccolta, riciclaggio e recupero, destinando allo smaltimento eco-compatibile solo le frazioni non più recuperabili. I principali sono:
— Consorzio Obbligatorio Batteria al Piombo Esauste (COBAT) che garantisce la raccolta delle batterie esauste al piombo su tutto il territorio nazionale e il recupero dei componenti (piombo, acciaio, plastica);
— Consorzio per il recupero dei materiali in polietilene (POLIECO) che garantisce la raccolta dei beni in polietilene (esclusi gli imballaggi).

## A3.6 RISORSE ENERGETICHE

## CLASSIFICAZIONE

Le risorse (fonti) energetiche si classificano normalmente in due gruppi: *fonti di energia non rinnovabili*, *fonti di energia rinnovabili*.

Le fonti di energia non rinnovabili ( ▸ **Fig. A3.4**) sono destinate in periodi più o meno lunghi a esaurirsi e quindi non più disponibili in futuro, per questo

---

**PER COMPRENDERE LE PAROLE**

**Percolati**: liquido che si origina prevalentemente dall'infiltrazione di acqua nella massa dei rifiuti o dalla decomposizione degli stessi.

**Biostabilizzazione**: è un trattamento meccanico-biologico (TMB) è una tecnologia di trattamento a freddo dei rifiuti indifferenziati (e/o avanzati dalla raccolta differenziata) che sfrutta l'abbinamento di processi meccanici a processi biologici.

**SISTRI**: sistema informativo di controllo dei rifiuti del Ministero dell'Ambiente italiano per monitorare i rifiuti pericolosi tramite la tracciabilità degli stessi.

motivo non possono essere considerate rinnovabili. I combustibili fossili (petrolio, carbone, gas naturale), ma anche il combustibile per l'energia nucleare, appartengono a questa categoria.

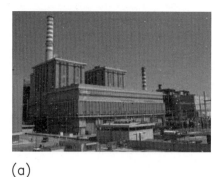

(a)

(b)

**Figura A3.4**
Fonti di energia non rinnovabili:
a) centrale termoelettrica che impiega prodotti petroliferi;
b) centrale nucleare.

> **PER COMPRENDERE LE PAROLE**
>
> **Biomasse**: comprendono vari materiali di origine biologica, scarti delle attività agricole riutilizzati in apposite centrali termiche per produrre energia elettrica.

Le seguenti fonti di energia rinnovabili sono quelle continuamente riprodotte. Esse si dividono in solare, eolica, idraulica, geotermica, del moto ondoso, maremotrice (maree e correnti) e da **biomasse** ( ▶ **Fig. A3.5**).

(a)

(b)

**Figura A3.5**
Fonti di energia rinnovabili;
a) campo di pannelli fotovoltaici;
b) pale eoliche.

### EFFICIENZA ENERGETICA E RISPARMIO ENERGETICO

Il concetto di "efficienza energetica" esprime la capacità di produrre gli stessi beni e servizi con meno energia con il risultato di avere un minor impatto sull'ambiente e minori costi per aziende. L'efficienza energetica comporta il risparmio energetico che significa ridurre i consumi di energia necessaria per le attività produttive. Il risparmio energetico si può ottenere sia modificando le abitudini, cercando di limitare gli sprechi, sia migliorando le tecnologie che sono in grado di trasformare e conservare l'energia. L'utilizzo delle fonti alternative e rinnovabili può portare a un risparmio se si considera che, una volta ammortizzato il costo dell'impianto, non vi sono più costi, o addirittura a un'opportunità di guadagno, nel caso si vendesse l'energia prodotta in più.

Al fine della riduzione del consumo di energia e la prevenzione degli sprechi, l'Unione europea favorisce il miglioramento dell'efficienza energetica che dà un contributo decisivo alla competitività, alla sicurezza degli approvvigionamenti e al rispetto degli impegni assunti nel quadro del protocollo di Kyoto sui cambiamenti climatici. Le possibilità di riduzione esistenti sono notevoli, in particolare nei settori a elevato consumo di energia, quali il settore delle industrie manifatturiere. Si sottolinea, infine, che il perseguire l'obiettivo dell'efficienza energetica è propedeutico alla creazione di un sistema di gestione aziendale dell'energia e alla certificazione ISO 50001:2011 "Energy management systems" ( ▶ **Unità V2**, **Vol. 3**).

# UNITÀ A3

## AREA DIGITALE

# VERIFICA DI UNITÀ

Gli esercizi sono disponibili anche nella versione digitale come test interattivi e autocorrettivi

## COMPLETAMENTO

**1.** Il principio dello _____ sostenibile garantisce che il soddisfacimento dei bisogni delle generazioni _____ non possa compromettere la _____ della vita e le possibilità delle generazioni _____.

**2.** Le acque di scarico di un _____ produttivo si possono classificare come segue, in base alla loro origine e caratterizzazione:

a) acque _____ industriali, ovvero acque provenienti da attività artigianali o industriali caratterizzate da _____ specifici generati dall'attività svolta;

b) acque _____ di dilavamento, ovvero acque _____ potenzialmente contaminate in quanto possono trascinare eventuali inquinanti presenti sulle superfici (pavimentate e non pavimentate) che dilavano.

**3.** Le procedure autorizzative "Valutazione di _____ Ambientale (VIA)" e "Autorizzazione _____ Ambientale (AIA o anche IPPC)" si differenziano nel fatto che la VIA si applica alla fase di _____ di un'opera, mentre l'AIA si applica alla fase di _____ di un'opera; entrambe le procedure sono applicabili alle _____ di opere esistenti.

**4.** Lo stoccaggio dei rifiuti pericolosi può avvenire in un deposito _____ oppure in una _____ . Il deposito _____ è uno stoccaggio di rifiuti effettuato dal _____

nel luogo nel quale gli stessi vengono prodotti.

La _____ è definita come area adibita a _____ dei rifiuti mediante operazioni di deposito sul suolo o nel suolo.

## SCELTA MULTIPLA

**5.** Le emissioni termiche:

a) riguardano solo le emissioni idriche

b) riguardano solo le emissioni in atmosfera

c) riguardano sia le emissioni in atmosfera sia le emissioni idriche

d) riguardano solo le emissioni acustiche

**6.** Il riutilizzo dei rifiuti per produrre energia (mediante incenerimento) è:

a) il riciclaggio

b) il recupero di altre tipologie di rifiuti

c) la riduzione

d) lo smaltimento

## VERO O FALSO

**7.** Il DLgs n. 21/2008 è definito Testo Unico Ambientale o Codice Ambientale.

Vero ☐          Falso ☐

**8.** Le radiazioni elettromagnetiche sono radiazioni non ionizzanti.

Vero ☐          Falso ☐

**9.** Il codice CER identifica uno specifico rifiuto.

Vero ☐          Falso ☐

**10.** Le aziende non hanno l'obbligo di non miscelare i rifiuti pericolosi con quelli non pericolosi.

Vero ☐          Falso ☐

47

# MODULO A
## VERIFICA FINALE DI MODULO

Si consideri un'azienda manifatturiera, operante nei settori della saldatura e molatura di componenti in acciaio. L'allievo, tenendo conto delle esigenze relative alla sicurezza, salute e prevenzione dagli infortuni, descriva:

— la normativa nazionale e comunitaria applicabile alla sicurezza e salute sul lavoro;

— almeno sei tipi di rischio presenti nell'ambiente di lavoro;

— i dispositivi di protezione individuali da utilizzare;

— i dispositivi di protezione collettiva da utilizzare;

— quattro requisiti di salute e sicurezza che i luoghi di lavoro devono avere;

— tre requisiti di sicurezza che le attrezzature di lavoro devono avere.

L'allievo, infine, descriva le caratteristiche dell'impatto ambientale dell'azienda.

Tempo assegnato: due (2) ore.

# MODULO B

# METROLOGIA

## PREREQUISITI

### Conoscenze

- Gli elementi di geometria piana e solida, le equazioni di primo grado a un'incognita, il sistemi di equazioni lineari e il concetto di media aritmetica.
- Il concetto di equazione dimensionale, le definizioni delle grandezze fisiche (dimensionali, di massa, di forza, termiche, elettriche, di tempo, di frequenza, acustiche, ottiche).
- La struttura dell'atomo e il concetto di molecola, gli stati di aggregazione della materia e i simboli chimici.
- I concetti di rugosità e di tolleranza, le modalità di rappresentazione del disegno tecnico.

### Abilità

- Presentare i dati numerici in forma tabellare.
- Rappresentare i dati numerici in un diagramma.
- Eseguire le equivalenze.
- Associare gli elementi chimici ai relativi simboli e viceversa.
- Interpretare un disegno meccanico.

### AREA DIGITALE

- **Approfondimento**
  B1.4 Tolleranze dimensionali
- **Video**
  Controllo di ruote dentate con una macchina di misura a coordinate
- **Verifiche interattive**
- **Approfondimento** CLIL Lab
  The innovative hammer for impact test

Ulteriori esercizi e Per documentarsi  hoeplischola.it

## OBIETTIVI

### Conoscenze

- La metrologia applicabile ai materiali, ai prodotti e ai processi produttivi.
- Le misure dimensionali di massa e forza e i relativi dispositivi di misurazione.
- Le misure elettriche di tempo e frequenza e i relativi dispositivi di misurazione.
- Le misure termiche e i relativi dispositivi di misurazione.
- Le misure fotometriche e acustiche e i relativi dispositivi di misurazione.

- Le problematiche metrologiche connesse alle misure non tradizionali.

### Abilità

- Descrivere l'organizzazione della metrologia.
- Utilizzare correttamente le unità di misura.
- Effettuare le misurazioni per le diverse grandezze e valutare l'incertezza di misura.

### Competenze di riferimento

- Misurare, elaborare e valutare grandezze e caratteristiche tecniche con l'opportuna strumentazione.
- Organizzare il processo produttivo contribuendo a definire le modalità di realizzazione, controllo e collaudo del prodotto.
- Affrontare le problematiche di garanzia della riferibilità nei metodi di misura non tradizionali dei prodotti e dei processi produttivi.

### UNITÀ B1
METROLOGIA DEI MATERIALI, DEI PRODOTTI E DEI PROCESSI PRODUTTIVI

### UNITÀ B2
MISURE E DISPOSITIVI DI MISURAZIONE

# AREA DIGITALE

# VERIFICA PREREQUISITI

Gli esercizi sono disponibili anche nella versione digitale come test interattivi e autocorrettivi

## COMPLETAMENTO

1. Completare il seguente abbinamento di un concetto fisico plausibile (energia, potenza, massa) a un prodotti o azione.
   a) Ferro da stiro: energia termica
   b) Calamita: _____
   c) Chicco di grandine: _____
   d) Ghiaccio: _____
   e) Salire una scala: _____ (lavoro)

2. Completare l'elenco delle particelle che compongono l'atomo, indicandone anche la relativa natura elettrica: elettrone (carica elettrica negativa); protone (_____); neutrone (elettricamente _____).

3. Indicare quali grandezze esprimono le seguenti formule fisiche.
   a) $a = \Delta V/t$ accelerazione
   b) $F = m \cdot a$ _____
   c) $p = F/S$ _____
   d) $v = \Delta s/t$ _____
   e) $P = \Delta E/t$ _____

4. Gli stati di aggregazione della materia sono solido, _____, gas; i relativi passaggi da uno stato all'altro e viceversa sono:
   a) passaggio solido - liquido: _____
   b) passaggio liquido - solido: _____
   c) passaggio solido - gas: _____
   d) passaggio gas - solido: _____
   e) passaggio liquido - gas: _____
   f) passaggio gas - liquido: _____

## SCELTA MULTIPLA

5. Indicare le dimensioni di un foglio di formato A4 e di un foglio di formato A3.
   a) A3: 297 × 420 mm; A4: 210 × 297 mm
   b) A3: 295 × 422 mm; A4: 211 × 295 cm
   c) A3: 297 × 420 cm; A4: 210 × 297 mm
   d) A3: 307 × 420 mm; A4: 240 × 297 mm

6. Indicare l'unità di misura corretta per le quote del disegno di un pezzo meccanico da realizzare.
   a) m    b) dm    c) cm    d) mm

7. Calcolare il valore della superficie di un rettangolo di lati pari a 28 mm e 23 mm, privo di una parte circolare di diametro pari a 12 mm.
   a) 529 mm$^2$    b) 531 mm$^2$
   c) 533 mm$^2$    d) 521 mm$^2$

8. La media aritmetica dei valori numerici 12, 12, 13, 15, 17, 17, 21 vale:
   a) 15,28    b) 16,04    c) 15,15    d) 15,22

## VERO O FALSO

9. Il simbolo chimico del sodio è Na.
   Vero ☐    Falso ☐

10. Il simbolo chimico del tungsteno è W.
    Vero ☐    Falso ☐

11. Il valore dell'incognita dell'equazione $\frac{2}{x} = 3$ è $x = \frac{2}{3}$.
    Vero ☐    Falso ☐

12. Il valore delle incognite del sistema $2 + 3x = 5$; $x + y = 10$ è $x = 1$; $y = 9$.
    Vero ☐    Falso ☐

MODULO B  METROLOGIA

# METROLOGIA DEI MATERIALI, DEI PRODOTTI E DEI PROCESSI PRODUTTIVI

**B1**

## Obiettivi

### Conoscenze

- Il Sistema Internazionale di unità di misura (SI) e le grandezze non SI accettate.
- La terminologia e le caratteristiche metrologiche dei dispositivi di misurazione.
- I concetti fondamentali dell'incertezza di misura e le relative definizioni.
- La tipologia della strumentazione e i sensori usati in metrologia.
- Le metodologie di controllo e gestione delle misurazioni.

### Abilità

- Ricavare le unità di misura derivate.
- Scrivere correttamente i simboli delle unità di misura.
- Valutare l'incertezza di misura.
- Descrivere le caratteristiche metrologiche della strumentazione.
- Descrivere il principio fisico di funzionamento dei sensori.
- Descrivere la funzione della taratura delle apparecchiature di misura e collaudo.

## PER ORIENTARSI

Oggigiorno i **prodotti** immessi sul mercato devono soddisfare crescenti richieste di **qualità**, affidabilità e sicurezza.

Assicurare la qualità e l'affidabilità dei prodotti significa poter garantire tolleranze di lavorazione sempre più strette, intercambiabilità dei pezzi nelle produzioni di serie e prestazioni d'esercizio continue e uniformi nel tempo.

Garantire la sicurezza dei prodotti consente l'assenza di difetti pericolosi per la salute degli utilizzatori e la riduzione degli effetti dannosi per l'ambiente.

Qualità, affidabilità e sicurezza si ottengono con un'adeguata metrologia, in grado di controllare le caratteristiche dei materiali impiegati, dei **processi** di produzione e dei prodotti ottenuti.

La metrologia si occupa dei seguenti argomenti:
— determinazione delle grandezze fondamentali e individuazione di una sola unità di misura per ciascuna grandezza;
— ricerca dei mezzi e dei metodi per trasferire e diffondere le unità di misura negli ambienti industriali e commerciali.

In conclusione, la metrologia è presente in ogni fase della realizzazione dei prodotti ( ▸ **Fig. B1.1** ) e tale presenza è giustificata dalla necessità di realizzare pezzi sempre più affidabili, sicuri e di qualità.

Lo scopo della metrologia è quello di individuare un sistema di misura unico, avente proprietà d'invariabilità nel tempo e nello spazio.

### PER COMPRENDERE LE PAROLE

**Prodotto**: risultato di un processo.

**Qualità**: grado in cui un insieme di caratteristiche intrinseche (ovvero sempre presenti) soddisfa i requisiti, cioè le esigenze o aspettative che possono essere espresse.

**Processo**: insieme di attività correlate o interagenti, che trasformano elementi in entrata in elementi in uscita.

**Figura B1.1**
A Tebe, nell'antico Egitto (1450 a.C.), i tagliatori lavoravano i blocchi di pietra e gli ispettori del Faraone misuravano la quadratura dei blocchi con una corda.

## B1.1 METROLOGIA: ORGANIZZAZIONE, UNITÀ DI MISURA, TERMINOLOGIA

| COME SI TRADUCE... | |
|---|---|
| ITALIANO | INGLESE |
| *Metrologia* | *Metrology* |

### ORGANIZZAZIONE

La **metrologia** è la scienza delle misure. Essa si suddivide in:
— *metrologia generale*, che tratta la terminologia, le definizioni e le caratteristiche generali dei dispositivi di misura, indipendentemente dalle grandezze misurate;
— *metrologia scientifica*, che tratta la definizione delle unità di misura, il miglioramento dei campioni, la determinazione delle costanti fisiche, la formulazione di teorie sugli errori;
— *metrologia tecnica*, che tratta la realizzazione e la disseminazione dei campioni, compresi quelli di lavoro, o secondari, usati per il controllo della qualità dei prodotti;
— *metrologia legale*, che tratta i rapporti commerciali (▶ **Fig. B1.2**), in modo da garantire le qualità dei dispositivi di misura.

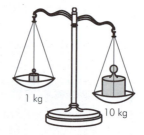 

**Figura B1.2**
La metrologia legale opera nell'ambito dei rapporti commerciali.

**Figura B1.3**
Logo di alcuni Organismi di normazione.

### Metrologia internazionale e nazionale

La globalizzazione dell'economia comporta lo spostamento in ogni parte del mondo di capitali e tecnologie, impianti e dispositivi, beni e servizi, risorse e informazione. Ciò pone l'esigenza di misurare in modo coerente e universalmente accettato i beni e i servizi scambiati.

La conformità a una normativa internazionale, universalmente riconosciuta, agevola gli scambi, in quanto non sono più necessari i controlli tecnici a ciascun passaggio e su ogni aspetto del bene scambiato, ma sono sufficienti quelli fatti una sola volta.

Nella **tabella B1.1** sono riportati, suddivisi per settore di competenza, i maggiori organismi che operano a livello internazionale, europeo e italiano nell'ambito della normazione scientifica e tecnica (▶ **Fig. B1.3**).

La metrologia moderna è nata, alla fine del 1800, con la firma della *Convenzione del metro*. Scopo fondamentale del trattato, cui aderiscono i Paesi più industrializzati, è la definizione del *Sistema Internazionale di unità di misura* (*SI*) e la sua diffusione nel mondo.

**Tabella B1.1** Organismi di normazione

| Settore di competenza | Livello internazionale | Livello europeo | Livello italiano |
|---|---|---|---|
| Elettotecnica ed elettronica | **IEC** International Electrotechnical Commission | **CENELEC** Comité Européen de Normalization Electrotechnique | **CEI** Comitato Elettrotecnico Italiano |
| Tutti gli altri settori | **ISO** International Standard Organization | **CEN** Comité Européen de Normalization | **UNI** Unificazione Italiana |

Gli Istituti Metrologici primari sono gli Organismi nazionali di ciascuno Stato membro che provvedono alla realizzazione, al mantenimento e alla diffusione delle unità SI nel singolo Stato. Inoltre essi realizzano e conservano i campioni primari delle diverse grandezze fisiche, per consentire il confronto e la verifica dei campioni secondari da diffondere nel territorio nazionale.

**Metrologia e produzione**
La prima fase del processo di misurazione di un fenomeno consiste nella scelta della grandezza da misurare, attraverso cui si perviene a un risultato che sia in relazione con il fenomeno stesso. Le altre fasi che portano al completamento del ciclo di misurazione sono:
— la scelta dell'apparecchiatura di misura (▶ **Fig. B1.4**) e determinazione di tutte le più importanti caratteristiche (portata, sensibilità, precisione ecc.);

**Figura B1.4**
La scelta dell'apparecchiatura di misura deve essere coerente con il tipo di fenomeno da esaminare.

## PER COMPRENDERE LE PAROLE

**Errore sistematico:** errore che si verifica in maniera ripetitiva durante l'effettuazione di una misura.

**Omogeneo:** stabilite le grandezze fisiche e le unità corrispondenti, da esse derivano tutte le altre grandezze e unità corrispondenti, facendo ricorso alle relazioni fisiche che le legano a quelle scelte.

**Assoluto:** le unità scelte sono invariabili in ogni tempo e in ogni luogo.

**Coerente:** un'unità di misura si ottiene da altre mediante prodotti o rapporti, il cui valore è sempre unitario; per esempio, 1 N è uguale al prodotto della massa di 1 kg per l'accelerazione di $1 \text{ m/s}^2$.

**Decimale:** oltre alle unità scelte, si utilizzano multipli e sottomultipli decimali delle stesse unità.

— la scelta del modo di esecuzione della misura, definendo le condizioni che consentono di pervenire a risultati che esprimano con esattezza l'andamento del fenomeno in esame;
— la determinazione delle qualità di uno strumento di misura, individuando i mezzi e stabilendo i metodi e la frequenza con cui lo strumento deve essere tarato, affinché mantenga costantemente le sue caratteristiche entro i limiti di precisione richiesti;
— la definizione delle condizioni migliori di uso dello strumento, tenendo conto del maggior numero possibile di grandezze d'influenza, e ciò per avere la sicurezza che i valori delle misure non siano affetti da **errori sistematici**.

Al termine del ciclo operativo di misurazione i risultati ottenuti devono essere analizzati ed elaborati, al fine di assegnare loro il significato e l'interpretazione corretti; ciò non richiede più strumenti di misura, bensì la conoscenza di metodi matematici. Analizzando le varie fasi della produzione di un manufatto, si possono trarre alcune importanti conclusioni:
— la metrologia interviene in tutte le fasi della produzione (dall'accettazione delle materie prime al collaudo del prodotto finito); non si limita ai controlli dimensionali, come era inteso fino agli anni passati, ma include ogni tipo di verifica che va dalle misure meccaniche a quelle termiche, a quelle elettriche;
— gli strumenti di misura devono essere riferibili a un campione primario;
— i livelli di precisione dei controlli dipendono dalla qualità dei prodotti, pertanto, a prodotti di elevata qualità corrisponde una metrologia di qualità, cioè di precisione.

## UNITÀ DI MISURA

### Sistema Internazionale di unità di misura (SI)

Un sistema di unità di misura è l'insieme delle unità e dei loro multipli e sottomultipli, a mezzo dei quali è possibile misurare tutte le grandezze fisiche. La XI CGPM (Conferenza Generale dei Pesi e delle Misure) ha adottato il *Sistema Internazionale di unità di misura (SI)* nel 1960.

Il SI è un sistema **omogeneo**, **assoluto**, **coerente** e **decimale**, nato dallo sviluppo e dal miglioramento dei sistemi precedenti.

Esso è costituito da due classi di unità:
— *unità di base*;
— *unità derivate*.

### Unità SI di base

Le *unità di base* sono 7: metro, kilogrammo, secondo, ampere, kelvin, mole e candela ( ▸ **Tab. B1.2**); esse sono dimensionalmente indipendenti, nessuna può essere espressa come funzione delle altre, anche se a volte la definizione di un'unità fa riferimento ad altre unità, come avviene per il metro, l'ampere, la candela e la mole.

Esse sono scelte e definite in modo da poter essere realizzate con la migliore precisione possibile allo stato attuale della tecnologia; per questo motivo le definizioni sono soggette a modifiche anche sostanziali, senza peraltro che vari il nome dell'unità e, entro le incertezze sperimentali, il valore del campione che le realizza.

**MODULO B** METROLOGIA

**Tabella B1.2** Unità SI di base

| Grandezza | Unità SI | | Definizione |
|-----------|----------|---------|-------------|
| | **Nome** | **Simbolo** | |
| Lunghezza | metro | m | È la lunghezza del tragitto compiuto dalla luce nel vuoto in un intervallo di tempo di 1/299 792 458 di secondo; è così fissata, per definizione, la velocità della luce in 299 792 458 m/s |
| Massa | kilogrammo | kg | È l'unità di massa ed è uguale alla massa del prototipo internazionale, costituito da un cilindro di platino iridio, conservato presso il BIPM (Bureau International des Poids et Mesures) |
| Tempo | secondo | s | È l'intervallo di tempo che contiene 9 192 631 770 periodi della radiazione corrispondente alla transizione tra due livelli dello stato fondamentale dell'atomo di cesio 133 |
| Intensità di corrente elettrica | ampere | A | È l'intensità di corrente elettrica che, mantenuta costante in due conduttori paralleli di lunghezza infinita, di sezione circolare trascurabile e posti alla distanza di 1 m l'uno dall'altro, nel vuoto, produrrebbe tra i due conduttori la forza di $2 \times 10^{-7}$ N per ogni metro di lunghezza |
| Temperatura termodinamica | kelvin | K | È il rapporto 1/273,16 della temperatura termodinamica del punto triplo dell'acqua; la temperatura termodinamica è indicata con $T$; il valore numerico della temperatura Celsius (indicata con $t$), espresso in gradi Celsius, è data da: $t_{[°C]} = T_{[°K]} - 273,16$ |
| Quantità di sostanza | mole | mol | È la quantità di sostanza che contiene un numero di particelle uguale al numero di atomi presenti in 0,012 kg dell'isotopo 12 del carbonio |
| Intensità luminosa | candela | cd | È l'intensità luminosa, in una data direzione, di una sorgente che emette una radiazione monocromatica di frequenza $540 \times 1012$ Hz e la cui intensità energetica in quella direzione è 1/683 W allo steradiante |

### Unità SI derivate

Le *unità derivate* (▶ **Tab. B1.3, Fig. B1.5**) sono ottenute combinando fra loro le unità di base in monomi del tipo seguente:

$$1\,\mathrm{m}^{\alpha} \times 1\,\mathrm{kg}^{\beta} \times 1\,\mathrm{s}^{\gamma} \times 1\,\mathrm{A}^{\delta} \times 1\,\mathrm{mol}^{\xi} \times 1\,\mathrm{cd}^{\eta}$$

in cui gli esponenti sono indicati con numeri interi (compreso lo 0).

**Tabella B1.3** Unità SI derivate  (continua)

| Grandezza | Unità SI | | Espressione in funzione di altre unità SI | Espressione in funzione delle unità SI di base |
|-----------|----------|---------|------------------|------------------|
| | **Nome** | **Simbolo** | | |
| Angolo piano | radiante | rad | – | $\mathrm{m} \cdot \mathrm{m}^{-1}$ |
| Angolo solido | steradiante | sr | – | $\mathrm{m}^2 \cdot \mathrm{m}^{-2}$ |
| Frequenza | hertz | Hz | – | $\mathrm{s}^{-1}$ |
| Forza | newton | N | – | $\mathrm{m} \cdot \mathrm{kg} \cdot \mathrm{s}^{-2}$ |
| Pressione | pascal | Pa | $\mathrm{N/m^2}$ | $\mathrm{m}^{-1} \cdot \mathrm{kg} \cdot \mathrm{s}^{-2}$ |
| Energia, lavoro, quantità di calore | joule | J | Nm | $\mathrm{m}^2 \cdot \mathrm{kg} \cdot \mathrm{s}^{-2}$ |
| Potenza, flusso energetico | watt | W | J/s | $\mathrm{m}^2 \cdot \mathrm{kg} \cdot \mathrm{s}^{-3}$ |

## Tabella B1.3 Unità SI derivate (segue)

| Grandezza | Unità SI Nome | Unità SI Simbolo | Espressione in funzione di altre unità SI | Espressione in funzione delle unità SI di base |
|---|---|---|---|---|
| Carica elettrica | coulomb | C | – | s A |
| Potenziale elettrico, tensione elettrica | volt | V | W/A | $m^2 \cdot kg \cdot s^3 \cdot A^{-1}$ |
| Capacità elettrica | farad | F | C/V | $m^{-2} \cdot kg^{-1} \cdot s^4 \cdot A^2$ |
| Resistenza elettrica | ohm | $\Omega$ | V/A | $m^2 \cdot kg \cdot s^{-3} \cdot A^{-2}$ |
| Conduttanza elettrica | siemens | S | A/V | $m^{-2} \cdot kg^{-1} \cdot s^3 \cdot A^2$ |
| Flusso d'induzione magnetica | weber | Wb | Vs | $m^2 \cdot kg \cdot s^{-2} \cdot A^{-1}$ |
| Induzione magnetica | tesla | T | Wb/m$^2$ | $kg \cdot s^{-2} \cdot A^{-1}$ |
| Induttanza | henry | H | Wb/A | $m^2 \cdot kg \cdot s^{-2} \cdot A^{-2}$ |
| Flusso luminoso | lumen | lm | – | $cd \cdot sr$ |
| Illuminamento | lux | lx | lm/m$^2$ | $m^{-2} \cdot cd \cdot sr$ |
| Attività (di un radionuclide) | becquerel | Bq | – | $s^{-1}$ |
| Dose assorbita | gray | Gy | J/kg | $m^2 \cdot s^{-2}$ |
| Equivalente di dose | sievert | Sv | J/kg | $m^2 \cdot s^{-2}$ |
| Attività catalitica | katal | Kat | – | mol/s |

**Figura B1.5**
Schema di determinazione dell'unità derivata della pressione:

$$\text{pressione} = \frac{\text{massa} \times \text{accelerazione}}{\text{superficie}} = \frac{\text{forza}}{\text{superficie}} = \frac{F}{S}$$

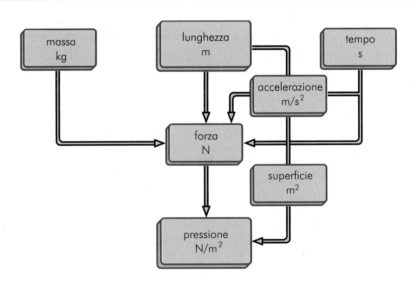

Per indicare simboli, coefficienti, fattori, angoli, parametri, numeri e rapporti, vengono spesso utilizzate le lettere dell'alfabeto greco (▶ **Tab. B1.4**).

## Tabella B1.4 Alfabeto greco (continua)

| Lettera | Carattere Maiuscolo | Carattere Minuscolo | Lettera | Carattere Maiuscolo | Carattere Minuscolo |
|---|---|---|---|---|---|
| Alfa | $A$ | $\alpha$ | Epsilon | $E$ | $\varepsilon$ |
| Beta | $B$ | $\beta$ | Zeta | $Z$ | $\zeta$ |
| Gamma | $\Gamma$ | $\gamma$ | Eta | $H$ | $\eta$ |
| Delta | $\Delta$ | $\delta$ | Teta | $\Theta$ | $\theta$ |

**Tabella B1.4** Alfabeto greco (segue)

| Lettera | Carattere | | Lettera | Carattere | |
|---------|-----------|---|---------|-----------|---|
| | **Maiuscolo** | **Minuscolo** | | **Maiuscolo** | **Minuscolo** |
| Iota | $I$ | $\iota$ | Ro | $P$ | $\rho$ |
| Cappa | $K$ | $\kappa$ | Sigma | $\Sigma$ | $\sigma$ |
| Lambda | $\Lambda$ | $\lambda$ | Tau | $T$ | $\tau$ |
| Mu | $M$ | $\mu$ | Upsilon | $Y$ | $\upsilon$ |
| Nu | $N$ | $\nu$ | Fi | $\Phi$ | $\varphi, \phi$ |
| Csi | $\Xi$ | $\xi$ | Chi | $X$ | $\chi$ |
| Omicron | $O$ | $o$ | Psi | $\Psi$ | $\psi$ |
| Pi | $\Pi$ | $\pi$ | Omega | $\Omega$ | $\omega$ |

## Multipli e sottomultipli

Quando l'unità SI è troppo grande o troppo piccola per certe misurazioni, si possono usare i rispettivi multipli o sottomultipli decimali (▸ **Tab. B1.5**).

Tra le unità SI di base, l'unità di massa è la sola il cui nome contiene, per ragioni storiche, un prefisso. I multipli e sottomultipli dell'unità di massa si formano aggiungendo i nomi del prefisso all'unità *grammo* e il simbolo del prefisso al simbolo dell'unità g, per esempio: $10^{-6}\,\text{kg} = 1\,\text{mg}$ (milligrammo) e non $1\,\mu\text{kg}$ (microkilogrammo).

**Tabella B1.5** Multipli e sottomultipli

| Fattore di moltiplicazione | | Prefisso | |
|---|---|---|---|
| **Notazione numerica** | **Notazione scientifica** | **Nome** | **Simbolo** |
| 1 000 000 000 000 000 000 000 000 | $10^{24}$ | yotta | Y |
| 1 000 000 000 000 000 000 000 | $10^{21}$ | zetta | Z |
| 1 000 000 000 000 000 000 | $10^{18}$ | exa | E |
| 1 000 000 000 000 000 | $10^{15}$ | peta | P |
| 1 000 000 000 000 | $10^{12}$ | tera | T |
| 1 000 000 000 | $10^{9}$ | giga | G |
| 1 000 000 | $10^{6}$ | mega | M |
| 1000 | $10^{3}$ | kilo | k |
| 100 | $10^{2}$ | etto | h |
| 10 | $10^{1}$ | deca | da |
| 0,1 | $10^{-1}$ | deci | d |
| 0,01 | $10^{-2}$ | centi | c |
| 0,001 | $10^{-3}$ | milli | m |
| 0,000001 | $10^{-6}$ | micro | $\mu$ |
| 0,000000001 | $10^{-9}$ | nano | n |
| 0,000000000001 | $10^{-12}$ | pico | p |
| 0,000000000000001 | $10^{-15}$ | femto | f |
| 0,000000000000000001 | $10^{-18}$ | atto | a |
| 0,000000000000000000001 | $10^{-21}$ | zepto | z |
| 0,000000000000000000000001 | $10^{-24}$ | yocto | y |

## Unità non SI ammesse

Diverse unità, pur non appartenendo al Sistema Internazionale, sono talmente utilizzate da non poter essere eliminate; si tratta di alcune unità di misura del tempo (giorno, ora, minuto), dell'angolo (grado, minuto, secondo di angolo) e di altre ancora indicate nella **tabella B1.6**.

**Tabella B1.6** Unità non SI ammesse

| Nome | Simbolo | Valore in unità SI |
|---|---|---|
| Minuto | min | $1\,min = 60\,s$ |
| Ora | h | $1\,h = 60\,min = 3600\,s$ |
| Giorno | d | $1\,d = 24\,h = 86\,400\,s$ |
| Grado sessagesimale | ° | $1° = (\pi/180)\,rad$ |
| Minuto di angolo | ' | $1' = (1/60)° = (\pi/10\,800)\,rad$ |
| Secondo di angolo | " | $1" = (1/60)' = (\pi/648\,000)\,rad$ |
| Litro | l, L | $1\,l = 1\,dm^3 = 10^{-3}\,m^3$ |
| Tonnellata | t | $1\,t = 10^3\,kg$ |
| Bar | bar | $1\,bar = 10^5\,Pa$ |

## Regole di scrittura delle unità di misura e dei prefissi

I nomi delle unità sono nomi comuni, quindi si scrivono con l'iniziale minuscola, anche se alcuni di essi derivano da nomi propri di scienziati (come, per esempio, ampere e kelvin), eccetto il *grado Celsius*. I nomi delle unità SI restano invariati al plurale; nella lingua italiana fanno eccezione i nomi delle seguenti unità e dei loro multipli e sottomultipli: metro (metri), secondo (secondi), grammo (grammi), mole (moli), candela (candele), radiante (radianti), steradiante (steradianti), grado Celsius (gradi Celsius), minuto (minuti), ora (ore), grado (gradi), litro (litri) e tonnellata (tonnellate).

Il simbolo delle unità deve essere usato solo quando l'unità è accompagnata dal valore numerico e deve essere scritto nel seguente modo:

— in tondo, ovvero il carattere non deve essere corsivo (per esempio, A e non *A*);
— dopo il valore numerico;
— senza essere seguito da un punto (a meno che non si tratti ovviamente del punto di fine periodo), poiché si tratta di simboli e non di abbreviazioni;
— esclusivamente al singolare.

Quando l'unità non è accompagnata dal valore numerico, deve essere scritta per esteso e non con il simbolo.

Il prefisso precede l'unità di misura con la quale forma il multiplo e il sottomultiplo; esso non può essere usato da solo, né si possono usare due prefissi consecutivi. Occorre evitare di scrivere o dire: «1 micro» o «1 μ»; non si devono usare prefissi composti formati da due o più prefissi: è corretto scrivere «1 nm», mentre è sbagliato scrivere «2 mμm».

Il gruppo, formato dal prefisso e dall'unità, costituisce un unico simbolo indivisibile; esso può essere elevato a un esponente positivo o negativo e combinato con simboli di altre unità per formare unità composte.

Per comprendere meglio quanto è stato esposto in precedenza, conviene esaminare con attenzione i seguenti esempi:
— $1\,cm^3 = (10^{-2}\,m)^3 = 10^{-6}\,m^3$;
— $1\,\mu s^{-1} = (10^{-6}\,s)^{-1} = 10^6\,s^{-1}\,(=1\,MHz)$;
— $1\,V/cm = (1\,V)/(10^{-2}\,m) = 10^2\,V/m$;
— $1\,cm^{-1} = (10^{-2}\,m)^{-1} = 10^2\,m^{-1}$.

## TERMINOLOGIA

Nell'ambito delle applicazioni industriali, il **tecnologo** ( ▸ **Fig. B1.4**) deve utilizzare la corretta terminologia metrologica, applicabile alla **tecnologia meccanica**. Di seguito sono riportati alcuni dei termini più utilizzati, suddivisi nei quattro ambiti: grandezza, misura, misurazione, dispositivi di misurazione e/o regolazione. Tali termini sono raccomandati soprattutto nella stesura di documenti tecnici (schede tecniche delle apparecchiature, relazioni o rapporti di misurazione e capitolati di acquisto).

### Grandezza

Si definisce *grandezza* ogni quantità, proprietà e condizione usata per descrivere fenomeni variabili in termini di unità di misura.

Si utilizzerà, quindi, questo termine per indicare:
— le grandezze, indipendentemente dai valori assunti e dalla loro applicazione a un particolare prodotto/processo (ne sono un esempio la lunghezza, la pressione e la forza);
— le grandezze associate a un determinato prodotto/processo (per esempio, la lunghezza di un pezzo, la tensione erogata da un alimentatore e la massa di un corpo).

### Misura

La *misura* è un'informazione costituita dal numero, dall'incertezza e dall'unità di misura, assegnata per rappresentare una grandezza in un determinato stato.

La misura di una grandezza non è rappresentata da un unico valore, ma da un'intera *fascia di valore*, di ampiezza pari all'incertezza ( ▸ **Fig. B1.6**).

La fascia di valore è un insieme limitato di numeri con l'unità di misura associata, assegnato globalmente come misura di una grandezza, i cui elementi sono tutti ugualmente validi per rappresentare la grandezza. Gli estremi della fascia appartengono alla fascia stessa. L'*incertezza* di una misura finita è dunque l'intorno limitato e simmetrico del valore di una grandezza, corrispondente agli elementi della fascia di valore.

**PER COMPRENDERE LE PAROLE**

**Tecnologo**: figura professionale emergente che progetta e gestisce i processi di lavorazione, assicurando la qualità dei prodotti.

**Tecnologia**: deriva dal greco *téchne* (arte del saper fare) e *lógos* (discorso, studio).

**Tecnologia meccanica**: studio dei procedimenti per produrre manufatti metallici finiti, partendo dalla materia prima, utilizzando opportune macchine, attrezzature e processi.

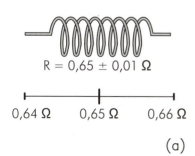

(a)

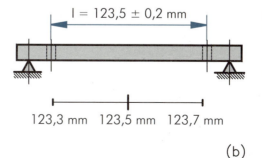

(b)

**Figura B1.6**
Fascia di valore $\pm \Delta l$:
a) caso della resistenza elettrica di un conduttore;
b) caso della lunghezza di un pezzo.

**PER COMPRENDERE LE PAROLE**

**Sistema misurato:** prodotto (materia prima, semilavorato o prodotto finito) o macchinario impiegato in un processo produttivo, caratterizzato, per esempio, dai parametri di temperatura e tempo in un forno industriale.

**Figura B1.7**
Esempio della temperatura come grandezza d'influenza:
a) caso in cui la temperatura non è una grandezza d'influenza;
b) caso in cui la temperatura è una grandezza d'influenza. Tale grandezza non altera lo stato del sistema misurato (quindi neppure il valore del parametro misurato, ovvero la lunghezza), bensì la relazione tra segnali di uscita e misurandi.

## Misurazione

La *misurazione* è l'insieme delle operazioni materiali ed elaborative compiute mediante appositi dispositivi posti in interazione con il **sistema misurato**; essa ha lo scopo di individuare la misura di una grandezza assunta come parametro di tale sistema.

Per la corretta conduzione di una misurazione è molto importante definire le *grandezze d'influenza*, ovvero quelle grandezze che influiscono sulla misurazione e/o regolazione del sistema misurato (▶ **Fig. B1.7**).

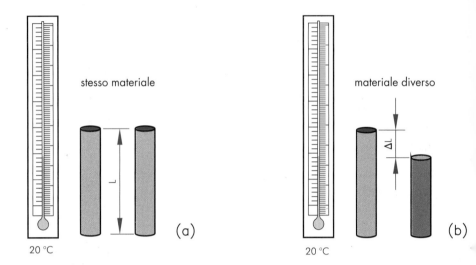

## Dispositivi di misurazione e/o regolazione

I dispositivi di misurazione e/o regolazione si classificano in campioni materiali e strumenti.

Il *campione materiale* è un apparecchio che riproduce, durante l'uso, uno o più valori noti di una grandezza con un'incertezza nota.

Di seguito sono indicati alcuni esempi di campioni materiali:
— i blocchetti di riscontro; ogni singolo blocchetto assume un valore noto di lunghezza e della relativa incertezza (▶ **Fig. B1.8a**);
— i calibri a tampone (▶ **Fig. B1.8b**);
— la scala di un calibro a corsoio utilizzata come elemento con cui confrontare la lunghezza del pezzo misurato;
— il diapason.

**Figura B1.8**
a) Blocchetti di riscontro.
b) Calibri a tampone.

(a)

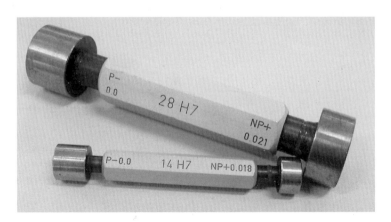
(b)

MODULO B METROLOGIA

Lo *strumento* è un apparecchio che, posto in interazione con il sistema misurato, fornisce un'indicazione dipendente dal valore del parametro che si sta misurando. Di seguito sono indicati alcuni esempi di strumenti.
— Il calibro a corsoio: il sensore è costituito dalle due ganasce poste in interazione con il pezzo da misurare; l'indicazione in uscita viene fornita dal cursore attraverso la scala (campione materiale); il formato di uscita è analogico per l'osservatore umano.
— Il contachilometri dell'automobile: il sensore è il rotismo collegato all'asse delle ruote; il cavo rotante che trasmette l'angolo di rotazione delle ruote al contachilometri è l'interfaccia di trasmissione del segnale; lo stadio di uscita è l'insieme degli ingranaggi del contatore; il formato di uscita è numerico per l'osservatore umano.

Il *segnale di lettura* è il segnale di uscita di uno strumento contenente l'indicazione relativa al valore assunto dal **misurando**. Esso può presentarsi in diversi *formati*, classificabili in **analogico**, **numerico** (o **digitale**) e **a codice**.
Nel caso di uno strumento con formato di uscita si definiscono i termini di seguito elencati (▶ **Fig. B1.9**).
— *Indice*: elemento che, associato alla scala, indica la posizione della parte mobile di uno strumento di cui si osserva la deviazione.
— *Scala graduata*: insieme della graduazione e della numerazione che permette di determinare la lettura.
— *Graduazione*: insieme dei tratti che permettono di determinare la posizione della parte mobile di uno strumento.
— *Divisione*: intervallo fra due tratti consecutivi della graduazione.
— *Numerazione*: insieme dei numeri marcati sulla graduazione.
— *Quadrante*: supporto materiale su cui è tracciata la scala graduata, corredato all'occorrenza di altre iscrizioni e simboli.

### PER COMPRENDERE LE PAROLE

**Misurando**: parametro sottoposto a misurazione, valutato nello stato assunto dal sistema al momento della misurazione stessa.

**Analogico**: indicazione presentata in forma continua (per esempio l'indice mobile su scala graduata come nel caso di un orologio a lancette).

**Numerico o digitale**: indicazione presentata in forma discreta, in corrispondenza biunivoca con il valore della grandezza oggetto di misurazione (per esempio il contachilometri).

**A codice**: indicazione presentata in configurazioni alternative e dipendente dalle classi di valori assunti dalla grandezza oggetto di misurazione (per esempio la spia della riserva di carburante di un'autovettura).

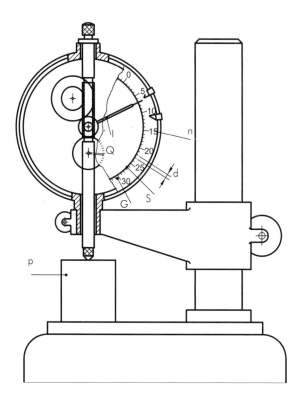

**Figura B1.9**
Strumento con formato di uscita analogico in cui si ricavano i seguenti elementi: l'indice (**I**), la scala graduata (**S**), la graduazione (**G**), la divisione (**D**), la numerazione (**N**), il quadrante (**Q**), il pezzo da misurare (**P**).

| COME SI TRADUCE... | |
|---|---|
| **ITALIANO** | **INGLESE** |
| Portata | Measuring range |
| Incertezza | Uncertainty |

Il *campo di misura* è l'intervallo che comprende i valori di misura assegnabili mediante un dispositivo; il suo limite superiore assoluto è detto **portata**. Se il campo di misura del dispositivo comprende valori di segno opposto viene definita una portata per ciascun segno. Per scegliere adeguatamente un dispositivo di misurazione è necessario conoscerne la *risoluzione*, ovvero la sua capacità di segnalare una piccola variazione del misurando.

Il valore della risoluzione corrisponde alla più piccola variazione di misura che lo strumento può apprezzare; per esempio, un micrometro centesimale ha un valore di risoluzione pari a 0,01 mm (1/100), mentre un calibro a corsoio ventesimale ha un valore di risoluzione pari a 0,05 mm (1/20).

### Misurazioni per confronto e per deviazione

La *misurazione per confronto* (o metodo di zero) corrisponde all'operazione di confronto tra la grandezza fisica in esame e un'altra, della stessa specie, scelta come unità di misura (▶ **Fig. B1.10a**); la *misurazione per deviazione* si basa sulla lettura dello spostamento di un indice su una scala tarata (▶ **Fig. B1.10b**).

**Figura B1.10**
a) La bilancia è lo strumento che realizza la misura per confronto della massa, raggiungendo il suo equilibrio sotto l'azione delle due forze contrastanti dovute al misurando (**M**) e al campione (**C**).
b) Il cronometro è lo strumento che realizza la misura del tempo per deviazione attraverso la semplice lettura sul quadrante.

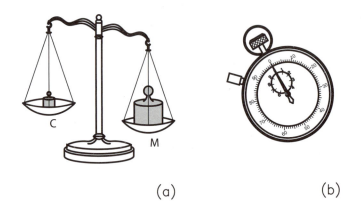

(a)        (b)

In generale, si può affermare che i metodi di misura per confronto sono piuttosto riservati alle misure di laboratorio, mentre le misure per deviazione (più semplici e più veloci) sono utilizzate negli strumenti industriali o di uso corrente.

I metodi di misura per confronto si possono ulteriormente suddividere in *metodi per opposizione* e in *metodi per sostituzione*. La bilancia rappresentata nella **figura B1.10a** esegue una misura per opposizione; la bilancia a un solo piatto esegue invece misure per sostituzione.

## B1.2 INCERTEZZA DI MISURA

### Concetti fondamentali e definizioni

#### Incertezza

Il concetto di **incertezza** integra e supera i tradizionali concetti come "errore" e "analisi dell'errore", che sono stati presenti a lungo nella pratica della metrologia. Nell'esecuzione della misura di una grandezza si accetta che rimanga un'incertezza sul corretto risultato, nonostante siano state valutate tutte le componenti di errore note o ipotizzate e le relative correzioni. Proprio perché errore, esso non può essere conosciuto esattamente, per cui risulta ribadita la correttezza del termine "incertezza"; una misurazione può quindi presentare imperfezioni che danno luogo a un errore nel risultato della misurazione stessa.

L'*incertezza di misura* è un parametro associato al risultato di una misurazione che caratterizza la dispersione dei valori ragionevolmente attribuibili al misurando. Ogni misurazione è caratterizzata da una certa distribuzione statistica dei valori misurati; per rendersene conto è sufficiente ripetere più volte varie misurazioni in condizioni ambientali invariate, constatando così la variabilità dei valori ottenuti, dei quali è possibile farne la stima.

In generale, il risultato di una misurazione è un'approssimazione (o stima), del valore del misurando ed è completo solo quando è accompagnato da una dichiarazione dell'incertezza di quella stima. Si scriverà, pertanto, che il valore della grandezza da misurare $X$ è dato dalla sua stima $x$, gravata dell'**incertezza u**:

$$X = x \pm u$$

### PER COMPRENDERE LE PAROLE

*Incertezza u*: la lettera "u", suggerita dalle norme, è l'iniziale della parola inglese *uncertainty*, che significa per l'appunto "incertezza".

**Potere separatore**: è la capacità di distinguere due punti separati; il potere separatore medio convenzionale dell'occhio è pari a un millesimo della distanza a cui si fa la lettura, pertanto, alla distanza di 300 mm l'occhio è in grado di distinguere due punti distanti tra loro 0,3 mm.

## Errori, effetti e correzioni

A livello concettuale, gli errori possono essere distinti in:
— **errore accidentale**, se si presenta in modo casuale e quindi non prevedibile;
— **errore sistematico**, se si presenta in modo ripetitivo e quindi prevedibile.

Lo schema illustrato nella **figura B1.11** riporta una diversa classificazione degli errori.

### COME SI TRADUCE...

| ITALIANO | INGLESE |
|---|---|
| Errore accidentale | Random error |
| Errore sistematico | Systematic error |

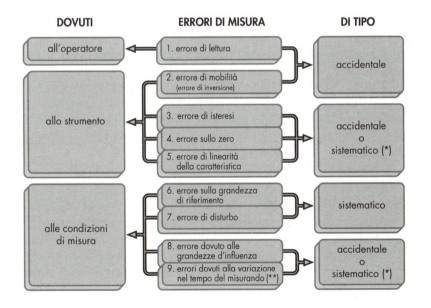

**Figura B1.11**
Classificazione degli errori: sono contrassegnati con un asterisco (*) quelli che vengono corretti, con due asterischi (**) quelli che si riferiscono a misure di tipo dinamico.

Gli errori accidentali e sistematici sono dovuti all'operatore, ai dispositivi di misurazione e alle condizioni di misurazione.

Gli errori dovuti all'operatore sono detti *di lettura*; essi vengono ridotti automatizzando la misura e usando strumenti indicatori digitali. Tali errori sono sempre casuali e sono costituiti dai seguenti fattori:
— **potere separatore** dell'occhio e del sistema ottico utilizzato nel dispositivo;
— *errore di parallasse*, provocato dal posizionamento errato dell'occhio (▸ **Fig. B1.12**);

— *errore di interpolazione*, dovuto alla necessità di interpolare la lettura tra una divisione e l'altra; essa è dell'ordine del 10% della larghezza della divisione, a condizione che la scala sia lineare;
— *rumore di fondo*, dovuto al tremolio dell'indice dello strumento.

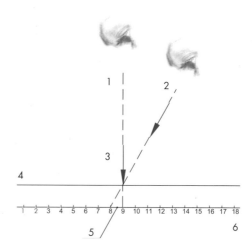

**Figura B1.12**
Errore di lettura di parallasse, in cui sono illustrati la posizione corretta (1) ed errata dell'occhio (2), l'indice dello strumento (3), la traccia del piano in cui oscilla l'indice dello strumento (4), l'errore di parallasse (5), la traccia del piano in cui è riportata la scala dello strumento (6). Tale errore si determina considerando la distanza dell'indice dal quadrante e gli scarti angolari che l'osservatore può fare rispetto alla normale al quadrante, per cui, a una distanza $d=1{,}5$ mm e con un angolo di scarto pari ad $\alpha=\pm12°$ si ottiene il seguente errore:
$d\,\mathrm{tg}\,\alpha = 1{,}5\,\mathrm{tg}\,12° = \pm0{,}3$.

Di seguito sono indicati gli errori dovuti ai dispositivi di misurazione.
— *Errori di mobilità e d'inversione*, di tipo accidentale, dovuti alla discontinuità di funzionamento dello strumento, provocata da giochi, attriti secchi, rugosità dei meccanismi ecc. Alcuni esempi sono rappresentati dal collegamento vite-madrevite di un micrometro e dagli ingranaggi di un comparatore.
— *Errori di isteresi*, dovuti a deformazioni di natura elastica dei meccanismi dei dispositivi, ad attriti secchi o viscosi oppure a effetti di vincolo. Tali errori si manifestano come diversità della caratteristica di funzionamento in salita rispetto a quella in discesa.
— *Errori di zero*, che si verificano quando, dopo ogni lettura, l'organo indicatore non ritorna alla posizione di riferimento che, in genere, è considerata di zero.
— *Errori di linearità* della caratteristica, dovuti a tutte quelle deviazioni sistematiche della caratteristica reale rispetto alla caratteristica nominale, messe in evidenza dalla taratura.

Gli errori legati alle condizioni di misurazione sono:
— *errori del campione di riferimento*, dovuti all'imperfezione del campione usato nella taratura del dispositivo di misura che si trasferisce sul dispositivo stesso;
— *errori di disturbo*, dovuti all'alterazione del misurando, provocata dal dispositivo durante il suo impiego, per cui si osserva sempre un fenomeno che è diverso da quello ideale che si avrebbe senza la sua presenza (▶ **Fig. B1.13**);

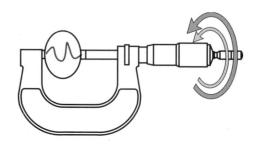

**Figura B1.13**
Errore di disturbo: un micrometro Palmer influenzerà le dimensioni del corpo da misurare a causa della pressione esercitato sul pezzo.

— *errori da grandezze d'influenza* (fattori ambientali), in particolare la temperatura dell'ambiente di prova.

Si può affermare che gli errori casuali tendono a dare valori poco dispersi delle misure, mentre quelli sistematici danno luogo a un'elevata dispersione dei valori delle misure.

Un dispositivo che dà valori poco dispersi possiede le qualità metrologiche di ripetibilità e accuratezza. In ogni caso, è impossibile determinare con assoluta certezza il contributo degli effetti accidentali e sistematici all'errore di misura, per cui non si ha la conoscenza esatta del valore del misurando. L'incertezza del risultato di una misurazione rispecchia tale mancanza di conoscenza.

### PER COMPRENDERE LE PAROLE
**Analisi statistica**: analisi matematica di dati con numerosità assegnata, basata su metodi statistici.

## VALUTAZIONE DELL'INCERTEZZA
### Classificazione delle fonti di incertezza

L'incertezza di misura esprime il fatto che, per un dato misurando e per un dato risultato della sua misurazione, non vi è un solo valore, ma un'infinità di valori (dispersi intorno al valore medio del risultato) che sono compatibili e che possono essere attribuiti al misurando con vari gradi di accettabilità.

In pratica esistono molte possibili fonti di incertezza in una misurazione (▸ **Fig. B1.14**); non necessariamente tali fonti sono indipendenti, infatti, sull'ultima fonte indicata nella **figura B1.14** possono contribuire alcune di quelle enunciate precedentemente.

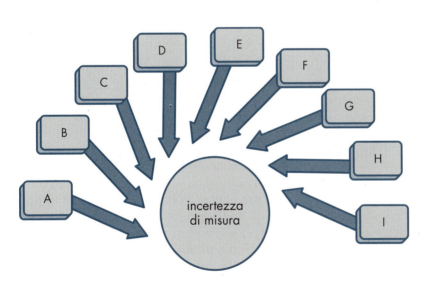

**Figura B1.14**
Rappresentazione delle fonti dell'incertezza: incompleta o imperfetta definizione del misurando (**A**); imperfetta realizzazione del misurando (**B**); non rappresentatività della campionatura (che non rappresenta il misurando definito) scelta per le misurazioni (**C**); inadeguata conoscenza degli effetti delle condizioni ambientali sulla misurazione o imperfetta misurazione di tali condizioni (**D**); errori dell'operatore nella lettura di strumenti analogici (**E**); errori dovuti ai dispositivi di misurazione (**F**); errori dovuti alle condizioni di misurazione come l'inesatta conoscenza dei valori di campioni e di materiali di riferimento (**G**); inesatta conoscenza dei valori di costanti e di parametri ottenuti da fonti esterne e usati nella elaborazione dei dati (**H**); variazioni casuali nei risultati ottenuti da misure ripetute del misurando, in condizioni apparentemente identiche (**I**).

L'incertezza viene valutata con due metodi riportati di seguito.

La *valutazione di tipo A* è un metodo di valutazione dell'incertezza, mediante **analisi statistica**, dell'insieme dei risultati di misurazioni effettuate nelle stesse condizioni.

Esempi di analisi statistica sono il calcolo dello scarto tipo della media di un insieme di osservazioni indipendenti e l'uso del metodo dei minimi quadrati per adattare una curva ai dati, con lo scopo di stimare i parametri della curva e i loro scarti tipo.

La *valutazione di tipo B* è un metodo di valutazione dell'incertezza, mediante mezzi diversi dall'analisi statistica, dell'insieme dei risultati di misurazioni effettuate nelle stesse condizioni.

## PER COMPRENDERE LE PAROLE

**Media aritmetica**: somma di tutti i valori, divisa per il loro numero.

**Scarto tipo**: radice quadrata positiva della varianza; quest'ultima corrisponde alla media corretta dei quadrati delle differenze (con segno) tra ogni singolo valore e la media di tutti i valori; la media corretta si ottiene dividendo la somma dei quadrati per il loro numero diminuito di 1.

Una valutazione di tipo B si basa normalmente sul giudizio scientifico, usando tutte le informazioni rilevanti possibili, che includono:
— dati di precedenti misurazioni;
— esperienza del personale;
— conoscenza generale del comportamento e delle proprietà dei materiali e dispositivi di interesse;
— specifiche tecniche del costruttore;
— dati forniti in certificati di taratura o rapporti simili;
— incertezze assegnate a valori di riferimento estrapolati da manuali.

In conclusione, tale valutazione viene effettuata senza ricorrere a misure ripetute.

### Valutazione dell'incertezza di tipo A

Come esempio di valutazione di tipo *A* si consideri il solo caso della media aritmetica e dello scarto tipo di grandezze misurate ripetutamente. Quando una misurazione è ripetuta nelle stesse condizioni, si può osservare una dispersione dei valori misurati, se la sensibilità del processo di misura è sufficiente. Così, se è stato effettuato un ciclo di $n$ misurazioni indipendenti della grandezza $X$, si ottengono i singoli valori $q_k(k=1,...,n)$. La stima $x$ del valore della grandezza $X$ è assunta uguale alla **media aritmetica** $\bar{q}$ dei valori ottenuti:

$$x = \bar{q} = \frac{1}{n}\left(q_1 + q_2 + q_3 + ... + q_n\right) = \frac{1}{n}\sum_{k=1}^{n} q_k$$

Il secondo parametro importante della distribuzione dei singoli valori $q_k$ è costituito dallo **scarto tipo** $s(q_k)$, dato dal valore positivo della seguente radice quadrata:

$$s(q_k) = \sqrt{\frac{1}{n-1}\left[\left(q_1 - \bar{q}\right)^2 + \left(q_2 - \bar{q}\right)^2 + ... + \left(q_n - \bar{q}\right)^2\right]} = \sqrt{\frac{1}{n-1}\sum_{k=1}^{n}\left(q_k - \bar{q}\right)^2}$$

Il parametro $s$ fornisce un'indicazione di quanto i singoli valori $q_k$ differiscano per effetto del caso l'uno dall'altro, per un ciclo di $n$ misurazioni indipendenti. In realtà, l'obiettivo proposto è determinare l'incertezza della stima $x=\bar{q}$ quando il procedimento di misura è completamente ripetuto, realizzando in tal modo un numero pressoché infinito di misurazioni con i rispettivi cicli.

Per ogni ciclo di misurazioni si otterrà un valore della media aritmetica $\bar{q}$, di conseguenza si avrà una distribuzione statistica delle varie $\bar{q}$ di cui si deve valutare lo scarto tipo. Si può dimostrare che, noti $n$ e $s(q_k)$, il valore stimato dello scarto tipo di $\bar{q}$ è dato dalla seguente relazione:

$$s_x = s(\bar{q}) = \frac{s(q_k)}{\sqrt{n}}$$

Tale scarto tipo, relativo alle $\bar{q}$ dell'insieme dei cicli di misurazioni, è molto più piccolo dello scarto tipo $s(q_k)$ calcolato sui singoli valori di un ciclo di misurazioni (▶ **Fig. B1.15**). Il valore così determinato viene impiegato come misura dell'incertezza cercata $u(x)$ delle misurazioni indipendenti della grandezza $x$.

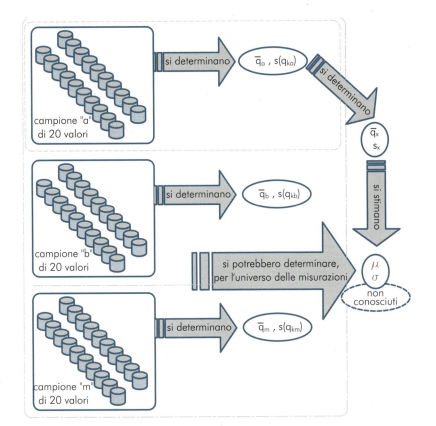

**Figura B1.15**
La valutazione dell'incertezza di un universo di misurazioni indipendenti della grandezza x è ottenuta attraverso la valutazione della media aritmetica e lo scarto tipo di un solo campione di n misurazioni:

— $\bar{q}_{a,b,m}$: media aritmetica dei singoli valori dei campioni a, b, m;
— $s(q_{ka,b,m})$: scarto tipo dei singoli valori a, b, m;
— $\bar{q}_x$: media aritmetica delle medie aritmetiche dell'universo di misurazioni della grandezza x;
— $s_x$: scarto tipo delle medie aritmetiche dell'universo di misurazioni della grandezza x;
— $\mu$: media dell'universo delle misurazioni x;
— $\sigma$: scarto tipo dell'universo delle misurazioni.

Il seguente esempio renderà più chiare le problematiche. Dopo aver portato a ebollizione una certa quantità di acqua pura, alla pressione atmosferica di 101 325 Pa, si effettuano le misurazioni della sua temperatura $T$ (grandezza $x$) con un termometro a colonna di mercurio di adeguata sensibilità. In condizioni ideali, tale misurazione dovrebbe dare sempre il valore di 100 °C.

Invece, per cause aleatorie che influenzano il processo di misura, si ottengono valori diversi l'uno dall'altro, anche se più o meno raggruppati attorno a 100 °C. Nel caso di un numero infinito di misurazioni, i valori ottenuti si distribuirebbero con frequenza secondo una curva a campana, detta *normale* o *gaussiana* (▸ **Fig. B1.16a**). Effettuando, come avviene nella realtà, un numero finito di misurazioni, per esempio 20, si ottengono i valori di temperatura, raggruppati per intervalli di 1 °C (▸ **Tab. B1.7**). Tali valori sono a loro volta rappresentati nell'istogramma riportato nella **figura B1.16b**.

Applicando ai valori le formule descritte precedentemente e ponendo $x=t$, si ottiene:

$$\bar{q} = \frac{1}{20}(96{,}90 + 98{,}18 + \ldots + 102{,}72) = 100{,}145 \text{ °C} \approx 100{,}14 \text{ °C}$$

Il valore così ottenuto, in base ai dati disponibili, è la migliore stima possibile della media $\mu_t$ (▸ **Fig. B1.16a**); la migliore stima possibile dello scarto $\sigma_t$ è ottenuta dalla seguente espressione:

$$s(q_k) = \sqrt{\frac{1}{19}\left[(96{,}90 - 100{,}14)^2 + (98{,}18 - 100{,}14)^2 + \ldots + (102{,}72 - 100{,}14)^2\right]} =$$
$$= 1{,}489 \text{ °C} \approx 1{,}49 \text{ °C}$$

**Figura B1.16**
Tipi di distribuzione di frequenza.
a) Distribuzione con frequenza secondo una curva a campana, detta "normale" o "gaussiana", simmetrica rispetto alla media aritmetica $\mu$ e caratterizzata da una dispersione data dal parametro $\sigma$. È interessante notare che l'intervallo $(\mu \pm \sigma)$ contiene il 68% dei valori misurati; l'intervallo $(\mu \pm 2\sigma)$ contiene il 95%; infine l'intervallo $(\mu \pm 3\sigma)$ contiene il 99%.
b) Distribuzione con frequenza secondo un istogramma, il cui andamento, al crescere del numero delle misure, tende a disporsi secondo una curva a campana.

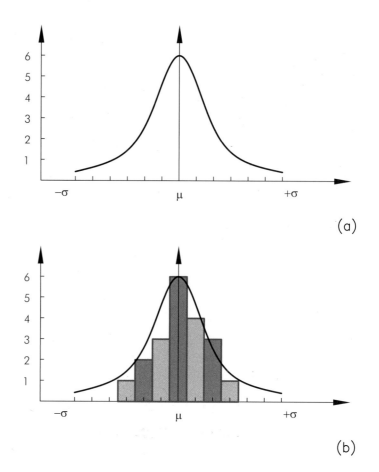

**Tabella B1.7** Valori delle misurazioni di temperatura

| Intervalli [°C] | Valori della temperatura T [°C] |
|---|---|
| $94,5 \leq T < 95,5$ | – |
| $95,5 \leq T < 96,5$ | – |
| $96,5 \leq T < 97,5$ | 96,87 |
| $97,5 \leq T < 98,5$ | 98,17; 98,26 |
| $98,5 \leq T < 99,5$ | 98,62; 99,04; 99,47 |
| $99,5 \leq T < 100,5$ | 99,56; 99,74; 99,89; 100,07; 100,33; 100,42 |
| $100,5 \leq T < 101,5$ | 100,68; 100,95; 101,11; 101,20 |
| $101,5 \leq T < 102,5$ | 101,57; 101,84; 102,36 |
| $102,5 \leq T < 103,5$ | 102,75 |
| $103,5 \leq T < 104,5$ | – |
| $104,5 \leq T < 105,5$ | – |

Naturalmente, ripetendo innumerevoli volte e sempre nelle medesime condizioni il ciclo di 20 misurazioni illustrato in precedenza, per ogni ciclo si avrebbe una diversa stima $\bar{q}$ della grandezza considerata. Tutte queste stime presenterebbero uno scarto tipo della media $s_t$ di gran lunga inferiore a quello $s(q_k)$ che caratterizza le misure effettuate in un singolo ciclo. Infatti lo scarto tipo della media è dato dalla seguente espressione:

$$s_t = \frac{1,49}{\sqrt{20}} = 0,333\,°C \approx 0,33\,°C$$

Tale valore esprime anche l'incertezza, indicata con $u(x)$, associata alla stima $\bar{q} = 100,14\,°C$ della temperatura:

$$u(x) = s_t = 0,33\,°C$$

per cui l'espressione completa della misura della temperatura diventa:

$$T = 100,14 \pm 0,33\,°C$$

### Valutazione dell'incertezza di tipo B

La valutazione di tipo $B$ non viene trattata in questo testo a causa della sua elevata complessità. Tuttavia, per permetterne la migliore comprensione concettuale, verrà sviluppato un breve esempio. Si supponga di misurare ripetutamente una temperatura incognita con un termometro tarato, e che alla taratura sia assegnata un'incertezza di $\pm 0,1\,K$. Nella valutazione complessiva dell'incertezza da associare alla stima della temperatura considerata è necessario tener conto anche di questa informazione. Si tratta di una componente dell'incertezza che non deriva, come sopra, da valutazioni statistiche, ma da altre conoscenze (in questo caso, il certificato di taratura).

## COME SI TRADUCE...

| ITALIANO | INGLESE |
|----------|---------|
| Gestione | Management |

## PER COMPRENDERE LE PAROLE

**Gestione:** attività coordinate per guidare e tenere sotto controllo un'organizzazione (azienda, ente, laboratorio).

**Conferma metrologica:** comprende la taratura o la verifica, le eventuali regolazioni o riparazioni necessarie e la successiva ritaratura, il confronto con i requisiti metrologici relativi alla prevista utilizzazione dell'apparecchiatura, nonché la sigillatura e l'etichettatura eventualmente richieste.

## B1.3 METODOLOGIE DI CONTROLLO E GESTIONE DELLE MISURAZIONI

### CONTROLLO DELLE APPARECCHIATURE DI MISURA

Un'azienda che adotta un sistema di **gestione** per la qualità deve svolgere attività coordinate per tenere sotto controllo i propri processi, al fine di migliorare le prestazioni. Di conseguenza, l'azienda deve anche avere un sistema di gestione per ottenere la **conferma metrologica** e tenere continuamente sotto controllo i processi di misurazione. La conferma metrologica permette di assicurare la conformità delle apparecchiature per la misurazione ai requisiti relativi alla sua prevista utilizzazione (portata, risoluzione ed errore massimo ammesso).

Il controllo delle apparecchiature di misura si ottiene operando secondo le fasi indicate nella **tabella B1.8**.

**Tabella B1.8** Fasi del controllo delle apparecchiature di misura          (continua)

| Fase | Attività |
|------|----------|
| 1 | Determinare quali misure devono essere fatte e con quale accuratezza; scegliere le apparecchiature di misura appropriate in grado di garantire la necessaria accuratezza e precisione |
| 2 | Controllare, tarare e conservare le apparecchiature di misura (compreso il software di misura), per dimostrare che i prodotti fabbricati rispettano i requisiti richiesti |

METROLOGIA DEI MATERIALI, DEI PRODOTTI E DEI PROCESSI PRODUTTIVI **UNITÀ B1**

**COME SI TRADUCE...**

| ITALIANO | INGLESE |
|----------|---------|
| *Taratura* | *Calibration* |

**PER COMPRENDERE LE PAROLE**

**Taratura:** procedimento capace di determinare le caratteristiche metrologiche di un dispositivo e il diagramma di taratura; quest'ultima si effettua confrontando un campione di precisione più elevata rispetto a quella che si presume possa dare il dispositivo.

**Tabella B1.8** Fasi del controllo delle apparecchiature di misura (segue)

| Fase | Attività |
|------|----------|
| 3 | Impiegare le apparecchiature di misura in modo da assicurare che l'incertezza di misura risulti nota e sia coerente con le caratteristiche richieste |
| 4 | Identificare le apparecchiature di misura impiegate per verificare la qualità del prodotto; controllarne la taratura a intervalli di tempo definiti o prima dell'uso, confrontandoli con riferimenti certificati aventi una riferibilità nota con campioni nazionali o internazionali |

## Taratura dell'apparecchiatura

### Tipologie di taratura

Si parla di **taratura** *per confronto omogeneo* quando si mettono a confronto strumenti e/o campioni fisici, per esempio calibri e micrometri con blocchetti pianparalleli (ovvero, strumenti di misura con strumenti di misura).

Quando tale circostanza non è realizzabile, come avviene di solito per le misure chimiche, si fa ricorso alla taratura *per confronto disomogeneo*; essa viene eseguita per confronto con materiali di riferimento certificati raccolti in una banca dati resa operante dal Centro Nazionale per i Materiali di Riferimento (CNMR).

### Intervalli di taratura

La definizione degli *intervalli di taratura* di apparecchiature di misura viene trattata da specifiche norme che consigliano la scelta più opportuna, tenendo conto del tipo di strumento e della relativa utilizzazione.

È perciò opportuno, per ogni singolo strumento di misura, definire l'intervallo di taratura bilanciando i seguenti due criteri fondamentali:
— minimizzare il rischio che lo strumento cessi di essere conforme alle proprie specifiche durante l'uso (fuori taratura);
— minimizzare il costo delle tarature.

L'elemento più probante ai fini della conferma o meno di un intervallo di taratura è, comunque, il comportamento dello strumento stesso nel tempo. Da qui la necessità di registrare i dati delle verifiche/tarature precedenti, per trarre conclusioni significative al fine di decidere se mantenere costante, accorciare o allungare l'intervallo stesso.

### Stato di taratura

Lo *stato di taratura* viene identificato tramite mezzi visivi semplici (targhette, adesivi, contrassegni ecc.), che attestino in modo inequivocabile e immediato se la strumentazione di misura è:
— idonea all'uso, cioè rientra nei limiti stabiliti dall'intervallo di taratura prefissato;
— non idonea all'uso, cioè fuori dai limiti stabiliti dall'intervallo di taratura prefissato;
— idonea, ma solo per un campo limitato di applicazione (per alcune portate e/o funzioni ben identificate).

## Certificati di taratura

L'esito di un processo di taratura deve essere descritto in un documento (*certificato di taratura*) che riporta, fra l'altro, le seguenti informazioni:

— nome e indirizzo del **Centro SIT** o Laboratorio Metrologico che ha effettuato la taratura;
— descrizione (nome, modello ecc.) e identificazione dello strumento o campione in taratura;
— metodi e procedure, o istruzioni, seguite per la taratura (standard e non);
— identificazione univoca dei campioni utilizzati per la taratura (riferibilità);
— assegnazione dell'incertezza di misura (tenendo conto di tutte le sue componenti significative).

Dato che il risultato di una taratura è valido soltanto nel momento in cui viene eseguita, il certificato non fornisce dichiarazioni di comportamento a medio o lungo termine dello strumento tarato.

Quando un dispositivo per misurazione viene sottoposto a taratura, impiegando misurandi le cui misure sono state ottenute con riferimento a campioni primari in un determinato contesto, acquisisce la proprietà della **riferibilità**, ovvero la capacità di mettere in relazione strumenti di misura con uno strumento campione di riferimento.

> **PER COMPRENDERE LE PAROLE**
>
> **Centro SIT**: a partire dal 1979 gli Istituti Metrologici primari nazionali hanno effettuato l'accreditamento di numerosi Laboratori Metrologici secondari come i Centri di taratura, costituendo il SIT (Servizio Italiano di Taratura).
>
> **Riferibilità**: capacità di mettere in relazione strumenti di misurazione con campioni nazionali o internazionali e primari.

> **COME SI TRADUCE...**
>
> | ITALIANO | INGLESE |
> |---|---|
> | *Riferibilità* | *Traceability* |

# B1.4 TOLLERANZE DIMENSIONALI

# UNITÀ B1

# VERIFICA DI UNITÀ

Gli esercizi sono disponibili anche nella versione digitale come test interattivi e autocorrettivi

## COMPLETAMENTO

1. Nell'esecuzione delle misure di una _____, rimane un'incertezza sulla correttezza del _____ nonostante siano state valutate tutte le componenti di _____ note o ipotizzate e le relative correzioni. Una _____, quindi, presenta imperfezioni che danno luogo a un _____ nel risultato della misurazione.

2. L'errore dovuto alle grandezze di influenza dipende dalle condizioni di _____; la componente di tipo A dell'incertezza è valutabile mediante il calcolo _____ di una _____ di osservazioni; l'incertezza desunta da un _____ di taratura può essere utilizzata per calcolare l'incertezza di tipo _____.

## SCELTA MULTIPLA

3. Indicare l'oggetto di studio della metrologia:
    a) problemi relativi alla terminologia, alle definizioni, alle caratteristiche degli strumenti
    b) problemi relativi ai rapporti commerciali, in modo tale da garantire le qualità degli strumenti
    c) problemi relativi alla definizione delle unità di misura e dei campioni
    d) problemi relativi alla precisione del metro

4. Quali sono gli Organismi di normazione a livello europeo?
    a) ISO, IEC
    b) CEN, UNI
    c) UNI, CEI
    d) CEN, CENELEC

5. Quali sono le caratteristiche del SI?
    a) Moderno, internazionale, riconosciuto, completo, semplice
    b) Assoluto, internazionale, coerente, metrico, razionale
    c) Invariabile nel tempo e nello spazio
    d) Assoluto, omogeneo, coerente, decimale, razionale

6. Delle seguenti serie di scritture, quale risulta corretta?
    a) 18 Kg, 1,52 W, 15 A, 101 325 Pa, 100 MN, 10 m
    b) 18 kg, 1,52 W, 15 A, 101 325 Pa, 100 MN, 10 m
    c) 18 kg, 1,52 w, 15 Am, 101 325 Pa, 100 MN, 10 m
    d) 18 kg, 1,52 W, 15 A, 101 325 PA, 100 MN, 10 m

## VERO O FALSO

7. Le unità di base del SI sono 9.
    Vero ☐   Falso ☐

8. Un sistema di unità di misura è un insieme di unità e dei loro multipli e sottomultipli, a mezzo dei quali è possibile misurare tutte le grandezze fisiche.
    Vero ☐   Falso ☐

9. L'informazione assegnata a una misura è costituita da un numero, un errore, un'unità di misura.
    Vero ☐   Falso ☐

10. La misurazione eseguita mediante una bilancia a due piatti avviene con metodo diretto tramite confronto per opposizione.
    Vero ☐   Falso ☐

11. Il formato di uscita di un comparatore meccanico a quadrante è analogico.
    Vero ☐   Falso ☐

# MISURE E DISPOSITIVI DI MISURAZIONE

**B2**

## Obiettivi

### Conoscenze
- Le grandezze dimensionali, di tempo e frequenza, termiche, elettriche, acustiche, interferometriche e fotometriche.
- Le unità di misura delle diverse grandezze.
- La funzione delle misure delle grandezze in ambito tecnologico.
- Il concetto di misura oggettiva.
- Il concetto di misura soggettiva.

### Abilità
- Descrivere i principi di funzionamento dei dispositivi di misura.
- Condurre semplici misurazioni con i vari dispositivi di misura.
- Descrivere la funzione dell'ergonomia.

## Per orientarsi

Il tecnologo si occupa delle misure nei controlli dei prodotti e dei processi di produzione e verifica le condizioni di sicurezza degli ambienti di lavoro. Tali necessità giustificano la continua attenzione dei ricercatori e delle aziende costruttrici e utilizzatrici dei dispositivi di misurazione.

Di seguito sono analizzate le misure ritenute maggiormente significative in ambito tecnologico; esse sono:
— dimensionali, di massa e di forza;
— elettriche, di tempo e di frequenza;
— termiche;
— acustiche, interferometriche e fotometriche;
— di fluidi.

**COME SI TRADUCE...**

| ITALIANO | INGLESE |
|---|---|
| *Lunghezza* | *Length* |

## B2.1 MISURE DIMENSIONALI, DI MASSA E DI FORZA

La **lunghezza** è una grandezza fisica fondamentale del SI (Sistema Internazionale), la cui unità di misura è il *metro*. Essa è una proprietà estensiva della materia, dipendente cioè dalla quantità di quest'ultima, ed è intesa come la dimensione orizzontale più estesa di un corpo.

Nella **tabella B2.1** sono riportati i principali strumenti a lettura diretta, impiegati per la misurazione delle lunghezze.

Questi strumenti a lettura diretta non consentono di collegare il segnale di lettura direttamente alla misura del misurando senza dover conoscere esplicitamente le misure di altri parametri, eccetto quelle delle grandezze d'influenza e di eventuali campioni materiali usati. Calibro, micrometro e comparatore sono gli strumenti di misura più comunemente adoperati nelle officine.

**COME SI TRADUCE...**

| ITALIANO | INGLESE |
|---|---|
| Calibro a corsoio | Line gauge |

**PER COMPRENDERE LE PAROLE**

**Nonio**: deriva dal nome di Pedro Nuñez, in latino Petrus Nonius (1492-1577), un matematico e cosmografo portoghese che nel 1542 descrisse un nuovo metodo per la misurazione degli archi, utile per la navigazione marittima. Nel 1631 il francese Pierre Vernier (da cui deriva il nome del calibro verniero) perfezionò il nonio, conferendogli la forma oggi conosciuta.

**Tabella B2.1** Strumenti a lettura diretta

| Sistemi a contatto | Sistemi senza contatto |
|---|---|
| Calibro a corsoio | Metodi interferometrici |
| Micrometro | Metodi acustici |
| Comparatore | Sistemi di visione |
| Macchina di misura a coordinate (CMM – *Coordinate Measuring Machines*) | Sensori capacitivi |
|  | Sensori a correnti parassite |
|  | Comparatori pneumatici |

## CALIBRO A CORSOIO CON NONIO

Il **calibro a corsoio** con nonio è uno strumento che permette di misurare lunghezze con portata compresa tra 200 e 1000 mm.

Il **nonio** è un sistema matematico-grafico che divide nei suoi sottomultipli l'unità di misura considerata. È formata da una scala principale e da una scala ausiliaria. Il nonio può essere da 0,1 mm (decimale), 0,05 mm (ventesimale) oppure 0,02 mm (cinquantesimale); tali valori individuano il minimo incremento della lunghezza che lo strumento può apprezzare.

Esso è costituito da una parte fissa e una mobile (corsoio), e provviste di beccucci capaci di trattenere l'oggetto da misurare. La parte fissa è dotata di una scala suddivisa in millimetri e numerata in millimetri o in centimetri; la parte mobile può essere costituita da un'altra piccola scala (dipende dal tipo di nonio), da un quadrante oppure da un trasduttore elettronico.

Di seguito sono riportati i vari tipi di calibro a corsoio.

— Il *calibro a corsoio tascabile* (▶ **Fig. B2.1**) consente di eseguire misurazioni esterne, interne e di profondità. Esso è costruito in acciaio non legato o inossidabile ed è trattato termicamente per ottenere stabilità dimensionale e durezza superficiale. Le facce di misura dei becchi hanno durezza ≥ 700 HV30 se sono in acciaio non legato, oppure ≥ 550 HV30 se sono in acciaio inossidabile (X30Cr13 o analogo).

**Figura B2.1**
Calibro a corsoio tascabile a pressione: superfici di contatto a lama per interni (**A**); corsoio (**B**); asta graduata (**C**); astina di profondità (**D**); becco fisso (**E**); becco mobile (**F**); vite di bloccaggio (**G**); scala ausiliaria del nonio (**H**); scala principale del nonio (**I**); superficie di contatto per misurazioni di profondità (**L**); scala principale del nonio in pollici (**M**); scala ausiliaria del nonio in pollici (**N**).

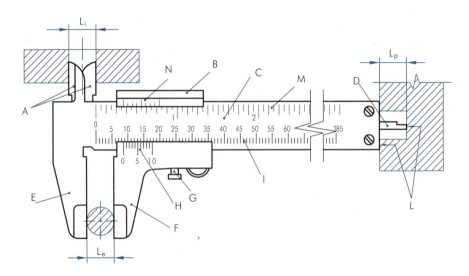

— Il *calibro a corsoio per misurazione d'interassi* è provvisto di due corsoi mobili, i cui becchi terminano con sfere calibrate da inserire nei fori dell'oggetto di cui si vuole misurare l'interasse.

— Il *calibro a corsoio elettronico*, a lettura digitale, è dotato di trasduttore elettronico in grado di garantire la lettura di 0,01 mm (centesimale).
— Il *calibro a corsoio a quadrante* è in grado di garantire la lettura di 0,02 o di 0,01 mm.
— Il *calibro a corsoio di profondità* è utilizzato per misurazioni di fori ciechi e profondità.
— Il *calibro a corsoio doppio*, utilizzato per la misurazione dei denti degli **ingranaggi**, è formato da due calibri a corsoio cinquantesimale, disposti a 90°. Il corsoio verticale misura la profondità del dente, dalla testa al **diametro primitivo**, mentre il corsoio orizzontale misura lo spessore del dente sul diametro primitivo (▶ **Fig. B2.2**).

**COME SI TRADUCE...**

| ITALIANO | INGLESE |
|---|---|
| *Ingranaggi* | Gears |

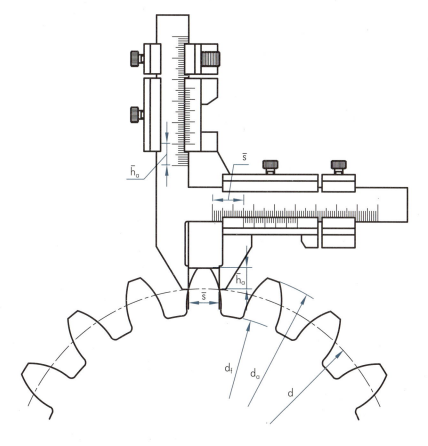

**Figura B2.2**
Calibro a doppio corsoio Weber per ingranaggi.

## Funzioni del nonio

Il nonio aumenta la capacità di lettura della scala graduata di uno strumento di misura; nel calibro esso è costituito da una piccola scala graduata, scorrevole lungo la scala principale fissa, in modo tale che le sue divisioni $n$ equivalgano a $(n-1)$ divisioni dello strumento. In questo senso 10 (20 o 50) divisioni di un nonio decimale (ventesimale o cinquantesimale) corrispondono a 9 (19 o 49) divisioni della scala principale.

Con il nonio è possibile misurare lunghezze minime date dalla seguente relazione:

$$A = l - l_1 = \frac{(n-1)l}{n} = \frac{l}{n} \, [\text{mm}]$$

**PER COMPRENDERE LE PAROLE**

**Diametri primitivi**: diametri delle circonferenze primitive delle due ruote dentate che idealmente rotolano l'una sull'altra senza strisciare, come se fossero ruote lisce.

**PER COMPRENDERE LE PAROLE**

**Tacca:** tratto della graduazione.

in cui:
— $A$ indica il minimo incremento della lunghezza che lo strumento può apprezzare;
— $n$ indica il numero di divisioni sulla scala ausiliaria;
— $l_1$ è la distanza tra due **tacche** consecutive sulla scala ausiliaria;
— $l$ è la distanza tra due tacche consecutive sull'asta fissa (mm, gradi, pollici) che in questo caso vale:

$$l = 1\,\text{mm}$$

Il nonio decimale offre la lettura del decimo di millimetro (1/10 mm); l'asta mobile è suddivisa in 10 parti e, a sua volta, divide in 10 parti uguali 9 mm sulla scala fissa, pertanto lo strumento offre la seguente lettura decimale:

$$A = l - l_1 = l - \frac{(n-1)l}{n} = 1 - \frac{9}{10} = \frac{1}{10} = 0{,}1\,\text{mm}$$

in cui:
— il numero di divisioni sulla scala ausiliaria (mobile) del nonio vale:

$$n = 10$$

— la distanza tra due tacche consecutive sulla scala principale (fissa) del nonio misura:

$$l = 1\,\text{mm}$$

— la distanza tra due tacche consecutive sulla scala mobile del nonio decimale misura:

$$l_1 = \frac{9}{10}\,\text{mm}$$

In maniera analoga si procede per il nonio ventesimale o cinquantesimale.

La lettura si esegue sommando alle unità della scala principale, corrispondenti allo zero del nonio, i decimi, i ventesimi o i cinquantesimi corrispondenti alla divisione del nonio che coincide con la divisione della scala principale.

Le **figure B2.3**, **B2.4** e **B2.5** illustrano tre esempi di lettura con nonio decimale, ventesimale e cinquantesimale.

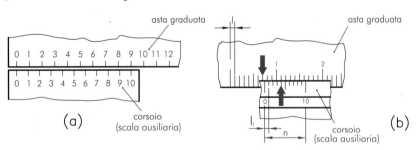

**Figura B2.3**
Nonio decimale:
a) azzerato;
b) esempio di lettura.

La **figura B2.3b** riporta la lettura di 7,4 mm con il nonio decimale:

$$7\,\text{mm} + 4\frac{1}{10}\,\text{mm} = 7{,}4\,\text{mm}$$

La tacca dello zero del nonio consente la lettura della parte intera (7 mm), mentre la tacca del nonio che coincide con quella della scala fissa consente la lettura della parte decimale:

$$4\,\text{decimi di millimetro} = 0{,}4\,\text{mm}$$

La **figura B2.4** riporta la lettura di 7,2 mm con il nonio ventesimale **raddoppiato**:

$$7 \text{ mm} + 4\frac{1}{20} \text{ mm} = 7,2 \text{ mm}$$

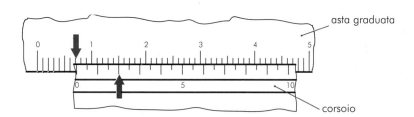

**Figura B2.4**
Esempio di lettura con il nonio ventesimale raddoppiato.

Le tacche del nonio sono ventesimali; la tacca numero 4 coincide con una della scala fissa, ma il numero dopo la virgola verrà espresso in ventesimi di millimetro:

$$4 \text{ ventesimi di millimetro} = 0,2 \text{ mm}$$

La **figura B2.5** riporta la lettura di 7,08 mm con il nonio cinquantesimale:

$$7 \text{ mm} + 4\frac{1}{50} \text{ mm} = 7,08 \text{ mm}$$

**PER COMPRENDERE LE PAROLE**

**Raddoppiato**: si considera nella scala principale
$l = 2$ mm, suddividendo 39 mm in 20 parti, cosicché
$l - l_1 = 2 - (39/20) = 1/20$ mm.

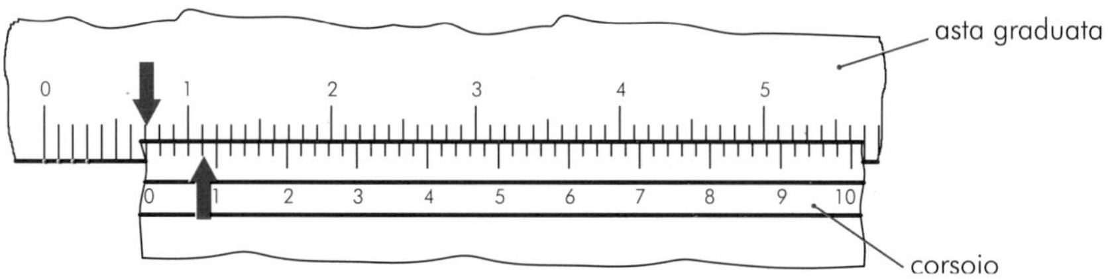

**Figura B2.5**
Esempio di lettura con il nonio cinquantesimale.

In modo del tutto analogo, se la suddivisione del nonio fosse cinquantesimale e la quarta tacca del nonio coincidesse con una della scala fissa, si avrebbe:

$$4 \text{ cinquantesimi di millimetro} = 0,08 \text{ mm}$$

## Blocchetti di riscontro pianparalleli

Nel linguaggio di officina questi strumenti sono noti come *blocchetti Johansson*, dal nome dello scienziato svedese Carl Edward Johansson che li ideò nel 1908 (▶ **Fig. B2.6**).

Si utilizzano per eseguire misure di riferimento, tarature e azzeramenti degli strumenti di misura; hanno la forma di un parallelepipedo retto con sezione rettangolare e per questo sono definiti *blocchetti di riscontro pianparalleli*.

Sul blocchetto è incisa la lunghezza nominale identificativa, compresa tra 0,5 e 1000 mm ($T = 20\,°C$, $p_{atm} = 101\,325\,kPa$).

I blocchetti devono essere costruiti con materiale resistente all'usura, alla corrosione e di elevata stabilità dimensionale nel tempo.

Le facce di misura devono avere elevata precisione di esecuzione e ottima finitura superficiale in grado di assicurare l'adesione alle facce di misura di altri blocchetti.

**Figura B2.6**
Scatola di blocchetti Johanson.

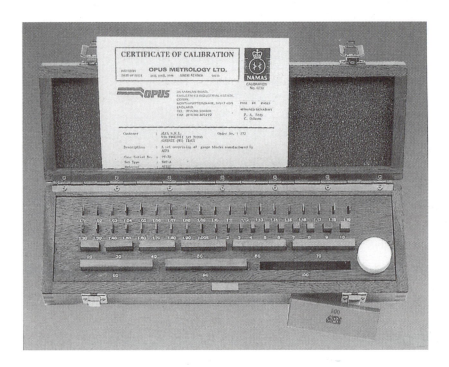

## Proprietà e caratteristiche

Talvolta è necessario sovrapporre più blocchetti per ottenere la misura desiderata. Le superfici messe a contatto, preventivamente pulite, devono aderire senza alcuna pressione: questa possibilità è garantita dalle mutue forze di attrazione molecolare ($\sim 70\,\text{N/cm}^2$).

La qualità del materiale e la finitura superficiale di **lappatura** garantiscono tale proprietà. Non conviene diminuire la **rugosità** oltre il limite consigliato, perché ne deriverebbe un'eccessiva *aderenza* delle superfici, con conseguente rapido logoramento (fenomeno delle microsaldature a freddo).

I *materiali* che costituiscono i blocchetti devono garantire:
— resistenza all'usura e alla corrosione;
— stabilità dimensionale nel tempo;
— adesione.

I materiali più comunemente impiegati sono:
— acciai al carbonio, temprati e rinvenuti con durezza HV30 ≥ 800 e con coefficiente di dilatazione lineare $\alpha = 11{,}5 \times 10^{-6}\,\text{K}^{-1}$ (10÷30 °C);
— acciai legati: C = 0,95÷1,4%; Cr = 0,5÷1,6%; Mn ≤ 1,2%; W = ~0,5%; V = ~0,1%;
— carburo di tungsteno (metallo duro), con durezza 1500 HV30, elevata stabilità dimensionale e forza di adesione, coefficiente di dilatazione termica lineare $\alpha = 4{,}23 \times 10^{-6}\,\text{K}^{-1}$ e con una resistenza all'usura circa 40 volte superiore rispetto ai blocchetti di acciaio;
— zircone ceramico, con durezza di circa 1350 HV30, coefficiente di dilatazione lineare $\alpha = 9{,}5 \times 10^{-6}\,\text{K}^{-1}$, eccellente resistenza alla corrosione e alla stabilità dimensionale e con una resistenza all'usura circa 10 volte superiore rispetto ai blocchetti di acciaio;
— quarzo, insensibile agli agenti chimici, con un'ottima resistenza all'usura, elevata durezza e un ottimo coefficiente di dilatazione termica lineare $\alpha = 0{,}43 \times 10^{-6}\,\text{K}^{-1}$.

---

**PER COMPRENDERE LE PAROLE**

**Lappatura**: lavorazione per asportazione di materiale eseguita con utensili abrasivi che permettono di ottenere una bassa rugosità della superficie del pezzo, tale da risultare lucido a specchio.

**Rugosità**: irregolarità delle superfici provocate da errori microgeometrici dovuti ai processi di lavorazione. Si definisce rugosità il valore medio delle distanze del profilo rilevato rispetto alla linea media; tale valore è calcolato in μm (▶ **Modulo M, Vol. 2**).

## Micrometro

Il **micrometro**, denominato anche *palmer* dal nome dell'uomo che lo progettò nel 1848, permette di **misurare con precisione** maggiore rispetto al calibro a corsoio (▶ **Fig. B2.7**).

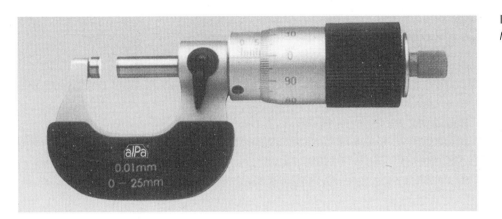

**Figura B2.7**
Micrometro per esterni.

Generalmente i micrometri di officina forniscono letture definite al centesimo di millimetro (*micrometro centesimale*). Il passo della vite micrometrica vale:

$$p = 0{,}5 \text{ mm (oppure 1 mm)}$$

mentre il numero delle suddivisioni sul tamburo graduato vale:

$$n = 50 \text{ (oppure 100)}$$

In tal modo si otterrà il seguente valore della lettura minima:

$$\frac{p}{n} = \frac{0{,}5}{50} = \frac{1}{100} = 0{,}01 \text{ mm}$$

La vite micrometrica, solidale al tamburo e all'asta mobile (▶ **Fig. B2.8**), avanza a seguito della rotazione del tamburo stesso, in modo che la sua rotazione angolare corrispondente a una tacca faccia avanzare la vite della seguente quantità:

$$\frac{p}{n} = 0{,}01 \text{ mm}$$

L'avvicinamento contro le superfici del pezzo si interrompe quando il nottolino gira a vuoto; a questo punto è possibile eseguire correttamente la lettura.

**COME SI TRADUCE...**

| ITALIANO | INGLESE |
|---|---|
| Micrometro | Micrometer |
| Misurare con precisione | To gauge with precision |

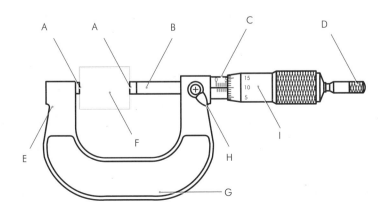

**Figura B2.8**
Nomenclatura delle parti che formano il micrometro: superfici in metallo duro (**A**); asta mobile (**B**); bussola graduata (**C**); nottolino (**D**); incudine (**E**); pezzo in misurazione (**F**); stativo ad arco (**G**); bloccaggio asta mobile (**H**); tamburo graduato (**I**).

MISURE E DISPOSITIVI DI MISURAZIONE **UNITÀ B2**

Il nottolino è munito di un limitatore di coppia in grado di interrompere l'applicazione del carico assiale quando esso raggiunge il valore compreso tra 5÷10 N. Solitamente è un meccanismo a frizione che, mediante uno scatto a vuoto, indica all'operatore che può eseguire correttamente la lettura.

La **figura B2.9a** riporta la lettura di 2,80 mm con micrometro, ottenuta come segue:

*lettura bussola + lettura tamburo graduato = lettura totale*

sostituendo con i rispettivi valori numerici si ottiene:

$$2,50 + 0,30 = 2,80 \text{ mm}$$

La **figura B2.9b** riporta invece la lettura di 3,73 mm con micrometro, ottenuta mediante il medesimo procedimento; sostituendo pertanto con i rispettivi valori numerici si ottiene:

$$3,50 + 0,23 = 3,73 \text{ mm}$$

tale valore viene approssimato per difetto.

**Figura B2.9**
Esempi di lettura con micrometro:
a) lettura totale = 2,80 mm;
b) lettura totale = 3,73 mm.

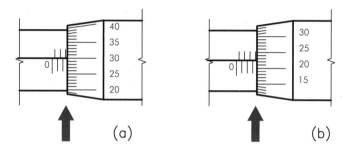

La precisione dello strumento impone che la vite micrometrica non sia eccessivamente lunga, quindi la massima corsa dell'asta mobile non deve superare i 25 mm; tale esigenza caratterizza la fabbricazione del micrometro, differenziandolo nelle seguenti categorie: da 0 a 25 mm, da 25 a 50 mm, da 50 a 75 mm ecc.

### Materiali

I *materiali* impiegati per la sua costruzione devono garantire:
— indeformabilità e stabilità nel tempo (basso coefficiente di dilatazione lineare);
— resistenza all'usura e all'ossidazione;
— durezza.

L'asta mobile, comprensiva della vite micrometrica e dell'incudine, è costituita in acciaio temprato e rettificato (HV30 ≥ 530), mentre il *corpo* è in acciaio al cromo inossidabile. Al fine di aumentare la resistenza all'usura, alle estremità dell'asta mobile e dell'incudine vengono riportate placchette in carburo di tungsteno.

Lo *stativo* è in acciaio al cromo oppure in ghisa malleabile. Quando il particolare meccanico è compresso tra l'asta e l'incudine, reagisce con spinte uguali e opposte che vanno a scaricarsi sullo stativo; esso deve garantire rigidità e indeformabilità.

## Micrometri con nonio

I micrometri con nonio consentono una precisione della lettura al millesimo di millimetro; nella **figura B2.10** è riportato un esempio di lettura effettuata con un micrometro millesimale:

*lettura bussola + lettura tamburo graduato + lettura nonio = lettura totale*

sostituendo con i rispettivi valori numerici si ottiene:

$$7{,}000 + 0{,}220 + 0{,}007 = 7{,}227 \text{ mm}$$

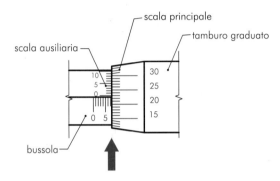

**Figura B2.10**
Esempio di misurazione con micrometro millesimale a vite.

In genere, questo tipo di micrometro ha la vite micrometrica con passo $p = 1$ mm e il tamburo graduato con 100 suddivisioni che consente di rilevare il valore di lettura minima:

$$\frac{p}{n} = \frac{1}{100} = 0{,}01 \text{ mm}$$

Il nonio è realizzato intercettando 9 divisioni del tamburo graduato, suddivise in 10 parti uguali sulla bussola, per cui ogni intervallo del nonio vale:

$$\frac{9 \times 0{,}01}{10} = 0{,}009 \text{ mm}$$

L'approssimazione di misura del nonio risulta pertanto:

$$\frac{0{,}01}{10} = 0{,}001 \text{ mm}$$

## Taratura

Le norme UNI specificano quali controlli eseguire sui micrometri per esterni, consigliandone i seguenti metodi:
— planarità delle facce di misura con metodo interferometrico;
— parallelismo delle facce di misura mediante una serie di quattro lamine trasparenti, i cui spessori differiscono di un quarto di passo;
— vite micrometrica con utilizzo di blocchetti di riscontro pianparalleli e spessori tali da controllare la vite nel giro completo del tamburo graduato;
— nottolino con impiego di un dinamometro.

**PER COMPRENDERE LE PAROLE**

**Evolvente di cerchio**: profilo curvilineo ottenuto facendo rotolare una retta tangente sopra una circonferenza.

### Alcune tipologie di micrometri

#### Micrometro a piattelli per controllo di ingranaggi a evolvente

Per la proprietà dell'**evolvente di cerchio**, la corda $\overline{AOB}$ è uguale all'arco $\widehat{A'OB'}$. I piattelli del micrometro aderiscono ai fianchi opposti dei due denti e per una ruota dentata di $Z$ denti, il numero dei denti $Z'$ compreso tra i piattelli del micrometro dev'essere (▶ **Fig. B2.11**):

$$Z' = Z\frac{\theta}{180°} + 0,5$$

**Figura B2.11**
a) Generazione di una evolvente di cerchio.
b) Angolo di pressione. Condizione teorica di ingrandimento.
c) Controllo dello spessore dei denti di una ruota dentata con il micrometro a piattelli.

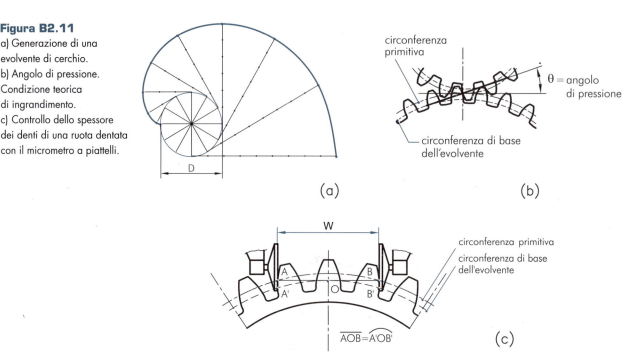

Il valore $W$ teorico (tabellato) sarà confrontato con il valore $W$ sperimentale; la ruota dentata risulterà conforme al progetto se lo scarto tra il valore teorico e quello sperimentale soddisfa lo scarto ammissibile tabellato.

#### Micrometro per misurare i diametri delle filettature

Questo strumento è impiegato per misurare il diametro medio di filettature esterne. L'asta mobile termina con la punta conica, che va a inserirsi nel vano del filetto; l'incudine termina con la capruggine, che si sovrappone al filetto (▶ **Fig. B2.12**).

**Figura B2.12**
Misurazione del diametro medio di una filettatura con micrometro a punta e capruggine: $d$ = diametro nominale; $d_2$ = diametro medio; $d_3$ = diametro di nocciolo.

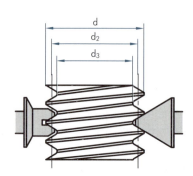

## Comparatori

I **comparatori** sono pratici strumenti di misura, utilizzati nelle officine meccaniche per le seguenti operazioni:
— misurazioni esterne (▶ **Fig. B2.13**);
— misurazione degli scostamenti di perpendicolarità e parallelismo;
— misurazione degli scostamenti di eccentricità esterna e interna su organi rotanti;
— misurazione e verifica di conicità, cilindricità e profondità;
— misurazione e verifica degli **alesaggi** (lo strumento comparatore è detto *alesametro*).

**COME SI TRADUCE...**

| ITALIANO | INGLESE |
|---|---|
| Comparatore | Comparator |

**PER COMPRENDERE LE PAROLE**

**Alesaggio**: sinonimo di diametro.

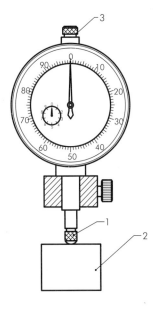

**Figura B2.13**
Comparatore a quadrante; il tastatore (1) deve essere perpendicolare alla superficie del pezzo (2) e azzeramento con il movimento della vite micrometrica (3).

La **figura B2.14** riporta lo schema di funzionamento del comparatore; la corsa utile del tastatore può variare tra 0÷50 mm, in relazione al tipo di strumento utilizzato.

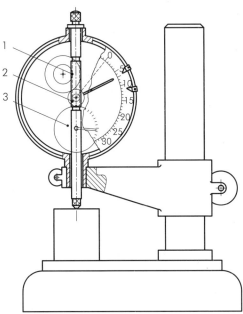

**Figura B2.14**
Schema di funzionamento di un comparatore a quadrante che prevede la trasformazione del moto traslatorio (assiale) dell'alberino/tastatore in un moto rotatorio della lancetta del quadrante. L'alberino, nella sua parte centrale, prevede una filettatura o una dentiera/cremagliera che ingrana con la ruota dentata (1). La lancetta del quadrante è solidale alla ruota dentata (2), ricevente il moto dalla ruota (1); per affinare la lettura, il movimento viene inviato alla ruota dentata (3), che lo moltiplica e lo trasmette alla lancetta più piccola.

MISURE E DISPOSITIVI DI MISURAZIONE **UNITÀ B2**

> **AREA DIGITALE**
> ▶ Controllo di ruote dentate con una macchina di misura a coordinate

Normalmente la forza di misurazione esercitata dal tastatore sul pezzo non deve superare 1,5 N. Il valore della lettura minima dei comparatori può essere centesimale (ogni divisione sul quadrante equivale allo spostamento lineare di 0,01 mm), cinquantesimale (0,002 mm) e millesimale (0,001 mm).

## MACCHINE DI MISURA CMM

Le *macchine di misura a coordinate*, note come *CMM* (*Coordinate Measuring Machines*), sono strumenti utilizzati nell'industria meccanica. Esse permettono il rilievo delle coordinate dei punti di una superficie attraverso l'uso di sensori che ricostruiscono, con precisione e rapidità, geometrie di oggetti anche molto complessi (▶ **Fig. B2.15**).

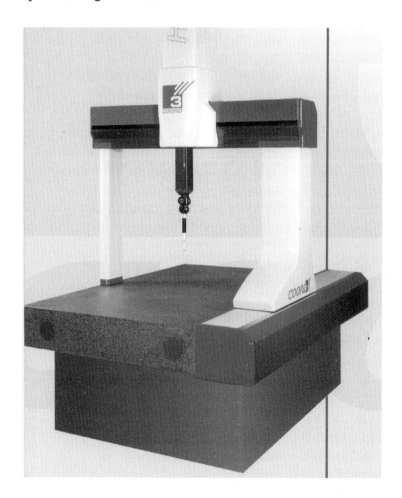

**Figura B2.15**
Macchina di misura CMM (*Coordinate Measuring Machines*).

Questa sofisticata tecnologia permette di rilevare superfici di stampi, modelli, pannelli aeronautici e aerospaziali, nonché carrozzerie automobilistiche.

Come avviene per tutti gli strumenti utilizzati in metrologia, anche le informazioni fornite dalle CMM sono soggette a errori. La precisione delle misure è influenzata in larga parte da:
— effetti dinamici che provocano flessioni e isteresi meccaniche sul tastatore;
— differenze di temperatura a partire dai 20 °C e stratificazioni della temperatura per effetto dei moti convettivi e dei fenomeni di irraggiamento termico;
— deviazioni degli equipaggi mobili dalla direzione ideale e dall'assetto originale (imperfezioni geometriche della CMM).

La macchina di misura CMM è in grado di valutare, e successivamente compensare, gli errori di tipo geometrico da essa posseduti. Si prenda in considerazione una macchina dotata di tre assi ortogonali. A titolo di esempio si considerino gli errori a cui è soggetta la guida $X$ dello schema riportato nella **figura B2.16**.

**COME SI TRADUCE...**

| ITALIANO | INGLESE |
|---|---|
| Errori di misura | Measurement error |
| Sensore | Sensor |

**Figura B2.16**
Schema dei parametri di errore di una slitta.

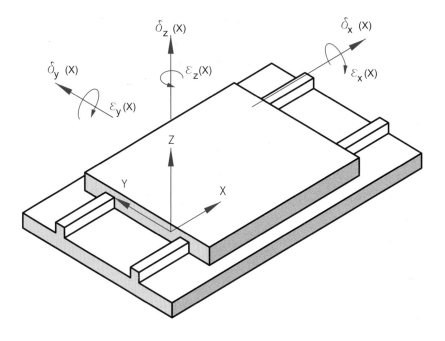

Si individuano sei parametri di errore:
— posizione: $\delta_x(x)$;
— rettilineità: $\delta_y(x)$, $\delta_z(x)$;
— rollio: $\varepsilon_x(x)$;
— beccheggio: $\varepsilon_y(x)$;
— imbardata: $\varepsilon_z(x)$.

Un sistema di controllo computerizzato aziona i motori passo-passo, che garantiscono il moto dei vari elementi della CMM. Contemporaneamente vengono memorizzate le coordinate della tavola portapezzo e della guida $Z$ rispetto allo zero-macchina e a esse sono associate le misure lette dal sensore laser. Rielaborando opportunamente i dati è possibile:
— ricostruire la geometria della superficie del pezzo;
— confrontarla con un modello campione;
— correggere e compensare gli **errori di misura**.

## Sensori

I **sensori** si suddividono in:
— *sensori a contatto* (tastatori);
— *sensori di prossimità* (telecamere e raggio laser).

### Sensori a contatto

Un elemento tastatore è composto da uno o più steli in materiale metallico oppure ceramico, alle cui estremità sono riportati elementi di contatto a forma sferica o cilindrica, realizzati in materiale sintetico ( ▶ **Fig. B2.17** ). Quando questi

**PER COMPRENDERE LE PAROLE**

**Laser (Light Amplification by Stimulated Emission of Radiation):** radiazione elettromagnetica visibile, monocromatica (un solo colore) e coerente (concentrata, focalizzata).

**Figura B2.17**
Sensore sferico, in rubino sintetico.

elementi vengono a contatto con il pezzo generano nella testina del sensore la variazione di un parametro elettrico, provocando l'emissione di un segnale che indica la *presa punto*; il sistema di governo computerizzato registra le coordinate relative alla posizione occupata dal sensore al momento dell'emissione del segnale. Ogni tastatore, prima del suo utilizzo, dev'essere calibrato per tener conto delle dimensioni del sensore: tale operazione viene eseguita sondando un elemento di riferimento con dimensioni note. Solitamente si utilizza una sferetta in materiale ceramico, posizionata in un punto fisso facilmente accessibile dell'apparecchiatura di collaudo.

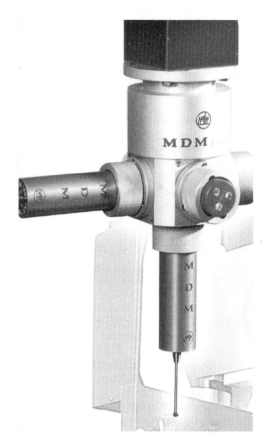

Se vengono utilizzati più sensori ubicati in un opportuno magazzino, a ogni singolo tastatore è associata una specifica posizione, in modo da consentire alle macchine di misura CMM il richiamo automatico del sensore necessario a un dato programma di misurazione.

### Sensori di prossimità

Questi strumenti sono in grado di individuare le caratteristiche richieste, senza entrare in contatto fisico con il pezzo; operano attraverso acquisizione ed elaborazione di immagini tramite telecamere, oppure mediante scansione ottica, utilizzando la tecnologia del raggio **laser**.

Gli attuali sistemi, tecnologicamente più avanzati, sono in grado di rilevare 20 000 punti al secondo, abbattendo drasticamente i tempi di misura. Per garantire la massima precisione e un'eccellente stabilità nel tempo, questi sistemi utilizzano un software avanzato di compensazione degli errori geometrici, basato su una mappatura fine dell'intero volume utile della CMM.

## Misurazione diretta degli angoli
### Goniometro

Il **goniometro** universale provvisto di nonio è costituito da una squadra (**1**), solidale con una corona circolare (**2**) girevole attorno a un disco centrale (**3**) su cui è inciso il nonio (▶ **Fig. B2.18a**). Per facilitare la lettura il nonio è del tipo raddoppiato: dodici divisioni a sinistra e dodici a destra dello zero (▶ **Fig. B2.18b**).

**PER COMPRENDERE LE PAROLE**

**Goniometro**: strumento di misura che permette la lettura analogica o digitale degli angoli nell'intervallo 0÷360°.

**Figura B2.18**
a) Goniometro standard costruito in acciaio inox: scala di lettura satinata senza errore di parallasse e lente d'ingrandimento.
b) Nonio del goniometro universale.

Il valore dell'approssimazione del goniometro si ricava come rapporto tra l'ampiezza di una graduazione della scala fissa (1°) e il numero delle parti in cui è diviso il nonio (12):

$$\frac{1}{12} 1° = 5'$$

## Apparecchi di misura di tipo ottico: proiettore di profili

Il *proiettore di profili* (▶ **Fig. B2.19**) è un apparecchio di misura di tipo ottico, utilizzato nei laboratori metrologici.

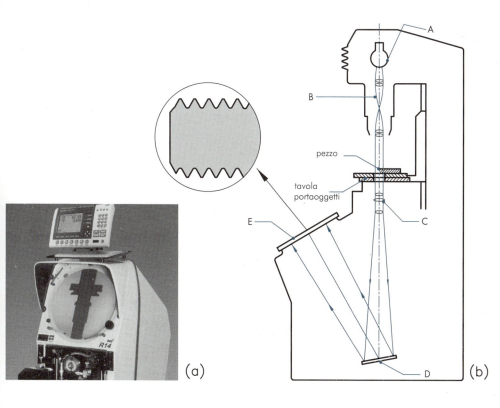

**Figura B2.19**
Proiettore di profili:
a) profilo illuminato;
b) schema ottico;
il condensatore (**B**), riceve i raggi luminosi dalla lampada (**A**), che li rende paralleli e li trasmette al pezzo; l'obiettivo (**C**), raccoglie e ingrandisce l'immagine del pezzo, inviandola allo specchio (**D**), che la riflette sullo schermo traslucido (**E**).

Le molteplici qualità che stanno alla base della sua larga diffusione sono:
- versatilità d'impiego (misurazione di angoli, controllo del profilo del dente di una ruota, misurazioni di filettature, rilievo e misure delle impronte Vickers e Brinell ecc.);
- mancanza di usura;
- costanza di precisione;
- forti ingrandimenti (fino a 100 volte);
- facilità di manovra;
- confronto dell'immagine ingrandita con un disegno in scala disposto sullo schermo;
- misura con un regolo dell'immagine ingrandita del pezzo direttamente sullo schermo.

I proiettori si distinguono per osservazione:
- *diascopica* (luce trasmessa), quando il pezzo viene illuminato direttamente dalla sorgente luminosa e i raggi ricevuti lo attraversano senza deviazioni angolari; la proiezione dell'oggetto risulta metrologicamente esatta e indipendente dal suo spessore e dagli errori di messa a fuoco (▶ **Fig. B2.20a**);
- *episcopica* (luce riflessa), quando il pezzo riceve luce da due sorgenti luminose, riflettendola sullo specchio (R) con deviazione angolare; è possibile rilevare anche piccole incisioni superficiali con un errore minimo di 0,1% (▶ **Fig. B2.20b**).

Nelle due modalità di osservazione si possono riconoscere la lampada (**L**), il condensatore (**C**), l'obiettivo (**O**), il pezzo (**P**), lo specchio (**R**) e lo schermo (**S**).

**Figura B2.20**
Proiettore di profili:
a) osservazione diascopica;
b) osservazione episcopica.

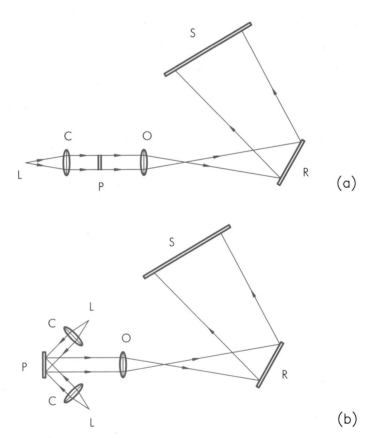

# Misurazione indiretta degli angoli
## Barra seno semplice

Questo strumento serve per realizzare angoli di grande precisione, utilizzando blocchetti pianparalleli; è formato da un'asta prismatica, la cui superficie superiore costituisce la tavola portapezzo (▶ **Fig. B2.21**).

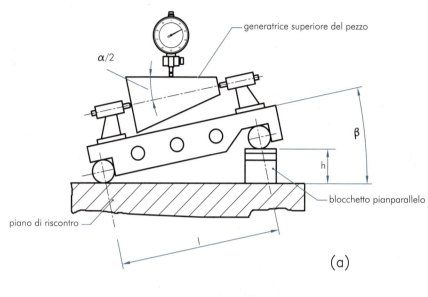

**Figura B2.21**
Barra seno semplice:
a) schema;
b) apparecchiatura.

L'interasse tra i due rulli cilindrici è pari a 100 mm; la barra viene sistemata in una posizione inclinata dell'angolo $\beta$ desiderato: un cilindro poggia sopra i blocchetti pianparalleli di altezza complessiva $h$, mentre l'altro cilindro poggia sul piano di riscontro. L'altezza $h$ si ricava con la seguente relazione trigonometrica:

$$h = l \operatorname{sen}\beta = 100 \operatorname{sen}\beta$$

Si consideri un esempio applicativo. Verificare l'angolo $\alpha$ di un cono in cui l'angolo di semiapertura del cono vale:

$$\beta = \frac{\alpha}{2}$$

Seguire le seguenti operazioni:
— disporre i blocchetti pianparalleli;
— verificare con il comparatore il parallelismo tra la generatrice superiore del cono e il piano di riscontro;
— se esiste parallelismo, noto il valore di $h$ si ricava $\beta$ che, a sua volta, è uguale a $\alpha/2$, ovvero $\alpha = 2\beta$;
— se non esiste parallelismo, proseguire la ricerca di $h$ fino a trovare il valore che consenta di ottenere tale condizione.

| COME SI TRADUCE... | |
|---|---|
| **ITALIANO** | **INGLESE** |
| *Massa* | *Mass* |
| *Bilancia* | *Scale* |
| *Forza* | *Force* |

**PER COMPRENDERE LE PAROLE**

**Forza peso**: detta anche *peso*, è la forza con la quale un corpo è attratto dalla Terra.

**Figura B2.22**
Bilancia con funzione integrata di conteggio delle minuterie.

## Misure di massa

La **massa** rappresenta la quantità di materia, pertanto può essere considerata una proprietà estensiva di quest'ultima; l'unità di misura è il *kilogrammo*. Il valore della massa si ricava mediante **bilance**, attraverso il riferimento a masse campioni.

Nella pratica industriale si usano i seguenti tipi di bilance:
— *bilance tecniche a due piatti*: in un piatto si posiziona il manufatto di massa incognita, mentre sull'altro si aggiungono le masse campioni fino al raggiungimento dell'equilibrio; la sensibilità di tali misure può arrivare fino a 1 mg;
— *bilance analitiche monopiatto* (▶ **Fig. B2.22**): nella pratica dei laboratori chimici la sensibilità di tali bilance arriva a 0,01 mg.

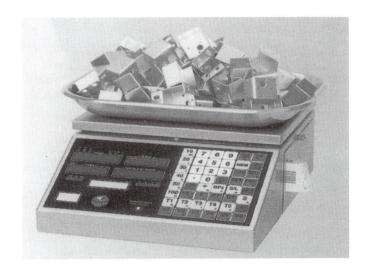

## Misure di forza

Si definisce **forza** qualunque causa capace di cambiare lo stato di quiete (o di moto) di un corpo oppure provocare deformazioni in quest'ultimo.

Ogni corpo libero, in quiete, rimane in tale stato finché non interviene un'azione, o causa esterna, a modificarlo: questa particolare azione è definita *forza*. Nel SI l'unità di misura della forza è il *newton*, ovvero, la forza trasmessa da un corpo di massa pari a 1 kg, quando si muove con accelerazione di 1 m/s$^2$.

In genere il concetto di forza è legato allo sforzo che si compie per effettuare determinate azioni, per esempio, si dice che una persona è forte se è in grado di sollevare notevoli pesi oppure se calcia con forza un pallone.

### Espressione della forza peso

La **forza peso** ha la direzione dell'accelerazione di caduta (o di gravità $g$) ed è diretta verso il centro della Terra. Essa è direttamente proporzionale alla massa del corpo e la costante di proporzionalità è l'accelerazione di gravità $g$ che varia con la latitudine e con l'altezza dal suolo:

$$F = mg \ [\text{N}]$$

in cui $m$ indica la massa [kg], mentre $g$ rappresenta l'accelerazione di gravità, il cui valore è 9,81 m/s$^2$ a livello del mare (latitudine 50°).

## Dinamometro

Il **dinamometro** è uno strumento di misura della forza. Nel caso in cui il sensore sia una molla a spirale, la forza provoca l'allungamento o l'accorciamento della molla stessa (▶ **Fig. B2.23**).

| COME SI TRADUCE... | |
|---|---|
| ITALIANO | INGLESE |
| Dinamometro | Dynomometer |

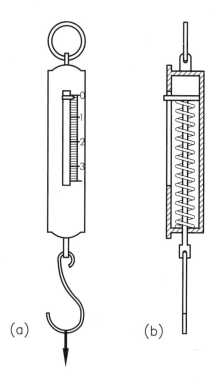

(a)    (b)

**Figura B2.23**
Schema del dinamometro:
a) scala graduata con indice;
b) sezione con vista della molla a spirale.

Anche se non è molto preciso, questo strumento permette un'immediata misura della forza. Nei dinamometri più sensibili la taratura viene effettuata utilizzando come campione unitario la centesima parte del newton [cN].

Le **figure B2.24** e **B2.25** illustrano due diverse applicazioni industriali dei dinamometri.

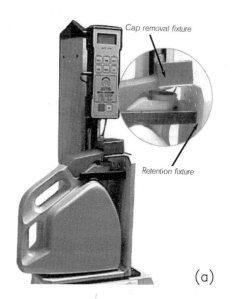

(a)

(b)

**Figura B2.24**
Prova di apertura e chiusura tappi:
a) contenitori in plastica;
b) bottiglia di vino.

**Figura B2.25**
Prova su astuccio per rossetto.

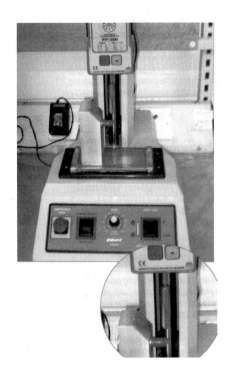

## B2.2 MISURE TERMICHE

Le *misure termiche* riguardano diverse grandezze quali la temperatura, la potenza termica, la resistenza termica, la conduttività termica, l'umidità ecc. Di seguito sono considerate soltanto le misure di temperatura, poiché sono utilizzate nel campo delle applicazioni industriali in merito al controllo e al monitoraggio di processi produttivi e degli ambienti di lavoro, nonché alle prove di laboratorio. È opportuno, infine, sottolineare la funzione delle misure di temperatura per quanto riguarda la sicurezza, la salute e il benessere dell'uomo.

### MISURATORI DI TEMPERATURA

A seconda dei diversi settori applicativi, industriali e ambientali, la misura della temperatura è affidata ai seguenti strumenti:
— *termometri meccanici* (a quadrante);
— *termometri elettrici* (a termoresistenze o a termocoppie);
— *termometri a radiazione* (a banda selettiva o a banda totale).

I termometri meccanici sono utilizzati per il controllo degli impianti industriali; i sensori a contatto (termoresistenze, termistori e termocoppie) sono impiegati in settori applicativi quali l'alimentare, il farmaceutico e nell'industria in genere.

#### Termometri meccanici a quadrante

I *termometri a quadrante* si basano sulla dilatazione di solidi (bimetallici) e di gas o vapori (a elemento elastico, a molla tubolare).

Nei termometri bimetallici (a bimetallo) si sfrutta la differenza tra le dilatazioni termiche di due nastri metallici di natura diversa, saldati tra loro e forgiati a elica oppure a spirale, in modo da formare una bilamina. Al cambiare della temperatura, le variazioni di lunghezza dei due componenti della lamina sono diverse, provocando un incurvamento della lamina stessa, nonché lo spostamento di un suo estremo se l'altro è fisso (▶ Fig. B2.26).

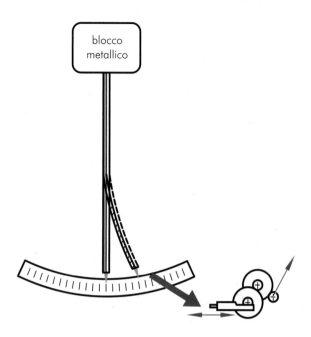

**Figura B2.26**
Schema di funzionamento di un termometro a bilamina.

La deformazione del nastro viene amplificata con un sistema di leve e trasmessa a un indice che si muove sulla scala graduata lineare di un quadrante.

A volte la bilamina è utilizzata per comandare l'apertura o la chiusura di un contatto elettrico (termostato).

Se usata come termometro, la bilamina è costituita da **invar** e lega nichel-molibdeno, la quale ha un elevato coefficiente di dilatazione termica.

Questi termometri sono utilizzati in diversi campi, hanno scale comprese tra 60÷600 °C e offrono una classe di precisione pari a circa 1,5÷2,5% del fondo scala del termometro. Inoltre hanno il vantaggio di essere robusti e di offrire un'indicazione di facile lettura.

I termometri a gas o a vapore più diffusi utilizzano come grandezza termometrica la pressione a volume costante di una massa gassosa. La relazione che lega la pressione alla temperatura è:

$$p_T = p_{T_0}(1 + \beta T)$$

Tale strumento, quindi, possiede un misuratore della variazione di pressione determinata dalla variazione di temperatura ed è costituito da un recipiente metallico, in cui è contenuto il gas, collegato tramite un capillare a un tubo di Bourdon che misura la pressione (▶ Fig. B2.27). Occorre portare il recipiente sia a temperatura note $T_0$ (0 °C o 100 °C), per determinare il coefficiente $\beta$, sia alla temperatura da misurare $T$; i gas reali utilizzati sono l'idrogeno, l'elio e l'azoto, che obbediscono con buona approssimazione alla **legge di Boyle**, valida per i **gas perfetti**. I termometri a gas non sono strumenti di uso comune, ma vengono utilizzati soprattutto nei laboratori specializzati, allo scopo di determinare alcune temperature fondamentali (punti di fusione e di ebollizione) per via dell'elevata precisione.

**PER COMPRENDERE LE PAROLE**

**Invar**: tipo di acciaio speciale costituito per il 36% da nichel e caratterizzato da un coefficiente di dilatazione quasi nullo.

**Legge di Boyle**: legge fisica secondo cui se la temperatura di un gas perfetto è costante, il prodotto della pressione $p$ per il volume $V$ è costante:
$pV = \text{cost}; p_1 V_1 = p_2 V_2$.

**Gas perfetto**: sostanza gassosa che obbedisce rigorosamente alla legge di Boyle, a qualunque pressione e a qualunque temperatura; in realtà non esistono gas perfetti, tuttavia essi possono avvicinarsi in maggiore o minore misura al comportamento dei gas perfetti. La misura di temperature molto basse si esegue con il termometro a pressione di vapore saturo di elio, che permette di estendere le misure fino all'ordine di 1 K.

**Figura B2.27**

Termometro a gas con manometro a tubo di Bourdon.

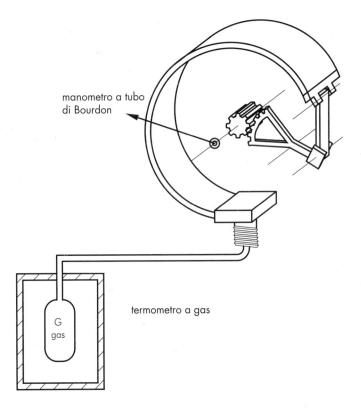

### COME SI TRADUCE...

| ITALIANO | INGLESE |
|---|---|
| Termometro | Thermometer |
| Termoresistenza | Thermistor |

### PER COMPRENDERE LE PAROLE

**Semiconduttore**: sostanza solida cristallina la cui conducibilità elettrica, generalmente dipendente dalla temperatura, è intermedia fra quella di un conduttore e quella di un isolante.

## Termometri elettrici a termoresistenze, a termistore, a termocoppie

Le **termoresistenze** sono sensori elettrici di temperatura, costituiti da fili conduttori di metalli molto puri: platino, nichel, rame. La grandezza termometrica è la resistenza elettrica del conduttore impiegato. È risaputo che se si riscalda un metallo aumenta l'ampiezza di vibrazione degli atomi che lo costituiscono. Questa agitazione termica interferisce maggiormente con gli elettroni periferici, sospinti lungo il corpo conduttore dalle forze elettriche; in tal modo la resistenza elettrica del conduttore aumenta in funzione diretta della temperatura. Se si considera la resistenza del conduttore alla temperatura iniziale di 0 °C, si otterrà il valore della sua resistenza alla temperatura $T$ sommando a $R_0$ (resistenza del conduttore a 0 °C) l'incremento di resistenza $R_0 \alpha T$, pertanto si ha:

$$R_T = R_0(1 + \alpha T)$$

Dalla misura della resistenza è possibile risalire alla temperatura dell'ambiente con cui la resistenza è in equilibrio termico, una volta nota la dipendenza funzionale della resistenza dalla temperatura, mediante taratura ottenuta con un altro termometro. Questo strumento è molto preciso; si utilizza sia in dispositivi industriali, a lettura diretta, sia per misurare temperature con la massima precisione, nel qual caso si usa come resistenza un filo di platino puro, nell'intervallo di temperatura tra −200÷850 °C.

I termistori sono sensori a **semiconduttore** (silicio o germanio) oppure sono costituiti da materiali ferromagnetici (ossido di cobalto, rame, ferro); si tratta di resistori la cui resistenza varia fortemente al crescere della temperatura. I semiconduttori si comportano inversamente ai metalli, poiché la resistenza diminuisce al crescere della temperatura.

A causa della maggiore sensibilità alla temperatura, i termistori sono impiegati per misure di altissima precisione, inoltre sono riducibili a dimensioni piccolissime (1-2 mm di diametro), perciò possono essere utilizzati per misurare la temperatura di sistemi di dimensioni ridotte.

Le **termocoppie** sono i sensori elettrici di temperatura, costituiti da una coppia (pila termoelettrica) di fili di metalli diversi, saldati in due punti.

Il principio di funzionamento delle termocoppie è noto come *effetto Seebeck*. Se si considera un filo metallico con due temperature differenti alle sue estremità, si forma una differenza di potenziale nota come **forza elettromotrice Seebeck (emf)**. Questo fenomeno, che non necessita di un circuito chiuso, si verifica quando il materiale non possiede la stessa temperatura in ogni sua parte. Una termocoppia è costituita da due fili metallici collegati a un estremo avente temperatura $T_1$ (**giunto caldo**) e all'altro estremo avente temperatura $T_2$ (**giunto freddo**).

La tensione misurata sul giunto freddo agli estremi dei due fili è strettamente correlata con la differenza di temperatura fra i due giunti (▶ **Fig. B2.28**).

### COME SI TRADUCE...

| ITALIANO | INGLESE |
| --- | --- |
| Termocoppia | Thermocouple |
| Forza elettromotrice Seebeck | Seebeck electromotive force |
| Giunto freddo | Cold junction |
| Giunto caldo | Hot junction |

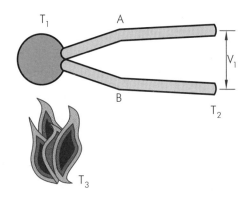

**Figura B2.28**
Effetto Seebeck in una termocoppia; malgrado la differenza di potenziale su ciascun filo non dipenda dall'unione di due fili di metalli diversi, la termocoppia possiede metalli differenti: se infatti i rami **A** e **B** fossero costituiti dallo stesso metallo la tensione ai capi dei due rami sarebbe identica, pertanto la $V_1$ totale ai capi della coppia risulterebbe nulla.

La realizzazione del giunto di misura nelle termocoppie può essere di tre tipi, in base alle condizioni d'impiego della termocoppia stessa (▶ **Fig. B2.29**).

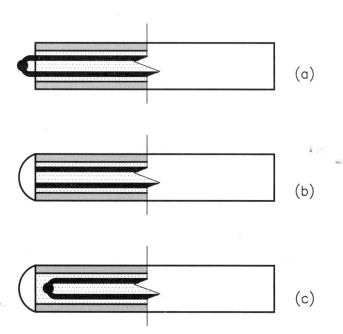

**Figura B2.29**
Tipi di giunto di una termocoppia:
a) giunto caldo esposto: il giunto è a diretto contatto con l'ambiente in cui si deve misurare la temperatura, pertanto il tempo di risposta è molto breve;
b) giunto caldo a massa: il giunto di misura fa parte della guaina di protezione, quindi il tempo di risposta è ridotto; tale giunto è consigliato in presenza di alte pressioni;
c) giunto caldo isolato: il giunto è isolato dalla guaina di protezione e si usa quando forze elettromotrici parassite potrebbero falsare la misura.

È importante tener presente che i giunti rappresentati nelle **figure B2.29b** e **B2.29c** sono tipici di termocoppie con isolamento ceramico. Per le termocoppie classiche, cioè con i due fili isolati semplicemente in materia plastica, si ha sempre la tipologia illustrata nella **figura B2.29a**.

### Tipi di termocoppia

Nella **tabella B2.2** sono riportati i tipi di termocoppia e le relative caratteristiche.

**Tabella B2.2** Tipi di termocoppia e caratteristiche                                        (continua)

| Tipo | Materiali utilizzati e colore della guaina esterna del cavo | Limiti di temperatura | Caratteristiche |
|------|-------------------------------------------------------------|----------------------|-----------------|
| T | Rame/costantana Marrone | –270/+400 | Questo tipo di termocoppia è resistente alla corrosione in ambiente umido e può essere usata per temperature inferiori allo zero. L'uso per temperature elevate in ambiente ossidante è limitato per l'ossidazione del rame; può comunque essere usata per alte temperature ma in assenza di ossigeno |
| J | Ferro/costantana Nero | –210/+1200 | Il range di utilizzo di questa termocoppia è in realtà inferiore a quello dato dalla tabella, infatti per temperature superiori ai 540°C il ferro tende a ossidarsi; naturalmente è possibile lavorare in un ambiente privo di ossigeno a temperature superiori ai 540°C |
| E | Chromel®/ costantana Viola | –270/+1000 | In un ambiente ossidante o inerte l'intervallo di utilizzo è dato dalla tabella; se l'ambiente è riducente, questo tipo di termocoppia ha le stesse limitazioni di quella di tipo K. Le termocoppie di tipo E hanno il coefficiente di Seebeck più elevato, pertanto hanno una maggiore sensibilità |
| K | Chromel®/ Alumel® Verde | –270/+1370 | Sono molto resistenti ad ambienti ossidanti e per questo sono usate anche a temperature superiori ai 600°C. Questo tipo di termocoppia non deve essere utilizzato:<br>— in atmosfere riducenti oppure ossidanti e riducenti in modo alterno;<br>— in atmosfere ricche di zolfo, poiché questo elemento attacca entrambi i costituenti causando fragilità e rottura;<br>— sottovuoto, in quanto il cromo tende a evaporare dal Chromel®, causando la perdita di calibrazione della termocoppia;<br>— in atmosfere che facilitano la corrosione nota come "green-rot" al termoelemento positivo; tale fenomeno avviene per basse percentuali di ossigeno e causa problemi di calibrazione per alte temperature |
| N | Nicrosil/nisil Rosa | 0/+1300 | È simile alla termocoppia K, ma con l'aggiunta di silicio in entrambi i fili e di cromo al Chromel®, determinando una buona desensibilizzazione alla "green-rot" |

**96** **MODULO B** METROLOGIA

**Tabella B2.2** Tipi di termocoppia e caratteristiche (segue)

| Tipo | Materiali utilizzati e colore della guaina esterna del cavo | Limiti di temperatura | Caratteristiche |
|---|---|---|---|
| R | Platino e rodio al 13%/platino Arancio | –50/+1760 | Questi due tipi di termocoppia sono consigliati per temperature comprese fra valori poco al di sotto dello zero e 1500 °C; ad alte temperature il platino tende a ingrossare il grano e quindi il pezzo può rompersi |
| S | Platino e rodio al 10%/platino Arancio | –50/+1760 | |
| B | Platino e rodio inferiore al 30% Grigio | 0/+1820 | Usato per alte temperature, questo tipo di termocoppia crea meno problemi alla crescita del grano |

Oltre a queste termocoppie ce ne sono altre non standardizzate che occupano un ruolo di minor rilievo in ambito industriale. Si trovano comunque termocoppie iridio/rodio, nickel/cromo e nickel/molibdeno oltre alle termocoppie in metallo prezioso (oro). Le sigle "Co", "Al" e "Cr" sono relative non all'elemento chimico ma a leghe particolari, cioè alla costantana, all'Alumel® e al Chromel® (Alumel® e Chromel® sono marchi registrati dalla Hoskins Manufacturing Company).

Ciascuna termocoppia è utilizzata in ambiti specifici; la possibilità di scegliere fra le diverse tipologie ha permesso a questo strumento di essere usato maggiormente nella misurazione della temperatura in campo industriale.

I più comuni tipi di termocoppia sono identificati da una designazione alfabetica, secondo la Instrument Society of America, riconosciuta a livello internazionale. Per quanto riguarda l'effettuazione delle misure, i cavi della termocoppia vengono collegati al voltmetro (▶ **Fig. B2.30**), che consente di risalire alla temperatura incognita, con la dovuta taratura.

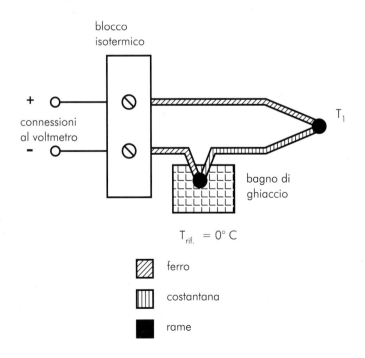

**Figura B2.30**
Sistema di misura della temperatura con termocoppia.

**PER COMPRENDERE LE PAROLE**

**Irraggiamento**: si tratta di un meccanismo di trasmissione del calore con cui un corpo cede calore a un altro corpo con il quale non è a contatto.

**COME SI TRADUCE...**

| ITALIANO | INGLESE |
|---|---|
| Pirometro a radiazione | Radiation pyrometer |

## Termometri a radiazione a banda selettiva o a banda totale

Questi misuratori di temperatura sono anche denominati *pirometri*; essi utilizzano l'emissione di energia raggiante da parte di un corpo (**irraggiamento**) come proprietà termometrica.

Tale processo di trasmissione del calore implica la trasformazione del calore in energia raggiante (*emissione*), trasmessa mediante onde elettromagnetiche (*propagazione*). Questa energia si trasforma in calore quando avviene l'assorbimento da parte del secondo corpo. Poiché l'irraggiamento è funzione della temperatura del corpo, essa può essere impiegata per la misurazione della temperatura stessa; i pirometri misurano l'energia irradiata dal corpo di cui si vuole misurare la temperatura a distanza, senza contatto. Sono usati per temperature molto elevate, come nel caso di forni e masse incandescenti (metalli liquidi, lingotti). Sulla base di queste considerazioni è possibile costruire *pirometri ottici*, generalmente distinti in due categorie:

— **pirometri a radiazione selettiva** o **parziale**, in quanto il valore della temperatura istantanea è dedotto dalle radiazioni comprese solo nel campo del visibile;
— **pirometri a radiazione totale**, in quanto utilizzano tutte le radiazioni (visibili e non) emesse dalla sorgente radiante.

### Pirometro a banda selettiva

Si tratta di un pirometro ottico, in cui si ricava la misura della temperatura incognita confrontando la radiazione emessa dal corpo caldo con quella di una sorgente campione, di cui è nota la temperatura. Il pirometro ottico ha la forma di un cannocchiale con una lente divisa a metà. La parte destra serve per mettere a fuoco il corpo di cui si vuole trovare la temperatura (per esempio una fiamma); la parte sinistra contiene un oggetto preso come riferimento e reso incandescente tramite una termoresistenza regolabile. Quando le due parti della lente raggiungono lo stesso colore, si ottiene la temperatura cercata leggendo il valore di temperatura dell'oggetto di riferimento.

Tra i vari tipi di pirometri, quelli a *filamento evanescente* (▸ **Fig. B2.31**) utilizzano come sorgente di confronto il filamento di una lampadina elettrica.

**Figura B2.31**
Schema di funzionamento di un pirometro ottico a filamento evanescente: il dispositivo comprende un cannocchiale per osservare su uno schermo l'immagine reale della sorgente, di cui si vuole valutare la temperatura, e l'immagine della lampadina campione.
a) Filamento incandescente che contrasta con il fondo.
b) Filamento reso evanescente regolando la corrente di alimentazione elettrica.

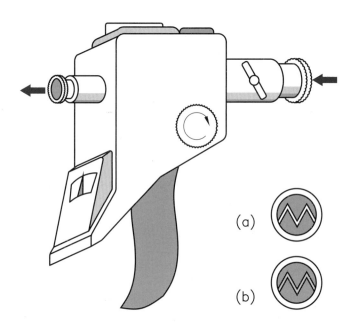

Regolando opportunamente lo strumento, si fa in modo che le radiazioni raccolte dall'obiettivo, puntato per esempio sulla bocca di un forno, cadano nel piano in cui si trova il filamento incandescente.

Successivamente si fa variare la corrente che attraversa il filamento, finché la sua luminosità eguagli quella fornita dalle radiazioni emesse dal forno. In tali condizioni l'immagine del filamento svanisce e il misuratore di corrente, direttamente tarato in gradi, fornisce la temperatura della sorgente calda.

### Pirometro a banda totale

L'energia radiante del corpo caldo in esame viene convogliata attraverso un sistema ottico formato da una lente o da uno specchio su un elemento termosensibile costituito da una termopila. Applicando un materiale termicamente assorbente (assorbitore) alla giunzione di una termocoppia, in modo tale che esso sia in grado di captare la radiazione proveniente da un oggetto caldo, è possibile realizzare una semplice termopila: l'assorbitore e la termocoppia si riscalderanno a causa della radiazione incidente e, dopo un certo tempo, la differenza di temperatura fra la giunzione calda e le estremità di riferimento fredde si stabilizzerà.

Il materiale della termocoppia, in grado di assorbire calore dall'oggetto caldo distante, converte la differenza di temperatura in differenza di potenziale elettrico visualizzata dal voltmetro, la cui lettura rappresenta una misura diretta della temperatura fisica dell'oggetto remoto. La moderna tecnologia dei semiconduttori consente la produzione di sensori a termopila, realizzati con centinaia di microscopiche termocoppie, su un'area di diversi millimetri quadrati. Tali sensori sono molto sensibili e forniscono una risposta rapida dovuta alle ridotte dimensioni. Una termopila genera un segnale proporzionale alla differenza di temperatura fra il sensore e l'oggetto: nelle misure di temperatura a distanza occorre registrare non solo la temperatura raggiunta dall'assorbitore, ma anche quella del sensore.

Come esempio di applicazione di questi pirometri si consideri la misurazione della temperatura del materiale fuso, parametro fondamentale per la verifica del corretto svolgimento del processo di fusione. La misura della temperatura del metallo fuso nel forno o in colata avviene in assoluta sicurezza e senza interrompere la produzione ( ▶ **Fig. B2.32** ).

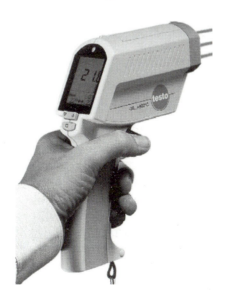

**Figura B2.32**
Schema di applicazione di un pirometro a termopila. Il sensore a termopila è un misuratore che rileva il flusso di calore che transita fra l'oggetto osservato e il contenitore esterno del rivelatore; la differenza di temperatura fra l'oggetto e il contenitore della termopila produce una differenza di potenziale correlata con la corrente del flusso termico.

# B2.3 MISURE ELETTRICHE, DI TEMPO E DI FREQUENZA

## Misure elettriche

Le grandezze elettriche fondamentali di un circuito sono la **corrente** $I$ che circola nel conduttore, la **resistenza** $R$ del conduttore e la differenza di potenziale $V$, o **tensione**, fra i capi del conduttore (▶ **Fig. B2.33**).

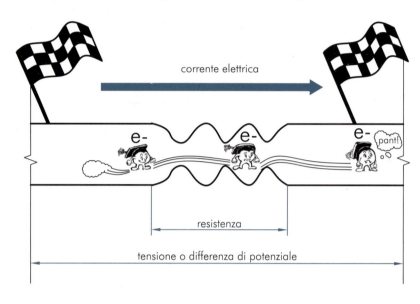

**Figura B2.33**
Grandezze elettriche fondamentali di un circuito elettrico.

### PER COMPRENDERE LE PAROLE

**Corrente elettrica**: carica elettrica in movimento in un conduttore; i circuiti elettrici possono essere alimentati sia con corrente continua sia con corrente alternata.

**Campo elettrico**: regione dello spazio in cui il corpo elettricamente carico esercita una forza su un'altra carica elettrica, inserita in tale spazio.

Poiché la **corrente elettrica** è un flusso di elettroni, essa è caratterizzata da un'intensità, una direzione e un verso. Quando questi parametri sono costanti, si ha la **corrente continua**; quando il movimento degli elettroni lungo i conduttori avviene in maniera oscillatoria, prima in un senso poi in quello opposto, si ha la **corrente alternata**.

Un corpo elettricamente carico è in grado di generare nello spazio circostante un **campo elettrico** $E$. Poiché la carica elettrica è in movimento, si crea un campo magnetico $H$ nello spazio circostante. Nell'**Unità A1** sono riportate le unità di misura SI e i relativi simboli delle grandezze elettriche più significative.

### COME SI TRADUCE...

| ITALIANO | INGLESE |
|---|---|
| Resistenza | Resistance |
| Tensione | Voltage |
| Corrente continua | Direct Current (DC) |
| Corrente alternata | Alternating Current (AC) |
| Multimetro analogico | Volt Ohm Milliameter (VOM) |
| Multimetro digitale | Digital Multi Meter (DMM) |
| Valore efficace | Root Mean Square (RMS) Value |
| Vero valore efficace | True RMS |

### Misure di corrente, tensione e resistenza: il multimetro

Il **multimetro**, o tester, è l'apparecchiatura più diffusa per effettuare misure elettriche, poiché è in grado di misurare la tensione, la corrente continua o alternata e la resistenza. Il multimetro può essere *analogico* o *digitale*. Il **multimetro analogico** misura correttamente solo i **valori efficaci** di tensioni alternate, mentre il **multimetro digitale** misura il valore efficace delle grandezze alternate mediante un apposito circuito integrato, che consente di ottenere sempre il **vero valore efficace**. Il valore efficace di una grandezza elettrica sinusoidale è pari a 0,707 volte il suo valore massimo. Una corrente alternata e una corrente continua (il cui valore efficace è uguale a quello della corrente alternata) producono, in tempi uguali, la stessa quantità di calore nella medesima resistenza elettrica; quindi si può affermare che l'intensità efficace di una corrente alternata corrisponde a quel valore costante che produce nello stesso tempo gli stessi effetti termici.

Di seguito, sarà analizzato soltanto il multimetro analogico, il cui elemento fondamentale è lo strumento indicatore, generalmente costituito da un **microamperometro**, di tipo magnetoelettrico a elevata sensibilità. Il microamperometro è lo strumento di base in grado di misurare, mediante opportuni selettori, le varie grandezze elettriche considerate.

Tale strumento, quindi, è percorso da una corrente proporzionale alla grandezza da misurare, che lo raggiunge dopo aver attraversato elementi circuitali interni disposti in modo da realizzare, alternativamente, il funzionamento di **ohmetro**, **voltmetro** e amperometro.

Il tester possiede un pannello frontale recante boccole e commutatori che consentono di collegare tra loro gli elementi circuitali interni, secondo diverse modalità.

Mediante rotazione del commutatore a più posizioni è possibile ottenere, con diversi valori di fondo scala, la funzione di voltmetro in continua e in alternata, di amperometro in continua e in alternata e di ohmetro.

## Uso del multimetro

### Misure di tensione

Si eseguono disponendo il multimetro analogico in parallelo tra i punti di cui occorre valutare la differenza di potenziale (▸ **Fig. B2.34**).

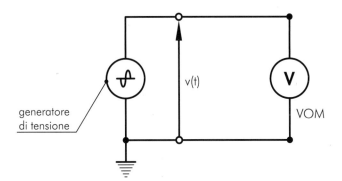

**Figura B2.34**
Schema di misura di una differenza di tensione con multimetro analogico (VOM): è possibile eseguire misure di tensioni in alternata. Il multimetro analogico può misurare correttamente solo i valori efficaci di tensioni sinusoidali.

Si consideri il caso della misurazione della differenza di potenziale esistente ai capi di una comune pila tipo stilo, da 1,5 V, che eroga corrente continua. Dapprima s'imposta sul multimetro la funzione di voltmetro in continua, mediante rotazione del commutatore per ottenere il valore di fondo scala utile per questo tipo di misura (3 V). Si inseriscono, quindi, i cavi di collegamento negli appositi connettori, badando alla corretta scelta della polarità (positivo e negativo); si applicano i puntali dei cavi di collegamento sui poli della pila rispettando la polarità e, infine, si legge il valore della tensione sul quadrante dello strumento.

### Misure di resistenze

Anche in questo caso si imposta sul multimetro la funzione di ohmetro, mediante rotazione del commutatore per ottenere i valori di fondo scala, utili per questi tipi di misura.

Si inseriscono, quindi, i cavi di collegamento negli appositi alveoli, badando alla corretta scelta della polarità (positivo e negativo); si applicano i morsetti dei cavi di collegamento sui capi delle resistenze e, infine, si legge il valore della resistenza sul quadrante dello strumento.

---

**PER COMPRENDERE LE PAROLE**

**Microamperometro**: strumento che misura correnti dell'ordine di grandezza di $10^{-6}$ A (ovvero 1 μA), corrispondenti alla corrente che può percorrere il sottilissimo filo della bobinetta e delle molle antagoniste adottate nei tester.

**Ohmetro**: strumento in grado di misurare resistenze elettriche.

**Voltmetro**: strumento in grado di misurare differenze di potenziale o di tensione tra due punti.

## Misure di campi elettromagnetici

Il campo elettrico e il campo magnetico sono spesso considerati come differenti componenti di un unico campo, denominato *campo elettromagnetico*, indicato come *campo EM* (ovvero *CEM*) e illustrato nella **figura B2.35**.

**Figura B2.35**
Campo elettromagnetico.

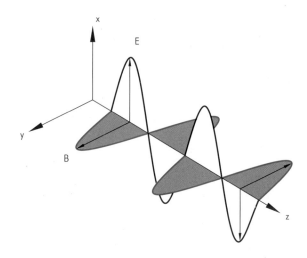

I campi elettromagnetici possono variare nello spazio e nel tempo, oscillando a diverse frequenze inferiori o pari a 300 GHz. Lo spettro dei campi elettromagnetici e la relativa classificazione sono riportati nella **tabella B2.3**.

**Tabella B2.3** Spettro e classificazione dei campi elettromagnetici

| Banda di frequenza | Denominazione | Sigla | Sorgenti |
|---|---|---|---|
| 0 Hz÷300 Hz | Frequenza estremamente bassa (Extremely Low Frequenzy) | ELF | Elettrodotti di media e alta tensione, elettrodomestici, videoterminali, saldatrici a induzione |
| 300 Hz÷300 kHz | Frequenza bassa (Low Frequenzy) | LF | |
| 300 kHz÷300 MHz | Radio Frequenza (Radio Frequenzy) | RF | Emettitori e ripetitori radiotelevisivi, telefoni cellulari e ripetitori di telefonia mobile, saldatrici a induzione, forni a microonde |
| 300 MHz÷300 GHz | Microonde (Micro Waves) | MW | |

Molte macchine poste in produzione (forni industriali, essiccatori, macchine per la saldatura, fornaci ecc.) usano frequenze appartenenti a tale spettro; possono verificarsi quindi fonti di emissione di campi elettromagnetici, potenzialmente pericolosi per la salute.

Le misure per la verifica dei livelli di campo elettromagnetico nei diversi ambienti industriali sono volte alla determinazione delle grandezze fisiche ($E$ e $H$) che caratterizzano tali campi. Per tali misure è utilizzato uno strumento a banda larga, costituito dai seguenti elementi fondamentali:
— il sensore, che risponde all'intensità del campo elettrico $E$ oppure all'intensità del campo magnetico $H$;

— il trasduttore, che trasforma la risposta del sensore in un segnale proporzionale a $E$ oppure ad $H$;
— il cavo di collegamento;
— il circuito di processamento e lettura, che fornisce la risposta in termini d'intensità di campo elettrico $E$ oppure d'intensità di campo magnetico $H$.

## Misure di tempo e di frequenza

Una grandezza alternata compie un ciclo in un intervallo di **tempo**, definito *periodo*, che si esprime in secondi ed è indicato con $T$. Il reciproco del periodo ($1/T$) indica il numero di periodi al secondo, cioè la **frequenza** $f$, vale a dire il numero di cicli che la grandezza compie in un secondo. La frequenza si misura con l'unità $s^{-1}$, denominata **hertz** [Hz]. La corrente alternata della rete di distribuzione di energia elettrica nelle nostre case possiede una frequenza di 50 Hz. Le misure di tempo e di frequenza possono essere eseguite sfruttando la caratteristica di una grandezza alternata che ripete il proprio ciclo indefinitivamente. Esistono strumenti di misura specifici per effettuare tali misurazione quali orologi radiosincronizzati, cronometri, frequenzimetri ecc. Tuttavia, nell'ottica di affrontare soltanto le strumentazioni più significative per il tecnologo, sarà analizzato l'*oscilloscopio*. Esistono due grandi famiglie di oscilloscopi: quelli *analogici* e quelli *digitali*.

### Oscilloscopio analogico a raggi catodici

Questo strumento permette la visualizzazione attraverso l'immagine bidimensionale di un segnale elettrico variabile nel tempo (▶ **Fig. B2.36**).

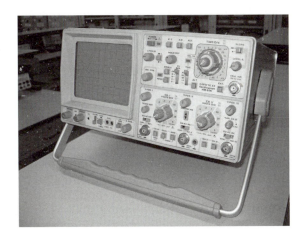

**Figura B2.36**
Oscilloscopio analogico.

**COME SI TRADUCE...**

| ITALIANO | INGLESE |
|---|---|
| Tempo | Time |
| Frequenza | Frequency |

**PER COMPRENDERE LE PAROLE**

**Hertz**: unità di misura della frequenza, che esprime il numero di cicli (oscillazioni complete) effettuati in un secondo: 1000 Hz = 1000 oscillazioni complete in 1 secondo.

Nel caso di segnali alternati è possibile visualizzare la forma dell'onda, rilevando così l'ampiezza, la frequenza e il periodo del segnale stesso, oppure, se l'oscilloscopio è a doppia traccia, si possono confrontare due segnali, evidenziandone le relazioni di fase.
  Con riferimento all'oscilloscopio a semplice traccia, il principio di funzionamento consiste nel disporre di un fascio di elettroni (raggi catodici) al quale vengono impresse due deviazioni trasversali rispetto al fascio e ortogonali tra di loro. La prima deviazione verticale viene provocata direttamente dal segnale elettrico da registrare, del quale ricopia fedelmente le variazioni. La seconda deviazione orizzontale è provocata da un segnale elettrico periodico ausiliario che serve a fornire la misura dei tempi.

## Oscilloscopio digitale

Nell'*oscilloscopio digitale* (▶ **Fig. B2.37**), il segnale in ingresso viene campionato a una certa frequenza da un dispositivo che converte il segnale analogico in digitale, in seguito viene memorizzato e mostrato sullo schermo.

**Figura B2.37**
Oscilloscopio digitale.

### Uso dell'oscilloscopio per misurare il tempo

Per eseguire misure di tempo occorre riferirsi alla linea orizzontale di centro del reticolo dell'oscilloscopio.

In tal caso s'impiega un'onda quadra; la forma d'onda deve essere centrata verticalmente rispetto all'asse orizzontale del reticolo, agendo con l'apposito comando di posizione verticale.

A questo punto si manovra il comando di posizione orizzontale e con esso si centra uno dei fronti dell'onda quadra, il primo sul lato sinistro dello schermo, con una delle linee verticali del reticolo, quella più vicina come posizione.

Si contano le divisioni e le frazioni di divisione di scala che intercorrono da sinistra a destra fra due fronti di salita (o di discesa), come indicato nella **figura B2.38**.

Tale conteggio viene effettuato lungo la linea centrale (in orizzontale) del reticolo, rispetto alla quale si è appunto centrata la forma d'onda. Si moltiplica la distanza così misurata per il fattore di scala rappresentato dal valore di tempo su cui si è ruotato l'indice dell'apposito commutatore.

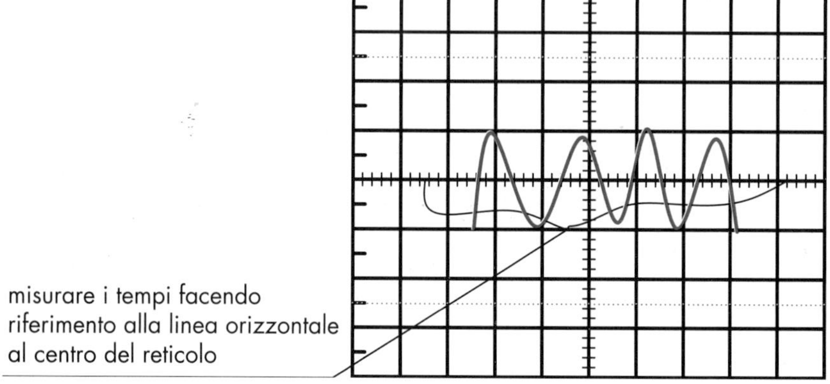

**Figura B2.38**
Misura di tempo utilizzando un oscilloscopio: si misurano per esempio 3,3 divisioni, con fattore di scala pari a 0,2 millisecondi; moltiplicando 3,3 divisioni per 0,2 millisecondi si ottengono 0,66 millisecondi.

misurare i tempi facendo riferimento alla linea orizzontale al centro del reticolo

### Uso dell'oscilloscopio per misurare la frequenza

La misura oscilloscopica esaminata per il tempo è una misura diretta, poiché la grandezza in esame viene rilevata direttamente con lo strumento; si parla invece di *misure indirette* quando la grandezza in esame è rilevata mediante un calcolo in cui intervengono grandezze misurate in modo diretto.

La frequenza è una misura indiretta, poiché è ottenuta attraverso la misura del periodo di un'onda effettuata con l'oscilloscopio. Considerando un periodo di 0,66 ms, la frequenza sarà:

$$\frac{1}{0,66 \times 10^{-3}} = 1515 \text{ Hz}$$

| COME SI TRADUCE... | |
|---|---|
| **ITALIANO** | **INGLESE** |
| *Suono* | *Sound* |

## B2.4 MISURE ACUSTICHE, INTERFEROMETRICHE E FOTOMETRICHE

### MISURE ACUSTICHE

Il rombo della Ferrari ha un elevato livello sonoro, ma è percepito come gradevole, mentre il suono di una goccia d'acqua che cade ripetutamente sul lavandino, seppure di lieve intensità sonora, è percepito come rumore molesto. L'essere umano è sensibile alle variazioni del suono (così come alle variazioni d'intensità luminosa e di calore), e ha la capacità di abituarsi ai rumori costanti se vi rimane esposto per lungo tempo.

L'esposizione prolungata nel tempo a rumori di elevata intensità, oppure di percezione sgradevole (intensità più bassa ma con frequenze decisamente fastidiose per l'orecchio umano), possono arrecare danni psicofisici, con ripercussioni di carattere sociale. Le malattie uditive possono comportare assenteismo sul posto di lavoro, disattenzione alla guida e maggiori costi alla Sanità pubblica.

L'esposizione ai rumori può danneggiare l'udito, il sistema cardiovascolare, il sistema nervoso centrale, il sistema neurocrinologo, l'apparato respiratorio, l'apparato digerente, l'apparato genitale e la funzione visiva. Il rumore è un parametro descrittore della qualità di un prodotto, di un servizio e di un processo (sistema).

### Suono

Il **suono** è la successione delle compressioni e delle rarefazioni dell'aria, percepite dall'orecchio umano come variazioni di pressione sulla membrana del timpano. Il suono si propaga con velocità diverse, nei diversi materiali: in aria ~344 m/s, nell'acciaio ~5200 m/s.

In generale si può affermare che il suono viaggia più veloce nei materiali con alta elasticità e con bassa densità.

La velocità del suono in aria aumenta di circa 0,6 m/s per ogni incremento di grado centigrado. Stabilito il periodo $T$ dell'onda sonora, la frequenza si esprime:

$$f = \frac{1}{T} \left[ \text{Hz} \right]$$

La **figura B2.39** schematizza l'onda sonora con andamento sinusoidale, con base tempo (▶ **Fig. B2.39a**), oppure lunghezza (▶ **Fig. B2.39b**).

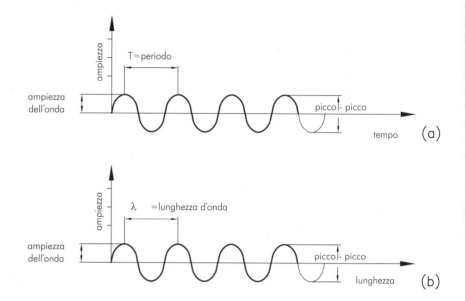

**Figura B2.39**
Onda del suono: l'orecchio umano percepisce la variazione di ampiezza tra un picco positivo e quello successivo negativo (variazione di energia sonora).

Indicando l'asse delle ascisse come la condizione di riposo delle particelle d'aria, al picco positivo si associa lo stato di compressione, mentre al picco negativo si associa la condizione di rarefazione delle stesse. L'orecchio umano ha la capacità di udire i suoni con frequenze oscillanti tra 20÷20 000 Hz, con massima sensibilità nell'intervallo 3000÷4000 Hz; inoltre questo organo è in grado di rilevare pressioni su intervalli vastissimi: da 20 a 200 Pa.

La **figura B2.40** rappresenta la gamma dell'udibile umano, ponendo sull'asse delle ascisse la scala logaritmica della frequenza in Hz e in ordinate il Livello della Pressione Sonora (SPL) espresso in decibel (dB).

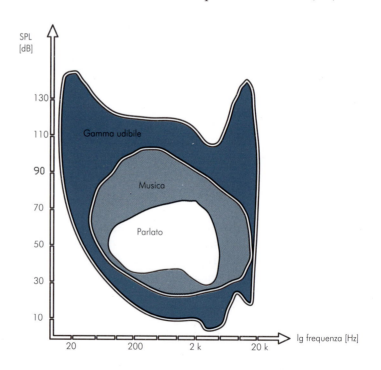

**Figura B2.40**
Rappresentazione della gamma dell'udibile.
– Voce umana: banda di frequenza da 500 Hz a 2 kHz.
– Musica pop e rock: banda di frequenze da 40 a 2000 Hz.
– Musica disco: banda di frequenze da 40 a 250 Hz.
– Musica classica: banda di frequenza da 30 a 4000 Hz.

## Potenza sonora

La *potenza sonora* si misura in watt e non può essere rilevata direttamente, ma richiede metodi particolari per la sua determinazione. Essa descrive la capacità di emissione sonora di una sorgente e risulta indipendente dall'ambiente circostante. Un termosifone eroga sempre gli stessi watt di potenza termica, se posto in salotto oppure in cantina, ma la temperatura nella stanza potrà essere diversa da un punto all'altro e dipenderà dalle caratteristiche dell'ambiente e dalla posizione della sorgente nella stanza stessa. Allo stesso modo una lavatrice emetterà sempre lo stesso numero di watt di potenza sonora, ovunque venga posizionata, ma la pressione sonora misurabile nei vari punti della stanza dipenderà dalle caratteristiche acustiche dell'ambiente e dalla posizione della sorgente nella stanza stessa.

## Pressione sonora

Si può quindi definire la potenza acustica (W), la causa, mentre la pressione acustica ($1\,Pa = 1\,N/m^2$), l'effetto: ciò spiega il modo in cui l'essere umano percepisce la differenza fra potenza e pressione acustica. La **sorgente acustica**, infatti, emette sempre gli stessi watt in qualsiasi ambiente e in qualunque posizione all'interno della stanza, invece l'orecchio umano rileva sul timpano una pressione sonora che varia in funzione della distanza dalla sorgente, nonché della capacità della stanza di assorbire o riflettere le onde sonore. Nel caso del termosifone, la temperatura percepita dipenderà dalla distanza fra il termosifone e la persona e dalla capacità che possiede la stanza di trattenere o disperdere il calore. Studi scientifici hanno dimostrato che l'orecchio umano è sensibile (sente meglio) alla differenza del logaritmo della pressione sonora, quindi la sensazione uditiva soggettiva non varia linearmente con la pressione.

## Intensità acustica

L'*intensità acustica* indica quanta potenza passa nell'unità di superficie [W/m²]:

$$l = \frac{p^2}{\rho c}\left[\frac{W}{m^2} = \frac{energia}{tempo \times superficie}\right]$$

essendo:

$$c \cong \sqrt{\frac{1,4\,p_{atmosferica}}{s}}$$

in cui $p$ indica la pressione sonora istantanea sul timpano [N/m²], $s$ è la massa volumica dell'aria [kg/m³], $c$ rappresenta la velocità istantanea delle particelle, ovvero la velocità del suono [m/s].

## Decibel

Non si tratta dell'unità di misura, ma della scala logaritmica che riproduce la risposta acustica dell'orecchio umano.

## Variazione in bel

Come è stato affermato in precedenza, l'orecchio sente la differenza del logaritmo della pressione sonora; la variazione in bel si esprime nel seguente modo:

$$\log_{10}\left(\frac{p}{p_0}\right)^2 = 2\log_{10}\left(\frac{p}{p_0}\right) = 2\left[\log_{10}(p) - \log_{10}(p_0)\right]$$

---

COME SI TRADUCE...

| ITALIANO | INGLESE |
|---|---|
| *Sorgente acustica* | *Acoustic source* |

in cui:
- $p$ = pressione sonora sul timpano [N/m²];
- $p_0 = 2 \times 10^{-5}$ [N/m²] = pressione sonora di riferimento.

Si osservi che a ogni grandezza fisica è possibile associare la suddetta differenza logaritmica (accelerazione, temperatura, massa ecc.):

$$\log_{10}\left(\frac{x}{x_0}\right)^2$$

in cui:
- $x$ = grandezza qualsiasi;
- $x_0$ = valore di riferimento della grandezza qualsiasi.

**Variazione in decibel**

Il decibel esprime 10 volte il bel (artificio matematico per meglio apprezzare le variazioni di livello della pressione sonora):

$$\mathrm{dB} = 10\log_{10}\left(\frac{p}{p_0}\right)^2 = 10 \times 2\log_{10}\left(\frac{p}{p_0}\right) = 20\left[\log_{10}(p) - \log_{10}(p_0)\right]$$

L'orecchio umano ha una curva di risposta in frequenza logaritmica, che in letteratura è definita *pesatura A* (curva d'interpolazione matematica). Riferendo i valori dei decibel secondo la risposta del nostro organo uditivo, si scriverà "dB (A)". Nelle normali condizioni di salute, e senza subire alcun danno fisico, l'orecchio è sensibile a intensità sonore variabili tra $10^{-12} \div 10\,\mathrm{W/m^2}$. Il campo dinamico dell'udito umano è circa 120 dB. La **figura B2.41** evidenzia che emissioni sonore oltre valori di 120 dB, possono causare danni alla salute delle persone. Una normale conversazione, invece, emette emissioni sonore di circa 65 dB.

**Figura B2.41**
I rumori della vita.

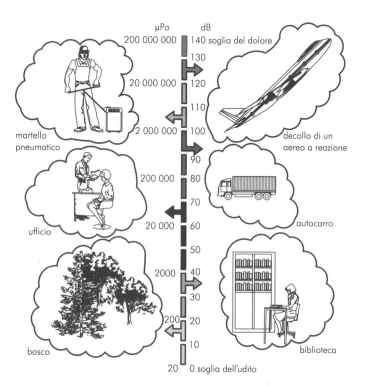

La percezione del suono dipende dalla frequenza dell'onda: a parità di ampiezza dell'onda sonora se cambia la frequenza, l'ascoltatore percepisce sensazioni differenti. Nella **figura B2.42** sono schematizzate due sinusoidi con la medesima ampiezza, ma frequenza l'una doppia dell'altra.

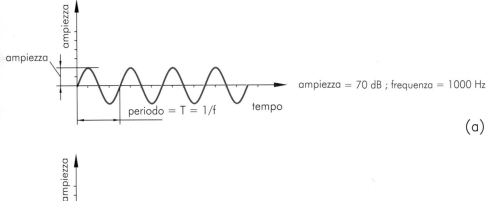

**Figura B2.42**
Percezione del suono:
a) $f = 1000\,Hz$;
b) $f = 500\,Hz$.

## Somma dei livelli sonori

L'udito umano non è lineare, né in ampiezza né in frequenza, quindi i decibel non si possono sommare algebricamente: per sommare i livelli sonori si addizionano le energie e non le pressioni.

### Esempio 1

In un'officina meccanica vengono misurati i livelli di pressione sonora di due macchine utensili: $L_1 = 85\,dB$; $L_2 = 81\,dB$.

Poiché $L_1 - L_2 = \Delta L = 4\,dB$, dal grafico indicato nella **figura B2.43** si intercetta la differenza tra i due livelli ($\Delta L$) sull'asse delle ascisse a cui corrisponde, sull'asse delle ordinate, il valore $L_+ = 1,4\,dB$ da aggiungere al livello sonoro, tra i due più elevato.

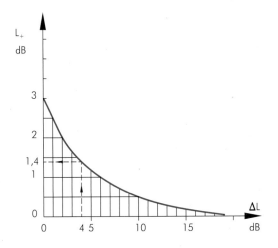

**Figura B2.43**
Numero di decibel da aggiungere al livello di pressione sonora più elevato.

**COME SI TRADUCE...**
| ITALIANO | INGLESE |
|---|---|
| Rumore | Noise |

Ne consegue che il livello di pressione sonora totale dovuto alla contemporanea presenza delle due macchine, vale:

$$L_{tot} = 85 + 1,4 = 86,4 \, dB$$

### Esempio 2

In una cucina si supponga di azionare contemporaneamente due frullatori che emettono lo stesso livello di pressione sonora:

$$L_1 = L_2 = 73 \, dB$$

Poiché:

$$L_1 - L_2 = \Delta L = 0 \, dB$$

dal grafico di **figura B2.43** si ricava:

$$L_+ = 3 \, dB$$

Ne consegue che il livello di pressione sonora totale vale:

$$L_{tot} = 73 + 3 = 76 \, dB$$

Da tale esempio si può dedurre che la somma dei due suoni aventi la stessa intensità genera un suono con un'intensità aumentata di 3 dB.

In presenza di tre o più sorgenti, si considerano dapprima due di loro e si trova il livello risultante, quindi si combina quest'ultimo con il livello di pressione sonora della terza sorgente e così via.

### IMPATTO DEL RUMORE SUL CORPO UMANO

Gli effetti fisiologici possono variare sia in funzione delle caratteristiche fisiche del **rumore** (intensità, composizione spettrale, tempo di esposizione), sia in funzione della risposta dei soggetti esposti (▶ **Tab. B2.4**).

**Tabella B2.4** Scala di lesività del rumore

| Livello di pressione acustica dB(A) | Caratteristica del danno uditivo |
|---|---|
| 36-65 | Rumore fastidioso e molesto, che può disturbare il sonno e il riposo |
| 86-115 | Rumore che produce danno psichico e neurovegetativo, provocando effetti specifici a livello auricolare, e che può indurre malattie psicosomatiche |
| 131-150 e oltre | Rumore molto pericoloso (impossibile da sopportare senza adeguata protezione), che può provocare l'insorgenza immediata, o comunque molto rapida, del danno |

Gli effetti fisiologici possono essere suddivisi in effetto di fastidio o *annoyance*, effetto di disturbo, effetto di danno, effetto di trauma acustico.

Le **onde** sonore sono percepite dall'**orecchio** umano perché fanno vibrare il timpano. Le **vibrazioni** sonore, amplificate dalle ossa dell'orecchio (la pressione acustica che agisce sul timpano può essere amplificata fino a 90 volte), sono trasformate in impulsi elettrici sintonizzati per le diverse frequenze del suono.

| COME SI TRADUCE... | |
|---|---|
| **ITALIANO** | **INGLESE** |
| Onde | Waves |
| Orecchio | Ear |
| Vibrazione | Vibration |
| Fonometro | Phonometer |

## VIE DI PROPAGAZIONE ACUSTICA

Qualunque tipo di suono può essere trasmesso attraverso le pareti, il soffitto o il pavimento di un edificio, percorrendo cammini aerei oppure cammini strutturali. Convenzionalmente le *vie di propagazione sonora* si distinguono in *via aerea* e *via strutturale*. Questa distinzione non deve trarre in inganno: la propagazione avviene in entrambi i casi attraverso strutture solide, ma la struttura è sollecitata da onde sonore nel primo caso, mentre è sottoposta a forze applicate direttamente nel secondo. Per esempio, le voci avvertite fra due stanze vicine sono trasmesse per via aerea, mentre i passi del piano superiore di un condominio sono trasmessi per via strutturale (sollecitazione del solaio). Si parla invece di *propagazione per via diretta* quando l'onda di pressione sonora non incontra strutture che ostacolino la propria propagazione ( ▶ **Fig. B2.44**).

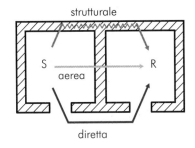

**Figura B2.44**
Propagazione sonora diretta, aerea e strutturale.

### Fonometro

Il **fonometro** è un importante strumento portatile per misure oggettive di rumore, in ogni tipo di ambiente. Esso può fornire valori di picco del livello di pressione sonora e, in prima approssimazione, il contenuto in frequenza del segnale acquisito in un certo intervallo di tempo (analisi spettrale in terzi di ottava).

Il minimo ingombro e l'immediatezza dei risultati forniti lo rendono indispensabile a coloro che devono effettuare misure acustiche ( ▶ **Fig. B2.45**).

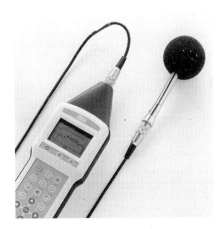

**Figura B2.45**
Fonometro: alla sommità è posizionata la capsula microfonica; il trasduttore trasforma le onde di pressione incidenti su una membrana, in segnali elettrici.

MISURE E DISPOSITIVI DI MISURAZIONE **UNITÀ B2** 111

| ITALIANO | INGLESE |
|---|---|
| Camera anecoica | Anecoic room |

### Bande di frequenza

Quando sono richieste informazioni più dettagliate inerenti un suono complesso, si esegue un'analisi in frequenza mediante acquisitori multicanale e software post-processing.

Il suono viene scomposto, mediante una serie di filtri, in *bande di frequenza*:
— *banda di ottava*, in cui il limite superiore ha un valore di frequenza doppia rispetto al suo stesso limite inferiore; il termine "ottava" deriva dal fatto che un raddoppio di frequenza corrisponde a 8 note della scala musicale (▶ **Fig. B2.46**);
— *banda 1/3 d'ottava*, in cui la banda d'ottava viene suddivisa in tre parti uguali, ognuna delle quali è definita *1/3 d'ottava* (▶ **Fig. B2.46**).

**Figura B2.46**
Bande d'ottava e 1/3 d'ottava.

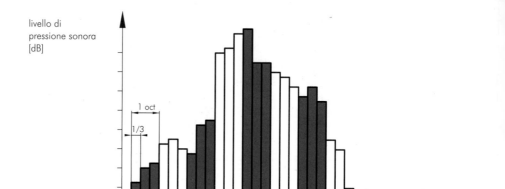

### Camera anecoica: il rumore del silenzio

La **camera anecoica** (▶ **Fig. B2.47**) è un locale progettato e realizzato per ottenere il massimo isolamento possibile dall'ambiente esterno.

Al suo interno si possono riscontrare livelli di pressione sonora prossimi al campo libero. Rimanendo acusticamente isolati dal mondo esterno è possibile misurare, con estrema precisione, l'effettiva rumorosità di un motore automobilistico, di un motore per frigorifero, di un ventilatore per appartamento ecc.

Un sistema di coni crea un assorbimento quasi costante, evitando distorsioni da onde riflesse. Tale sistema ottimizza la diffusione sonora nel campo dell'udibile e del parlato, rompe o impedisce la generazione di onde stazionarie e viaggianti che sono la causa principale del degrado della qualità acustica ambientale.

**Figura B2.47**
Camera anecoica: la quasi assenza di rumore può provocare senso di vertigini e di disorientamento.

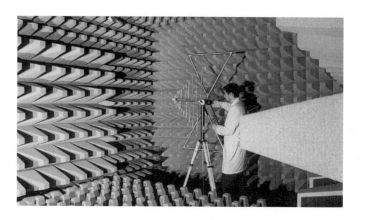

# INTERFEROMETRIA

La metrologia si avvale sempre più delle onde luminose per misure accurate di lunghezze, perché esse rappresentano il più piccolo campione di unità di misura. La luce monocromatica (un solo colore) è caratterizzata da una sola onda sinusoidale con un valore ben preciso di lunghezza d'onda $\lambda$.

La **tabella B2.5** riporta i valori delle lunghezze d'onda $\lambda$ delle luci monocromatiche, componenti la luce solare.

**COME SI TRADUCE...**

| ITALIANO | INGLESE |
|---|---|
| Interferometria | Interferometry |

**Tabella B2.5** Lunghezza d'onda $\lambda$ dei colori componenti la luce solare

| Lunghezza d'onda $\gamma$ [μm] |||||||
|---|---|---|---|---|---|---|
| Violetto | Indaco | Azzurro | Verde | Giallo | Arancione | Rosso |
| 0,41 | 0,45 | 0,48 | 0,54 | 0,58 | 0,61 | 0,68 |

L'esperienza mostra che l'occhio umano è più sensibile alla emissione luminosa la cui lunghezza d'onda è pari a 0,56 μm ($5,6 \times 10^{-7}$ m).

L'interferometria trova applicazioni nei seguenti ambiti metrologici:
— rilievo della forma di piccole superfici piane;
— misurazione dello scostamento rispetto alla superficie nominale;
— realizzazione del metro campione;
— taratura e azzeramento dello strumento di misura;
— controlli di parallelismo, perpendicolarità, rettilineità di superfici piane ecc.

## Interferenza ottica

Le onde luminose che si incontrano nello spazio possono sommare oppure sottrarre la loro energia, in funzione dello sfasamento reciproco.

Gli interferometri sono strumenti in cui una sorgente luminosa L emette un fascio di luce monocromatica e coerente, scomposto successivamente dall'elemento $S_1$ in due fasci distinti ($e_1$, $e_2$).

La luce percorre due cammini distinti, la cui differenza di percorso risulta:

$$\Delta d = e_1 - e_2$$

e si ricomporrà in un unico fascio nell'elemento $S_2$ (punto G), osservabile attraverso il dispositivo M (▶ **Fig. B2.48**).

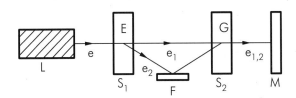

**Figura B2.48**
Schema esemplificativo dell'interferenza ottica.

Le leggi della fisica ottica indicano che le due vibrazioni potranno incontrarsi con le modalità presentate di seguito.
— In *concordanza di fase* (▶ **Fig. B2.49a**): le loro ampiezze si sommano e nel punto G verrà visualizzata la massima luminosità (zona chiara); la differenza di percorso $\Delta d$ è uguale a un multiplo pari di mezze lunghezze d'onda $\lambda/2$:

$$\text{massima luminosità} \quad \Delta d = 2n\frac{\lambda}{2} \quad \text{(multiplo pari di } \lambda/2\text{)}$$

$n$ = numero intero = 1, 2, 3, 4, 5, ...

— In *opposizione di fase* ( ▶ **Fig. B2.49b**): le loro ampiezze si sottraggono annullandosi e nel punto G verrà visualizzata la massima oscurità (zona scura); la differenza di percorso $\Delta d$ è uguale a un multiplo dispari di mezze lunghezze d'onda $\lambda/2$:

$$\text{massima oscurità} \quad \Delta d = (2n \pm 1)\frac{\lambda}{2} \quad \text{(multiplo dispari di } \lambda/2\text{)}$$

$n$ = numero intero = 1, 2, 3, 4, 5, ...

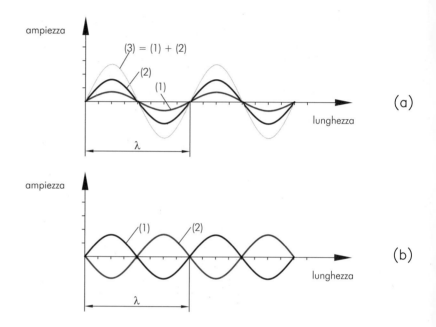

**Figura B2.49**
Interferenza ottica:
a) onde luminose in concordanza di fase (massima luminosità);
b) onde luminose in opposizione di fase (massima oscurità).

La sorgente luminosa più utilizzata è una lampada al laser, poiché capace di soddisfare le seguenti prescrizioni:
— la radiazione elettromagnetica è emessa a frequenza e lunghezza d'onda costanti (luce monocromatica);
— l'elevata focalizzazione del fascio luminoso e le onde sempre in fase tra di loro generano una fonte di luce coerente, nello spazio e nel tempo ( ▶ **Fig. B2.50**);
— sufficiente intensità luminosa.

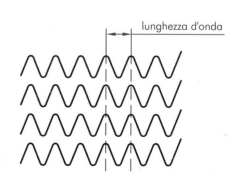

**Figura B2.50**
Luce coerente-laser.

## Esame planimetrico

Si esegue per rilevare la conformazione geometrica e la deviazione dalla **planarità** di una superficie accuratamente lavorata. Si utilizzano vetri ottici speciali a elevata trasparenza, tagliati a forma di disco e con perfetto parallelismo tra le due facce (errore massimo di planarità = 0,1 µm).

Il **disco di vetro** viene appoggiato sulla superficie del pezzo perfettamente pulita e l'intero sistema sarà illuminato con luce monocromatica (▶ **Fig. B2.51**).

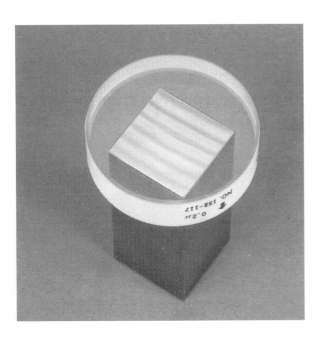

**Figura B2.51**
Vetro ottico sulla superficie da esaminare.

Gli eventuali difetti di planarità impediscono la completa adesione del disco di vetro alla superficie del pezzo favorendo l'interposizione di un sottile strato d'aria responsabile della formazione delle cosiddette **frange d'interferenza**.

Dalla loro interpretazione si comprendono la forma della superficie e la deviazione dalla planarità.

I raggi di luce incidenti il disco di vetro possono seguire due tipi di percorso diverso: in parte attraversare il vetro e poi essere riflessi dalla superficie del pezzo, in parte essere direttamente riflessi dalla faccia inferiore del vetro stesso.

Il raggio luminoso percepito dall'osservatore dipende dallo sfasamento dei raggi incidenti, cioè dalla differenza dei cammini percorsi.

Si valuteranno di seguito due condizioni operative fondamentali: vetro ottico parallelo all'oggetto e vetro ottico inclinato rispetto all'oggetto.

### Vetro ottico parallelo all'oggetto

La **figura B2.52** schematizza un disco di vetro la cui superficie levigata AB rimane sollevata di una quantità costante $h \neq 0$, indicante un difetto di parallelismo tra il disco di vetro e il pezzo. La condizione $h = 0$, invece, indica adesione completa vetro-pezzo e superficie del pezzo perfettamente piana.

La differenza di percorso tra i due raggi $r_1$ e $r_2$ rimane costante, ed è rappresentata dalla spezzata EFG:

$$\Delta d = \text{EFG} = 2h$$

---

**COME SI TRADUCE...**

| ITALIANO | INGLESE |
|---|---|
| Planarità | Planarity |
| Disco di vetro | Glass disk |
| Frange d'interferenza | Interference fringes |

**PER COMPRENDERE LE PAROLE**

Frange d'interferenza: alternanza tra strisce chiare e strisce scure.

**Figura B2.52**
Vetro ottico parallelo all'oggetto.

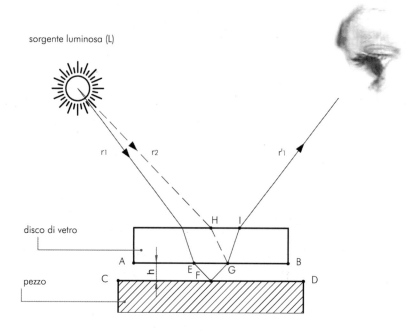

L'incontro dei due raggi nel punto G determina la concordanza o l'opposizione di fase:
— *concordanza di fase* (massima luminosità), la differenza di percorso EFG corrisponde a un numero pari di mezze lunghezze d'onda $\lambda/2$:

$$\Delta d = \text{EFG} = 2h = n\lambda = 2n\frac{\lambda}{2}$$

e la distanza $h$ tra le due superfici assumerà il seguente valore:

$$h = n\frac{\lambda}{2}$$

— *opposizione di fase* (massima oscurità), la differenza di percorso EFG corrisponde a un multiplo dispari di mezze lunghezze d'onda $\lambda/2$:

$$\Delta d = \text{EFG} = 2h = n\lambda \pm \frac{\lambda}{2} = (2n \pm 1)\frac{\lambda}{2}$$

e la distanza $h$ tra le due superfici assumerà il seguente valore:

$$h = (2n \pm 1)\frac{\lambda}{4}$$

### Vetro ottico inclinato rispetto all'oggetto

Quando la superficie in esame non è geometricamente piana, tra essa e il disco di vetro si interpone uno strato d'aria con spessore variabile, cuneiforme (▸ **Fig. B2.53**).

Tracciando idealmente dei piani paralleli distanti $\lambda/4$ tra di loro, tali da intersecare la superficie inferiore del disco di vetro nei punti 1, 2, 3, 4, ..., si distingueranno le zone chiare dalle scure, in virtù delle seguenti condizioni di interferenza della luce:
— *zona chiara* quando la differenza di percorso $\Delta d$ corrisponde a un numero pari di mezze lunghezze d'onda $\lambda/2$ (punti 2, 4, 6, ...).

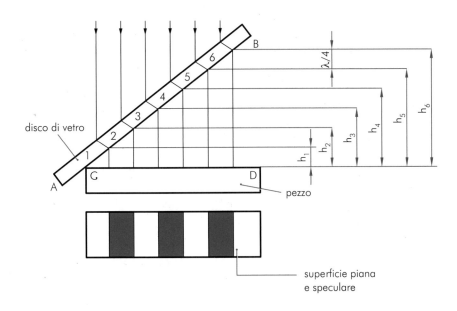

**Figura B2.53**
Vetro ottico inclinato rispetto all'oggetto.

Dalla **figura B2.53** si osserva che:

$$h_2 = 2\frac{\lambda}{4}$$

da cui si desume la differenza di percorso $\Delta d$ relativa al raggio monocromatico attraversante il punto 2:

$$\Delta d = 2\,h_2 = 4\frac{\lambda}{4} = 2\frac{\lambda}{2}$$

Applicando tale ragionamento agli altri punti di luminosità, si ottiene:

$$\Delta d = 2\,h_4 = 4\frac{\lambda}{2}$$

$$\Delta d = 2\,h_6 = 6\frac{\lambda}{2}$$

— *zona scura* quando la differenza di percorso $\Delta d$ corrisponde a un numero dispari di mezze lunghezze d'onda $\lambda/2$ (punti 1, 3, 5, ...). Dalla **figura B2.53** si osserva che:

$$h_1 = \frac{\lambda}{4}$$

da cui si desume la differenza di percorso $\Delta d$ relativa al raggio monocromatico attraversante il punto 1:

$$\Delta d = 2\,h_1 = 2\frac{\lambda}{4} = \frac{\lambda}{2}$$

Applicando tale ragionamento agli altri punti di ombra, si ottiene:

$$\Delta d = 2\,h_3 = 3\frac{\lambda}{2}$$

$$\Delta d = 2\,h_5 = 5\frac{\lambda}{2}$$

### Frange d'interferenza

Osservando le frange d'interferenza dovute agli strati d'aria compresi tra il disco ottico e la superficie in esame si traggono informazioni sulla planarità delle superfici lavorate.

La **tabella B2.6** sintetizza alcuni tra i casi più diffusi di esami planimetrici.

**Tabella B2.6** Esame planimetrico, frange d'interferenza

| Configurazione | Descrizione |
| --- | --- |
|  | Superfici perfettamente combacianti |
|  | Superfici piane, ma non perfettamente combacianti |
|  | Superfici concave e convesse |
|  | Superfici scabre o irregolari |

### Misurazione delle altezze

Utilizzando l'interferometria è possibile misurare l'altezza di un elemento cosiddetto misurando, note le caratteristiche geometriche del blocchetto campione Johanson e del distanziatore.

Il disco ottico pianparallelo sarà appoggiato sulle facce superiori del campione e del misurando; l'eventuale differenza di altezza $\delta$ favorisce l'inserimento di uno strato d'aria con conseguente creazione di frange di interferenza.

L'analisi delle frange fornirà indicazioni sullo scostamento di altezza, parallelismo e planarità del misurando. L'esempio di **figura B2.54** schematizza un rilievo sperimentale con la creazione di $n = 10$ frange d'interferenza.

**Figura B2.54**
Misurazione comparativa di altezza.

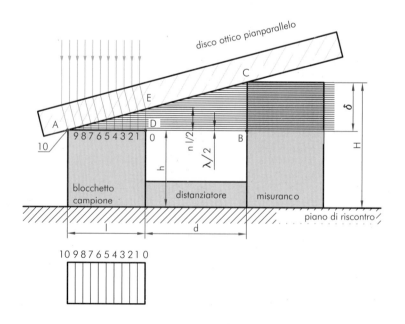

Con modalità pratica e immediata è possibile sapere se $H \neq h$ esercitando con un dito una lieve pressione sul disco ottico:

— $H > h$ ($H = h + \delta$) se, premendo in corrispondenza della parte centrale del misurando, le frange scompaiono (perfetta adesione disco-misurando);

— $H < h$ ($H = h - \delta$) se, premendo in corrispondenza della parte centrale del blocchetto campione, le frange scompaiono (perfetta adesione disco-campione).

### Esempio

Al fine di stabilire la qualità metrologica di un elemento misurando, si utilizzi la tecnica interferometrica con luce gialla, per valutarne l'altezza $H$.

Sono noti i seguenti parametri:
— lunghezza blocchetto campione $l = 35$ mm;
— lunghezza distanziale $d = 40$ mm;
— lunghezza d'onda luce gialla $\lambda = 0,58$ μm;
— numero frange d'interferenza $n = 10$
— distanza tra le frange d'interferenza $= \lambda/2$.

In riferimento alla **figura B2.54** dalla similitudine dei triangoli rettangoli ABC e ADE, ne consegue che:

$$AB : AD = BC : DE$$

da cui si ricava:

$$(l + d) : l = \delta : n\frac{\lambda}{2}$$

$$\delta = \frac{(l+d)}{l} n \frac{\lambda}{2}$$

sostituendo i valori numerici, si ottiene:

$$\delta = \frac{35 + 40}{35} 10 \frac{0,58}{2} = 6,2 \,\mu m$$

Rendendo omogenee le altezze $h$ e $\delta$, si ricava l'altezza $H$ del misurando, espressa in millimetri:

$$H = h + \delta = h + 6,2 \times 10^{-3} \,[\text{mm}]$$

### Interferometro laser: misura di superfici piane

L'utilizzo della tecnologia laser permette di controllare le superfici nei processi di molatura, levigatura, lucidatura, lappatura e superfinitura; inoltre consente misure di planarità sicure, accurate, ripetibili, veloci e con precisione micrometrica.

L'*interferometro laser* fornisce contemporaneamente l'immagine della superficie e le sue misure tridimensionali; in meno di 2 secondi esegue la mappatura della zona analizzata, effettuando una scansione di circa 300 000 punti.

I dati in uscita sono rappresentati da grafici tridimensionali, statistici, sezioni ed elaborazioni numeriche.

Il fascio laser generato da un laser allo stato solido passa attraverso una coppia di reticoli di **diffrazione** e illumina la superficie analizzata con due fasci di luce a diversi angoli di incidenza. La medesima coppia di reticoli sarà in grado di riunire i due fasci di luce riflessi, generando una figura di interferenza.

Una videocamera elettronica acquisisce una serie di figure di interferenza, che saranno inviate al computer (▸ **Fig. B2.55**).

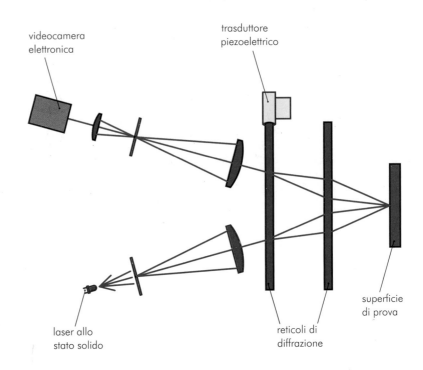

**Figura B2.55**
Schema d'interferometro laser.

| COME SI TRADUCE... | |
|---|---|
| **ITALIANO** | **INGLESE** |
| *Ottica* | *Optics* |
| *Luce* | *Light* |
| *Occhio* | *Eye* |

**PER COMPRENDERE LE PAROLE**

**Diffrazione**: fenomeno che si verifica quando un'onda luminosa è distorta da un ostacolo o da una piccola fenditura.

**Colore**: sensazione prodotta dalla luce sull'occhio, dipendente dalla lunghezza dell'onda elettromagnetica.

## FOTOMETRIA

La *fotometria* è la parte dell'**ottica** che si occupa della definizione e misurazione di quelle grandezze (quantità di **luce**, illuminamento, luminanza ecc.) che servono a individuare le caratteristiche energetiche e gli effetti sull'**occhio** di un fascio di radiazioni luminose.

La visione è il risultato dei segnali trasmessi al cervello dai *coni*, due elementi presenti in una membrana chiamata *retina*, che giace sul fondo dell'occhio. I coni sono posizionati al centro della retina, sono attivi in presenza di illuminazione intensa (visione diurna) e sono molto sensibili al colore della luce, quindi alla lunghezza d'onda della radiazione luminosa. I *bastoncelli* sono disposti al bordo della retina, sono attivi in caso di illuminazione molto debole (visione notturna o oscurata) e sono poco sensibili al **colore**.

A ogni colore corrisponde una sinusoide con un valore ben preciso di frequenza e lunghezza d'onda, per esempio per il giallo si avrà:
— frequenza = $5,1 \times 10^{14}$ Hz;
— lunghezza d'onda = 0,58 mm.

La visione associata ai coni è detta *fotopica*, quella associata ai bastoncelli è detta *scotopica*. La curva riportata nella **figura B2.56** è stata costruita sulla base di un campione di circa 200 persone ed è internazionalmente accettata.

La luce visibile corrisponde a una ristretta banda di lunghezze d'onda nello spettro elettromagnetico fra 0,41 μm (violetto) e 0,68 μm (rosso).

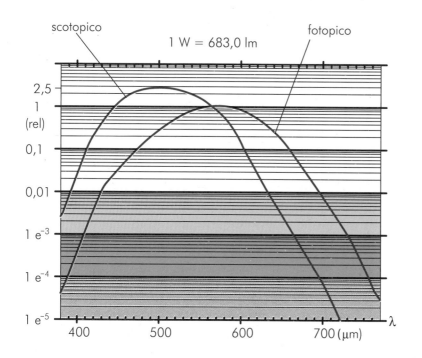

**Figura B2.56**
Sensibilità dell'occhio umano: la massima visione fotopica ha una lunghezza d'onda di 0,555 μm; la massima visione scotopica ha una lunghezza d'onda di 0,507 μm.

## Grandezze fotometriche

Nella **tabella B2.7** sono riassunte le principali grandezze in oggetto, rimandando l'approfondimento fisico-matematico a corsi specialistici.

**COME SI TRADUCE...**

| ITALIANO | INGLESE |
|---|---|
| Angolo | Corner |

**Tabella B2.7** Grandezze fotometriche

| Grandezza fotometrica | Relazione | Unità di misura |
|---|---|---|
| Flusso luminoso (quantità di luce emessa nell'unità di tempo) | $\dfrac{\text{energia luminosa}}{\text{tempo}}$ | lumen (lm) |
| Energia luminosa (quantità di luce) | parte di energia radiante percepita come luce | lumen × secondo (lm s) |
| Illuminamento | $\dfrac{\text{flusso luminoso}}{\text{superficie}}$ | lm/m² (lux) |
| Intensità luminosa (flusso luminoso inviato dalla sorgente nell'angolo solido unitario) | $\dfrac{\text{flusso luminoso}}{\text{angolo solido}}$ | lm/sr = candela (cd) |
| Luminanza | $\dfrac{\text{intensità luminosa}}{\text{superficie}}$ | cd/m² |

## Angolo solido

Una lampadina si trova al centro di una sfera, il cui raggio misura 1 m. Lo *steradiante* è l'unità di misura dell'**angolo** solido, costituito dal cono avente vertice nella sorgente luminosa e la cui base è rappresentata dalla calotta sferica di area pari a 1 m² (▶ **Fig. B2.57**).

**Figura B2.57**
Definizione di angolo solido; l'unità di misura dell'angolo solido è lo steradiante [sr].

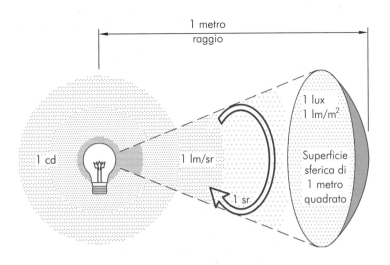

La **tabella B2.8** riporta i valori comuni di illuminamento e di luminanza.

**Tabella B2.8** Valori comuni di illuminamento e luminanza

| Fenomeno naturale/artificiale | Illuminamento [lx] | Luminanze [cd/m$^2$] |
|---|---|---|
| Minimo per visione fotopica | – | 10 |
| Minimo per visione scotopica | – | 0,01 |
| Luce solare a mezzogiorno (medie latitudini) | $10^5$ | $10^5$ |
| Cielo diurno | – | $10^4 \div 10^6$ |
| Giorno nuvoloso all'aperto | 1000 | – |
| Illuminazione stradale | – | 1 |
| Ingresso di stabilimento | 50 | – |
| Ambienti per lavori finissimi | 300 | – |
| Cantieri edili | 100 | – |
| Cielo con luna piena | 0,2 | 0,01 |
| Cielo senza luna piena | $10^{-4}$ | $10^{-6} \div 10^{-3}$ |
| Illuminazione necessaria per leggere | 100 | – |
| Lampada fluorescente | – | $10^3 \div 10^5$ |
| Flash fotografico a 2 m di distanza | $10^4$ | – |
| Faro abbagliante di un'automobile | – | $10^7$ |

## Luxmetro

Il *luxmetro*, o *fotometro*, misura la radiazione incidente in termini di illuminamento utilizzando come unità di misura il lux [lm/m²]. Lo strumento presenta come sensore un **fotodiodo** con filtro di correzione, in modo da avere una sensibilità molto simile a quella stabilita per l'occhio umano (▶ **Fig. B2.58**).

> **PER COMPRENDERE LE PAROLE**
>
> **Fotodiodo**: componente elettronico fotosensibile che converte i segnali luminosi in segnali elettrici.
>
> **Figura B2.58**
> Luxmetro.

La radiazione luminosa incidente è trasformata in corrente elettrica (trasduttore). La taratura dello strumento è fatta per confronto con un luxmetro campione, tarato con una sorgente standard (lampada al tungsteno incandescente a 2856 K). Sul mercato sono disponibili luxmetri in grado di rilevare illuminamenti di $10^6$ lx, con risoluzione minima pari a 0,001 lx.

Le misure fotometriche di laboratorio trovano largo impiego nelle seguenti applicazioni industriali grazie alla tecnologia, sempre più sofisticata, dei software e dei microprocessori:
— proiettori per automobili;
— pellicole o tessuti rifrangenti;
— catadiottri;
— rilievo mappe di luminosità;
— rilievo mappe isolux;
— somma di mappe (sovrapposizione di oltre 30 mappe isolux).

## B2.5 MISURE SOGGETTIVE

Prima di affrontare le problematiche concernenti le misure non tradizionali, occorre chiarire la differenza fra *misure oggettive* e *misure soggettive*.

Le misure uniformi e indipendenti dall'operatore sono definite oggettive.

La *misura oggettiva* è essenzialmente di natura fisica, cioè basata sull'uso di strumenti che sfruttano principi fisici in grado di esprimere valori indipendenti dall'operatore della misurazione. Essa presuppone un valore vero per definizione; si parla infatti di *incertezza di misura* perché se si calcola per esempio la dimensione di un pezzo, occorre assicurarsi che la misura ottenuta sia possibilmente quella più vicina al valore vero. Tutte le misure finora descritte sono oggettive.

Nella *misura soggettiva*, invece, lo strumento di misura è la persona, mentre il trasduttore è la mente (▶ **Fig. B2.59**).

**Figura B2.59**
a) Misura oggettiva: determinazione della dimensione di un pezzo.
b) Misura soggettiva: esempio di valutazione della bellezza di una statua greca. Gli antichi Greci avevano risolto il problema della valutazione della bellezza definendo canoni di misura della bellezza rispettati dagli scultori e condivisi dal pubblico.

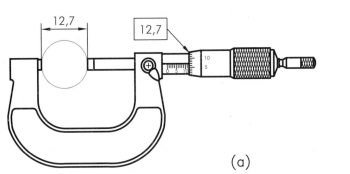

In questo caso, è utile cercare modalità e strumenti affinché le misure soggettive siano uniformi e indipendenti dall'operatore, rendendole così equivalenti a quelle oggettive.

Nelle valutazioni soggettive non esiste il valore vero, poiché ogni operatore assegna al proprio valore il significato di "vero"; tuttavia ogni operatore deve uniformarsi al risultato di misurazioni equivalenti, fatte da altri operatori. A questo punto, anche per le misure soggettive si potrebbe assumere come valore vero il valore misurato uniformemente da vari operatori. In tali condizioni è importante definire criteri e codici di valutazione riconosciuti e condivisi dagli operatori, come può essere una norma tecnica.

Nelle misure soggettive vi sono altre due complicazioni non trascurabili. La prima è quella della non linearità di attribuzione delle categorie, rendendo pertanto la scala non uniforme rispetto per esempio a una variabile fisica. Se si facesse valutare alle persone la sensazione di un effetto fisico, provocando quindi la stimolazione di un senso con una variabile fisica tenuta sotto controllo, si potrebbe avere una distribuzione della corrispondenza di una scala di valori assolutamente non lineare rispetto alla variabile (▶ **Fig. B2.60**).

**Figura B2.60**
Esempi di scale non lineari con intervalli non uniformi.

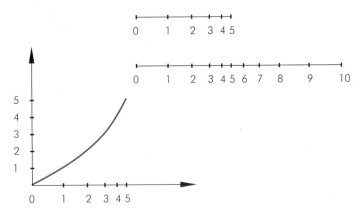

Si pensi per esempio alla sensazione caldo-freddo rispetto alla temperatura oppure alla sensazione di rumore-silenzio rispetto alla potenza sonora.

La seconda complicazione è quella che si può notare nella valutazione di eventi oggettivi da parte di gruppi sociali diversi come, per esempio, studenti e docenti, collaudatori e utenti di un'automobile oppure fornitori e clienti di un servizio.

Si consideri il caso di studenti e docenti: a fronte di eventi oggettivamente rilevabili, come potrebbero essere per esempio la durata di una lezione, si valutano diverse caratteristiche come la lunghezza/pesantezza della lezione, la professionalità del docente, l'utilità dei concetti ecc.

Vengono pertanto affrontate misurazioni del prodotto fornito in base alle valutazioni soggettive e si tenta di risolvere i seguenti problemi:
— assicurare che non vi siano valutazioni con peso diverso da fornitori e da clienti;
— definire la relazione esistente con i parametri oggettivi misurabili;
— definire l'incertezza di misura relativa alle misure soggettive.

## APPLICAZIONI INDUSTRIALI

La normativa di gestione per la qualità richiede alle aziende di effettuare un numero crescente di misurazioni di proprietà, anche complesse, dei prodotti e dei processi.

Tuttavia non sempre è possibile avvalersi di campioni di riferimento riconosciuti per le valutazioni di tipo quantitativo delle proprietà sottoposte a misurazione. Occorre quindi effettuare misure non tradizionali, che rientrano nell'ambito delle misure soggettive, per le quali non esistono ancora adeguate catene metrologiche che consentano di assicurare l'attendibilità e la riferibilità dei risultati. Inoltre è necessario aggiungere l'ulteriore complessità di gestione dell'informazione di misura, data dall'uso di tecnologie di monitoraggio dei processi di lavorazione sempre più sofisticate e influenzate dall'impiego dell'informatica.

Anche in questo caso occorre determinare l'incertezza da associare al processo di misurazione, per accertarsi che le misure ottenute siano il più vicino possibile al valore vero.

Si tratta di un'attività di frontiera, poiché vengono affrontate nuove tematiche misuristiche basandosi sempre sulla metodologia studiata per le misure tradizionali: definizione di strumenti, metodi, condizioni ecc.

In questo tipo di applicazione sono presenti catene metrologiche complesse, elaborazioni software e metodologie di prova basate su valutazioni soggettive dell'operatore.

Spesso, in queste misure, per una corretta taratura dello strumento, occorre fare riferimento a materiali campione di accertata composizione e struttura, che non sempre sono disponibili e, soprattutto, a volte non hanno caratteristiche garantite e certificate.

### Misura del comfort della seduta

Tutti i settori dell'industria manifatturiera sono interessati alla progettazione funzionale di oggetti di consumo, di macchine e attrezzature che rispettino l'architettura del corpo umano in termini di misure, dimensioni e **comfort**.

Le discipline che si occupano di ciò sono l'antropometria e l'**ergonomia**: l'antropometria studia il corpo umano e ne determina l'insieme delle misure derivate ( ▶ **Fig. B2.61**), mentre l'ergonomia studia le relazioni tra l'ambiente circostante e l'uomo per adattarle alle sue esigenze psico-fisiche (per esempio, il piano d'appoggio su cui ci si siede).

Qualunque oggetto che consente o facilita l'attività dell'uomo, senza prevedere un adattamento o una formazione specifica alla sua utilizzazione, viene definito *ergonomico*.

---

**PER COMPRENDERE LE PAROLE**

Comfort: stato di benessere, assenza di pena, di fastidio.

**COME SI TRADUCE...**

| ITALIANO | INGLESE |
|----------|---------|
| Ergonomia | Ergonomics |

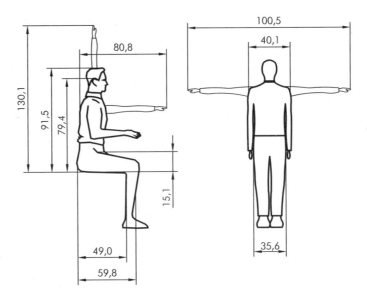

**Figura B2.61**
Esempi di misure antropometriche.

> **PER COMPRENDERE LE PAROLE**
> **Antropometria:** scienza che misura il corpo umano.
> **Seduta:** piano d'appoggio su cui ci si siede.

Affinché il prodotto risulti confortevole, sicuro e funzionale si applica una serie di parametri basati sulle dimensioni del corpo umano e le relative relazioni con il mondo esterno.

Occorre quindi trovare delle misure standard che siano efficaci per un'ampia categoria di utilizzatori, facendo riferimento alla maggior parte di questi: oggi si è soliti escludere il 5% inferiore e il 5% superiore dei campioni, operando così sul 90% della popolazione.

Un qualsiasi oggetto sarà quindi dimensionato perché vada bene per le misure della quasi totalità della popolazione.

Un esempio di applicazione dei parametri desunti dall'**antropometria** e dall'ergonomia è quello relativo alle sedute.

La **seduta** è un termine che comprende oggetti come sedie, poltrone, divani, sedili di autovettura e tutti gli altri elementi destinati alla stessa funzione, ma avente forma diversa.

Tornando alle applicazioni dei parametri dimensionali, si analizzano alcuni elementi che entrano in gioco nella progettazione di una seduta. Occorre valutare la posizione del soggetto e del supporto per comprendere appieno la dinamica del sedersi.

Da numerosi studi sono state tratte le pressioni esercitate dal corpo stesso su una ristretta area del sedile: circa il 75% del peso corporeo grava infatti su 25 cm$^2$ di superficie anatomica. Queste pressioni creano dolori e disagi, che il soggetto cerca di alleviare cambiando posizione (▶ **Fig. B2.62**).

**Figura B2.62**
Persona in posizione seduta: relazioni tra il piano del sedile e la regione ischiale.

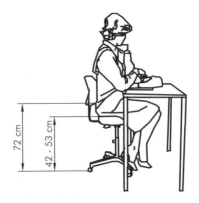

È evidente che un sedile oppure una sedia deve poter ammettere più di una posizione possibile.

Occorrerà, inoltre, valutare l'altezza, la larghezza e la profondità del sedile, tenendo presente che queste misure dovranno soddisfare una vasta categoria di utilizzatori. Per esempio, l'altezza del sedile è stata fissata in 43,5 cm per gli uomini e 39,5 cm per le donne. Come si vede, anche questo tipo di misura pone complesse problematiche di individuazione di uno **standard** di riferimento, in grado di soddisfare esigenze molto diversificate.

## B2.6 MISURE DI FLUIDI

Il fluido è un particolare stato della materia che, in condizioni di temperatura e pressione ambiente, si presenta allo *stato liquido* o *gassoso*.

Esso è un sistema formato da un insieme numerosissimo di atomi o di molecole che, a loro volta, sono aggregazioni, più o meno numerose, di atomi.

Per effettuare la misura di fluidi occorre impiegare grandezze specifiche quali la temperatura ( ▶ **Par. B2.2**), la pressione, la velocità, la portata e il livello.

### MISURE DI PRESSIONE

La *pressione* è una grandezza definita come la forza esercitata dal fluido sull'unità di superficie di una parete. L'unità di misura della pressione è il *pascal* (Pa). Nell'ambito delle misure di pressione rientrano anche quelle di *vuoto* o del *grado di vuoto*. Il termine "vuoto" si riferisce alla situazione fisica che si viene a creare in un ambiente in cui la pressione è inferiore a quella atmosferica in condizioni tali da raggiungere, in funzione del grado di vuoto, lo stato di *gas rarefatto*.

La pressione atmosferica normale vale 101 325 Pa (1013,25 hPa). Stabilire il grado di vuoto esistente in un ambiente significa determinare la pressione del gas nell'ambiente stesso. La **tabella B2.9** riporta la classificazione dei diversi gradi di vuoto.

**Tabella B2.9** Classificazione dei diversi gradi di vuoto

| Denominazione grado di vuoto | Intervallo di pressione |
|---|---|
| Basso vuoto | da 100 a 0,133 kPa |
| Medio vuoto | da 133 a 0,1 Pa |
| Alto vuoto | da 0,1 a 1,33 mPa |
| Vuoto ultra-spinto | minore di 1,33 mPa |

L'apparecchio di misura delle pressioni, in genere superiori alla pressione atmosferica, è detto *manometro*, quello di misura del grado di vuoto, *vuotometro* o *vacuometro*. Di seguito vengono esaminati alcuni degli strumenti più adottati nei vari campi d'impiego industriale. Per completezza, si deve aggiungere il barometro, non trattato nel seguito, che è l'apparecchio di

---

**PER COMPRENDERE LE PAROLE**

**Standard:** insieme di norme destinate a uniformare le caratteristiche di fabbricazione di un determinato prodotto.

**Stato liquido:** la materia allo stato liquido possiede unicamente il volume proprio, mentre la forma è quella del contenitore in cui si trova; in particolare, il liquido, quando è sottratto all'azione della gravità, assume la forma sferica.

**Stato gassoso:** la materia allo stato gassoso non possiede forma nè volume propri; un altro stato della materia allo stato gassoso è rappresentato dal *plasma*, costituito da un insieme di ioni positivi e negativi, ovvero particelle cariche.

---

**COME SI TRADUCE...**

| ITALIANO | INGLESE |
|---|---|
| Pressione atmosferica | Atmospheric pressure |
| Manometro | Pressure gauge |
| Vuotometro | Vacuum gauge |

---

MISURE E DISPOSITIVI DI MISURAZIONE **UNITÀ B2**

misura della pressione atmosferica. Con riferimento alla **figura B2.63**, le misure di pressione normalmente effettuate riguardano: la pressione assoluta, la pressione relativa, la pressione differenziale a riferimento variabile o fisso.

**Figura B2.63**
Misure di pressione:

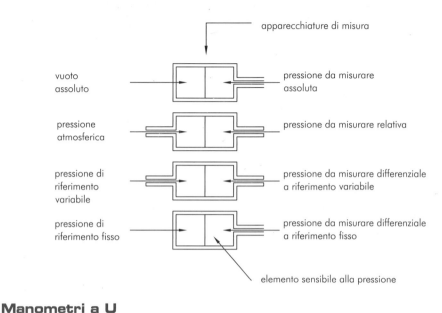

### COME SI TRADUCE...

| ITALIANO | INGLESE |
|---|---|
| Liquido manometrico | Filling liquid |
| Mercurio | Mercury |
| Acqua colorata | Coloured water |

## Manometri a U

Questi apparecchi sono costituiti da un tubo di vetro, o altro materiale trasparente, a forma di U ( ▶ **Fig. B2.64**) riempito parzialmente di un **liquido manometrico** di massa volumica $\rho$ nota (**acqua colorata**, **mercurio** ecc.).

**Figura B2.64**
Manometro a U:
a) tubo di vetro a forma di U;
b) liquido manometrico;
c) menisco;
d) scala graduata millimetrata con cui si misura il dislivello dei menischi;
e) immagine di un manometro a U.

### PER COMPRENDERE LE PAROLE

**Menisco del liquido:**
superficie curva che il liquido assume all'interno di un contenitore (ad esempio, un tubo) in funzione della sua natura e delle dimensioni del contenitore stesso;
la sua forma può essere concava (acqua) o convessa (mercurio).

Il manometro è un'applicazione del principio dei vasi comunicanti costituiti dai due bracci del tubo. Se le due estremità del tubo sono aperte all'aria ambiente, la pressione esercitata sul **menisco del liquido** nei due bracci è quella atmosferica e il liquido si dispone allo stesso livello. Quando, ad esempio, si aumenta la pressione dell'aria contenuta in un braccio e, quindi, anche quella sul liquido che gli è a contatto, poiché tale aumento si propaga inalterato (principio di Pascal), si ha che la differenza di pressione creatasi nei due bracci determina lo spostamento del liquido verso l'altro braccio. Nel momento in cui si raggiunge l'equilibrio tra le pressioni esercitate sul liquido, la differenza di pressione è proporzionale al dislivello $h$ del liquido fra i due bracci. Di conseguenza, l'impiego pratico del manometro a U prevede che le estremità del tubo siano una in comunicazione con l'aria ambiente a pressione atmosferica e l'altra in comunicazione con l'ambiente alla pressione da misurare. Se quest'ultima estremità si trova immersa in un liquido, la pressione da misurare corrisponde a quella esercitata dal liquido stesso.

Il funzionamento del manometro a tubo a U descritto è raffigurato nella **figura B2.64**: la pressione misurata è uguale alla pressione atmosferica più il dislivello $h$ tra i menischi moltiplicato per la massa volumica $\rho$ del liquido e per l'accelerazione di gravità $g$ pari a 9,81 m/s$^2$. La pressione misurata $p$ si calcola con la seguente formula:

$$p = p_a + \rho g h$$

dove:
— $p_a$ è la pressione atmosferica;
— $h = h_1 + h_2$.

Per determinare il dislivello $h$ ( ▸ **Fig. B2.64**) sono quindi necessarie le misure di $h_1$, pari al dislivello tra il menisco del liquido posto alla pressione atmosferica e il punto di origine 0 della scala graduata dell'apparecchiatura, e di $h_2$, pari al dislivello tra il menisco del liquido posto alla pressione da misurare e il punto di origine 0 della scala graduata dell'apparecchiatura. Per misure di maggior precisione, occorre tenere conto delle variazioni in funzione della temperatura della massa volumica del liquido manometrico e della dilatazione della scala metrica con cui si misura il dislivello dei menischi.

Il funzionamento descritto è quello del manometro a tubo a U semplice (o diretto) ideale per misure di pressione effettiva (riferita alla pressione atmosferica) in cui è necessario collegare un solo ramo del tubo a U lasciando libero alla pressione atmosferica l'altro. Se il ramo aperto è comunicante con un ambiente in pressione, il tubo a U misura la pressione differenziale $\Delta p$:

$$\Delta p = \rho g h$$

Per letture differenziali, quindi, devono essere collegati entrambi i rami dell'apparecchio.

I manometri a U sono utilizzati, ad esempio, per determinare la pressione statica in tubazioni e recipienti, perdite di carico attraverso valvole o scambiatori e per l'indicazione dell'intasamento di filtri. Il manometro a U viene utilizzato nel campo sia delle basse pressioni (fino a 330 kPa) sia del basso vuoto.

Per le applicazioni industriali il tubo, anziché essere di vetro (come accade per l'uso di laboratorio), è in acciaio, in modo da eliminare il rischio di rotture durante l'impiego. In questo caso, poiché non può essere fatta la misura diretta del livello del liquido manometrico, è necessario un sistema che la riporti all'esterno come, ad esempio, un galleggiante posto su uno dei rami del liquido manometrico. A tal fine, i manometri con galleggiante sono quasi sempre dotati di un pozzetto che contiene il galleggiante e il dispositivo di lettura.

MISURE E DISPOSITIVI DI MISURAZIONE **UNITÀ B2**

## Manometro a tubo Bourdon

Il *manometro a tubo Bourdon* è un misuratore di pressione basato sull'effetto di deformazione meccanica di tipo elastico della parete sottile di un recipiente a tenuta d'aria, costituito da un tubo schiacciato a forma di C, di sezione ellittica, chiuso a una estremità e comunicante con l'altra con l'ambiente in pressione ( ▶ **Fig. B2.65**). Per tale motivo è detto anche *manometro a molla tubolare*. Sotto l'azione della pressione interna (se maggiore di quella atmosferica), il tubo tende a raddrizzarsi, trascinando con il suo estremo (tramite un sistema di leve) il meccanismo indicatore costituito semplicemente da un settore dentato che ingrana con un pignone, il quale muove l'indice su una scala graduata.

**Figura B2.65**
Manometro a tubo Bourdon:
a) tubo schiacciato a forma di C;
b) sistema di leve;
c) settore dentato;
d) pignone;
e) indice;
f) immagine di un manometro a tubo Bourdon con quadrante graduato.

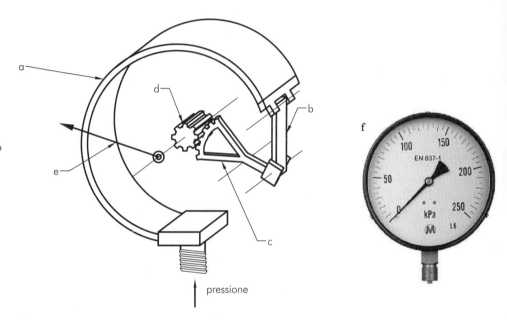

A seconda del materiale di cui è costituito il tubo, questo manometro si presta a misurare la pressione di moltissimi fluidi; solitamente il tubo è di bronzo fosforoso per pressioni fino a circa 5 MPa, in acciaio per pressioni superiori, in acciaio inossidabile per misure con fluidi corrosivi. Sebbene il tubo Bourdon possa rimanere in campo elastico fino a pressioni doppie della portata dello strumento, è buona norma non superare, in servizio continuo, il 60% della portata. Per aumentare la sensibilità del Bourdon senza rendere la parete troppo sottile o il tubo troppo schiacciato, vengono usati manometri in cui il tubo Bourdon copre un angolo maggiore di 360°. In tal caso può assumere la forma di spirale, usata per pressioni basse, o a elica, usata per pressioni più elevate; in questi casi viene eliminato il sistema di amplificazione, cioè l'estremità del Bourdon trascina direttamente l'indice, eliminando così anche i giochi che il sistema pignone-settore dentato può prendere in conseguenza dell'usura.

Il manometro Bourdon è impiegato per misure di pressioni statiche. Esso non funziona bene in presenza di pulsazioni di pressione che possono mettere in risonanza l'equipaggio mobile, rendendo impossibile la lettura e conducendo a rapida usura il sistema di trasmissione del moto all'indice, oltre a indurre fenomeni di fatica nel tubo stesso.

## Manometri a membrana, capsula e soffietto

Questi manometri sfruttano il principio della deformazione meccanica di tipo elastico di membrane, capsule e soffietti in metallo; vengono usati in alternativa ai manometri Bourdon, specialmente nel campo delle basse pressioni, dove danno maggiore precisione, più frequentemente vengono impiegati come manometri differenziali.

La **figura B2.66** rappresenta un semplice manometro a membrana, in cui l'elemento sensibile è costituito da una membrana (lamina) deformabile sotto pressione, incastrata con il bordo stretto tra due flange, con superfici corrugate per evitare instabilità e diminuire la rigidezza. La camera inferiore comunica con l'ambiente di cui si misura la pressione, mentre quella superiore è aperta alla pressione atmosferica. Le deformazioni della membrana sono trasmesse all'indice di una scala graduata con un meccanismo settore dentato-pignone. Lo strumento, a differenza del manometro Bourdon, è protetto contro i sovraccarichi in quanto, per pressioni eccedenti il campo di misura, la membrana viene schiacciata contro la flangia superiore senza subire danneggiamenti. Il campo di misura può arrivare, a seconda dei tipi, fino a 1 kPa.

| COME SI TRADUCE... | |
|---|---|
| **ITALIANO** | **INGLESE** |
| *Manometro a membrana* | Diaphragm pressure gauge |
| *Manometro a capsula* | Capsule pressure gauge |

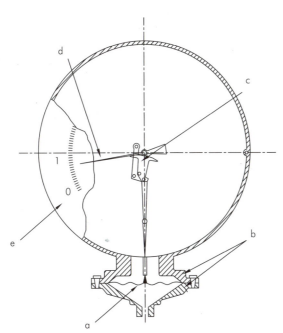

**Figura B2.66**
Manometro a membrana:
a) membrana;
b) flange;
c) settore dentato-pignone;
d) indice;
e) quadrante graduato.

Il manometro a capsula è costituito da due membrane saldate con superfici corrugate che formano una capsula vuotata dell'aria. Lo schiacciamento è impedito da una molla che esercita una forza verticale al centro della membrana superiore. Le variazioni della pressione esterna, con una pressione nella capsula pressoché costante, producono schiacciamenti o dilatazioni che vengono trasferiti da un sistema di amplificazione meccanico al settore dentato-pignone e da questo all'indice di un quadrante graduato ( ▶ **Fig. B2.67**).

Il manometro a capsula **aneroide** è adatto per misure di pressione effettiva intorno alla pressione atmosferica ed è, in particolare, usato come barometro o **altimetro**.

Più capsule possono essere unite in serie a formare un soffietto. Spesso il pacco di capsule formato da membrane ondulate e saldate viene sostituito da un soffietto ottenuto da un tubo con superficie ondulata ( ▶ **Fig. B2.66**).

**PER COMPRENDERE LE PAROLE**

**Aneroide**: termine che identifica un barometro metallico, privo di liquido ovvero di mercurio.

**Altimetro**: barometro che misura la pressione statica dell'aria e fornisce la distanza dal suolo al livello del mare basandosi sul principio che la pressione atmosferica (generata dal peso dell'aria), salendo di quota si riduce.

**Figura B2.67**
Manometro a capsula/soffietto (nel caso di capsula, il dispositivo sensibile si riduce a un solo elemento):
a) capsula;
b) soffietto;
c) sistema di amplificazione meccanico;
d) settore dentato-pignone;
e) indice;
f) quadrante graduato.

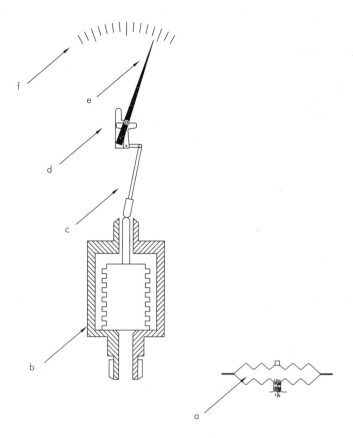

### PER COMPRENDERE LE PAROLE

**Trasduttore**: è un dispositivo che riceve una grandezza in ingresso e ne genera un'altra diversa in uscita, proporzionale alla prima. Le grandezze possono essere meccaniche, termiche, elettriche, ecc; in particolare, i trasduttori elettrici sono quelli che presenta all'uscita un segnale di tipo elettrico(tensione, frequenza o corrente).

## Manometro a trasduttore elettrico

I manometri a **trasduttore** elettrico si fondano sul principio dei manometri sfruttando la deformazione meccanica di tipo elastico di un organo metallico. Essi, tuttavia, hanno la caratteristica di fornire in uscita, anziché lo spostamento di un indice (ovvero una grandezza meccanica), una tensione elettrica proporzionale alla pressione in ingresso, per tale motivo sono detti *trasduttori di pressione*. Il trasduttore sostituisce i vari dispositivi meccanici (leve, settore dentato, pignone) trasformando la deformazione elastica di un organo metallico in un segnale elettrico (tensione, frequenza o corrente), il quale è misurato da uno strumento oppure viene inviato a un registratore o a una apparecchiatura di controllo. Un'altra caratteristica che li distingue dagli altri tipi di manometri è il fatto che consentono di misurare pressioni anche rapidamente variabili nel tempo (pulsazioni di pressione, transitori rapidi, esplosioni ecc.).

A seconda di come il segnale elettrico viene prodotto, si distinguono diversi tipi di trasduttori: piezoelettrici; estensimetrici, capacitivo, potenziometrico, piezoresistivo ecc. Per semplicità sono esaminati nel seguito solo i trasduttori piezoelettrici, estensimetrici e piezoresistivi.

I trasduttori piezoelettrici sono basati sulla proprietà delle sostanze piezoelettriche (cristallo in quarzo, ceramica piezoelettrica) di emettere cariche elettriche quando vengono sottoposte a deformazioni meccaniche indotte dalla pressione. Tali cariche sono raccolte su armature metalliche e producono un segnale di tensione (differenza di potenziale elettrostatico) proporzionale alla pressione da misurare (▶ **Fig. B2.68**). Essi sono principalmente utilizzati per misure di pressione dinamiche. I principali vantaggi sono l'ottima risposta in frequenza e la discreta accuratezza; i limiti sono l'elevato costo e l'elevata impedenza in uscita. I principali campi di utilizzo riguardano i fluidi liquidi e gassosi, l'acustica, la balistica e le prove di motori.

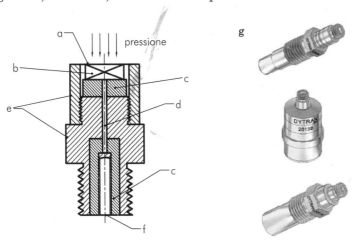

**Figura B2.68**
Manometro con trasduttore piezoelettrico:
a) membrana di protezione;
b) disco di materiale piezoelettrico;
c) isolante;
d) cavi elettrici;
e) coperchio e corpo;
f) connessione meccanica ed elettrica;
g) alcuni tipi di manometro con trasduttore piezoelettrico.

I *trasduttori estensimetrici* si basano sull'impiego di estensimetri elettrici a resistenza o *strain gage* (▶ **Par. V2.12, Vol. 3**). Il funzionamento di tali estensimetri è basato su una variazione di resistenza derivante dalla deformazione di un elemento sensibile di tipo metallico. Dalla seconda legge di Ohm (▶ **Par. C1.8**) risulta $R = \rho(L/A)$ per cui la resistenza di un conduttore è funzione, oltre che della resistività $\rho$, anche delle dimensioni (lunghezza $L$ e sezione $S$) del medesimo. Nel circuito di misura, nota la corrente, tale variazione di resistenza si traduce in una variazione di tensione proporzionale alla pressione. I manometri con trasduttore estensimetrico si ottengono incollando gli estensimetri, generalmente collegati a ponte, su elementi sensibili (tubi, membrane, soffietti, capsule) analoghi a quelli dei dinamometri esaminati in precedenza (▶ **Fig. B2.69**). Sono i trasduttori di pressione più impiegati e si prestano a misure di pressione relativa e differenziale. I principali vantaggi sono il basso costo, le dimensioni ridotte, l'affidabilità; mentre gli svantaggi sono connessi all'elevata isteresi, alla necessità di compensazione della temperatura e alla bassa stabilità nel tempo.

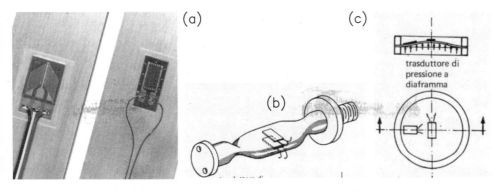

**Figura B2.69**
Manometro con trasduttore estensimetrico:
a) estensimetri elettrici a resistenza incollati;
b) manometro con trasduttore estensimetrico a tubo appiattito;
c) manometro con trasduttore estensimetrico a membrana.

Il principio di misura dei trasduttori piezoresistivi si basa sulla proprietà di materiali semiconduttori (normalmente silicio) che sottoposti a sollecitazione meccanica indotta dalla pressione, cambiano la resistività e di conseguenza la resistenza elettrica (▶ **Par. C1.8**). Tale variazione di resistenza comporta una

**PER COMPRENDERE LE PAROLE**

**Termistore**: è un trasduttore di temperatura costituto da un semiconduttore.

**Figura B2.70**
Manometro con trasduttore piezoresistivo:
a) ponte costituito da elementi in silicio e relativo schema delle resistenze;
b) sezione di un manometro;
c) alcuni modelli di manometro.

variazione di tensione che risulta proporzionale alla pressione da misurare. Essi sono costituiti da una lastra di silicio su cui per diffusione viene ricavato un ponte completo di resistenze e un **termistore** per la compensazione termica ( ▶ **Fig. B2.70**).

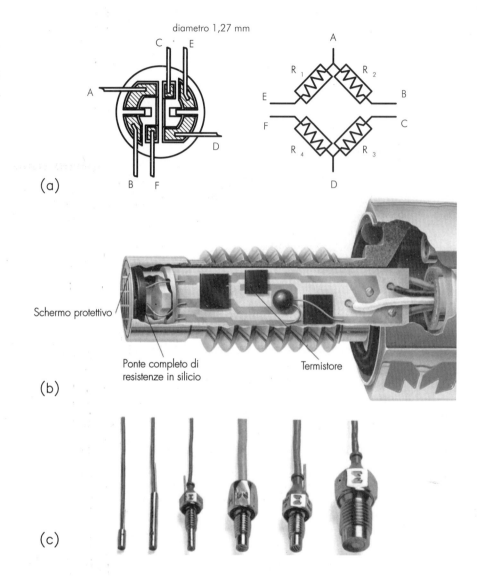

**COME SI TRADUCE...**

| ITALIANO | INGLESE |
|---|---|
| Termistore | Thermistor (Thermal Sensitive Resistors) |

Tali trasduttori sono principalmente utilizzati per determinare la pressione assoluta, differenziale e relativa di fluidi liquidi e gassosi in campo industriale e biomedico. I principali vantaggi sono la buona risposta in frequenza, l'elevata compensazione termica, il basso costo e la compattezza; i limiti sono la temperatura di impiego limitata e la ridotta resistenza alle sovratensioni.

### Vuotometri

I vuotometri o vacuometri devono coprire un vastissimo intervallo di pressioni cha va da $10^5$ a $10^{-9}$ Pa, per cui occorre utilizzare apparecchiature di natura diversa, basate su differenti proprietà dei gas rarefatti. I vari tipi di vacuometri sono raggruppati sia in base all'intervallo di pressione in cui operano, sia secondo il criterio del principio fisico su cui si costruisce l'apparecchiatura.

La **tabella B2.10** indica, in modo non esaustivo, i diversi tipi di vuotometro classificati secondo il principio fisico di funzionamento.

**Tabella B2.10** Tipi di vuotometro

| Vuotometri basati sulla misura di una forza | Vuotometri a conducibilità termica | Vuotometri a ionizzazione |
|---|---|---|
| Manometro a tubo a U | Pirani | Vuotometro a ionizzazione |
| Vuotometro McLeod | Termocoppia | Vuotometro a catodo caldo |
| Vuotometro Bourbon |  | Vuotometro a catodo freddo |
| Manometro piezoresistivo |  |  |

Osservando la **tabella B2.10** si evince che alcuni tipi di vuotometro si basano su principi di funzionamento esaminati in precedenza. Ad esempio, la **figura B2.71** riporta un manovacuometro a tubo che può utilizzare come liquido manometrico sia il mercurio sia l'acqua colorata, con portata da 0 a 1000 hPa. Anche nel caso del vuotometro Bourbon vi è una stretta analogia con il manometro esaminato in precedenza con la differenza che, nel vuotometro, il tubo contenuto in un involucro a tenuta di vuoto è a sezione circolare e ha pareti spesse, invece di essere schiacciato e a pareti sottili come nel manometro.

Nel seguito, sono trattati, per brevità, solo i *vuotometri a termocoppia* e *a ionizzazione*.

Il vuotometro a termocoppia si basa sulla misura della conducibilità termica del gas (▶ **Fig. B2.72**). Esso è costituito da un contenitore da vuoto, collegato al recipiente in cui si deve misurare la pressione, in cui è posto un filamento elettrico percorso da una corrente elettrica, mantenuta costante nel tempo, che si scalda per effetto Joule. Una termocoppia (▶ **Par. B2.2**) viene saldata in un punto del filamento; non appena la pressione del gas nel recipiente cambia, varia anche il numero di molecole che urta contro il filamento e ne consegue un cambiamento di temperatura del filamento elettrico direttamente misurato dalla termocoppia collegata a un millivolmetro. La misura della pressione è ottenibile da una misura diretta della temperatura. Questo vacuometro funziona correttamente nell'intervallo di pressioni che va da 100 a $10^{-1}$ Pa. Si tratta di apparecchiature largamente usate in ambito industriale, grazie al loro basso costo, alle piccole dimensioni e alla facilità di installazione. Il loro limite è rappresentato dalla lenta risposta del sensore alle variazioni di pressione che li rende inadatti a essere utilizzati nei sistemi di controllo in linea dei recipienti da vuoto.

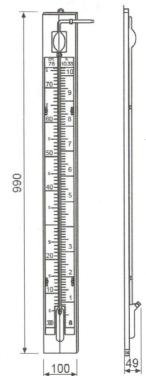

**Figura B2.71**
Manovacuometro a tubo.

**Figura B2.72**
Vacuometro a termocoppia:
a) contenitore da vuoto, collegato al recipiente in cui si deve misurare la pressione;
b) filamento elettrico percorso da una corrente elettrica;
c) termocoppia;
d) millivolmetro.

| COME SI TRADUCE... | |
|---|---|
| ITALIANO | INGLESE |
| Anemometro | Anemometer, wind gauge |

I vuotometri a ionizzazione si basano sul principio che se un gas viene opportunamente ionizzato, il numero di ioni positivi prodotti nel gas dipende dal numero di molecole presenti e, quindi, dalla pressione del gas considerato. Esso è costituito un contenitore metallico che si collega al recipiente in cui si deve misurare la pressione. Nel vacuometro a ionizzazione riportato nella **figura B2.73** si può osservare che nel contenitore è posto un filamento all'esterno di una griglia cilindrica, caricata positivamente, che costituisce il collettore di elettroni, mentre il collettore degli ioni, consistente in un filo molto sottile caricato negativamente, è sistemato all'interno della griglia. Gli elettroni emessi dal filamento incandescente sono accelerati dalla griglia (elettrodo anodo) e ionizzano il gas nello spazio da essa delimitato. Una cospicua frazione degli ioni così formati sono raccolti dal filo centrale (elettrodo catodo). La corrente raccolta da quest'ultimo elettrodo è proporzionale al numero di molecole presenti per unità di volume, cioè alla pressione nel recipiente.

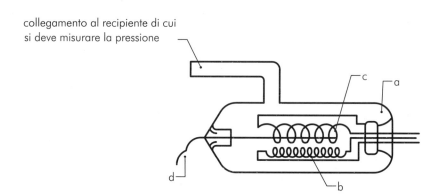

**Figura B2.73**
Vuotometro a ionizzazione:
a) contenitore;
b) filamento;
c) griglia cilindrica, caricata positivamente, che costituisce il collettore di elettroni;
d) collettore degli ioni, caricato negativamente.

**PER COMPRENDERE LE PAROLE**

**Principio di reciprocità:** tale principio considera il moto relativo fluido-corpo equivalente sia osservato con riferimento al corpo, sia osservato con riferimento al fluido.

**Tubo di Pitot:** nel 1732 lo scienziato francese Henri Pitot inventò tale apparecchiatura di misura basandosi sulla considerazione sperimentale che, immergendo in una corrente liquida un tubo piegato ad angolo retto e aperto alle due estremità (una delle quali rivolta controcorrente), il liquido sale in esso in modo proporzionale alla velocità del fluido nel punto considerato.

## MISURE DI VELOCITÀ

La *velocità* è una grandezza vettoriale definita come lo spazio percorso dal fluido nell'unità di tempo avente un modulo, una direzione e un verso. L'unità di misura della velocità è il m/s. Per i fluidi si può considerare la velocità di efflusso del liquido rispetto alle pareti del condotto in cui scorre oppure la velocità del corpo che si muove nel mezzo fluido, come nel caso di un aereo che si muove nell'aria (**principio di reciprocità**). Poiché le misure avvengono nel punto in cui si colloca l'apparecchiatura di misura, la velocità che si ottiene è detta *puntuale* o *locale*. L'apparecchiatura di misura altera, in maniera più o meno grave, lo stato del fluido e quindi introduce un errore di misura (*errore di inserzione*). Le apparecchiature più usate sono il *tubo di Pitot*, l'*anemometro* a ventolina, l'anemometro a filo caldo, l'anemometro Laser-Doppler.

### Tubo di Pitot

Il **tubo di Pitot** (*tubo di Pitot statico*) è un'apparecchiatura di misura del modulo della velocità locale in un fluido in moto di cui sia nota, con buona approssimazione, la direzione (flusso monodirezionale); esso viene posto nella corrente del fluido e rivolto nel verso opposto alla direzione di flusso del fluido stesso. Tale apparecchiatura è formata da due tubi coassiali piegati a 90° (▸ **Fig. B2.74**), sono uniti all'estremità (chiamata *testa*), la quale va inserita nella corrente del fluido, in modo da costituire una presa aperta al moto della corrente del fluido, e per questo definita *presa dinamica*. Il fluido che si arresta impattando sulla parte iniziale della testa ha velocità nulla (punto di ristagno) di conseguenza, in tale punto si ha la massima pressione definita per l'appunto *pressione dinamica* o *totale* ($P_d$), perché contiene sia la componente dinamica sia la componente statica della pressione del fluido.

All'altra estremità, posta al termine di una parte perpendicolare alla precedente chiamata *gambo*, i tubi sono collegati separatamente ai due rami di un manometro differenziale. Il tubo esterno presenta diversi fori passanti, praticati lungo l'intera circonferenza a distanza costante tra loro. I fori sono aperti in una zona dove il fluido lambisce tangenzialmente il tubo di Pitot e, di conseguenza, non risentono della componente dinamica del flusso e, per questo motivo, costituiscono le prese statiche dell'apparecchiatura che misurano la *pressione statica del fluido* ($P_s$). Il tubo di Pitot può essere usato con fluidi comprimibili (come l'aria) e incomprimibili (come l'acqua).

**PER COMPRENDERE LE PAROLE**

**Teorema di Bernoulli**: teorema o equazione dello scienziato svizzero Daniel Bernoulli (1700 - 1782) che descrive il fenomeno per cui in un fluido ideale su cui non viene applicato un lavoro, per ogni incremento della velocità si ha simultaneamente una diminuzione della pressione o un cambiamento nell'energia potenziale gravitazionale del fluido ($\rho g h$).

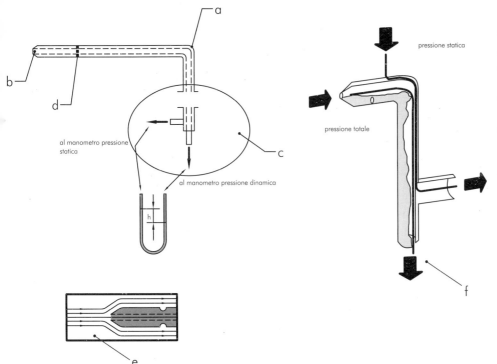

**Figura B2.74**
Tubo di Pitot:
a) due tubi coassiali piegati a 90°;
b) testa in cui i tubi sono uniti all'estremità per costituire la presa dinamica;
c) gambo con i tubi collegati separatamente a un manometro differenziale;
d) fori passanti praticati lungo l'intera circonferenza del tubo esterno a distanza costante tra loro che costituiscono le prese statiche;
e) flusso monodirezionale della corrente di fluido che lambisce il tubo;
f) vista d'insieme.

La misura della velocità viene effettuata indirettamente attraverso la lettura sul manometro differenziale della differenza tra la pressione dinamica e la pressione statica. Secondo il **teorema di Bernoulli**, la pressione dinamica $P_d$ per un fluido incomprimibile vale:

$$P_d = P_s + \frac{1}{2}\rho V^2 = \text{costante}$$

Da tale equazione si ottiene la seguente formula per il calcolo della velocità del fluido:

$$V = \sqrt{\frac{2(P_d - P_s)}{\rho}} \left[\frac{\text{m}}{\text{s}}\right]$$

MISURE E DISPOSITIVI DI MISURAZIONE **UNITÀ B2**

dove:
— $P_d$ è la pressione dinamica [Pa];
— $P_s$ è la pressione statica in [Pa];
— $\rho$ è la massa volumica del fluido in [kg/m³]

Nella **figura B2.75** sono riportati esempi di strumentazione e di applicazione del tubo di Pitot.

**Figura B2.75**
Tubo di Pitot:
a) esempi di strumentazione;
b) esempi di applicazione.

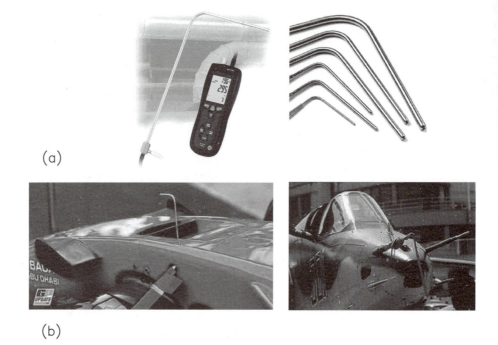

(a)

(b)

### Anemometro a ventolina

L'*anemometro* è un'apparecchiatura per la misura della velocità del vento e, in genere, di correnti gassose in un tunnel, gallerie aerodinamiche, condotti di impianti industriali ecc. (alla luce di questa definizione, anche il tubo di Pitot è un anemometro). L'anemometro a ventolina, o a pale, è costituito da un'elica (ventolina), dotata di sei o otto palette, che viene esposta al flusso del fluido in movimento ( ▶ **Fig. B2.76**).

**Figura B2.76**
Anemometri a ventolina.

Il fluido mette in rotazione la ventolina, che gira sempre nello stesso senso qualunque sia la direzione del vento, con una velocità di rotazione proporzionale a quella del vento. La misurazione del valore della velocità viene eseguita, in genere, attraverso l'elaborazione degli impulsi elettrici forniti da un magnete, posto su una pala, a un sensore sul supporto. Questo anemometro è particolarmente usato per misurare velocità molto piccole nelle bocchette di ventilazione degli impianti industriali di condizionamento e ventilazione.

Per completezza, si ricorda anche l'anemometro a coppe, simile al precedente, usato soprattutto per misurazioni meteorologiche all'aperto. Esso è costituito da un mulinello che su tre o quattro bracci orizzontali porta altrettante coppe metalliche semisferiche. Investito dal vento che esercita una pressione maggiore sulla superficie concava delle coppe, il mulinello entra in rotazione girando sempre nello stesso senso, qualunque sia la direzione del vento, con una velocità proporzionale a quella del vento.

**Figura B2.77**
Sonde di anemometro a filo caldo.

## Anemometro a filo caldo

L'*anemometro a filo caldo* è costituito da una sonda che presenta un'apertura tubolare all'interno della quale viene teso un filo di platino o di tungsteno di piccolo diametro (5÷25 μm), inserito nel flusso di fluido di cui si deve misurare la velocità ( ▶ **Fig. B2.77**).

Il principio di funzionamento si basa sullo scambio di calore che avviene tra il filo di resistenza elettrica $R$, in cui circola una corrente elettrica $I$ che lo riscalda per effetto Joule, e il fluido che, attraversando la sonda, lambisce il filo raffreddandolo per convezione.

Utilizzando un voltmetro e un amperometro si misura la differenza di potenziale elettrico (tensione) ai capi del filo $V$ e la corrente $I$ che lo percorre ( ▶ **Fig. B2.78**).

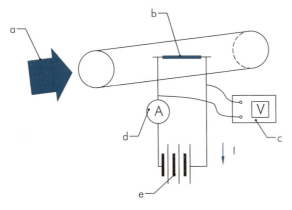

**Figura B2.78**
Schema di funzionamento di un anemometro a filo caldo:
a) corrente di fluido;
b) filo di platino o di tungsteno;
c) voltmetro che misura la differenza di potenziale elettrico (tensione) ai capi del filo;
d) amperometro che misura la corrente $I$ che percorre il filo;
e) generatore di corrente.

Il valore della resistenza elettrica $R$ ( ▶ **Par. C1.8**) si determina con la seguente formula:

$$R = \frac{V}{I}$$

La resistenza elettrica di un conduttore elettrico $R$, inoltre, dipende in modo lineare dalla temperatura ( ▶ **Par. C1.8**) per cui, conoscendo la resistenza $R$, si determina la temperatura del filo $T_f$.

In condizioni di equilibrio tra filo riscaldato e corrente di fluido raffreddante si ha:

$$RI^2 = hS(T_f - T_c)$$

dove:
— $R$ è la resistenza elettrica del filo;
— $T_f$ è la temperatura del filo;
— $T_c$ è la temperatura della corrente di fluido a un'adeguata distanza;
— $h$ è il coefficiente di convezione;
— $S$ è la superficie di scambio termico, ovvero la superficie del filo pari alla superficie del cilindro di diametro e lunghezza del filo.

L'unica incognita che si deve determinare è il coefficiente di convezione $h$. Per una determinata sonda e uno specifico fluido, $h$ è funzione della velocità del fluido $V$ secondo la seguente relazione:

$$h = C_1 + C_2 \sqrt{V}$$

in cui $C_1$ e $C_2$ sono delle costanti.

Note le costanti $C_1$ e $C_2$ si determina la velocità del fluido $V$.
L'anemometro a filo caldo è collegato a strumenti elettronici in grado di calcolare $h$ e riportare direttamente come valore in uscita la velocità del fluido $V$.

### Anemometro Laser-Doppler

L'anemometro Laser-Doppler, detto anche *velocimetro*, si basa sul fenomeno dell'interferenza ottica tra due raggi di **luce laser** ( ▶ **Parr. B2.4** e **R2.3, Vol. 2**) e sull'**effetto Doppler**. Esso è costituito ( ▶ **Fig. B2.79**) da una sorgente laser che produce un fascio di luce coerente che viene sdoppiato da un prisma di cristallo birifrangente (cioè con due indici di rifrazione), in modo da ottenere due fasci coerenti. Uno dei due fasci viene portato a una frequenza diversa, passando in un dispositivo chiamato *cella di Bragg*. Infine, i due raggi passano in una lente convergente che focalizza il fascio in un punto interno al condotto trasparente in cui si vuole misurare la velocità $V$ del fluido.

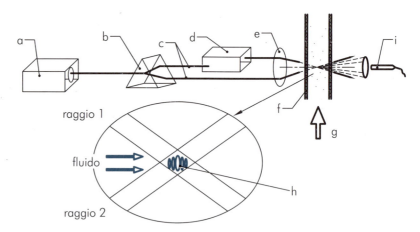

Nel punto di intersezione si ha l'interferenza tra i due raggi che porta alla formazione di **frange chiare e frange scure**. In particolare, poiché i due raggi hanno diversa frequenza, si osserva un costante movimento delle frange in un determinato verso.

Il fluido transita nel condotto in direzione normale rispetto al piano formato dalle frange di interferenza e contiene, in sospensione, delle particelle

---

**PER COMPRENDERE LE PAROLE**

**Luce laser (Light Amplification by Stimulated Emission of Radiation):** radiazione elettromagnetica ottica coerente, cioè tutti i fotoni mantengono una differenza di fase costante fra loro, monocromatica, concentrata in un raggio rettilineo collimato.

**Effetto Doppler:** analizzato per la prima volta da Christian Andreas Doppler nel 1845, è un cambiamento apparente della frequenza o della lunghezza d'onda di un'onda percepita da un osservatore che si trova in movimento rispetto alla sorgente delle onde; nel caso di onde che si trasmettono in un mezzo (ad esempio aria, acqua ecc.), la velocità dell'osservatore e quella dell'emettitore vanno considerate in relazione a quella del mezzo in cui sono trasmesse le onde.

**Frange chiare e frange scure:** luoghi distinti in cui vi è rispettivamente luce e buio che si alternano fra loro.

**Figura B2.79**
Schema di funzionamento di un anemometro Laser-Doppler:
a) sorgente laser;
b) prisma di cristallo birifrangente;
c) due fasci di luce coerenti;
d) cella di Bragg;
e) lente convergente;
f) condotto trasparente;
g) fluido con delle particelle fotoluminescenti in sospensione;
h) frange di interferenza;
i) trasduttore fotonico-elettrico (fotomoltiplicatore).

o **polveri fotoluminescenti**: quando le particelle passano attraverso una frangia chiara riflettono la luce, generando così un impulso luminoso; quando attraversano la frangia scura non danno luogo a riflessione. Il contemporaneo movimento del fluido e delle frange produce l'effetto Doppler e quindi una variazione di frequenza di emissione degli impulsi luminosi dovuti alle particelle. Gli impulsi luminosi sono ricevuti da un trasduttore fotonico-elettrico (*fotomoltiplicatore*) che trasforma tali impulsi in impulsi elettrici e li trasmette a un oscilloscopio ( ▸ **Par. B2.3**) che, a sua volta, misura la frequenza Doppler di emissione $f_D$ degli impulsi luminosi emessi dalla particella fotoluminescente. Dalla misura $f_D$ si riesce a risalire alla velocità $V$ del fluido con la seguente formula:

$$f_D = \frac{V}{d}$$

dove $d$ è la distanza tra due frange consecutive che dipende, a sua volta, dalla lunghezza d'onda $\lambda$ della luce utilizzata e dall'angolo $\theta$ formato dai due raggi:

$$d = \frac{\lambda}{2\mathrm{sen}\left(\dfrac{\vartheta}{2}\right)}$$

Questa apparecchiatura, che agisce solo con fluidi trasparenti, è di precisione elevata ed è in grado di analizzare un'area quasi puntiforme del condotto, poiché la misura viene effettuata nel punto d'intersezione dei raggi laser.

## MISURE DI PORTATA

La portata $Q$ di un fluido si definisce come la quantità di fluido che attraversa una certa sezione di area $S$ nell'unità di tempo. La quantità può essere misurata in massa o in volume. La portata in massa (o massica) $Q_m$ si esprime in kg/s, la portata in volume (o volumica o volumetrica) $Q_v$ si esprime in m³/s. Le apparecchiature di misura di portata sono dette *flussimetri* o *flussometri*.

La misurazione della portata in volume si esegue soprattutto mediante venturimetri, diaframmi, boccagli, rotametri e misuratori a turbina. Nel caso della misurazione della portata in massa si considera, per semplicità, solo il misuratore termico.

### Venturimetri, diaframmi e boccagli

Questi tre tipi di apparecchiatura di misura della portata volumica $Q_v$ sfruttano la caduta di pressione $\Delta p$ ottenuta per mezzo di un restringimento e successivo allargamento della sezione di un condotto ( ▸ **Fig. B2.80**). La misura di $\Delta p$ si ottiene per mezzo di un manometro differenziale. La relazione tra portata volumica effettiva $Q_{veff}$ e differenza di pressione $\Delta p$ si ricava applicando l'equazione di Bernoulli tra la sezione 1 in cui il fluido è indisturbato e la sezione 2 di contrazione massima della vena fluida per cui, tenendo conto delle perdite, risulta:

$$Q_{veff} = \alpha \, S_2 \sqrt{\frac{2\Delta p}{\rho}} \left[ \frac{m^3}{s} \right]$$

> **PER COMPRENDERE LE PAROLE**
>
> **Polveri fotoluminescenti:** polveri capaci di emettere luce quando sono illuminate.

> **COME SI TRADUCE...**
>
> | ITALIANO | INGLESE |
> |---|---|
> | *Venturimentro* | *Venturi tube* |
> | *Diaframma* | *Diaphragm* |
> | *Boccaglio* | *Nozzles* |

MISURE E DISPOSITIVI DI MISURAZIONE **UNITÀ B2**

dove:
— $\alpha$ è il coefficiente di portata, caratteristica propria dell'apparecchiatura data dal costruttore;
— $S_2$ è la l'area della sezione 2 di contrazione massima della vena;
— $\Delta p$ è la differenza di pressione misurata dal manometro differenziale;
— $\rho$ è la massa volumica del fluido.

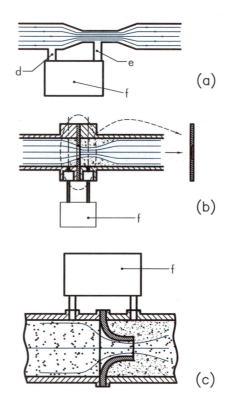

**Figura B2.80**
Misurazione della portata in volume:
a) venturimetro;
b) diaframma;
c) boccaglio.
Si osservano la sezione in cui il fluido è indisturbato (d), la sezione di contrazione massima della vena fluida (e) e il manometro differenziale (f).

## Rotametro

Il *rotametro* è un flussometro adatto alla misura di portate piccole o medie. Esso è costituito da un condotto trasparente conico entro cui si trova un galleggiante, che può avere sezione conica o sferica (▶ **Fig. B2.81**).

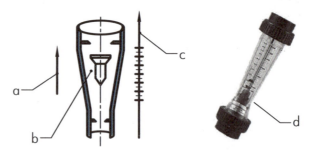

**Figura B2.81**
Rotametro:
a) direzione del flusso;
b) galleggiante;
c) scala graduata;
d) esempio di rotametro industriale.

L'apparecchiatura di misura è disposta verticalmente con l'entrata in basso e l'uscita in alto. Il fluido, percorrendo il rotametro, investe il galleggiante e lo supera. Il galleggiante, tuttavia, costituisce un ostacolo che crea una perdita di pressione localizzata, dovuta al restringimento della sezione di passaggio. Si ottiene quindi un equilibrio tra la spinta dovuta alla differenza di pressione a monte e a valle del galleggiante e il peso del galleggiante stesso. Poiché il peso del galleggiante è costante, se il flusso aumenta rispetto a una certa condizione di equilibrio, si ha un incremento della caduta di pressione che provoca il sollevamento del galleggiante fino a nuovo equilibrio. La misura si basa sulla relazione che esiste tra la portata e la posizione del galleggiante. La posizione viene letta su una scala graduata incisa sul tubo di vetro o affiancata ad esso.

## Misuratori a turbina

I *misuratori a turbina* sono costituiti da una turbina a palette, posta in un condotto tubolare, preceduta, in genere, da dispositivi che servono a regolarizzare la vena fluida. La turbina ruota per effetto del flusso di fluido, compiendo nell'unità di tempo un numero di giri proporzionale alla portata del fluido stesso ( ▶ **Fig. B2.82**). In corrispondenza delle palette della turbina è inserito un misuratore induttivo, che conta il numero di palette che gli passano davanti nell'unità di tempo. Il segnale elettrico del trasduttore viene inviato al dispositivo di lettura che presenta un formato digitale o analogico continuo proporzionale alla portata.

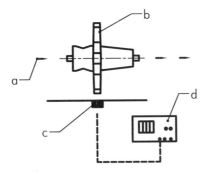

**Figura B2.82**
Misuratore a turbina:
a) direzione del flusso;
b) turbina a palette;
c) misuratore induttivo;
d) dispositivo di lettura.

# MISURE DI LIVELLO

Le misure di livello soddisfano le esigenze di industriali nel determinare il livello di liquidi e di solidi all'interno di macchine e impianti di produzione e di stoccaggio. Il livello è la misura dell'altezza di liquido o di un solido contenuto in un serbatoio rispetto a un punto preso come riferimento. Si tratta di una misura lineare espressa normalmente in % o, in funzione delle dimensioni del contenitore, in metri, decimetri, centimetri, millimetri.

## Livelli di vetro a trasparenza e a riflessione

Tali apparecchiature forniscono direttamente una misura visiva del livello di liquido contenuto in un recipiente, sul quale vengono installati lateralmente mediante organi di intercettazione ( ▶ **Fig. B2.83**). Essi funzionano sul principio dei vasi comunicanti. Nel tipo a riflessione, adatto per alte pressioni, su un vetro rigato, che costituisce la parete trasparente del corpo del livello, la lettura visiva del livello si ottiene per la differente trasparenza della parte liquida e della parte gassosa o di vapore, quando viene fatto riflettere sul lato inferiore della superficie di separazione liquido-gas, una sorgente luminosa posta dietro l'indicatore e rivolta dal basso verso l'alto. La parte occupata dal gas appare chiara, perché la luce viene riflessa dalle rigature del vetro.

**Figura B2.83**
Misure di livello:
a) livelli di vetro a trasparenza;
b) livelli di vetro a riflessione.

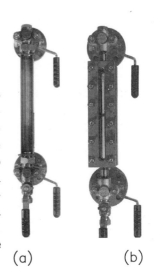

(a) (b)

**PER COMPRENDERE LE PAROLE**

**Spinta idrostatica**: è la spinta dal basso verso l'alto che un corpo immerso in un liquido riceve ed è una pari al peso del volume V di liquido spostato; essa vale F=V×g×ρ [N], dove g è l'accelerazione di gravità e ρ è la massa volumica del liquido.

### Livelli a galleggiante

Sono costituiti principalmente da un galleggiante sistemato all'interno del serbatoio di cui deve seguire le variazioni del livello del fluido contenuto. Al galleggiante sono collegati opportuni dispositivi che hanno la funzione di trasformare le variazioni di livello in segnali o movimenti misurabili.

### Livelli a spinta idrostatica

Consentono misure continue anche nel campo di qualche metro e possono essere installati anche in recipienti ad alta pressione. La spinta idrostatica viene rilevata tramite l'ausilio di un dinamometro a molla (▶ **Par. B2.1**), fissato alla parete superiore, e collegato a un galleggiante di forma cilindrica, che è immerso nel serbatoio di liquido di cui si deve determinare il livello di massa volumica nota (▶ **Fig. B2.84**). Il galleggiante dovrà avere una massa volumica superiore a quello del liquido e una altezza di poco superiore alla massima escursione del livello da misurare.

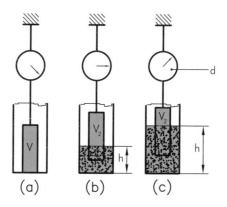

**Figura B2.84**
Misure di livello a spinta idrostatica:
a) a serbatoio vuoto il dinamometro indica il valore massimo;
b) il liquido comincia a riempire il serbatoio e si riduce l'indicazione del dinamometro;
c) livello massimo del liquido e minima forza misurata dal dinamometro;
d) dinamometro:
– $V$ = volume del galleggiante;
– $V_1$ = volume della porzione di galleggiante immerso nel liquido;
– $V_2$ = volume della porzione di galleggiante che emerge dal liquido).

Quando il serbatoio è vuoto (livello zero), la molla del dinamometro subisce il massimo allungamento perché deve contrastare il solo peso del galleggiante, pertanto il dinamometro indica il valore massimo (▶ **Fig. B2.84a**). Man mano che il liquido comincia a riempire il serbatoio, il galleggiante viene sottoposto a una spinta idrostatica crescente rivolta dal basso verso l'alto, per cui al suo peso si deve sottrarre la spinta idrostatica stessa. Tale effetto fa contrarre la molla del dinamometro e si riduce la sua indicazione (▶ **Fig. B2.84b**), perché si riduce il carico applicato. Nel caso di livello massimo del liquido si ha anche la massima spinta idrostatica e il dinamometro misura la minima forza (▶ **Fig. B2.84c**).

### Livelli a pressione differenziale

La misura del livello si può ricavare dalla misura della pressione in base alla seguente relazione:

$$p = h\, g\, \rho$$

dove:
— $h$ è l'altezza del livello nel contenitore;
— $g$ è l'accelerazione di gravità;
— $\rho$ è la massa volumica del liquido presupposta costante.

Con tale metodo, impiegando manometri differenziali a membrana, si può misurare il livello in contenitori anche ad alta pressione.

# UNITÀ B2

## AREA DIGITALE

# VERIFICA DI UNITÀ

Gli esercizi sono disponibili anche nella versione digitale come test interattivi e autocorrettivi

## COMPLETAMENTO

**1.** Il principio di funzionamento del comparatore prevede la _____ del moto traslatorio del tastatore, nel moto _____ della lancetta del quadrante. La massa è la _____ di materia che si misura in _____. Il peso è la _____ con la quale un corpo è attratto dalla _____. Il dinamometro è uno strumento di misura della _____. Il luxmetro misura la _____ incidente, utilizzando come unità di misura il _____.

**2.** Il multimetro o _____ è l'apparecchiatura più diffusa per effettuare misure elettriche di _____. Si imposta, dapprima, la funzione di _____ mediante rotazione del commutatore per ottenere il valore di fondo _____ utile. Si inseriscono, quindi, i _____ di collegamento negli appositi _____ badando alla corretta scelta della _____: positivo e negativo.

**3.** L'ergonomia è una scienza _____ che studia le _____ tra l'_____ circostante e l'uomo per adattarle alle sue esigenze _____.

## SCELTA MULTIPLA

**4.** Il suono indica:
   a) una successione di urti sul timpano umano
   b) una successione di compressioni e rarefazioni dell'aria
   c) l'assenza di silenzio
   d) un rumore improvviso

**5.** 70 dB + 70 dB è uguale a:
   a) 70 dB      b) 140 dB      c) 60 dB      d) 73 dB

**6.** Il fonometro è:
   a) uno strumento che produce calore
   b) uno strumento che permette di ascoltare la musica
   c) uno strumento per misure oggettive di rumori ambientali
   d) una protesi auricolare per non udenti

**7.** Quale proprietà termometrica utilizza il pirometro?
   a) L'energia termica del corpo in esame
   b) L'energia raggiante del corpo in esame
   c) L'energia elettrica di una termocoppia
   d) Nessuna delle energie precedenti

**8.** Una misura oggettiva è:
   a) una misura uniforme e indipendente dall'operatore
   b) una misura uniforme e dipendente dall'operatore
   c) una misura non uniforme e indipendente dall'operatore
   d) una misura non uniforme e dipendente dall'operatore

## VERO O FALSO

**9.** Il nonio aumenta la precisione di lettura della scala graduata di uno strumento di misura.

   Vero ☐          Falso ☐

**10.** I blocchetti di riscontro pianparalleli permettono di eseguire misure di riferimento e tarature degli strumenti di misura.

   Vero ☐          Falso ☐

**11.** Le macchine di misura CMM permettono il rilievo delle coordinate dei punti di una superficie attraverso l'uso di sensori.

   Vero ☐          Falso ☐

145

# MODULO B — VERIFICA FINALE DI MODULO

● Un'azienda manifatturiera, operante nei settori dello stampaggio a caldo e delle lavorazioni meccaniche di acciai e dotata di sistema qualità certificato secondo la norma UNI EN ISO 9000:2000, riceve una commessa per la produzione del particolare riportato nella **figura B.1**. Il reparto responsabile della produzione decide di realizzare il particolare adottando un processo produttivo che prevede l'esecuzione del ciclo operativo illustrato nella **tabella B.1**. L'azienda è dotata dei necessari dispositivi di misurazione per effettuare misure e controlli del prodotto e del processo produttivo.

**A)** Tenendo conto dei requisiti specificati dal cliente e del rispetto dei limiti di emissione sonora negli ambienti di lavoro (80 dBA), definire il ciclo di controllo da effettuare, corrispondente al ciclo operativo riportato nella **tabella B.1**, indicando:
— i dispositivi di misurazione da impiegare;
— le relative caratteristiche metrologiche.

**B)** In relazione alle misure da effettuare, descrivere:
— la procedura operativa di esecuzione delle misure;
— la metodologia di taratura relativa alle apparecchiature utilizzate.

**Figura B.1**
Particolare da produrre.

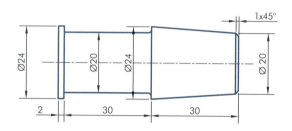

**Tabella B.1** Processo produttivo

| N° fase | Ciclo operativo — Denominazione processo/prodotto | Caratteristica/parametro controllato | Ciclo di controllo — Dispositivo di misurazione | Caratteristiche metrologiche |
|---|---|---|---|---|
| 1 | Acquisto barre pelate diametro 24 mm materiale acciaio | Diametro barra | | |
| 2 | Taglio barre in spezzoni | Lunghezza spezzoni | | |
| 3 | Riscaldamento degli spezzoni di barra in forno elettrico | Temperatura massima 1240 °C | | |
| 4 | Lavorazione per deformazione plastica (pressa di stampaggio) | Livello di emissione sonora (rumorosità ambientale) durante la lavorazione | | |
| 5 | Lavorazione meccanica per asportazione truciolo (tornitura) | Dimensioni finali del pezzo | | |

# MODULO C

## PROPRIETÀ E PROVE DEI MATERIALI

### PREREQUISITI

**Conoscenze**
- Gli elementi di geometria piana, solida e di trigonometria.
- I concetti relativi alla Cinematica e alla Dinamica e le leggi di Ohm.
- La struttura dell'atomo e la tavola periodica degli elementi.
- Il concetto di incertezza di misura e le caratteristiche metrologiche degli apparecchi di misura; il Sistema Internazionale di unità di misura (SI) e le grandezze non SI accettate.

**Abilità**
- Determinare la velocità, l'accelerazione, l'energia e la potenza.
- Calcolare la resistenza e la potenza elettriche.
- Ricavare le unità di misura derivate.
- Calcolare l'incertezza di misura.

### AREA DIGITALE

**Approfondimenti**
# Prove di creep a carico costante

**Video**
# Prova di trazione su viti di acciaio
# Prova di trazione su fili di rame
# Prova di trazione con estensimetro Lasertech
# Prova di flessione su metallo saldato
# Prova di resilienza

**Verifiche interattive**

**Approfondimento** CLIL Lab
The biggest differences between polymer and metal materials

Ulteriori esercizi e Per documentarsi  hoepliscuola.it

### OBIETTIVI

**Conoscenze**
- La microstruttura dei materiali.
- I difetti della microstruttura e i meccanismi di rafforzamento.
- L'aspetto economico ed ecologico dei materiali.
- Le diverse proprietà dei materiali.
- Le prove meccaniche e tecnologiche e il funzionamento delle macchine di prova.

**Abilità**
- Eseguire e interpretare le prove meccaniche.
- Interpretare i risultati conseguenti alle prove tecnologiche.

**Competenze di riferimento**
- Individuare le proprietà dei materiali in relazione all'impiego, ai processi produttivi e ai trattamenti.
- Scegliere le opportune prove sperimentali.

---

**UNITÀ C1** PROPRIETÀ DEI MATERIALI

**UNITÀ C2** PROVE MECCANICHE

**UNITÀ C3** PROVE TECNOLOGICHE

# AREA DIGITALE
# VERIFICA PREREQUISITI

Gli esercizi sono disponibili anche nella versione digitale come test interattivi e autocorrettivi

## COMPLETAMENTO

1. Una forza è una grandezza fisica _____ che si manifesta nell'interazione di due o più corpi, sia a livello _____, sia a livello delle particelle _____. La sua caratteristica è quella di indurre una _____ dello stato di quiete o di moto dei corpi stessi.

2. La pressione è una grandezza fisica _____ definita come il rapporto tra il modulo della _____ agente ortogonalmente su una _____ e la sua _____.

3. In fisica, il lavoro è il trasferimento di _____ cinetica tra due sistemi attraverso l'azione di una forza o una _____ di forze quando l'oggetto subisce uno _____ e la forza ha una componente non nulla nella _____ dello spostamento.

## SCELTA MULTIPLA

4. La metrologia è la scienza:
   a) della prevenzione dagli infortuni
   b) dell'organizzazione industriale
   c) degli scambi termici
   d) delle misure

5. L'orbitale è:
   a) l'orbita descritta dal protone
   b) la regione di spazio attorno al nucleo in cui si ha la massima probabilità di trovare l'elettrone
   c) l'orbita descritta dall'elettrone nel suo moto intorno al nucleo
   d) la traiettoria descritta dai pianeti nel loro moto intorno al sole

6. La prevenzione dagli infortuni nei luoghi di lavoro prevede:
   a) la presenza dell'ambulanza
   b) la presenza del medico legale
   c) l'utilizzo, quando necessario, dei Dispositivi di Protezione Individuale (DPI)
   d) la somministrazione del vaccino antinfluenzale

## VERO O FALSO

7. Il volume di una sfera di raggio r viene calcolato con l'equazione $V = \frac{4}{3}\pi r^4$.
   Vero ☐    Falso ☐

8. L'area della superficie della calotta sferica viene calcolata con l'equazione $S = 2\pi rh$ (r = raggio della sfera; h = altezza della calotta sferica).
   Vero ☐    Falso ☐

9. Il volume di un cilindro viene calcolato con l'equazione V = area di base × apotema.
   Vero ☐    Falso ☐

10. La temperatura è una grandezza fisica di base, del Sistema Internazionale.
    Vero ☐    Falso ☐

MODULO C  PROPRIETÀ E PROVE DEI MATERIALI

# PROPRIETÀ DEI MATERIALI

**C1**

## Obiettivi

### Conoscenze

- La struttura dei materiali allo stato solido e i relativi difetti.
- La struttura dei materiali allo stato liquido e gassoso.
- Le proprietà chimiche, fisiche, meccaniche e tecnologiche dei materiali.
- Comprendere l'aspetto economico ed estetico della scelta dei materiali tecnici.

### Abilità

- Classificare i materiali in funzione della loro struttura.
- Definire le proprietà e le strutture che un materiale deve avere per soddisfare i requisiti d'impiego.
- Valutare le proprietà del materiale, al fine di operarne la scelta in relazione all'impiego e alle prestazioni richieste.

## Per orientarsi

Si definisce *materiale d'impiego tecnologico* una quantità di materia solida adatta alla fabbricazione di prodotti.

Generalmente il materiale è costituito da un insieme di più elementi, aventi composizione chimica ben definita.

I materiali devono essere adatti a:
— assumere la forma e le dimensioni previste nel progetto con le tolleranze prescritte;
— resistere alle sollecitazioni meccaniche, termiche e ambientali;
— possedere rigidezza sufficiente a contenere le deformazioni.

Tali caratteristiche dipendono dalle proprietà *fisiche*, *chimiche* e *tecnologiche* del materiale (▶ **Fig. C1.1**).

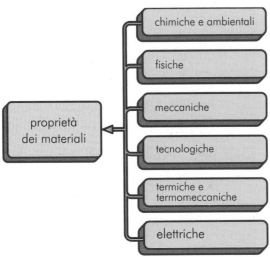

**Figura C1.1**
Proprietà dei materiali.

| COME SI TRADUCE... | |
|---|---|
| ITALIANO | INGLESE |
| *Metalli* | Metals |
| *Ceramici* | Ceramic materials |
| *Polimeri* | Polymers |

**PER COMPRENDERE LE PAROLE**

**Conduttori**: molti metalli contengono particelle cariche in grado di muoversi più o meno liberamente attraverso il mezzo. In presenza di un campo elettrico si polarizzano, perché le cariche elettriche in esso contenute migrano sulla superficie, dando luogo a una carica netta positiva su un lato e una carica netta negativa su quello opposto. Tali materiali si definiscono pertanto *conduttori*.

Altre caratteristiche di interesse sono:
— l'affidabilità;
— la durata;
— il costo del materiale e della sua lavorazione;
— le caratteristiche estetiche.

Le caratteristiche meccaniche di un manufatto dipendono, oltre che dalle proprietà del materiale utilizzato, anche dalla sua geometria (forma e dimensioni) e dal processo di fabbricazione.

Le principali cause di messa fuori uso degli elementi meccanici sono la rottura per fatica e il deterioramento delle superfici.

## CLASSI DEI MATERIALI

I materiali da costruzione possono essere classificati nelle quattro categorie riportate qui di seguito (▶ **Fig. C1.2**).
— **Metalli**: hanno una struttura cristallina, una buona resistenza meccanica, un'elevata densità e una buona elasticità; sono deformabili e ottimi **conduttori** di calore ed elettricità, inoltre, sono poco trasparenti alla luce.
— **Ceramici** (ossidi e/o silicati): hanno una struttura cristallina, sono duri e fragili e non conducono calore ed elettricità.
— **Polimerici**: sono composti organici macromolecolari, sintetici o naturali, hanno una bassa densità e una scarsa stabilità dimensionale; amorfi e facilmente modellabili, si deformano o bruciano con l'aumento della temperatura.
— **Compositi**: materiali ottenuti dalla combinazione di almeno due materiali tra loro chimicamente differenti.

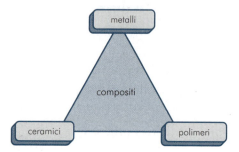

**Figura C1.2**
Il mondo dei materiali.

Anche i materiali allo stato liquido o gassoso (in generale denominati *fluidi*), hanno una funzione importante nei processi tecnologici. Essi, infatti, costituiscono stati che i materiali acquisiscono al variare della temperatura, come lo stato liquido nel caso del processo di fonderia (▶ **Unità F1**) e materiali di impiego industriale specifico come, ad esempio, i lubrificanti negli impianti e nelle attrezzatura di lavoro, i gas di saldatura (▶ **Unità H1**) e come liquidi utilizzati nei controlli non distruttivi (▶ **Par. V2.1**, **Vol. 3**, concernente i liquidi penetranti).

## C1.1 MICROSTRUTTURA DEI METALLI

Osservando con una lente d'ingrandimento le superfici di frattura di un qualsiasi metallo spezzato, si nota che esse sono costituite da un insieme di *minutissimi granellini* strettamente incastonati tra loro.

Essi vengono definiti *grani* e appaiono in rilievo con facce più o meno piane e disuguali (aspetto poliedrico).

Indagini ai raggi X mostrano che i grani sono di *natura cristallina*, ossia di natura ordinata: gli atomi mantengono regolari le distanze interatomiche risultando, in questo modo, ordinati nello spazio.

In base a tali osservazioni si può concludere che un metallo è costituito da un aggregato esteriormente disordinato di grani, la cui natura risulta internamente ordinata.

## LEGAME METALLICO

Si tratta di un legame chimico, capace di tenere uniti i vari atomi. La sua natura è illustrata dalla *teoria di Drude*. Essa ammette l'esistenza nel solido metallico di una nube formata dagli elettroni che hanno abbandonato gli atomi di provenienza, trasformandoli in ioni. Tale nube, o gas, avvolge gli ioni metallici positivi (▶ **Fig. C1.3**).

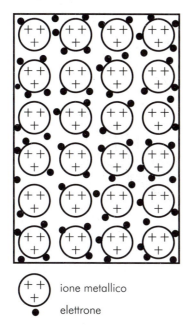

**Figura C1.3**
Schematizzazione del legame metallico.

Mentre gli ioni hanno una posizione fissa, gli elettroni sono liberi di muoversi all'interno del metallo e sono in grado di fluire da una parte all'altra di esso, se viene applicata una differenza di potenziale.

In questo modo gli ioni metallici sono tenuti insieme da una nube di elettroni, analogamente a quanto avviene per il calcestruzzo, dove il cemento lega i grani di ghiaia.

La presenza delle forze di natura elettrostatica non impedisce, comunque, il reciproco scorrimento dei vari atomi esistenti, nel caso in cui essi siano sollecitati da forze meccaniche esterne: in questo modo i metalli possono essere facilmente ridotti in lamine (*malleabilità*) e in fili (*duttilità*).

## SOLIDIFICAZIONE DEI METALLI

Gli atomi che costituiscono la massa metallica fusa (liquida) possiedono un elevato contenuto energetico, capace di farli muovere e vibrare con frequenze tanto più elevate quanto maggiore è la temperatura.

Raffreddandosi, il materiale giunge alla temperatura di solidificazione, alla quale avviene la trasformazione dallo stato liquido a quello solido, secondo due fasi ben distinte: la *nucleazione* e la *crescita* (▶ **Fig. C1.4**).

**Figura C1.4**
a-f) Rappresentazione schematica della nucleazione e della crescita degli aggregati policristallini.

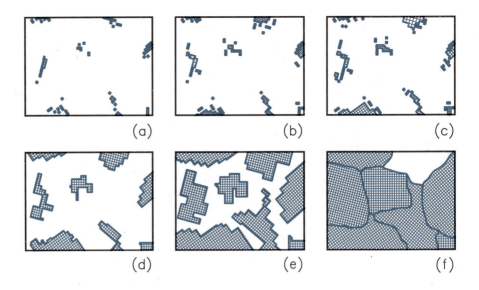

### Nucleazione (o germinazione)
Giunti alla temperatura di solidificazione, gli atomi, divenuti meno mobili, si aggregano in tanti piccoli nuclei, che costituiscono i primi reticoli solidi dispersi nel liquido (▶ Fig. C1.4a).

### Crescita
Gli atomi dei nuclei solidificati attraggono quelli del liquido circostante (▶ Fig. C1.4 b, c, d), accrescendo il proprio volume (▶ Fig. C1.4e); in tal modo, a solidificazione avvenuta si genera il grano cristallino (▶ Fig. C1.4f).

Le caratteristiche della crescita dipendono dalla velocità di raffreddamento. Una lenta velocità di raffreddamento provoca la formazione di *pochi germi di solidificazione* che, sviluppandosi, creano grossi grani cristallini (struttura a grano grossolano); una rapida velocità di raffreddamento provoca la formazione di molti germi di solidificazione che sviluppandosi creano piccoli grani cristallini (struttura a grano fine).

Quando viene liberata una notevole quantità di energia termica (liberazione del calore latente di solidificazione) si formano molti germi di solidificazione. Localmente ciò innalza la temperatura del liquido, impedendo l'ulteriore solidificazione, che tuttavia procede in altre zone. Il germe iniziale si sviluppa nello spazio secondo una forma ramificata che prende il nome di *dendrite* (▶ Fig. C1.5).

**Figura C1.5**
Formazione delle strutture dendritiche, il cui aspetto arborescente è simile alla foglia della felce.

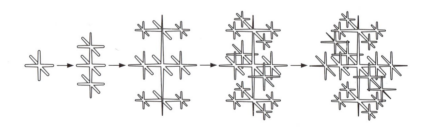

Conoscere la modalità di formazione dei cristalli, la forma, le dimensioni e il loro orientamento consente di comprendere come variano le caratteristiche meccaniche del metallo.

Se la massa liquida è raffreddata rapidamente, i cristalli interni che si sono formati per ultimi vengono compressi e schiacciati da quelli formatisi prima negli strati superficiali. Si origina così un forte stato di tensione interna e il materiale sviluppa un'elevata **durezza** e un'elevata fragilità (▶ **Fig. C1.6**).

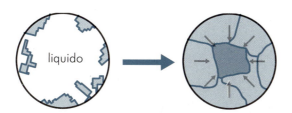

**Figura C1.6**
Schema del processo di solidificazione: dalla periferia al cuore.

## CONTORNO DEI GRANI E CARATTERISTICHE MECCANICHE

Il metallo solidificato è un aggregato di grani aventi forma irregolare e bordi frastagliati. Le inevitabili impurità, presenti nel bagno di fusione, si raccolgono lungo i bordi dei grani sotto forma di **materia amorfa**, la cui resistenza meccanica a bassa temperatura è considerevole.

Un metallo a grano fine, avendo più bordi e più materia amorfa, presenta maggiore resistenza rispetto a un metallo a grano grosso.

Gli atomi dei giunti hanno un maggiore contenuto energetico rispetto a quelli situati all'interno dei grani, per questo motivo ai bordi si verificano diversi fenomeni caratterizzati da variazione di energia quali la **fusione**, la corrosione e l'ossidazione.

Le proprietà del metallo, indicate nella **tabella C1.1**, sono ottenute combinando le diverse proprietà meccaniche del giunto e del grano.

**COME SI TRADUCE...**

| ITALIANO | INGLESE |
|---|---|
| Durezza | Hardness |
| Fusione | Melting |

**PER COMPRENDERE LE PAROLE**

**Materia amorfa**: deriva dal greco *a-morphia*, "senza forma". Qualità di una sostanza che non possiede un reticolo cristallino.

**Tabella C1.1** Proprietà meccaniche dei giunti, dei grani e del metallo

| Giunti | Grani | Proprietà del metallo |
|---|---|---|
| Elevata resistenza al distacco | Elevata resistenza alla deformazione | Elevata resistenza meccanica |
| Elevata resistenza al distacco | Bassa resistenza alla deformazione | Elevata plasticità |
| Bassa resistenza al distacco | Elevata resistenza alla deformazione | Elevata fragilità |
| Elevata resistenza al distacco | Facilità di rottura | Elevata fragilità |

## RETICOLO CRISTALLINO E CELLE UNITARIE

È opportuno precisare che gli atomi, pur trovandosi allo stato solido, non sono del tutto fermi, ma oscillano intorno alla loro posizione di equilibrio. Gli atomi sono assolutamente fermi solo alla temperatura dello 0 assoluto.

Esaminando ai raggi X i grani cristallini dei vari metalli e, in genere, di tutte le sostanze cristalline, si riscontra quanto segue:
— tutti gli atomi risultano regolarmente allineati su determinate direzioni (come i filari delle viti);
— più allineamenti, tutti paralleli tra di loro, formano piani di atomi;

| COME SI TRADUCE... | |
|---|---|
| **ITALIANO** | **INGLESE** |
| Cristallo | Crystal |
| Tavola periodica | Periodic tabl |

- la distanza tra gli atomi appartenenti a un unico allineamento è costante nell'ambito del **cristallo**, così come la distanza tra un piano di atomi e quello immediatamente vicino a esso;
- unendo con alcune linee immaginarie i baricentri degli atomi così disposti, si individua un reticolo di rette, definito *reticolo cristallino*;
- tutti i reticoli cristallini sono generati dalla ripetizione tridimensionale di un reticolo spaziale fondamentale, detto *cella unitaria* oppure *cella elementare*;
- le celle unitarie riscontrabili in natura sono di 14 tipi (▶ **Fig. C1.7**); le lettere $a$, $b$, $c$ indicano le distanze reticolari; le lettere $\alpha$, $\beta$, $\gamma$ indicano gli angoli.

**Figura C1.7**
Tipi di celle unitarie:
a) cubica semplice;
b) cubica a corpo centrato;
c) cubica a facce centrate;
d) esagonale;
e) tetragonale semplice;
f) tetragonale a corpo centrato;
g) romboedrico;
h) ortorombico semplice;
i) ortorombico a basi centrate;
l) ortorombico a corpo centrato;
m) ortorombico a facce centrate;
n) monoclino a basi centrate;
o) monoclino semplice;
p) triclino.

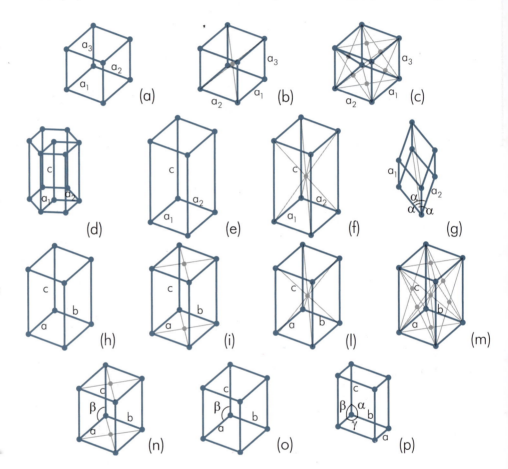

**PER COMPRENDERE LE PAROLE**

**Fattore fisico**: volume atomico (gli atomi grandi richiedono spazi grandi).

**Fattore termodinamico**: è il contenuto energetico posseduto dai vari atomi, che determina le oscillazioni intorno al suo punto di equilibrio.

**Fattore chimico**: è il tipo di legame che tiene uniti i vari atomi (più questo è forte, più gli atomi risultano vicini).

La maggior parte dei metalli cristallizza nelle forme ad alta simmetria e ad alta densità atomica, acquistando una struttura:
- cubica a corpo centrato (c.c.c.);
- cubica a facce centrate (c.f.c.);
- esagonale compatta (e.c.).

La solidificazione di un metallo secondo un tipo di cella piuttosto che un'altro non è casuale, ma strettamente condizionata da **fattori fisici**, **termodinamici** e **chimici**.

La **figura C1.8** riporta la **tavola periodica**, in cui sono indicati gli elementi che cristallizzano con cella cubica a corpo centrato, cubica a facce centrate ed esagonale compatta.

|   |    |    |     |    |    |    |    |    |    |    |    |    |    |    |    |    |    |
|---|----|----|-----|----|----|----|----|----|----|----|----|----|----|----|----|----|----|
| 1 | H  |    |     |    |    |    |    |    |    |    |    |    |    |    |    |    | He |
| 2 | Li | Be |     |    |    |    |    |    |    |    |    | B  | C  | N  | O  | F  | Ne |
| 3 | Na | Mg |     |    |    |    |    |    |    |    |    | Al | Si | P  | S  | Cl | A  |
| 4 | K  | Ca | Sc  | Ti | V  | Cr | Mn | Fe | Co | Ni | Cu | Zn | Ga | Ge | As | Se | Br | Kr |
| 5 | Rb | Sr | Y   | Zr | Cb | Mo | Ma | Ru | Rh | Pd | Ag | Cd | In | Sn | Sb | Te | I  | Xe |
| 6 | Cs | Ba | Terre rare | Hf | Ta | W | Re | Os | Ir | Pt | Au | Hg | Ti | Pb | Bi | Po | Ab | Rn |
| 7 | Vi | Ra | Ac  | Th | Pa | U  |    |    |    |    |    |    |    |    |    |    |    |
| Terre rare | La | Ce | Pr | Nd | It | Sm | Eu | Gd | Tb | Dy | Ho | Er | Tm | Yb | Lu |

**Figura C1.8**
Tavola periodica degli elementi, dove sono riportati quelli che cristallizzano con cella cubica a corpo centrato, cubica a facce centrate ed esagonale compatta.

- cella esagonale compatta
- cella cubica corpo centrato
- cella cubica facce centrate

## Cella cubica a corpo centrato

Questo tipo di cella è costituito da un cubo ai cui vertici e al cui centro (punto d'incontro delle sue diagonali) possono trovare posto 9 atomi (▸ **Fig. C1.9**).

**Figura C1.9**
Cella cubica a corpo centrato (ferro, vanadio, tungsteno, molibdeno).

A ogni singola *cella isolata* competono:
— 4 allineamenti compatti di atomi (▸ **Fig. C1.10**);

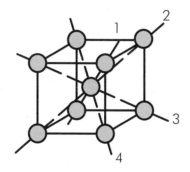

**Figura C1.10**
Allineamenti compatti.

PROPRIETÀ DEI MATERIALI **UNITÀ C1** 155

— un certo numero di piani aventi 4 o 5 atomi (▶ **Fig. C1.11**);

**Figura C1.11**
Piani atomici.

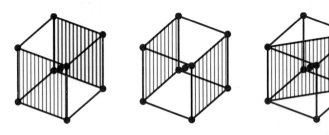

| COME SI TRADUCE... | |
|---|---|
| ITALIANO | INGLESE |
| *Deformabilità* | *Deformability* |

— nessun piano a elevata densità atomica, perché in nessuno di essi è contenuto un numero maggiore di 5 atomi.

A ogni cella considerata nell'ambito del reticolo appartengono statisticamente 2 atomi: attenzione, non 9! L'atomo centrale appartiene interamente alla cella, mentre ciascuno degli altri 8 atomi situati ai vertici appartiene alla cella nella misura di 1/8, poiché ognuno di essi partecipa alla costruzione di altre 7 celle.

In base a quanto detto in precedenza, si avrà:

$$1 + 8\frac{1}{8} = 2$$

Per le caratteristiche elencate in precedenza, la *cella cubica a corpo centrato* rappresenta un *sistema compatto*, *molto stabile* e *difficilmente deformabile* meccanicamente.

La **deformabilità** di un cristallo è data dalla possibilità di far slittare, facendo scorrere gli uni sugli altri, i piani con un'elevata densità atomica; in assenza di piani, il cristallo oppone una forte resistenza alla deformazione meccanica, risultando poco plastico.

I metalli che cristallizzano con questo tipo di struttura (ferro, molibdeno, wolframio ecc.) presentano le seguenti caratteristiche fisiche:
— elevato punto di fusione;
— scarsa lavorabilità a freddo, perché poco plastici;
— poca malleabilità;
— media duttilità.

### Cella cubica a facce centrate

Questo tipo di cella è costituito da un cubo, ai vertici e al centro di ciascuna faccia del quale sono situati 14 atomi (▶ **Fig. C1.12**).

**Figura C1.12**
Cella cubica a facce centrate (ferro, rame, argento, oro, platino).

A ogni singola cella *isolata* competono:
— 12 allineamenti compatti di atomi (▶ **Fig. C1.13**);

**Figura C1.13**
Allineamenti compatti.

— un certo numero di piani aventi 4 o 5 atomi (▶ **Fig. C1.14**);
— 4 piani aventi elevata densità atomica (▶ **Fig. C1.14**).

**Figura C1.14**
Piani atomici.

A ogni cella elementare considerata nell'ambito del reticolo appartengono statisticamente 4 atomi: attenzione, non 14! I 6 atomi posti al centro delle facce della cella sono condivisi con la cella contigua, mentre ciascuno degli altri 8 atomi situati ai vertici appartiene alla cella nella misura di 1/8, poiché ognuno di essi partecipa alla costruzione di altre 7 celle:

$$\frac{6}{2} + 8\frac{1}{8} = 4$$

L'elevato numero di allineamenti compatti di atomi e di piani a massima densità atomica fanno della cella cubica a facce centrate il *sistema più compatto e facilmente deformabile meccanicamente*.

I metalli che cristallizzano con questo tipo di struttura (ferro, alluminio, rame, oro ecc.) presentano le seguenti caratteristiche fisiche:
— molto plastici meccanicamente;
— malleabili;
— duttili;
— molto tenaci;
— buoni conduttori termici ed elettrici.

## Cella esagonale compatta

Questo tipo di cella è costituito da un prisma esagonale retto, dove trovano posto 17 atomi nei vertici, nel centro delle basi e all'interno (▶ **Fig. C1.15**).

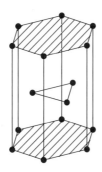

**Figura C1.15**
Cella esagonale (zinco, titanio, cadmio).

A ogni singola cella *isolata* competono:
— 6 allineamenti compatti di atomi (▶ **Fig. C1.15**);
— 1 piano avente 3 atomi (▶ **Fig. C1.15**);
— 2 piani a elevata densità atomica (▶ **Fig. C1.16**).

**Figura C1.16**
Piani atomici.

A ogni cella elementare considerata nell'ambito del reticolo appartengono statisticamente 6 atomi: attenzione, non 17! I 12 atomi posti ai vertici sono condivisi da 6 celle, i 2 atomi posti al centro delle due basi sono condivisi da 2 celle, mentre i 3 atomi centrali appartengono interamente a una cella:

$$\frac{12}{6} + 2\frac{1}{2} + 3 = 6$$

La cella esagonale compatta rappresenta un *sistema stabile, compatto* e *facilmente deformabile meccanicamente*.

Per la presenza degli allineamenti, e soprattutto dei piani a elevata densità atomica, essa permette facili scorrimenti, di conseguenza una facile deformazione lungo tali direzioni. La sua compattezza e deformabilità è considerata intermedia tra quella cubica a corpo centrato e quella cubica a facce centrate.

### Allotropia

Una quindicina di metalli sono **polimorfi**, perché possono cristallizzare in due o più tipi di celle che risultano stabili entro un determinato intervallo di temperatura (▶ **Tab. C1.2**).

> **PER COMPRENDERE LE PAROLE**
> **Polimorfia**: deriva dal greco *poly*, ovvero "più", e *morphìa*, ovvero "forma". Proprietà di una sostanza chimicamente definita di creare differenti tipi di reticoli cristallini.

**Tabella C1.2** Caratteristiche particolari dei metalli polimorfi

| Fasi | Campo di esistenza [°C] | Tipo di cella |
|---|---|---|
| Fe δ | 1390-1544 | Cubica a corpo centrato |
| Fe γ | 910-1390 | Cubica a facce centrate |
| Fe α | 20-910 | Cubica a corpo centrato |
| Co α | 20-467 | Esagonale compatta |
| Co β | 467-1495 | Cubica a facce centrate |
| Sn grigio α | ≤13 | Cubica adamantoedrica |
| Sn bianco β | 13-232 | Tetragonale a corpo centrato |
| Ti α | 20-882 | Esagonale compatta |
| Ti β | 882-1670 | Cubica a facce centrate |

Le diverse strutture in cui può cristallizzare una sostanza polimorfa sono dette *forme allotropiche* o *fasi della sostanza stessa*; esse vengono comunemente designate con lettere greche (▸ **Tab. C1.2**).

Il passaggio da una fase all'altra dovrebbe verificarsi alla stessa temperatura: solitamente è difficile che ciò avvenga, perché le inevitabili dispersioni di calore non consentono di garantire la medesima velocità di riscaldamento e di raffreddamento.

La **figura C1.17** mostra gli stati allotropici del ferro puro. Si osserva che, ad alta e a bassa temperatura, gli atomi del ferro si dispongono allo stesso modo (cella cubica a corpo centrato). La cella del Fe δ è più dilatata rispetto a quella del Fe α, perché gli atomi possiedono una maggiore agitazione molecolare in virtù della più alta temperatura alla quale si trovano.

> **PER COMPRENDERE LE PAROLE**
>
> **Miscibilità**: attitudine degli atomi del solvente e del soluto a mescolarsi per formare composti omogenei.

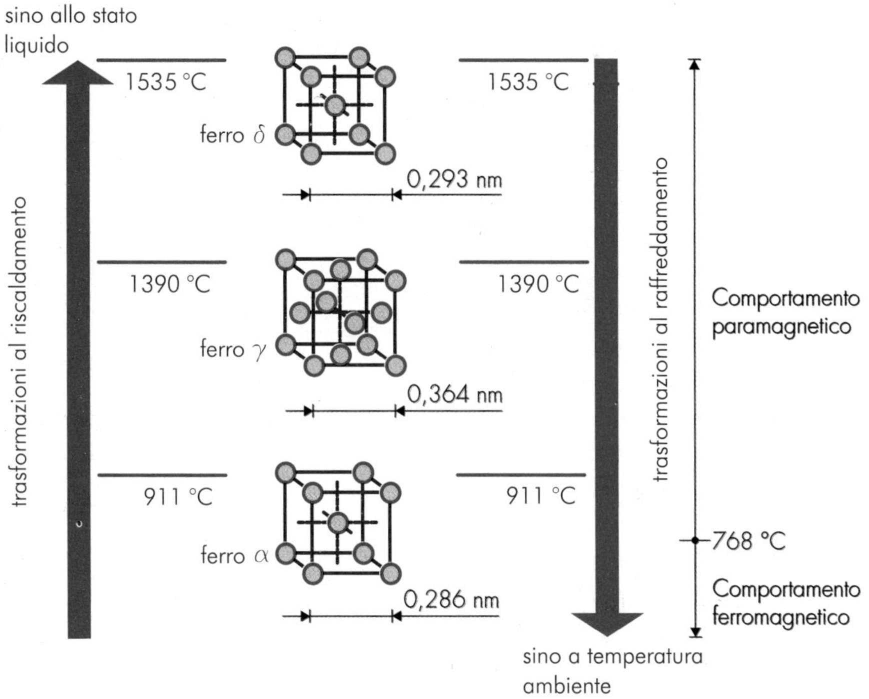

**Figura C1.17**
Trasformazioni allotropiche del ferro puro.

## LEGHE METALLICHE

L'unione (stabile a temperatura ambiente) di un metallo con altri elementi chimici, metallici e non, costituisce una *lega*.

### Struttura delle leghe metalliche

Per semplicità di trattazione, si farà sempre riferimento a leghe binarie, ovvero leghe costituite da due soli componenti.

Come è stato rilevato per i metalli puri, la solidificazione di una lega avviene per nucleazione e crescita.

A temperatura ambiente, la struttura di una lega può variare in funzione della solubilità liquida e solida degli elementi che la compongono.

Gli atomi del solvente (il componente più abbondante) e del soluto (il componente meno abbondante) si combinano nello spazio, in funzione del grado di **miscibilità**. Quest'ultimo crea i presupposti per le diverse proprietà fisiche, meccaniche e tecnologiche delle leghe metalliche.

PROPRIETÀ DEI MATERIALI **UNITÀ C1**

### Completa miscibilità allo stato solido

Si realizza quando il metallo e l'elemento di lega hanno dimensioni atomiche circa uguali (per esempio Cu-Ni). Si formano cristalli misti perché atomi di diversa natura si possono sostituire l'uno all'altro: quelli del soluto si inseriscono nella cella elementare del solvente. Ciò dà origine alla cosiddetta *soluzione solida*, nella quale la concentrazione di uno dei due componenti varia entro certi limiti.

La cella del solvente mantiene la forma del proprio reticolo cristallino e, a solidificazione completata, la lega possiede un'unica cella elementare.

Dal punto di vista strutturale, le soluzioni solide si distinguono nelle categorie di seguito riportate.

— *Soluzione solida di sostituzione casuale* o *disordinata*: gli atomi del soluto prendono il posto di alcuni atomi del solvente in modo del tutto casuale. Le celle cristalline dei due elementi sono uguali (per esempio cristallizzano entrambi nel sistema cubico). La lega si deforma facilmente perché i suoi atomi giacciono su file ben allineate (▶ **Fig. C1.18**).

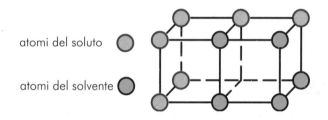

**Figura C1.18**
Soluzione solida di sostituzione casuale o disordinata.

— *Soluzione solida di sostituzione ordinata*: gli atomi del soluto si dispongono ordinatamente nel reticolo del solvente, formando l'una nell'altra due gabbie reticolari (▶ **Fig. C1.19**).

**Figura C1.19**
Soluzione solida di sostituzione ordinata.

— *Soluzione solida di inserimento* o *interstiziale*: gli atomi del soluto si inseriscono nei vuoti del reticolo del solvente senza variarne la natura cristallografica; gli atomi del soluto hanno necessariamente diametro inferiore a quelli del solvente. Fra i pochi elementi che danno luogo a tali soluzioni si citano il carbonio, l'azoto, il boro, l'idrogeno e l'ossigeno. Questi inserimenti deformano il reticolo atomico aumentando la durezza e la fragilità e ostacolando lo scorrimento dei piani atomici reticolari (▶ **Fig. C1.20**).

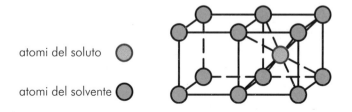

**Figura C1.20**
Soluzione solida di inserimento o interstiziale.

## Miscibilità nulla allo stato solido

Raffreddando lentamente, parte del soluto si separa in modo graduale, costituendo un altro tipo di cristallo. A temperatura ambiente, l'analisi al microscopio mostra due strutture cristalline diverse e separate: quella del solvente e quella del soluto.

## Composto intermetallico

La formazione di questo composto si ha quando gli atomi del metallo e quelli degli altri componenti, disponendosi in modo ordinato nello spazio, stabiliscono fra loro un rapporto costante e un reticolo del tutto differente da quello posseduto allo stato puro.

Nel **composto intermetallico** gli atomi degli elementi sono sempre presenti secondo una percentuale quantitativamente ben precisa; spesso sono rappresentati con la formula simbolica del tipo $A_xB_y$.

In genere i composti intermetallici sono duri e fragili, pertanto sono presenti in piccola percentuale nelle leghe da lavorazione plastica. Nella cementite ($Fe_3C$), per esempio, gli atomi del ferro e del carbonio sono distribuiti su tutta la massa di cementite secondo la proporzione 3÷1. Si considerino ancora gli esempi: $CuAl_2$; $Mg_3Al_2$; $Fe_3W_2$; $Mg_2Si$. Nella **figura C1.21** è schematizzato il reticolo cristallino del composto intermetallico $Mg_2Si$.

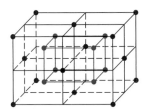

**Figura C1.21**
Esempio di composto intermetallico.

## Cristalli eutettici

Questi cristalli sono costituiti da una struttura alternata globulare o lamellare fra elementi puri, fra soluzioni solide oppure fra composti intermetallici.

Una **lega eutettica** fonde a una temperatura più bassa di ciascuna delle temperature di fusione dei suoi componenti (▶ **Fig. C1.22**).

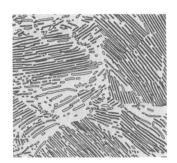

**Figura C1.22**
Micrografia di un solido eutettico.

## DIFETTI DEL RETICOLO CRISTALLINO

Di seguito sono riportati i **difetti reticolari**.
— *Vacanza* (difetto di punto): uno o più atomi sono localmente assenti nel reticolo cristallino, favorendo la mobilità di quelli adiacenti che possono occupare i posti vacanti, migrare in posizioni interstiziali oppure scam-

---

**COME SI TRADUCE...**

| ITALIANO | INGLESE |
|---|---|
| Composto intermetallico | Compound Intermetallic |
| Difetto reticolare | Lattice defect |

**PER COMPRENDERE LE PAROLE**

Eutettico: dal greco *éutektos*, che significa "fonde bene".

biarsi di posto (▶ **Fig. C1.23**). Si assiste, così, al fenomeno della diffusione atomica. L'assenza di atomi comporta la contrazione del reticolo e la creazione di tensioni interne che rendono meno deformabile il metallo, modificandone le caratteristiche meccaniche.

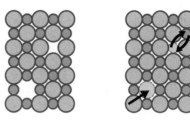

**Figura C1.23**
Vacanze reticolari e meccanismi di diffusione.

— *Impurità sostituzionale e interstiziale* (difetto di punto): un atomo estraneo, rispettivamente, di diametro simile o di diametro inferiore, si inserisce nel reticolo atomico della matrice (▶ **Fig. C1.24**).

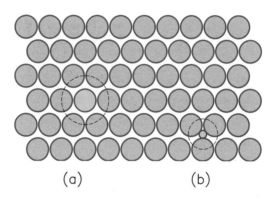

**Figura C1.24**
Impurezza sostituzionale e interstiziale. Impurità:
a) sostituzionale;
b) interstiziale.

— *Dislocazioni* (difetti di linea): file di atomi senza una corretta coordinazione; questa classe importante di difetti cristallini è una zona di legame debole che comporta una bassa resistenza meccanica. Le dislocazioni appartengono a due tipi estremi (*a spigolo* e *a vite*) o possono avere carattere intermedio. La *dislocazione a spigolo* è costituita da un semipiano addizionale di atomi (▶ **Fig. C1.25**), cioè un piano di atomi che non si estende sull'intero cristallo (come inserire un cuneo forzatamente). Al di fuori di questa regione distorta, il cristallo è normale. Nella *dislocazione a vite* (▶ **Fig. C1.26**) il movimento nel cristallo comporta la rottura di un piccolo numero di legami atomici.

**Figura C1.25**
a) Inserimento del semipiano addizionale.
b) Sviluppo della dislocazione a spigolo.
Il centro della regione distorta è una linea che attraversa il cristallo, perpendicolarmente al foglio, in corrispondenza della fine del semipiano.

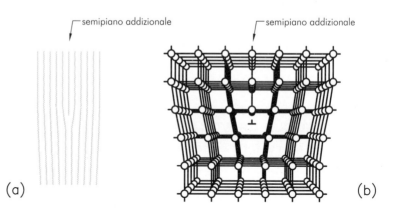

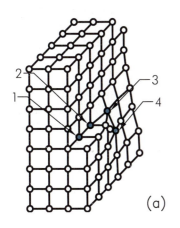
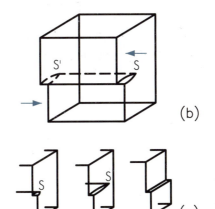

**Figura C1.26**
a) Dislocazione a vite.
b) La linea SS' rappresenta la linea della dislocazione; davanti a essa il cristallo ha cominciato a scorrere, mentre dietro il movimento non è ancora iniziato.
c) Progressione e completamento della dislocazione.

I difetti reticolari condizionano le proprietà meccaniche e di deformazione dei metalli.

Le dislocazioni possono indebolire notevolmente un metallo, ma nel contempo possono determinare l'effetto opposto, cioè aumentarne la resistenza e la durezza.

Un meccanismo di rafforzamento consiste nel vincolare le dislocazioni agli atomi di lega o delle impurità.

Una dislocazione si muove liberamente fino a quando non incontra tali atomi e viene effettivamente bloccata da questa, come si può osservare dalla **figura C1.27**.

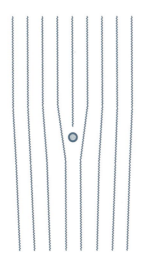

**Figura C1.27**
Difetto dovuto all'inserimento di atomi di lega oppure delle impurità.

## C1.2 PROPRIETÀ CHIMICHE E AMBIENTALI, INQUINAMENTO

Le proprietà chimiche e ambientali riguardano sia la composizione interna dei materiali sia la loro interazione con agenti chimici esterni (▶ **Fig. C1.28**).

**Figura C1.28**
Funzione delle proprietà chimiche, ambientali e dell'inquinamento.

**PER COMPRENDERE LE PAROLE**

**Ambiente**: è il contesto in cui opera un'organizzazione (aziende, enti ecc.), compresi aria, acqua, territorio, risorse naturali, flora, fauna ed esseri umani, partendo dall'organizzazione stessa, fino al sistema globale.

**Inquinamento**: consiste nel modificare la normale composizione o lo stato fisico dell'aria, dell'acqua, oppure del terreno, a causa della presenza di una o più sostanze in quantità e con caratteristiche tali da alterare le loro normali condizioni ambientali e di salubrità.

**COME SI TRADUCE...**
| ITALIANO | INGLESE |
|---|---|
| *Degradazione* | Degradation |

La composizione interna è determinata dal tipo di atomi che compongono il materiale e dal legame chimico che si instaura fra loro. L'interazione con agenti chimici esterni è caratterizzata dai fenomeni che si stabiliscono a livello superficiale, quali l'ossidazione, la corrosione e la diffusione di sostanze che dall'esterno penetrano nel materiale.

L'esame delle proprietà chimiche e ambientali interessa tutti i tipi di materiale; le proprietà ambientali riguardano anche gli effetti che il materiale produce sull'**ambiente** esterno (terra, acqua, atmosfera) in termini d'**inquinamento**.

## PROPRIETÀ CHIMICHE

Le *proprietà chimiche* degli elementi ricorrono periodicamente quando essi vengono ordinati secondo il numero atomico crescente nella tavola periodica. Si considera, come proprietà fondamentale, la *reattività chimica*, cioè la capacità degli elementi chimici di combinarsi tra loro per formare molecole e cristalli.

I materiali d'impiego tecnologico sono divisi in metalli, ceramici e polimeri. Il motivo di tale suddivisione risiede nelle proprietà chimiche associate agli elementi che costituiscono i suddetti materiali. I legami chimici consentono l'aggregazione di atomi uguali o diversi per dare origine ai cristalli (metalli e ceramici) e alle molecole (polimeri).

## PROPRIETÀ AMBIENTALI

L'interazione dei materiali con agenti chimici esterni presenti nell'ambiente comporta i fenomeni di seguito riportati.

### Diffusione

Interviene quando un cristallo, a temperatura elevata, è a contatto con una sostanza (allo stato solido, liquido oppure aeriforme) in grado di penetrare e diffondersi al suo interno. Questi movimenti si raggiungono quando il reticolo cristallino è portato ad alta temperatura.

L'intervento della temperatura è importante più di ogni altro fattore. Un atomo sottoposto a forti vibrazioni può essere facilmente indotto ad abbandonare la sua posizione originale nel reticolo, per occuparne altre contigue momentaneamente libere. In tali condizioni, sono presenti molte vacanze; a temperature elevate, infatti, frazioni significative di atomi sono in movimento verso i bordi di grano e la superficie, lasciando vacanti le loro sedi iniziali.

### Corrosione dei metalli

È dovuta a umidità, agenti chimici e altri fattori; essa si verifica ogni qualvolta un materiale viene degradato, superficialmente o internamente, a causa di agenti esterni a esso.

Ciò che regola la corrosione è il tipo di mezzo circostante; essa, infatti, crea uno strato di ossido o altro composto conseguente a reazione chimica. L'ossido può distaccarsi in scaglie e far proseguire la reazione di corrosione per ossidazione, oppure produrre uno strato passivante che protegge il materiale, evitandone la successiva ossidazione.

### Deterioramento dei polimeri

L'integrità di un polimero è minacciata da fenomeni, soprattutto di tipo chimico, che causano la rottura dei legami chimici. I fenomeni di **degradazione** più importanti sono la *scissione* e il *rigonfiamento*.

Le **materie plastiche** hanno una resistenza alla deformazione e carichi di rottura dipendenti dalle dimensioni delle molecole che le costituiscono; per questo si studiano metodi per ottenere molecole molto grandi (macromolecole). Una reazione che procede inversamente alla precedente provoca la **scissione** delle molecole, che per essere realizzata richiede notevoli apporti di **energia**.

Il processo di rigonfiamento, invece, è dovuto a molecole di piccole dimensioni che si collocano come soluto fra le macromolecole, rendendo impossibile il contatto diretto di queste ultime; ciò implica la rottura di legami intermolecolari, relativamente deboli, che rigonfia e indebolisce il polimero.

### Inquinamento

La produzione, l'uso e l'eliminazione dei diversi materiali comportano la dispersione di molteplici prodotti chimici nell'ambiente circostante. Nell'analisi dell'inquinamento, l'ambiente viene suddiviso in quattro fasi dell'ecosistema: atmosfera (l'aria), litosfera (il suolo), idrosfera (acqua) e biosfera (fauna e flora).

I moti che si svolgono all'interno di tali fasi sono detti *intrafasici*, mentre quelli che implicano il trasferimento dei componenti chimici fra due o più di essi sono detti *interfasici*. I valori della velocità con cui hanno luogo tali trasferimenti risultano particolarmente importanti, poiché possono influenzare in modo significativo la vivibilità di un determinato ambiente. Il trasferimento interfasico di acqua e ossigeno, per esempio, risulta positivo, mentre quello di prodotti chimici derivanti dalla produzione, dall'uso e dall'eliminazione dei diversi materiali è perlopiù non desiderabile. Quando un componente chimico entra in una fase mobile, è disperso rapidamente attraverso un processo di trasporto intrafasico. Gli esseri umani vengono a contatto diretto con sostanze nocive o tossiche attraverso l'assunzione di alcuni additivi presenti nel cibo oppure per le caratteristiche del posto di lavoro.

Esistono però alcuni contatti indiretti di natura più sottile, che si manifestano attraverso i ricambi d'aria e acqua in determinati ambienti. Nella **figura C1.29** sono illustrati alcuni movimenti dei prodotti chimici nell'ambiente, mettendo in risalto i cammini che essi possono seguire per inserirsi nelle varie fasi dell'ecosistema.

#### COME SI TRADUCE...

| ITALIANO | INGLESE |
|---|---|
| Materie plastiche | Plastics |

#### PER COMPRENDERE LE PAROLE

**Energia di scissione**: un tipico legame C-C richiede $(6{,}25 \times 10^{-19})$ J per rompersi. La radiazione ultravioletta ha un'energia di $(6{,}6 \times 10^{-19})$ J, sufficienti quindi per scindere legami C-C.

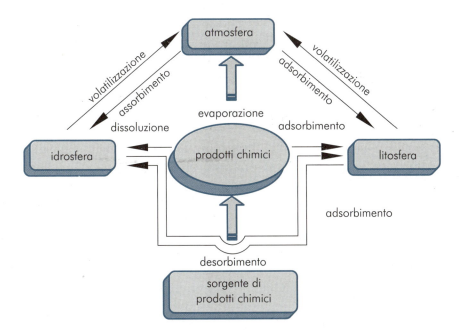

**Figura C1.29**
Analisi dell'influenza dei moti ambientali sui processi di inquinamento.

## C1.3 PROPRIETÀ FISICHE: MASSIVE E DI CONTATTO

| ITALIANO | INGLESE |
|---|---|
| Massa volumica | Volumic mass |

### PROPRIETÀ MASSIVE

#### Massa volumica e densità

La **massa volumica** è una proprietà caratteristica del materiale e si esprime come quoziente tra la massa di un corpo e il suo volume. Nella **tabella C1.3** sono riportati i valori della massa volumica per i materiali metallici, ceramici, polimerici e compositi, alla temperatura di 20 °C. La massa volumica diminuisce con l'aumento della temperatura poiché si determina l'incremento del volume del materiale, senza alcuna modificazione in termini di massa.

**Tabella C1.3** Valori della massa volumica [kg/dm³]

| Materiali metallici | Massa volumica | Materiali metallici | Massa volumica |
|---|---|---|---|
| Tungsteno e leghe | 13,4÷19,6 | Acciaio inossidabile austenitico | 7,5÷8,1 |
| Oro | 19,3 | Acciai bassolegati | 7,8 |
| Tantalio e leghe | 16,6÷16,9 | Acciaio dolce | 7,8 |
| Molibdeno e leghe | 10,0÷13,7 | Acciaio inossidabile ferritico | 7,5-7,7 |
| Niobio e leghe | 7,9-10,5 | Ghisa | 6,8÷7,8 |
| Nichel | 8,9 | Zinco e leghe | 5,2÷7,2 |
| Nichel e leghe | 7,8÷9,2 | Cromo | 7,2 |
| Cobalto e leghe | 8,1÷9,1 | Titanio | 4,5 |
| Rame | 8,9 | Titanio e leghe | 4,3÷5,1 |
| Rame e leghe | 7,5÷9,0 | Alluminio | 2,7 |
| Ottone e bronzi | 7,2÷8,9 | Leghe di alluminio | 2,6÷2,9 |
| Ferro | 7,9 | | |
| **Materiali ceramici** | **Massa volumica** | **Materiali ceramici** | **Massa volumica** |
| Carburo di tungsteno, WC | 14,0-17,0 | Magnesia, MgO | 3,5 |
| Carburo di titanio, TiC | 7,2 | Carburo di silicio, SiC | 2,5÷3,2 |
| Carburo di zirconio, ZrC | 6,6 | Nitruro di silicio, $Si_3N_4$ | 3,2 |
| Allumina, $Al_2O_3$ | 3,9 | Vetro | 2,6 |
| **Materiali polimerici** | **Massa volumica** | **Materiali polimerici** | **Massa volumica** |
| PVC | 1,3÷1,6 | Polistirene | 1,0÷1,1 |
| Poliestere | 1,1÷1,5 | Polietilene ad alta densità | 0,94÷0,97 |
| Polimmide | 1,4 | Polietilene a bassa densità | 0,91 |
| Resine epossidiche | 1,1÷1,4 | Polipropilene | 0,88÷0,91 |
| Poliuretano | 1,1÷1,3 | Legno comune | 0,4÷0,8 |
| Policarbonato | 1,2÷1,3 | Materie plastiche espanse | 0,01÷0,6 |
| PMMA (Plexiglas) | 1,2 | Poliuretano espanso | 0,06÷0,2 |
| Nylon | 1,1÷1,2 | | |
| **Materiali compositi** | **Massa volumica** | **Materiali compositi** | **Massa volumica** |
| Materie plastiche rinforzate con fibre di grafite | 1,4÷2,2 | Grafite ad alta resistenza | 1,8 |
| Fibre di carbonio | 2,2 | Vetroresina (poliestere) | 1,8 |
| Materiale composito con fibre di boro e resina epossidica | 2,0 | Materie plastiche rinforzate con fibre di carbonio | 1,5-1,6 |

La massa volumica si misura in kg/m³, tuttavia viene anche accettata l'espressione in kg/dm³ oppure in g/cm³:

$$\rho = \frac{m}{V} \left[\frac{kg}{m^3}\right]$$

Il termine "peso specifico" deve essere evitato, poiché presenta le stesse ambiguità fra "peso" e "massa". Ogni materiale ha una massa volumica caratteristica a una specifica temperatura.

L'alluminio, per esempio, ha una massa volumica pari a 2,7 kg/dm³, di conseguenza 1 dm³ di materiale ha la massa di 1 kg. La **densità**, anche detta *massa specifica* o *densità assoluta*, indica il rapporto fra la massa volumica dei vari materiali e quella dell'acqua (1 kg/dm³). Si tratta di una grandezza adimensionale ed è generalmente indicata con il simbolo $\mu$. La *massa volumica* è legata alla struttura atomica della materia.

La differenza di massa volumica dipende dalla diversa massa dei singoli atomi e dalle varie celle elementari cristalline, o molecole, con cui la materia solidifica. Per esempio, l'alluminio è più leggero del nichel perché, a parità di cella elementare cristallina, ha una massa atomica minore.

La massa volumica complessiva di una lega metallica dipende dalla quantità percentuale e dalla massa volumica dei singoli elementi componenti.

## Proprietà di contatto

### Attrito

L'**attrito** (▶ Fig. C1.30) è un fenomeno fisico molto importante, basato sul contatto fra due corpi (per esempio, i freni di una bicicletta).

Esistono due forme d'attrito:
— *attrito statico*, che si manifesta quando i corpi a contatto sono fermi uno rispetto all'altro;
— **attrito dinamico**, che si manifesta quando i corpi sono in movimento relativo.

**PER COMPRENDERE LE PAROLE**

**Attrito dinamico**: si suddivide in *attrito radente*, o *di strisciamento* (che si verifica quando due corpi sono a contatto su superfici piane e in moto relativo fra loro), *attrito volvente* (nei moti rotatori che avvengono senza strisciamento) e *attrito viscoso* (nei fluidi). Poiché tutti i corpi sono deformabili, l'attrito volvente puro non esiste; in realtà esso si sviluppa sempre su una superficie piana o quasi, quindi è sempre accompagnato da quello radente.

**Forza di attrito**: per quantificare direttamente l'intensità della forza d'attrito statico si ricorre alla formula:

$$F_a = k F_n$$

in cui $F_a$ indica la forza d'attrito statico [N], $k$ è il coefficiente d'attrito statico, $F_n$ rappresenta il componente della forza che agisce sul corpo perpendicolare alla superficie di contatto [N].

**Figura C1.30**
Schematizzazione del fenomeno dell'attrito:
a) movimento traslatorio;
b) movimento rotatorio.

La forza che si oppone al moto relativo dei due corpi è dovuta all'interazione fra gli atomi che li costituiscono: tale interazione è definita *coesione* se i corpi sono costituiti dallo stesso materiale; *adesione* se i materiali sono differenti.

La **forza di attrito** è proporzionale alla forza perpendicolare fra i due elementi che preme un corpo contro l'altro (detta *forza normale*). La costante di proporzionalità è detta *coefficiente d'attrito statico k* e dipende dalla natura dei materiali dei due corpi a contatto (▶ Tab. C1.4).

**COME SI TRADUCE...**

| ITALIANO | INGLESE |
|---|---|
| Densità | Density |
| Attrito | Friction |

| COME SI TRADUCE... | |
|---|---|
| ITALIANO | INGLESE |
| Usura | Wear |

**PER COMPRENDERE LE PAROLE**

**Abrasione**: è solo un aspetto dell'usura e il termine stesso indica il tipo di alterazione che un materiale subisce a causa della forza di attrito.

**Tabella C1.4** Coefficienti d'attrito *k*

| Materiale | Coefficiente d'attrito |
|---|---|
| Metalli puliti in aria | 0,8-2 |
| Metalli puliti in aria umida | 0,5-1,5 |
| Acciaio su metalli o leghe (per esempio piombo, bronzo) | 0,1-0,5 |
| Acciaio su ceramici | 0,1-0,5 |
| Ceramici su ceramici | 0,05-0,5 |
| Polimeri su polimeri | 0,05-1 |
| Metalli e ceramici su polimeri | 0,04-0,5 |

### Usura

L'attrito è all'origine dell'**usura** dei materiali (▶ Fig. C1.31), durante la quale piccole porzioni di massa si staccano dalle due superfici a contatto, producendo la diminuzione della massa (quindi delle dimensioni dei pezzi) e della rugosità (per cui le superfici diventano più lisce).

**Figura C1.31**
Effetto dell'usura.

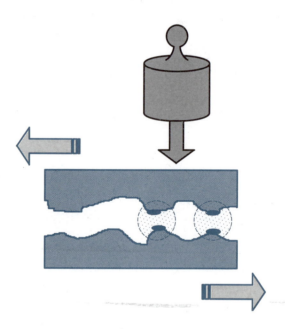

L'usura è causata da diverse azioni meccaniche ripetute che, combinate o meno, riducono nel tempo la prestazione del manufatto in esercizio. Fra queste, le azioni più importanti sono l'**abrasione**, le sollecitazioni per trazione, la piegatura, la flessione, la lacerazione e la degradazione del colore. La natura di tali azioni varia nel tipo e nell'intensità, e rende difficile concepire un apparecchio che riproduca simultaneamente tutti questi effetti per simulare le condizioni reali di usura.

# C1.4 PROPRIETÀ MECCANICHE

Le proprietà meccaniche comprendono quelle proprietà che descrivono il comportamento di un solido sottoposto all'applicazione di una **forza statica**, **dinamica** o **ciclica**, tendente a deformarlo oppure a romperlo. La forza può essere rappresentata dal peso del solido stesso o da una **sollecitazione** esterna (▶ **Fig. C1.32**).

**COME SI TRADUCE...**

| ITALIANO | INGLESE |
|---|---|
| *Sollecitazione* | Stress |

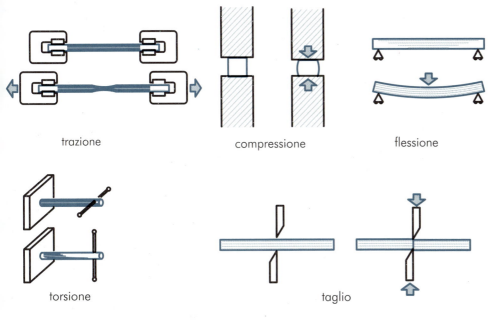

**Figura C1.32**
Effetto delle sollecitazioni su un corpo.

**PER COMPRENDERE LE PAROLE**

**Forza statica**: forza applicata in un tempo lungo (da qualche secondo a diversi giorni, a volte settimane).

**Forza dinamica**: forza applicata in un tempo molto breve (in genere frazioni di secondo).

**Forza ciclica**: forza applicata in modo ciclico, cioè con modalità che ne modificano nel tempo verso e intensità sia casualmente sia con legge sinusoidale.

**Trazione**: sollecitazione che agisce assialmente in direzione longitudinale, sotto il cui effetto il corpo tende ad allungarsi.

**Compressione**: sollecitazione che agisce assialmente in direzione longitudinale, sotto il cui effetto il corpo tende ad accorciarsi.

**Torsione**: sollecitazione che agisce perpendicolarmente all'asse del corpo, il quale tende a recidere due sezioni trasversali adiacenti per effetto dello spostamento rotatorio.

**Flessione**: sollecitazione che agisce perpendicolarmente all'asse del corpo, il quale tende a flettere il corpo stesso nel piano longitudinale passante per l'asse.

**Taglio**: sollecitazione che agisce perpendicolarmente all'asse del corpo, il quale tende a far scorrere due sezioni trasversali adiacenti.

Le proprietà meccaniche di un materiale sono fondamentali per poterne valutare l'idoneità a un determinato impiego e per confrontarlo con altri materiali. A tal fine si eseguono prove meccaniche che forniscono valori di grandezze da considerare come proprietà intrinseche dei materiali. Esse sono indipendenti dalla forma e dalle dimensioni del pezzo e sono costanti, a parità di condizioni fisiche e chimiche del materiale sottoposto alla prova.

## RESISTENZA MECCANICA

È la resistenza che un materiale oppone alla rottura, dovuta a una forza esterna di **trazione**, **compressione**, **torsione**, **flessione** o **taglio**, la quale, sollecitandolo, è in grado di deformarlo.

### Tensioni unitarie

Il materiale reagisce alla deformazione, sviluppando al proprio interno delle tensioni che si oppongono alla deformazione stessa e alla sollecitazione che l'ha generata.

Le tensioni sono date dal rapporto tra la forza sollecitante $F$ e l'area della sezione resistente $S$. Poiché il valore numerico delle tensioni esprime la resistenza alla forza sollecitante per unità di superficie resistente, esse sono dette *unitarie* (▶ **Fig. C1.33**).

L'unità di misura delle tensioni unitarie è data dal rapporto tra l'unità di misura della forza [N] e quella della superficie [mm$^2$] o [m$^2$].

**Figura C1.33**
Tensioni unitarie.

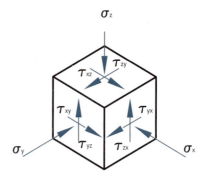

| COME SI TRADUCE... | |
|---|---|
| **ITALIANO** | **INGLESE** |
| Tensione assiale | Tensile strain |
| Tensione tangenziale | Shear strain |

Tali tensioni possono essere **assiali** ($\sigma$) e **tangenziali** ($\tau$):

$$\sigma = \frac{F}{S}; \quad \tau = \frac{F}{S} \left[ \frac{N}{mm^2} \right] \text{oppure} \left[ MPa \right]$$

Nella **tensione assiale** la direzione della forza è perpendicolare alla sezione resistente, mentre nella **tensione tangenziale** la direzione della forza è parallela.

### Deformazioni e coefficiente di Poisson

Il materiale risponde alle sollecitazioni meccaniche deformandosi. Nel caso della trazione si ha un allungamento; nella compressione un accorciamento; nella flessione si crea un allungamento nella parte convessa e un accorciamento in quella concava; nella torsione e nel taglio, infine, si determina uno scorrimento.

Nella **figura C1.34** è riportato un cubo di lato $l$ sottoposto a trazione, che si allunga, parallelamente alla tensione applicata, di un tratto $\Delta l$.

**Figura C1.34**
Definizione di deformazione $\varepsilon$ e $w$.

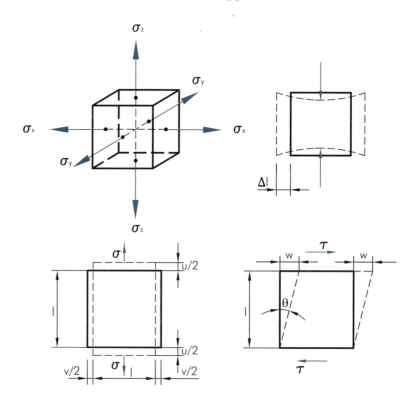

**170** MODULO C PROPRIETÀ E PROVE DEI MATERIALI

Si definisce allungamento longitudinale relativo $\varepsilon$ il rapporto adimensionale:

$$\varepsilon = \frac{\Delta l}{l}$$

Si considera positiva la deformazione conseguente alla trazione, negativa quella conseguente alla compressione. Quando il cubo si allunga, avviene una contrazione trasversale che lo assottiglia; la deformazione trasversale e quella longitudinale sono, pertanto, di segno opposto.

La costante di proporzionalità tra le deformazioni è il **coefficiente di Poisson** $v$, perciò vale la seguente relazione:

*deformazione trasversale = $-v \cdot$ deformazione longitudinale*

La formula contiene il segno negativo, in modo che i materiali abbiano un coefficiente di Poisson positivo.

Nello stesso cubo rappresentato nella **figura C1.34**, la tensione di taglio induce uno spostamento $w$ di un lato rispetto a quello opposto, con un angolo di scorrimento $\theta$. Si definisce *scorrimento tangenziale* $\gamma$ il rapporto adimensionale:

$$\gamma = \frac{w}{l} = \operatorname{tg} \theta$$

## MODULO DI ELASTICITÀ

Il *modulo di elasticità* viene definito dalla *legge di Hooke*, la quale asserisce che in un processo di deformazione lineare, se le deformazioni non sono elevate, esse sono proporzionali alle tensioni applicate.

Nel caso di trazione, la tensione unitaria applicata è proporzionale all'allungamento relativo corrispondente:

$$\sigma = E\,\varepsilon$$

La costante di proporzionalità $E$ viene definita **modulo di Young**, anche detto *modulo di elasticità longitudinale*, ed espressa in N/mm$^2$ oppure in megapascal. La stessa relazione vale nel caso di compressione.

Analogamente, si ha proporzionalità fra la tensione di taglio e lo scorrimento tangenziale:

$$\tau = G\,\gamma$$

in cui $G$ rappresenta il modulo di elasticità tangenziale e fornisce la misura dell'**elasticità**: più alto è il modulo, maggiore è la rigidità del materiale.

Numerosi solidi sono elastici solo per tensioni molto basse, oltre le quali alcuni si rompono, altri diventano plastici, ovvero si deformano in modo permanente.

Nella **tabella C1.5** sono indicati i valori del modulo di Young per una serie di materiali impiegati nelle principali applicazioni tecnologiche.

L'unità di misura del modulo E può essere espressa anche in GPa.

---

**COME SI TRADUCE...**

| ITALIANO | INGLESE |
|---|---|
| *Coefficiente di Poisson* | *Poisson ratio* |
| *Modulo di Young* | *Young modulus* |

---

**PER COMPRENDERE LE PAROLE**

**Elasticità**: proprietà dei materiali per cui i corpi deformati per effetto di un carico esterno riacquistano forma e dimensioni originarie, al cessare del carico stesso.

**PER COMPRENDERE LE PAROLE**

**Fatica**: è un termine improprio, perché i materiali non si stancano; risulta, tuttavia, chiarificatore e indicatore di uno sforzo meccanico ripetuto che può provocarne la rottura.

**COME SI TRADUCE...**

| ITALIANO | INGLESE |
|---|---|
| Cricca | Crack |
| Fatica | Fatigue |

**Tabella C1.5** Valori del modulo di Young per materiali diversi

| Materiale | $E$ [N/mm²] |
|---|---|
| Diamante | $10^6$ |
| WC | $500 \div 600 \times 10^3$ |
| SiC | $450 \times 10^3$ |
| $Al_2O_3$ | $300 \div 400 \times 10^3$ |
| TiC | $320 \times 10^3$ |
| Ni | $215 \times 10^3$ |
| Acciai | $195 \div 215 \times 10^3$ |
| CFRP Materie plastiche rinforzate con fibre di carbonio | $100 \div 200 \times 10^3$ |
| Rame e sue leghe | $120 \div 150 \times 10^3$ |
| Ti e sue leghe | $85 \div 130 \times 10^3$ |
| Zn e sue leghe | $45 \div 95 \times 10^3$ |
| Al e sue leghe | $70 \div 80 \times 10^3$ |
| Mg e sue leghe | $40 \div 45 \times 10^3$ |
| GFRP Materie plastiche rinforzate con fibre di grafite | $10 \div 40 \times 10^3$ |
| Legno parallelo alle fibre | $10 \div 15 \times 10^3$ |
| Legno perpendicolare alle fibre | $500 \div 1000$ |
| Materie plastiche | $100 \div 500$ |
| Polimeri espansi | $1 \div 10$ |

### RESISTENZA ALLA FATICA

Un materiale è sollecitato a **fatica** quando, se sottoposto a carichi ciclici, giunge a rottura con una piccola sollecitazione meccanica. La rottura avviene di schianto, senza deformazioni e variazioni dimensionali apprezzabili, a causa della presenza di una **cricca** che, avanzando nel materiale, ne riduce la sezione resistente.

Con riferimento alla **figura C1.35**, si assumono le definizioni riportate di seguito.

— Tensione massima $\sigma_{max}$: massimo valore di sollecitazione raggiunto nel ciclo di fatica.
— Tensione minima $\sigma_{min}$: minimo livello (algebrico) della sollecitazione raggiunto nel ciclo di fatica.
— Cicli alla rottura $N$: numero di cicli di fatica al quale avviene la rottura del provino.
— Tensione media $\sigma_m$: è detta anche *precarico* e indica la media algebrica fra la tensione massima e la tensione minima:

$$\sigma_m = \frac{\sigma_{max} + \sigma_{min}}{2}$$

— Ampiezza della sollecitazione $\sigma_a$: tensione che, sovrapposta alla tensione costante $\sigma_m$ (precarico), permette di costruire l'intero periodo del ciclo di fatica:

$$\sigma_a = \sigma_{max} - \sigma_m = \sigma_m - \sigma_{min}$$

$$\sigma_a = \frac{\sigma_{max} + \sigma_{min}}{2}$$

— Variazione complessiva della sollecitazione $\Delta\sigma$:

$$\Delta\sigma = 2\,\sigma_a = \sigma_{max} - \sigma_{min}$$

— Rapporto di sollecitazione $R$:

$$R = \frac{\sigma_{min}}{\sigma_{max}}$$

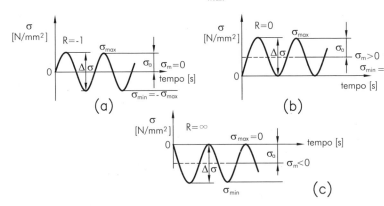

**Figura C1.35**
Sollecitazioni di fatica con andamento sinusoidale:
a) alternato simmetrico;
b) pulsante positivo (dallo zero);
c) pulsante negativo (dallo zero).

## Sviluppo della cricca di fatica

Avviene secondo tre stadi ben definiti (▶ **Fig. C1.36**). L'*innesco* è l'avvio della cricca che può essere dovuto a un difetto preesistente, interno o superficiale, oppure a una microfrattura superficiale generata dalle sollecitazioni esterne.

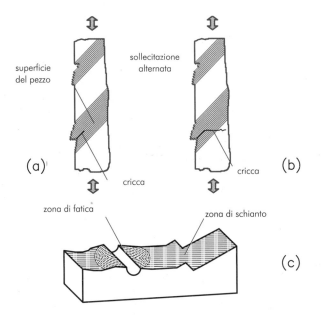

**Figura C1.36**
Sviluppo della cricca di fatica:
a) innesco;
b) propagazione;
c) rottura.

> **PER COMPRENDERE LE PAROLE**
>
> **Linee di fatica**: uno dei modelli sviluppati per spiegare la formazione delle linee di fatica afferma che ognuna di essa corrisponde a un solo ciclo di carico, benché non sempre un ciclo di carico produca una linea.
>
> **Wöhler**: ingegnere tedesco, vissuto nel XIX secolo, che condusse approfonditi studi e attività sperimentali sulla resistenza a fatica, al fine di comprendere i motivi delle frequenti rotture degli assali di carrozze ferroviarie.

La *propagazione* può essere suddivisa in due stadi:
— nel primo stadio, che interessa generalmente uno spessore corrispondente a qualche grano cristallino, lo sviluppo avviene lungo piani di scorrimento inclinati di 45° rispetto alla direzione della sollecitazione;
— nel secondo stadio si ha una propagazione della cricca all'interno del materiale; il piano di rottura è ora ortogonale alla sollecitazione applicata.

Dal punto di vista macroscopico, la *rottura*, è caratterizzata da due zone:
— la zona di fatica (comprende l'innesco e i due stadi di propagazione), che giace su un piano ortogonale alla sollecitazione applicata ed è generalmente priva di deformazione plastica macroscopica, presentando tipiche **linee di fatica**;
— la zona di schianto finale.

### Curva di Wöhler e limite di fatica

La curva di **Wöhler** (▸ **Fig. C1.37**) è la rappresentazione grafica della resistenza a fatica in funzione del numero di cicli alla rottura $N$; essa esprime l'andamento della sollecitazione che porta alla rottura del materiale. Una sollecitazione elevata comporta un piccolo numero di cicli e viceversa.

**Figura C1.37**
Curva di Wöhler.

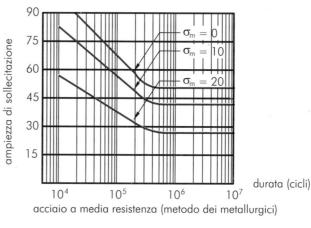

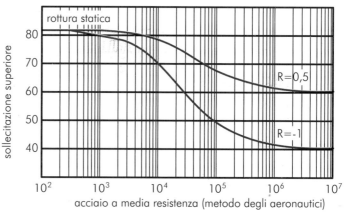

> **COME SI TRADUCE...**
> ITALIANO    INGLESE
> *Limite di fatica*   Fatigue limit

Si impiegano carte a coordinate semilogaritmiche: sulle ascisse si inserisce la scala logaritmica di $N$, mentre sulle ordinate si inserisce la scala lineare per le sollecitazioni (tensione massima o ampiezza di sollecitazione espressa in $N/mm^2$). La curva rappresentata nella **figura C1.37** esprime la maggiore

probabilità di rottura del provino. Le cause a cui attribuire la dispersione dei dati possono essere di diversa natura:
— eterogeneità del materiale legata alla sua struttura;
— operazioni di lavorazione meccanica e/o trattamenti termici precedentemente subiti dal provino;
— incertezze nella regolazione del carico applicato, montaggio del provino;
— fattori legati all'ambiente di prova.

Si evidenziano tre zone ben distinte e importanti:
— zona con tratto obliquo definito *resistenza a tempo*, *zona della fatica a termine* o, ancora, *fatica oligociclica* (basso numero di cicli);
— zona di transizione denominata *ginocchio* (più accentuato negli acciai e meno marcato nelle leghe leggere);
— zona con tratto asintotico ($c_1$), detta anche *zona della resistenza indefinita* o *di fatica a lunga durata*, con limite di fatica $\sigma_D$, che rappresenta la sollecitazione sopportata dal materiale per un numero infinito di cicli;
— zona con tratto discendente ($c_2$), che incontra l'asse delle ascisse, detta anche *zona della resistenza definita* con numero di cicli $N$, senza limite di fatica.

## RESISTENZA ALL'URTO: RESILIENZA

La resistenza all'urto di un materiale è costituita dalla capacità di assorbire energia prima della rottura sotto l'azione delle sollecitazioni dinamiche. Si parla di *urto* quando il tempo di applicazione del carico è così piccolo che la sollecitazione può essere considerata istantanea. Nel caso dei metalli, a tale proprietà si dà il nome di **resilienza**, tuttavia, essa trova anche applicazione per i ceramici, i polimeri e i materiali compositi.

## FRAGILITÀ

La **fragilità** è la proprietà per cui la rottura avviene senza apprezzabile deformazione plastica; il materiale fragile si rompe sotto l'azione delle sollecitazioni dinamiche, assorbendo poca energia.
Tra le principali cause che generano la fragilità vi sono:
— l'ingrossamento del grano cristallino dovuto al surriscaldamento;
— l'**incrudimento** causato da processi tecnologici di deformazione a freddo oppure raffreddamenti rapidi conseguenti a fusione del materiale.

## TENACITÀ

Un materiale si dice *tenace* quando, sottoposto a sollecitazioni meccaniche di intensità crescenti, resiste a queste ultime per un ampio intervallo di tempo prima di rompersi. La **tenacità** è un concetto globale che coinvolge, contemporaneamente, tre proprietà:
— resistenza alla rottura a trazione;
— allungamento alla rottura a trazione;
— resilienza.

Se una sola di queste proprietà è scarsa, il materiale non può essere definito "tenace". I metalli sono molto tenaci in virtù della loro struttura policristallina; la tenacità dipende principalmente dalla forma, dalle dimensioni e dalla disposizione dei grani cristallini, nonché dal volume atomico e dal tipo di cella unitaria.

---

**COME SI TRADUCE...**

| ITALIANO | INGLESE |
| --- | --- |
| *Resilienza* | *Resilience* |
| *Fragilità* | *Fragility* |
| *Tenacità* | *Toughness* |

**PER COMPRENDERE LE PAROLE**

**Incrudimento**: un materiale incrudito presenta deformazioni plastiche permanenti, di conseguenza si registra un incremento della durezza.

---

PROPRIETÀ DEI MATERIALI **UNITÀ C1**

### Meccanica della frattura

Lo studio della rottura di un materiale tenace è affrontato attraverso la **meccanica della frattura**.

Tale rottura presenta una fase d'incubazione e di propagazione di una cricca di fatica, rappresentata dal *diagramma di Paris* (▶ **Fig. C1.38**). Tale fenomeno dipende dalla natura del materiale, dalla lunghezza e dalle caratteristiche della cricca, nonché dal numero di cicli applicati e dall'ampiezza della sollecitazione applicata.

**Figura C1.38**
Diagramma di Paris.

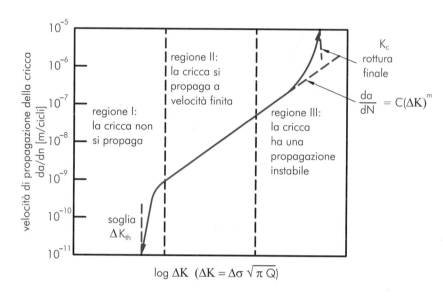

Il diagramma di Paris riporta la velocità di propagazione della cricca di fatica (espressa in mm/ciclo), in funzione dell'intensità delle sollecitazioni applicate (espressa in N/mm$^{3/2}$). Sono presenti tre zone distinte corrispondenti a tre momenti diversi della vita della cricca:
— a sinistra, la cricca non si propaga;
— al centro, la cricca si propaga con velocità definita;
— a destra, la cricca si propaga con una velocità alta e incontrollabile (propagazione instabile con successiva rottura improvvisa del particolare meccanico).

### SCORRIMENTO VISCOSO

Si tratta di un fenomeno che accade sotto l'azione di sollecitazioni insistenti, anche modeste, e si manifesta con un lento allungamento permanente, che può arrivare sino alla rottura del materiale.

Lo **scorrimento** viscoso è caratteristico delle alte temperature, salvo eccezioni come quella del piombo, ove tale fenomeno si ha anche a temperatura ambiente.

La deformazione che si produce aumenta con il tempo, dando l'idea della **viscosità** analogamente a quanto avviene per il catrame o la **gomma**.

Il punto in cui inizia lo scorrimento viscoso dei materiali dipende dalla loro temperatura di fusione $T_F$. Come regola generale, lo scorrimento viscoso inizia quando la temperatura vale:
— $T > (0{,}3 \div 0{,}6)\, T_F$, per i metalli (▶ **Tab. C1.6**);
— $T > (0{,}4 \div 0{,}5)\, T_F$, per i ceramici.

---

**COME SI TRADUCE...**

| ITALIANO | INGLESE |
|---|---|
| *Frattura* | *Fracture* |
| *Scorrimento* | *Creep* |
| *Gomma* | *Rubber* |

**PER COMPRENDERE LE PAROLE**

Viscosità: attrito tra le diverse molecole di un gas o di un liquido che ne limita la mobilità e la fluidità.

Nella **tabella C1.6** $T_F$ viene riportata la temperatura di fusione espressa in gradi Kelvin [K].

**COME SI TRADUCE...**

| ITALIANO | INGLESE |
|---|---|
| *Rammollimento* | *Softening* |

**Tabella C1.6** Limite di temperatura al disotto del quale lo scorrimento viscoso diviene irrilevante

| Materiale | [K] |
|---|---|
| Alluminio | $T < 0,54\, T_F$ |
| Titanio | $T < 0,30\, T_F$ |
| Acciai bassolegati | $T < 0,36\, T_F$ |
| Acciai inossidabili austenitici | $T < 0,49\, T_F$ |
| Superleghe | $T < 0,56\, T_F$ |

La **tabella C1.7** riporta le temperature di fusione per alcuni metalli e ceramici e le temperature di **rammollimento** per alcuni polimeri. Poiché questi ultimi non sono cristallini, non esiste una temperatura di fusione ben definita, bensì una temperatura di rammollimento.

**Tabella C1.7** Temperature di fusione e di rammollimento (r)

| Materiale | [K] | Materiale | [K] | Materiale | [K] |
|---|---|---|---|---|---|
| Diamante, grafite | 4000 | Cobalto | 1768 | Poliesteri | 450÷480[r] |
| Tungsteno (Wolframio) | 3680 | Nickel | 1726 | Policarbonati | 400[r] |
| Tantalio | 3250 | Cermet, ceramici con metalli | 1700 | Polietilene a bassa densità | 360[r] |
| Carburo di silicio, SiC | 3110 | Silicio | 1683 | Polietilene ad alta densità | 300[r] |
| Ossido di magnesio, MgO | 3073 | Uranio | 1405 | Espansi rigidi | 300÷380[r] |
| Molibdeno | 2880 | Rame | 1356 | Resine epossidiche | 340÷380[r] |
| Niobio | 2740 | Oro | 1336 | Polistireni | 370÷380[r] |
| Ossido di berillio, BeO | 2700 | Argento | 1234 | Poliammidi (Nylon) | 340÷380[r] |
| Allumina, $Al_2O_3$ | 2323 | Vetro | 1100 | Poliuretano | 365[r] |
| Nitruro di silicio, $Si_3N_4$ | 2173 | Alluminio | 933 | Acrilico | 350[r] |
| Cromo | 2148 | Zinco | 692 | Plastici rinforzati con fibre di vetro | 340[r] |
| Zirconio | 2125 | Poliimmidi | 580÷630[r] | Plastici rinforzati con fibre di carbonio | 340[r] |
| Platino | 2042 | Piombo | 600 | Polipropilene | 330[r] |
| Titanio | 1943 | Stagno | 505 | Ghiaccio | 273 |
| Ferro | 1809 | Melammine | 400÷480[r] | Mercurio | 235 |

**COME SI TRADUCE...**
| ITALIANO | INGLESE |
|---|---|
| Fusione | Melting |

In conclusione, lo scorrimento viscoso è una lenta, continua deformazione ($\varepsilon$) nel tempo ($t$) che s'instaura a causa di un carico sollecitante ($\sigma$) e che dipende dalla temperatura ($T$).

Quanto detto è espresso con la seguente relazione:

$$\varepsilon = f(\sigma, t, T)$$

Il tipico andamento di tale deformazione in funzione del tempo è presentato nella **figura C1.39**.

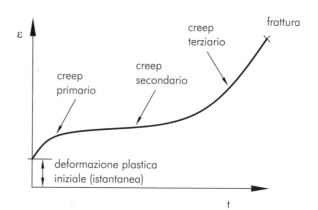

**Figura C1.39**
Curva di scorrimento viscoso: questo comportamento è sostanzialmente analogo per i metalli, i ceramici e i polimeri.

Esso è caratterizzato da una prima fase veloce, definita *scorrimento primario*, seguita da una fase piuttosto lunga in cui la deformazione procede a velocità costante, definita *scorrimento secondario*. Al termine del secondo periodo possono comparire zone di restringimento della sezione che determinano un'accelerazione nel fenomeno (*scorrimento terziario*), il quale evolve fino al momento della rottura finale.

La fase critica, in ogni caso, è quella secondaria, poiché porta il materiale a notevoli deformazioni, seppure in tempi lunghi.

Il comportamento dei materiali risente della temperatura e del carico imposto. All'innalzarsi dell'una o dell'altro si verifica un aumento della pendenza della curva di scorrimento, mentre una loro diminuzione si ripercuote in senso favorevole sul materiale.

Da quanto descritto precedentemente, il primo requisito da valutare nella scelta dei materiali resistenti allo scorrimento viscoso è l'alta temperatura di **fusione** o di rammollimento.

Se infatti il materiale viene impiegato a una temperatura inferiore a 0,3 volte la sua temperatura di fusione, verrà meno il problema dello scorrimento viscoso (▶ **Tab. C1.6**).

## DUREZZA

Non è possibile dare in modo univoco una definizione di durezza. La letteratura tecnica propone tre diverse formulazioni riportate di seguito.
— Metallurgica: resistenza di un materiale a lasciarsi penetrare da un corpo più duro.
— Fisica: resistenza che oppone un materiale alle deformazioni elasto-plastiche.
— Mineralogica: resistenza di un materiale a lasciarsi scalfire da un altro materiale.

## C1.5 MECCANISMI DI ROTTURA E MECCANISMI DI RAFFORZAMENTO DEI MATERIALI

**PER COMPRENDERE LE PAROLE**

**Cricca**: piccolissima frattura presente nei materiali.

La struttura dei materiali solidi è basata sulla presenza di legami chimici tra gli atomi. Tutti i legami chimici presentano, anche se in misura diversa, un'elevatissima resistenza meccanica. In realtà, i materiali tecnici d'impiego corrente hanno una frazione piccola e molto varia della resistenza meccanica dei loro legami chimici. Questa scarsa resistenza è dovuta alla presenza di difetti nei materiali che ne indeboliscono la struttura, fino a determinarne la frattura. Tali meccanismi di indebolimento sono costituiti da cricche e da dislocazioni. Naturalmente, è possibile, sulla base della conoscenza della natura dei meccanismi d'indebolimento, sviluppare nei materiali specifici comportamenti antagonisti, definiti *meccanismi di rafforzamento*.

### MECCANISMI DI INDEBOLIMENTO

#### Dislocazioni

La resistenza allo snervamento reale dei materiali cristallini è molto più piccola di quella teorica, dovuta ai legami chimici degli atomi che la costituiscono. Il cristallo si deforma plasticamente quando le dislocazioni si muovono. La tensione meccanica necessaria per muoverle corrisponde al carico di snervamento.

#### Cricche

Nel caso di applicazione di una sollecitazione meccanica, la presenza di una cricca in un materiale fa sì che la tensione presente in esso aumenti localmente; in tal caso si verifica la cosiddetta *concentrazione di tensione*. Ciò che accade all'apice di una **cricca** a livello atomico è riportato nella **figura C1.40**. Una volta che il legame all'apice della cricca ha ceduto, quello successivo deve sostenere un carico applicato maggiore, per cui si registra un ulteriore cedimento che fa avanzare la cricca stessa.

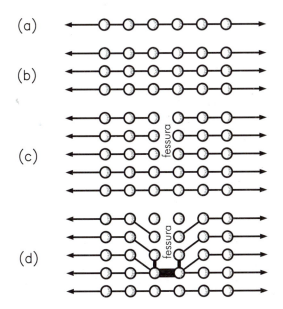

**Figura C1.40**
Concentrazione di tensione all'apice di una cricca:
a) sulla singola catena di atomi sollecitata, la tensione è uniforme;
b) il solido, formato da più catene, conserva la propria resistenza teorica;
c) una cricca taglia un certo numero di legami adiacenti e interrompe il flusso della tensione nelle catene spezzate e il carico applicato a esse dovrà spostarsi;
d) tutto il carico applicato si concentra sull'ultimo legame sul fondo della cricca e il legame cederà rapidamente.

La cricca è il meccanismo che permette a una debole forza esterna di rompere, uno per uno, perfino i legami più forti; essa si propaga per tutto il materiale fino alla frattura completa. I meccanismi di frattura sono di tipo *duttile* o *fragile*.

La *frattura duttile* è propria di un materiale che scorre facilmente, presentando una grande deformazione plastica. Esaminando la superficie del materiale dopo la rottura, si osserva che essa è estremamente rugosa a causa della grande deformazione plastica che si è verificata. La *frattura fragile*, invece, è propria di un materiale che si rompe, presentando una superficie fratturata informe e piatta, caratteristica di una ridotta o assente deformazione plastica.

## Meccanismi di rafforzamento

I materiali cristallini, metalli e ceramici contengono dislocazioni che, sotto l'azione di una tensione di taglio $\tau$ applicata sul piano di scorrimento della dislocazione, tendono ad avanzare (▶ **Fig. C1.41**).

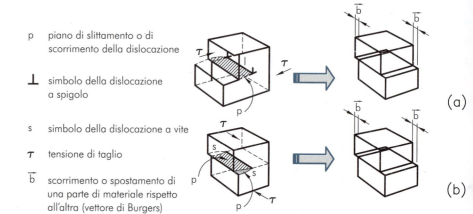

**Figura C1.41**
Movimento delle dislocazioni:
a) dislocazione a spigolo in movimento all'interno del materiale, lungo il piano di scorrimento;
b) dislocazione a vite che attraversa il materiale, spostandone una parte rispetto all'altra lungo il piano di scorrimento. Lo spostamento corrisponde alla distanza b (vettore di Burgers): è quindi avvenuto lo snervamento, ovvero la deformazione plastica del materiale.

p  piano di slittamento o di scorrimento della dislocazione

⊥  simbolo della dislocazione a spigolo

s  simbolo della dislocazione a vite

$\tau$  tensione di taglio

$\vec{b}$  scorrimento o spostamento di una parte di materiale rispetto all'altra (vettore di Burgers)

Quando le dislocazioni si muovono, il cristallo si deforma plasticamente, ovvero si snerva; lo snervamento si verifica se la tensione di taglio supera la resistenza che si oppone al movimento delle dislocazioni.

È possibile aumentare la resistenza che si oppone a tale movimento attraverso i seguenti meccanismi di rafforzamento:
— rafforzamento per soluzione solida;
— rafforzamento per dispersione di precipitati;
— rafforzamento per incrudimento;
— rafforzamento complessivo dovuto alle dislocazioni.

### Rafforzamento per soluzione solida

Per rafforzare un metallo puro è sufficiente inserire altri elementi chimici, in modo da costituire una lega; tali elementi si disperdono in soluzione nel metallo, per esempio, l'ottone è una lega di rame con l'aggiunta di zinco. Gli atomi di zinco (Zn) sostituiscono in modo casuale gli atomi di rame (Cu), dando origine a una soluzione solida sostituzionale. Gli atomi di zinco, che sono più grandi di quelli del rame, generano tensioni incuneandosi nella struttura cristallina di quest'ultimo. Le tensioni distorcono i piani di scorrimento, rendendo più difficoltoso il movimento delle dislocazioni e aumentando la resistenza e il carico di snervamento del materiale. Tale aumento, indicato come $R_{ss}$, è proporzionale alla radice quadrata della concentrazione del soluto ($C\%$) come dimostra la **figura C1.42**.

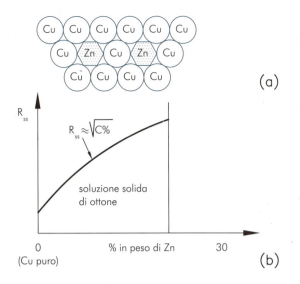

**Figura C1.42**
Rafforzamento per soluzione solida:
a) soluzione solida sostituzionale di zinco nel reticolo cristallino del rame;
b) curva che esprime l'aumento del carico di snervamento $R_{ss}$, proporzionale alla radice quadrata della concentrazione del soluto (C%).
L'ottone, il bronzo e l'acciaio inossidabile devono la loro resistenza a questo tipo di rafforzamento.

## Rafforzamento per dispersione di precipitati

Se si scioglie ad alta temperatura un elemento di lega in un metallo o in un ceramico e, quindi, si raffredda il materiale a temperatura ambiente, possono precipitare piccole particelle di composti dell'elemento di lega che si disperdono nel materiale. In alternativa, si possono ottenere materiali con piccole particelle (*dispersoidi*) compattando ad alta temperatura miscele di polveri di metalli, di ceramici o di specifici composti. In entrambi i casi, si distribuiscono e si spaziano, nei materiali, piccole e dure particelle (*precipitati*) che hanno la funzione di ostacolare il movimento delle dislocazioni. Nella **figura C1.43** sono presentati i precipitati, spaziati con un intervallo $L$, che costituiscono un ostacolo il cui superamento richiede l'azione di una maggiore tensione di taglio $\tau$, applicata sul piano di scorrimento della dislocazione. Ciò comporta l'incremento del carico di snervamento del materiale $R_{dp}$, inversamente proporzionale all'ampiezza dell'intervallo $L$. Le leghe Al-Cu del tipo "duralluminio", per esempio, devono la loro resistenza alla precipitazione e dispersione di piccoli composti $CuAl_2$.

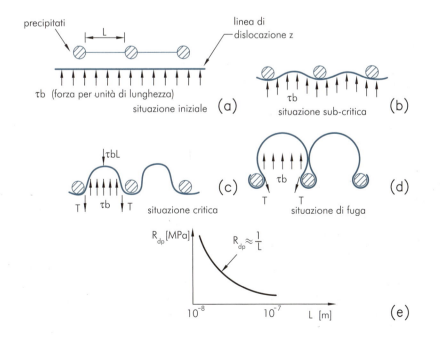

**Figura C1.43**
Rafforzamento per dispersione di precipitati:
a) la linea di dislocazione si muove verso i precipitati;
b) la dislocazione incontra l'ostacolo dei precipitati, quindi è richiesta una maggiore $\tau$ per avanzare;
c) il superamento di precipitati avviene con il massimo incremento di $\tau$;
d) la dislocazione supera i precipitati;
e) incremento del carico di snervamento $R_{dp}$ del materiale inversamente proporzionale all'aumentare della distanza $L$ tra i precipitati.

PROPRIETÀ DEI MATERIALI **UNITÀ C1**

### Rafforzamento per incrudimento

I cristalli posseggono diversi piani di scorrimento che si intersecano. Lo snervamento dei cristalli comporta il movimento delle dislocazioni al loro interno, lungo i diversi piani di scorrimento.

Esse interagiscono tra loro accumulandosi nel materiale e bloccandosi vicendevolmente.

Il materiale, in tal modo, è incrudito, ovvero presenta la rapida crescita nella curva tensione-deformazione dopo lo snervamento.

L'incrudimento è un potente metodo di rafforzamento dei materiali che può essere aggiunto agli altri metodi; esso aumenta la resistenza che si oppone al movimento delle dislocazioni, comportando un incremento del carico di snervamento del materiale.

Tale aumento, indicato con $R_i$, è proporzionale alla deformazione plastica imposta al materiale, come illustrato nella **figura C1.44**. L'incrudimento dei metalli si ottiene deformandoli plasticamente.

**Figura C1.44**
a) Collisione delle dislocazioni fra di loro nel materiale.
b) Aumento del carico di snervamento del materiale dovuto all'incrudimento. Tutti i metalli e i ceramici incrudiscono se sottoposti a una deformazione plastica.

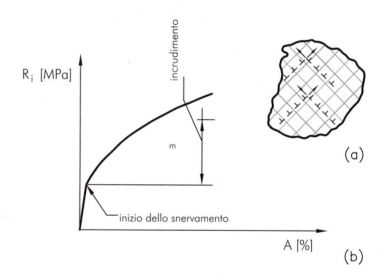

### Rafforzamento complessivo dovuto alle dislocazioni

I metodi di rafforzamento esaminati permettono di aumentare la resistenza allo snervamento di base $R_b$ del materiale, dovuta alla sola struttura cristallina.

Il contributo complessivo dei diversi metodi di rafforzamento è dato dalla formula di seguito riportata:

$$R_d = R_b + R_{ss} + R_{dp} + R_i$$

Tale relazione consente di determinare la resistenza complessiva allo snervamento dovuto alle dislocazioni $R_d$.

L'esame condotto finora si riferisce al singolo cristallo sottoposto a sollecitazione di taglio. Naturalmente, occorre determinare la resistenza allo snervamento nel caso degli aggregati policristallini.

I singoli cristalli (o grani cristallini) di un policristallo posseggono orientazioni diverse dei reticoli (▶ **Fig. C1.45**); il policristallo è un'aggregazione di molteplici singoli cristalli, chiamati *grani*, che posseggono diverso orientamento l'uno dall'altro.

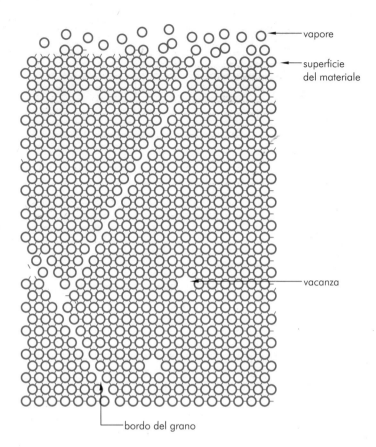

**Figura C1.45**
Simulazione con sfere della struttura atomica cristallina. Nelle aree di confine (bordo del grano) tra i singoli grani, la struttura cristallina è disturbata e più rarefatta, tuttavia, attraverso i bordi permangono legami tra gli atomi sufficientemente numerosi e forti da non indebolire il materiale.

Nella **figura C1.46** è illustrato ciò che avviene quando il policristallo inizia a snervarsi. L'incremento della resistenza allo snervamento non coincide con il rafforzamento complessivo dovuto alla dislocazione $R_d$, perché non tutti i grani sono orientati favorevolmente. L'incremento della resistenza nel policristallo è più grande e, nel caso di sollecitazione a trazione, porta a una resistenza allo snervamento $R_s$ pari a:

$$R_s = 3\,R_d$$

**Figura C1.46**
Progressivo snervamento del policristallo:
a) lo scorrimento che conduce allo snervamento inizia nei grani i cui piani di scorrimento sono circa paralleli alla tensione $\tau$ sollecitante come, per esempio, il grano **1**;
b) successivamente, lo scorrimento interessa i grani orientati in modo meno favorevole, come il grano **2**; infine, vengono coinvolti i grani con orientamento peggiore, come il grano **3**. Lo snervamento, quindi, avviene in modo progressivo.

## C1.6 PROPRIETÀ TECNOLOGICHE

| COME SI TRADUCE... | |
|---|---|
| ITALIANO | INGLESE |
| Plasticità | Plasticity |

Le *proprietà tecnologiche* esprimono l'attitudine dei materiali a essere lavorati. Di seguito viene fornita una rapida descrizione delle principali proprietà tecnologiche.

### PLASTICITÀ

È la capacità che il materiale ha di lasciarsi deformare in modo permanente, senza rotture e screpolature, quando è sottoposto all'azione di sollecitazioni esterne presenti nelle operazioni di formatura. Di seguito sono illustrate alcune specifiche proprietà plastiche dei materiali.

#### Duttilità

Capacità di ridurre in fili i materiali metallici, mediante l'operazione di trafilatura, tecnica che prevede di tirare il massello metallico attraverso un foro sagomato.

#### Malleabilità

Attitudine dei materiali a lasciarsi ridurre in lamine mediante l'azione meccanica di magli, laminatoi o presse.

#### Imbutibilità

Attitudine di una lamiera a lasciarsi trasformare in una superficie curva, senza che essa giunga a rottura (formatura a freddo di corpi cavi). Tale proprietà dipende dalla composizione chimica, dal grado di purezza e dal trattamento termico cui è stato sottoposto il materiale.

#### Piegabilità

Attitudine di un materiale metallico al piegamento; la capacità di essere deformato a freddo dipende principalmente dalla composizione chimica e dal trattamento termico che il materiale ha subito.

#### Estrudibilità

Capacità del materiale metallico a essere spinto attraverso un foro sagomato, assumendone la relativa forma.

#### Attorcigliabilità

Capacità di un filo metallico, a sezione circolare e non, a essere avvolto attorno a un mandrino, in modo da formare un determinato numero di spire combacianti.

#### Truciolabilità

Attitudine di un materiale metallico a essere lavorato mediante operazioni meccaniche ad asportazioni di truciolo (tornitura, fresatura, foratura ecc.).

#### Fucinabilità

Capacità che possiede un materiale metallico a lasciarsi deformare plasticamente durante le operazioni di stampaggio e fucinatura, a caldo e a freddo.

## Fusibilità

I metalli destinati a uso di fonderia per essere fusibili devono avere le qualità di seguito riportate.
— Temperatura di fusione bassa e quindi facilmente raggiungibile.
— Scorrevolezza (fluidità o colabilità), in modo da riempire bene ogni zona della forma, sagomata e dimensionata.
— Basso coefficiente di ritiro, affinché sia garantita l'integrità del getto a solidificazione completata.
— Inalterabilità chimica, affinché non siano persi elementi fondamentali per combinazione diretta con la scoria o per vaporizzazione, e neppure acquistati elementi nocivi dal contatto con le pareti del forno, con l'aria atmosferica o con i prodotti della combustione.

| COME SI TRADUCE... | |
|---|---|
| **ITALIANO** | **INGLESE** |
| *Fusibilità* | *Fusibility* |
| *Saldabilità* | *Weldability* |

## Saldabilità

Esprime la capacità che hanno due pezzi dello stesso materiale, o di materiale differente, di unirsi stabilmente fra loro. Si dovranno verificare contemporaneamente caratteristiche di resistenza, compattezza e inalterabilità della giunzione.

## C1.7 PROPRIETÀ TERMICHE E TERMOMECCANICHE

Le *proprietà termiche* e *termomeccaniche* sono proprietà intrinseche, possedute dai materiali, che consentono a questi ultimi di scambiare calore con i sistemi esterni.

### CAPACITÀ TERMICA MASSICA

La *capacità termica massica* è la variazione di energia termica $\Delta E$ necessaria per aumentare la temperatura della massa $m$ di un materiale da $T_1$ a $T_2$, ed è espressa dalla seguente relazione:

$$\Delta E = m(T_2 - T_1)\, C_{tm}$$

in cui:
— l'energia termica $E$ è espressa in joule [J];
— la massa $m$ è espressa in kilogrammi [kg];
— la variazione di temperatura $(T_2 - T_1)$ è espressa in gradi Kelvin [K] oppure in gradi Celsius [°C];
— il coefficiente di capacità termica massica $C_{tm}$ è la quantità di calore necessario per innalzare di $1\,K$ ($=1\,°C$) la temperatura del materiale avente massa pari a 1 kg.

Infatti, ponendo:

$$\Delta T = (T_2 - T_1) = 1\,°C = 1\,K; \quad m = 1\,kg$$

si ottiene:

$$C_{tm} = \frac{\Delta E}{m\,\Delta T}\left[\frac{J}{kg\,K}\right]$$

La conoscenza del coefficiente di capacità termica massica (▸ **Tab. C1.8**) consente di determinare l'energia necessaria per riscaldare i materiali nelle applicazioni di fonderia, trattamento termico ecc.

**Tabella C1.8** Capacità termica massica e calore latente di fusione di alcuni metalli

| Metallo | Capacità termica massica [J/kg K] | Calore latente di fusione [kJ/kg] | Metallo | Capacità termica massica [J/kg K] | Calore latente di fusione [kJ/kg] |
|---|---|---|---|---|---|
| Alluminio | 896 | 393 | Nichel | 450 | 301 |
| Antimonio | 205 | – | Oro | 130 | – |
| Argento | 234 | 105 | Piombo | 129 | 25 |
| Bario | 285 | – | Platino | 134 | 115 |
| Berillio | 1989 | – | Rame | 385 | 205 |
| Cadmio | 230 | – | Silicio | 678 | 1415 |
| Cobalto | 430 | – | Sodio | 1235 | – |
| Cromo | 461 | 314 | Stagno | 226 | 59 |
| Ferro | 452 | 268 | Titanio | 578 | 377 |
| Magnesio | 1042 | 373 | Vanadio | 502 | 335 |
| Manganese | 481 | 234 | Wolframio (Tungsteno) | 142 | 783 |
| Molibdeno | 260 | 297 | Zinco | 385 | 115 |

## TEMPERATURA DI FUSIONE

La *temperatura di fusione* segna l'inizio della trasformazione dallo stato solido a quello liquido. Essa si raggiunge fornendo calore a un corpo solido metallico, che si riscalderà fino a pervenire alla fusione. Inversamente, raffreddando una massa liquida metallica, si giungerà alla *temperatura di solidificazione*, che segna l'inizio della trasformazione dallo stato liquido a quello solido. Le due suddette temperature coincidono numericamente se le velocità di riscaldamento e di raffreddamento sono sufficientemente lente. Nella **tabella C1.9** sono riportati i valori della temperatura di fusione di alcuni metalli puri ( ▸ **Tabb. C1.7 e C1.9**).

**Tabella C1.9** Temperatura di fusione dei principali metalli puri alla pressione atmosferica

| Metallo | Temperatura di fusione [°C] | Metallo | Temperatura di fusione [°C] |
|---|---|---|---|
| Antimonio | 630,5 | Magnesio | 651 |
| Bario | 704 | Manganese | 1224 |
| Berillio | 1277 | Potassio | 63 |
| Bismuto | 271 | Rodio | 1960 |
| Boro | 2300 | Selenio | 217,4 |
| Cadmio | 320,9 | Sodio | 97,6 |
| Indio | 157 | Vanadio | 1860 |

## CALORE LATENTE DI FUSIONE

Il *calore latente di fusione* è la quantità di energia termica richiesta da 1 kg di materiale per il passaggio dallo stato solido a quello liquido ( ▸ **Tab. C1.8**).

La stessa quantità di calore viene restituita integralmente nel processo inverso, quando la sostanza passa dallo stato liquido a quello solido.

## DILATAZIONE TERMICA

Un materiale metallico, non soggetto ad alcuna sollecitazione meccanica esterna e sottoposto a riscaldamento, subisce una dilatazione lineare, superficiale e volumetrica che, se impedite e ostacolate, sviluppano un elevato stato di tensione interna che può portare alla rottura del manufatto.

Nel caso di raffreddamento si ha la *contrazione*. Generalmente ci si riferisce alla dilatazione lineare che, in termini di allungamento, è espressa come:

$$\Delta L = \alpha_L \, \Delta T \, L_{iniz}$$

in cui:
— $(\Delta L = L_{fin} - L_{iniz})$ indica la variazione della lunghezza [m];
— $\alpha_L$ indica il coefficiente di dilatazione termica [K$^{-1}$];
— $(\Delta T = T_{fin} - T_{iniz})$ indica l'intervallo di temperatura[K];
— $L_{iniz}$ indica la lunghezza iniziale [m].

Il coefficiente di dilatazione lineare $\alpha_L$ di un materiale è l'allungamento subito dal solido avente lunghezza pari a 1 m quando la temperatura si innalza di 1 °C (▸ **Tab. C1.10**).

**Tabella C1.10** Dilatazione termica da 20 a 100 °C e coefficienti di conducibilità termica a 20 °C di alcuni materiali metallici

| Metallo | Dilatazione termica [1/K] | Conducibilità termica [W/m K] | Metallo | Dilatazione termica [1/K] | Conducibilità termica [W/m K] |
|---|---|---|---|---|---|
| Acciaio | $12\times10^{-6}$ | 57 | Ghisa sferoidale | $12,5\times10^{-6}$ | – |
| Acciaio inossidabile Cr (18%)- Ni (8%) | $9\times10^{-6}$ | – | Lega invar | $15\times10^{-6}$ | – |
| Alluminio | $24\times10^{-6}$ | 218 | Magnesio | – | 155 |
| Antimonio | – | 18,84 | Manganese | – | – |
| Argento | $19\times10^{-6}$ | 4,19 | Molibdeno | – | 160 |
| Berillio | – | 161,20 | Nichel | $13\times10^{-6}$ | 59 |
| Bronzo | $18\times10^{-6}$ | – | Oro | $14\times10^{-6}$ | 314,01 |
| Cadmio | – | 43,96 | Ottone | $19\times10^{-6}$ | 92 |
| Cobalto | – | 69,08 | Piombo | $29\times10^{-6}$ | 34,75 |
| Cromo | – | 63 | Platino | $9\times10^{-6}$ | 71,18 |
| Ferro | – | 71,13 | Rame | $16\times10^{-6}$ | 393,56 |
| Ferro elettrolitico | – | 88 | Stagno | $23\times10^{-6}$ | 64,05 |
| Ferro $\alpha$ | $13,5\times10^{-6}$ | – | Titanio | – | 17,20 |
| Ferro $\beta$ | $11\times10^{-6}$ | – | Vanadio | – | 30,98 |
| Ferro $\gamma$ | $12\times10^{-6}$ | – | Wolframio | – | – |
| Ghisa grigia | $10\times10^{-6}$ | – | Zinco | $26\times10^{-6}$ | – |

| COME SI TRADUCE... | |
|---|---|
| ITALIANO | INGLESE |
| Conducibilità termica | Thermal conducibility |

**PER COMPRENDERE LE PAROLE**

**Resistenza elettrica:** alla forza elettrica creata dalla differenza di potenziale deve essere aggiunta la forza dissipativa dovuta agli urti delle cariche elettriche con il reticolo cristallino del materiale conduttore. In assenza dell'interazione con il reticolo la resistenza R è nulla.

Sperimentalmente, e con buona approssimazione matematica, si hanno le seguenti relazioni tra i coefficienti di dilatazione lineare, di superficie e di volume:

$$\alpha_{sup} = 2\,\alpha_l\,;\quad \alpha_{vol} = 3\,\alpha_l$$

### CONDUCIBILITÀ TERMICA

Si tratta di un processo tramite il quale il calore passa da una zona di un corpo a un'altra vicina avente temperatura inferiore, senza che vi sia movimento di materia. La differenza di temperatura $\Delta T$ tra le due zone è detta gradiente di temperatura.

La **conducibilità termica** varia in funzione della composizione chimica della lega metallica, tenendo presente che le eventuali impurezze costituiscono un ostacolo e quindi un rallentamento alla trasmissione del calore (▶ **Tab. C1.10**).

Si consideri una lastra metallica omogenea di spessore $d$, a facce piane e parallele mantenute a temperature costanti, ma diverse tra loro: la temperatura diminuisce in modo uniforme allontanandosi dalla faccia calda.

Sperimentalmente accade che la quantità di calore $E$ che attraversa la lastra è proporzionale al tempo $t$, al gradiente di temperatura $\Delta T$ e all'area $S$ delle facce delle pareti, secondo la nota *legge di Fourier*:

$$E = k_t S \frac{\Delta T}{d} t \;[\mathrm{J}]$$

in cui:
— $k_t$ indica il coefficiente di conducibilità termica [W/(K m)];
— $S$ indica le superfici delle facce [m²];
— $\Delta T$ rappresenta il gradiente di temperatura [K] = [°C];
— $d$ è la distanza tra le facce [m];
— $t$ indica l'intervallo di tempo della propagazione del calore [s].

Il coefficiente di conducibilità termica di un materiale è il calore [J] che attraversa nel tempo di 1 s una lastra di 1 m² di superficie, spessa 1 m e avente tra le facce una differenza di temperatura pari a 1 K = 1 °C (▶ **Tab. C1.10**).

## C1.8 PROPRIETÀ ELETTRICHE

Le *proprietà elettriche* riguardano il comportamento del materiale al passaggio della corrente elettrica.

La *prima legge di Ohm* afferma che se si applica agli estremi A e B di un conduttore metallico una differenza di potenziale elettrico ($V = V_B - V_A$), nel conduttore circola una corrente elettrica la cui intensità $I$ è direttamente proporzionale alla differenza di potenziale, cioè:

$$V = R\,I$$

in cui $R$ è una costante di proporzionalità, detta **resistenza elettrica**, che si misura in Ohm [$\Omega$]. La legge di Ohm agisce bene solo per i conduttori metallici come il rame e il ferro.

La *seconda legge di Ohm* afferma che la resistenza elettrica $R$ di un conduttore metallico dipende dalle proprietà geometriche del conduttore.

In particolare, la resistenza elettrica è direttamente proporzionale alla lunghezza $L$ del conduttore e inversamente proporzionale alla sezione media $S$ del conduttore:

$$R = \rho \frac{L}{S}$$

in cui $\rho$ è la costante di proporzionalità, o *resistività elettrica*, e $R$ è la resistenza di un campione uniforme del materiale di lunghezza $L$ e sezione trasversale $S$, di norma riferita a 0 °C o 20 °C.

Poiché $R$ si misura in ohm, $L$ in metri e $S$ in m², la resistività si misura in ohm×metro [$\Omega$ m].

La resistività $\rho$ è un coefficiente caratteristico del materiale conduttore ( ▶ **Tab. C1.11** ) ed è quindi la grandezza che indica la resistenza di un materiale a condurre la corrente elettrica.

**Tabella C1.11** Valori della resistività e del coefficiente termico per alcuni metalli alla temperatura di 20 °C

| Materiale | $\rho$ [$\Omega$ m] | $\alpha$ [1/°C] |
|---|---|---|
| Rame (Cu) | $1,7 \times 10^{-8}$ | $3,9 \times 10^{-3}$ |
| Ferro (Fe) | $10 \times 10^{-8}$ | $5,0 \times 10^{-3}$ |
| Argento (Ag) | $1,6 \times 10^{-8}$ | $3,8 \times 10^{-3}$ |
| Alluminio (Al) | $2,8 \times 10^{-8}$ | $3,9 \times 10^{-3}$ |

Nonostante lo stesso simbolo $\rho$, la resistività non deve essere confusa con la massa volumica.

Spesso, al posto della resistività elettrica $\rho$ si utilizza la conduttività elettrica $c$, che è il suo reciproco:

$$c = \frac{1}{\rho}$$

quindi la conducibilità elettrica si misura in 1/[$\Omega$ m].

La resistività $\rho$ dipende dalla temperatura $T$, pur essendo un coefficiente caratteristico del materiale conduttore.

La resistività elettrica aumenta con la temperatura in base alla seguente relazione:

$$\rho = \rho_0 \left[ 1 + \alpha \left( T - T_0 \right) \right]$$

in cui:
— $\rho$ indica la resistività alla temperatura $T$;
— $\rho_0$ è la resistività alla temperatura $T_0$;
— $T = (T - T_0)$ rappresenta l'intervallo di temperatura;
— $\alpha$ è un parametro, detto **coefficiente termico della resistività**, che dipende dal materiale conduttore in esame ( ▶ **Tab. C1.11** ).

Esistono materiali, detti **semiconduttori**, per i quali la resistività è una funzione decrescente della temperatura; vi sono inoltre altri materiali, detti

---

**PER COMPRENDERE LE PAROLE**

**Coefficiente termico della resistività**: la connessione della resistività con la temperatura trova motivo nel grado di eccitazione termica dei reticoli cristallini. Tale agitazione cresce con la stessa temperatura, inoltre, un maggior stato di disordine innalza la probabilità che gli elettroni di conduzione siano deviati dal loro cammino, determinando una minore conducibilità elettrica del materiale.

**COME SI TRADUCE...**

| ITALIANO | INGLESE |
|---|---|
| *Semiconduttore* | *Semiconductor* |

**COME SI TRADUCE...**

| ITALIANO | INGLESE |
|---|---|
| *Superconduttore* | *Superconductor* |
| *Ferromagnetico* | *Ferromagnetic* |
| *Diamagnetico* | *Diamagnetic* |
| *Paramagnetico* | *Paramagnetic* |

**superconduttori**, per i quali esiste una temperatura critica $T_C$ (▶ **Tab. C1.12**), al disotto della quale la resistività elettrica $\rho$ e la resistenza elettrica $R$ precipitano a 0.

**Tabella C1.12** Valori della temperatura critica $T_c$ per alcuni metalli

| Materiale | $T_c$ [K] |
|---|---|
| Mercurio (Hg) | 4,15 |
| Stagno (Sn) | 3,72 |
| Piombo (Pb) | 7,18 |

Metalli comuni come alluminio, stagno, piombo, zinco e indio sono superconduttori, diversamente dal rame, dall'argento e dall'oro, che restano ugualmente ottimi conduttori.

### PERMEABILITÀ MAGNETICA

Alcuni materiali, se percorsi da corrente elettrica, mostrano un'attività magnetica. Per certi materiali, detti *ferromagnetici*, queste proprietà magnetiche sono evidenti, in quanto le interazioni che hanno luogo sono abbastanza forti. Esempi di tale comportamento si riscontrano in materiali contenenti atomi di ferro, cobalto e nichel.

È inevitabile chiedersi se, al di fuori dei materiali ferromagnetici, la materia presenti proprietà magnetiche; ebbene, tutti i materiali hanno proprietà magnetiche, anche se in genere sono molto deboli ($10^{-3} \div 10^{-6}$ volte rispetto ai materiali ferromagnetici).

I materiali si possono suddividere nelle 3 categorie proposte di seguito.
— **Ferromagnetici**: hanno una reazione forte, positiva a un campo magnetico applicato. Il *ferromagnetismo* non scompare quando il campo magnetico cessa di esistere; un aumento della temperatura ne riduce l'effetto.
— **Diamagnetici**: hanno una reazione debole, negativa e repulsiva a un campo magnetico applicato. Il *diamagnetismo* scompare quando il campo magnetico esterno cessa di esistere.
— **Paramagnetici**: hanno una reazione debole, positiva a un campo magnetico applicato. Il *paramagnetismo* scompare quando il campo magnetico esterno cessa di esistere; un aumento della temperatura ne riduce l'effetto.

## C1.9 PROPRIETÀ DEI FLUIDI

I fluidi si suddividono in gas e liquidi (▶ **Par. B2.6**) e sono costituiti da atomi o, più frequentemente, da molecole. La molecola è un insieme di atomi elettricamente neutro, in quanto contiene lo stesso numero di cariche positive (protoni) e negative (elettroni). Tali atomi sono legati in modo da essere considerati un'entità a se stante. Il legame tra due o più atomi di una molecola viene detto **legame chimico**.

## LEGAMI TRA MOLECOLE

Anche le molecole, per dare origine ai fluidi, devono legarsi tra di loro e ciò dipende dalla loro *polarità* e dalla loro *geometria*. La **polarità** di una molecola deriva dalla distribuzione ineguale delle cariche elettriche associate ai protoni (positive) e agli elettroni (negative) degli atomi presenti. Si consideri, per semplicità, la polarità di due diverse molecole costituite da due atomi mediante un legame covalente tra atomi di **idrogeno** (H) e di **fluoro** (F): HF (acido fluoridrico), $H_2$ (idrogeno biatomico).

Per l'idrogeno biatomico $H_2$, poiché la coppia di elettroni comuni ha la stessa probabilità di trovarsi attorno a un nucleo oppure attorno all'altro, il "centro di gravità" delle cariche negative coincide con il centro della molecola. Poiché il centro delle cariche positive coincide con quello delle cariche negative, la molecola è detta *neutra* e *non polare* dato che ha un legame non polare ( ▶ **Fig. C1.47a**). L'acido fluoridrico HF, invece, è polare poiché ha un legame polare dovuto al fatto che il centro delle cariche positive non coincide con quello delle cariche negative, a causa della ineguale ripartizione della coppia di elettroni: dalla parte del fluoro si accumula una certa carica negativa, mentre l'estremità con l'idrogeno diviene di conseguenza positiva ( ▶ **Fig. C1.47b**). Una molecola è polare quando le cariche positive (dei protoni) e negative (degli elettroni) sono distribuite in modo che si riscontri in essa una parte positiva e una parte negativa. La molecola in cui vi sono due centri di cariche è detta **dipolo**: un dipolo è formato da una certa carica positiva e una uguale carica negativa poste a una data distanza e si rappresenta con una freccia che punta verso la zona negativa della molecola ( ▶ **Fig. C1.47c**).

**PER COMPRENDERE LE PAROLE**

**Polarità**: la polarità del legame non dipende dal fatto che un atomo ha più elettroni dell'altro, poiché possiede anche una maggior carica nucleare positiva.

**Idrogeno**: atomo costituito, per quanto riguarda le particelle con carica elettrica, da un protone e da un elettrone.

**Fluoro**: atomo costituito, per quanto riguarda le particelle con carica elettrica, da nove protoni e da nove elettroni.

**Dipolo**: il comportamento dei dipoli sotto l'influenza di un campo elettrico permette di distinguere tra molecole polari e non polari.

**Legame chimico**: l'esame dei legami chimici, in generale, è affrontato nell'unità *C1.1*, per il legame metallico, e nell'unità *E1.1*, per i legami ionico, covalente, Van der Waals e idrogeno.

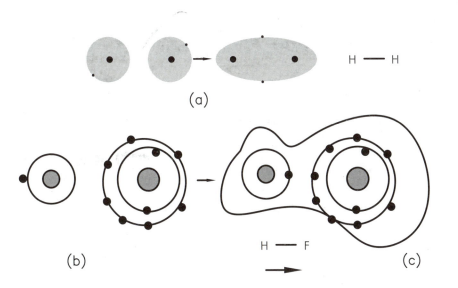

**Figura C1.47**
Polarità delle molecole:
a) molecola non polare dell'idrogeno biatomico $H_2$;
b) molecola polare dell'acido fluoridrico HF, in cui la polarità dipende dalla posizione dei due elettroni comuni, i quali rimangono più a lungo nell'orbita dell'atomo di fluoro;
c) rappresentazione del dipolo con una freccia che punta verso la zona negativa della molecola (caso dell'acido fluoridrico HF).

In generale si può affermare che se due atomi sono uguali, il legame che si stabilisce tra loro è non polare; di conseguenza la molecola è non polare. Nel caso di due atomi diversi, il legame, e quindi la molecola, sono polari.

### PER COMPRENDERE LE PAROLE

**Condensatore**: la capacità di un condensatore è la quantità di carica che sta sulle sue armature per unità di tensione (coulomb per ogni volt) espressa in *farad*.

**Dielettrico**: materiale che separa le armature di un condensatore, risultando pertanto, trasparente al campo elettrico; in tal modo si lascia attraversare dalle linee del campo elettrico e ne diventa un contenitore della sua energia.

**Costante dielettrica**: è la capacità di un condensatore il cui dielettrico è costituito da un certo materiale e ha ben definite dimensioni geometriche.

Quando la molecola è composta da più di due atomi, la polarità dipende anche dalla geometria della molecola. Un esempio di ciò si ha nella molecola di anidride carbonica $CO_2$ (▶ **Fig. C1.48a**): due atomi di ossigeno sono legati ad un atomo di carbonio. Poiché l'ossigeno attrae elettroni più fortemente del carbonio, ciascun legame C-O è polare, ma, essendo la geometria della molecola lineare, l'effetto di un dipolo è annullato dalla presenza dell'altro. L'acqua, $H_2O$, è una molecola triatomica in cui due atomi di idrogeno sono legati al medesimo atomo di ossigeno. Come è illustrato nella **figura C1.48b**, i tre atomi si dispongono generalmente in modo da formare un certo angolo. Tale struttura permette l'orientazione delle due estremità positive verso il polo negativo e la molecola risulta polare.

In genere, i materiali polari hanno un'alta costante di elettricità, cioè, posti tra le armature di un **condensatore**, permettono a questo un notevole accumulo di cariche, costituendone il **dielettrico**. Di conseguenza, tali materiali hanno una elevata **costante dielettrica** o *permittività elettrica* $\varepsilon$ misurata in farad al metro [F/m]. La **tabella C1.13** riporta i valori della **costante dielettrica relativa** $\varepsilon_r$ di alcuni materiali; tale valore è un numero adimensionale sempre maggiore di 1.

Tra le molecole si realizzano i seguenti legami:
— *dipolo-dipolo* che, nel caso dell'acqua è definito *legame idrogeno*;
— *Van der Waals*.

**Figura C1.48**
Polarità delle molecole dipendente dalla geometria della molecola:
a) molecola non polare di anidride carbonica $CO_2$;
b) molecola polare dell'acqua, $H_2O$.

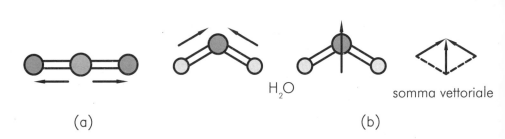

(a)      $H_2O$      somma vettoriale    (b)

**Tabella C1.13** Valori della costante dielettrica relativa $\varepsilon_r$ di alcuni materiali

| Materiale | Costante dielettrica relativa $\varepsilon_r$ | Materiale | Costante dielettrica relativa $\varepsilon_r$ |
|---|---|---|---|
| Aria | 1,00059 | Vetro comune | 5 ÷ 10 |
| Idrogeno | 1,00026 | Plexiglas | 3,40 |
| Acqua | ca. 80 | Mica | 8 |
| Etanolo | 25 | Ebanite | 2 |
| Etere etilico | 1,352 | Paraffina | 2,1 |
| Petrolio | 2,1 | Glicerolo | 42,6 |

Il legame dipolo-dipolo unisce molecole polari attraverso forze di attrazione dovute al fatto che una parte della molecola ha una carica positiva mentre l'altra ha una carica negativa e, quindi, tutte le molecole si disporranno in modo da massimizzare le forze di attrazione.

Il legame Van der Waals unisce materiali che non polari che, tuttavia, hanno deboli forze di attrazione tra una molecola e l'altra. Queste forze sono dovute al fatto che gli elettroni, in continua rotazione attorno ai nuclei, possono per brevi momenti essere casualmente distribuiti in modo asimmetrico. Tale distribuzione influenza le molecole limitrofe che si adattano, modificando la propria densità elettronica. Queste forze sono molto labili: si formano e si rompono velocemente, al contrario delle forze dipolo-dipolo.

## GAS

Lo stato gassoso è caratterizzato dalla presenza di deboli forze attrattive tra le molecole. Di seguito vengono esaminate le proprietà generali dei gas.

Il volume di un gas è il volume del recipiente che lo contiene. Le unità in cui si esprime generalmente il volume di un gas sono quelle relative alle lunghezze del sistema SI [m, dm, cm, mm] elevate al cubo oppure il litro [l]. Poiché per i gas il volume cambia variando temperatura e pressione, occorre conoscere queste due grandezze per determinare il numero di mole contenuto in un dato volume di gas. Quando si mescolano solidi e liquidi, il volume della miscela è praticamente uguale alla somma dei volumi di partenza. Questo non è necessariamente vero nel caso dei gas, infatti il volume della miscela dipende dalla pressione finale. Se la pressione finale della miscela viene aumentata sufficientemente, due o più gas possono occupare lo stesso volume. Poiché tutti i gas possono miscelarsi in ogni proporzione, essi vengono detti *miscibili*.

Anche per i gas vale la regola secondo la quale se un corpo caldo viene messo a contatto con uno freddo, il primo si raffredda e il secondo si riscalda; ciò si spiega ammettendo un passaggio di energia termica dal corpo caldo a quello freddo. È quindi la temperatura che determina la direzione del flusso di calore, infatti il calore fluisce sempre dalla regione a temperatura più alta a quella a temperatura più bassa. Una proprietà caratteristica dei gas è la loro espansione termica: i gas aumentano di volume all'aumentare della temperatura.

Vi è una temperatura, caratteristica per ogni gas, al disopra della quale le forze di attrazione non riescono a produrre liquefazione per quanto grande sia la pressione. Essa viene chiamata *temperatura critica del gas* $T_c$ e si definisce come la temperatura al disopra della quale la materia può esistere solo allo stato gassoso. Oltre la temperatura critica il moto delle molecole è così violento che, indipendentemente dal valore della pressione, esse occupano, sotto forma di gas, tutto il volume a disposizione. La temperatura critica dipende dall'entità delle forze di attrazione tra le molecole: per l'anidride carbonica $CO_2$, essa vale 304 K; per l'idrogeno $H_2$, essa vale 33 K.

Il gas e il vapore definiscono lo stato aeriforme. Un vapore può essere portato allo stato liquido (tale processo è detto *condensazione*) per semplice compressione, senza che ci sia una variazione di temperatura, oppure può essere ottenuto per riscaldamento di una sostanza che, a temperatura e pressione ambiente, si presenta allo stato liquido (dall'ebollizione dell'acqua si ottiene vapore acqueo poiché, a temperatura e pressione ambiente, l'acqua si presenta allo stato liquido). Un gas, invece, può essere portato allo stato liquido per compressione, solo se la sua temperatura viene abbassata al disotto della temperatura critica, che in certi casi è estremamente bassa. In conclusione, la materia prende il nome di *gas* o di *vapore*, a seconda che si trovi a temperatura maggiore o minore della temperatura critica.

Come la temperatura determina la direzione del flusso del calore, così la pressione determina la direzione del flusso di massa. Infatti la materia, a meno che non sia altrimenti costretta, tende a passare da zone a più alta pressione a zone a pressione inferiore. Nei gas, come nei liquidi, la pressione in un dato punto è la stessa in tutte le direzioni. Un'altra proprietà caratteristica dei gas è la loro grande *compressibilità*. Questo principio è espresso dalla *legge di Boyle*: a temperatura costante una data quantità di gas occupa un volume inversamente proporzionale alla pressione esercitata su di esso. La legge di Boyle è espressa con la seguente relazione:

$$p\,V = \text{costante}$$

Tale relazione è rappresentata su un diagramma pressione-volume ($p,V$) con una curva che è un'iperbole ( ▶ **Fig. C1.49**).

**Figura C1.49**
Diagramma $p,V$ per un gas.

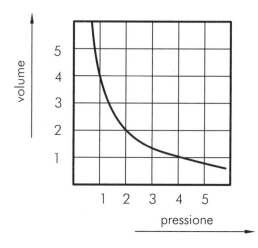

**PER COMPRENDERE LE PAROLE**

**Moto browniano**: Nel 1827 il botanico scozzese Robert Brown osservò per primo tale moto. Esso può venire osservato, in modo macroscopico, guardando in controluce i granelli di polveri che si muovono continuamente avanti e indietro nell'aria.

**Diffusione**: fenomeno dovuto al moto degli atomi o delle molecole che comporta il trasferimento di massa; esso può avvenire all'interno di un solido (in generale a livello microscopico), o di un liquido o in un gas.

La legge di Dalton delle pressioni parziali descrive il comportamento di due o più gas quando vengono mescolati nel medesimo recipiente. Essa dice che la pressione totale esercitata da una miscela di gas è uguale alla somma delle pressioni parziali dei vari gas. Per "pressione parziale di gas in una miscela" si intende la pressione che il gas eserciterebbe se fosse presente da solo nel recipiente della miscela.

Un aspetto specifico del comportamento dei gas è il **moto browniano**. Questo moto consiste nell'irregolare movimento a zig-zag di particelle minutissime, sospese in un liquido o in un gas ( ▶ **Fig C1.50**). Quanto più piccola è la particella, tanto più evidente è questa condizione permanente di moto irregolare, la cui velocità è tanto maggiore quanto maggiore è la temperatura del fluido in cui la particella è sospesa.

Questa teoria è nota come la *teoria cinetica della materia*. Le molecole di un gas sono in continuo movimento rettilineo, rapido e casuale, che le porta a collidere continuamente tra di loro e contro le pareti del recipiente che le contiene. Il volume di un gas è nella quasi totalità spazio vuoto, occupato, tuttavia, dalle molecole in movimento che prendono l'intero spazio in cui si muovono. Il gas, inoltre, esercita una pressione (forza per unità di superficie) poiché le particelle urtano contro le pareti. Ciascun urto produce una piccola spinta e la somma di tutte le spinte esercitate sulla parete rappresenta la pressione. Nei gas si ha una **diffusione** molto veloce perché le molecole possiedono energia cinetica e quindi si muovono rapidamente da un punto a un altro. La temperatura, infine, fornisce una misura quantitativa della velocità media delle molecole.

**Figura C1.50**
Moto browniano.

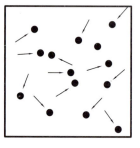

# LIQUIDI

Nello stato liquido, a causa delle piccole distanze esistenti tra le molecole, si originano intense forze intermolecolari che dipendono in larga misura dalla natura specifica delle molecole. Nel liquido le molecole non sono immobili in posizioni determinate che si ripetono con regolarità, tuttavia, esiste una parvenza di ordine che fa sì che questo stato sia intermedio fra lo stato solido, caratterizzato dal massimo ordine, e quello gassoso, caratterizzato dal disordine molecolare.

I liquidi, a differenza dei gas, sono praticamente incomprimibili. La *teoria cinetica* spiega questo comportamento, ammettendo che allo stato liquido lo spazio libero tra le molecole sia ridotto quasi al minimo: ogni tentativo di comprimere un liquido trova di fronte la resistenza dovuta alle forze repulsive che si originano tra elettroni di molecole adiacenti.

I liquidi mantengono il loro volume indipendentemente dalla forma e dalle dimensioni del recipiente che li contiene perché le molecole, essendo molto vicine ed esercitando quindi una attrazione reciproca molto forte, sono legate saldamente insieme.

I liquidi non hanno forma propria. Un dato liquido assume la forma del fondo del recipiente che lo contiene. Questa proprietà è in accordo con la teoria cinetica, in quanto essa non fissa alcuna posizione per le molecole. I liquidi si diffondono lentamente, a causa della estrema vicinanza reciproca delle molecole che ostacola il loro movimento. Ad esempio, quando si fa cadere una goccia di inchiostro nero in acqua, si osserva inizialmente tra acqua e inchiostro una superficie di separazione abbastanza netta e la diffusione del colore nero nel resto del liquido richiede un certo tempo. In altre parole, il cammino libero medio, cioè la distanza media tra due urti, è piccolo.

I liquidi evaporano se posti in recipienti aperti. Sebbene nei liquidi le forze attrattive tengano le molecole saldamente unite, quelle di esse che possiedono energia cinetica sufficiente a vincere l'attrazione possono liberarsi e passare nella fase gassosa.

> **PER COMPRENDERE LE PAROLE**
>
> **Costo**: spesa da sostenere per acquistare i materiali; nel significato economico è l'onere da sostenere per la produzione di bene e servizi.
>
> **Riciclo**: operazione di riutilizzo dei materiali all'interno dei processi produttivi.
>
> **Prezzo**: è il valore di scambio delle merci, definibile più semplicemente come la somma di denaro necessaria per acquistare un bene.

## C1.10 COSTO E DISPONIBILITÀ

Il **costo** e la disponibilità dei materiali sono fattori importanti e spesso decisivi per la selezione dei materiali più adatti a un determinato impiego.

Si tratta di proprietà di tipo economico, che vanno a sommarsi alle altre proprietà che caratterizzano i materiali d'impiego tecnico.

Occorre inoltre considerare l'importanza crescente delle problematiche ambientali che indirizzano la tecnologia verso un maggiore **riciclo** dei materiali; ciò comporta anche un effetto economico, poiché si riducono i costi impiantistici ed energetici di produzione.

### COSTO DEI MATERIALI

Tutte le industrie manifatturiere definiscono regolarmente il costo dei materiali valutandone anche la tendenza di crescita o di diminuzione per il futuro, al fine di ottimizzare la scelta dei materiali. Nella **tabella C1.14** è riportata la variazione del **prezzo** per tonnellata di alcuni materiali, su base semestrale e annuale.

**Tabella C1.14** Variazione del prezzo per tonnellata di alcuni materiali (tratto da "Il Sole-24 ore")

| Materiale | Prezzo per tonnellata (€ ton$^{-1}$) | | | | |
|---|---|---|---|---|---|
| | Gennaio 2004 | Novembre 2004 | Novembre 2005 | Maggio 2006 | Febbraio 2015 |
| Acciaio (in tondi) | 250 | 384 | 445 | 510 | 423 |
| Alluminio | 2010 | 2105 | 2150 | 2830 | 1629 |
| Ferro-tungsteno | 5768 | 9076 | 25 544 | 22 248 | 26.700 |
| Ferro-molibdeno | 16 380 | 56 153 | 69374 | 57 812 | 19.580 |
| Lega ottone Cu (63%)-Zn (37%) | 1808 | 2198 | 3474 | 5714 | 4387 |
| Legno | 45 | 50 | – | – | 263 |
| Manganese (99,7%) | 1247 | 1230 | 1100 | 939 | 1869 |
| Nichel | 12 317 | 13 955 | 9458 | 15 800 | 12683 |
| Rame per semilavorati | 2206 | 2789 | 4270 | 7009 | 5488 |
| Titanio (spugna al 99,6%) | 5067 | 4615 | 17 946 | 17 946 | 8.722 |
| Zinco elettrolitico | 975 | 1020 | 1567 | 3290 | 2038 |

**COME SI TRADUCE...**

| ITALIANO | INGLESE |
|---|---|
| *Prezzo* | *Price* |
| *Riciclo* | *Recycling* |
| *Costo* | *Cost* |

La fluttuazione dei prezzi riflette, in parte, i costi reali (capitali investiti, energia, mano d'opera) d'estrazione e trasporto delle materie prime e di trasformazione di queste in materiali ingegneristici.

Ovviamente, anche l'inflazione e l'aumento dei costi dell'energia fanno crescere i prezzi. Inoltre si deve considerare anche la necessità di estrarre alcuni materiali da minerali grezzi sempre più poveri.

La maggiore povertà del minerale grezzo richiede l'aumento di lavorazione e di energia necessarie per trattare le rocce che lo contengono fino a un livello che renda estraibile il metallo.

È importante conoscere quali materiali saranno abbondanti a lungo termine e quali diventeranno probabilmente scarsi. Infine, è anche importante conoscere la nostra dipendenza dai materiali per il futuro.

Il modo in cui i materiali sono impiegati in un paese sviluppato è notevolmente uniforme. Tutti utilizzano acciaio, cemento e legno nelle costruzioni; acciaio, alluminio e polimeri nelle applicazioni industriali; rame nei conduttori elettrici, e così via. In particolare, il 25% delle importazioni in Italia è costituito da materiali tecnici.

## DISPONIBILITÀ DEI MATERIALI

Sono pochi i materiali tecnici ottenuti impiegando composti trovati negli oceani o nell'atmosfera terrestre. Quasi tutti i materiali sono ottenuti attraverso l'estrazione dei loro minerali dalla crosta terrestre, che dipende dalla concentrazione delle materie prime.

Naturalmente, è necessario conoscere la distribuzione e la relativa abbondanza dei giacimenti minerari dei diversi materiali.

La **tabella C1.15** mostra l'abbondanza relativa dei più comuni elementi chimici nella crosta terrestre. Essa è formata dal 47% in peso da ossigeno, che con il suo atomo di grandi dimensioni occupa il 96% del volume della stessa; seguono poi il silicio e l'alluminio.

La tabella termina con il carbonio, che è alla base di ogni materiale polimerico, compreso il legno. Sostanzialmente, anche gli oceani e l'atmosfera terrestre mostrano un andamento simile.

L'ossigeno e i suoi composti sono straordinariamente abbondanti: per produrli c'è ampia disponibilità di materiali ceramici o estraibili da materie prime. Alcuni materiali sono assai diffusi, soprattutto il ferro e l'alluminio, ma la loro concentrazione locale non è sempre sufficiente a garantire l'economicità dell'estrazione.

I polimeri, rispetto ai metalli, si avvantaggiano di una maggiore disponibilità di materie prime.

Nel nostro pianeta ci sono enormi giacimenti di carbonio e l'idrogeno, il secondo ingrediente presente nella maggior parte dei polimeri, è uno degli elementi più diffusi.

**COME SI TRADUCE...**

| ITALIANO | INGLESE |
|---|---|
| *Disponibilità* | *Availability* |

**Tabella C1.15** Abbondanza degli elementi (percentuale in massa)

| Crosta terrestre | | Oceani | | Atmosfera terrestre | |
|---|---|---|---|---|---|
| Ossigeno | 47 | Ossigeno | 85 | Azoto | 79 |
| Silicio | 27 | Idrogeno | 10 | Ossigeno | 19 |
| Alluminio | 8 | Cloro | 2 | Argon | 2 |
| Ferro | 5 | Sodio | 1 | Biossido di carbonio | 0,04 |
| Calcio | 4 | Magnesio | 0,1 | | |
| Sodio | 3 | Zolfo | 0,1 | | |
| Potassio | 3 | Calcio | 0,04 | | |
| Magnesio | 2 | Potassio | 0,04 | | |
| Titanio | 0,4 | Bromo | 0,007 | | |
| Idrogeno | 0,1 | Carbonio | 0,002 | | |
| Fosforo | 0,1 | | | | |
| Manganese | 0,1 | | | | |
| Fluoro | 0,06 | | | | |
| Bario | 0,04 | | | | |
| Stronzio | 0,04 | | | | |
| Zolfo | 0,03 | | | | |
| Carbonio | 0,02 | | | | |

### Risorsa e riserva

La **disponibilità** di una risorsa dipende da come essa è localizzata in una o più aree, dalla quantità di riserve e, infine, dalla quantità di energia richiesta per la sua estrazione e per la sua trasformazione. L'influenza degli ultimi due fattori può essere predeterminata.

Il calcolo della durata delle risorse si basa sull'importante distinzione fra *riserve* e *risorse*.

| COME SI TRADUCE... | |
|---|---|
| ITALIANO | INGLESE |
| Riserva | Reserve |
| Risorsa | Resource |

La **riserva** è il deposito conosciuto che può essere estratto con profitto al prezzo attuale usando la tecnologia attuale.

La **risorsa** include sia la riserva conosciuta sia tutte le riserve che potrebbero diventare disponibili e che si possono stimare attraverso tecniche di estrapolazione.

La risorsa include pertanto tutte le riserve conosciute e quelle sconosciute, che, al momento della stima, non possono essere utilizzate con profitto, ma che potrebbero ragionevolmente diventarlo in un prossimo futuro per via dei prezzi più alti e della migliore tecnologia (▶ **Fig. C1.51**).

**Figura C1.51**
Diagramma di McElvey.

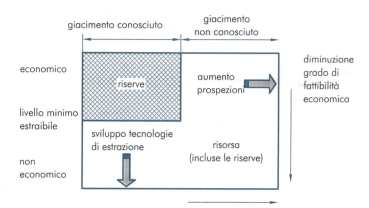

La riserva è come un conto in banca: se ne conosce esattamente la consistenza; la risorsa, se si vuole, è come i guadagni possibili: sono più grandi della riserva, ma meno certi; in ogni caso, essa è la misura realistica della disponibilità totale di un materiale, perciò è molto più grande della riserva.

Sebbene la risorsa sia incerta, è molto importante stimare per quanto tempo sia possibile continuare a fornire un particolare materiale. Per esempio, nel caso del petrolio, si stima un periodo di disponibilità di 25 anni, nell'ipotesi di mantenere gli attuali consumi.

Assumendo una domanda in continua crescita esponenziale, è possibile stimare entro quanto tempo verrà consumata la metà della risorsa (tempo di dimezzamento).

Per alcuni importanti materiali, tale tempo di dimezzamento è confrontabile con la durata della nostra vita: per l'argento, lo stagno, il tungsteno, lo zinco, il piombo, esso è compreso tra i 40 e gli 80 anni. Per altri materiali, specialmente il ferro, l'alluminio e i materiali grezzi dai quali si ottengono i ceramici, si hanno enormi risorse, adatte per centinaia di anni, anche in condizioni di crescita esponenziale del loro utilizzo.

Il costo dell'energia è un altro importante elemento di valutazione. L'estrazione dei materiali richiede energia in quantitativi spesso notevoli, come si evince dalla **tabella C1.16**.

**Tabella C1.16** Fabbisogni energetici di estrazione dei materiali [GJ ton$^{-1}$]

| Alluminio | Plastiche | Rame | Zinco | Acciaio | Vetro | Olio minerale | Carbone fossile |
|---|---|---|---|---|---|---|---|
| 330 | 100 | 100 | 70 | 50 | 20 | 44 | 29 |

# UNITÀ C1

## AREA DIGITALE

# VERIFICA DI UNITÀ

Gli esercizi sono disponibili anche nella versione digitale come test interattivi e autocorrettivi

## COMPLETAMENTO

**1.** La teoria di _____ ammette l'esistenza, nel solido metallico, di una _____ di _____ che hanno abbandonato gli atomi di provenienza, trasformandoli in _____. Tale nube avvolge gli ioni metallici _____.

**2.** La lega metallica è una unione _____ a temperatura _____ di un metallo con altri elementi _____, metallici e non.

**3.** Il coefficiente di capacità termica massica è la quantità di _____ necessario per innalzare di ____ K la _____ del materiale avente _____ pari a 1 kg.

**4.** La deformabilità è la massima _____ che il materiale può sopportare senza _____; la _____ è applicata alle lavorazioni in lastra e le sue forze sono prevalentemente di _____.

**5.** La plasticità è la capacità che il materiale ha di lasciarsi _____ in modo _____, senza _____ e screpolature, se sottoposto all'azione di sollecitazioni _____.

## SCELTA MULTIPLA

**6.** Indica l'unità di misura del modulo elastico longitudinale $E$:

a) m/s

b) è adimensionale

c) $kg/mm^2$

d) $N/mm^2$

**7.** La resistenza elettrica di un conduttore elettrico, con l'aumentare della temperatura:

a) non varia

b) diminuisce

c) aumenta

d) varia proporzionalmente al tempo

**8.** Quando il campo magnetico cessa di esistere, la magnetizzazione di un materiale ferromagnetico:

a) permane

b) scompare

c) permane al 50%

d) diminuisce proporzionalmente al quadrato del tempo

## VERO O FALSO

**9.** La lenta velocità di raffreddamento genera tanti germi di solidificazione.

Vero ☐          Falso ☐

**10.** Alla cella cubica a facce centrate appartengono statisticamente 2 atomi.

Vero ☐          Falso ☐

**11.** La lega eutettica fonde a una temperatura più bassa di ciascuna delle temperature di fusione dei suoi componenti.

Vero ☐          Falso ☐

**12.** La presenza di una cricca in un materiale provoca la concentrazione della tensione.

Vero ☐          Falso ☐

**13.** La conducibilità termica del materiale non dipende dalla sua composizione chimica.

Vero ☐          Falso ☐

# PROVE MECCANICHE

## Obiettivi

**Conoscenze**
- Le prove di misurazione delle proprietà dei materiali.
- Il funzionamento delle apparecchiature di prova.

**Abilità**
- Eseguire le prove e utilizzare i risultati ottenuti.
- Scegliere, in funzione delle grandezze meccaniche e dei fluidi che si desidera conoscere, il tipo di prova.
- Scegliere, in relazione al tipo di materiale da esaminare, la prova più idonea.

**Figura C2.1**
Esempio di strutture metalliche:
a) Tower Bridge a Londra;
b) Arco delle Olimpiadi Invernali di Torino 2006.

> **PER COMPRENDERE LE PAROLE**
>
> **Grado di sicurezza:** si ottiene progettando i manufatti che devono essere sollecitati meccanicamente, in modo che le tensioni generate al loro interno siano molto inferiori alla resistenza meccanica ($R_m$ o $R_s$) del materiale con cui essi sono fabbricati.

## PER ORIENTARSI

Le proprietà meccaniche descrivono la resistenza dei materiali quando questi vengono sottoposti a sollecitazioni prodotte dall'esterno (▶ **Fig. C2.1**).

Le forze, applicate in direzioni e modi diversi, provocano sollecitazioni alle quali una struttura deve resistere con un accettabile **grado di sicurezza**, in modo da escludere rotture e deformazioni, permanenti o transitorie, tali da pregiudicarne il corretto funzionamento.

L'attitudine dei materiali a resistere alle varie sollecitazioni è misurata con prove meccaniche suddivise, oltre che in base alla direzione geometrica lungo la quale agiscono le forze, anche in funzione delle modalità di applicazione delle forze stesse, e precisamente in:

— *prove statiche*, caratterizzate da carichi applicati lentamente nel tempo;
— *prove dinamiche*, in cui il **carico** applicato raggiunge il valore massimo in un tempo molto breve, dell'ordine delle frazioni di secondo (urto);
— *prove periodiche*, aventi lo scopo di determinare la resistenza a fatica e in cui il carico ha un andamento periodico, che si ripete nel tempo secondo cicli con una certa frequenza ($10 \div 100$ volte al secondo);
— *prove di scorrimento*, in cui il carico, di valore costante, resta applicato per un tempo molto lungo (dell'ordine delle centinaia di ore), in modo da provare la resistenza del materiale a sollecitazioni permanenti.

La valutazione delle caratteristiche di resistenza è importante per definire i criteri di scelta e d'impiego dei materiali. Il **testing** meccanico costituisce un fondamentale momento di verifica per la progettazione di componenti e strutture, e rappresenta la convalida o meno di un progetto.

Le prove dei fluidi permettono di misurare specifiche grandezze dei fluidi (liquidi, vapori e gas) che risultano più significative per le applicazioni tecnologiche quali: la viscosità, la tensione superficiale, il potere bagnante, la capillarità, l'umidità, l'infiammabilità e l'esplosività.

## COME SI TRADUCE...

| ITALIANO | INGLESE |
|---|---|
| *Carico* | Load |
| *Provino* | Test specimen |
| *Estensimetro* | Extensometer |
| *Prova di trazione* | Tensile test |
| *Sforzo* | Stress or engineering stress |

## PER COMPRENDERE LE PAROLE

**Testing**: insieme delle prove meccaniche cui sono assoggettati i materiali, i componenti e le strutture.

**Prove distruttive**: esami, prove e rilievi condotti impiegando metodi che possono alterare il materiale e richiedere la distruzione o l'asportazione di campioni dalla struttura in esame.

**Provino**: campione di materiale da sottoporre a prove, prelevato nelle zone della struttura ritenute più significative.

**Standardizzate**: deriva dall'inglese *standard*. Gli standard soddisfano l'esigenza di misurare, in modo coerente e universalmente accettato, beni e servizi scambiati a livello nazionale e mondiale.

## C2.1 PROVE DI TRAZIONE, COMPRESSIONE, FLESSIONE, TORSIONE, TAGLIO

### PROVA DI TRAZIONE

La **prova di trazione**, condotta secondo le procedure definite e prescritte dalle norme UNI, è la più importante tra le **prove** meccaniche **distruttive**.

La prova consiste nel sottoporre un **provino** del materiale in esame a uno **sforzo** di trazione unidirezionale. La sollecitazione deve essere applicata ortogonalmente alla sezione trasversale del provino, che ha geometria e dimensioni **standardizzate** ed è opportunamente prelevato e preparato.

La prova di trazione serve per misurare il valore della resistenza meccanica del materiale ed è eseguita mediante apposite macchine. Attraverso tali apparecchiature, è applicato il carico nel modo prescritto (gradualmente crescente fino a un limite prefissato o fino alla rottura del campione) e sono misurati i valori del carico e la lunghezza del provino, tramite una cella di carico e un **estensimetro**.

### Macchina per l'esecuzione della prova

La prova è effettuata adoperando la macchina universale (▸ **Fig. C2.2a**) per prove meccaniche, costituita da un'incastellatura molto rigida, alla quale sono applicati i seguenti organi di serraggio del provino (▸ **Fig. C2.2b**):
— una ganascia fissa inferiore $G_1$;
— una ganascia mobile superiore $G_2$, che trasla verticalmente.

La macchina presenta comandi che permettono di impostare la velocità della traversa mobile T, e dunque il tempo necessario per eseguire la prova, la quale è ritenuta valida qualora la sua durata sia compresa tra 2 e 5 min.

La gamma di macchine è molto ampia e consente l'applicazione di forze nominali da 100 a 2000 kN. Le più moderne sono di tipo elettromeccanico con viti a ricircolo di sfere precaricate.

L'ampia dotazione di attrezzature prevede innumerevoli soluzioni per prove a trazione, compressione, taglio, flessione e cicliche.

PROVE MECCANICHE **UNITÀ C2**

**Figura C2.2**
a) Macchina universale per prove meccaniche interfacciata con personal computer.
b) Schema di una macchina universale con movimentazione oleodinamica per prove meccaniche, in cui si possono osservare i seguenti componenti: i tiranti ($T_1$, $T_2$), il cilindro di potenza (**C**), l'incastellatura a portale (**A**), la traversa mobile (**T**), la ganascia fissa ($G_1$), la ganascia mobile ($G_2$), la fune (**D**), la vite (**V**), il motore (**M**), il contrappeso (**Z**), il tamburo su cui si traccia il diagramma (**R**), l'asta (**E**), la leva di registrazione (**L**), il quadrante (**F**), il quadro di comando (**B**), il volantino ($V_1$).

(a)

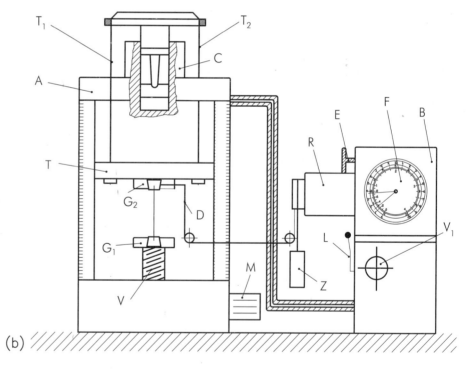
(b)

| COME SI TRADUCE... | |
|---|---|
| **ITALIANO** | **INGLESE** |
| *Deformazione* | Strain or engineering strain |

Alla ganascia superiore è applicato un trasduttore, o cella di carico, che converte la forza applicata in un segnale elettrico. Sul provino sono montati gli estensimetri.

Essi sono, generalmente, resistori che variano la propria resistenza al variare della lunghezza e che consentono di misurare la **deformazione** che subisce il provino durante la prova con una precisione di lettura compresa tra

0,01 e 0,001 mm (▶ **Fig. C2.3**). Può essere anche misurato l'allungamento localizzato su un piccolo tratto del provino, o lo spostamento dell'elemento mobile della macchina mediante un dispositivo detto *Linear Variable Differential Transformer* (LVDT).

La lunghezza del tratto su cui si effettua la misura è pari alla base di misura del trasduttore stesso.

La cella di carico e l'estensimetro forniscono i dati necessari alla costruzione del diagramma carichi-deformazioni, il quale rappresenta l'andamento del carico in funzione dello spostamento in tempo reale e può essere stampato tramite un plotter o una stampante.

**Figura C2.3**
Estensimetro.

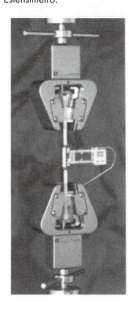

### Tipologie e dimensioni dei provini unificati

Il provino è una barretta a sezione costante circolare, quadrata, rettangolare oppure anulare (▶ **Fig. C2.4**). In molti casi, essa è conformata in modo da avere delle estremità più robuste atte al serraggio e una porzione più sottile che costituisce il tratto utile per la prova.

Si distinguono sostanzialmente quattro tipi di provini, di geometria e dimensioni standardizzate dalle norme, poiché devono rispondere al proporzionamento indicato nella **tabella C2.1**.

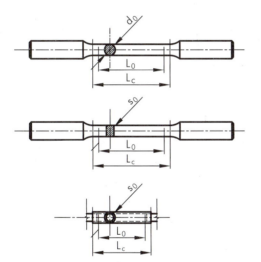

**Figura C2.4**
Provino per prova di trazione dove $L_c = L_0 + (0,5 \div 2) d_0$.

**Tabella C2.1** Proporzionamento del provino per la prova di trazione

| Forma e tipologia del provino | Circolare | Rettangolare |
|---|---|---|
| Normale lunga | $L_0 = 10 d_0$ | $L_0 = 10 b$ |
| Normale corta | $L_0 = 5 d_0$ | $L_0 = 5 b$ |
| Proporzionale lunga | $L_0 = 11,3 \sqrt{S_0}$ | – |
| Proporzionale corta | $L_0 = 5,65 \sqrt{S_0}$ | – |

$d_0$ = diametro; $S_0$ = sezione; $b$ = lato minore della sezione rettangolare.

### Tracciatura del provino

Per meglio individuare la zona di rottura del provino e procedere alle relative osservazioni, si tracciano su di esso delle tacche che suddividono il tratto $L_0$ (lunghezza tra i riferimenti) in $N$ parti uguali.

Il provino deve avere una parte calibrata di lunghezza $L_c$ maggiore di quella fra i riferimenti $L_0$, tracciati in esso (▶ **Fig. C2.5**).

**Figura C2.5**
Esempi di rottura del provino durante la prova di trazione.

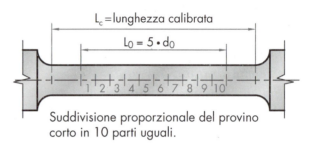

Suddivisione proporzionale del provino corto in 10 parti uguali.

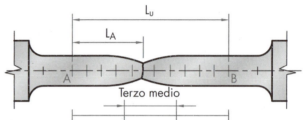

Rottura del provino avvenuta nel "terzo medio".

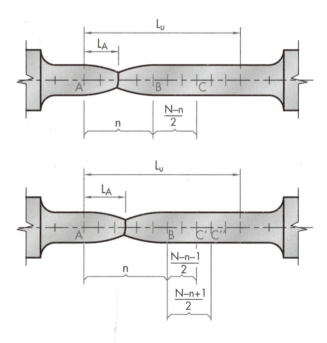

I provini sono ottenuti da un saggio, ovvero la parte di materiale destinata alla sua preparazione. Il distacco dal saggio rispecchiante le caratteristiche del materiale e la preparazione dei provini deve essere effettuato in linea di massima a freddo, in modo da non alterare le caratteristiche del materiale stesso.

## Esecuzione della prova

La prova di trazione si effettua con la seguente procedura:
- si predispongono i parametri della macchina tenendo conto del carico di rottura previsto per il materiale e si prepara lo strumento di registrazione grafica;
- si fissa sulla ganascia mobile della traversa un'estremità del provino;
- si fissa l'altra estremità del provino;
- si pone in tensione il provino, applicando un leggero precarico;
- si regola la velocità massima di incremento del carico fino alla determinazione del carico di snervamento;
- si aumenta la velocità di allontanamento delle ganasce fino alla rottura del provino;
- a rottura avvenuta, si arresta la macchina.

Al fine di ridurre l'incertezza di misura, occorre eseguire almeno tre prove, i cui risultati sono mediati aritmeticamente.

### COME SI TRADUCE...
| ITALIANO | INGLESE |
|---|---|
| Macchina di prova | Test system |

### PER COMPRENDERE LE PAROLE
**Carico unitario $R$** carico sopportato dall'unità di superficie resistente. La relazione $R = 600 \text{ N/mm}^2$ indica che 1 mm² di superficie resistente sopporta 600 N.

## Diagramma carichi-allungamenti

I dati rilevati durante la prova sono riportati su un grafico cartesiano le cui ordinate indicano i valori del carico applicato dalla **macchina di prova**, mentre le ascisse indicano quelli del corrispondente allungamento; come risultato si ottiene il diagramma della prova di trazione.

Nel diagramma della **figura C2.6**, in ordinate è indicato il rapporto tra il carico applicato e l'area della sezione iniziale del tratto utile del provino, definito **carico unitario $R$**:

$$R = \frac{Forza}{S_0} \left[ \frac{N}{mm^2} \right] \text{ oppure } [MPa]$$

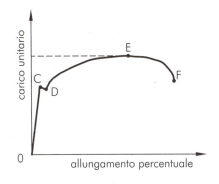

**Figura C2.6**
Diagramma carichi-allungamenti.

La tensione unitaria assiale $\sigma$ (▶ **Unità B1**) esprime lo stesso concetto con la seguente differenza: $R$ è relativo alla resistenza del materiale definito dalla prova di trazione per mezzo di un provino; $\sigma$ è relativo al comportamento meccanico a trazione di un pezzo qualsiasi fatto con lo stesso materiale. Per evitare la rottura del pezzo, $\sigma$ deve essere molto più piccola del valore di $R$ massimo del materiale. Sulle ascisse, il rapporto tra l'allungamento totale e la lunghezza iniziale del tratto utile del provino vale:

$$A = \frac{(L - L_0)}{L_0} = \frac{\Delta L}{L_0}$$

## PER COMPRENDERE LE PAROLE

**Incrudimento**: il materiale subisce deformazione plastica irreversibile con conseguente aumento della durezza e della resistenza alla deformazione. Si ottengono invece perdita della duttilità, della malleabilità e della resilienza.

## AREA DIGITALE

▶ Prova di trazione su viti di acciaio

▶ Prova di trazione su fili di rame

▶ Prova di trazione con estensimetro Lasertech

▶ Prova di flessione su metallo saldato

---

In alcuni casi, può essere conveniente esprimere le deformazioni in percentuale, moltiplicando il valore ottenuto per 100 e aggiungendo il simbolo % ($A=0,1$ corrisponde a una deformazione del 10%, ovvero $A\%=10$).

Nelle misure effettuate con gli estensimetri, per comodità, si misurano le deformazioni in micrometri per metro [µ/m]; in questo caso si deve moltiplicare il valore misurato per $1\,000\,000$ (essendo $1\,m=1\,\mu/1\,000\,000$).

La deformazione nominale, tenendo conto del modo con cui è misurato $\Delta L$, è data dalla deformazione media rispetto alla base di misura dell'estensimetro. Il grafico ottenuto al termine di ogni prova è caratteristico per ciascun materiale. Un generico diagramma carichi-allungamenti (▶ **Fig. C2.6**) è suddiviso come di seguito illustrato.

### Regime elastico OC

Il comportamento elastico è legato allo stiramento dei legami interatomici nel corpo solido cristallino e termina al cessare delle tensioni. Questo fenomeno accade poiché, per piccoli valori del carico applicato, tutto il lavoro necessario per l'allungamento è assorbito sotto forma d'energia potenziale elastica, dovuta alla variazione delle distanze interatomiche del reticolo.

Dal momento che tale energia rimane disponibile per la deformazione inversa, si può definire l'elasticità come la proprietà secondo la quale i materiali deformati per effetto di un carico esterno riacquistano forma e dimensioni originarie al cessare del carico.

Il grafico ha in questa fase andamento rettilineo, corrispondente al campo di validità della legge di Hooke.

### Regime elasto-plastico

In questa fase l'andamento del diagramma è oscillante, indice del fatto che il materiale subisce allungamenti dovuti agli effetti della somma di deformazioni reversibili e deformazioni permanenti (**incrudimento**). Tale fase è anche definita *snervamento*: la forza applicata è pressoché costante, ma la deformazione prosegue. Si possono determinare il *carico di snervamento superiore* (cioè il valore del carico nell'istante in cui inizia la deformazione plastica) e il *carico di snervamento inferiore* (cioè il carico minimo ottenuto durante lo snervamento, senza tener conto di effetti transitori iniziali).

Per i materiali duttili il punto di snervamento si identifica facilmente, poiché in corrispondenza di tale carico la tensione rimane quasi costante, come rappresentato nella **figura C2.6**, nel tratto di diagramma CD.

A volte (linea a punti), la pendenza della curva può assume valore negativo per un breve intervallo; in tal caso si parla di "snervamento superiore e inferiore". Superato tale punto, la rottura avviene dopo una deformazione irreversibile maggiore di quella elastica.

Per altri materiali non si nota una brusca variazione della pendenza nel diagramma tensioni-deformazioni, perciò la tensione di snervamento non è facilmente identificabile (▶ **Fig. C2.7b**).

In questo caso, convenzionalmente, si utilizza il valore della tensione (punto A) che si ottiene dall'intersezione tra il diagramma e una retta parallela al tratto rettilineo del diagramma stesso, spostata di un valore di deformazione prefissato, di solito pari a $0,001 \div 0,002$ (o $0,1 \div 0,2\%$), che deve essere indicato (per esempio, $R_{p0,2}$). Materiali di tipo diverso, pur rispettando l'andamento generale descritto, hanno i diagrammi carichi-allungamenti diversi come riportato nella **figura C2.7**.

**206** MODULO C PROPRIETÀ E PROVE DEI MATERIALI

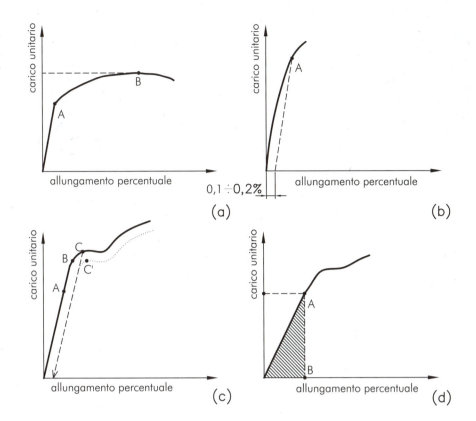

**Figura C2.7**
Diagramma carichi-allungamenti
a) materiale duttile;
b) materiale fragile;
c) posizione del limite di proporzionalità (A), del limite elastico (B), dei limiti di snervamento (C, C');
d) rappresentazione dell'energia elastica totale.

Dopo lo snervamento (▶ **Fig. C2.6**, tratto DE), il provino presenta grandi deformazioni e il carico aumenta gradualmente raggiungendo il valore di $R_m$ (o carico massimo), per poi diminuire finché il provino non si rompe (▶ **Fig. C2.6**, tratto EF).

Per la coesistenza di deformazioni plastiche ed elastiche, l'allungamento nell'istante della rottura del provino è superiore a quello rilevabile dopo la rottura. Il provino dopo la rottura (▶ **Fig. C2.8**) mostra una contrazione rilevante della sezione, detta **strizione**, localizzata in prossimità del punto di distacco.

**COME SI TRADUCE...**
| ITALIANO | INGLESE |
|---|---|
| *Strizione* | Necking |

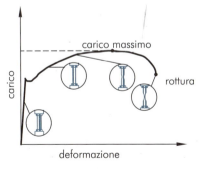

**Figura C2.8**
Comportamento a rottura.

Il carico in corrispondenza della rottura si riduce rispetto a quello massimo, in quanto la forza agisce su una sezione sensibilmente inferiore.

La deformazione plastica è legata allo slittamento tra piani di atomi nei grani cristallini, che avviene in modo incrementale a causa del movimento delle dislocazioni sotto tensioni elevate. Per questo motivo, la deformazione plastica non provoca variazioni di volume nel materiale.

Il carico di snervamento e quello di rottura possono essere determinati graficamente, come indicato nella **figura C2.9**.

**Figura C2.9**
a) Determinazione grafica del carico di snervamento.
b) Determinazione grafica del carico di rottura.

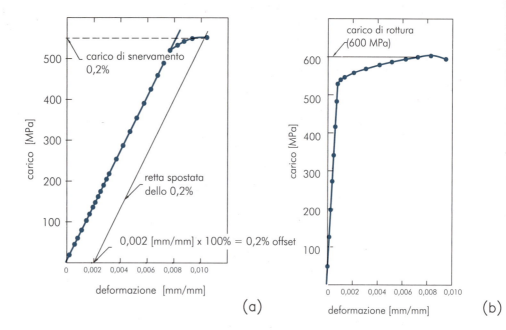

Alcune tipiche superfici di frattura dei provini sono (▶ **Fig. C2.10**):
— a coppa, per materiali duttili;
— piatte, per materiali fragili.

**Figura C2.10**
Aspetto dei provini dopo la rottura.

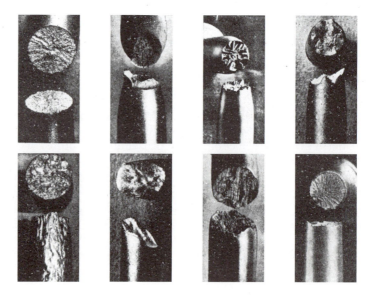

| COME SI TRADUCE... | |
|---|---|
| **ITALIANO** | **INGLESE** |
| *Allungamento percentuale* | *% elongation* |

### Determinazione dei parametri caratteristici del materiale

#### Allungamento percentuale

L'**allungamento percentuale** $A$ (▶ **Fig. C2.11**) si rileva dopo la rottura sul tratto compreso tra i due riferimenti di lunghezza $L_0$. Esso si misura alla fine della prova, accostando i due spezzoni in modo da realizzarne il contatto e rilevando, con un calibro a nonio, la nuova distanza assunta dai riferimenti $L_u$, o lunghezza ultima.

$$A\% = \frac{L_u - L_0}{L_0}$$

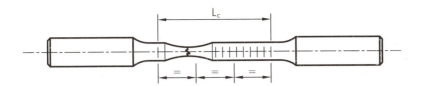

**Figura C2.11**
Allungamento percentuale.

L'allungamento permanente del provino è localizzato soprattutto nella zona di rottura. Gli allungamenti relativi a ciascun tratto della suddivisione del provino sono tanto più grandi quanto più essi sono vicini al punto di rottura.

Il diagramma rappresentativo degli allungamenti relativi a ciascun tratto ha dunque una forma simmetrica, con il massimo in corrispondenza del punto di rottura se esso è in prossimità del centro. Se la rottura avviene invece vicino a un'estremità, e comunque in posizione esterna al terzo medio, il diagramma non presenta forma simmetrica.

In tal caso, si esegue la seguente procedura (▶ **Fig. C2.12**) per la determinazione dell'allungamento dopo la rottura:
— si individuano lo spezzone di provino più corto e quello più lungo;
— sullo spezzone più corto si definisce il riferimento $X$, che corrisponde all'ultima tacca vicina alla testa;
— dopo aver accostato con cura i due spezzoni, su quello più lungo si individua la tacca di riferimento $Y$, approssimativamente simmetrica alla tacca $X$ rispetto alla sezione di rottura;
— si contano gli intervalli compresi tra $X$ e $Y$ ($n$) e si determina la differenza tra $N$ e $n$ con $N$ numero totale di tacche;
— se $(N-n)$ è un numero pari, si individua il riferimento $Z$ che *dista* $(N-n)/2$ intervalli da $Y$ e si calcola l'allungamento percentuale dopo la rottura:

$$A\% = \frac{XY + 2YZ - L_0}{L_0} 100$$

— se $(N-n)$ è un numero dispari, si individuano il riferimento $Z'$ che dista $[N-n-1]/2$ intervalli da $Y$ e il riferimento $Z''$ che dista $[N-n+1]/2$ intervalli da $Y$ e si calcola l'allungamento percentuale dopo la rottura:

$$A\% = \frac{XY + YZ' + YZ'' - L_0}{L_0} 100$$

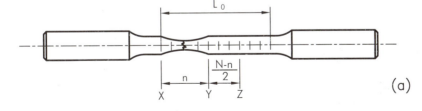

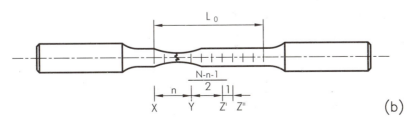

**Figura C2.12**
Esempio di misurazione dell'allungamento dopo la rottura:
a) se $(N-n)$ è un numero pari;
b) se $(N-n)$ è un numero dispari.

### Lunghezza di base dell'estensimetro ($L_e$)

È la lunghezza della parte calibrata del provino utilizzata per la misurazione dell'allungamento mediante l'estensimetro. Può essere diversa da $L_0$ e deve essere minore della lunghezza calibrata $L_c$. Inoltre, si definisce *estensione* l'aumento di $L_e$ a un determinato istante della prova.

### Strizione

La *strizione* (▶ Fig. C2.13) è la riduzione della sezione calibrata del provino dopo la rottura. Il coefficiente percentuale di strizione Z, vale:

$$Z\% = \frac{S_0 - S_u}{S_0} 100$$

che, in caso di provino a sezione circolare, si semplifica come segue:

$$Z\% = \frac{d_0^2 - d_u^2}{d_0^2} 100$$

dove:
— $S_0$ è la sezione iniziale del provino;
— $S_u$ è la sezione del provino minima dopo la rottura;
— $d_0$ è il diametro iniziale del provino cilindrico;
— $d_u$ è il diametro minimo del provino cilindrico dopo la rottura.

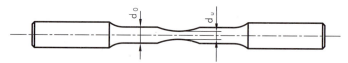

**Figura C2.13**
Strizione.

### Carico unitario di snervamento superiore e inferiore

Nella fase di snervamento (▶ Fig. C2.14a), si possono determinare i valori dei carichi nell'istante in cui ha inizio la deformazione plastica (snervamento superiore) $F_{eH}$ e il carico minimo ottenuto durante lo snervamento (snervamento inferiore) $F_{eL}$. I carichi unitari di snervamento relativi, essendo uguali ai rapporti tra i carichi applicati e l'area della sezione iniziale $S_0$ valgono:

$$R_{eH} = \frac{F_{eH}}{S_0}; \quad R_{eL} = \frac{F_{eL}}{S_0} \left[ \frac{N}{mm^2} \right]$$

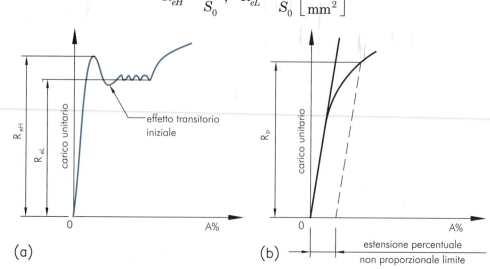

**Figura C2.14**
Carico unitario:
a) di snervamento superiore e inferiore;
b) di scostamento dalla proporzionalità.

### Carico unitario di scostamento dalla proporzionalità

In seguito alla prova di trazione, la deformazione prodotta sul provino si mantiene proporzionale al carico applicato finché la sollecitazione non supera la fase di proporzionalità (▶ **Fig. C2.14b**); essa è rappresentata dal tratto rettilineo del grafico registrato dalla macchina di prova. L'individuazione del punto in cui termina la proporzionalità dipende dalla precisione del dispositivo impiegato, pertanto è un valore approssimativo. La norma prevede che il carico al limite della proporzionalità corrisponda a un'estensione non proporzionale, pari a una percentuale prescritta della lunghezza di base dell'estensimetro $L_e$. Il carico unitario di scostamento dalla proporzionalità vale:

$$R_p = \frac{F_p}{S_0} \left[ \frac{N}{mm^2} \right]$$

Il simbolo utilizzato è seguito da un pedice indicante la percentuale prescritta, per esempio $R_{p0,2}$.

### Carico unitario limite di allungamento totale, elastico più plastico

È il rapporto tra il carico limite di allungamento totale $F_t$ raggiunto nella prova di resistenza a trazione e la sezione iniziale della parte calibrata (▶ **Fig. C2.15a**):

$$R_t = \frac{F_t}{S_0} \left[ \frac{N}{mm^2} \right]$$

Il simbolo utilizzato è seguito da un pedice indicante la percentuale prescritta della lunghezza iniziale tra i riferimenti, per esempio $R_{t0,5}$.

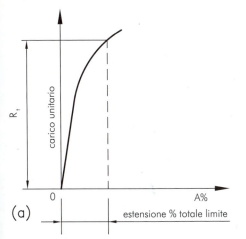
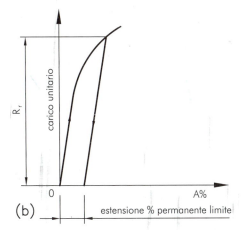

**Figura C2.15**
a) Carico unitario limite di allungamento totale.
b) Carico unitario di allungamento permanente.

### Carico unitario di allungamento permanente

È un carico per il quale, dopo la soppressione del carico stesso, l'allungamento permanente relativo a $L_0$, o l'allungamento permanente della lunghezza di base dell'estensimetro $L_e$ (▶ **Fig. C2.15b**), non supera il valore prescritto:

$$R_r = \frac{F_r}{S_0} \left[ \frac{N}{mm^2} \right]$$

Il simbolo utilizzato è seguito da un pedice indicante la percentuale dell'allungamento o dell'allungamento permanente, per esempio $R_{r0,2}$.

### Carico unitario di rottura

È il rapporto tra il carico massimo $F_m$ raggiunto nella prova di resistenza a trazione e la sezione iniziale della parte calibrata (▶ **Fig. C2.16**):

$$R_m = \frac{F_m}{S_0} \left[\frac{\text{N}}{\text{mm}^2}\right]$$

**Figura C2.16**
Carico unitario di rottura.

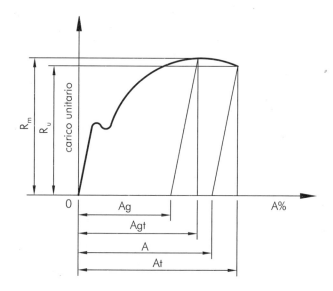

### Andamento del carico unitario reale

I carichi unitari definiti dalla norma, sopra specificati, sono riferiti alla sezione iniziale costante $S_0$.

In realtà, al progressivo aumento del carico applicato corrisponde una diminuzione della sezione reale $S$ per via dell'effetto Poisson. Si arriva alla costruzione del diagramma riportato nella **figura C2.17**, determinando i carichi unitari rispetto alla sezione reale $S$, secondo la seguente formula:

$$R = \frac{Forza}{S} \left[\frac{\text{N}}{\text{mm}^2}\right]$$

**Figura C2.17**
Diagramma carichi-allungamenti reale (in colore) confrontato con quello definito dalla norma (in nero). Quest'ultimo si ottiene perché non è possibile inserire nella macchina di prova l'informazione relativa alla sezione che varia continuamente.

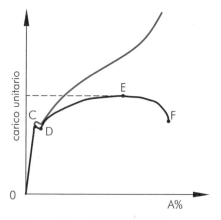

Ciò spiega perché, nel diagramma definito dalla norma, il carico unitario ultimo $R_u$ è inferiore al carico unitario massimo.

# Prova di compressione

La prova si esegue sottoponendo a sollecitazione di compressione monoassiale un provino cilindrico (▸ **Fig. C2.18**), per determinare, al momento della rottura o all'apparire della prima cricca, il carico e la relativa deformazione.

Questa prova è particolarmente significativa per materiali fragili come la ghisa grigia, il legno, i laterizi e il calcestruzzo.

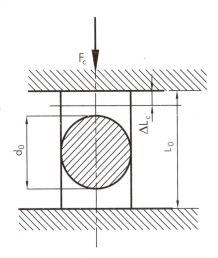

**Figura C2.18**
Schema della prova di compressione.

## Provini per l'esecuzione della prova

I provini per l'esecuzione della prova sulla ghisa sono di forma cilindrica con lunghezza iniziale $L_0 = 1,5\, d_0$, con il diametro iniziale $d_0$ compreso tra 10 e 30 mm. La base deve essere piana, perpendicolare all'asse longitudinale e con **superficie rettificata**.

Se la prova viene effettuata sul legno, i provini devono essere ricavati da saggi sotto forma di legname rotondo, squadrato o segato, nelle posizioni indicate nella **figura C2.19a**.

**PER COMPRENDERE LE PAROLE**

**Superficie rettificata:**
superficie con ottimo grado di finitura e conseguente bassa rugosità, ottenuta attraverso la lavorazione per asportazione di truciolo, con macchine utensili rettificatrici.

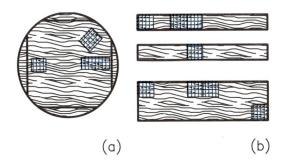

(a)   (b)

**Figura C2.19**
Saggi da cui si ricavano i provini per la prova di compressione:
a) su legno;
b) assiale.

I provini devono, inoltre, essere conservati in ambienti asciutti con una temperatura di 20 °C (±5 °C).

Quando la prova è di compressione assiale, il provino deve essere costituito da un parallelepipedo (▸ **Fig. C2.19b**).

Quando la prova è di compressione radiale o tangenziale, i provini hanno la forma di un cubo di lato uguale a 2 cm.

Per la determinazione del modulo elastico a compressione assiale si usano provini parallelepipedi di lato uguale a 5 cm e altezza uguale a 22 cm.

### Esecuzione della prova

La prova di compressione si effettua su macchine di prova universali, predisposte in modo da garantire la perfetta assialità del carico e la sua graduale applicazione.

Se la prova è eseguita sul legno, secondo la direzione di applicazione della forza, rispetto all'andamento degli anelli annuali del materiale, si deducono caratteristiche diverse ( ▸ **Fig. C2.20**).

**Figura C2.20**
Tipologie di applicazione del carico per la prova di compressione su legno.

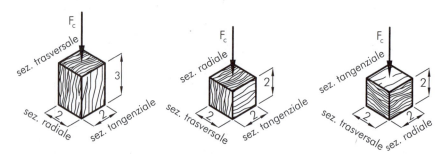

### Determinazione delle caratteristiche dei materiali

**Carico unitario di rottura a compressione**

Tale carico è espresso dalla seguente relazione:

$$R_{cR} = \frac{F_c}{S_0} \left[ \frac{N}{mm^2} \right]$$

in cui $F_c$ indica il carico che provoca la rottura del provino o la comparsa della prima cricca superficiale e $S_0$ è la sezione iniziale del provino.

**Carico unitario di scostamento dalla proporzionalità e carico unitario limite di deformazione permanente**

I due carichi sono espressi dalle seguenti relazioni:

$$R_{cp0,2} = \frac{F_{cp0,2}}{S_0} \left[ \frac{N}{mm^2} \right]$$

$$R_{cr0,2} = \frac{F_{cr0,2}}{S_0} \left[ \frac{N}{mm^2} \right]$$

in cui $R_{cp0,2}$ indica il carico unitario che provoca uno scostamento dalla proporzionalità pari a 0,2% della lunghezza iniziale e $R_{cr0,2}$ indica il carico unitario limite che provoca un accorciamento permanente dello 0,2% della lunghezza iniziale.

**Accorciamento longitudinale unitario**

È espresso dalla seguente relazione:

$$A_c = \frac{L_0 - L}{L_0}$$

in cui $L_0$ è la lunghezza iniziale del provino, mentre $L$ indica quella istantanea.

## Accorciamento longitudinale percentuale

È espresso dalla seguente relazione:

$$A_c\% = \frac{L_0 - L_u}{L_0} 100$$

in cui $L_0$ è la lunghezza iniziale del provino, mentre $L_u$ è quella finale.

## Ingrossamento trasversale unitario

È espresso dalla seguente relazione:

$$\varepsilon_{tc} = \frac{d - d_0}{d_0}$$

in cui $d_0$ è il diametro iniziale del provino e $d$ è quello istantaneo.

## Coefficiente di ingrossamento percentuale a rottura

È espresso dalla seguente relazione:

$$Z_c\% = \frac{S_u - S_0}{S_0} 100$$

in cui $S_0$ è la sezione iniziale del provino e $S_u$ è quella finale.

## Resistenza a compressione assiale per il legno

È data dalla formula:

$$R_c = \frac{F_a}{S} \left[ \frac{N}{cm^2} \right]$$

in cui $F_a$ è il carico di rottura assiale, indicato nella macchina da un istantaneo arresto dell'indice, mentre $S$ indica la sezione del provino.

## Resistenza a compressione tangenziale e radiale per il legno

Sono date dalle seguenti relazioni:

$$R_{ct} = \frac{F_t}{S}; \quad R_{cr} = \frac{F_r}{S} \left[ \frac{N}{cm^2} \right]$$

in cui $F_t$ e $F_r$ sono i carichi di rottura tangenziale e radiale, rilevati dalla curva carichi-deformazioni, in corrispondenza del punto in cui iniziano le deformazioni permanenti, mentre $S$ è la sezione del provino.

## Modulo elastico a compressione assiale per il legno

Si misurano le deformazioni elastiche del provino (di sezione 25 cm²) nel tratto di 10 cm, centrato rispetto a quello utile, avente la lunghezza di 12 cm, tra un carico unitario di 20 N/cm² e quello massimo, non superiore a 1/5 del carico di rottura del materiale. Si applica quindi la seguente relazione:

$$E_c = \frac{F L}{S \Delta L} = \frac{F 10}{25 \Delta L}$$

da cui si ricava:

$$\Delta L = 0,4 \frac{F}{E_c}$$

dove $F$ è il carico massimo, $\Delta L$ è l'allungamento ed $E_c$ è il modulo elastico.

PROVE MECCANICHE **UNITÀ C2**

## Prova di flessione

Scopo della prova è quello di registrare le caratteristiche di resistenza e di elasticità di un provino, soggetto a momento flettente, appoggiato agli estremi su due rulli cilindrici liberi di ruotare (▶ **Fig. C2.21**).

**Figura C2.21**
Schema di prova di flessione:
a) per il legno;
b) con un puntone;
c) con due puntoni.

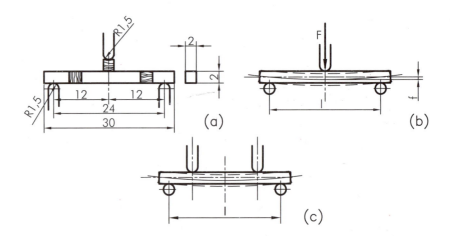

La prova si esegue sottoponendo gradualmente e con continuità il provino del materiale in esame a un carico concentrato, applicato perpendicolarmente al suo asse e, in genere, in mezzeria rispetto agli appoggi. Secondo la maggiore o minore deformabilità del materiale su cui si effettua, la prova può essere di flessione vera e propria o di piegamento.

Nel campo elastico, si rileva il carico corrispondente a un determinato abbassamento del provino in mezzeria (o freccia). Nel caso di materiale fragile, invece, si rilevano la freccia alla rottura e il relativo carico.

### Provini per l'esecuzione della prova

Possono avere sezione quadrata, circolare o qualsiasi altra forma, simmetrica rispetto al piano di flessione con dimensioni trasversali costanti per tutta la sua lunghezza.

I provini per l'esecuzione della prova sulla ghisa sono ottenuti colando il materiale in apposite forme con lunghezza di 450 mm e diametro di 30 mm. Se il materiale presenta limitata deformabilità, s'impiegano provini di forma prismatica delle dimensioni di $80 \times 100 \times 1100$ mm.

Per la prova di flessione su legno, si utilizzano provini parallelepipedi a base quadrata, aventi lato pari a 2 cm e la lunghezza pari a 30 cm.

### Macchine per l'esecuzione della prova

Per la prova di flessione su ghisa, la macchina per l'applicazione del carico è costituita da un coltello con estremità cilindrica fissato all'incastellatura della macchina che, a sua volta, è munita di un quadrante graduato per l'indicazione della freccia.

I principali elementi che costituiscono la macchina sono (▶ **Fig. C2.22**):
— il coltello;
— l'incastellatura;
— il quadrante graduato;
— il meccanismo di applicazione del carico;
— il freno.

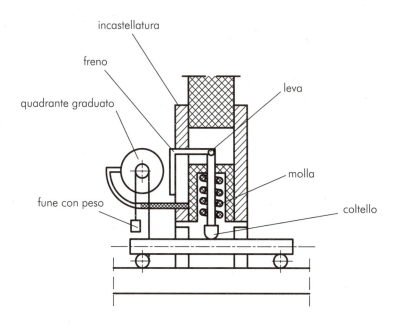

**Figura C2.22**
Schema del dispositivo di prova a flessione su ghisa.

Nel caso di materiali fragili, la macchina di prova è costituita da un basamento con supporti di appoggio per il provino (posti alla distanza di 100 mm).

## Esecuzione della prova

Il provino viene collocato su due appoggi cilindrici, posti a distanza stabilita, liberi di ruotare per consentire lo scorrimento; il carico viene applicato per mezzo di un coltello, o puntone, a estremità cilindrica, oppure con due coltelli posti a uguale distanza dagli estremi.

Se la prova è effettuata sulla ghisa, la distanza tra gli appoggi è di 400 mm; se la prova è effettuata sul legno, il carico si applica nella direzione tangenziale o radiale rispetto agli anelli annuali, sul provino appoggiato su due supporti posti alla distanza di 24 cm.

## Determinazione delle caratteristiche dei materiali

Si effettua considerando la **tabella C2.2**.

**Tabella C2.2** Rilievo delle caratteristiche dei materiali per mezzo della prova di flessione

| Materiale | Caratteristica | Formula e unità di misura |
|---|---|---|
| Ghisa | $R_{fm}$, carico unitario di rottura a flessione (caso di provino con sezione del circolare) | $R_f = \dfrac{FL32}{4\pi D^3} \left[\dfrac{N}{mm^2}\right]$ |
| Materiali fragili | $R_{fm}$, carico unitario di rottura a flessione | Non applicabile |
| Legno | $R_{fm}$ carico unitario di rottura a flessione | Non applicabile |

## Prova di torsione

La prova di torsione (non unificata) conduce alla determinazione del carico unitario di rottura a torsione dei materiali metallici. La prova di torsione semplice sui fili è invece unificata, anche se scarsamente richiesta, ed è considerata una prova tecnologica.

### Provini per l'esecuzione della prova

I provini impiegati possono essere a sezione circolare o a sezione anulare ( ▶ **Fig. C2.23** ).

**Figura C2.23**
Provino per la prova di torsione.

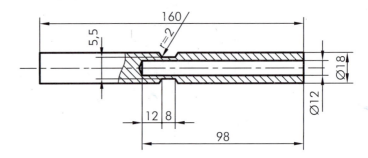

### Macchine per l'esecuzione della prova

Le macchine adoperate possono essere a comando manuale o automatico, dotate di un dispositivo dinamometrico per il rilievo del momento torcente applicato al provino e un diagrammografo per la registrazione dell'angolo di torsione, che si manifesta nel tratto calibrato della stessa.

### Esecuzione della prova

Il provino viene posto tra due ganasce e messa in leggera tensione attraverso un contrappeso; si applica alla prima ganascia un momento torcente (rilevato con il dispositivo dinamometrico solidale al secondo supporto) fino alla rottura del provino stesso.

Si registra il diagramma relativo all'angolo di torsione, in funzione del momento torcente.

### Determinazione delle caratteristiche dei materiali

Da questa prova si ottiene il carico unitario di torsione, secondo la seguente relazione:

$$\tau_t = \frac{M_t}{W_t} \left[ \frac{N}{mm^2} \right]$$

dove $M_t$ è il momento torcente massimo che ha provocato la rottura e $W_t$ è il modulo di elasticità tangenziale, pari a $\pi d^3/16$ per sezioni circolari piene.

## Prova di taglio

La prova di taglio (non unificata) conduce alla determinazione del carico unitario di rottura al taglio dei materiali ( ▶ **Fig. C2.24** ). Essa viene eseguita con macchine provviste di attrezzature atte a sollecitare a taglio provini di sezione circolare, rettangolare oppure quadrata.

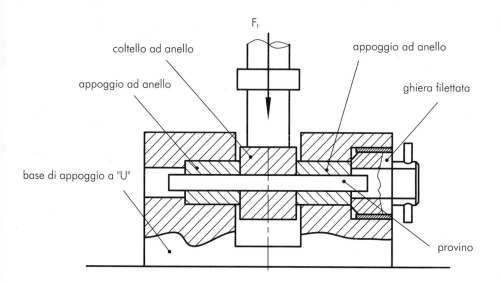

**Figura C2.24**
Schema della prova di taglio.

I provini a sezione circolare, rettangolare o quadrata possono anche assumere la forma di fili.

Per la prova di taglio si utilizzano dispositivi costituiti da un supporto a "U", posto sulla parte superiore della traversa mobile della macchina universale, e da un coltello prismatico a intaglio che si dispone sulla traversa fissa.

Dopo aver collocato il provino sul supporto, si procede alla traslazione del coltello rispetto al supporto stesso e alla conseguente recisione del provino.

Attraverso questa prova si determina il carico unitario di taglio, secondo la seguente relazione:

$$R_t = \frac{F_t}{2S} \left[ \frac{N}{mm^2} \right]$$

dove $F_t$ è il carico di rottura al taglio e $S$ è la sezione trasversale del provino.

## Esempio

Un provino a sezione circolare in lega di alluminio sottoposto a trazione ha un diametro di 12,8 mm.

Come rappresentato nella **figura C2.25**, lo scostamento dello 0,2% dal massimo allungamento in campo elastico corrisponde a un carico di 7560 N, mentre il carico massimo è di 13 900 N, mentre quello di rottura è di 9340 N. Calcolare il carico unitario allo snervamento, massimo e alla rottura.

## Soluzione

La sezione utile iniziale ha una superficie pari a:

$$S_0 = \frac{\pi (1,28 \times 10^{-2})^2}{4} = 1,29 \times 10^{-4} \, m^2$$

per cui si ottiene:

$$R_{p0,2} = \frac{7560 \, N}{(1,29 \times 10^{-4}) \, m^2} = 5,86 \times 10^7 \, \frac{N}{m^2}$$

| ITALIANO | INGLESE |
|---|---|
| Acciaio | Steel |

$$R_m = \frac{13\,900 \text{ N}}{\left(1,29 \times 10^{-4}\right) \text{m}^2} = 10,76 \times 10^7 \, \frac{\text{N}}{\text{m}^2}$$

$$R_u = \frac{9340 \text{ N}}{\left(1,29 \times 10^{-4}\right) \text{m}^2} = 7,25 \times 10^7 \, \frac{\text{N}}{\text{m}^2}$$

**Figura C2.25**
Diagramma carichi-allungamenti.

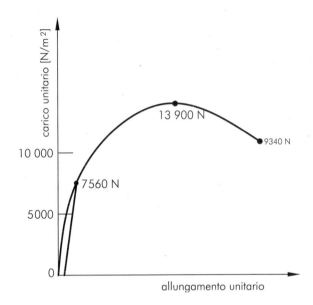

### Esercitazione sulla prova di trazione

#### Scopo dell'esercitazione

L'esercitazione ha lo scopo di misurare alcune caratteristiche meccaniche, ricavabili dalla prova di trazione, e di svolgere alcune elaborazioni sui risultati ottenuti.

#### Materiale

**Acciaio** 39NiCrMo3 bonificato.

#### Modalità di prova

La prova segue le modalità prescritte dalla norma UNI EN 10002/1 che, come già illustrato, fornisce indicazioni sul metodo di prova di trazione dei materiali metallici e definisce le caratteristiche meccaniche che tale prova consente di determinare a temperatura ambiente.

In particolare, per quanto riguarda la prova in oggetto, le condizioni saranno le seguenti:
— utilizzo di provini aventi la forma e le dimensione riportate nella **figura C2.26**;
— applicazione della velocità di deformazione del tratto calibrato di $1,5 - 10 \text{ s}^{-1}$ corrispondente alla velocità di spostamento del tratto calibrato di 0,6 mm/min e alla velocità di spostamento della traversa di 1,5 mm/min;
— rimozione dell'estensimetro in corrispondenza di $A = 2\%$;
— applicazione della velocità di spostamento della traversa pari a 3 mm/min fino alla rottura del provino.

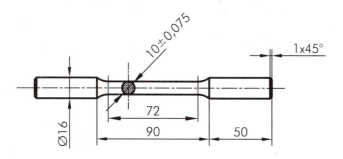

**Figura C2.26**
Forma e dimensioni del provino in esame.

### Macchine di prova
— MTS RF/150 da 150 kN elettromeccanica con afferraggi idraulici;
— MTS RF/100 da 100 kN elettromeccanica con afferraggi meccanici.

### Risultati delle prove
I risultati delle prove sono:
— i diagrammi della forza e dell'allungamento del tratto utile del provino, sui quali effettuare per via grafica il rilievo delle caratteristiche meccaniche;
— una serie di dati da analizzare successivamente per ricavare numericamente le stesse caratteristiche e svolgere ulteriori elaborazioni.

### Elaborazione dei risultati
Ricavare graficamente, dal diagramma ottenuto, e numericamente dall'elaborazione dei dati, i seguenti valori:
— modulo elastico $E$ nella zona iniziale del diagramma;
— carico di scostamento dalla proporzionalità ($R_{p0,2}$ per $A=0,2\%$ e $R_{p1,0}$ per $A=1\%$);
— carico di rottura;
— allungamento a rottura.

Stendere un rapporto sulle prove, conforme alle specifiche riportate dalle relative norme.

## C2.2 PROVE DI FATICA

Le forze applicate agli organi meccanici possono variare periodicamente nel tempo, secondo cicli che si ripetono un numero elevato di volte.
Un materiale sottoposto a tale tipo di sollecitazione si può rompere, dopo un certo numero di cicli, con una tensione minore di quella rilevata con carichi statici. Le prove di fatica permettono la determinazione e il confronto delle caratteristiche di resistenza a fatica dei materiali. I provini, inoltre, possono essere progettati per studiare gli effetti sulla resistenza a fatica dei fattori di seguito riportati:
— *caratteristiche geometriche* (fori, raccordi, variazioni di sezione, difetti dovuti all'esercizio ecc.);
— *proprietà massive* (effetti delle lavorazioni di deformazione plastica a freddo, trattamenti termici);
— *stato della superficie* (finitura, rullatura, pallinatura, fattori ambientali);
— *tipi di sollecitazione* (sollecitazione semplice, sollecitazione composta, sollecitazione termica).

### PER COMPRENDERE LE PAROLE

**Controllo del carico:** funzionamento della macchina di prova per il quale essa è in grado di mantenere costante il carico al variare della deformazione ($\varepsilon = \Delta L/L$) e dello spostamento ($\Delta L$) nel provino.

**Controllo della deformazione:** funzionamento della macchina di prova per il quale è in grado di mantenere costante la deformazione, al variare del carico e dello spostamento nel provino.

**Controllo dello spostamento:** funzionamento della macchina di prova per il quale è in grado di mantenere costante lo spostamento, al variare del carico e della deformazione nel provino.

## Macchine di prova

Le modalità di funzionamento delle macchine di prova si distinguono in:
- **controllo di carico**, in cui la sezione resistente residua viene sollecitata sempre di più fino alla rottura; quest'ultima, una volta avviata, viene accelerata dall'aumento del numero dei cicli e dal crescere del carico unitario;
- **controllo di deformazione** (o **spostamento**) dove, per effetto della variazione delle proprietà elastiche del materiale conseguente alla sollecitazione alternata, il carico applicato va decrescendo, a parità di deformazione, anche prima dell'inizio della rottura; quando cominciano la rottura e la diminuzione della sezione resistente residua, il carico, sempre a parità di deformazione o spostamento, diminuisce ancora.

Le macchine di prova sollecitano il provino a flessione rotante, a flessione piana, a torsione alternata oppure a trazione-compressione.

Tra le tante macchine utilizzate, quelle riportate di seguito sono le più significative.
- *Vibrofori*: sono macchine a risonanza magnetica, in cui la frequenza di lavoro è superiore a 100Hz e può essere variata in funzione del materiale; esse sono in grado di controllare il carico, effettuando prove assiali o di flessione piana e hanno una maggiore flessibilità rispetto alle precedenti.
- *Macchine elettroidrauliche* o *elettromeccaniche a circuito chiuso*: hanno struttura analoga alle macchine di prova universali e sono in grado di operare a controllo di carico o di deformazione o di spostamento. Nelle macchine più moderne, la frequenza di lavoro può arrivare a 1000 Hz. Esse sono in grado di garantire un'estrema flessibilità, cioè permettono il serraggio di provini di varie forme e l'applicazione di tipi di carico diversi, infine, possono essere interfacciate con un personal computer per il controllo e l'elaborazione dei dati (▶ **Fig. C2.27**).

**Figura C2.27**
Tipica macchina per prova di fatica controllata dal calcolatore.

## Tipologie e dimensioni dei provini per l'esecuzione della prova

Un tipico provino a fatica presenta la nomenclatura riportata nella **figura C2.28**.

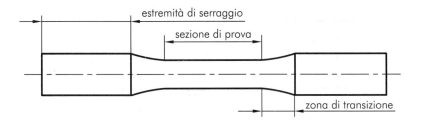

**Figura C2.28**
Nomenclatura di un provino a fatica.

Essa ha tre sezioni:
— la sezione di prova;
— la zona di transizione;
— due estremità di serraggio.

Nella sezione di prova sono misurate o controllate le tensioni, le deformazioni, la temperatura e altri parametri ambientali; qui si verificano la cricca e la rottura. Le estremità di serraggio servono per il trasferimento del carico dalle ganasce della macchina alla sezione di prova. La transizione tra estremità e sezione di prova è garantita da opportuni raccordi, che rendono minima la concentrazione delle tensioni interne.

Di norma, la rottura per fatica inizia dalla superficie del provino, pertanto la sua preparazione è molto importante e la lavorazione deve essere adeguata. Le lavorazioni finali vengono eseguite parallelamente alla direzione dei carichi applicati. La pulitura finale si basa su operazioni di lucidatura, per evitare rigature superficiali che potrebbero costituire inneschi alla rottura; essa inoltre previene alterazioni delle caratteristiche meccaniche della superficie.

I provini possono essere a sezione di prova circolare o rettangolare; le dimensioni sono unificate dalla normativa internazionale (▶ **Fig. C2.29**).

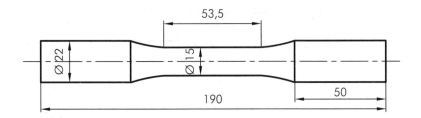

**Figura C2.29**
Dimensioni unificate per un provino a fatica.

## Esecuzione della prova

La fatica può essere provocata da una successione di cicli di carico variabile secondo diversi schemi. Le prove di fatica tradizionali sono condotte applicando carichi variabili con legge sinusoidale ad ampiezza costante (ciclo alterno, ciclo pulsante, ciclo dello zero, come illustrato nella **figura C2.30a**) fino a rottura; nelle condizioni d'esercizio, questa tipologia di carico non accade.

Per meglio simulare la realtà, si utilizzano la prova di fatica a blocchi di carico sinusoidale con ampiezza variabile, secondo uno specifico programma di carico (▶ **Fig. C2.30b**) e la prova di fatica a variazione casuale di ampiezza e di frequenza del carico sollecitante (▶ **Fig. C2.30c**).

**Figura C2.30**
Sistemi di esecuzione di prove di fatica:
a) ciclo dello zero;
b) metodo Gassner;
c) a variazione casuale di ampiezza e di frequenza del carico sollecitante.

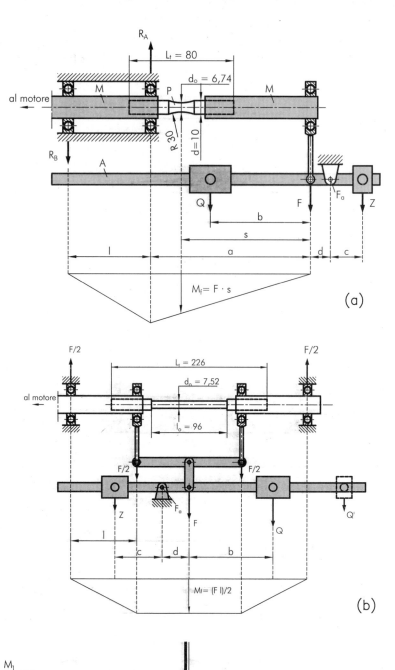

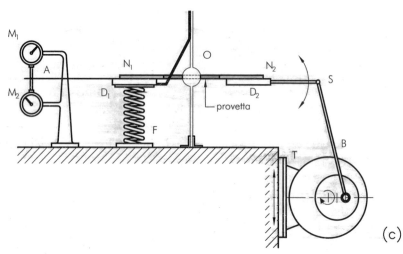

I risultati delle prove consentono di assegnare a un determinato materiale, e in relazione alle condizioni di carico, il numero dei cicli a rottura e l'ampiezza del carico applicato.

Per riportare i risultati relativi alle varie durate, tenendo conto dei tipi di sollecitazione o dei valori delle stesse, conviene adottare rappresentazioni grafiche.

La curva di fatica (o di Wöhler) è uno dei metodi più usati. La curva rappresenta l'andamento della resistenza a fatica in funzione della durata, al variare della tensione media ($\sigma_m$), oppure al variare del rapporto di sollecitazione ($R$), noto il carico di rottura $R_m$ a trazione del materiale (▶ **Fig. C2.31**).

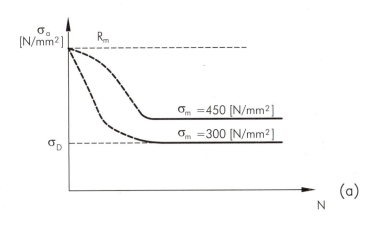

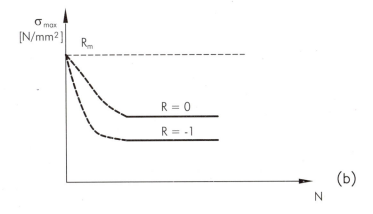

**Figura C2.31**
Diagrammi di Wöhler per acciai a media resistenza:
a) al variare della tensione media $\sigma_m$;
b) al variare del rapporto di sollecitazione R.

Un'altra rappresentazione grafica è quella di *Goodman-Smith*. Il diagramma illustrato nella **figura C2.32** riporta, sull'asse delle ascisse, i valori delle tensioni medie $\sigma_m$ a trazione e a compressione, mentre sull'asse delle ordinate riporta i valori delle tensioni massime e minime del ciclo di fatica (ciascuna con il proprio segno). Simmetricamente alla retta inclinata di 45° (luogo delle tensioni medie $\sigma_m$) saranno sovrapposti i valori limite dell'ampiezza $\sigma_a$ della sollecitazione oscillatoria, alla quale il materiale può resistere per un numero infinito di cicli di carico. Il diagramma di resistenza a fatica si compone, quindi, di una curva limite superiore e di una curva limite inferiore, le cui ordinate rappresentano le tensioni limiti $\sigma_{max}$ e $\sigma_{min}$ entro le quali può avere luogo l'oscillazione del carico, senza che intervenga nel materiale una rottura per fatica. Per gli acciai con uguale comportamento a trazione e a compressione (i rispettivi carichi di rottura saranno uguali), il diagramma risulta praticamente simmetrico rispetto all'origine degli assi e, in genere, viene proposta solo la parte destra corrispondente alle $\sigma_m$ positive. Le due curve s'incontrano nel punto E, la cui ordinata è il carico unitario di rottura a trazione.

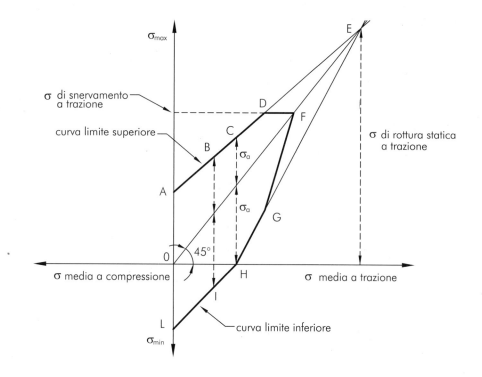

**Figura C2.32**
Diagramma di Goodman-Smith. In generale la sollecitazione di compressione è meno pericolosa di quella a trazione, perché il materiale compresso risente meno l'effetto delle imperfette lavorazioni superficiali e degli eventuali fenomeni di corrosione.

Nel caso in cui la resistenza a trazione fosse minore di quella a compressione (oppure viceversa), il diagramma risulterebbe asimmetrico.

I tratti del diagramma paralleli all'asse delle ascisse hanno in ordinata i carichi di snervamento a trazione e a compressione del materiale. In pratica:
— l'area compresa tra le curve limiti denota la capacità di resistenza a fatica in funzione, anche, della resistenza statica;
— la tensione media $\sigma_m$ può assumere come valore massimo il carico di snervamento, perché nella prova di fatica le sollecitazioni massime non possono superare tale carico;
— ai fini della resistenza a fatica, crescendo $\sigma_m$ diminuirà l'ampiezza dell'oscillazione $\sigma_a$;
— al di sopra del tratto di curva ABCD vi è rottura per fatica, mentre al di sopra di DF vi è deformazione permanente;
— la zona del diagramma a destra di DG indica la rottura per fatica con deformazioni plastiche e non interessa le costruzioni meccaniche.

Le prove sperimentali dimostrano che la resistenza a fatica non è influenzata dalla frequenza e che eventuali interruzioni durante la prova sono ininfluenti sul limite di fatica: conta unicamente il numero totale di cicli percorsi.

La rottura per fatica tende a prodursi e a propagarsi per distacco e non per scorrimento; nella sollecitazione alternata la variazione di segno induce un martellamento e le superfici affacciate alla rottura appaiono levigate.

Nella sollecitazione pulsante, la tensione varia fra due limiti dello stesso segno: per questo viene a mancare il martellamento e le superfici di rottura appaiono opache e vellutate.

## Fattori che influenzano la resistenza a fatica

Quando si opera in condizioni di sollecitazione ciclica, i fattori che determinano la vita di un componente meccanico e dei sistemi cui appartiene sono vari, come si desume dalla **tabella C2.3**.

**Tabella C2.3** Fattori che influenzano la resistenza a fatica

| Fattore | Effetto |
|---|---|
| Temperatura | L'aumento della temperatura provoca l'abbassamento del limite di fatica $\sigma_D$ e lo scorrimento sotto carico con eventuali allungamenti pericolosi |
| Trattamenti termici | In generale i trattamenti termici massivi o superficiali migliorano il limite di fatica |
| Tipo di sollecitazione | La resistenza a fatica di un materiale varia con il tipo di sollecitazione (trazione, compressione, flessione e torsione) e dipende dallo stato di tensione. Nel caso della sollecitazione di fatica a flessione rotante, con buona approssimazione, si sono ottenuti i seguenti risultati: <br> — acciaio, $\sigma_D = (0,4 \div 0,6)\, R_m$      Durata $N = 2 \div 4$ milioni di cicli <br> — materiali non ferrosi, $\sigma_D = (0,2 \div 0,5)\, R_m$      Durata $N$ leghe leggere = 30 milioni o più di cicli |
| Finitura superficiale | La massima resistenza alla fatica si ottiene con superfici speculari. L'esperienza mostra che le azioni chimico/corrosive possono accentuare il fenomeno della generazione e progressione della cricca di fatica. La frequenza dei cicli di tensione ha influenza sul limite di fatica, perché gli effetti della corrosione e dell'ossidazione dipendono dal tempo. La resistenza a fatica nell'atmosfera è minore che nel vuoto per l'assenza delle azioni chimiche |
| Dimensioni del pezzo | La resistenza a fatica diminuisce al crescere delle dimensioni del pezzo. Ciò è da attribuire, probabilmente, alla maggiore difficoltà ad avere una struttura completamente omogenea e un'uniforme distribuzione delle tensioni |
| Trattamenti di deformazione superficiale: pallinatura e rullatura | La pallinatura e rullatura conferiscono un incremento della resistenza a fatica |
| Allenamento | Consiste nel percorrere preventivamente un certo numero di cicli (sollecitazione di ampiezza costante oppure incrementata a gradini per un numero di cicli pari a un milione) con carico minore del limite di fatica (▸ **Fig. C2.33**). Si raggiungono, per alcuni materiali, aumenti del limite di fatica anche del 60% (per altri al contrario non si apprezzano miglioramenti). Con questa pratica sono attenuate o eliminate del tutto le tensioni localizzate. Grossi bancali di macchine utensili, prima di essere messi in opera, sono sottoposti all'azione vibrante di masse battenti, altrimenti con il passar del tempo si potrebbero creare dannose distorsioni |
| Intaglio | Si definisce intaglio tutto ciò che alteri la distribuzione delle tensioni nella sezione di un pezzo meccanico: fori, variazioni di sezione, irregolarità di forma, cave per chiavette e linguette, gole di scarico, filettature, soffiature, inclusioni, porosità ecc. La presenza degli intagli crea una forte concentrazione delle sollecitazioni con evidenti punte di tensione massima (▸ **Fig. C2.34**). Ciò comporta una riduzione della resistenza a fatica del componente. La comprensione del fenomeno dell'intaglio risulta più chiara se si ricorre all'**analogia idrodinamica** (▸ **Fig. C2.35**). |

**Figura C2.33**
Curva di Wöhler prima e dopo l'allenamento: curva di Wöler di acciaio non "allenato" (1); curva di Wöler dello stesso acciaio ma "allenato" (2).

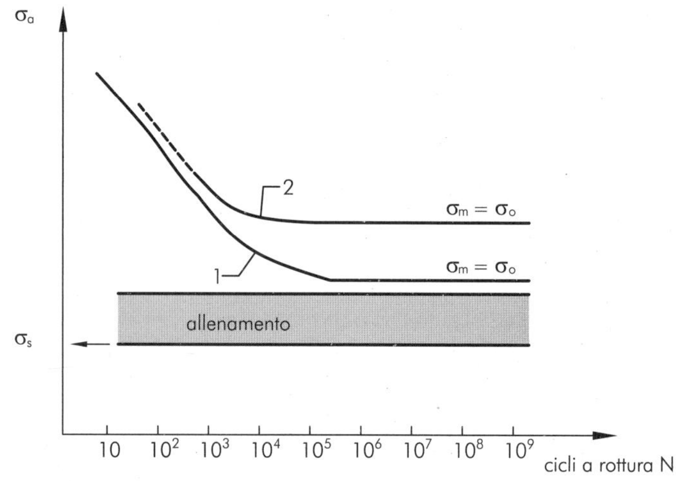

**Figura C2.34**
Concentrazione delle tensioni in presenza di un foro.

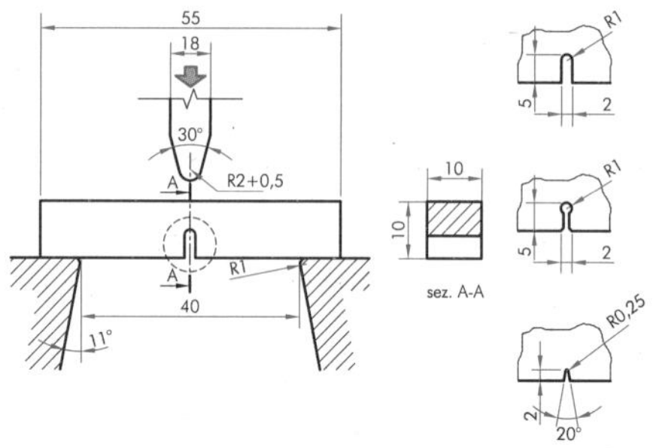

**Figura C2.35**
Analogia idrodinamica e perturbazione attorno all'intaglio: è un parallelo fra meccanica e idraulica, secondo cui la velocità della corrente fluida corrisponde all'entità delle tensioni entrambe schematizzate con linee parallele tra loro.
a, b) La corrente fluida, in prossimità di uno o più pilastri, accelera per ricongiungersi con i filetti fluidi da cui si era staccata, poiché Il pilastro rappresenta una brusca variazione di sezione, un ostacolo da scavalcare il più velocemente possibile.
c) Allo stesso modo si comportano le tensioni meccaniche in prossimità di uno o più intagli.
d) A una certa distanza dall'intaglio, l'effetto della perturbazione si attenuerà fino a diventare ininfluente.

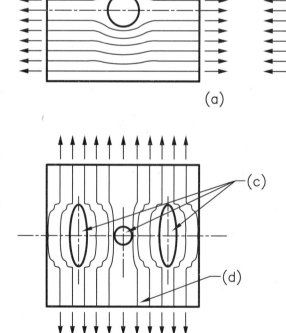

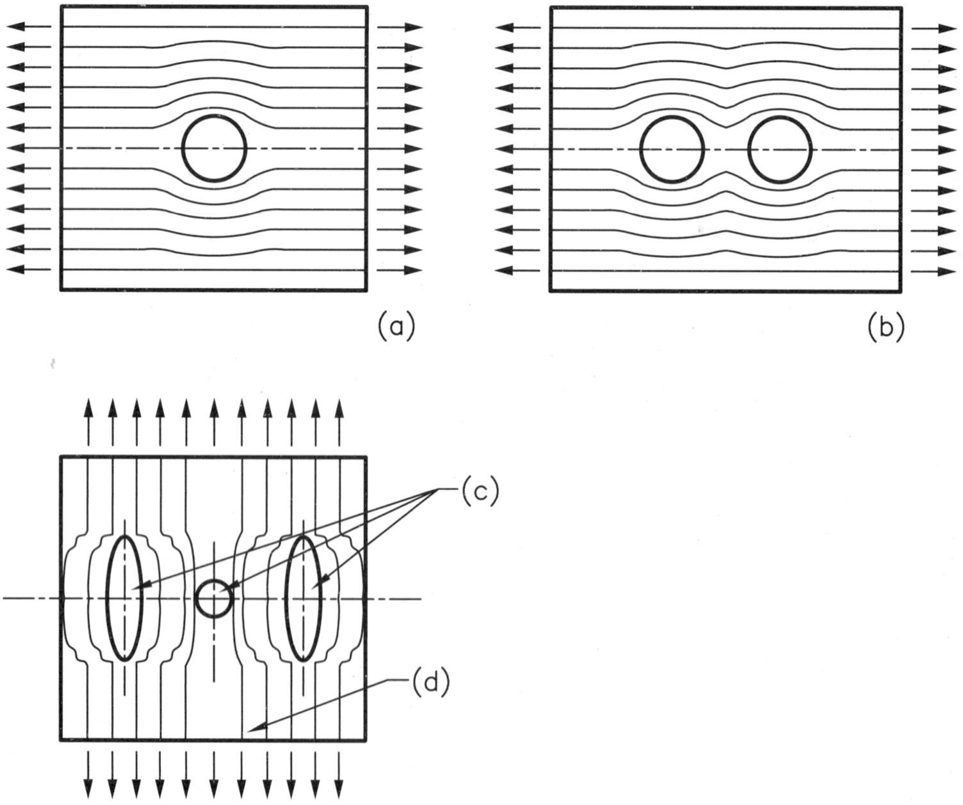

## C2.3 PROVE DI RESILIENZA

La prova di resilienza si effettua attraverso l'azione di una mazza a caduta pendolare, capace di rompere con un solo colpo un provino appoggiato su due sostegni. La prova prevede l'utilizzo del maglio pendolare (pendolo di Charpy) con i relativi accessori (▶ **Fig. C2.36**).

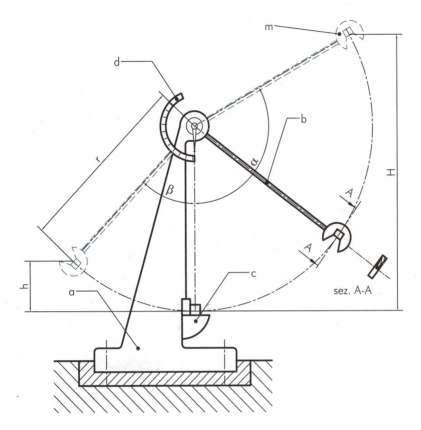

**Figura C2.36**
Struttura e geometria del pendolo di Charpy: incastellatura con basamento (**a**); pendolo ad asta (**b**) con mazza (**m**); appoggi per il provino (**c**); misuratore/indicatore dell'energia assorbita durante l'urto (**d**).
Si riconoscono le seguenti grandezze:
— $m$ = massa della mazza e dell'asta [kg];
— $g$ = accelerazione di gravità pari a 9,81 [m/s$^2$];
— $H$ = altezza di caduta della mazza [m];
— $r$ = lunghezza asta (distanza fra il baricentro della mazza e il centro di rotazione);
— $\alpha$ = angolo di inclinazione iniziale dell'asta;
— $\beta$ = angolo di risalita dell'asta.

La mazza, nel cui piano baricentrico è posto il coltello caratterizzato dall'angolo del tagliente e dal raggio di curvatura (▶ **Fig. C2.36**), viene disposta a un'altezza $H$ (rispetto al piano orizzontale e passante per il baricentro del provino).

In questa posizione i pendoli normali dispongono di un'energia potenziale pari a 300 J (± 10 J) che è largamente sufficiente per rompere i provini di quasi tutti i materiali e avere ancora energia per risalire sino all'altezza $h$.

Il pendolo deve avere i seguenti requisiti:
— robustezza e rigidità tali da non generare vibrazioni;
— piano di oscillazione ortogonale al piano d'appoggio del provino;
— opportuna geometria dell'asta e della mazza affinché il baricentro di quest'ultima impatti in perfetta corrispondenza della sezione di intaglio del provino, poiché in questa sezione si deve applicare tutta l'energia a disposizione.

Al momento dell'urto la mazza deve avere la velocità prevista dalla norma (▶ **Tab. C2.4**), che in assenza di attriti si esprime con la nota relazione:

$$V = \sqrt{2gH}$$

### Esecuzione delle prove

Sganciando rapidamente la mazza, la sua energia potenziale si trasformerà progressivamente in energia cinetica: giunta nel punto più basso della corsa, sarà in possesso della sola energia cinetica, capace di rompere in un solo colpo il provino. La risalita avverrà fino a un'altezza $h < H$ perché, durante l'urto, il provino avrà assorbito parte dell'energia potenziale iniziale. L'energia disponibile sarà:

$$E_d = m \, g \, h \; [\text{J}]$$

L'energia potenziale residua è:

$$E_r = m \, g \, h \; [\text{J}]$$

Il lavoro assorbito durante la rottura risulta essere:

$$E_d - E_r = E_a = m \, g \, (H - h) \; [\text{J}]$$

L'energia assorbita può considerarsi scindibile in tre diverse fasi principali:
— energia spesa per iniziare la frattura;
— energia spesa per propagare la frattura;
— energia spesa per portare al completo distacco le due parti del provino.

Durante la rotazione intorno al suo perno, l'asta trascina una lancetta a essa solidale, ma folle rispetto al quadrante concentrico al perno stesso. Nei moderni pendoli di Charpy il quadrante è tarato in joule, pertanto la risalita dell'asta fornisce direttamente il lavoro assorbito $E_a$ durante la rottura ( ▸ **Fig. C2.36** ):

$$H = r + r \, \text{sen} \, (\alpha - 90°)$$

$$h = r - r \cos (\beta)$$

Sostituendo nell'espressione del lavoro assorbito durante l'urto si ottiene:

$$E_a = m \, g \left( H - h \right) = m \, g \left\{ \left[ r + r \, \text{sen} \, (\alpha - 90°) \right] - \left[ r - r \cos (\beta) \right] \right\}$$

$$E_a = m \, g \left( H - h \right) = m \, g \, r \left[ \text{sen} \, (\alpha - 90°) + \cos (\beta) \right]$$

Poiché $m$, $g$, $r$ e $\alpha$ sono costanti, $E_a = f(\beta)$, quindi, il lavoro assorbito dal provino durante l'urto dipende dall'angolo di risalita che il pendolo forma con la verticale e, in funzione di questa variabile, viene tarata la scala di lettura. I materiali fragili assorbono poca energia durante l'urto e si rompono con maggiore facilità, come la ghisa e alcune materie plastiche; i materiali resilienti assorbono molta energia durante l'urto e resistono meglio agli urti, come l'acciaio dolce e gli elastomeri. Per materiali a bassa resilienza si adoperano pendoli con minore energia potenziale iniziale: 70, 50 J oppure 15 J (macchine di prova più leggere e meno ingombranti rispetto a quelle per rompere i materiali ferrosi).

### Esempio

Un pendolo di tipo Charpy ha una mazza battente di massa pari a 10 kg e un braccio di 0,75 m. La mazza viene alzata fino a formare un angolo di 120° con la verticale e poi liberato. Dopo l'impatto con il provino procede nella corsa fino a formare con la verticale un angolo di 90°. Calcolare l'energia assorbita nella rottura dal provino.

**Soluzione**

La nota relazione:

$$E_a = m\,g\,r\left[\operatorname{sen}\left(\alpha - 90°\right) + \cos\left(\beta\right)\right]$$

offre la possibilità di risoluzione, attribuendo ai parametri i seguenti valori:
— $m = 10$ kg;
— $g = 9,81$ m/s$^2$;
— $r = 0,75$ m;
— $\alpha = 120°$;
— $\beta = 90°$.

Il lavoro assorbito dal provino $E_a$ risulta essere:

$$E_a = 10 \times 9,81 \times 0,75\left[\operatorname{sen}\left(120° - 90°\right) + \cos\left(90°\right)\right] = 37 \text{ J}$$

quindi, l'energia assorbita dal provino coincide con l'energia perduta dal pendolo a causa degli attriti meccanici nel fulcro dell'asta, e per l'attrito esercitato dall'aria durante l'oscillazione della mazza battente.

### Provini unificati: simboli e condizioni di prova

Nella **tabella C2.4** sono specificati i tipi di provini Charpy e le condizioni di prova previste dalle norme: provini con intaglio a "U" e a "V".

**Tabella C2.4** Provini unificati

| Tipo di provino | Simbolo e unità di misura | Velocità d'impatto | Condizioni di prova |
|---|---|---|---|
| Provino Charpy con intaglio a"U" | KU [J] | 4,7÷7 [m/s] | Normali: la norma prevede il simbolo KU e indica le seguenti condizioni di prova normali: provino con intaglio a "U" o a buco di chiave (profondità 5 mm); energia disponibile 300J (± 10J); temperatura ambiente 23 % °C ± 5°C |
| | KU 150/3/−20 [J] | 4,7÷7 [m/s] | Particolari: quando la prova è svolta in condizioni particolari al simbolo KU faranno seguito l'energia disponibile (per esempio 150J), la profondità dell'intaglio (per esempio 3 mm) e la temperatura di prova (per esempio −20°C) |
| | KU 100/0 [J] | 4,7÷7 [m/s] | Particolari: al simbolo KU faranno seguito l'energia disponibile (per esempio 100J) e la temperatura di prova (per esempio 0°C) |
| Provino Charpy con intaglio a "V" | KV [J] | 5÷5,5 [m/s] | Normali: simbolo KV. Condizioni normali di prova:<br>— energia disponibile 300J (± 10J)<br>— temperatura ambiente 23°C (± 5°C) |
| | KV 200/5 [J] | 4,5÷7 [m/s] | Particolari: in condizioni particolari di prova il simbolo KV è seguito dal valore di energia disponibile (per esempio 200J) e dalla temperatura di prova (per esempio 5°C) |

Si osserva che in tutti e due i casi la forma è prismatica con sezione quadrata 10 × 10 mm e lunghezza pari a 55 mm, mentre l'intaglio è previsto a metà lunghezza con differente forma e dimensione (▶ **Fig. C2.37**).

**Figura C2.37**
Forma e dimensioni dei provini: il provino deve essere posizionato esattamente sui piani d'appoggio, in modo che il piano di simmetria dell'intaglio coincida con il piano di simmetria tra gli appoggi, con una tolleranza massima di ± 0,5 mm.

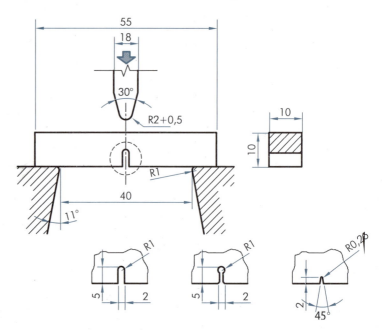

Salvo diverse indicazioni, la norma prevede di ricavare il provino in direzione perpendicolare alla stratificazione che i cristalli hanno assunto durante la laminazione; in tali condizioni la resilienza è minima e la proprietà meccanica di resistenza all'urto, per quel materiale, sarà valutata nelle condizioni costruttive più sfavorevoli. Valori approssimati di conversione della resilienza da un tipo di prova a un altro sono riportati nella **tabella C2.5**.

**Tabella C2.5** Valori approssimati di conversione della resilienza, riferita a provini in acciaio (esclusi quelli austenitici)

| Provino Charpy KU [J] | Provino intaglio a "V" KV [J] | Provino Charpy KU [J] | Provino intaglio a "V" KV [J] |
|---|---|---|---|
| 10 | 9 | 60 | 126 |
| 20 | 22 | 70 | 158 |
| 30 | 41 | 80 | 194 |
| 40 | 65 | 90 | 230 |
| 50 | 94 | 100 | 264 |

La validità del confronto è possibile quando i valori sono al di fuori della zona di transizione.

### Tipi di rottura

Sollecitando un materiale ad azione dinamica d'urto si possono manifestare due diversi tipi di rotture (▶ **Fig. C2.38**).

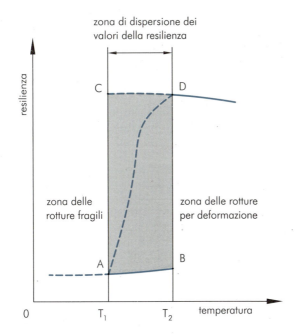

**Figura C2.38**
Tipi di rottura.

— *Rottura con deformazione* (resiliente): la sezione di rottura presenta un'area esterna con aspetto fibroso, dovuto allo scorrimento plastico, e un'area interna che evidenzia i grani cristallini lucenti, dovuta alla decoesione.
*Rottura fragile*: si manifesta improvvisa per decoesione (distacco senza deformazione permanente); la frattura ha un'area molto estesa di aspetto granulare e lucente.

La curva a $S$ che collega le zone di rottura fragile (zona a sinistra a basse temperature) e di rottura con deformazione (zona a destra a più alte temperature) è detta *curva di transizione*. Se il provino non si rompe, ma subisce solo una deformazione, non è possibile determinare l'energia assorbita durante la rottura. In questo caso, il resoconto di prova deve contenere la seguente indicazione:

*provino non rotto con x J*

Per alcuni materiali, la temperatura di esercizio influisce sulla resilienza (▶ **Fig. C2.39**); in genere, essa diminuisce alle basse temperature perché diminuisce la mobilità atomica, ostacolando gli scorrimenti.

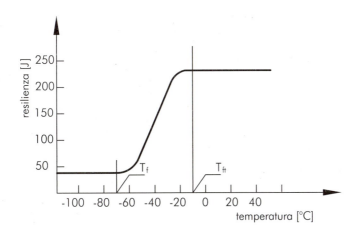

**Figura C2.39**
Variazione della resilienza con la temperatura, in cui $T_f$ indica il limite della rottura fragile, mentre $T_{ft}$ indica il limite della rottura per deformazione.

## Prove speciali di resilienza

Di seguito vengono esaminate altre prove di resilienza.

### Prova Izod

Il provino ha una sezione quadrata 10 ×10 mm, ed è montato a sbalzo con il fondo dell'intaglio coincidente con il piano superiore del supporto (▸ **Fig. C2.40**).

**Figura C2.40**
Disposizione e geometria del provino nella prova Izod.

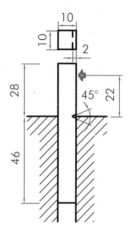

Perché sia facilitata la sua rottura, il provino è colpito a una distanza di 22 mm dal fondo dell'intaglio. La prova di resilienza Izod con intaglio determina la resistenza all'impatto dei pezzi con molti angoli vivi, come nervature, intersezioni di pareti e altri punti che localizzano la sollecitazione. Il risultato della prova è dato dal rapporto tra l'energia d'impatto [J] usata per rompere il provino e l'area del provino in corrispondenza dell'intaglio, ed è espresso in kJ/m²; tale risultato è dato anche dal rapporto tra l'energia di impatto e la lunghezza dell'intaglio (o dallo spessore del provino), espresso in J/m.

### Prova Schnadt

Si esegue con il pendolo di Charpy su un provino che, dal lato opposto all'intaglio, ha una cavità del diametro di 5 mm, capace di accogliere una spina (di pari diametro) di acciaio duro, su cui impatta la mazza battente e la cui presenza garantisce la rottura a trazione, escludendo la rottura delle fibre a compressione. La sezione resistente è ridotta dalla presenza della spina (▸ **Fig. C2.41**).

**Figura C2.41**
Disposizione e geometria del provino nella prova Schnadt.

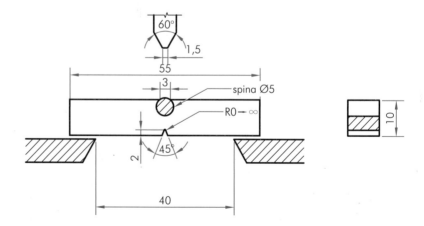

## Prova di trazione-urto

A un'estremità il provino è avvitato sul dorso della mazza battente (pendolo di Charpy), all'altra a una piastra (▶ **Fig. C2.42**): la rottura per trazione-urto avviene quando la piastra passa tra i montanti del basamento durante l'oscillazione della mazza.

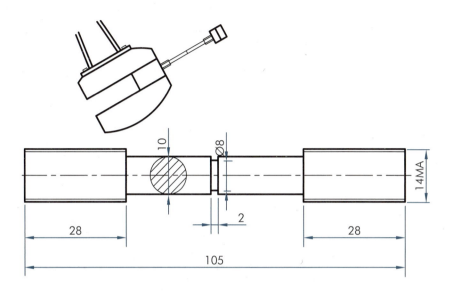

**Figura C2.42**
Disposizione e geometria del provino nella prova di trazione-urto.

## Prova di torsione-urto

Il provino fissato a un'estremità è sollecitato dall'altra parte con un urto a torsione, fino a rottura; è detta anche *prova di Carpenter* o di *Luersen-Greene*.

## Prova di resilienza a bassa temperatura

Nella **tabella C2.6** sono specificati i mezzi raffreddanti e le temperature raggiunte dai bagni di raffreddamento.

**AREA DIGITALE**
▶ Prova di resilienza

**Tabella C2.6** Mezzi raffreddanti e temperature raggiunte dai bagni di raffreddamento

| Mezzo raffreddante | Temperature [°C] |
|---|---|
| Azoto liquido bollente | −196 |
| Propano liquido bollente | −160 |
| Cloruro di etile fondente | −138 |
| Etere etilico fondente | −116 |
| Anidride carbonica ($CO_2$) solida disciolta in etere etilico fino a saturazione | −77 |
| Miscuglio di NaCl con neve o ghiaccio finemente polverizzato | −21 |
| Ghiaccio fondente | 0 |

## Prova di resilienza strumentata (▶ Fig. C2.43)

La presenza di un trasduttore elettronico e di un opportuno programma inserito nell'elaboratore consentono di ottenere (▶ Fig. C2.44):
— informazioni sull'energia assorbita per innescare la frattura (da cui dipende la resistenza meccanica del materiale);
— informazioni sull'energia assorbita per propagare la fessura nel provino (legata alla tenacità del materiale).

**Figura C2.43**
Pendolo Charpy strumentato (per gentile concessione di CEAST SpA, TO).

**Figura C2.44**
Grafico ottenuto con una prova di resilienza strumentata.

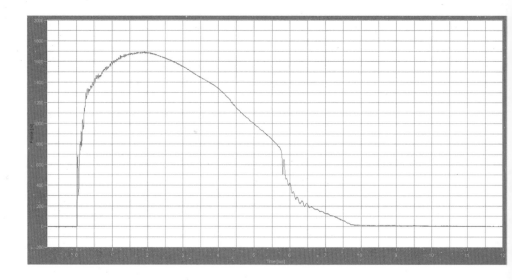

## C2.4 PROVA DI DETERMINAZIONE DELLA TENACITÀ ALLA FRATTURA

Lo studio della rottura o **frattura fragile** dei materiali si basa sull'analisi dello stato della deformazione e della tensione esistenti all'apice di una cricca, o **fessura**, di raggio di fondo infinitesimo.

Le modalità di applicazione dei carichi sollecitanti su un corpo che presenta una cricca si classificano in funzione dello spostamento delle superfici della cricca.

> **COME SI TRADUCE...**
> 
> | ITALIANO | INGLESE |
> |---|---|
> | Frattura fragile | Fast-fracture |

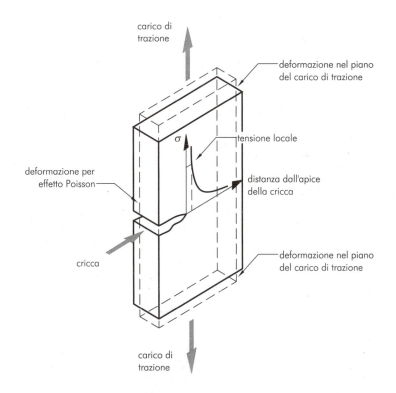

**Figura C2.45**
Modi di sollecitazione di corpi che presentano una cricca.

Il tipo $I$ (▶ **Fig. C2.45**) è il più frequente modo d'applicazione di carichi sui materiali perciò è utilizzato nell'effettuazione di prove meccaniche. Esso corrisponde all'apertura delle superfici della cricca per effetto di carichi di trazione agenti in direzione perpendicolare al piano nel quale giace il difetto considerato.

Nel modo $I$, l'andamento della tensione $\sigma$, agente sulla sezione piena posta avanti alla cricca, cresce man mano che ci si avvicina all'apice della cricca. Si definisce il fattore di intensità $K_I$ ($I$ a pedice indica il primo modo di apertura della cricca) come rapporto tra il valore $\sigma$ della tensione locale in un punto considerato a fondo intaglio e il valore della **tensione nominale $\sigma_n$** o media nella sezione piana. Il fattore $K_I$ è dato dalla relazione:

$$K_I = \sigma_n F \sqrt{\pi a} \left[ \frac{N}{mm^{\frac{3}{2}}} \right]$$

in cui $F$ è un fattore geometrico unidimensionale dipendente dalla geometria del solido fessurato e dalla fessura stessa, mentre $a$ è la lunghezza della cricca.

> **PER COMPRENDERE LE PAROLE**
> 
> **Fessura**: difetto presente in un corpo di forma accuminata, detto anche *cricca*. L'impiego di un materiale fessurato deriva dal fatto che in un qualsiasi elemento strutturale si deve considerare la presenza di difetti di diversa origine (fabbricazione, esercizio ecc.) che possono sfuggire ai controlli non distruttivi.
> 
> **Tensione nominale $\sigma_n$**: tensione che si avrebbe nella sezione piana del corpo se non ci fosse la fessura.

Dalla relazione risulta che all'aumentare di $\sigma_n$ o di $a$, il valore di $K_I$ aumenta fino a raggiungere un limite critico, tipico per ogni materiale, che prende il nome di *tenacità alla frattura* $K_{IC}$ (▶ **Fig. C2.46**).

**Figura C2.46**
Caratteristiche dei fattori $K_I$ e $K_{IC}$.

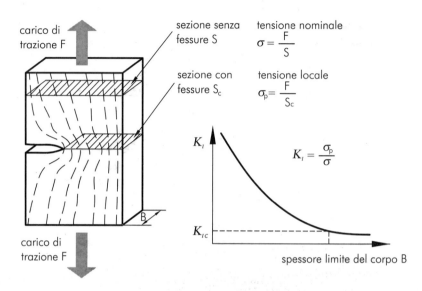

Il fattore $K_I$ varia con lo spessore del manufatto considerato. È molto elevato per spessori sottili e decade rapidamente con il crescere dello spessore, fino a restare costante oltre un certo valore dello stesso. Solo quando si raggiunge lo spessore limite si può usare la notazione $K_{IC}$ che dipende, quindi, dalla sola tenacità del materiale.

Il metodo per determinare la tenacità alla frattura è descritto nelle norme UNI 7969 e UNI EN ISO 12737:2001. La metodologia di prova si applica a provino di materiali metallici ferrosi e non ferrosi.

La prova consiste nel determinare la resistenza all'innesco della frattura (tenacità alla frattura) in un materiale metallico in cui sia presente un difetto severo, assimilabile a una fessura, sollecitato in condizioni di **deformazione piana**.

La prova dà luogo a rotture accompagnate da deformazioni plastiche molto ridotte; essa determina, dunque, la tenacità alla frattura di un materiale in presenza di un difetto non stazionario, cioè un difetto che si propaga velocemente procurando la rottura per fragilità del materiale.

Si utilizzano provini unificati, che presentano un intaglio e una fessura da sottoporre a sollecitazioni di trazione o di flessione.

Il dimensionamento del provino, basato sul valore assegnato alla larghezza $W$ [mm], permette di determinare i valori dello spessore $B$, della lunghezza della fessura $a$ (intaglio più prolungamento per fatica misurato dall'asse del foro) e della lunghezza della sezione resistente ($W-a$) (▶ **Fig. C2.47**).

Le dimensioni dei provini possono variare rispetto a quelle unificate in relazione alla disponibilità del materiale, per cui si possono realizzare provini alternativi che, per le prove di trazione, devono avere uno spessore $B$ compreso tra $0{,}25\,W$ e $0{,}5\,W$, mentre, per le prove di flessione, devono avere uno spessore $B$ compreso tra $0{,}25\,W$ e $W$.

Anche la lunghezza della fessura $a$ può essere modificata e comunque deve essere sempre compresa tra $0{,}45\,W$ e $0{,}55\,W$.

---

**PER COMPRENDERE LE PAROLE**

**Deformazione piana:** condizione di deformazione di un corpo sollecitato a trazione che presenta deformazione solo sul piano che contiene il carico applicato, mentre in direzione perpendicolare a quest'ultimo vi è solo deformazione per effetto Poisson. L'utilizzo di spessori grandi nei provini permette lo stato di deformazione piana.

---

**COME SI TRADUCE...**

| ITALIANO | INGLESE |
|---|---|
| Deformazione piana | Plane-strain |

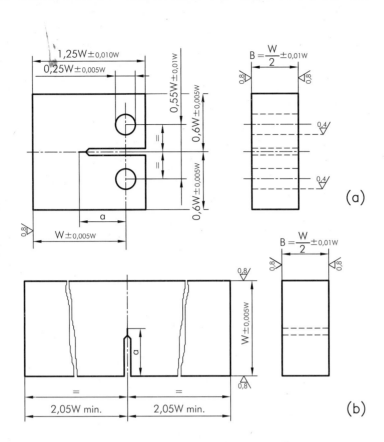

**Figura C2.47**
Geometria dei provini unificati:
a) provino di trazione;
b) provino di flessione.

Gli intagli consigliati sono ad angolo retto o a freccia (Chevron) e sono ottenuti mediante lavorazione meccanica (▶ **Fig. C2.47**). Il prolungamento dell'intaglio (▶ **Fig. C2.48**) è ottenuto sottoponendo a sollecitazione di fatica, d'opportuna intensità, il provino già trattato termicamente e finito di lavorazione meccanica.

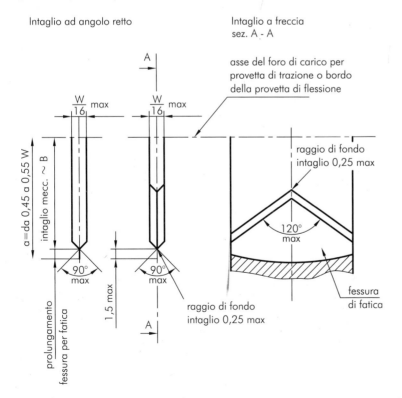

**Figura C2.48**
Intagli e fessure dei provini: la prefessurazione a fatica deve avere una lunghezza non minore di 1,5 mm e permette di ottenere la massima acutezza dell'intaglio.

PROVE MECCANICHE **UNITÀ C2**

Il $K_{IC}$ è ottenuto mediante una prova di trazione o di flessione sui provini di trazione o di flessione (**Fig. C2.49**).

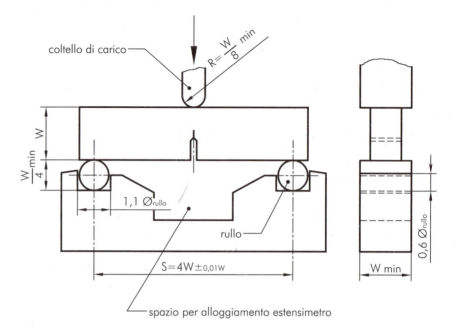

**Figura C2.49**
Montaggio dei provini. All'apertura dell'intaglio è applicato un trasduttore di spostamento, in genere costituito da lamine sulle quali sono incollati estensimetri elettrici a resistenza.

Si utilizza una macchina di trazione dotata di un dispositivo di rilevamento dell'andamento del carico crescente in funzione dell'apertura dell'intaglio; in tali condizioni si registra il diagramma riportato nella **figura C2.50**.

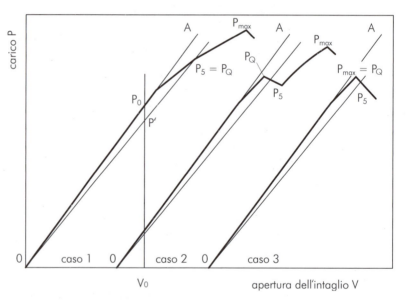

**Figura C2.50**
Diagramma carichi-aperture dell'intaglio.

Si determina il valore del carico $P_Q$ all'inizio della propagazione instabile rapida della frattura, definito convenzionalmente dallo scostamento del 5% dell'andamento lineare della parte iniziale del diagramma carico-apertura dell'intaglio. Il procedimento per individuare $P_Q$ è il seguente:
— si traccia la retta tangente OA alla parte iniziale lineare del diagramma;
— si traccia per un punto qualsiasi $P_0$, preso sulla retta tangente OA, una retta parallela all'asse dei carichi che intersecherà l'asse delle ascisse nel punto $V_0$;

— si determina il punto P' sul segmento $P_0V_0$ in modo che $P'V_0$ valga $0,95\ P_0V_0$;
— si individua il punto $P_5$ nell'intersezione della retta OP' con il diagramma.

Il carico $P_Q$ si definisce uguale a $P_5$, come si può osservare dal *caso 1* della **figura C2.50** o a qualsiasi carico più elevato che preceda sul diagramma il punto $P_5$, come si può osservare dal *caso 3*. Per assicurarsi che la deviazione dalla linearità sia dovuta non solo alla deformazione plastica ma a un'effettiva propagazione della fessura, si deve anche calcolare il rapporto tra il carico massimo sostenuto dal provino $P_{max}$ e $P_Q$. Se $P_{max}/P_Q$ è minore di 1,10 si può passare ai calcoli successivi.

Con tali valori si procede alla determinazione della tenacità $K_{IC}$. Si ricorda, infine, che il valore $K_{IC}$ può essere anche definito attraverso la determinazione dello **spostamento all'apice di una cricca** (COD) secondo la prova stabilita dalla norma UNI 9159. Per determinare la tenacità $K_{IC}$, inizialmente si calcola $K_Q$, l'intensità delle sollecitazioni all'istante della propagazione della fessura, che corrisponde al carico $P_Q$. $K_Q$ è fornito dalle relazioni riportate nella **tabella C2.7** dipendenti dalla geometria del provino.

| COME SI TRADUCE... | |
|---|---|
| **ITALIANO** | **INGLESE** |
| *Spostamento all'apice di una cricca* | *Crack opening displacement (COD)* |
| *Tenacità alla frattura* | *Fracture toughness* |

**Tabella C2.7** Formule per il calcolo di $K_Q$

| Tipo provino | Formula | Parametri | Unità di misura |
|---|---|---|---|
| Di trazione | $K_Q = \dfrac{P_Q}{BW^{\frac{1}{2}}} f\left(\dfrac{a}{W}\right)$ | In cui:<br>— $P_Q$ è il carico all'inizio della propagazione instabile rapida della frattura [N]<br>— $B$ è lo spessore del provino [mm]<br>— $W$ è la larghezza del provino [mm]<br>— $a$ è la lunghezza della fessura [mm]<br><br>$f\left(\dfrac{a}{W}\right) = 29,6\left(\dfrac{a}{W}\right)^{\frac{1}{2}} - 185,5\left(\dfrac{a}{W}\right)^{\frac{3}{2}}$<br>$+ 655,7\left(\dfrac{a}{W}\right)^{\frac{5}{2}} - 1017\left(\dfrac{a}{W}\right)^{\frac{7}{2}} + 638,9\left(\dfrac{a}{W}\right)^{\frac{9}{2}}$ | $\dfrac{N}{mm^{\frac{3}{2}}}$ |
| Di flessione | $K_Q = \dfrac{P_Q S}{BW^{\frac{3}{2}}} f'\left(\dfrac{a}{W}\right)$ | — $S$ è la distanza tra gli appoggi [mm]<br><br>$f'\left(\dfrac{a}{W}\right) = 2,9\left(\dfrac{a}{W}\right)^{\frac{1}{2}} - 4,6\left(\dfrac{a}{W}\right)^{\frac{3}{2}}$<br>$+ 21,8\left(\dfrac{a}{W}\right)^{\frac{5}{2}} - 37,6\left(\dfrac{a}{W}\right)^{\frac{7}{2}} + 38,7\left(\dfrac{a}{W}\right)^{\frac{9}{2}}$ | $\dfrac{N}{mm^{\frac{3}{2}}}$ |

Il valore $K_Q$ calcolato costituisce il valore della **tenacità alla frattura** del materiale in prova $K_{IC}$ nel caso siano soddisfatte le seguenti condizioni di verifica:
— $K_Q$ deve essere minore di 1,65 del valore massimo $K_{If}$ dell'intensità delle sollecitazioni nel ciclo a fatica sopportato dal provino;

PROVE MECCANICHE **UNITÀ C2**

**COME SI TRADUCE...**

| ITALIANO | INGLESE |
|----------|---------|
| Forno    | Furnace |

— lo spessore $B$ del provino e la lunghezza $a$ della fessura devono essere maggiori della grandezza calcolata $2,5\,(K_Q/R_{P0,2})$, dove $R_{P0,2}$ è il carico unitario di scostamento dalla proporzionalità del materiale in prova.

Se tali condizioni non sono soddisfatte si ripete la prova su un provino più grande; la **tabella C2.8** indica i valori della tenacità alla frattura $K_{IC}$ di vari materiali.

**Tabella C2.8** Tenacità alla frattura $K_{IC}$ di alcuni materiali a temperatura ambiente; maggiori sono i valori, più tenace è il materiale

| | Materiale | $K_{IC}$ [MN/m$^{3/2}$] |
|---|---|---|
| Metalli | Metalli puri duttili (Cu, Ni, Ag, Al ecc.) | 100÷350 |
| | Acciaio a medio tenore di carbonio | 51 |
| | Acciaio per recipienti a pressione | 170 |
| | Leghe dell'alluminio (ad alta resistenza ÷ a bassa resistenza | 23÷45 |
| | Leghe del titanio (Ti6Al4V) | 55÷115 |
| Ceramici | Allumina (Al$_2$O$_3$) | 4 |
| Polimeri | Nylon | 3 |
| Compositi | Fibra di vetro con matrice in resina poliestere | 20÷60 |

## C2.5 PROVA DI SCORRIMENTO VISCOSO

La prova consiste nel riscaldare e mantenere il provino a una temperatura uniforme e costante, sottoponendolo al contempo a un carico di trazione costante e continuo, finché non si produce una determinata deformazione permanente oppure la rottura. La **figura C2.51** illustra lo schema di una macchina di prova dotata del **forno** elettrico a resistenza che riscalda il provino.

**Figura C2.51**
a) Schema di una macchina di prova di scorrimento viscoso dotata di forno elettrico a resistenza.
b) Macchina di prova con capacità pari a 53,5 kN.

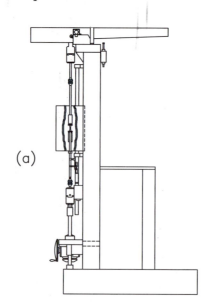

(a)

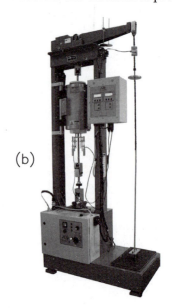

(b)

Nel caso di prova di scorrimento a rottura con carico di trazione uniassiale, si utilizza un provino come quello impiegato per la prova di trazione statica.

La misurazione della deformazione in funzione del tempo è condotta impiegando un estensimetro, vincolato direttamente sul provino, basato sul trasduttore costituito da un **trasformatore differenziale lineare variabile** (▶ **Fig. C2.52**).

In relazione ai noti significati di tensione (o carico unitario $\sigma$) e di allungamento unitario ($A$), si determinano le seguenti grandezze.

— $\sigma_{scorrimento\ [\%]/tempo\ [h]/temperatura\ [°C]}$: tensione o carico unitario limite di scorrimento, data dalla tensione unitaria [N/mm$^2$] che provoca lo scorrimento unitario [%], indicato a pedice del simbolo, quando agisce con intensità costante per il tempo indicato nel simbolo, a temperatura costante indicata anch'essa nel simbolo (per esempio, $\sigma_{1/10\,000/500}$ indica la tensione normale unitaria che produce lo scorrimento dell'1% quando agisce per 10 000 h a 500 °C).

— $\sigma_{R/tempo\ [h]/temperatura\ [°C]}$: tensione o carico unitario limite di rottura per scorrimento (resistenza a durata, resistenza alla permanenza del carico), data dalla tensione [N/mm$^2$] che produce la rottura del provino quando agisce con intensità costante per il tempo indicato nel simbolo, a temperatura anch'essa indicata nel simbolo (per esempio, $\sigma_{R/10\,000/500}$ indica la tensione normale che produce la rottura quando perdura per 10 000 h a 500 °C).

— $A_{s/carico\ unitario/tempo\ [h]/temperatura\ [°C]}$: allungamento unitario per scorrimento [%], dato dallo scorrimento prodotto dal carico unitario, indicato a pedice nel simbolo, quando agisce con intensità costante per il tempo indicato nel simbolo, a temperatura anch'essa indicata nel simbolo.

— $A_{n/tempo\ [h]/temperatura\ [°C]}$: allungamento unitario dopo la rottura per scorrimento [%], dato dall'allungamento unitario dopo la rottura verificatosi al tempo e alla temperatura indicati nel simbolo, con lunghezza iniziale $L_0$ corrispondente al numero $n$ di diametri indicato a pedice nel simbolo.

Mediante rilievi della deformazione $\varepsilon$ in tempi successivi si ricava il diagramma scorrimento-tempo (▶ **Fig. C2.53**), applicando alla temperatura stabilita un determinato carico unitario al provino. Da questo diagramma si può ottenere la velocità di scorrimento, al tempo corrispondente, determinando l'inclinazione della tangente in un punto qualsiasi.

**COME SI TRADUCE...**

| ITALIANO | INGLESE |
|---|---|
| *Trasformatore differenziale lineare variabile* | Linear variable differential transformer (LVDT) |

**Figura C2.52**
Estensimetro vincolato direttamente sul provino.

**AREA DIGITALE**

⬇ Prove di creep a carico costante

**Figura C2.53**
Esempio di curve di scorrimento con rottura in funzione dello sforzo per un acciaio.

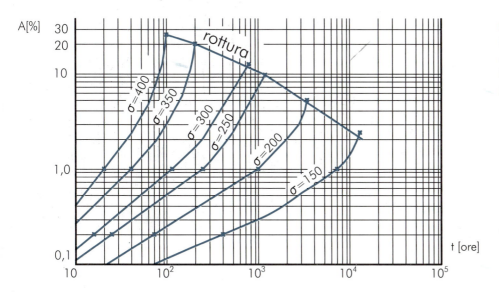

Da una famiglia di tali diagrammi, ottenuti con prove a carichi unitari differenti, si deduce per ogni temperatura considerata il diagramma dei carichi limite di scorrimento per un dato scorrimento (0,1%, 1%), in funzione dei tempi in cui si produce. I diagrammi sono spesso tracciati con scale logaritmiche, riportando:
— in ordinate, il logaritmo del carico unitario limite di scorrimento per un prefissato scorrimento (per esempio, 0,1%, 1%);
— in ascisse, il logaritmo del tempo nel quale si produce lo scorrimento stesso.

Si può precedere analogamente per ricavare il diagramma carichi unitari di rottura per scorrimento-tempo, sempre in scale logaritmiche, dai quali si ottengono, alla temperatura considerata per ogni tempo prefissato (1000, 10000 h), i carichi limite di scorrimento per uno scorrimento stabilito e i carichi unitari di rottura per scorrimento (▸ **Fig. C2.54**).

**Figura C2.54**
Esempio di curve dei tempi di rottura e di assegnata deformazione in funzione della tensione per un acciaio.

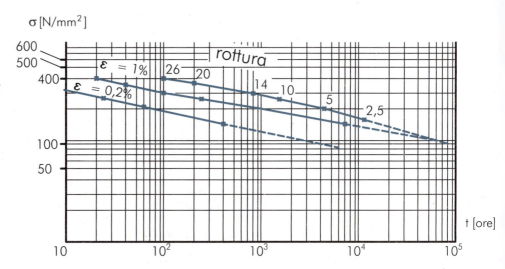

In maniera analoga sono provati anche i ceramici e i polimeri (▸ **Fig. C2.55**).

**Figura C2.55**
Curve allungamento-tempo di un poliammide 6 (nylon) rinforzato con il 30% di fibra di vetro.

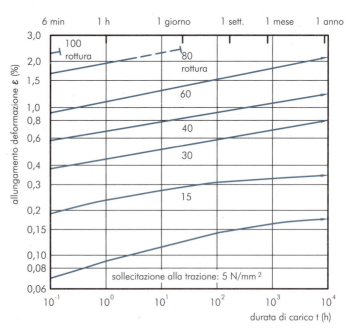

# C2.6 PROVE DI DUREZZA

Le prove più diffuse prevedono l'applicazione di un carico mediante l'uso di un penetratore che rilascia nel materiale in prova un'impronta (▶ **Fig. C2.56**), le cui dimensioni servono a determinarne la durezza.

**PER COMPRENDERE LE PAROLE**

**Metallo duro**: materiale costituito da carburi di diversi metalli (W, Ta, Ti).

**Figura C2.56**
Tipologia delle impronte al variare della forma del penetratore.

La visibilità dell'impronta e la modalità di applicazione del carico suggeriscono le classificazioni riportate nella **tabella C2.9**.

**Tabella C2.9** Caratteristiche delle prove di durezza

| Prove di macrodurezza (macropenetrazione) | La forza applicata varia da 10 a 50000 N e l'impronta è visibile a occhio nudo |
|---|---|
| Prove di microdurezza (micropenetrazione) | La forza applicata varia da 0,09807 a 1,961 N e l'impronta risulta visibile solo con il microscopio (la zona interessata può riguardare un solo cristallo) |
| Prova statica | Il carico viene applicato attraverso un penetratore in un certo intervallo di tempo (Brinell, Vickers, Rockwell) |
| Prova dinamica | Il carico applicato liberato da una certa altezza urta e rimbalza sulla superficie del materiale in prova; l'altezza di risalita fornisce indicazione sulla durezza (fenomeno impulsivo – durometro Shore) |

L'incertezza dei risultati è dovuta sia ai parametri dipendenti dalla macchina di prova (incertezza della taratura dei blocchetti di riferimento e della verifica della macchina) sia ai parametri dipendenti dalla variazione delle condizioni operative durante la prova.

## PROVA DI DUREZZA BRINELL

La prova di durezza Brinell, ideata dall'ingegnere svedese J.A. Brinell verso il 1900, consiste nel forzare sulla superficie in esame un penetratore sferico e nel misurare la relativa impronta. Essa viene eseguita con un durometro, costituito essenzialmente da una piccola pressa, un dinamometro e un visore graduato per poter misurare il diametro dell'impronta.

### Descrizione della prova

Il penetratore è in **metallo duro** con diametro $D$. La superficie del pezzo deve essere accuratamente pulita e levigata usando mole o carta vetrata; tali condizioni garantiscono una precisa lettura del diametro dell'impronta. L'asse del penetratore deve risultare ortogonale alla superficie di prova. Il carico è applicato gradatamente (2÷8 s) senza urti, vibrazioni, oscillazioni, fino a raggiungere

**Figura C2.57**
Prova Brinell: generazione d'impronta ($D$ = diametro del penetratore sferico; $d$ = diametro medio dell'impronta; $h$ = profondità della calotta d'impronta).

il valore prestabilito e viene mantenuto per il tempo necessario alla formazione dell'impronta (10÷15 s). La durezza Brinell HBW (▸ **Fig. C2.57**) è proporzionale al rapporto fra il valore del carico $F$ [N] e l'area curva della superficie $S$ dell'impronta, che si assume sferica con un raggio corrispondente alla metà del diametro della sfera; essa si rileva a carico tolto ed è espressa in mm$^2$.

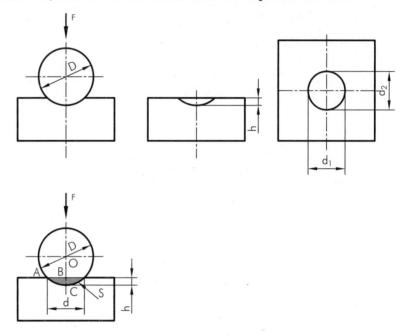

Dalle precedenti informazioni si ricava che:

$$\mathrm{HBW} = 0{,}102 \frac{F}{S}$$

Assumendo $S$ come area della superficie dell'impronta di una calotta sferica di diametro medio $d$ e di altezza $h$ si ottiene:

$$S = \pi D h$$

Si esprime $h$ (profondità dell'impronta) in funzione dei diametri del penetratore $D$ e dell'impronta $d$:

$$h = OC - OB$$

$$h = \frac{D}{2} - \frac{1}{2}\sqrt{D^2 - d^2} = \frac{1}{2}\left(D - \sqrt{D^2 - d^2}\right)$$

Sostituendo nell'espressione della superficie dell'impronta si ha:

$$S = \frac{\pi D \left(D - \sqrt{D^2 - d^2}\right)}{2}$$

Il valore di durezza risulta:

$$\mathrm{HBW} = 0{,}102 \frac{F}{S} = \frac{2 \times 0{,}102 F}{\pi D \left(D - \sqrt{D^2 - d^2}\right)}$$

Nel vecchio sistema tecnico di misura la forza era espressa in kg$_f$, oggi il SI la prevede in newton.

Il fattore di conversione 0,102 serve a compensare il cambio dell'unità di misura della forza, rendendo immutati i valori delle durezze HBW:

$$1\,N = \frac{1\,kg_f}{9{,}80665} = 1\,kg_f \times 0{,}102$$

dove 9,80665 corrisponde al valore dell'accelerazione di gravità.

La norma prescrive che la durezza HBW non abbia unità di misura; per non deformare o rompere il penetratore sferico, essa è limitata ai materiali la cui durezza è inferiore a 650 HBW.

## Accettabilità dell'equazione

Il rapporto $0{,}102\,F/S$ ha un limite di accettabilità, in quanto i valori di durezza dedotti, dipendono dalla relazione fra il carico $F$ e il diametro $D$ della sfera.

In definitiva, si può dire che non esiste un paragone di risultati ottenuti con prove di durezza Brinell, sullo stesso materiale, nelle quali il rapporto carico-diametro ($0{,}102\,F/D^2$) è differente.

Nella prova ideale la comparabilità e l'accettabilità sono soddisfatte solo quando il rapporto tra il diametro dell'impronta e il diametro della sfera è costante, perché ciò equivale alla costanza dell'angolo di penetrazione.

Per la prova ideale (▸ **Fig. C2.58**) si ottiene la seguente relazione:

$$\frac{d}{D} = 0{,}375; \quad \beta = 136°$$

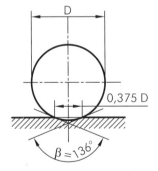

**Figura C2.58**
Condizioni ideali.

Sperimentalmente il rapporto $0{,}102\,F/S$ varia molto poco quando il valore di $\beta$ è prossimo a 136° (▸ **Fig. C2.59**).

In pratica si tollerano piccole variazioni; la norma UNI EN ISO 6506-1 stabilisce il seguente campo di variabilità:

$$\frac{d}{D} = 0{,}24 \div 0{,}60$$

a cui corrisponde un intervallo dell'angolo di penetrazione:

$$\beta = 106° \div 152°$$

**Figura C2.59**
Variazione della durezza Brinell al variare di $\beta$ per i materiali metallici. Testando il medesimo materiale, con due sfere di diametro differente o con due carichi diversi, si ottiene lo stesso valore di durezza solo se $\beta_1 = \beta_2 = 136°$ (o nell'intorno di esso).

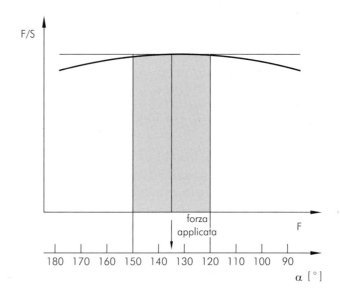

Per garantire questa condizione, il carico di prova deve essere proporzionato al diametro della sfera, alla qualità del materiale da provare e alla sua durezza, e ciò si ottiene scegliendo un opportuno rapporto carico-diametro:

$$0{,}102 \frac{F}{D^2}$$

in cui il carico di prova $F$ dev'essere compreso fra 9,807 N e 29,42 kN, mentre il diametro del penetratore sferico $D$ dev'essere preferibilmente uguale a 10 mm. Quando lo spessore lo richiede, si può usare un diametro inferiore, scegliendolo tra i seguenti valori: 1 – 2,5 – 5 mm.

La **tabella C2.10** riporta il rapporto carico-diametro per diversi materiali.

**Tabella C2.10** Rapporto carico-diametro per diversi materiali

| Materiale | Durezza Brinell HBW | Rapporto carico-diametro $0{,}102\ F/D^2$ [N/mm²] |
|---|---|---|
| Acciaio - leghe di nichel Leghe di titanio | | 30 |
| Ghisa* | < 140<br>≥ 140 | 10<br>30 |
| Rame e sue leghe | < 35<br>35÷200<br>> 200 | 5<br>10<br>30 |
| Metalli leggeri e loro leghe | < 35<br>35÷80<br>> 80 | 2,5<br>5<br>10<br>15<br>10<br>15 |
| Piombo - metalli sinterizzati di stagno | | 1<br>(ISO 4498-1) |

\* La ghisa viene testata con sfere il cui diametro nominale vale: 2,5 – 5 – 10 mm.

Il risultato della prova viene espresso dal valore della durezza seguito dalla sigla "HBW" e completate da un indice che precisa le condizioni di prova nell'ordine seguente:
— diametro della sfera espresso in millimetri;
— un numero indicante il carico di prova (▸ **Tab. C2.11**);
— la durata di applicazione del carico, espressa in secondi, se diversa dal tempo specificato.

Per esempio, nella dicitura "600 HBW 1/30/20":
— 600 indica il valore della durezza Brinell;
— 1 [mm] indica il diametro del penetratore sferico;
— 30 indica il numero corrispondente al carico di prova di 294,2 N;
— 20 [s] indica il tempo di mantenimento del carico.

**Tabella C2.11** Numeri indicanti i carichi di prova

| Valore nominale del carico di prova $F$ [N] | Numero indicante il carico di prova | Valore nominale del carico di prova $F$ [N] | Numero indicante il carico di prova |
|---|---|---|---|
| 29 420 | 3000 | 306,5 | 31,25 |
| 14 710 | 1500 | 294,2 | 30 |
| 9807 | 1000 | 245,2 | 25 |
| 7355 | 750 | 153,2 | 15,625 |
| 4903 | 500 | 98,07 | 10 |
| 2452 | 250 | 61,29 | 6,25 |
| 1839 | 187,5 | 49,03 | 5 |
| 1226 | 125 | 24,52 | 2,5 |
| 980,7 | 100 | 9,807 | 1 |
| 612,9 | 62,5 | | |

## Rapporti geometrici caratteristici

Affinché nessuna deformazione sia visibile sulla superficie opposta a quella di prova, lo spessore $s$ del provino deve essere almeno 8 volte la profondità dell'impronta $h$:

$$s \geq 8h$$

È necessario osservare le seguenti regole per rendere attendibile e valida l'analisi sperimentale (▸ **Fig. C2.60**):
— rispettare l'interasse tra due impronte adiacenti che deve essere almeno tre volte il diametro medio delle impronte, perché intorno a esse il materiale risulta incrudito e quindi più duro;
— rispettare la distanza dal bordo del provino che deve essere minimo 2,5 volte il diametro medio dell'impronta stessa, perché il materiale risulta ivi cedevole e quindi meno duro.

Se non è possibile rispettare tali condizioni, bisogna ricorrere a un altro metodo di misura della durezza; sperimentalmente è stato rilevato che molti materiali hanno proporzionalità tra il carico di rottura a trazione ($R_m$) e la loro durezza.

**Figura C2.60**
Distanza minima delle impronte tra di loro e dal bordo.

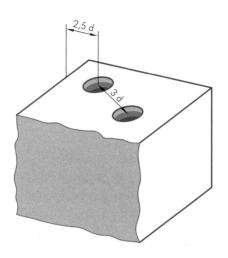

**Figura C2.61**
Macchina di prova per la durezza Brinell.

Le relazioni di seguito specificate, pur mantenendo la loro attendibilità, non possono sostituire le relative prove di rottura a trazione.
— Acciaio: $R_m = 0{,}35 \times HBW$ (valevole per durezza Brinell $\leq 430$).
— Ghise: $R_m = 0{,}12 \times HBW$.
— Rame e sue leghe: $R_m = 0{,}55 \times HBW$.

### Esecuzione della prova

Il carico applicato viene gestito tramite l'aumento o la diminuzione dei pesi; questi sono collegati a una leva che ruota su un cuscinetto a sfere ed è fulcrata appena dopo l'asse del penetratore, così da aumentare decisamente la forza che i pesi esercitano per gravità (▸ **Fig. C2.61**).

Si posiziona il provino sull'apposito piattello (▸ **Fig. C2.62**) e lo si porta a contatto con il penetratore sferico.

**Figura C2.62**
Durometro universale per prove di durezza Brinell e Vickers.

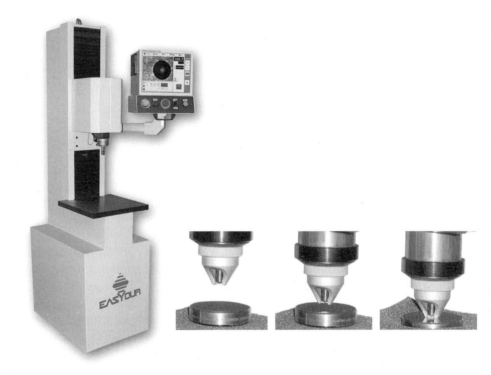

MODULO C PROPRIETÀ E PROVE DEI MATERIALI

Si applica gradatamente e senza urti il carico di prova in un tempo compreso tra 2÷8 s e lo si lascia applicato per un tempo da 10÷15 s.

Si toglie il carico e si misura il diametro dell'impronta ($d_1$ e $d_2$) in due direzioni perpendicolari l'una all'altra. A tal fine si utilizza un microscopio provvisto di scala graduata (▶ **Fig. C2.63**).

**Figura C2.63**
Microscopio portatile per misure di impronte Brinell.

Si calcola quindi il diametro medio dell'impronta:

$$d = \frac{(d_1 + d_2)}{2}$$

Si verifica la validità della prova all'interno del seguente intervallo di accettabilità:

$$0,24 \leq \frac{d}{D} \leq 0,6$$

Se la condizione è verificata, si calcola la durezza Brinell; se la condizione non è verificata, si modificano il diametro del penetratore e il carico e si ripete la prova.

## Prova di durezza Vickers

Questo metodo estende e perfeziona il metodo Brinell, perché ha un campo d'applicazione illimitato sia per la durezza sia per lo spessore del pezzo da provare, senza la necessità di cambiare il penetratore ma con la sola modifica del carico di prova.

Il numero di durezza Vickers è praticamente indipendente dal carico di prova applicato sul penetratore, ed è in ogni caso equivalente al numero Brinell ottenuto nelle condizioni della prova ideale ($d/D = 0,375$).

A questi vantaggi si associano, d'altra parte, taluni svantaggi rispetto alla prova Brinell:
— necessità di una maggiore finitura superficiale, poiché rugosità, segni di

lavorazione, ossidi superficiali e materie estranee costituiscono un ostacolo alla lettura precisa della diagonale dell'impronta;
— maggiore dispersione dei risultati a causa della piccola impronta lasciata dal penetratore, con conseguente difficoltà di una esatta lettura delle diagonali.

### Descrizione della prova

Il penetratore è costituito da un diamante, a forma di piramide retta a base quadrata, con angolo al vertice fra le facce opposte di 136° (▶ **Fig. C2.64**).

**Figura C2.64**
Prova Vickers: penetratore a punta piramidale.

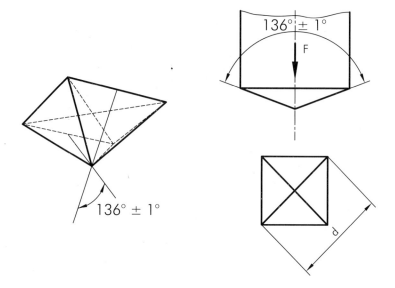

L'angolo al vertice di 136° corrisponde al valore dell'angolo di penetrazione della prova di durezza Brinell ideale (▶ **Fig. C2.65**).

**Figura C2.65**
Corrispondenza tra l'angolo al vertice della piramide e l'angolo di penetrazione ideale della prova Brinell (136°).

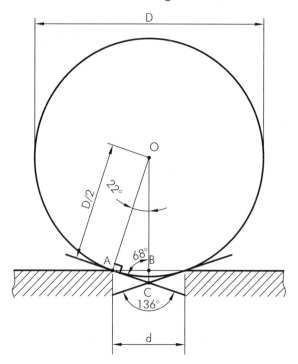

**252** MODULO C PROPRIETÀ E PROVE DEI MATERIALI

Anche in questa prova, come nella Brinell, il penetratore viene forzato contro la superficie del provino, dove rilascia un'impronta a facce inclinate, che corrisponde a una piramide retta a base quadrata. Si misurano le due diagonali della base e si calcola la media aritmetica $d$ (▶ **Fig. C2.66**).

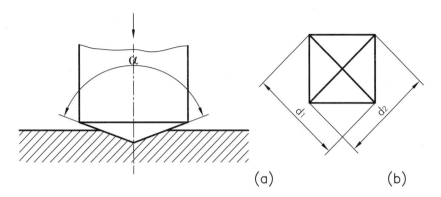

**Figura C2.66**
Prova di durezza Vickers:
a) generazione dell'impronta;
b) le due diagonali.

## Definizione di durezza Vickers

La durezza Vickers è proporzionale al rapporto tra il valore del carico di prova $F$ applicato sul penetratore e l'area della superficie laterale $S$ dell'impronta rilevata a carico tolto:

$$HV = 0{,}102 \frac{F}{S}$$

Dalla **figura C2.67 a, b** si deduce che l'area laterale dell'impronta vale 4 volte l'area del triangolo che costituisce una faccia della piramide.
Infatti la base del triangolo vale:

$$l = \frac{d}{\sqrt{2}}$$

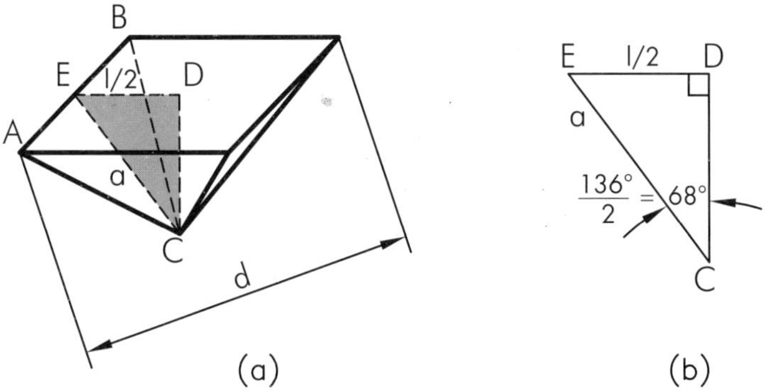

**Figura C2.67**
Parametri geometrici per la definizione dell'area laterale dell'impronta.

Poiché l'apotema o altezza del triangolo è:

$$a = \frac{d}{2\sqrt{2}\,\text{sen}\left(\dfrac{136°}{2}\right)}$$

la superficie laterale vale:

$$S = 4\frac{l\,a}{2} = 2\,l\,a = \frac{d^2}{2\,\text{sen}\left(\dfrac{136°}{2}\right)}$$

La relazione riassuntiva sarà:

$$HV = 0,102 \times 1,854 \frac{F}{d^2} = 0,1891 \frac{F}{d^2}$$

in cui:
— $F$ indica il carico di prova [N];
— $d$ indica la diagonale media dell'impronta [mm] ottenuta dalla misurazione delle due diagonali;
— 0,102 è il fattore di conversione introdotto per conservare invariati i valori della durezza precedenti all'introduzione del SI.

I carichi devono essere diretti perpendicolarmente alla superficie del pezzo e applicati gradatamente, sino al valore prestabilito, in un tempo variabile da $2 \div 8$ s, rimanendo applicati per almeno $10 \div 15$ s.
La sigla "HV" è preceduta dal valore della durezza e seguita da:
— un numero rappresentante il carico di prova ( ▸ **Tab. C2.12**);
— la durata di applicazione del carico, espressa in secondi, qualora sia differente dai valori precedentemente indicati.

**Tabella C2.12** Numeri indicanti i carichi di prova

| Valore nominale del carico di prova $F$ [N] | Numero indicante il carico di prova |
|:---:|:---:|
| 980,7 | 100 |
| 490,3 | 50 |
| 294,2 | 30 |
| 196,1 | 20 |
| 98,07 | 10 |
| 49,03 | 5 |

Per esempio, nella dicitura "400 HV 5":
— 400 indica il valore della durezza Vickers;
— 5 corrisponde al carico di prova nominale di 49,03 N;
— $10 \div 15$ [s] è il tempo di mantenimento del carico (standard).

o ancora, nella dicitura "350 HV 30/25":
— 350 indica il valore della durezza Vickers;
— 30 corrisponde al carico di prova nominale di 294,2 N;
— 25 [s] è il tempo di mantenimento del carico.

### Rapporti geometrici caratteristici

Affinché nessuna deformazione sia visibile sulla superficie opposta a quella di prova, lo spessore $s$ del provino deve essere almeno 1, 5 volte la diagonale media dell'impronta $d$:

$$s \geq 1,5d$$

Dalla relazione che esprime la durezza Vickers, si ricava $d$ e per sostituzione si ottiene:

$$s \geq 1,5 \sqrt{\frac{F\,0,1891}{HV}} = 0,652 \sqrt{\frac{F}{HV}} \left[ mm \right]$$

La **figura C2.68** mostra la distanza tra un'impronta e il bordo del provino e tra due impronte successive, parametri che possono variare secondo il materiale in prova ( ▶ **Tab. C2.13**).

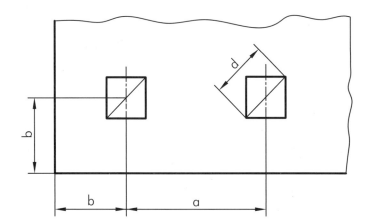

**Figura C2.68**
Posizione delle impronte: *a* indica la distanza tra i centri delle due impronte, mentre *b* indica la distanza dal bordo al centro dell'impronta.

**Tabella C2.13** Parametri relativi alla posizione delle impronte

| Materiale | a | b |
|---|---|---|
| Acciaio, rame e leghe | 3 d | 2,5 d |
| Metalli leggeri (Al, Ti, Mg ecc.), piombo, stagno e loro leghe | 6 d | 3 d |
| *d* è la media aritmetica delle due diagonali dell'impronta. ||| 

## Esecuzione della prova

Di seguito sono riportate le varie fasi di esecuzione della prova:
— Si posiziona il provino sul piattello e lo si porta a contatto con il penetratore.
— Si applica gradatamente e senza urti il carico di prova e lo si lascia applicato per il tempo previsto.
— Si toglie il carico e si misurano le diagonali dell'impronta ($d_1$ e $d_2$); a tal fine si utilizza un microscopio provvisto di scala graduata.
— Si calcola quindi la diagonale media dell'impronta:

$$d = \frac{(d_1 + d_2)}{2}$$

— Si calcola la durezza Vickers.

Per superfici piane, la differenza tra le lunghezze delle due diagonali dell'impronta non dovrebbe essere maggiore del 5%; in caso contrario, occorre riportare tale dato nel resoconto di prova. L'impronta lasciata è appena visibile a occhio nudo e se in generale è un vantaggio, non lo è per materiali la cui durezza varia localmente, poiché si ottengono risultati discordi per prove sullo stesso pezzo.

## C2.7 PROVA DI DUREZZA ROCKWELL

**Figura C2.69**
Durometro da banco Rockwell.

Ideata dall'americano Rockwell nel 1925, si differenzia dalle precedenti prove descritte (Brinell e Vickers) perché il valore della durezza viene direttamente letto sul quadrante analogico, oppure sul display digitale e calcolato dallo strumento in funzione della profondità permanente di penetrazione $h$ [mm], senza prendere in considerazione la superficie dell'impronta (▶ **Fig. C2.69**).

Il metodo è vantaggioso perché rapido e applicabile per testare sia i materiali duri sia quelli teneri.

La superficie oggetto della prova deve essere liscia, rettificata o levigata, ed esente da scorie e incrostazioni.

La superficie deve risultare possibilmente piana; qualora risultasse curva, la norma prescrive che il raggio di curvatura soddisfi la seguente condizione:

$$r > 19 \text{ mm}$$

Se risultasse $r < 19$ mm, i risultati sperimentali andrebbero corretti utilizzando apposite tabelle sperimentali.

La prova può essere svolta con tre diversi tipi di penetratori unificati (▶ **Fig. C2.70**):
— *sferico*, di acciaio temprato avente durezza ≥ 850 HV e diametro 1,5875 mm (pari a 1/16");
— *sferico*, di metallo duro avente durezza ≥ 850 HV e diametro 3,175 mm (pari a 1/8");
— *conico*, costituito da un diamante a forma di cono retto con angolo al vertice di 120° (± 0,5°); l'asse del cono e l'asse del supporto devono coincidere.

**Figura C2.70**
Geometria dei penetratori utilizzati nelle prove di durezza Rockwell:
a) penetratore sferico;
b) penetratore conico.

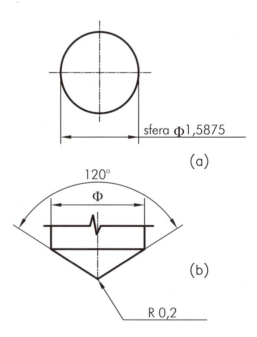

Nella **tabella C2.14** sono indicate le diverse scale di durezza Rockwell, in funzione del penetratore utilizzato e dei carichi di prova applicati.

**Tabella C2.14** Scale Rockwell

| Scala di durezza Rockwell | Simbolo della durezza (*) | Tipo di penetratore [mm] | Carico di prova iniziale $F_0$ [N] | Sovraccarico di prova $F_1$ [N] | Carico di prova totale $F$ [N] | Campo di applicazine (prova di durezza Rockwell) |
|---|---|---|---|---|---|---|
| A | HRA | Cono di diamante | 98,07 | 490,3 | 588,4 | da 20 HRA a 88 HRA |
| B | HRB | Sfera 1,5875 mm | 98,07 | 882,6 | 980,7 | da 20 HRB a 100 HRB |
| C | HRC | Cono di diamante | 98,07 | 1373 | 1471 | da 20 HRC a 70 HRC |
| D | HRD | Cono di diamante | 98,07 | 882,6 | 980,7 | da 40 HRD a 77 HRD |
| E | HRE | Sfera 3,175 mm | 98,07 | 882,6 | 980,7 | da 70 HRE a 100 HRE |
| F | HRF | Sfera 1,5875 mm | 98,07 | 490,3 | 588,4 | da 60 HRF a 100 HRF |
| G | HRG | Sfera 1,5875 mm | 98,07 | 1373 | 1471 | da 30 HRG a 94 HRG |
| H' | HRH | Sfera 3,175 mm | 98,07 | 490,3 | 588,4 | da 80 HRH a 100 HRH |
| K | HRK | Sfera 3,175 mm | 98,07 | 1373 | 1471 | da 40 HRK a 100 HRK |
| 15N | HR15N | Cono di diamante | 29,42 | 117,7 | 147,1 | da 70 HR15N a 94 HR15N |
| 30N | HR30N | Cono di diamante | 29,42 | 264,8 | 294,2 | da 42 HR30N a 86 HR30N |
| 45N | HR45N | Cono di diamante | 29,42 | 411,9 | 441,3 | da 20 HR45N a 77 HR45N |
| 15T | HR15T | Sfera 1,5875 mm | 29.42 | 117,7 | 147,1 | da 67 HR15T a 93 HR15T |
| 30T | HR30T | Sfera 1,5875 mm | 29,42 | 264.8 | 294,2 | da 29 HR30T a 82 HR30T |
| 45T | HR45T | Sfera 1,5875 mm | 29,42 | 411,9 | 441,3 | da 10 HR45T a 72 HR45T |

(*) Per le scale che utilizzano i penetratori a sfera, il simbolo della durezza deve essere completato con la lettera "S" quando il penetratore e di acciaio, con la lettera "W", quando il penetratore è di metallo duro.

La **tabella C2.15** riassume i simboli, le designazioni e le relazioni matematiche per il calcolo della durezza Rockwell.

PROVE MECCANICHE **UNITÀ C2**

**Tabella C2.15** Simboli e designazioni

| Simbolo | Designazione | Unità |
|---|---|---|
| $F_0$ | Carico di prova iniziale | N |
| $F_1$ | Sovraccarico di prova | N |
| $F$ | Carico di prova totale | N |
| $S$ | Unità di scala, specifica della scala | mm |
| $N$ | Numero, specifico della scala | |
| $h$ | Profondità permanente dell'impronta sotto carico di prova iniziale, dopo aver tolto il sovraccarico (profondità permanente dell'impronta) | mm |
| HRA HRC HRD | Durezza Rockwell = $N - (h/S)$<br>Durezza Rockwell = $100 - (h/0,002)$ | |
| HRB HRE HRF HRG HRH HRK | Durezza Rockwell = $N - (h/S)$<br>Durezza Rockwell = $130 - (h/0,002)$ | |
| HRN HRT | Durezza Rockwell = $N - (h/S)$<br>Durezza Rockwell = $100 - (h/0,001)$ | |

## Prova di durezza Rockwell scala "B"

Indicata con HRB si effettua sui materiali aventi durezza non troppo alta (comunque inferiore ad HB = 400), con il penetratore sferico e con il carico di prova di 980 N.

Si articola nel modo seguente:
— portare il penetratore tangente alla superficie di prova, quindi applicare il precarico $F_0 = 98\pm2$ N;
— azzerare l'indicatore della profondità; in un tempo di 5÷10 s aggiungere gradatamente il carico addizionale $F_1 = 882\pm4$ N (carico totale 980±6 N); mantenere il carico totale per un tempo di 30 s;
— trascorso questo tempo, togliere il carico addizionale $F_1$, lasciando $F_0$; il penetratore risale dal punto B al punto C, per effetto del ritorno elastico del materiale. Eseguire la lettura della durezza (▶ **Fig. C2.71**).

**Figura C2.71**
Esecuzione della prova di durezza Rockwell scala "B".

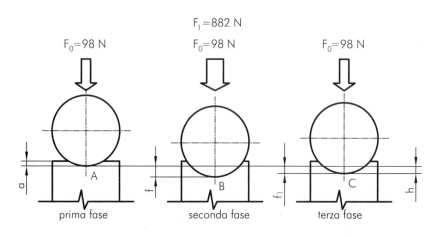

Applicare il precarico significa escludere dal risultato lo strato superficiale dei pezzi, le cui ineguaglianze dovute a ossidi e scaglie, porterebbero a risultati falsati.

Sul quadrante dello strumento ci sono 130 "tacche" (divisioni), ognuna delle quali corrisponde a uno spostamento del penetratore pari a 0,002 mm.

Il valore della durezza risulterà:

$$HRB = 130 - \frac{h}{0,002}$$

in cui:
— $h$ indica la profondità permanente di penetrazione (distanza tra A e C);
— $h/0,002$ è il numero delle tacche di cui si è spostato l'indicatore della profondità dopo il suo azzeramento.

### Esempio
Se tra A e C intercorre una distanza pari $h = 0,1$ mm, l'indice dello strumento si è spostato di un numero di tacche pari a $0,1/0,002 = 50$.

Il materiale ammette un valore di durezza pari a:

$$HRB = 130 - 50 = 80$$

## Prova di durezza Rockwell scala "C"

Indicata con la sigla HRC si effettua sui materiali duri, con il penetratore conico e con il carico di prova di 1470 N (150 kg).

Si articola nel modo seguente:
— portare il penetratore tangente alla superficie di prova, quindi applicare il precarico $F_0 = 98\pm2$ N;
— azzerare l'indicatore della profondità; in un tempo di 5÷10 s aggiungere gradatamente il carico addizionale $F_1 = 1372\pm7$ N (carico totale 1470±9 N); mantenere il carico totale per un tempo di 30 s;
— trascorso questo tempo togliere il carico addizionale $F_1$, lasciando $F_0$; il penetratore risale dal punto B al punto C, per effetto del ritorno elastico del materiale. Eseguire la lettura della durezza ( ▶ **Fig. C2.72**).

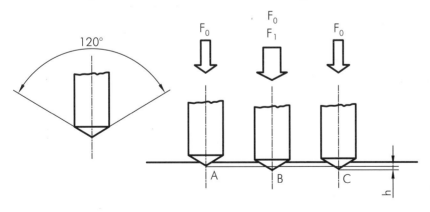

**Figura C2.72**
Esecuzione della prova di durezza Rockwell scala "C".

Sul quadrante dello strumento ci sono 100 "tacche" (divisioni), ognuna delle quali corrisponde a uno spostamento del penetratore pari a 0,002 mm.

Il valore della durezza risulterà:

$$HRC = 100 - \frac{h}{0,002}$$

## Condizioni di validità

Affinchè le prove siano considerate valide è necessario che lo spessore minimo del pezzo risulti:
— $s \geq 10\,h$ (penetratore conico);
— $s \geq 15\,h$ (penetratore sferico).

Il rispetto di tale condizione si impone perché non devono notarsi deformazioni visibili sulla parte opposta della superficie su cui è stata eseguita la prova. La distanza tra il centro di un'impronta e l'orlo del provino deve valere:

$$l \geq 2{,}5\,d$$

ma non deve essere minore di 1 mm; $d$ indica il diametro dell'impronta.
La distanza tra i centri di due impronte successive deve valere:

$$L \geq 4\,d$$

ma non deve essere minore di 2 mm ( ▶ **Fig. C2.73**).

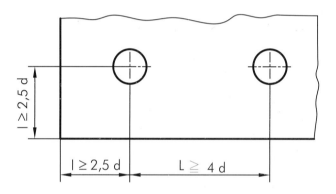

**Figura C2.73**
Posizione delle impronte nella prova Rockwell.

La **figura C2.74** riassume i campi di validità delle durezze misurate con i metodi Rockwell scale "B" e "C".

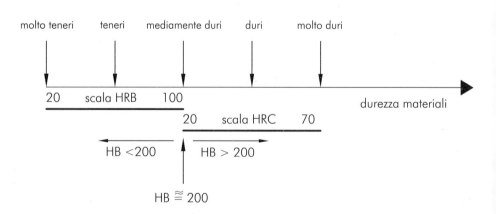

**Figura C2.74**
Campi di validità delle durezze HRB e HRC.

Nella **tabella C2.16** sono posti a confronto gli indici di durezza delle scale Brinell, Vickers e Rockwell, al variare della durezza dei materiali testati.

**Tabella C2.16** Confronto tra gli indici di durezza

| | HB | HV | HRC | HRB |
|---|---|---|---|---|
| **Materiali molto duri** | | 1000 | 70 | |
| | | 850 | 65 | |
| | | 700 | 60 | |
| | | 600 | 55 | |
| | | 500 | 50 | |
| **Materiali di media durezza** | 400 | 400 | 40 | |
| | 300 | 300 | 30 | |
| | 200 | 200 | 20 | 100 |
| **Materiali teneri** | 180 | 180 | | 90 |
| | 160 | 160 | | 85 |
| | 140 | 140 | | 80 |
| | 120 | 120 | | 70 |
| | 100 | 100 | | 60 |

## Confronto tra i metodi di prova

Nella **tabella C2.17** sono posti a confronto i metodi di prova Brinell, Vickers e Rockwell, evidenziando i vantaggi e gli svantaggi.

**Tabella C2.17** Confronto prove di durezza

| Prova di durezza | Vantaggi | Svantaggi |
|---|---|---|
| Brinell | Risente meno di una scarsa preparazione superficiale | L'impronta Brinell è relativamente grande e può costituire innesco alla rottura |
| Vickers | • Metodo utilizzabile con qualsiasi materiale (tenero o duro) <br> • Unicità del penetratore con qualsiasi carico applicato <br> • Impronta piccola | Necessita di adeguata preparazione superficiale del pezzo |
| Rockwell | • Rapidità di esecuzione <br> • Lettura diretta sul quadrante dello strumento | Necessita di discreta preparazione superficiale del pezzo |

## Confronto tra durezze e carico di rottura trazione

La **tabella C2.18** propone la conversione tra il valore corrispondente della durezza espressa con metodo Brinell (HBW), Vickers (HV), Rockwell (HRB, HRC) e il carico unitario di rottura a trazione $R_m$.

**Tabella C2.18** Conversione tra le durezze e il carico di rottura a trazione

| HBW (*) $d=10$ | HV 136° | HRB 1/16" | HRC 120° | $R_m$ [N/mm²] | HBW (*) $d=10$ | HV 136° | HRB 1/16" | HRC 120° | $R_m$ [N/mm²] |
|---|---|---|---|---|---|---|---|---|---|
| | 900 | | 67,0 | | 209 | 220 | 98,2 | | 727 |
| | 860 | | 65,9 | | 190 | 200 | 95,0 | | 661 |
| | 820 | | 67,7 | | 180 | 190 | 93,0 | | 628 |
| | 780 | | 63,3 | | 171 | 180 | 90,8 | | 594 |
| | 740 | | 61,8 | | 161 | 170 | 88,2 | | 562 |
| | 700 | | 60,1 | | 152 | 160 | 85,4 | | 529 |
| | 650 | | 57,8 | 2149 | 142 | 150 | 82,2 | | 495 |
| | 600 | | 55,2 | 1984 | 138 | 145 | 80,4 | | 480 |
| | 550 | | 52,3 | 1817 | 133 | 140 | 78,4 | | 463 |
| | 500 | | 49,1 | 1650 | 128 | 135 | 76,4 | | 446 |
| 427 | 450 | | 45,3 | 1487 | 123 | 130 | 74,4 | | 429 |
| 380 | 400 | | 40,8 | 1322 | 119 | 125 | 72,0 | | 413 |
| 361 | 380 | | 38,8 | 1255 | 114 | 120 | 69,4 | | 396 |
| 342 | 360 | | 36,6 | 1188 | 109 | 115 | 66,4 | | 381 |
| 323 | 340 | | 34,4 | 1123 | 104 | 110 | 63,4 | | 363 |
| 304 | 320 | | 32,2 | 1057 | 99,8 | 105 | 60,0 | | 347 |
| 285 | 300 | | 29,8 | 991 | 95,0 | 100 | 56,4 | | 330 |
| 266 | 280 | | 27,1 | 926 | 90,2 | 95 | 52,0 | | 314 |
| 247 | 260 | | 24,0 | 858 | 85,5 | 90 | 47,4 | | 297 |
| 228 | 240 | | 20,3 | 792 | 80,7 | 85 | 42,4 | | 280 |

(*) Durezza Brinell misurata con sfera in metallo duro Ø = 10 mm.

## C2.8 PROVE DEI FLUIDI

**PER COMPRENDERE LE PAROLE**

**Traettoria**: linea, retta o curva, descritta nello spazio da un punto o da un corpo in movimento; per visualizzare un filetto fluido, si introduce nel fluido in moto un colorante; questo viene trascinato dalla corrente e visualizza la traiettoria degli elementi di fluido che passano nel punto in cui il colorante è stato iniettato.

La conoscenza del comportamento dei fluidi ha grande importanza in svariati processi di produzione e di controllo, non solo ai fini del miglioramento continuo della loro qualità, ma anche in funzione dell'impatto ambientale, della sicurezza del lavoro e del risparmio energetico. Prima di affrontare l'esame delle prove per determinare le grandezze dei fluidi, è utile studiare le caratteristiche del moto del fluido in un condotto. Per descrivere il fluido in movimento si utilizza il concetto di "filetto fluido" chiamato anche *linea di flusso* o *linea di corrente*. Poiché il fluido in moto è un sistema formato da numerosissime particelle, il filetto è definito come la **traiettoria** seguita da ciascuna particella di fluido. I filetti fluidi sono schematizzati con linee che indicano tale traiettoria ( ▶ **Fig. C2.75a**).

Il moto dei fluidi può essere laminare e turbolento. Il *fluido* si dice *in moto laminare* quando, considerando un punto del fluido, la velocità in questo punto non cambia nel tempo in direzione e in intensità. In particolare, il flusso può essere descritto come il moto di tanti filetti fluidi che si muovono parallelamente tra loro con una propria velocità media, senza miscelarsi in modo disordinato con il resto del fluido ( ▶ **Fig. C2.75b**). Per esempio, il moto dell'acqua al centro di un canale è laminare.

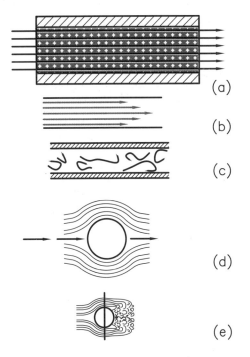

**Figura C2.75**
Moto dei fluidi:
a) schematizzazione dei filetti fluidi con linee che indicano la traiettoria delle particelle costituenti il fluido che scorre in un condotto;
b) schematizzazione del moto laminare di un fluido che scorre in un condotto di diametro d;
c) schematizzazione del moto turbolento di un fluido che scorre in un condotto di diametro d;
d) schematizzazione del moto laminare di un fluido che scorre intorno ad una sfera di diametro d;
e) schematizzazione del moto turbolento di un fluido che scorre intorno ad una sfera di diametro d.

Se si aumenta la velocità, il moto laminare si mantiene fino a una certa velocità limite, superata la quale il moto diventa turbolento. All'interno del fluido, a causa del moto turbolento si formano dei vortici che si muovono, come se fossero un tutt'uno. Nel flusso turbolento (vorticoso), i filetti fluidi si intersecano tra loro e la velocità cambia localmente in modo disordinato (▸ **Fig. C2.75c**).

Per studiare il passaggio dal moto laminare a quello turbolento, si usa il numero di **Reynolds** *Re* che vale:

$$Re = \frac{\rho \, v \, d}{\mu}$$

dove:
— $\rho$ è la massa volumica del fluido;
— $v$ è la velocità media del fluido rispetto al solido con cui viene a contatto;
— $d$ è una grandezza caratteristica del solido (per una tubatura cilindrica, ad esempio, $d$ è il diametro);
— $\mu$ è la viscosità dinamica del fluido.

Il numero di Reynolds *Re* è dimensionale e rappresenta, fisicamente, il rapporto tra le forze di inerzia (che dipendono dalla velocità) e le forze di attrito (che dipendono dalla viscosità) che agiscono all'interno del fluido su una sua particella.

Si può dimostrare che nel moto laminare le forze di attrito sono più intense di quelle di inerzia, mentre avviene il contrario nel regime turbolento. Sperimentalmente si è dimostrato che, per tubature rettilinee di sezione circolare, il flusso della corrente fluida è laminare per valori di *Re* uguali o inferiori a 2000, mentre diventa progressivamente sempre più turbolento per valori superiori.

La conoscenza delle proprietà di deformazione e di scorrimento dei materiali sotto l'azione di sollecitazioni esterne è particolarmente utile nel caso di sospensioni, dispersioni, emulsioni, semi-solidi (gel, paste, creme) e di polimeri come avviene nei processi tecnologici che trasformano le materie plastiche, le gomme, i materiali compositi, i metalli quali la miscelazione, il riempimento e svuotamento di contenitori, l'estrusione, lo stampaggio ecc.

> **PER COMPRENDERE LE PAROLE**
>
> **Reynolds**: Osborne Reynolds, fisico inglese, intorno al 1883, studiò sperimentalmente e teoricamente la natura del moto dei fluidi attraverso esperimenti nei quali un flusso d'acqua di velocità regolabile era reso osservabile iniettandovi dei coloranti.

**PER COMPRENDERE LE PAROLE**

**Reologia**: termine che deriva dal verbo greco "πεω" (scorrere); tale disciplina studia le proprietà di scorrimento dei materiali deformati per effetto di sollecitazioni ed è impiegata per analizzare specifici processi industriali nei settori metalmeccanico, farmaceutico, alimentare e delle ceramiche.

Si tratta di *materiali non omogenei*, ovvero costituiti da parecchi ingredienti (particelle di forma irregolare o goccioline di un liquido disperse in un altro; soluzioni di polimeri con catene lunghe e aggrovigliate) e, di conseguenza, non sono da considerarsi completamente fluidi. La disciplina che studia il comportamento di questi materiali è la **reologia**.

## Prove di determinazione della viscosità

La viscosità dei fluidi indica la loro caratteristica di opporre una resistenza di attrito allo scorrimento reciproco dei filetti fluidi che li compongono. Si consideri un fluido tra due lastre solide, poste alla distanza $h$, e una forza tangenziale $F$ applicata alla lastra superiore A, in modo da farla muovere con velocità $v$ rispetto a quella inferiore B (▶ **Fig. C2.76**).

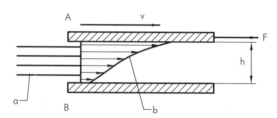

**Figura C2.76**
Viscosità di un fluido posto tra due lastre A e B:
a) filetti fluidi;
b) gradiente di velocità tra i diversi filetti fluidi.

**COME SI TRADUCE...**

| ITALIANO | INGLESE |
|---|---|
| Viscosità dinamica | Dynamic viscosity |

Si può osservare che le particelle di fluido aderenti alla lastra A si muovono con essa, mentre quelle aderenti alla lastra B rimangono ferme con essa. Di conseguenza, i diversi filetti fluidi che si trovano nell'intervallo $H$ posto tra due lastre hanno velocità diverse (gradiente di velocità di taglio). Dal valore 0 fino al valore V. Ciò avviene a causa dell'impedimento reciproco allo scorrimento che ogni filetto fluido compie. Se l'impedimento è piccolo il fluido è molto scorrevole e viceversa.

La **viscosità dinamica** $\mu$ misura l'opposizione allo scorrimento dei fluidi: a una grande opposizione corrisponde una grande viscosità e viceversa. Essa si esprime in kg/m s o in Ns/m² o, ancora, in Pa s, tuttavia, l'unità comunemente usata è il centipoise (cP): 1 cP = 1 mPa s. La **tabella C2.19** riporta i valori della viscosità dinamica $\mu$ di alcuni fluidi.

**Tabella C2.19** Valori della viscosità dinamica $\mu$ di alcuni fluidi

| Fluido (liquido, vapore, gas) | Viscosità dinamica $\mu$ [kg/ms - Ns/m² - Pa s] | Temperatura di riferimento [°C] |
|---|---|---|
| Alcol etilico (liquido) | 0,0012 | 20 |
| Acido solforico (liquido) | 0,0254 | 20 |
| Acqua | 0,001567 | 4 |
| Acqua | 0,001 | 20 |
| Acqua (vapore) | 0,00001255 | 100 |
| Aria | 0,00001827 | 18 |
| Mercurio liquido | 0,001554 | 20 |
| Mercurio vapore | 0,0000494 | 273 |
| Azoto (gas) | 0,00001781 | 27 |
| Metano | 0,00000348 | −181,6 |
| Olio lubrificante | 0,986 | 20 |
| Olio motore **SAE** 40 (minimo) | 12,500 | −18 |

Questa grandezza, introdotta da Newton, rimane costante al variare della velocità del fluido e cambia solo con la temperatura. La viscosità dinamica lega quindi, in modo linearmente proporzionale, la forza applicata al gradiente di velocità che si ottiene: i fluidi che seguono questa legge sono chiamati *fluidi newtoniani* o *lineari*. I fluidi non-newtoniani o non-lineari, invece, presentano una viscosità che cambia con la variazione della velocità. A causa di questo comportamento, si usa abitualmente il termine *viscosità apparente*. I fluidi non-newtoniani possono essere indipendenti o dipendenti dal tempo.

La viscosità di un fluido non-newtoniano indipendente dal tempo è funzione della temperatura e del gradiente di velocità. I fluidi non-newtoniani indipendenti dal tempo più significativi si dividono in:
— *fluidi pseudo-plastici*, nei quali la viscosità diminuisce all'aumentare del gradiente di velocità ( ▶ **Fig. C2.77**); esempi pratici sono le *vernici*, gli adesivi, i polimeri a molecola molto lunga;
— *fluidi dilatanti*, nei quali la viscosità aumenta con il gradiente di velocità; esempi pratici sono le sospensioni di particelle solide molto piccole e altamente concentrate in un fluido come nel caso dell'argilla e dei fanghi.

**COME SI TRADUCE...**

| ITALIANO | INGLESE |
|---|---|
| Viscosità cinematica | Kinematic viscosity |

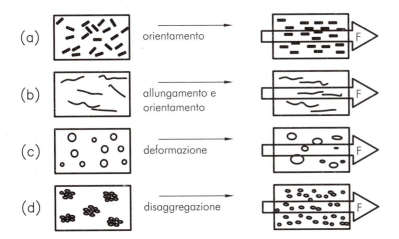

**Figura C2.77**
Comportamento di materiali pseudoplastici non omogenei all'aumentare dell'azione di deformazione di una forza tangenziale F:
a) particelle a bastoncino sospese nel liquido;
b) molecole a catena in un fluido o in soluzione;
c) particelle a forma sferica deformate in forme ellittiche;
d) cellule corpuscolari aggregate e deformabili elasticamente rimodellate a forme allungate.

La viscosità dei fluidi non-newtoniani dipendenti dal tempo è funzione della temperatura, del gradiente di velocità e del tempo. I fluidi non-newtoniani dipendenti dal tempo più significativi sono i fluidi tixotropici. In questi materiali la viscosità diminuisce con il tempo quando il fluido è soggetto a un gradiente di velocità costante, mentre tende a tornare alla viscosità precedente quando il gradiente di velocità cessa. Esempi pratici sono le vernici applicate con il pennello, e le leghe con caratteristiche tixotropiche usate in fonderia ( ▶ **Par. F1.10**) e nello stampaggio a caldo ( ▶ **Par. G1.3**).

Dividendo la viscosità dinamica $\mu$ per la massa volumica $\rho$ del fluido, si ottiene la **viscosità cinematica** $v$:

$$v = \frac{\mu}{\rho} \left[ \frac{m^2}{s} \right]$$

L'unità comunemente usata è il centistoke (cSt): $1 \text{ cSt} = 1 \text{ mm}^2 \text{ s}^{-1}$.

## Viscosimetri

L'apparecchiatura che misura la viscosità è il *viscosimetro* o *reometro*. La scelta del tipo di viscosimetro e dei modi di misura dipende dalle proprietà del liquido da misurare: liquidi newtoniani e non-newtoniani. Di seguito vengono esaminati il viscosimetro capillare, il viscosimetro rotazionale, il viscosimetro di Brookfield e il viscosimetro a bolla Byk-Gardner.

Il *viscosimetro capillare* è stato uno tra i primi viscosimetri ideati ed è tuttora considerato un metodo di elevata precisione che simula le condizioni di processo. Il suo funzionamento si basa sulla misura del tempo di efflusso di un liquido attraverso un tubo capillare calibrato per effetto sia della forza di gravità (viscosimetri a caduta libera), sia di una forza meccanica o pneumatica (viscosimetri a pressione variabile). I viscosimetri capillari a caduta libera sono costituiti da una pipetta ripiegata a U, formata da una bolla tarata con due indici e collegata a un tubo capillare calibrato. Nei viscosimetri per liquidi trasparenti, come per esempio il *viscosimetro di Ostwald* ( ▶ **Fig. C2.78a**), si misura il tempo di scorrimento $T$ del liquido che fluisce tra i due indici di taratura A e B della bolla volumetrica C entro il capillare e lo si moltiplica per la costante strumentale $C$ del viscosimetro, ottenendo la viscosità cinematica, di solito espressa in cSt. Per i liquidi opachi o colorati, il capillare precede la bolla volumetrica C, di cui si misura il tempo di riempimento fino all'indice superiore come nel *viscosimetro Cannon-Fenske* ( ▶ **Fig. C2.78b**).

**Figura C2.78**
Viscosimetri capillari a caduta libera:
a) viscosimetro di Ostwald in cui un campione noto di liquido è posto nella bolla D viene aspirato in modo da portarne il livello sopra l'indice A, quindi si lascia liberamente il liquido e si cronometra il tempo necessario per defluire dal livello A al livello B;
b) viscosimetro Cannon-Fenske in cui un campione noto di liquido è posto nella bolla D;
c) bagno termostatato per misure di viscosimetria;
d) reometro capillare per materiali termoplastici.

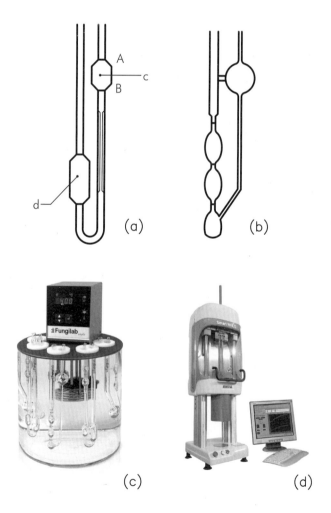

Ogni viscosimetro misura un intervallo di viscosità definito dalla sua costante strumentale $C$. Vengono prodotte serie di viscosimetri con capillari di diametro calibrato secondo le norme per intervalli crescenti di misura, con la costante strumentale certificata: ad esempio un Cannon-Fenske può coprire con 13 dimensioni il campo da 0,5 a 20 000 cSt.

Per minimizzare gli errori di turbolenza all'ingresso e ottenere misure attendibili, i capillari devono avere una lunghezza maggiore di 50 volte il diametro per consentire al liquido penetrante di raggiungere la velocità stazionaria atta a generare il flusso laminare. I viscosimetri capillari a caduta libera sono validi per misure in liquidi newtoniani di viscosità cinematica bassa e media. Durante la prova si impiega un bagno termostatato a temperatura nota ( ▸ **Fig. C2.78c**).

Si consideri, infine, un viscosimetro capillare a pressione per materiali termoplastici, definito anche *reometro capillare* ( ▸ **Fig. C2.78d**). In questa apparecchiatura, il materiale allo stato fluido-viscoso viene spinto a una determinata temperatura (di norma fino a 400 °C) attraverso un capillare, generalmente cilindrico, di dimensione e lunghezza variabili, da un estrusore a vite o da un pistone. La misura della pressione dell'efflusso, effettuata con trasduttori di pressione, della velocità di scorrimento e della forza di spinta, permette di ottenere curve reologiche in cui generalmente viene rappresentata la viscosità in funzione del gradiente della velocità di taglio.

Il *viscosimetro a rotazione* è costituito da un elemento rotante di diversa forma (cilindrica, a piastra-cono, a piatti paralleli) inserito in un contenitore cilindrico contenente il fluido di cui si vuole misurare la viscosità. Il fluido può essere newtoniano e non-newtoniano.

La **figura C2.79** riporta un viscosimetro a rotazione con i diversi tipi di elementi rotanti. L'elemento rotante cilindrico si utilizza per liquidi non troppo viscosi, a causa dell'ampia superficie del rotore; quello a piastra-cono si usa per misure dinamiche (oscillatorie), per sostanze molto viscose (anche semisolide), per elevati valori del gradiente di velocità e per fluidi senza particelle in sospensione; infine quello a piatti paralleli oltre che per misure dinamiche e per sostanze molto viscose, si utilizza per materiali non omogenei con particelle e fibre.

Quando l'elemento rotante viene posto in movimento, a causa della viscosità del fluido, si esercita una coppia di forze sul contenitore cilindrico. Dalla misura dell'intensità della coppia e della velocità angolare, riconducibile al gradiente di velocità, si può risalire con precisione alla viscosità del fluido.

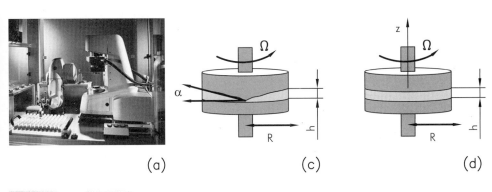

**Figura C2.79**
Viscosimetro rotante:
a) moderna apparecchiatura di laboratorio;
b) elementi rotanti cilindrici;
c) schema di elemento rotante a piastra-cono con i relativi parametri geometrici;
d) schema di elemento rotante a piatti paralleli con i relativi parametri geometrici.

> **PER COMPRENDERE LE PAROLE**
>
> **Tensione superficiale**: si ha quando ci si riferisce a un liquido in contatto con aria o vapore saturo; poiché la superficie di ogni liquido tende a contrarsi nell'area più piccola possibile per raggiungere uno stato di minima energia, la tensione superficiale è alla base della formazione delle gocce, che sono tenute insieme proprio da questa forza; nel caso di due liquidi immiscibili o di un liquido e un solido, esiste una tensione similare detta *tensione interfacciale*.

Il *viscosimetro Brookfield* (▶ **Fig. C2.80a**) è un tipo di viscosimetro a rotazione che si impiega nell'esame degli adesivi, delle pitture e delle vernici, oltre che nell'industria alimentare e farmaceutica. Il suo funzionamento è basato sulla rotazione di una girante (un disco o un cilindro) immersa in un fluido contenuto in un vaso da 600 cm³. Anche in questo caso, viene misurato il momento torcente necessario a vincere la resistenza al moto del fluido e a mantenere in rotazione la girante, immersa nel fluido da misurare a velocità angolare costante. La viscosità del fluido deriva dalla misura del momento torcente come rapporto tra il momento torcente e la velocità di rotazione moltiplicato per una costante di calibrazione dell'apparecchiatura. Tale misura risulta rigorosa per fluidi newtoniani e solo indicativa per fluidi non-newtoniani. L'impiego di diversi tipi di giranti permette di misurare un ampio campo di viscosità.

Il *viscosimetro a bolla Byk-Gardner* (▶ **Fig. C2.80b**), infine, è impiegato per valutare rapidamente la viscosità cinematica di fluidi, come resine e vernici. La tecnica consiste nel misurare il tempo che impiega una bolla d'aria a salire lungo tubi standard. In particolare, il metodo del tempo diretto usa un singolo provino con 3 linee per determinare i "secondi di bolla" richiesti da una bolla d'aria per percorrere una distanza verticale nota attraverso un tubo con diametro noto. Questi "secondi di bolla" possono essere convertiti in valori della viscosità.

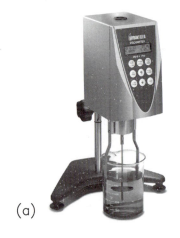 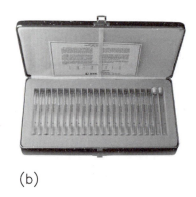

(a) (b)

**Figura C2.80**
a) Viscosimetro Brookfield.
b) Confezione di tubi standard del viscosimetro a bolla Byk-Gardner.

| COME SI TRADUCE... | |
|---|---|
| **ITALIANO** | **INGLESE** |
| *Tensione superficiale* | *Surface tension* |

## PROVE DI DETERMINAZIONE DELLA TENSIONE SUPERFICIALE

La **figura C2.81** mostra lo schema della struttura interna dei liquidi costituita da molecole vicine le une alle altre, disposte in maniera disordinata. Una molecola A è circondata da altre molecole simili che la attraggono in modo uniforme, per cui essa tende a restare nella stessa posizione. La molecola B, che si trova vicino alla superficie del liquido a contatto con l'aria, è sottoposta alla forza attrattiva esercitata dalle molecole di liquido che si trovano sotto o accanto alla molecola stessa, mentre superiormente è sottoposta all'attrazione delle molecole dell'aria. Poiché le molecole di aria sono meno numerose di quelle del liquido, a causa della massa volumica molto piccola dell'aria, ne consegue che queste esercitano una forza attrattiva molto piccola sulla molecola B. Questa differenza di attrazione tra le molecole fa sì che tutte le molecole vicine alla superficie del liquido siano attratte maggiormente verso l'interno del liquido stesso. L'azione di questa forza molecolare costituisce la cosiddetta **tensione superficiale** che spiega perché il liquido si comporta come se ci fosse una membrana invisibile che lo tiene unito.

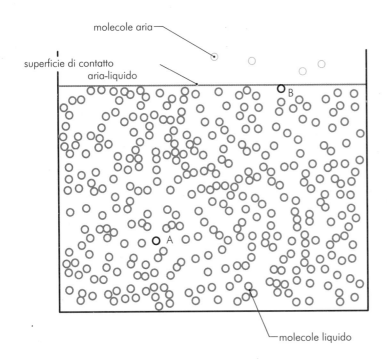

**Figura C2.81**
Struttura schematica della disposizione delle molecole all'interno di un liquido che ha una superficie di contatto con l'aria.

Un analogo ragionamento può essere fatto nel caso di due liquidi diversi a contato. L'intensità della tensione superficiale, quindi, dipende dal tipo di liquido considerato e dalla sostanza con cui è a contatto.
La tensione superficiale $\tau$ si determina con la seguente relazione:

$$\tau = \frac{F}{2\,l} \left[ \frac{mN}{m} \right]$$

**COME SI TRADUCE...**
| ITALIANO | INGLESE |
|---|---|
| Tensiometro | Tensiometer |

dove:
— $F$ è la forza massima applicata alla membrana che serve per separare le molecole alla superficie del liquido ovvero per produrvi un taglio;
— $l$ è la lunghezza della superficie di contatto bagnata.

### Tensiometro

Per le misure della tensione superficiale si usa il *torsiometro*. Per semplicità si analizza il *tensiometro di Du Nouy* che misura la forza richiesta per ottenere una deformazione controllata della membrana di interfaccia tra liquido e gas (o vapore) o tra liquido e liquido. Il tensiometro di Du Nouy è costituito da un anello di platino-iridio, supportato da un'asta collegata a una bilancia di torsione. Le misurazioni vengono fatte immergendo un anello di platino orizzontalmente nel liquido che forma l'interfaccia tra i due liquidi o alla superficie di un liquido con l'aria, in un intervallo di temperatura compreso tra 10 e 30 °C. L'anello viene sollevato lentamente finché non si ha la rottura delle forze di attrazione con il primo liquido e l'anello, staccandosi da questo, si sposta nel secondo liquido o nell'aria. La misura della forza richiesta per spostare l'anello dall'interfaccia liquido/liquido o liquido/aria permette di determinare la tensione di superficie. La geometria dell'anello è definita dal suo raggio principale $R_a$ e il raggio $R_b$ della sezione del filo di platino da cui è costituito (▶ **Fig. C2.82**). La lunghezza della superficie di contatto bagnata è pari a $2\pi R_a$.

**Figura C2.82**
Tensiometro di Du Nouy:
a) schema del funzionamento con la sezione dell'anello di Du Nouy di raggio $R_a$ e il raggio della sezione del filo $R_b$;
b) tensiometro digitale da laboratorio.

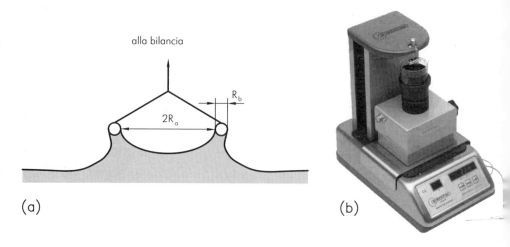

## DETERMINAZIONE DEL POTERE BAGNANTE E DELLA CAPILLARITÀ

Il *potere bagnante* o *bagnabilità* è la capacità di un liquido di spandersi sul solido. Esso è strettamente correlato all'angolo di contatto $\theta$ tra liquido e solido che costituisce una misura della bagnabilità stessa (▶ **Fig. C2.83**). In particolare, quando un liquido viene depositato su un altro liquido, può spandersi o meno, in conseguenza delle tensioni interfacciali che si stabiliscono tra i due liquidi.

**Figura C2.83**
Correlazione tra angolo di contatto $\theta$ tra liquido e solido e bagnabilità.

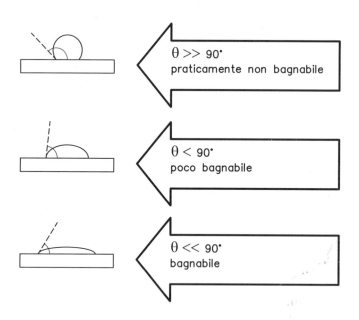

**Figura C2.84**
Risalita per capillarità di un liquido in un tubo capillare misurata dall'altezza $h$.

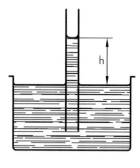

La tendenza del solido a essere bagnato da un certo liquido è definita come *tensione superficiale critica del solido*. Un metodo molto semplice di misurazione della tensione superficiale consiste nel misurare la risalita $h$ di un liquido in un tubo capillare. L'assorbimento per capillarità, misurato dalla risalita $h$, è tanto maggiore quanto minore è la differenza tra la tensione superficiale del liquido e quella del solido che costituisce il tubo capillare stesso (▶ **Fig. C2.84**).

# Prove di determinazione dell'umidità

L'*umidità* è la presenza di acqua nell'aria e nei gas. La misura dell'umidità è importante non solo nei settori del condizionamento ambientale e meteorologico, ma anche in campo industriale come nei processi di essiccazione, di produzione e di stoccaggio.

La misura dell'umidità si compie utilizzando i parametri di seguito riportati.
— Umidità assoluta [g/m³]: indica la quantità di grammi di acqua presenti in un metro cubo di aria o gas.
— Umidità relativa (%UR): indica la percentuale della quantità massima di vapore acqueo contenuta nell'aria; poiché la quantità massima dipende soprattutto dalla temperatura, l'umidità relativa si riferisce sempre a una temperatura.
— Grado di umidità [g/kg]: è definito come il rapporto di massa tra acqua e aria (gas secco).
— **Punto di rugiada** $T_d$: è la temperatura [°C] alla quale l'acqua presente nell'aria, o nel gas in esame, si condensa.

I diversi principi di misura e i relativi sensori si raggruppano in due categorie:
— igrometri diretti, che presentano una relazione funzionale esistente tra l'umidità e una proprietà fisica (come gli igrometri a capello, gli igrometri capacitivi ecc.);
— igrometri indiretti, che effettuano una trasformazione termodinamica e misurano quindi l'umidità indirettamente sulla base di una relazione termodinamica (come gli igrometri a specchio condensante, in cui viene effettuata una trasformazione di raffreddamento in specifiche condizioni; gli psicrometri in cui viene effettuata una trasformazione di saturazione quasi adiabatica).

Di seguito sono illustrate le apparecchiature di misura più utilizzate.

## Igrometro a capello

L'*igrometro a capello* è uno dei metodi più antichi utilizzati per misurare l'umidità, basato sul fenomeno dell'allungamento di capelli umani in funzione dell'umidità. La lunghezza del capello varia in funzione dell'umidità ambiente. Questa variazione è indicata come umidità relativa in funzione del contenuto di vapor d'acqua assorbito e viene trasdotta nella variazione di resistenza elettrica di un potenziometro o di un estensimetro ( ▶ **Fig. C2.85**).

**PER COMPRENDERE LE PAROLE**

**Punto di rugiada**: tale parametro si basa sul fatto che mano a mano che la temperatura scende, si riduce anche la capacità dell'aria o dei gas di trattenere acqua per cui, riducendo progressivamente la temperatura di prova, si determina a quale valore di questa si osserva la formazione di rugiada, ovvero di acqua condensata.

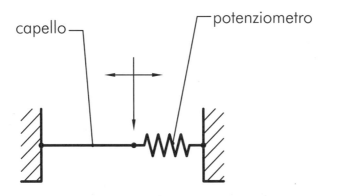

**Figura C2.85**
Schema costruttivo di un igrometro a capello nel quale l'umidità relativa viene trasdotta nella variazione di resistenza elettrica di un potenziometro.

**Figura C2.86**
Schema costruttivo di un sensore capacitivo:
a) elementi costituenti;
b) sensore tipo.

### Sensore di umidità capacitivo

Si basa sul principio che un condensatore cambia la sua capacità in funzione dell'umidità presente nell'ambiente. Il dielettrico impiegato è un materiale igroscopico, solitamente polimerico o ceramico ( ▶ **Fig. C2.86**).

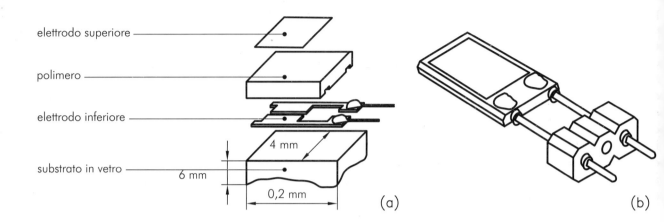

### Psicrometro

Si basa sul principio del raffreddamento causato dall'evaporazione. Una sonda termica, ricoperta con una garza di cotone umida, si raffredda per effetto dell'evaporazione, permettendo di determinare la temperatura psicrometrica del bulbo umido [°C]. L'evaporazione dipende dall'umidità relativa e dalla velocità dell'aria circostanti. Una seconda sonda termica, tenuta in un luogo secco, misura la temperatura ambiente in °C. L'umidità ambiente può essere determinata in base alla differenza tra le due temperature.

### Specchio per punto di rugiada

Uno specchio viene raffreddato finché non comincia a formarsi condensa sulla sua superficie ( ▶ **Fig. C2.87**). Monitorando la formazione della condensa è possibile misurare il punto di rugiada.

**Figura C2.87**
Schema costruttivo di un igrometro a condensazione con rilevazione ottica:
a) sorgente di luce;
b) specchio riflettente;
c) rilevatore di condensa;
d) sistema di controllo;
e) sensore di temperatura;
f) sistema di raffreddamento/riscaldamento;
g) scambiatore di calore.

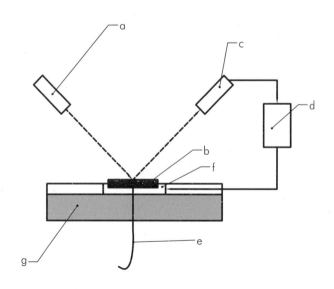

# Prove di determinazione dell'infiammabilità e dell'esplosività

L'identificazione di tutti gli agenti e preparati chimici che hanno caratteristiche combustibili, comburenti, infiammabili ed esplosive e la determinazione di queste proprietà sono fondamentali non solo per la sicurezza del lavoro e la prevenzione degli incendi, ma anche per la gestione corretta di specifici processi industriali (saldatura, lavorazioni per asportazione di truciolo dell'alluminio e del magnesio, fonderia ecc.). Il processo chimico che è alla base di questi fenomeni è l'ossidazione che porta alla combustione del materiale. La **figura C2.88** riporta il cosiddetto "triangolo della combustione" che individua i tre fattori che scatenano una combustione o un'esplosione quando sono contemporaneamente presenti: il materiale combustibile che può bruciare o esplodere, il comburente costituito dall'ossigeno che è l'elemento ossidante e, infine, la fonte di innesco che consente di avviare il processo di ossidazione/combustione del materiale combustibile attraverso la fornitura del necessario apporto di energia termica. L'incendio e l'esplosione sono un particolare tipo di combustione incontrollata.

Per verificare l'attitudine dei materiali a incendiarsi o a esplodere, e definirne così la pericolosità, occorre studiare alcuni parametri fisico-chimici, tra i quali la temperatura d'autoaccensione, il punto (o temperatura) d'infiammabilità dei combustibili, il campo d'infiammabilità dei combustibili uniti ai comburenti e il **limite inferiore e superiore d'esplosività**.

### COME SI TRADUCE...

| ITALIANO | INGLESE |
| --- | --- |
| Limite inferiore d'esplosività | Lower explosive limit |
| Limite superiore d'esplosività | Upper explosive limit |

### PER COMPRENDERE LE PAROLE

**Punto d'infiammabilità**: la temperatura d'infiammabilità di un liquido diventa un pericolo qualora risulti inferiore o molto vicina al valore della temperatura ambiente.

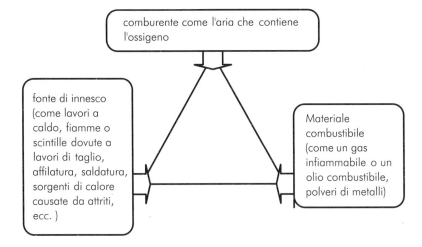

**Figura C2.88**
Triangolo della combustione.

### Temperatura di autoaccensione e punto d'infiammabilità

La temperatura di autoaccensione, è la temperatura minima alla quale deve essere portato un materiale combustibile, in presenza di aria, perché si avvii una combustione senza innesco esterno.

La temperatura alla quale una sostanza emette vapori, a pressione atmosferica, sufficienti per formare con l'aria una miscela che s'infiamma all'avvicinarsi di una fiamma, rappresenta il **punto d'infiammabilità**. Si distinguono il punto di infiammabilità in vaso chiuso (Penskin Martens) e quello in vaso aperto (Cleveland). Questo dato può indicare approssimativamente in che misura si possono creare l'incendio o l'esplosione. In tutti i casi esistono specifici limiti di concentrazione in aria (inferiore e superiore) all'interno dei quali può avvenire l'innesco della fiamma o dell'esplosione.

**COME SI TRADUCE...**

| ITALIANO | INGLESE |
|---|---|
| Limiti di infiammabilità | Flammability limits |

**PER COMPRENDERE LE PAROLE**

**Polveri combustibili:** molti materiali solidi combustibili, in polveri sottili e disperse in aria, possono provocare un'esplosione (eventi di questo tipo sono avvenuti per la formazione di nubi di polveri a es. di metalli, materie plastiche e resine).

### Limiti di infiammabilità

I **limiti di infiammabilità** sono le concentrazioni massima e minima, espresse di solito in percentuale di volume, del vapore prodotto da un liquido infiammabile o di un gas infiammabile che permettono la combustione della miscela con l'aria. Queste due concentrazioni, limite inferiore di infiammabilità e limite superiore di infiammabilità, definiscono al loro interno il campo di infiammabilità in cui può avvenire la combustione della miscela aria-vapore o aria-gas. I limiti di infiammabilità, quindi, sono una proprietà fisica riferibile solo ai gas e ai liquidi infiammabili.

Al disotto del limite inferiore di infiammabilità, la miscela aria-vapore o aria-gas non è sufficientemente concentrata per infiammarsi a causa della scarsa densità di molecole di combustibile. Al disopra del limite superiore, la miscela aria-vapore o aria-gas non dispone del comburente sufficiente per la propagazione della reazione di combustione.

I limiti di infiammabilità non sono univoci per ogni sostanza, ma variano al variare della temperatura e della pressione: l'aumento di pressione o di temperatura normalmente aumenta il campo di infiammabilità. La **tabella C2.20** riporta i valori dei limiti di infiammabilità di alcuni gas espressi in % del volume alla temperatura di 0 °C.

**Tabella C2.20** Valori dei limiti di infiammabilità di alcuni gas espressi in % del volume alla temperatura di 0°C

| Gas | Idrogeno | Monossido di carbonio | Metano | Etano | Propano | Acetilene | Benzene |
|---|---|---|---|---|---|---|---|
| Limite inferiore di infiammabilità [%]<br>Limite superiore di infiammabilità [%] | 4-75 | 12,5-74 | 5-15 | 3-12,4 | 2,1-9,5 | 2,5-100 | 1,3-7,9 |

### Limiti d'esplosività

I limiti di esplosione (o limiti di esplosività) di un gas, dei vapori di un liquido o di **polveri combustibili** sono limiti che definiscono l'intervallo di concentrazione entro cui, se la miscela aria-vapore o gas infiammabile è opportunamente innescata (per esempio da una scintilla), si verifica l'accensione della miscela. Questa combustione può essere una detonazione o solamente una "fiammata" (deflagrazione), in funzione di numerosi fattori (concentrazione di combustibile in primis, tipo di recipiente). Il limite di esplosione viene considerato in un intervallo che va da un minimo a un massimo di percentuale in volume di combustibile in aria o, più raramente in altri comburenti.

Nel caso di polveri, si effettua la *prova di esplosività* con il metodo di Hartmann. La sostanza in esame viene essiccata e macinata o setacciata (solo per sostanze omogenee) in modo che una frazione fine che rispetti gli standard possa essere utilizzata per la prova. La polvere è immessa nel tubo di Hartmann, un tubo verticale di vetro con un volume di 1,2 litri. Attraverso un ugello, posto nella parte inferiore del tubo, si soffia aria che solleva una nube di polvere. Contemporaneamente, viene innescata, in centro al tubo, una scintilla elettrica permanente (10 kV, apertura 4 mm, energia circa 10 J). L'esplosione di polvere nel tubo chiuso porta a un aumento della pressione che viene rilevato da un sensore elettronico abbinato al coperchio mobile sulla parte superiore del tubo. Viene, inoltre, osservato visivamente se si verifica un incendio delle polveri, cioè una combustione senza aumento di pressione. La prova viene effettuata con campioni di 120, 240 e 600 mg (100, 200 e 500 g/m$^3$). Si eseguono tre prove per ogni concentrazione. Se al termine di queste nove prove non si è verificata alcuna esplosione, si procede all'effettuazione di una nuova serie con 1200 mg (1000 g/m$^3$). La valutazione complessiva della prova è positiva se almeno in una prova è stata rilevata elettronicamente una esplosione o è stato osservato un incendio di polvere. In tal caso la polvere è considerata come esplosiva. Una valutazione definitiva della esplosività, secondo gli standard internazionali, richiede la prova nella sfera da 20 l. Se la valutazione nel tubo Hartmann è negativa, l'energia minima di accensione della polvere è maggiore di 1 J.

# UNITÀ C2

# VERIFICA DI UNITÀ

Gli esercizi sono disponibili anche nella versione digitale come test interattivi e autocorrettivi

## COMPLETAMENTO

1. La prova di trazione si esegue applicando il _____ ortogonalmente alla sezione _____ del provino, opportunamente prelevato e preparato; la _____ e le _____ di tale sezione sono standardizzate.

2. Nella fase elastica della prova di trazione per piccoli valori del _____ applicato, tutto il lavoro necessario per l'_____ delle fibre è assorbito sotto forma di energia potenziale _____, dovuta alla variazione delle distanze interatomiche del _____.

3. I materiali _____, come l'acciaio e l'alluminio, _____ molta energia durante l'impatto della mazza battente, quindi _____ meglio agli _____.

4. La resilienza diminuisce alle _____ temperature perché diminuisce la _____ atomica ostacolando lo _____ dei piani cristallini.

5. Nella prova Rockwell, il valore della _____ viene direttamente letto sul _____ e calcolato dallo strumento in funzione della profondità _____ di penetrazione senza prendere in considerazione la _____ dell'impronta.

## SCELTA MULTIPLA

6. Determinare il carico di trazione applicato a un'asta di sezione circolare piena, di 30 mm di diametro, costruita in acciaio con carico unitario di rottura alla trazione $R_m = 600$ N/mm²:

   a) 414100 [N]   b) 444115 [N]
   c) 434000 [N]   d) 424115 [N]

7. L'intaglio a "U" del provino Charpy ammette le seguenti dimensioni espresse in millimetri (rispettivamente, larghezza e altezza):

   a) 2; 5   b) 5; 2
   c) 3; 5   d) 5; 3

8. Le condizioni di accettabilità della prova ideale di durezza Brinell sono:

   a) $d/D = 0{,}275$; $\beta = 136°$
   b) $d/D = 0{,}375$; $\beta = 136°$
   c) $d/D = 0{,}60$; $\beta = 152°$
   d) $d/D = 0{,}375$; $\beta = 136°$

## VERO O FALSO

9. La massima contrazione della sezione del provino della prova di trazione è definita strizione.

   Vero ☐   Falso ☐

10. La prova di durezza Vickers utilizza un penetratore in diamante a forma di piramide retta a base quadrata.

    Vero ☐   Falso ☐

11. La prova di resilienza utilizza il pendolo di Foucault.

    Vero ☐   Falso ☐

12. Il valore della durezza Rockwell scala B si ricava con la relazione: $HRB = 100 - (h/0{,}002)$.

    Vero ☐   Falso ☐

13. La viscosità dinamica misura l'opposizione allo scorrimento dei fluidi.

    Vero ☐   Falso ☐

# PROVE TECNOLOGICHE

**C3**

## Obiettivi

### Conoscenze

- La classificazione dei processi produttivi.
- Le prove tecnologiche esemplificative applicabili ai processi produttivi.

### Abilità

- Descrivere i principi fisici e chimici che regolano i processi produttivi trattati e i relativi parametri tecnologici.

## PER ORIENTARSI

Le proprietà tecnologiche descrivono il comportamento dei materiali quando sono sottoposti a un processo produttivo. Le prove tecnologiche permettono di determinare tali proprietà. I materiali possono essere trasformati in prodotti finiti attraverso uno o più processi produttivi. Questi ( ▸ **Fig. C3.1**) si classificano in:

— solidificazione;
— deformazione plastica;
— asportazione di materiale;
— collegamento di materiali;
— lavorazione in lastra;
— trattamento superficiale;
— trattamento termico.

Poiché i processi produttivi sono numerosi e differenti, è problematico definire le proprietà tecnologiche in maniera unitaria e più ampia di quella fornita nell'**Unità C1**, inoltre, per lo stesso motivo è consigliabile esaminare, in questa unità, le prove dal punto di vista della classificazione e della definizione generale.

Di conseguenza, in tale sede verranno trattate solo alcune prove a titolo esemplificativo.

Il necessario approfondimento sarà affrontato nelle unità relative ai singoli processi produttivi, regolati da principi fisici e chimici che determinano le modalità di trasformazione del materiale.

Alla base della trasformazione vi sono parametri specifici, quali temperatura, pressione, concentrazione chimica e altri ancora, che la attivano quando raggiungono particolari valori.

## C3.1 PROVE TECNOLOGICHE DEI PROCESSI PRODUTTIVI DI SOLIDIFICAZIONE

I processi di solidificazione dei materiali si basano sul loro passaggio dallo stato liquido allo stato solido. Il parametro fisico che indica tale passaggio è la temperatura. Se si considera, in particolare, il processo a iniezione di un **polimero**, si osserva che la sua economicità dipende da una rapidità di

**PER COMPRENDERE LE PAROLE**

**Polimero**: materiale organico sintetico, costituito da molecole molto grandi, che assume anche la denominazione di *materia plastica*.

solidificazione del materiale fuso nello stampo tale da consentire l'estrazione del manufatto senza deformazioni oppure danni.

Il tempo assume, quindi, notevole importanza quale parametro che regola la solidificazione. Per valutare il comportamento al punto di solidificazione di una materia plastica si determina il *tempo di non flusso* per stabilire quando è opportuna l'estrazione dallo stampo di un manufatto.

Il *tempo di non flusso* viene calcolato mediante la pesatura del manufatto. Secondo questo sistema viene determinato il tempo oltre il quale la massa del manufatto non aumenta più, che corrisponde al momento in cui si interrompe il flusso di massa di materia plastica che viene iniettato nello stampo ( ▶ **Fig. C3.1**).

**Figura C3.1**
Determinazione del tempo di non flusso.

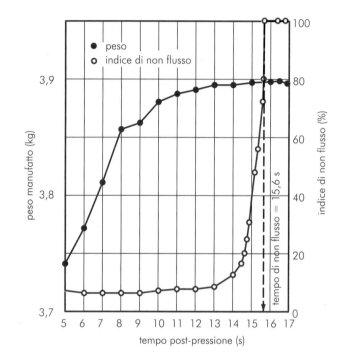

## C3.2 PROVE TECNOLOGICHE DEI PROCESSI PRODUTTIVI DI DEFORMAZIONE PLASTICA

 **COME SI TRADUCE...**

| ITALIANO | INGLESE |
|---|---|
| **Deformabilità** | Workability |
| **Formabilità** | Formability |
| **Rottura** | Failure |

I processi di deformazione plastica contemplano due tipi di lavorazioni del materiale: la deformabilità e la formabilità.

La **deformabilità** è la massima deformazione che il materiale può sopportare in un particolare processo senza rompersi. Il termine si applica ai processi di deformazione di materiali in massa, nei quali le forze applicate sono prevalentemente di compressione (laminazione, estrusione, trafilatura, stampaggio a caldo, sinterizzazione).

La **formabilità** è usualmente applicata ai processi produttivi di lavorazione in lastra, nei quali le forze applicate sono prevalentemente di trazione.

Nei processi di deformazione plastica ( ▶ **Fig. C3.2**) esistono due tipi di **rottura**:
— la separazione localizzata o completa del materiale presente nelle lavorazioni di materiali sia in massa sia in lastra;

— il **piegamento laterale**, o **ingobbatura**, presente nelle lavorazioni di materiali sia in massa di forma esile e allungata sia in lastra.

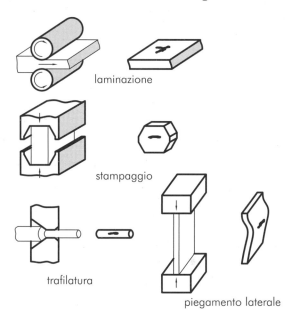

**Figura C3.2**
Processi di deformazione plastica e tipi di rottura.

Nei processi di deformazione plastica, il comportamento dei materiali può essere determinato attraverso i risultati delle prove meccaniche già studiate.

Per esempio, la duttilità di un metallo è legata alla resistenza a trazione e alla durezza; in particolare, può essere misurata comunemente dall'allungamento e dalla strizione dovute alla trazione.

La prova di trazione offre, inoltre, la possibilità di definire la resistenza di un materiale in termini di tensione di snervamento ($R_s$) o di tensione di rottura ($R_m$), ottenuti attraverso la curva tensione - deformazione ($R$-$A$). Tali valori possono essere impiegati per misurare indirettamente la deformabilità.

Si osservi, per esempio, la differenza tra la tensione di snervamento e la tensione di rottura di un metallo duttile: più vicini sono i valori di queste tensioni, più bassa è la duttilità e incrudibile il metallo.

L'influenza della durezza può essere così riassunta:
— è in relazione con la resistenza a trazione e perciò indirettamente con la duttilità (un metallo con elevate durezza e resistenza presenta bassa duttilità);
— il profilo dell'impronta di durezza è una misura dell'**incrudimento** (per esempio, un'impronta profonda con il bordo rialzato comporta un maggior incrudimento del materiale);
— influisce sulle caratteristiche di attrito e usura durante le fasi operative di lavorazione.

In pratica, per la misura della deformabilità si usano le stesse modalità delle prove meccaniche già esaminate. I provini da utilizzare vengono prelevati dal materiale che deve essere lavorato e possono avere la sezione di prova di forma circolare o rettangolare, con le dimensioni previste dalle norme tecniche applicabili. In relazione al processo che si vuole analizzare, va ricordato che i provini devono essere assoggettati alle stesse condizioni di sollecitazione (tipi di forze applicate), temperatura e modalità di applicazione delle sollecitazioni nel tempo (lenta o veloce).

---

**COME SI TRADUCE...**

| ITALIANO | INGLESE |
|---|---|
| Piegamento laterale o ingobbatura | Buckling |

**PER COMPRENDERE LE PAROLE**

**Incrudimento**: fenomeno per cui al procedere della deformazione cresce la resistenza del materiale alla deformazione stessa.

## C3.3 PROVE TECNOLOGICHE DEI PROCESSI PRODUTTIVI DI ASPORTAZIONE DI MATERIALE

Si consideri il caso dell'asportazione di materiale ottenuta con processi di lavorazione alle macchine utensili quali foratura, tornitura, fresatura, ecc. Tali processi consistono nel taglio del materiale eseguito con un utensile montato sulla macchina, posto in moto relativo rispetto al pezzo con conseguente formazione di trucioli ( ▶ Fig. C3.3).

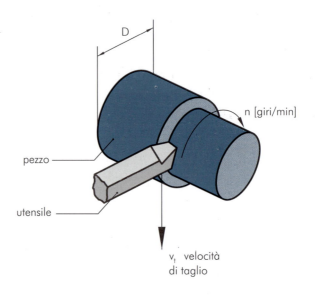

**Figura C3.3**
Caratteristica della lavorazione di asportazione di truciolo.

La valutazione della **lavorabilità alle macchine utensili**, o truciolabilità, permette di misurare il grado di attitudine dei materiali a subire lavorazioni di asportazione di truciolo.

Si è accertato che la lavorabilità dipende dalla struttura del materiale (tipo, composizione e stato), dalle caratteristiche meccaniche e fisiche e dalle lavorazioni eseguite precedentemente.

I fattori misurabili che influenzano la lavorabilità sono numerosi e riguardano il materiale, il truciolo e l'utensile. Tra i più significativi si annoverano i seguenti:
— usura e durata dell'utensile;
— finitura superficiale del pezzo;
— potenza assorbita nel taglio;
— quantità di calore prodotta nel taglio;
— quantità di trucioli prodotti.

> **PER COMPRENDERE LE PAROLE**
>
> **Acciaio rapido**: acciaio per utensili, di particolare composizione, che permette di raggiungere alte velocità di taglio, per questo è definito "rapido".
>
> **Velocità di taglio**: velocità periferica posseduta dal provino cilindrico di diametro $D$, posto in rotazione dal mandrino del tornio parallelo a un numero di giri $n$.

 **COME SI TRADUCE...**

| ITALIANO | INGLESE |
|---|---|
| Lavorazione alle macchine utensili | Machinability |
| Acciaio rapido | High speed steel |

La misura della lavorabilità viene condotta attraverso prove basate su diverse metodologie. Si consideri la prova del doppio utensile, basata sulla misura indiretta della temperatura di taglio, ottenuta attraverso il rilievo della forza elettromotrice termoelettrica generata tra pezzo e utensile.

Il sistema è costituito da due utensili, uno di carburo di tungsteno e l'altro in **acciaio rapido**, che lavorano al contempo tratti diversi di un provino in acciaio su tornio parallelo.

Essendo uguali le geometrie degli utensili e le **velocità di taglio**, sono uguali anche le temperature sulla punta degli utensili.

In queste condizioni, si crea una termocoppia fra i due utensili che genera nel circuito di misura una forza elettromotrice proporzionale alla temperatura di taglio ( ▶ **Fig. C3.4**).

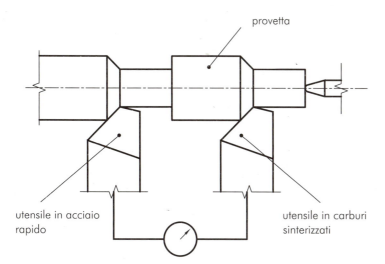

**Figura C3.4**
Schema del metodo di prova del doppio utensile.

Il segnale elettrico (differenza di potenziale) è rilevato dal voltmetro di portata pari a 15 mV. Durante l'esecuzione della prova si cerca una velocità di taglio tale che la differenza di potenziale dovuta all'effetto termoelettrico generato dai due utensili sia compresa tra 8,3 e 8,6 mV.

Allo scopo di avere un riferimento costante, la prova viene effettuata, oltre che sull'acciaio in esame, anche su un acciaio di riferimento.

Per tale acciaio viene assunto un *indice di lavorabilità* (*IL*) uguale a 100. L'indice di lavorabilità dell'acciaio in esame risulterà essere il seguente:

$$IL = 100 \frac{V_p}{V_r}$$

in cui:
— $V_p$ = indica la velocità di taglio risultante per l'acciaio in prova [m/min];
— $V_r$ = indica la velocità di taglio risultante per l'acciaio di riferimento [m/min].

## C3.4 PROVE TECNOLOGICHE DEI PROCESSI PRODUTTIVI DI COLLEGAMENTO DI MATERIALI

La saldatura è un collegamento per riscaldamento di parti solide che realizza la continuità del materiale fra le parti unite. In questo caso si parla di *giunto saldato*. La saldatura si differenzia da ogni altro tipo di collegamento che, come l'incollaggio o la chiodatura, non realizzano la continuità del materiale fra le parti unite. La saldabilità è l'attitudine dei materiali ad essere saldati risentendo al minimo possibile nel giunto della formazione di strutture fragili, di tensioni residue localizzate e di cricche.

Si esamini il caso della saldatura di metalli ottenuta mediante la loro parziale fusione. Il metallo dei pezzi da saldare è detto *metallo base*. La determinazione della saldabilità del metallo base viene eseguita con la *prova inserto* che ha l'obiettivo di valutarne la tendenza alla formazione di cricche a freddo (criccabilità).

La suddetta prova impiega un provino cilindrico, denominato *inserto*, ricavato dal metallo in esame e intagliato con un solco circolare in vicinanza di un'estremità. Il provino è inserito in un foro ottenuto in una lamiera di supporto dello stesso metallo, in modo che l'estremità intagliata sia a livello della superficie della lamiera ( ▶ **Fig. C3.5**).

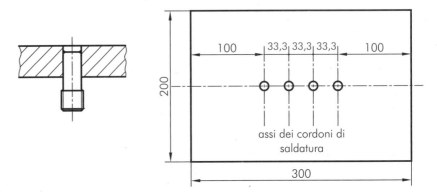

**Figura C3.5**
Forma geometrica e disposizione degli inserti nella lamiera di supporto.

La saldatura viene eseguita senza preriscaldo con idoneo procedimento; la lunghezza del cordone di saldatura è di 100 mm, in modo da ottenere un solido unico nella zona dove si trova l'inserto.

Dopo la saldatura e prima del raffreddamento completo si sottopone l'inserto a un carico statico di trazione e si misura la sollecitazione riferita alla sezione intagliata.

Il carico viene applicato in modo progressivo e mantenuto per un tempo minimo di 16 ore ( ▶ **Fig. C3.6**).

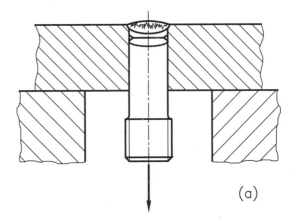

**Figura C3.6**
a) Inserto sotto carico statico subito dopo l'esecuzione del cordone di saldatura.
b) Esempio di presentazione dei risultati (i simboli C e NC stanno a indicare l'avvenuta formazione o meno di cricche).

| $H_1$ | NC | NC | NC |
| $H_2$ | NC | NC | NC |
| $H_3$ | C | NC | NC |
| $H_4$ | C | C | NC |

| $H_1$ | NC | NC | NC |
| $H_2$ | C | NC | NC |
| $H_3$ | C | 2C−1NC | NC |
| $H_4$ | C | C | NC |

(b)

Se non si è verificata rottura dopo il tempo prescritto di mantenimento del carico, l'inserto viene svincolato dalla lamiera di supporto e si procede al rilevamento di cricche eventualmente formatesi a livello dell'intaglio con metodi di prova non distruttiva. Nel caso di rottura, si misura il tempo occorrente alla rottura e si controlla la posizione della frattura.

Per ricavare le informazioni circa la tendenza alla criccabilità a freddo durante la saldatura del materiale dell'inserto, si effettuano diverse prove variandone opportunamente i parametri.

Per la presentazione dei risultati, si completa una tabella per ogni livello di sollecitazione sperimentato ( ▸ **Fig. C3.6**).

Mediante queste tabelle si possono determinare, anche visivamente, per diversi valori di sollecitazione le condizioni di criccabilità a freddo.

**PER COMPRENDERE LE PAROLE**

**Corpo cavo**: corpo a coppa di forma qualsiasi, quale per esempio una parte di carrozzeria di un'autovettura o un lavello da cucina.

## C3.5 PROVE TECNOLOGICHE DEI PROCESSI PRODUTTIVI DI LAVORAZIONE IN LASTRA

Si consideri la lavorazione di metalli in forma di lamiere e nastri. Per ottenere **corpi cavi** si esegue l'operazione di **imbutitura**, che consiste nel formare la lamiera spingendola con un punzone dentro una matrice.

Per verificare la duttilità della lamiera si esegue la prova di imbutitura Erichsen a provino bloccato, descritta nella norma UNI EN ISO 20482:2004. La prova consiste nell'imbutire un provino, bloccato in una matrice, mediante un punzone a calotta sferica, fino alla comparsa dei primi segni di rottura.

La profondità di penetrazione del punzone, espressa in millimetri, all'apparire dell'incrinatura dà la misura dell'indice di formabilità, definito *indice di imbutitura*.

L'indice di imbutitura IE riguarda lamiere e nastri di spessore fino a 2 mm; l'indice di imbutitura IE40 riguarda lamiere e nastri di spessore maggiore a 2 mm e inferiore a 3 mm (cioè quelli per i quali il diametro interno della matrice è di 40 mm).

La prova è generalmente applicabile a lamiere e nastri con spessore minore di 3 mm, tuttavia, modificando le condizioni di prova è possibile applicarla anche a spessori uguali o maggiori di 3 mm.

L'apparecchiatura di prova è presentata nella **figura C3.7**, ed è costituita dalla matrice, dal premilamiera e dal punzone, le cui superfici utili devono avere una durezza di almeno 750 HV.

L'apparecchiatura viene montata su una macchina di prova universale.

I provini, di configurazione piana, possono essere di forma quadrata, rettangolare o circolare. Il lato, la larghezza o il diametro devono essere di almeno 90 mm. Il centro di qualsiasi impronta deve trovarsi ad almeno 45 mm dal contorno del provino.

Prima della prova i provini non devono subire alcun trattamento termico o meccanico. Lo spessore del provino può essere minore o uguale a 2 mm oppure maggiore di 2 mm, ma pur sempre minore di 3 mm. In tutti i casi in cui la conoscenza dello spessore è necessaria per l'interpretazione dei risultati, lo spessore del provino deve essere misurato con precisione di 0,01 mm.

La temperatura di esecuzione della prova è di 20 ±5 °C; in caso contrario occorre indicare con il risultato della prova anche la temperatura alla quale la stessa è stata eseguita.

**Figura C3.7**
Prova di imbutitura Erichsen. Apparecchiatura di prova per provini con spessore minore o uguale a 2 mm.

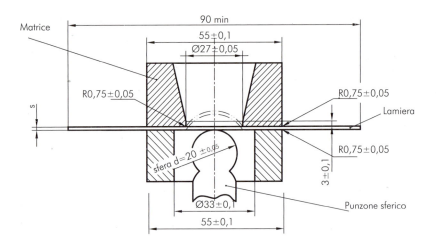

| COME SI TRADUCE... | |
|---|---|
| **ITALIANO** | **INGLESE** |
| Pellicola | Film |

L'esecuzione della prova prevede innanzitutto la spalmatura di grasso grafitato su entrambe le facce del provino e sul punzone. Quindi si passa alla sistemazione e al bloccaggio del provino tra il premilamiera e la matrice, garantendo una forza di serraggio di 9810 N. A questo punto, evitando gli urti, si porta il punzone a contatto con la lamiera, determinando il punto di origine della misura della profondità di penetrazione.

Si procede all'imbutitura facendo muovere il punzone senza colpi bruschi, con una velocità compresa tra 5 e 20 mm/min. Per convenzione, la rottura inizia quando appare una fessura che interessi l'intero spessore del provino e che sia sufficientemente aperta da lasciare passare la luce su almeno una parte della lunghezza. A questo punto si sospende la prova e si legge direttamente sull'apparecchio, con approssimazione di 0,1 mm, la profondità di penetrazione del punzone.

## C3.6 PROVE TECNOLOGICHE DEI PROCESSI PRODUTTIVI DI TRATTAMENTO SUPERFICIALE

Il trattamento superficiale dei materiali si effettua con specifici processi di: asportazione di materiale, deformazione plastica, verniciatura, metallizzazione, trattamento galvanico o chimico.

Le prove tecnologiche relative ai processi basati su asportazione di materiale (pulitura, sabbiatura ecc.) e deformazione plastica (rullatura e pallinatura) sono dello stesso tipo di quelle esaminate nei punti analoghi precedenti: lavorabilità alle macchine utensili e deformabilità.

La verniciatura consiste nell'applicare su una superficie un rivestimento organico liquido (vernice) in strato sottile, che si trasforma in una **pellicola** solida aderente. La verniciabilità del materiale può essere quindi considerata come la capacità di mantenere aderente lo strato di vernice applicato.

Una prova di verniciabilità si basa sulla valutazione dell'adesione del rivestimento attraverso la prova di quadrettatura; si tratta di un procedimento di prova empirico per valutare la resistenza di un film di prodotti vernicianti al distacco dal supporto. L'adesione viene valutata incidendo un reticolo quadrettato sulla pellicola e verificandone successivamente il distacco con l'applicazione di nastro adesivo.

I trattamenti galvanici o chimici consentono la deposizione chimica o elettrochimica sui metalli di strati di materiali diversi (cromatura, nichelatura ecc.), oppure la trasformazione chimica o elettrochimica della superficie (anodizzazione, fosfatazione). A causa della complessità dell'argomento, le prove tecnologiche relative ai trattamenti galvanici saranno esaminate nel modulo relativo, ma qui si può anticipare che in analogia con la verniciatura, la verifica più significativa per questi trattamenti è quella dell'adesione dello strato applicato.

| COME SI TRADUCE... | |
|---|---|
| **ITALIANO** | **INGLESE** |
| *Resistenza meccanica* | *Strength* |

## C3.7 PROVE TECNOLOGICHE DEI PROCESSI PRODUTTIVI DI TRATTAMENTO TERMICO

I trattamenti termici di un metallo o un ceramico, allo stato solido e in un ambiente determinato, si basano sull'esecuzione di uno o più cicli termici entro temperature e durate prestabilite. I cicli termici consistono in operazioni di riscaldamento, permanenza a una temperatura e raffreddamento effettuato secondo modalità prefissate (▶ **Fig. C3.8**). L'esecuzione del trattamento termico comporta una trasformazione della struttura cristallina dei materiali.

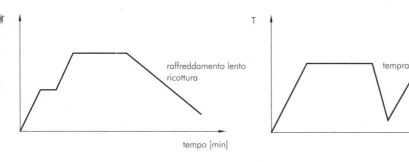

**Figura C3.8**
Cicli di trattamenti termici.

Lo scopo dei trattamenti termici è quello di ottenere particolari caratteristiche meccaniche che rendano adatto il materiale a successive lavorazioni o a essere posto in servizio.

Se il materiale deve subire successive lavorazioni è necessario che abbia una bassa durezza e una buona deformabilità e lavorabilità alle macchine utensili. Ciò si ottiene con il trattamento termico di ricottura.

Se, invece, il materiale deve essere posto in servizio e quindi garantire il corretto funzionamento nei confronti delle sollecitazioni presenti, è necessario che abbia una buona **resistenza meccanica**, una buona tenacità, una limitata deformabilità, una buona resistenza all'usura; il che si ottiene con specifici trattamenti termici quali la tempra seguita da rinvenimento, la carbocementazione seguita da tempra e distensione e altro ancora.

Per verificare il comportamento dei materiali al trattamento termico si deve controllare il raggiungimento della caratteristica meccanica abbinata alla trasformazione della struttura cristallina ottenuta. Le prove tecnologiche che vengono eseguite per verificare il risultato dei trattamenti termici, quale per esempio la temprabilità, verranno esaminate nei moduli specifici.

# UNITÀ C3

# VERIFICA DI UNITÀ

Gli esercizi sono disponibili anche nella versione digitale come test interattivi e autocorrettivi

## COMPLETAMENTO

1. Per valutare il comportamento al punto di solidificazione di una materia plastica, si determina il _____ di non _____ per stabilire quando è opportuna l'_____ del manufatto dallo _____.

2. La deformabilità è la _____ deformazione che il materiale può _____ in un particolare processo senza _____.

3. La truciolabilità permette di _____ il grado di _____ dei materiali a subire lavorazioni di _____ di _____.

4. L'operazione di imbutitura consiste nel formare (dare forma) la _____ spingendola con un _____ dentro una _____.

5. La verniciabilità del materiale può essere considerata come la _____ di mantenere _____ lo strato di _____ applicato.

## SCELTA MULTIPLA

6. La duttilità è una proprietà:
   a) meccanica
   b) fisica
   c) tecnologica
   d) elettrica

7. La prova tecnologica relativa al processo di sabbiatura si basa su:
   a) trattamento galvanico
   b) asportazione di materiale
   c) deformazione plastica
   d) trattamento termico

8. Il parametro che regola la solidificazione è:
   a) la massa del materiale da solidificare
   b) la temperatura di solidificazione
   c) il tempo di solidificazione
   d) la viscosità del materiale

## VERO O FALSO

9. L'incrudimento migliora la plasticità del materiale.
   Vero ☐   Falso ☐

10. Un metallo con elevate durezza e resistenza presenta bassa duttilità.
    Vero ☐   Falso ☐

11. La lavorabilità di un materiale è influenzata dal tipo di materiale dell'utensile.
    Vero ☐   Falso ☐

12. Con l'operazione di imbutitura si possono realizzare i corpi cavi.
    Vero ☐   Falso ☐

13. La trasformazione strutturale ottenuta con un trattamento termico non varia la durezza del materiale.
    Vero ☐   Falso ☐

# MODULO C
# VERIFICA FINALE DI MODULO

Si vuole studiare la scelta del materiale più idoneo alla costruzione di un remo. È necessario che esso sia leggero, sufficientemente elastico e rigido al fine di limitare la sua deformazione sotto carico. La parte superiore della **figura C.1** mostra la struttura di un remo con una porzione a forma di cucchiaio e l'altra allungata che ospita un manicotto e un collare, per consentirne l'accoppiamento con lo scalmo della barca.

**Figura C.1**
Struttura di un remo.

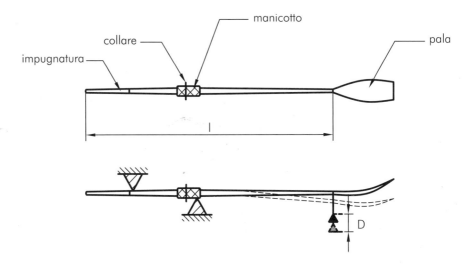

**A)** Sulla base dei dati specifici relativi alle proprietà di alcuni materiali atti alla costruzione del remo, operare la scelta riportando i dati nella seguente tabella.

| Materiale | Massa volumica [kg/dm³] | Modulo di Young [N/mm²] | Costo [€/ton] | Considerazioni | Valutazione |
|---|---|---|---|---|---|
| Legno | | 11 000 | | | |
| Materiale ceramico | | | | | |
| Lega d'alluminio | | 73 000 | | | |
| Materiale composito in fibra di carbonio | | | | | |

**B)** Indicare il materiale prescelto _____

**C)** Per il materiale scelto, determinare il modulo di Young tramite le opportune prove meccaniche. Inoltre, indicare le eventuali prove tecnologiche applicabili al processo produttivo relativo al materiale individuato per costruire il remo.

# MODULO C

## VERIFICA FINALE DI MODULO

Un'azienda operante nel settore dello stampaggio a caldo, delle lavorazioni meccaniche e di trattamento termico di pezzi in acciaio, deve definire il ciclo di controlli da effettuare sia su un pezzo temprato in olio, sia sull'olio stesso. Inoltre, il pezzo trattato deve essere controllato anche con il metodo dei liquidi penetranti al fine di verificare l'assenza di cricche superficiali dovute sia alla tempra, sia alla lavorazione meccanica di rettificatura.

**A)** Definire le proprietà meccaniche applicabili al pezzo indurito con la tempra e le relative prove, descrivendone l'apparecchiatura di prova, la metodologia di prova e i risultati ottenibili.

**B)** Definire le proprietà dei fluidi utilizzati, in relazione alla viscosità dell'olio di tempra e alla tensione superficiale dei liquidi penetranti, e descrivere le relative prove indicando l'apparecchiatura di prova, la metodologia di prova e i risultati ottenibili.

# MODULO D

## MATERIALI METALLICI

### PREREQUISITI

**Conoscenze**

- I passaggi di stato della materia, le leggi di Ohm e di Joule, i fenomeni dell'induzione elettromagnetica e dell'arco voltaico.
- Le reazioni chimiche, le principali tipologie dei composti chimici e i concetti di ossidazione e riduzione.
- La microstruttura dei materiali e i relativi difetti, l'allotropia, la proprietà e le prove esaminate nel *modulo C*.

**Abilità**

- Tracciare le curve che esprimono la variazione della temperatura, in funzione del tempo, nelle fasi di riscaldamento e raffreddamento.
- Esprimere le leggi di Ohm e di Joule.
- Descrivere quantitativamente i fenomeni dell'induzione elettromagnetica e dell'arco voltaico.
- Eseguire il bilanciamento di una reazione chimica.
- Esprimere le proprietà meccaniche con la simbologia unificata.

**AREA DIGITALE**

- **Approfondimento**
  D4 Confronto e scelta dei metalli
- **Video**
  # Colata continua e ottenimento di coils in acciaio
  # Raddrizzatura di alberi sterzo
  # Metallurgia del titanio: processo Kroll
- **Verifiche interattive**
- **Approfondimento**
  The bake-hardening steel  CLIL Lab

Ulteriori esercizi e Per documentarsi  hoepliscuola.it

### OBIETTIVI

**Conoscenze**

- Le proprietà dei metalli e delle leghe trattate.
- I processi metallurgici dei materiali metallici ferrosi e non ferrosi trattati.
- I criteri della classificazione e della designazione dei materiali metallici trattati.
- I criteri di scelta dei materiali.

**Abilità**

- Interpretare la designazione dei materiali metallici trattati.
- Associare la designazione e la classificazione dei materiali metallici alle rispettive caratteristiche.

**Competenze di riferimento**

- Individuare le proprietà dei materiali in relazione all'impiego, ai processi produttivi e ai trattamenti.
- Organizzare il processo produttivo contribuendo a definire le modalità di realizzazione, di controllo e collaudo del prodotto.
- Descrivere un materiale metallico sulla base delle proprietà che lo caratterizzano.

---

**UNITÀ D1** PROCESSI SIDERURGICI

**UNITÀ D2** ACCIAI E GHISE

**UNITÀ D3** MATERIALI METALLICI NON FERROSI

**UNITÀ D4** CONFRONTO E SCELTA DEI METALLI

## VERIFICA PREREQUISITI

Gli esercizi sono disponibili anche nella versione digitale come test interattivi e autocorrettivi

### COMPLETAMENTO

1. Le diverse strutture in cui può _____ una sostanza _____ sono dette forme _____; esse vengono comunemente designate con lettere greche.

2. Nella soluzione solida gli atomi del _____ si inseriscono nella cella elementare del _____ e a solidificazione completata la lega possiede un'unica _____ elementare: quella del _____.

3. Con la reazione di riduzione una specie chimica _____ uno o più _____. Ogni riduzione avviene contemporaneamente a un'_____, che consiste nella _____ di elettroni da parte di un'altra specie chimica, in modo tale che gli elettroni vengano _____ dalle due specie chimiche in questione.

4. L'induzione _____ è quel fenomeno fisico per il quale un campo _____ riesce a provocare (indurre) ai capi di un conduttore una differenza di _____ quindi, se il circuito è chiuso, esso genera una _____ elettrica.

### SCELTA MULTIPLA

5. La sublimazione di una sostanza semplice o di un composto chimico è la sua transizione di fase dallo stato solido allo stato:
   a) aeriforme, passando per lo stato liquido
   b) aeriforme, senza passare per lo stato liquido
   c) di plasma, senza passare dallo stato liquido
   d) di plasma, passando per lo stato liquido

6. Un materiale refrattario è un materiale capace di resistere per lunghi periodi a elevate temperature senza:
   a) modificare la propria viscosità
   b) respingere gli altri materiali con i quali si trova in contatto
   c) scambiare calore con gli altri materiali con i quali si trova in contatto
   d) reagire chimicamente con gli altri materiali con i quali si trova in contatto

7. La duttilità è una proprietà:
   a) tecnologica          b) meccanica
   c) fisica               d) elettrica

8. La prova tecnologica relativa al processo di sabbiatura si basa su:
   a) trattamento galvanico
   b) asportazione di materiale
   c) deformazione plastica
   d) trattamento termico

### VERO O FALSO

9. La scala di Mohs è un criterio empirico per la valutazione della durezza dei materiali.
   Vero ☐          Falso ☐

10. La formula bruta di una specie chimica indica il modo in cui gli atomi sono legati tra loro.
    Vero ☐          Falso ☐

11. L'incrudimento comporta il movimento delle dislocazioni che si accumulano nel materiale, bloccandosi vicendevolmente.
    Vero ☐          Falso ☐

12. L'impronta lasciata dalla prova di durezza Vickers è appena visibile ad occhio nudo.
    Vero ☐          Falso ☐

MODULO D  MATERIALI METALLICI

# PROCESSI SIDERURGICI

## Obiettivi

### Conoscenze

- Le proprietà chimico-fisiche e meccaniche del ferro.
- La composizione chimica (teorica e reale) di acciai e ghise.
- Le parti costituenti un impianto siderurgico a ciclo integrale e la loro funzione.
- La struttura e il funzionamento di un altoforno.
- I fenomeni chimici che intervengono nella formazione della ghisa greggia.
- I fenomeni chimici che caratterizzano la trasformazione ghisa-acciaio.
- La struttura e il funzionamento dei principali forni per la produzione dell'acciaio.
- Le modalità di colata della ghisa e dell'acciaio.

### Abilità

- Descrivere il ciclo produttivo dell'acciaio a partire dal minerale e dal rottame.
- Schematizzare uno stabilimento siderurgico a ciclo integrale, indicando le relazioni funzionali tra i vari impianti che lo compongono.
- Descrivere la struttura di un altoforno e sintetizzarne il funzionamento.
- Descrivere la struttura e le fasi del ciclo produttivo dei principali forni per la produzione dell'acciaio.
- Sintetizzare i processi di affinazione e correzione di un acciaio.
- Indicare i principali trattamenti di metallurgia secondaria e descrivere i principali impianti utilizzati.

## Per orientarsi

Il ferro è uno dei metalli più conosciuti fin dall'antichità ( ▸ **Fig. D1.1**). I primi manufatti di ferro compaiono sporadicamente nel corso del IV e III millennio a.C. in diversi siti dell'Egitto, in Mesopotamia (nell'odierno Iraq), in Anatolia (nell'odierna Turchia). Nelle prime applicazioni del ferro veniva impiegato metallo di origine **meteoritica**.

Per migliaia di anni esso è stato estratto e lavorato con diversi metodi artigianali finché, nel XIX secolo, si arrivò alla produzione industriale su larga scala di due leghe del ferro: la ghisa e l'acciaio.

### PER COMPRENDERE LE PAROLE

**Meteoritico**: relativo al meteorite, corpo solido di origine extraterrestre, caduto sulla superficie della Terra. Sembra certo che gli antichi conoscessero l'origine celeste dei meteoriti: il termine sumero che indica il ferro significa "metallo del cielo", quello egizio "rame nero del cielo", mentre *sideros*, che significa "ferro" in greco, è stato accostato a *sidus* ovvero "stella".

**Figura D1.1**
Lavorazione del ferro: il fabbro riscalda un massello di ferro nel forno (vaso greco a figure nere del VI secolo a.C.).

**PER COMPRENDERE LE PAROLE**

**Siderurgico**: dal latino *sider*, "ferro". Come aggettivo si applica a tutto ciò che concerne il ferro in ambito industriale. Con "processi siderurgici" si intende la produzione di ghisa e di acciaio e i relativi prodotti sono detti *prodotti siderurgici*.

A partire dalle prime leghe, ancora piuttosto grezze, sono stati sviluppati diversi tipi di ghise e di acciai, con caratteristiche molto differenziate. Si è resa necessaria, di conseguenza, una classificazione e una designazione molto articolata e complessa, sia delle ghise sia, in particolare, degli acciai. Questi costituiscono di gran lunga il più importante dei prodotti **siderurgici** utilizzati nell'industria manifatturiera, pur senza disconoscere l'importanza industriale delle ghise.

Attualmente la produzione delle leghe del **ferro** avviene, essenzialmente, seguendo due metodi diversi.

Il primo consiste nel produrre **ghisa** greggia a partire dal minerale di ferro e nel trasformarla successivamente in acciaio. Il secondo sistema consiste nell'utilizzare come materia prima i rottami ferrosi per trasformarli direttamente in acciaio (▶ **Fig. D1.2**).

**Figura D1.2**
Schemi dei processi di fabbricazione di ghisa e acciaio:
a) in stabilimento siderurgico a ciclo integrale;
b) in acciaieria da rottame.

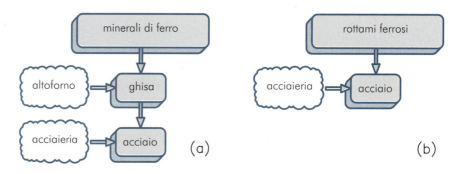

**COME SI TRADUCE...**

| ITALIANO | INGLESE |
|---|---|
| *Ferro* | *Iron* |
| *Ghisa* | *Cast iron* |

Il primo metodo viene realizzato in uno stabilimento di dimensioni decisamente rilevanti detto *stabilimento siderurgico a ciclo integrale*, in grado di produrre milioni di tonnellate all'anno di ghisa e quindi di acciaio. La ghisa greggia può essere rifusa per ottenere una ghisa più raffinata, detta di *seconda fusione*, usata per produrre pezzi di fonderia. Anche l'acciaio può essere lavorato in fonderia.

Gli impianti che utilizzano il secondo metodo sono detti *acciaierie da rottame* e hanno dimensioni decisamente inferiori rispetto a quelli a ciclo integrale.

In questa sede verranno esaminati tutti e due i tipi di impianti, le tecnologie comunemente usate e i relativi prodotti finiti.

## D1.1 FERRO E LEGHE

**PER COMPRENDERE LE PAROLE**

**Metallo tecnicamente puro**: metallo, prodotto a livello industriale, in cui la presenza di elementi estranei è così ridotta da non modificarne in modo significativo le proprietà.

**Acciai legati**: acciai a cui sono aggiunti uno o più elementi chimici, oltre al carbonio, per migliorarne le caratteristiche.

Con il termine "ferro" si indica il **metallo** allo stato **tecnicamente puro**.

Il comportamento meccanico del ferro è profondamente influenzato dall'aggiunta di piccolissime quantità di altri elementi, in particolare del carbonio.

Il ferro tecnicamente puro ha un utilizzo molto limitato, mentre le sue leghe con il carbonio sono i materiali più impiegati a livello industriale.

Le leghe ferro-carbonio si suddividono in:
— acciai (con più basso tenore di C);
— ghise (con più elevato tenore di C).

Gli acciai posso essere **acciai** semplici o **al carbonio** oppure **acciai legati**; esistono anche ghise legate. Gli acciai legati hanno rappresentato un'importante evoluzione nel settore, consentendo di ottenere materiali con caratteristiche particolari e di grande interesse industriale.

## PROPRIETÀ DEL FERRO

Il ferro costituisce il 5% della crosta terrestre e occupa il quarto posto in ordine di abbondanza tra gli elementi (dopo O, Si e Al). È presente sotto forma di composti e solo in piccole quantità come elemento puro, di origine meteoritica.

È un metallo grigio-argenteo che cristallizza sia nel sistema cubico a facce centrate (da 910 °C a 1390 °C circa), sia in quello cubico a corpo centrato (al di sotto dei 910 °C e oltre i 1390 °C). Le principali proprietà fisiche e meccaniche del ferro sono riportate nella **tabella D1.1**.

| COME SI TRADUCE... | |
|---|---|
| **ITALIANO** | **INGLESE** |
| *Acciaio* | *Steel* |
| *Acciaio al carbonio* | *Carbon steel* |
| *Acciai legati* | *Alloy steels* |

**Tabella D1.1** Proprietà fisiche e meccaniche del ferro

| | | | |
|---|---|---|---|
| Simbolo chimico | Fe | Durezza Brinell HBW | 45÷55 |
| Struttura cristallina | c.c.c. c.f.c. | Temperatura di fusione $T_f$ [K]/[°C] | 1807/1534 |
| Numero atomico $Z$ | 26 | Coefficiente medio di dilatazione termica lineare $\alpha$ [K$^{-1}$] | $11{,}7\,10^{-6}$ |
| Massa atomica $M$ [g/mol] | 55,847 | Capacità termica massica $C_{tm}$ a 20 °C [kJ/(kg K)] | 45,2 |
| Massa volumica $\rho$ [kg/dm³] | 7,86 | Calore di fusione massico $L_f$ [kJ/kg] | 275 |
| Carico unitario di rottura a trazione $R_m$ [MPa] | 180÷290 | Conduttività termica k a 20 °C [MW/m K] | 80 |
| Carico unitario di snervamento a trazione $R_s$ [MPa] | 100÷170 | Resistività $\rho$ a 20 °C [$\Omega$ m] | $101 \times 10^{-9}$ |
| Allungamento percentuale $A_5$ [%] | 40÷50 | Coefficiente di temperatura della resistività elettrica $\alpha$ [K$^{-1}$] | $5{,}9 \times 10^{-3}$ |
| Modulo di elasticità longitudinale $E$ [GPa] | 211 | Comportamento magnetico a 20 °C | ferromagnetico |

## LEGHE DEL FERRO

Come si è visto il ferro tecnicamente puro ha scadenti caratteristiche meccaniche. Perciò vi si aggiungono carbonio e altri elementi per ottenere leghe con migliori e diverse proprietà, richieste dalle molteplici applicazioni industriali.

Da un punto di vista teorico si definisce acciaio una lega Fe – C con C ≤ 2%, mentre si definisce ghisa una lega con 2% ≤ C ≤ 6,67%.

In pratica la gran parte degli acciaio hanno 0,1% ≤ C ≤ 1%, mentre la gran parte delle ghise è compresa nell'intervallo 3% ≤ C ≤ 4,5%.

È importante sottolineare che il tenore di carbonio influisce fortemente sulle proprietà meccaniche degli acciai. Sintetizzando si può dire che l'aumento

PROCESSI SIDERURGICI **UNITÀ D1**

della % in massa di carbonio produce un aumento di durezza e resistenza a trazione e, per contro, una riduzione di resilienza e allungamento a trazione.

Un tempo si era soliti classificare gli acciai al carbonio in base al tenore di questo elemento, mettendolo in relazione con la durezza.

Una possibile suddivisione era la seguente:
— acciaio dolce (carbonio compreso tra 0,04÷0,3%);
— acciaio duro (carbonio compreso tra 0,3÷0,7%);
— acciaio extraduro (carbonio compreso tra 0,7÷1,7%).

Tale classificazione è ormai obsoleta, ma è utile per mettere in relazione proprietà meccaniche e tenore di carbonio.

Gli acciai a basso tenore di carbonio hanno una resistenza allo snervamento $R_s$ intorno a 220 MPa. Essi sono, oltre che economici, facilmente lavorabili per deformazione plastica e per asportazione di truciolo. Quando sono necessari valori di $R_s$ maggiori, si usano acciai a medio o ad alto tenore di carbonio, oppure legati.

Molti acciai modificano le loro proprietà meccaniche se vengono sottoposti a opportuni cicli di riscaldamento-raffreddamento, detti *trattamenti termici*. In questo modo è possibile renderli più deformabili durante la fase di fabbricazione del pezzo o aumentarne resistenza a trazione e durezza quando il pezzo è terminato e pronto all'uso. I trattamenti termici degli acciai verranno esaminati in seguito. Le ghise sono piuttosto fragili e poco adatte a sopportare forti sollecitazioni meccaniche, non diversamente dagli acciai a basso tenore di carbonio. Esse però fondono più facilmente degli acciai, poiché la maggiore presenza di carbonio riduce la temperatura di fusione. Ciò consente di ottenere in ghisa, con il processo di fonderia, anche pezzi molto complessi.

La **figura D1.3** riporta esempi di impiego di acciai e ghise.

**Figura D1.3**
Impieghi di alcune generiche leghe ferrose:
a) acciaio a basso tenore di carbonio (acciaio dolce);
b) acciaio a medio tenore di carbonio (acciaio duro);
c) acciaio ad alto tenore di carbonio (acciaio extraduro);
d) acciaio alto legato (acciaio inossidabile).

 (a)

 (b)

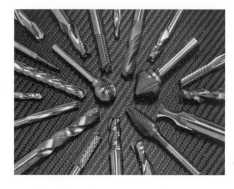 (c)

 (d)

# D1.2 PRODUZIONE DELLA GHISA: L'ALTOFORNO

Il sistema di gran lunga più utilizzato per la produzione della ghisa greggia consiste nel trattare i minerali di ferro in un particolare forno, detto altoforno, che utilizza come combustibile il carbone coke.

Si ottiene una ghisa greggia che viene utilizzata essenzialmente per produrre acciaio e, in piccola parte, per produrre una ghisa più raffinata detta di *seconda fusione*.

## MATERIE PRIME

Le materie prime utilizzate nell'altoforno sono:
— i minerali di ferro;
— il carbone coke;
— i fondenti.

### Minerali di ferro

Il ferro è presente in natura sotto forma di composto chimico in diversi minerali; quelli utilizzati per la produzione della ghisa sono essenzialmente ossidi di ferro.

Un buon minerale ha un tenore teorico di ferro del $70 \div 72\%$, ma bisogna tener presente che il minerale estratto dalla miniera è sempre associato a roccia sterile, detta *ganga*, di conseguenza la percentuale di ferro realmente presente nel materiale estratto dalla miniera è minore di quella teorica. Il minerale grezzo, comprensivo della ganga, si classifica in base al tenore di ferro in:
— povero (Fe $<30\%$);
— medio (Fe $= 30 \div 50\%$);
— ricco (Fe $>50\%$).

I componenti fondamentali della ganga sono: silice ($SiO_2$), allumina ($Al_2O_3$), calcare ($CaCO_3$), magnesia ($MgCO_3$). La composizione della ganga può essere: acida (se predomina la silice), basica (se predominano calcare e magnesia), autofondente (se i componenti acidi e basici si equivalgono).

Per un buon funzionamento del forno, deve essere garantito il contatto tra i pezzi di minerale e i gas di combustione presenti nel forno stesso. La presenza di minerale con dimensioni troppo piccole (fino) ostacolerebbe il regolare flusso dei gas. In genere si utilizza una pezzatura compresa tra 10 e 40 mm.

Per garantire queste caratteristiche il minerale subisce le seguenti lavorazioni preliminari, tipiche dei processi metallurgici.

### Frantumazione e vagliatura

I blocchi di minerale misto a ganga estratto dalla miniera sono di dimensioni molto variabili e vengono sottoposti a frantumazione in appositi mulini o frantoi, in modo da essere ridotti a una pezzatura idonea ai successivi trattamenti. Alla frantumazione segue sempre una vagliatura (o setacciatura) per avere partite di materiale di dimensioni analoghe.

### Arricchimento

È un procedimento che separa i pezzi di minerale ricco di ferro da quelli costituiti essenzialmente da ganga. Per l'arricchimento dei minerali di ferro si ricorre alla separazione magnetica.

PROCESSI SIDERURGICI **UNITÀ D1** 295

**PER COMPRENDERE LE PAROLE**

Fino: minerale con granulometria piccola.

### COME SI TRADUCE...

| ITALIANO | INGLESE |
|---|---|
| Agglomerato | Sinter |
| Cokeria | Coke oven |

### Agglomerazione e pellettizzazione

Sono procedimenti utilizzati per compattare il minerale **fino**, ricco di ferro, che si forma durante la frantumazione.

L'*agglomerazione* viene usata quando si hanno minerali fini di diverse dimensioni, ma non troppo piccoli (in genere maggiori di 0,3 mm); si ottiene un materiale poroso che interagisce molto bene con i gas presenti nel forno.

La *pellettizzazione* viene utilizzata quando il fino ha una consistenza polverulenta; si ottengono ovuli o sferoidi, denominati pellets, con diametro di 10-20 mm. Una carica tipica può contenere più del 70% di **agglomerato** e la restante parte sotto forma di pellets e minerale in pezzatura.

### Carbone coke

Il coke è ottenuto dalla distillazione del litantrace, che consiste in un riscaldamento ad alta temperatura (1100÷1200 °C) in assenza di ossigeno, per evitare la combustione del carbone. Lo scopo è quello di eliminare dal carbone sostanze volatili e idrocarburi, per migliorarne il potere calorifico.

Il coke si ottiene dalla **cokeria**, che fa parte integrante dell'impianto siderurgico ( ▸ **Fig. D1.4**).

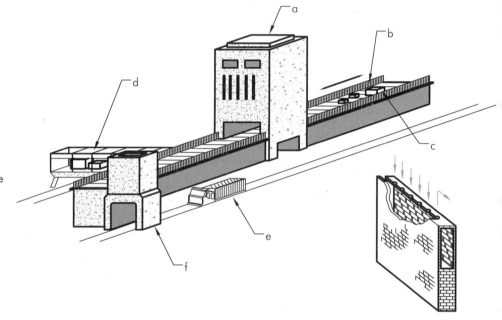

**Figura D1.4**
Schema di un impianto di cokeria: nel particolare è rappresentata una delle celle in cui avviene la trasformazione da carbone fossile a coke. Il carbone viene caricato dall'alto e il coke viene scaricato lateralmente: torre di carica (a); caricatrice (b); celle (c); sformatrice (d); carro del coke (e); torre di spegnimento (f).

Al termine del processo di distillazione il coke è incandescente e viene spento con getti d'acqua; prima di essere inviato al parco "materie prime", viene frantumato a una pezzatura variabile dai 20 ai 70 mm di diametro.

Un buon coke ha un tenore di carbonio di circa il 90% e un tenore di zolfo inferiore al 1% (quest'ultimo elemento passa infatti nella ghisa, inquinandola).

### Fondenti

Sono sostanze introdotte per reagire con i componenti della ganga e formare la scoria, migliorando la qualità della ghisa. In primo luogo si eliminano gli ossidi ad alto punto di fusione (da qui il termine "fondenti"), che resterebbero nella ghisa sotto forma di particelle solide, inquinandola in modo inaccettabile.

La scoria reagisce con la ghisa, e riduce il tenore di alcuni inquinanti tra cui lo zolfo; infine protegge il bagno della ghisa fusa dal contatto con l'ossigeno dell'aria soffiata nell'altoforno, che provocherebbe reazioni non volute.

La scoria è formata essenzialmente da silicati con temperatura di fusione e massa volumica inferiori a quelle della ghisa. Si presenta come un liquido che galleggia sopra al bagno della ghisa e può essere estratta da un apposito foro. Per ottenere dei silicati, i fondenti variano a seconda del tipo di ganga presente con il minerale: con ganga acida si utilizzano fondenti basici come il calcare ($CaCO_3$) o la dolomite ($CaCO_3 \cdot MgCO_3$); viceversa se la ganga è a comportamento basico si utilizza un fondente acido come la quarzite ($SiO_2$).

Anche i fondenti devono avere una pezzatura adeguata, perciò i blocchi provenienti dalle cave vengono sottoposti a frantumazione e vagliatura.

## Settori dell'impianto siderurgico

Il cuore dell'impianto di produzione della ghisa greggia è rappresentato dall'altoforno, ma uno stabilimento siderurgico ha molti altri settori, tutti ugualmente necessari alla produzione ( ▶ **Fig. D1.5** ).

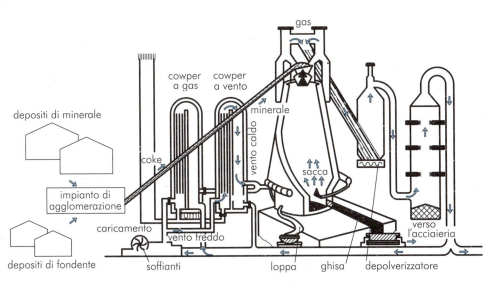

**Figura D1.5**
Schema della zona relativa all'altoforno in uno stabilimento siderurgico: cokeria, deposito "materie prime", altoforno, impianto colata e trasporto ghisa, impianto depurazione fumi, torri Cowper (preriscaldo aria), impianti ausiliari.

### Cokeria e depositi delle materie prime

La composizione delle cariche del forno deve essere costante al fine di ottimizzare il processo e ridurre i consumi energetici, pertanto le materie prime vengono suddivise in cumuli diversi, tenendo conto di qualità, pezzatura, composizione chimica e zona di provenienza. Dai vari cumuli vengono poi prelevate e inviate attraverso nastri trasportatori, o speciali elevatori detti *skips*, all'estremità superiore del forno, dove si trova la bocca di caricamento.

### Altoforno

Nell'altoforno avviene la trasformazione da minerale di ferro a ghisa. Esso non viene mai spento per tutta la durata della sua attività produttiva, che viene detta *campagna d'altoforno* e ha, in genere, una durata di vari anni.

L'altoforno è una struttura di dimensioni rilevanti ( ▶ **Fig. D1.6** ), non paragonabile a nessun altro tipo di forno utilizzato in metallurgia. In impianti di grandi dimensioni si giunge a produzioni di circa 10 000 tonnellate al giorno di ghisa.

**Figura D1.6**
Sezione di un altoforno con indicata la suddivisione in zone e parti fondamentali: bocca di caricamento (**a**); tubazioni di aspirazione dei fumi (**b**); manica a vento (**c**); tubiere (**d**); fori di colata della scoria (**e**); fori di colata della ghisa (**f**).

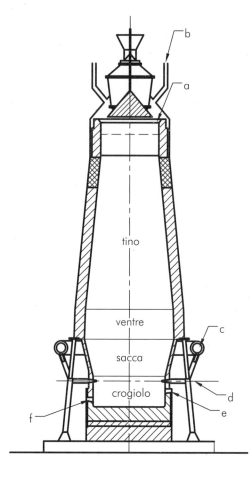

sezione all'altezza del piano tubiere

| COME SI TRADUCE... | |
|---|---|
| **ITALIANO** | **INGLESE** |
| *Tino* | *Shaft* |

Esternamente è costruito in lamiera di acciaio di grande spessore, all'interno è rivestito di materiale refrattario in grado di resistere alle elevate temperature di esercizio.

In genere si utilizza un refrattario silico-alluminoso nelle parti alte e mediane del forno, mentre nella zona bassa, dove la temperatura è molto elevata, si ricorre a mattoni di grafite.

Nella muratura refrattaria sono inserite delle piastre metalliche raffreddate ad acqua per facilitare la dispersione del calore e aumentare la durata del rivestimento. Per lo stesso motivo anche l'involucro esterno viene investito da una pioggia d'acqua.

Dalla bocca superiore viene introdotta la carica solida (minerale, ferro, coke, fondenti), invece, nella parte bassa viene inviata l'aria di combustione. I prodotti liquidi (ghisa e loppa) vengono estratti dal basso e quelli gassosi (fumi) dalla parte alta del forno.

Al suo interno si individuano quattro zone (**tino**, ventre, sacca, crogiolo) con funzioni diverse tra loro ( ▶ **Fig. D1.6**).

Il *crogiolo* ha forma cilindrica e ha la funzione di raccogliere la ghisa fusa. La *sacca* è la zona in cui avviene la combustione e si raggiunge la massima temperatura; ha forma tronco-conica per rallentare la discesa del materiale e garantire la fusione.

Il *tino cilindrico* riceve il materiale scaricato dall'esterno ed è rivestito da piastre antiusura in ghisa; quello *conico* consente la dilatazione del materiale che scende e si riscalda. Il *ventre* è il tratto di raccordo fra tino e sacca.

La *bocca di caricamento* è munita di un dispositivo a doppia campana
( ▶ **Fig. D1.7**) che permette di caricare i materiali senza che il tino entri in
contatto con l'ambiente esterno. In questo modo si evita la fuoriuscita dei
fumi e il conseguente inquinamento.

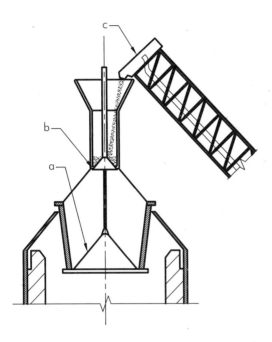

**Figura D1.7**
Sistema di caricamento
a doppia campana:
campana grande (a);
campana piccola (b);
impianto di risalita
per il caricamento (c).

I fumi vengono aspirati attraverso apposite tubazioni e inviati agli impianti
di depurazione e successivamente ai recuperatori di calore (torri Cowper).

Nella zona inferiore della sacca sono situati gli *ugelli*, o *tubiere*, da cui entra l'aria necessaria alla combustione. Il loro numero varia in funzione delle
dimensioni e della produttività dell'altoforno, in genere si hanno da 20 a 40
ugelli disposti lungo la circonferenza della sacca.

Ogni ugello è collegato a una grossa tubazione di forma toroidale, detta
*manica a vento*, che circonda il forno distribuendo l'aria ai vari ugelli. Al di
sotto della zona delle tubiere è situato il crogiolo in cui si raccoglie la ghisa
liquida, sulla quale galleggia la scoria anch'essa allo stato fuso.

Nella parte inferiore sono praticati due o più *fori di colata*, da cui si fa
uscire a intervalli regolari la ghisa.

Prima di colare, quando la ghisa liquida raggiunge il livello prefissato, le
scorie vengono espulse attraverso gli appositi *fori di uscita scorie*, che delimitano superiormente il crogiolo.

### Impianti di colata

La ghisa viene spillata a intervalli regolari (2÷4 ore) dal canale di colata, che
normalmente è chiuso da un tappo di refrattario, che si perfora per consentire lo
spillamento.

La ghisa liquida percorre un condotto rivestito di refrattario *(rigola)* e
giunge a dei contenitori detti *carri siluro*.
A questo punto l'impianto di colata si differenzia in base alla destinazione
della ghisa.

Le ghise destinate a essere rifuse vengono colate e danno luogo a forme
solide dette *pani*, da inviare agli impianti di fonderia esterni.

**PER COMPRENDERE LE PAROLE**

**Mescolatori**: grossi recipienti riscaldati in cui la ghisa è mantenuta allo stato liquido e dove si possono raccogliere più colate, al fine di omogeneizzarne la composizione.

La maggior parte della ghisa è destinata a essere trasformata in acciaio ed è inviata ai **mescolatori**.

Dai mescolatori la ghisa liquida è inviata all'acciaieria annessa all'altoforno, anch'essa parte dell'impianto siderurgico.

### Impianto di depurazione fumi

Durante il funzionamento del forno si producono fumi composti da polveri e da varie sostanze gassose, che nel loro insieme prendono il nome di *gas d'altoforno*.

Il gas può essere utilizzato come combustibile, in quanto contiene dell'ossido di carbonio CO, ma deve essere depurato delle polveri.

Esistono vari sistemi di depolverizzazione, e in genere un altoforno è dotato di due o tre impianti posti in successione.

Al termine della depurazione i gas sono utilizzati negli impianti collaterali all'altoforno. Una parte è usata come combustibile per la centrale termoelettrica del centro siderurgico, che è quindi autosufficiente dal punto di vista energetico. La restante parte viene inviata alle torri Cowper.

### Torri Cowper

Sono scambiatori di calore in cui si preriscalda l'aria che viene poi inviata all'altoforno per la combustione del coke ( ▶ **Fig. D1.8**).

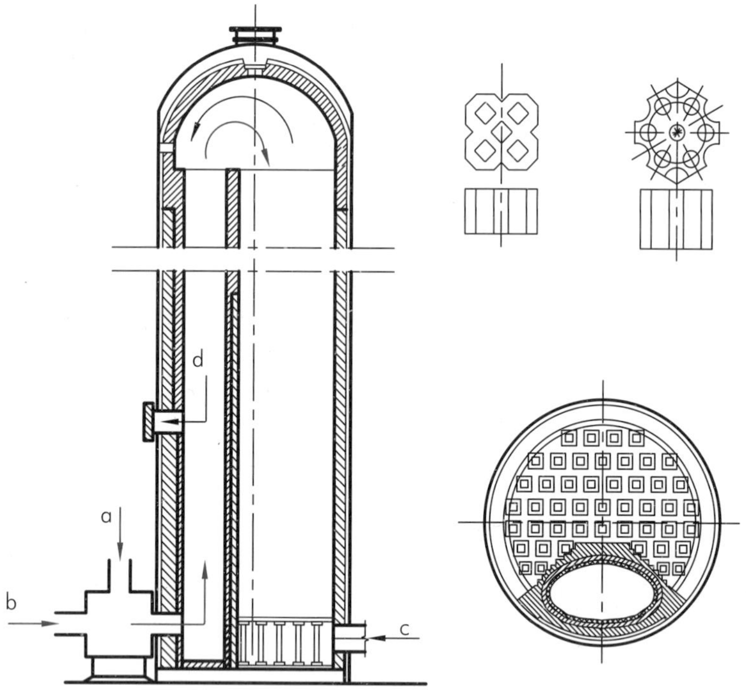

**Figura D1.8**
Schema di una torre Cowper utilizzata per preriscaldare l'aria da inviare all'altoforno, in cui si riconoscono l'ingresso aria (a), l'ingresso gas d'altoforno a temperatura di 250 °C (b), l'ingresso aria fredda (c), l'uscita aria calda da inviare all'altoforno (d).

Si tratta di grandi strutture divise in due parti distinte: una camera di combustione e una zona dove sono posti degli impilaggi di mattoni refrattari in cui sono ricavati dei condotti di passaggio. Il funzionamento prevede due fasi distinte.

In un primo momento vengono introdotti i gas d'altoforno che nella camera di combustione sono miscelati con aria e bruciano secondo la seguente reazione:

$$2CO + O_2 = 2CO_2 + calore \ (q)$$

I fumi che si formano hanno una temperatura di circa 1250 °C e per tiraggio naturale passano attraverso i cunicoli riscaldando i mattoni; escono infine dal camino con una temperatura variabile da 200 a 300 °C.

Quando i mattoni hanno raggiunto la temperatura di 1100÷1200 °C si arresta l'afflusso di gas e inizia la seconda fase.

Si introduce aria fredda che si riscalda e viene poi inviata alla manica a vento dell'altoforno, dove giunge con una temperatura di 1000÷1100 °C, permettendo un notevole risparmio in combustibile.

Ovviamente ci sono più torri che funzionano contemporaneamente: mentre in una si riscaldano i mattoni, nell'altra si cede calore all'aria.

Dopo un certo intervallo di tempo si invertono le valvole e l'aria fredda è inviata nella torre, in cui i mattoni sono stati precedentemente riscaldati.

Per garantire un utilizzo più bilanciato e la necessaria manutenzione si utilizzano almeno tre torri per ogni altoforno.

## Altri impianti ausiliari

In uno stabilimento complesso come quello siderurgico esistono moltissimi impianti ausiliari, comunque necessari alla produzione: nastri trasportatori, depuratori delle acque di raffreddamento, centrale di compressione dell'aria di combustione, centrale termoelettrica ecc.

Ultimamente si è data molta importanza a tutte le soluzioni che permettono di realizzare risparmi energetici.

Una delle soluzioni più interessanti consiste nell'utilizzare la pressione dei gas alla bocca dell'altoforno (2÷2,5 bar).

Una parte dei fumi viene prelevata e, dopo opportuna depurazione, va ad azionare una turbina che produce energia elettrica.

All'uscita dalla turbina i gas entrano nel circuito di stabilimento e vengono inviati ai recuperatori di calore, come si può osservare dalla **figura D1.9**, dove subiscono un ulteriore abbassamento della temperatura prima di essere inviati ai camini.

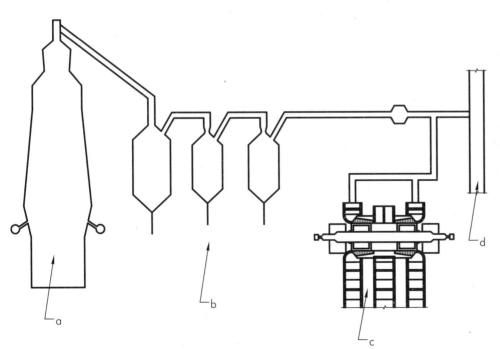

**Figura D1.9**
Schema dell'impianto che utilizza parte dei gas d'altoforno per produrre energia elettrica: altoforno (**a**); depolverazione (**b**); turbogeneratore (**c**); rete di stabilimento (**d**).

| COME SI TRADUCE... | |
|---|---|
| ITALIANO | INGLESE |
| Minerale di ferro | Iron ore |
| Cementite | Cementite |
| Ghisa greggia | Pig iron |
| Altoforno | Blast furnace (BF) |

## Ciclo produttivo

Dopo la preparazione e il caricamento delle materie prime, il ciclo di fabbricazione della ghisa greggia si articola nelle seguenti operazioni:
— formazione della ghisa;
— colata della ghisa;
— operazioni ausiliarie.

### Formazione della ghisa

La trasformazione dei **minerali di ferro** in ghisa consiste in una riduzione degli ossidi di ferro a ferro puro, e in una successiva formazione di carburo di ferro, o **cementite** $Fe_3C$, parzialmente solubile nel ferro stesso. Dopo la carburazione si ha la fusione e la massa liquida, composta da ferro e cementite, si raccoglie nel crogiolo, dando origine alla **ghisa greggia** o di *prima fusione*.

In realtà all'interno dell'altoforno si hanno diverse reazioni abbastanza complesse e la ghisa greggia risulta composta non solo da ferro e carbonio, ma anche da altri elementi provenienti dalla ganga e dal coke.

Per esaminare il processo è necessario tener presente che l'**altoforno** è caricato continuativamente con strati di minerale, coke e fondente, e che questi scendono lentamente dalla bocca verso il crogiolo, impiegando 6÷12 ore per compiere l'intero percorso.

Nella sua discesa il materiale incontra zone a temperatura crescente (▶ **Fig. D1.10**) e viene investito dai gas che si formano in seguito alla combustione del coke con l'aria introdotta dagli ugelli. Grazie all'interazione con i gas di combustione il minerale di ferro si trasforma alla fine in ghisa.

**Figura D1.10**
Andamento delle temperature lungo l'asse verticale dell'altoforno; nella zona di combustione si ha la massima temperatura. Se ci si allontana dall'asse del forno la temperatura diminuisce, per dispersione termica verso l'esterno. Sul disegno è riportata l'isoterma a 1000 °C per evidenziare il fenomeno.

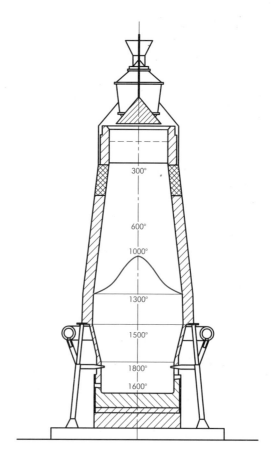

I gas si formano nella sacca dove si ha la combustione del coke, che può essere di due tipi:
— combustione completa:
$$C + O_2 = CO_2 + q_1$$
— combustione incompleta con $q_2 < q_1$:
$$C + 1/2\ O_2 = CO + q_2$$

Il biossido di carbonio $CO_2$ è in un ambiente molto ricco di carbonio e alla temperatura di 1800÷2000 °C, pertanto non è stabile e si decompone con la seguente reazione **endotermica**:
$$CO_2 + C = 2CO - q_3$$

Nel complesso il bilancio termico è positivo per cui la temperatura resta elevata; si forma un gas ricco di ossido di carbonio CO, che sale verso l'alto. Le trasformazioni subite dai minerali di ferro dipendono dalla presenza del CO e dalla temperatura a cui si trovano. Si è soliti suddividere l'altoforno in zone caratterizzate dai processi che vi avvengono, dalla temperatura e dal tipo di reazione dominante (▸ **Fig. D1.11**).

> **PER COMPRENDERE LE PAROLE**
>
> **Endotermica**: reazione chimica che avviene con assorbimento di calore. Si dice, invece, *esotermica* una reazione chimica che avviene con sviluppo di calore.

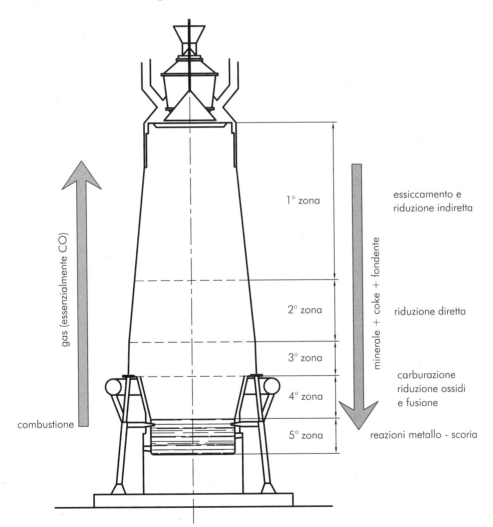

**Figura D1.11**
Principali reazioni nell'altoforno e relativa suddivisione in zone. Tale suddivisione è puramente indicativa, dal momento che si hanno delle zone di sovrapposizione tra i diversi fenomeni.

**PER COMPRENDERE LE PAROLE**

**Riduzione indiretta**: reazione chimica di riduzione ottenuta a opera dell'ossido di carbonio.

**Riduzione diretta**: reazione chimica di riduzione ottenuta direttamente a opera del carbonio

| COME SI TRADUCE... | |
|---|---|
| **ITALIANO** | **INGLESE** |
| Sacca | Bosh |
| Ventre | Belly |
| Crogiolo | Crucible |
| Riduzione | Reduction |

### Prima zona (da 200 a 800 °C)

Nella parte alta, dai 200 ai 400 °C circa, si ha un essiccamento dei materiali caricati; in seguito, con l'aumento della temperatura, si hanno le prime reazioni chimiche di **riduzione indiretta**. Solo una parte degli ossidi si trasforma in questa fase, per cui nella carica discendente sono ancora presenti ossidi di ferro insieme a ganga e fondenti:

$$3Fe_2O_3 + CO \rightarrow 2Fe_3O_4 + CO_2$$

$$Fe_3O_4 + CO \rightarrow 3FeO + CO_2$$

$$FeO + CO \rightarrow Fe + CO_2$$

### Seconda zona (da 800 a 1300 °C)

Continuano le reazioni di riduzione indiretta e iniziano quelle di **riduzione diretta**. Al termine di questa fase si è in presenza di ferro puro, ancora solido, che si presenta come una massa porosa detta *spugna di ferro*.

$$Fe_3O_4 + 4C \rightarrow 3FeO + 4CO$$

$$FeO + C \rightarrow Fe + CO$$

### Terza zona (da 1300 a 1600 °C)

È la zona della **sacca** in cui si ha la carburazione del ferro, già iniziata nel **ventre**. Si forma la cementite ($Fe_3C$) che comincia a fondere; in seguito fonde il ferro che non si è combinato, e l'insieme di ferro e cementite si raccoglie nel **crogiolo**, formando la ghisa liquida.

Contemporaneamente si ha la **riduzione** di alcuni ossidi ($SiO_2$ – $MnO$ – $P_2O_5$), che sono presenti nella ganga o si sono formati durante la discesa del minerale nel forno. Gli elementi puri che si formano passano in soluzione nella ghisa in quantità più o meno rilevante. Si spiega così perché nella ghisa sono sempre presenti il silicio, il manganese e il fosforo.

Anche altri elementi presenti nella ganga possono passare nella ghisa in tenori molto bassi; è possibile avere tracce di cromo, rame, nichel, vanadio, titanio.

In questa zona, inoltre, si intensifica il fenomeno della *solforazione*, per cui lo zolfo, proveniente essenzialmente dal coke, si combina con il ferro e forma un solfuro (FeS) che si scioglie nella ghisa.

### Quarta zona (1600-1800 °C)

È la zona della sacca in cui si ha la combustione del coke e dove si raggiunge la massima temperatura; si completa la fusione di tutti i composti presenti e la formazione della ghisa e della scoria che si raccolgono nel crogiolo. L'unico materiale ancora solido è il coke che, oltre a bruciare, svolge una funzione di sostegno della carica sovrastante.

### Quinta zona (1800-1600 °C)

È la zona del crogiolo in cui la temperatura si abbassa per dispersione del calore verso l'esterno e si ha la separazione della scoria che galleggia sulla ghisa. Nella zona di contatto delle due fasi si hanno complesse reazioni ghisa-scoria, tra cui assume grande importanza la desolforazione:

$$FeS + CaO + C = Fe + CaS + CO - q$$

Il solfuro di calcio rimane nella scoria, riducendo in questo modo il tenore di zolfo nella ghisa. La desolforazione non è mai completa e una parte di solfuro di ferro FeS rimane nella ghisa. La ghisa estratta contiene circa 4% di carbonio.

### Colata della ghisa

La **colata** è effettuata ogni 2÷4 ore. La ghisa percorre la rigola, giunge ai carri siluro e viene inviata ai mescolatori, dove viene effettuata un'ulteriore desolforazione.

I mescolatori sono utilizzati anche per omogeneizzare le varie colate e svincolare il ciclo produttivo della ghisa da quello successivo in acciaieria.

Attualmente si tende a sostituirli con stazioni di desolforazione che operano direttamente sulla ghisa posta nei carri siluro.

### Colata della scoria

La **scoria**, detta anche *loppa*, è considerata a tutti gli effetti un prodotto dell'altoforno e come tale viene venduta all'esterno.

Si distinguono due tipi: *loppa granulare*, utilizzata come materia prima per la produzione del *cemento d'altoforno*; *loppa fibrosa*, utilizzata essenzialmente come isolante termico.

La **figura D1.12** riporta una rappresentazione schematica del funzionamento dell'altoforno.

**COME SI TRADUCE...**

| ITALIANO | INGLESE |
|---|---|
| Colata (del metallo) | Casting |
| Scoria | Slag, cinder |

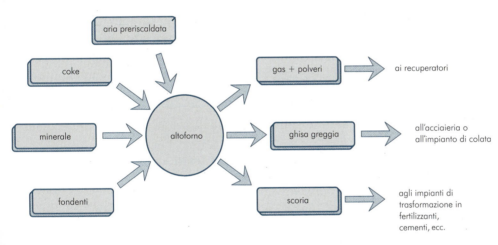

**Figura D1.12**
Rappresentazione schematica del flusso di materiali in entrata e in uscita da un altoforno.

## D1.3 PRODUZIONE DELL'ACCIAIO

Per produrre l'acciaio allo stato fuso si possono utilizzare due cicli produttivi:
— il *ciclo indiretto*, che consiste nell'elaborare la ghisa greggia mentre è ancora allo stato liquido, riducendo il tenore di carbonio e di inquinanti;
— il *ciclo diretto*, che permette di ottenere l'acciaio rifondendo direttamente rottami ferrosi, tenendo sotto controllo il tenore di carbonio e di inquinanti.

Nell'elaborazione della ghisa greggia con il ciclo indiretto si utilizzano i convertitori, e l'acciaieria fa parte dello stesso stabilimento in cui è posto l'altoforno (impianto siderurgico a ciclo integrale). Si tratta di impianti di grandi dimensioni che, in genere, producono i cosiddetti *prodotti piatti* (lamiere e nastri). Le acciaierie che producono da rottame utilizzano essenzialmente forni elet-

**PER COMPRENDERE LE PAROLE**

**Soffiature**: discontinuità dovute alle bolle di gas intrappolate all'interno di un qualunque materiale metallico allo stato solido. Riducono la resistenza meccanica e in pezzi particolarmente sollecitati rappresentano un difetto inaccettabile.

trici ad arco voltaico e sono impianti di dimensioni più ridotte, che tendono a realizzare i cosiddetti *prodotti lunghi* (barre, profilati, vergelle).

## TRASFORMAZIONE GHISA-ACCIAIO

Prima di analizzare i vari tipi di impianti utilizzati per la produzione di acciaio, è opportuno esaminare i principali fenomeni chimici che si hanno nel passaggio dalla ghisa all'acciaio.

Occorre tenere presente i seguenti aspetti fondamentali:
— il tenore di carbonio della ghisa deve essere ridotto;
— le impurità presenti nella ghisa devono essere ridotte, in particolare fosforo e zolfo;
— i composti indesiderati che si formano durante il processo devono essere eliminati;
— i gas che possono essere inglobati nell'acciaio vanno tenuti sotto controllo e, se necessario, eliminati.

Se si vogliono ottenere acciai legati, inoltre, si devono introdurre gli elementi chimici necessari durante il ciclo di fabbricazione.

Il processo di fabbricazione dell'acciaio, a partire dalla ghisa greggia, può essere diviso in due fasi fondamentali:
— l'affinazione;
— la correzione.

### Fase di affinazione

È un'ossidazione controllata che ha lo scopo di ridurre il tenore di carbonio e di inquinanti presenti nella ghisa. Se è ottenuta insufflando ossigeno è detta *conversione* e i relativi forni sono detti *convertitori*.

Tutte le reazioni di affinazione sono esotermiche, di conseguenza la ghisa prima e l'acciaio poi si mantengono allo stato liquido senza che sia necessario fornire calore dall'esterno.

Il passaggio dalla ghisa all'acciaio avviene nella fase di decarburazione, in cui si riduce il tenore di carbonio. Può essere più o meno spinta e dare luogo ad acciai con tenori di carbonio diversi.

### Fase di correzione

Comprende tutti gli interventi effettuati allo scopo di ottenere un acciaio con impurità controllate e con la composizione voluta.

La riduzione degli inquinanti avviene, come per l'altoforno, grazie all'interazione metallo-scoria. È necessario dunque aggiungere gli opportuni fondenti per avere una scoria di giusta composizione.

Zolfo e fosforo sono particolarmente dannosi e, per quanto possibile, vanno ridotti. Anche la disossidazione è fondamentale, in particolare per gli acciai di qualità. Gli elementi leganti, introdotti per ottenere acciai legati, non vengono aggiunti allo stato puro, ma sotto forma di *ferro leghe* di composizione nota.

I gas vanno eliminati per ridurre i rischi di **soffiature**.

Nella **tabella D1.2** sono indicate le reazioni chimiche fondamentali che avvengono nelle due fasi. L'assenza della disossidazione comporta la presenza di $FeO$ che influisce fortemente sulla struttura interna del lingotto che si forma con la colata; a seconda del tenore di $FeO$, si formano acciai cosiddetti *calmati* o *effervescenti*.

**Tabella D1.2** Principali reazioni chimiche che avvengono nella produzione dell'acciaio, distinte nelle fasi di affinazione e correzione

| Fase di affinazione | |
|---|---|
| Ossidazione del ferro | $2Fe + O_2 \rightarrow 2FeO + q$ |
| Ossidazione del silicio | $Si + O_2 \rightarrow SiO_2 + q$ oppure $Si + 2FeO \rightarrow 2Fe + SiO_2 + q$ ($SiO_2$ termina nelle scoria) |
| Ossidazione del manganese | $2Mn + O_2 \rightarrow MnO + q$ oppure $Mn + FeO \rightarrow Fe + MnO + q$ (MnO termina nelle scoria) |
| Ossidazione del fosforo | $2P + 5/2\ O_2 \rightarrow P_2O_5 + q$ oppure $2P + 5FeO \rightarrow P_2O_5 + 5Fe + q$ |
| Decarburazione | $C + 1/2\ O_2 \rightarrow 2CO + q$ oppure $C + FeO \rightarrow CO + Fe + q$ |
| **Fase di correzione** | |
| Desolforazione | $FeS + CaO \rightarrow FeO + CaS$ |
| Defosforazione | $P_2O_5 + 3\ CaO \rightarrow Ca_3(PO_4)_2$ |
| Disossidazione | $3\ FeO + 2Al \rightarrow Fe + Al_2O_3$ |
| Ricarburazione (eventuale) | Aggiungendo grafite o ghisa molto pura |
| Aggiunta di leganti (eventuale) | Mediante ferro-leghe, per avere acciai legati |
| Degassaggio (eventuale) | In genere sotto vuoto, per eliminare $H_2$, $N_2$, CO e altri gas presenti nell'acciaio |

**PER COMPRENDERE LE PAROLE**

**Colata**: in siderurgia il termine "colata" è usato con un doppio significato. Da un lato indica la singola fase in cui si cola l'acciaio fuso dal forno alla siviera, dall'altro indica l'insieme delle fasi del processo di produzione dell'acciaio, a partire dal caricamento della ghisa (o del rottame) sino allo svuotamento del convertitore (o del forno).

## Sequenza delle fasi

Nei primi processi industriali le fasi di affinazione e correzione si svolgevano entrambe nel convertitore. L'acciaio veniva poi colato in un recipiente detto *siviera* (▶ **Fig. D1.13**) per essere inviato alle successive lavorazioni.

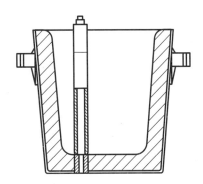

**Figura D1.13**
Schema di siviera.

Attualmente si eseguono quasi tutte le correzioni al di fuori del convertitore, in appositi impianti in cui si effettua anche il degassaggio. Si parla di *metallurgia secondaria* per indicare tutti quei processi che servono a ottenere un acciaio di composizione voluta. In sostanza, l'acciaieria si divide in due settori: il convertitore, in cui si cerca di ottenere l'acciaio nel più breve tempo possibile, e l'impianto di metallurgia secondaria, dove si eseguono le necessarie correzioni, mantenendo l'acciaio allo stato liquido. Dal trattamento secondario esce il materiale finito che viene avviato all'impianto di **colata**.

## Impianti di produzione

### Primi impianti industriali

La moderna acciaieria risale alla metà del XIX secolo, quando furono messi a punto due metodi di produzione dell'acciaio allo stato liquido a partire dalla ghisa. Nel 1855 H. Bessemer realizzò il primo convertitore ad aria in grado di trasformare la ghisa liquida in acciaio, un sistema adatto a trattare tuttavia solo ghise ricche di silicio. Nel 1878 fu affiancato da un altro convertitore, ideato da S. G. Thomas, in grado di affinare anche ghise ricche di fosforo. Nello stesso periodo veniva individuato da P. Martin un nuovo metodo di fabbricazione dell'acciaio capace di recuperare notevoli quantitativi di rottami ferrosi: il metodo fu realizzato per la prima volta da W. Siemens, in un forno di sua progettazione.

I metodi Thomas e Martin-Siemens hanno dominato la scena della produzione mondiale di acciaio fino a dopo la Seconda guerra mondiale, quando si è iniziato a sostituirli con impianti di tipo diverso.

Attualmente la produzione avviene con:
— convertitori a ossigeno, utilizzati per l'affinazione della ghisa greggia negli impianti a ciclo integrale;
— forni elettrici ad arco voltaico, utilizzati nelle acciaierie che impiegano come materia prima il rottame ferroso.

### Convertitore LD

Il convertitore LD (dalle iniziali delle città austriache di Linz e Donawitz, dove avvennero le prime colate negli anni Cinquanta), trasforma la ghisa liquida in acciaio mediante un getto di ossigeno puro. Oggi ha sostituito totalmente i forni Thomas e Martin-Siemens, rappresentando il sistema più utilizzato per produrre acciaio a partire da ghisa greggia.

### La struttura

Il convertitore è costituito in lamiera di acciaio molto spessa (sino a 100 mm) rivestita internamente di refrattario ( ▶ **Fig. D1.14**); nella zona centrale la struttura è rinforzata da un grosso anello di sostegno che porta due perni ad asse orizzontale, intorno a quali ruota il convertitore per caricare e scaricare il materiale.

Le dimensioni variano in funzione della capacità produttiva voluta, in genere non si scende sotto le 100 t/colata.

**Figura D1.14**
Schema di un convertitore LD: bocca di caricamento (**a**); tino (**b**); foro di colata acciaio (**c**); anello di supporto (**d**); perno di rotazione (**e**).

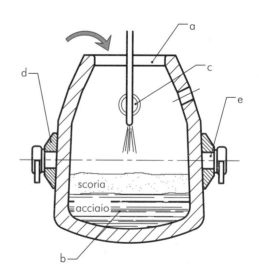

Dalla bocca viene introdotta una lancia che soffia l'ossigeno necessario alla conversione della ghisa in acciaio. La lancia è in acciaio e rame, raffreddata ad acqua. Ha una vita media di circa 200 colate.

L'ossigeno viene inviato a forte pressione (circa 1,5 MPa), in modo da rimescolare il metallo liquido. Il refrattario del tino è basico ed è costituito generalmente da mattoni di magnesite e dolomite. La parte a contatto con il metallo è rivestita da un impasto a base di dolomite, che viene ripristinato dopo ogni colata. Con una buona manutenzione si possono effettuare anche 2000 colate prima di fermare il convertitore e rifare integralmente il rivestimento interno di refrattario. Dal convertitore escono fumi che vengono raccolti dalla cappa di aspirazione, per essere depurati prima di essere scaricati in atmosfera.

Possono essere utilizzati, sia perché ricchi in CO (gas combustibile) sia perché ad alta temperatura (circa 1600 °C).

### Ciclo produttivo

Il ciclo di colata in un convertitore LD si articola nelle fasi riportate nella **figura D1.15**.

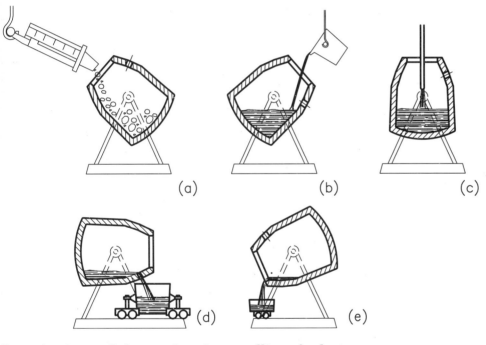

**Figura D1.15**
Fasi fondamentali del ciclo di colata in un convertitore LD:
a) carica rottame e fondente;
b) carica ghisa liquida;
c) invio dell'ossigeno;
d) colata dell'acciaio;
e) colata della scoria.

La carica consta di due parti: carica metallica e fondente.

La carica metallica è composta, in genere, dal 70-90% di ghisa liquida e dal 10-30% di rottame di acciaio, con eventualmente una piccola parte di minerale di ferro.

Il rottame viene aggiunto sia per recuperare materiale comunque utile, sia per abbassare la temperatura all'interno del forno, ed evitare un'eccessiva usura del refrattario. Il fondente è di tipo basico, come il refrattario, ed è costituito da calce o fluorina ($CaF_2$).

L'invio dell'ossigeno è la fase centrale del processo, in cui si ha il passaggio da ghisa ad acciaio. Si avvicina la lancia al bagno metallico e si invia l'ossigeno che, per l'elevata pressione, penetra nel metallo dando luogo a un elevato rimescolamento (▶ **Fig. D1.16**).

PROCESSI SIDERURGICI **UNITÀ D1**

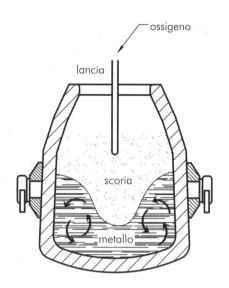

**Figura D1.16**
Fase di soffiaggio dell'ossigeno. Le diverse ossidazioni generano un elevato sviluppo di calore e nella zona di impatto si raggiungono i 2500÷2700 °C.

Si ossidano il ferro (FeO), il silicio ($SiO_2$), il manganese (MnO) e il fosforo ($P_2O_5$) con elevato sviluppo di calore.

Dopo pochi minuti inizia la fase di decarburazione, che prosegue anche quando le altre ossidazioni volgono al termine. Quando si valuta di aver raggiunto il tenore di carbonio voluto si sospende l'invio di ossigeno e si solleva la lancia. La durata della fase di soffiaggio è di circa 20-25 min.

A questo punto si inclina il convertitore e si preleva un campione di acciaio, che viene inviato immediatamente al laboratorio di analisi. Contemporaneamente si controlla la temperatura, per evitare di colare a temperatura troppo alta o troppo bassa. Nel primo caso si aggiunge rottame, nel secondo si invia altro ossigeno. Dal laboratorio giunge, in pochi minuti, la composizione e si possono effettuare le eventuali correzioni.

Dopo un ultimo controllo della temperatura si inclina il convertitore e si cola l'acciaio, dal foro di colata, nella siviera.

Una parte della scoria viene colata in siviera, in modo da proteggere la superficie del metallo dall'ossidazione. La parte restante viene colata, inclinando il forno dalla parte opposta, in un apposito recipiente che porta la scoria nella zona di raffreddamento.

La durata complessiva di un intero ciclo di colata si aggira sui 30÷40 min.

Si ottengono acciai con un bassissimo tenore di azoto (0,002÷0,004%) e di fosforo (circa 0,015%), di buona qualità, grazie alla possibilità di effettuare controlli in tempi molto rapidi.

Dopo la sua introduzione il metodo LD ha subito diverse innovazioni, con l'obiettivo di aumentarne la produttività e di superare alcune sue limitazioni.

Una di queste innovazioni ha dato luogo al metodo *LD-AC*, anche detto *OLP* (Oxygen Lime Powder), che consiste nell'iniettare calce in polvere insieme all'ossigeno, attraverso una lancia opportunamente modificata. Si ha il vantaggio di poter aumentare la defosforazione, che richiede una scoria fortemente basica.

### Convertitore OBM (Oxygen Boden Max Hütte)

È un convertitore, introdotto verso il 1970, che riprende il principio di soffiaggio dal basso usato nel metodo Thomas, ma impiega ossigeno puro e non aria come agente ossidante. Nel suddetto metodo non si era riusciti a utilizzare l'ossigeno puro perché nel punto di ingresso, dove l'ossidazione è massima, si sviluppava una temperatura eccessiva che danneggiava il refrattario. Nel convertitore OBM si è risolto il problema inviando insieme all'ossigeno un idrocarburo gassoso (metano o propano), attraverso una tubazione coassiale a quella dell'ossigeno (▶ **Fig. D1.17**).

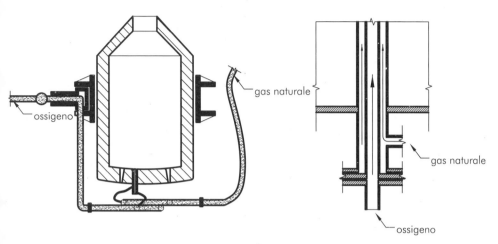

**Figura D1.17**
Schema semplificato di un convertitore OBM: nel particolare, più a destra, si evidenzia la zona di ingresso degli ugelli nel forno. La somiglianza costruttiva con il convertitore Thomas è rilevante.

A contatto con il bagno metallico l'idrocarburo si dissocia con reazioni di tipo endotermico che riducono la temperatura nella zona delle tubiere.

Con il metodo OBM si usa, in genere, la tecnica di inviare calce o fluorina in polvere insieme all'ossigeno.

Il soffiaggio dal basso comporta alcuni vantaggi: si ha un migliore rimescolamento del bagno, gli additivi aggiunti si distribuiscono in modo più omogeneo e si hanno minori rischi di proiezioni di metallo e scoria all'esterno. Ma nonostante questi vantaggi, il metodo OBM non ha avuto la diffusione prevista, poiché il maggiore consumo del refrattario e delle tubiere crea un inevitabile incremento dei costi di produzione.

### Altri tipi di convertitori

Altri tipi di convertitori sono stati introdotti allo scopo di sopperire ad alcune carenze del metodo LD, in particolare nella lavorazione di ghise ricche di fosforo.

Dal confronto tra LD e OBM, si è giunti a convertitori con il cosiddetto *soffiaggio combinato*, che affiancano all'invio di ossigeno dall'alto attraverso la lancia quello di gas dal basso, direttamente nel bagno metallico.

In tal modo si ha un migliore rimescolamento del bagno metallico e una migliore omogeneità del materiale.

In alcuni casi si iniettano gas inerti attraverso mattoni porosi, in altri casi si invia ossigeno attraverso piccole tubiere annegate nei mattoni del fondo (▶ **Fig. D1.18**). Lo scopo è sempre quello di rimescolare meglio il bagno metallico. Nonostante vi siano problemi di usura del refrattario, la maggior parte delle acciaierie utilizza ormai convertitori LD a soffiaggio combinato.

Contemporaneamente si sono sperimentati diversi metodi per poter aumentare la percentuale di rottame nella carica, senza abbassare troppo la temperatura del bagno metallico.

I principali tentativi sono andati nella direzione di preriscaldare il rottame o di inviare insieme all'ossigeno il carbone polverizzato, in modo che permettesse un innalzamento della temperatura.

**Figura D1.18**
Schema dei metodi usati nei processi combinati per il soffiaggio del gas dal basso.

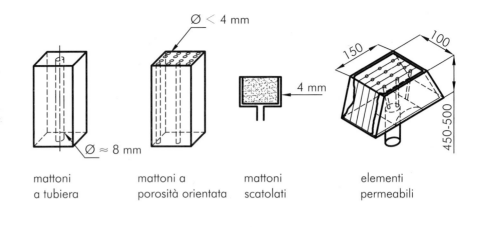

mattoni a tubiera  mattoni a porosità orientata  mattoni scatolati  elementi permeabili

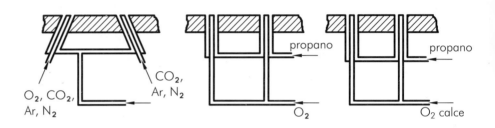

Hanno avuto un certo sviluppo anche due tipi di impianti, il *Kaldo* e il *Rotor*, in cui il convertitore stesso è posto in lenta rotazione intorno al suo asse (▸ **Fig. D1.19**).

**Figura D1.19**
Forni rotanti:
a) schema semplificato del convertitore Kaldo; per il caricamento delle materie prime il convertitore viene inclinato nelle posizioni **1** e **2**, per la colata dell'acciaio il convertitore viene inclinato nella posizione **3**;
b) schema semplificato del convertitore Rotor; il caricamento e la colata avvengono da apposite aperture praticate sulla parete cilindrica.

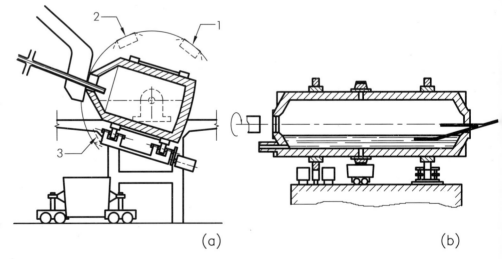

(a)      (b)

In questi forni l'ossido CO che si forma durante la carburazione viene ulteriormente bruciato a formare $CO_2$, raggiungendo temperature molto elevate, superiori ai 2000 °C. Si ottiene un buon acciaio, ma con costi di esercizio, per l'alto consumo di refrattario, più elevati dell'LD.

Il convertitore Kaldo, pur avendo vantaggi e svantaggi analoghi rispetto al Rotor, presenta una maggiore produttività che ne giustifica il maggiore sviluppo.

## Forni elettrici

Nei forni elettrici, a differenza dei convertitori, la fabbricazione dell'acciaio avviene con apporto di calore dall'esterno. In particolare si produce calore a partire dall'energia elettrica.

I forni elettrici possono essere classificati in tre categorie:
— forni ad arco voltaico;
— forni a induzione;
— forni a resistenza.

I forni a induzione sono utilizzati essenzialmente per fabbricare acciai speciali ad alto tenore di elementi leganti, a partire da acciai comuni prodotti al convertitore o al forno ad arco.

I forni a resistenza non vengono impiegati per fabbricare l'acciaio, ma sono usati nelle fonderie per rifonderlo e colarlo successivamente nelle forme. Verranno quindi esaminati nell'unità relativa alla fonderia.

## Forno ad arco trifase

I forni ad **arco voltaico** sono certamente quelli più diffusi e di maggiore importanza economica.

Sono i tipici forni utilizzati nelle acciaierie di medie dimensioni, che trattano il rottame per produrre acciai al carbonio o speciali.

Il forno ad arco trifase funziona utilizzando il calore prodotto da un arco voltaico che viene fatto scoccare tra gli elettrodi e il materiale da fondere. Gli elettrodi sono generalmente in grafite e in numero di tre.

L'arco voltaico produce calore a seguito dell'**effetto Joule**. In questo caso la grande quantità di calore è dovuta all'elevatissima resistenza ohmica dell'aria che, in condizioni normali, non permetterebbe il passaggio di corrente.

La capacità di questi forni è molto variabile, si va dalle 2 t, tipica dei forni per acciai speciali, a forni con capacità di 200 t e oltre.

La **figura D1.20** illustra un forno ad arco trifase nelle sue parti fondamentali.

### PER COMPRENDERE LE PAROLE

**Arco voltaico**: passaggio di corrente tra due conduttori non a contatto tra loro e con interposta dell'aria. L'aria ha una altissima resistenza elettrica e si comporta come un isolante, ma in particolari condizioni (differenza di potenziale, distanza tra gli elettrodi, umidità ecc.) può permettere il passaggio di corrente. In questo caso si nota un forte scintillamento tra gli elettrodi, che prende il nome di arco voltaico.

**Effetto Joule**: un conduttore percorso da corrente elettrica genera calore proporzionalmente all'intensità di corrente che circola e alla resistenza ohmica del conduttore, secondo la formula:
$$Q = kRI^2$$
dove $Q$ = quantità di calore prodotto [Joule];
$R$ = resistenza del conduttore [ohm];
$I$ = intensità di corrente [A];
$k$ = fattore di conversione.

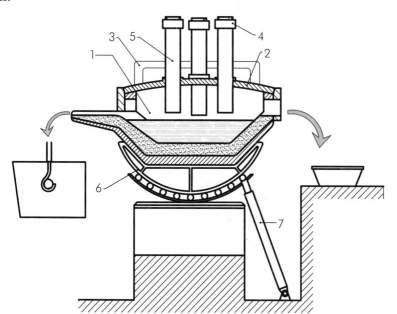

**Figura D1.20**
Forno elettrico ad arco trifase: tino (1); volta (2); sistema portavolta (3); sistema portaelettrodi (4); elettrodi (5); culla di rotolamento (6); pistone per l'inclinazione del forno (7).

La parte superiore del forno è aperta e serve al caricamento del materiale da fondere; durante la colata viene chiusa da una volta mobile, sostenuta da due traverse collegate a un montante che può alzarsi e abbassarsi, per mezzo di un impianto idraulico. Nella volta si aprono quattro fori, di cui tre servono al passaggio degli elettrodi e il quarto per l'aspirazione dei gas prodotti durante la lavorazione. Essa è costruita in solo refrattario, sostenuto da un anello laterale di acciaio di notevoli dimensioni e raffreddato da acqua.

Il tino è la parte centrale del forno ed è collegato anteriormente al canale di colata e posteriormente alla porta di scorificazione. Esso è costruito in acciaio ed è rivestito internamente da refrattario basico. Tutta la struttura è poi montata su un settore girevole, che ruota attorno a un asse verticale. In questo modo si può sollevare la volta e poi ruotarla lateralmente quando si deve caricare il materiale da fondere dentro al tino.

Ogni elettrodo è sostenuto da un braccio portaelettrodo, collegato a un montante che può muoversi in senso verticale. Una regolazione automatica permette di alzare o abbassare il montante durante il funzionamento, in modo da mantenere la giusta distanza elettrodo-metallo e garantire che l'arco voltaico non si spenga. Gli elettrodi sono generalmente dei cilindri in grafite, con diametro variabile da 300 a 600 mm, in funzione della potenza del forno.

L'insieme tino-volta-elettrodi deve poter essere inclinato per effettuare la colata dell'acciaio e delle scorie. A questo scopo, il tutto è montato su una culla di rotolamento, comandata da un cilindro di grosse dimensioni. Quando il pistone è nella posizione di massima fuoriuscita, il forno è inclinato in avanti e si cola l'acciaio. Viceversa, quando il pistone è tutto rientrato, il forno è leggermente inclinato verso il retro per permettere la colata della scoria dalla porta di scorificazione.

La siviera in cui si cola l'acciaio e la secchia di raccolta della scoria si trovano in fosse poste al disotto del piano dell'acciaieria, per ovvii motivi di sicurezza.

### Ciclo produttivo

Il ciclo di fabbricazione dell'acciaio nei forni ad arco si articola in più fasi, durante le quali il forno assume diverse posizioni ( ▸ **Fig. D1.21**).

La carica di un forno ad arco, in genere, è composta dal rottame ferroso e/o minerale preridotto, dai fondenti, dalle sostanze ossidanti (minerali di ferro) ed eventuali sostanze carburanti (carbone in polvere o ghisa in pani).

Il rottame viene portato dal parco "rottami" mediante una cesta e viene fatto cadere nel tino. La conoscenza e la scelta del rottame condizionano tutto il ciclo produttivo e, di conseguenza, esistono precise normative riguardanti le caratteristiche del rottame. Terminato il caricamento si chiude la volta, si innesca l'arco voltaico e inizia la fusione del materiale. La durata del processo varia da 10 a 20 minuti, in funzione della capacità del forno.

Spesso si insuffla ossigeno, mediante una lancia termica introdotta dalla porta di scorificazione, per migliorare l'ossidazione e facilitare la fusione.

Durante la fusione si forma una scoria ricca di fosfato di calcio e ossidi che deve essere eliminata dalla porta di scorificazione, inclinando leggermente il forno verso il retro e aiutando la fuoriuscita con appositi rastrelli. Viene quindi prelevato un campione di acciaio dalla porta di scorificazione, fatto solidificare e inviato al laboratorio analisi. In pochi minuti si ha la composizione e si possono effettuare le necessarie correzioni.

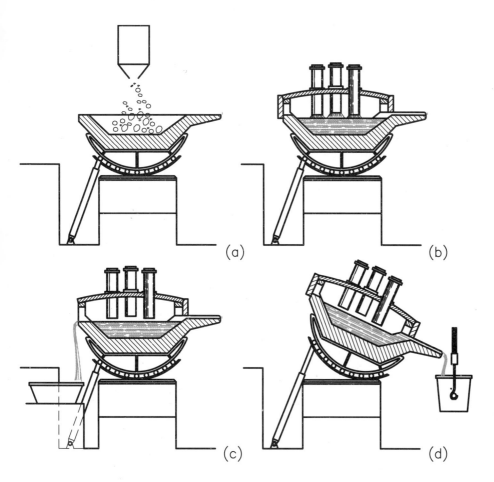

**Figura D1.21**
Posizioni del forno ad arco durante le fasi della colata:
a) caricamento materie prime (rottame o minerale preridotto);
b) fusione – affinazione, controlli, correzioni;
c) colata scoria (scorificazione);
d) colata dell'acciaio.

Anche se si preferisce effettuare gran parte delle correzioni in un successivo trattamento (metallurgia secondaria), alcune vengono, comunque, effettuate direttamente in forno.

Se è necessario decarburare si invia ossigeno in quantità controllata. Se, viceversa, è necessario ricarburare, si introduce grafite o ghisa molto pura (per evitare lo zolfo). Si tiene sotto controllo la basicità della scoria, in modo che siano garantite le reazioni di desolforazione e defosforazione. Terminate le correzioni si effettua la seconda colata della scoria e, subito dopo, si inclina il forno in avanti e si rompe il tappo di refrattario che chiude il canale di colata.

L'acciaio inizia a colare in una siviera, posta nella fossa di colata, in cui sono caricati dei fondenti.

Sulla superficie del bagno d'acciaio si forma uno strato di scoria, che lo protegge da ulteriori ossidazioni. La siviera viene quindi inviata all'impianto di trattamento fuori forno o, se l'acciaio ha già la composizione voluta, all'impianto di colata.

## Sviluppi tecnologici

Al forno elettrico ad arco sono state apportate diverse innovazioni, riferite specialmente ai forni ad alta e altissima potenza. Si riportano sinteticamente quelle principali e più significative.

Nei forni ad alta e altissima potenza, in cui si avrebbe un eccessivo consumo di refrattario con conseguente fermo del forno per riparazioni, il refrattario della volta e delle pareti del tino viene sostituito con pannelli raffreddati ad acqua.

Per fondere il materiale nel più breve tempo possibile sono utilizzati bruciatori addizionali, rimandando le correzioni più impegnative alla metallurgia fuori forno.

Il rottame viene preriscaldato tramite uno scambiatore di calore che utilizza il calore dei fumi prelevati dal quarto foro della volta.

### Forni a induzione

I forni elettrici a induzione sono impianti di dimensioni più contenute rispetto ai convertitori e ai forni ad arco. In genere sono utilizzati per produrre acciai di qualità a partire da acciai ottenuti con gli altri sistemi.

Il loro funzionamento si basa sul principio dell'*induzione elettromagnetica*.

Si ha un circuito primario, percorso da corrente, e uno secondario rappresentato dal metallo da fondere. Dal momento che quest'ultimo è formato da un'unica spira, mentre il primo è costituito da molte spire, sul secondario si ottiene un'elevatissima intensità di corrente anche applicando una corrente bassa sul primario. Per l'effetto Joule si sviluppa dunque un'elevata quantità di calore, che in tempi molto brevi porta alla fusione del metallo.

Per la produzione di acciai speciali si utilizzano i forni ad alta frequenza (500÷1000 Hz), il cui schema è illustrato nella **figura D1.22**.

**Figura D1.22**
Schema di un forno a induzione da alta frequenza: il metallo fuso (a) viene versato attraverso il canale di colata (b) del crogiolo (c) rivestito di refrattario che, in genere, è di tipo basico. Il conduttore primario (d) è un tubo di rame con circolazione interna di acqua di raffreddamento.

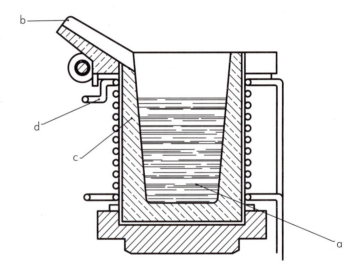

Durante il funzionamento si creano nel metallo delle correnti indotte (parassite), che hanno l'effetto di mettere in movimento la massa metallica, ormai liquida, provocando un notevole rimescolamento. Per questo motivo i forni a induzione non vengono usati per produrre acciaio da rottame. La scoria, infatti, si rimescolerebbe con il metallo, impedendo una buona scorificazione. Viceversa, il rimescolamento risulta positivo per la fabbricazione di acciai legati perché facilita la dispersione delle ferro-leghe, garantendo l'omogeneità del materiale.

## METALLURGIA SECONDARIA

La metallurgia secondaria, o metallurgia fuori forno, ha avuto origine verso la metà del XX secolo con i primi impianti di degassaggio finalizzati a ridurre i gas presenti nell'acciaio (in particolare idrogeno e azoto). In seguito sono stati introdotti nuovi impianti, nei quali si possono eseguire tutte le principali correzioni.

Le operazioni svolte negli impianti di trattamento fuori forno sono la disossidazione, la desolforazione, la defosforazione, il degassaggio, l'omogeneizzazione, l'aggiunta di leganti e la regolazione della temperatura.

Esistono vari impianti di metallurgia secondaria che si differenziano sia per gli scopi sia per le modalità di trattamento del materiale.

### Stazione di riscaldo LF (Ladle Furnace)

L'impianto Ladle Furnace è una siviera in cui l'acciaio viene mantenuto liquido mediante riscaldo elettrico, con elettrodi di grafite.

Si possono quindi effettuare gli interventi voluti, in particolare la disossidazione.

### Impianti di solo degassaggio

Sono i primi impianti realizzati e attualmente quasi del tutto abbandonati; hanno interesse essenzialmente per il principio di funzionamento.

Se si cola il metallo fuso in un ambiente in cui si è fatto il vuoto, il getto si disperde in minuscole goccioline.

In questo modo la superficie di contatto del metallo con l'ambiente è molto elevata e gran parte dei gas, sviluppati durante la colata, può essere aspirata dalle pompe.

Sono stati brevettati vari tipi di impianti: in alcuni si cola con la siviera sottovuoto, in altri è sottovuoto la lingottiera.

A causa del rapido raffreddamento, con questo sistema è quasi impossibile eseguire aggiunte e correzioni. Si sono ottenuti migliori risultati con il *degassaggio in siviera*, in cui la massa metallica è tenuta in continua agitazione, in modo che i gas vengano in superficie e siano aspirati dalle pompe ( ▶ **Fig. D1.23**).

Nel primo caso l'argon insufflato dal basso risale sotto forma di bollicine, che non solo rimescolano l'acciaio, ma tendono a trascinare con sé gli altri gas che incontrano durante il percorso ( ▶ **Fig. D1.23a**).

Nel secondo caso si pone la siviera in un forno a induzione che genera correnti indotte e mette in movimento la massa dell'acciaio, con conseguente risalita in superficie dei gas che vengono aspirati ( ▶ **Fig. D1.23b**).

### Impianti a ricircolazione

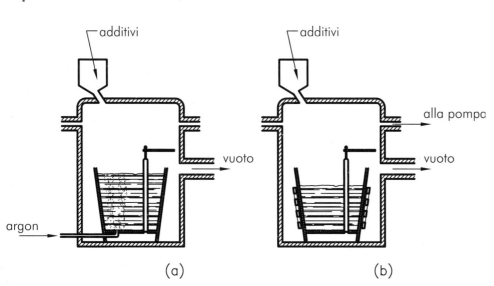

**Figura D1.23**
Tecniche di degassaggio in siviera. Per rimescolare la massa metallica si utilizzano essenzialmente due tecniche: a) immissione di un gas nobile (argon) dal basso; b) rimescolamento tramite correnti indotte (stirring elettromagnetico).

### Impianti a ricircolazione

Uno dei sistemi a ricircolazione più utilizzati è il metodo RH (▶ **Fig. D1.24**). L'impianto è composto schematicamente da una camera a tenuta stagna in cui può essere praticato il vuoto (autoclave), che presenta nella parte inferiore due tubi.

**Figura D1.24**
Schema di un impianto del tipo RH (Ruhrstahl – Härens): immissione di argon (**a**); camera sotto vuoto (**b**); aggiunta additivi (**c**); alle pompe a vuoto (**d**).

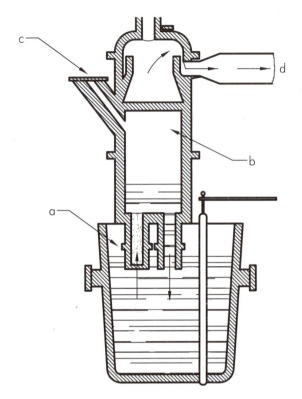

L'autoclave viene portata sopra la siviera, i due tubi sono immersi nell'acciaio e nella tubazione che funge da mandata viene immesso dell'argon. Le bolle di gas diminuiscono la densità della massa liquida, che tende a salire ed entrare nell'autoclave dove i gas presenti (l'argon e gli altri gas preesistenti) vengono aspirati. L'acciaio aumenta di densità e torna in siviera attraverso l'altra tubazione.

Il processo è usato per ottenere acciai legati, tra cui gli acciai inossidabili a basso tenore di carbonio. Il limite principale consiste nella mancanza di apporto termico che obbliga a preriscaldare l'autoclave a 1200 °C e a surriscaldare l'acciaio prima di colarlo in siviera.

### Impianti con siviera riscaldata

Sono un'evoluzione dei metodi di trattamento in siviera, a cui si è aggiunto un sistema di riscaldamento dell'acciaio.

In genere si utilizza un arco voltaico, che viene fatto scoccare tra gli elettrodi e l'acciaio fuso.

Sono molto utilizzati due tipi di impianti che si differenziano per il sistema di rimescolamento dell'acciaio (▶ **Fig. D1.25**).

L'autosufficienza termica permette di realizzare un'ottima affinazione e qualunque tipo di correzione. Inoltre si può intervenire sulla temperatura prima di colare in lingottiera.

Si noti che per il rimescolamento si utilizzano gli stessi metodi introdotti per il trattamento in siviera non riscaldata.

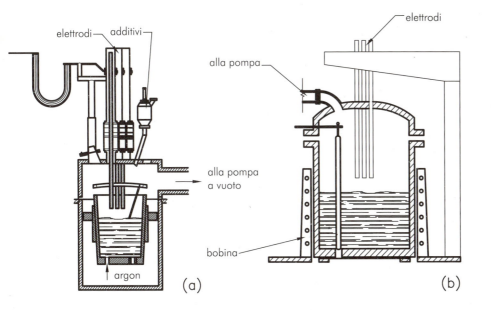

**Figura D1.25**
Impianti con siviera riscaldata, in cui il riscaldamento avviene con arco voltaico:
a) impianto VAD (Vacuum Arc Degassing) – Finkl, in cui si rimescola l'acciaio introducendo argon;
b) impianto ASEA – SKF, in cui il rimescolamento avviene mediante stirring elettromagnetico.

### Impianti con soffiaggio di ossigeno

Si tratta di sistemi di trattamento fuori forno, particolarmente adatti alla produzione di acciai inossidabili a basso tenore di carbonio ( Low Carbon o LC). In questi impianti si invia ossigeno mantenendo l'acciaio sotto vuoto, in modo da favorire sia la decarburazione diretta, sia la combinazione del FeO presente nell'acciaio con il carbonio.

Esistono due tipologie di impianti ( ▶ **Fig. D1.26** ).

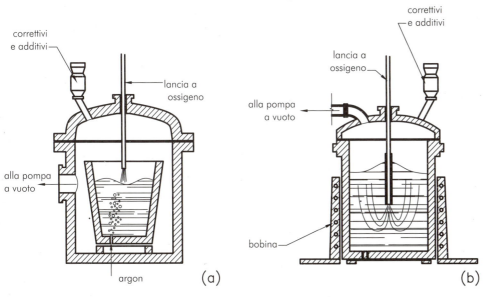

**Figura D1.26**
Schema dei processi di trattamento fuori forno con invio di ossigeno:
a) nel processo VOD si rimescola l'acciaio inviando argon;
b) nel processo AVR si preferisce utilizzare lo stirring elettromagnetico.

Nel processo VOD (o LD-VAC) la lancia a ossigeno è sospesa sull'acciaio, mentre nel processo AVR l'ossigeno è inviato direttamente nel bagno.

Questi processi permettono di effettuare un trattamento di metallurgia secondaria veramente completo, ottenendo acciai con bassa presenza di inquinanti e con qualunque tipo di elemento legante. Grazie alla loro introduzione è stata possibile una produzione su vasta scala di acciai inossidabili.

## D1.4 COLATA DELL'ACCIAIO

**PER COMPRENDERE LE PAROLE**

**Lingotto**: semilavorato ottenuto da colata tradizionale, facendo solidificare il metallo fuso dentro opportuni recipienti detti *lingottiere*. Possono avere forme e dimensioni molto variabili.

**Bramma, blumo, billetta**: semilavorati di lunghezza non definita a sezione costante di forma rettangolare (bramma) o quadrata (blumo e billetta) con spigoli arrotondati, ottenuti da colata.

Al termine del processo di elaborazione in forno e dopo l'eventuale trattamento di metallurgia secondaria, l'acciaio viene travasato in una siviera e successivamente colato in forme opportune, dove solidifica.

Si ottengono così dei solidi che prendono il nome di **lingotti**, **blumi**, **billette** o **bramme**, a seconda del sistema di colata utilizzato.

Questi rappresentano il prodotto finito del ciclo di produzione dell'acciaio, ma allo stesso tempo sono la materia prima dei successivi processi di lavorazione.

Esistono due tipi di colata:
— in lingottiera;
— continua.

La colata in lingottiera rappresenta la tecnica tradizionale, mentre la colata continua è una tecnologia relativamente recente che ha però avuto rapidissimo sviluppo. Attualmente più del 90% dell'acciaio è colato in continuo.

### COLATA IN LINGOTTERIA

La lingottiera è un recipiente metallico (generalmente di ghisa) che ha la funzione di far solidificare in modo controllato la massa fusa che viene versata all'interno (▶ **Fig. D1.27**).

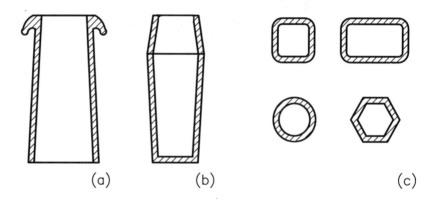

**Figura D1.27**
Esempi di lingottiere:
a) a conicità diretta;
b) a conicità inversa con materozza;
c) diverse sezioni.

La solidificazione procede dalla superficie del lingotto verso l'interno, con velocità di raffreddamento massima all'esterno e via via decrescente.

La velocità di raffreddamento influisce sulla forma e sulle dimensioni dei cristalli che si formano.

In genere si ha una situazione simile a quella illustrata nella **figura D1.28**.

**Figura D1.28**
Sezione trasversale di un lingotto con 3 tipi di strutture: all'esterno una zona di microcristalli (a); nella fascia intermedia cristalli ad andamento colonnare nella direzione di raffreddamento (b); al centro cristalli di dimensioni più rilevanti e con lo stesso asse (equiassici) (c).

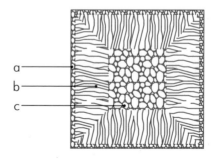

Durante la solidificazione le impurità e i gas ancora presenti con massa volumica minore dell'acciaio tendono a raggrupparsi nella zona che solidifica per ultima, che risulta fortemente inquinata e non deve dunque trovarsi nella zona centrale del lingotto, da cui non potrebbe essere asportata.

Durante la solidificazione il materiale si riduce di volume (**ritiro**), ed è necessario che il liquido rimasto alimenti le parti che stanno solidificando per evitare che si formino delle cavità.

Se la colata è stata progettata ed eseguita correttamente, la zona superiore del lingotto solidifica per ultima, deve presentare una rientranza detta *cono di ritiro* e le impurità devono essere concentrate nella zona sottostante.

Questa parte del lingotto è detta *materozza* e viene tagliata prima delle successive lavorazioni, riducendo in tal modo la resa produttiva del processo ( ▶ **Fig. D1.29**).

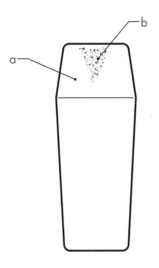

**Figura D1.29**
Esempio di lingotto con materozza (a) e cono di ritiro (b).

La struttura interna del lingotto è fortemente influenzata dalla eventuale presenza di FeO dovuta a una non completa disossidazione dell'acciaio.

In lingottiera ha luogo la seguente reazione:

$$FeO + C \rightarrow Fe + CO$$

da cui deriva la presenza di minuscole bollicine di CO nell'acciaio. Rispetto a questo fenomeno, gli acciai al carbonio si possono classificare in *calmati* ed *effervescenti*. I primi sono stati disossidati a fondo e non contengono praticamente FeO, per cui non si sviluppa CO.

Gli acciai effervescenti, al contrario, sono stati solo parzialmente disossidati, per cui la solidificazione in lingottiera è accompagnata da un vivace sviluppo di gas che fa letteralmente ribollire l'acciaio.

Nei lingotti di acciaio calmato si forma il cono di ritiro in alto nella materozza. Negli acciai effervescenti le ultime bollicine di gas, che si sviluppano quando ormai la massa è divenuta pastosa, rimangono imprigionate a formare una serie di piccole soffiature chiuse, dunque a pareti non ossidate.

In questo caso, il cono di ritiro praticamente assente garantisce l'elevata resa del processo.

Il CO presente nell'acciaio dà luogo a un fenomeno definito **invecchiamento**, il cui effetto principale è un aumento progressivo della fragilità.

---

**PER COMPRENDERE LE PAROLE**

**Ritiro**: durante il raffreddamento tutti i materiali metallici presentano una contrazione di volume, che prende il nome di *ritiro*. Analogo fenomeno si verifica, ovviamente, durante la solidificazione. Il ritiro varia da materiale a materiale e assume molta importanza nella progettazione dei pezzi ottenuti per fonderia.

**invecchiamento**: con questo termine si intende, in generale, una modificazione delle caratteristiche meccaniche con il passare del tempo. I fenomeni di invecchiamento variano a seconda del tipo di materiale e delle cause che ne sono all'origine; in genere si utilizza un materiale solo dopo che l'eventuale invecchiamento ha avuto luogo, in modo da evitare modificazioni del comportamento meccanico durante l'utilizzo.

Tutti gli acciai a cui si richiedono buone caratteristiche meccaniche, in questo senso, sono acciai calmati ( ▶ **Fig. D1.30c** )

**Figura D1.30**
Sezioni di un lingotto di acciaio:
a) effervescente;
b) semicalmato;
c) calmato.

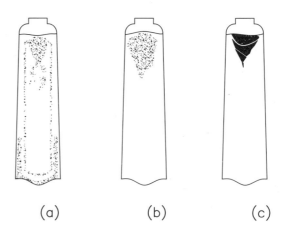

### Tipi di colata

Dalla siviera l'acciaio viene versato nelle lingottiere secondo due modalità di colata: *diretta* o in *sorgente* ( ▶ **Fig. D1.31** ).

**Figura D1.31**
Colata dell'acciaio:
a) colata per via diretta;
b) colata in sorgente.

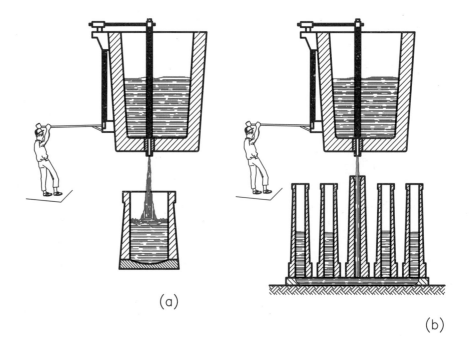

Nella colata per via diretta si introduce l'acciaio fuso dall'alto. Uno dei rischi è che spruzzi di metallo possano raggiungere le parti alte della lingottiera, solidificando e ossidandosi prima di essere raggiunti e ricoperti da altro metallo. In tal modo si originano difetti superficiali del lingotto.

Nella colata in sorgente si versa l'acciaio in un unico canale di colata che, mediante canali di materiale refrattario, è collegato alla parte inferiore di una serie di lingottiere. Qui l'acciaio risale lentamente dentro la lingottiera e i gas e le impurità possono agevolmente raccogliersi nella materozza, cosa più difficile nella colata diretta a causa del continuo rimescolamento.

Il ricorso alla colata in sorgente è comunque indispensabile tutte le volte in cui occorra procedere al riempimento di un elevato numero di piccole lingottiere.

Quando il lingotto oramai solido ha raggiunto una temperatura intorno ai 700 °C viene estratto dalla lingottiera con un'operazione detta *strippaggio* (▶ **Fig. D1.32**) ed eseguita con una speciale pinza, definita *stripper*, manovrata tramite **carroponte**.

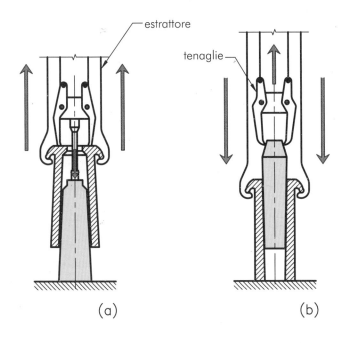

**Figura D1.32**
Operazione di strippaggio del lingotto:
a) separazione della lingottiera e conicità diretta con spinta;
b) estrazione del lingotto e conicità inversa con presa mediante tenaglie dalla materozza.

## COLATA CONTINUA

Il metodo della colata continua presenta notevoli vantaggi rispetto alla colata tradizionale. La solidificazione è molto più rapida ed è possibile colare in sequenza diverse siviere, sino al completo svuotamento del forno, ottenendo prodotti quali blumi, bramme e billette, ricavati dapprima a partire dal lingotto, con il processo di laminazione. Si eliminano quindi una serie di passaggi nel processo produttivo, con notevole riduzione dei costi. Con i più recenti sviluppi degli impianti si ottengono anche altri semilavorati quali tondi, barre, nastri, vergelle, riducendo ulteriormente i passaggi in laminazione.

### Schema dell'impianto

L'impianto utilizzato ha dimensioni piuttosto rilevanti e viene detto *castello di colata* (▶ **Fig. D1.33**). Esso è schematicamente costituito dalle seguenti parti fondamentali:
— paniera;
— lingottiere;
— zona di raffreddamento e trascinamento;
— impianto di taglio.

Le siviere con l'acciaio liquido vengono trasportate e posizionate, con il carroponte, su una torre girevole. Mentre il contenuto di una siviera viene colato nella paniera, la siviera successiva viene portata in posizione per lo svuotamento. Non appena la siviera è vuota, la torre viene fatta girare.

**PER COMPRENDERE LE PAROLE**

**Carroponte**: apparecchio di sollevamento costituito da una trave orizzontale, mobile su due rotaie, poste a una data altezza nel capannone, su cui si muove un carrello munito di argano.

**Figura D1.33**
Impianto di colata continua curva.

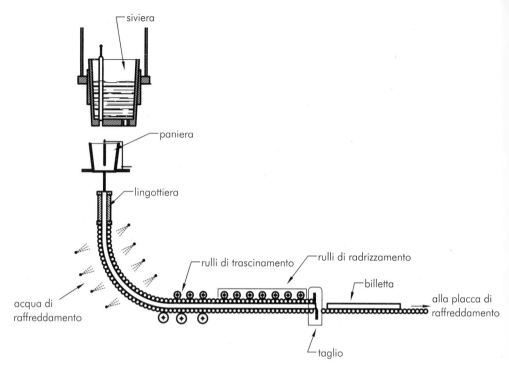

La paniera è un recipiente rettangolare in acciaio rivestito internamente di refrattario.

Sul fondo si aprono alcuni fori, detti *scaricatori*, che conducono alle sottostanti lingottiere.

Le lingottiere costituiscono l'inizio di diverse linee di colata che funzionano in parallelo.

In un castello si possono avere da 3 a 7 linee di colata, a seconda della capacità produttiva dell'acciaieria.

La lingottiera è simile a un tubo, con le pareti di rame raffreddate ad acqua in circolazione forzata per disperdere rapidamente il calore.

L'altezza varia da 600 a 1000 mm, e la sezione può essere quadrata o rettangolare, a seconda del tipo di prodotto che si vuole.

Sotto le lingottiere stanno la camera di raffreddamento, l'impianto di trascinamento della billetta o bramma e l'impianto di taglio.

### Ciclo di colata

Per semplicità si ipotizza un impianto di colata di una billetta.

Prima di dare inizio alla colata si introduce dal basso, lungo la linea di colata, la *falsa billetta*; si tratta di una testa opportunamente sagomata posta all'estremità di una lunga catena, posizionata a circa 2/3 della lingottiera verso l'alto.

La falsa billetta serve a fermare la discesa dell'acciaio, che viene a contatto delle pareti della lingottiera e inizia a solidificare.

In sua assenza, il getto di acciaio attraverserebbe la lingottiera senza toccarla e finirebbe, ancora liquido, sul fondo del castello di colata.

Terminata la preparazione, si porta la siviera sopra al castello e si apre il foro di colata.

L'acciaio entra nella paniera, dove si distribuisce nei diversi fori che alimentano le varie linee di colata.

Giunge quindi nelle lingottiere, dove si salda alla testa della falsa billetta che viene tirata lentamente verso il basso.

Inizia così a formarsi una billetta, alimentata continuamente con nuovo acciaio sino allo svuotamento della siviera.

All'uscita dalla lingottiera si è solidificata solo la parte esterna della billetta, che termina di solidificare internamente all'uscita della camera di raffreddamento, dove ha una temperatura di circa 900 °C.

Dopo il taglio alla lunghezza voluta (in genere da 1,5 a 3,5 m), le billette vengono portate in una zona di immagazzinamento, prima di essere inviate all'impianto di laminazione.

Esistono impianti a colata verticale e a colata orizzontale ( ▸ **Fig. D1.34**).

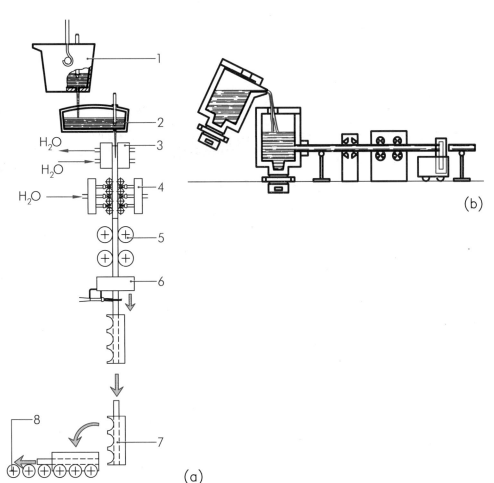

**Figura D1.34**
Tipologie di impianti di colata: a) continua verticale, in cui si osservano la siviera (1), la paniera (2), la lingottiera (3), il sistema di raffreddamento (4), i rulli di guida (5), l'ossitaglio (6), il ribaltatore (7), i rulli di scorrimento (8); b) continua orizzontale.

L'impianto di tipo verticale è stato il primo a essere realizzato e ha un utilizzo limitato, dato l'elevato ingombro in altezza.

Quella orizzontale rappresenta invece uno degli sviluppi più recenti della colata.

Per realizzarla sono state introdotte lingottiere curve e linee di colata a raggio variabile, con lo scopo di ridurre l'altezza e l'ingombro del castello.

Un'altra linea di sviluppo è rappresentata dalla *colata con approssimazione della forma finale (near net shape)*. Durante la colata dell'acciaio si cerca di conferire al semilavorato la forma e le dimensioni il più vicine possibile a

AREA DIGITALE

Colata continua e ottenimento di coils in acciaio

quelle del prodotto finito, in modo da ridurre i successivi passaggi di laminazione e dunque i costi. In particolare, si stanno sviluppando nuovi tipi d'impianto per colare nastri d'acciaio dello spessore di pochi millimetri, invece di bramme più o meno spesse.

## DIFETTI DI FABBRICAZIONE E COLATA

Durante la fabbricazione dell'acciaio, e nella successiva colata, si possono originare imperfezioni e discontinuità che si configurano come difetti, in quanto possono compromettere la funzionalità del pezzo finito.

I difetti più comuni sono descritti di seguito.

### Cricche

Sono rotture del materiale localizzate spesso in superficie, talvolta, le più pericolose, in profondità. La lunghezza può variare da pochi decimi a centinaia di millimetri.

### Fiocchi da idrogeno

Sono un particolare tipo di cricca provocata dalla presenza di idrogeno sciolto nel metallo fuso.

L'idrogeno si raccoglie in alcuni punti, dando luogo a pressioni elevate che provocano rotture nel materiale di forma tondeggiante.

I fiocchi possono raggiungere dimensioni di alcuni millimetri e la loro presenza è considerata particolarmente grave.

### Soffiature

Sono inclusioni di gas all'interno del metallo (quasi sempre $N_2$ o CO), di forma generalmente tondeggiante.

Se le pareti della cavità non sono ossidate, si saldano tra loro nelle successive lavorazioni del lingotto e le soffiature spariscono. Se le pareti sono ossidate, non si ha la saldatura e rimangono nel materiale dei difetti analoghi alle cricche.

### Inclusioni non metalliche

Sono essenzialmente costituite da silicati, solfuri, ossidi e particelle di materiale refrattario. Le dimensioni sono di centesimi o decimi di millimetro.

### Riprese di colata

Dovute a una bassa velocità di colata, o peggio a un momentaneo arresto della stessa. La superficie dell'acciaio già colato tende a solidificare e non si amalgama con il metallo che giunge successivamente. Si forma una discontinuità che può penetrare nel lingotto, con andamento analogo simile a una cricca.

Esistono altri difetti superficiali da colata, come quelli dovuti a spruzzi di metallo che solidificano rapidamente, si ossidano e restano poi inglobati nell'acciaio, senza rifondere.

### Cavità di ritiro

In condizioni normali la cavità di ritiro è localizzata nella materozza. Se quest'ultima è stata sottodimensionata, si può avere un cono di ritiro che si estende all'interno del lingotto e dev'essere quindi eliminato, per evitare eventuali impurità sottostanti nel materiale.

## D1.5 PROCESSI DI RIFUSIONE DELL'ACCIAIO

Lo scopo fondamentale di questi processi è ridurre al minimo la presenza di gas e di inclusioni non metalliche all'interno del metallo.

Si descrivono due dei metodi che hanno avuto maggiore sviluppo e che utilizzano l'effetto Joule per generare il calore necessario a rifondere l'acciaio.

### Rifusione in forno ad arco, sotto vuoto

Questo metodo è indicato con la sigla *VAR* (*Vacuum Arc Remelting*). L'impianto consiste in una lingottiera metallica con le pareti raffreddate ad acqua, al cui interno viene posto il lingotto da rifondere; il tutto è situato in una camera sottovuoto (▶ **Fig. D1.35**).

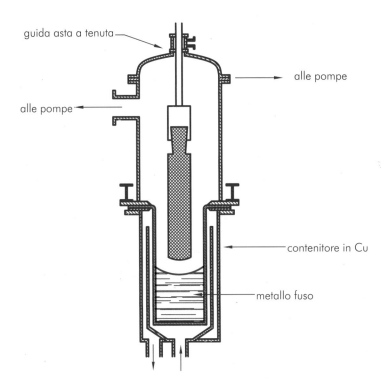

**Figura D1.35**
Schema di un impianto di tipo VAR.

Si fa scoccare un arco voltaico tra il lingotto e la lingottiera, in modo da fondere il lingotto. Il metallo fuso viene a contatto con le pareti raffreddate e solidifica nuovamente. Il processo continua sino a quando il lingotto originario, che funge da elettrodo, non si è fuso completamente e si è formato un nuovo lingotto di qualità decisamente superiore. Il miglioramento delle caratteristiche del materiale è dovuto essenzialmente a due fattori:

— la lavorazione sotto vuoto permette un ottimo degassaggio e facilita la scissione dei composti non metallici;
— l'elevata velocità di solidificazione origina solfuri molto più minuti di quelli normalmente presenti in un acciaio.

Si ottiene un acciaio con migliori caratteristiche meccaniche, in particolare con maggiore resilienza e resistenza a fatica. Il processo viene adottato spesso per la produzione di acciai speciali utilizzati in campo aeronautico.

### Rifusione con elettrodo consumabile sotto scoria

Il processo è noto con la sigla *ESR* (*Elettro Slag Remelting*) e ha in parte sostituito il sistema VAR, per i minori costi di esercizio. Esso consiste nel rifondere un lingotto di acciaio mantenendo il metallo fuso sotto uno strato di scoria liquida.

L'impianto è costituito da una lingottiera di rame, raffreddata ad acqua, al cui interno viene posto il lingotto che viene poi ricoperto di scoria fusa. Lingotto e lingottiera sono collegati ai poli opposti di un circuito elettrico (▶ **Fig. D1.36**).

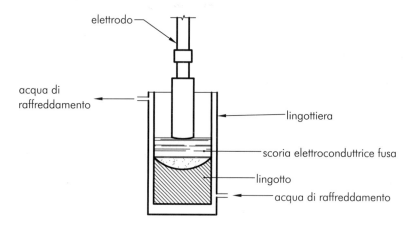

**Figura D1.36**
Schema di un impianto ESR.

La scoria è composta perlopiù da $CaF_2$ e da $CaO$ ed è fusa prima di essere immessa in lingottiera. Quando passa corrente il lingotto fonde e si forma un bagno di acciaio fuso che risolidifica a contatto con le pareti raffreddate della lingottiera.

# UNITÀ D1 — AREA DIGITALE

## VERIFICA DI UNITÀ

Gli esercizi sono disponibili anche nella versione digitale come test interattivi e autocorrettivi

### COMPLETAMENTO

**1.** Il carbon coke è ottenuto dalla _____ del _____, che consiste in un riscaldamento ad alta temperatura (1100 – 1200 °C) in assenza di _____, per evitare la _____ del carbone.

**2.** Le torri _____ sono scambiatori di calore in cui si _____ l'aria che viene successivamente inviata all'_____ per la combustione del _____ coke.

**3.** Durante la fase di _____ avviene una _____ controllata che ha lo scopo di ridurre la percentuale di _____ e di _____ presenti nella ghisa.

**4.** Nei forni a _____ si creano nel metallo delle correnti indotte (_____ ) che hanno l'effetto di mettere in movimento la massa metallica _____, provocando un notevole _____.

**5.** La _____ è la parte _____ del lingotto, che _____ per ultima e che presenta una rientranza denominata _____ di ritiro.

### SCELTA MULTIPLA

**6.** Dal crogiuolo dell'altoforno si estraggono:
 a) scoria e acciaio   b) acciaio e ghisa
 c) gas e ghisa   d) scoria e ghisa

**7.** Con i processi siderurgici si producono:
 a) ghisa e i relativi prodotti semilavorati
 b) acciaio e i relativi prodotti semilavorati
 c) ghisa, acciaio e i relativi prodotti semilavorati
 d) acciai effervescenti

**8.** La falsa billetta serve a:
 a) fermare la discesa dell'acciaio
 b) svuotare completamente il forno
 c) eliminare l'idrogeno dall'acciaio
 d) favorire il degassaggio dell'acciaio

### VERO O FALSO

**9.** La scoria d'altoforno, detta anche loppa, viene buttata perché inutilizzabile.

 Vero ☐   Falso ☐

**10.** Nel forno elettrico ad arco trifase gli elettrodi sono generalmente in rame e in numero di tre.

 Vero ☐   Falso ☐

**11.** La ghisa estratta dall'altoforno contiene circa il 4% di carbonio.

 Vero ☐   Falso ☐

**12.** L'altoforno viene caricato con i minerali di ferro, carbon coke e i fondenti.

 Vero ☐   Falso ☐

**13.** Il convertitore LD trasforma la ghisa liquida in acciaio mediante un getto di ossigeno puro.

 Vero ☐   Falso ☐

# ACCIAI E GHISE

## Obiettivi

**Conoscenze**

- La finalità dei principali trattamenti termici dei materiali ferrosi.
- La funzione degli elementi di lega negli acciai e nelle ghise.
- La classificazione e la designazione degli acciai.
- La classificazione e la designazione delle ghise.
- Le proprietà meccaniche di acciai e ghise di uso più comune.

**Abilità**

- Associare i trattamenti termici alle proprietà meccaniche richieste per il materiale.
- Interpretare la designazione UNI degli acciai e delle ghise.
- Associare designazione e classificazione degli acciai e delle ghise.

## PER ORIENTARSI

Dall'origine della moderna industria siderurgica, agli inizi del XIX secolo, la metallurgia intesa come studio delle strutture e delle proprietà dei materiali metallici ha conosciuto uno sviluppo rapidissimo.

Sono stati prodotti molti tipi di acciai e di ghise, adatti alle più diverse esigenze; si è dunque reso necessario classificarli e designarli con sigle facilmente identificabili. Nel tempo sono stati utilizzati diversi metodi di classificazione, prima diversi per ogni paese, poi con portata sempre più ampia. Ancora oggi non esiste un unico metodo di classificazione e di designazione riconosciuto a livello mondiale, ma la standardizzazione è piuttosto avanzata.

In questa sede verranno esaminati gli ultimi criteri di classificazione e di designazione adottati in Italia.

Si tratterà anche un precedente metodo di classificazione con valenza più commerciale, tutt'ora molto diffuso in ambito industriale e facilmente utilizzabile. Prima di affrontare la classificazione degli acciai si è ritenuto giusto premettere una breve presentazione dei trattamenti termici utilizzati con gli acciai e le ghise, indispensabili per procedere nello studio delle leghe ferrose e dei materiali metallici in genere.

Si sottolinea che i principi e le modalità operative sono validi anche per i materiali non ferrosi seppure con specifiche modifiche. A ogni cambiamento di struttura corrispondono differenti proprietà: durezza, resistenza alle sollecitazioni meccaniche, tenacità, lavorabilità all'utensile, deformabilità plastica (malleabilità, duttilità ecc.).

Le fasi fondamentali sono tre, valide per tutti i trattamenti termici:
— fase di riscaldo;
— permanenza alla temperatura di regime;
— fase di raffreddamento.

## D2.1 INTRODUZIONE AI TRATTAMENTI TERMICI

I trattamenti termici servono a modificare la struttura cristallina di una lega grazie all'azione combinata di una serie di riscaldamenti e raffreddamenti controllati. Modificando la struttura del materiale se ne variano a piacere anche le proprietà.

### RICOTTURA
#### Finalità ed effetti
Diminuzione delle tensioni interne e dell'**incrudimento** eventualmente presente nel materiale; aumento della resilienza e dell'allungamento a rottura; diminuzione della resistenza a trazione e della durezza; aumento della lavorabilità; eliminazione di qualunque trattamento termico eventualmente eseguito sul materiale.

#### Modalità di esecuzione
Riscaldamento a una determinata temperatura, sempre elevata; permanenza e successivo raffreddamento molto lento (in forno o similare).

### NORMALIZZAZIONE
#### Finalità ed effetti
Simili alla ricottura, ma con intensità più blanda.

#### Modalità di esecuzione
Riscaldamento a una temperatura poco più elevata della ricottura; permanenza e successivo raffreddamento lento all'aria (si risparmia sull'uso del forno).

### TEMPRA
#### Finalità ed effetti
Rilevante aumento (sino ai valori massimi) della durezza e della resistenza a trazione; forte incrudimento del materiale; forte diminuzione della resilienza e della deformabilità.

#### Modalità di esecuzione
Riscaldamento a una temperatura elevata (analoga alla ricottura); permanenza e successivo raffreddamento rapido (in acqua, olio o altri mezzi raffreddanti).

### RINVENIMENTO
#### Finalità ed effetti
Viene effettuato solo su pezzi temprati con riduzione dell'incrudimento dovuto alla tempra.
Genera aumento della resilienza e della deformabilità, riduzione della durezza e della resistenza a trazione (ma non ai livelli della ricottura).

#### Modalità di esecuzione
Riscaldamento a una temperatura medio-alta (da 150 a 600 °C per gli acciai), permanenza e successivo raffreddamento all'aria.

---

**PER COMPRENDERE LE PAROLE**

**Incrudimento**: qualunque deformazione del reticolo cristallino dovuta a cause meccaniche (lavorazioni di qualunque genere), chimiche (inclusioni), termiche (brusco raffreddamento da elevata temperatura). L'incrudimento provoca un aumento di resistenza a trazione e durezza, ma anche fragilità e, quindi, diminuzione di resilienza e della deformabilità in genere.

**AREA DIGITALE**

 Raddrizzatura di alberi sterzo

**COME SI TRADUCE...**
| ITALIANO | INGLESE |
|---|---|
| Acciai legati | Alloy steels |

## BONIFICA
Trattamento termico di tempra seguita da rinvenimento.

## CARBOCEMENTAZIONE O CEMENTAZIONE

### Finalità ed effetti
È un trattamento termochimico utilizzato per aumentare la durezza superficiale sino a valori molto elevati, senza ridurre la resilienza al cuore del pezzo.

### Modalità di esecuzione
Riscaldamento a elevata temperatura in presenza di una sostanza (solida, liquida o gassosa) in grado di cedere carbonio all'acciaio; successivo trattamento di tempra ed eventuale rinvenimento di distensione.

## NITRURAZIONE

### Finalità ed effetti
È un trattamento termochimico che aumenta la durezza superficiale (a valori più elevati della cementazione). Produce una buona resistenza a trazione al cuore del pezzo.

### Modalità di esecuzione
Si effettua dopo il trattamento di bonifica, riscaldando l'acciaio a circa 550 °C in ambiente che cede azoto al materiale; permanenza molto lunga (con formazione in superficie di nitruri molto duri) e successivo raffreddamento all'aria.

## D2.2 CLASSIFICAZIONE E DESIGNAZIONE DELL'ACCIAIO

Le regole di classificazione e designazione sono definite da norme di livello europeo che hanno validità in ogni Nazione aderente al Comitato Europeo di Normazione (CEN). In Italia, l'UNI ha adottato le seguenti norme:
— UNI EN 10020, relativa alla classificazione;
— UNI EN 10027- Parte 1 (designazione alfanumerica) e Parte 2 (designazione numerica).

### CLASSIFICAZIONE
Gli acciai sono classificati secondo due criteri:
— composizione chimica;
— prescrizioni di impiego e livello qualitativo.

#### Classificazione in base alla composizione chimica
Sono previste tre classi di acciai:
— acciai non legati, in cui i tenori degli elementi chimici di lega (escluso il carbonio) sono inferiori a quelli indicati nella **tabella D2.1**;
— **acciai legati**, in cui il tenore di almeno un elemento chimico di lega (escluso il carbonio) è uguale o superiore a quello indicato nella **tabella D2.1**;
— acciai inossidabili, contenenti almeno il 10,5% di cromo e al massimo 1,2% di carbonio.

**Tabella D2.1** Tenori limite degli elementi chimici presenti in lega negli acciai

| Elemento chimico di lega | Tenore limite [% in massa] | Elemento chimico di lega | Tenore limite [% in massa] |
|---|---|---|---|
| Alluminio | 0,10 | Niobio (*) | 0,05 |
| Bismuto | 0,10 | Piombo | 0,40 |
| Boro | 0,0008 | Selenio | 0,10 |
| Cromo (*) | 0,30 | Silicio | 0,50 |
| Cobalto | 0,10 | Tellurio | 0,10 |
| Rame (*) | 0,40 | Titanio (*) | 0,05 |
| Lantanidi | 0,05 | Tungsteno | 0,10 |
| Manganese | 1,60 | Vanadio (*) | 0,10 |
| Molibdeno (*) | 0,08 | Zirconio (*) | 0,05 |
| Nichel (*) | 0,30 | Altri | 0,05 |

(*) Se nell'acciaio in questione sono simultaneamente prescritti due, tre o quattro di questi elementi, si devono considerare al tempo stesso:
— i tenori limite di ciascuno degli elementi;
— il tenore limite per l'insieme degli elementi, assunto uguale al 70% della somma dei tenori limiti indicati per ciascuno dei due, tre o quattro elementi presenti.

## Classificazione secondo le prescrizioni di impiego e livello qualitativo

Sono previste tre classi:
— acciai di base;
— acciai di qualità;
— acciai speciali.

Tali classi si integrano con quelle relative alla composizione chimica secondo il prospetto di correlazione riportato nella **tabella D2.2**.

**Tabella D2.2** Correlazione tra le classi

| Classi secondo la composizione chimica | Classi secondo le prescrizioni di impiego e livello qualitativo | | |
|---|---|---|---|
| | **Acciai di base** | **Acciai di qualità** | **Acciai speciali** |
| Acciai non legati | Sono tutti gli acciai non legati esclusi quelli di qualità e speciali | Sono tutti gli acciai non legati esclusi quelli di base e speciali | Sono tutti gli acciai non legati esclusi quelli di base e di qualità |
| Acciai legati | Non esistono | Sono tutti gli acciai legati esclusi quelli speciali | Sono tutti gli acciai non elencati tra gli acciai legati di qualità |

### Acciai di base

Sono acciai non legati, per i quali non è prevista alcuna prescrizione dovuta all'impiego. Essi rispondono alle seguenti tre condizioni di qualità.
— Non è previsto alcun trattamento termico, tenendo presente che la ricottura di distensione o di addolcimento o la normalizzazione non devono essere considerate tali.

— Devono essere garantite, secondo norma, alcune caratteristiche, in particolare le seguenti:
  – resistenza a trazione minima $\leq 690$ N/mm$^2$;
  – carico unitario minimo di snervamento $\leq 360$ N/mm$^2$;
  – resilienza, su provino ISO con intaglio a V, $\leq 27$ J;
  – durezza massima Rockwell HRB $\geq 60$;
  – tenore massimo di carbonio $\leq 0,10\%$.
— Non è indicata alcun altra prescrizione particolare di qualità.

### Acciai di qualità

Fanno parte degli acciai di qualità tutti quelli non legati, salvo gli acciai di base e quelli speciali, di cui si parlerà in seguito. Si riportano alcune delle tipologie che rientrano in questa categoria:
— acciai che rispondono a prescrizioni particolari per ciò che riguarda l'idoneità alla saldatura, la resistenza alla rottura fragile e l'invecchiamento, caratterizzati da valori minimi garantiti di resilienza;
— barre o vergelle destinate a particolari lavorazioni plastiche;
— acciai per la costruzione di caldaie o apparecchi a pressione, con prescrizioni per basse e alte temperature di funzionamento;
— acciai resistenti alla corrosione atmosferica;
— acciai destinati a trattamento termico nella massa o in superficie, purché il tenore di fosforo e zolfo sia 0,035%.

Appartengono agli acciai di qualità i seguenti acciai legati:
— acciai con tenori limite minori dei valori riportati nella **tabella D2.3**;
— acciai da costruzione a grana fine, saldabili, con un elevato carico unitario di snervamento ($< 420$ N/mm$^2$);
— acciai per lamiere e nastri, che contengono solo Si e/o Al come elementi di lega e che debbono rispondere a prescrizioni riguardanti perdite magnetiche e valori minimi di induzione magnetica;
— acciai al Si-Mn per molle o pezzi resistenti all'abrasione.
— acciai resistenti alla corrosione con un tenore minimo e massimo specificati di $Cu$ senza altri elementi di lega.

**Tabella D2.3** Tenore limite degli elementi di lega per gli acciai di qualità

| Elemento chimico di lega | Tenore limite [% in massa] | Elemento chimico di lega | Tenore limite [% in massa] |
|---|---|---|---|
| Cromo (*) | 0,50 | Niobio (*) | 0,06 |
| Rame (*) | 0,50 | Titanio (*) | 0,12 |
| Lantanidi | 0,06 | Vanadio (*) | 0,12 |
| Manganese | 1,80 | Zirconio (*) | 0,05 |
| Molibdeno (*) | 0,10 | Altri non citati | consultare la **tabella D2.3** |
| Nichel (*) | 0,50 | | |

(*) Se nell'acciaio in questione sono simultaneamente prescritti due, tre o quattro di questi elementi, si devono considerare al tempo stesso:
— i tenori limite di ciascuno degli elementi;
— il tenore limite per l'insieme degli elementi, assunto uguale al 70% della somma dei tenori limiti indicati per ciascuno dei due, tre o quattro elementi presenti.

**Acciai speciali**

Fanno parte degli acciai speciali tutti i seguenti acciai non legati.
— Acciai destinati al trattamento termico nella massa o in superficie, soggetti a prescrizioni particolari quali la garanzia di resilienza allo stato bonificato, la profondità di tempra o di cementazione, i tenori limite di inclusioni non metalliche ecc.
— Acciai per utensili.
— Acciai che debbono soddisfare singole o diverse prescrizioni particolari, quali il tenore molto basso di inclusioni non metalliche o le proprietà elettriche e magnetiche garantite o, ancora, gli acciai per reattori nucleari.

Tutti gli acciai legati non elencati tra gli acciai legati di qualità sono speciali.

## DESIGNAZIONE

Le regole per la designazione degli acciai stabiliscono l'impiego di simboli letterali e numerici che esprimono la destinazione d'impiego e le caratteristiche principali, meccaniche, fisiche e chimiche, così da fornire un immediato riconoscimento degli acciai stessi.

Per evitare ambiguità, è inoltre possibile integrare quelli principali con simboli addizionali che indicano alcune caratteristiche aggiuntive dell'acciaio o del prodotto di acciaio, quali l'attitudine all'impiego a temperature elevate o basse, lo stato superficiale, lo stato di trattamento termico, il grado di disossidazione ecc.

I **sistemi di designazione degli acciai** si basano sui seguenti principi:
— per ogni acciaio si ottiene una sola **designazione alfanumerica** o **numerica**;
— i simboli utilizzati nella designazione alfanumerica degli acciai devono essere scritti senza spazi intermedi.

Le designazioni alfanumeriche sono classificate in due gruppi principali:
— gruppo 1, acciai designati in base al loro impiego e alle loro caratteristiche meccaniche o fisiche;
— gruppo 2, acciai designati in base alla loro composizione chimica, a loro volta suddivisi in 4 sottogruppi.

### Acciai designati in base al loro impiego e alle loro caratteristiche meccaniche o fisiche (gruppo 1)

La designazione comprende i simboli indicati nella **tabella D2.4**.

**Tabella D2.4** Simboli principali per la designazione degli acciai in base al loro impiego e alle loro caratteristiche meccaniche o fisiche (gruppo 1)    (continua)

| Simbolo | Impiego | Caratteristiche meccaniche o fisiche da specificare dopo il simbolo |
|---------|---------|--------------------------------------------------------------------|
| S | Acciai per impieghi strutturali | Numero pari al carico unitario di snervamento minimo prescritto [N/mm²], corrispondente alla gamma di spessore più ridotto |
| P | Acciai per impieghi sotto pressione | |
| L | Acciai per tubi di condutture | |
| E | Acciai per costruzioni meccaniche | |

---

**COME SI TRADUCE...**

| ITALIANO | INGLESE |
|----------|---------|
| *Sistemi di designazione degli acciai* | Designation systems for steels |
| *Designazione alfanumerica* | Steel names |
| *Designazione numerica* | Numerical system |

**Tabella D2.4** Simboli principali per la designazione degli acciai in base al loro impiego e alle loro caratteristiche meccaniche o fisiche (gruppo 1) *(segue)*

| Simbolo | Impiego | Caratteristiche meccaniche o fisiche da specificare dopo il simbolo |
|---------|---------|--------------------------------------------------------------------|
| B | Acciai per cemento armato | Numero pari al carico unitario di snervamento caratteristico [N/mm²] |
| Y | Acciai per cemento armato precompresso | Numero pari al carico unitario di rottura minimo prescritto [N/mm²] |
| R | Acciai per o sotto forma di rotaie | Numero pari al carico unitario di rottura minimo prescritto [N/mm²] |
| H | Prodotti piani laminati a freddo di acciaio ad alta resistenza, per imbutitura a freddo | Numero pari al carico unitario di snervamento minimo prescritto [N/mm²] |
| D | Prodotti piani per formatura a freddo (a eccezione di quelli considerati al punto precedente) | Una delle seguenti lettere:<br>— C per prodotti laminati a freddo<br>— D per i prodotti laminati a caldo destinati direttamente alla formatura a freddo<br>— X per i prodotti il cui stato di laminazione non è specificato |
| T | Banda nera, stagnata e cromata (prodotti di acciaio per imballaggio) | consultare la norma |
| M | Acciai magnetici | consultare la norma |

La dicitura "carico unitario di snervamento" indica il carico unitario di snervamento superiore ($R_{eH}$) o inferiore ($R_{eL}$), ovvero il carico unitario di scostamento dalla proporzionalità ($R_p$).

Nella **tabella D2.5** sono riportati alcuni esempi di designazione confrontate con quelle in uso precedentemente in Italia.

**Tabella D2.5** Esempi di designazione degli acciai in base al loro impiego e alle loro caratteristiche meccaniche o fisiche (gruppo 1)

| UNI EN 10027 - Parte 1ª | UNI EU 27 (*) |
|-------------------------|----------------|
| S185 | Fe 320 |
| E295 | Fe 490 |
| E335 | Fe 590 |
| E360 | Fe 690 |

(*) Norma superata, non più valida

### Acciai designati in base alla loro composizione chimica (gruppo 2)

La designazione comprende 4 sottogruppi di acciai, suddivisi per composizione chimica tipica ( ▶ **Tab. D2.6**).

Qualora un acciaio si trovi sotto forma di getto di acciaio, la sua designazione alfanumerica, definita in precedenza, deve essere preceduta dalla lettera "G"; per esempio, la sigla "GC40" indica un getto in acciaio C40.

**Tabella D2.6** Simboli per la designazione degli acciai in base alla loro composizione chimica (gruppo 2)

| Sottogruppi di acciai, suddivisi per composizione chimica tipica | Simboli di designazione (nell'ordine indicato) | Esempio schematico | Esempi applicativi |
|---|---|---|---|
| Acciai non legati (tranne acciai per lavorazioni meccaniche ad alta velocità di taglio) con tenore medio di manganese < 1% (sottogruppo 2.1) | — La lettera C<br>— Un numero pari a 100 volte il tenore percentuale di carbonio medio prescritto | CYYY<br><br>(YYY è il prodotto del tenore percentuale di carbonio medio moltiplicato per 100) | C40 |
| Acciai legati con tenore medio di manganese < 1%, acciai non legati per lavorazioni meccaniche ad alta velocità (automatici) e acciai legati (a eccezione degli acciai rapidi) il cui tenore in massa di ciascun elemento di lega è < 5% (sottogruppo 2.2) | — Un numero pari a 100 volte il tenore percentuale di carbonio medio prescritto<br>— I simboli chimici che indicano gli elementi di lega caratterizzanti l'acciaio (*)<br>— I numeri indicanti i valori dei tenori degli elementi di lega; ciascun numero rappresenta, rispettivamente, il tenore percentuale medio dell'elemento indicato, moltiplicato per i fattori riportati nel prospetto della **tabella D2.7** e arrotondato al numero intero più vicino (**) | YYYAvHl12-7<br><br>(YYY è il prodotto del tenore percentuale di carbonio medio moltiplicato per 100; Av e Hl sono i simboli degli elementi chimici; 12 e 7 sono numeri indicanti i valori dei tenori) | 39NiCrMo3 |
| Acciai legati (a eccezione degli acciai rapidi) il cui tenore in massa di ciascun elemento di lega è ≥ 5% (sottogruppo 2.3) | — La lettera X<br>— Un numero pari a 100 volte il tenore percentuale di carbonio medio prescritto<br>— I simboli chimici che indicano gli elementi di lega caratterizzanti l'acciaio (*)<br>— I numeri indicanti i valori dei tenori degli elementi di lega; ciascun numero rappresenta, rispettivamente, il tenore percentuale medio dell'elemento indicato, arrotondato al numero intero più vicino (**) | XYYYDfGh12-8<br><br>(YYY è il prodotto del tenore percentuale di carbonio medio moltiplicato per 100; Df e Gh sono i simboli degli elementi chimici; 12 e 8 sono i numeri indicanti i valori dei tenori) | X5CrNi18-10 |
| Acciai rapidi (sottogruppo 2.4) | — Le lettere HS<br>— I numeri indicanti i valori dei tenori percentuali degli elementi di lega, riportati nel seguente ordine:<br>  — tungsteno (W)<br>  — molibdeno (Mo)<br>  — vanadio (V)<br>  — cobalto (Co)<br><br>Ciascun numero rappresenta il tenore percentuale medio dell'elemento corrispondente, arrotondato al numero intero più vicino (*) | HSYY-TT-KK-PP<br><br>(YY-TT-KK-PP sono i numeri indicanti i valori dei tenori) | HS12-8-5-5 |

(*) La successione dei simboli deve essere in ordine decrescente rispetto al valore dei rispettivi tenori; se i valori dei tenori sono gli stessi per due o più elementi, i simboli corrispondenti devono essere indicati in ordine alfabetico
(**) I numeri relativi ai differenti elementi devono essere separati da trattini

ACCIAI E GHISE **UNITÀ D2**

**Tabella D2.7** Fattori relativi agli elementi di lega per gli acciai del sottogruppo 2.2

| Elemento | Fattore |
|---|---|
| Cr, Co, Mn, Ni, Si, W | 4 |
| Al, Be, Cu, Mo, Nb, Pb, Ta, Ti, V, Zr | 10 |
| Ce, N, P, S | 100 |
| B | 1000 |

### Designazione numerica degli acciai

Si basa su un numero fisso di cifre; lo schema della formulazione delle designazioni numeriche è definito nella **tabella D2.8**.

**Tabella D2.8** Schema della formulazione delle designazioni numeriche degli acciai

| | Prima cifra | Seconda cifra | Terza cifra |
|---|---|---|---|
| **Designazione numerica** | 1. | XX | XX(XX) |
| **Descrizione** | Numero del gruppo del materiale: per l'acciaio vale 1. | Numero del gruppo dell'acciaio: è riportato nel prospetto I della norma UNI EN 10027/2 | Numero sequenziale: è attribuito dall'Ufficio Europeo di Registrazione: le cifre tra parentesi sono previste per una possibile utilizzazione futura |
| **Note** | Poiché la designazione numerica è strutturata per essere applicata anche a altri tipi di materiale, i numeri da 2 a 9 sono destinati a questo utilizzo | Il prospetto I riporta i numeri del gruppo degli acciai suddivisi, secondo le regole di classificazione degli stessi. Per gli acciai di base non esistono numeri di gruppo | Al momento il numero sequenziale è costituito da due cifre; qualora fosse necessario un aumento del numero di cifre a causa di un aumento del numero di tipi di acciaio da considerare, è previsto un numero sequenziale di quattro cifre |

Si consideri, per esempio, un acciaio speciale legato per impieghi strutturali nelle costruzioni meccaniche come il 34NiCrMo16.

Esso ha un numero di gruppo degli acciai, secondo il prospetto I, pari a 67, poiché il Mo presente (0,35%) è inferiore a 0,4% e il Ni (3,8%) è ≥3,5% e <5%. Di conseguenza, la sua designazione numerica, a esclusione delle cifre attribuite dall'Ufficio Europeo di Registrazione, risulta essere 1.67XX.

Altri esempi sono riportati nella **tabella D2.9**.

**Tabella D2.9** Confronto tra designazione alfanumerica e numerica per alcuni acciai

| Secondo UNI EN 10027 - Parte 1 | Secondo UNI EN 10027 - Parte 2 |
|---|---|
| S185 | 1.0035 |
| E335 | 1.0050 |
| E295 | 1.0060 |
| E360 | 1.0070 |

Si sottolinea la crescente importanza della designazione numerica, peraltro anche utilizzata per le leghe dell'alluminio, da spiegare come necessaria uniformità con i sistemi di designazione degli Stati Uniti d'America ( ▸ **Tab. D2.10**).

**Tabella D2.10** Alcune designazioni numeriche di acciai al carbonio e basso-legati secondo AISI (American Society of Mechanical Engineers) e SAE (Society of Automotive Engineers)

| Sigla designazione numerica | Composizione [% in massa] | Esempio |
|---|---|---|
| 10XX | Acciai al carbonio | 1040: C(0,37÷0,47%), Mn(0,60÷0,90%), $P_{max}$(0,040%), $S_{max}$(0,040%) |
| 41XX | Cromo (0,40÷1,20%), Molibdeno (0,08÷0,25%) | 4140: C(0,38÷0,43%), Mn(0,75÷1,00%), $P_{max}$(0,035%), $S_{max}$(0,040%), Si(0,20÷0,35%), Cr(0,80÷1,10%), Mo(0,15÷0,25%) |
| 43XX | Nichel (1,65÷2,00%), Cromo (0,40÷0,90%), Molibdeno (0,20÷0,30%) | 4350: C(0,48÷0,53%), Mn(0,60÷0,80%), $P_{max}$(0,035%), $S_{max}$(0,040%), Si(0,20÷0,35%), Ni(1,65÷2,00%), Cr(0,40÷0,90%), Mo(0,20÷0,30%) |
| 51XX | Cromo (0,70÷1,20%) | 5132: C(0,30÷0,35%), Mn(0,60÷0,80%), $P_{max}$(0,035%); $S_{max}$(0,040%), Si(0,20÷0,35%), Cr(0,70÷1,00%) |
| 88XX | Nichel (0,40÷0,70%), Cromo (0,40÷0,60%), Molibdeno (0,30÷0,40%) | 8822: C(0,20÷0,25%), Mn(0,75÷1,00%), $P_{max}$(0,035%), $S_{max}$(0,040%), Si(0,15÷0,30%), Ni(0,40÷0,70%), Cr(0,40÷0,60%), Mo(0,30÷0,40%) |
| XX indica il contenuto in carbonio: 0,XX% in massa | | |

## CATEGORIE COMMERCIALI DI ACCIAI

Al sistema di classificazione definito dalla norma è utile, talora, aggiungere anche l'esame della classificazione impiegata commercialmente e nelle applicazioni industriali.

Si possono considerare 5 grandi categorie di acciai:
— acciai da costruzione di uso generale;
— acciai speciali da costruzione;
— acciai per utensili;
— acciai per usi particolari;
— acciai inossidabili.

### COME SI TRADUCE...

| ITALIANO | INGLESE |
|---|---|
| Acciaio al carbonio | Carbon steel |
| Acciai basso-legati | Low alloy steels |

### Acciai da costruzione di uso generale

Sono posti in opera senza trattamento termico, al massimo dopo normalizzazione; a essi si richiede unicamente di possedere un certo valore minimo del carico di snervamento $R_s$.

Si possono avere sia acciai effervescenti (posseggono ottime caratteristiche di imbutibilità e deformabilità plastica a freddo) sia acciai calmati.

Nella **tabella D2.11** sono riportati alcuni acciai adatti per costruzioni saldate, bullonate e chiodate; in particolare essi presentano $R_s < 500$ MPa e bassi valori del rapporto $R_s/R_m$.

ACCIAI E GHISE **UNITÀ D2**

**Tabella D2.11** Acciai adatti per costruzioni saldate, bullonate e chiodate

| Acciaio | % $C_{max}$ | % $P_{max}$ | % $S_{max}$ | % $N_{max}$ |
|---------|-------------|-------------|-------------|-------------|
| Fe360B | 0,19 | 0,045 | 0,045 | 0,009 |
| Fe410D | 0,18 | 0,040 | 0,040 | – |
| Fe510D | 0,20 | 0,040 | 0,045 | – |

## Acciai speciali da costruzione

Si articolano in diversi sottogruppi.

### Acciai da bonifica

Sono particolarmente idonei al trattamento di bonifica, poiché adatti a sopportare sforzi, urti e vibrazioni. Possono essere sia al carbonio, sia legati, con un tenore di carbonio compreso tra 0,25 e 0,40% ( ▸ **Tab. D2.12** ).

**Tabella D2.12** Composizione chimica e proprietà meccaniche di alcuni acciai da bonifica

| Acciaio | Composizione chimica [% in massa] | | | | | Proprietà meccaniche (valori minimi) | | | |
|---------|------|-------|-------|-------|-------|-------------------|-------------------|----------|----------|
| | % C | % Mn | % Cr | % Ni | % Mo | $R_m$ [MPa] | $R_s$ [MPa] | $A$ [%] | $K$ [J] |
| C25 | 0,25 | 0,60 | – | – | – | 625 | 360 | 19 | 37,5 |
| C60 | 0,60 | 0,75 | – | – | – | 905 | 590 | 11 | – |
| 41Cr4 | 0,40 | 0,65 | 1,00 | – | – | 1030 | 735 | 11 | 25 |
| 36CrMn5 | 0,35 | 1,00 | 1,15 | – | – | 980 | 685 | 12 | 25 |
| 35CrMo4 | 0,35 | 0,75 | 1,00 | – | 0,20 | 1030 | 735 | 11 | 30 |
| 39NiCrMo3 | 0,39 | 0,65 | 0,85 | 0,85 | 0,20 | 1080 | 785 | 11 | 30 |
| 30NiCrMo12 | 0,31 | 0,65 | 0,80 | 2,90 | 0,45 | 1080 | 785 | 14 | 40 |

### Acciai da nitrurazione

Dopo nitrurazione presentano le stesse caratteristiche degli acciai da bonifica con in più un'ottima resistenza a usura, fatica e ossidazione atmosferica.

Alcuni acciai da nitrurazione sono elencati nella **tabella D2.13**.

**Tabella D2.13** Composizione chimica e proprietà meccaniche di alcuni acciai da nitrurazione

| Acciaio | Composizione chimica [% in massa] | | | | | Proprietà meccaniche (valori minimi-bonificato) | | | |
|---------|------|------|------|------|-------|-------------|-------------|---------|---------|
| | % C | % Cr | % Mo | % Al | % Mn | $R_m$ [MPa] | $R_s$ [MPa] | $A$ [%] | $K$ [J] |
| 31CrMo12 | 0,31 | 3,00 | 0,35 | – | <0,60 | 1080 | 880 | 10 | 24,5 |
| 41CrAlMo7 | 0,41 | 1,65 | 0,32 | 1,00 | 0,65 | 930 | 730 | 12 | 22,5 |

## Acciai da cementazione

Hanno un tenore di carbonio inferiore allo 0,20%, sia per avere una buona cementazione sia per avere un'elevata tenacità nel cuore del pezzo. Dopo la tempra presentano elevata durezza superficiale (inferiore, però, agli acciai nitrurati). Alcuni acciai da cementazione sono elencati nella **tabella D2.14**.

**Tabella D2.14** Composizione chimica e proprietà meccaniche di alcuni acciai da cementazione

| Acciaio | Composizione chimica [% in massa] | | | | | Proprietà meccaniche (valori minimi- temprato e rinvenuto) | | | |
|---------|-----|------|------|------|------|------------------|------------------|--------|--------|
| | C | Mn | Cr | Ni | Mo | $R_m$ [MPa] | $R_s$ [MPa] | A [%] | K [J] |
| C10 | 0,1 | 0,50 | – | – | – | 540 | 345 | 12 | 35 |
| C15 | 0,15 | 0,50 | – | – | – | 740 | 440 | 9 | 23 |
| 16MnCr5 | 0,16 | 1,15 | – | – | – | 1030 | 735 | 8 | 25 |
| 18CrMo4 | 0,18 | 0,75 | 1,0 | – | 0,20 | 1130 | 885 | 8 | 25 |
| 12NiCr3 | 0,12 | 0,45 | 0,55 | 0,65 | – | 740 | 490 | 10 | 33 |
| 16CrNi4 | 0,16 | 0,85 | 0,95 | 0,95 | – | 1080 | 835 | 9 | 30 |
| 16NiCrMo2 | 0,16 | 0,80 | 0,50 | 0,55 | 0,20 | 980 | 685 | 9 | 28 |
| 16NiCrMo12 | 0,16 | 0,55 | 0,95 | 2,95 | 0,35 | 1230 | 980 | 9 | 33 |

## Acciai per molle

Devono avere un elevato valore del carico di snervamento $R_s$. Possono essere al carbonio o legati con Si e Mn ( ▸ **Tab. D2.15** ).

**Tabella D2.15** Composizione chimica e proprietà meccaniche di alcuni acciai per molle

| Acciaio | Composizione chimica [% in massa] | | | Proprietà meccaniche (valori minimi- temprato e rinvenuto) |
|---------|------|------|------|------------------|
| | C | Mn | Si | $R_s$ [MPa] |
| C55 | 0,55 | 0,75 | 0,30 | 610 |
| C100 | 1.00 | 0,50 | 0,30 | 690 |
| 55Si7 | 0,55 | 0,80 | 1,90 | 1160 |
| 48Si7 | 0,47 | 0,65 | 1,75 | 1110 |

## Acciai per cuscinetti a rotolamento

Vengono utilizzati allo stato bonificato e devono presentare elevata durezza, per garantire la resistenza all'usura ( ▸ **Fig. D2.1** ).

Alcuni acciai per cuscinetti sono elencati nella **tabella D2.16**.

ACCIAI E GHISE **UNITÀ D2**

**Figura D2.1**
Cuscinetti a rotolamento in acciaio.

**Tabella D2.16** Composizione chimica e proprietà meccaniche di alcuni acciai per cuscinetti

| Acciaio | \multicolumn{6}{c|}{Composizione chimica [% in massa]} | Proprietà meccaniche (valori minimi temprato e rinvenuto) |
|---|---|---|---|---|---|---|---|
|  | C | Mn | Cr | Ni | Si | Mo | HRC |
| 100Cr6 | 0,95÷1,10 | 0,25÷0,45 | 1,40÷1,60 | – | 0,15÷0,35 | – | 61 |
| X105CrMo17 | 0,95÷1,20 | <1,00 | 16÷18 | <0,5 | 1,00 | 0,35÷0,75 | – |

**COME SI TRADUCE...**

| ITALIANO | INGLESE |
|---|---|
| Acciai per utensili | Tool steels |

### Acciai per utensili

Le caratteristiche che, da sole o combinate, vengono richieste a questi acciai sono:
— elevata durezza a caldo e a freddo;
— elevata capacità di taglio;
— elevata penetrazione di tempra;
— insensibilità alle spaccature per oscillazioni termiche;
— buona resistenza all'usura.

La **tabella D2.17** mostra l'influenza dei vari elementi sulle caratteristiche degli **acciai per utensili**.

**Tabella D2.17** Influenza dei vari elementi sugli acciai per utensili

| Elemento di lega | Tenore [% in massa] | Influenza |
|---|---|---|
| C | 0,25÷2 | È sempre presente ed è l'elemento più importante per aumentare la durezza, sia per la formazione di martensite che di carburi |
| Mn | <0,5 | Ha azione disossidante e facilita la formazione dei carburi |
| Si | <0,5 | Ha azione disossidante e aumenta la resistenza all'ossidazione |
| Cr | <13 | Aumenta la capacità di prendere tempra e forma carburi |
| V | <0,2 | Forma carburi |
| W | <20 | Formano carburi e aumentano la resistenza all'usura a elevata temperatura |
| Mo | <10 | |
| Co | 5÷20 | Non forma carburi ma aumenta comunque la durezza a elevata temperatura |

MODULO D  MATERIALI METALLICI

Si possono distinguere in tre sottogruppi:
— acciai per lavorazioni a freddo;
— acciai per lavorazioni a caldo;
— acciai rapidi.

**COME SI TRADUCE...**

| ITALIANO | INGLESE |
|---|---|
| *Acciai inossidabili* | *Stainless steels* |

### Acciai per lavorazioni a freddo

Sono caratterizzati da un'elevata durezza a freddo (>55HRC), ma da una bassa durezza a caldo. Possono essere sia al carbonio, sia legati.

### Acciai per lavorazioni a caldo

Sono caratterizzati da un'ottima resistenza al rinvenimento, e da una buona conducibilità termica. La loro durezza a temperatura ambiente è compresa fra 40 e 55 HRC e si mantiene a un buon livello anche a caldo.

### Acciai rapidi

Sono caratterizzati da una durezza molto elevata a temperatura ambiente (>60HRC) e da un'ottima durezza a caldo.

Queste proprietà sono ottenute mediante l'aggiunta importante di elementi che formano carburi (W, Mo, V) associati al Cr ed, eventualmente, al Co; in particolare, per gli acciai rapidi non si usa Co e il W è spesso sostituito dal Mo.

Gli acciai rapidi sono utilizzati per costruire utensili operanti con masse e medie velocità di taglio per le macchine ad asportazione di truciolo (tornio, fresatrice, trapano ecc.) e per costruire stampi per estrusione a freddo.

Gli acciai super rapidi, invece, contengono il Co e sono adatti per lavorazioni a maggiore velocità di taglio.

La **tabella D2.18** riporta la composizione di alcuni acciai per utensili.

**Tabella D2.18** Composizione chimica di alcuni acciai per utensili

| Acciaio | Composizione chimica [% in massa] | | | | | | |
|---|---|---|---|---|---|---|---|
| | C | Mn | Cr | W | Mo | V | Co |
| 90MnV8 Lavorazione a freddo | 0,85÷0,95 | 1,70÷2,20 | | – | – | 0,1÷0,3 | – |
| X205Cr12 Lavorazione a freddo | 1,90÷2,20 | 0,15÷0,45 | 11,00÷13,00 | – | – | 0,15÷0,3 | – |
| X37CrMoV5-1 Lavorazione a caldo | 0,32÷0,42 | 0,25÷0,55 | 4,50÷5,50 | – | 1,20÷1,70 | 0,30÷0,50 | – |
| HS6-5-2 Acciaio rapido | 0,82÷0,92 | – | 3,50÷4,50 | 5,70÷6,70 | 4,60÷5,30 | 1,70÷2,30 | |
| HS6-5-2-5 Acciaio super rapido | 0,85÷0,95 | – | 3,50÷4,50 | 5,70÷6,70 | 4,60÷5,30 | 1,70÷2,30 | 4,70÷5,20 |

### Acciai inossidabili

Sono resistenti a un gran numero di ambienti corrosivi, in un campo esteso di temperatura. L'elemento indispensabile perché un acciaio sia inossidabile è il Cr che deve essere presente almeno con un tenore minimo del 12%). La **tabella D2.19** riporta le caratteristiche principali di alcuni **acciai inossidabili**.

ACCIAI E GHISE **UNITÀ D2**

**Tabella D2.19** Caratteristiche di alcuni acciai inossidabili

| Acciaio | \multicolumn{5}{c|}{Composizione chimica [% in massa]} | \multicolumn{4}{c|}{Proprietà meccaniche (valori minimi-temprato)} |
|---|---|---|---|---|---|---|---|---|---|
|  | C | Mn | Cr | Ni | Mo | $R_m$ [MPa] | $R_s$ [MPa] | KU [J/cm²] | Imbutibilità Ericksen [mm] |
| X5CrNi18-10 | 0,06 max | 2,00 max | 17,0÷19,0 | 8,0÷11,0 | – | 500 | 230 | 200 | 13 |
| X5CrNiMo17-12 | 0,06 max | 2,00 max | 16,0÷18,5 | 10,5÷13,5 | 2,0÷2,5 | 500 | 250 | 200 | 12 |

## D2.3 CLASSIFICAZIONE E DESIGNAZIONE DELLA GHISA

**COME SI TRADUCE...**

| ITALIANO | INGLESE |
|---|---|
| *Ghisa* | *Cast irons* |
| *Fonderia* | *Founding* |

**PER COMPRENDERE LE PAROLE**

*Ferrite, perlite, cementite, ledeburite, grafite:* sono termini che designano tipologie di cristalli presenti negli acciai e nelle ghise (grafite e ledeburite solo nelle ghise). Questi cristalli hanno caratteristiche meccaniche molto diverse e, di conseguenza, la loro maggiore o minore presenza determina le proprietà di acciai e ghise.

**Ghisa** è un termine generico che indica un'ampia famiglia di leghe ferrose con tenore di carbonio superiore al 2,06%, con presenza di silicio, manganese, fosforo e zolfo e che possono contenere altri elementi di lega.

Una prima suddivisione può essere fatta tra:
— ghisa di prima fusione;
— ghisa di seconda fusione.

La ghisa di prima fusione, o ghisa greggia, è quella prodotta dall'altoforno che, in gran parte, è utilizzata per produrre acciaio. Una parte viene solidificata sotto forma di parallelepipedi, dette *pani*, e inviata agli impianti di **fonderia** per essere rifusa e colata per produrre pezzi di fonderia detti *getti*. Solo in pochissimi casi la ghisa greggia viene utilizzata per fabbricare pezzi, di conseguenza la quasi totalità dei prodotti è costituita da ghisa di seconda fusione.

### CLASSIFICAZIONE DELLA GHISA DI SECONDA FUSIONE

La ghisa di seconda fusione si suddivide in:
— ghisa *bianca*;
— ghisa *grigia*;
— ghisa *legata*.

La differenza tra ghisa bianca e grigia consiste nella forma con cui si presenta il carbonio: nella ghisa bianca è combinato con il ferro a formare la **cementite** ($Fe_3C$); nella ghisa grigia è libero sotto forma di **grafite**.

La grafite è una forma allotropica del carbonio che si presenta in forma cristallina di colore grigio scuro. Gli elementi di grafite sono classificati in base a forma, distribuzione e dimensione. La forma degli elementi di grafite può essere a lamelle, noduli, sferoidi, flocculi (▶ **Fig. D2.2**).

I tenori negli elementi normali di elaborazione Mn, Si, P, sono più elevati che negli acciai. La ghisa è molto utilizzata come lega per getti poiché, rispetto all'acciaio, ha una temperatura di fusione molto più bassa e quindi una fluidità elevata. La ghisa di seconda fusione si ottiene con un processo di fusione in appositi forni (cubilotti a vento caldo, rotanti riscaldati con gas metano o gas naturale, elettrici) insieme a rottami di ferro e carbone stroke.

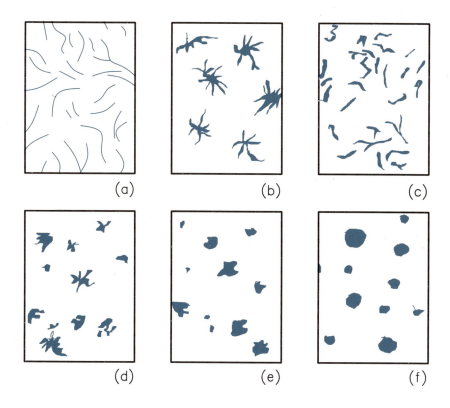

**Figura D2.2**
Forma degli elementi di grafite:
a) lamelle sottili con punte aguzze;
b) noduli con accentuate ramificazioni di lamelle;
c) lamelle spesse con punte arrotondate;
d) flocculi frastagliati;
e) flocculi compatti;
f) sferoidi (noduli a contorno regolare quasi circolare).

## Ghisa bianca

È costituita a temperatura ambiente da **ferrite** e da cementite, in parte combinate a formare **perlite** e **ledeburite** ( ▶ **Fig. D2.3**).

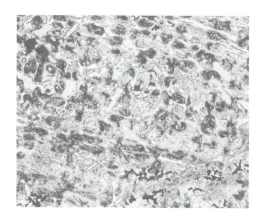

**Figura D2.3**
Micrografia di una ghisa bianca con grani di ferrite, cementite e perlite.

Si caratterizza per l'ottima **colabilità** (temperatura di fusione intorno a 1300 °C), per l'elevata presenza di cementite che fornisce altissima durezza (fino a 500 Brinell) e notevole fragilità, elevata resistenza all'usura e all'abrasione.

Si favorisce la formazione di cementite riducendo il tenore degli elementi grafitizzanti (Si) e aumentando quello degli elementi carburanti (Mn e Cr) con elevata velocità di solidificazione e di raffreddamento.

La **tabella D2.20** indica la funzione degli elementi presenti nelle ghise bianche, mentre la **tabella D2.21** indica la composizione chimica di alcune leghe.

La velocità di formazione della cementite può essere aumentata anche con l'aggiunta in lega di elementi come il cromo.

**PER COMPRENDERE LE PAROLE**

**Colabilità**: proprietà tecnologica che abbina la grande fluidità del metallo alla facilità di riempire forme anche molto complesse.

| COME SI TRADUCE... | |
|---|---|
| **ITALIANO** | **INGLESE** |
| Ghisa bianca | White cast iron |
| Ghisa bianca resistente all'usura | Abrasion resistant white cast iron |
| Ghisa malleabile | Malleable cast iron |

**Tabella D2.20** Funzione degli elementi chimici presenti nelle ghise bianche

| Elemento | Tenore [%] | Note |
|---|---|---|
| C | 2,5÷3,5 | Influisce sulla durezza |
| Mn | 0,5÷0,8 | Antigrafitizzante |
| Si | <0,7 | Grafitizzante (bassa%) |
| Cr | <2 | Favorisce la formazione di carburi |

Inoltre possono essere presenti ridotti tenori di Cu, Mo, V, B

**Tabella D2.21** Composizione chimica e durezza di alcune ghise bianche

| Elementi [% in massa] |||||||||| Durezza |
|---|---|---|---|---|---|---|---|---|---|
| C | Si | Mn | Cr | Ni | Mo | S | P | HBW |
| 2,9 | 0,5 | 0,5 | – | – | – | 0,12 | 0,10 | 415÷460 |
| 3,2 | 0,5 | 0,6 | 2,0 | 4,5 | – | 0,12 | 0,20 | 550÷650 |
| 3,25 | 0,6 | 0,7 | 15,0 | – | 3,0 | 0,03 | 0,06 | 600÷750 |

La **ghisa bianca** viene utilizzata per oggetti che devono **resistere all'usura**, come ruote di carrelli o cilindri di laminazione. La maggior parte della produzione di ghisa bianca è destinata alla rilavorazione per ottenere la ghisa malleabile.

### Ghisa malleabile

La **ghisa malleabile** è ottenuta mediante ricottura prolungata, denominata *malleabilizzazione*, di una ghisa bianca solida. Si possono avere due processi di malleabilizzazione: a cuore bianco e a cuore nero.

#### Malleabilizzazione a cuore bianco (europea)

Processo che prevede il riscaldamento e il mantenimento della ghisa bianca a 900÷1000 °C, per 80÷100 ore, in ambiente ossidante seguito da un raffreddamento molto lento.

Durante il mantenimento ad alta temperatura, il carbonio si diffonde verso la superficie, dove viene ossidato trasformandosi in CO.

Si ottiene una quasi completa decarburazione superficiale della ghisa che assume una struttura ferritica o perlitica (da cui la denominazione *a cuore bianco*), con presenza di piccoli noduli di grafite. Tale procedura è utilizzata soprattutto per produrre raccordi per tubazioni (▶ **Fig. D2.4**) grazie alla sua ottima colabilità, buona resilienza, saldabilità e possibilità di essere zincata.

**Figura D2.4**
Raccordi in ghisa malleabile a cuore bianco per tubazioni.

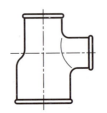
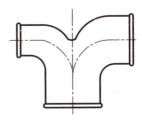
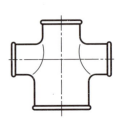

## Malleabilizzazione a cuore nero (americana)

È un processo utilizzato soprattutto per produrre pezzi per l'industria automobilistica (bielle, carter ecc.), e prevede il riscaldamento della ghisa bianca a 950 °C, in ambiente neutro o leggermente riducente, e una permanenza per un tempo sufficiente (10÷40 ore) a ottenere la decomposizione parziale della cementite in grafite a noduli o a fiocchi (da cui la denominazione *a cuore nero*).

Il successivo raffreddamento a temperatura ambiente può avvenire con diverse modalità dando luogo, oltre alla grafite, a una matrice ferritica o perlitica.

La ghisa malleabile perlitica possiede una resistenza a trazione più elevata di quella ferritica, tuttavia la sua tenacità è nettamente inferiore ( ▸ **Tab. D2.22**). La ghisa malleabile perlitica può essere, con opportune cautele, sottoposta a trattamento termico.

**Tabella D2.22** Proprietà meccaniche di ghise malleabili

| Ghisa malleabile | $R_m$ [MPa] | $R_{p0,2}$ [MPa] | A [%] | HBW |
|---|---|---|---|---|
| Cuore bianco | 340÷450 | 2000÷250 | 5÷10 | 200÷250 |
| Cuore nero ferritica | 340÷400 | 150÷250 | 6÷25 | 100÷160 |
| Cuore nero perlitica | 400÷700 | 300÷550 | 2÷10 | 180÷240 |

## Ghisa grigia lamellare

È detta anche *ghisa grigia per getti*; è il tipo più largamente usato in fonderia. Solidifica presentando il carbonio grafitico in forma lamellare disperso in una matrice ferritica o ferritico-perlitica ( ▸ **Fig. D2.5**). È meno dura e meno fragile della ghisa bianca.

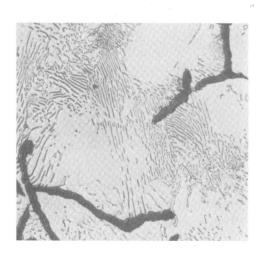

**Figura D2.5**
Micrografia di una ghisa grigia lamellare.

Può essere ottenuta aumentando il tenore di Si (2%) e di altri elementi grafitizzanti, e riducendo il tenore di elementi carburanti, quali il Mn, oppure diminuendo la velocità di solidificazione e di raffreddamento.

Il tenore di carbonio è compreso tra 2,5 e 3,5%. La ghisa grigia ha un'ottima colabilità (temperatura di fusione intorno a 1200 °C) ed è facilmente lavorabile alle macchine utensili.

La ghisa grigia viene utilizzata per ottenere, basamenti motore ( ▶ **Fig. D2.6**), testate per motori diesel, tubi, raccordi, valvole, chiusini ecc.

**Figura D2.6**
Basamento motore in ghisa grigia.

Le lamelle di grafite costituiscono un indebolimento del metallo perché interrompono quasi completamente la continuità della matrice metallica. Inoltre, favoriscono l'avanzamento di eventuali cricche nell'interfaccia lamella-matrice e la concentrazione delle tensioni all'apice della lamella poiché danno origine all'effetto di intaglio. Risulta, quindi, bassa la sua resistenza a trazione ($R_m = 150 \div 400$ MPa) mentre è migliore quella a compressione ( ▶ **Tab. D2.26**).

### Ghisa grigia sferoidale

È una ghisa nella quale la grafite è presente sotto forma di sferoidi anziché di lamelle ( ▶ **Fig. D2.7**).

**Figura D2.7**
Micrografia di una ghisa sferoidale.

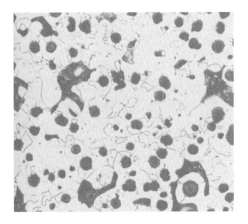

Gli elementi che permettono la sferoidizzazione della grafite sono Mg, Ce, Ca, Li, Na, Ba. Il trattamento con il magnesio è il più diffuso. La ghisa viene trattata allo stato fuso mediante aggiunta di magnesio con formazione di grafite nodulare o sferoidale e conseguente aumento della duttilità.

La distanza tra gli sferoidi è tale da non provocare l'interruzione della matrice metallica, per cui le proprietà meccaniche si avvicinano abbastanza a quelle degli acciai ( ▶ **Tab. D2.27**). Il carico di rottura è compreso tra 400 e 1000 MPa, con allungamenti variabili dal 5 al 20%. La composizione di una ghisa sferoidale ( ▶ **Tab. D2.23**) deve essere controllata con cura, in particolare bisogna mantenere molto bassa la percentuale di zolfo che tende a combinarsi con il magnesio annullandone l'effetto.

**Tabella D2.23** Composizione tipica di una ghisa sferoidale

| Elemento | Tenore [%] |
|---|---|
| C | 3,3÷3,8 |
| Si | 1,8÷2,8 |
| Mn | < 0,6 |
| P | < 0,1 |
| S | <0,03 |
| Mg residuo | 0,04÷0,08 |

**COME SI TRADUCE...**

| ITALIANO | INGLESE |
|---|---|
| Austenite | Austenite |

**PER COMPRENDERE LE PAROLE**

**Austenite**: cristallo presente negli acciai e nelle ghise, normalmente alle alte temperature (oltre i 700 °C). In casi particolari può essere presente anche a temperatura ambiente. È paramagnetica.

L'impiego della ghisa sferoidale è sempre più esteso poiché abbina tutti i vantaggi della fonderia alla lavorabilità alle macchine utensili. Essa viene utilizzata per produrre alberi a gomiti e alberi in genere, lingottiere, ruote dentate, pulegge, scatole per cambio, monoblocchi per motori ecc. ( ▶ **Fig. D2.8**).

(a)

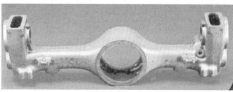

(b)

**Figura D2.8**
Pezzi in ghisa sferoidale:
a) albero a gomiti;
b) albero a camme e traversa.

### Ghise legate

Esistono diversi tipi di ghise legate, tra cui rivestono particolare importanza due tipologie:
— ghise resistenti alla corrosione;
— ghise resistenti al calore.

### Ghise resistenti alla corrosione

Sono legate al Si, al Cr e al Ni che migliorano la resistenza in ambienti ossidanti, e riducenti; presentano valori di $R_m$ compresi tra 90 e 130 MPa (N/mm²).

### Ghise resistenti al calore

Anch'esse sono legate al Si, al Cr e al Ni. Non devono avere un'eccessiva dilatazione termica, inoltre, devono avere una buona resistenza alle brusche variazioni di temperatura (urto termico) che possono generare cricche.

Il carbonio è sotto forma di grafite, che può essere di tipo lamellare o sferoidale. Le ghise lamellari al silicio e al cromo hanno una matrice perlitica e presentano valori di $R_m$ compresi tra 420 e 700 MPa.

Le ghise sferoidali al nichel hanno una matrice costituita da **austenite** e presentano valori di $R_m$ compresi tra 380 e 450 MPa.

Infine, per quanto riguarda l'esposizione in ambiente ossidante, devono consentire solo una limitata penetrazione dell'ossigeno.

| ITALIANO | INGLESE |
|---|---|
| Ghisa a grafite sferoidale | Spheroidal graphite cast iron |

# Designazione delle ghise

## Ghise bianche

La designazione, definita dalla norma UNI 8845:1986, riguarda i getti di ghisa bianca non legata e basso legata, legata al nichel-cromo e alto legata al cromo, resistenti all'usura.

Si applica ai getti di ghisa bianca, resistenti all'usura indipendentemente dal processo di produzione impiegato. La sigla di designazione deve riportare:
— la denominazione "getto di ghisa";
— le lettere "GB" seguite dalla lettera "O", per le ghise non legate, e dalla lettera "L", per quelle basso legate, e dai simboli degli elementi chimici di lega presenti con l'indicazione numerica del tenore per quelle legate;
— il riferimento alla norma UNI 8845.

Di seguito sono riportati alcuni esempi di designazione:
— getto di ghisa GB O UNI 8845;
— getto di ghisa GB L UNI 8845;
— getto di ghisa GB Cr 12 UNI 8845;
— getto di ghisa GB CrNi 9 5 UNI 8845;
— getto di ghisa GB CrMoNi 20 2 1 UNI 8845.

## Ghise malleabili

La norma UNI EN 1562 stabilisce le prescrizioni per i getti di ghisa malleabile utilizzata nella fabbricazione di getti. La sigla di designazione si basa sull'indicazione della lettera "W", nel caso di ghisa malleabile a cuore bianco, o della lettera "B", nel caso di ghisa malleabile a cuore nero, seguite dal valore minimo della resistenza a trazione $R_m$ e dal valore minimo dell'allungamento $A\%$.

Si ha per esempio:
— W-400-05 per la ghisa malleabile a cuore bianco ($R_m = 400$ MPa, $A = 5\%$);
— B-350-10 per la ghisa malleabile a cuore nero ($R_m = 350$ MPa, $A = 10\%$).

## Ghisa grigia lamellare

La norma UNI EN 1561 stabilisce le caratteristiche della ghisa grigia, non legata e legata, utilizzata in getti prodotti mediante colature in forme di sabbia.

La sigla di designazione di basa sull'indicazione delle lettere EN e GJL, divise da un trattino, seguite dal valore minimo della resistenza a trazione $R_m$ (▶ Tab. D2.24).

**Tabella D2.24** Designazione della ghisa grigia lamellare

| Sigla designazione | $R_m$ [N/mm²] | Durezza HBW |
|---|---|---|
| EN-GJL-200 | 200 | 150÷200 |
| EN-GJL-250 | 250 | 170÷220 |
| EN-GJL-300 | 300 | 190÷240 |

## Ghisa sferoidale

La norma UNI EN 1563 definisce i tipi di getti di **ghisa a grafite sferoidale** e i corrispondenti requisiti.

La sigla di designazione si basa sull'indicazione delle lettere "EN" e "GJS", divise da un trattino, seguite dal valore minimo della resistenza a trazione $R_m$ e dal valore minimo dell'allungamento $A\%$ ( ▸ **Tab. D2.25**).

**COME SI TRADUCE...**

| ITALIANO | INGLESE |
|---|---|
| *Ghisa duttile austemperata* | *Austempered ductile cast irons* |

**Tabella D2.25** Designazione della ghisa sferoidale

| Sigla designazione | $R_m$ [N/mm²] | $R_{p0,2}$ [MPa-N/mm²] | $A$ [%] |
|---|---|---|---|
| EN-GJS-350-22 | 350 | 220 | 22 |
| EN-GJS-400-18 | 400 | 240 | 18 |
| EN-GJS-400-15 | 400 | 250 | 15 |
| EN-GJS-450-10 | 450 | 310 | 10 |
| EN-GJS-500-7 | 500 | 320 | 7 |
| EN-GJS-600-3 | 600 | 370 | 3 |
| EN-GJS-700-2 | 700 | 420 | 2 |
| EN-GJS-800-2 | 800 | 480 | 2 |
| EN-GJS-900-2 | 900 | 600 | 2 |

### Ghisa austemperata

La norma UNI EN ISO 1564 definisce i tipi di getti di **ghisa duttile austemperata** e le corrispondenti caratteristiche. Si tratta di una ghisa sferoidale sottoposta al trattamento termico di bonifica isotermica (austempering) che consente di migliorare ulteriormente le caratteristiche meccaniche.

La sigla di designazione è analoga alla precedente ( ▸ **Tab. D2.26**).

**Tabella D2.26** Designazione della ghisa austemperata

| Sigla designazione | $R_m$ [MPa-N/mm²] | $R_{p0,2}$ [MPa-N/mm²] | $A$ [%] |
|---|---|---|---|
| EN-GJS-800-8 | 800 | 500 | 8 |
| EN-GJS-1000-5 | 1000 | 700 | 5 |
| EN-GJS-1200-2 | 1200 | 850 | 2 |
| EN-GJS-1400-1 | 1400 | 1100 | 1 |

ACCIAI E GHISE **UNITÀ D2**

# UNITÀ D2

# VERIFICA DI UNITÀ

Gli esercizi sono disponibili anche nella versione digitale come test interattivi e autocorrettivi

## COMPLETAMENTO

1. Nella _____ degli acciai si utilizzano simboli letterali e _____ esprimenti la destinazione d'impiego e le caratteristiche principali (_____, fisiche e chimiche) così da fornirne un loro immediato riconoscimento.

2. La ghisa è molto utilizzata come lega per _____ perché, rispetto all'_____, ha una temperatura di _____ inferiore e una maggiore _____.

3. Gli acciai per molle devono avere un _____ valore del carico di _____ $R_s$ e possono essere al _____ oppure legati con silicio e _____.

4. Gli acciai cosiddetti _____ sono resistenti al _____ e alla _____. L'elemento di lega indispensabile è il _____ presente, almeno, con un tenore minimo del 12%.

5. Il processo di _____ è un trattamento termico di _____ che trasforma parte della cementite in ferrite, rendendo più _____ la ghisa senza il pericolo di formazione di _____.

## SCELTA MULTIPLA

6. Dopo aver sottoposto un acciaio a trattamento termico di tempra, quale proprietà viene incrementata?
   a) Conducibilità elettrica
   b) Duttilità
   c) Malleabilità
   d) Durezza

7. La ghisa, oltre al ferro e al carbonio, presenta:
   a) silicio, manganese, fosforo, zolfo
   b) silicio, magnesio, fosforo, zolfo
   c) silicio, manganese, boro, zolfo
   d) silicio, manganese, fosforo, alluminio

8. La sigla di designazione "Fe 320", significa:
   a) acciaio del secondo gruppo avente carico unitario di rottura minimo prescritto, pari a 320 N/mm$^2$
   b) acciaio del primo gruppo avente carico unitario di rottura minimo prescritto, pari a 320 N/mm$^2$
   c) ghisa del primo gruppo avente carico unitario di rottura minimo prescritto, pari a 320 N/mm$^2$
   d) acciaio del primo gruppo avente carico unitario di snervamento minimo prescritto, pari a 320 N/mm$^2$

## VERO O FALSO

9. La designazione dei cosiddetti acciai fortemente legati (secondo gruppo, terzo sottogruppo) è preceduta dalle lettere "HS".
   Vero ☐   Falso ☐

10. La ghisa grigia lamellare presenta un tenore di carbonio compreso tra 2,5 e 3,5%.
    Vero ☐   Falso ☐

11. L'acciaio C40 presenta un tenore massimo di carbonio pari a 4,0%.
    Vero ☐   Falso ☐

12. Gli acciai da bonifica hanno una quantità di carbonio C ≤ 0,20%.
    Vero ☐   Falso ☐

13. La sigla di designazione W-400-05 si riferisce a una ghisa malleabile a cuore bianco avente $R_m$ = 400 MPa; $A$ = 5%.
    Vero ☐   Falso ☐

# MATERIALI METALLICI NON FERROSI

## Obiettivi

### Conoscenze
- Le proprietà chimiche, fisiche, meccaniche, elettriche e termiche dei metalli non ferrosi e delle leghe.
- Le fasi dei processi metallurgici per l'ottenimento dei metalli non ferrosi e delle leghe.
- La classificazione e la designazione dei metalli non ferrosi e delle leghe.

### Abilità
- Caratterizzare un materiale metallico non ferroso sulla base delle sue proprietà.
- Leggere la designazione dei materiali metallici non ferrosi esaminati.
- Designare e classificare i materiali metallici non ferrosi.

## Per orientarsi

Non più di 14 metalli puri hanno una massa volumica uguale o inferiore a 4,5 kg/dm³ (▸ **Tab. D3.1**). Di questi, solo l'**alluminio**, il titanio e il magnesio sono comunemente impiegati come **materiali strutturali**. Di seguito se ne trattano le proprietà e le caratteristiche fondamentali.

**PER COMPRENDERE LE PAROLE**

*Materiali strutturali*: materiali adatti a costruire manufatti con caratteristiche tali da resistere alle sollecitazioni meccaniche cui vengono sottoposti.

**Tabella D3.1** Valori della massa volumica ρ e della temperatura di fusione $T_f$ dei metalli leggeri

| Metallo | Simbolo | Massa volumica ρ [kg/dm³] | Temperatura di fusione $T_f$ [°C] |
|---|---|---|---|
| Titanio | Ti | 4,50 | 1667 |
| Ittrio | Y | 4,47 | 1510 |
| Bario | Ba | 3,50 | 729 |
| Scandio | Sc | 2,99 | 1538 |
| Alluminio | Al | 2,70 | 660 |
| Stronzio | Sr | 2,60 | 770 |
| Cesio | Cs | 1,87 | 28,5 |
| Berillio | Be | 1,85 | 1287 |
| Magnesio | Mg | 1,74 | 649 |
| Calcio | Ca | 1,54 | 839 |
| Rubidio | Rb | 1,53 | 39 |
| Sodio | Na | 0,97 | 98 |
| Potassio | K | 0,86 | 93 |
| Litio | Li | 0,53 | 181 |

**COME SI TRADUCE...**

| ITALIANO | INGLESE |
|---|---|
| Alluminio | Aluminium |
| Materiale strutturale | Structural materials |
| Metalli leggeri | Light metals |

Verranno inoltre studiati metalli con massa volumica superiore, come per esempio il rame, lo zinco e il nichel, di particolare importanza nelle applicazioni industriali.

MATERIALI METALLICI NON FERROSI **UNITÀ D3** **353**

## D3.1 ALLUMINIO E LEGHE

**PER COMPRENDERE LE PAROLE**

**Conduttività specifica**: è la conduttività riferita alla massa volumica del materiale; i valori più alti dell'alluminio rispetto al rame indicano che a parità di massa il conduttore di alluminio ha un volume maggiore. Questo significa che, tra due cavi di uguale lunghezza, quello di alluminio ha una sezione maggiore e con un rapporto tale da garantire una maggiore conduttività elettrica rispetto al rame.

La maggiore leggerezza dell'alluminio e delle sue leghe, rispetto a molti altri materiali metallici (per esempio, acciaio e leghe del rame), ne giustifica il massiccio impiego sia per la costruzione di mezzi di trasporto (aeroplani, treni ad alta velocità, automobili) sia come alluminio puro nell'industria degli **imballaggi** e dei contenitori, dove è richiesta un'elevata resistenza alla corrosione (contenitori per alimentari, apparecchi chimici).

L'alluminio viene utilizzato anche per fabbricare conduttori elettrici, poiché ha una **conduttività specifica** maggiore di quella del rame.

L'alluminio puro non è impiegato per la fabbricazione di pezzi soggetti a forti sollecitazioni meccaniche, perché presenta scadenti proprietà meccaniche. La sua capacità di legarsi con molti elementi chimici consente, tuttavia, di formare leghe con migliori proprietà meccaniche e bassa massa volumica, in genere inferiore a 3 kg/dm³.

Queste leghe, denominate **leghe leggere**, permettono di abbinare una notevole leggerezza a discrete doti di resistenza meccanica. Nella **figura D3.1** sono riportati esempi d'impiego dell'alluminio e delle sue leghe.

**Figura D3.1**
Impieghi dell'alluminio e delle sue leghe:
a) impieghi aeronautici;
b) scatola del cambio.

(a)

(b)

**COME SI TRADUCE...**

| ITALIANO | INGLESE |
|---|---|
| Leghe leggere | Light alloys |
| Imballaggio | Packaging |

### PROPRIETÀ DELL'ALLUMINIO

L'utilizzo industriale dell'alluminio è iniziato alla fine del 1800 e solo nella seconda metà del 1900 ha avuto un reale sviluppo. Attualmente è uno dei più importanti metalli non ferrosi. L'alluminio è un metallo bianco-argenteo, le cui principali proprietà fisiche e meccaniche sono riportate nella **tabella D3.2**.

**Tabella D3.2** Proprietà fisiche e meccaniche dell'alluminio (continua)

| | |
|---|---|
| Simbolo chimico | Al |
| Struttura cristallina | c.f.c. |
| Numero atomico $Z$ | 13 |
| Massa atomica $M$ [g/mol] | 26,982 |
| Massa volumica $\rho$ [kg/dm³] | 2,7 |
| Carico unitario di rottura a trazione $R_m$ [MPa] | 70 |
| Carico unitario di snervamento a trazione $R_s$ [MPa] | 30÷40 |

## Tabella D3.2 Proprietà fisiche e meccaniche dell'alluminio (segue)

| | |
|---|---|
| Allungamento percentuale a rottura $A_5$ [%] | 50 |
| Modulo di elasticità longitudinale $E$ [Mpa] | 67500 |
| Durezza Brinell HBW | 18 |
| Temperatura di fusione $T_f$ [K]/[°C] | 933/660 |
| Coefficiente medio di dilatazione termica lineare $\alpha$ a 20 °C [$K^{-1}$] | $23,8 \times 10^{-6}$ |
| Capacità termica massica $C_{tm}$ a 20 °C [kJ/kg K] | 96,9 |
| Calore di fusione massico $L_f$ [kJ/kg] | 394,5 |
| Conduttività termica $k$ a 20 °C [W/mK] | 237 |
| Resistività elettrica $\rho$ a 20 °C [$\Omega$m] | $27,20 \times 10^{-9}$ |
| Coefficiente di temperatura della resistività elettrica $\alpha$ [$K^{-1}$] | $3,9 \times 10^{-3}$ |
| Comportamento magnetico a 20 °C | paramagnetico |

**PER COMPRENDERE LE PAROLE**

**Elettrolisi**: processo basato sull'impiego di energia elettrica applicata a un bagno liquido, che consente la separazione degli elementi presenti nei composti chimici. L'invenzione della dinamo, che consentì di produrre le notevoli quantità di energia elettrica necessarie al processo elettrolitico, permise la produzione di alluminio a costi ridotti e, dunque, il suo uso su scala industriale. I precedenti procedimenti di ottenimento ne facevano quasi un metallo prezioso. Napoleone possedeva un servizio di coltelli di alluminio, al tempo considerato addirittura più pregiato dell'argento!

Dal punto di vista chimico, l'alluminio presenta una notevolissima affinità con l'ossigeno. Ciò spiega la buona resistenza agli agenti atmosferici dell'alluminio puro, dovuta allo strato di ossido compatto che si forma rapidamente in ambiente ossidante il quale, ricoprendo il metallo superficialmente, lo protegge da ulteriore attacco.

Sono da ricordare, inoltre, la buona resistenza alla corrosione e l'ottima riciclabilità. Si segnala anche il buon comportamento alle basse temperature, dovuto al reticolo cristallino dell'alluminio.

## METALLURGIA DELL'ALLUMINIO

L'alluminio è uno degli elementi più diffusi sulla terra. Esso costituisce infatti l'8% della composizione generale della massa della litosfera. Il minerale più importante per la produzione industriale è la *bauxite*, che si presenta come una roccia di colore compreso tra il rosso bruno e il giallo. Si tratta di un minerale costituito da un insieme di ossidi idrati, tra cui l'ossido di alluminio (*allumina* $Al_2O_3$) e da sostanze amorfe e prodotti argillosi.

**Figura D3.2**
Esempio di microstruttura di alluminio puro al 99,5%, ottenuta con tecniche di esame metallografico.

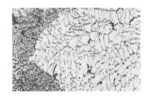

La composizione media della bauxite è la seguente:

$48 \div 64\%$ di $Al_2O_3$; $5 \div 25\%$ di $Fe_2O_3$; $4 \div 7\%$ di $SiO_2$; $0,3 \div 3\%$ di $TiO_2$

Per semplicità, la formula chimica di riferimento della bauxite è $Al_2O_3 \, nH_2O$ (allumina idrata).

La tecnologia estrattiva più utilizzata si articola in due fasi principali:
— estrazione dell'allumina pura dalla bauxite per via umida (processo Bayer);
— estrazione dell'alluminio mediante **elettrolisi** della miscela criolite-allumina allo stato fuso.

L'elettrolisi permette di ottenere alluminio con purezza sufficiente per la maggior parte delle applicazioni (▶ **Fig. D3.2**). Se si vuole un alluminio con titolo molto elevato (Al presente al 99,9%), si effettua una raffinazione ulteriore dell'alluminio con un successivo processo elettrolitico. L'alluminio è prodotto oltre che per estrazione dalla bauxite anche per rifusione del rottame.

**PER COMPRENDERE LE PAROLE**

**Autoclave**: è un recipiente a tenuta che consente di variare temperatura e pressione del materiale contenuto; è impiegato in molti settori per le operazioni più diverse.

### Processo Bayer

È la fase preliminare in cui si riducono fortemente le impurità del minerale, ottenendo un prodotto intermedio che deve essere ulteriormente trattato per produrre il metallo. Il processo Bayer può essere descritto schematicamente con una serie di reazioni chimiche che danno luogo alle seguenti trasformazioni:

bauxite → alluminato sodico (NaAlO$_2$) → idrossido di alluminio Al(OH)$_3$ → allumina (Al$_2$O$_3$)

Con riferimento alla **figura D3.3** si esamineranno le varie fasi del ciclo.

**Figura D3.3**
Fasi del processo Bayer.

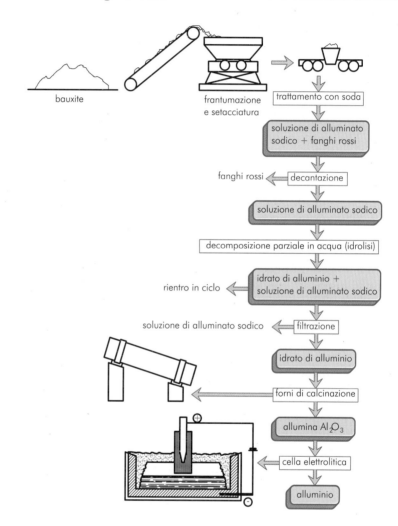

La bauxite è macinata in appositi mulini, in modo da assumere una granulometria fine (farina di bauxite) adatta alle fasi successive. A volte si procede a un'essiccazione a circa 450 °C per eliminare le sostanze organiche che sono in quantità eccessiva. In seguito la farina di bauxite è miscelata con una soluzione concentrata di soda caustica (idrossido di sodio) Na(OH). La sospensione ottenuta è inviata in **autoclave**, dove avviene la reazione di attacco della bauxite, con formazione di alluminato sodico NaAlO$_2$ solubile e di impurità insolubili:

$$Al_2O_3 + Fe_2O_3 + SiO_2 + TiO_2 + nH_2O + 2Na(OH) \rightarrow$$
$$2NaAlO_2 + Fe_2O_3 + SiO_2 + TiO_2 + nH_2O$$

Le impurità sono dette *fanghi rossi* a causa del loro colore, dovuto alla presenza di ossidi di ferro, silicio e titanio. La temperatura varia da 180 a 200 °C e la pressione da 150 a 200 MPa, a seconda dei tipi di bauxite.

La miscela è diluita in acqua e inviata ai decantatori, in cui avviene la separazione per gravità delle impurità che si raccolgono in basso, mentre dall'alto è recuperata la soluzione contenente alluminato di sodio ($NaAlO_2$), a sua volta inviata a filtrazione per eliminare le impurità residue. A questo punto, la soluzione filtrata è fatta sostare per circa 100 ore in grossi recipienti, detti *decompositori*, nei quali ha luogo l'**idrolisi** che decompone l'alluminato, con formazione di idrossido di alluminio $Al(OH)_3$:

$$NaAlO_2 + 2H_2O \rightarrow Al(OH)_3 + Na(OH)$$

Si passa quindi a un impianto di filtrazione in cui si separa l'idrossido di alluminio da quello di sodio.

L'idrossido di sodio diluito ottenuto è inviato nei concentratori per essere riutilizzato nel processo.

L'idrossido d'alluminio passa all'ultima fase del ciclo, che consiste nella **calcinazione** in forno rotativo a 1200 °C secondo la seguente reazione:

$$2Al(OH)_3 \rightarrow Al_2O_3 + 3H_2O$$

Si ottiene un'allumina molto pura ($Al_2O_3$ al 99,5÷99,6%), sotto forma di polvere bianca, inviata al successivo trattamento di elettrolisi.

## Estrazione elettrolitica

È questa la fase di vera e propria estrazione metallurgica da cui si ottiene l'alluminio, con un titolo che varia, in genere, tra il 99,6 e il 99,9%.

L'elettrolisi deve avvenire utilizzando un elettrolita allo stato liquido, tuttavia, dal momento che l'allumina ha una temperatura di fusione molto elevata (circa 2050 °C), non è economicamente conveniente effettuarne direttamente la fusione; si preferisce perciò sciogliere una piccola quantità (5÷8%) di allumina nella **criolite** fusa, formando una soluzione chiamata *bagno elettrolitico* o *elettrolita*.

Lo scioglimento di allumina nella criolite fa diminuire la temperatura di fusione della soluzione, perciò l'elettrolisi può già avvenire a circa 950 °C.

La temperatura del bagno è mantenuta a circa 980 °C grazie all'effetto Joule dovuto al passaggio della corrente che dà luogo all'elettrolisi. Con il passaggio di corrente continua avviene la scissione dell'allumina:

$$Al_2O_3 \rightarrow 3O^{2-} + 2Al^{3+}$$

L'ossigeno si dirige verso l'anodo, mentre l'alluminio metallico si raccoglie, allo stato fuso, al catodo che coincide con la base della **cella elettrolitica**.

L'elettrolita ha massa volumica minore, quindi galleggia sull'alluminio fuso che decanta sul fondo.

A processo avviato il catodo è costituito dallo strato di alluminio fuso che si deposita con titolo 99,6÷99,8%. A intervalli regolari, ogni 24 ore circa, l'alluminio viene estratto per sifonamento. Periodicamente si aggiunge allumina per alimentare la cella e continuare il processo.

---

**PER COMPRENDERE LE PAROLE**

**Idrolisi:** è la scissione di una sostanza per mezzo dell'acqua.

**Calcinazione:** consiste nel riscaldamento ad alta temperatura di una sostanza per ottenere la sua decomposizione oppure per eliminare acqua di cristallizzazione o parti volatili.

**Criolite:** è il fluoruro doppio di alluminio e sodio di formula $Na_3AlF_3$; può essere ottenuto facendo reagire l'acido fluoridrico (HF) con idrossido di alluminio ($Al(OH)_3$) e carbonato sodico ($Na_2CO_3$). La criolite fonde a 1000 °C.

**COME SI TRADUCE...**

| ITALIANO | INGLESE |
|---|---|
| *Cella elettrolitica* | *Electrolytic Cell* |

Nella **figura D3.4** è schematizzata una cella elettrolitica con un solo anodo nella quale si possono osservare:
— la vasca in lamiera di acciaio (**1**);
— il rivestimento refrattario silico-alluminoso con funzione coibente (**2**);
— il rivestimento refrattario carbonioso che assolve alla doppia funzione di condurre l'elettricità e di costituire l'unico materiale in grado di resistere all'azione corrosiva dei fluoruri fusi (**3**);
— le barre conduttrici in acciaio o rame con carica elettrica negativa (catodo), collegate al polo negativo di una sorgente di forza elettromotrice continua (dinamo) (**4**);
— l'alluminio fuso (**5**);
— il bagno elettrolitico costituito dalla soluzione criolite-allumina (**6**);
— l'elettrodo positivo (anodo), del tipo Söderberg, costituito da un blocco di carbonio ottenuto dal coke di petrolio impastato con pece, sospeso sulla vasca e parzialmente immerso nel bagno, che viene continuamente riformato e cotto sul posto sfruttando il calore disperso dalla cella al fine di ottenerne la grafitizzazione (**7**);
— l'involucro in alluminio sostenuto da profilati di acciaio nel quale viene introdotta la miscela che costituisce l'anodo (**8**);
— la crosta solida di allumina e criolite (**9**).

**Figura D3.4**
Schema di una cella elettrolitica o forno elettrolitico ad anodo continuo per la produzione di alluminio.

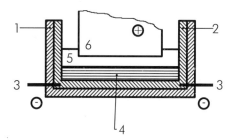

Nella **tabella D3.3** sono riportati alcuni parametri per evidenziare il notevole consumo di energia durante il processo di estrazione elettrolitica; certamente è il fattore che influisce di più sul costo dell'alluminio.

L'ossigeno si combina con il carbonio dell'anodo per dare origine all'anidride carbonica $CO_2$ che a sua volta reagisce con il carbonio per formare ossido di carbonio $CO$. I gas prodotti vengono raccolti e depurati prima dell'immissione in atmosfera.

**Tabella D3.3** Parametri di processo relativi alla produzione dell'alluminio mediante elettrolisi dell'allumina

| | |
|---|---|
| Intensità di corrente di alimentazione anodo [A] | 100 000 |
| Differenza di potenziale da applicare ai terminali della cella [V] | 5÷6 |
| Consumo di energia elettrica oraria per kilo di Al prodotto [kW] | 17÷20 |
| Consumo di allumina per kilo di Al prodotto [kg] | 1,9 |
| Consumo di materiale anodico per kilo di Al prodotto [kg] | 0,45 |
| Consumo di criolite per kilo di Al prodotto [kg] | 0,07 |

## Raffinazione elettrolitica

Si effettua per ottenere alluminio con titolo superiore a 99,99%, fino al 99,999%; è un'elettrolisi con caratteristiche e impianto diversi dalla precedente: la base della cella funge da anodo e il catodo di grafite è posto superiormente.

L'elettrolita, costituito da sali fusi a base di fluoruri di Al e Na e cloruri di Ba, ha una massa volumica di circa 2,7 kg/dm³. Nella cella viene posto l'alluminio da raffinare allo stato fuso, miscelato con rame per aumentarne la massa volumica a circa 3,1 kg/dm³, così che si raccolga sul fondo fungendo da anodo. Durante il processo, per effetto Joule, la temperatura si mantiene sui 750 °C, e l'elettrolita e il metallo da raffinare rimangono allo stato fuso. Con il passaggio di corrente l'alluminio va in soluzione nell'elettrolita, ma avendo minore massa volumica (2,4 kg/dm³) si raccoglie al catodo, formando uno strato di metallo fuso iperpuro. Oggi meno dell'1% del metallo prodotto è di tipo raffinato.

## LEGHE DI ALLUMINIO

I metalli in grado di formare leghe con l'alluminio sono numerosi, ma solo alcuni trovano applicazione come veri e propri **leganti**. Si tratta di rame (Cu), silicio (Si), magnesio (Mg), zinco (Zn) e manganese (Mn). Oggi viene usato anche il litio (Li), che ne riduce la massa volumica e consente un risparmio di peso in funzione di leghe aeronautiche.

Con tali elementi si formano le leghe binarie (alluminio con un legante) e le leghe complesse (più leganti); altri elementi di lega, detti *correttivi* (Fe, Ni, Mn, Ti, Sn, Cr, B, Zr), servono all'**affinazione del grano**, alla neutralizzazione delle impurità nocive, al miglioramento della lavorabilità all'utensile, all'incremento di resistenza meccanica a elevata temperatura.

Gli elementi leganti e correttivi possono essere aggiunti in due modi:
— per introduzione diretta nell'alluminio fuso;
— per introduzione nell'alluminio fuso di una **lega madre**.

Le leghe elaborate con i leganti e i correttivi sono dette *leghe primarie*.

## Rifusione del rottame e riciclo

Una parte rilevante dell'alluminio prodotto attualmente deriva dalla rifusione dei rottami, che possono essere di alluminio puro o di sue leghe ( ▸ **Tab. D3.4**). Si utilizzano in genere forni elettrici ad arco voltaico o a induzione, cercando di ridurre al massimo l'ossidazione e la conseguente formazione di $Al_2O_3$.

L'alluminio fabbricato dal rottame è detto *secondario*. Le caratteristiche dei due materiali sono sostanzialmente uguali.

> **PER COMPRENDERE LE PAROLE**
>
> **Leganti**: sono gli elementi che caratterizzano la lega determinandone le diverse proprietà specifiche.
>
> **Affinazione del grano**: processo chimico-fisico che permette di ottenere un grano cristallino con dimensioni ridotte, regolari e omogenee nella composizione chimica.
>
> **Lega madre**: lega di alluminio, generalmente binaria, realizzata separatamente, che contiene il legante nella massima percentuale possibile, compatibilmente con la temperatura di fusione conseguente che deve essere prossima a quella dell'alluminio.

**Tabella D3.4** Alcune importanti applicazioni dell'alluminio riciclato    (continua)

| Mercato | Segmenti | Quota di utilizzo di alluminio primario [%] | Quota di utilizzo di alluminio secondario [%] |
|---|---|---|---|
| Trasporti | Auto | 60 | 40 |
| | Cerchioni per auto e motocicli | 10 | 90 |
| | Pistoni e cilindri | 70 | 30 |
| | Componenti e accessori vari | 25 | 75 |

**Tabella D3.4** Alcune importanti applicazioni dell'alluminio riciclato  (segue)

| Mercato | Segmenti | Quota di utilizzo di alluminio primario [%] | Quota di utilizzo di alluminio secondario [%] |
|---|---|---|---|
| Beni durevoli | Arredamento | 20 | 80 |
| | Corpi illuminanti | 10 | 90 |
| | Pentolame | 10 | 90 |
| | Caffettiere | 0 | 100 |
| Edilizia e costruzioni | Radiatori monoblocco e assemblabili | 0 | 100 |
| | Porte, finestre, maniglie, altri accessori | 70 | 30 |

**COME SI TRADUCE...**

| ITALIANO | INGLESE |
|---|---|
| Alluminio primario | Primary aluminium |
| Alluminio secondario | Secondary aluminium |

**Figura D3.5**
Pani in lega di alluminio.

### Colata dell'alluminio e delle sue leghe

L'alluminio puro e le leghe di alluminio sono suddivisi in due grandi categorie:
— da fonderia;
— da deformazione plastica.

L'alluminio e le sue leghe, primari o secondari, si colano in pani ( ▶ **Fig. D3.5**) se destinati alla fonderia; in lingotti o placche se destinati alle lavorazioni plastiche.

Secondo la destinazione successiva si adottano due sistemi di colata:
— colata tradizionale discontinua in lingottiera;
— colata continua in lingottiera.

Con la colata tradizionale si ottengono i pani, inviati alla fonderia dove vengono rifusi per la produzione di getti, oppure impiegati (nel caso di alluminio puro) per produrre leghe leggere insieme agli opportuni leganti.

Con la colata continua si ottengono bramme e billette inviate alle successive lavorazioni plastiche, del tutto simili a quelle previste per gli acciai.

Gli impianti di colata continua possono essere sia verticali sia orizzontali; in genere si preferisce quest'ultimo tipo, perché non si dà limitazioni rilevanti sulla lunghezza del prodotto.

## CLASSIFICAZIONE E DESIGNAZIONE DELL'ALLUMINIO E DELLE SUE LEGHE

### Alluminio puro tecnico

È un metallo con un titolo di purezza superiore al 99%, che può essere classificato in primario o in secondario a seconda della materia prima utilizzata per produrlo.

Esiste inoltre la classificazione in alluminio da lavorazione plastica o da fonderia. I tipi più diffusi vanno da 99% a 99,8%, ma esiste anche un alluminio raffinato con titolo pari a 99,99%, non ancora unificato.

La designazione prevede le sigle:
— ALP per l'**alluminio primario**;
— ALS per l'**alluminio secondario**.

Tali sigle sono precedute dalla lettera "P", se l'alluminio è da lavorazione plastica, "G", se da fonderia, seguite da un numero indicante il titolo di purezza.

Esiste anche un contrassegno abbreviato costituito dalla lettera "A", seguita da un numero che rappresenta la parte percentuale dell'alluminio eccedente il 99%; un esempio di tale simbologia è riportato nella **tabella D3.5**.

**Figura D3.6**
Monoblocco di motore per autovettura ottenuto per colata in conchiglia a bassa pressione di una lega di alluminio con il 7% di silicio.

**Tabella D3.5** Designazioni e composizione chimica dell'alluminio puro

| Titolo [%] | Designazione | Contrassegno | Designazione alluminio da deformazione plastica | Designazione alluminio da fonderia |
|---|---|---|---|---|
| 99,0 | ALP 99,0 | AP 0 | P ALP 99,0 | G ALP 99,0 |
| 99,3 | ALP 99,3 | AP 3 | P ALP 99,3 | G ALP 99,3 |
| 99,5 | ALP 99,5 | AP 5 | P ALP 99,5 | G ALP 99,5 |
| 99,7 | ALP 99,7 | AP 7 | P ALP 99,7 | G ALP 99,7 |
| 99,8 | ALP 99,8 | AP 8 | P ALP 99,8 | G ALP 99,8 |

## Leghe di alluminio o leghe leggere
### Classificazioni

Anche le leghe di alluminio sono comunemente classificate in leghe da lavorazione plastica e da fonderia. A tale suddivisione si sovrappongono però altri criteri di classificazione, basati sulla composizione chimica, sull'attitudine al trattamento termico di bonifica, sull'attitudine al trattamento meccanico di incrudimento e sull'impiego specifico cui sono destinate.

In base al *primo criterio*, le leghe vengono suddivise in funzione del legante, ossia dell'elemento che conferisce alla lega le sue proprietà particolari.

Ne derivano le seguenti classi di leghe:
— Leghe Al-Si (e derivate Al-Si-Mg, Al-Si-Cu ecc.): generalmente caratterizzate da buona colabilità ( ▶ **Fig. D3.6**).
— Leghe Al-Cu (e derivate Al-Cu-Mg, Al-Cu-Si ecc.): caratterizzate da alta resistenza meccanica (particolarmente a caldo).
— Leghe Al-Mg (e derivate Al-Mg-Mn, Al-Mg-Si): caratterizzate di solito da resistenza alla corrosione e attitudine alle lavorazioni plastiche e all'utensile.
— Leghe Al-Zn (e derivate): caratterizzate da buona resistenza meccanica (a freddo) e lavorabilità.
— Leghe Al-Sn: caratterizzate da proprietà antifrizione.
— Leghe Al-Mn-Ni: caratterizzate da elevate proprietà ad alta temperatura.
— Leghe Al-Mn (e Al-Mn-Mg): caratterizzate da buone proprietà e lavorabilità per deformazione plastica.

In base al *secondo criterio* di classificazione, le leghe possono essere suddivise in leghe bonificabili e non bonificabili. Ciò deriva dalla suscettibilità o meno di essere indurite tramite trattamento termico (detto appunto di bonifica).

In base al *terzo criterio* di classificazione s'individuano le leghe da incrudimento, per le quali sono possibili incrementi di resistenza e durezza solo

**PER COMPRENDERE LE PAROLE**

**Trattamenti termici delle leghe di alluminio**: possono essere così schematizzati:

— trattamento termico a elevata temperatura per ottenere la massima solubilizzazione degli alliganti;

— raffreddamento rapido (o tempra) per bloccare la solubilizzazione;

— trattamento termico a bassa temperatura (invecchiamento naturale) o a medio-alta temperatura (invecchiamento artificiale) durante il quale si ha la formazione vera e propria delle fasi indurenti.

tramite lavorazioni plastiche a freddo, o, più generalmente, tramite incrudimento del materiale.

Le leghe non bonificabili sono da incrudimento.

In relazione agli impieghi caratteristici delle varie leghe è infine possibile la classificazione seguente:

— leghe per usi generali, impiegate laddove prevalgono esigenze di carattere fisico-meccanico;

— leghe resistenti a caldo, destinate all'impiego in parti la cui temperatura di esercizio si prevede superi i valori normali (al di sopra dei 100 °C);

— leghe resistenti alla corrosione, dove prevalgono esigenze di durata in relazione all'ambiente in cui il manufatto si verrà a trovare;

— leghe per usi speciali, previste per l'impiego in casi del tutto particolari e specifici (leghe antifrizione, per bruciatori ecc.).

### Designazioni

La designazione delle leghe di alluminio si basa sulla suddivisione in leghe da fonderia e da lavorazione plastica, rispettivamente individuate dai simboli "G" o "P", e una simbologia collegata ai vari leganti (ed eventuali elementi correttivi aggiunti) e al loro tenore.

La designazione di una lega per getti prevede i seguenti elementi.

— L'indicazione della lettera "G" ("SG" se trattasi di lega secondaria, "GD" se di lega per colata sotto pressione) seguita dal trattino; la lettera può essere corredata da un indice per individuarne il metodo di colata:
  – $G_s$ per il getto grezzo colato in sabbia;
  – $G_c$ per il getto grezzo colato in conchiglia;
  – $G_p$ per il getto grezzo colato in pressione.

— Il simbolo dell'alluminio seguito da quelli degli elementi preponderanti che caratterizzano il tipo, e da un numero che ne rappresenta la percentuale moltiplicata per 100.

— Il simbolo chimico degli elementi correttivi caratterizzanti il genere di lega.

— Eventuali altre indicazioni relative allo stato di **trattamento termico** precedute da trattino.

— Eventuale richiamo della tabella di unificazione in cui la lega presa in considerazione è descritta.

Così, per esempio, l'indicazione $G_c$-AlCu4NiMgTi-TA individua una lega grezza di colata in conchiglia, con il 4% di rame contenente nichel, magnesio e titanio, temprata e invecchiata artificialmente.

Per quanto riguarda le leghe da lavorazione plastica, la designazione è sostanzialmente simile alla precedente, con le differenze di seguito esposte.

— Indicazione della lettera "P" seguita dal trattino; la lettera può essere corredata da un pedice indicante la lavorazione plastica subita:
  – $P_l$ per il semilavorato laminato;
  – $P_e$ per il semilavorato estruso;
  – $P_f$ per il semilavorato fucinato;
  – $P_s$ per il semilavorato stampato;
  – $P_t$ per il semilavorato trafilato.

— Oltre alle indicazioni già citate nel caso delle leghe da colata (esclusa ovviamente l'indicazione "$T_c$"), può essere precisato il grado di incrudimento convenzionalmente segnalato dalla lettera "H", seguita da un numero di due cifre indicante il grado percentuale di incrudimento.

**362 MODULO D** MATERIALI METALLICI

Così, per esempio, la designazione P$_t$-AlSi1Mg-TAH20 individua una lega di alluminio con l'1% di silicio, contenente magnesio, trafilata, temprata in acqua e invecchiata artificialmente, quindi incrudita del 20%.

Infine, si considera il sistema di designazione elaborato dall'**A.A.** acquisito dalla normativa UNI, molto diffuso. Utilizzato per le leghe da lavorazione plastica e da fonderia, esso prevede l'individuazione del tipo di lega leggera o di alluminio tecnico mediante un numero di 4 cifre XXXX.

Il sistema è valido per identificare l'alluminio puro tecnico e le leghe di alluminio per le lavorazioni per deformazione plastica.

La prima cifra individua il gruppo d'appartenenza, secondo il codice riportato nella **tabella D3.6**.

> **PER COMPRENDERE LE PAROLE**
>
> **A.A.**: acronimo della Aluminium Association, associazione fra fabbricanti americani di alluminio e sue leghe.

**Tabella D3.6** Codice della prima cifra della designazione numerica dell'alluminio puro tecnico e delle leghe di alluminio per le lavorazioni per deformazione plastica

| Prima cifra | Descrizione |
|---|---|
| **Alluminio puro tecnico (*)** | |
| 1 | Caratterizza l'alluminio puro tecnico (minimo Al = 99,0%) |
| **Leghe di alluminio raggruppate sulla base del più importante elemento di lega** | |
| 2 | Leghe con Cu del tipo Al-Cu; Al-Cu-Mg; Al-Cu-Mg-Si |
| 3 | Leghe con Mn del tipo Al-Mn; Al-Mn-Mg; Al-Mn-Si |
| 4 | Leghe con Si del tipo Al-Si |
| 5 | Leghe con Mg del tipo Al-Mg |
| 6 | Leghe con Si e Mg del tipo Al-Mg2Si |
| 7 | Leghe con Zn del tipo Al-MgZn2 (e complesso Al-Mg-Zn-Cu) |
| 8 | Leghe con altri elementi diversi dai precedenti |
| 9 | Caratterizza le serie non usuali |

(*) L'alluminio tecnico è considerato alla stregua di una lega perché contiene sempre impurità di vario genere (*Fe, Si* ecc.) sotto forma di composti generalmente poco solubili. Inoltre, per motivi particolari e specifici, possono essere presenti piccole quantità di determinati elementi.

Nel gruppo 1XXX, la seconda cifra indica il grado di purezza dell'alluminio; si usa il numero 0 nel caso di alluminio con limiti di impurità normali. Quando invece è necessario indicare un controllo speciale di una o più impurità si ricorre a un numero intero da 1 a 9.

Le ultime due cifre individuano la percentuale minima dell'alluminio. Esse sono equivalenti ai due numeri posti a destra della virgola dei decimali, per esempio, la sigla 1050 corrisponde a un alluminio tecnico contenente il 99,50% di alluminio.

Per i restanti gruppi, dal 2XXX al 9XXX, la seconda cifra definisce le eventuali varianti della lega originaria cui è riservato il numero 0. I numeri interi da 1 a 9 indicano modifiche alla lega originaria. Le ultime due cifre non hanno uno specifico significato (non corrisponde al valore di una specifica percentuale di un elemento di lega) ma servono solo a identificare le diverse leghe presenti nei gruppi. Nella **tabella D3.7** sono riportate alcune sigle di leghe designate con il sistema a quattro cifre.

MATERIALI METALLICI NON FERROSI **UNITÀ D3**

**Tabella D3.7** Alcune sigle di leghe di alluminio

| Sigla | Prima cifra Gruppo di appartenenza | Seconda cifra Modifiche della lega di origine | Terza e quarta cifra Tipo di lega | Percentuale elementi di lega principali [%] | Designazione alfanumerica corrispondente secondo norme UNI |
|---|---|---|---|---|---|
| 2024 | 2: lega alluminio - rame | 0: lega di origine senza modifiche | Lega tipo 24 | 4,8 di Cu | AlCu4,8Mg |
| 2014 | 2: lega alluminio-rame | 0: lega di origine senza modifiche | Lega tipo 14 | 4,4 di Cu | AlCu4,4Mg |
| 6061 | 6: lega alluminio - silicio-magnesio | 0: lega di origine senza modifiche | Lega tipo 61 | 0,4÷0,8 di Si 0,8÷1,2 di Mg | AlSi4,8Mg |
| 7050 | 7: lega alluminio - zinco | 0: lega di origine senza modifiche | Lega tipo 50 | 4,8 di Zn | AlZn4,8Mg |
| 7150 | 7: lega alluminio - zinco | 1: lega di origine modificata per ottenere un aumento rilevante di $R_m$ e $R_{p0,2}$ | Lega tipo 50 | 4,8 di Zn | AlZn4,8Mg |
| 8090 | 8: lega alluminio - litio | 0: lega di origine senza modifiche | Lega tipo 90 | 4,8 di Li | AlLi4,8Mg |

Le leghe da trattamento termico (o da bonifica) appartengono alle serie 2XXX, 6XXX, 7XXX e, parzialmente, 8XXX; sono usate per la produzione di tutti i principali tipi di semilavorati (estrusi, laminati, forgiati, trafilati). In alcuni casi, al fine di aumentare la resistenza meccanica, sono intercalati ai trattamenti termici specifici trattamenti di deformazione plastica, realizzando i cosiddetti *cicli termo-meccanici*.

Le leghe da incrudimento appartengono alle serie 1XXX, 3XXX, 4XXX, 5XXX e, parzialmente, 8XXX, e vengono in genere utilizzate per la produzione di laminati e trafilati. Esse sono caratterizzate dal fatto che la loro resistenza meccanica può essere incrementata solo mediante deformazione plastica a freddo.

La **tabella D3.8** mostra le principali leghe impiegate nell'automobile come estrusi e come laminati, con le relative principali applicazioni.

**Tabella D3.8** Principali leghe per laminati ed estrusi impiegati nell'automobile                    (continua)

| Leghe per laminati | | Leghe per estrusi | |
|---|---|---|---|
| Leghe | Principali applicazioni | Leghe | Principali applicazioni |
| 1050 | Ripari calore, alette per scambiatori calore | 1050 | Tubi per scambiatori di calore |
| 3003 | Scambiatori di calore | 3003 | Radiatore, raffreddatori aria condizionata |
| 5005 | Ripari calore, parti strutturali | 6005A | Parti di abitacolo, sedili e sospensioni |
| 5052 | Telai, parti strutturali | 6008 | Abitacolo |

**364 MODULO D** MATERIALI METALLICI

**Tabella D3.8** Principali leghe per laminati ed estrusi impiegati nell'automobile (segue)

| Leghe per laminati | | Leghe per estrusi | |
|---|---|---|---|
| Leghe | Principali applicazioni | Leghe | Principali applicazioni |
| 5454 | Ruote | 6014 | Abitacolo |
| 5754 | Chassis, assali, pannelleria interna | 6060 | Supporti motore, parti molto deformate |
| 5182 | Parti strutturali, pannelleria interna | 6061 | Guide sedili, paraurti, parti ABS, sub-abitacolo |
| 5083 | Parti strutturali | 6063 | Parti di abitacolo e sub-abitacolo, struttura *anti crash* |
| 6016 | Scocca, pannelleria esterna | 6082 | Barre laterali antimpatto, telaio portiere, abitacolo, sub-abitacolo |
| 6181A | Scocca, pannelleria interna | 6106 | Parti di abitacolo e di strutture *anti crash* |
| 6111-6022 | Scocca, pannelleria esterna | 7003 | Paraurti |

## D3.2 TITANIO E LEGHE

Il titanio e le sue leghe hanno una massa volumica superiore all'alluminio e al magnesio, ma nettamente inferiore a quella degli acciai. Le leghe del titanio sono preferite nelle applicazioni aerospaziali alle temperature giudicate troppo alte per le leghe d'alluminio e di magnesio, perché mantengono buone caratteristiche meccaniche e resistenza allo scorrimento viscoso. Inoltre, l'elevata resistenza alla corrosione, superiore a quella degli acciai inossidabili, e la non tossicità le rende preziose negli impianti chimici, nei processi di lavorazione di prodotti alimentari, nella **Bioingegneria** in cui il titanio garantisce un'ottima inalterabilità.

Nella **figura D3.7** sono riportati esempi d'impiego del titanio e delle sue leghe.

**PER COMPRENDERE LE PAROLE**

**Bioingegneria o Ingegneria biomedica**: è un'area dell'Ingegneria, altamente interdisciplinare, che coinvolge l'elettronica, la meccanica, l'informatica, la chimica, la fisiologia e la patologia, occupandosi della progettazione e realizzazione di componenti (organi artificiali e protesi) compatibili con il corpo umano, nonché di strumenti utilizzati in medicina e biologia.

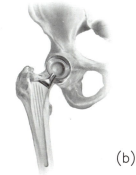

(a)  (b)

**Figura D3.7**
Impieghi del titanio e delle sue leghe:
a) rotore per pale di elicottero;
b) protesi femorale.

### Proprietà del titanio

La scoperta del **titanio** è relativamente recente (1789) e il suo ingresso nella moderna tecnologia industriale risale alla seconda metà del XX secolo. In questo periodo inizia la sua produzione in quantità commerciale, stimolata dalla richiesta dell'aeronautica militare. Il titanio è un metallo grigio-argenteo che presenta una trasformazione allotropica alla temperatura di 882 °C, cristallizzando fino a essa nel sistema esagonale compatto ($\alpha$), successivamente nel sistema cubico corpo centrato ($\beta$).

**COME SI TRADUCE...**

| ITALIANO | INGLESE |
|---|---|
| *Titanio* | *Titanium* |

Le principali proprietà fisiche e meccaniche del titanio sono riportate nella **tabella D3.9**.

**Tabella D3.9** Proprietà fisiche e meccaniche del titanio

| Simbolo chimico | Ti |
|---|---|
| Struttura cristallina | fino a 882 °C e.c. ($\alpha$) |
| | oltre 882 °C c.c.c. ($\beta$) |
| Numero atomico $Z$ | 22 |
| Massa atomica $M$ [g/mol] | 47,90 |
| Massa volumica $\rho$ [kg/dm$^3$] | 4,51 |
| Carico unitario di rottura a trazione $R_m$ [MPa] | 240 |
| Carico unitario di snervamento a trazione $R_s$ [MPa] | 170 |
| Allungamento percentuale a rottura $A_5$ [%] | 25 |
| Modulo di elasticità longitudinale $E$ [MPa] | 116 000 |
| Durezza Brinell HBW | 120 |
| Temperatura di fusione $T_f$ [K]/[°C] | 1940/1667 |
| Coefficiente medio di dilatazione termica lineare $\alpha$ a 20 °C [K$^{-1}$] | $8,5 \times 10^{-6}$ |
| Capacità termica massica $C_{tm}$ a 20 °C [kJ/kg K] | 0,57 |
| Calore di fusione massico $L_f$ [kJ/kg] | 323,0 |
| Conduttività termica $k$ a 20 °C [W/m K] | 21,9 |
| Resistività elettrica $\rho$ a 20 °C [$\Omega$ m] | $420 \times 10^{-9}$ |
| Coefficiente di temperatura della resistività elettrica $\alpha$ [K$^{-1}$] | $3,8 \times 10^{-3}$ |
| Comportamento magnetico a 20 °C | diamagnetico |

Il titanio è utilizzato sia sotto forma di metallo commercialmente puro, con diversi gradi di purezza, sia in lega con altri elementi. Il fattore che ne limita maggiormente l'uso è il costo relativamente elevato dovuto all'incidenza del processo produttivo.

## METALLURGIA DEL TITANIO

I più importanti minerali ai fini dell'estrazione del titanio sono l'ilmenite (titanato di ferro, $FeTiO_3$ o $FeO\,TiO_2$) e il rutilo (biossido di titanio, $TiO_2$), più pregiato ma meno abbondante.

I processi di produzione più utilizzati sono il processo Kroll e il processo Hunter.

Ai due tradizionali processi di tipo chimico, si aggiungono i metodi che sfruttano l'elettrolisi (per esempio il metodo Ginatta). In tutti i casi si ha una prima fase analoga dove il minerale (il rutilo) viene trasformato in tetracloruro di titanio ($TiCl_4$).

La **figura D3.8** riporta il processo di produzione Kroll a partire dal rutilo.

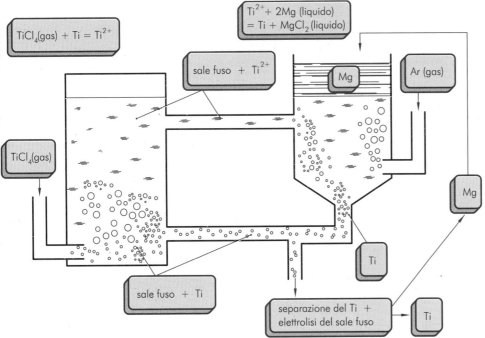

**Figura D3.8**
Processo Kroll di produzione del titanio.

## Produzione del tetracloruro TiCl$_4$

La formazione del TiCl$_4$ avviene a opera del cloro e del carbonio, fornendo calore, secondo la reazione:

$$TiO_2 + 2Cl + 2C \rightarrow TiCl_4 + 2CO + calore$$

Si utilizza un forno ad arco, di forma cilindrica, per mantenere una temperatura di circa 900 °C. All'interno viene caricato il minerale che è stato precedentemente frantumato e impastato con il carbone coke, in modo da formare degli sferoidi di dimensioni omogenee (bricchettatura). Raggiunta la temperatura d'esercizio, s'invia un flusso di cloro e avviene la formazione di TiCl$_4$, che si presenta come un liquido ancora notevolmente inquinato d'impurità di alluminio e vanadio. Si procede quindi alla distillazione, in modo da ottenere l'elevato grado di purezza necessario per la successiva fase di riduzione del TiCl$_4$ in titanio, che porta il titolo del TiCl$_4$ a circa 99,9%. La riduzione del TiCl$_4$, che si differenzia secondo il processo usato, porta alla produzione di spugna di titanio.

### Processo Hunter o riduzione con sodio e Kroll o di riduzione con magnesio

Si utilizza un reattore in cui si forma titanio secondo le seguenti reazioni:

$$TiCl_4 + 2Mg \rightarrow Ti + 2MgCl_2 + calore$$
$$TiCl_4 + 4Na \rightarrow Ti + 4NaCl + calore$$

La temperatura è compresa tra 850 e 950 °C, perciò, nonostante la reazione sia fortemente esotermica, si opera in forno. Dato che la spugna è ancora inquinata, si procede a una frantumazione e a un successivo lavaggio in acido cloridrico diluito. Dopo un'essiccazione sottovuoto, si ha la spugna di titanio.

**AREA DIGITALE**
Metallurgia del titanio: processo Kroll

### Fusione della spugna

È la fase finale del ciclo metallurgico, che consiste nel portare in fusione il titanio in modo da ottenere i lingotti da avviare alle lavorazioni per deformazione plastica.

## LEGHE DI TITANIO

Il titanio è utilizzato sia come metallo commercialmente puro (▶ **Fig. D3.9**) sia in lega con altri elementi.

**Figura D3.9**
Titanio commercialmente puro, contenente 0,14% di carbonio e 0,12% di ferro (microfotografia a 500X). Il termine "commercialmente puro" presuppone la presenza di una certa percentuale di inquinanti dovuti ai processi produttivi. Sono previsti, in questo senso, diversi gradi di purezza.

Il titanio è un elemento polimorfo. A temperatura ambiente esso si presenta con un reticolo esagonale compatto (titanio $\alpha$) e rimane stabile in questa forma sino a 882 °C. A temperatura superiore assume un reticolo cubico corpo centrato (titanio $\beta$), che mantiene sino alla fusione. La presenza di elementi leganti modifica la temperatura della trasformazione allotropica: alcuni elementi, come l'alluminio, innalzano il campo di esistenza della forma esagonale compatta a temperature più alte di 882 °C; altri, come Mo, W, V, Mn e F, abbassano la temperatura di trasformazione sino a rendere stabile tale forma a temperatura ambiente. Di conseguenza, le leghe di titanio possono presentarsi in entrambe le forme allotropiche e sono classificate in:

— **leghe alfa e quasi alfa** ($\alpha$);
— **leghe beta** ($\beta$);
— **leghe alfa-beta** ($\alpha$–$\beta$).

### COME SI TRADUCE...

| ITALIANO | INGLESE |
|---|---|
| Leghe alfa e quasi alfa | Alpha and near-alpha alloys |
| Leghe beta | Beta alloys |
| Leghe alfa-beta | Alpha-beta alloys |

### PER COMPRENDERE LE PAROLE

**ASTM**: acronimo che corrisponde ad American Society of Testing and Materials, organismo di normazione statunitense che opera nel settore dei materiali e delle prove relative, il cui ruolo è analogo a quello dell'UNI in Italia.

## CLASSIFICAZIONE E DESIGNAZIONE DEL TITANIO E DELLE SUE LEGHE

La classificazione e la designazione sono regolate dalle norme **ASTM**, utilizzate anche in Italia.

### Titanio puro tecnico

Il titanio puro tecnico, o titanio commerciale, è un metallo con un titolo di purezza superiore a 99%. Si tratta di un materiale che presenta, in modo analogo all'alluminio, una quantità d'impurità piuttosto elevata. Esistono cinque tipi di titanio commercialmente puro, suddivisi secondo il criterio del titolo e della composizione delle impurità presenti.

La designazione prevede la sigla "ASTM" seguita dal termine grado e dalla sua indicazione numerica (▶ **Tab. D3.10**).

**Tabella D3.10** Designazioni e composizioni chimiche del titanio commercialmente puro

| Designazione | Limiti delle impurità espressi in massa [%] | | | | | Composizione nominale di altri elementi in massa [%] |
|---|---|---|---|---|---|---|
| | $N_{max}$ | $C_{max}$ | $H_{max}$ | $Fe_{max}$ | $O_{max}$ | |
| ASTM Grado 1 | 0,03 | 0,10 | 0,015 | 0,20 | 0,18 | – |
| ASTM Grado 2 | 0,03 | 0,10 | 0,015 | 0,30 | 0,25 | – |
| ASTM Grado 3 | 0,05 | 0,10 | 0,015 | 0,30 | 0,35 | – |
| ASTM Grado 4 | 0,05 | 0,10 | 0,015 | 0,50 | 0,40 | – |
| ASTM Grado 7 | 0,03 | 0,10 | 0,015 | 0,03 | 0,25 | 0,2 *Pd* |

## Leghe di titanio

Le leghe di titanio sono classificate in tre gruppi, in funzione della trasformazione allotropica. La designazione, valida per tutti i gruppi di lega, prevede l'indicazione del simbolo chimico del titanio e del valore numerico della composizione percentuale dell'elemento di lega più importante, seguito dal suo simbolo chimico.

Si possono aggiungere ulteriori specificazioni di altri elementi di lega, seguendo la regola del valore numerico della composizione percentuale seguito dal simbolo. La designazione Ti 3Al 8V 6Cr 4Zr 4Mo corrisponde a una lega con il 3% di Al, l'8% di V, il 6% di Cr, il 4% di Zr e il 4% di Mo. La **tabella D3.11** riporta le designazioni e le composizioni chimiche di alcune leghe del titanio.

**Tabella D3.11** Designazioni e composizioni chimiche delle principali leghe del titanio                    (continua)

| Designazione | Limiti delle impurità espressi in massa [%] | | | | | Composizione nominale in massa [%] | | | | |
|---|---|---|---|---|---|---|---|---|---|---|
| | $N_{max}$ | $C_{max}$ | $H_{max}$ | $Fe_{max}$ | $O_{max}$ | Al | Sn | Zn | Mo | Altri |
| **Leghe alfa e quasi alfa** | | | | | | | | | | |
| Ti Codice 12 | 0,03 | 0,10 | 0,015 | 0,30 | 0,25 | – | – | – | 0,3 | 0,8Ni |
| Ti 5Al 2,5Sn | 0,05 | 0,08 | 0,02 | 0,50 | 0,20 | 5 | 2,5 | – | – | – |
| Ti 5Al 2,5Sn ELI | 0,07 | 0,08 | 0,0125 | 0,25 | 0,12 | 5 | 2,5 | – | – | – |
| Ti 8Al 1Mo 1V | 0,05 | 0,08 | 0,015 | 0,30 | 0,12 | 8 | – | – | 1 | 1V |
| Ti 6Al 2Sn 4Zr 2Mo | 0,05 | 0,05 | 0,0125 | 0,25 | 0,15 | 6 | 2 | 4 | 2 | – |
| Ti 6Al 2Nb 1Ta 0,8Mo | 0,02 | 0,03 | 0,0125 | 0,12 | 0,10 | 6 | – | – | 1 | 2Nb, 1Ta |
| Ti 2,25Al 11Sn 5Zr 1Mo | 0,04 | 0,04 | 0,008 | 0,12 | 0,17 | 2,25 | 11,0 | 5,0 | 1,0 | 0,2Si |
| Ti 5Al 5Sn 2Zr 2Mo | 0,03 | 0,05 | 0,0125 | 0,15 | 0,13 | 5 | 5 | 2 | 2 | 0,25Si |
| Ti 6Al 4V | 0,05 | 0,10 | 0,0125 | 0,30 | 0,20 | 6,0 | – | – | – | 4,0V |
| Ti 6Al 4V ELI | 0,05 | 0,08 | 0,0125 | 0,25 | 0,13 | 6,0 | – | – | – | 4,0V |
| Ti 6Al 6V 2Sn | 0,04 | 0,05 | 0,015 | 1,0 | 2,20 | 6,0 | 2,0 | – | – | 0,75Cu 6,0V |
| Ti 8Mn | 0,05 | 0,08 | 0,015 | 0,50 | 0,20 | – | – | – | – | 8,0Mn |
| Ti 7Al 4Mo | 0,05 | 0,10 | 0,013 | 0,30 | 0,20 | 7,0 | – | – | 4,0 | – |
| Ti 6Al 2Sn 4Zn 6Mo | 0,04 | 0,04 | 0,0125 | 0,15 | 0,15 | 6,0 | 2,0 | 4,0 | 6,0 | – |

**Tabella D3.11** Designazioni e composizioni chimiche delle principali leghe del titanio (segue)

| Designazione | Limiti delle impurità espressi in massa [%] | | | | | Composizione nominale in massa [%] | | | | |
|---|---|---|---|---|---|---|---|---|---|---|
| | $N_{max}$ | $C_{max}$ | $H_{max}$ | $Fe_{max}$ | $O_{max}$ | Al | Sn | Zn | Mo | Altri |
| **Leghe alfa-beta** | | | | | | | | | | |
| Ti 5Al 2Sn 2Zn 4Mo 4Cr | 0,04 | 0,05 | 0,0125 | 0,30 | 0,13 | 5,0 | 2,0 | 2,0 | 4,0 | 4,0Cr |
| Ti 6Al 2Sn 2Zn 2Mo 2Cr | 0,03 | 0,05 | 0,0125 | 0,25 | 0,14 | 5,7 | 2,0 | 2,0 | 2,0 | 2,0Cr 0,25 Si |
| Ti 10V 2Fe 3Al | 0,05 | 0,05 | 0,015 | 2,5 | 0,16 | 3,0 | – | – | – | 10,0V |
| Ti 3Al 2,5V | 0,015 | 0,05 | 0,015 | 0,30 | 0,16 | 3,0 | – | – | – | 2,5V |
| **Leghe beta** | | | | | | | | | | |
| Ti 13V 11Cr 3Al | 0,05 | 0,05 | 0,025 | 0,35 | 0,17 | 3,0 | – | – | – | 11,0Cr 13,0V |
| Ti 8Mo 8V 2Fe 3Al | 0,05 | 0,05 | 0,015 | 2,5 | 0,17 | 3,0 | – | – | 8,0 | 8,0V |
| Ti 3Al 8V 6Cr 4Mo 4Zr | 0,03 | 0,05 | 0,020 | 0,25 | 0,12 | 3,0 | – | 4,0 | 4,0 | 6,0Cr 8,0V |
| Ti 11,5Mo 6Zr 4,5Sn | 0,05 | 0,1 | 0,020 | 0,35 | 0,18 | – | 4,5 | 6,0 | 11,5 | – |

Le leghe alfa ELI (Extra Low Intertitial) a bassissimo tenore di elementi interstiziali mantengono buone doti di duttilità e tenacità anche a temperature molto basse (criogeniche): Ti 5Al 2,5Sn ELI è la lega più usata in questo settore.
Le leghe alfa-beta ELI forniscono le migliori caratteristiche di tenacità, fattore importante nelle applicazioni criogeniche o in presenza di tenso-corrosione o fatica-corrosione.

### Leghe alfa e quasi alfa ($\alpha$)

Sono leghe che contengono elementi alfa-stabilizzanti come Al (anche ossigeno, carbonio e azoto sono alfa-stabilizzanti, ma non sono mai aggiunti intenzionalmente quali elementi di lega) e altri neutri come Sn e Zr. Vi sono comprese anche formulazioni con alti tenori di Al, nelle quali è presente una quantità minima di fase beta, normalmente denominate *quasi alfa*.

Queste leghe hanno il pregio di mantenere una buona duttilità anche a temperature molto basse, perciò possono essere utilizzate in un intervallo di temperatura molto ampio ($-250 \div +500$ °C).

Il loro limite consiste in una scarsa lavorabilità a caldo: superando certe temperature, infatti, si modificano i cristalli e il materiale diventa più fragile.

### Leghe alfa-beta ($\alpha$–$\beta$)

Sono state introdotte al duplice scopo di ottenere migliori caratteristiche di resistenza a trazione e di aumentare la formabilità. La lega più nota è certamente la Ti 6Al 4V, molto utilizzata in campo aeronautico. Tutte le leghe di questo tipo possono essere sottoposte a trattamenti termici di tempra e invecchiamento, per migliorare le caratteristiche meccaniche.

### Leghe beta ($\beta$)

Per ottenere la struttura beta a temperatura ambiente è necessaria una notevole presenza di elementi beta-stabilizzanti quali manganese, cromo, ferro, molibdeno, vanadio. Ciò comporta il rischio che allo stato fuso avvengano fenomeni di segregazione di una parte di legante, con conseguente disomogeneità nel materiale. Il pregio di queste leghe sta nella maggiore deformabilità della

**MODULO D** MATERIALI METALLICI

struttura beta rispetto all'alfa. Inoltre, dopo la deformazione plastica, si può ricorrere a un processo d'invecchiamento che migliora molto le caratteristiche meccaniche.

Tutte le leghe mantengono buone proprietà meccaniche anche a temperatura elevata; questa caratteristica è tanto più evidente quanto maggiore è la presenza di cristalli beta.

L'elevata resistenza del titanio alla corrosione, qualunque sia l'ambiente in cui è utilizzato, è dovuta all'elevata affinità del titanio con l'ossigeno. In presenza di questo elemento si forma una sottilissima pellicola di ossidi (0,1÷0,2 μm) ben aderente alla superficie e molto resistente agli agenti atmosferici. Questo strato ossidato passivante impedisce la propagazione della corrosione e protegge il materiale da ulteriori attacchi.

Le leghe di titanio presentano una buona resistenza alla corrosione ma in misura più ridotta del metallo puro. Per esempio, nelle leghe Ti-Al-V il vanadio viene introdotto proprio per migliorare la resistenza alla corrosione compromessa dalla presenza dell'alluminio. In questi ultimi anni i settori di impiego del titanio e delle sue leghe si sono molto ampliati, anche se i maggiori restano ancora l'aeronautico e l'aerospaziale ( ▶ **Fig. D3.10** ).

**PER COMPRENDERE LE PAROLE**

**Carico di punta**: condizione di sollecitazione a compressione alle estremità di un elemento meccanico *snello*, ovvero con elevato rapporto tra la sua lunghezza e le dimensioni della sezione trasversale resistente, che dà origine, a causa della sua forma snella, a un incurvamento laterale che può portare alla rottura per flessione dell'elemento stesso. Si pensi all'asta dei saltatori curvata sotto il peso dell'atleta!

**Figura D3.10**
Manufatti in titanio e sue leghe.

## D3.3 MAGNESIO E LEGHE

Il magnesio e le sue leghe hanno una massa volumica inferiore all'alluminio e al titanio. Le leghe del magnesio sono quindi ancora più leggere, anche se più costose, e per questo meritano il nome di **leghe ultraleggere** o superleggere. Esse sono resistenti alla corrosione e non tossiche. La resistenza è inferiore a quella delle leghe d'alluminio ma esse possono essere, come le altre, protette chimicamente.

Le buone caratteristiche di resistenza e rigidezza meccanica abbinate alla bassissima massa volumica, rendono le leghe di magnesio adatte per gli organi meccanici sollecitati a flessione o a **carico di punta**. Infatti, tali organi necessitano di una grande rigidezza ottenuta aumentando le dimensioni, a parità di forma, dell'organo stesso senza sostanziali aumenti di massa.

Tali proprietà spiegano non solo l'impiego delle leghe di magnesio nell'**industria aerospaziale** ma anche il crescente utilizzo nell'**industria automobilistica** e dei trasporti in genere. Nella **figura D3.11** sono riportati esempi d'impiego delle leghe del magnesio.

**Figura D3.11**
Impieghi delle leghe del magnesio:
a) monoscocca di una motocicletta
b) cerchione.

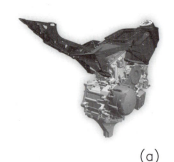

(a) (b)

| COME SI TRADUCE... | |
|---|---|
| **ITALIANO** | **INGLESE** |
| Leghe ultraleggere | Ultra light alloys |
| Industria aerospaziale | Aerospace industry |
| Industria automobilistica | Automotive industry |
| Magnesio | Magnesium |

## Proprietà del magnesio

Il **magnesio** è stato individuato come elemento nel 1808 e le prime produzioni industriali sono della fine dell'800. Sebbene sfruttate in alcune applicazioni, il metallo puro possiede caratteristiche in genere considerate negative, quali:
— elevata affinità con l'ossigeno, per cui in determinate condizioni la combustione può essere esplosiva (è noto l'impiego del magnesio in polvere per ottenere il *lampo* o flash fotografico);
— scarsa resistenza alla corrosione, a causa dell'elevata elettronegatività.

Data la scarsa resistenza all'ossidazione e alla corrosione, il megnesio è solitamente usato a livello industriale in lega con altri elementi. Si tratta di un metallo bianco-argenteo che cristallizza nel sistema esagonale compatto. Le principali proprietà fisiche e meccaniche sono riportate nella **tabella D3.12**.

Le buone doti di capacità termica massica e di conduttività termica, abbinate alla bassa massa volumica, sono sfruttate in applicazioni dove sia necessario assumere e trasmettere grandi quantità di calore (cerchioni per autovetture, componenti di motori per autovetture e per velivoli ecc.).

**Tabella D3.12** Proprietà fisiche e meccaniche del magnesio (continua)

| | |
|---|---|
| Simbolo chimico | Mg |
| Struttura cristallina | e.c. |
| Numero atomico $Z$ | 1×2 |
| Massa atomica $M$ [g/mol] | 24,305 |
| Massa volumica $\rho$ [kg/dm$^3$] | 1,74 |
| Carico unitario di rottura a trazione $R_m$ [MPa] | 180÷190 |
| Carico unitario di snervamento a trazione $R_s$ [MPa] | – |
| Allungamento percentuale a rottura $A_5$ [%] | 15÷20 |
| Modulo di elasticità longitudinale $E$ [MPa] | 42 000 |
| Durezza Brinell HBW | 35÷40 |
| Temperatura di fusione $T_f$ [K]/[°C] | 924/651 |
| Coefficiente medio di dilatazione termica lineare $\alpha$ a 20 °C [K$^{-1}$] | $6,5 \times 10^{-6}$ |
| Capacità termica massica $C_{tm}$ a 20 °C [kJ/kg K] | 1,017 |
| Calore di fusione massico $L_f$ [kJ/kg] | 368,0 |

**Tabella D3.12** Proprietà fisiche e meccaniche del magnesio (segue)

| | |
|---|---|
| Conduttività termica $k$ a 20 °C [W/m K] | 159 |
| Resistività elettrica $\rho$ a 20 °C [$\Omega$ m] | $46 \times 10^{-9}$ |
| Coefficiente di temperatura della resistività elettrica $\alpha$ [K$^{-1}$] | $4,0 \times 10^{-3}$ |
| Comportamento magnetico a 20 °C | paramagnetico |

## METALLURGIA DEL MAGNESIO

Il magnesio è molto diffuso nella litosfera, con il 2% circa in massa, ed è presente in forma combinata in molte rocce. Inoltre, esso si trova anche negli oceani con lo 0,1% in massa.

Per la produzione industriale si utilizzano solo alcuni minerali e in particolare l'acqua del mare.

Il magnesio può essere ottenuto con due metodi concettualmente diversi: processo elettrolitico e processo termico. Nel primo caso si parte dall'acqua di mare o dai minerali, nel secondo solo dal minerale.

### Processo elettrolitico

Il processo attualmente più utilizzato è quello elettrolitico, che prevede due fasi successive:
— produzione di cloruro di magnesio ($MgCl_2$);
— elettrolisi del cloruro per ottenere Mg.

### Produzione del cloruro di magnesio

Si può ottenere $MgCl_2$ mediante passaggio attraverso due composti intermedi: l'idrossido $Mg(OH)_2$ e l'ossido MgO. Si ottiene $Mg(OH)_2$ trattando l'acqua di mare contenente Mg con l'idrossido di calcio $Ca(OH)_2$, che è più solubile di quello di magnesio:

$$Ca(OH)_2 + Mg \rightarrow Mg(OH)_2 + Ca$$

L'idrossido di magnesio, depurato del Ca per filtrazione, è inviato alla calcinazione dove, per perdita di molecole di $H_2O$, si ottiene ossido di magnesio MgO.

La successiva clorurazione avviene in forno elettrico a tino in cui si fa passare cloro gassoso in una miscela di carbone, secondo la seguente reazione:

$$MgO + C + 2Cl \rightarrow 2MgCl_2 + CO + calore$$

La temperatura varia tra 800 e 1000 °C e sul fondo del forno si raccoglie il cloruro allo stato fuso che viene spillato e avviato alle celle elettrolitiche.

### Elettrolisi

Il magnesio si ottiene per elettrolisi di una miscela di sali fusi. L'elettrolita è composto, oltre che da $MgCl_2$, da altri cloruri (NaCl, KCl, $CaCl_2$) aggiunti per i seguenti motivi:
— abbassare la temperatura di fusione della miscela elettrolitica;
— aumentare la conduttività elettrica della miscela elettrolitica;
— aumentare la massa volumica della miscela elettrolitica in modo che il magnesio fuso che si forma galleggi sul bagno elettrolitico.

MATERIALI METALLICI NON FERROSI **UNITÀ D3**

Nella cella elettrolitica si opera con una tensione che permette di scindere solo il $MgCl_2$ e non gli altri cloruri:

$$MgCl_2 \rightarrow Mg^{2+} + 2Cl^-$$

Il magnesio si raccoglie come liquido ai catodi, mentre il cloro gassoso si porta all'anodo. Quest'ultimo è dotato di un particolare schermo che ha lo scopo di captare il cloro e impedire che vada a contatto con il magnesio, con il quale ha un'elevata affinità.

Senza di esso si formerebbe nuovamente il cloruro, che intrappolato in parte nel metallo ormai puro finirebbe con l'inquinarlo.

A intervalli regolari si estrae il magnesio fuso dalle celle elettrolitiche e si cola in pani, i quali vengono poi inviati a un'ultima raffinazione.

### Processo termico

I metodi di produzione per via termica si basano su processi di metallotermia (più precisamente silicotermia), in cui si ottiene MgO, misto a CaO, che poi si fa reagire con il silicio. Semplificando, si ottiene la seguente reazione:

$$MgO + CaO + Si \rightarrow 2Mg + Ca_2SiO_2$$

Il tutto avviene in particolari recipienti (storte) tenuti sottovuoto e a temperature differenziate. Da un lato si raggiungono 1200 °C e il magnesio volatilizza, dall'altro si hanno temperature più basse (600 °C) e il magnesio condensa e può essere estratto. Si ottiene così un metallo a purezza molto elevata (Mg ≥99,9%) che può essere inviato a ulteriore raffinazione.

### Raffinazione

La raffinazione del magnesio consiste in una semplice rifusione con opportuni fondenti, costituiti in genere da cloruri o fluoruri ($CaF_2$ in particolare), che riducono le impurità quali sodio, potassio e ossidi. È effettuata in forni a crogiolo, prestando particolare attenzione a evitare il contatto con l'ossigeno. Si raggiungono tenori di Mg pari a 99,98%.

## LEGHE DI MAGNESIO

Il magnesio puro ha proprietà meccaniche troppo scadenti e non viene utilizzato per la costruzione di pezzi. Viceversa, è molto usato in processi metallurgici quali la produzione del titanio (metodo Kroll) o la trasformazione della ghisa da lamellare a sferoidale (metodo Fisher), nonché come legante di altri metalli, in particolare dell'alluminio.

Il suo utilizzo maggiore, in ogni caso, resta quello di costituente principale delle leghe ultraleggere, che mantengono una bassa massa volumica (minore di 1,8 kg/dm³), tipica del magnesio, ma hanno proprietà meccaniche molto più elevate di quelle del metallo puro. La presenza degli elementi leganti modifica la struttura cristallina del magnesio, migliorandone le caratteristiche:
— le leghe con più alto tenore di leganti sono difficilmente deformabili: aumentando il tenore dei leganti, infatti, aumenta la presenza dei cristalli più duri e fragili, e si ottengono leghe da lavorazione plastica (a più basso tenore di leganti) e leghe da fonderia;
— molte leghe ultraleggere cambiano le loro proprietà in seguito a trattamento termico, poiché i cristalli si modificano fortemente al variare dalla velocità di raffreddamento.

Qui di seguito si analizzano brevemente i principali tipi di leghe.

### Leghe magnesio-alluminio
L'alluminio è introdotto fino a un massimo del 10%, determinando non solo un aumento della resistenza a trazione e della durezza, ma anche un aumento della fragilità (se si supera il 6%). Per ridurre questo inconveniente si aggiungono altri leganti, in particolare lo zinco. Alcune leghe sono adatte alle lavorazioni per deformazione plastica, altre alla fonderia. Le leghe con tenore di alluminio compreso tra il 6 e il 10% migliorano nettamente le caratteristiche di resistenza in seguito a bonifica. Una delle più note leghe Mg-Al ha il nome commerciale di *Elektron* (9% Al, 0,7% Zn, 0,2% Mn).

### Leghe magnesio-zinco
Lo **zinco** crea un aumento di resistenza a trazione minore rispetto all'alluminio, ma migliora nettamente la resilienza e la duttilità. È introdotto sino a tenori del 6%, spesso con altri elementi quali **zirconio** (Zr), **terre rare** (Ce, La, Nd) e **torio** (Th). La presenza di questi elementi aumenta la resistenza a trazione e in particolare a caldo, al punto che si parla di *leghe ultraleggere* per alte temperature. Sono leghe del tipo Mg-Zn-Zr, Mg-Zn-Zr-terre rare, Mg-Zn-Zr-Th ( ▶ **Fig. D3.12**) che mantengono buone caratteristiche sino a temperature di 250÷350 °C, mentre le altre leghe di magnesio non si possono usare sopra i 200 °C. Si tratta in genere leghe da fonderia, ma ne esistono anche da lavorazione plastica.

### Leghe magnesio-manganese
Il **manganese** non influisce molto sulle caratteristiche meccaniche, ma aumenta nettamente la resistenza alla corrosione. Grazie all'elevata malleabilità le leghe Mg-Mn si prestano alla lavorazione plastica ( ▶ **Fig. D3.13**), e presentano anche buona saldabilità.

## CLASSIFICAZIONE E DESIGNAZIONE DEL MAGNESIO E DELLE SUE LEGHE

### Magnesio puro tecnico
La normativa italiana prevede tre tipi di magnesio puro tecnico con tre diversi tenori da usare nei vari impieghi precedentemente descritti: 99,80%, 99,90% e 99,95%. La designazione convenzionale italiana del magnesio puro è piuttosto semplice: per esempio, la sigla "MgP 99,90" indica il magnesio primario (ottenuto da minerale e non da rottami) con un tenore di purezza del 99,90%.

### Leghe di magnesio
La maggior parte delle leghe di magnesio è classificata in cinque gruppi:
— magnesio-alluminio-manganese (con o senza zinco o **silicio**);
— magnesio-zinco-zirconio (con o senza torio);
— magnesio-terre rare (con o senza zinco o **argento**);
— magnesio-torio-zirconio (con o senza zinco);
— magnesio-litio-alluminio.

A tale classificazione si aggiunge quella basata sulla lavorazione: da fonderia o da deformazione plastica.

La designazione delle leghe di magnesio secondo le norme ASTM, utilizzate anche in Italia, si basa sulla composizione chimica. La sigla impiegata è di tipo alfanumerico: la prima e la seconda lettera indicano gli elementi di lega più

---

**COME SI TRADUCE...**

| ITALIANO | INGLESE |
|---|---|
| Zinco | Zinc |
| Zirconio | Zirconium |
| Terre rare | Rare earth metal |
| Torio | Thorium |
| Manganese | Manganese |
| Silicio | Silicon |
| Argento | Silver |

**Figura D3.12**
Lega da fonderia HK31A, contenente 3,0% di torio e 0,7% di zirconio (microfotografia a 250X).

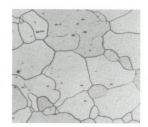

**Figura D3.13**
Lega da deformazione plastica AZ31B, contenente 3,0% di alluminio, 0,5% di manganese e 1,0% di zinco (microfotografia a 250X).

importanti, secondo il codice riportato nella **tabella D3.13**, seguite da due o tre cifre indicanti la percentuale degli elementi stessi approssimata all'unità. Per esempio, la lega AZ63 contiene, oltre al magnesio, il 6% di Al e il 3% di Zn.

**Tabella D3.13** Codice alfabetico d'identificazione degli elementi di lega delle leghe di magnesio

| Elemento | Al | Si | Pb | Th | Ni | Be | Fe | Zr | Cd | Cu | Zn | Cr | Terre rare | Mn | Ag |
|----------|----|----|----|----|----|----|----|----|----|----|----|----|------------|----|----|
| Codice | A | S | P | H | N | L | F | K | D | C | Z | R | E | M | Q |

La **tabella D3.14** riporta le designazioni e le composizioni chimiche di alcune leghe di magnesio secondo le norme ASTM.

**Tabella D3.14** Designazioni e composizioni chimiche delle principali leghe di magnesio secondo le norme ASTM

| Designazione (*) | Composizione nominale in massa [%] | | | | | |
|------------------|------|------|------------|------|------|------|
| | Al | Mn | Terre rare | Th | Zn | Zr |
| **Leghe da deformazione plastica** | | | | | | |
| AZ61A | 6,5 | 0,2 | – | – | 1,0 | – |
| HM21A | – | 0,5 | – | 2,0 | – | – |
| ZK21A | – | – | – | – | 2,3 | 0,3 |
| **Leghe da fonderia** | | | | | | |
| AMI00A | 10,0 | 0,2 | – | – | – | – |
| AS41A | 4,0 | 0,2 | – | – | – | – |
| AZ91A | 9,0 | 0,2 | – | – | 0,6 | – |
| AZ91C | 8,7 | 0,2 | – | – | 0,7 | – |
| EZ33A | – | – | 3,0 | – | 2,6 | 0,6 |
| **Leghe da fonderia** | | | | | | |
| HZ32A | – | – | – | 3,0 | 2,1 | 0,7 |
| K1A | – | – | – | – | – | 0,7 |
| ZK61A | – | – | – | – | 6,0 | 0,7 |

(*) Al simbolo si può far seguire il tipo di trattamento termico secondo il seguente codice: H, stato senza trattamento termico; TA, stato con trattamento termico di tempra e invecchiamento artificiale; A, stato con trattamento termico di invecchiamento artificiale.

La designazione convenzionale delle leghe di magnesio secondo le norme italiane è analoga a quella delle leghe leggere.

Per esempio, nella designazione "P-Mg Al3 Zn Mn UNI 7252":
— P indica la lega da lavorazione plastica;
— Mg indica la lega di magnesio;
— Al, Zn, Mn sono elementi leganti con i tenori in ordine decrescente;
— 3 è il tenore dell'alluminio (3%) e altri elementi non indicati;
— UNI 7252 è il numero della norma UNI in cui sono riportate altre informazioni sulla lega in oggetto.

376 MODULO D MATERIALI METALLICI

# D3.4 RAME E LEGHE

## PROPRIETÀ DEL RAME

Il **rame** un metallo di colore rosso, che ha una spiccata attitudine a legarsi con altri metalli; ha scarsa affinità con l'ossigeno e a contatto con la maggior parte dei metalli non subisce corrosione.

È un materiale insostituibile nelle applicazioni elettriche ed elettroniche, perché possiede elevata conduttività termica ed elettrica; nella **tabella D3.15** sono riportate le sue principali caratteristiche chimico-fisiche.

**Tabella D3.15** Proprietà fisiche e meccaniche del rame

| | |
|---|---|
| Simbolo chimico | Cu |
| Struttura cristallina | c.f.c. |
| Numero atomico $Z$ | 29 |
| Massa atomica $M$ [g/mol] | 63,55 |
| Massa volumica $\rho$ [kg/dm³] | 8,94 |
| Carico unitario di rottura a trazione $R_m$ [MPa] | 220÷430 |
| Carico unitario di snervamento a trazione $R_s$ [MPa] | – |
| Allungamento percentuale a rottura $A_5$ [%] | 30 |
| Modulo di elasticità longitudinale $E$ [MPa] | 130 000 |
| Durezza Brinell HBW 50 / Temperatura di fusione $T_f$ [K]/[°C] | 1356/1083 |
| Coefficiente medio di dilatazione termica lineare $\alpha$ a 20 °C [K⁻¹] | 1,65 10⁻⁶ |
| Capacità termica massica $C_{tm}$ a 20 °C [kJ/kg K] | 385 |
| Calore di fusione massico $L_f$ [kJ/kg] | 205 |
| Conduttività termica $k$ a 20 °C [MW/m K] | 391 |
| Resistività elettrica $\rho$ a 20 °C [Ω m] | 17,24 × 10⁻⁹ |
| Coefficiente di temperatura della resistività elettrica $\alpha$ [K⁻¹] | 393 × 10⁻⁵ |
| Comportamento magnetico a 20 °C | diamagnetico |

Il rame è il miglior conduttore di elettricità e di calore dopo l'argento, ma è preferito a quest'ultimo per il migliore compromesso costi-prestazioni.

È apprezzato per la sua duttilità, unita a una discreta resistenza meccanica e allo scorrimento viscoso; sopporta avvolgimenti molto stretti senza rompersi.

La **figura D3.14** mostra alcune tipologie applicative del rame e delle sue leghe. La facilità di conduzione del calore rende il materiale largamente utilizzato negli impianti che trasportano fluidi caldi (scambiatori di calore, pannelli radianti, pannelli solari, caldaie). Il rame è un metallo definito quasi nobile, perché combinandosi superficialmente con l'ossigeno, sviluppa uno strato passivante che preserva il metallo sottostante da un'ulteriore corrosione. Queste proprietà lo rendono idoneo nella fabbricazione degli strumenti di misura in campo elettrico e della **Bioarchitettura**.

---

**COME SI TRADUCE...**

| ITALIANO | INGLESE |
|---|---|
| *Rame* | *Copper* |

**PER COMPRENDERE LE PAROLE**

**Bioarchitettura**: conosciuta anche come *Bioedilizia*, relaziona l'attenzione alla salute e al comfort ambientale con i materiali e il rispetto della natura. Le sue origini risalgono agli anni '70, quando la prima crisi energetica rese evidente la necessità di evitare gli sprechi, scegliendo i materiali in base al loro intero ciclo di vita. Negli anni '80 si diffuse l'esigenza di progettare edifici più salubri, con un nuovo approccio alla progettazione, fondato su un equilibrio dei rapporti tra ambiente, salute e architettura.

**Basaltico**: relativo al basalto, una roccia effusiva nerastra.

**Figura D3.14**
Applicazione del rame e delle sue leghe:
a) un aereo di linea utilizza fino a 190 km di filo di rame (~2% del peso totale);
b) un'automobile circa 1 km di filo di rame;
c) una locomotiva incorpora fino a 8 t di rame (avvolgimenti, rotori, statori).

(a)

(b)

(c)

## METALLURGIA DEL RAME

Il rame è ormai scarsamente presente in natura come metallo puro: se ne possono trovare piccole quantità in diversi tipi di rocce, in particolare nelle **lave basaltiche**.

Esso si estrae a partire da minerali di rame (ossidi e solfuri), nei quali si trova spesso combinato ad altri metalli come argento, oro, bismuto e piombo.

La **tabella D3.16** riassume i principali minerali del rame e le aree geografiche di estrazione.

**Tabella D3.16** Principali minerali del rame

| Minerale del rame | Zona di estrazione |
|---|---|
| Calcosina, covellite, solfati di rame | Stati Uniti, Inghilterra |
| Azzurrite (carbonato basico) | Francia, Australia |
| Malachite | Urali |
| Cuprite | Cuba |
| Atacamite | Perù |

Possiamo qui riassumere le fasi principali del processo di ottenimento del rame:
— estrazione dei minerali di rame da miniere a cielo aperto oppure in galleria;
— frantumazione per ottenere pezzatura di adeguata granulometria;
— flottazione per separare le frazioni contenenti il rame dagli inerti; si ottengono fanghi con concentrazione di rame variabile dal 30 al 50%, in funzione del tenore del minerale di partenza;
— concentrazione (essiccazione) per separare l'acqua dai fanghi prima della loro immissione nel forno (l'elevata quantità d'acqua, infatti, produrrebbe uno spreco di energia termica per la sua evaporazione);
— arrostimento in forno per diminuire il tenore di zolfo;

- fusione e conversione del concentrato così ottenuto, insufflando ossigeno oppure aria, con formazione di scoria a base di silicati che verrà asportata per sfioramento;
- raffinazione termica, attraverso cui il metallo fuso viene trattato nuovamente insufflando aria oppure ossigeno, con ulteriore produzione ed eliminazione delle scorie; il rame così ottenuto potrà essere utilizzato per la produzione di alcuni semilavorati;
- raffinazione elettrolitica per ottenere i massimi livelli di purezza del rame; le vasche contenenti liquido elettrolita (solfato di rame), accolgono lamierini di rame a elevata purezza (catodo) e rame metallico meno puro (anodo); l'anodo si dissolve in ioni con conseguente deposizione selettiva del rame nei confronti degli altri metalli: il rame puro si deposita al catodo, parte degli altri metalli costituenti l'anodo resta in soluzione, parte precipita nei fanghi (oggi circa il 90% del rame estratto dalle miniere è raffinato secondo questo procedimento);
- rifusione dei suddetti catodi, perché sono formati da materiale incoerente che non può essere lavorato per deformazione plastica; la composizione chimica del metallo allo stato liquido può essere modificata per migliorare la qualità dei semilavorati;
- colata (continua o semicontinua) del metallo liquido per la produzione dei semilavorati (vergelle per ottenere fili, billette per ottenere tubi e barre, placche per lamiere e nastri).

## Riciclo

Il rame è riciclabile al 100%. Si calcola che l'80% circa del rame proveniente dall'antichità sia ancora in uso sotto varie forme, solo una piccola parte non è recuperata perché in prevalenza dispersa come composti chimici necessari per l'agricoltura. Il rame riciclato mantiene le proprietà chimico-fisiche-tecnologiche del rame primario, quindi non subisce limitazioni d'utilizzo o diminuzione di valore. Il riciclo, infine, consente un notevole risparmio d'energia, perché nel ciclo produttivo del metallo non compaiono le fasi d'estrazione e raffinazione ( ▶ **Fig. D3.15**).

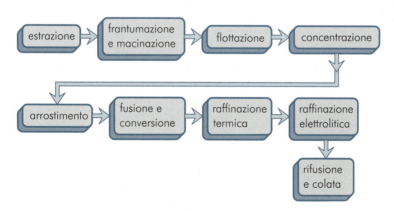

**Figura D3.15**
Riciclabilità e risparmio energetico.

## CLASSIFICAZIONE E DESIGNAZIONE DEL RAME E DELLE SUE LEGHE

Il rame commercialmente puro contiene meno dello 0,7% d'impurità totali ed è duttile e malleabile. Il rame ha una spiccata capacità di legarsi agli altri metalli, che ne rafforzano le caratteristiche meccaniche e chimico-fisiche.

**COME SI TRADUCE...**
| ITALIANO | INGLESE |
|---|---|
| Ottone | Brass |

**PER COMPRENDERE LE PAROLE**

*α, β*: strutture diverse degli ottoni dovute all'allotropia del rame.

Le leghe del rame si classificano in ottoni (Cu-Zn), bronzi (Cu-Sn), cuprallumini (Cu-Al), cupronichel (Cu-Ni), alpacche o leghe bianche (Cu-Ni-Zn).

Per la designazione convenzionale delle leghe di rame, le norme prevedono la classificazione in leghe da fonderia e da lavorazione plastica, individuate dalle lettere "G" o "P" e da una simbologia riferita ai vari leganti e al loro tenore.

Gli elementi di alligazione sono indicati attraverso il loro simbolo chimico seguito da un numero che ne indica la percentuale, se ritenuta significativa.

Di seguito si riportano alcuni esempi di tale designazione:
— G-Cu Zn 40, lega da fonderia con percentuale di zinco pari al 40%;
— P-Cu Zn 20 Al 2 As, lega da lavorazione plastica con percentuale di zinco pari al 20%, di alluminio pari al 2% e arsenico con percentuale non specificata.

### Ottoni

Lega binaria Cu-Zn (Zn <45%) capace di offrire caratteristiche diverse in funzione della percentuale di zinco.

Gli **ottoni** binari (▶ **Tab. D3.17**) si dividono strutturalmente in:
— *ottoni monofasici* α (Zn 4÷33%), facilmente deformabili a freddo e meno a caldo, soprattutto se contengono impurità;
— *ottoni bifasici* α+β oppure *ottoni misti* (Zn 34÷46%), facilmente deformabili a caldo e meno a freddo; se contengono al massimo il 37% di Zn e con opportuno trattamento termico, possono essere trasformati totalmente nella struttura α;
— *ottoni speciali* (▶ **Tab. D3.18**) con aggiunta di altri elementi (Sn, Al, Si) alla lega base, per elevare le caratteristiche degli ottoni binari.

**Tabella D3.17** Ottoni binari: caratteristiche e applicazioni

| Designazione | Caratteristiche e applicazioni |
|---|---|
| G-Cu Zn 36<br>G-Cu Zn 40 | Usati per getti navali, maniglie, elementi decorativi, rubinetteria e altri articoli idraulici |
| P-Cu Zn 10<br>P-Cu Zn 15<br>P-Cu Zn 20 | Denominati *similoro* per il loro aspetto simile a quello dell'oro, sono usati in bigiotteria |
| P-Cu Zn 30 | Usati prevalentemente per la costruzione delle cartucce |
| P-Cu Zn 33<br>P-Cu Zn 37 | Produzione di tranciati per strumentazione e contatteria, portalampade, rivetti, molle, tubetti per radiatori auto; offrono elevata lavorabilità |
| P-Cu Zn 40 | Lavorati a caldo per la produzione di laminati per piastre tubiere, fili, chiavi per serrature |

**Tabella D3.18** Ottoni speciali: caratteristiche e applicazioni (continua)

| Designazione | Caratteristiche ed applicazioni |
|---|---|
| G-Cu Zn 34 Pb 2<br>G-Cu Zn 38 Pb 2 | Idonei per lavorazioni alle macchine utensili; produzione di rubinetteria, accessori vari per il bagno, valvole, viti, bulloni |
| P-Cu Zn 28 Sn 1 As | Condensatori, scambiatori di calore, distillatori, raccordi, applicazioni marine in generale (*ottone ammiragliato*) |

**Tabella D3.18** Ottoni speciali: caratteristiche e applicazioni (segue)

| Designazione | Caratteristiche ed applicazioni |
|---|---|
| P-Cu Zn 19 Sn | Strumenti musicali (*ottoni*) |
| P-Cu Zn 20 Al 2 As | Tubi per condensatori, scambiatori di calore, tubazioni e raccordi per acqua marina |

**COME SI TRADUCE...**

| ITALIANO | INGLESE |
|---|---|
| *Bronzo* | *Bronze* |

La **figura D3.16** mostra la variazione delle caratteristiche meccaniche degli ottoni binari con il tenore di zinco.

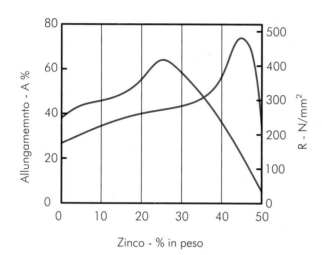

**Figura D3.16**
Caratteristiche meccaniche degli ottoni binari.

## Bronzi

Lega binaria Cu-Sn (Sn 2÷9%), che presenta ottime caratteristiche di resistenza alla corrosione associata a buone caratteristiche meccaniche.

I **bronzi** sono largamente utilizzati nelle costruzioni navali e, in generale, dove si diano liquidi o atmosfere corrosive. Sono leghe lavorabili plasticamente, potendosi estrudere, forgiare, stampare e trafilare.

Pur riconoscendone le apprezzabili qualità meccaniche e tecnologiche, l'impiego dei bronzi nelle costruzioni meccaniche è limitato per ragioni economiche, dato il costo elevato dello stagno.

Alcuni bronzi presentano elevato limite elastico e quindi sono impiegati nella costruzione di molle. I cosiddetti *bronzi da fonderia* (Sn fino a 25%) offrono elevate caratteristiche meccaniche, di resistenza alla corrosione o all'erosione.

I bronzi si suddividono nelle due principali categorie di seguito esposte.
— Bronzi binari ( ▶ **Tab. D3.19**), che contengono solo rame e stagno; sono sottoposti quasi esclusivamente a lavorazioni per deformazione plastica. Sono detti anche *bronzi fosforosi* per la presenza di piccole quantità di fosforo (<0,4%) residui delle operazioni di disossidazione; fra i bronzi binari più diffusi si ricordano quelli per la costruzione delle campane: Cu 75%, Sn 25%;
— Bronzi speciali ( ▶ **Tab. D3.20**), addizionati con zinco e piombo, quest'ultimo per consentire la finitura dei getti alle macchine utensili; talvolta si aggiunge cadmio in piccole quantità per aumentare il carico di rottura a trazione, pur diminuendo di poco la conduttività elettrica.

**Tabella D3.19** Bronzi binari: caratteristiche e applicazioni

| Designazione | Caratteristiche e applicazioni |
|---|---|
| P-Cu Sn 4<br>P-Cu Sn 8 | Molle, interruttori, connettori, applicazioni chimiche |
| P-Cu Sn 10<br>P-Cu Sn 11 | Ingranaggi, bronzine, cuscinetti |
| G-Cu Sn 12 | Cuscinetti e bronzine |

**Tabella D3.20** Bronzi speciali: caratteristiche e applicazioni

| Designazione | Caratteristiche e applicazioni |
|---|---|
| G-Cu Sn 4 Pb 4 Zn 4 | Cuscinetti a manicotto, parti di valvole, ingranaggi |
| G-Cu Sn 3 Zn 9 | Applicazioni elettriche |
| G-Cu Sn 11 Pb 2 | Cuscinetti, bronzine, giranti di pompe |
| G-Cu Sn 12 Ni 2 | Ingranaggi |
| G-Cu Sn 5 Zn 5 Pb 5 | Valvole, raccordi, flange, pompe |

La **figura D3.17** mostra la variazione delle caratteristiche meccaniche dei bronzi binari con il tenore di stagno.

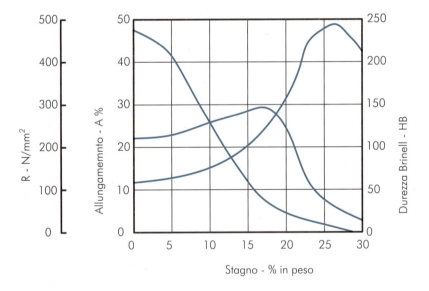

**Figura D3.17**
Caratteristiche meccaniche dei bronzi binari.

## Cuprallumini

Noti come *bronzi all'alluminio* (Al 6÷12%), sono spesso legati con:
— ferro, che migliora il carico di rottura;
— nichel, che migliora il limite di elasticità e la resistenza alla corrosione;
— manganese, che stabilizza la struttura cristallina.

I cuprallumini presentano le seguenti caratteristiche:
— resistenza alla corrosione;

— resistenza alla **cavitazione** e all'erosione;
— resistenza all'ossidazione;
— resistenza all'usura;
— buone proprietà meccaniche, anche ad alta temperatura;
— buona saldabilità.

La lega con Al <8% è ancora duttile e lavorabile a freddo per ottenere tubi, lastre e fili. La lega con Al 8÷10% ha durezza che permette le lavorazioni a caldo. La lega con Al >10% permette applicazioni speciali anti-usura.

Sono da ricordare i cosiddetti *bronzi al manganese* (Al <8%, Mn ~13%), che offrono ottima resistenza alla cavitazione e all'erosione dovuta alla velocità del flusso liquido. Essi trovano largo impiego nella costruzione delle eliche delle navi.

La **tabella D3.21** sintetizza le caratteristiche dei principali cuprallumini.

**PER COMPRENDERE LE PAROLE**

Cavitazione: quando un liquido è sottoposto a elevata pressione, le bolle dei gas in esso disciolti collassano, producendo onde di pressione di alta intensità; questa energia viene trasferita al liquido stesso che urta violentemente le pareti metalliche, provocando asportazione di materiale, con pericolo di rottura.

**Tabella D3.21** Cuprallumini: caratteristiche e applicazioni

| Designazione | Caratteristiche e applicazioni |
|---|---|
| P-Cu Al 5<br>P-Cu Al 8 | Componenti a contatto con acque acide e soluzioni saline, tubi per scambiatori, evaporatori, componenti per l'industria cartaria, medaglie e bigiotteria, steli di valvole, elettrodi di saldatura |
| P-Cu Al 8 Fe 3 | Attrezzi antiscintilla per le industrie petrolifere, carbonifere, minerarie, chimiche, del gas, degli esplosivi, impianti criogeni, evaporatori e scambiatori di calore, piastre tubiere per condensatori |
| P-Cu Al 9 Mn 2 | Impianti criogeni, stampi per materie plastiche, macchinari di industrie alimentari, slitte per macchine utensili |
| P-Cu Al 10 Fe 3 | Attrezzi antiscintilla, impianti di decapaggio, boccole e cuscinetti, parti di pompe, slitte per macchine utensili |
| P-Cu Al 10 Fe 5 Ni 5 | Ventole per vapori acidi, madreviti per valvole, bulloni ad alta resistenza, ganasce per saldatrici, stampi a sagomare, alberi di propulsione, corpi di valvole per alte pressioni |
| P-Cu Al 9 Ni 6 Fe 3 | Piastre tubiere e mantelli per scambiatori di calore, casse d'acqua e serbatoi, impianti di decapaggio |

## Cupronichel

Leghe Cu-Ni (Ni 10÷30%) con elevata resistenza alla corrosione e all'erosione, anche in acque marine (impianti di dissalazione, condensatori marini, scambiatori di calore di turbine, centrali elettriche).

L'aggiunta di 1÷2% di ferro e manganese migliora la resistenza meccanica, la resistenza all'erosione e la lavorabilità.

La lega al 25% di Ni è utilizzata in diversi paesi per monetazione: la parte bianca delle monete da 1 e 2 euro è costituita da cupronichel.

La **tabella D3.22** riporta caratteristiche e applicazioni delle principali leghe cupronichel.

**Tabella D3.22** Cupronichel: caratteristiche e applicazioni

| Tipi di cupronichel | Caratteristiche e applicazioni |
|---|---|
| P-Cu Ni 25 | Monetazione, materiale per placcatura |
| P-Cu Ni 9 Sn 2 | Contatti a molla nei relè, interruttori e connettori |
| P-Cu Ni 10 Fe 1 Mn | Lamiere e tubi per scambiatori di calore, condensatori, caldaie a bassa pressione per acqua di alimentazione impianti, impianti di condizionamento aria, tubi alettati, tubi per sistemi frenanti |
| P-Cu Ni 30 Fe 2 Mn 2 | Tubi per condensatori |
| P-Cu Ni 30 Mn 1 Fe | Tubi marini e impianti di desalinizzazione |
| P-Cu Ni 44 Mn 1 | Resistori di precisione per strumentazione e comandi operanti a temperatura mediamente elevata, fili per termocoppie |

### Alpacche o leghe bianche

Sono leghe terziarie Cu-Ni-Zn (Cu 50÷70%, Ni 10÷18%, Zn il resto) che presentano buona resistenza alla corrosione, buone proprietà meccaniche e buona lavorabilità.

Sono conosciute anche come *nichel-silver*, *argentana*, *nichelina*, *costantana*. Le alpacche, ricche in rame e nichel, con colore argenteo e caratteristiche di plasticità e resistenza alla corrosione, trovano applicazione nella fabbricazione di reostati industriali o di laboratorio, per impieghi sino a 300 °C, nonché di posateria, vasellame, oggetti ornamentali, monete e attrezzi sanitari.

## D3.5 NICHEL E LEGHE

### PROPRIETÀ DEL NICHEL

Metallo bianco brillante a frattura fibrosa, che presenta analogie con il ferro, in particolare per l'aspetto magnetico. Pur essendo duttile è il più duro dei metalli comuni. Non si ossida a freddo, ma portato alla temperatura rosso incandescente si combina con il cloro, con lo zolfo e con l'arsenico.

Per la sua inalterabilità all'aria, il nichel serve per rivestimenti galvanici (nichelatura) ed è impiegato per la preparazione degli acciai legati, per speciali leghe per corazze, apparecchi di precisione, monete e resistenze elettriche.

La **tabella D3.23** riporta le sue principali caratteristiche fisico-meccaniche.

**Tabella D3.23** Principali caratteristiche fisiche e meccaniche del nichel (continua)

| Simbolo chimico | Ni |
|---|---|
| Struttura cristallina | c.f.c. |
| Numero atomico $Z$ | 28 |
| Massa atomica $M$ [g/mol] | 58,71 |
| Massa volumica $\rho$ [kg/dm³] | 8,9 |
| Carico unitario di rottura a trazione $R_m$ [MPa] | 320÷360 |

**Tabella D3.23** Principali caratteristiche fisiche e meccaniche del nichel (segue)

| | |
|---|---|
| Carico unitario di snervamento a trazione $R_s$ [MPa] | – |
| Allungamento percentuale a rottura $A_5$ [%] | 40 |
| Modulo di elasticità longitudinale $E$ [MPa] | 210000 |
| Durezza Brinell HBW | 75÷85 |
| Temperatura di fusione $T_f$ [K]/[°C] | 1726/1453 |
| Coefficiente medio di dilatazione termica lineare $\alpha$ a 20 °C [K$^{-1}$] | $13,3 \times 10^{-6}$ |
| Capacità termica massica $C_{tm}$ a 20 °C [kJ/kg K] | 0,45 |
| Calore di fusione massico $L_f$ [kJ/kg] | 300 |
| Conduttività termica $k$ a 20 °C [MW/m K] | 92,1 |
| Resistività elettrica $\rho$ a 20 °C [$\Omega$ m] | $0,07 \times 10^{-6}$ |
| Coefficiente di temperatura della resistività elettrica $\alpha$ [K$^{-1}$] | $5,9 \times 10^{-3}$ |
| Comportamento magnetico a 20 °C | ferromagnetico |

**COME SI TRADUCE...**

| ITALIANO | INGLESE |
|---|---|
| *Nichel* | *Nickel* |
| *Superlega* | *Superalloy* |

## METALLURGIA DEL NICHEL

Il **nichel** si trova sempre associato ad altri metalli (ferro, rame, magnesio, antimonio), sotto forma di solfuro o di silicati di varia composizione. La *garnierite* è il minerale più importante, un silicato. La preparazione è piuttosto complessa, e consiste nel trasformare il minerale di partenza in ossido, quindi nel ridurre quest'ultimo con carbone. Il nichel grezzo ottenuto deve essere purificato per elettrolisi o mediante un singolare processo, dovuto al chimico Ludwig Mond, che consiste nel fare passare ossido di carbonio sul metallo a modesta temperatura (circa 50 °C). Si forma così un composto, $Ni(CO)_4$, detto *nichel-tetracarbonile*, gassoso, che portato alla temperatura di circa 200 °C si scompone separando nichel metallico, purissimo, e CO che ritorna in ciclo.

## SUPERLEGHE

Le **superleghe** sono leghe sviluppate per elevate temperature di esercizio (fatica termica), elevati sforzi meccanici (fatica meccanica), frequenti attacchi chimici (sale, solfuri, agenti corrosivi), usura e urti provocati da agenti esterni che impattano ad alta velocità.

Il termine "superlega" è stato usato per la prima volta dopo la Seconda guerra mondiale per descrivere un gruppo di leghe sviluppate per l'uso nei turbocompressori e nelle turbine dei motori degli aerei, che richiedevano alte prestazioni a elevate temperature. In genere, sono formate dalla combinazione tra ferro, nichel, cobalto e cromo e, in quantità minore, tungsteno, molibdeno, tantalio, niobio, titanio, zirconio e alluminio. Le superleghe si distinguono in tre grandi classi, in base all'elemento dominante nella composizione: superleghe base nichel; superleghe base ferro-nichel; superleghe base cobalto.

### Superleghe base nichel

La loro formulazione chimica è molto complessa e ricca di elementi; il nichel è il principale elemento di lega, ma il cromo (10-20%) è indispensabile per aumentare la stabilità superficiale.

La **tabella D3.24** mostra la composizione chimica di alcune, tra le principali superleghe base nichel.

**Tabella D3.24** Composizione chimica superleghe base nichel

| Nome superlega | Ni | Fe | Co | Cr | Al | Ti | Mo | W | Ta | Zr | C | Altri |
|---|---|---|---|---|---|---|---|---|---|---|---|---|
| Astroloy | 55,4 | – | 17 | 15 | 4 | 3,5 | 5 | – | – | 0,05 | – | 0,03 B |
| Hastelloy X | 47,5 | 18,5 | 1,5 | 22 | – | – | 9 | 0,6 | – | – | – | – |
| Inconel 100 | 55,7 | – | 18,5 | 12,4 | 5 | 4,3 | 3,2 | – | – | – | – | 0,8 V, 0,02 B |
| Inconel 625 | 65,5 | – | – | 21,5 | – | – | 9 | – | – | – | – | 3,65 Cb |
| Inconel 718 | 52,2 | 19 | – | 19 | 0,5 | 0,9 | 3,1 | – | – | – | – | 5,1 Cb |
| MAR-M200 | 58,4 | – | 10 | 9 | 5 | 2 | – | 12,5 | – | – | – | 1 Cb, 2 Hf |
| Renè 41 | 53 | – | 11 | 19 | 1,5 | 3 | 10 | – | – | – | – | 0,006 B |
| Udimet 700 | 55 | 0,5 | 17 | 15 | 4 | 3,5 | 5 | – | – | – | 0,06 | 0,03 |
| Waspaloy | 58 | – | 13,5 | 19,5 | 1,4 | 3 | 4,3 | – | – | 0,05 | – | 0,01 |
| Nimonic 100 | 56 | 2 | 19,5 | 11 | 5 | 1,5 | 5 | – | – | – | – | – |

**COME SI TRADUCE...**
| ITALIANO | INGLESE |
|---|---|
| Turbina | Turbine |

Queste leghe possono essere utilizzate a temperature che arrivano fino al 90% della temperatura di fusione e per tempi che superano le 100 000 ore.

Ciò è reso possibile dalla formazione di un film di ossido protettivo superficiale ($Cr_2O_3$, $Al_2O_3$) capace di bloccare l'ulteriore azione aggressiva dell'ossigeno, dello zolfo e dell'azoto.

### Proprietà e applicazioni

Sono particolarmente utilizzate nelle zone più calde dei motori a **turbina** e costituiscono, attualmente, il 50% del peso dei motori aeronautici più avanzati, in virtù delle seguenti proprietà: migliore disposizione atomica, che garantisce un'elevata resistenza meccanica; resistenza per lungo tempo a temperature elevate, sopra i 650 °C (resistenza a *creep*); capacità di sopportare temperature di esercizio fino a 1300 °C (turbine a gas di centrali elettriche, di velivoli militari e aerospaziali, di mezzi marini e terrestri); capacità di sopportare ambienti fortemente ossidanti per tempi decisamente lunghi; elevata resistenza alla corrosione a caldo; elevata resistenza all'erosione; elevata stabilità dimensionale; basso coefficiente di espansione termica, rispetto alle leghe basate sul ferro. La **tabella D3.25** mostra le proprietà e alcune tipiche applicazioni delle superleghe base nichel a 870 °C.

**Tabella D3.25** Proprietà e applicazioni di alcune superleghe base nichel (continua)

| Superlega | Processo | Carico unitario di rottura [MPa] | Carico unitario di snervamento [MPa] | Allungamento [%] | Applicazioni tipiche |
|---|---|---|---|---|---|
| Astroloy | forgiata | 770 | 690 | 25 | Forgiati per alte temperature |
| Hastelloy X | forgiata | 255 | 180 | 50 | Lamiere per motori a turbina |
| IN-100 | colata | 885 | 685 | 6 | Dischi e palette per motori a turbina |
| Inconel 625 | forgiata | 285 | 275 | 125 | Motori e strutture per aerei |

**Tabella D3.25** Proprietà e applicazioni di alcune superleghe base nichel (segue)

| Superlega | Processo | Carico unitario di rottura [MPa] | Carico unitario di snervamento [MPa] | Allungamento [%] | Applicazioni tipiche |
|---|---|---|---|---|---|
| Astroloy | forgiata | 770 | 690 | 25 | Forgiati per alte temperature |
| Hastelloy X | forgiata | 255 | 180 | 50 | Lamiere per motori a turbina |
| IN-100 | colata | 885 | 685 | 6 | Dischi e palette per motori a turbina |
| Inconel 625 | forgiata | 285 | 275 | 125 | Motori e strutture per aerei |

## D3.6 ZINCO E LEGHE

Lo zinco è utilizzato con altri elementi in leghe da fonderia e in leghe da deformazione plastica. In particolare le leghe da fonderia fondono a temperature relativamente basse, circa 380÷480 °C e possiedono grande fluidità e bassissimo ritiro. Tali caratteristiche permettono la colata di getti anche molto complessi che una volta estratti dallo stampo non richiedono ulteriori lavorazioni meccaniche di finitura. Ciò rende le leghe dello zinco da fonderia competitive rispetto ad analoghe leghe dell'alluminio, perciò trovano largo impiego nella minuteria metallica e nella componentistica per diversi settori industriali. Lo zinco possiede, inoltre, eccellenti qualità protettive contro la corrosione dell'acciaio. La **figura D3.18** riporta alcuni esempi di impiego delle leghe dello zinco.

(a)  (b)  (c)

**Figura D3.18**
Impieghi delle leghe dello zinco:
a) supporto per tubi;
b) componente meccanico;
c) serratura.

### PROPRIETÀ DELLO ZINCO

Lo zinco è un metallo grigio-azzurro che cristallizza nel sistema esagonale compatto. Le principali proprietà fisiche e meccaniche dello zinco sono riportate nella **tabella D3.26**.

**Tabella D3.26** Proprietà fisiche e meccaniche dello zinco (continua)

| Simbolo chimico | Zn |
|---|---|
| Struttura cristallina | e.c. |
| Numero atomico Z | 30 |
| Massa atomica M [g/mol] | 65,38 |
| Massa volumica $\rho$ [kg/dm$^3$] | 7,135 |

## PER COMPRENDERE LE PAROLE

**Colata per gravità**: processo di colata secondo il quale il metallo liquido viene versato direttamente nella forma.

**Colata a pressione (pressocolata o pressofusione)**: processo di colata in cui il metallo liquido riempie la forma metallica in pressione.

**Zincatura a caldo**: processo di diffusione dello zinco nell'acciaio con formazione di un rivestimento costituito, per l'affinità reciproca Zn-Fe, da composti intermetallici. È ottenuto immergendo un manufatto di acciaio in una vasca contenente zinco fuso alla temperatura di 450÷460 °C.

### COME SI TRADUCE...

| ITALIANO | INGLESE |
|---|---|
| Zincatura a caldo | Hot zincing |

**Tabella D3.26** Proprietà fisiche e meccaniche dello zinco (segue)

| | |
|---|---|
| Carico unitario di rottura a trazione $R_m$ [MPa] | 140 |
| Carico unitario di snervamento a trazione $R_s$ [MPa] | 35÷40 |
| Allungamento percentuale a rottura $A_5$ [%] | 15÷20 |
| Modulo di elasticità longitudinale $E$ [MPa] | 90 000÷110 000 |
| Durezza Brinell HBW | 35 |
| Temperatura di fusione $T_f$ [K]/[°C] | 693/420 |
| Coefficiente medio di dilatazione termica lineare $\alpha$ a 20 °C [K$^{-1}$] | $26{,}2 \times 10^{-6}$ |
| Capacità termica massica $C_{tm}$ a 20 °C [kJ/kg K] | 0,389 |
| Calore di fusione massico $L_f$ [kJ/kg] | 113,0 |
| Conduttività termica $k$ a 20 °C [W/m K] | 112 |
| Resistività elettrica $\rho$ a 20 °C [$\Omega$ m] | $58 \times 10^{-9}$ |
| Coefficiente di temperatura della resistività elettrica $\alpha$ [K$^{-1}$] | $3{,}7 \times 10^{-3}$ |
| Comportamento magnetico a 20 °C | diamagnetico |

Le due qualità di zinco di maggior purezza, il 99,995% e il 99,99%, sono usate per la preparazione di leghe, le più importanti delle quali destinate alla fonderia (**colata per gravità**, **pressofusione**). Gli elementi di lega sono normalmente alluminio, magnesio, rame. Grazie a tali leganti vengono migliorate le qualità meccaniche del metallo base. La qualità 99,99% è impiegata anche per la preparazione di leghe destinate alle lavorazioni per deformazione plastica (laminati, profilati, barre estruse, fili), nonché alla produzione di sfere e polvere di zinco per vernici. Lo zinco di qualità 99,95%, per il suo contenuto d'impurità alto, è usato per la produzione di ottoni, bronzi e nella **zincatura a caldo**. La qualità 98,5% trova impiego nella zincatura a caldo e nella produzione di ottoni.

## METALLURGIA DELLO ZINCO

La materia prima per la produzione dello zinco è costituita da minerali di zinco (blenda, solfuro di zinco). Poiché è un minerale con tenori di zinco insufficienti per il successivo trattamento metallurgico, una volta estratto dalla miniera, il grezzo è frantumato e finemente macinato per poi subire un trattamento di arricchimento, con cui si ottiene il solfuro di zinco con contenuto di metallo pari a 45÷60%. Per l'estrazione dello zinco dal solfuro concentrato si seguono due processi, elettrolitico e pirometallurgico, i quali hanno in comune la fase di desolforazione, cioè la riduzione del solfuro di zinco a ossido mediante arrostimento con aria, secondo la reazione $2ZnS+3O_2 \rightarrow 2ZnO+2SO_2$.

Da questo fase in poi i due processi si differenziano. Nel processo elettrolitico, l'ossido di zinco è messo in soluzione con acido solforico e, dopo la separazione dei residui insolubili, la soluzione di solfato di zinco è depurata in più stadi successivi. Passa entro le celle di elettrolisi, dove lo zinco si deposita su catodi di alluminio, l'acido solforico ritorna in ciclo e l'ossigeno si sviluppa su anodi insolubili in lega Pb-Ag. Oggi circa l'80% dello zinco prodotto è ottenuto per via elettrolitica. Nel processo pirometallurgico, l'ossido di zinco è riscaldato in presenza di carbonio a circa 1000 °C; lo zinco distilla come vapore che verrà successivamente condensato, fuori dal contatto con l'aria, a metallo liquido.

# LEGHE DI ZINCO

## Leghe di zinco per pressocolata

Le più comuni leghe di zinco si basano sulla presenza di allumino e rame. Lo zinco adoperato nella preparazione di queste leghe è normalmente d'origine elettrolitica al 99,995%. Tali leghe hanno composizione e caratteristiche abbastanza simili, la differenza è nel contenuto di rame presente nelle leghe. Il rame, oltre ad avere un effetto fluidificante nella fase di pressocolatura, conferisce maggiore durezza e resistenza alla lega. Per gli usi comuni, dove non sono richieste durezza e resistenza particolari, si preferisce usare una lega senza Cu.

## Leghe di zinco ad alto tenore di alluminio

Esistono due tipi di lega: con l'11% e con il 27% di alluminio. Queste leghe possono competere, per le sue buone caratteristiche meccaniche, in alcune utilizzazioni con la ghisa grigia e con alcune leghe a base rame e alluminio. L'eccellente fluidità fa sì che si possano produrre getti con pareti più sottili, rispetto ai getti colati con altre leghe, con un risparmio in massa di materiale. La lega, inoltre, offre ottima tenuta a pressione, anche con spessori di pareti molto sottili, per l'assenza, pressoché totale, di porosità da gas nei getti.

## CLASSIFICAZIONE E DESIGNAZIONE DELLO ZINCO E DELLE SUE LEGHE

### Zinco puro tecnico

Lo zinco puro tecnico è prodotto in base al grado di purezza, che può variare dal 99,995% al 98%. Le norme UNI prevedono sei classi di qualità di zinco. La **tabella D3.27** riporta la designazione delle diverse classi di qualità, costituita dalla lettera "Zn" seguita dall'indicazione numerica del titolo minimo di purezza.

**Tabella D3.27** Designazioni e composizioni chimiche delle sei classi di qualità dello zinco puro tecnico secondo le norme UNI

| Designazione | | Zn 99,995 | Zn 99,99 | Zn 99,95 | Zn 99,5 | Zn 98,5 | Zn 98 |
|---|---|---|---|---|---|---|---|
| Titolo minimo [%] | | 99,995 | 99,99 | 99,95 | 99,5 | 98,5 | 98 |
| Impurità massima totale [%] | | 0,005 | 0,010 | 0,050 | 0,50 | 1,50 | 2,0 |
| Impurità tollerate [%] | Pb | 0,003 | 0,005 | 0,03 | 0,45 | 1,4 | 1,8 |
| | Cd | 0,002 | 0,003 | 0,02 | 0,15 | 0,20 | – |
| | Cu | 0,001 | 0,002 | 0,002 | – | – | – |
| | Fe | 0,002 | 0,003 | 0,02 | 0,03 | 0,05 | 0,08 |
| | Sn | 0,001 | 0,001 | 0,001 | 0,005 | – | – |

## Leghe di zinco

La designazione convenzionale delle leghe di zinco, secondo le norme italiane, è analoga a quella delle leghe leggere. Nella designazione "G-Zn Al27 Cu2", G indica la lega da fonderia (o da getti), Zn indica la lega di zinco, Al27 Cu2 sono elementi leganti con i tenori in ordine decrescente, infatti 27 indica il tenore dell'alluminio (27%) e 2 indica il tenore del rame (2%).

La lega da lavorazione per deformazione plastica è indicata con la lettera "P" al posto della "G"; si utilizzano anche sigle con l'indicazione convenzionale degli elementi chimici, secondo lo schema semplificato nella **tabella D3.28**.

MATERIALI METALLICI NON FERROSI **UNITÀ D3**

**Tabella D3.28** Simboli convenzionali di alcuni elementi chimici

| Elemento | Zinco | Alluminio | Rame | Magnesio | Titanio |
|---|---|---|---|---|---|
| Simbolo chimico | Zn | Al | Cu | Mg | Ti |
| Simbolo convenzionale | Z | A | C | G | T |

Adottando tale schema, la sigla "G-Zn Al27 Cu2" diventa Z A27 C2; in particolare, le tre più comuni leghe di zinco per pressocolata sono G-Zn Al4(ZA4), G-Zn Al4 Cu1 (ZA4C1) eG-Zn Al4 Cu3 (ZA4C3). In Italia queste leghe sono commercializzate sotto le seguenti denominazioni: ZALMAC 3, ZALMAC 5 e ZALMAC 2, ZAMA 13, ZAMA 15 e ZAMA 12.

La **tabella D3.29** schematizza la composizione chimica dei pani delle tre leghe, mentre la **tabella D3.30** mostra le proprietà fisiche delle tre leghe secondo le tabelle UNI.

**Tabella D3.29** Designazioni e composizioni chimiche dei pani delle tre leghe di zinco secondo le norme UNI

| Elemento legante | Leghe | | |
|---|---|---|---|
| | G-Zn Al4 | G-Zn Al4 Cu1 | G-Zn Al4 Cu3 |
| Alluminio [%] | 3,90÷4,30 | 3,90÷4,30 | 3,90÷4,30 |
| Rame [%] | 0,03 | 0,75÷1,25 | 2,70÷3,50 |
| Magnesio [%] | 0,03÷0,06 | 0,03÷0,06 | 0,03÷0,06 |
| **Impurità: massimo valore consentito [%]** | | | |
| Ferro | 0,030 | 0,030 | 0,030 |
| Cadmio | 0,003 | 0,003 | 0,003 |
| Piombo | 0,003 | 0,003 | 0,003 |
| Stagno | 0,001 | 0,001 | 0,001 |
| Cd + Pb + Sn (max) | 0,006 | 0,006 | 0,006 |
| Zinco | restante | restante | restante |

**Tabella D3.30** Proprietà fisiche delle tre leghe di zinco secondo le norme UNI

| Proprietà | Leghe | | |
|---|---|---|---|
| | G-Zn Al4 | G-Zn Al4 Cu1 | G-Zn Al4 Cu3 |
| Massa volumica [kg/dm³] | 6,60 | 6,65 | 6,70 |
| Temperatura di fusione inferiore [°C] | 380 | 380 | 379 |
| Temperatura di fusione superiore [°C] | 386 | 386 | 389 |
| Capacità termica massica $C_{tm}$ a 20 °C [kJ/kg K] | 98 | 105 | 102 |
| Conduttività termica $k$ a 20 °C [W/m K] | 113 | 109 | 105 |
| Resistività elettrica $\rho$ a 20 °C [$\Omega$ m] | $6,40 \times 10^{-8}$ | $6,55 \times 10^{-8}$ | $6,75 \times 10^{-8}$ |
| Coefficiente medio di dilatazione termica lineare $\alpha$ a 20 °C [$K^{-1}$] | 27,4 | 27,4 | 27,7 |
| Ritiro lineare [%] | 1,17 | 1,17 | 1,25 |
| Temperatura massima per la fusione [°C] | 480 | 480 | 480 |

# UNITÀ D3

## VERIFICA DI UNITÀ

Gli esercizi sono disponibili anche nella versione digitale come test interattivi e autocorrettivi

### COMPLETAMENTO

1. L'alluminio metallico puro con titolo superiore a _____ si ottiene mediante processo di _____ elettrolitica, in cui il liquido _____ è costituito da sali fusi a base di fluoruri di _____ e sodio e cloruri di bario.

2. Le _____ sono leghe sviluppate per impieghi ad _____ temperature di esercizio e sottoposte a sollecitazioni di _____ termica e meccanica, frequenti attacchi _____, usura e urti.

3. Le leghe di _____ mantengono alle alte temperature, buone caratteristiche meccaniche e di resistenza allo scorrimento _____. L'elevata resistenza alla _____ e l'assenza di _____ le rende idonee in ambito alimentare e nel settore della _____.

4. Le leghe di magnesio, definite _____, offrono buone caratteristiche di resistenza e _____ meccanica abbinate alla bassissima massa _____. Sono adatte per gli organi meccanici sollecitati a flessione o a carico di _____.

5. Il rame è _____ al 100% mantenendo le proprietà chimico-fisiche-_____ del rame _____; quindi non subisce _____ d'utilizzo o diminuzione di valore.

### SCELTA MULTIPLA

6. L'astroloy è:
   a) uno speciale ottone utilizzato nei radiotelescopi
   b) una speciale cabina per velivoli spaziali
   c) una superlega base nichel
   d) un disco per turbina in multi composizione

7. Gli ottoni sono leghe:
   a) formate da otto metalli
   b) rame - zinco
   c) rame - alluminio
   d) riciclabili fino ad otto volte

8. La sigla di designazione "P-Cu Zn 20 Al 2 As" indica una lega di rame:
   a) da lavorazione plastica – Zn = non specificato – Al = 20% – As = 2%
   b) da lavorazione plastica – Zn = 20% – Al = 2% – As non specificato
   c) contenente fosforo – Zn = 20% – Al = 2% – As non specificato
   d) contenente fosforo – Zn = non specificato – Al = 20% – As = 2%

### VERO O FALSO

9. Il bronzo è una lega rame – stagno.
   Vero ☐   Falso ☐

10. Il minerale più importante per la produzione industriale dell'alluminio è la bauxite.
    Vero ☐   Falso ☐

11. La garnierite è il minerale più importante da cui si ricava il nichel.
    Vero ☐   Falso ☐

391

# MODULO D — VERIFICA FINALE DI MODULO

## PROGETTARE CON I METALLI

● Per produrre una pentola in acciaio inossidabile, si parte normalmente da una lamiera, che viene deformata con delle presse meccaniche o idrauliche per darle la configurazione desiderata.

**A)** Realizzare una pentola in acciaio inox con fondo termico in lega d'alluminio ( ▶ **Fig. D1**). Il fondo termico ha la funzione di trasmettere in modo uniforme il calore alla parte in acciaio inox.

**B)** Indicare, sulla base della destinazione d'uso, quali proprietà chimiche, fisiche e meccaniche devono avere i suddetti materiali metallici e descriverne i processi produttivi.

**C)** Indicare inoltre la classe di appartenenza dei materiali con relativa designazione.

**Figura D.1**
Pentola in acciao inox.

# MODULO E

## MATERIALI NON METALLICI

### PREREQUISITI

**Conoscenze**
- I passaggi di stato fisico della materia al variare della temperatura.
- Le tipologie delle reazioni chimiche, le caratteristiche del carbonio e i principali tipi di composti chimici organici.
- La microstruttura dei materiali, la proprietà e le prove esaminate nel *modulo C*.

**Abilità**
- Eseguire il bilanciamento di una reazione chimica.
- Esprimere le proprietà fisiche con la simbologia e le unità di misura appropriate.
- Esprimere le proprietà meccaniche con la simbologia unificata.

**AREA DIGITALE**
- Approfondimento — E4 Progettare con i materiali
- Video — # Prova di trazione su gomma
- Verifiche interattive
- Approfondimento — Plastic material selection (CLIL Lab)

Ulteriori esercizi e Per documentarsi — hoeplischuola.it

### OBIETTIVI

**Conoscenze**
- Le proprietà dei materiali non metallici trattati.
- I processi di ottenimento dei materiali non metallici trattati.
- I criteri della classificazione dei materiali trattati.
- I criteri di scelta dei materiali.

**Abilità**
- Interpretare la designazione dei materiali non metallici trattati.
- Applicare le procedure di scelta dei materiali non metallici.

**Competenze di riferimento**
- Individuare le proprietà dei materiali in relazione all'impiego, ai processi produttivi e ai trattamenti.
- Organizzare il processo produttivo contribuendo a definire le modalità di realizzazione, di controllo e collaudo del prodotto.
- Progettare con i materiali.

**UNITÀ E1** — MATERIALI CERAMICI, REFRATTARI E VETRI

**UNITÀ E2** — MATERIALI POLIMERICI

**UNITÀ E3** — MATERIALI COMPOSITI

**UNITÀ E4** — PROGETTARE CON I MATERIALI

# AREA DIGITALE
# VERIFICA PREREQUISITI

Gli esercizi sono disponibili anche nella versione digitale come test interattivi e autocorrettivi

## COMPLETAMENTO

1. Indicare i valori relativi al numero atomico e alla valenza del Carbonio: numero atomico __ = __; valenza pari a _____.

2. Bilanciare le seguenti reazioni chimiche:

   a) Ti + __ HCl ↔ TiCl$_4$ + __ H$_2$

   b) __ Al + __ O$_2$ ↔ __ Al$_2$O$_3$

3. Indicare i composti a cui appartengono le seguenti formule brute.

| Composto | Formula bruta |
|---|---|
|  | HNO$_3$ |
|  | HCl |
|  | NaCl |
|  | SO$_2$ |
|  | Fe(OH)$_3$ |

4. Completare la seguente tabella.

| Proprietà | Simbolo | Unità di misura | Tipo di proprietà (fisica, termica ecc.) |
|---|---|---|---|
| Massa volumica | $\rho$ | kg/m$^3$ |  |
|  | $\alpha$ | 1/K | termica |
|  | $\rho$ | $\Omega$m |  |
| Capacità termica massica | $C_{tm}$ | J/kg K |  |

## SCELTA MULTIPLA

5. Indicare il significato di $R_m$:

   a) carico unitario di rottura a trazione
   b) tenacità alla frattura
   c) limite di fatica
   d) coefficiente di strizione percentuale

## VERO O FALSO

6. La proprietà tecnologica della malleabilità descrive la capacità dei metalli di essere ridotti in lamine.

   Vero ☐    Falso ☐

7. La formula bruta CH$_4$ corrisponde al composto organico metano.

   Vero ☐    Falso ☐

# MATERIALI CERAMICI, REFRATTARI E VETRI

## Obiettivi

### Conoscenze

- La struttura dei materiali ceramici e dei vetri allo stato solido e i relativi difetti.
- Le proprietà chimiche, fisiche, meccaniche, elettriche e termiche dei materiali ceramici e dei vetri.
- La classificazione dei materiali ceramici e dei vetri.
- Le principali direttive comunitarie di prodotto.

### Abilità

- Classificare i materiali ceramici in funzione della loro struttura.
- Caratterizzare un materiale ceramico sulla base delle sue proprietà.
- Definire le proprietà e le strutture che deve avere un materiale ceramico per soddisfare i requisiti d'impiego.
- Valutare le proprietà dei materiali al fine di operarne la scelta in relazione all'impiego e alle prestazioni richieste.

## Per orientarsi

Storicamente le argille sono state le prime materie grezze impiegate per fabbricare i *materiali ceramici*; quelli non derivati dalle argille hanno un'origine più recente poiché sono realizzati grazie ai passi importanti compiuti nella conoscenza della loro struttura e ai processi della tecnologia.

Attualmente la scienza dei ceramici è tra quelle più avanzate nel campo dei materiali.

I materiali ceramici sono costituiti dall'aggregazione di:
— elementi metallici ed elementi non metallici;
— elementi non metallici;
— elementi dello stesso tipo.

Tra gli atomi di questi elementi si instaurano forti legami chimici, di tipo ionico o covalente; per rompere tali legami occorre separare gli ioni, quindi serve molta energia. Ciò spiega la notevole durezza e la fragilità, il buon comportamento alle alte temperature (*refrattarietà*) e la resistenza agli agenti corrosivi (*inerzia chimica*) dei materiali ceramici. Inoltre, poiché gli elettroni che partecipano alla costituzione del legame rimangono immobilizzati, i ceramici hanno ottime proprietà di isolamento termico ed elettrico.

Il materiale ceramico può avere una struttura atomica cristallina o amorfa; nel primo caso esso è costituito da un reticolo spaziale cristallino analogo a quello esaminato per i materiali metallici; nel secondo caso presenta una **struttura** disordinata e non ripetitiva di atomi, ovvero non cristallina, definita **amorfa** o **vetrosa** (▶ Fig. E1.1). La microstruttura dei ceramici differisce da quella dei metalli e presenta un'aggregazione in forma di grani o fasi. Molti ceramici hanno **pori**, la cui dimensione e quantità (frazione del volume) deve essere definita e tenuta sotto controllo.

| COME SI TRADUCE... | |
|---|---|
| **ITALIANO** | **INGLESE** |
| Struttura amorfa | Amorphous structure |
| Vetroso | Glassy |
| Pori | Pores |

**Figura E1.1**
Struttura schematica del vetro in cui gli atomi di silicio sono fortemente vincolati agli atomi di ossigeno con legame covalente:
a) vetro di silice con struttura amorfa;
b) vetro sodico con aggiunta di atomi di sodio.

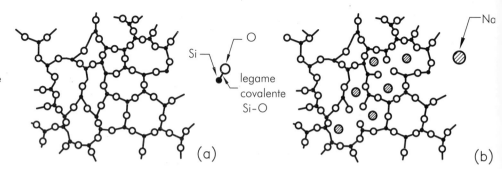

## E1.1 STRUTTURA DEI MATERIALI CERAMICI E DEI VETRI

### Legami ionico e covalente

I **legami** chimici **ionico** e **covalente**, insieme a quello metallico (▶ **Mod. B**), costituiscono i modi con cui gli atomi possono unirsi tra loro. Questi legami sono detti **primari** perché sono i più forti, resistenti e rigidi; essi conferiscono ai materiali valori elevati di $E$ (modulo elastico longitudinale) e, generalmente, si rompono, consentendo la fusione del materiale, tra $1000 \div 5000\,K$.

I legami di **Van der Waals** (▶ **Fig. E1.2**) e **idrogeno**, relativamente più deboli, sono detti **secondari** e si rompono tra $100 \div 500\,K$.

**COME SI TRADUCE...**

| ITALIANO | INGLESE |
|---|---|
| Legame ionico | Ionic bond |
| Legame covalente | Covalent bond |
| Legame idrogeno | Hydrogen bond |
| Legami primari | Primary bonds |
| Legami secondari | Secondary bonds |

**Figura E1.2**
Legame di Van der Waals: $r$ indica la distanza interatomica; la carica positiva del dipolo dell'atomo di sinistra attrae la carica dell'atomo di destra.

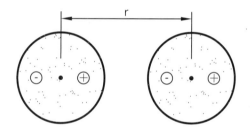

**PER COMPRENDERE LE PAROLE**

**Legame di Van der Waals:** si basa sull'attrazione dipolare tra atomi elettricamente neutri. La distribuzione istantanea assimmetrica della carica degli atomi forma dipoli elettrici che si attraggono.

**Legame idrogeno:** ogni atomo di H cede la propria carica all'atomo di $O_2$ più vicino (che acquista così carica negativa), diventando positivo e agendo come un legame ponte tra gli ioni vicini di $O_2$. La istribuzione di carica trasforma ogni molecola di acqua $H_2O$ in un dipolo elettrico che attrae altri dipoli $H_2O$.

Nella realtà molti atomi sono vincolati tra loro con più di un tipo di legame (legami misti), per esempio, i metalli con elevatissima temperatura di fusione (tungsteno, molibdeno, tantalio ecc) presentano oltre al legame metallico anche quello covalente. I materiali ceramici e i vetri sono tenuti insieme da legami primari ionico e covalente.

### Legame ionico per trasferimento di elettroni

Si forma tra un metallo e un non-metallo, dando origine a sali (alcali, carbonati) e ossidi. Poiché i metalli hanno la tendenza a perdere i loro elettroni più esterni, mentre gli elementi non metallici tendono invece a catturarli, si registra un **trasferimento di elettroni** tale da garantire l'uguaglianza tra il numero di elettroni perduti da un atomo e quelli acquistati dall'altro.

Tra gli ioni metallici positivi (in quanto hanno perso elettroni) e gli ioni non-metallici negativi (in quanto hanno catturato elettroni) si crea un legame ionico dovuto all'attrazione elettrostatica reciproca tra gli ioni di diversa carica.

Il cloruro di sodio ne è un esempio, generalizzabile per similitudine a tutti i solidi ionici (▶ **Fig. E1.3**): l'atomo di sodio è costituito da un nucleo con 11 protoni e 12 neutroni, circondato da 11 elettroni disposti su diverse orbite; l'atomo di cloro è costituito da 17 protoni, 18 neutroni e 17 elettroni.

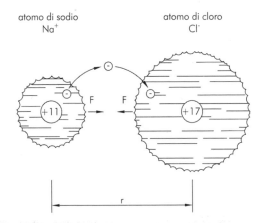

**Figura E1.3**
Formazione di un legame ionico tra un atomo di sodio e un atomo di cloro per generare cloruro di sodio: $F$ = forza di attrazione; $r$ = distanza interatomica.

Il legame ionico non è **direzionale**. Infatti, considerando lo ione di forma sferica – semplificazione utile e accettata in ambito tecnologico –, anche la distribuzione degli elettroni risulterà uniformemente sferica. Ciò comporta la possibilità, per gli ioni, di interagire tra loro in tutte le direzioni, nonché un'ampia libertà nel modo con cui impaccarsi. Naturalmente la somma totale delle cariche degli ioni (positivi e negativi) impaccati deve essere nulla.

La formazione del solido ionico avviene in modo tale che ogni ione positivo è circondato da più ioni negativi e, a sua volta, ogni ione negativo è contornato da più ioni positivi, con un posizionamento degli atomi in un reticolo spaziale cristallino ( ▶ **Fig. E1.4**) analogo a quello esaminato per i materiali metallici.

**COME SI TRADUCE...**
| ITALIANO | INGLESE |
|---|---|
| *Direzionale* | *Directional* |

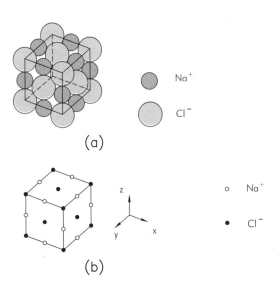

**Figura E1.4**
a) Modello del reticolo spaziale cristallino del cloruro di sodio (NaCl). Gli atomi di sodio hanno carica positiva, mentre gli atomi di cloro hanno carica negativa. L'impaccamento degli ioni risulta denso perché si ottiene il massimo possibile di accoppiamento alternato di cariche positive e negative, inoltre, gli ioni dello stesso tipo e con la stessa carica restano vincolati senza mai toccarsi.
b) Cella elementare cristallina di NaCl.

Poiché le forze di attrazione elettrostatica sono molto elevate, i solidi ionici hanno temperature di fusione piuttosto alte. Essi, inoltre, sono generalmente duri e fragili, e tendono a sfaldarsi con facilità. Poiché allo stato solido gli ioni non hanno libertà di movimento, le sostanze ioniche non conducono elettricità; essi divengono però ottimi conduttori allo stato liquido.

## Legame covalente per condivisione di elettroni

Il *legame covalente* si forma tra atomi dello stesso elemento, nei composti di non-metalli e tra atomi di elementi diversi per creare molecole con una determinata geometria, ed è presente negli elementi puri di carbonio, silicio e germanio.

Esso è il legame dominante nei silicati e nei vetri e contribuisce, come già accennato, al legame dei metalli con elevata temperatura di fusione; compare anche nei polimeri in cui unisce gli atomi di carbonio tra loro e ad altri elementi. In questo caso i moduli di elasticità $E$ sono normalmente piccoli perché i solidi polimerici contengono anche altri legami di tipo più debole.

Il legame covalente si basa sulla **condivisione degli elettroni** tra due atomi; un esempio è dato dalla molecola biatomica di idrogeno: l'avvicinamento dei due nuclei crea un nuovo **orbitale** elettronico, condiviso dai due atomi nel quale si posizionano i due elettroni ( ▶ **Fig. E1.5** ). Poiché l'orbitale comprende tutta la molecola si definisce *molecolare*.

### PER COMPRENDERE LE PAROLE

**Orbitale**: regione dello spazio intorno al nucleo atomico in cui è più probabile trovare gli elettroni. Tali regioni assumono forme molto varie e complicate; quella più semplice è la forma sferica.

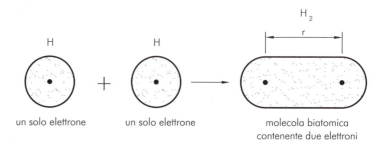

**Figura E1.5**
Formazione di un legame covalente tra due atomi di idrogeno per generare la molecola biatomica H₂: $r$ = distanza interatomica.

### COME SI TRADUCE...

| ITALIANO | INGLESE |
|---|---|
| Orbitale | Orbital |
| Condivisione degli elettroni | Sharing of electrons |
| Direzionalità | Directionality |

Un esempio di legame covalente è quello del diamante. In questo caso, gli elettroni condivisi tra gli atomi di carbonio occupano regioni dello spazio che evidenziano le estremità di un tetraedro ( ▶ **Fig. E1.6a** ). La forma simmetrica di questi orbitali permette la formazione di un legame fortemente direzionale ( ▶ **Fig. E1.6b** ).

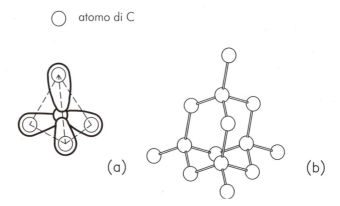

**Figura E1.6**
a) Formazione di legami covalenti direzionali alle estremità di un tetraedro tra atomi di carbonio del diamante: ciascun atomo di carbonio ha in comune una coppia di elettroni con altri quattro atomi di carbonio.
b) Struttura direzionale del diamante.

Molti altri legami covalenti presentano, in funzione della forma degli orbitali, varie direzionalità che determinano il modo con cui gli atomi si impaccano insieme per formare cristalli. I solidi covalenti sono quindi costituiti da atomi che hanno coppie di elettroni in comune con gli atomi circostanti. Poiché i legami covalenti sono orientati in direzioni fisse, ogni cristallo costituisce un'unica struttura tridimensionale gigante; il legame covalente è il più forte tra i legami primari per via della sua **direzionalità**. Le sostanze covalenti solide hanno alte temperature di fusione, durezza elevata e sono cattivi conduttori di elettricità.

### MATERIALI CERAMICI IONICI E COVALENTI

Una prima distinzione è fatta tra i materiali ceramici che posseggono legami prevalentemente ionici e quelli che posseggono legami prevalentemente covalenti.

I *ceramici ionici* sono tipicamente composti da un metallo e da un non-metallo come, per esempio, il cloruro di sodio (NaCl), l'ossido di magnesio (MgO), l'ossido di alluminio o allumina ($Al_2O_3$), l'ossido di zirconio o zircone ($ZrO_2$).

I *ceramici covalenti*, invece, sono composti da due non-metalli, come la silice ($SiO_2$) e talvolta sono elementi non-metallici puri, come il carbonio nel diamante e il silicio. In questa classe di ceramici un atomo si lega con quelli vicini condividendo gli elettroni per dare origine a un numero fissato di legami direzionali.

Le microstrutture risultanti sono del tutto differenti da quelle ottenute con il legame ionico, dando quindi origine a proprietà meccaniche molto diverse. Spesso i ceramici covalenti non sono cristallini; per esempio, tutti i vetri commerciali sono costituiti da un reticolo tridimensionale amorfo basato sulla silice ($SiO_2$).

### PER COMPRENDERE LE PAROLE

**Coulombiano**: interazione elettrostatica tra cariche elettriche.

## Materiali ceramici ionici puri

### Composti semplici di tipo AX

I composti ceramici più semplici hanno un numero uguale di atomi appartenenti a due soli elementi e vengono perciò schematizzati con la formula generica AX, in cui A rappresenta l'atomo di un metallo e X quello di un non-metallo. Esistono tre categorie di strutture cristalline associate a questi composti.

Nella prima categoria, oltre al già citato NaCl, sono compresi composti come MgO, LiF, MnS, TiN, la cui struttura è riportata nella **figura E1.7**, dove sono indicati gli ioni metallici tipo $A^+$ e quelli non-metallici $X^-$.

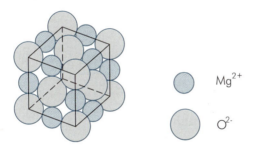

**Figura E1.7**
Struttura a cella elementare cristallina c.f.c. del composto MgO di tipo AX. Tra gli ioni di segno opposto ($Mg^{2+}$ e $O^{2-}$) si sviluppano forti attrazioni di tipo **coulombiano** che superano per importanza quelle repulsive.

La cella elementare cristallina è costituita da un cubo: è evidente la sua somiglianza con il reticolo *cubico facce centrate (c.f.c.)* dei metalli. Poiché nella cella è presente uno ione a ogni vertice e al centro di ogni faccia, si ha completa identità con il reticolo *c.f.c.* Gli interstizi di tale cristallo *c.f.c.* sono occupati dagli ioni di segno opposto; ogni ione positivo è circondato da 6 ioni negativi tangenti. Ciò vale anche per gli ioni negativi, ognuno dei quali è circondato da 6 ioni positivi.

La seconda categoria ha una struttura con ioni positivi circondati da 8 ioni negativi tangenti e viceversa; essa ha una disposizione di atomi analoga a quella del reticolo *cubico corpo centrato (c.c.c.)* dei metalli, ma ne differisce poiché nella cella *c.c.c.* la posizione centrale è uguale a quella dei vertici, mentre nel composto ceramico il centro del cubo è occupato da un tipo di ione e i vertici dall'altro ione con segno opposto ( ▶ **Fig. E1.8a**). Pertanto la struttura è definita *cubica semplice (c.s.)*, poiché solo i vertici della cella unitaria sono equivalenti.

La terza categoria di struttura *AX* è rappresentata nella **figura E1.8b**: ogni atomo di metallo è coordinato con 4 atomi di non-metallo e viceversa. Anche questo composto è *c.f.c.* poiché le posizioni ai vertici del cubo e al centro di ogni faccia sono uguali; in tal caso è ben evidente che gli atomi del metallo sono in contatto solo con quelli del non-metallo e viceversa ( ▶ **Fig. E1.8b**).

**Figura E1.8**

a) Struttura a cella elementare cristallina *cubica semplice* (*c.s.*) del composto CsCl di tipo AX: sono presenti ioni Cs⁺ e Cl⁻.

b) Struttura a cella elementare cristallina *cubica facce centrate* (*c.f.c.*): si forma quando lo ione positivo è piccolo e può coordinarsi solo con 4 grandi ioni negativi e quando gli atomi hanno legami covalenti e richiedono 4 atomi cui legarsi.

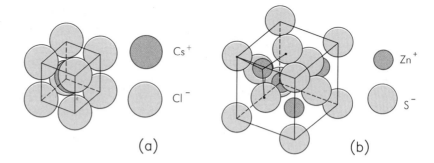

### Composti semplici di tipo $A_mX_n$

Se gli ioni presenti nel materiale non hanno la stessa valenza, non può esistere una struttura del tipo AX, che presuppone un rapporto 1:1 delle valenze e tra gli elementi. Nell'alluminia $Al_2O_3$ il rapporto è 2:3: ogni ione alluminio ha valenza +3 e ogni ione ossigeno –2. La struttura $A_2X_3$, relativa all'ossido di alluminio o alluminia $Al_2O_3$, ha una cella cristallina elementare esagonale compatta o *e.c.* con una **cavità ottaedrica** e due **tetraedriche** per atomo ( ▶ **Fig. E1.9**).

**Figura E1.9**

Struttura a cella cristallina elementare *esagonale compatta* (e.c.) del composto $Al_2O_3$ di tipo $A_2X_3$.
Gli ioni $Al^{3+}$ sono nelle cavità ottaedriche in modo tale che ognuno sia circondato da 6 ioni $O^{2-}$.

#### COME SI TRADUCE...

| ITALIANO | INGLESE |
|---|---|
| Cavità ottaedrica | Octahedral hole |
| Cavità tetraedrica | Tetrahedral hole |

**Figura E1.10**

a) Struttura a cella elementare cristallina cubica del diamante, nella quale ogni atomo si lega a 4 atomi vicini.

b) Struttura a cella elementare cristallina cubica del carburo di silicio (SiC), simile a quella del diamante, con la metà degli atomi di carbonio rimpiazzati dal silicio.

### Materiali ceramici covalenti puri

Si consideri il diamante che è il ceramico covalente più resistente e duro; esso ha una struttura basata su un raggruppamento coordinato di 4 atomi, all'interno di una cella elementare cubica ( ▶ **Fig. E1.10a**).

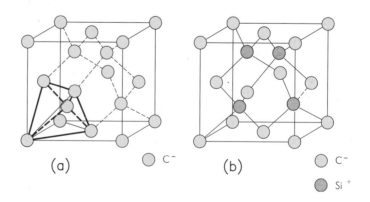

Ogni atomo si trova al centro di un tetraedro, con i propri legami direzionati verso le quattro estremità del tetraedro stesso. Anche i ceramici strutturali molto duri, come il carburo di silicio SiC e il nitruro di silicio $Si_3N_4$, hanno una struttura simile a quella del diamante ( ▶ **Fig. E1.10b**). In particolare, la struttura del SiC è ottenuta sostituendo nella cella cubica del diamante la metà degli atomi di carbonio; il carburo di silicio è, dopo il diamante, uno dei più duri materiali conosciuti e ciò è dovuto alla somiglianza delle due strutture.

## Leghe ceramiche

Così come avviene per i metalli, anche i materiali ceramici formano leghe. Ciò consente di produrre nuovi ceramici con particolari caratteristiche, per esempio, allo stato fuso gli ossidi sono generalmente solubili in altri ossidi; raffreddandosi, essi solidificano formando una o più fasi (soluzioni solide o nuovi composti).

## Microstruttura dei ceramici

I ceramici cristallini hanno la **microstruttura** policristallina simile a quella dei metalli ( ▶ **Fig. E1.11**).

### COME SI TRADUCE...

| ITALIANO | INGLESE |
|---|---|
| *Leghe ceramiche* | Ceramic alloys |
| *Microstruttura* | Microstructure |
| *Microcricche* | Microcracks |
| *Denso* | Dense |
| *Porosità* | Porosity |

### PER COMPRENDERE LE PAROLE

**Porosità**: presenza di piccole cavità nel corpo solido per cui esso risulta meno compatto e denso.

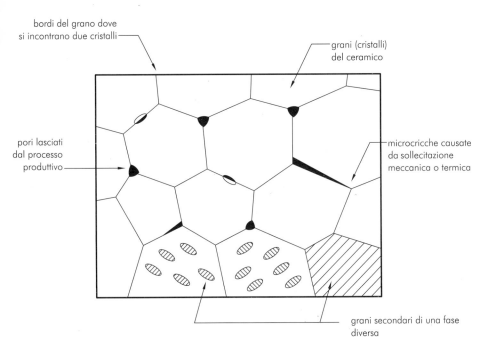

**Figura E1.11**
Microstruttura di un ceramico cristallino: grani, bordo del grano, pori, **microcricche**, grani secondari di fase diversa (presenti nelle leghe).

Ogni grano è un cristallo più o meno perfetto a contatto con quelli confinanti lungo il bordo del grano, la cui struttura è più complessa di quella dei metalli. Gli ioni devono evitare quelli con lo stesso segno di carica e nel bordo devono essere soddisfatte le regole della valenza così come all'interno del grano. Poiché ciò non è visibile a livello microstrutturale, un ceramico puro e **denso** appare come un metallo. Una porosità fino al 20% è tipico della microstruttura. Sebbene i pori, molto arrotondati, indeboliscano il materiale, sono in realtà le cricche a danneggiarlo maggiormente, poiché sono presenti in molti ceramici, anche se è difficile individuarle. Esse nascono durante il processo produttivo e si formano per differenze nella dilatazione termica o nei moduli elastici esistenti tra i grani e le fasi. I requisiti microstrutturali più importanti sono:
— tipo, quantità, distribuzione di fasi cristalline o vetrose;
— caratteristiche delle fasi a bordo grano;
— distribuzione, dimensione, composizione chimica dei grani;
— quantità, distribuzione, dimensione di **porosità** e difetti.

## E1.2 PROPRIETÀ MECCANICHE DEI CERAMICI

**COME SI TRADUCE...**

| ITALIANO | INGLESE |
|---|---|
| Moduli elastici | Elastic moduls |
| Abrasivi | Abrasives |
| Resistenza del reticolo cristallino | Lattice resistance |

### Modulo elastico

I ceramici posseggono **moduli elastici** generalmente più grandi rispetto a quelli dei metalli per la maggiore rigidezza dei legami ionici o covalenti presenti; inoltre, hanno una bassa massa volumica poiché sono costituiti da atomi leggeri (ossigeno, carbonio, silicio, alluminio) con una struttura solida spesso poco impaccata, di conseguenza i loro moduli specifici ($E/\rho$) sono elevati.

Nella **tabella E1.1** si rileva che l'allumina ha un modulo specifico (100) quasi quattro volte più grande di quello dell'acciaio (27). Ciò spiega l'impiego dei ceramici e delle fibre di vetro nei compositi a elevata rigidezza.

**Tabella E1.1** Confronto tra i moduli specifici di alcuni metalli e ceramici

| | Materiale | Modulo E [GPa] | Massa volumica [kg/dm³] | Modulo specifico E/ρ [GPa / kg/dm³] |
|---|---|---|---|---|
| **Metalli** | Acciai | 210 | 7,8 | 27 |
| | Leghe di alluminio | 70 | 2,7 | 26 |
| **Ceramici** | Allumina $Al_2O_3$ | 390 | 3,9 | 100 |
| | Silice $SiO_2$ | 69 | 2,6 | 27 |

### Durezza

I ceramici sono i solidi con maggiore durezza; infatti l'allumina, il carburo di silicio (SiC) e il diamante sono più duri di qualsiasi metallo puro o in lega; di conseguenza si impiegano come **abrasivi** per la lavorazione dei metalli stessi. Ciò è dovuto alla diversa natura della struttura cristallina.

I metalli sono *intrinsecamente duttili* perché le dislocazioni si muovono con facilità nel loro interno, sotto l'azione di una sollecitazione meccanica (▶ **Fig. E1.12a**).

I ceramici sono *intrinsecamente duri* perché i legami ionico e covalente oppongono una grande resistenza del reticolo al movimento delle dislocazioni; il legame covalente si basa su un reticolo di legami direzionali che vincola gli atomi (▶ **Fig. E1.12b**).

I ceramici con legame ionico hanno un vincolo basato sull'interazione elettrostatica come quello metallico, tuttavia si verificano condizioni diverse.

Sollecitando il cristallo lungo direzioni a 45°, la **resistenza del reticolo cristallino** è piccola, poiché sono coinvolti nello spostamento ioni di segno opposto che si attraggono.

Sollecitando il cristallo lungo direzioni orizzontali, la resistenza del reticolo è grande, perché sono coinvolti nello spostamento ioni dello stesso segno, quindi vi è repulsione tra gli ioni.

In questo caso si ha grande resistenza del reticolo all'avanzamento della dislocazione (▶ **Fig. E1.12c**). Nei ceramici ionici policristallini si avranno nel complesso molte direzioni di sollecitazione orizzontali, quindi essi risulteranno molto duri (tuttavia meno di quelli covalenti).

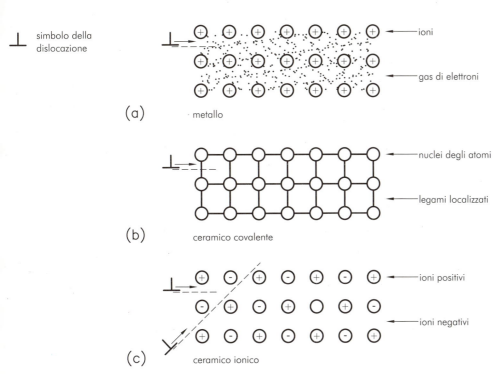

**Figura E1.12**
Movimento delle dislocazioni:
a) facile nei metalli puri;
b) difficile nei ceramici covalenti perché si devono rompere e riformare i legami interatomici;
c) facile lungo certe direzioni e difficile lungo altre nei ceramici ionici; normalmente predominano le direzioni di maggiore difficoltà.

## TENACITÀ ALLA FRATTURA E RESISTENZA A TRAZIONE

A causa dell'elevata durezza, i ceramici sono fragili: la tenacità alla frattura è bassa. Anche nei ceramici l'avanzamento di una cricca avviene per deformazione plastica del materiale, procedendo dal suo apice verso l'interno. Contrariamente a quanto avviene in un metallo, l'energia assorbita nella deformazione plastica è molto piccola, quindi la cricca avanza facilmente (▸ **Fig. E1.13**).

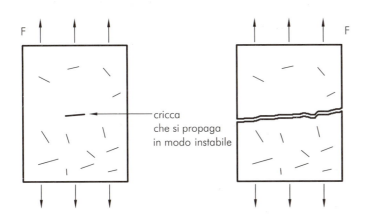

**Figura E1.13**
Propagazione instabile di una cricca in un ceramico sollecitato a trazione. La sollecitazione fa avanzare velocemente le estremità del difetto, che attraversa tutta la sezione resistente del ceramico, determinandone la rottura.

Si noti che i ceramici quasi sempre contengono cricche e difetti (▸ **Fig. E1.11**).

## RESISTENZA ALLO SHOCK TERMICO

Repentine variazioni di temperatura (*shock termico*) possono portare alla rottura dei ceramici. La resistenza allo shock termico si misura riscaldando progressivamente un pezzo in materiale ceramico alla più alta temperatura e immergendolo, quindi, nell'acqua fredda. La differenza massima di temperatura $\Delta T$ (in K) che può sopportare il pezzo è la misura della resistenza allo shock termico.

### Scorrimento viscoso

Anche i ceramici, come i metalli, scorrono a caldo. La **figura E1.14** riporta una curva di scorrimento viscoso di un ceramico: essa è simile a quella dei metalli.

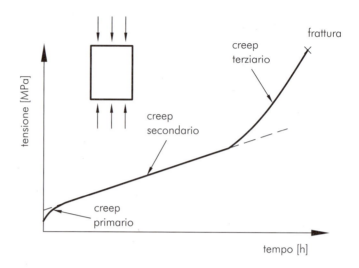

**Figura E1.14**
Una curva di scorrimento viscoso di un ceramico.

| COME SI TRADUCE... | |
|---|---|
| **ITALIANO** | **INGLESE** |
| *Refrattari* | *Refractories* |

Durante lo scorrimento primario, il tasso di deformazione diminuisce con il tempo, tendendo verso lo stato di tasso costante di scorrimento (secondario). Infine, il tasso di scorrimento accelera nella parte terziaria fino alla rottura.

Lo scorrimento inizia quando la temperatura raggiunge 1/3 della temperatura di fusione del ceramico ($T_f$). Risulta, perciò, una temperatura elevata se si tiene conto che la $T_f$ dei ceramici strutturali è dell'ordine di 2000 °C; di conseguenza, si tiene conto dello scorrimento viscoso soltanto nelle applicazioni a temperature molto alte come nel caso dei refrattari.

## E1.3 REFRATTARI E ABRASIVI

I **refrattari** sono materiali per l'impiego ad alta temperatura; gli abrasivi sono materiali molto duri, adatti come utensili nelle lavorazioni per asportazione di truciolo. In questa sede vengono raggruppati poiché le proprietà di entrambi derivano dai fortissimi legami metallo-non-metallo che sono presenti nella loro struttura. Per esempio, $Al_2O_3$ ha una durezza 9 nella scala delle durezze di Mohs impiegata in mineralogia (in essa, al diamante viene attribuita la massima durezza, pari a 10) e le compete un punto di fusione superiore a 2000 °C, come risulta dalla **tabella E1.2**.

**Tabella E1.2** Durezza dei materiali abrasivi (continua)[1]

| Materiale | Composizione | Durezza Mohs | Durezza scala Knoop (approssimata) | Temperatura di fusione [°C] |
|---|---|---|---|---|
| Diamante | C | 10 | 8000 | > 3500 |
| Carburo di boro | $B_4C$ | – | 3500 | 2450 |
| Carburo di silicio | SiC | – | 3000 | > 2700 |

**Tabella E1.2** Durezza dei materiali abrasivi

(segue)[1]

| Materiale | Composizione | Durezza Mohs | Durezza scala Knoop (approssimata) | Temperatura di fusione [°C] |
|---|---|---|---|---|
| Carburo di titanio | TiC | – | 2800 | 3190 |
| Carburo di tungsteno | WC | – | 2100 | 2770 |
| Corindone | $Al_2O_3$ | 9 | 2000 | 2050 |
| Topazio | $SiAl_2F_2O4$ | 8 | 1500 | si decompone |
| Quarzo | $SiO_2$ | 7 | 1000 | si trasforma |
| Ortoclasio | $KAlSi_3O_8$ | 6 | 600 | si decompone |
| Apatite | $Ca_5P_3O_{12}F$ | 5 | 500 | ~1400 |
| Vetro | a base $SiO_2$ | 5÷7 | 500÷1000 | 1000 |
| Fluorite | $CaF_2$ | 4 | 200 | 1330 |
| Calcite | $CaCO_3$ | 3 | 150 | si decompone |
| Gesso | $CaSO_4(2H_2O)$ | 2 | 50 | si decompone |
| Talco | $Mg_3Si_4O_{10}(OH)_2$ | 1 | 20 | si decompone |

[1] Materiali che nella scala di Mohs hanno durezza > 7.

Come abrasivo, il corindone ($Al_2O_3$) è impiegato sotto forma di componente caratteristico delle mole; come refrattario non solo è in grado di resistere alle alte temperature ma, essendo chimicamente inerte, resiste anche all'ossidazione e ad altri ambienti aggressivi.

Un altro materiale refrattario e abrasivo d'uso industriale è il carburo di silicio (SiC); questo ceramico è più duro di $Al_2O_3$ e fonde a una temperatura più alta, tuttavia è soggetto a una lenta ossidazione, che lo porta a trasformarsi in CO (un gas) e $SiO_2$ (un vetro). Fortunatamente questo processo è lento, poiché la silice che si forma in superficie costituisce una barriera relativamente impermeabile all'ossigeno, preservando così il SiC da una rapida ossidazione.

Nella **tabella E1.3** sono elencati i materiali refrattari impiegati nei forni industriali che operano per gli usi più svariati, con le loro proprietà.

**Tabella E1.3** Alcune proprietà di materiali refrattari

(continua)

| Materiale refrattario | Composizione [%] | Punto di rammollimento [°C] | Massa volumica $r$ [kg/dm³] | Porosità [%] | Coefficiente di dilatazione termica lineare $\alpha$ [K⁻¹] | Conduttività termica $k$ a 20 °C [W/m K] | Capacità termica massica $C_{tm}$ [kJ/kg K] | Ritiro [%] |
|---|---|---|---|---|---|---|---|---|
| Silicoalluminoso | $Al_2O_3$:35÷42 $SiO2$:52÷60 | 1680÷1740 | 2,60÷2,70 | 8÷24 | 5,4 (20÷1300°C) | 0,00339 (200÷1000°C) | 0,254 (25÷1000°C) | 0,5÷2 a 1230°C |
| Allumina | $Al_2O_3$:90 | 1760÷1865 | 3,55÷3,65 | 13÷25 | 7,0÷10,0 | 0,00339 (200÷1000°C) | 0,254 (25÷1000°C) | 0 a 1650°C |

MATERIALI CERAMICI, REFRATTARI E VETRI **UNITÀ E1**

**Tabella E1.3** Alcune proprietà di materiali refrattari                                                                    (segue)

| Materiale refrattario | Composizione [%] | Punto di rammollimento [°C] | Massa volumica $r$ [kg/dm³] | Porosità [%] | Coefficiente di dilatazione termica lineare $\alpha$ [K⁻¹] | Conduttività termica $k$ a 20 °C [W/m K] | Capacità termica massica $C_{tm}$ [kJ/kg K] | Ritiro [%] |
|---|---|---|---|---|---|---|---|---|
| Caolino | $Al_2O_3$:44÷45 $SiO_2$:51÷53 | 1680÷1760 | 2,60÷2,70 | 7÷18 | 4,3 (20÷1610 °C) | 0,0045 (200÷1000 °C) | 0,254 (25÷1000 °C) | 5 a 1650 °C |
| Zircone | $ZrSiO_4$ | >2015 | 4,6 | 0÷30 | 4,2÷5,5 (20÷1550 °C) | 0,0046 (200÷1000 °C) | 0,18 (20÷50 °C) | 0 a 1550 °C |
| Silice | $SiO_2$:95÷96 | 1680÷1740 | 2,30÷2,40 | 20÷28 | 43 (20÷300 °C) | 0,0045 (200÷1000 °C) | 0,265 (20÷50 °C) | 0 |

Nella scelta del miglior tipo di refrattario per un impiego specifico, occorre considerare la particolare complessità delle condizioni ambientali, che richiedono al contempo resistenza meccanica, alle alte temperature e alla corrosione.

Malgrado tutto, anche conoscendo con precisione le proprietà dei singoli refrattari, è inevitabile incontrare notevoli difficoltà nel conciliare le diverse esigenze.

L'esame dei materiali abrasivi sarà condotto nel modulo relativo agli utensili per l'asportazione di truciolo.

## E1.4 CERAMICI STRUTTURALI

**PER COMPRENDERE LE PAROLE**

**Ceramico massivo:** materiale costituito interamente da materiale ceramico dello stesso tipo, che perciò risulta omogeneo dal punto di vista della composizione. Questi ceramici sono diversi, quindi, dai compositi o dai multistrato, costituiti da materiali diversi e perciò non omogenei.

I *ceramici strutturali* sono in grado di sopportare sollecitazioni meccaniche di vario tipo (carichi a trazione, compressione, flessione, urto, attrito, usura) e/o condizioni termiche e ambientali aggressive.

In base alle applicazioni di maggiore interesse industriale si considerano le seguenti classi:

— *ceramici termomeccanici*, utilizzati per camere di combustione, condotti di gas di scarico, rotori a turbina, boccole per l'estrusione di metalli, contenitori per gas o liquidi corrosivi ad alta temperatura, recupero di calore dai cicli industriali ecc.;

— *ceramici antiusura*, impiegati per utensili da taglio, guidafili, componenti per la lavorazione della carta, tenute per pompe, rubinetti e valvole, mezzi macinanti, ugelli, stampi;

— *ceramici con funzioni termiche*, applicati come refrattari e isolanti speciali, scambiatori termici, scudi termici, scambiatori di calore, forni infrarossi, pompe di calore, isolanti per altissime temperature ecc.

I materiali **ceramici massivi** utilizzati per tali applicazioni sono:

— a base di ossidi ($Al_2O_3$, $ZrO_2$, MgO);

— non a base di ossidi ($Si_3N_4$, SiC, TiN, TiC, $B_4C$, $TiB_2$ ecc.);

— misti (ossidi e non).

## CERAMIDI A BASE DI OSSIDI
### Ossido di zirconio

Recentemente sono stati sviluppati ceramici tenaci a base di ossido di zirconio ($ZrO_2$), con aggiunta di ossido di magnesio e ossido di yttrio. Questi materiali sono progettati allo scopo di ottenere micro e macrostrutture, capaci di conferire loro superiori **caratteristiche** meccaniche e **tribologiche**.

## CERAMIDI NON A BASE DI OSSIDI

I materiali di maggiore e recente interesse sono:
— il carburo di silicio;
— il nitruro di silicio;
— il diboruro di zirconio.

### Carburo di silicio

Il *carburo di silicio* (SiC) presenta un'interessante combinazione di proprietà come la scarsa ossidazione e corrosione, un'elevata conducibilità termica, una buona resistenza all'urto termico e buone proprietà meccaniche (flessione, creep, usura). Gli impieghi dei materiali a base di SiC sono numerosi e si possono riscontrare nei seguenti elementi:
— componenti strutturali per alta temperatura quali scambiatori di calore, tubi radianti, motori termici; componenti abrasivi per finitura;
— cuscinetti e tenute per pompe, rivestimento degli ugelli di spruzzatura per liquidi corrosivi, parti di pompe per fluidi corrosivi;
— navicelle per fusione di metalli, rivestimenti di crogioli per fusione di metalli;
— componenti di dischi di frizione, rivestimenti protettivi di razzi;
— stampi per trafilatura, piastre di corazze, costituenti di leghe dure per ugelli.

La **tabella E1.4** riporta alcune proprietà meccaniche di SiC con additivi.

**Tabella E1.4** Proprietà meccaniche di SiC con additivi $Al_2O_3$ e $Y_2O_3$

| Ceramico | Durezza HV1.0 (microdurezza Vickers) | Tenacità $K_{Ic}$ [MPa m$^{1/2}$] | Modulo di Young $E$ [GPa] | Resistenza alla flessione $\sigma$ [MPa] |
|---|---|---|---|---|
| SiC+6%$Al_2O_3$ + 4%$Y_2O_3$ | 2200 | 2.97 | 386 | 750 |
| SiC+2.7%$Al_2O_3$ + 3.5%$Y_2O_3$ | 2240 | 3.17 | 419 | 650 |

### Nitruro di silicio

Il nitruro di silicio ($Si_3N_4$) possiede alcune proprietà (eccellente resistenza meccanica anche ad alta temperatura, resistenza a usura e corrosione) che lo caratterizzano nei confronti di altri ceramici refrattari per applicazioni termomeccaniche severe in numerosi settori industriali (metallurgia, chimica, meccanica, conservazione dell'energia). Fra i componenti a base di $Si_3N_4$ si annoverano i dispositivi per il trasporto di materiale fuso, gli ugelli

---

**PER COMPRENDERE LE PAROLE**

Caratteristiche tribologiche: caratteristiche dei materiali relative ai fenomeni di attrito e usura che si creano per l'interazione tra superfici.

per fonderia, gli agitatori, i crogioli, le valvole, i dispositivi per pompe meccaniche, i bruciatori, i dispositivi per motori diesel e benzina, i cuscinetti (▶ **Fig. E1.15**), le tenute meccaniche e gli utensili per la lavorazione meccanica.

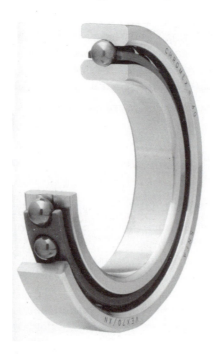

**Figura E1.15**
Sfere per cuscinetto prodotte con ceramico a base di $Si_3N_4$; grazie alla sua leggerezza, tale cuscinetto è adatto a impieghi ad alta velocità.

La **tabella E1.5** mostra alcune proprietà di due materiali a base di $Si_3N_4$ sinterizzati per pressatura a caldo (1850 °C e 30 MPa) dopo opportuna miscelazione meccanica a ultrasuoni del sistema di additivi $Al_2O_3$ e $La_2O_3$.

**Tabella E1.5** Proprietà meccaniche di $Si_3N_4$ con additivi $Al_2O_3$ e $La_2O_3$

| Ceramico | Durezza HV1.0 (microdurezza Vickers) | Tenacità $K_{Ic}$ [MPa m$^{1/2}$] | Modulo di Young $E$ [GPa] | Resistenza alla flessione $\sigma$ a diverse temperature [MPa] ||||
|---|---|---|---|---|---|---|---|
| | | | | 25 °C | 1000 °C | 1200 °C | 1400 °C |
| $Si_3N_4+2Y_2O_3+2La_2O_3$ | 18.2 | 5.7 | 325 | 1140 | 890 | 790 | 680 |
| $Si_3N_4+3Y_2O_3+3La_2O_3$ | 18.9 | 5.7 | 325 | 940 | 830 | 970 | 770 |

### Diboruro di zirconio

Il diboruro di zirconio ($ZrB_2$) possiede notevoli proprietà quali l'elevatissima temperatura di fusione, la rilevante conducibilità elettrica e termica, una buona resistenza allo shock termico e alla corrosione. Ciò lo rende interessante per impieghi nei processi di colata di scorie e metalli fusi, nella lavorazione meccanica dei metalli, nei componenti strutturali, negli ugelli e nei rivestimenti delle camere di combustione di veicoli aerospaziali.

In particolare, la **tabella E1.6** mostra alcune proprietà del $ZrB_2$ additivato con $Si_3N_4$ quale coadiuvante della sinterizzazione (quantità iniziali espresse in % di volume).

**Tabella E1.6** Proprietà meccaniche del ceramico $ZrB_2$ con additivo $Si_3N_4$

| Ceramico | Resistività elettrica $\rho$ [$\Omega$cm] | Durezza HV1.0 (microdurezza Vickers) | Tenacità $K_{Ic}$ [MPa m$^{1/2}$] | Modulo di Young $E$ [GPa] | Resistenza alla flessione $\sigma$ a diverse temperature [MPa] ||||
|---|---|---|---|---|---|---|---|---|
| | | | | | 25 °C | 800 °C | 1000 °C | 1200 °C |
| $ZrB_2$+5%$Si_3N_4$ | 7.0 | 1340 | 3,75 | 419 | 600 | 490 | 400 | 240 |
| Temperatura di sinterizzazione $T$=1700 °C; dimensione media dei grani di $ZrB_2$ $d$=3.0 µm. |||||||||

## Ceramici per temperature ultraelevate

I **ceramici per temperature ultraelevate** (UHTCs) rappresentano attualmente una famiglia di materiali che suscita un crescente interesse da parte di molti settori industriali, in special modo, l'ingegneria aeronautica. L'eccellente stabilità termostrutturale rende questi ceramici i candidati naturali per impieghi strutturali in ambienti estremi, quali ugelli e camere di combustione di razzi oppure coperture di veicoli spaziali adatte a sopportare le elevate temperature dovute al rientro atmosferico. Altri impieghi importanti sono legati alla colata di scorie e metalli fusi e alla lavorazione meccanica di metalli non ferrosi.

Tra i composti di questa famiglia si contano alcuni boruri, nitruri e carburi di **metalli di transizione** quali ZrC, HfC, HfN, TaC, $ZrB_2$, $HfB_2$ $TaB_2$; la principale prerogativa risiede nei punti di fusione superiori a 3200 K (▸ **Fig. E1.16**).

> **COME SI TRADUCE...**
> 
> | ITALIANO | INGLESE |
> |---|---|
> | Ceramici per temperature ultra elevate | Ultra high temperature ceramices (UHTCs) |

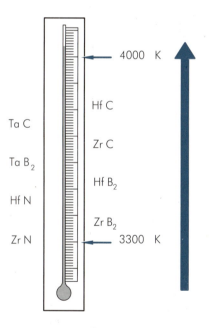

**Figura E1.16**
Intervallo di variazione delle temperature di fusione di ZrC, HfC, HfN, TaC, $ZrB_2$, $HfB_2$ $TaB_2$: tali temperature sono comprese nell'intervallo 3300÷4000 K.

## Ceramici impiegati in altri settori

I ceramici sono ampiamente utilizzati anche nei settori biomedico ed elettrico: nel primo caso sono impiegati per le applicazioni di sostituzione ossea, come dispensatori di farmaci e come biomateriali; nel secondo caso i ceramici con caratteristiche piezoelettriche ed elettrostrittive, sono impiegati per la costruzione di sensori e attuatori, mentre ossidi e compositi elettroconduttivi sono studiati per la produzione di **superconduttori**.

> **PER COMPRENDERE LE PAROLE**
> 
> **Metalli di transizione**: elementi metallici inseriti tra il primo e il terzo gruppo della tavola periodica degli elementi.
> 
> **Superconduttori**: materiali in grado di condurre la corrente elettrica in condizioni di resistività ridotta, quando la temperatura si abbassa sotto un certo valore critico.

# E1.5 VETRO

| COME SI TRADUCE... | |
|---|---|
| **ITALIANO** | **INGLESE** |
| Vetro | Glass |

### Materie prime per la fabbricazione e caratteristiche

Il *vetro* è un materiale solido amorfo, omogeneo e a elevata viscosità, ottenuto dalla repentina solidificazione della massa liquida. Scientificamente è ritenuto un liquido talmente viscoso che le sue molecole non riescono a scorrere le une rispetto alle altre. La larga diffusione del vetro e i molteplici usi a cui esso è destinato, rendono complessa e differenziata la sua formulazione chimica.

Il **vetro** comune è costituito quasi esclusivamente da biossido di silicio (silice $SiO_2$): la silice si trova nel quarzo e in forma policristallina nella sabbia; nella forma pura essa ha punto di fusione di circa 2000 °C. Per favorire la produzione e la lavorabilità del vetro, viene aggiunta *soda* (carbonato di sodio, $Na_2CO_3$) oppure *potassa* (carbonato di potassio, $K_2CO_3$) per abbassare la temperatura di fusione a circa 1000 °C. I *principali composti* presenti nei vetri sono:
— la sabbia-silice (sempre presente fino al 74%);
— l'ossido di sodio (fino al 20% per le vetrate artistiche);
— il carbonato di calcio (conferisce stabilità chimico-meccanica e influisce sulla viscosità);
— l'anidride fosforica (presente nei vetri d'ottica);
— l'ossido di litio (rende il vetro trasparente ai raggi X);
— l'anidride arseniosa (fluidifica la massa vetrosa).

Fra le principali caratteristiche del vetro comune si annoverano le seguenti:
— bassi valori di elasticità;
— fragilità;
— elevata durezza;
— impermeabilità ai liquidi, ai vapori, ai gas e ai microrganismi;
— totale inerzia chimica e biologica;
— compatibilità ecologica, poiché riciclabile infinite volte (una bottiglia di vetro rifusa ne origina un'altra con le caratteristiche della precedente);
— bassa conducibilità termica ed elettrica;
— basso coefficiente di dilatazione termica;
— trasparenza alla luce visibile.

Le caratteristiche di eccellenza del vetro rendono tale materiale idoneo e insostituibile nei seguenti settori merceologici dell'industria:
— alimentare (conservazione igienica e duratura di qualsiasi alimento);
— dei trasporti (comfort termico, visivo, sicurezza agli urti, vetri di sicurezza antiproiettile);
— elettrica/elettronica e telecomunicazioni (fibre ottiche, circuiti stampati, filati di vetro come isolanti per conduttori elettrici);
— chimica e ottica (lenti e manufatti per laboratori chimici, grazie alla elevata resistenza alla temperatura, alla bassa conducibilità elettrica ed elevata inerzia chimica).

### Vetri di sicurezza

I vetri di sicurezza sono così denominati perché, in caso di rottura, non producono schegge a spigoli vivi; essi sono suddivisi nelle categorie presentate di seguito.

### Vetro temprato

Dopo le operazioni di **foggiatura**, la massa vetrosa viene riscaldata a una temperatura di poco inferiore a quella di rammollimento (circa 700 °C) e poi bruscamente raffreddata, mediante getti d'aria; si originano tensioni interne che pongono la superficie del vetro in compressione e le zone interne sottostanti in trazione.

Il *vetro temprato* è circa sei volte più resistente delle normali lastre di vetro piano, perché i difetti superficiali vengono mantenuti chiusi dalle tensioni meccaniche di compressione; il grosso svantaggio di questo materiale è che un un eventuale graffio, o rottura, a un estremo della lastra provoca il rilascio dell'enorme energia accumulata, con conseguente frantumazione (o esplosione) dell'intero manufatto, polverizzato in piccoli frammenti e quindi meno pericolosi. Per questo motivo il taglio deve essere effettuato prima della tempra, non essendo possibile nessuna lavorazione meccanica successiva. Il pregio maggiore è che, in presenza di un urto violento, il manufatto si frantuma in tantissimi piccoli frammenti, con spigoli arrotondati.

### Vetro laminato

Tra due lastre di vetro perfettamente spianate si interpone, mediante pressatura a caldo, una lamina trasparente di materia plastica.

In caso di urto, il *vetro laminato* si rompe a raggiera e le schegge vengono trattenute dallo strato plastico (parabrezza per automobili).

Si possono alternare fino a una decina di strati di vetro con lamine di materiale plastico.

### Vetro armato o retinato

Si ottiene annegando nella pasta di vetro fluida una sottile rete metallica durante le operazioni di foggiatura delle lastre.

Il *vetro armato*, contrariamente a ciò che può far credere il nome, è meccanicamente meno resistente del vetro comune; il differente coefficiente di dilatazione termica tra vetro e acciaio non permette una buona adesione fra i due materiali. La rete metallica interna, però, impedisce la caduta e l'eventuale proiezione delle schegge in caso di rottura.

## Fibre ottiche

Le fibre ottiche, classificate come guide d'onda dielettriche (isolanti), sono tubi in fibra di vetro (quarzo oppure nylon), dal diametro di alcuni micron, capaci di trasportare un raggio luminoso da un'estremità all'altra per riflessioni successive ( ▶ **Fig. E1.17**).

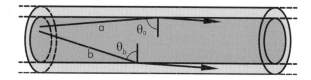

**Figura E1.17**
Cammino della luce lungo una fibra ottica per riflessioni multiple.

Esse convogliano al loro interno un campo elettromagnetico di frequenza sufficientemente alta (il cui campo dell'infrarosso vale ~1015 Hz), con perdite di luce limitate. Ciò rende l'uso della **fibra ottica** indispensabile nelle telecomunicazioni su grande distanza e per la trasmissione di elevate quantità di dati.

---

**PER COMPRENDERE LE PAROLE**

**Foggiatura**: operazione di deformazione plastica, manuale o automatica, capace di dare opportuna forma al materiale in lavorazione.

**COME SI TRADUCE...**

| ITALIANO | INGLESE |
|---|---|
| *Fibra ottica* | *Optical fiber* |

## E1.6 PRODUZIONE DEI CERAMICI E DEI VETRI

### CERAMICI

In genere i composti di base per i materiali ceramici non fondono al di sotto dei 1000 °C, anzi, alcuni possono superare i 2000 °C, perciò è facile comprendere perché nei processi tecnologici si ricorre raramente alla fusione (fa eccezione il vetro). D'altra parte nessun materiale ceramico ha le caratteristiche di lavorabilità dei metalli o dei polimeri, per cui la fabbricazione di oggetti ceramici è essenzialmente orientata verso la compattazione di polveri, o di granulati fini, direttamente nella forma del prodotto finito.

In questo paragrafo saranno esaminati materiali di base fra i più largamente impiegati per la produzione di prodotti ceramici quali l'allumina, l'ossido di zirconio, il carburo di silicio e il nitruro di silicio.

Le polveri di allumina ($Al_2O_3$) sono prodotte dalla bauxite come già esaminato nella metallurgia dell'alluminio. L'ossido di zirconio ($ZrO_2$) viene prodotto da minerale idratato oppure dal silicato di zirconio.

Il carburo di silicio e il nitruro di silicio sono ottenuti facendo reagire il silicio con il carbonio o con l'azoto. Nonostante siano processi chimici molto semplici, essi diventano complessi poiché occorre effettuare un accurato controllo di qualità e produrre polveri molto fini (inferiori a 1 mm) per ottenere il migliore prodotto finale. Tali polveri sono compattate con diversi metodi come si vedrà nel modulo dedicato alla sinterizzazione o metallurgia delle polveri.

### VETRI

La miscela delle materie prime comprende anche il rottame di vetro, proveniente dalle raccolte differenziate e depurato per separazione dalle parti non vetrose.

Si distinguono pertanto le seguenti fasi operative:
— *riscaldamento*, in cui le materie prime sono riscaldate in un opportuno forno, fino alla temperatura massima di circa 1600 °C, per ottenere un impasto *fluido*, che faciliti l'eliminazione dei gas imprigionati;
— *affinazione*, nella quale i costituenti acidi e basici reagiscono tra di loro sviluppando anidride carbonica e altri gas che, liberati, contribuiranno all'eliminazione delle impurità;
— *estrazione*, in cui il vetro fuso che raggiunge l'estremità opposta del forno, viene prelevato a temperature inferiori e sottoposto a successive lavorazioni, secondo la destinazione d'uso.

## E1.7 DATI PER IL CONFRONTO DEI MATERIALI CERAMICI

Quando si progetta con i materiali ceramici, occorre considerare soprattutto la rottura fragile, causata dai carichi applicati e delle sollecitazioni termiche, mentre sono secondarie le considerazioni sulla rottura per deformazione plastica o per fatica. Per esempio, il vetro in massa è un materiale poco elastico, che non presenta mai deformazioni permanenti e che si rompe di *schianto*, senza alcun preavviso.

Nella **tabella E1.7** sono riportate proprietà in parte diverse da quelle studiate per i metalli, in particolare, sono significativi la resistenza allo shock termico e il modulo di rottura.

**Tabella E1.7** Alcune proprietà dei principali tipi di ceramici e vetri che interessano la progettazione

| Proprietà | Ceramico | | | | | | | |
|---|---|---|---|---|---|---|---|---|
| | Ceramici strutturali | | | | | | Vetri in massa | |
| | Diamante | Allumina | Carburo di silicio | Nitruro di silicio | Zircone | Sialon (*) | Vetro soda | Vetro borosilicato |
| Massa volumica [kg/dm³] | 3,52 | 3,9 | 3,2 | 3,2 | 5,6 | 3,2 | 2,48 | 2,23 |
| Modulo di Young [GPa] | 1050 | 380 | 410 | 310 | 200 | 300 | 74 | 65 |
| Resistenza a compressione [MPa] | 5000 | 3000 | 2000 | 1200 | 2000 | 2000 | 1000 | 1200 |
| Modulo di rottura [MPa] | – | 300/400 | 200/500 | 300/850 | 200/500 | 500/850 | 50 | 55 |
| Tenacità alla frattura [MPa m$^{1/2}$] | – | 3,5 | – | 4 | 4/12 | 5 | 0,7 | 0,8 |
| Temperatura di fusione (rammollimento) [K] | – | 2323 (1470) | 3110 | 2173 | 2843 | – | (1000) | (1000) |
| Capacità temica massica [J/kg K] | 510 | 795 | 1422 | 627 | 670 | 710 | 990 | 800 |
| Conducibilità termica [W m$^{-1}$K$^{-1}$] | 70 | 25,6 | 84 | 17 | 1,5 | 20/25 | 1 | 1 |
| Coefficiente di dilatazione termica [MK$^{-1}$] | 1,2 | 8,5 | 4,3 | 3,2 | 8 | 3,2 | 8,5 | 4,0 |
| Resistenza allo choc termico [K] | 1000 | 150 | 300 | 500 | 500 | 510 | 84 | 280 |
| Indice di rifrazione (valore medio) | – | – | – | – | – | – | 1,52 | 1,52 |

Sialon (*): materiale ceramico a base di nitruro di silicio con piccola aggiunta di ossido di alluminio.

# UNITÀ E1

# VERIFICA DI UNITÀ

Gli esercizi sono disponibili anche nella versione digitale come test interattivi e autocorrettivi

## COMPLETAMENTO

1. I moduli dei ceramici sono generalmente più _____ di quelli dei metalli, a causa della maggiore _____ dei legami _____ o covalenti presenti. I ceramici sono intrinsecamente _____ perché i legami di tipo _____ e covalente oppongono una grande resistenza del reticolo al movimento delle _____. Il legame covalente si basa su un reticolo di legami _____ che vincola gli atomi. La _____, per potersi muovere all'interno del materiale, deve rompere e riformare i _____ che incontra.

2. I _____ sono materiali per l'impiego ad alta temperatura. Gli abrasivi sono materiali molto _____ adatti per l'impiego come _____ nelle lavorazioni per _____ di truciolo. I ceramici _____ sono in grado di sopportare _____ meccaniche di vario tipo e/o condizioni _____ e ambientali aggressive.

3. Si distinguono le seguenti fasi operative di produzione del vetro:
   1) _____: le materie prime sono riscaldate in un opportuno forno, fino a una temperatura massima di circa _____ °C, al fine di ottenere un impasto _____ che faciliti l'eliminazione dei _____ imprigionati;
   2) _____: in questa fase i costituenti _____ e basici reagiscono tra di loro sviluppando anidride carbonica e altri gas che, liberati, contribuiranno all'eliminazione delle _____;
   3) estrazione: il vetro fuso che raggiunge l'estremità opposta del forno viene prelevato a temperature _____ e sottoposto a successive lavorazioni, secondo la destinazione d'uso.

## SCELTA MULTIPLA

4. L'ossido di alluminio (o allumina $Al_2O_3$) e l'ossido di zirconio (o zircone $ZrO_2$) sono:
   a) ceramici ionici
   b) ceramici covalenti
   c) leghe ceramiche
   d) materiali metallici

5. Le fibre ottiche sono:
   a) tubi che trasportano raggi luminosi
   b) tessuti per tute protettive dalle radiazioni nucleari
   c) strumenti emettitori di raggi laser
   d) vetri speciali utilizzati nei microscopi

## VERO O FALSO

6. I legami chimici di tipo ionico e covalente sono legami primari.
   Vero ☐    Falso ☐

7. I legami primari conferiscono ai materiali elevati valori del modulo elastico longitudinale E.
   Vero ☐    Falso ☐

414

# MATERIALI POLIMERICI

## Obiettivi

### Conoscenze

- La struttura dei materiali polimerici allo stato solido e i relativi deterioramenti.
- Le proprietà chimiche, fisiche, termiche e meccaniche dei materiali polimerici.
- I processi impiegati per l'ottenimento dei materiali polimerici.
- La classificazione e la designazione dei materiali polimerici.
- Le modalità di riciclo dei materiali polimerici.

### Abilità

- Caratterizzare un materiale polimerico sulla base delle sue proprietà.
- Definire le proprietà e le strutture che un materiale polimerico deve avere per soddisfare i requisiti d'impiego.
- Classificare i materiali polimerici in funzione della loro struttura.
- Valutare le proprietà del materiale al fine di operarne la scelta in relazione all'impiego e alle prestazioni richieste.

## Per orientarsi

I materiali polimerici, anche detti *polimeri*, comprendono i materiali formati da molecole molto grandi definite *macromolecole*.

Così come è stato rilevato precedentemente per i metalli e i ceramici, anche nel caso dei polimeri esiste una vasta gamma, in continua crescita, di materiali diversi, di conseguenza, per riuscire a orientarsi in tanta varietà i polimeri vengono suddivisi nelle classi presentate di seguito:
— *termoplastici*, che rammolliscono se sono riscaldati;
— *termoindurenti*, o resine, che induriscono quando due componenti (una resina e un indurente) vengono scaldati insieme;
— *elastomeri* o *gomme*;
— *legni*, costituiti da polimeri naturali quali la cellulosa e la legnina.

Sebbene possiedano proprietà estremamente diverse, tutti i materiali polimerici sono costituiti da lunghe molecole che presentano una struttura portante composta da atomi di carbonio.

Queste lunghe molecole sono unite insieme attraverso deboli legami Van der Waals e idrogeno oppure mediante legami covalenti trasversali.

La rottura dei legami deboli avviene a una temperatura prossima a quella ambiente, ovvero 20 °C; questo vuol dire che i polimeri vengono utilizzati a una temperatura prossima a quella di fusione.

Come tutti i materiali vicini al loro punto di fusione, anche i polimeri manifestano lo scorrimento viscoso se vengono sollecitati meccanicamente nel tempo.

Questo comportamento è alquanto significativo poiché differenzia i polimeri dai metalli e dai ceramici e giustifica la necessità di regole diverse per progettare con tali materiali.

## E2.1 STRUTTURA DEI MATERIALI POLIMERICI

### Polimeri e materie plastiche

I materiali polimerici ( ▶ **Fig. E2.1** ) sono costituiti da macromolecole (o polimeri), ovvero **molecole** giganti formate da centinaia, migliaia e anche milioni di atomi.

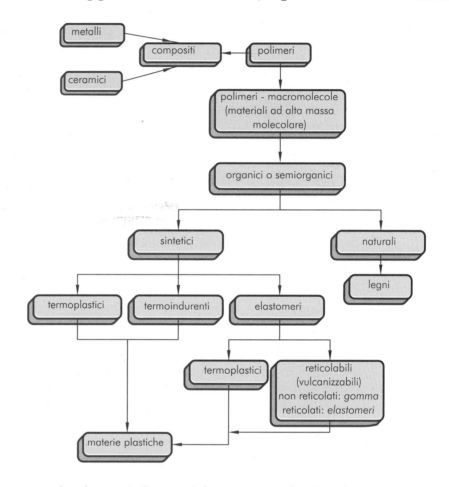

**Figura E2.1**
Suddivisione dei materiali polimerici; si definisce sintetico il materiale trasformato con processi chimico-fisici.

Le macromolecole possiedono un'alta massa molecolare, con valori sempre superiori a 1000 g/mol che giungono fino a $10^6$ g/mol. Nel caso in cui le macromolecole siano ottenute attraverso **processi chimico-fisici** tali materiali sono definiti *materie plastiche*.

Sebbene le materie plastiche rappresentino il tema più importante di questa unità, tutte le enunciazioni relative alla scienza delle materie plastiche riguardano i materiali polimerici; nel corso della trattazione verranno pertanto utilizzati i termini "materie plastiche" e "polimeri".

### Struttura dei polimeri

#### Costituzione chimica

Gli atomi che partecipano primariamente alla costituzione delle molecole sono i seguenti elementi non metallici:
— carbonio (C);
— idrogeno (H);
— ossigeno (O).

---

**PER COMPRENDERE LE PAROLE**

**Molecola**: insieme di atomi elettricamente neutro, legati chimicamente in modo da essere considerati un'entità a sé stante. Se tutti gli atomi sono uniti in un unico grande aggregato (come nei metalli e nei ceramici), si usa il termine "cristallo" e non "molecola".

**Processi chimici**: processi di trasformazione basati su reazioni chimiche.

**Processi fisici**: processi di trasformazione basati sulle variazioni di temperatura e pressione.

Inoltre occorre ricordare che partecipano con relativa frequenza anche gli atomi di azoto (N), cloro (Cl), fluoro (F) e zolfo (S); le **molecole** che si ottengono sono generalmente **organiche**, tuttavia esiste anche un limitato numero di molecole **semiorganiche**.

Le molecole sono individuate dalla loro *formula molecolare*, ovvero dall'indicazione del simbolo chimico degli elementi, completata dall'indicazione a pedice del numero di atomi presenti nella molecola. Per esempio, poiché la molecola dell'**etilene** è costituita da 2 atomi di carbonio e 4 atomi d'idrogeno, la formula molecolare è $C_2H_4$.

Il legame chimico che unisce gli atomi tra loro è quello covalente, come riportato nell'**Unità D1**. Esso è rappresentato con un trattino che collega i simboli chimici degli atomi all'interno delle formule chimiche che descrivono la struttura della molecola (*formula strutturale*).

L'atomo di carbonio, con numero atomico $Z=6$, è l'elemento principale delle materie plastiche. Si ammette che esso sia sempre tetravalente, ovvero che possa mettere in compartecipazione con altri atomi 4 elettroni, formando altrettanti legami covalenti.

Con la stessa logica l'idrogeno ($Z=1$) forma un legame covalente, mentre l'ossigeno ($Z=8$) ne forma due. Si ricorda, inoltre, che il legame covalente è *direzionale*, perciò gli atomi sono vincolati tra loro lungo una precisa direzione.

Nella **figura E2.2** sono riportate le possibilità di legame tra due atomi di carbonio. Una o più valenze di un atomo di carbonio può essere saturata da una o più valenze di un altro atomo di carbonio, formando così legami semplici, doppi oppure tripli.

### PER COMPRENDERE LE PAROLE

**Molecola organica**: composto chimico basato essenzialmente su atomi di carbonio con aggiunta di atomi di idrogeno, ossigeno ecc.

**Molecola semiorganica**: composto chimico organico nel quale alcuni atomi di carbonio sono stati sostituiti da atomi di silicio (Si) e di boro (B).

### COME SI TRADUCE...

| ITALIANO | INGLESE |
|---|---|
| Etilene | Ethylene |

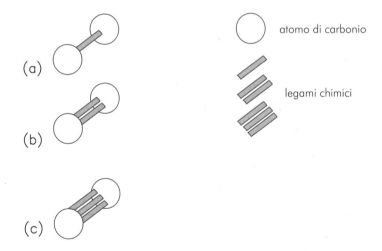

**Figura E2.2**
Legami tra due atomi di carbonio:
a) legame semplice;
b) legame doppio;
c) legame triplo.

A differenza dei metalli, in cui il legame tra gli atomi (e quindi tra le celle) è *multidirezionale,* tale comportamento e la direzionalità del legame covalente permettono la formazione di molecole costituite da *catene* di atomi di carbonio con altri elementi, di forma lineare, ramificata oppure ad anello chiuso.

Sulla base delle caratteristiche strutturali sinora discusse, si possono considerare le seguenti proprietà specifiche dei polimeri organici puri:
— bassa conduttività elettrica, per cui risultano isolanti elettrici;
— bassa conduttività termica per cui risultano isolanti termici;
— leggerezza (massa volumica compresa tra 0,8÷2,2 kg/dm$^3$);
— limitata resistenza termica, poiché la dissociazione del legame covalente è irreversibile.

#### PER COMPRENDERE LE PAROLE

**Massa molecolare**: massa di una mole contenente $6 \times 10^{23}$ molecole del composto in esame ed espressa in g/mol. La massa molecolare si ottiene moltiplicando la massa di una mole di ogni singolo tipo di atomo per il relativo numero di atomi presenti e sommando i valori risultanti.

**COME SI TRADUCE...**

| ITALIANO | INGLESE |
|---|---|
| *Macromolecola* | Macromolecule |
| *Polietilene* | Polyethylene |
| *Monomero* | Monomer |

### Massa molecolare

I polimeri sono formati da molte unità di base ripetitive, definite **monomeri**, cioé molecole di piccola dimensione costituite da un limitato numero di atomi (▶ **Tab. E2.1**).

**Tabella E2.1** Monomeri di particolare interesse per la tecnologia di materiali polimerici

| Denominazione | Formula molecolare | Formula strutturale |
|---|---|---|
| Metano | $CH_4$ | $H-\overset{\overset{H}{\mid}}{\underset{\underset{H}{\mid}}{C}}-H$ |
| Etano | $C_2H_6$ | $H-\overset{\overset{H}{\mid}}{\underset{\underset{H}{\mid}}{C}}-\overset{\overset{H}{\mid}}{\underset{\underset{H}{\mid}}{C}}-H$ |
| Alcol etilico | $C_2H_5OH$ | $H-\overset{\overset{H}{\mid}}{\underset{\underset{H}{\mid}}{C}}-\overset{\overset{H}{\mid}}{\underset{\underset{H}{\mid}}{C}}-OH$ |
| Etilene | $C_2H_4$ | $\overset{H}{\underset{H}{\mid}}C=C\overset{H}{\underset{H}{\mid}}$ |
| Propilene | $C_3H_6$ | $\overset{H}{\underset{H}{\mid}}C=C\overset{H}{\underset{CH_3}{\mid}}$ |
| Cloruro di vinile | $C_2H_3Cl$ | $\overset{H}{\underset{H}{\mid}}C=C\overset{H}{\underset{Cl}{\mid}}$ |

I monomeri hanno una bassa massa molecolare, tuttavia, combinandosi chimicamente tra di loro danno origine a lunghe catene di grande massa molecolari: le **macromolecole**. Molti monomeri attivati si combinano chimicamente (*polimerizzano*) per dare origine ai polimeri costituiti da una lunga sequenza di legami covalenti (▶ **Fig. E2.3**). Conoscendo il monomero si può ottenere l'intera macromolecola descritta dalla seguente formula:

$$[\text{monomero}]_n \rightarrow [\text{monomero}]_1 + [\text{monomero}]_2 + [\text{monomero}]_3 + \ldots + [\text{monomero}]_n$$

in cui $n$ esprime il concetto della numerosità dei monomeri combinati. Utilizzando l'esempio riportato nella **figura E2.3**, è possibile ottenere con il monomero etilene ($C_2H_4$) il polimero **polietilene** così descritto:

$$[-\overset{\overset{H}{\mid}}{\underset{\underset{H}{\mid}}{C}}-]_3 \rightarrow -\overset{\overset{H}{\mid}}{\underset{\underset{H}{\mid}}{C}}-\overset{\overset{H}{\mid}}{\underset{\underset{H}{\mid}}{C}}-\overset{\overset{H}{\mid}}{\underset{\underset{H}{\mid}}{C}}-\overset{\overset{H}{\mid}}{\underset{\underset{H}{\mid}}{C}}-\overset{\overset{H}{\mid}}{\underset{\underset{H}{\mid}}{C}}-\overset{\overset{H}{\mid}}{\underset{\underset{H}{\mid}}{C}}-\overset{\overset{H}{\mid}}{\underset{\underset{H}{\mid}}{C}}-\overset{\overset{H}{\mid}}{\underset{\underset{H}{\mid}}{C}}-$$

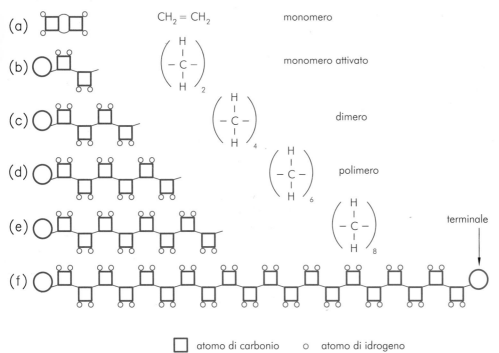

**Figura E2.3**
Origine del polimero polietilene:
a) molecola di etilene o monomero di base;
b) monomero allo stato attivato, pronto per polimerizzare con altri monomeri;
c) due monomeri uniti formano il dimero;
d–f) polimero di etilene o polietilene: la lunghezza della catena è definita dalla presenza dell'ossidrile –OH, definito in questo caso "terminale". L'estremità della macromolecola può anche collegarsi, invece che al terminale, a un'altra macromolecola.

☐ atomo di carbonio   ○ atomo di idrogeno

Nella **figura E2.4** è rappresentata schematicamente la macromolecola lineare del polivinile di cloruro, basata sul monomero **cloruro di vinile**.

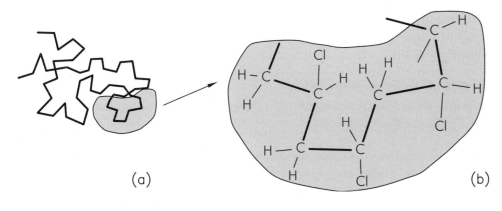

**Figura E2.4**
Rappresentazione schematica del polivinile di cloruro:
a) macromolecola lineare con una serie di circonvoluzioni;
b) ingrandimento di una porzione della macromolecola che evidenzia la catena formata dalla ripetizione in serie dell'unità $C_2H_3Cl$ (7 atomi).

### Lunghezza molecolare

Due atomi di carbonio adiacenti (C—C), legati con legame covalente in una catena, hanno una distanza interatomica $l = 0{,}154$ nm. Tale distanza, definita *lunghezza di legame*, condiziona la lunghezza della molecola.

Considerando una molecola lineare con 500 legami tra atomi di carbonio, si avrà una distanza tra le estremità della catena pari a:

$$0{,}154 \times 500 \, \text{nm} = 77 \, \text{nm}$$

La lunghezza è calcolata come prodotto della distanza interatomica per il numero di legami $m$ ed è approssimativa poiché l'angolo formato tra i legami C—C—C non è 180°, bensì ~109°. La catena, inoltre, presenta torsioni, ripiegamenti e intrecci (▶ **Fig. E2.4**) dovuti a possibili rotazioni dei legami nello spazio.

**COME SI TRADUCE...**

| ITALIANO | INGLESE |
|---|---|
| Cloruro di vinile | Vinylchloride |

| COME SI TRADUCE... | |
|---|---|
| ITALIANO | INGLESE |
| Grado di polimerizzazione | Degree of polymerisation |

In pratica, un valore più realistico della lunghezza $L$ della molecola è dato dalla seguente formula (▶ **Fig. E2.5**):

$$L = l\sqrt{m}$$

Per cui la molecola con 500 legami ha la seguente lunghezza:

$$L = 0{,}154\sqrt{500} \cong 3{,}44 \text{ nm}$$

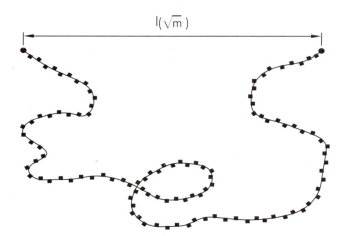

**Figura E2.5**
Configurazione contorta in maniera casuale di una catena polimerica per cui, in media, una sua estremità dista $l\sqrt{m}$ dall'altra. Tale configurazione è tipica dei polimeri lineari fusi o, se solidi, di quelli amorfi. La similitudine con un piatto di *spaghetti* rende bene l'idea della struttura risultante di queste macromolecole lineari contorte!

L'importanza di queste considerazioni sta nel fatto che le macromolecole possono essere allungate, eliminando la conformazione ripiegata, senza che le distanze interatomiche tra gli elementi della catena siano alterate apprezzabilmente. Questa caratteristica è posseduta soprattutto dalle gomme che si allungano molto sotto l'azione di forze modeste.

### Grado di polimerizzazione

Il **grado di polimerizzazione** ($GP$) è rappresentato dal numero di monomeri uniti nella catena molecolare.

Le materie plastiche commerciali hanno un $GP$ compreso tra $10^3 \div 10^5$. Si rileva, inoltre, che, nella stessa quantità di polimero, le macromolecole non hanno tutte le stesse lunghezze, per questo occorre considerare un grado di polimerizzazione medio. Molte proprietà dei polimeri dipendono dal $GP$ medio: un valore maggiore in genere implica, per lo stesso tipo di polimero, una maggiore resistenza a trazione o una più alta temperatura di rammollimento.

La massa molecolare di un polimero è data dal prodotto del $GP$ per la massa molecolare del monomero; per esempio, poiché l'etilene $C_2H_4$ ha una massa molecolare di 28 g/mol, se il $GP$ è $10^4$ la sua massa molecolare sarà di 280 000 g/mol.

### Configurazione delle macromolecole

#### Funzionalità

La configurazione delle macromolecole è determinata, oltre che dal tipo di monomero, anche dalla sua *funzionalità*, ovvero la possibilità di creare un legame con altri monomeri (▶ **Fig. E2.6**). I monomeri con due legami attivi sono definiti *bifunzionali*, quelli con tre sono detti *trifunzionali* e *polifunzionali* quelli a funzionalità più elevata.

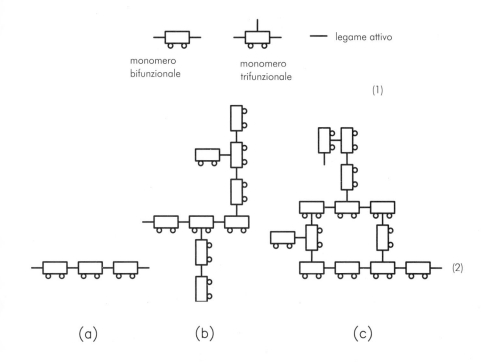

**Figura E2.6**
Funzionalità (1) e configurazioni di base dei polimeri (2). Schematizzando il monomero con un rettangolino, si può immaginare la macromolecola come una sequenza di rettangolini collegati così come avviene con i vagoni di un treno. Configurazioni base delle macromolecole:
a) lineare;
b) ramificato;
c) reticolato.

I monomeri bifunzionali danno origine a macromolecole lineari definite anche *a catena* o *a filamento*. La molecola che ha un solo legame attivo può fungere soltanto da **terminale**, ma non può formare un legame in una catena.

I monomeri trifunzionali, o polifunzionali, producono configurazioni base reticolate; tale fenomeno di *reticolazione* porta allo sviluppo tridimensionale (spaziale) della rete di legami, come descritto nella **figura E2.6**.

Un polimero bifunzionale è quindi costituito da un monomero in grado di collegarsi con altri due (e solo due) monomeri. Il polimero è definito *polifunzionale* quando questa possibilità è invece multipla.

Alle alte temperature, un reticolo tridimensionale ha una rigidità maggiore rispetto a una catena lineare. Un materiale plastico molto utilizzato, costituito da unità polifunzionali, è la resina fenolo-formaldeide (formata dai due monomeri), detta anche *bachelite*. La struttura tridimensionale si forma poiché ogni molecola di fenolo è trifunzionale, presenta cioè tre posizioni reattive.

La reazione fra i monomeri, fenolo e formaldeide, produce la struttura con simultanea formazione di molecole di acqua. Una reticolazione a maglie larghe caratterizza gli elastomeri, mentre, quella a maglia stretta è tipica dei termoindurenti.

Le macromolecole formate da monomeri dello stesso tipo sono denominate *omopolimeri*. Monomeri concatenati di tipo diverso formano i *copolimeri*; i termoplastici sono costituiti da monomeri bifunzionali. I monomeri tri- o polifunzionali sono alla base dei termoindurenti.

## Radicali

In un monomero, un atomo di idrogeno può essere sostituito da un altro atomo oppure da un gruppo definito di atomi denominati *radicali R* (▶ **Fig. E2.7**).

Sostituendo a un monomero base i diversi radicali di ottengono diversi monomeri di uno stesso gruppo. Nella **tabella E2.2** sono elencati alcuni monomeri del gruppo vinilico ottenuti modificando la formula dell'etilene con i radicali più comuni.

**COME SI TRADUCE...**

| ITALIANO | INGLESE |
|---|---|
| Terminale | Terminator |

**Figura E2.7**
Formula strutturale dell'etilene in cui *R* rappresenta il radicale.

### COME SI TRADUCE...

| ITALIANO | INGLESE |
|---|---|
| *Propilene* | *Propylene* |

**PER COMPRENDERE LE PAROLE**

**Metilico**: radicale costituto dal gruppo atomico monovalente che deriva dal metano per perdita di un atomo di idrogeno.

**Tabella E2.2** Monomeri vinilici e radicali più comuni

| Denominazione | Radicale R | Formula strutturale |
|---|---|---|
| Etilene | –H | H   H<br>\|   \|<br>C = C<br>\|   \|<br>H   H |
| Propilene | –CH$_3$ | H   H<br>\|   \|<br>C = C<br>\|   \|<br>H   CH$_3$ |
| Cloruro di vinile | –Cl | H   H<br>\|   \|<br>C = C<br>\|   \|<br>H   Cl |

### Stereoisomeria

Osservando la **figura E2.8** e la **tabella E2.2**, si può notare che il polimero polietilene ha una macromolecola a catena lineare assolutamente simmetrica, pertanto, non è possibile individuare una parte superiore e una inferiore sia nel monomero (etilene) sia nel polimero (polietilene).

**Figura E2.8**
Diverse rappresentazioni delle variazioni strutturali stereoisomeriche:
a) basate sulla configurazione atomica;
b) basate sulla schematizzazione del monomero con una semplice figura geometrica.

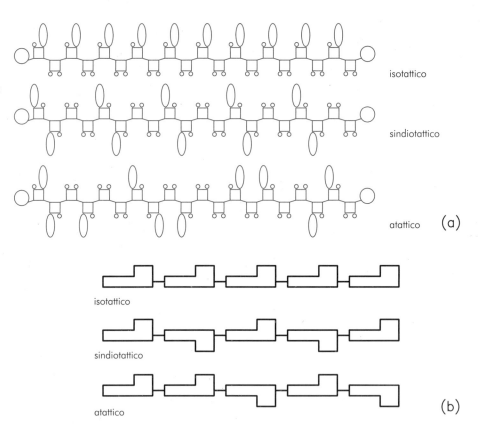

Dalla **tabella E2.2** si scopre che gli altri monomeri sono asimmetrici poiché hanno atomi o gruppi di atomi diversi tra la parte in alto e quella in basso; nel **propilene**, in alto vi sono atomi di idrogeno, in basso vi è il radicale **metilico** CH$_3$.

Il radicale dà asimmetria al monomero, pertanto può creare, nella formazione della catena polimerica, diversi modi di collegarsi alle altre molecole; in tal modo si ottengono varie configurazioni della stessa macromolecola, ognuna delle quali è definita *stereoisomero*.

Con i monomeri asimmetrici si possono generare polimeri con le seguenti variazioni strutturali stereoisomeriche, mediante la definizione del loro tactismo.
— *Isotattico*: quando i radicali sono tutti dalla stessa parte, ovvero sono regolari da un lato.
— *Sindiotattico*: quando i radicali si dispongono alternativamente con regolarità lungo la catena, ovvero sono alternativamente regolari sui lati.
— *Atattico*: quando i radicali si dispongono alternativamente con casualità lungo la catena, ovvero non sono regolari.

Il *tactismo* è molto importante poiché influenza le proprietà dei polimeri, per esempio le diverse configurazioni sono in grado di modificare il modo di cristallizzazione dei polimeri.

Le macromolecole regolari (lineari, isotattiche o sindiotattiche) possono raggrupparsi accoppiandosi lateralmente per formare cristalli compatti e densi, come succede alle lamiere ondulate raggruppate in una pila. Ciò accade perché i radicali di una macromolecola, spaziati con regolarità, s'inseriscono nelle cavità regolari della macromolecola vicina.

Le macromolecole irregolari atattiche, invece, cristallizzano difficilmente perché i loro radicali si urtano, dando origine a raggruppamenti non ordinati e di densità più bassa; di conseguenza, a parità di polimero, lo stereoisomero isotattico cristallizza più facilmente ed è più denso e più resistente dello stereoisomero atattico.

## Differenze tra le materie plastiche

I **termoplastici** (polimeri a catena lineare) sono le materie plastiche più utilizzate perché facilmente formabili. La maggior parte dei termoindurenti trae origine dai monomeri polifunzionali, che reagiscono direttamente con altri monomeri, legandosi a essi, oppure con piccole molecole che fungono da ponte per collegarsi ad altri monomeri. Con i monomeri polifunzionali sono possibili legami trasversali tridimensionali.

A causa di tali vincoli, i termoindurenti non fondono quando sono riscaldati ma si decompongono. Essi, a differenza dei polimeri lineari, non si dissolvono nei solventi e non possono formarsi dopo la polimerizzazione. Sempre per la stessa ragione, i termoindurenti sono chimicamente più stabili, si utilizzano a temperatura più alta e sono generalmente più rigidi dei termoplastici. Poiché le reazioni di formazione dei termoindurenti sono irreversibili, essi sono particolarmente adatti alla produzione di adesivi, vernici e matrici per materiali compositi ( ▶ **Unità E3**).

Gli elastomeri costituiscono una specifica categoria di polimeri a configurazione reticolata; essi, in realtà, sono polimeri lineari con un piccolo numero di legami trasversali (1 ogni 100 e più unità monometriche), distribuiti sulla sua lunghezza.

## Impaccamento delle macromolecole allo stato solido

La struttura risultante delle macromolecole lineari allo stato liquido è così aggrovigliata e contorta da ricordare quella degli spaghetti. Quando il liquido

---

**COME SI TRADUCE...**

| ITALIANO | INGLESE |
| --- | --- |
| *Termoplastici* | *Thermoplastics* |

è raffreddato, la sua struttura a spaghetti può congelarsi mantenendo il disordine, quindi si avrà un solido polimerico con struttura *amorfa*.

Quando le macromolecole si allineano (anche solo in parte) in modo ordinato, si creano invece strutture simili ai cristalli metallici, denominate *cristalliti*.

### Polimeri cristallini

Esiste una netta distinzione tra i *solidi metallici*, basati sull'aggregazione di atomi e i *solidi polimerici*, basati sull'aggregazione di molecole.

Gli atomi presenti nei metalli sono assimilati a sfere rigide con un certo raggio, di conseguenza un cristallo può essere considerato come costituito da una serie di sfere collocate in un reticolo ordinato e ripetitivo (*reticolo cristallino*).

Le molecole polimeriche si presentano con una forma molto sviluppata in una direzione, simile a un cilindro, di piccola sezione ed enorme lunghezza, non rettilineo ( ▶ **Fig. E2.9** ).

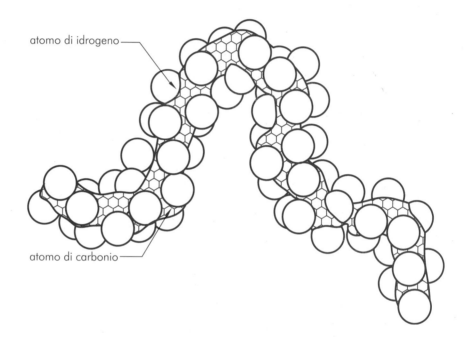

**Figura E2.9**
Configurazione tridimensionale, allungata e flessibile, di un tratto di macromolecola di polietilene simile a uno spaghetto.

Tali molecole possiedono forti legami covalenti tra gli atomi della catena, e deboli legami di tipo Van der Waals tra molecola e molecola. L'esistenza di questi ultimi porta a un certo allineamento delle molecole in più fasci, durante il raffreddamento di solidificazione.

I fasci ottenuti con tratti di molecole paralleli costituiscono la cella unitaria di cristallizzazione. Naturalmente, con molecole molto lunghe è difficile ottenere un perfetto ordinamento, nonché una perfetta cristallizzazione; infatti, non tutte le molecole affiancate terminano nella stessa posizione a causa della diversa lunghezza.

La presenza di ripiegamenti, inoltre, non consente la realizzazione di un allineamento perfetto, per questi motivi, nel solido polimerico coesistono zone cristalline e zone non cristalline (o amorfe), in percentuale variabile in funzione del tipo di polimero ( ▶ **Fig. E2.10** ).

In conclusione, nelle materie plastiche la cristallizzazione, quando accade, può avvenire sono parzialmente.

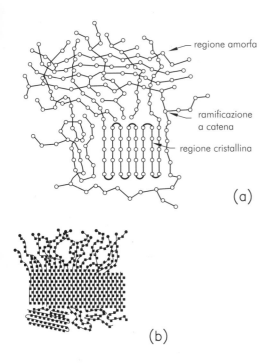
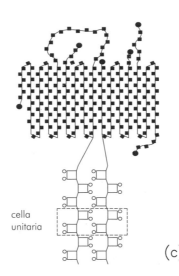

**Figura E2.10**
Esempio di cristallo polimerico: a) polietilene a bassa densità; il solido presenta zone cristalline e zone amorfe; b) solidificazione del polietilene ad alta densità (maggiore cristallinità del tipo a bassa densità; l'80% del solido è cristallino); c) cella unitaria del polietilene; le molecole si uniscono in fasci ripiegandosi come una corda in una matassa.

### Polimeri amorfi

Il processo di cristallizzazione è più difficoltoso per le grandi molecole; come si è visto per le lunghe molecole polietilene ($-C_2H_4-$), la struttura è irregolare poiché presenta distorsioni e ripiegamenti. Inoltre, capita facilmente che alla parte terminale di una molecola non corrisponda quella iniziale di un'altra molecola, posta entro la cella unitaria contigua.

Come avviene nei **polimeri ramificati**, anche in quelli amorfi le zone cristalline sono limitatissime, quindi può capitare che il polietilene sia raffreddato sotto il punto di fusione (~135 °C) e fino a temperatura ambiente senza che le molecole si allineino, dando luogo a una struttura cristallina; in questo caso il polimero è definito *amorfo* (▶ **Fig. E2.5**).

Il **sottoraffreddamento** è molto comune fra le materie plastiche, soprattutto qualora siano presenti irregolarità lungo la catena molecolare. Per esempio, una catena isotattica cristallizza molto più facilmente di una atattica (▶ **Fig. E2.8**); ciò conferma che le molecole regolari si legano saldamente come avviene tra le due parti di una cerniera lampo.

### Cristallizzazione e variazione di volume

Quando un solido polimerico completamente cristallizzato è riscaldato, le singole molecole sono sottoposte a una vibrazione tanto spinta quanto maggiore è la temperatura. Inizialmente la vibrazione determina una dilatazione termica, mentre successivamente, alla temperatura di fusione $T_f$, essa è così intensa da determinare la rottura dei legami deboli che esistono tra le molecole. Ciò comporta un brusco aumento del volume, causato dalla perdita dei vincoli tra le molecole.

La **figura E2.11** riporta i diagrammi che descrivono la variazione di volume in funzione della variazione di temperatura per una cristallizzazione completa (▶ **Fig. E2.11a**) e parziale (▶ **Fig. E2.11b**), tipica delle materie plastiche. Le stesse curve possono essere utilizzate per seguire il comportamento durante il raffreddamento.

---

**PER COMPRENDERE LE PAROLE**

**Polimeri ramificati**: si tratta di molecole che, diversamente dai polimeri ideali lineari, hanno più di due estremità, quindi sono ramificate. La formazione di ramificazioni collaterali influisce molto qualora si richieda al polimero la deformazione plastica. Per comprendere meglio la situazione basta pensare alla difficoltà che si riscontra nello sfilare rami d'albero accatastati, se paragonata a un'operazione analoga, compiuta però su una catasta di pali lisci.

**Sottoraffreddamento**: mantenimento dello stato liquido al di sotto della temperatura di solidificazione.

**Figura E2.11**
Variazione del volume con la temperatura:
a) solido con cristallizzazione completa (come un metallo) a $T_f$;
b) solido con cristallizzazione incompleta (come un polimero) in cui si osserva un raccordo con $T_f$ per la coesistenza di zone cristalline e zone amorfe;
c) solido amorfo con scomparsa della temperatura di fusione e presenza della temperatura di transizione vetrosa $T_g$.

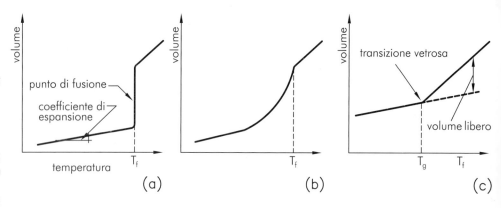

Poiché il volume diminuisce allo stato fuso, alla temperatura di solidificazione (coincidente con $T_f$) subentra una brusca contrazione del volume dovuta alla cristallizzazione, in pratica quando le molecole si dispongono in modo ordinato le une accanto alle altre.

La riduzione di volume prosegue allo stato solido, ma con una pendenza minore in quanto, ormai, le molecole sono sistemate in posizione reticolare fissa e diminuiscono progressivamente il proprio moto di vibrazione rispetto a tali posizioni; le variazioni di volume, infatti, dipendono da tale moto.

### Temperatura di transizione vetrosa

Quando sono riscaldate, le macromolecole polimeriche, malgrado siano aggrovigliate, sono soggette a continui mutamenti di collocazione reciproca e a variazione di posizione degli atomi nel loro interno. Quando il polimero è allo stato liquido, esistono spazi liberi (*volume libero*) tra le molecole.

Riutilizzando la similitudine con il piatto di spaghetti, si può spiegare la presenza dello spazio libero, ovvero lo spazio vuoto che si crea fra gli spaghetti cotti e che, invece, non esiste tra gli spaghetti crudi, sistemati in modo compatto nella confezione. Al diminuire della temperatura, diminuiscono anche la vibrazione termica e il volume (▶ **Fig. E2.11c**). Tale diminuzione persiste con la stessa pendenza anche a temperature inferiori a quella di fusione, in condizioni quindi di sottoraffreddamento, che mantiene il polimero allo stato liquido.

In tal caso si ha una riduzione degli *spazi liberi* e maggiore viscosità, perciò possono ancora verificarsi movimenti delle macromolecole che, però, sono più impediti rispetto a quelli effettuati ad alta temperatura.

Le macromolecole dei polimeri nei quali non si verifica la cristallizzazione al momento del superamento della temperatura di solidificazione possiedono, a un certo punto del raffreddamento, una mobilità termica insufficiente per consentire il loro riordinamento. A partire dalla *temperatura di transizione vetrosa* $T_g$, il materiale diviene più rigido e fragile, con conseguente variazione di pendenza e diminuzione del volume, a causa della minor ampiezza di vibrazione delle molecole (▶ **Fig. E2.11c**). Questo parametro, caratteristico dei normali vetri al silicio, può essere esteso ai polimeri non cristallini, poiché si comportano come i **vetri** (pur essendo composti organici).

Per i polimeri, la temperatura di transizione vetrosa $T_g$ è importante come la temperatura di fusione $T_f$. Per esempio, il termoplastico polistirene è vetroso e fragile a temperatura ambiente, in quanto la $T_g$ vale circa 100 °C; la gomma naturale poliisoprene, invece, rimane flessibile anche a temperatura inferiore a 0 °C, in quanto la $T_g$ vale circa –53 °C.

---

**PER COMPRENDERE LE PAROLE**

**Vetri**: alcuni autori definiscono i vetri come "polimeri inorganici".

## Aggregazione delle macromolecole

In precedenza si sono analizzate le macromolecole dal punto di vista della composizione chimica e dell'architettura. Occorre ora trattare il problema del movimento e dell'aggregazione delle macromolecole al variare della temperatura e/o della deformazione in funzione delle forze esterne applicate; in altre parole, si deve analizzare la **struttura morfologica** delle macromolecole.

> **PER COMPRENDERE LE PAROLE**
> **Struttura morfologica**: conformazione interna dei materiali costituiti da macromolecole.

### Forze intramolecolari

In tutti i materiali con legami atomici covalenti agiscono anche le cosiddette *forze intramolecolari* (*FIM*); esse stabiliscono un'attrazione tra le diverse macromolecole, basata sulla presenza di dipoli elettrici costituiti da cariche positive e negative. Il legame risultante tra le molecole è debole rispetto a quello covalente ( ▶ **Fig. E2.12**).

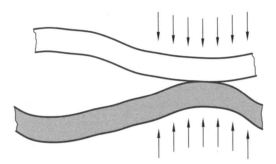

**Figura E2.12**
Forze di legame debole tra due macromolecole.

Le forze intramolecolari importanti per i polimeri si basano su due principi fisici:
— attrazione elettrostatica tra le molecole dovuta alla variazione *temporanea* della distribuzione di carica negli orbitali dei legami atomici; tali azioni si generano in tutti i materiali un campo uniforme di deboli azioni reciproche;
— attrazione elettrostatica tra le molecole dovuta alla variazione *permanente* della distribuzione di carica delle molecole, o parti di molecole, definita *polarità*; tali azioni generano in tutti i materiali forti azioni reciproche.

Poiché le FIM sono vinte dal movimento termico causato dall'aumento della temperatura e divengono ancora attive con il raffreddamento, i legami molecolari sono reversibili. Con la configurazione e la dimensione della molecola, esse influenzano tutte le importanti caratteristiche dei polimeri, sia per quanto riguarda gli impieghi sia per le tecnologie di lavorazione.

### Stato gassoso, liquido e solido

Si consideri un sistema costituito da macromolecole, abbandonato a se stesso, con pressione e volume costanti. Al diminuire della temperatura, esso presenta un movimento molecolare che tenta spontaneamente di raggiungere una condizione d'equilibrio, caratterizzata da uno stato di minima energia libera.

Allo stato gassoso, le FIM non sono efficaci a causa delle grandi distanze tra le molecole quindi, nella loro globalità, esse si distribuiscono nel volume disponibile in modo molto disordinato.

Le molecole posseggono una notevole energia interna dovuta al movimento termico; diminuendo la temperatura le FIM divengono più importanti come forze di attrazione, perciò le molecole perdono energia e tentano di ordinarsi con un impaccamento, il più possibile compatto.

Allo stato liquido, questo ordinamento delle molecole raggiunge, rispetto allo stato gassoso, una nuova qualità grazie alla tendenza delle molecole ad assumere una distribuzione meno disordinata; con un'ulteriore diminuzione della temperatura si raggiunge lo stato solido.

In seguito alla diminuzione dell'energia interna, le FIM prendono il sopravvento e le molecole sono ordinate, anche in funzione della loro configurazione, in posizioni quasi fisse (*ordinamento cristallino*) oppure, al minimo, sono fortemente limitate nel loro movimento (*ordinamento amorfo*).

Poiché le molecole che hanno una configurazione irregolare non sono adatte a realizzare uno stretto impaccamento, allo stato solido presentano una struttura amorfa ad avviluppamento o a batuffolo d'ovatta ( ▶ **Fig. E2.13**).

**Figura E2.13**
Struttura della disposizione molecolare.
a) Fase amorfa: struttura a gomitolo;
b) Fase cristallina: struttura lamellare.
c) Fase cristallina: struttura a micelle.
Nei polimeri, l'ordinamento molecolare nella transizione allo stato solido non raggiunge mai il massimo grado, pertanto nel materiale rimane un certo volume vuoto, detto anche *volume libero*.

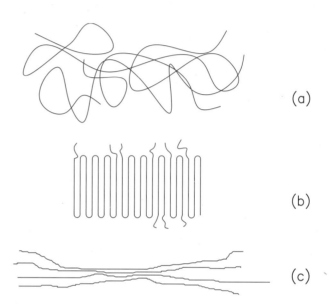

A causa dell'ampia concordanza con i vetri solidificati, lo stato solido amorfo è detto anche *stato vetroso*. I polimeri lineari, che presentano radicali con disposizione irregolare, normalmente sono materie plastiche amorfe. I polimeri con strutture reticolari sono sempre amorfi, almeno quelli con reticolazione a maglie strette. Quando le macromolecole hanno configurazione regolare e le FIM favoriscono il loro avvicinamento ( ▶ **Fig. E2.12**) si formano i cristalliti.

Per molecole sufficientemente flessibili questo accade mediante deposizione parallela a piegatura, dando così origine a cristalliti a *lamelle*; per molecole rigide è possibile solo la deposizione parallela, formando così cristalliti a *micelle*.

I più piccoli elementi molecolari costitutivi dei cristalliti sono le celle elementari di cristalliti con varie strutture reticolari.

La formazione dei cristalliti, come nel caso dei metalli, è determinata dalla formazione iniziale di germi cristallini e successiva crescita. Dal momento che non è possibile la completa cristallizzazione, i polimeri sono sempre parzialmente cristallini; perciò la loro struttura morfologica è caratterizzata da una miscela di fasi amorfe e cristalline. La presenza di fasi cristalline aumenta la durezza, la rigidità e la resistenza all'usura delle materie plastiche e determina una diminuzione della permeabilità, della diffusione, della solubilità e della rigonfiabilità. Le fasi cristalline hanno la stessa influenza sulle caratteristiche della reticolazione chimica, di conseguenza si può ritenere la struttura cristallina come un punto di reticolazione *fisica*, termicamente reversibile.

## E2.2 PROPRIETÀ DEI MATERIALI POLIMERICI

In precedenza si è definito che i materiali polimerici possiedono:
— legami forti tra gli atomi delle macromolecole;
— legami forti tra le diverse macromolecole, nel caso dei termoindurenti che danno origine a legami di tipo tridimensionale con struttura amorfa;
— legami deboli (forze intermolecolari) tra le molecole dei termoplastici con struttura amorfa o cristallina.

Ciò comporta proprietà specifiche dei materiali polimerici.

### Proprietà termiche

#### Dilatazione termica

In genere le materie plastiche hanno un alto coefficiente di dilatazione termica rispetto ai materiali ceramici o metallici. I polimeri lineari (materiali termoplastici) sono caratterizzati da deboli legami tra le molecole, mentre i polimeri reticolati, come i termoindurenti, hanno un sistema tridimensionale di forti legami, come i metalli.

La dilatazione delle materie plastiche, provocata dall'aumento di temperatura, è importante sia per la produzione di manufatti e di semilavorati sia per l'impiego dei prodotti. In particolare, l'elevato valore del coefficiente di dilatazione termica nei confronti dei materiali metallici, può causare difficoltà nell'assemblaggio dei due diversi materiali a causa del cosiddetto **effetto bimetallico** (▶ **Fig. E2.14**).

> **PER COMPRENDERE LE PAROLE**
>
> **Effetto bimetallico**: riguarda il comportamento di due lamine metalliche di diverso materiale e con coefficienti di dilatazione termica differenti; se vengono unite tra loro, con l'aumentare della temperatura la bilamina si flette in modo netto in alto oppure in basso, a causa di tale differenza. La lamina B, infatti, dilatandosi di meno costituisce un vincolo per la lamina A (▶ **Fig. E2.14**).

> **COME SI TRADUCE...**
>
> | ITALIANO | INGLESE |
> |---|---|
> | Conducibilità termica | Thermal conducibility |

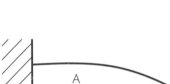

**Figura E2.14**
Deformazione di una bilamina (effetto bimetallico):
a) temperatura ambiente;
b) temperatura maggiore di quella ambiente.

#### Conducibilità termica

Le materie plastiche presentano una *conducibilità termica* molto bassa, soprattutto se confrontata con i materiali metallici, poiché non dispongono di elettroni liberi in grado di trasportare energia termica sotto l'azione di una differenza di temperatura.

La **conducibilità termica**, inoltre, varia molto per i singoli prodotti nell'intervallo di temperatura tipico delle applicazioni termiche (▶ **Fig. E2.15**). In generale, tutti i materiali cristallini hanno conducibilità più elevata di quelli amorfi comparabili, in quanto la vibrazione termica si propaga più facilmente attraverso una struttura ordinata.

La struttura interna irregolare dei polimeri amorfi (che costituiscono la maggior parte delle materie plastiche) non consente un efficace meccanismo di trasferimento dell'energia, basato sulla vibrazione atomica coordinata, tipica dello stato cristallino.

**Figura E2.15**
Dipendenza della conducibilità termica dalla temperatura:
$\rho$ = massa volumica.

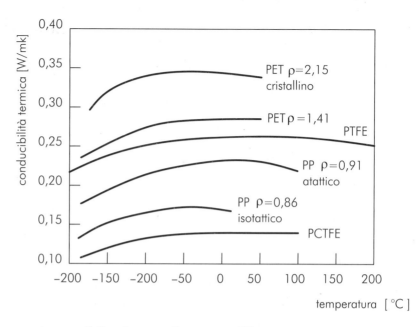

## Temperature di fusione, di rammollimento e di transizione vetrosa

Una struttura completamente cristallina presenta una determinata temperatura di fusione; per questo motivo si definisce la *temperatura di fusione* dei cristalliti $T_f$ al di sopra della quale non può più esistere alcun cristallite. Le materie plastiche parzialmente cristalline raggiungono la fusione quando viene superata la $T_f$.

Una struttura amorfa presenta un intervallo di temperatura in cui si ha un passaggio da solido a liquido più o meno viscoso. Il raggiungimento della *temperatura di rammollimento* $T_r$ permette la deformazione plastica viscosa del materiale, con aumento dell'attitudine alla scorrevolezza; tale caratteristica, tipica dei termoplastici, è vantaggiosa nei processi di fabbricazione.

La temperatura di rammollimento viene determinata con il metodo Vicat (▶ **Fig. E2.16**), in cui si sottopone un provino di materiale a un carico definito e si riscalda con una determinata velocità di riscaldamento, misurandone gli incrementi della deformazione.

La *temperatura di transizione vetrosa*, già esaminata, segna il punto al disotto del quale l'agitazione termica è insufficiente per dare luogo a un riassestamento delle molecole che porti a una struttura ordinata.

**Figura E2.16**
Schema del metodo di prova Vicat; la temperatura di rammollimento Vicat è la temperatura alla quale la deformazione raggiunge un determinato valore.

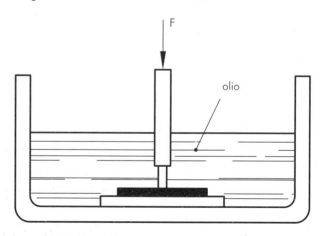

## PROPRIETÀ MECCANICHE

Le caratteristiche delle materie plastiche dipendono dalla loro massa molecolare e dalla temperatura; più precisamente, lo stato meccanico dei polimeri dipende dalla differenza fra la temperatura di impiego e quella di **transizione vetrosa** $T_g$.

Tra –20 °C e +200 °C, un polimero può presentare diversi comportamenti meccanici. Esso passa attraverso diversi stati: da fragile ed elastico (**vetroso**), alle basse temperature, a plastico e quindi **viscoelastico** (**coriaceo**), a **gommoso** (elastomerico) e, infine, **viscoso**, alle alte temperature ( ▶ **Fig. E2.17**). In corrispondenza di questi stati, si registra una grandissima variazione del modulo elastico longitudinale $E$ (rigidezza) e della resistenza meccanica (con rapporti tra i valori anche superiori a 1000).

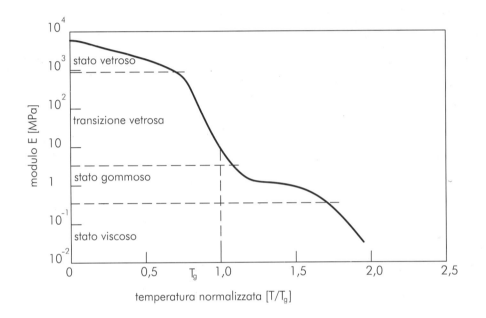

**Figura E2.17**
Andamento schematico del modulo di Young $E$, in funzione della temperatura per un polimero lineare. La durata dell'applicazione della sollecitazione è fissa; molti polimeri presentano un comportamento fragile a temperatura ambiente $T_0$ perché la loro temperatura di transizione vetrosa $T_g$ è più alta della $T_0$ (resine epossidiche, polimetilmetacrilato). Altri polimeri sono viscoelastici perché la $T_0$ è circa uguale alla $T_g$ (polietilene). Altri ancora sono elastomeri perché la $T_0$ è maggiore della $T_g$ (poliisoprene).

### Rigidezza

La **rigidezza** descrive la resistenza alla deformazione elastica ed è valutata attraverso il modulo di elasticità longitudinale, o di Young, $E$.

Quando un polimero è sollecitato a trazione con carico unitario $R$ ( ▶ **Mod. C**) presenta una deformazione $A$ che dipende dalla durata $t$ del carico e dalla temperatura $T$ ciò si esprime con $A(t,T)$, di conseguenza, anche il modulo $E$ dipende dal tempo $t$ e dalla temperatura $T$ ciò si esprime con $E(t,T)$.

La nuova relazione tra $E$, $R$ e $A$, che tiene conto di questa condizione, vale:

$$E(t,T) = \frac{R}{A(t,T)}$$

In altre parole, se si sottopone lo stesso polimero a due prove di trazione condotte con differenti velocità di deformazione oppure a temperature differenti, si otterranno diversi diagrammi carico-deformazione ($R$-$A$), poiché il polimero si comporta in modo diverso. Nella **figura E2.17** è illustrato l'andamento schematico del modulo di Young $E$ di un polimero lineare amorfo (come il polistirene o il polimetilmetacrilato) in funzione della temperatura.

**PER COMPRENDERE LE PAROLE**

**Coriaceo**: materiale che possiede la consistenza, l'aspetto e la durezza del cuoio.

**COME SI TRADUCE...**

| ITALIANO | INGLESE |
|---|---|
| Transizione vetrosa | Glass-transition |
| Vetroso | Glassy |
| Viscoelastico | Visco-elastic |
| Coriaceo | Leathery |
| Gommoso | Rubbery |
| Viscoso | Viscous |
| Rigidezza | Stiffness |

Esso presenta cinque regimi di deformazione, esaminati dettagliatamente in seguito, in ognuno dei quali il modulo $E$ possiede specifiche caratteristiche:
— *regime vetroso*, con comportamento fragile ed elastico del polimero e valori elevati di $E$ (intorno a 3000 MPa);
— *regime della transizione vetrosa*, con comportamento coriaceo o viscoelastico del polimero e valori di $E$ che si riducono da 3000 MPa a 3 MPa;
— *regime gommoso*, con comportamento elastomerico del polimero e valori bassi di $E$ intorno a 3 MPa;
— *regime viscoso* o *liquido*, quando il polimero comincia a fluidificarsi;
— *regime della decomposizione*, allorché inizia la distruzione chimica del polimero.

### Regime vetroso

Alle temperature inferiori a quella di transizione vetrosa $T_g$ il polimero è duro e fragile e ha un alto modulo $E$. Ciò accade perché sotto a $T_g$ le molecole del polimero sono strettamente legate tra loro grazie ai legami chimici secondari.

Sollecitando il materiale, si allungano i legami secondari e si ottengono deformazioni che scompaiono quando si elimina la sollecitazione (▶ **Fig. E2.18**).

**Figura E2.18**
Schema di un polimero lineare amorfo. Esistono due tipi di legame: il forte legame covalente, che lega gli atomi nelle catene macromolecolari (a tratto continuo), e il debole legame secondario, che vincola tra di loro le macromolecole (a tratto discontinuo).

Questo stato è definito *vetroso* e presenta un comportamento perfettamente elastico, ovvero la curva $R$-$A$ è lineare; il modulo $E$ complessivo del polimero è dato dalla media dei moduli dei suoi legami chimici. All'interno di questo regime si registra un riassestamento della posizione reciproca delle catene macromolecolari, o di loro parti, grazie all'energia termica causata dall'ulteriore incremento della temperatura verso $T_g$; tale riassestamento produce una piccola deformazione aggiuntiva.

La deformazione dovuta all'aumento delle distanze intermolecolari, conseguente all'allentamento dell'efficacia dei legami secondari, riduce il modulo di un fattore pari o superiore a 2.

### Regime della transizione vetrosa con comportamento coriaceo o viscolelastico

Aumentando ulteriormente la temperatura (▶ **Fig. E2.17**), i legami secondari iniziano a rompersi intorno a $T_g$. Le catene macromolecolari (o loro parti) slittano facilmente le une rispetto alle altre, di conseguenza il modulo $E$ diminuisce rapidamente. Sottoponendo il polimero a trazione, quando la temperatura supera la $T_g$, i pezzi di molecole scorrono, dando origine a un determinato allungamento e alla dissipazione di energia, dimostrando un comportamento viscoso.

Tuttavia, vi sono anche parti del polimero che non hanno subito scorrimento, dimostrando un comportamento elastico. Se si elimina il carico applicato, le regioni elastiche tendono a riportare il polimero alle dimensioni originali, incontrando però l'opposizione delle molecole che hanno subito lo scorrimento viscoso; tale ritorno richiede un certo tempo, e il polimero dimostra un comportamento detto *coriaceo* o *viscoelastico*.

**COME SI TRADUCE...**

| ITALIANO | INGLESE |
|---|---|
| *Elastomero* | *Elastomer* |

### Regime gommoso ed elastomerico

Aumentando ulteriormente la temperatura oltre la $T_g$, i polimeri con lunghe catene (il cui grado di polimerizzazione è maggiore di $10^4$) presentano un comportamento gommoso, caratterizzato da un recupero totale della deformazione (*elasticità*) che avviene, però, con un ritardo ancora maggiore.

L'elasticità dello stato gommoso è dovuta all'intrecciarsi delle molecole lunghe, formando grovigli tali da generare veri e propri nodi. Se si carica a trazione il polimero, i segmenti compresi tra i nodi si raddrizzano; togliendo il carico le molecole riprendono la configurazione contorta originaria e, quindi, anche la forma (▶ **Fig. E2.19a**).

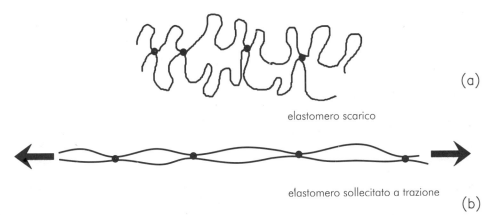

**Figura E2.19**
a) Elasticità dello stato gommoso del polimero lineare amorfo, dovuta alla presenza di nodi che agiscono come vincoli trasversali.
b) Elasticità di un elastomero dovuta alla presenza di legami covalenti trasversali che legano chimicamente le catene molecolari, come avviene nei termoindurenti (il pallino nero rappresenta il legame trasversale).

Il modulo elastico del materiale si riduce ancora, ma con una curva meno ripida, formando il caratteristico gradino rappresentato nella **figura E2.17**.

Sostituendo ai nodi specifici legami covalenti trasversali, si ottiene un notevole rafforzamento del comportamento gommoso; il numero di legami deve essere piccolo, uno ogni parecchie centinaia di monomeri.

Poiché i legami covalenti trasversali sono molto forti, non si fondono e ciò permette al polimero di essere, per temperature superiori a $T_g$, un vero elastomero, in grado di deformarsi elasticamente sotto carico, anche oltre il 300%, e di ritornare completamente alla dimensione originaria, una volta tolto il carico (▶ **Fig. E2.19b**). La presenza dei legami trasversali caratterizza l'**elastomero** come termoindurente.

### Regime viscoso

Raggiungendo temperature maggiori ($>1,4\,T_g$), i legami secondari si sciolgono completamente permettendo alle molecole di scorrere tra loro, senza forze elastiche di richiamo e ciò avviene anche nei punti di groviglio. In queste condizioni il polimero è diventato un liquido viscoso e il modulo elastico subisce una ripida diminuzione. I termoplastici sono stampati quando si trovano in questo stato.

**COME SI TRADUCE...**

| ITALIANO | INGLESE |
|---|---|
| Resistenza alla rottura meccanica | Strength |
| Frattura fragile | Brittle fracture |
| Difetto | Flaw |

### Regime della decomposizione

Fornendo ulteriore energia termica al polimero, in modo da superare l'energia di legame che tiene unite le parti delle macromolecole, se ne causa la *depolimerizzazione* o degradazione. Per alcune materie plastiche, ciò può condurre alla decomposizione in monomeri, per altre, alla degradazione in nuovi composti chimici. Per evitare tale fenomeno, durante lo stampaggio non deve essere superata la temperatura di $1,5\,T_g$. Poiché l'estensione dei regimi descritti nella curva $E\text{-}T/T_g$ varia molto in base al tipo di polimero, tali regimi non compaiono necessariamente nel comportamento di tutti i materiali plastici ( ▶ **Fig. E2.20**).

**Figura E2.20**
Curve $E\text{-}T/T_g$ schematiche per il polistirene allo stato cristallino (termoplastico), reticolato (termoindurente) e amorfo (termoplastico).

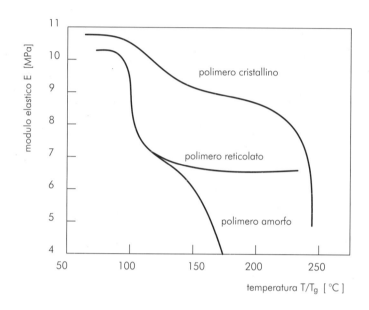

Nei polimeri cristallini manca il regime gommoso e il modulo diminuisce gradualmente fino alla temperatura di fusione. Nei polimeri termoindurenti, invece, il regime gommoso ha un'estensione notevolmente vasta, grazie alle forze elastiche di richiamo esercitate dai legami forti tra le catene. Questi legami impediscono ai termoindurenti di presentare lo stato liquido.

Gli elastomeri sono strutturalmente dei termoindurenti che, a temperatura ambiente, presentano lo stato gommoso e, quindi, una $T_g$ più bassa della stessa temperatura ambiente. Un elastomero si presenta dunque allo stato vetroso, con comportamento fragile e rigido a temperatura sufficientemente bassa.

### Resistenza

La **resistenza alla rottura meccanica** descrive la capacità del materiale di non cedere per deformazione plastica, o per frattura fragile; essa è determinata attraverso prove di trazione concepite e condotte in modo analogo a quelle previste per i metalli. In base all'aumento della temperatura, i polimeri hanno diversi modi per arrivare alla rottura meccanica, esaminati di seguito.

#### Rottura con frattura fragile, a temperatura inferiore a circa 0,75 $T_g$

La rottura con **frattura fragile**, simile a quella del vetro comune, si verifica perché i polimeri sono poco tenaci, quindi tutto ciò che concentra le tensioni (**difetti**, cricche, incisioni o brusche variazioni di sezione) è pericoloso e può condurre rapidamente alla rottura ( ▶ **Fig. E2.21**).

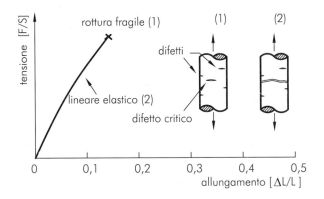

**Figura E2.21**
Curva tensione-allungamento relativa alla frattura fragile: la presenza di piccoli difetti superficiali o interni, dovuti alla lavorazione, all'abrasione, o all'attacco dell'ambiente, causa la frattura fragile del polimero.

## Rottura con contrazione a freddo, a temperatura inferiore a $T_g$ di circa 50 °C

Questa rottura è dovuta allo **stiramento** delle molecole allo stato solido causato dalla trazione; essa è accompagnata da una grande variazione di forma, poiché a tale temperatura, i polimeri termoplastici diventano plastici. La curva **tensione-allungamento**, riportata nella **figura E2.22**, è tipica del polietilene o del nylon.

**COME SI TRADUCE...**

| ITALIANO | INGLESE |
|---|---|
| Contrazione a freddo | Cold drawing |
| Stiramento | Drawing-out |
| Tensione-allungamento | Stress-strain |

**Figura E2.22**
Curva tensione-allungamento relativa alla contrazione a freddo di un polimero lineare.

Tale curva presenta tre zone: la zona lineare elastica, con uno specifico valore del modulo $E$, si ha per bassi allungamenti; successivamente, con un allungamento di 0,1, si ha la zona dello snervamento e, quindi, la contrazione a freddo. In questa zona le catene molecolari, dapprima ripiegate e aggrovigliate nel materiale amorfo, sono stirate progressivamente, di conseguenza si raddrizzano e si allineano. Il processo, analogo alla strizione dei metalli, si avvia grazie

**AREA DIGITALE**

 Prova di trazione su gomma

| COME SI TRADUCE... | |
|---|---|
| ITALIANO | INGLESE |
| Incrinatura | Crazing |

alla presenza casuale di un punto di debolezza o di concentrazione di tensione sul provino di trazione. In questo punto si ha la contrazione iniziale che si propaga a tutta la provetta, stirandola completamente, con allungamenti nominali compresi tra il 100÷300%. Le molecole si stirano e si allineano, con un rapporto di contrazione tra lunghezza finale $l$ e lunghezza iniziale $l_0$ della provetta di trazione compreso tra 2÷4. Il materiale stirato acquista una resistenza maggiore lungo la direzione di contrazione.

Nella terza zona, infine, si registra una ripida salita della curva fino alla rottura finale. Poiché il fenomeno descritto dipende da $T_g$, si manifesta a temperatura ambiente per i polimeri con minore $T_g$ (polietilene, polipropilene o nylon), e a temperatura più elevata per i polimeri con maggiore $T_g$ (polistirene); questi ultimi, caricati a trazione, a temperatura ambiente s'incrinano ( ▶ **Fig. E2.23**).

**Figura E2.23**
Curva tensione-allungamento di un polimero lineare che presenta incrinature prima di rompersi; le piccole zone con catene stirate fanno da ponte tra le microcricche.

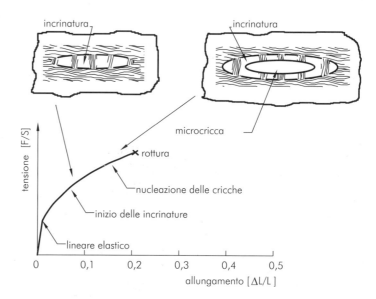

All'interno del polimero si generano zone con microcricche, affiancate ad altre con catene stirate, circondate e vincolate da solido indeformato. Le **incrinature** sono i precursori della successiva rottura del polimero; in alcuni polimeri esse sono facilmente visibili come striature o aree bianche.

### Durezza

La resistenza alla penetrazione di un determinato corpo in una superficie di materiale plastico è misurata attraverso prove di durezza specifiche.

### Durezza Brinell HBW

È determinata come rapporto tra il carico di prova $F$ che agisce mediante una sfera di 5 mm di diametro applicata sulla superficie di materiale plastico e la superficie dell'impronta generata. Secondo la durezza del materiale plastico è impiegato un valore dei seguenti carichi: 49, 132, 358 oppure 961 N.

### Durezza Vickers HV

Una piramide di diamante a base quadrata, è posta per 40 s sulla superficie con carichi di prova $F$ di 100, 300 o 600 N. Essa è contemplata per il calcolo di effetti meccanici anisotropi dovute agli orientamenti e alle tensioni presenti in strati vicini alla superficie.

## Durezza Rockwell HR

Si fa distinzione fra 4 scale di durezza (R, L, M ed E), secondo la forza di prova $F$ e il diametro della sfera $d$ impiegati come indicato nella **tabella E2.3**.

**Tabella E2.3** Scale di durezza Rockwell

| Scala | Carico $F$ [N] | Diametro della sfera $d$ [mm] | Simbolo |
|---|---|---|---|
| R | 588 | 12,7 | HRR |
| L | 588 | 6,35 | HRL |
| M | 980 | 6,35 | HRM |
| E | 980 | 3,175 | HRE |

## Durezza Shore A e D

Si rilevano con apparecchi manuali su materiali plastici flessibili ed elastomeri: si determina la resistenza alla penetrazione di un tronco di cono (Shore A) per i materiali più teneri, oppure di un cono con punta arrotondata (Shore D) per i materiali più duri, in termini di deformazione di una molla ( ▶ **Fig. E2.24**).

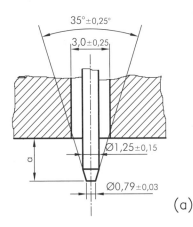
(a)

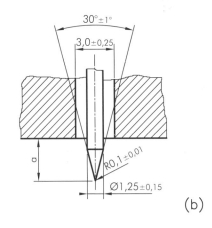
(b)

**Figura E2.24**
Penetratori per determinare la durezza Shore:
a) penetratore del durometro di tipo A;
b) penetratore del durometro di tipo D.

L'apparecchio indicatore che permette di leggere il valore di penetrazione del penetratore, ha una scala graduata da 0 (per la sporgenza massima) a 100 (per una sporgenza nulla). La misurazione viene effettuata collocando il provino su un piano orizzontale rigido (a superficie dura) e accostando il durometro ( ▶ **Fig. E2.25**) sul provino (in posizione verticale), con la punta del penetratore distante 9 mm da ogni bordo del provino. Si applica la base di appoggio del penetratore al provino il più rapidamente possibile senza urti, tenendo la base parallela alla superficie del provino ed esercitando una pressione sufficiente a ottenere il contatto tra la base e il provino. Si effettua la lettura della scala del quadrante dopo 15 s ± 1 s. Il test si esegue con 5 misurazioni di durezza in più posizioni sul provino, a distanze di almeno 6 mm e se ne determina il valore medio.

**Figura E2.25**
Durometro Shore: occorre effettuare le misurazioni con il durometro D quando con il durometro A si rilevano valori maggiori di 90; viceversa, se i valori ottenuti con il durometro di tipo D sono minori di 20, si utilizza il durometro A.

## Durezza Barcol

È determinata come la durezza Shore con un apparecchio manuale, dotato di un tronco di cono con una punta piatta avente diametro pari a 0,157 mm. Si utilizza per il controllo del processo d'indurimento della resina poliestere insatura.

## E2.3 PROCESSI DI OTTENIMENTO, CLASSIFICAZIONE E DESIGNAZIONE

**PER COMPRENDERE LE PAROLE**

**Sintesi**: processo chimico con cui si ottengono composti a partire dagli elementi componenti o da composti più semplici.

**Ambiente del mezzo di reazione**: realizzazione tecnica della polimerizzazione che può avvenire in massa, in sospensione, in emulsione oppure in soluzione.

**COME SI TRADUCE...**
| ITALIANO | INGLESE |
|---|---|
| Polimerizzazione | Polymerization |

### REAZIONI DI SINTESI DELLE MATERIE PLASTICHE

Le materie plastiche si ottengono attraverso reazioni chimiche di **sintesi** a partire dai monomeri. Le reazioni di formazione delle macromolecole sono regolate da condizioni chimico-fisiche quali la temperatura, la pressione, lo stato fisico, la basicità e l'acidità, la concentrazione del monomero e l'**ambiente del mezzo di reazione**. Sono altrettanto importanti gli additivi attivanti, ritardanti o regolanti la struttura come, per esempio, i catalizzatori, gli attivatori, gli acceleranti, gli inibitori, i regolatori della struttura.

I monomeri che costituiscono la base di partenza per ottenere materie plastiche sono caratterizzate da una determinata reattività chimica dovuta alla presenza di:

— particolari gruppi reattivi (ossidrile –OH, carbossilico –COOH, epossidico

);

— insaturazione nel corpo della molecola dei monomeri stessi (doppi o tripli legami o anelli).

Le reazioni principali di formazione dei polimeri sono tre (▶ **Fig. E2.26**):
— la *polimerizzazione*;
— la *poliaddizione*;
— la *policondensazione*.

**Figura E2.26**
Rappresentazione schematica delle reazioni di sintesi dei polimeri:
a) polimerizzazione;
b) poliaddizione;
c) policondensazione.

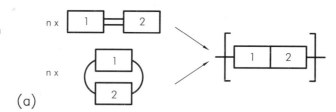

### Polimerizzazione

Nelle reazioni di **polimerizzazione** un monomero, o più monomeri nel caso di formazione di copolimeri, si uniscono tra loro per dar luogo a un prodotto macromolecolare, la cui costituzione chimica è individuata dalla ripetizione di $n$ volte la struttura del composto iniziale.

Nella maggior parte dei casi le reazioni di polimerizzazione richiedono l'impiego di particolari sostanze attivanti dette *catalizzatori*. In tutti i casi, esse avvengono tramite l'attivazione dei legami insaturi presenti nelle molecole del monomero. In genere, l'unione delle molecole insature si realizza secondo un'unica direzione; si ottengono quindi polimeri lineari. In base alle condizioni di reazione, è possibile ottenere anche polimeri ramificati. La reazione per la quale l'etilene origina il polietilene ( ▸ **Fig. E2.3**) può essere vista come uno schema generale valido per la polimerizzazione; tale reazione è caratterizzata dal fatto che la molecola del prodotto di partenza, il monomero, deve essere bifunzionale, in quanto occorrono due posizioni reattive che permettano il collegamento con le due molecole adiacenti. I due materiali polimerizzati sono termoplastici.

## Poliaddizione

Nella **reazione di poliaddizione**, le molecole monomere non presentano legami insaturi, come nel caso della polimerizzazione, però posseggono atomi o gruppi atomici che possono spostarsi da una molecola all'altra, determinando il legame necessario tra i monomeri. Per esempio, nella formazione dell'uretano ( ▸ **Fig. E2.26**) il gruppo OH migra da una molecola a un'altra, dove incontra il gruppo NCO per formare il gruppo NHCOO, che lega le due molecole. Nella formazione dei *poliaddotti* non si dissociano prodotti di reazione come nel caso della policondensazione; i poliaddotti sono termoplastici.

## Policondensazione

Nella **reazione di policondensazione**, due o più composti elementari diversi (per esempio un **acido** e un **alcol**) si combinano per ottenere, oltre al polimero, anche la dissociazione di un composto secondario che, nella maggior parte dei casi, è l'acqua. Si consideri la reazione tra un acido [–2–H] e un alcol [–1–OH] generici:

$$[-1-OH] + [-2-H] \rightarrow -(1+2)_n - H_2O$$

Le reazioni di policondensazione possono originare macromolecole reticolate, a catena lineare o ramificata. La possibilità di ottenere linearità o ramificazione dipende dalla funzionalità dei monomeri di base e dalla loro reattività, oltre che dai parametri chimico-fisici attivi (temperatura, catalizzatori ecc.). I policondensati a catena lineare sono termoplastici ottenuti da monomeri bifunzionali; quelli reticolati, o ramificati, sono termoindurenti ottenuti da monomeri tri- o polifunzionali. In particolare, nei prodotti a catena ramificata si ottiene un'unione tridimensionale, ovvero le sostanze di base si uniscono l'una con l'altra secondo le direzioni dello spazio, dando origine a una struttura molto rigida.

## Leghe polimeriche

### Copolimeri

Le macromolecole formate da elementi modulari (monomeri) dello stesso tipo sono dette *omopolimeri*. I monomeri di tipo diverso, chimicamente concatenati tra loro, danno invece origine ai *copolimeri*. Questa possibilità di variazione della struttura isomerica permette una molteplicità di disposizioni diverse, che porta alla sintesi di classi speciali di polimeri con proprietà interessanti per le applicazioni tecnologiche. Un **copolimero** può essere considerato una soluzione solida tra due o più monomeri. Come per le soluzioni solide dei metalli ( ▸ **Mod. B**), la struttura generale è unica anche se vi sono più componenti; per questo motivo, tali materiali sono anche detti *miscele* o *blend*.

---

**COME SI TRADUCE...**

| ITALIANO | INGLESE |
| --- | --- |
| *Reazione di poliaddizione* | *Addition reaction* |
| *Reazione di policondensazione* | *Condensation reaction* |
| *Copolimero* | *Copolymer* |

---

**PER COMPRENDERE LE PAROLE**

**Policondensazione**: termine che deriva dal fenomeno di condensazione dell'acqua durante tali reazioni. L'acqua è il tipico prodotto secondario di tali reazioni.

**Acido**: composti inorganici che hanno formula $HX$ dove $X$ è un generico atomo o gruppo di atomi ($HCl$, $HNO_3$, $H_2SO_4$). Gli acidi si dissociano in $H^+$ e $X^-$. Si tratta di composti organici contenenti nella loro molecola il gruppo carbossilico o carbossile –CO–OH: acido acetico $CH_3$–CO–OH.

**Alcol**: composti organici che si possono considerare derivati dagli idrocarburi (sostanze organiche formate soltanto da carbonio e idrogeno, per esempio: metano $CH_4$) per sostituzione di uno o più atomi di H con altrettanti gruppi ossidrili OH: alcol metilico $CH_3$–OH.

---

MATERIALI POLIMERICI **UNITÀ E2**

| COME SI TRADUCE... | |
|---|---|
| ITALIANO | INGLESE |
| Lega polimerica | Polymer alloy |
| Additivi | Additives |
| Riempitivo (o carica) | Filler |

### Leghe bifasiche

Sono ottenute unendo polimeri che non si miscelano fra loro, per questo si ottengono **miscugli a fasi separate** (o blend immiscibili) utili per specifiche applicazioni. Si consideri, per esempio, il miscuglio di polistirene e di polibutadiene. Questi due polimeri sono immiscibili. Mescolando polistirene con una piccola quantità di polibutadiene, si separerà un copolimero di stirene e di butadiene (polistirene-butadiene) in piccole sfere ( ▶ **Fig. E2.27** ). Il polistirene è un materiale rigido e fragile, mentre le piccole sfere di polistirene-butadiene sono gommose, quindi, possono assorbire energia sotto sforzo. Questo blend immiscibile, più tenace e più duttile del polistirene normale, è venduto con il nome di "polistirene antiurto". In modo analogo, si possono ottenere altre leghe tenaci.

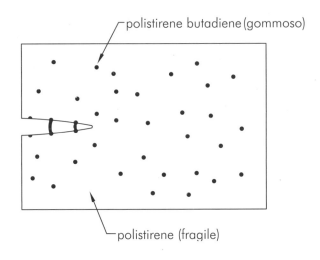

**Figura E2.27**
Leghe bifasica costituita da polistirene e di polibutadiene. I precipitati di polistirene-butadiene gommoso rendono più tenace il polistirene. La dimensione delle sfere di polistirene è di circa 1 mm. Più piccole sono le sfere, maggiore è l'area della superficie di contatto delle due fasi e più efficacemente l'energia sarà trasferita da una fase all'altra, garantendo migliori proprietà meccaniche.

**PER COMPRENDERE LE PAROLE**

**Miscugli a fasi separate**: materiali a fasi separate e quindi diverse denominate anche eterofasici. Il termine miscuglio è inesatto perché questi materiali non sono veramente miscugli in quanto sono immiscibili.

**Nerofumo**: fuliggine prodotta dalla combustione di una fiamma povera di ossigeno.

### Additivi

Il costituente principale delle materie plastiche è rappresentato dalle molecole del polimero, tuttavia, spesso sono presenti anche composti **additivi** che impartiscono le caratteristiche desiderate al materiale.

### Riempitivi o cariche

Gran parte dei **riempitivi** usati impartisce alle materie plastiche una maggiore resistenza meccanica o una migliore tenacità. La farina di legno (segatura ridotta a polvere finissima) è comunemente addizionata alle resine fenoliche per aumentarne la resistenza a compressione e la tenacità del polimero; è usata anche la polvere di silice, $SiO_2$, ottenuta macinando sabbia o roccia quarzifera. Questa polvere è molto più dura della farina di legno ed è quindi in grado di conferire alla plastica una migliore resistenza all'abrasione. Inoltre, per le sue caratteristiche refrattarie, la polvere conferisce una migliore stabilita termica al polimero. Altri riempitivi sono il **nerofumo**, il gesso e il silicato di calcio. L'uso di fibre (di vetro, di carbonio) sarà illustrato nell'unità relativa ai materiali compositi.

### Plastificanti

Si tratta di composti organici generalmente allo stato liquido o gassoso a temperatura ambiente, con una massa molecolare molto bassa. Una miscelazione di macromolecole e molecole piccole migliora la flessibilità e riduce la rigidezza propria delle molecole a lunga catena, grazie all'accresciuta mobilità delle macromolecole che, essendo circondate da molecole più piccole, possono rispondere più liberamente a una sollecitazione esterna o, semplicemente, all'agitazione termica. Il composto **plastificante** abbassa la temperatura di transizione vetrosa $T_g$, rendendo possibili movimenti e risistemazioni molecolari, anche a temperatura ambiente e in polimeri altrimenti rigidi. Poiché essi riducono la resistenza a trazione, devono essere usati con moderazione.

| COME SI TRADUCE... | |
|---|---|
| ITALIANO | INGLESE |
| *Plastificante* | *Plasticizer* |
| *Colorante* | *Colorant* |
| *Pigmento* | *Pigment* |

### Coloranti e pigmenti

Le ragioni che consigliano l'impiego di sostanze coloranti nelle materie plastiche sono ovvie: i **coloranti** sono sostanze le cui molecole si sciolgono entro la materia plastica; i **pigmenti** sono sostanze insolubili, perciò sono dispersi finemente nella materia plastica mantenendo la loro identità.

I pigmenti, organici o inorganici ( ▸ **Tab. E2.4**) sono utilizzati in quantità predominante rispetto ai coloranti.

**Tabella E2.4** Pigmenti inorganici

| Colore | Classe chimica | Formula chimica |
|---|---|---|
| Bianco | Biossido di titanio<br>Ossido di zinco | $TiO_2$<br>$ZnO$ |
| Nero | Ossido di ferro nero | $Fe_3O_4$ |
| Giallo | Ossido di ferro giallo | $FeO(OH)$ |
| Marrone | Marrone ferro-cromo | $(Fe,Cr)_2O_3$ |
| Rosso | Ossido di ferro rosso | $Fe_2O_3$ |
| Verde | Ossido di cromo verde | $Cr_2O_3$ |
| Blu | Blu cobalto | $CoAl_2O_4$ |
| Metallizzato | Alluminio | $Al$ |

### Stabilizzanti

I *stabilizzanti* contrastano i fenomeni di deterioramento dei polimeri dovuti ai meccanismi di scissione e di ossidazione.

La scissione provocata dalla luce, principalmente da quella ultravioletta, frammenta le macromolecole lungo la catena. Lo stabilizzante è in grado di assorbire la radiazione luminosa prima che possa interagire e degradare il polimero. Il nerofumo, per esempio, è usato comunemente come stabilizzante, aggiunto come pigmento o come carica. Per contrastare l'ossidazione, soprattutto nel caso di polimeri con doppio legame, si ricorre alla protezione dalla luce diretta del sole e all'introduzione di stabilizzanti nella materia plastica.

### Ignifughi

La riduzione dell'infiammabilità delle materie plastiche è anche affidata a opportuni additivi ignifughi, che vengono aggiunti tutte le volte che pezzi in plastica devono essere impiegati in zone termicamente pericolose.

In fase di preparazione del polimero sono aggiunti triossido di antimonio ($Sb_2O_3$) o composti ricchi in cloro o bromo, con la specifica funzione di ridurre l'infiammabilità.

MATERIALI POLIMERICI **UNITÀ E2** **441**

| COME SI TRADUCE... | |
|---|---|
| ITALIANO | INGLESE |
| Espanso | Foam |
| Solido cellulare | Cellurar solid |
| Densità | Relative density |
| Poliedriche | Polyhedral |

### Classificazione
Tutte le materie plastiche rientrano nelle seguenti classi di base:
— termoplastici;
— termoindurenti o resine;
— elastomeri o gomme.

A queste classi, esaminate nei paragrafi precedenti, si deve aggiungere la classe dei materiali espansi o cellulari.

### Materiali espansi o solidi cellulari
Si tratta di materie plastiche che hanno una struttura simile alla schiuma; i materiali espansi permettono un'ottimizzazione della rigidezza, o della resistenza alla compressione, o della capacità di assorbire energia, per una data massa di materiale.

Attraverso l'espansione, si riesce a ottenere un materiale solido molto leggero. L'**espanso**, inoltre, se contenuto all'interno di materiali rigidi, dà origine ad accoppiati (come un sandwich) estremamente rigidi e leggeri ( ▶ **Fig. E2.28**).

**Figura E2.28**
Esempio di materiali espansi o cellulari accoppiati con materiali rigidi (sandwich); sezione di una tavola da surf realizzata con materiale espanso, inserito in una conchiglia di polimero.

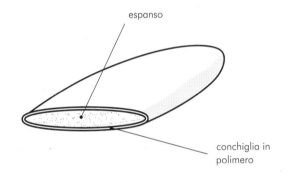

Le proprietà dell'espanso sono determinate dalle proprietà del polimero con cui esso è fatto e dalla densità $\rho/\rho_s$.

La **densità** è data dal rapporto tra la massa volumica $\rho$ dell'espanso e quella del polimero solido $\rho_s$; essa può variare da 0,5, per gli espansi densi, a 0,005, per quelli particolarmente lievi.

Le celle degli espansi sono **poliedriche**, come i grani dei metalli ( ▶ **Fig. E2.29**). Il solido si concentra nelle pareti delle celle, che possono essere aperte, come le spugne, o chiuse, come la schiuma che galleggia; inoltre possono essere equiassiche ( ▶ **Fig. E2.29**) o allungate.

**Figura E2.29**
Materiali espansi o cellulari polimerici che presentano celle poliedriche equiassiche:
a) espanso a cella aperta;
b) espanso a cella chiusa.

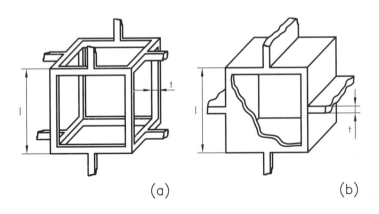

La curva tensione-deformazione relativa alla sollecitazione alla compressione degli espansi presenta tre zone ( ▸ **Fig. E2.30** ).

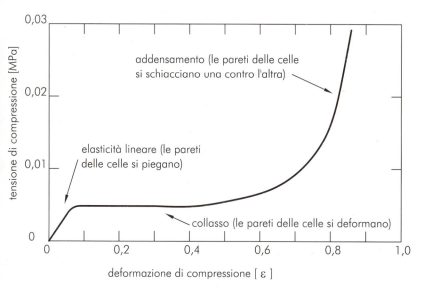

**Figura E2.30**
Curva tensione-deformazione relativa alla sollecitazione alla compressione degli espansi. Sono possibili grandi variazioni della deformazione a compressione, per questo l'espanso può assorbire una buona quantità di energia quando è schiacciato.

Alle piccole deformazioni (massimo 5%), l'espanso si contrae in modo lineare elastico e le pareti delle celle si flettono sotto carico ( ▸ **Fig. E2.31b** ).

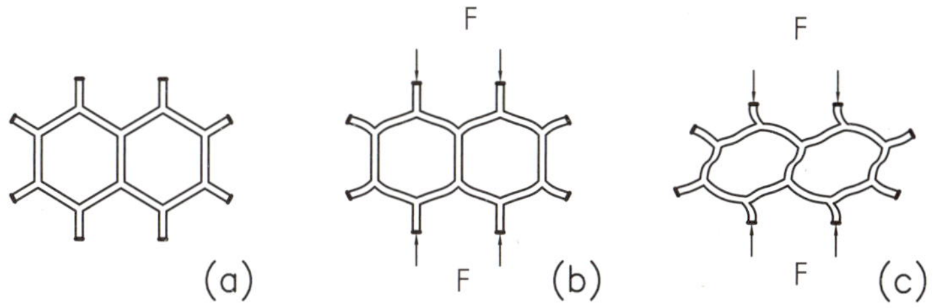

**Figura E2.31**
Materiali cellulare sollecitato alla compressione:
a) celle indeformate;
b) pareti delle celle che si flettono sotto carico in modo lineare elastico;
c) pareti delle celle che si piegano lateralmente sotto carico in modo elastico.

Il modulo di rigidezza a compressione dell'espanso $E$ vale:

$$E = E_s \left( \frac{\rho}{\rho_s} \right)^2$$

in cui $E_s$ indica il modulo di rigidezza a compressione della parete. Successivamente, si registra una zona in cui la tensione rimane quasi costante, mentre la deformazione aumenta notevolmente.

Tale tensione vale:

$$R_{el} = 0,05 \, E_s \left( \frac{\rho}{\rho_s} \right)^2$$

In questa fase il materiale assorbe molta energia e si deforma in modo non lineare, anche se ancora recuperabile. Le pareti, infatti, si piegano lateralmente in modo elastico ( ▸ **Fig. E2.31c** ).

Infine, vi è la zona di compattazione, nella quale si regista un aumento della densità del materiale per lo schiacciamento contemporaneo e completo delle pareti delle celle.

## Designazione

La molteplicità chimica e morfologica dei polimeri, impone la necessità di avere un unico *sistema di designazione*. Lo schema, che contiene tutte le possibilità di designazione, prevede le seguenti indicazioni:

— sigla del polimero ( ▶ **Tab. E2.5**);
— caratteristiche del materiale, tipo di produzione ( ▶ **Tab. E2.6**);
— caratteristiche speciali ( ▶ **Tabb. E2.6** e **E2.7**);
— tipo e quantità degli additivi ( ▶ **Tabb. E2.8** e **E2.9**).

Per esempio: PE-HD-FR-GF20; PVC-GC. Per miscele di materiale plastico, si usano le sigle dei polimeri base ( ▶ **Tab. E2.5**), indicate fra parentesi e separate dal segno "+: (PC+ABS).

**Tabella E2.5** Sigle di alcune materie plastiche

| Materia plastica | Sigla | Materia plastica | Sigla | Materia plastica | Sigla |
|---|---|---|---|---|---|
| Omopolimeri e polimeri da materiali naturali | | | | | |
| Resina epossidica | EP | Polietereterchetone | PEEK | Polimetilmetacrilato | PMMA |
| Poliammide | PA | Polieterchetone | PEK | Polipropilene | PP |
| Poliacrilnitrile | PAN | Polietersolfone | PES | Polistirene | PS |
| Policarbonato | PC | Polietilentereftalato | PET | Poliuretano | PUR |
| Polietilene | PE | Poliimmide | PI | Cloruro di polivinile | PVC |
| Silicone | SI | Poliestere saturo | SP | Poliestere insaturo | UP |
| Copolimeri | | | | | |
| Acrilonitrile Butadiene Stirene | ABS | Etilene/Propilene | E/P | Stirene/Butadiene | S/B |
| Elastomeri | | | | | |
| Elastomero isoprenico (Poliisoprene) | IR | Gomma naturale (Poliisoprene naturale) | NR | Elastomero Stire-butadiene | SBR |

**Tabella E2.6** Sigle di caratteristiche del materiale, di tipo di produzione e di caratteristiche speciali

| Caratteristiche del materiale, tipo di produzione | Sigla | Caratteristiche speciali per la preparazione e/o modifica del materiale | Sigla |
|---|---|---|---|
| Clorurato | C | Con ridotta resistenza all'usura e/o all'attrito | AR |
| Polimerizzato in emulsione | E | Particolarmente adatto alla schermatura elettromagnetica | EMI |
| Resina per colata | G | Diminuita combustibilità in seguito ad additivi ignifughi | FR |
| Alta densità | HD | Particolarmente adatto per metallizzazione galvano-chimica | GC |
| Bassa densità | LD | Elevata resistenza all'urto | HI |
| Lineare a bassa densità | LLD | Particolarmente resistente alla luce e/o alle intemperie | LR |
| Polimerizzato in massa | M | Ridotto assorbimento di acqua | RM |
| Polimerizzato in sospensione | S | Elevata trasparenza | T |

**MODULO E** MATERIALI NON METALLICI

**Tabella E2.7** Sigle di espansi

| Rigidità | | Struttura | |
|---|---|---|---|
| **Caratteristica** | **Sigla** | **Caratteristica** | **Sigla** |
| Rigida | R | Espanso omogeneo (espanso) | F |
| Semirigida | SR | | |
| Flessibile | F | Espanso integrale o strutturale | SF |

**Tabella E2.8** Sigle dei tipi e delle strutture degli additivi

| Tipo additivo | | Struttura additivo | |
|---|---|---|---|
| **Denominazione** | **Sigla** | **Denominazione** | **Sigla** |
| Boro | B | Sfere, perle | B |
| Carbonio | C | Ritagli, trucioli | C |
| Vetro | G | Farina, polvere, graniglia | D |
| Carbonato di calcio | K | Fibre, fasci di fibre, fiocchi | F |
| Aramide | R | Whiskers | H |
| Talco | T | Roving, matasse, fili | R |
| Legno | W | Tessuto | W |

La composizione può essere completata mediante l'indicazione della percentuale in massa associata alla rispettiva sigla del polimero, per esempio:

$$(PC+ABS30)$$

Le sigle per l'additivo, usato come singolo componente, sono formate abbinando le sigle per il tipo di materiale a quelle della struttura, per esempio "CF" corrisponde a fibre di carbonio.

Per le miscele di additivi ( ▸ **Tab. E2.9**) si usa il sistema delle miscele di materiale plastico, per esempio (GF+K) corrisponde a fibre di vetro più carbonato di calcio.

**Tabella E2.9** Sigle delle quantità degli additivi

| Indicazione quantitativa | Carica semplice | Carica ibrida |
|---|---|---|
| Senza | GF | GF+K |
| Valore fisso | GF 30 | (GF25+K15) |
| Intervallo | GF 30±5 | (GF20±5+K10±5) |
| Quantitativo totale non differenziato | – | (GF+K)35 |

## E2.4 CARATTERISTICHE DELLE MATERIE PLASTICHE

**COME SI TRADUCE...**

| ITALIANO | INGLESE |
|---|---|
| Bassa densità | Low density (LD) |
| Lineare a bassa densità | Linear low density (LLD) |
| Alta densità | High density (HD) |

**PER COMPRENDERE LE PAROLE**

**Catalizzatore**: sostanza che accelera lo sviluppo della reazione chimica e che si trova, tuttavia, inalterata alla fine del processo.

In relazione alle classi considerate in precedenza, si esaminano alcune materie plastiche particolarmente impiegate in campo industriale. Per questo motivo tali materiali assumono la denominazione generica di *tecnopolimeri*.

### Polietilene (PE)

#### Produzione

Il *polietilene omopolimero* appartiene al gruppo delle poliolefine (PO) perché è un polimero composto da idrocarburi con formula $C_nH_{2n}$ che presenta un doppio legame; a tale gruppo, oltre al polietilene, appartiene anche il polipropilene.

I PE appartengono ai materiali termoplastici morbidi e flessibili e sono semicristallini.

La massa molecolare, la cristallinità, la struttura e, di conseguenza, le loro proprietà dipendono essenzialmente dal sistema di polimerizzazione.

Esistono tre tipi di PE: a **bassa densità** (PE-LD); **lineare a bassa densità** (PE-LLD); ad **alta densità** (PE-HD).

Il PE-LD è prodotto trattando l'etilene ($CH_2=CH_2$) con il metodo ad alta pressione in autoclavi e reattori tubolari a una pressione pari a 1000÷3000 bar e una temperatura pari a 150÷300 °C con ossigeno o perossidi come **catalizzatore** (0,05÷0,1%); ne risulta un PE fortemente ramificato con catene di lunghezza diversa. La cristallinità va dal 40 al 50%.

La polimerizzazione del PE-LLD è eseguita con quattro metodi diversi: sistema a bassa pressione in fase gassosa, in soluzione o in sospensione e con metodo modificato ad alta pressione. Le masse molecolari più elevate di questi prodotti poco ramificati determinano proprietà migliori.

Il PE-HD è prodotto secondo il processo a media (Phillips) e a bassa pressione (Ziegler): nel processo Phillips la pressione vale 30÷40 bar, la temperatura 85÷180 °C e come catalizzatore è impiegato l'ossido di cromo; nel processo Ziegler la pressione vale 1÷50 bar, la temperatura 20÷150 °C e come catalizzatori sono impiegati alogenuri di titanio ed esteri di titanio.

Si eseguono polimerizzazioni in sospensione, in soluzione, in fase gassosa e in massa. Poiché il PE-HD presenta ramificazioni ridotte, rispetto al PE-LD ha una maggiore cristallinità (60÷80%) e una massa volumica più elevata.

#### Caratteristiche

Il PE a bassa massa molecolare è impiegato come mezzo disperdente nella lavorazione delle materie plastiche. Tutti i polietileni ad alta massa molecolare hanno una ridotta massa volumica, una rigidità e una durezza relativamente basse, elevati valori di resilienza e allungamento alla rottura, un buon comportamento all'attrito e all'usura e ottime caratteristiche elettriche e dielettriche.

La resistenza alla trazione aumenta in modo pressoché lineare con la massa volumica. L'assorbimento di acqua e la permeabilità al vapore acqueo sono bassi. Il PE resiste all'acqua, alle soluzioni saline, ad acidi, alcali, alcol e benzina; le temperature massime ammesse per impieghi di breve durata sono comprese tra 80 e 100 °C. Esso brucia come la cera, ma può essere trattato con additivi ritardanti alla fiamma oppure con agenti di espansione e con coloranti per la coloritura. Il PE è inodore, insapore e fisiologicamente innocuo.

La **tabella E2.10** consente di confrontare le proprietà dei diversi tipi di PE.

**Tabella E2.10** Confronto delle proprietà dei diversi tipi di PE

| Proprietà | Unità di misura | Polietilene | | |
|---|---|---|---|---|
| | | PE-LD | PE-LLD | PE-HD |
| Massa volumica | $g/cm^3$ | 0,915÷0,92 | ~0,935 | 0,94÷0,96 |
| Modulo $E$ | MPa | 200÷400 | 300÷700 | 600÷1400 |
| Tensione di scorrimento a trazione | MPa | 8÷10 | 20÷30 | 18÷30 |
| Allungamento | % | ~20 | 8÷12 | ~15 |
| Allungamento alla rottura nominale | % | >50 | >50 | >50 |
| Temperatura di fusione | °C | 105÷118 | 126 | 126÷135 |
| Coefficiente di dilatazione termica longitudinale (23÷55°C) | $10^{-5}/K$ | 23÷25 | 18÷20 | 14÷18 |

# POLIPROPILENE (PP)

## Produzione

Il polipropilene omopolimero PP-H è prodotto mediante polimerizzazione del propilene ($H_3C$-CH=$CH_2$) e appartiene al gruppo delle poliolefine. Si tratta di un materiale termoplastico semicristallino come il PE, ma è più resistente e rigido, e fonde a una temperatura più elevata pur essendo di massa volumica inferiore. Con la polimerizzazione i gruppi $CH_3$ del PP possono essere suddivisi in modo diverso, sviluppando caratteristiche totalmente diverse.

Nel PP isotattico la maggior parte dei gruppi $CH_3$ può essere disposta sullo stesso lato della catena molecolare oppure a spirale, rivolta verso l'esterno.

Nel PP sindiotattico i gruppi di $CH_3$ sono disposti in modo alternato sui lati opposti della catena principale, mentre nel PP atattico i gruppi $CH_3$ sono disposti in modo statistico sui lati della catena. Il PP atattico ha la stessa consistenza del caucciù non vulcanizzato; il PP isotattico è il più importante dal punto di vista quantitativo.

Il metodo base di sintesi consiste nella polimerizzazione per precipitazione a bassa pressione di gas propano, con catalizzatori Ziegler metallorganici in sospensione di idrocarburi opportunamente modificati secondo lo schema del prof. G. Natta (1955). In questo caso si formano parti di PP atattico, che danno un prodotto prevalentemente più plastico e meno resistente al calore. Con i nuovi sistemi di polimerizzazione in fase gassosa, invece, si ottengono prodotti puri (PP isotattico fino al 97%).

## Caratteristiche

Le formulazioni di PP disponibili sono più numerose rispetto agli altri materiali sintetici. La struttura molecolare, la massa molecolare, la cristallinità possono variare in molti modi, di conseguenza, anche le loro caratteristiche.

I valori di rigidità e di resistenza vengono inseriti fra quelli del PE e delle materie plastiche tecniche, quali ABS, PA. La resistenza ai carichi dinamici è relativamente alta; la temperatura di transizione vetrosa si aggira attorno a 0°C e tutti i manufatti in PP infragiliscono alle basse temperature.

**COME SI TRADUCE...**

| ITALIANO | INGLESE |
|---|---|
| Poliammidi | Polyammide |

**PER COMPRENDERE LE PAROLE**

**Sferolitica**: configurazione che i cristalliti delle materie plastiche cristalline possono assumere (▶ Fig. E2.32).

**Figura E2.32**
Configurazione sferolitica di cristalliti.

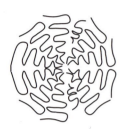

Esso può essere impiegato per brevi periodi a 140 °C e per lunghi periodi a 100 °C. Le caratteristiche elettriche sono paragonabili a quelle del PE e non sono influenzate se i prodotti sono conservati in acqua. L'assorbimento e la permeabilità all'acqua sono minimi. Fino a 120 °C mantiene le proprie caratteristiche di resistenza in presenza di soluzioni acquose contenenti sali, acidi e alcali forti. Il PP si degrada in presenza di ossigeno e deve essere sottoposto a un trattamento che lo renda resistente all'invecchiamento. Brucia con una debole fiamma ed è disponibile in formulazioni con additivi ignifughi.

La **tabella E2.11** riporta le proprietà del polipropilene omopolimero PE-H.

**Tabella E2.11** Proprietà del polipropilene omopolimero PP-H

| Proprietà | Unità di misura | PP-H |
|---|---|---|
| Massa volumica | g/cm³ | 0,90÷0,915 |
| Modulo $E$ | MPa | 1300÷1800 |
| Tensione di scorrimento a trazione | MPa | 25÷40 |
| Allungamento | % | 8÷18 |
| Allungamento alla rottura nominale | % | >50 |
| Temperatura di fusione | °C | 162÷168 |
| Coefficiente di dilatazione termica longitudinale (23÷55 °C) | $10^{-5}$/K | 12÷15 |

## Poliammide (PA)

### Produzione

Le **poliammidi** sono caratterizzate dalla presenza del gruppo delle ammidi (-CH-NH-), poiché sono termoplastiche, possono dare origine a elastomeri; esse sono note con il termine di *nylon*.

Le macromolecole dei polimeri PA 6, PA 11 e PA 12 sono costituite da un'unità base; nelle sigle i numeri corrispondono al numero di atomi di carbonio presenti nella molecola base. I tipi delle poliammidi PA 46, PA 66, PA 69, PA 610 e PA 612 sono caratterizzati da due unità base, e i numeri si riferiscono al numero di atomi di C presenti in entrambe. I legami idrogeno a ponte tra le molecole vicine, causati dalla presenza di particolari gruppi atomici, determinano la tenacità, la resistenza alla temperatura e un elevato modulo di elasticità $E$. Secondo la velocità di raffreddamento, la cristallinità delle PA può variare tra 10% (raffreddamento rapido: struttura a grano fine, tenacità elevata) e 50÷60% (raffreddamento lento: **sferoliti** grandi, elevata solidità, elevato modulo $E$, alta resistenza all'abrasione, ridotto assorbimento d'acqua).

### Caratteristiche

Le caratteristiche dei singoli tipi di PA non differiscono molto. A secco, subito dopo la lavorazione termoplastica, sono duri e più o meno fragili. In seguito all'assorbimento d'acqua dall'atmosfera o a condizionamento in acqua, essi diventano più tenaci e resistenti all'abrasione, e il modulo $E$ diminuisce. Poiché l'assorbimento d'acqua è legato a un aumento di volume, aumenteranno anche le dimensioni; tale fattore deve essere considerato durante la fase di fabbricazione.

Le PA hanno ottime caratteristiche di scorrimento e usura, sono insensibili alle impurità e sono chimicamente resistenti. Le temperature di transizione vetrosa $T_g$ rientrano nel campo della temperatura ambiente o la superano leggermente; ciò significa che la temperatura di rammollimento delle PA è relativamente bassa, di conseguenza, questi prodotti non possono essere esposti a carichi continui, anche se possono essere utilizzati a temperature vicine a quella di fusione. Le formulazioni rinforzate o caricate hanno maggiore stabilità anche al di sopra della $T_g$.

Le PA resistono ai solventi, agli oli, ai grassi, ai carburanti, alle soluzioni (alcaline o acidi poco concentrate) e all'acqua bollente (sono sterilizzabili); le PA non modificate continuano a bruciare anche dopo aver allontanato la fiamma.

La **tabella E2.12** consente di confrontare le proprietà dei diversi tipi di PA.

**Tabella E2.12** Confronto delle proprietà dei diversi tipi di PA

| Proprietà | Unità di misura | Poliammidi | | |
|---|---|---|---|---|
| | | PA 6(*) | PA 66(*) | PA 610(*) |
| Massa volumica | g/cm³ | 1,12÷1,14 | 1,13÷1,15 | 1,06÷1,09 |
| Modulo E | MPa | 750÷1500 | 1300÷2000 | 1300÷1600 |
| Tensione di scorrimento a trazione | MPa | 30÷60 | 50÷70 | 45÷50 |
| Allungamento | % | 20÷30 | 15÷25 | ~15 |
| Allungamento alla rottura nominale | % | >50 | >50 | >50 |
| Temperatura di fusione | °C | 220÷225 | 255÷260 | 210÷220 |
| Coefficiente di dilatazione termica longitudinale (23÷55 °C) | $10^{-5}$/K | 7÷10 | 7÷10 | 8÷10 |

(*) Materiale condizionato con immagazzinamento dei campioni di prova a 23 °C in presenza di umidità relativa pari a 50% fino a saturazione.

# UNITÀ E2

# VERIFICA DI UNITÀ

Gli esercizi sono disponibili anche nella versione digitale come test interattivi e autocorrettivi

## COMPLETAMENTO

1. La stereoisomeria è dovuta alle diverse _____ della stessa macromolecola che si differenzia per la diversa _____ nello _____ di alcuni dei loro atomi (monomeri asimmetrici). Con i monomeri simmetrici è possibile generare polimeri con le seguenti variazioni _____ stereoisomeriche mediante la definizione del loro _____:
   1) isotattico: quando i radicali sono tutti dalla stessa parte, ovvero sono regolari da un lato;
   2) _____: quando i radicali si dispongono alternativamente con regolarità lungo la catena, ovvero sono alternativamente regolari sui lati;
   3) _____: quando i radicali si dispongono alternativamente con casualità lungo la catena, ovvero non sono regolari.

2. L'andamento schematico del modulo di Young $E$ di un polimero lineare amorfo presenta _____ regimi di _____ in ognuno dei quali il modulo ___ possiede specifiche caratteristiche:
   1) regime _____ con comportamento _____ ed elastico del polimero con valori elevati di $E$ (intorno a 3000 MPa);
   2) regime della transizione _____ con comportamento coriaceo o _____ del polimero e con valori di $E$ che si riducono da 3000 a 3 MPa;
   3) regime _____ con comportamento _____ del polimero e con valori bassi di $E$ intorno a 3 MPa;
   4) regime viscoso o liquido quando il polimero comincia a _____;
   5) regime della decomposizione allorché inizia la _____ chimica del polimero.

## SCELTA MULTIPLA

3. Il grado di polimerizzazione (GP) del polimero è:
   a) la lunghezza del legame
   b) la lunghezza molecolare
   c) il numero di monomeri uniti nella catena molecolare
   d) la massa molecolare

4. La reazione di unione di un monomero o più monomeri tra loro per dar luogo a un prodotto macromolecolare risulta essere:
   a) una poliaddizione
   b) una polimerizzazione
   c) una policondensazione
   d) tutte le precedenti

## VERO O FALSO

5. A partire dalla temperatura di transizione vetrosa $T_g$, il materiale diviene più rigido e più fragile.
   Vero ☐   Falso ☐

6. La funzione delle forze intramolecolari (FIM) di attrazione tra le diverse macromolecole non è basata sulla presenza di dipoli elettrici costituiti da cariche positive e negative.
   Vero ☐   Falso ☐

7. In un polimero amorfo, aumentando la temperatura, i legami secondari iniziano a rompersi intorno alla $T_g$.
   Vero ☐   Falso ☐

8. La durezza Shore A è adatta per i materiali più duri.
   Vero ☐   Falso ☐

# MATERIALI COMPOSITI

## E3

## Obiettivi

### Conoscenze

- Le funzioni svolte da matrice e rinforzo in un materiale composito (MC).
- La classificazione dei MC in base alla matrice.
- Le possibili forme dei rinforzi.
- I fattori che influenzano le proprietà meccaniche di un materiale composito.
- I tipi di matrici e di rinforzi utilizzati nei compositi a matrice plastica.
- I valori indicativi di $R_m$ ed $E$ dei principali compositi a matrice plastica.

### Abilità

- Classificare i MC in base al tipo di matrice e rinforzo.
- Confrontare le proprietà meccaniche dei MC a matrice plastica con quelle dei materiali metallici.
- Scegliere il composito più idoneo che soddisfi i requisiti richiesti sia come componenti sia come caratteristiche costruttive.

## PER ORIENTARSI

Il *composito* è un materiale ottenuto dall'unione di due o più materiali diversi; per essere più precisi, esso deriva dall'unione di almeno due fasi macroscopicamente diverse. Una fase (detta *rinforzo*) resiste alle sollecitazioni, l'altra (detta *matrice*) contiene il rinforzo e dà forma al pezzo. La nascita del primo materiale composito artificiale può essere fatta risalire al momento in cui gli uomini decisero di miscelare la paglia all'argilla, con cui fabbricavano i mattoni per migliorarne la resistenza alla fessurazione e allo sgretolamento. Tuttavia tale intuizione non ebbe ulteriori sviluppi e, per molti secoli, si privilegiò l'uso del legno e dei metalli.

Bisogna giungere sino al 1930 per avere i primi impieghi industriali di materiali ottenuti dall'unione di due o più componenti macroscopicamente diversi, primo fra tutti il vetroresina.

Da allora si è avuto uno sviluppo tale da giustificare la nascita di una vera e propria classe di nuovi materiali. Attualmente esistono molti tipi di materiali compositi, con caratteristiche fisiche e meccaniche del tutto particolari che li differenziano nettamente dai materiali metallici, ceramici e polimerici.

## E3.1 INTRODUZIONE AI MATERIALI COMPOSITI

### DEFINIZIONE E CLASSIFICAZIONE

Si è definito composito un materiale ottenuto dall'unione di due fasi macroscopicamente diverse; la diversità può essere di tipo chimico oppure strutturale, per esempio carbonio amorfo unito a carbonio cristallino. I due componenti svolgono funzioni diverse e, come si è detto, prendono il nome di *matrice* e *rinforzo*.

| COME SI TRADUCE... | |
|---|---|
| ITALIANO | INGLESE |
| Fibre | Fibers |
| Particelle | Particles |

Il rinforzo resiste alle sollecitazioni che agiscono sul pezzo; esistono molti tipi di rinforzi e, in genere, si tratta di materiali con buone caratteristiche meccaniche. In base alla forma si possono distinguere:
— rinforzi fibrosi, o *fibre*;
— rinforzi particellati, o *particelle*.

Le **fibre** (▶ **Fig. E3.1a**) sono filamenti in cui una dimensione prevale nettamente sulle altre due, in genere con un rapporto maggiore di 100:1, mentre le **particelle** sono elementi molto piccoli con almeno due dimensioni analoghe; a seconda della forma si hanno scaglie, granuli oppure sferoidi (▶ **Fig. E3.1b**).

**Figura E3.1**
Esempi di rinforzo:
a) fibroso;
b) particellato.

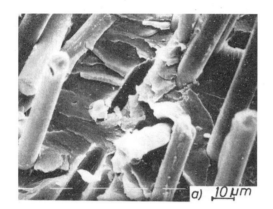

(a)         (b)

Nei materiali compositi la matrice svolge le seguenti funzioni:
— dà la forma al pezzo;
— contiene il rinforzo e lo protegge dagli agenti esterni;
— trasmette le sollecitazioni tra un rinforzo e l'altro, in particolare nel caso di compositi a rinforzo fibroso.

Si è soliti classificare i materiali compositi proprio in base al tipo di matrice;
— compositi a matrice plastica;
— compositi a matrice metallica;
— compositi a matrice ceramica.

Esistono molti tipi di compositi, che nascono dalle diverse combinazioni di matrici e rinforzi. I *compositi a matrice plastica*, in particolare quelli con rinforzo fibroso, sono stati i primi a essere utilizzati e sono i più diffusi, al punto che spesso con il termine "composito" s'intende proprio questa categoria. I *compositi a matrice metallica* sono stati sviluppati successivamente e hanno un utilizzo più contenuto. I *compositi a matrice ceramica*, seppur utilizzati in settori particolari, sono usciti da poco dalla fase di sperimentazione.

    La scelta del composito viene fatta tenendo conto delle caratteristiche che il pezzo deve avere; per quanto riguarda la matrice, uno dei fattori più importanti è la temperatura di esercizio (▶ **Fig. E3.2**). In questa unità si analizzeranno i compositi a matrice plastica, detti anche *plastici rinforzati*, mentre quelli a matrice metallica e ceramica saranno trattati in un secondo tempo, nell'ambito dei materiali avanzati.

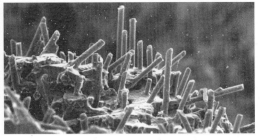
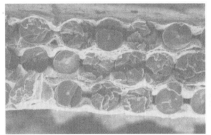

(a)  (b)

**Figura E3.2**
Esempi di materiali compositi.
a) Matrice plastica: non essendo richiesta una particolare resistenza alla temperatura, ha il vantaggio di essere molto leggerezza.
b) Matrice metallica: garantisce una buona resistenza ad alte temperature.
c) Matrice ceramica: è leggera e resistente ad altissime temperature, con il difetto di una certa fragilità.

(c)

## Proprietà dei materiali compositi

Le proprietà fisiche e meccaniche di un materiale composito dipendono da una serie di fattori:
— tipo di matrice;
— tipo di rinforzo;
— disposizione del rinforzo;
— volume relativo;
— interfaccia rinforzo-matrice.

Le matrici e i rinforzi saranno esaminati nello studio dei diversi tipi di compositi; in questa sede si esaminerà sinteticamente l'influenza degli altri parametri.

### Disposizione del rinforzo

Questo fattore è di estrema importanza quando il rinforzo è costituito da fibre; queste, infatti, hanno un evidente comportamento anisotropo e garantiscono la massima resistenza solo nella direzione del loro asse. Di conseguenza la resistenza di un composito fibroso non è uguale in tutte le direzioni, ma è massima nella direzione delle fibre e minima nella direzione ortogonale.

Spesso un pezzo in materiale composito viene ottenuto sovrapponendo tra loro più piani, incollati tra loro mediante l'adesività della matrice, nel caso di matrici plastiche, oppure utilizzando gli appositi adesivi, nel caso di matrici metalliche.

Diventa quindi di estrema importanza la disposizione delle fibre, anche definita *geometria del rinforzo* (▶ **Fig. E3.3**).

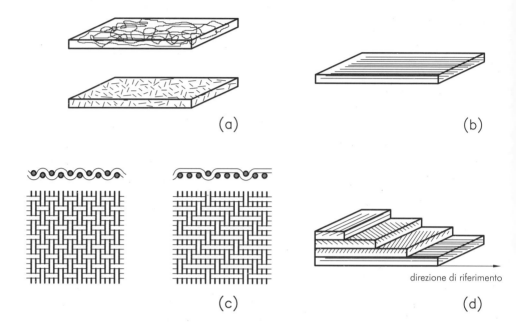

**Figura E3.3**
Possibili disposizioni delle fibre in un materiale composito:
a) isotropa a fibra lunga e a fibra corta;
b) unidirezionale (sempre a fibra lunga);
c) a tessuto (due esempi di tessuti diversi);
d) quasi isotropa.

### Disposizione isotropa
Le fibre sono disposte in modo del tutto casuale e il pezzo resiste ugualmente in tutte le direzioni (a eccezione di quella perpendicolare al piano). Tale disposizione caratterizza quella dei *feltri*, che possono essere a fibre corte o lunghe; questi ultimi presentano, ovviamente, una maggiore resistenza a trazione.

### Disposizione unidirezionale
È il caso limite dell'anisotropia totale. Nella direzione delle fibre si ha la massima resistenza a trazione, nella direzione ortogonale la resistenza del pezzo è demandata quasi unicamente alla matrice, con un contributo minimo da parte delle fibre.

### Disposizione a tessuto
Le fibre sono intrecciate tra loro, con disposizione a trama e ordito. Esistono vari tipi di tessuti, simili a quelli usati in campo tessile, in cui il materiale resiste in modo analogo nelle due direzioni ortogonali e molto meno nelle direzioni a 45°.

### Disposizione quasi isotropa
Si ottiene sovrapponendo tra loro più piani unidirezionali, variando ogni volta la direzione delle fibre. La sequenza è definita mediante l'angolo che le fibre formano con la direzione principale del laminato.

Nel caso rappresentato nella **figura E3.3** si ha (0, +45, − 45, 90); se la sequenza è ripetuta si indica con un pedice. La dicitura "(0, +45, −45, 90)$_2$" indica un laminato a 8 strati. Si utilizzano disposizioni quasi isotrope con angolazioni di vario tipo (30°, 60°); la scelta è effettuata dal progettista in base alle caratteristiche che si vuole avere per il materiale.

Sovrapponendo due tessuti inclinati tra loro con angolazione a piacere (in genere a 45°), è possibile ottenere una struttura quasi isotropa.

### Disposizione tridimensionale

Si tratta di configurazioni sviluppate per ottenere una reale isotropia nelle tre dimensioni (▶ **Fig. E3.4**). Nei casi visti prima, infatti, l'isotropia vale al massimo nel piano e non nella direzione ortogonale, dove interviene la presenza dell'adesivo tra i piani sovrapposti. Sono disposizioni studiate più che altro a scopo di sperimentazione, con scarsissime applicazioni in campo industriale.

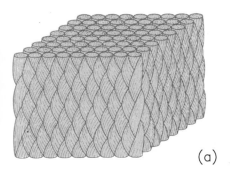 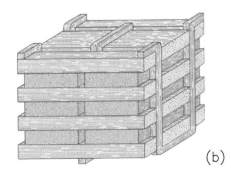

**Figura E3.4**
Esempio di disposizioni tridimensionali:
a) a intreccio;
b) a tessuto ortogonale.

## VOLUME RELATIVO

Il *volume relativo* è la quantità di rinforzo e di matrice presenti in un composito.
— $v_r$ indica il rapporto tra il volume del rinforzo ($V_f$ se si tratta di fibra) e il volume totale $V_c$:

$$v_r = \frac{V_r}{V_c}$$

nel caso di rinforzo costituito da fibra varrà la seguente relazione:

$$v_f = \frac{V_f}{V_c}$$

— $v_m$ indica il rapporto tra il volume della matrice e il volume totale $V_c$:

$$v_m = \frac{V_m}{V_c}$$

da cui si ricava:

$$v_c = \frac{V_c}{V_c} = 1$$

Sommando $v_r$ e $v_m$ si ottiene:

$$v_r + v_m = \frac{V_r}{V_c} + \frac{V_m}{V_c} = \frac{V_c}{V_c} = 1$$

Nel caso di rinforzo costituito da fibra si sostituisce $v_f$ a $v_r$.

Il valore massimo teorico di fibra, nel caso di un composto unidirezionale, è pari a 0,9. In pratica si hanno valori di $V_f$ variabili tra 0,3 e 0,6, in funzione della disposizione delle fibre e del processo di fabbricazione utilizzato.

Il volume relativo assume la massima importanza nel caso dei plastici rinforzati, in cui la resistenza a trazione della matrice è praticamente trascurabile rispetto a quella delle fibre.

### INTERFACCIA RINFORZO-MATRICE

Il comportamento di un composito dipende molto dal tipo di legame che si forma nella zona di contatto tra rinforzo e matrice, detta *interfaccia*. La scabrosità superficiale della fibra o della particella dà luogo a un'unione di tipo meccanico, schematizzabile come una serie di microscopici incastri tra rinforzo e matrice. Spesso si ha un vero e proprio incollaggio tra i due componenti; in molti compositi si utilizzano particolari sostanze, dette *appretti*, che migliorano l'adesione e vengono stese sulle fibre prima di miscelarle alla matrice.

In alcuni casi, nell'interfaccia si formano particolari composti chimici; quasi sempre si tratta di fenomeni indesiderati, perché modificano le caratteristiche del materiale nel tempo. Questo fenomeno è tipico dei compositi a matrice metallica.

Il comportamento all'interfaccia dipende da diversi parametri che possono variare in base al materiale. In ogni caso è necessaria un'adesione sufficiente a garantire la trasmissione della sollecitazione tra il rinforzo e la matrice e viceversa.

## E3.2 MATERIALI COMPOSITI A MATRICE PLASTICA

I compositi a matrice plastica, anche detti *plastici rinforzati*, hanno il notevole pregio di abbinare una buona resistenza meccanica ($R_m$ ed $E$) a bassi valori di massa volumica, pertanto si utilizzano in tutti quei settori in cui la leggerezza è importante: piccole barche in vetroresina, componenti aeronautici o aerospaziali ad alta resistenza ecc. Spesso, il rinforzo è costituito da fibre, più raramente da particelle.

Le fibre sono rivestite da appretto, che oltre a migliorare l'adesione con la matrice, protegge la fibra durante la fase di fabbricazione. In questi compositi le matrici hanno proprietà meccaniche scadenti e la funzione resistente è svolta sostanzialmente dalle fibre.

### MATRICI

Nei plastici rinforzati la matrice svolge alcune funzioni fondamentali, sintetizzate come segue:
— dare forma al pezzo finito;
— mantenere le fibre nella direzione voluta;
— proteggere le fibre da impatti, abrasioni, umidità;
— distribuire uniformemente il carico tra tutte le fibre;
— garantire una buona adesione tra i diversi strati.

Le materie plastiche utilizzate come matrici possono essere resine termoplastiche o termoindurenti, in rari casi, elastomeri. Attualmente le matrici termoindurenti sono ancora le più utilizzate, anche se quelle termoplastiche hanno avuto un rapido sviluppo e hanno dimostrato di poter essere competitive in molti casi, grazie anche alla loro maggiore resistenza agli urti.

456 MODULO E MATERIALI NON METALLICI

Le resine termoindurenti sono impiegate inizialmente allo stato quasi liquido (stadio A) e solo dopo l'avvenuta unione con le fibre vengono fatte polimerizzare (stadio C), in modo da dare forma al pezzo. In commercio è possibile trovare anche particolari prodotti in cui la resina è solo parzialmente polimerizzata (stadio B). Si descrivono sinteticamente le principali resine utilizzate come matrici, le cui caratteristiche meccaniche sono riportate nella **tabella E3.1**.

**Tabella E3.1** Proprietà delle principali resine utilizzate come matrici

| Resine | $E$ [N/mm$^2$] | $R_m$ [N/mm$^2$] | $A$ [%] | $\rho$ [kg/dm$^3$] |
|--------|------|-------|------|-------|
| Poliestere | 4900 | 70 | 1,9 | 1,2 |
| Epossidiche | 3500 | 75 | 2,4 | 1,2 |
| Poliimidiche | 3600 | 90 | 2,4 | 1,1 |
| Siliconiche | 5000 | 25 | 0,5 | 1,9 |
| Poliammidiche | 1000 | 70 | 150 | 1,1 |

Poiché i valori del carico di rottura $R_m$ e del modulo elastico $E$ sono molto bassi, resistenza a trazione e rigidità del composito sono garantite dalle fibre.

### Resine poliestere

Tali resine polimerizzano a temperatura ambiente e permettono di ottenere materiali con costi di produzione relativamente bassi. Tipicamente abbinate alle fibre di vetro, sono molto usate per pezzi che non devono resistere ad alte temperature e a sollecitazioni rilevanti.

Nel settore automobilistico è molto usato un materiale costituito da resina poliestere addizionata con fibre di vetro e cariche minerali inerti (caolino, carbonato di calcio e altre), che resiste bene a 160 °C e può essere usato sino a 200 °C.

### Resine epossidiche

Resistono a temperature di esercizio superiori a 170 °C e, per brevi periodi, sino a 215 °C; hanno una buona duttilità e trasmettono bene il carico tra le fibre; sono impiegate nel settore aeronautico, in particolare con fibre di carbonio e Kevlar.

### Resine poliimidiche

Mantengono buona resistenza a trazione anche dopo una permanenza a 315 °C per molte ore. Sono rinforzate con fibre ad alta resistenza come carbonio, Kevlar e boro e trovano impiego in campo aeronautico e aerospaziale.

### Resine siliconiche

Anche queste sono resine termoindurenti e fanno parte dei polimeri siliconici, in cui è presente silicio al posto del carbonio. Sono ottimi isolanti elettrici e resistono sino a 500 °C; vengono impiegate nei settori aeronautico e delle apparecchiature elettriche.

### Resine poliammidiche

Sono resine termoplastiche utilizzate essenzialmente con fibre di vetro e impiegate nel settore automobilistico e degli elettrodomestici.

| ITALIANO | INGLESE |
|---|---|
| *Composito in fibra di vetro* | *Glass fiber reinforced plastic (GFRP)* |

# Fibre

Tutti i materiali presentano una resistenza a trazione maggiore quando vengono utilizzati sotto forma di fibre. Tale fenomeno vale sia per i materiali a comportamento fragile (vetro e ceramici in genere) sia per materiali a comportamento duttile (quali i metalli), anche se per motivi diversi.

Nei compositi a matrice plastica si utilizzano essenzialmente le seguenti fibre: vetro, carbonio, kevlar, boro.

### Fibre di vetro

Come è noto esistono diversi tipi di vetro e diversi tipi di fibre. La **tabella E3.2** riporta le caratteristiche meccaniche delle **fibre di vetro** più utilizzate: i valori sono riferiti al filamento vergine e decadono quando si passa alla fibra vera e propria, a causa delle inevitabili rigature superficiali che si formano.

**Tabella E3.2** Proprietà delle principali fibre di vetro

| Proprietà (filamento vergine) | Vetro E | Vetro S | Vetro R | Vetro C |
|---|---|---|---|---|
| $R_m$ [N/mm²] | 3300 | 4800 | 4400 | 3400 |
| $E$ [N/mm²] | 74 000 | 90 000 | 86 000 | 74 000 |
| $\rho$ [kg/dm³] | 2,57 | 2,59 | 2,53 | 2,57 |

Il vetro E è quello più utilizzato ed è adatto a molteplici impieghi; il vetro S presenta elevatissimi valori del carico di rottura $R_m$, così come il vetro R, che li mantiene anche a temperature elevate; il vetro C resiste bene alla corrosione.

Le fibre di vetro presentano altre proprietà che possono consigliarne l'uso in molte applicazioni, quali:
— basso coefficiente di dilatazione termica (stabilità dimensionale);
— buone proprietà di isolamento termico e resistenza alla fiamma;
— buone caratteristiche di isolante elettrico;
— buona resistenza all'azione degli acidi;
— facilità di lavorazione;
— costo relativamente basso.

Le fibre sono prodotte da materiale allo stato fuso utilizzando particolari forni fusori. Sul piano di base del forno sono disposte delle zone ribassate, dette *filiere*, in cui si aprono diversi fori del diametro di ~2 mm.

Quando il vetro fonde cola attraverso i fori e forma delle bacchette che si assottigliano per azione del proprio peso. Le bacchette vengono quindi agganciate da un tamburo rotante, che le stira ulteriormente riducendole a un filamento base, con diametro dell'ordine del millesimo di millimetro. Prima dello stiramento sul tamburo il vetro viene rivestito con una sostanza adesiva detta *appretto*. I vari filamenti vengono in seguito uniti a formare il *filo base*, di colore bianco e con un diametro di circa 10 mm, che viene poi inviato alle lavorazioni successive (▶ **Fig. E3.5**). L'appretto svolge una duplice funzione:
— protegge la superficie, il vetro dal contatto con il tamburo e l'ambiente circostante in genere;
— facilita l'adesione dei filamenti base tra loro e, successivamente, con la matrice.

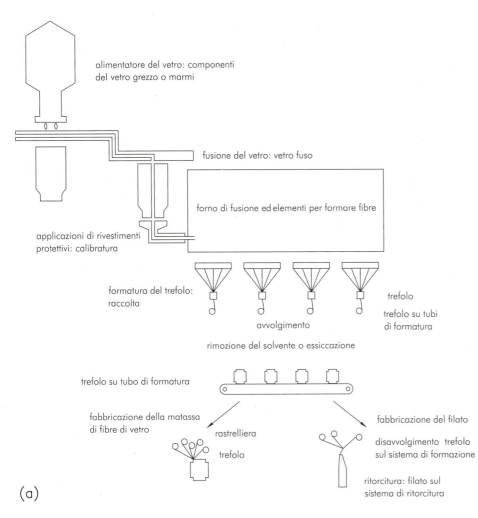

**Figura E3.5**
Impianto di produzione di fibre di vetro:
a) schema;
b) vista fotografica.

La protezione superficiale delle fibre è molto importante poiché limita la formazione di rigature superficiali che ridurrebbero le proprietà meccaniche della fibra a valori molto bassi, simili a quelli del vetro in lastre prodotto senza particolari avvolgimenti.

Le fibre di vetro sono molto usate con le matrici plastiche, dato il loro basso costo e la facilità di lavorazione. Il limite maggiore sta nella densità relativamente alta rispetto alle altre fibre e nel basso modulo elastico. I compositi in vetro e matrice plastica vengono indicati anche come *vetroresina* o GFRP.

| COME SI TRADUCE... | |
|---|---|
| **ITALIANO** | **INGLESE** |
| *Composito in fibra di carbonio* | Carbon fiber reinforced plastic (nCFRP) |

### Fibre di carbonio

Le **fibre di carbonio** sono dette anche *fibre di grafite* e si presentano con un colore nero brillante; sono prodotte a partire da lunghi fili di polimeri organici, detti *precursori*, con le seguenti caratteristiche:
— buon contenuto in carbonio;
— temperatura di fusione più alta di quella di decomposizione;
— basso contenuto in ossigeno.

I materiali attualmente più usati sono il PAN (poliacrilonitrile) e altri polimeri quali il rayon e il nylon. Il processo di fabbricazione consiste concettualmente nell'eliminare tutti gli elementi estranei, per ridurre la fibra a carbonio puro con la struttura esagonale tipica della grafite.

Se viene usato il PAN come precursore, il processo si articola in due o tre fasi fondamentali, riportate di seguito.

— Un primo riscaldamento a 200÷240 °C in ambiente ossidante, in cui si rompono in parte i legami molecolari; in questa fase le fibre sono sottoposte a trazione per favorire l'allineamento della struttura esagonale e migliorare i valori finali di $R_m$ ed $E$.
— Un riscaldamento intorno ai 1500 °C in cui si riduce il materiale a carbonio puro; questa fase è detta *carbonizzazione* e permette di ottenere fibre con alti valori di resistenza a trazione.
— Un eventuale ulteriore riscaldamento intorno ai 2500 °C, detto *grafitizzazione*, in cui si migliora il modulo elastico, a scapito di $R_m$.

Le fibre ottenute con riscaldamento finale intorno ai 1500 °C (▶ **Fig. E3.6**) hanno valori più elevati di resistenza a trazione, mentre le fibre prodotte intorno ai 2500 °C hanno i massimi valori di modulo elastico.

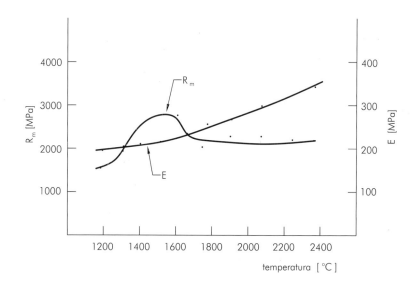

**Figura E3.6**
Variazione dei valori del carico di rottura $R_m$ e del modulo elastico $E$ al variare della temperatura di trattamento finale.

Inizialmente le fibre sono state classificate in:
— *HT* (High Tensile), con alti valori di $R_m$;
— *HM* (High Modulus), con alti valori di $E$.

Successivamente sono state introdotte in commercio fibre *IM* (Intermedial Modulus), con valori intermedi di $R_m$ ed $E$, e fibre *UHM* (Ultra High Modulus), con $E > 450\,000$ N/mm². I compositi a matrice plastica con fibre di carbonio sono detti anche *carboresine* o *CFRP*.

### Fibre aramidiche (Kevlar®)

Si tratta di una fibra brevettata dalla Du Pont de Nemour (USA) con il nome di *Kevlar®*; è una fibra aramidica, di colore giallo brillante, con un costo più contenuto rispetto alle fibre di carbonio e con buone proprietà meccaniche.

In commercio ne esistono due tipi: il Kevlar®29 e il Kevlar®49, dotato di maggiore rigidità e resistenza a trazione, le cui caratteristiche sono riportate nella **tabella E3.3**. I maggiori pregi del Kevlar® sono la bassa massa volumica e la resistenza agli urti superiore alle altre fibre (in particolare nel tipo 29); il diametro commerciale delle fibre è di circa 10-12 mm.

**Tabella E3.3** Proprietà delle fibre di carbonio, Kevlar e boro

| Proprietà | Carbonio HT | Carbonio HM | Kevlar 49 | Boro |
|---|---|---|---|---|
| $R_m$ [N/mm²] | 2500÷3500 | 1800÷2400 | 3600 | 3500÷4000 |
| $E$ [N/mm²] | 200 000÷270 000 | 350 000÷400 000 | 130 000 | 400 000 |
| $\rho$ [kg/dm³] | 1,7 | 1,8 | 1,45 | 1,45 |

### Fibre di boro

Si tratta di uno dei primi tipi di fibre sperimentate negli USA a partire dagli anni Sessanta per applicazioni aerospaziali e ottenute facendo depositare del boro su un sottilissimo filamento di tungsteno.

Il filo, del diametro di 10÷13 mm viene riscaldato per effetto Joule a 1200÷1400 °C e viene fatto passare in una camera contenete $BCl_3$ e $H_2$. Per effetto del calore il $BCl_3$ si scinde e il boro si deposita sul filamento di tungsteno, ottenendo una fibra con un diametro 0,10÷0,15 mm, che in realtà è già un composito.

Le fibre di boro presentano eccellenti proprietà meccaniche (▶ **Tab. E3.3**), ma hanno lo svantaggio di una densità relativamente alta, a causa della presenza di tungsteno. Un altro aspetto negativo è rappresentato dal costo molto elevato, che ne ha limitato l'uso a strutture fortemente sollecitate, in genere in campo aerospaziale. L'introduzione di fibre di carbonio con caratteristiche sempre più elevate, ha ridotto fortemente l'impiego delle fibre di boro.

## FORME COMMERCIALI DELLE FIBRE

Le fibre sono poste in commercio in forme diverse, già predisposte per i vari usi successivi. Le tipologie più diffuse sono *fili, tessuti, feltri* (▶ **Fig. E3.7**).

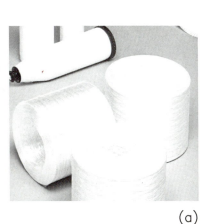

(a)

(b)

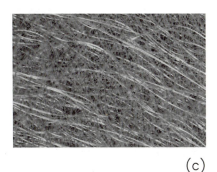

(c)

**Figura E3.7**
Esempi di forme commerciali delle fibre:
a) filo;
b) tessuto;
c) feltro.

| COME SI TRADUCE... | |
|---|---|
| **ITALIANO** | **INGLESE** |
| *Filo non ritorto* | Roving |
| *Filo ritorto* | Yarn |
| *Tessuto–stuoia* | Woven fabric |
| *Feltro* | Mat |
| *Preimpregnato* | Prepreg |

I fili sono ottenuti raggruppando insieme più filamenti base o fibre; fa eccezione il boro in cui i fili sono quelli che escono dall'impianto di produzione.

Esistono **fili non ritorti** e **ritorti**; questi ultimi sono di tipo Z, se le fibre sono avvolte in senso orario (elica destra), di tipo S se avvolti con elica sinistra. I fili sono classificati in base al titolo, cioè al peso in grammi di un filo lungo 1 km; l'unità di misura è il tex = 1 g/km.

I **tessuti** sono ottenuti intrecciando i fili in forma di trama e ordito; essi si classificano in base al numero di fili per unità di lunghezza oppure in base al peso per unità di superficie, espresso in g/m².

Un **feltro** è un piano costituito da fibre disposte casualmente; è noto che può essere formato da fibre corte o lunghe, quest'ultimo tipico delle fibre di vetro. Qualunque sia la tecnica di fabbricazione utilizzata, le fibre devono essere impregnate con resina per ottenere un composito; si tratta di un'operazione delicata, che può dare origine a difetti quali eccessi di resina, mancanza di adesione o presenza di bolle d'aria.

### Prodotti preimpregnati

Il prodotto **preimpregnato** è costituito da fibre già impregnate da resine termoindurenti e si utilizza per quei pezzi che richiedono la massima precisione; si tratta quindi di un materiale già composito, ma in uno stato particolare.

La resina si trova in stato parzialmente polimerizzato (stadio B), per cui può essere modellata, ma presenta già un'adesività sufficiente a permettere l'incollaggio di più strati. Per evitare la completa polimerizzazione, che irrigidirebbe il materiale e ne impedirebbe l'uso, questo va mantenuto a −18 °C.

I preimpregnati vengono prodotti da ditte specializzate, in impianti altamente automatizzati, con continui controlli di prodotto e processo (▶ **Fig. E3.8**).

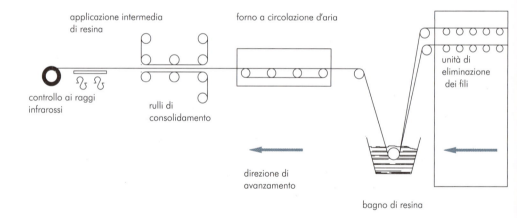

**Figura E3.8**
Schema di fabbricazione di un preimpregnato.

L'uso dei preimpregnati, pur se costosi, è quindi giustificato dalla migliore qualità del prodotto, oltre che dalla riduzione dei tempi di lavorazione.

I preimpregnati sono disponibili in diverse forme quali fili, piani unidirezionali, tessuti, feltri, masse da stampaggio, fogli da stampaggio ecc. Piani, tessuti e feltri hanno spessore di qualche decimo di millimetro e sono commercializzati in rotoli con interposto un film distaccante, per evitarne l'incollaggio. Per fabbricare il pezzo si sovrappongono più strati, che aderiscono tra loro, fino allo spessore voluto. Le masse da stampaggio (BMC) e i fogli da stampaggio (SMC) sono due tipi di preimpregnati, idonei a essere lavorati mediante stampaggio.

Le masse da stampaggio sono costituite da resina allo stato B e fibre di vetro corte; vengono utilizzate essenzialmente nell'industria automobilistica. Un SMC è costituito da un feltro di fibre di vetro preimpregnate di resina. Nella fase di produzione è protetto tra due film di polietilene e avvolto poi in rotoli. Come le masse da stampaggio, è molto usato nell'industria automobilistica, per produrre pezzi mediante stampaggio a caldo o a freddo.

| COME SI TRADUCE... | |
|---|---|
| ITALIANO | INGLESE |
| Lamina | Ply |

## Comportamento meccanico dei plastici rinforzati

Il calcolo teorico del comportamento meccanico di un pezzo in composito è piuttosto complesso e non rientra negli obiettivi di questo modulo. Si ritiene opportuno, però, effettuare un'analisi semplificata, ma utile a evidenziare quali siano i parametri che influiscono maggiormente su tale comportamento.

Si ipotizzi di esaminare il comportamento di una **lamina** di un composito unidirezionale, soggetta alle condizioni di carico illustrate nella **figura E3.9**.

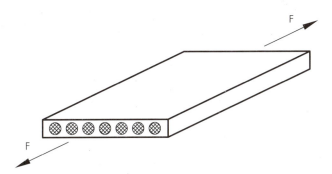

**Figura E3.9**
Lamina di composito unidirezionale soggetta a sollecitazione diretta secondo l'asse delle fibre (condizione di isodeformazione).

Poiché la sollecitazione (o carico) si ripartisce tra fibra e matrice, si ha:

$$F_c = F_f + F_m$$

in cui $F_c$ è il carico che agisce su tutto il composito, $F_f$ indica la parte che agisce sulla fibra, $F_m$ rappresenta la parte che agisce sulla matrice. Dal momento che:

$$F = \sigma S$$

in cui $S$ indica la sezione trasversale resistente, e poiché la lunghezza del pezzo $l$ è uguale sia per la fibra sia per la matrice, si può scrivere la seguente relazione:

$$\sigma_c S_c l = \sigma_f S_f l + \sigma_m S_m l$$

da cui, ponendo:

$$S_c l = V_c; \quad S_f l = V_f; \quad S_m l = V_m$$

si ottiene:

$$\sigma_c V_c = \sigma_f V_f + \sigma_m V_m$$

Prendendo in considerazione non i volumi reali, ma quelli relativi definiti al **paragrafo E3.1**, si ha che il volume relativo $v_c$ è pari a 1, di conseguenza:

$$\sigma_c = \sigma_f v_f + \sigma_m v_m$$

Si tenga presente che le matrici hanno una resistenza a trazione molto bassa rispetto alle fibre, per cui il valore $\sigma_m v_m$ può essere trascurato.

**PER COMPRENDERE LE PAROLE**

**Rapporto resistenza-peso**: nel linguaggio tecnico usuale è il rapporto tra la resistenza alle sollecitazioni di un certo pezzo e il suo peso; in genere ci si riferisce alla resistenza a trazione, per cui il rapporto è espresso da $R_m/\rho g$. Anche il rapporto rigidità-peso dell'oggetto, espresso da $E/\rho$, ha la sua importanza.
Il simbolo $g$ indica l'accelerazione di gravità.

Si considera ora la deformazione subita dal pezzo. Se l'adesione fibra-matrice è efficace, l'allungamento unitario $\varepsilon$ è uguale sia per il composito sia per i due componenti del composito, quindi si ha:

$$\varepsilon_c = \varepsilon_f = \varepsilon_m = \varepsilon$$

da cui si ottiene:

$$\frac{\sigma_c}{\varepsilon} = \frac{\sigma_f v_f}{\varepsilon} + \frac{\sigma_m v_m}{\varepsilon}$$

oppure:

$$E_c = E_f v_f + E_m v_m$$

I valori di $E_m$ sono molto bassi e il termine $E_m v_m$ riduce notevolmente il modulo $E_c$ complessivo del composito nel caso del composito unidirezionale della **figura E3.9**. Si può quindi affermare che il comportamento meccanico, la resistenza a trazione $R_m$ e la rigidità (o modulo elastico $E$) di un plastico rinforzato dipendono da tre fattori: il tipo di fibra, la disposizione delle fibre, il volume relativo delle fibre $V_f$.

In realtà va considerato anche il comportamento all'interfaccia fibra-matrice che tende ad abbassare i valori reali di resistenza rispetto a quelli calcolati teoricamente.

Se si considera che in genere $V_f$ non supera il valore di 0,6 e che quasi mai si usa una disposizione puramente unidirezionale, ne consegue che, mentre le fibre hanno caratteristiche meccaniche decisamente rilevanti, un composito ha valori di $R_m$ e $E$ più contenuti, anche se superiori a quelli di un medio acciaio (▶ **Fig. E3.10**). D'altro canto la massa volumica dei plastici rinforzati è nettamente inferiore a quella della maggior parte dei metalli, per cui si hanno **rapporti resistenza-peso** più favorevoli rispetto ai metalli.

La **tabella E3.4** riporta i valori relativi ad alcuni materiali metallici e ai principali materiali compositi a matrice plastica; essi si riferiscono a compositi di tipo unidirezionale, con $V_f = 0,6$. Per i compositi sono stati indicati valori medi, mentre per i metalli sono stati utilizzati valori prossimi a quelli massimi.

**Figura E3.10**
Drone dell'azienda Eurodrone in composito di fibre di carbonio con alte prestazioni grazie all'elevata resistenza meccanica e alla bassa massa volumica del materiale impiegato (le parti in composito sono prodotte dalla Carboteam).

**Tabella E3.4** Proprietà meccaniche a confronto tra alcuni materiali metallici e compositi a matrice plastica

| Materiali | $R_m$ [N/mm²] | $E$ [N/mm²] | $\rho$ [kg/dm³] | $R_m/\rho g$ [m × 10³] | $E/\rho g$ [m × 10³] |
|---|---|---|---|---|---|
| Leghe leggere | 650 | 73 000 | 2,8 | 23 | 2600 |
| Acciai | 1200 | 220 000 | 7,8 | 15 | 2800 |
| Leghe di titanio | 1200 | 116 000 | 4,5 | 27 | 2600 |
| Vetro S – resina epossidica | 1500 | 43 000 | 1,8 | 83 | 2390 |
| Carbonio HT – resina epossidica | 1400 | 125 000 | 1,55 | 90 | 8100 |
| Carbonio HM – resina epossidica | 1000 | 250 000 | 1,65 | 60 | 15 000 |
| Kevlar – resina epossidica | 1350 | 80 000 | 1,40 | 96 | 5700 |
| Boro – resina epossidica | 1600 | 210 000 | 1,90 | 80 | 80 |

# UNITÀ E3

# VERIFICA DI UNITÀ

Gli esercizi sono disponibili anche nella versione digitale come test interattivi e autocorrettivi

## COMPLETAMENTO

1. Si è soliti _____ i materiali compositi in base al tipo di materiale con cui è costituita la matrice. Indicare di che materiali si tratta:
   1) materiali compositi a matrice _____ ;
   2) materiali compositi a matrice _____ ;
   3) materiali compositi a matrice _____ .

2. In un materiale composito a matrice plastica, la matrice svolge le seguenti funzioni:
   1) dare _____ al pezzo finito;
   2) mantenere le fibre nella _____ voluta;
   3) _____ le fibre da impatti, abrasioni, umidità;
   4) distribuire _____ il carico tra tutte le fibre;
   5) garantire una buona _____ tra i diversi strati.

3. Nei compositi a matrice _____ si utilizzano essenzialmente le seguenti _____ : vetro, carbonio, _____ , boro.

4. Le fibre di carbonio vengono anche dette fibre di _____ . Sono prodotte a partire da lunghi fili di polimeri organici, detti _____ , quali il _____ (poliacrilonitrile), il rayon e il _____ .

5. Il prodotto preimpregnato è costituito da _____ già _____ da resine _____ e si utilizza nel caso di pezzi per cui è richiesta la massima _____ .

## SCELTA MULTIPLA

6. Poiché si deve costruire un particolare aeronautico che sarà sottoposto a elevate sollecitazioni, si richiede un'elevata rigidità (modulo elastico longitudinale). Quale materiale conviene utilizzare?
   a) Leghe leggere della serie 2000 (tipo Avional)
   b) Composito del tipo carbonio HT – resina epossidica
   c) Composito del tipo carbonio HM – resina epossidica
   d) Composito del tipo vetro – resina

7. Una fibra di carbonio del tipo HT ha valore di resistenza a trazione prossimo a:
   a) $R_m = 2500$ N/mm$^2$   b) $R_m = 1200$ N/mm$^2$
   c) $R_m = 4000$ N/mm$^2$   d) $R_m = 900$ N/mm$^2$

8. Un materiale composito del tipo carbonio HT – resina epossidica, a disposizione unidirezionale, con $V_f = 0{,}6$, presenta valori di resistenza a trazione prossimi a:
   a) $R_m = 2200$ N/mm$^2$   b) $R_m = 1400$ N/mm$^2$
   c) $R_m = 3000$ N/mm$^2$   d) $R_m = 800$ N/mm$^2$

## VERO O FALSO

9. Un piano unidirezionale ha comportamento anisotropo.
   Vero ☐   Falso ☐

10. La resistenza a trazione di un composito a matrice elastica è superiore a quella delle sole fibre.
    Vero ☐   Falso ☐

11. La disposizione delle fibre non ha nessuna influenza sulle proprietà meccaniche di un composito.
    Vero ☐   Falso ☐

# MODULO E — VERIFICA FINALE DI MODULO

- Si vuole realizzare il telaio (costituito da tubi di sezione circolare oppure ovale) della bicicletta da corsa rappresentata nella **figura E.1**. Scegliere il materiale più adeguato per ottenere il componente, in modo che siano garantite le seguenti condizioni di progetto:

    — **elevata rigidità (elevato modulo elastico longitudinale $E$);**
    — **minimo peso;**
    — **nessuna limitazione di costo.**

**Figura E.1**
Bicicletta da corsa.

- Si vuole realizzare il telaio di una bicicletta da cross simile a quella illustrata nella **figura E.1** con le seguenti condizioni di progetto:

    — **buona resistenza a trazione;**
    — **buona resilienza e tenacità;**
    — **costo relativamente contenuto.**

Si scelga il materiale più adeguato per ottenere il componente.

Si ricorda che lo scopo della verifica è abbinare una specifica resistenza e rigidezza a trazione al minimo peso (prestazione); inoltre è consigliabile l'uso di manuali tecnici e delle norme UNI applicabili.

# MODULO F

## PROCESSI DI SOLIDIFICAZIONE

### PREREQUISITI

**Conoscenze**
- La microstruttura dei materiali, le proprietà e le prove esaminate nel *modulo C*.
- Le proprietà dei metalli e delle leghe e i relativi criteri di classificazione e designazione trattati nel *modulo D*.
- La proprietà dei materiali non metallici e i relativi criteri di classificazione e designazione trattati nel *modulo E*.

**Abilità**
- Esprimere le proprietà fisiche con la simbologia e le unità di misura appropriate.
- Esprimere le proprietà meccaniche con la simbologia unificata.
- Interpretare la designazione dei materiali metallici trattati.
- Associare designazione e classificazione dei materiali metallici.
- Scegliere il materiale idoneo alla realizzazione di un pezzo con caratteristiche assegnate.

### AREA DIGITALE

- **Video**
  - # Preparazione pacco anime
  - # Ramolaggio
  - # Colata
  - # Scarico
  - # Fabbricazione di una sezione di fusoliera
- **Verifiche interattive**
- **Approfondimento**
  Metallic matrix composites — CLIL Lab

Ulteriori esercizi e Per documentarsi  hoepliscuola.it

## OBIETTIVI

**Conoscenze**
- I processi e gli impianti di fonderia e di formatura dei materiali compositi a matrice plastica.
- Le caratteristiche dimensionali, di forma e di finitura superficiale dei prodotti.
- Le proprietà meccaniche dei manufatti.
- Le prove tecnologiche applicabili.

**Abilità**
- Descrivere i principali processi fusori tradizionali e innovativi.
- Eseguire semplici calcoli della spinta metallostatica.
- Descrivere i difetti che possono verificarsi nei processi di solidificazione.

**Competenze di riferimento**
- Scegliere il processo di solidificazione più idoneo per il materiale scelto per la realizzazione di un prodotto di caratteristiche assegnate.
- Organizzare il processo produttivo contribuendo a definire le modalità di realizzazione, di controllo e collaudo del prodotto.
- Gestire progetti secondo le procedure e gli standard previsti dai sistemi aziendali della qualità e della sicurezza.

**UNITÀ F1**
FONDERIA

**UNITÀ F2**
FORMATURA DEI MATERIALI COMPOSITI A MATRICE PLASTICA

# AREA DIGITALE
# VERIFICA PREREQUISITI

Gli esercizi sono disponibili anche nella versione digitale come test interattivi e autocorrettivi

## COMPLETAMENTO

1. Parte della ghisa ottenuta nell'altoforno, detta di _____ fusione, viene in un secondo tempo _____, insieme ai rottami di _____ e carbon coke, per formare la cosiddetta ghisa di _____ fusione.

2. Per _____ un metallo puro è sufficiente inserire altri _____ chimici che, disperdendosi nella soluzione, andranno a _____ in modo casuale gli atomi del metallo _____.

3. La _____ prevede che alla temperatura di _____ gli atomi divenuti meno _____ si aggregano in tanti piccoli nuclei che andranno a costituire i primi _____ solidi dispersi nel liquido.

4. Il calore _____ di fusione è la quantità di energia _____ richiesta da 1 kg di _____ di materia per il passaggio dallo stato solido a quello _____.

## SCELTA MULTIPLA

5. Un materiale composito preimpregnato è formato da:
   a) polveri metalliche impregnate da resine termoplastiche
   b) polveri metalliche impregnate da resine termoindurenti
   c) fibre impregnate da resine termoplastiche
   d) fibre impregnate da resine termoindurenti

6. Un aspetto fondamentale della trasformazione della ghisa in acciaio è:
   a) la riduzione della percentuale di carbonio
   b) la riduzione della temperatura di fusione
   c) la riduzione della percentuale dei gas disciolti
   d) l'aumento della percentuale di carbonio

7. Una lega metallica eutettica fonde:
   a) nell'intervallo di temperatura 1400-1500 °C
   b) a una temperatura più bassa di ciascuna delle temperature di fusione dei suoi componenti
   c) alla temperatura di fusione del tungsteno
   d) alla più alta tra le temperature di fusione dei suoi componenti

## VERO O FALSO

8. Nel legame metallico gli ioni metallici sono tenuti insieme da una nube di elettroni.
   Vero ☐   Falso ☐

9. I materiali ceramici sono ottimi conduttori elettrici e di calore.
   Vero ☐   Falso ☐

10. Le materie plastiche utilizzate come matrici nei materiali compositi sono solo resine termoindurenti.
    Vero ☐   Falso ☐

11. La resilienza diminuisce alle basse temperature.
    Vero ☐   Falso ☐

# FONDERIA

**F1**

## Obiettivi

### Conoscenze

- I principali processi di fonderia tradizionali e innovativi.
- I principali criteri di progettazione dei getti.
- Le principali prove tecnologiche applicabili.
- Le caratteristiche dei principali difetti riscontrabili nei getti.

### Abilità

- Scegliere il processo di fonderia più idoneo, in base al tipo di getto, al materiale da fondere e ai volumi di produzione.
- Scegliere la prova tecnologica più idonea per il controllo del processo prescelto.

## PER ORIENTARSI

Nella **fonderia** si producono i manufatti cosiddetti **getti di fonderia**, ottenuti versando metallo liquido dentro **cavità** opportunamente sagomate, entro cui solidifica.

I metalli e le leghe metalliche si differenziano per la *fusibilità*, proprietà tecnologica che indica l'attitudine a ottenere getti di fusione.

La fusibilità del materiale si esplicita con le seguenti caratteristiche:
— la *scorrevolezza*, o *fluidità*, garantisce il completo riempimento della cavità;
— la *temperatura di fusione* non deve essere eccessiva per economia di lavorazione;
— il *ritiro del metallo* deve essere il più basso possibile per garantire pezzi sani;
— l'*intervallo di rammollimento* deve essere basso per rendere veloce il passaggio liquido-solido;
— l'*inerzia chimica* impedisce alla massa liquida di combinarsi con gli agenti atmosferici, variando così le caratteristiche meccaniche del prodotto solido.

| COME SI TRADUCE... | |
|---|---|
| **ITALIANO** | **INGLESE** |
| *Fonderia* | *Foundry* |
| *Getto di fonderia* | *Casting* |
| *Cavità* | *Cavity* |

---

## F1.1 PROCESSO DI FONDERIA

Il *processo di fonderia* si articola nelle seguenti fasi:
— costruzione del modello;
— realizzazione della forma (cavità);
— colata del metallo liquido;
— solidificazione del metallo;
— distaffatura/estrazione del getto.

### SISTEMI DI FORMATURA

La cavità si ottiene disponendo la sabbia attorno al modello; il *modello permanente* (legno, metallo, gesso, materie plastiche) viene estratto prima di colare il metallo liquido; il *modello perduto* (cera, polistirene espanso) volatilizza durante la colata e viene sostituito direttamente dal metallo fuso.

FONDERIA **UNITÀ F1** 469

In entrambi i casi la forma del getto si ricava in un aggregato di sabbia o terra contenuto in una staffa e la forma viene perduta dopo l'estrazione del pezzo.

Il getto può anche essere ottenuto utilizzando una forma permanente metallica (conchiglia), un sistema usato per le attuali e grandi produzioni secondo le varie metodologie che sono in continuo sviluppo.

Storicamente la ghisa è stata la principale lega impiegata nella fonderia, perché molto fluida (per cui si ha un migliore riempimento della cavità) e rispetto ad altre leghe, ferrose e non, costa meno produrla. Oggi, la necessità di produrre componenti meccanici leggeri ma resistenti (industria autoveicolistica, aerospaziale) ha imposto lo sviluppo delle tecnologie fusorie delle leghe leggere non ferrose (leghe di alluminio, del rame e del magnesio).

La **figura F1.1** mostra la classificazione dei principali sistemi di formatura in forma perduta (con modello permanente o perduto) e in forma permanente delle leghe leggere.

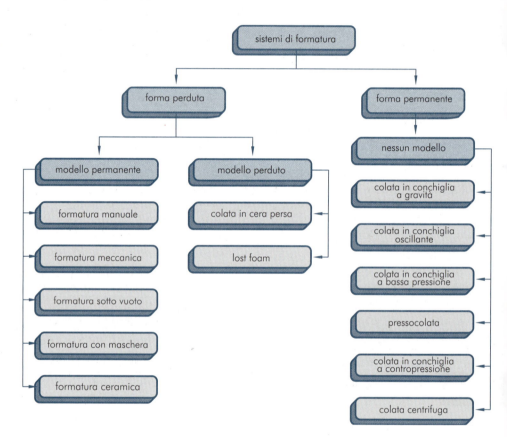

**Figura F1.1**
Classificazione dei principali sistemi di formatura per le leghe leggere.

## CRITERI DI PROGETTAZIONE

Durante le operazioni di calcolo e di disegno del getto bisogna tener conto, contemporaneamente, di molteplici fattori quali:
— il processo di formatura prescelto;
— la forma del getto;
— le dimensioni del getto;
— le lavorazioni meccaniche;
— i trattamenti termici che dovrà subire il getto;
— le proprietà meccaniche e tecnologiche che dovrà possedere il manufatto in esercizio.

Per ottenere getti integri (senza difetti), stabili nella forma e nelle dimensioni, il progettista dovrà attenersi ai criteri esposti nelle **figure F1.2** ed **F1.3**.

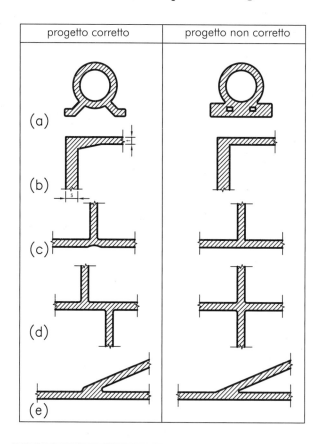

**Figura F1.2**
Criteri di progettazione di un getto per evitare difetti dovuti a eccessive tensioni interne e cavità generate durante la solidificazione:
a) uniformità degli spessore;
b) presenza di ampi raccordi e passaggi graduali da uno spessore all'altro nel caso in cui $s/t \geq 1,5$;
c) presenza di ampi raccordi negli incroci ad angolo retto;
d) presenza di incroci sfalsati;
e) presenza di raccordi nel caso di angoli acuti.

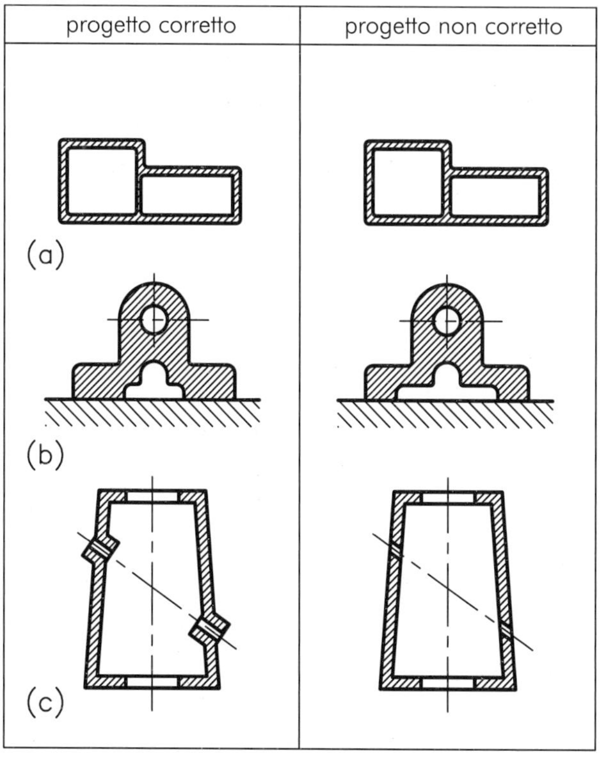

**Figura F1.3**
Ulteriori criteri di progettazione:
a) presenza di pareti oppure di nervature interne di spessore inferiore delle pareti esterne, per bilanciare la loro minore velocità di raffreddamento;
b) eliminazione o riduzione delle sollecitazioni di flessione, in particolare nel caso di getti in ghisa;
c) presenza di materiale in previsione di lavorazioni meccaniche, come nel caso di fori.

FONDERIA **UNITÀ F1** 471

## F1.2 COLATA IN TERRA

**COME SI TRADUCE...**
ITALIANO — INGLESE
Colata in terra — Sand casting

### TERRE DA FONDERIA

Durante la colata il metallo fuso deve trovarsi a una temperatura elevata per garantire il riempimento completo dello spazio vuoto della forma senza creare difetti.

È molto importante che la terra da fonderia sia refrattaria, meccanicamente resistente per non essere erosa dal passaggio del liquido, permeabile per consentire l'uscita dell'aria presente e dei gas emanati dal metallo fuso.

La **tabella F1.1** riassume le principali proprietà delle terre da fonderia.

**Tabella F1.1** Principali proprietà delle terre da fonderia

| Proprietà | Caratteristiche |
|---|---|
| Refrattarietà | Resistenza a rammollire o fondere a contatto con il metallo fuso |
| Plasticità | Attitudine ad assumere e mantenere la forma impressa dal modello nei minimi particolari |
| Permeabilità | Attitudine ad assorbire i gas disciolti nel metallo (CO, $H_2$, $N_2$), l'aria e l'umidità contenute nella forma, evitando difetti del getto |
| Finezza | Ridotte dimensioni dei grani che conferiscono al getto superfici lisce |
| Consistenza | Coesione dei grani in grado di resistere alle operazioni di formatura e di colata |
| Sgretolabilità | Facilità di distruzione della forma al termine della solidificazione del getto |

Terminato il processo di colata, il getto viene lasciato solidificare e raffreddare per un tempo prefissato, quindi lo si estrae dalla forma di terra di fonderia e lo si avvia a una prima sabbiatura per eliminare i residui di terra ed eventuali incrostazioni superficiali. A questo punto il getto è pronto per le lavorazioni successive.

### COMPOSIZIONE CHIMICA

Le terre da fonderia sono costituite da un impasto di *sabbia quarzosa* e *argilla*, e altre sostanze (silice, allumina, ossido di ferro, ossido di calcio, ossido di magnesio).

Il quarzo è un materiale refrattario, cioè che non fonde alla temperatura dei metalli durante la colata; l'argilla invece ha la funzione di agglomerare il quarzo rendendo plasmabile e compatto l'impasto.

Queste terre sono preparate mediante un prolungato rimescolamento con l'aggiunta di acqua, che conferisce all'argilla il caratteristico potere legante.

All'impasto sabbia-argilla si addizionano anche discrete quantità di:
— polvere di carbon fossile, che rende più lisce le superfici del getto;
— polvere di carbon coke, che aumenta la permeabilità e la refrattarietà;
— agglomeranti (bentonite, cemento, silicati, resine ecc.), che aumentano la consistenza della forma.

## Terre rigenerate

Le terre usate, e quindi "invecchiate", perdono le loro qualità sotto l'effetto dell'alta temperatura, pertanto è possibile riutilizzarle dopo opportuno trattamento.

La rigenerazione è effettuata con separatori magnetici, che eliminano i frammenti di metallo ferroso, e con setacci che selezionano la grossezza dei grani. Con l'aggiunta di terre "nuove" si ottiene una miscela riutilizzabile nel ciclo produttivo.

Tecniche più sofisticate di rigenerazione utilizzano **raggi infrarossi**; il trattamento può avvenire a basse temperature, senza danneggiare il grano di silice e con consumi ridotti.

## Lavorazione delle terre

Le terre nuove e quelle rigenerate con l'aggiunta di correttivi (carbone in polvere, sostanze organiche ecc.) passano alle macchine operatrici di seguito esposte.
— *Trituratore*, che ne spezza i grani (▶ **Fig. F1.4**).

> **PER COMPRENDERE LE PAROLE**
>
> **Raggi infrarossi**: dal latino, che significa "sotto il rosso"; si tratta di radiazioni elettromagnetiche con lunghezza d'onda compresa tra 700 nm e 1 mm. Sono responsabili della sensazione di calore sulla pelle quando ci si espone al sole.
>
> **Allumina**: ossido di alluminio $Al_2O_3$.

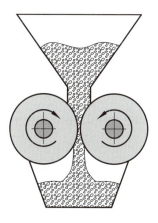

**Figura F1.4**
Trituratore a cilindri.

— *Molazza*, che la impasta e fa aderire un velo di **allumina** su ogni grano: in una vasca metallica ruotano due grossi cilindri di ghisa durissima, posti a una certa distanza dal loro asse di rotazione; la terra immessa nella vasca viene energicamente triturata, mescolata e agglomerata (▶ **Fig. F1.5**).

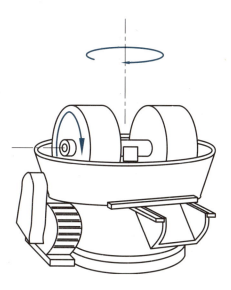

**Figura F1.5**
Molazza.

— *Disintegratori*, che separano i grani di terra lavorati dalla molazza, spingendoli in aria e operando anche un'utile areazione (▸ **Fig. F1.6**).

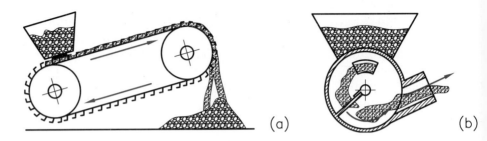

**Figura F1.6**
Disintegratori:
a) a nastro;
b) a paletta.

Con questa preparazione si ottengono le terre da modello, usate per il primo strato di copertura del modello e messe a contatto con il metallo fuso.

Per completare il riempimento della forma si utilizzano invece le terre da riempimento, ottenute da terre vecchie setacciate e depolverate (▸ **Fig. F1.7**).

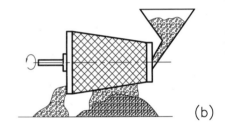

**Figura F1.7**
Terre da riempimento:
a) setaccio;
b) depolverizzatore.

## F1.3 PROVE TECNOLOGICHE SULLE TERRE DA FONDERIA

Nei reparti di fonderia si eseguono generalmente semplici prove tecnologiche, quasi sempre normalizzate, per determinare:
— il tenore di argilloide;
— l'umidità;
— la permeabilità;
— la granulometria;
— la resistenza meccanica.

### DETERMINAZIONE DEL TENORE DI ARGILLOIDE

Come già specificato, le terre da fonderia sono essenzialmente costituite da un insieme di sabbia (silice) e argilla.

Si esamina un campione di terra ($m = 50$ g), da cui si separa la massa silicea.

Il campione di terra viene mescolato con acqua e per sedimentazioni successive si separa completamente la massa silicea. Giunti alla completa chiarificazione dell'acqua, la massa di silice viene essiccata in forno (circa 110 °C) e pesata.

Il tenore di argilloide si esprime nel modo seguente:

$$\text{tenore argilloide\%} = \frac{m - m_1}{m} 100$$

essendo $m$ la massa del campione di terra esaminata (50 g) e $m_1$ la massa del residuo sabbioso, espressa in grammi.

## DETERMINAZIONE DELL'UMIDITÀ

Un metodo pratico e veloce per determinare l'**umidità** prevede di introdurre, in una camera di reazione a chiusura ermetica, un campione di terra con una fiala contenente carburo di calcio in polvere.

L'umidità contenuta nel campione di terra reagisce con il carburo di calcio formando acetilene, la cui pressione, proporzionale al tenore di umidità, viene letta direttamente sul quadrante di un manometro.

## DETERMINAZIONE DELLA PERMEABILITÀ

La **permeabilità** consente alle terre da fonderia di lasciarsi attraversare dai gas che si liberano al momento della colata: se i gas rimangono imprigionati nel getto si creano difetti dovuti a soffiature.

A tal proposito si utilizza uno strumento denominato *permeametro*, nel quale si inserisce il provino di terra, a cui sarà applicata la pressione equivalente a 1 cm di colonna d'acqua.

In queste condizioni si determina il tempo $t$ (min) necessario per fare defluire un volume d'aria di 1000 cm$^3$ oppure di 2000 cm$^3$.

## DETERMINAZIONE DELLA GRANULOMETRIA

Un campione di terra di 50 g viene posto su un setacciatore vibrante automatico, costituito da una serie di setacci unificati, in ordine decrescente di luce delle maglie.

Ne consegue un valore numerico cosiddetto "indice di finezza della sabbia", determinato attraverso una media pesata delle percentuali trattenute nei singoli setacci (sabbia molto grossa÷sabbia finissima).

## DETERMINAZIONE DELLA RESISTENZA MECCANICA

Sono previste prove di resistenza a trazione, a compressione, a flessione, a taglio e prove di durezza.

Le spinte pluridirezionali, agenti sulla forma in terra, richiedono alla terra stessa capacità di coesione per conservarne la forma.

La prova di resistenza a compressione prevede di comprimere un provino cilindrico, con un carico gradualmente crescente. Il carico che provoca la rottura [N] sarà rapportato con l'area della sezione trasversale [cm$^2$], per ottenere la resistenza a compressione.

Per la prova di durezza si utilizza un durometro, attraverso il quale viene stabilita la resistenza opposta dalla forma alla penetrazione di una sfera.

---

### COME SI TRADUCE...

| ITALIANO | INGLESE |
| --- | --- |
| Umidità | Dampness, humidity |
| Permeabilità | Permeability |
| Granulometria | Granulometry |

---

## F1.4 METALLO LIQUIDO E INTRODUZIONE NELLA FORMA

Versare del metallo fuso in uno stampo rappresenta uno dei punti critici della fusione, poiché il comportamento del liquido, la successiva solidificazione e la fase di raffreddamento possono determinare la presenza o meno di eventuali difetti.

Campbell ha avanzato l'ipotesi che la maggioranza dei pezzi fusi di scarto acquista questa condizione durante i primissimi istanti della colata.

Le teorie proposte in passato e le tante attività sperimentali condotte da numerosi ricercatori dimostrano che il successo del processo di colata dipende

---

FONDERIA **UNITÀ F1** 475

**COME SI TRADUCE...**

| ITALIANO | INGLESE |
|---|---|
| Fluidità | Fluidity |

**PER COMPRENDERE LE PAROLE**

**Viscosità:** indica la capacità di un liquido di trasmettere uno sforzo dinamico a taglio. È la forza richiesta per spostare una superficie unitaria a una velocità unitaria, oltre una superficie parallela posta a una distanza unitaria.

da molteplici fattori, fra cui si annoverano di seguito quelli più importanti:
— la temperatura iniziale del metallo (surriscaldamento);
— la viscosità del liquido;
— la composizione del metallo (metalli puri e leghe di composizione eutettica possiedono, generalmente, maggiore fluidità);
— le proprietà termiche del metallo (calore specifico volumico, calore latente di fusione, conducibilità termica della lega);
— la tensione superficiale e la pressione del liquido che condizionano la capacità di adeguarsi alla superficie dello stampo;
— le proprietà chimiche, fisiche e geometriche dello stampo; se lo stampo cede velocemente calore all'esterno, oppure esercita elevate forze d'attrito al passaggio del flusso (elevata rugosità superficiale), questo si arresta peggiorandone il riempimento;
— la tecnica di immissione usata per introdurre il metallo nella cavità dello stampo (sistema di alimentazione).

## FLUIDITÀ DEI METALLI LIQUIDI

La **fluidità** può essere definita come quella qualità del metallo liquido che gli permette di attraversare i passaggi ricavati nello stampo e di riempire tutti gli interstizi dello stesso, formando spigoli vivi e riproducendo fedelmente i particolari del modello.

Se la fluidità fosse inadeguata potrebbe impedire una corretta riproduzione dei particolari superficiali. Si può notare immediatamente che la fluidità non è una singola proprietà fisica, come nel caso della densità o della viscosità, ma una caratteristica complessa collegata al comportamento all'interno dello stampo.

La fluidità è fortemente condizionata dalla **viscosità** del liquido.

L'impossibilità di riempire tutte le cavità dello stampo non dipende dall'alta viscosità, ma dalla solidificazione prematura. È necessario, pertanto, mantenere il metallo a temperatura costante per garantirne lo stato di liquidità.

### La misura della fluidità

Sono state create prove empiriche che rilevano la distanza totale percorsa dal metallo fuso prima di arrestarsi, all'interno di canali standardizzati, oppure il tempo di flusso.

Lo svantaggio di utilizzare condotti diritti eccessivamente lunghi ha portato gli sperimentatori a elaborare un sistema di prova a spirale (▶ **Fig. F1.8**).

**Figura F1.8**
Prova per determinare la fluidità: spirale standard con serbatoio di alimentazione.

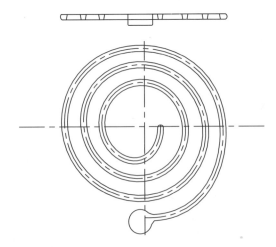

Sono garantite condizioni di velocità di afflusso costante, regolando la pressione a partire dal serbatoio di alimentazione.

Le misure di fluidità sono sensibili ai piccoli cambiamenti delle proprietà termiche e delle caratteristiche della superficie dello stampo.

Il metodo più vicino alla normalizzazione completa è stato realizzato nella prova di fluidità a vuoto inventata da Ragone, Adams e Taylor ( ▶ **Fig. F1.9**).

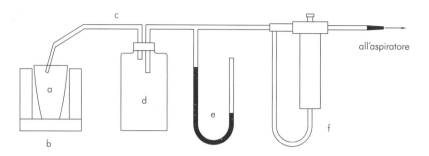

**Figura F1.9**
Test di fluidità a vuoto in cui si osservano il crogiuolo di metallo (**a**), la fornace elettrica (**b**), il canale per il test (**c**), il serbatoio in pressione (**d**), il manometro (**e**), il manostato (**f**).

La finalità della prova è la misura del tempo di riempimento del serbatoio (**d**); il metallo contenuto nel crogiolo (**a**) e mantenuto fluido dalla fornace elettrica (**b**) passa nel canale (**c**) per effetto di una depressione costante creata da un'apposita pompa a vuoto. Il valore della depressione viene indicato dal **manometro** (**e**) e reso stabile dal **manostato** (**f**). Alla maggiore fluidità del metallo corrispondono tempi di riempimento più bassi. Questa modalità esecutiva propone condizioni di afflusso uniformi ed elimina l'intervento umano nel riempimento del serbatoio, garantendo un'oggettività sperimentale.

**PER COMPRENDERE LE PAROLE**

**Manometro**: strumento di misura della pressione di un fluido (liquido, vapore, gas).

**Manostato**: strumento inserito tra la pompa e l'apparecchiatura che regola e stabilizza il vuoto a una pressione più alta di quella minima raggiungibile dalla pompa.

## F1.5 FORMATURA CON MODELLO PERMANENTE

### FORMATURA MANUALE

Lunga e costosa, questa formatura viene utilizzata solo per lavorazioni artigianali di pezzi singoli o di piccola serie. Le terre sono immesse in opportuni telai metallici accoppiati, uno inferiore e l'altro superiore, definiti *staffe* ( ▶ **Fig. F1.10**), che servono a tenere assieme le due parti della forma.

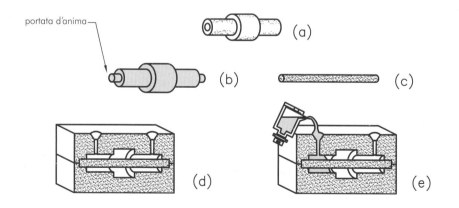

**Figura F1.10**
Formatura di un getto cavo con anima:
a) pezzo finale;
b) modello con portata d'anima;
c) anima in terra;
d) forma pronta per la colata;
e) colata del metallo fuso.

Il modello può essere costruito in legno, resina o metallo, in funzione del numero di getti da produrre e dell'intervallo di tempo in cui questi getti sono prodotti, per assicurare la stabilità dimensionale nel tempo.

Lo stesso dicasi per le casse d'anima usate per realizzare le cavità interne e le zone di sottosquadro, cioè non sformabili nella direzione principale di sformatura del modello (▶ **Fig. F1.11**).

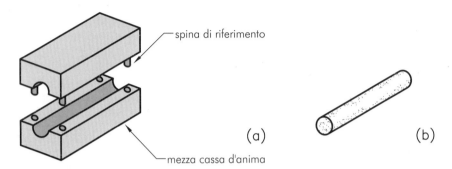

**Figura F1.11**
a) Cassa d'anima in legno.
b) Anima in terra da fonderia.

Collocato il modello nella staffa inferiore, si procede al riempimento a mano, costipando bene la sabbia; l'operazione viene poi ripetuta capovolgendo il modello sulla staffa superiore, coprendo il modello e pressando mediante pestelli.

La compattazione della sabbia sul modello è detta *formatura* e può avvenire mediante *pestellatura* manuale, a scossa e vibrazione, a compressione idraulica o, ancora, mediante il vuoto. Con appositi aghi si possono praticare le tirate d'aria (fori per lo sfogo dei gas) nella terra.

Il modello deve comprendere anche il sistema di colata (cioè i canali verticali e orizzontali, di forma e sezione calcolata, che convoglino il metallo dall'imbuto di colata agli attacchi di colata) e le **materozze**; esso può essere a una o più figure (grappolo). La forma normalmente è contenuta in un telaio metallico, o staffa, di opportuna rigidità e resistenza, ma può essere autoportante se la coesione è tale da fornire alla terra da fonderia una resistenza sufficiente alla pressione metallostatica (*motta*).

L'estrazione del modello dalla forma è detta *sformatura* (▶ **Fig. F1.12**): essa permette di compiere riparazioni e lisciature delle superfici della forma.

### PER COMPRENDERE LE PAROLE

**Materozza**: riserva di metallo liquido che, posta in posizione più elevata rispetto al getto, deve raffreddarsi per ultima alimentando in tal modo le parti più massicce del getto per compensarne il ritiro volumetrico.

### COME SI TRADUCE...

| ITALIANO | INGLESE |
|---|---|
| Materozza | Deadhead, Feed head, Riser |

**Figura F1.12**
Operazione di sformatura: il modello deve avere le superfici esterne inclinate per essere estraibile, e deve essere maggiorato per compensare il ritiro del metallo durante la solidificazione (~5% di contrazione volumetrica) e per tener conto degli eventuali sovrametalli di lavorazione (1÷10 mm).

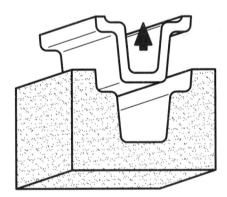

### MATEROZZA

La materozza deve avere le caratteristiche elencate di seguito.
— Una forma tale da consentire che il metallo liquido in esso contenuto solidifichi dopo il getto.
— Un volume tale che il tempo di solidificazione della materozza sia maggiore rispetto a quello del getto:

$$t_{s\,materozza} > t_{s\,getto}$$

Chvorinov ha proposto, per semplici geometrie (sfera, cilindro retto, cubo), la seguente diseguaglianza matematica:

$$\left(\frac{V}{A}\right)_{materozza} > \left(\frac{V}{A}\right)_{getto}$$

### AREA DIGITALE
- Preparazione pacco anime
- Ramolaggio
- Colata
- Scarico

in cui $V$ indica il volume della materozza, espresso in cm$^3$, mentre $A$ rappresenta l'area della superficie esterna della materozza, espressa invece in cm$^2$. Nella letteratura tecnica il rapporto $V/A$ viene anche definito *modulo* ed è espresso in centimetri.

— Una posizione tale da consentire l'alimentazione continua del getto in fase di solidificazione. Nei getti complessi sono presenti più materozze, ognuna delle quali posta in modo da alimentare le sezioni più lontane e di maggiore dimensioni. La **figura F1.13** mostra la necessità di introdurre la materozza supplementare (**d**) per alimentare la sezione (**a**) del getto, troppo lontana dalla materozza (**c**), a causa della presenza del tratto (**b**).

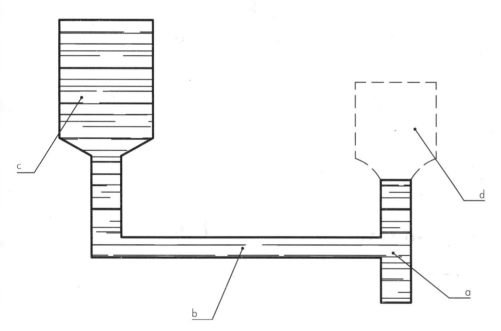

**Figura F1.13**
Posizionamento delle materozze.

## FORMATURA IN TERRA A VERDE

Il sistema più usuale di formatura è quello *in terra a verde*, senza essiccazione della terra. Si usa una miscela di apposite sabbie silicee, bentonite, nero minerale, impastata con poca acqua (5% circa).

Il calore prodotto dal metallo fuso provoca essiccazione della terra, con conseguente sviluppo di gas e possibili soffiature nel pezzo (difetti).

Per ottenere getti sani bisogna tenere sotto continuo e attento controllo le già citate caratteristiche della terra da fonderia:
— granulometria;
— coesione;
— permeabilità;
— resistenza meccanica.

## Formatura meccanica

Si utilizza nelle linee di produzione meccanizzate. L'operazione di formatura è eseguita da una o più macchine che preparano la parte superiore e inferiore della forma; essa è usata nella produzione industriale perché è più veloce ed economica, e garantisce una precisione più elevata dei getti.

A causa delle elevate pressioni, non si usano modelli in legno ma in metallo o plastica, oppure sono impiegate le placche modello.

Le macchine usate per riempire le staffe e comprimere le terre sono:
— le macchine a compressione;
— le macchine a scossa;
— le macchine lanciaterra ( ▶ **Fig. F1.14**).

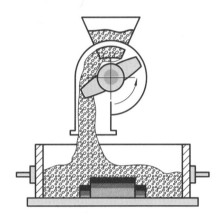

**Figura F1.14**
Macchina lanciaterra: si adopera quando i modelli sono molto grandi; è costituita da una paletta rotante che, per effetto della forza centrifuga, spinge con energia la terra entro la staffa.

Il sistema di formatura meccanica si addice a serie numerose di pezzi, caratterizzate da elevata uniformità. Le tolleranze del getto variano da 1,5÷3%.

## Formatura sottovuoto

La *formatura sottovuoto* viene effettuata utilizzando la depressione per ottenere un perfetto rivestimento del modello permanente da parte della terra da fonderia ( ▶ **Fig. F1.15**).

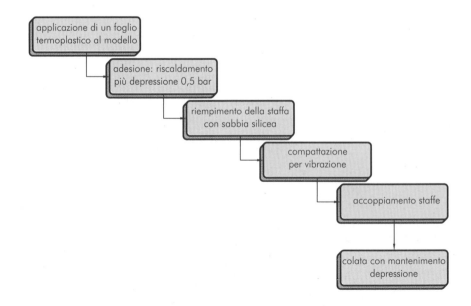

**Figura F1.15**
Schema di procedura per la formatura sottovuoto.

Si applica al modello un foglio di **materiale termoplastico** preriscaldato e fatto aderire con una depressione di circa 0,5 bar. Successivamente la staffa viene riempita di sabbia silicica molto fine, compattata per vibrazione e ricoperta con un foglio. Si procede con l'altra staffa e il modello in maniera analoga; quest'ultima si distacca facilmente facendo cessare la depressione e non subendo alcuna usura. Dopo aver accoppiato le due staffe si continua a mantenere la depressione durante la colata, grazie a un sistema di aspirazione di cui sono dotate le staffe. Tolta l'aspirazione a pezzo raffreddato, il getto cade facilmente, giacché la forma di sabbia si disgrega.

Questo sistema di formatura presenta il vantaggio di fornire pezzi anche grandi, di dimensioni precise e con buone caratteristiche superficiali. Le bave risultano molto ridotte. I limiti dimensionali dipendono dalle attrezzature a disposizione. Le tolleranze variano da 0,3÷0,6%.

In alternativa, il sistema di colata sottovuoto senza foglio protettivo di plastica impiega due staffe speciali porose, nel centro delle quali viene disposto il modello permanente. La costipazione della sabbia è favorita dalla depressione che si mantiene durante la colata. Dopo il raffreddamento, la sformatura è ottenuta mediante pressione d'aria.

### COME SI TRADUCE...
| ITALIANO | INGLESE |
|---|---|
| Materiale termoplastico | Thermoplastic material |

### PER COMPRENDERE LE PAROLE
**Resina termoindurente**: materiale plastico viscoso, di aspetto simile alla resina vegetale, capace di indurirsi a caldo.

## FORMATURA CON MASCHERA

Si utilizza un modello metallico, perché capace di resistere al riscaldamento, ricoperto da sabbia mista a **resina termoindurente**.

La sabbia riscaldata si indurisce formando una "maschera" di alcuni millimetri di spessore. Dividendo in due parti uguali la maschera rigida si ottengono due semigusci cavi, che accoglieranno le eventuali anime e il metallo liquido.

I getti ottenuti con questo procedimento possono pesare fino a 150 kg, con tolleranze dimensionali variabili tra 1 e 2%.

## FORMATURA CERAMICA

La forma è costituita da un impasto di materiale ceramico resistente ad alta temperatura, che indurisce per effetto di una reazione chimica (▶ **Fig. F1.16**).

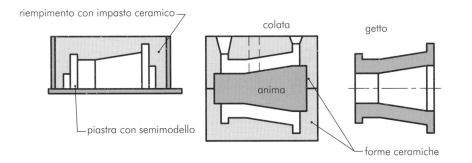

**Figura F1.16**
Formatura ceramica.

Tolto il modello, gli elementi della forma vengono cotti alla temperatura di circa 1000 °C e poi ricomposti.

Questo sistema di formatura, particolarmente indicato per getti con pareti sottili, permette di ottenere tolleranze ristrette e si adatta a leghe con un elevato punto di fusione.

Si possono realizzare pezzi anche molto grandi, fino a qualche centinaio di kilogrammi. Il sistema si utilizza per pezzi unici, oppure per serie medie e piccole; le tolleranze possono variare da 0,3÷0,8%.

## F1.6 DISPOSITIVI DI COLATA

Per garantire il migliore riempimento della cavità, è necessario attenuare l'energia cinetica del metallo liquido. A tal fine quest'ultimo non passerà direttamente dalla siviera alla cavità, ma subirà un percorso più articolato, dovendo attraversare il bacino di colata e il canale di colata.

Dalla **figura F1.17** si comprende come il bacino di colata a sifone contribuisca più efficacemente a dissipare l'energia cinetica, e come il canale di colata a pettine distribuisca uniformemente il metallo fuso nella cavità.

**Figura F1.17**
Schemi dei dispositivi di colata:
a) bacino di colata a tazza e canale di colata diretta;
b) bacino di colata con pozzetto e canale di colata laterale;
c) bacino di colata con pozzetto e canale di colata in sorgente;
d) bacino di colata con pozzetto e canale di colata a pettine.

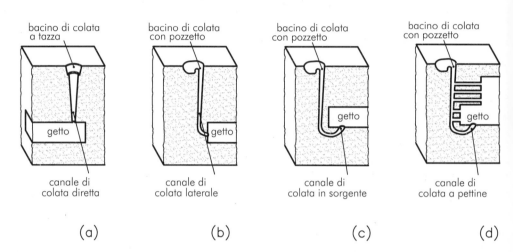

La massa di metallo $M$, necessaria per un getto, è data dalla seguente equazione:

$$M = Q + C + S \quad [\text{kg}]$$

in cui $Q$ indica la massa del getto [kg], $C$ è la massa del dispositivo di colata (materozze, canali) [kg] e $S$ rappresenta la quantità supplementare per tener conto delle perdite (5÷10%) [kg].

## F1.7 SPINTA METALLOSTATICA

Quando ci si immerge sott'acqua si è sottoposti alla pressione idrostatica esercitata dalla colonna di liquido che sovrasta.

Con lo stesso principio fisico il metallo liquido, "rinchiuso" dentro la cavità, sviluppa pressioni idrostatiche su tutte le pareti dello stampo, proporzionali alla colonna liquida che sovrasta il baricentro della parete (▶ **Fig. F1.18**):

$$p = \rho g h \quad [\text{N/m}^2]$$

essendo:
— $p$ = pressione idrostatica [N/m$^2$];
— $\rho$ = massa volumica del metallo liquido versato [kg/m$^3$];
— $g$ = accelerazione di gravità 9,81 [m/s$^2$];
— $h$ = distanza tra il pelo libero del metallo liquido e il baricentro della parete interessata [m].

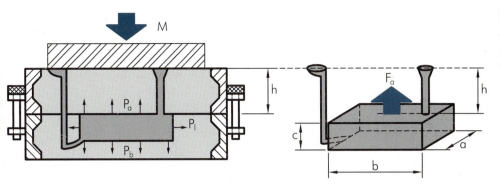

**Figura F1.18**
Spinte metallostatiche, in cui M indica la massa aggiuntiva.

La pressione idrostatica, moltiplicata per l'area della parete, fornisce la spinta (forza) metallostatica.

Le conseguenze più dannose possono essere provocate dalla spinta agente verso l'alto, capace di sollevare la semiforma superiore (il semistampo superiore). Occorre serrare opportunamente le staffe e, se necessario, aggiungere masse capaci di equilibrare la forza verso l'alto $F_a$ generata dalla spinta idrostatica (▶ **Fig. F1.18**):

$$F_a = p_a Area = (\rho g h) \cdot (a b) \ [N]$$

Le spinte laterali sono controbilanciate dalle staffe, mentre la spinta verso il basso è controbilanciata dal pavimento.

**COME SI TRADUCE...**

| ITALIANO | INGLESE |
|---|---|
| Cera | Wax |

**PER COMPRENDERE LE PAROLE**

**Cera persa**: modello di materiale che si liquefa all'introduzione del metallo fluido nello stampo.

## F1.8 FORMATURA CON MODELLO PERDUTO

### COLATA IN CERA PERSA

La colata in **cera persa** è una tecnologia adatta per la produzione di getti con pareti sottili, di forma complessa (sottosquadri), notevole precisione (variazione delle tolleranze 0,3÷0,7%) e ottima finitura superficiale, che consente di risparmiare successive lavorazioni meccaniche.

Le fasi operative sono le seguenti (▶ **Fig. F1.19**):
— formazione dei modelli positivi in cera all'interno di uno stampo metallico (▶ **Fig. F1.19a**);
— collegamento dei modelli con un canale di colata in cera; formazione del grappolo (▶ **Fig. F1.19b**);
— immersione del grappolo in cera in un impasto ceramico semiliquido (▶ **Fig. F1.19c**);
— doccia con polvere refrattaria quarzifera per la formazione del guscio ceramico, spesso alcuni millimetri (▶ **Fig. F1.19d**);
— disposizione del grappolo dentro un'opportuna staffa di acciaio inossidabile riempita con sabbia quarzosa e silicato di etile; successivo riscaldamento (circa 100 °C) con evacuazione della cera (▶ **Fig. F1.19e**);
— cottura della forma e ottenimento di un guscio rigido cavo (*shell*), di consistenza ceramica (▶ **Fig. F1.19f**);
— colata della lega liquida dentro il guscio cavo (▶ **Fig. F1.19g**);
— raffreddamento; distaffatura tramite percussione meccanica; troncatura; finitura dei singoli particolari; controlli qualitativi e dimensionali (▶ **Fig. F1.19h**).

**Figura F1.19**
Colata in cera persa.
a) formazione del modello in cera;
b) collegamento dei modelli;
c) immersione del grappolo;
d) doccia con polvere refrattaria;
e) evacuazione della cera;
f) cottura della forma;
g) colata della lega liquida;
h) distaffatura.

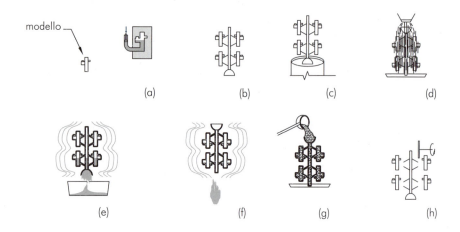

## COLATA *LOST FOAM*

Rappresenta l'evoluzione del processo di colata in cera persa, perché il modello evapora, con sviluppo di gas, anziché diventare liquido.

Il processo si articola nelle fasi di seguito descritte.
— Costruzione del modello in schiuma di polistirolo espanso (*foam*) a perdere (*lost*); non dovendo estrarre il modello dalla forma, viene costruito in un solo pezzo e, se necessario, con la presenza di sottosquadri.
— Verniciatura del modello con opportune vernici protettive che determinano la finitura superficiale del getto.
— Rivestimento del modello di uno strato ceramico e successiva copertura con sabbia asciutta; la sabbia usata nel sistema a schiuma persa non contiene composti nocivi per l'ambiente (fenoli), consentendo l'interramento in discarica a termine del ciclo di utilizzo.
— Introduzione del metallo fuso e conseguente evaporazione del polistirolo.
— Solidificazione e ottenimento del getto con tolleranze dimensionali comprese tra 2 e 4%.

Con il processo **lost foam** si ottengono getti cavi di grosse dimensioni, dai contorni irregolari, con elevate produttività e riduzione dei costi di produzione. Questi vantaggi e gli aspetti positivi legati all'ecologia hanno contribuito alla diffusione mondiale di questo processo, soprattutto tra i costruttori di motori per autoveicoli (collettori di aspirazione, teste cilindriche, basamenti motori).

### PER COMPRENDERE LE PAROLE

**Lost foam**: modello di materiale che evapora all'introduzione del metallo fluido nello stampo.

**Conchiglia**: stampo metallico in cui si introduce, per gravità o in pressione, il metallo fuso. Lo stampo può essere utilizzato per produrre migliaia di pezzi.

### COME SI TRADUCE...

| ITALIANO | INGLESE |
|---|---|
| Colata in conchiglia | Chill-casting |

## F1.9 FORMA PERMANENTE

### COLATA IN CONCHIGLIA

I materiali costituenti le **conchiglie** devono avere le seguenti caratteristiche:
— una buona resistenza alla corrosione e all'ossidazione a caldo;
— un'elevata resistenza meccanica;
— un'elevata resistenza all'usura;
— una buona conduttività termica e stabilità alle variazioni termiche.

La solidificazione del metallo fuso avviene in tempi relativamente rapidi, perché il materiale di cui è costituita la conchiglia è un buon conduttore e scambiatore di calore con l'esterno (ghisa di qualità, acciaio, ottone, rame, leghe di alluminio).

La **tabella F1.2** riporta la designazione di alcuni tipi di acciaio destinati alla costruzione delle conchiglie.

**Tabella F1.2** Acciai per la costruzione delle conchiglie

| Acciaio per conchiglia | Metallo da colare |
|---|---|
| 18NiCrMo5 UNI EN ISO 10084:2000 | Leghe di rame |
| X25CrMo5 UNI EN ISO 4957:2002 | Leghe di alluminio |
| 28W9 UNI EN ISO 4957:2002 | Bronzi di alluminio |

**COME SI TRADUCE...**

| ITALIANO | INGLESE |
|---|---|
| Forma permanente | Permanent mould |
| Colata in conchiglia a gravità | Gravity casting |

La forma della cavità deve favorire il riempimento senza moti vorticosi del metallo, facilitando inoltre la fuoriuscita dei gas e dell'aria.
Nella progettazione delle conchiglie va prestata particolare attenzione:
— al grado di conicità delle anime per la realizzazione dei fori;
— al rapporto diametro-lunghezza dei fori;
— all'angolo di spoglia (angolo di formatura);
— al ritiro volumetrico e lineare, in relazione al grado di difficoltà delle anime;
— al sovrametallo di lavorazione.

L'utilizzo delle **forme permanenti** (conchiglie) presenta, rispetto alle forme in terra, i vantaggi e gli svantaggi riportati nella **tabella F1.3**).

**Tabella F1.3** Vantaggi e svantaggi dell'utilizzo delle forme permanenti

| Vantaggi | Svantaggi |
|---|---|
| — Risparmio di tempo<br>— Impiego durevole della forma<br>— Migliore finitura superficiale dei getti<br>— Dimensioni più precise dei getti<br>— Velocità di raffreddamento (maggiore durezza superficiale del getto)<br>— Buona resistenza meccanica | — Costo elevato<br>— Difficoltà di sformatura<br>— Scarsa porosità per lo sfogo dei gas<br>— Possibili screpolature interne del getto dovute al veloce raffreddamento |

## Colata in conchiglia a gravità

La conchiglia, nella sua forma più semplice, è formata da due gusci cavi combacianti e muniti di riscontri di riferimento (▶ **Fig. F1.20**).

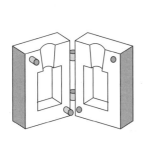
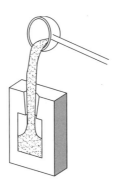

**Figura F1.20**
Colata in conchiglia a gravità.

| COME SI TRADUCE... | |
|---|---|
| **ITALIANO** | **INGLESE** |
| Colata centrifuga | Centrifugal casting |

Questo procedimento generalmente non richiede l'utilizzo delle anime; qualora si rendesse necessario si possono impiegare anime metalliche oppure di terra.

Nel caso di anime metalliche occorre estrarle rapidamente dal getto appena solidificato, per evitare lesioni provocate dall'ulteriore contrazione volumetrica del getto.

I parametri di progetto del sistema devono consentire una sufficiente velocità di solidificazione della lega per poter realizzare un getto con grano fine, tenendo presente che una velocità di solidificazione troppo elevata ostacola l'alimentazione.

I getti possono raggiungere e superare 100 kg di massa; le tolleranze geometrico-dimensionali variano da 0,3÷0,6%.

### COLATA IN CONCHIGLIA A GRAVITÀ E PISTONE TUFFANTE

La *colata in conchiglia a pistone tuffante* è un procedimento nel quale la lega allo stato fuso viene versata nella conchiglia e, prima che inizi la solidificazione, un pistone di forma opportuna entra nella conchiglia, ove rimane fino a che sia avvenuta la solidificazione. Questo procedimento serve per produrre getti aperti da un lato, come per esempio i pistoni per motori a combustione interna (▶ **Fig. F1.21**).

**Figura F1.21**
Colata in conchiglia a gravità e pistone tuffante (colata Cothias):
a) colata del metallo liquido;
b) azione del pistone tuffante;
c) pezzo fuso.

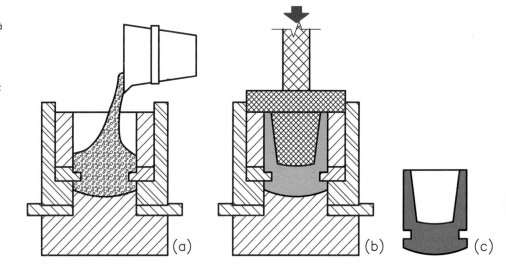

### COLATA IN CONCHIGLIA A GRAVITÀ E ROVESCIAMENTO

Il metallo viene colato nella conchiglia, che viene rovesciata quando il metallo stesso si è solidificato per un certo spessore, in modo da svuotarne la parte ancora liquida.

La *colata a rovesciamento* è utilizzata per produrre piccoli oggetti internamente cavi, come le statuine, i manici e gli oggetti simili, per i quali non hanno importanza lo spessore e le irregolarità delle superfici interne (▶ **Fig. F1.22**).

**Figura F1.22**
Colata in conchiglia a gravità e rovesciamento; generalmente vengono colate leghe di stagno e di zinco.

### COLATA IN CONCHIGLIA ROTANTE

Denominata anche colata centrifuga, è un particolare sistema di colata con cui si fabbricano getti cilindrici cavi, per esempio tubi in ghisa con diametri fino a 600 mm e lunghezze fino a 1200 mm).

La conchiglia è costituita da una forma metallica cilindrica, fatta ruotare attorno al proprio asse, in cui viene versata, con un apposito canale, la lega fusa.

Per effetto della rotazione (circa 400 giri/min), il metallo liquido è spinto contro le pareti e nel raffreddamento assume la conformazione di un tubo (▶ **Fig. F1.23**).

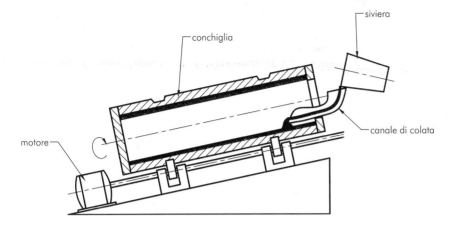

**Figura F1.23**
Schema della colata centrifuga.

Questo processo unisce i vantaggi dovuti all'azione centrifuga a quelli del sistema di refrigerazione della conchiglia:
— getto molto compatto;
— assenza di soffiature e di inclusioni gassose;
— strutture cristalline più fini rispetto ai getti fusi in terra;
— caratteristiche fisiche uniformi;
— elevate proprietà meccaniche;
— notevoli precisioni dimensionali.

La colata centrifuga può essere realizzata:
— in conchiglia raffreddata, a cui seguirà un trattamento termico di **malleabilizzazione**, per evitare la fragilità del getto;
— in conchiglia riscaldata per tubi pronti all'uso;
— in conchiglia rivestita di terra refrattaria.

Con il secondo e terzo metodo si ottengono tubi dotati di una struttura regolare e uniforme, che non richiedono ulteriori trattamenti.

## Colata in conchiglia a pressione (pressocolata)

Denominato anche **pressocolata**, questo processo industriale è adatto per la produzione di getti in alluminio e, in generale, per leghe metalliche a bassa temperatura di fusione (leghe di magnesio, di rame, di zinco).

Utilizzare leghe metalliche con basso punto di fusione, anziché ghisa o acciaio, contribuisce alla maggiore durata dello stampo per le minori sollecitazioni termiche.

Il metallo fuso viene introdotto nella conchiglia con forti pressioni, migliorando il riempimento della cavità, con rapidità di esecuzione e ottimizzazione della quantità di materiale versato (▶ **Fig. F1.24**).
Ulteriori vantaggi conseguenti l'uso delle forti pressioni di riempimento sono:
— l'elevato grado di finitura superficiale, s le ristrette tolleranze dimensionali (0,1÷0,4%) e la struttura a grana fine;
— la migliore espulsione dei gas e la notevole riduzione delle soffiature;
— i minimi sovrametalli e la possibilità di ottenere getti finiti;

> **PER COMPRENDERE LE PAROLE**
>
> **Malleabilizzazione**: ciclo termico di riscaldamento e successivo raffreddamento (generalmente lento in forno), necessario per attenuare le tensioni meccaniche interne al getto e per consentire trasformazioni strutturali. Il metallo così trattato potrà essere lavorato alle macchine utensili oppure per deformazione plastica.

> **COME SI TRADUCE...**
>
> | ITALIANO | INGLESE |
> |---|---|
> | *Pressocolata* | *Die-casting* |

— i getti di forma complessa con possibilità di spessori ridotti;
— la possibilità di introdurre nel getto elementi eterogenei al metallo presso fuso.

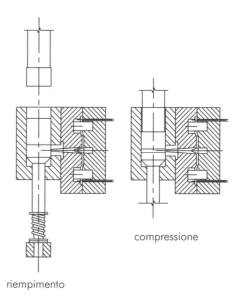

**Figura F1.24**
Schema della pressocolata: il peso del getto può raggiungere 50 kg di massa. Il sistema è munito di estrattori per l'espulsione del getto.

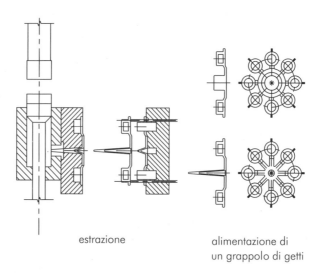

**PER COMPRENDERE LE PAROLE**

**Scorrevolezza**: proprietà tecnologica che esprime la capacità di un metallo liquido di scorrere dentro una forma legata all'attrito sviluppatosi tra metallo e superficie della forma.

Un'operazione molto importante è la lubrificazione dello stampo (generalmente acqua emulsionata con grafite) per facilitare il riempimento, evitare l'incollaggio con il metallo liquido e limitare l'usura nel tempo.

Si distinguono i seguenti tipi di macchine per pressocolata:
— *macchine a camera fredda*, in cui il metallo fuso è contenuto in un crogiolo a parte e, di volta in volta, prelevato e versato nel cilindro; il pistone lo comprime nella conchiglia con pressioni che possono raggiungere 1500 bar (con spinte sul metallo fuso fino a 25 MN);
— *macchine a camera calda*, in cui il metallo liquido è contenuto in un crogiolo costantemente riscaldato; la **scorrevolezza** del metallo fuso non diminuisce, pertanto occorrono pressioni di esercizio inferiori (fino a un massimo di 150 bar); la qualità dei getti è migliore rispetto a quelli ottenuti con la macchina a camera fredda, perché il metallo immesso nella conchiglia resta meno a contatto con l'aria.

## Procedimento ACURAD

I getti, ottenuti con i procedimenti fin qui descritti non sono generalmente idonei al trattamento termico, essendo molto spesso affetti da microporosità.

Per migliorare le caratteristiche del getto colato a pressione possono essere adottati vari accorgimenti, come l'estrazione dell'aria dalla forma oppure l'impiego di un pistone doppio, due pistoni concentrici, secondo il procedimento ACURAD (▸ **Fig. F1.25**); le pressioni di esercizio sul metallo liquido possono raggiungere i 500 bar.

| COME SI TRADUCE... | |
|---|---|
| **ITALIANO** | **INGLESE** |
| *Pressocolata sottovuoto* | Vacuum die-casting |
| *Senza porosità, senza pori* | Pore free |

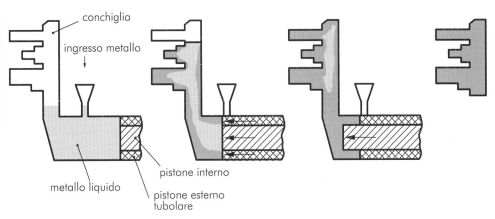

**Figura F1.25**
Schema di funzionamento del procedimento ACURAD (ACUrate-Rapid-Dense): inizialmente i pistoni si muovono insieme, poi quello esterno si arresta, mentre quello interno continua la compressione della parte interna del getto rimasta ancora liquida, compensandone la contrazione.

## Pressocolata sottovuoto

Prima della colata viene creato il vuoto nello stampo; ciò favorisce il riempimento, limitando il contatto con l'aria e l'ossidazione della lega fusa.

## Pressocolata senza porosità e *pore free*

È una semplice variante del tradizionale processo di pressocolata, con l'obiettivo di eliminare le porosità causate dai gas.

Prima della colata viene effettuato un lavaggio della cavità dello stampo con una corrente di ossigeno.

Al momento della colata questo si lega con l'alluminio, formando particelle finissime di ossido ($Al_2O_3$), che si ripartiscono uniformemente nel getto e creano cristalli molto fini.

Si ottengono getti esenti da cavità con ottime caratteristiche meccaniche, anche dopo il trattamento termico.

## Pressocolata *parashot*

Nel processo tradizionale di pressocolata il pistone avanza con velocità costante, invece, in questo processo avanza con accelerazione costante, ottenendo un riempimento dello stampo più regolare che facilita l'espulsione dell'aria.

I getti sono esenti da bolle e pronti per eventuali operazioni di saldatura o di trattamento termico.

## Considerazioni riassuntive

La qualità e la relativa economicità nella produzione dei getti pressofusi hanno rapidamente sviluppato le tecnologie di processo e, soprattutto, di progettazione e costruzione degli stampi (metodologie CAD-CAM).

## PER COMPRENDERE LE PAROLE

**Usura**: asportazione di materiale metallico a causa dei fenomeni d'attrito.

**Erosione**: asportazione di materiale metallico a causa del movimento del metallo fuso.

**Corrosione**: possibile combinazione chimica tra gli atomi del metallo e agenti esterni con successiva formazione di cavità.

**Forgiatura**: antica operazione manuale attraverso la quale il fabbro dava forma ai metalli.

Per la costruzione degli stampi si utilizzano acciai legati speciali (per esempio, X210Cr13KU, 52NiCrMo6KU) per soddisfare gravose esigenze di:
— resistenza alla fatica termica;
— resistenza alle sollecitazioni meccaniche statiche e dinamiche;
— resistenza all'**usura**, all'**erosione** e alla **corrosione**;
— stabilità dimensionale.

I processi di pressocolata si differenziano per la pressione di esercizio agente sul metallo liquido (bassa, media e alta pressione) e in base a essa cambiano i parametri di colata:
— velocità di iniezione;
— temperatura dello stampo;
— temperatura della lega;
— durata del ciclo (▶ **Fig. F1.26**).

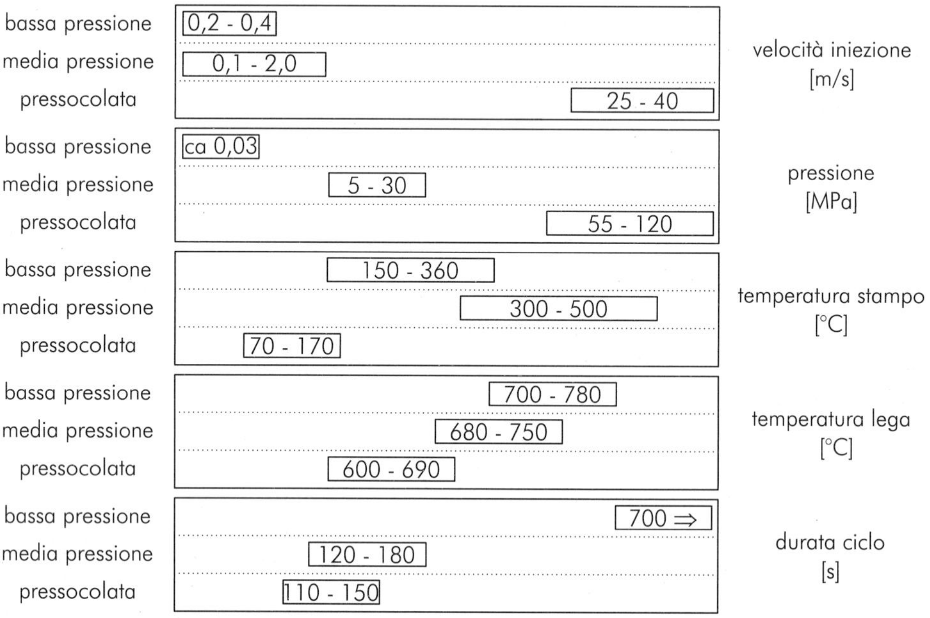

**Figura F1.26**
Parametri di colata nei procedimenti sotto pressione.

| | bassa pressione | media pressione | pressocolata | |
|---|---|---|---|---|
| velocità iniezione [m/s] | 0,2 - 0,4 | 0,1 - 2,0 | 25 - 40 | |
| pressione [MPa] | ca 0,03 | 5 - 30 | 55 - 120 | |
| temperatura stampo [°C] | 150 - 360 | 300 - 500 | 70 - 170 | |
| temperatura lega [°C] | 700 - 780 | 680 - 750 | 600 - 690 | |
| durata ciclo [s] | 700 ⇒ | 120 - 180 | 110 - 150 | |

## F1.10 INNOVAZIONI DI PROCESSO

### SQUEEZE CASTING

**COME SI TRADUCE...**

| ITALIANO | INGLESE |
|---|---|
| Forgiatura da liquido | Squeeze Casting |

Il processo di squeeze casting può essere considerato come una **forgiatura** eseguita su una lega allo stato fuso.

Si tratta di una particolare tecnologia, sviluppata negli Stati Uniti d'America e in Giappone, per componenti autoveicolistici, soprattutto in leghe d'alluminio (cerchi per ruote e componenti di forma circolare).

Il processo si articola nelle seguenti fasi:
— colata del metallo fuso nella cavità di uno stampo preriscaldato, montato sul piano di un pressa idraulica;
— chiusura della cavità e rapida messa in pressione del metallo liquido;
— mantenimento del metallo sotto pressione fino a solidificazione completa;
— ritiro del punzone ed espulsione del getto.

Esistono due tipologie fondamentali di *squeeze casting*:
— *direct squeeze casting*, in cui la pressione è direttamente esercitata dal punzone sul pezzo in solidificazione (▶ **Fig. F1.27a**);
— *indirect squeeze casting*, in cui la pressione è applicata tramite un sistema di alimentazione intermedio (▶ **Fig. F1.27b**).

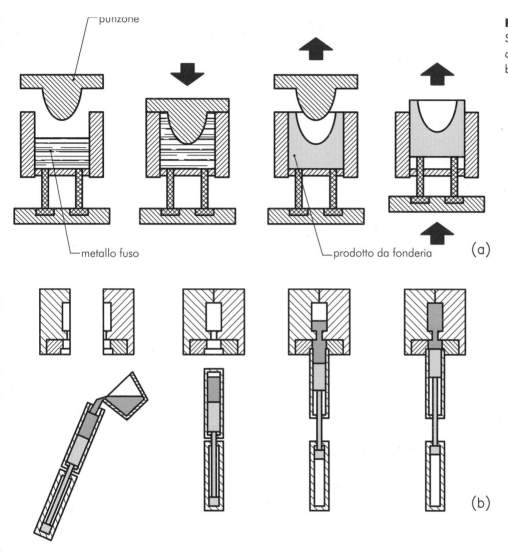

**Figura F1.27**
Squeeze casting:
a) diretto;
b) indiretto.

Durante la solidificazione della lega, l'applicazione della pressione riduce il tempo di raffreddamento, poiché aumenta il coefficiente di scambio termico; aumentano quindi la qualità dei getti e la produttività, consumando meno energia (riduzione dell'impatto ambientale) e ottenendo i seguenti vantaggi:
— assenza di porosità, perché la pressione fa aumentare la solubilità dei gas;
— migliore resistenza all'usura del getto;
— maggiore produttività della singola isola di lavoro.

Lo svantaggio primario del processo di *squeeze casting* è l'assoluta necessità di utilizzare presse dedicate a questa tecnologia, le quali possono essere orizzontali oppure verticali. Diverse attività di ricerca e sviluppo sono in corso per compositi a matrice metallica.

**PER COMPRENDERE LE PAROLE**

**Tixotropia**: dal greco *thixis* (tocco) e *tropos* (cambiamento), si riferisce alla proprietà che hanno i metalli, nello stato semisolido, di divenire più fluidi se sottoposti a energia di agitazione e, in generale, a forze deformanti di taglio.

| COME SI TRADUCE... | |
|---|---|
| **ITALIANO** | **INGLESE** |
| *Stampo* | *Mould* |
| *Prototipo* | *Prototype* |

### TIXOCASTING

Attualmente si utilizzano, in prevalenza leghe d'alluminio (Al-Si, Al-Zn-Mg) allo stato semisolido (circa 600 °C), con microstruttura sferoidale.

La lega metallica, parzialmente solidificata e sottoposta ad agitazione meccanica o elettromagnetica, frantuma i propri dendriti, disperdendoli nel rimanente metallo fuso.

Acquisisce uno stato cosiddetto "cedevole/semisolido", caratteristico della **tixotropia**.

Il processo *tixocasting* prevede la preparazione di billette con caratteristiche tixotropiche, generalmente in lega d'alluminio (Al-Si e Al-Zn-Mg), il loro successivo riscaldo allo stato semisolido e l'iniezione nello stampo.

Tale procedura consente di fabbricare parti di geometria complicata (teste e steli di pistoni, cilindri, cuscinetti, giunture per scocche, telai ecc.), in forma quasi finita, potendo offrire i seguenti vantaggi:
— basso consumo di energia;
— maggiore durata degli stampi;
— minore quantitativo di lega colata;
— minore quantitativo di lega;
— basso ritiro e quindi tolleranze più strette;
— buona finitura superficiale;
— buone proprietà meccaniche e affidabilità dei getti;
— migliore gestione del processo, con complessiva riduzione dei costi.

## F1.11 PROTOTIPAZIONE RAPIDA DEGLI STAMPI

La costruzione di uno stampo prototipo è necessaria poiché chi progetta verifica l'idea, chi vende verifica la risposta del mercato e, infine, chi produce verifica il ciclo di produzione.

La rapidità con cui si esegue il modello di **stampo** al computer (CAD 3D) e si costruisce il **prototipo** è del tutto strategica; ritardare solo di alcuni mesi l'immissione del prodotto sul mercato avvantaggerebbe la concorrenza e dover recuperare quote di mercato è cosa difficile e onerosa.

I prototipi sono costruiti per deposizione stratificata di materiale liquido, polvere o solido, le cui particelle opportunamente riscaldate, si uniscono a speciali leganti.

Si possono utilizzare resine liquide, polveri precompresse di materiali differenti (sinterizzazione delle polveri), polveri di gesso, polveri di amido, materiali polimerici termoplastici, carta.

Dovendo, per esempio, costruire un prototipo per sinterizzazione delle polveri, il necessario sviluppo termico potrà essere affidato alla radiazione emessa da una sorgente laser al $CO_2$.

Nella **figura F1.28** è schematizzato il processo SLS (*Selective Laser Sintering*), in cui il prototipo si realizza per deposizione e sinterizzazione degli strati successivi di polvere. Si è in presenza di un'azione combinata tra l'energia termica fornita dal laser che fonde le polveri e la pressione esercitata dal rullo contro l'elevatore.

Il sistema legge direttamente il file contenente il modello matematico del prototipo e il processo continua abbassando l'elevatore di una quantità pari allo spessore della successiva sessione.

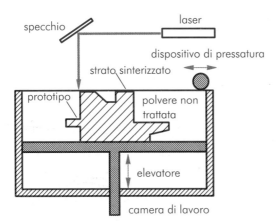

**Figura F1.28**
Schema del processo di *Selective Laser Sintering* (SLS): la camera di lavoro è mantenuta in atmosfera inerte, a una temperatura prossima a quella di fusione delle polveri, per minimizzare fenomeni di ossidazione del materiale e l'energia richiesta dal laser.

## F1.12 DIFETTI DEI GETTI

Il getto difettoso talvolta può essere riparato, ma spesso viene scartato se risulta irrimediabilmente compromessa la sua funzionalità, oppure troppo onerosa la sua riparazione.

La **tabella F1.4** sintetizza le principali tipologie di difetti nei getti e le loro caratteristiche.

**Tabella F1.4** Principali difetti nei getti e loro caratteristiche

| Difetti | Caratteristiche |
|---|---|
| Fusione incompleta | Il metallo solidifica localmente prima di aver riempito completamente la forma; si crea una discontinuità |
| Screpolature (cricche) | Si presentano sotto forma di fessure intercristalline con percorso irregolare |
| Metallizzazione | Penetrazione del metallo versato tra i grani di sabbia, della forma o delle anime; conseguente inglobamento dei grani di sabbia sulla superficie del getto |
| Inclusioni di schiume, ossidi ecc. | Sostanze estranee possono essere accidentalmente inglobate nel getto, durante le operazioni di colata (ossidi, materiali metallici e non) |
| Ritiro | Dovuto alla non sufficiente quantità di materiale liquido versato, può distinguersi in micro, oppure macro ritiro |
| Porosità e soffiature | Cavità tondeggianti create dai gas imprigionati e non espulsi |
| Dimensionale | Le dimensioni del getto vanno oltre le ampiezze delle tolleranze di progetto; i difetti dimensionali nascono durante la realizzazione del modello o del getto e sono dovuti a:<br>– errato allineamento delle parti della forma o delle anime<br>– distorsione della forma<br>– contrazione anomala o distorsione del getto |

## F1.13 FORNI FUSORI

| COME SI TRADUCE... | |
|---|---|
| ITALIANO | INGLESE |
| Forno | Furnace |

La lega metallica viene portata a una temperatura superiore a quella di fusione per sopperire alle perdite di calore durante la colata oppure durante la permanenza nella siviera.

I **forni fusori** devono garantire minimo tempo per la fusione, assenza di gas solubili, assenza di prodotti reattivi, uniformità di temperatura e massimo rendimento termico.

Essi si classificano nel modo seguente:
— forni a riscaldamento diretto;
— forni a riscaldamento indiretto;
— forni elettrici.

### FORNI A RISCALDAMENTO DIRETTO

Tali forni utilizzano bruciatori posizionati sulla volta, o laterali, direzionati verso la superficie del metallo, ma senza che la massa liquida sia colpita dalla fiamma.

La **figura F1.29** mostra lo schema di alcuni tipi di bruciatori a fiamma.

**Figura F1.29**
Schema di bruciatori a fiamma:
a) camino centrale;
b) fiamma sopra il metallo;
c) a barile;
d) a volta;
e) a doppio passo.

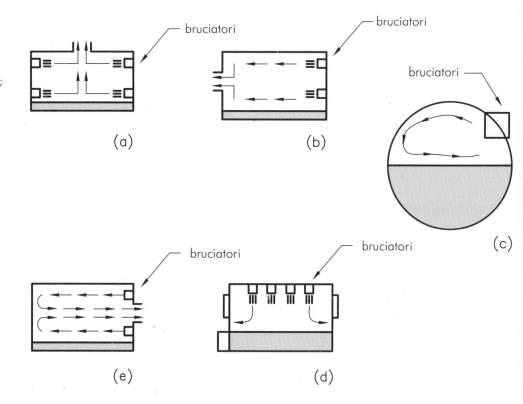

### FORNI A RISCALDAMENTO INDIRETTO

Il metallo da fondere è contenuto in un crogiolo stazionario o ribaltabile, impedendo il contatto fra i gas caldi di combustione e il metallo da fondere.

La **figura F1.30** illustra un forno a crogiolo stazionario, la cui fiamma del bruciatore è a esso tangente. Il metallo liquido è prelevato direttamente da appositi sistemi automatizzati, oppure il crogiolo viene estratto dal guscio per consentire le operazioni di colata.

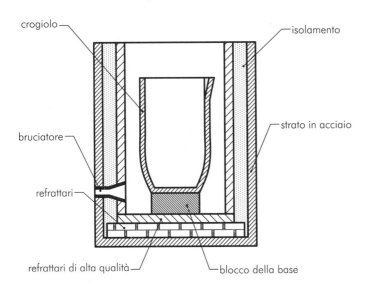

**Figura F1.30**
Forno a crogiolo stazionario.

## Forni elettrici

Nei processi elettrotermici il calore è fornito dall'energia elettrica. I forni elettrici ci permettono di raggiungere elevate temperature senza usufruire di alcun prodotto di combustione; al contrario, richiedono elevate disponibilità di energia elettrica e ingenti costi di esercizio.

I forni elettrici possono essere classificati come segue.

— A *resistenza*, in cui il calore è prodotto per effetto Joule da resistenze metalliche (leghe Ni-Cr, leghe Fe-Cr-Al-Co) oppure non metalliche (grafite, carburo di silicio, disiliciuro di molibdeno). La quantità $Q$ di calore sviluppato in Joule si ricava dalla nota relazione:

$$Q = RI^2 t \,[\text{J}]$$

in cui $R$ indica la resistenza elettrica del conduttore [W], $I$ rappresenta l'intensità di corrente elettrica [A], mentre $t$ è il tempo di passaggio della corrente elettrica [s]. La **figura F1.31** mostra due tipologie di forni elettrici a resistenza: a bacino oscillante (▸ **Fig. F1.31a**) e a crogiolo con resistenze disposte a spirale (▸ **Fig. F1.31b**).

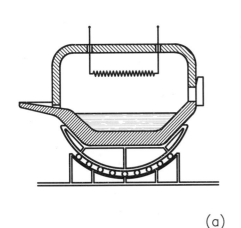

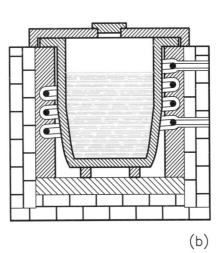

(a)      (b)

**Figura F1.31**
Forno elettrico a resistenza:
a) a bacino oscillante;
b) a crogiolo con resistenze disposte a spirale.

**PER COMPRENDERE LE PAROLE**

**d.d.p.**: indica la differenza di potenziale, ovvero la differenza di contenuto energetico tra due punti distinti di uno stesso circuito elettrico.

— Ad *arco*, in cui l'elevata **d.d.p.** creata fra gli elettrodi di grafite ionizza l'aria fra essi compresa, con successiva formazione dell'arco voltaico e innalzamento della temperatura (3500 °C). La rapidità di riscaldamento e la capacità di fondere qualsiasi lega rappresentano i vantaggi di questo tipo di forno, anche se è richiesta la presenza di costosi dispositivi automatici, in grado di mantenere costante la distanza tra gli elettrodi e il bagno di fusione, per il continuo consumo degli elettrodi stessi. La **figura F1.32** schematizza il forno ad arco elettrico con suola conduttrice tipo Girod.

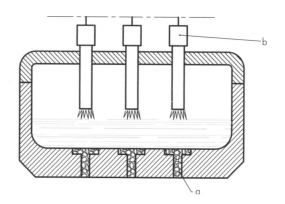

**Figura F1.32**
Forno ad arco elettrico tipo Girod, in cui si possono osservare la suola conduttrice (**a**), gli elettrodi e i portaelettrodi (**b**).

— Ad *induzione elettromagnetica*, in cui le correnti indotte nel metallo lo riscaldano per effetto Joule fino a fonderlo. Un avvolgimento primario costituito da $n_1$ spire, alimentato da tensione alternata di rete $V_1$, in cui circola corrente di intensità $I_1$, induce sul circuito secondario di $n_2$ spire una f.e.m. capace di creare una circolazione di corrente $I_2$. La corrente indotta genera un campo magnetico secondario con verso opposto al primario. La **figura F1.33** mostra il principio di funzionamento della trasformazione elettromagnetica.

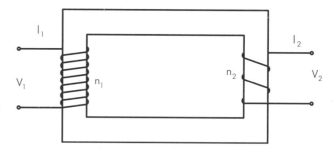

**Figura F1.33**
Schema del principio di funzionamento del trasformatore elettrico.

Le relazioni che legano i suddetti parametri sono:

$$\frac{I_2}{I_1} = \frac{n_1}{n_2} = \frac{V_1}{V_2}$$

poiché il materiale fuso contenuto nel crogiolo rappresenta il circuito secondario formato da un'unica spira ($n_2 = 1$), la corrente indotta $I_2$ circolante nel bagno metallico vale:

$$I_2 = I_1 n \; [\text{A}]$$

La corrente $I_2$ deve vincere la resistenza elettrica $R_2$ del materiale fuso e l'energia assorbita da questa resistenza si trasforma in calore:

$$Q = R_2 I_2^2 t \ [J]$$

Fra i tanti vantaggi vi sono la rapidità di fusione, l'uniformità di riscaldamento e l'omogeneità del prodotto, dovuti all'agitazione e al mescolamento della massa fusa, per effetto delle azioni elettrodinamiche. La **figura F1.34** schematizza il forno Ajax, in cui il bacino (**b**) comunica con il sottostante canale anulare (**a**), che contiene il nucleo lamellato (**m-m'**), su cui si avvolge il circuito primario (**p**).

**COME SI TRADUCE...**

| ITALIANO | INGLESE |
|---|---|
| Cubilotto | Cupola (cupola furnace) |

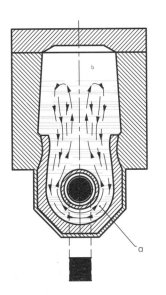
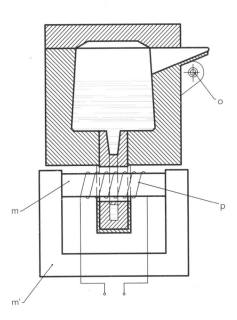

**Figura F1.34**
Forno elettrico a induzione tipo Ajax.

Il canale anulare (**a**) rappresenta il circuito secondario di un trasformatore, quindi sede di correnti elettromagnetiche indotte, capaci di sviluppare intenso calore per effetto Joule, creare elevati moti convettivi e trasmettere calore al metallo non ancora fuso.
Il forno non può mai essere completamente svuotato e deve rimanere sempre acceso, per evitare la solidificazione del metallo nel bacino (**a**) che impedirebbe la chiusura del circuito elettrico.
La presenza del perno (**o**) di oscillazione favorisce l'estrazione del metallo fuso dal forno.

## F1.14 FONDERIA DELLA GHISA

La *ghisa* è molto utilizzata nella produzione dei getti, soprattutto colati nelle forme di terra, in virtù dell'elevata scorrevolezza, della moderata temperatura di fusione, del basso ritiro e dell'insensibilità all'inquinamento.
Il forno cosiddetto **cubilotto** è un forno a combustibile avente forma di tino, impiegato per la produzione della ghisa di seconda fusione a bassa percentuale di zolfo e fosforo e caricato con ghisa greggia in pani (circa 60%) e ritorni di fonderia, rottame di ghisa e di acciaio, boccame di fonderia (circa 40%).

Il caricamento è completato dal combustibile (coke) e dal fondente (calcare o pietra da calce), in grado di formare scorie insolubili e capaci di galleggiare sul bagno di fusione. Il cubilotto può essere *a vento freddo* oppure *a vento caldo*.

## Cubilotto a vento freddo

Il corpo cilindrico è formato da un *mantello* di lamiera d'acciaio rivestito internamente di refrattario. Il vento generato dalla *soffiante* passa attraverso ugelli che regolano massa e velocità dell'aria insufflata. Le *tubiere* sono perlopiù di ghisa e hanno sezione circolare o rettangolare (▶ **Fig. F1.35**).

**Figura F1.35**
Forno cubilotto a vento freddo per la produzione di ghisa di seconda fusione.

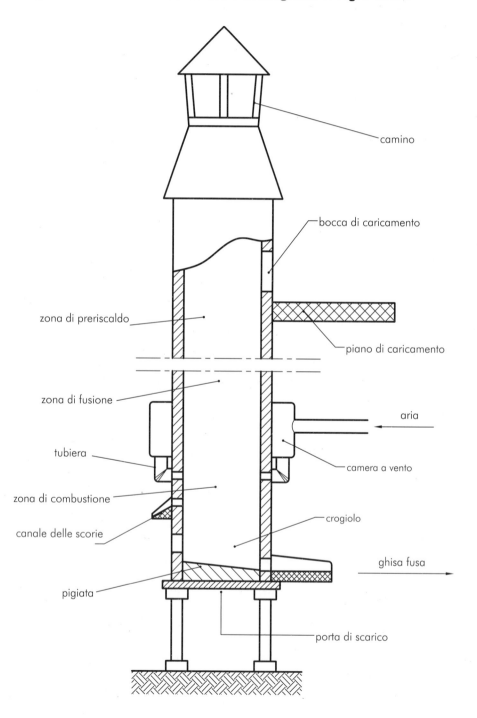

Sapendo che la produzione oraria di ghisa è di 0,75 kg/h per ogni cm$^2$ di sezione interna del cubilotto, la produzione oraria $P_r$ risulterà:

$$P_r = 0,75\,S_i = 0,75\,\pi\,\frac{D_i^2}{4}\left[\frac{\text{kg}}{\text{h}}\right]$$

da cui si ricava il diametro interno del cubilotto:

$$D_i = 1,3\sqrt{P_r}\,\left[\text{cm}\right]$$

necessario per calcolare:
— l'altezza $h$ del piano medio degli ugelli dalla suola:

$$h = 0,9\,D_i\left[\text{cm}\right]$$

— il diametro $D_v$ della condotta del vento:

$$D_v = \frac{D_i}{3}\ \left[\text{cm}\right]$$

## Combustione

Nella parte bassa del cubilotto, l'ossigeno dell'aria immessa attraverso gli ugelli si combina con il carbonio del coke, dando origine alla seguente reazione di combustione esotermica, cioè con sviluppo di calore:

$$C + O_2 \rightarrow CO_2 + 30\,\frac{\text{MJ}}{\text{kg}}$$

Procedendo verso l'alto, parte dell'anidride carbonica a contatto con il carbone coke si riduce secondo la nota reazione endotermica, ovvero con assorbimento di calore, rappresentando un evento negativo ma inevitabile:

$$CO_2 + C \rightarrow 2\,CO$$

l'uso di **carbone coke** compatto rallenta la suddetta reazione.

Si cerca di rendere più alto possibile il rapporto fra $CO_2$ e CO, ma la combustione può ritenersi soddisfacente, quando:

$$\frac{CO_2}{CO} = \frac{7}{3}$$

La ghisa metallica, di pezzatura medio-piccola nella parte superiore del tino, si riscalda a opera dei gas combusti in ascesa.

Nella zona di riduzione la carica raggiunge il punto di fusione; per questo essa è anche detta *zona di fusione*. A questo punto la carica gocciola sul coke, attraverso la parte inferiore della zona di riduzione e quella di combustione, dove viene riscaldata a temperature superiori al punto di fusione (*zona di surriscaldamento*) e dove subisce particolari alterazioni di composizione. Infine, insieme alla scoria formatasi, raggiunge la zona di raccolta oppure passa direttamente nell'*avancrogiolo*.

---

**PER COMPRENDERE LE PAROLE**

**Carbone coke**: è un tipo di carbone artificiale ottenuto dalla distillazione del carbon fossile (naturale).

**COME SI TRADUCE...**

| ITALIANO | INGLESE |
|---|---|
| Cubilotto a vento caldo | Hot-blast cupola |

**Figura F1.36**
Cubilotto a vento caldo con recuperatore a fascio tubiero scaldato da gas esterno.

## CUBILOTTO A VENTO CALDO

I principi costruttivi di base per un **cubilotto a vento caldo** (▶ **Fig. F1.36**) sono gli stessi di quelli per un cubilotto a vento freddo, ma il profilo del forno non è sempre cilindrico.

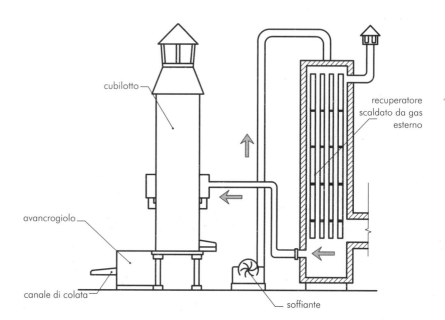

Gli attuali impianti di cubilotti utilizzano in prevalenza il sistema a recuperatore per il preriscaldamento dell'aria comburente. I più usati sono quelli in cui l'aria comburente è preriscaldata sfruttando il calore del gas di scarico del forno. I gas aspirati dal cubilotto sono inviati in un recuperatore, dove cedono il loro calore all'aria comburente.

Si distinguono tre tipi di aspirazione del gas:
— aspirazione poco sotto la bocca di carica;
— aspirazione poco sopra la zona di combustione;
— aspirazione poco sopra la bocca di carica.

Nel primo e nell'ultimo processo, si sfrutta preferibilmente l'energia termochimica del gas di cubilotto (bruciando con aria il suo contenuto in ossido di carbonio), mentre nel secondo processo soltanto il calore sensibile del gas del forno serve al preriscaldamento del vento. Inoltre anche per i cubilotti a vento caldo si impiegano recuperatori riscaldati con gas caldi, che non sono quelli scaricati dal cubilotto.

Essi presentano il vantaggio di una più facile regolazione. Per mantenere costante il profilo interno del forno, sovente i cubilotti a vento caldo sono raffreddati con acqua. È frequente l'uso di tubiere di rame, anch'esse raffreddate con acqua.

Inviando aria calda a 400 °C circa si conseguono i seguenti vantaggi nella condotta del forno:
— funzionamento più regolare;
— incremento del 20% circa della produzione oraria e diminuzione del consumo di coke;
— diminuzione del tenore di zolfo nella ghisa;
— ottenimento di ghisa più calda e più carburata.

## F1.15 DISPOSITIVI DI SICUREZZA PER I PROCESSI FUSORI E DI SOLIDIFICAZIONE

Le operazioni di fusione, colata e successiva solidificazione previste dai processi industriali per la produzione e/o trasformazione delle leghe metalliche (ferrose e non), espongono l'ambiente di lavoro e gli operatori del settore a una serie di rischi e pericoli per la loro salute, a breve e a lungo termine.

L'esposizione a gas, fumi e vapori può essere causa di irritazione delle vie respiratorie e di bronco pneumopatie (▸ **Fig. F1.37**).

**PER COMPRENDERE LE PAROLE**

**Genotossici**: che inducono anomalie genetiche ereditarie.

**Figura F1.37**
Operazione di colata.

Rischi aggiuntivi sono presenti qualora si dovessero utilizzare rottami metallici riciclati, sporchi di olio minerale, verniciati, zincati, mescolati a componenti di materiale plastico oppure a pezzi contaminati da radioattività.

Sarà possibile, pertanto, lo sviluppo e la diffusione di emissioni gassose (idrocarburi clorurati, idrocarburi aromatici e idrocarburi policiclici), oltreché la contaminazione dovuta alle radiazioni ionizzanti con effetti cancerogeni e/o **genotossici**.

Nella **tabella F1.5** sono raccolti e sintetizzati i rischi e i danni cui vanno incontro le persone e gli impianti, nonché le relative modalità di prevenzione.

**Tabella F1.5** Sintesi dei rischi lavorativi, danni e prevenzione (continua)

| Fattore di rischio | | Danno atteso | Prevenzione |
|---|---|---|---|
| **Denominazione** | **Descrizione** | | |
| Esposizione a gas fumi e vapori | Vapori metallici provenienti dal bagno fuso: ghisa e additivi (ferro, nichel, rame, stagno, manganese, magnesio, piombo, cromo, zinco ecc.) e rispettivi ossidi | Irritazione delle vie respiratorie, broncopneumopatie | – Evitare di utilizzare per la fusione rottame contenente oli minerali, plastica, vernice ed altro materiale che possa dare luogo alla formazione di composti pericolosi<br>– Eseguire la sorveglianza radiometrica con controlli visivi e strumentali per verificare l'assenza di radioattività |
| | Ossidi di azoto e di zolfo dovuti alla combustione del carbone (nei forni a cubilotto) | | |
| | Acido fluoridrico, dovuto alla scorificazione | | |

**Tabella F1.5** Sintesi dei rischi lavorativi, danni e prevenzione                                          (segue)

| Fattore di rischio | | Danno atteso | Prevenzione |
|---|---|---|---|
| **Denominazione** | **Descrizione** | | |
| **Esposizione a gas fumi e vapori** | Ossidi di carbonio (CO e CO2) dovuti alla combustione del carburante di alimentazione dei forni | Irritazione delle vie respiratorie | – Dotare i forni fusori di idoneo ed efficace sistema di aspirazione localizzato |
| | Diossine e furani in caso di fusione di rottame contaminato | Tumori | – Installare impianti di aspirazione generale dell'ambiente di lavoro<br>– Utilizzare D.P.I. (maschere filtranti) |
| | Fumi radioattivi provenienti dalla fusione accidentale di rottame contaminato | Tumori; ad alte dosi di esposizione: ustioni, morte | – Informazione, formazione e sorveglianza sanitaria degli esposti |
| **Esposizione a radiazioni ionizzanti** | Stoccaggio, manipolazione, movimentazione di rottami metallici che potrebbero essere contaminati | Tumori; ad alte dosi di esposizione: ustioni, morte | – Dotare i forni fusori di idoneo ed efficace sistema di aspirazione localizzato<br>– Sorveglianza radiometrica<br>– Informazione e formazione degli addetti |
| **Esposizione a radiazioni luminose infrarosse e visibili** | Radiazioni emanate dalla lega metallica allo stato liquido e bagliore luminoso durante la produzione di ghisa sferoidale | Irritazione agli occhi, congiuntiviti, cataratta da calore e stress da affaticamento visivo | – Utilizzare coperchi e schermi<br>– Indossare D.P.I. (visiera, occhiali)<br>– Informazione, formazione e sorveglianza sanitaria degli addetti |
| **Esposizione a schizzi di metallo fuso** | Schizzi di metallo fuso:<br>– dal forno se vi vengono introdotti materie umide<br>– durante la scorificazione | Ustioni | – Non introdurre in forno materiale umido<br>– Utilizzare caricatori automatici e schermi protettivi<br>– Predisporre percorsi e postazioni di lavoro sicure |
| **Lavoro in prossimità di fiamme** | Fiamme che si sviluppano durante il caricamento in forno della tornitura | | – Indossare D.P.I<br>– Attuare le misure preventive per l'esposizione a microclima sfavorevole come qui sotto riportato |
| **Lavoro in prossimità di superfici ad elevata temperatura** | Le pareti esterne dei forni fusori sono ad alta temperatura | | – Informazione e formazione degli addetti |

**Tabella F1.5** Sintesi dei rischi lavorativi, danni e prevenzione                                    (segue)

| Fattore di rischio | | Danno atteso | Prevenzione |
|---|---|---|---|
| **Denominazione** | **Descrizione** | | |
| **Esposizione a microclima sfavorevole** | Temperatura ambientale elevata: calore emanato dai forni, in particolare in prossimità della bocca. Il rischio è aggravato quando lo sforzo fisico è elevato e la temperatura eccessiva ostacola l'utilizzo dei DPI; i lavoratori inoltre si spostano in ambienti a diversa temperatura | Danni da calore, osteoartropatie e malattie da raffreddamento per esposizione a sbalzi termici; maggiore rischio di infortuni. | – Coibentare e schermare le superfici calde<br>– Minimizzare la permanenza in prossimità della sorgente di forte calore radiante<br>– Pause di riposo in ambienti non surriscaldati; bere spesso bevande fresche arricchite di sali minerali<br>– Indossare indumenti adeguati<br>– Durante la stagione fredda riscaldare i locali di lavoro adiacenti al reparto<br>– Indossare indumenti adeguati<br>– Informazione e formazione degli addetti |
| **Esposizione a polveri** | Ossidi di ferro derivanti dai pani di ghisa e dal rottame da fondere | Irritazione delle vie respiratorie, broncopneumopatie | – In caso di movimentazione manuale, per ridurre l'esposizione è necessario un adeguato ricambio d'aria dell'ambiente di lavoro e indossare, oltre ai normali indumenti protettivi (quali tute ecc.), anche una maschera antipolvere<br>– Devono essere rispettate le norme igieniche come riportato precedentemente (pulizia dei locali, docce, spogliatoi, armadietti ecc.) ed essere effettuata l'informazione, formazione e sorveglianza sanitaria degli addetti |
| | Polveri di carbone coke per l'alimentazione dei forni a cubilotto | | |
| | Sodio cloruro, sodio fluoruro, calcio fluoruro, criolite sodica ecc. che vengono aggiunti al metallo durante la fusione nei forni | | |

FONDERIA **UNITÀ F1**   **503**

**Tabella F1.5** Sintesi dei rischi lavorativi, danni e prevenzione                (segue)

| Fattore di rischio |  | Danno atteso | Prevenzione |
|---|---|---|---|
| Denominazione | Descrizione |  |  |
| Esposizione a rumore | Dovuto ai bruciatori dei forni, alle soffianti d'aria nel forno a cubilotto, agli impianti di caricamento del metallo da fondere nei forni | Danni extrauditivi o uditivi | – Attuare le misure di prevenzione in base ai livelli di esposizione personale<br>– Utilizzo di D.P.I. (cuffie, tappi)<br>– Informazione, formazione e sorveglianza sanitaria degli esposti |

### Norme comportamentali di prevenzione

Gli operatori e i tecnici responsabili di reparto, a garanzia della qualità del lavoro e nel rispetto delle norme antinfortunistiche, dovranno avere cura di verificare che:
— gli schermi predisposti per la protezione degli operatori siano tutti correttamente posizionati;
— le vie di fuga siano perfettamente sgombre e libere;
— le attrezzature in dotazione al reparto siano presenti in quantità sufficienti e funzionanti;
— sul piano di colata non siano presenti persone estranee al lavoro (nel caso verrà disposto il loro allontanamento);
— all'apertura del cassetto della siviera, tutto il personale non impegnato nell'operazione sia lontano e in posizione riparata;
— i binari di scorrimento dei carri siano mantenuti puliti;
— le motrici dei carri siano in perfetto stato di efficienza;
— vengano correttamente indossati i mezzi di protezione individuale previsti dalla legge per la tipologia di operazione svolta (elmetti, occhiali, visiere e schermi, tappi, cuffie, grembiuli, guanti, calzature di sicurezza, maschere di protezione, come si può osservare dalla **figura F1.38**).

**Figura F1.38**
Dispositivi di protezione individuale.

# UNITÀ F1

## AREA DIGITALE

# VERIFICA DI UNITÀ

Gli esercizi sono disponibili anche nella versione digitale come test interattivi e autocorrettivi

## COMPLETAMENTO

**1.** La _____ è la riserva di metallo liquido che posta in posizione più _____ rispetto al getto deve raffreddarsi per _____ alimentando le parti più massicce del getto, per compensarne il _____ volumetrico.

**2.** Il processo di _____ ACURAD utilizza due _____ concentrici che si muovono insieme. Quando, però, quello esterno si _____ , quello interno continua la compressione della parte interna ancora liquida, compensandone la _____ .

**3.** La colata in cera _____ è una tecnologia adatta per la produzione di getti con pareti _____ , di forma _____, con notevole precisione dimensionale e di ottima finitura _____ così da poter risparmiare successive lavorazioni meccaniche.

**4.** La _____ è un processo adatto per la produzione di getti in _____ e in generale per le leghe metalliche a bassa temperatura di _____ , garantendo maggiore durata dello stampo per le minori sollecitazioni _____.

## SCELTA MULTIPLA

**5.** Le terre da fonderia sono un impasto di sabbia quarzosa, argilla e ossidi con cui si:

a) costruiscono i modelli

b) costruiscono i pavimenti della fonderia

c) realizzano gli oggetti di terracotta

d) preparano le forme della colata in terra

**6.** Con la prototipazione rapida, il prototipo dello stampo è costruito per:

a) pressofusione

b) lavorazione ad asportazione di truciolo

c) deposizione stratificata di materiale liquido, polvere o solido

d) deposizione stratificata di fibre di carbonio

**7.** Il cubilotto è:

a) un forno per produrre ghisa di seconda fusione a basso tenore di zolfo e fosforo

b) un forno per produrre acciaio

c) un forno per essiccare le terre da fonderia

d) una speciale conchiglia per la pressocolata

**8.** Il processo Tixocasting è:

a) un processo di colata in conchiglia sviluppatosi in Europa

b) un processo di colata del metallo allo stato semisolido

c) un processo fusorio che utilizza sorgenti laser

d) un processo che elimina il problema della spinta metallostatica

## VERO O FALSO

**9.** Il processo di fonderia inizia con la colata.

Vero ☐          Falso ☐

**10.** Il metallo di cui è costituita la conchiglia non deve essere necessariamente un buon conduttore di calore.

Vero ☐          Falso ☐

**11.** Per ottenere getti integri bisogna evitare gli angoli retti.

Vero ☐          Falso ☐

**12.** La spinta metallostatica potrebbe sollevare la semiforma superiore.

Vero ☐          Falso ☐

505

# FORMATURA DEI MATERIALI COMPOSITI A MATRICE PLASTICA

## Obiettivi

### Conoscenze

- Le tecniche di produzione dei pezzi in materiale composito a matrice plastica.
- Il campo di utilizzo di ogni processo in funzione del tipo di fibra e di matrice.
- I difetti che possono prodursi con una data tecnica di fabbricazione.
- Il grado di automazione delle diverse tecnologie.

### Abilità

- Scegliere il processo produttivo idoneo alla fabbricazione di un pezzo dato.

---

**COME SI TRADUCE...**

| ITALIANO | INGLESE |
|---|---|
| *Formatura* | *Moulding* |

## Per orientarsi

Esistono diverse tecnologie utilizzate per la fabbricazione di componenti in materiale composito a matrice plastica (o plastico rinforzato).

Per la maggior parte si tratta di tecnologie già utilizzate per la produzione di pezzi in materiale plastico, eventualmente adattate per tener conto della presenza del rinforzo, sia esso fibroso o particellato.

Per la produzione di particolari a più alto contenuto tecnologico e di elevate proprietà meccaniche, si sono introdotte nuove tecnologie, espressamente studiate per questi materiali.

Le varie tecnologie possono essere classificate anche in base al loro livello di automazione. I primi processi produttivi erano essenzialmente manuali e, ancora adesso, molte tecnologie prevedono un elevato livello di manualità.

Tuttavia, si stanno sempre più diffondendo tecnologie che utilizzano processi automatici o semiautomatici, che hanno permesso di elevare la produttività, con conseguente riduzione dei costi.

## F2.1 TECNOLOGIE DI FABBRICAZIONE DEI PEZZI

Si illustrano di seguito le principali tecnologie utilizzate per realizzare pezzi in materiale composito a matrice plastica. Alcune richiedono attrezzature molto semplici, e vengono utilizzate essenzialmente per pezzi poco sollecitati in vetroresina; altre richiedono macchinari complessi e costosi, e sono riservate essenzialmente a pezzi fortemente sollecitati.

### Formatura per contatto a mano

La **formatura** è il metodo più semplice e diffuso, usato essenzialmente con vetro e resina poliestere (▶ Fig. F2.1).

---

506   MODULO F PROCESSI DI SOLIDIFICAZIONE

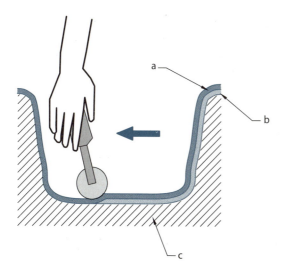

**Figura F2.1**
Schema della formatura a mano, in cui si osservano la resina (a), il rinforzo vetroso (b), lo stampo (c).

Le fasi del processo sono:
— il trattamento dello stampo con un **agente distaccante**;
— la sistemazione del rinforzo (in genere tessuto o feltro);
— l'impregnazione con resina (già addizionata con catalizzatore e accelerante);
— la distribuzione e la compattazione della resina sul rinforzo, con un rullo;
— la polimerizzazione (in genere a freddo o con riscaldamento a 50-100 °C).

Poiché la fase di distribuzione è quella più delicata, si rischiano difetti quali eccessi di resina, mancanza di resina e bolle d'aria intrappolate nel pezzo.

> **PER COMPRENDERE LE PAROLE**
>
> **Agente distaccante**: si intende una qualunque sostanza antiadesiva, che viene stesa su uno stampo o una forma per evitare l'incollaggio tra lo stesso e il materiale da lavorare. Può essere sotto forma di spray o di pellicola sottile come, per esempio, il nylon.

## FORMATURA CON CONTATTO A SPRUZZO

Si tratta di un'evoluzione della formatura per contatto a spruzzo e ha lo stesso campo di impiego (▶ **Fig. F2.2**).

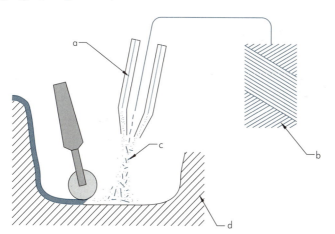

**Figura F2.2**
Schema della formatura a spruzzo, in cui si riconoscono la resina (a), il roving (b), il roving tagliato (c), lo stampo (d).

Durante la lavorazione si utilizza una speciale pistola che riceve il filo non ritorto (*roving*), lo taglia in fibre corte, lo miscela alla resina già catalizzata e lo spruzza sullo stampo già preparato con distaccante. Lo strato di composito viene subito compattato con un rullo; ovviamente il metodo permette di ottenere feltri a fibra corta. Si riducono molto i rischi di cattiva distribuzione della resina e di inclusione d'aria. Il sistema può essere automatizzato, con notevole riduzione dei tempi di produzione.

## FORMATURA PER CENTRIFUGAZIONE

Permette di fabbricare pezzi cilindrici anche di grande diametro (▶ **Fig. F2.3**) e viene utilizzata essenzialmente con le fibre di vetro.

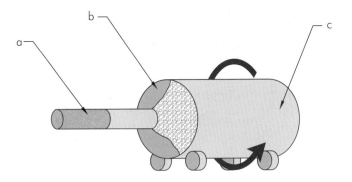

**Figura F2.3**
Schema della formatura per centrifugazione, in cui si osservano la resina (**a**), il rinforzo vetroso (**b**), lo stampo (**c**).

L'attrezzatura comprende:
— uno stampo cilindrico cavo, apribile, messo in rotazione da un motore;
— un sistema di spruzzatura di resina (o di resina più fibra), dotato di moto rotatorio e traslatorio lungo l'asse;
— un impianto di riscaldamento dello stampo.

Si può usare come rinforzo il filo, il tessuto oppure il feltro.

Nel primo caso il sistema è simile a quello a spruzzo. La pistola proietta la miscela fibra-resina contro lo stampo e la forza centrifuga dovuta alla rotazione compatta il materiale.

Il movimento traslatorio della pistola, combinato a quello rotatorio di pistola e stampo, permette una distribuzione uniforme del materiale.

Quando il pezzo è completato si riscalda lo stampo per favorire la polimerizzazione; al termine del processo si apre lo stampo e si estrae il pezzo.

Nel caso in cui si utilizzi il tessuto oppure il feltro, si mette dapprima nel cilindro la pezza di materiale della dimensione voluta, che si dispone sulle pareti per forza centrifuga, poi si spruzza la sola resina.

Il sistema ha il pregio di permettere un'elevata automazione e i prodotti ottenuti sono di buona qualità.

## FORMATURA PER STAMPAGGIO A FREDDO

La formatura per stampaggio a freddo è un metodo che si presta a produzioni di media serie con un costo non elevato, dal momento che utilizza presse a bassa pressione e stampi semplici (▶ **Fig. F2.4**).

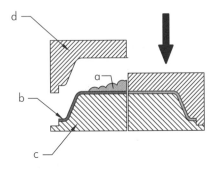

**Figura F2.4**
Schema della formatura per stampaggio a freddo, in cui si osservano la resina (**a**), il rinforzo vetroso (**b**), lo stampo (**c**), il controstampo (**d**).

Questa procedura, molto utilizzata con la vetroresina, si articola in fasi ben distinte fra loro:
— preparazione dello stampo con distaccante;
— stesura del rinforzo (tessuto o feltro) sul semistampo inferiore;
— aggiunta della resina già addizionata;
— chiusura dello stampo superiore e applicazione della pressione (0,3-0,5 MPa);
— attesa per la polimerizzazione;
— apertura dello stampo ed estrazione del pezzo.

Si ha una produzione di 10-20 pezzi/ora, di buona qualità ed elevata finitura su entrambe le superfici. Un possibile difetto è dato da una cattiva distribuzione della resina (mancanza o eccesso).

## FORMATURA PER INIEZIONE

Anche in questo caso si utilizza uno stampo e un controstampo, ma la resina viene introdotta allo stato liquido (▶ **Fig. F2.5**).

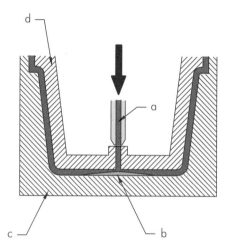

**Figura F2.5**
Schema della formatura per iniezione, in cui si osservano la resina (**a**), il rinforzo vetroso (**b**), lo stampo (**c**), il controstampo (**d**).

Tale procedimento si usa sia con termoplastiche sia con termoindurenti, in genere con fibre di vetro. Le fasi del processo prevedono:
— trattamento dello stampo con distaccante;
— stesura del rinforzo (tessuto o feltro) sul semistampo inferiore;
— chiusura del semistampo superiore e invio della resina;
— interruzione del flusso quando la resina esce dagli appositi sfiati;
— attesa per la polimerizzazione (con termoindurenti) o il raffreddamento (con termoplastiche).

Va fatta molta attenzione alla fase di iniezione della resina, per evitare che una pressione eccessiva sposti le fibre nella zona di ingresso, originando un pericoloso difetto nel materiale. Il metodo si presta alla produzione di serie di media grandezza, con elevata produttività.

## FORMATURA PER STAMPAGGIO A CALDO

Si utilizza con resine termoindurenti, per produzioni di grande serie (▶ **Fig. F2.6**), che vengono aggiunti alle fibre al momento dello stampaggio oppure in precedenza (preimpregnati).

**Figura F2.6**
Schema della formatura per stampaggio a caldo in caso di lavorazione con materie prime diverse, in cui si osservano la resina (a), il rinforzo vetroso (b), lo stampo riscaldato (c), il controstampo riscaldato (d).

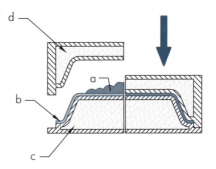

Il sistema è analogo a quello dello stampaggio a freddo, ma in questo caso lo stampo è riscaldato e la polimerizzazione avviene a caldo.

Si possono lavorare materie prime diverse:
— rinforzo e resina accoppiati al momento dell'operazione;
— masse da stampaggio già preimpregnate (BMC);
— preimpregnati sotto forma di feltri, tessuti o piani unidirezionali;
— preimpregnati sotto forma di lastre da stampaggio (SMC).

La temperatura e la pressione di esercizio variano, a seconda del tipo di composito, da 1 a 10 MPa.

Viene usato con vetroresina, carbonio e anche Kevlar®. Si ottengono pezzi di buona qualità; un possibile difetto può essere rappresentato da uno spostamento delle fibre (e quindi un eccesso di resina) in determinati punti critici dello stampo.

### FORMATURA CONTINUA DI PROFILATI

Si tratta di un processo simile alla trafilatura (▶ **Fig. F2.7**), con cui si ottengono pezzi di lunghezza indefinita. Il ciclo comprende più fasi:
— impregnazione del rinforzo in un bagno di resina;
— eliminazione della resina in eccesso;
— trafilatura attraverso una filiera;
— polimerizzazione in forno durante l'avanzamento del pezzo;
— taglio del materiale alla lunghezza voluta.

**Figura F2.7**
Schema della formatura per *pultrusion*, in cui si riconoscono la resina (a), il rinforzo vetroso unifilo (b), la trafila (c), la zona di polimerizzazione riscaldata (d).

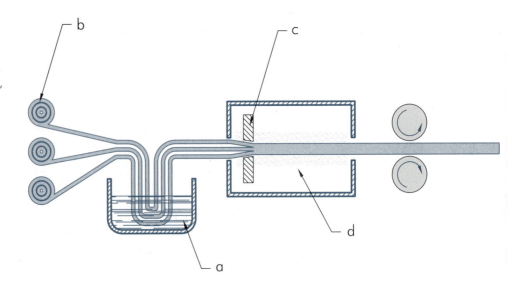

Il ciclo viene iniziato manualmente sino a far agganciare la barra ai rulli di trascinamento; successivamente sono i rulli a far avanzare il materiale. La forma della barra dipende dal profilo della filiera. Avvolgendo il materiale su opportuni mandrini, è possibile ottenere tubi di varie sezioni e con orientamento delle fibre molto variabile a seconda delle esigenze di progetto.

Viene usato essenzialmente con resine epossidiche e fibre di pregio, quali carbonio e Kevlar®, e rientra fra i processi che hanno ormai un elevato grado di automazione.

## FORMATURA PER AVVOLGIMENTO

Questa procedura viene impiegata, con qualunque tipo di fibra, per la produzione di serbatoi, tubi e, in generale, per pezzi cavi aventi simmetria di rivoluzione. Si utilizza una macchina simile a un tornio per avvolgere un filo impregnato di resina su una forma detta *mandrino* (▶ **Fig. F2.8**).

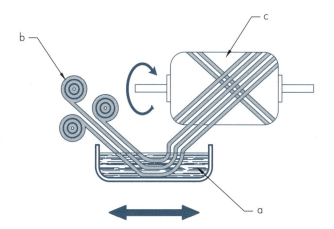

**Figura F2.8**
Schema della formatura per *filament winding*, in cui si osservano la resina (a), il filo (b), il mandrino (c).

Le fasi della formatura per avvolgimento prevedono:
— il prelievo dei fili;
— l'impregnazione con resina;
— l'avvolgimento su un mandrino rotante;
— la polimerizzazione (in genere a caldo);
— l'estrazione o l'eliminazione del mandrino.

Per l'avvolgimento i fili passano in un pettine che si muove in direzione parallela all'asse del pezzo. Basta modificare la velocità di rotazione del mandrino e quella di traslazione del pettine per variare l'inclinazione con cui sono avvolti i fili. Occorre eseguire più passate per avere lo spessore voluto.

Per sfilare il pezzo dal mandrino si utilizzano varie soluzioni quali i mandrini solubili (per esempio il polistirolo) oppure i mandrini scomponibili e sfilabili dal pezzo. Tale metodo è molto utilizzato in campo aeronautico, con fibre di carbonio e Kevlar®. Si ottengono pezzi di elevata qualità. Un possibile difetto è rappresentato dalla presenza di bolle d'aria nel manufatto.

## FORMATURA CON SACCO A VUOTO

È una tecnica che permette di ottenere pezzi di ottima qualità, con pochissimi difetti, ed è molto usata in campo aeronautico, dove vengono impiegati preimpregnati di carbonio, kevlar o boro.

**PER COMPRENDERE LE PAROLE**

**Autoclave**: si intende un qualunque contenitore a tenuta stagna in cui si realizza un aumento di pressione e di temperatura.

Tale tecnica consiste nel realizzare un laminato multistrato in un ambiente che viene poi sottoposto a depressione (sacco a vuoto). Successivamente il sacco a vuoto viene sistemato in un'autoclave, dove il materiale polimerizza a temperatura e pressione controllate.

Il ciclo si articola in quattro fasi fondamentali:
— prelievo e taglio del materiale;
— formazione del laminato e del sacco a vuoto;
— polimerizzazione;
— finitura.

Nella prima fase il preimpregnato viene tolto dal frigorifero a –18 °C, lasciato riscaldare per un'ora e poi tagliato a misura, manualmente o a macchina.

La formazione del laminato è piuttosto complessa e si articola, a sua volta, in più fasi ( ▶ **Fig. F2.9** ):
— preparazione dello stampo con opportuno distaccante;
— stesura dei vari piani di preimpregnato (unidirezionale o tessuto) e successiva compattazione con rullo o spatola;
— copertura con teflon perforato, che funge da distaccante;
— stesura di un tessuto in fibra di vetro (tessuto di ventilazione);
— copertura con foglio di nylon, che viene sigillato lungo tutto il perimetro (sacco a vuoto);
— inserimento nel sacco a vuoto di una o più prese d'aria e di uno o più manometri;
— collegamento delle prese d'aria con pompe a vuoto e messa sottovuoto.

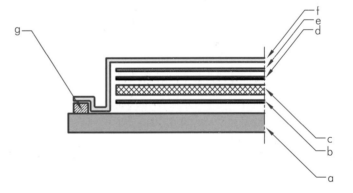

**Figura F2.9**
Successione di strati per la formatura di un laminato con la tecnica del sacco a vuoto, in cui si riconoscono lo stampo di appoggio (**a**), il film antiadesivo (**b**), il laminato in materiale composito (**c**), il teflon perforato (**d**), la fibra di vetro (**e**), il sacco a vuoto in nylon (**f**), il mastice (**g**).

Il tessuto di ventilazione evita che durante la messa a vuoto il nylon aderisca al laminato e impedisca l'aspirazione dell'aria nella zona retrostante del sacco.

La polimerizzazione può avvenire sotto pressa riscaldata o in **autoclave**; se si utilizza quest'ultima è possibile mantenere il sacco in depressione, dal momento che nell'autoclave vi sono prese d'aria collegate a una pompa a vuoto.

Il pezzo è così sottoposto a una doppia pressione: quella del sacco a vuoto e quella esercitata all'interno dell'autoclave. La temperatura di polimerizzazione varia a seconda del materiale tra 170÷200 °C.

Il pezzo ottenuto necessita di una finitura ai bordi, dove si deposita l'eccesso di resina. La sbavatura ed eventuali tagli o fori vengono eseguiti con le normali macchine utensili ( ▶ **Fig. F2.10** ).

Gli utensili utilizzati sono costituiti, in genere, da diamante policristallino; la tendenza è quella di automatizzare sia la fase di taglio del preimpregnato, sia quella di finitura alle macchine utensili.

**Figura F2.10**
Parte di racchetta da ping-pong in fibra di carbonio, in cui si nota ancora l'eccesso di resina ai bordi.

Con questo sistema si possono realizzare laminati a più strati, ma anche strutture dette, rispettivamente:
— a **nido d'ape** (▶ Fig. F2.11);

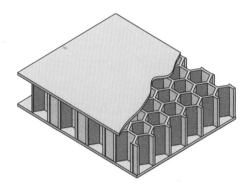

**Figura F2.11**
Esempio di struttura a nido d'ape.

— **sandwich** (▶ Fig. F2.12).

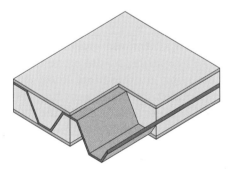

**Figura F2.12**
Esempio di struttura sandwich "a omega".

Nelle prime applicazioni queste strutture venivano ottenute operando in più fasi:
— fabbricazione dei due piani esterni, in genere con sacco a vuoto e autoclave;
— preparazione del nido d'ape;
— incollaggio del nido d'ape ai piani esterni, utilizzando un nuovo sacco a vuoto e relativo ciclo in autoclave.

Attualmente si preferisce operare in modo più rapido ed efficiente. Si realizzano in contemporanea i due piani esterni, li si assembla con il nido d'ape e si prepara un unico sacco a vuoto con la struttura già pronta, che viene inviata in autoclave una sola volta.

> **PER COMPRENDERE LE PAROLE**
>
> **Nido d'ape**: struttura che, vista in sezione, presenta una forma esagonale analoga alle celle di un alveare. Nei compositi, il nido d'ape può essere costruito in un particolare tipo di cartone o anche in alluminio.
>
> **Struttura sandwich**: struttura composta da almeno tre strati, in cui i due esterni (di solito uguali) contengono uno strato interno di natura diversa.

Un particolare tipo di struttura sandwich è rappresentato dai profili detti "a omega" ( ▸ **Fig. F2.12**).

Anche in questo caso il profilo viene costruito in un'unica fase, utilizzando un solo sacco a vuoto e un solo ciclo in autoclave.

### FINITURA E ASSEMBLAGGIO DEI PEZZI

I particolari in composito a matrice plastica presentano spesso sbavature ed eccessi di resina, in particolare se ottenuti con sacco a vuoto. Si rende necessaria quindi una rifinitura, che viene eseguita con normali macchine utensili, utilizzando utensili simili a quelli per la lavorazione del legno.

Allo stesso modo vengono eseguite lavorazioni di foratura e fresatura, se necessarie.

I particolari in composito possono essere uniti con altri pezzi in composito oppure in materiale metallico. Si utilizzano per l'assemblaggio vari sistemi: rivettatura, chiodatura o incollaggio, con una netta preferenza per quest'ultimo.

Tali metodi saranno esaminati successivamente nell'ambito dell'esame delle varie tecnologie di unione dei pezzi.

## F2.2 DISPOSITIVI DI SICUREZZA PER LA FORMATURA DEI MATERIALI COMPOSITI

I dispositivi di sicurezza devono essere conformi all'allegato V del DLgs 81/08.

### PRESSE IDRAULICHE

Le presse idrauliche, utilizzate per la formatura dei materiali compositi, possono presentare i seguenti dispositivi di sicurezza:

— *stampo chiuso*, in cui il punzone lavora all'interno della motrice e ha la possibilità di schiacciamento;

— *schermo fisso*, in cui tutti i lati della pressa sono racchiusi da protezioni fisse che consentono solo il passaggio del pezzo da lavorare;

— *schermo mobile*, in cui si ha la protezione completa della zona pericolosa, ma il funzionamento della macchina a schermo aperto è inibito da un dispositivo di blocco, che non permette l'apertura dello schermo fino al raggiungimento del punto morto superiore del punzone;

— *dispositivo a barriera immateriale* ( ▸ **Fig. F2.13**, fotocellula), costituito da uno o più raggi luminosi collegato con il sistema di comando che impedisce la discesa del punzone quando le mani o altre parti del corpo si trovano in posizione di pericolo; esso deve realizzare la "sicurezza intrinseca" così da determinare l'arresto della macchina al verificarsi del minimo guasto o anomalia e deve essere posizionato a una distanza di sicurezza dalla zona pericolosa, in relazione al tempo di arresto della macchina e, inoltre, deve essere installato in modo tale da non essere eluso da sopra, da sotto o di lato;

— *dispositivo di comando a due pulsanti contemporanei*, cosicchè la pressione o il rilascio di un solo pulsante, da parte dell'operatore, impedisca il funzionamento della macchina;

— *dispositivi di aspirazione* dei gas e dei vapori nocivi.

**514** MODULO F PROCESSI DI SOLIDIFICAZIONE

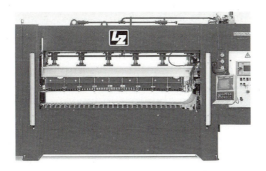

**Figura F2.13**
Pressa per sci.

## Presse per iniezione

Le presse utilizzate per lo stampaggio a iniezione possono presentare i seguenti dispositivi di sicurezza:
— ripari per impedire l'accesso durante i movimenti pericolosi di chiusura in corrispondenza della zona dello stampo;
— protezioni mobili in modo da impedire l'accesso a movimenti pericolosi dell'unità di chiusura fuori dalla zona dello stampo e al movimento di apertura della piastra mobile;
— protezioni mobili per la zona dell'ugello;
— schermi per impedire l'accesso a tutti i punti pericolosi della zona di alimentazione;
— protezioni affinchè venga impedito l'accesso a tutti i movimenti pericolosi;
— protezioni fisse o isolamento dell'unità di iniezione quando la temperatura massima di servizio può essere maggiore di 80 °C; inoltre deve essere posta una targa per segnalare le parti calde della macchina ( ▶ **Fig. F2.14**).

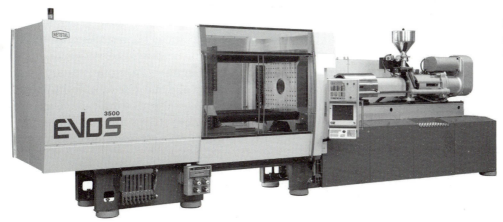

**Figura F2.14**
Macchina per stampaggio a iniezione.

### Norme comportamentali di prevenzione

Nelle operazioni di stampaggio il tecnico operatore, a garanzia della qualità del lavoro e nel rispetto delle norme antinfortunistiche, dovrà avere cura di:
— eseguire scrupolosamente le istruzioni riportate nel manuale d'uso e manutenzione della macchina e le istruzioni impartite dal datore di lavoro, dai dirigenti e dai responsabili dei reparti produttivi;

- allineare correttamente la fotocellula;
- movimentare il materiale dentro lo stampo a macchina ferma;
- eseguire le operazioni di pulizia e manutenzione solo a macchina ferma e fredda;
- utilizzare i previsti dispositivi di protezione individuale;
- segnalare immediatamente al datore di lavoro, al dirigente o al preposto qualsiasi difetto o inconveniente rilevato durante la propria attività;
- avere cura della macchina e delle attrezzature di lavoro ( ▸ **Fig. F2.15**);
- non apportare alle attrezzature modifiche di propria iniziativa;
- non rimuovere o modificare le protezioni o i dispositivi di sicurezza senza l'autorizzazione del preposto o del capo reparto.

### Autoclave

L'autoclave per la polimerizzazione del materiale composito ( ▸ **Fig. F2.15**) è essenzialmente un serbatoio in pressione in cui è possibile variare la temperatura, la pressione e il vuoto all'interno del sacco contenente gli strati di preimpregnato. Essa è dotata di pompe a vuoto collegate a valvole pneumatiche. All'interno dell'autoclave è necessario garantire l'isolamento tra il volume interno al sacco a vuoto e l'atmosfera esterna pressurizzata. Questo compito è assolto dal sacco a vuoto indipendentemente dal livello di depressione creato. Con questo tipo d'impianto il laminato è sottoposto a un ciclo di polimerizzazione in temperatura mentre, contemporaneamente, agisce su di esso uno stato di pressione idrostatico. L'autoclave è dotata di porta a chiusura ermetica con due dispositivi di sicurezza: un dispositivo meccanico che impedisce l'apertura della porta se nella camera c'è pressione superiore al valore di sicurezza; un dispositivo elettrico che blocca l'inizio del funzionamento a camera aperta.

Inoltre, l'autoclave è munita di valvola di sicurezza e di sfiato dell'aria o del gas; in generale, per pressurizzarla si utilizza l'aria. Nel caso di possibilità di autocombustione del materiale, a causa della reazione esotermica di reticolazione che surriscalda la parte più interna del laminato, è preferibile l'utilizzo di gas inerti, quali azoto o anidride carbonica che, a differenza dell'aria, non possono alimentare eventuali principi di combustione.

Durante l'uso dell'autoclave, il principale rischio è l'ustione, causata dal calore dei materiali, della camera dell'autoclave, delle pareti e della porta. Per lavorare in sicurezza, il personale deve essere formato all'uso corretto dell'autoclave e indossare l'abbigliamento e i dispositivi di protezione adeguati (guanti isolanti dal calore, occhiali e scarpe di sicurezza) per caricare e scaricare l'autoclave stessa.

Quest'ultima deve essere ispezionata, controllata e sottoposta a verifiche regolarmente, facendo riferimento al manuale d'uso e manutenzione dell'autoclave redatto dal fabbricante.

**Figura F2.15**
Autoclave per materiali compositi.

# UNITÀ F2

# VERIFICA DI UNITÀ

Gli esercizi sono disponibili anche nella versione digitale come test interattivi e autocorrettivi

## COMPLETAMENTO

1. La _____ con sacco a _____ è una tecnica che permette di ottenere pezzi di ottima qualità, con pochissimi _____. È molto utilizzata in campo aeronautico utilizzando _____ di carbonio, kevlar o boro. La tecnica consiste nel realizzare un laminato _____ in un ambiente che verrà successivamente sottoposto a _____.

2. La formatura per _____ consente di produrre pezzi _____ anche di grande _____ impiegando prevalentemente fibre di _____.

3. L'agente _____ è una qualunque sostanza _____ che viene stesa su uno _____ o una forma per evitare l'_____ tra lo stesso e il materiale da lavorare.

4. Nella _____ con contatto a spruzzo si utilizza una speciale _____ che riceve il filo, lo _____ in fibre corte, lo miscela alla resina già _____ e lo spruzza sullo stampo già preparato con l'agente distaccante.

## SCELTA MULTIPLA

5. La struttura laminare multistrato a nido d'ape presenta una forma:

   a) cubica

   b) tetragonale a base quadrata

   c) parallelepipeda

   d) esagonale analoga alle celle di un alveare

6. La formatura per stampaggio a freddo utilizza:

   a) presse a bassa pressione e stampi semplici

   b) presse ad alta pressione e stampi semplici

   c) presse a comando oliopneumatico

   d) stampi in acciaio inossidabile

7. Nella formatura per avvolgimento si utilizza:

   a) una macchina simile a un tornio su una forma detta controstampo

   b) una macchina simile a un tornio su una forma detta mandrino

   c) una macchina simile a una fresatrice su una forma detta controstampo

   d) una macchina simile a una fresatrice su una forma detta mandrino

## VERO O FALSO

8. La formatura per avvolgimento (filament winding) viene utilizzata per la produzione di laminati piani.

   Vero ☐    Falso ☐

9. Nella formatura per stampaggio a caldo la pressione di esercizio può variare da 1 a 10 MPa.

   Vero ☐    Falso ☐

10. I manufatti in composito si possono solo incollare.

    Vero ☐    Falso ☐

11. La formatura continua di profilati presenta un basso grado di automazione.

    Vero ☐    Falso ☐

12. La formatura per iniezione è un processo utilizzabile sia con materie termoplastiche sia con materie termoindurenti.

    Vero ☐    Falso ☐

# MODULO F — VERIFICA FINALE DI MODULO

● Si vuole realizzare un elemento cilindrico a sezione anulare (tubo) le cui dimensioni sono riportate nella **figura F.1**. Ipotizzando che la produzione possa essere effettuata con i seguenti materiali, ghisa grigia e materiale composito (vetroresina), descrivere i diversi processi produttivi e gli impianti che si devono utilizzare.
Illustrare, inoltre, la prova tecnologica per verificare le proprietà del processo di fonderia.

**Figura F.1**
Particolare da produrre.

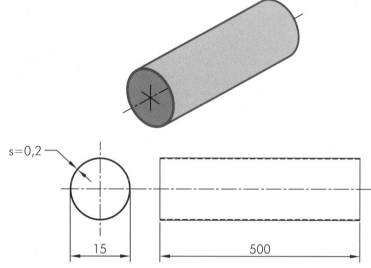

# MODULO G

## PROCESSI DI LAVORAZIONE PER DEFORMAZIONE PLASTICA

### PREREQUISITI

**Conoscenze**
- Gli elementi di geometria piana e solida, le formule di calcolo delle aree e dei volumi.
- La microstruttura dei materiali e i relativi difetti, le proprietà e le prove trattate nel *modulo C*.
- Le proprietà dei metalli e delle leghe trattate nel *modulo D*.

**Abilità**
- Applicare le formule relative ai concetti fisici.
- Eseguire i calcoli delle aree e dei volumi.
- Esprimere le proprietà meccaniche con la simbologia unificata.
- Interpretare la designazione dei materiali metallici trattati.
- Associare designazione e classificazione dei materiali metallici.
- Scegliere il materiale idoneo alla realizzazione di un pezzo con le caratteristiche assegnate.

**AREA DIGITALE**

▶ **Video**
# Produzione di un tubo senza saldatura
# Sagomatura tubi
# Utilizzo del laser per la lavorazione della lamiera
# Produzione di bombole gas

⬇ **Verifiche interattive**

⬇ **Approfondimento**
3D laser cutting machine — CLIL Lab

Ulteriori esercizi e Per documentarsi — hoepliscuola.it

### OBIETTIVI

**Conoscenze**
- I principi di funzionamento dei processi di lavorazione per deformazione plastica dei materiali metallici.
- I prodotti che si possono ottenere da tali lavorazioni.
- Le macchine utilizzate.
- I principali criteri dei manufatti che si ottengono da tali lavorazioni.
- Le prove tecnologiche applicabili.

**Abilità**
- Descrivere i processi di deformazione plastica, gli impianti e le relative attrezzature di lavoro.
- Eseguire semplici calcoli dei principali parametri di processo.
- Scegliere la prova tecnologica più idonea per il processo prescelto.
- Descrivere i difetti che possono verificarsi nei processi di deformazione plastica.

**Competenze di riferimento**
- Affrontare in modo sistemico la scelta del processo più idoneo in base al tipo di prodotto da realizzare.
- Organizzare il processo produttivo contribuendo a definire le modalità di realizzazione, di controllo e collaudo del prodotto.
- Gestire progetti secondo le procedure e gli standard previsti dai sistemi aziendali della qualità e della sicurezza.

**UNITÀ G1**
PROCESSI DI DEFORMAZIONE PLASTICA DEI MATERIALI METALLICI IN MASSA

**UNITÀ G2**
LAVORAZIONE DELLE LAMIERE

# VERIFICA PREREQUISITI

Gli esercizi sono disponibili anche nella versione digitale come test interattivi e autocorrettivi

## COMPLETAMENTO

1. Il coefficiente di capacità _____ massica è la quantità di _____ necessario da somministrare alla massa di _____ kg per innalzare la sua _____ di 1 K.

2. Durante la fase di _____ il materiale metallico subisce una deformazione plastica _____, con conseguente aumento della _____ e della resistenza alla deformazione. Contemporaneamente diverrà scarsamente duttile, malleabile e _____.

3. L'energia _____ è l'energia immagazzinata dal sistema e può essere convertita in energia _____ o in altre forme di energia.

## SCELTA MULTIPLA

4. Il volume di un cilindro di altezza pari a 200 mm e diametro pari a 100 mm vale:
   a) 1570 mm$^3$
   b) 1,57 cm$^3$
   c) 1,57 dm$^3$
   d) 3,44 dm$^3$

5. A quale proprietà appartiene l'unità di misura kg/dm$^3$?
   a) Densità
   b) Peso specifico
   c) Massa volumica
   d) Volume specifico

6. I metalli la cui cella atomica elementare è cubica a facce centrate, risultano essere:
   a) isolanti e resilienti
   b) duttili e malleabili
   c) tenaci ed eutettici
   d) fragili e termicamente conduttori

## VERO O FALSO

7. Nel diagramma della prova di trazione al carico massimo corrisponde la massima strizione del provino metallico.
   Vero ☐   Falso ☐

8. L'acciaio è una lega ferrosa con tenore di carbonio superiore a 2,06%.
   Vero ☐   Falso ☐

9. L'ottone è una lega rame-zinco.
   Vero ☐   Falso ☐

10. L'acciaio 100 Cr6 possiede una percentuale di cromo pari al 6%.
    Vero ☐   Falso ☐

# PROCESSI DI DEFORMAZIONE PLASTICA DEI MATERIALI METALLICI IN MASSA

## Obiettivi

### Conoscenze

- Il principio di funzionamento dei processi di trasformazione per deformazione plastica dei materiali metallici in semilavorati e in prodotti finiti.
- Le sollecitazioni operanti in ogni lavorazione e le relative deformazioni.
- La differenza tra lavorazione a freddo e quella a caldo e le relative implicazioni tecnologiche.
- Le fasi in cui si articola ogni processo.
- I materiali idonei alla lavorazione plastica.
- I prodotti che possono essere ottenuti con i diversi processi.
- Le macchine utilizzate.
- I principali criteri di progettazione dei manufatti ottenuti con i processi di deformazione plastica.
- Le caratteristiche dei principali difetti riscontrabili nei prodotti dei diversi processi.
- Le prove tecnologiche applicabili.

### Abilità

- Scegliere il processo più idoneo, in base al tipo di prodotto da ottenere.
- Correlare tra loro tutti i processi di lavorazione plastica.
- Inserire i diversi processi all'interno del più ampio schema delle lavorazioni meccaniche.
- Confrontare i processi di lavorazione plastica con altre tecnologie in grado di realizzare gli stessi pezzi.
- Scegliere la prova tecnologica più idonea per il processo prescelto.

## PER ORIENTARSI

I processi di trasformazione dei materiali metallici **in massa** per deformazione plastica sono detti *di formatura*, poiché i materiali sono forzati ad assumere la forma desiderata; ciò permette di ottenere pezzi finiti di forma opportuna.

Il termine "lavorazioni plastiche" è entrato nell'uso corrente come abbreviazione della definizione, tecnicamente più corretta, di *lavorazioni per deformazione plastica*. Si tratta quindi di processi produttivi in cui il materiale è modellato in modo permanente applicando opportune forze, senza asportare nulla, o quasi, dal grezzo di partenza. Tali processi sono molto più efficienti di quelli per asportazione del materiale in eccesso, nei quali la forma del pezzo è ottenuta mediante deformazione del truciolo. Le lavorazioni plastiche raggruppano diversi tipi di processi produttivi ideati per la lavorazione dei metalli, e si collocano subito a valle della fase di produzione del materiale metallico.

> **PER COMPRENDERE LE PAROLE**
>
> **In massa**: si definiscono *processi in massa* perché i materiali metallici vengono lavorati in forme che hanno dimensioni significative nelle tre direzioni volumetriche e, quindi, hanno una significativa massa.

| ITALIANO | INGLESE |
|---|---|
| *Plasticità* | *Plasticity* |

Alcune utilizzano come materia prima il prodotto finale dei processi metallurgici (lingotti, bramme o billette da colata continua), altre usano come materia prima il prodotto di una precedente lavorazione plastica e possono essere alternative ad altri tipi di processi produttivi, quali la fonderia o la metallurgia delle polveri.

Sta al tecnologo valutare quale sia il processo più idoneo a realizzare un prodotto (▶ **Fig. G1.1**), in funzione dei parametri che influiscono sul ciclo produttivo (geometria del pezzo, livello di finitura richiesto, materiale, entità della serie, costi).

**Figura G1.1**
Processi di lavorazione dei metalli: per ottenere un prodotto finito in metallo si possono effettuare, oltre alle lavorazioni di formatura plastica, altre lavorazioni come la fonderia, l'asportazione di truciolo, la finitura superficiale e il collegamento. Sono importanti, inoltre, anche i processi di metallurgia delle polveri e di metallizzazione di superfici.

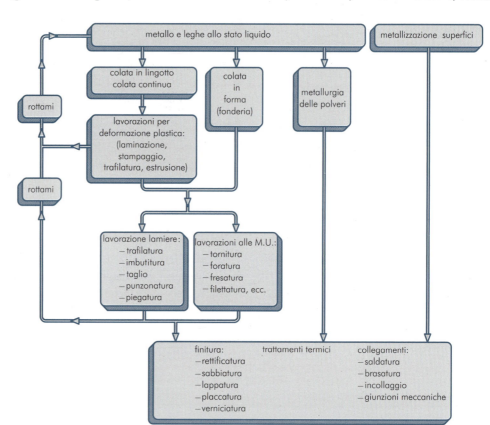

## G1.1 INTRODUZIONE ALLE LAVORAZIONI PLASTICHE

### PLASTICITÀ E SOLLECITAZIONI APPLICATE

Poiché la lavorazione plastica modifica la forma di un prodotto, senza romperlo e senza ridurne il volume in modo significativo, si può affermare che durante tale lavorazione il volume del materiale rimane costante. La variazione della forma è ottenuta sfruttando la **plasticità** dei materiali metallici, che dipende:
— dal materiale in lavorazione, in base alle sue proprietà tecnologiche di deformabilità (duttilità, malleabilità);
— dall'entità della deformazione subita, poiché la plasticità si riduce man mano che la deformazione aumenta (incrudimento);
— dalla temperatura, poiché la plasticità migliora con l'aumentare della temperatura;
— dalla velocità di deformazione, poiché l'aumento di quest'ultima comporta una riduzione della plasticità (esiste un valore critico per la velocità di deformazione per cui si raggiunge la rottura senza passare attraverso lo stato plastico).

Poiché la plasticità è collegata alla *resistenza del materiale alla deformazione*, indicata con $k_c$, viene sostituita da $k_c$ che dipende dal tipo di processo e dalla geometria del pezzo da ottenere. Nel caso più diffuso nella pratica di sollecitazione di compressione assiale, la resistenza alla deformazione del metallo in lavorazione a temperatura ambiente è pari, e a volte anche superiore, a 3 volte il suo carico di snervamento statico $R_s$:

$$k_c = 3\,R_s$$

Per effettuare la formatura è necessario applicare una sollecitazione $F$, che, a sua volta, darà luogo alla deformazione voluta (▶ **Fig. G1.2**).

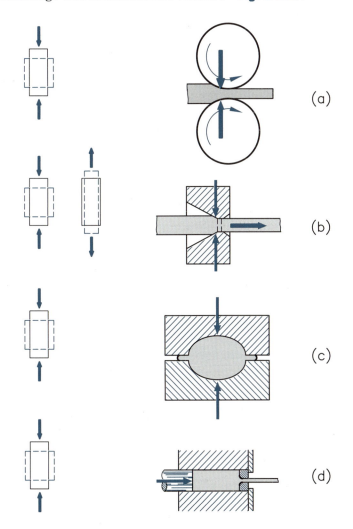

**Figura G1.2**
Esempi di sollecitazioni di compressione, di trazione e relative deformazioni del manufatto. Gli esempi sono scelti effettuando già un primo nesso con le lavorazioni plastiche:
a) laminazione;
b) trafilatura;
c) stampaggio;
d) estrusione.

In un solido a forma di parallelepipedo, la *tensione di formatura* (▶ **Fig. G1.3**) è:

$$p = \frac{F}{A}$$

in cui $A$ è l'area della sezione resistente perpendicolare alla sollecitazione $F$. Per formare il materiale metallico in lavorazione, tra la tensione di formatura $p$ e la resistenza alla deformazione $k_c$ deve esistere la seguente relazione:

$$p \geq k_c$$

**Figura G1.3**
Compressione di un parallelepipedo e relativa deformazione a volume costante:
a) stato indeformato;
b) stato deformato.

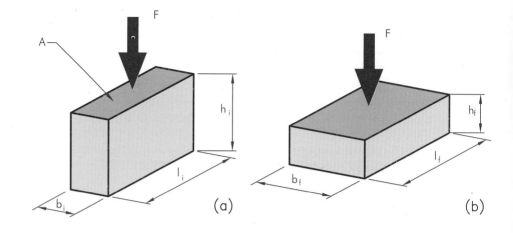

**PER COMPRENDERE LE PAROLE**

**Attrito**: resistenza che si oppone al moto relativo di due corpi solidi a contatto.

**COME SI TRADUCE...**

| ITALIANO | INGLESE |
|---|---|
| Attrito | Friction |
| Stampaggio, forgiatura | Forging |
| Incrudimento | Work-hardening |

Considerando un valore di $k_c$ pari a $3R_s$, si tiene conto anche della resistenza che incontra il materiale lavorato a scorrere durante il processo a causa dell'**attrito** fra il materiale stesso e gli utensili che lo deformano (stampi, rulli, filiere).

La deformazione $d$ subita, definita come *deformazione relativa percentuale*, è data dalla seguente relazione:

$$d\% = \frac{\Delta h}{h_i} 100$$

dove $\Delta h$ è la *deformazione assoluta* pari alla differenza tra le dimensioni geometriche iniziali $h_i$ e finali $h_f$ del pezzo, misurate nella direzione di sollecitazione. Si ricorda che il volume $V$ del parallelepipedo è costante, pertanto si ha:

$$V = h_i b_i l_i = h_f b_f l_f = \text{cost}$$

Il *prodotto definito* è il prodotto intermedio del ciclo produttivo in cui è possibile riconoscere la forma finale del pezzo che si vuole ottenere; quindi da quell'oggetto si potrà ottenere soltanto quel determinato pezzo. Per esempio la ruota dentata grezza ottenuta per **stampaggio** (o **forgiatura**) dovrà essere un prodotto finito alla dentatrice.

I *prodotti indefiniti* sono prodotti intermedi del ciclo produttivo che possono essere trasformati in pezzi di forme diverse e in cui non si può riconoscere la forma del pezzo finito, come una barra, che può essere lavorata alle macchine utensili per ottenere pezzi diversi, oppure tranciata e sottoposta a stampaggio.

## CONCETTI FONDAMENTALI

### Incrudimento

Affermare che "un materiale metallico ha subito una deformazione permanente", vuol dire che si è deformata, a livello atomico, la struttura dei cristalli che lo compongono. La sollecitazione esterna applicata al materiale ha creato uno spostamento definitivo degli atomi costituenti il reticolo cristallino, dimostrabile con la presenza e il movimento delle dislocazioni; il reticolo deformato non essendo più in equilibrio, è sottoposto agli effetti dell'**incrudimento**. La perdita di equilibrio ha conseguenze sul comportamento meccanico del materiale, poiché aumenta la resistenza a trazione e la durezza, e diminuisce la deformabilità e la resilienza. Proseguendo nella deformazione del metallo incrudito si ottiene la sua criccatura o la rottura.

## Ricristallizzazione

Se si fornisce sufficiente energia a un materiale metallico incrudito, gli atomi si mettono in movimento (**diffusione atomica**) e tendono a riportare il reticolo cristallino in una posizione di equilibrio. Sopra una determinata temperatura, la diffusione atomica è tale da permettere il riformarsi di nuovi cristalli, il cui reticolo è nuovamente equilibrato; si è ottenuta così la **ricristallizzazione** che elimina gli effetti dell'incrudimento e rende il materiale nuovamente deformabile e meno fragile. La temperatura è detta *di ricristallizzazione* e si colloca tra un terzo e un mezzo della temperatura assoluta di fusione del materiale, espressa in gradi kelvin: mediamente $T_r \sim 0{,}7 T_f$.

La **tabella G1.1** riporta gli intervalli in cui si collocano le temperature di ricristallizzazione di alcune leghe metalliche.

**PER COMPRENDERE LE PAROLE**

**Diffusione atomica**: movimento di atomi o molecole all'interno di un materiale solido. La diffusione aumenta con l'apporto di energia termica.

**Ricottura**: trattamento termico che consiste nel riscaldamento del metallo ad una temperatura di circa $0{,}6 T_f$, seguito da un mantenimento a tale temperatura per un determinato tempo e da raffreddamento lento.

**Tabella G1.1** Intervalli in cui si collocano le temperature di ricristallizzazione di alcune leghe metalliche

| Leghe metalliche | Intervalli di temperatura $\Delta T_r$ [°C] |
|---|---|
| Acciaio a elevato tenore di carbonio | 800÷1000 |
| Acciaio a basso tenore di carbonio | 900÷1200 |
| Acciaio inossidabile | 900÷1300 |
| Leghe del nichel (superleghe termoresistenti) | 1100÷1200 |
| Ottone | 600÷800 |
| Bronzo | 600÷900 |
| Leghe del titanio | 900÷1100 |
| Leghe dell'alluminio | 400÷500 |
| Leghe del magnesio | 300÷400 |

**COME SI TRADUCE...**

| ITALIANO | INGLESE |
|---|---|
| *Ricristallizzazione* | Recrystallisation |

L'ulteriore deformazione del metallo è possibile solo dopo averlo sottoposto a **ricottura**, durante la quale nuovi grani indeformati sostituiscono quelli deformati, ottenendo così un metallo rigenerato in grado di sopportare nuovamente la deformazione plastica. Nella **figura G1.4** è presentata la trasformazione della microstruttura di un metallo durante la lavorazione di deformazione plastica e la ricottura.

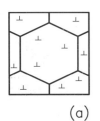 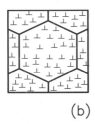 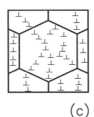 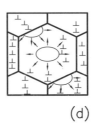 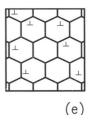

(a)  (b)  (c)  (d)  (e)

**Figura G1.4**
Trasformazione della microstruttura di un metallo:
a) metallo ricotto avente grani con poche dislocazioni;
b) metallo deformato plasticamente con molte dislocazioni nei grani;
c) ricottura del metallo con la concentrazione delle dislocazioni lungo particolari linee;
d) ricristallizzazione con nascita e crescita di nuovi grani;
e) metallo completamente ricristallizzato con grani indeformati.

Un metallo ricotto duttile e con bassa durezza possiede una microstruttura con grani aventi poche dislocazioni. Deformandolo plasticamente, si formano nei grani moltissime dislocazioni che rendono il metallo incrudito e privo di duttilità.

| COME SI TRADUCE... | |
|---|---|
| **ITALIANO** | **INGLESE** |
| Crescita | Growth |
| Dimensione del grano | Grain size |
| Affinamento del grano | Fine grain size |

**PER COMPRENDERE LE PAROLE**

**Esame metallografico:** esame della struttura e della costituzione di metalli e leghe, eseguito senza o con microscopio ottico (semplice o composto), microscopio elettronico oppure tecniche basate sulla diffrazione di raggi X.

Eseguendo la ricottura del metallo, si ottiene all'inizio una piccola riduzione delle dislocazioni e la loro concentrazione lungo particolari linee, che lascia il resto del grano libero dalle dislocazioni stesse.

La durezza e la duttilità del metallo restano quasi invariate. In seguito, si ha la ricristallizzazione, ovvero la nascita e la **crescita** di nuovi grani indeformati.

Al termine di tale processo, che interessa tutto il metallo, il numero delle dislocazioni ritorna quello iniziale e così pure la durezza e la duttilità.

Si osservi che la ricristallizzazione ha portato anche alla riduzione delle **dimensioni del grano** (**affinamento del grano**).

### Orientamento della forma dei grani

La deformazione plastica di un metallo policristallino comporta anche la creazione di un orientamento preferenziale della forma dei diversi grani.

L'orientamento, che dipende dal tipo di lavorazione subita dal metallo, si può osservare con l'**esame metallografico** delle strutture cristalline deformate.

Si possono avere pertanto i seguenti orientamenti:
— fibrosità meccanica, riferita all'allungamento e all'allineamento dei bordi dei grani e di eventuali fasi secondarie o inclusioni lungo la direzione di flusso del metallo durante il processo di deformazione ( ▶ **Fig. G1.5**);
— linee di scorrimento, riferite alla direzione e all'estensione del movimento del metallo durante la deformazione di stampaggio ( ▶ **Fig. G1.6a**);
— arricciature, rilevabili nelle sezioni trasversali dei trafilati, a causa dell'allineamento del reticolo cristallino secondo le fibre ( ▶ **Fig. G1.6b**).

**Figura G1.5**
Fibrosità meccanica in laminato in acciaio: i grani di ferrite si sono allungati nella direzione di laminazione. La fibrosità è associata all'anisotropia delle proprietà meccaniche del metallo.

**Figura G1.6**
a) Linee di scorrimento rilevate nella sezione trasversale di uno stampato ottenuto con stampo chiuso: l'andamento delle linee non è uniforme poiché dipende dalla forma dello stampo utilizzato.
b) Arricciatura rilevata in un filo di ferro trafilato.

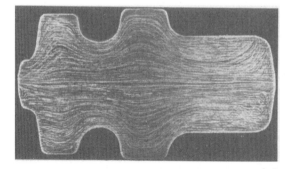

(a)

(b)

## Lavorazioni a caldo e a freddo

Una lavorazione si definisce *a caldo* se avviene a temperatura superiore a quella di ricristallizzazione, *a freddo* se avviene sotto tale temperatura. Ne consegue che in una **lavorazione a freddo** si ha l'incrudimento del materiale, mentre in una **lavorazione a caldo** si ha la ricristallizzazione spontanea simultaneamente o appena dopo la deformazione; poiché l'incrudimento è nullo o molto contenuto, la forma del metallo può essere alterata profondamente senza incorrere in rotture.

Le conseguenze da un punto di vista meccanico e tecnologico sono importanti.
— L'incrudimento comporta l'incremento della resistenza alla deformazione $k_c$ al crescere della deformazione $d$ stessa e ciò richiede l'aumento delle forze esterne applicate al metallo per deformarlo ( ▸ **Fig. G1.7**).
— Poiché la ricristallizzazione riporta la struttura del metallo a uno stato addolcito, la resistenza alla deformazione $k_c$ rimane costante al crescere della deformazione $d$ stessa.
— Una deformazione a freddo non può superare determinati valori, altrimenti il materiale diventerebbe troppo fragile e si rischierebbe la frattura.
— Un materiale incrudito non può essere ulteriormente lavorato, quindi va sottoposto a un trattamento termico che ristabilisca l'equilibrio (ricottura).

**COME SI TRADUCE...**

| ITALIANO | INGLESE |
|---|---|
| Lavorazione a freddo | Cold working |
| Lavorazione a caldo | Hot working |

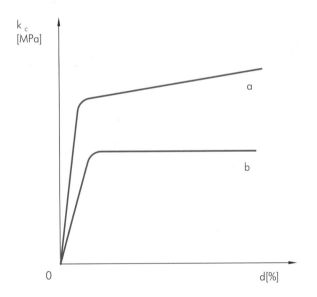

**Figura G1.7**
Andamento schematico della resistenza alla deformazione $k_c$ in funzione della deformazione $d$:
—lavorazione a freddo (**a**);
—lavorazione a caldo (**b**).

Nella **tabella G1.2** sono indicati i vantaggi e gli svantaggi delle lavorazioni a caldo e a freddo.

**Tabella G1.2** Vantaggi e svantaggi delle lavorazioni a caldo e a freddo

| Lavorazioni | Vantaggi | Svantaggi |
|---|---|---|
| A caldo | Diminuzione della forza necessaria alla lavorazione, costanza della resistenza alla deformazione a causa del fenomeno della ricristallizzazione | Maggiori costi a causa del riscaldamento del materiale, ossidazione superficiale, minore precisione nei pezzi a causa del ritiro del materiale durante il raffreddamento |
| A freddo | Migliore precisione nei pezzi, maggiore durezza, maggiore carico unitario di snervamento | Maggiore fragilità, minore lavorabilità a causa dell'incrudimento. |

| COME SI TRADUCE... | |
|---|---|
| **ITALIANO** | **INGLESE** |
| Laminazione | Rolling |
| Laminazione a caldo | Hot-rolling |
| Laminazione a freddo | Cold-rolling |

Confrontando la microstruttura di un metallo solidificato dopo colata e di uno sottoposto a deformazione plastica ( ▶ **Fig. G1.8**), si può osservare quanto segue.

— Nell'intervallo di solidificazione $\Delta T_s$ del metallo, i grani cristallini crescono, causando l'ingrossamento del grano che cessa quando si supera l'intervallo critico di ricristallizzazione $\Delta T_r$, oltre il quale il grano resta costante ( ▶ **Fig. G1.8a**).

— Quando il metallo viene riscaldato, raggiungendo l'intervallo critico $\Delta T_r$, esso ricristallizza formando una struttura a grana fine; se viene superata la temperatura critica si ha l'accrescimento del grano cristallino ( ▶ **Fig. G1.8b**).

— Interrompendo il riscaldamento alla temperatura $T_l$, superiore all'intervallo critico $\Delta T_r$, e lasciando raffreddare, si avrà l'ingrossamento del grano sino al raggiungimento del punto critico ( ▶ **Fig. G1.8c**) se il raffreddamento è lento.

— Operando come al punto precedente, ma sottoponendo il materiale a deformazione plastica alla temperatura $T_l$ nel corso del raffreddamento, si origina la ricristallizzazione che determina una struttura molto fine ( ▶ **Fig. G1.8d**).

**Figura G1.8**
Confronto tra le microstrutture di un metallo soggetto a:
a) raffreddamento;
b) riscaldamento;
c) riscaldamento e successivo raffreddamento;
d) riscaldamento e raffreddamento con deformazione plastica.

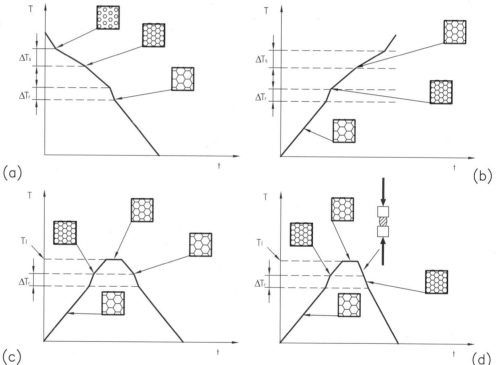

## G1.2 LAMINAZIONE

La **laminazione** è un processo di riduzione dell'altezza, o di cambio di sezione di un pezzo, mediante pressione applicata tramite due rulli rotanti; essa rappresenta il 90% dei processi di lavorazione per deformazione plastica e può essere effettuata a **caldo** o a **freddo**. Tranne i getti, che provengono da procedimenti di fusione, tutti i metalli, prima di essere lavorati per asportazione di truciolo sono laminati a caldo in una forma intermedia quali barre o profilati, per essere poi trasformati in pezzi finiti. Di conseguenza la laminazione può essere considerata il primo anello della catena di processi di trasformazione che porta il materiale metallico informe a divenire un pezzo finito.

# Parametri di laminazione

## Rapporto di laminazione

Nella laminazione il metallo viene fatto passare tra due rulli cilindrici posti in rotazione (▶ **Fig. G1.9**); si consideri la laminazione di un **prodotto piatto**, deformato per compressione e, simultaneamente, tirato e trascinato per attrito.

**COME SI TRADUCE...**

| ITALIANO | INGLESE |
|---|---|
| Prodotto piatto | Slab |
| Laminatoio calibratore | Sizing mill |

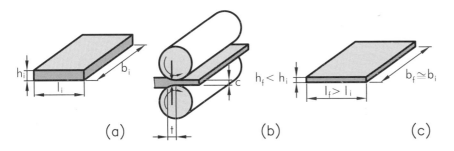

**Figura G1.9**
Laminazione di un pezzo piatto mediante il passaggio tra due rulli controrotanti posti a una distanza relativa c (*calibro*) corrispondente allo spessore da ottenere $h_f$:
a) prima della laminazione;
b) durante la laminazione;
c) dopo la laminazione.

La sezione del prodotto subisce una riduzione di altezza da $h_i$ ad $h_f$, passando per il tratto di lunghezza $t$ tra i rulli.

Il rapporto tra $h_i$ e $h_f$ si definisce *rapporto di laminazione* $l$:

$$l = \frac{h_i}{h_f}$$

Il rapporto di laminazione $l$ varia in genere tra 1,05 e 1,5.

**PER COMPRENDERE LE PAROLE**

**Prodotto piatto**: metallo prodotto in forma di parallelepipedo la cui altezza $h$ è decisamente minore rispetto alla larghezza $b$ e alla lunghezza $l$.

## Velocità del laminato

Il metallo si allunga nella direzione di laminazione e accelera quando passa attraverso i rulli, dando origine a scorrimenti relativi.

Nella **figura G1.10**, indicando con $V$ la velocità periferica costante del rullo e con $v$ la velocità del materiale da laminare, si osserva che il metallo entra nello spazio tra i rulli con uno spessore $h_i$ e una velocità $v_i$ inferiore a $V$, e ne esce con uno spessore $h_f$ e con una velocità $v_f$ superiore:

$$v_i < V < v_f$$

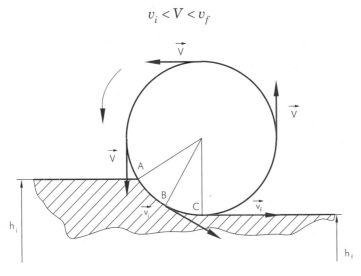

**Figura G1.10**
Andamento della velocità del laminato $v$ rispetto alla velocità periferica costante del rullo $V$. L'esame è limitato a un solo rullo a causa della simmetria di comportamento tra i due rulli di laminazione.

Esiste un punto B, dell'arco AC di contatto tra rullo e laminato, in cui la velocità del metallo eguaglia la velocità periferica del rullo; questo accelera il metallo nel tratto AB e lo frena nel tratto BC. Poiché le tre velocità sono differenti una parte del materiale slitta sui rulli; nel punto neutrale B non si ha slittamento. Nei due tratti di arco AB e BC il rullo applica al laminato le forze di attrito tangenti al rullo $F_{aAB}$ e $F_{aBC}$, applicate a metà degli archi AB e BC, il cui andamento è indicato nella **figura G1.11** nel verso di rotazione del rullo nel tratto in cui accelera il metallo e nel verso opposto quando lo frena.

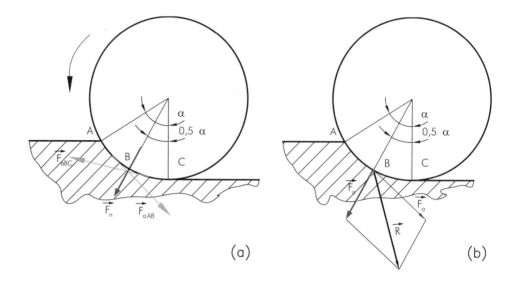

**Figura G1.11**
Forze presenti durante la laminazione:
a) forze di attrito tangenti al rullo $F_{aAB}$ e $F_{aBC}$ e forza radiale $F_n$;
b) risultante delle forze di attrito $F_a$ e risultante $R$ delle forze applicate dal rullo al materiale laminato. L'esame è limitato a un solo rullo a causa della simmetria di comportamento tra i due rulli di laminazione.

**PER COMPRENDERE LE PAROLE**

**Bisettrice:** semiretta uscente dal vertice dell'angolo $\alpha$, dividendo l'angolo stesso in due parti uguali (0,5 $\alpha$). Nel caso della laminazione, si considera la retta di applicazione di $F_n$ coincidente con un raggio del rullo, formando un angolo di 0,5 $\alpha$ con la verticale; tale valore è il più attendibile anche se alcuni autori lo pongono pari a 0,66 $\alpha$.

Il rullo, inoltre, comprime il metallo esercitando una forza radiale $F_n$ perpendicolare all'intero arco di contatto. Con opportune semplificazioni, si può considerare la retta di applicazione di $F_n$ coincidente con la **bisettrice** dell'angolo di presa $\alpha$, corrispondente all'intero arco di contatto AC.

### Condizione di trascinamento del metallo

Componendo tra loro le forze $F_{aAB}$ e $F_{aBC}$ si ottiene la risultante delle forze di attrito $F_a$. Componendo, a sua volta, la forza $F_a$ con la forza radiale $F_n$ si ottiene la risultante $R$ delle forze applicate dal rullo al materiale laminato. La risultante così determinata (o meglio la sua retta d'applicazione poiché per semplicità di trattazione non si determina il punto di applicazione) interseca l'arco di contatto AC nel punto B, individuato dall'intersezione tra la bisettrice dell'angolo $\alpha$ e l'arco di contatto AC ( ▸ **Fig. G1.11b**).

Si ricava, quindi, la condizione che permette al rullo di trascinare il metallo nella direzione di laminazione ( ▸ **Fig. G1.12**). A tal fine, si scompone la risultante $R$, applicata nel punto B, secondo la direzione della bisettrice OB e secondo la normale a questa in B (tangente alla circonferenza): si ottengono pertanto le componenti $T$ ed $N$. Considerando l'angolo di attrito $\beta$ tra rullo e laminato, tra le due forze componenti $N$ e $T$ sussiste la seguente relazione:

$$T = N \tan \beta$$

Considerando l'orizzontale passante per il punto B, si determinano le componenti lungo tale direzione $F_T$ e $F_N$ ( ▸ **Fig. G1.12**), rispettivamente di $T$ e di $N$:

$$F_T = T \cos 0{,}5\,\alpha$$

$$F_N = N \cos(90 - 0{,}5\,\alpha) = N \operatorname{sen} 0{,}5\,\alpha$$

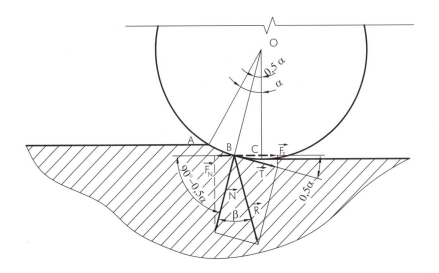

**Figura G1.12**
Scomposizione della risultante R secondo la direzione OB della bisettrice b e secondo la normale a questa in B: si ottengono le componenti T ed N. L'esame è limitato a un solo rullo per via della simmetria di comportamento tra i due rulli di laminazione.

Le forze $F_T$ e $F_N$ hanno stessa direzione ma versi opposti: $F_T$ tende a fare avanzare il metallo da laminare; $F_N$ tende a respingerlo. Quindi, affinché vi sia un buon trascinamento deve risultare:

$$F_T \geq F_N$$

ossia:

$$T \cos 0,5\,\alpha \geq N \operatorname{sen} 0,5\,\alpha$$

sostituendo $T$ con la relazione determinata in precedenza ed effettuando semplici passaggi si ottiene la condizione di trascinamento cercata:

$$(N \tan \beta) \cos 0,5\,\alpha \geq N \operatorname{sen} 0,5\,\alpha$$

$$N \tan \beta \geq N \tan 0,5\,\alpha$$

$$\tan \beta \geq \tan 0,5\,\alpha$$

$$\beta \geq 0,5\,\alpha$$

Per ottenere tale risultato ( ▶ **Tab. G1.3** ), l'angolo di presa $\alpha$ deve essere piccolo.

**Tabella G1.3** Valori dell'angolo di presa $\alpha$ per alcuni tipi di laminazione

| Tipi di laminazione | Angolo di presa $\alpha$ [°] |
|---|---|
| Laminazione a freddo di nastri e lamiere in acciaio (angolo $\beta \sim 11°$) | 2÷10 |
| Laminazione a caldo di nastri e lamiere in acciaio (angolo $\beta \sim 22°$) | 15÷20 |
| Laminazione a caldo di blumi e billette in acciaio (angolo $\beta \sim 31°$) | 24÷30 |

In condizioni di regime, le forze $F_T$ e $F_N$ sono uguali in modulo e, di conseguenza, la risultante $R$ è verticale anche se, nella realtà, compie delle piccole oscillazioni intorno a questa posizione di equilibrio teorica ( ▶ **Fig. G1.13** ).

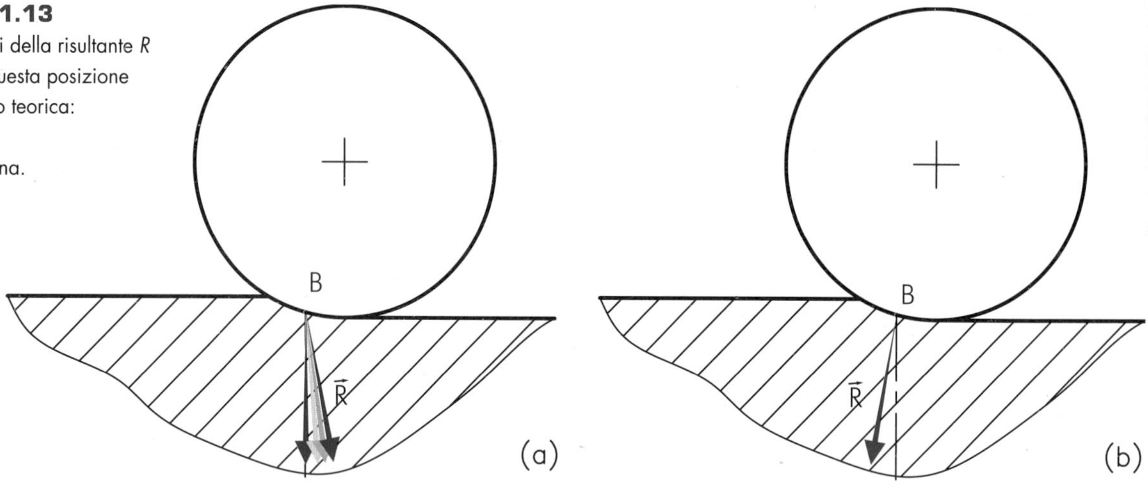

**Figura G1.13**
Oscillazioni della risultante R intorno a questa posizione di equilibrio teorica:
a) lamina;
b) non lamina.

Secondo lo schema illustrato nella **figura G1.14**, è possibile determinare, noti l'angolo di presa $\alpha$ e il raggio $r$ dei rulli, la semidifferenza $x$ tra l'altezza (o spessore) iniziale $h_i$ e finale $h_f$ del pezzo laminato:

$$x = \frac{1}{2}(h_i - h_f)$$

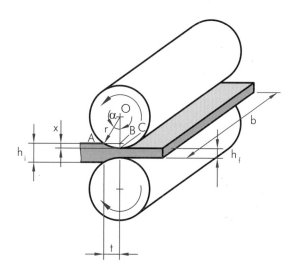

**Figura G1.14**
Schema di laminazione di un prodotto piatto.

Applicando una semplice relazione trigonometrica al triangolo rettangolo OAB, per la quale:

$$OA = r; \quad OB = r - x$$

si ottiene:

$$r \cos \alpha = r - x$$

da cui si ricava:

$$x = r(1 - \cos \alpha)$$

Da questa semplice relazione risulta evidente che con i semplici rulli di raggio $r$ non si possono ottenere elevate riduzione di spessore dei laminati, a causa dei piccoli angoli di presa possibili.

## Forza, momento e potenza di laminazione

Come si è detto in precedenza, durante la laminazione sono presenti **forze di attrito** che possono essere piuttosto piccole, come nel caso di rulli puliti e lubrificati, tipici della **laminazione a freddo** di precisione.

Considerando rulli perfettamente lubrificati, è possibile trascurare le forze di attrito e determinare, in modo semplificato, la forza e il **momento di laminazione**.

Ipotizzando l'assenza di dilatazioni trasversali del laminato, ne consegue che la larghezza $b$ rimane costante durante la laminazione.

Dalla **figura G1.14** risulta che il triangolo rettangolo OAB è formato:
— dal cateto AB$=t$, in cui $t$ indica la lunghezza del tratto di azione dei rulli sul metallo;
— dal cateto OB$=(r-x)$, dove $r$ è il raggio del **rullo** e $x$ indica la semidifferenza tra le altezze (o spessore) iniziale $h_i$ e finale $h_f$ del pezzo laminato;
— dall'ipotenusa OA$=r$.

Applicando il noto teorema di Pitagora al triangolo rettangolo OAB si ottiene:

$$t^2+(r-x)^2=r^2$$

trascurando il termine $x^2$ (perché in genere piccolo) si ottiene la lunghezza $t$ del tratto di azione dei rulli sul metallo:

$$t=\sqrt{r\left(h_i-h_f\right)}$$

La **forza di laminazione** $R$, in questo caso verticale, causa la deformazione plastica del materiale, agendo sulla porzione di laminato di lunghezza $t$ e larghezza $b$. Nota la resistenza del materiale alla deformazione plastica $k_c$ si ottiene la seguente relazione:

$$R=k_c t b \left[\text{N}\right]$$

Se si considera la reazione del materiale laminato avente modulo $R$, stessa direzione della retta passante per il punto di mezzo del tratto $t$ e verso opposto alla forza di laminazione applicata dai rulli, il momento torcente di laminazione $M$ vale:

$$M=R\frac{t}{2}=k_c t^2 \frac{b}{2}\left[\text{J}\right]$$

ovvero:

$$M=k_c b r \frac{\left(h_i-h_f\right)}{2}\left[\text{J}\right]$$

La **potenza di laminazione** $N_L$ si ottiene moltiplicando il momento torcente di laminazione $M$ per la **velocità angolare dei rulli** $\omega$:

$$\omega=\frac{2\pi n}{60}\left[\frac{\text{rad}}{\text{s}}\right]$$

---

**COME SI TRADUCE...**

| ITALIANO | INGLESE |
| --- | --- |
| Forze di attrito | Frictional forces |
| Laminazione a freddo | Cold rolling |
| Momento di laminazione | Rolling torque |
| Rullo | Roll |
| Forza di laminazione | Rolling force |
| Potenza di laminazione | Rolling power |
| Velocità angolare | Angular velocity |

**PER COMPRENDERE LE PAROLE**

**Velocità angolare dei rulli** $\omega$: rapporto tra gli angoli al centro percorsi dal raggio dei rulli e i tempi impiegati a percorrerli. Gli angoli si misurano in radianti (ove la misura di un angolo giro di 360° è pari a $2\pi$ radianti), perciò se si indica con $n$ il numero di giri effettuati nell'unità di tempo [min] si ottiene, per il moto angolare uniforme, la formula riportata nel testo. Il rapporto a 60 implica la trasformazione dal minuto al secondo.

| COME SI TRADUCE... | |
|---|---|
| **ITALIANO** | **INGLESE** |
| Laminazione a caldo | Hot rolling |
| Blumo | Bloom |
| Billetta | Billet |
| Bramma, slebo | Slab |

Considerando la relazione precedentemente determinata di $M$, si ottiene:

$$N_L = k_c b r \frac{(h_i - h_f)\pi n}{60\,000} \, [\text{kW}]$$

dove si è diviso per 60 000 anziché 60 per ottenere la potenza in chilowatt.

Il momento $M$ richiesto per la rotazione dei rulli aumenta con la resistenza alla deformazione plastica del materiale $k_c$, perciò la **laminazione a caldo** richiede minore potenza di quella a freddo.

Il momento $M$ aumenta, ovviamente, anche con l'incremento della riduzione di spessore del laminato $(h_i - h_f)$ e con l'aumentare del raggio $r$ dei rulli. Questa è una delle ragioni per cui, come si vedrà, vengono utilizzati rulli di piccolo diametro, spesso accoppiati a due o più rulli di diametro maggiore, in grado di contrastare la flessione sotto carico dei rulli più piccoli (▶ **Fig. G1.15**).

**Figura G1.15**
Schema di laminazione con due e più coppie di rulli:
a) con i rulli piccoli si hanno minori valori di lunghezza di contatto *t* con il metallo, riducendo al minimo l'attrito;
b) flessione sotto carico dei rulli piccoli;
c) i rulli grandi sostengono quelli piccoli, contrastandone la flessione cui sono soggetti durante la laminazione.

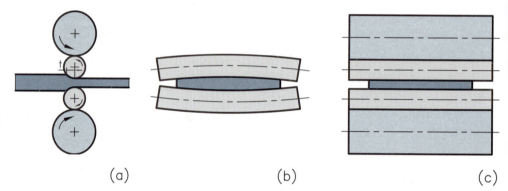

## Prodotti di laminazione

Mediante la laminazione dei lingotti grezzi oppure direttamente da colata continua, si ottengono i prodotti laminati semilavorati che sono destinati a successive lavorazioni plastiche che li trasformano in prodotti laminati finiti.

### Prodotti laminati semilavorati

I *prodotti laminati semilavorati* hanno sezione circolare, quadrata o rettangolare, spigoli più o meno arrotondati e dimensioni costanti sull'intera lunghezza e possono essere distinti in:
— **blumi**, di forma quadrata, con spessore maggiore o uguale a 120 mm;
— **billette**, di forma quadrata, con spessore tra 50 e 120 mm (▶ **Fig. G1.16b**);
— **bramma** o **slebo**, di forma rettangolare, in cui il lato minore della sezione trasversale è maggiore o uguale a 1/4 del lato maggiore e l'area della sezione è rispettivamente maggiore o uguale a 14 400 mm² oppure compresa tra 1500 e 14 400 mm²; brame appiattite e bidoni, in cui il lato minore della sezione trasversale è minore di 1/4 del lato maggiore e l'area della sezione e rispettivamente maggiore o uguale a 14 000 mm² oppure compresa tra 900 e 25 000 mm²;
— tondi, con sezione circolare e diametro maggiore oppure uguale a 70 mm (▶ **Fig. G1.16a**);
— semilavorati per profilati, con sezione complessa di forma variabile e area maggiore o uguale a 2500 mm².

(a) (b)

**Figura G1.16**
Alcuni prodotti laminati semilavorati in acciaio:
a) tondi;
b) billette.

## Prodotti finiti

I *prodotti finiti* laminati sono così denominati perché la loro trasformazione termina nello stabilimento siderurgico. Essi hanno sezione trasversale costante e possono distinguersi in:
— prodotti piatti (lamiere, nastri, banda, prodotti compositi);
— prodotti lunghi di altre forme (barre, profilati, vergella, fili, tubi, rotaie).

| COME SI TRADUCE... | |
|---|---|
| **ITALIANO** | **INGLESE** |
| *Lamiera* | *Sheet* |
| *Nastro* | *Strip, tape* |

### Lamiere

Le **lamiere** sono ottenute mediante laminazione a caldo (**lamiere nere**) oppure a freddo (*lamiere lucide*), lasciando libera la deformazione dei bordi, e sono fornite in fogli piani ( ▶ **Fig. G1.17a**), generalmente quadrati o rettangolari.

(a) (b)

**Figura G1.17**
Alcuni prodotti finiti laminati:
a) lamiere;
b) nastri laminati a freddo avvolti in rotoli denominati *coils*.

Le lamiere possono essere di acciaio al carbonio e legato, oppure di leghe di zinco, di rame o in lega leggera. Gli spessori variano da 0,2 a 50 mm, le larghezze da 1 a 4 m e le lunghezze da 2 a 12 m. In base allo spessore le lamiere si dividono in sottili (dette anche *lamierini*), di spessore minore di 3 mm, medie, di spessore compreso tra 3 e 5 mm, spesse, di spessore maggiore di 5 mm.

**PER COMPRENDERE LE PAROLE**

**Lamiere nere**: lamiere in cui il termine "nero" è dovuto alla colorazione dello strato di ossido superficiale che si forma a caldo, denominato *scaglia di laminazione* o *calamina*, al fine di proteggere l'acciaio da eventuali ossidazioni.

### Nastri

Sono prodotti laminati a caldo e a freddo che, dopo il passaggio finale di laminazione, sono avvolti in rotoli ( ▶ **Fig. G1.17b**). Si hanno **nastri** stretti, di larghezza inferiore a 600 mm e nastri larghi (*coils*), di larghezza maggiore o uguale a 600 mm.

**COME SI TRADUCE...**

| ITALIANO | INGLESE |
|---|---|
| Banda | Plate |
| Rotoli/bobine | Coils |
| Barra | Bar |

**PER COMPRENDERE LE PAROLE**

**Stampa litografica**: sistema di stampa industriale basato sul decapaggio chimico del materiale da stampare.

### Banda

La **banda** è un prodotto laminato a freddo, di acciaio non legato a basso tenore di carbonio e spessore minore di 0,5 mm, fornito in fogli il cui formato massimo è 1000 ×1000 mm, oppure in **rotoli** o **bobine** ( ▶ **Fig. G1.17c**) con larghezza massima di 1000 mm. Ha la superficie sgrassata e pronta a ricevere la verniciatura, la **stampa litografica** o la stagnatura.

### Prodotti compositi

Sono prodotti piatti ottenuti laminando insieme a caldo due o più strati di metalli diversi sovrapposti; in tal modo si ottengono le lamiere placcate.

Per esempio, le lamiere placcate di lega leggera sono ottenute laminando insieme e sovrapposte una lamiera di lega leggera e una sottile lamina di alluminio puro.

Esse sono utilizzate per costruire il fasciame di aerei esposti all'azione corrosiva dell'ambiente.

La parte a contatto con i rulli assume una superficie più splendente, mentre le superfici tra strato e strato hanno un aspetto satinato.

### Prodotti rivestiti

Sono prodotti laminati a caldo o a freddo rivestiti sull'intera superficie con un metallo (stagno, zinco, piombo, alluminio, cadmio) mediante immersione in bagno metallico fuso ( ▶ **Fig. G1.18a**) o tramite deposizione elettrolitica (banda stagnata elettrolitica utilizzata soprattutto per la conservazione e la confezione di prodotti alimentari).

**Figura G1.18**
Alcuni prodotti finiti laminati:
a) tondini in acciaio per cemento armato zincati a caldo, particolarmente resistenti alla corrosione;
b) tondini in acciaio ad aderenza migliorata per cemento armato.

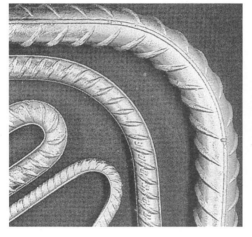

(a) (b)

### Barre

Le **barre** sono laminati a caldo e a freddo rettilinei, con sezione trasversale costante e di forma semplice: tonda, semitonda, triangolare, quadrata, rettangolare, poligonale. La superficie della sezione è generalmente maggiore o uguale a 169 mm$^2$.

Le barre possono essere impiegate direttamente – per esempio nelle costruzioni edili in cemento armato ( ▶ **Fig. G1.18b**) – oppure fucinate o lavorate alle macchine utensili, inoltre si possono ottenere anche per estrusione o per trafilatura.

## Profilati

I **profilati** sono laminati a caldo rettilinei, la cui sezione trasversale ha una forma con profilo complesso. La loro sezione può avere una forma speciale o ricordare quella delle lettere "I", "H", "U", "T", "L" (angolari).

## Vergella

La **vergella** è un laminato di sezione a forma circolare, ovale, quadrata, rettangolare, esagonale, ottagonale, semitonda, di area inferiore a 169 mm$^2$ e superficie liscia. Essa viene fornita in matasse – spire non ordinate ( ▶ **Fig. G1.19b**) – e può essere sottoposta a trafilatura per ottenere fili metallici.

**COME SI TRADUCE...**

| ITALIANO | INGLESE |
|---|---|
| Profilato | Section |
| Vergella | Wire rod |
| Filo | Wire |
| Tubo | Tube |
| Tubo saldato | Welded tube |
| Rotaia | Rail |
| Semilavorato | Semi-finished product |

(a)

(b)

**Figura G1.19**
Alcuni prodotti finiti laminati:
a) tubi senza saldatura di grosso spessore per applicazioni meccaniche;
b) vergella;
c) tubi saldati per condotte d'acqua.

(c)

## Fili

I **fili** sono ottenuti mediante lavorazione plastica a freddo della vergella; possono avere anche una sezione trasversale circolare e sono forniti in matasse o in bobine (a spire ordinate).

## Tubi

I **tubi** sono prodotti cavi a sezione circolare, quadrata, rettangolare, ovale; si distinguono in tubi senza saldatura – ottenuti mediante laminazioni speciali ( ▶ **Fig. G1.19a**) – e **tubi saldati** (longitudinalmente o elicoidalmente) ottenuti saldando i lembi di un nastro opportunamente formato ( ▶ **Fig. G1.19c**).

## Rotaie ferroviarie

Sono prodotti laminati a caldo, utilizzati per le **rotaie** ferroviarie e in applicazioni analoghe (rotaie per macchine di sollevamento, rotaie conduttrici di corrente). La forma della sezione trasversale dei prodotti finiti deriva da una forma analoga del prodotto **semilavorato** utilizzato per la sua produzione: la forma appiattita della sezione trasversale della lamiera deriva dalla laminazione di una bramma appiattita.

# Processi di laminazione

I manufatti iniziali usati nei *processi di laminazione* sono fusioni costituite da lingotti oppure direttamente da prodotti di colata continua. La prima laminazione è effettuata a caldo, per cambiare la microstruttura grezza di fusione in un grano con struttura più fine e regolare per la successiva laminazione ( ▶ **Fig. G1.20**).

**Figura G1.20**
a) Lingotto con grani non uniformi.
b) Modifica dei grani dovuta alla laminazione.
c) Tipi di grani: non uniformi (**1**); deformati allungati (**2**); formazione di nuovi grani (**3**); crescita di nuovi grani (**4**); ricristallizzazione completa con grani piccoli e uniformi (**5**).

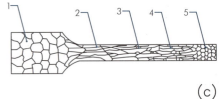

La **figura G1.21** riporta lo schema generale dei processi di laminazione con i prodotti ottenibili.

**Figura G1.21**
Schema generale dei processi di laminazione con i prodotti ottenibili.

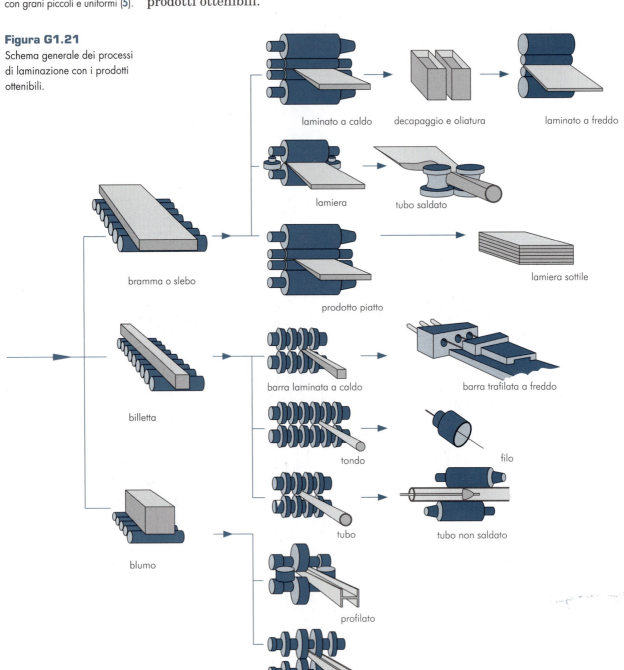

Il lingotto o il pezzo da colata continua passa, prima di tutto, attraverso una laminazione a caldo che, oltre a uniformare le dimensioni del pezzo serve a chiudere la porosità, produce un grano fine e regolare che ne aumenta la duttilità. Le temperature utilizzate sono quelle tipiche della deformazione a caldo.

Prima della laminazione a caldo si rimuovono ossidi e scaglie superficiali tramite la fiamma di un cannello a gas o la sgrossatura per abrasione; dopo la laminazione a caldo, gli ossidi sono tolti con l'attacco chimico di un acido, per abrasione o getti d'acqua in pressione.

### Lubrificazione

In genere, la lubrificazione non si usa nella laminazione delle leghe ferrose (solo in alcuni casi dove si usa grafite), inoltre, si utilizzano soluzioni acquose per raffreddare i rulli e rompere l'ossido che si forma sul pezzo. Le leghe non ferrose sono lubrificate con oli, emulsioni e acidi grassi; nella laminazione a freddo si usano lubrificanti a bassa viscosità come oli minerali, emulsioni, paraffine e oli grassi.

## MACCHINE PER LA LAMINAZIONE

Le *macchine per la laminazione* sono costituite dalle gabbie di laminazione, in cui avviene la deformazione plastica dei metalli tra i rulli. A supporto delle gabbie, si utilizzano anche attrezzature ausiliarie quali dispositivi di trasferimento dei materiali (carri ponte, elevatori, piani di scorrimento a rulli), cesoie di taglio, dispositivi di evacuazione dei rottami e delle scaglie, dispositivi di impilaggio dei pezzi. Inoltre, nel caso di laminazione a caldo, si utilizzano anche i forni di riscaldamento, gli impianti di ripresa della temperatura e le placche di raffreddamento. L'insieme coordinato delle gabbie di laminazione e delle attrezzature ausiliarie permette di costituire il **laminatoio** (treno di laminazione). Esistono molti tipi di treni di laminazione e possono essere principalmente classificati in base al tipo di gabbie e al tipo di prodotti da ottenere.

### Gabbie di laminazione

I rulli delle *gabbie di laminazione* possono essere disposti secondo diverse configurazioni principali, di seguito elencate.
— Sistema a due rulli sovrapposti, utilizzato per le laminazioni iniziali e denominato *duo semplice* ( ▸ **Fig. G1.22a**), nel caso di sistema che consente il passaggio in un solo verso, e *duo reversibile*, nel caso di sistema che consente il passaggio nei due versi con calibri differenti ( ▸ **Fig. G1.22b**).
— Sistema a tre rulli sovrapposti, utilizzato per le laminazioni iniziali e denominato *trio* ( ▸ **Fig. G1.22c**), che consente il passaggio nei due versi con calibri differenti del laminato; deve essere equipaggiato con un elevatore per parte, con lo scopo di alzare e abbassare il materiale, traslandolo lateralmente (nella laminazione con rulli profilati) tra un passaggio e l'altro.
— Sistema a quattro rulli sovrapposti ( ▸ **Fig. G1.22d**), detto *quarto*, utilizzato per la laminazione a caldo di materiali larghi e per la laminazione a freddo dove la flessione del rullo di contatto causerebbe inaccettabili variazioni di sezione del laminato. I rulli a diametro maggiore riducono la flessione dei rulli più piccoli e provvedono alla necessaria rigidezza; i rulli piccoli, sottoposti all'usura, inoltre, sono di economica sostituzione.
— Sistema a *grappolo* che presenta configurazioni con sei rulli ( ▸ **Fig. G1.22e**) e con funzioni analoghe al sistema precedente.

---

**COME SI TRADUCE...**

| ITALIANO | INGLESE |
|----------|---------|
| *Laminatoio* | *Mill* |

---

PROCESSI DI DEFORMAZIONE PLASTICA DEI MATERIALI METALLICI IN MASSA **UNITÀ G1**

— Sistema di laminazione *planetario*, che permette più ampie riduzioni in una sola passata ed è costituito da una o due coppie di rulli alimentatori seguiti dal gruppo planetario ( ▶ **Fig. G1.22f**). I rulli alimentatori spingono il metallo, effettuando una modesta riduzione, attraverso una guida entro i rulli planetari, ove la riduzione principale avviene per azione di due gruppi di rulli, costituito da un rullo di sostegno circondato da una corona di piccoli rulli di lavoro, alloggiati in gabbie alle loro estremità. Queste sono sincronizzate fra loro in modo che ogni coppia di rulli (uno superiore e uno inferiore) passi per la mezzeria verticale allo stesso istante e che i loro assi si mantengano paralleli agli assi dei cilindri di sostegno. La potenza dei motori è trasmessa ai rulli di supporto e da questi, per attrito, agli altri organi di lavoro. I rulli di lavoro sono folli. La velocità angolare della gabbia con i rulli di lavoro è poco meno della metà di quella dei rulli di supporto. Il vantaggio principale del laminatoio planetario sul laminatoio convenzionale è che esso può laminare una bramma di lunghezza indefinita in un solo passaggio con riduzione di oltre il 95% (per esempio, una bramma di spessore pari a 125 mm può essere trasformata in un nastro di 2,10 mm di spessore, con una riduzione di oltre il 98%).

**Figura G1.22**
Configurazioni principali delle gabbie di laminazione:
a) duo semplice;
b) duo reversibile;
c) trio;
d) quarto;
e) grappolo;
f) planetario.

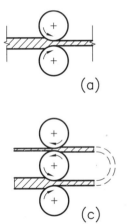
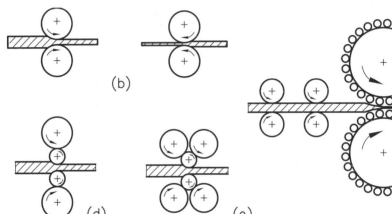

Al termine del processo si registra la presenza di specifiche tensioni residue da laminazione che dipendono dal tipo di rullo impiegato:
— con i rulli di piccolo diametro, che tendono a deformare maggiormente la superficie del laminato, si ha lo stato di compressione di quest'ultima;
— con i rulli di grande diametro, a causa del maggiore attrito che limita la deformazione della superficie, si ha la maggiore deformazione dell'interno che risulta in compressione.

### Laminatoi

Di seguito sono trattati alcuni tipi di laminatoio attualmente più rilevanti.

### Laminatoio sbozzatore

Il *laminatoio sbozzatore* opera la **prima sbozzatura** del lingotto di acciaio considerato, per semplicità, un parallelepipedo che può raggiungere anche 30 t di massa. Esaminando la lavorazione della bramma, si osserva che il lingotto è riscaldato e portato a una temperatura di 1350 °C, uniforme su tutta la sua sezione.

---

**PER COMPRENDERE LE PAROLE**

**Prima sbozzatura**: permette la formazione dei semilavorati iniziali (blumi, bramme, billette), ottenuta con specifici laminatoi a caldo quali il blooming, che produce blumi, lo slabbing, che produce bramma o slebi, il treno billette, che produce billette.

Il lingotto è deposto su un piano a rulli che lo porta alla gabbia di sbozzatura (duo reversibile), dove perde, nel primo passaggio, il manto di scaglia d'ossido di ferro, dovuta al riscaldamento, che si frantuma. Successivamente il lingotto viene centrato e ribaltato, subendo diversi passaggi tra i rulli della gabbia, ed è ridotto di spessore e allungato. Dopo l'ultimo passaggio allo sbozzatore, il lingotto diventa una bramma.

Le bramme, ancora calde, sono tagliate a misura con una cesoia e accatastate in appositi parchi, dove getti d'acqua le investono raffreddandole; queste possono prodursi direttamente con un impianto di colata continua.

| COME SI TRADUCE... | |
|---|---|
| **ITALIANO** | **INGLESE** |
| *Forno di riscaldamento* | Heating furnace |

## Laminatoio per lamiere

Le bramme, ottenute dalla laminazione di un lingotto e riscaldate a 1250 °C, sono il punto di partenza per la fabbricazione delle lamiere ( ▶ **Fig. G1.23**).

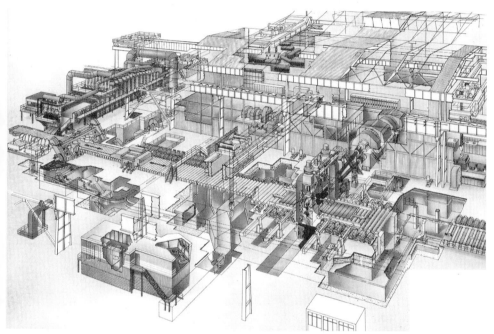

**Figura G1.23**
Impianto completo per la laminazione di lamiere.

Dal **forno di riscaldamento**, la bramma passa all'impianto rompiscaglie, dove getti d'acqua ad alta pressione rimuovono il manto di scaglie di ossido. In seguito la bramma imbocca la gabbia di laminazione a quattro rulli orizzontali reversibile. Questi, con successive passate, riducono lo spessore della bramma e la trasformano in una lamiera dalle dimensioni e caratteristiche meccaniche richieste. Tra una passata e l'altra, getti d'acqua rimuovono ancora le scaglie residue dalla superficie. A laminazione ultimata, la bramma è diventata una lamiera che può raggiungere spessore minimo di 5 mm, larghezze oltre 3 m, lunghezze di quasi 35 m. Dopo aver percorso un lungo piano a rulli, le lamiere incontrano una cesoia che le taglia a misura; infine passano entro una spianatrice a caldo che le raddrizza e le rende lucenti.

## Laminatoio per nastri

Si tratta di un impianto di laminazione a caldo nel quale le bramme, mediante il passaggio tra i rulli sono via via ridotte di spessore, sino a trasformarsi in un lungo nastro che viene avvolto a rotolo ( ▶ **Fig. G1.24**).

**Figura G1.24**

Laminatoio per nastri, in cui si possono osservare il discagliatore (**a**), le gabbie di decapaggio (**b**), le gabbie di finitura (**c**), l'ingresso lamiera di spessore 27,5 mm (**d**), l'uscita lamiera di spessore 13,75 mm (riduzione 50%) (**e**), l'uscita lamiera di spessore 8,25 mm (riduzione 40%) (**f**), l'uscita lamiera di spessore 5,0 mm (riduzione 40%) (**g**), l'uscita lamiera di spessore 3,25 mm (riduzione 15%) (**h**), l'uscita lamiera di spessore 2,75 mm (riduzione 15%) (**i**), l'uscita lamiera di spessore 2,5 mm (riduzione 10%) (**l**).

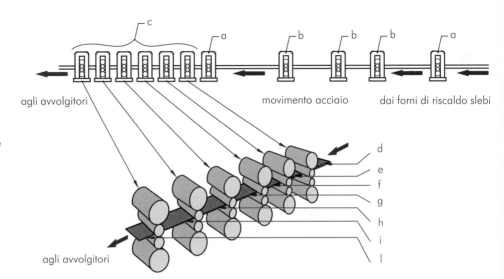

Le bramme, ottenute in precedenza al laminatoio sbozzatore, sono riscaldate nei forni di riscaldamento, da cui escono incandescenti per essere condotte, mediante un piano a rulli, al laminatoio sgrossatore costituito da quattro gabbie. All'imbocco di ogni gabbia sgrossatrice i getti d'acqua ad alta pressione ripetono la pulitura della superficie dalla scaglia, che si è ulteriormente formata. Ciascun passaggio provoca una riduzione di spessore e un aumento di lunghezza.

Dopo il laminatoio sgrossatore, sempre sulla stessa linea, c'è il laminatoio finitore. Poiché da una gabbia all'altra il nastro cresce di lunghezza, si ha un progressivo aumento di velocità.

Il nastro, infine, è avviato verso l'**aspo avvolgitore**, su un piano a rulli dove incontra spruzzatori d'acqua che lo raffreddano in modo controllato, determinandone le caratteristiche meccaniche finali. Sull'aspo i nastri diventano rotoli.

### Laminatoio a freddo

La *laminazione a freddo* ha lo scopo di trasformare un nastro di acciaio laminato a caldo in un prodotto con speciali caratteristiche qualitative e dimensionali, che trova particolare impiego dall'industria automobilistica a quella degli elettrodomestici. Il processo comprende le seguenti fasi:
— **decapaggio**;
— laminazione a freddo;
— ricottura;
— laminazione a freddo;
— taglio.

I rotoli laminati a caldo sono trasportati al decapaggio; per ottenere continuità lungo tutta la linea di decapaggio la coda di un nastro è saldata alla testa di quello successivo. La saldatura testa-coda è preparata intestando le estremità con il taglio alla cesoia. All'uscita dalla vasca, il nastro è lavato in acqua distillata, asciugato e oliato (per evitare un rapido deterioramento della superficie) e riavvolto in rotolo.

A questo punto, il rotolo passa alla laminazione a freddo per ridurre lo spessore del nastro decapato. L'impianto riduce lo spessore iniziale del nastro del 50-80%, con tolleranza sullo spessore dell'ordine del centesimo di millimetro.

---

**PER COMPRENDERE LE PAROLE**

**Aspo avvolgitore**: attrezzatura formata da un perno da cui si dipartono, a raggiera, dei supporti che allineano il rotolo.

**Decapaggio**: processo di asportazione dell'ossido formatosi durante la precedente lavorazione a caldo. Le operazioni di decapaggio si possono suddividere in tre tempi: entrata, mantenimento in vasche di decapaggio e uscita. L'asportazione degli strati di ossido avviene per reazione chimica; il nastro entra nelle vasche contenenti una concentrazione crescente di acido cloridrico sino al 20% e mantenuta a 90 °C.

---

**COME SI TRADUCE...**

| ITALIANO | INGLESE |
|---|---|
| Decapaggio | Pickling |

Poiché durante la laminazione a freddo il rotolo si è incrudito, non può essere sottoposto a stampaggio; pertanto occorre effettuare un trattamento termico di ricottura, allo scopo di modificarne la struttura cristallina, garantendo così le caratteristiche necessarie al futuro impiego.

La ricottura viene effettuata mediante due fasi: la prima di riscaldamento, a temperatura determinata in funzione del tipo di materiale del prodotto, e la successiva di raffreddamento. Terminato il riscaldamento, il forno si solleva e sulla campana scende la cappa di raffreddamento che abbassa la temperatura fino a 100 °C. Dopo la ricottura i rotoli sono sottoposti alla laminazione al treno temper, costituito da una gabbia con quattro rulli. Tale operazione conferisce al nastro alte caratteristiche di planarità e il grado di rugosità necessario per le successive lavorazioni di stampaggio e di verniciatura; migliorano anche la resistenza meccanica allo snervamento e alla rottura del prodotto.

Il processo è completato con impianti di **oliatura** e, nel caso di necessità di taglio in fogli, con macchine che spianano, tagliano e impilano.

**COME SI TRADUCE...**

| ITALIANO | INGLESE |
|---|---|
| Oliatura | Oiling |
| Grappolo | Cluster |
| Laminatoio a grappolo | Cluster mill |
| Rullo conduttore | Ecapa roll |
| Rullo di lavoro | Work roll |

### Laminatoio a grappolo

Il **laminatoio a grappolo** impiega un sistema "a grappolo" costituito dagli elementi riportati nella **figura G1.25**.

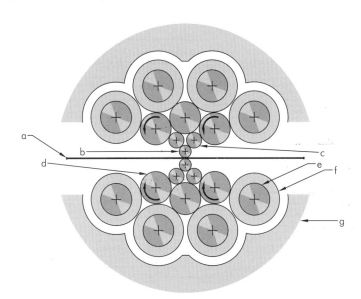

**Figura G1.25**
Laminatoio a grappolo, in cui si osservano la lamiera sottile (a), il rullo di lavoro (b), il rullo intermedio (c), il rullo conduttore (d), il rullo di sostegno laterale (e), il rullo di sostegno superiore (f), la carcassa portante della macchina (g).

I **rulli conduttori** sono posti in rotazione da un motore, mentre gli altri sono trascinati da quelli conduttori, e per questo sono detti *folli*. Tale laminatoio è utilizzato per laminazioni a freddo in lamiere sottili (spessori fino a 2,5 μm) di materiali duri e fogli molto larghi (5 m). L'alta rigidezza del sistema garantisce un ottimo controllo dimensionale dei laminati. Si tratta di sistemi altamente automatizzati che lavorano fino a 25 m/s. I rulli sono in ghisa e acciai forgiati; il **rullo di lavoro** centrale, di solito, è in carburo di tungsteno.

### Impianti di laminazione diretta

Nell'industria siderurgica dei prodotti piani e lunghi, si sono introdotte modifiche innovative allo schema operativo acciaieria – colata continua – laminatoio, per diminuire i consumi energetici e i tempi di consegna del prodotto e ottenere un miglioramento della qualità del prodotto stesso; ciò ha comportato una riduzione delle fasi operative dei processi di laminazione e la nascita delle moderne miniacciaierie, basate sulla tecnologia della laminazione diretta, intesa come collegamento diretto tra colata continua e laminatoio.

Tali impianti lavorano metalli da riciclo (rottame) fusi in forni ad arco elettrico, colati in continuo e laminati in prodotti specifici diretti per il mercato; operano a livello locale sia per l'approvvigionamento di materiale da riciclo sia per la vendita dei prodotti, garantendo un'elevata produttività e bassi costi d'esercizio. Le miniacciaierie sono più competitive delle grandi acciaierie a ciclo integrale, poiché escludono in partenza i consumi di energia e di impegno di capitale destinati alla produzione della ghisa. Si consideri la laminazione diretta dei prodotti piani, nata per laminazione di prodotti di colata continua con sezione sempre più vicina alla sezione finale (*near net shape casting*). Si è passati dalla laminazione della bramma sottile (barra colata) al nastro sottile colato. La **figura G1.26** indica i processi e le configurazioni dell'evoluzione degli impianti di laminazione; di seguito sono esaminati due processi di laminazione diretta.

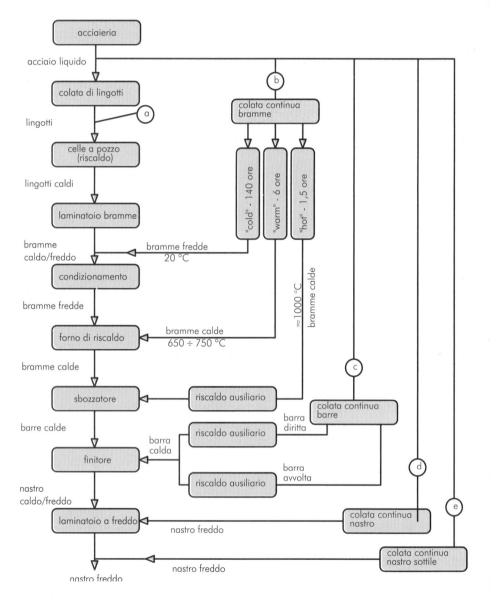

**Figura G1.26**
Processi e configurazioni tipiche dell'evoluzione degli impianti di laminazione basata sul tipo di prodotto trattato all'ingresso dell'impianto: lingotto tradizionale (**a**); bramma da colata continua (**b**); barra sottile da colata continua (**c**); nastro da colata continua (**d**); nastro sottile da colata continua (**e**).

## Impianto combinato colata continua – laminatoio – planetario Sendzimir

La combinazione dell'impianto di colata continua e del **laminatoio planetario** Sendzimir permette di costruire miniacciaierie o **minilaminatoi**. Il laminatoio planetario Sendzimir è costituito da una o due coppie di rulli alimentatori, seguiti dal gruppo planetario e quindi da un duo spianatore ( ▶ **Fig. G1.27** ).

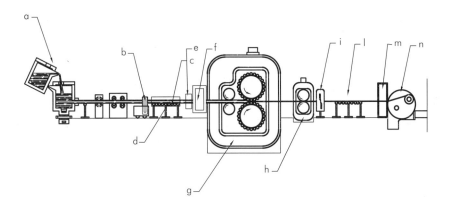

**Figura G1.27**
Linea colata continua – laminatoio – Sendzimir: colata continua (a), taglio al plasma della bramma (b), piano a rulli di scorrimento bramma (c), forno di omogeneizzazione della bramma (d), discagliatore (e), duo verticale edger (f), laminatoio planetario (g), duo spianatore (h), cesoia (i), piano di scorrimento nastro (l), gabbia con rulli di trazione (m), aspo di avvolgimento (n).

A monte dei rulli alimentatori sono disposti una gabbia duo verticale (edger), che sagoma i bordi della bramma per evitarne frangiature e garantire larghezza uniforme, e un discagliatore che rimuove a caldo lo strato di ossido superficiale delle bramme/billette mediante getto d'acqua o aria ad alta pressione. All'uscita dal laminatoio planetario il nastro passa attraverso un duo spianatore che ne migliora la tolleranza dello spessore, eliminando le leggere ondulazioni superficiali provocate dal processo di laminazione e, dopo raffreddamento, è avvolto su un aspo.

**COME SI TRADUCE...**

| ITALIANO | INGLESE |
|---|---|
| Laminatoio planetario | Ecapaggi mill |
| Minilaminatoi | Minimills |

## Impianto di laminazione diretta nastri sottili colati

L'acciaio liquido scende tra due cilindri paralleli di grosso diametro (1,5 m), raffreddati ad acqua e controrotanti; nella linea di massima vicinanza dei cilindri il metallo liquido passa allo stato solido ed esce sotto forma di nastro sottile, avvolto in bobine ( ▶ **Fig. G1.28** ) dopo essere passato tra due rulli di trazione.

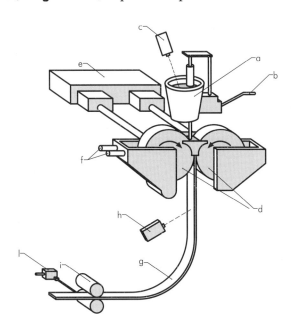

**Figura G1.28**
Schema dell'impianto di laminazione diretta nastri sottili colati con siviera (a), comando erogazione acciaio liquido (b), misuratore del livello dell'acciaio liquido (c), cilindri di colata (d), motori dei cilindri di colata (e), tubazioni per liquido di raffreddamento (f), nastro (g), misuratore della temperatura di uscita del nastro (h), rulli di trazione del nastro (i), motori dei rulli di trazione (l).

**COME SI TRADUCE...**

| ITALIANO | INGLESE |
|---|---|
| Laminatoi per profilati | Shape rolling |

L'impianto produce nastri di acciaio speciale (in particolari inossidabili e al silicio) con larghezza di 750 mm e spessori da 10 a 2 mm. Con tale tecnica si ottengono molti vantaggi: ridotto costo e ingombro dell'impianto, ridotta mano d'opera, modesti tempi di produzione, migliore qualità del prodotto (grazie al rapido processo di solidificazione e raffreddamento), limitato consumo di energia.

### Altri sistemi di laminazione

#### Laminatoi per profilati

La **figura G1.29** riporta lo schema della serie di rulli per la laminazione di un profilato a "I". Le gole ricavate sui rulli provvedono a conferire il giusto spessore al profilato. Da semilavorati per profilati si producono forme di sezione particolare tramite laminazioni a più stadi ( ▶ **Fig. G1.30**).

**Figura G1.29**
Schema della serie di rulli necessari per ottenere forme di sezione particolare:
a) rulli sgrossatori;
b) rulli intermedi;
c) rulli finitori.

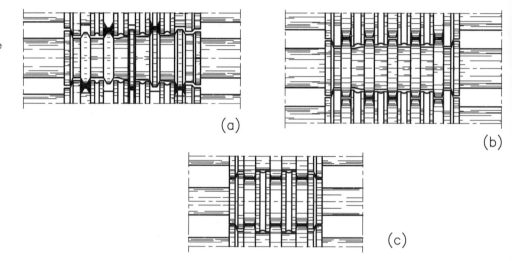

**Figura G1.30**
Schema semplificato della serie di stadi di laminazione necessari per ottenere varie forme di profilati.

## Laminazione ad anello

Si parte da un anello spesso che viene deformato in un anello di diametro maggiore e sezione inferiore. La **figura G1.31** riporta lo schema del principio di funzionamento del laminatoio.

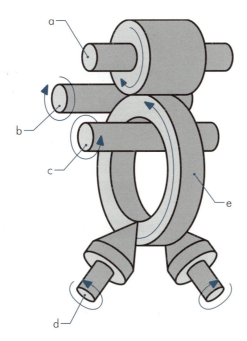

**Figura G1.31**
Laminazione ad anello: schema del principio di funzionamento del laminatoio, in cui si osserva il rullo motore principale (a), il rullo di curvatura (b), il rullo ozioso (c), il rullo di bordatura (d), il pezzo in lavorazione (e).

Con questo processo, si producono grossi anelli di tenuta per turbine o per cuscinetti volventi, con tolleranze molto basse e configurazione e disposizione dei grani tale da migliorare le proprietà meccaniche del materiale.

**COME SI TRADUCE...**

| ITALIANO | INGLESE |
|---|---|
| Laminatoio perforatore | Piercing mill |

## PRODUZIONE DI TUBI

La produzione dei tubi di acciaio si articola secondo due tipologie: tubi senza saldatura e tubi saldati.

La *produzione senza saldatura* prevede due fasi distinte di lavorazione a caldo: la foratura di un massello di acciaio per ottenere un cilindro cavo, di grosso spessore e limitata lunghezza, e la lavorazione del forato per laminazione per trasformarlo in tubo di limitato spessore e sensibile lunghezza.

La *produzione con saldatura* prevede due fasi di lavorazione: la formatura del tubo, che può essere realizzata con laminazione a freddo o a caldo (in modo continuo e discontinuo), e la saldatura secondo diversi procedimenti.

**PER COMPRENDERE LE PAROLE**

**Laminatoio Mannesmann:** termine derivato dai fratelli Reinhard e Max Mannesmann, che nel 1885 brevettarono un laminatoio a cilindri obliqui.

**Tondo:** prodotto grezzo di colata continua con diametro di 100÷150 mm e tagliato sino a 200 kg di massa.

### Processi di produzione dei tubi senza saldatura

I processi si avvalgono del laminatoio perforatore per la lavorazione iniziale del tondo, quindi si differenziano per il tipo di laminatoio utilizzato in seguito.

### Laminatoio perforatore

Il **laminatoio perforatore**, che sfrutta il principio di Mannesmann (**laminatoio Mannesmann**), è usato per la foratura grossolana a caldo del massello pieno **tondo** e l'ottenimento del cosiddetto *forato*, di grosso spessore e buona concentricità. È formato da due rulli a doppio tronco di cono, che ruotano nello stesso senso, a 100÷200 giri/min, disposti con assi sghembi giacenti su piani paralleli e

**AREA DIGITALE**

▶ Produzione di un tubo senza saldatura

PROCESSI DI DEFORMAZIONE PLASTICA DEI MATERIALI METALLICI IN MASSA **UNITÀ G1**

| COME SI TRADUCE... | |
|---|---|
| ITALIANO | INGLESE |
| Laminatoio continuo a mandrino flottante | Floating mandrel continous mill mill |

orizzontali; i due rulli sono inclinati per muovere in avanti il pezzo. Il massello di acciaio, con sezione circolare, a 1250÷1300 °C è spinto tra i rulli del laminatoio perforatore obliquo che gli imprimono un moto di rotazione. Durante tale processo (▸ **Fig. G1.32**) il massello viene compresso e messo in rotazione: la compressione crea una frattura al centro, originando una cavità a causa della rotazione impressa (▸ **Fig. G1.33**).

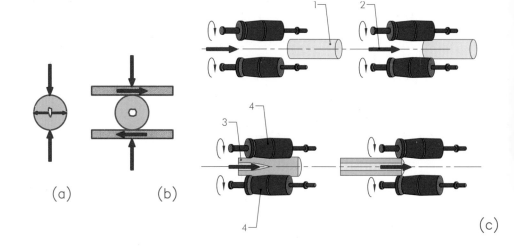

**Figura G1.32**
Processo al laminatoio perforatore che sfrutta il principio di Mannesmann:
a) cilindro compresso;
b) sviluppo cavità centrale;
c) fasi del processo di allargamento della cavità nella barra solida (**1**), eseguita con un mandrino (**2**) per ottenere il tubo (**3**) che avanza grazie ai rulli (**4**).

**Figura G1.33**
Sviluppo in una cavità al centro del tondo a causa delle sollecitazioni derivate dalla compressione e dalla rotazione impresse.

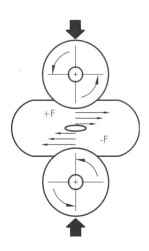

Nella laminazione il massello avanza elicoidalmente contro un mandrino (spina) che allarga la cavità, portandola alla forma cilindrica e alle dimensioni richieste.

### Processo di laminazione continua

Il processo di laminazione continua prevede il passaggio al laminatoio continuo del forato, al cui interno è presente un'asta-mandrino (**laminatoio continuo a mandrino flottante**), rispettivamente dopo le fasi di riscaldamento e di perforazione.

Il laminatoio continuo è formato da una successione di gabbie motrici con coppie di rulli, aventi gola circolare e asse orizzontale, alternati a rulli ad asse verticale (▸ **Fig. G1.34**). I diametri delle gole sono progressivamente decrescenti, pertanto la laminazione del forato avviene su un mandrino interno, su cui viene steso l'acciaio. Il forato esce dal laminatoio sotto forma di tubo allungato di 6÷8 volte. Il tubo è sfilato dal mandrino mediante il passaggio tra due rulli ad assi obliqui che, provocando un lieve aumento del diametro interno, consentono l'estrazione del tubo dal mandrino. Dopo l'estrazione dell'asta-mandrino si effettua un nuovo riscaldamento dei tubi in appositi forni sino a 950÷1000 °C.

**Figura G1.34**
Laminatoio continuo:
a) successione di gabbie motrici con coppie di rulli ad asse orizzontale alternati a rulli ad assi verticale;
b) coppie di rulli con gola circolare.

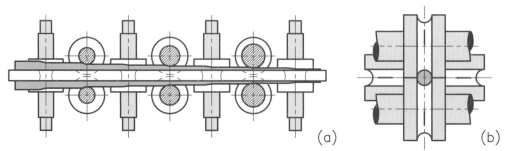

Il tubo passa in diversi laminatoi riduttori stiratori, a tre rulli con gola circolare, che ne riducono il diametro e lo allungano grazie alla velocità periferica via via crescente dei tre rulli montati nelle diverse gabbie.

Per fabbricare tubi senza saldatura a caldo, di medio diametro, s'impiega il laminatoio continuo a mandrino trattenuto e, per diametri maggiori, in aggiunta a questo si utilizza il laminatoio di allungamento planetario a tre rulli.

## Processo Mannesmann o del laminatoio a passo di pellegrino

La lavorazione del tubo senza saldatura di grande diametro, denominato *Mannesmann*, avviene attraverso il passaggio del forato nel **laminatoio a passo di pellegrino**. Questo macchinario, molto versatile, deve trasformare a caldo il forato in un tubo di dimensioni commerciali uniformi, allungandolo, aumentandone il diametro interno e diminuendo lo spessore. Uno specifico laminatoio a passo di pellegrino è in grado di effettuare anche lavorazioni a freddo.

Tutto ciò si realizza con un laminatoio costituito da due rulli che ruotano in senso opposto, sagomati a gole semicircolari, aventi sezione trasversale e profondità variabili come indicato nel disegno schematico di **figura G1.35**.

**PER COMPRENDERE LE PAROLE**

**Passo di pellegrino**: termine derivante dal particolare movimento del forato durante la lavorazione, che ricorda il ritmo della marcia dei pellegrini che, a causa di un voto religioso espresso, si recavano a Roma a piedi, e percorrevano il tragitto facendo due passi avanti e uno indietro.

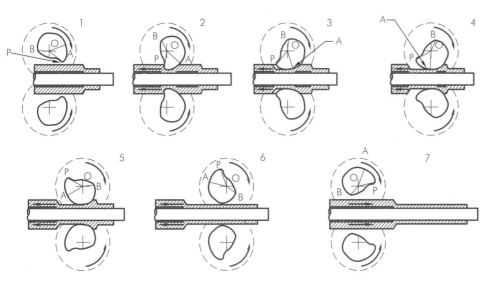

**Figura G1.35**
Laminatoio a passo di pellegrino con le fasi di laminazione: nelle varie configurazioni è riportata la posizione raggiunta di volta in volta dal pezzo forato.

Nella stessa figura sono riportate le varie fasi di laminazione del tubo per una rotazione completa dei due rulli, durante la quale il forato, che è stato portato a temperatura elevata (1300 °C), viene fortemente compresso tra le gole dei rulli che lo sospingono verso sinistra e, contemporaneamente, lo schiacciano contro il mandrino calibrato, riducendone lo spessore sino all'88%.

Il forato è sottoposto all'azione di due rulli in modo da determinare periodicamente, durante un intero giro, una fase a vuoto (BP), una fase d'incisione (PA) e una fase di calibratura (AB). Poiché il raggio OP è minore di OA, la sezione di inizio, più grande, diventa progressivamente più piccola fino al minimo su A.

Nella zona d'incisione del forato una parte di materiale rifluisce verso l'esterno; la fase di calibratura del tubo lungo l'arco AB avviene in seguito.

Nella fase a vuoto, dopo che il tratto di tubo impegnato tra i rulli è stato laminato e trasformato nelle dimensioni previste, la gola dei due rulli che ruotano si amplia nuovamente e il complesso mandrino-forato-tubo, non più in presa, è spostato verso destra e fatto ruotare intorno al suo asse di 90° per ripartire il processo di laminazione su tutta la circonferenza del forato.

**COME SI TRADUCE...**

| ITALIANO | INGLESE |
|---|---|
| Laminatoio a passo di pellegrino | Pilger mill |

**Figura G1.36**
Imbocco del laminatoio a passo di pellegrino.

| COME SI TRADUCE... | |
|---|---|
| **ITALIANO** | **INGLESE** |
| Laminatoio Diescher | Diescher mill |

A questo punto il forato viene nuovamente impegnato dai due rulli e una sua nuova porzione comincia a essere laminata ( ▶ **Fig. G1.36**).

Nelle varie fasi il forato si trasforma in un tubo con movimenti alternati verso sinistra e, per una corsa maggiore, verso destra: da questo movimento alternato, di una corsa indietro e una doppia corsa in avanti, deriva la denominazione "passo di pellegrino".

Il tubo così ottenuto presenta tolleranze dimensionali molto limitate, una microstruttura fine e uniforme, diametri da 30 a 800 mm, lunghezze che possono raggiungere i 30-40 m e uno spessore molto limitato.

### Processo di laminazione Diescher

Con questo processo si ottengono tubi laminati a caldo attraverso il passaggio del forato nel **laminatoio Diescher**.

Tale macchinario è costituito da due rulli di laminazione (di forma tronco-conica doppia), due dischi di guida del laminato e un mandrino di calibrazione del diametro interno del forato ( ▶ **Fig. G1.37**). Esso, mediante una laminazione di tipo trasversale, consente di ottenere uno sbozzato di minore spessore e miglioramento della concentricità.

Il diametro dello sbozzato viene definito dal posizionamento dei cilindri di laminazione e dei dischi di guida. Lo spessore viene definito dalla posizione dei cilindri e dal mandrino interno; i vantaggi del laminatoio Diescher risiedono nella concentricità del tubo e nell'elevata gamma di spessori laminabili.

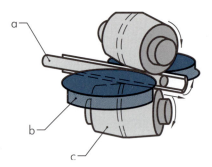

**Figura G1.37**
Schema del laminatoio Diescher, in cui si osservano il mandrino di calibrazione del diametro interno del forato (a), i dischi di guida del laminato (b), i rulli di laminazione (c), di forma tronco-conica doppia.

### Processi di produzione dei tubi saldati

Di seguito sono illustrati i più importanti processi di produzione dei tubi saldati in acciaio, ottenuti:
— da lamiera;
— da nastro.

### Processo di formatura a freddo da lamiera di tubi e saldatura longitudinale

Il processo di produzione dei tubi a saldatura longitudinale è schematizzato dettagliatamente nella **figura G1.38**. I tubi, infatti, sono ottenuti da lamiere di larghezza pari allo sviluppo del perimetro della sezione del tubo, con spessori massimi fino a 18 mm.

I diametri, le cui dimensioni oscillano da 400 a 1400 mm, sono ottenuti con presse, punzoni e stampi a forma di U oppure O, in grado di applicare le forze necessarie. Prima della deformazione, i bordi della lamiera da saldare vengono piallati e smussati (operazione di **bisellatura**), per affrontare la fase successiva che riguarda la saldatura. Per quanto concerne quest'ultima fase, va ricordato che la saldatura interna ed esterna avviene ad **arco elettrico sommerso**.

---

**PER COMPRENDERE LE PAROLE**

**Bisellatura**: operazione meccanica di smussatura con utensile, atta a preparare le estremità dei manufatti (tubi, lamiere ecc.) per la successiva saldatura.

**Arco elettrico sommerso**: sistema di saldatura in cui si fa scoccare l'arco fra i bordi del tubo da saldare e l'elettrodo formato da uno o più fili nudi che costituisce il materiale d'apporto.

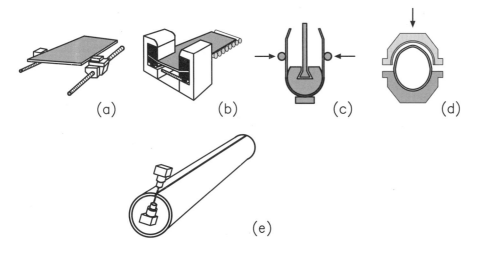

**Figura G1.38**
Schema del processo di produzione dei tubi a saldatura longitudinale:
a) piallatura e smussatura di bordi della lamiera;
b) predeformazione dei bordi;
c) deformazione a "U" con punzone di forma della lamiera supportata da appoggi laterali oscillanti;
d) deformazione definitiva a "O" con punzone e stampo (il prodotto ottenuto è detto *canna*);
e) saldatura interna ed esterna della canna.

## Processo di formatura a caldo da nastri di tubi saldati Fretz-Moon

Il materiale di partenza è il nastro svolto, spianato e, tramite gabbia trascinatrice, mandato in forno di riscaldamento a passaggio, dove i bordi sono riscaldati con fiamma diretta fino a 1300 °C. Tramite cilindri formatori ( ▶ **Fig. G1.39**) il nastro viene portato ad assumere la forma cilindrica.

**Figura G1.39**
Schema del processo di formatura a caldo da nastri di tubi saldati Fretz-Moon, in cui si osserva il forno (**a**), il nastro (**b**); i rulli formatori (**c**), i rulli di pressione per la saldatura (**d**), i rulli sagomatori (**e**), il tubo (**f**).

### PER COMPRENDERE LE PAROLE

**Tubi Fretz-Moon**: deriva dal nome dei due ideatori e indica il processo di saldatura usato nella fabbricazione dei tubi (saldatura per accostamento mediante pressione sui bordi del nastro, portati a fusione).

**Tubi del gas**: tubi per il trasporto di gas, le cui dimensioni sono espresse tradizionalmente in pollici; sono designati in base al valore del diametro interno (fino al diametro di 3 pollici).

Sui bordi avvicinati è insufflato ossigeno che ne eleva la temperatura fino al color bianco. I bordi sono premuti l'uno contro l'altro da appositi rulli di pressione, ottenendo una saldatura priva di cordone. Lo sbozzato passa al laminatoio riduttore stiratore che ne determina il diametro e lo spessore finali. Tale procedimento è utilizzato per tubi di piccolo diametro, per impieghi idrotermosanitari e per **tubi del gas**.

### COME SI TRADUCE...

| ITALIANO | INGLESE |
|---|---|
| Tubo del gas | Gas piping |

| COME SI TRADUCE... | |
|---|---|
| ITALIANO | INGLESE |
| Difetto | Defect, fault, flaw |
| Soffiatura | Blister, blow hole |
| Porosità | Porosity |
| Discagliatura | Descale |
| Delaminazione | Alligatoring |
| Vibrazione autoeccitata | Chatter (ing) |

## Difetti di laminazione

Durante la laminazione si possono creare **difetti** di superficie e difetti interni. I difetti di superficie sono dovuti a:
— inclusioni di particelle insolubili nel materiale come scaglie di ossido, solfuri, silicati, scorie, sporco ecc.;
— **soffiature** o **porosità** superficiali;
— scaglie costituite da croste di acciaio ossidate, formatesi a causa degli spruzzi o della turbolenza dell'acciaio che cola in lingottiera.

Nella laminazione a caldo si rimuovono in anticipo gli ossidi con un trattamento di **discagliatura**.

I difetti interni, invece, distorcono o compromettono l'integrità di un laminato. Essi si differenziano in:
— sdoppiature o **delaminazioni** (▶ **Fig. G1.40a**), dovute a residui del cono di ritiro primario dei lingotti oppure a inclusioni di refrattario che, durante la laminazione, si sgretolano creando aree anche molto estese di separazione, all'interno dello spessore della lamiera;
— soffiature e porosità che danno origine a filature;
— inclusioni di varia grandezza e natura, isolate o a gruppi;
— segregazioni, dovute a variazioni della composizione durante il raffreddamento del metallo liquido, dei prodotti da colata continua.

**Figura G1.40**
Difetti di laminazione:
a) sdoppiature;
b) difetto elicoidale;
c) filature;
d) cricche al bordo;
e) cricche a cerniera nel centro;
f) ondulazioni al bordo.

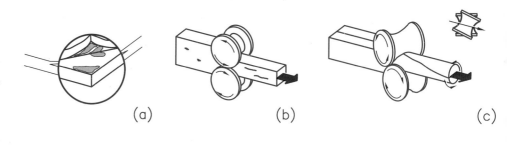

posizione dei rulli

(a) (b) (c)

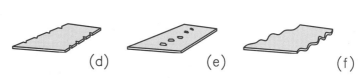

(d) (e) (f)

### Per comprendere le parole

**Porosità**: cavità dovuta ad una diminuzione della solubilità dei gas (ossigeno, azoto, idrogeno, ossido di carbonio) nel metallo liquido durante il raffreddamento.

**Cricca**: difetto dei laminati che si presenta con una spaccatura più o meno profonda della superficie.

I difetti sono riconducibili a variazioni della composizione e alla fusione e successiva colata, e sono presenti nei lingotti e nei prodotti da colata continua. Durante la deformazione plastica, le porosità e le inclusioni subiscono una profonda evoluzione che ne modifica la morfologia e l'orientamento; invece gli ossidi e i composti altofondenti restano rigidi, formando zone di resistenza alla deformazione e innescando **cricche** e difetti più vistosi (▶ **Fig. G1. 40b, c, d, e**). Silicati e solfuri possono subire deformazione a caldo, disponendosi nel senso della lavorazione.

### Difetti dovuti alle vibrazioni

Durante la laminazione avviene il fenomeno della **vibrazione autoeccitata** che porta alla variazione casuale dello spessore della lamiera, a ondulazioni (▶**Fig. G1.40f**) e a scarsa finitura superficiale.

# Prove tecnologiche

La **duttilità** è una proprietà tecnologica molto importante in tutte le lavorazioni plastiche di laminazione, fucinatura, stampaggio, trafilatura ed estrusione; essa rappresenta la capacità dei materiali metallici di sottostare a deformazione plastica a caldo o a freddo, sotto l'azione di urti o di pressioni, senza che vi siano screpolature o rotture. Poiché la duttilità può aumentare o diminuire in uno stesso materiale con il variare della temperatura, in seguito a trattamenti termici o lavorazioni meccaniche, le prove devono essere eseguite in condizioni diverse.

Con riferimento alla prova di trazione, la duttilità si determina in base alla deformazione subita dal metallo prima della rottura in termini di allungamento o di riduzione della sezione normale. I valori dell'allungamento a rottura ($A\%$) o della strizione ($Z\%$) possono essere utilizzati come misura della duttilità.

Per determinare tale caratteristica occorrono specifiche **prove di piegatura** su barre, lamiere, profilati, fili con regole diverse. I termini usati nelle prove sono specificati nella **figura G1.41**.

| COME SI TRADUCE... | |
|---|---|
| **ITALIANO** | **INGLESE** |
| Duttilità | Ductility |
| Prova di piegatura | Test bend |
| Mandrino di carico | Mandrel |

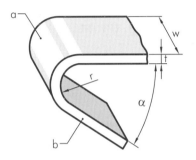

**Figura G1.41**
Termini usati nelle prove di piegatura: angolo di piegatura $\alpha$, piegatura (**a**), raggio di piegatura $r$, spessore $t$ del provino, larghezza $w$ del provino, flangia (**b**).

I provini sono tagliati parallelamente o perpendicolarmente (▶ **Fig. G1.42**) alla direzione di laminazione, estrusione o trafilatura, con un rapporto larghezza $w$ e spessore $t$ del provino che deve essere uguale o maggiore di 8.

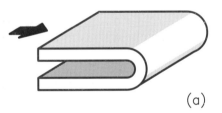
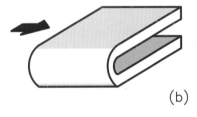

**Figura G1.42**
Provini tagliati rispetto alla direzione di laminazione:
a) parallelamente;
b) perpendicolarmente.

I provini, privi di difetti, sono posti sopra attrezzature di prova (montate sulla macchina di prova), in modo da evitare scorrimenti durante l'esecuzione della prova sotto l'azione del **mandrino** che applica la forza $F$. I provini, appoggiati su matrice a "V" o su supporti tondi, devono avere una lunghezza $L$ maggiore della distanza tra i supporti o dell'apertura della matrice (▶ **Fig. G1.43**).

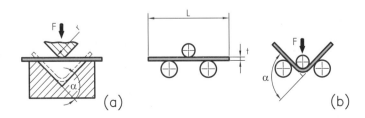

**Figura G1.43**
Attrezzature di prova, montate sulla macchina di prova:
a) matrice a "V";
b) attrezzatura con supporti tondi.

Gli angoli di piegatura di 180° sono ottenuti piegando il provino posto tra le piastre piane dell'attrezzatura di prova (▶ **Fig. G1.44a**). Durante la prova, i provini sono piegati progressivamente fino ai raggi più stretti (o al più grande angolo di piegatura), fino alla rottura o alla criccatura sulla superficie convessa del provino (opposta al **mandrino di carico**). Il carico $F$ deve essere applicato lentamente e in modo costante senza rilevanti movimenti laterali.

**Figura G1.44**
Metodi di piegatura a 180°:
a) attrezzatura con piastre piane di carico;
b) piegatura di 180° completa con flange a contatto;
c) piegatura con blocco distanziatore posto tra le flange;
d) esempi di provini piegati.

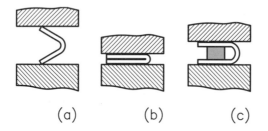

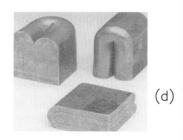

Il piegamento del provino è fatto in modo che le superfici delle flange (lembi) siano portate a contatto (▶ **Fig. G1.44b**) o poste parallelamente a una certa distanza (▶ **Fig. G1.44c**). Al termine della prova si esamina la superficie convessa del provino con una lente d'ingrandimento di 25×; la prova è accettabile se non ci sono cricche visibili sulla superficie convessa del provino.

## G1.3 FUCINATURA E STAMPAGGIO

La fucinatura e lo stampaggio differiscono poco tra loro; la prima, detta anche *forgiatura*, è una lavorazione per deformazione plastica per compressione del materiale in uno stampo aperto (▶ **Fig. G1.45**).

**Figura G1.45**
Lavorazioni a caldo di fucinatura per compressione del materiale in uno stampo aperto:
a) taglio di un laminato a sezione, che presenta grani cristallini allungati (fibrosità);
b) arrotondamento;
c) spianatura.

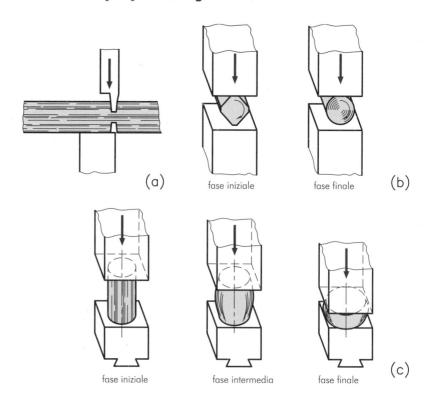

La fucinatura viene effettuata a caldo mediante l'azione deformante impressa al pezzo dinamicamente; essa deriva dall'arte di battere il ferro per ottenere oggetti vari e di forma complessa, con utensili molto semplici quali incudine, martello, pinze, tenaglie a bracci lunghi di varie forme e **matrici**. Nell'ambito industriale, la fucinatura è un'operazione preliminare da eseguire su piccoli lingotti, in modo da affinarne la struttura per la successiva laminazione. I prodotti della fucinatura sono denominati *fucinati* o *forgiati*.

Lo stampaggio, invece, è una lavorazione per deformazione plastica del materiale per compressione in stampi chiusi, che gli impongono una forma definita e precisa, come illustrato nella **figura G1.46**.

### PER COMPRENDERE LE PAROLE

**Matrici**: piastre con fori di diverse forme e dimensioni, che fungono da matrice universale, cioè un attrezzo di lavoro con cui si ottengono figure opportune nel pezzo in lavorazione; tali matrici sono dette *chiodaie*.

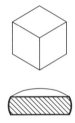
billetta

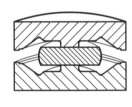

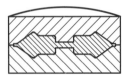

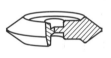

(a)

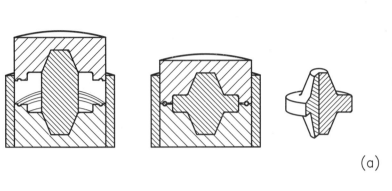
billetta

(b)

**Figura G1.46**
Lavorazioni a caldo di stampaggio per compressione del materiale in uno stampo chiuso:
a) stampaggio a partire da uno spezzone di billetta tonda;
b) stampaggio a partire da uno spezzone di billetta quadra.

Lo stampo è costituito da due parti (semistampi) nelle quali è ricavata un'impronta che riproduce in negativo la forma da ottenere. Lo stampaggio generalmente è una lavorazione a caldo, anche se esiste uno stampaggio a freddo che viene detta *coniatura*. Lo scopo dello stampaggio a caldo è la produzione di pezzi in serie, con elevate caratteristiche di resistenza meccanica e dimensioni che approssimano molto da vicino le quote del finito.

I prodotti dello stampaggio sono denominati *stampati*. Lo stampaggio di un pezzo può avvenire sia con azione dinamica, usando i magli, sia con azione statica, usando le presse; quest'ultima soluzione è sempre impiegata quando occorre lavorare pezzi di grandi dimensioni.

## PARAMETRI DI FUCINATURA E STAMPAGGIO

In questa sede si analizza il procedimento di schiacciamento di un corpo prismatico tra due superfici piane e parallele.

La tensione di formatura $p$ si determina considerando il modello semplificato riportato nella **figura G1.47**. Applicando la forza di stampaggio $F$, lo stampo si muove deformando il pezzo, avente sezione frontale quadrata di lato $d$ e profondo $b$. Se si considera il pezzo scomposto in quattro parti separate ($\alpha$, $\beta$, $\gamma$, $\delta$) secondo direzioni incrociate a 45°, si può stabilire come si deforma quando lo stampo scende comprimendolo; lo scorrimento di una parte rispetto all'altra richiede l'azione di una tensione di taglio $\tau$. Si consideri il lavoro necessario per spostare lo stampo, sotto l'azione della forza di stampaggio $F$, che deve eguagliare il lavoro necessario per fare scorrere le quattro parti, l'una rispetto all'altra.

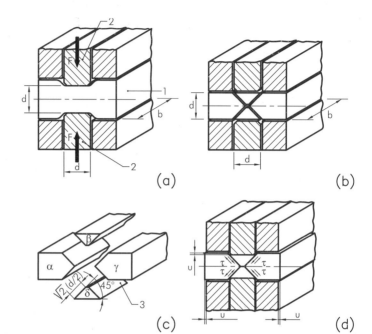

**Figura G1.47**
Tipica lavorazione di fucinatura:
a) schema d'insieme;
b) modello semplificato del manufatto prima della deformazione plastica di fucinatura;
c) pezzo scomposto in quattro parti separate ($\alpha$, $\beta$, $\gamma$, $\delta$);
d) deformazione del fucinato durante la lavorazione.
Si può osservare il pezzo fucinato (**1**), lo stampo di fucinatura (**2**), la superficie di interfaccia di scorrimento (**3**).

**PER COMPRENDERE LE PAROLE**

**Lavoro**: il lavoro meccanico è il prodotto di una forza applicata a un corpo materiale per la componente dello spostamento, subito dal corpo, nella stessa direzione della forza.

Il **lavoro** $L$ impresso dalla forza di stampaggio $F$ su ogni sezione dello stampo che si sposta di un valore pari a $u$ ( ▶ **Fig. G1.47c**) vale:

$$L = F\,u$$

considerando le due parti dello stampo, si ottiene il lavoro totale $L_{tot}$:

$$L_{tot} = 2F\,u$$

Ogni sezione di interfaccia di scorrimento ha un'area pari a:

$$S = \sqrt{2}\left(\frac{d}{2}\right)b$$

Moltiplicando l'area $S$ per la tensione di taglio $\tau$ si ottiene la forza di scorrimento $F_s$:

$$F_s = \tau S = \sqrt{2}\left(\frac{d}{2}\right)b\,\tau$$

Ogni parte in cui si è considerato il pezzo scorre di una distanza $x = \sqrt{2}\,u$ rispetto a quella vicina, perciò il lavoro assorbito da ogni interfaccia vale:

$$L_u = F_s x = \sqrt{2}\left(\frac{d}{2}\right)b\,\tau\sqrt{2}\,u$$

Eguagliando il lavoro fatto dalle due sezioni dello stampo a quello assorbito dallo scorrimento delle quattro parti del pezzo si ottiene:

$$2Fu = 4\sqrt{2}\left(\frac{d}{2}\right)b\tau\sqrt{2}u = 4db\tau u$$

da cui, con semplici operazioni, si ottiene la forza $F$:

$$F = 2\,d\,b\,\tau$$

La tensione di formatura $p$ vale:

$$p = \frac{F}{db} = 2\tau = R_s$$

Tale risultato coincide con la tensione calcolata nel paragrafo introduttivo imponendo la condizione:

$$p = \frac{F}{A} \geq k_c$$

in cui $A$ è l'area della sezione resistente perpendicolare alla sollecitazione $F$, $R_s$ è il carico unitario di snervamento e $k_c$ è la resistenza alla deformazione del materiale.

Il risultato raggiunto non tiene conto della presenza dell'attrito tra stampo e materiale, che ostacola lo scorrimento del materiale durante la sua deformazione. L'effetto dell'attrito è trascurabile solo se il pezzo lavorato ha un'altezza sufficientemente elevata.

Se ci si porta, però, in vicinanza delle due basi di contatto pezzo-stampo, o se il corpo è di altezza ridotta, la distribuzione delle tensioni è alterata dalla presenza dell'attrito; ciò si traduce in un forte aumento della tensione di formatura $p$ necessaria per ottenere la deformazione.

Nella **figura G1.48** è riportato l'andamento della tensione di formatura $p$ in funzione della larghezza $d$ di contatto pezzo-stampo, che giustifica l'assunzione di un valore di $k_c$ pari a $3R_s$, considerata la resistenza che incontra il materiale lavorato a scorrere durante il processo a causa dell'attrito tra il materiale stesso e gli stampi.

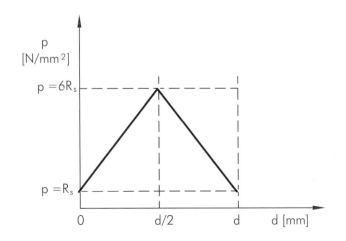

**Figura G1.48**
Andamento della tensione di formatura $p$ in funzione della larghezza di contatto pezzo-stampo $d$: all'estremità dello stampo si ha $p = R_s$; al centro cresce fino al massimo $p = 6R_s$ nel caso in cui il pezzo abbia una larghezza pari a 10 volte la sua altezza.

| COME SI TRADUCE... | |
|---|---|
| ITALIANO | INGLESE |
| Bava | Burr |

### Massa dello spezzone da stampare

La massa $m$ dello spezzone da impiegare nello stampaggio di un particolare è:

$$m = m_{pf} + m_b + m_s$$

in cui $m_{pf}$ indica la massa del prodotto finito, $m_b$ è la massa della **bava**, $m_s$ è la massa dello sfrido e dell'ossido superficiale. Per non calcolare la massa della bava, dello sfrido e dell'ossido superficiale, si usa un coefficiente $k$ che viene moltiplicato per la massa del prodotto finito, ottenendo così la massa $m$ dello spezzone. Il valore del coefficiente $k$ dipende dalla massa e dalla complessità del prodotto finito ed è compreso tra 1,03 e 1,5.

### Caratteristiche dello stampato

L'impiego di pezzi stampati garantisce una buona resistenza meccanica, l'uniformità della struttura metallurgica e l'assenza di difetti interni, una forma finale del prodotto molto vicina al disegno del progetto (con sovrametalli minimi e uniformemente distribuiti), un minore peso a parità di resistenza meccanica e l'elevata resistenza alle sollecitazioni dinamiche e alla fatica.

Quest'ultima caratteristica è dovuta al mantenimento nello stampato della fibratura preesistente nel laminato di partenza. La disposizione non interrotta delle fibre assicura una minore sensibilità all'intaglio degli stampati, rispetto ai pezzi prodotti con processi alternativi ( ▶ **Fig. G1.49**).

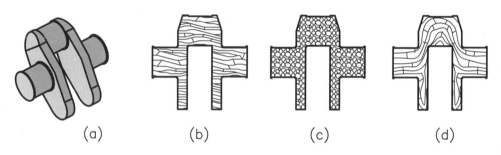

(a)    (b)    (c)    (d)

**Figura G1.49**
Confronto tra le strutture metallurgiche in uno stesso prodotto realizzato con processi diversi:
a) vista assonometrica;
b) laminato lavorato in seguito per asportazione di truciolo con fibratura interrotta;
c) getto fuso senza fibratura;
d) stampato con disposizione non interrotta delle fibre.

**Figura G1.50**
Andamento delle fibre in un particolare stampato a freddo.

A parità di resistenza a trazione e durezza, i prodotti fusi hanno mediamente una resistenza a fatica inferiore del 20%.

Lo stampaggio a freddo permette, in aggiunta a quanto descritto in precedenza per la formatura a caldo, un notevole risparmio di materiale grezzo; inoltre consente di produrre particolari che si caratterizzano per l'andamento ideale delle fibre ( ▶ **Fig. G1.50**) e per l'alto grado di finitura.

I particolari stampati a freddo hanno una massa limitata a pochi kilogrammi, a causa della maggiore resistenza del materiale rispetto alla lavorazione a caldo.

### PROCESSI DI FUCINATURA E STAMPAGGIO

Nella fucinatura, il massello di partenza viene riscaldato e, quindi, sottoposto all'azione battente della mazza di una macchina per fucinare (maglio), per modificarne plasticamente la forma, mediante una serie di deformazioni successive che permettono di giungere a quella definitiva.

Si riportano di seguito le fasi richieste dallo stampaggio di un pezzo.
— Troncatura spezzoni: consiste nel taglio del pezzo grezzo ricavato da prodotti di laminazione (billette, tondi ecc).

— **Riscaldamento** dello spezzone alla temperatura prescritta.
— Sbozzatura o prestampaggio: predispone il pezzo grezzo nella forma più adatta da introdurre nello stampo attraverso la fucinatura; il prodotto ottenuto è detto *sbozzato*.
— Stampaggio vero e proprio, ripartito in passaggi successivi con stampi diversi.
— Tranciatura e sbavatura: consiste in un'operazione di taglio per eliminare le eccedenze del materiale; si esegue sullo stampato ancora caldo (nello stampato freddo la sbavatura è eseguita con macchine utensili oppure ossitaglio).
— Coniatura: calibra i contorni del pezzo e ne migliora la finitura superficiale utilizzando uno stampo simile a quelli usati per lo stampaggio; vi si ricorre se è richiesta particolare accuratezza nella realizzazione del particolare.

Al termine delle fasi di deformazione plastica sul pezzo, si esegue eventualmente il trattamento termico, per migliorare la struttura del metallo, e la **sabbiatura**, per pulire la superficie dagli sfridi di lavorazione e dagli ossidi. Infine, si esegue il collaudo finale, attraverso controlli dimensionali e non distruttivi, e si avvia alle lavorazioni di asportazione di truciolo.

Nella **figura G1.51** si possono riconoscere alcune delle suddette fasi nella sequenza del ciclo produttivo di una corona dentata. La **figura G1.52** presenta i vari stati di lavorazione di un prodotto stampato e finito di tornitura e filettatura.

### COME SI TRADUCE...
| ITALIANO | INGLESE |
|---|---|
| Riscaldamento | Heating |

### PER COMPRENDERE LE PAROLE
**Sabbiatura**: Trattamento atto a eliminare gli strati di ossidi superficiali formatisi durante la lavorazione a caldo, sfruttando la fragilità dell'ossido rispetto alla tenacità del metallo. Viene eseguito indirizzando getti d'aria a pressione contenenti sabbia, o sferette metalliche, sulla superficie del prodotto da trattare (pallinatura o decapaggio meccanico).

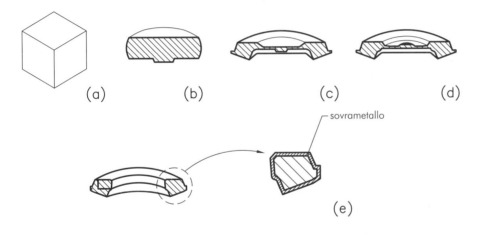

**Figura G1.51**
Ciclo produttivo di stampaggio di una corona dentata:
a) grezzo;
b) sbozzato ottenuto nel prestampaggio;
c) primo stampato;
d) secondo stampato;
e) prodotto finito dopo la tranciatura della parte interna e la sbavatura sul perimetro esterno.

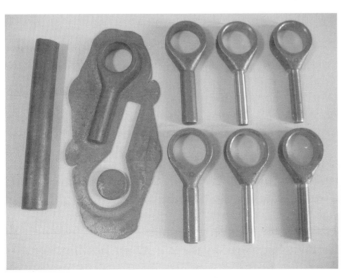

**Figura G1.52**
Diversi stati di lavorazione di un prodotto: dallo spezzone iniziale, alla sbavatura e alla sabbiatura, fino al prodotto finito tornito e filettato.

## Impianti per la fucinatura e lo stampaggio

### Impianti di taglio

Gli *impianti di taglio* eseguono la preparazione degli spezzoni nelle dimensioni corrette per lo stampaggio. Il taglio può essere fatto a caldo oppure a freddo mediante **cesoie**.

### Impianti di riscaldamento

Il riscaldamento degli spezzoni può essere eseguito con forni a combustione o con **forni elettrici a induzione** sia di metalli ferrosi (acciaio, acciaio inox) sia di metalli non ferrosi (leghe del titanio, del rame, dell'alluminio). Quest'ultimo sistema garantisce maggiore flessibilità produttiva, elevate uniformità e ripetibilità del riscaldamento e minore decarburazione dell'acciaio.

Il riscaldamento degli spezzoni può essere anche parziale.

### Stampi

Lo *stampo* è costituito da due semistampi: lo stampo superiore e quello inferiore, detto *controstampo*. I blocchi d'acciaio, impiegati per la fabbricazione degli stampi, hanno forma parallelepipeda e misure tali da renderli idonei a sopportare le sollecitazioni e gli urti, cui sono soggetti, senza deformazioni.

L'ancoraggio dei due semistampi alla mazza e all'incudine delle macchine di stampaggio è realizzato mediante un attacco a coda di rondine.

I due semistampi sono centrati, l'uno rispetto all'altro, mediante **risalti** che obbligano il semistampo superiore a essere perfettamente allineato con quello inferiore ( ▶ **Fig. G1.53**), assicurando il perfetto centraggio negli ultimi millimetri di corsa della mazza.

  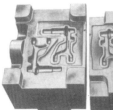  

(a)   (b)   (c)

**Figura G1.53**
Stampi:
a) stampo per leve sterzo;
b) stampo con sbozzatori per leva a forcella;
c) stampo per crociera.

Gli acciai per utensili impiegati nella costruzione degli stampi sono i seguenti:
— il 55 NiCrMoV 7, per stampi piccoli e medi;
— il 40 NiCrMoV 16, per stampi medi e grandi.

Al fine di risparmiare questi costosi acciai alto legati, si possono fabbricare stampi a inserti in cui solo l'impronta è realizzata con acciai alto legati, mentre il resto dello stampo che funge da supporto richiede acciai meno legati.

Per gli inserti si impiega l'acciaio X 37 CrMoV 5 1; nel caso di stampi per stampaggio a freddo è impiegato l'acciaio X 205 Cr 12.

### Camera scartabave

Durante lo stampaggio occorre avere la certezza che il materiale riempia per intero la forma.

---

**COME SI TRADUCE...**

| ITALIANO | INGLESE |
|---|---|
| Cesoie | Shears |
| Forno elettrico a induzione | Induction furnace |

**PER COMPRENDERE LE PAROLE**

**Forno elettrico a induzione**: il riscaldamento è prodotto dalla corrente elettrica indotta nel corpo da riscaldare mediante una bobina induttrice.

**Risalti**: protuberanze che si innalzano dal piano del semistampo con superficie inclinata, in genere, di 8°.

A tale scopo, il pezzo grezzo introdotto nello stampo deve avere un volume superiore a quello effettivo del particolare da ottenere. La porzione di materiale eccedente fluisce lungo tutto il contorno dell'impronta dello stampo, in corrispondenza del piano in cui combaciano i due semistampi. Si forma così il cordone di bava, o *bava*, lungo l'intero contorno dell'impronta (▶ **Fig. G1.54**).

**Figura G1.54**
Bava.

Su uno dei semistampi, o su entrambi, si ricava una luce di trafilamento – detta *camera scartabava* – per il materiale, sul contorno della forma dello stampo, in modo che il materiale eccedente possa fluire al suo interno. La camera scartabava ha, normalmente, la forma definita dalla **figura G1.55**.

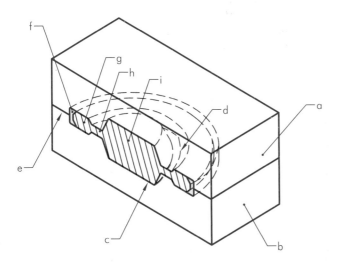

**Figura G1.55**
Schema di uno stampo con camera scartabava, in cui si osservano il semistampo superiore (**a**), il semistampo inferiore (**b**), l'impronta dello stampo (**c**), il contorno dell'impronta (**d**), il piano in cui combaciano i due semistampi (**e**), la camera scartabava (**f**), il cordone di bava (**g**), il canale di collegamento fra la camera scartabava e l'impronta dello stampo (**h**), il metallo (**i**).

Poiché il canale di collegamento fra la camera scartabava e l'impronta dello stampo ha la sezione più piccola rispetto alla camera, ostacola il libero deflusso del metallo nella camera, costringendolo a riempire prima l'impronta dei due semistampi e poi la camera scartabava. La bava deve formarsi nella zona raggiunta per ultimo dal materiale ed è eliminata nella fase di sbavatura successiva a quella di stampaggio, mediante uno stampo di tranciatura.

## Macchine per la fucinatura e lo stampaggio

Le macchine per la fucinatura e lo stampaggio sono i *magli* e le *presse*: il maglio esegue la deformazione del metallo con più colpi (come si fa nella martellatura manuale), pertanto occorrono più corse di lavoro per ottenere il prodotto finito; la pressa, invece, opera con una sola corsa di lavoro.

La conformazione delle macchine può essere a un montante, a due montanti, a quattro montanti o **colonne** ( ▶ **Fig. G1.56**).

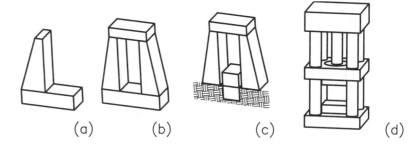

**Figura G1.56**
Conformazione delle macchine per la fucinatura e lo stampaggio:
a) macchina a un montante;
b) macchine a due montanti, basamento e traversa superiore;
c) macchine a due montanti con basamento separato;
d) macchine a quattro montanti o colonne.

| COME SI TRADUCE... | |
|---|---|
| **ITALIANO** | **INGLESE** |
| *Colonna* | Column |
| *Mazza* | Ram |

Nelle macchine a un montante, il basamento inferiore sorregge il montante vero e proprio, che si sviluppa in verticale.

Le macchine a due montanti si realizzano con un'architettura a portale, con basamento inferiore e montanti laterali uniti da una traversa superiore; il basamento può essere collegato direttamente agli altri elementi, creando una struttura monolitica, oppure può essere separato e vincolato a fondamenta in calcestruzzo, ricavate nel pavimento dello stabilimento tra i due montanti. In base alla disposizione dei montanti, le macchine si distinguono in verticali, con moto di lavoro ad asse verticale, e orizzontali, con moto di lavoro ad asse orizzontale.

### Magli

Il funzionamento dei magli è dovuto alla corsa di una **mazza** che batte sul pezzo poggiato su un'incudine ( ▶ **Fig. G1.57**).

**Figura G1.57**
Il funzionamento del maglio si basa sulla corsa della mazza che si interrompe battendo sul pezzo poggiato su un'incudine.

In base al comportamento dell'incudine, i magli si possono classificare in magli *a singola mazza* e magli a *doppia mazza*. Nei magli a singola mazza la forza di deformazione esercitata dalla mazza sul pezzo è supportata dall'incudine fissato a uno zoccolo che, a sua volta, poggia sulle fondamenta in calcestruzzo della macchina. I magli a singola mazza si possono ulteriormente suddividere in magli *a semplice azione* (o *a caduta libera*) e in magli *a doppia azione*: nei primi la mazza è lasciata cadere sul pezzo per sola gravità, mentre nei secondi alla forza di gravità si aggiunge una spinta dovuta alla pressione esercitata da un fluido su di un pistone collegato alla mazza.

I magli a doppia mazza (o *a contraccolpo*) hanno due mazze battenti, uguali, che urtano l'una contro l'altra. I magli sono usati per la fucinatura, tuttavia lo sviluppo di nuovi tipi di magli per stampaggio ha permesso la produzione di pezzi stampati con ottime caratteristiche dimensionali e di forma, e in grande serie.

I magli maggiormente impiegati sono quelli a semplice azione, a doppia azione e a doppia mazza verticale oppure orizzontale.

### Magli a semplice azione

I magli a semplice azione, detti anche *a caduta libera* o *berte*, hanno le seguenti caratteristiche di funzionamento:
— il lavoro di deformazione è dato dall'energia cinetica di caduta della mazza, sollevata a una certa altezza e lasciata cadere liberamente per peso proprio;
— il tempo di lavoro è lungo perché ogni volta occorre risollevare la mazza;
— durante la discesa, l'accelerazione della mazza è inferiore all'accelerazione di gravità a causa degli attriti presenti.

Il lavoro disponibile ideale, $L_{d.id}$ si ricava dall'energia cinetica della mazza al momento dell'urto con il pezzo. In base al principio di conservazione dell'energia, essa è uguale all'energia potenziale posseduta dalla mazza quando si trova nella posizione di partenza, sollevata a una certa altezza $h$ ( ▸ **Fig. G1.58**):

$$L_{d.id} = m_m \, g \, h \quad [\text{J}]$$

in cui $m_m$ è la massa della mazza, mentre $g$ è l'accelerazione di gravità (9,81 m/s²).

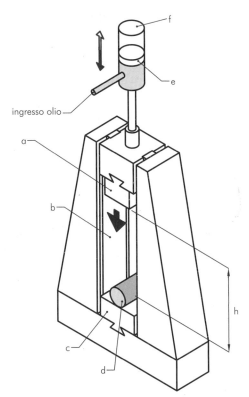

**Figura G1.58**
Schema di funzionamento di un maglio a semplice azione, in cui si osservano la mazza (**a**), le guide (**b**), l'incudine (**c**), il pezzo (**d**) il pistone (**e**) il cilindro (**f**).

Tenendo conto delle perdite di energia per attrito lungo le guide che rallentano la caduta della mazza, si ottiene il lavoro disponibile effettivo $L_{d.ef}$:

$$L_{d.ef} = \eta_u L_{d.id} = \eta_u m_m g\, h = \frac{1}{2} m_m V^2 \left[ \mathrm{J} \right]$$

in cui $V$ è la velocità finale della mazza e $\eta_u$ è il rendimento di utilizzo dell'energia di caduta.

Non tutta l'energia disponibile è usata per deformare il pezzo, poiché l'incudine ne assorbe una parte proporzionale al rapporto tra la massa della mazza e quella dell'incudine $m_i$. Il lavoro assorbito dall'incudine è:

$$L_i = L_{d.ef}\, \frac{m_m}{m_i}$$

Il rendimento $\eta_u$ tiene conto dell'energia persa per la deformazione dell'incudine e ha un valore compreso tra 0,3÷0,6, secondo i tipi di maglio.

In base al sistema di sollevamento della mazza, i magli a semplice azione si distinguono in:
— magli a cinghia, in cui la mazza è sollevata da una cinghia, che viene premuta contro un tamburo da un rullo pressore;
— magli a tavola, in cui l'organo di sollevamento è un'asse di legno duro;
— magli a catena, in cui l'organo di sollevamento è una catena d'acciaio, avvolta su una ruota a raggio variabile;
— magli ad asta, in cui la mazza è collegata, mediante un'asta, a un pistone che si muove all'interno di un cilindro; inviando un fluido in pressione (generalmente olio) sotto il pistone, questo si solleva trascinando la mazza; durante il sollevamento del pistone l'aria che si trova tra pistone e cilindro si comprime e, al momento della caduta della mazza, fornisce una piccola accelerazione aggiuntiva ( ▸ **Fig. G1.58** ).

**Magli a doppia azione**

Si consideri il maglio autocompressore ad aria compressa, in cui la capacità di lavoro della mazza in caduta libera è aumentata mediante l'azione di una forza acceleratrice, esercitata da un fluido (aria) in pressione su un pistone collegato alla mazza durante la corsa di lavoro.

L'accelerazione della mazza in discesa, quindi, è maggiore dell'accelerazione di gravità, perciò aumenta il lavoro disponibile per deformare il metallo.

Nella **figura G1.59** è riportato dettagliatamente lo schema di funzionamento della macchina. Nel cilindro (**a**) agisce un pistone (**b**) azionato da un dispositivo biella-manovella (**c**). Quando il pistone sale, l'aria viene compressa e inviata nella parte superiore del cilindro (**d**), dove agisce sul pistone cavo (**e**), collegato alla mazza battente (**f**). Quando il pistone discende, l'aria passa dal cilindro nella parte inferiore del cilindro (**d**) sollevando il pistone (**e**), di conseguenza, anche la mazza (**f**) si solleva. Quest'ultima sfrutta la spinta dell'aria contenuta nella cavità del pistone (**e**), dove l'aria si comprime e si espande alternativamente, formando un cuscino che rende elastici i colpi.

La regolazione delle valvole ($\mathbf{v_1}$, $\mathbf{v_2}$), che mettono in comunicazione i cilindri (**a**) e (**d**), consente di variare l'intensità dei colpi.

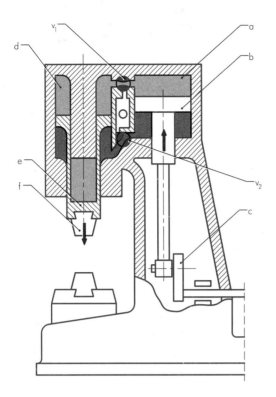

**Figura G1.59**
Maglio autocompressore ad aria compressa, in cui si osservano il cilindro (**a**), il pistone (**b**), il dispositivo biella-manovella (**c**), il cilindro con pistone cavo (**d**), il pistone cavo (**e**), la mazza battente (**f**), le valvole di regolazione ($v_1$, $v_2$).

## Maglio a doppia mazza

Il maglio a doppia mazza (o a contraccolpo) non ha l'incudine, sostituita da una seconda mazza che, al momento dell'urto, ha la stessa velocità della prima ma si muove in senso contrario. Come nel maglio autocompressore, il movimento della mazza superiore è ottenuto dalla spinta dell'aria compressa sulla superficie del pistone. Poiché le mazze inferiore e superiore sono collegate tramite un sistema di pulegge o nastri di acciaio, quella superiore comanda, con il suo movimento, l'avvicinamento della mazza battente inferiore (▶ **Fig. G1.60**), sfruttando la sua forza di gravità per sollevare la mazza inferiore. La corsa delle mazze può essere verticale oppure orizzontale. Poiché i magli che impiegano gas (azoto) ad alta pressione raggiungono velocità elevatissime delle mazze (20 m/s), sono detti *ad alta velocità*.

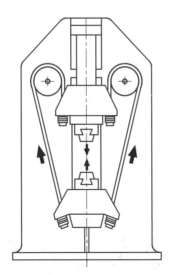

**Figura G1.60**
Schema di un maglio a doppia mazza.

| COME SI TRADUCE... | |
|---|---|
| ITALIANO | INGLESE |
| Pressa per stampare | Forging press |

**PER COMPRENDERE LE PAROLE**

**Principi**: sono i filetti di una filettatura, che può essere a uno o più principi (o filetti) secondo il numero dei filetti elicoidali, eguali e contigui, che la costituiscono.

## Presse

Il funzionamento delle presse si basa sul movimento di uno slittone, che porta un semistampo, il quale scende sul pezzo poggiato sull'altro semistampo, posto sul basamento della macchina. Per lo specifico uso in fucina, le **presse per stampare** sono anche dette *fucinatrici*. In base al tipo di azionamento dello slittone, le presse si possono classificare in:
— *presse meccaniche*, nelle quali l'azionamento dello slittone è ottenuto meccanicamente (per esempio con un meccanismo di biella e manovella);
— *presse idrauliche*, nelle quali l'azionamento dello slittone è ottenuto per mezzo di un fluido in pressione (olio oppure aria).

Gli slittoni possono essere unici o suddivisi in due o tre parti mobili indipendenti. In funzione di queste diverse configurazioni, le presse sono a semplice, doppio o triplo effetto.

In una *pressa a doppio effetto*, vi sono due slittoni utilizzati: uno per la lavorazione vera e propria (slittone interno) e l'altro per bloccare il pezzo mentre lo slittone interno esegue la deformazione plastica.

Una *pressa a triplo effetto* prevede due slittoni superiori (interno di bloccaggio) e un terzo slittone inferiore, agente all'interno del piano di appoggio, che si muove verso l'alto per effettuare una formatura addizionale.

In base alla forza massima che le presse possono esercitare, detta anche *potenzialità*, sono suddivise in:
— leggere, con forza fino a 1000 kN;
— medie, con forza maggiore di 1000 kN, fino a 4000 kN;
— pesanti, con forza maggiore di 4000 kN.

## Presse meccaniche

In base al meccanismo di azionamento dello slittone, le presse meccaniche si classificano in:
— presse a vite, dette anche *presse a bilanciere* o *a frizione*;
— presse a eccentrico o a manovella, dette anche *eccentriche*;
— presse a ginocchiera;
— presse a cuneo.

Nelle *presse a vite* lo spostamento dello slittone lungo i due versi dell'asse di lavoro avviene mediante un albero filettato (vite) con filettatura a 3 **principi**.

La capacità di lavoro è data dall'energia cinetica di rotazione accumulata in un volano. Le presse a vite sono impiegate soprattutto per lo stampaggio a caldo o a freddo, per la piegatura, per la profilatura e per la calibratura.

Il tipo più comune di pressa a vite è quello a due dischi di frizione, illustrato nella **figura G1.61**. Mediante una trasmissione a cinghia, un motore elettrico aziona la puleggia calettata sull'albero, su cui sono anche calettati i due dischi, che si trovano continuamente in rotazione. Questi possono essere spostati lungo l'asse orizzontale mediante il comando dei tiranti e, quindi, alternativamente pressati contro il volano oppure allontanati da esso.

A seconda del disco che entra in contatto con il volano, quest'ultimo ruota per attrito in un verso oppure nell'altro. Insieme al volano ruota anche l'albero filettato a esso, collegato rigidamente. L'albero filettato ruota in una madrevite fissata nella traversa superiore dell'incastellatura e, secondo il senso orario o antiorario della sua rotazione, trasla verso l'alto o verso il basso trascinando con sé, oltre al volano, lo slittone condotto dalle guide.

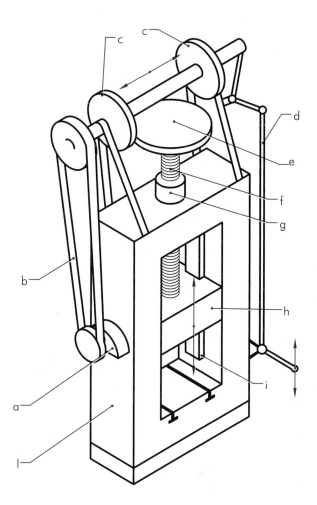

**Figura G1.61**
Pressa a vite a due dischi di frizione, in cui si osservano il motore elettrico (a), la trasmissione a cinghia e puleggia (b), i dischi di frizione (c), i tiranti (d), il volano (e), l'albero filettato (f), la madrevite (g), lo slittone (h), le guide (i), l'incastellatura (l).

La capacità di lavoro $L$ di una pressa a vite vale:

$$L = \frac{\rho \pi^3 n^2 r^4 h}{3600} \, [\text{J}]$$

in cui $\rho$ è la massa volumica del materiale costituente il volano (considerato un cilindro), $n$ è il numero di giri al minuto dell'albero filettato, $r$ è il raggio del volano, $h$ è l'altezza del volano.

La forza di compressione $F$ può essere calcolata dividendo la capacità di lavoro $L$ per la corsa di lavoro $s$:

$$F = \frac{L}{s} \, [\text{N}]$$

Le presse a vite imprimono un colpo veloce e potente che, dal punto di vista dell'effetto sul pezzo da lavorare, può considerarsi a metà strada tra quello dei magli e quello delle presse a eccentrico, inoltre, possono avere corse maggiori e più facilmente variabili delle presse eccentriche o a ginocchiera.

Il principio di funzionamento delle *presse a eccentrico*, o a manovella, si basa sulla trasformazione del moto rotatorio dell'**albero a eccentrico o a manovella** (▶ **Fig. G1.62**), tramite la biella, in moto rettilineo alternativo dello slittone collegato alla biella stessa. Si esamini il funzionamento della pressa a manovella illustrato nella **figura G1.63**.

---

**PER COMPRENDERE LE PAROLE**

**Albero a eccentrico**: albero rotante avente un perno eccentrico posto a una certa distanza dall'asse centrale dell'albero.

**Albero a manovella**: albero rotante avente una forma piegata a greca, tale da presentare una parte non centrata rispetto all'asse di rotazione dell'albero; la parte centrata crea la manovella del sistema biella-manovella; poiché la forma piegata crea gomiti, l'albero è anche detto *a gomiti*.

**Figura G1.62**
Albero:
a) a eccentrico;
b) a manovella.

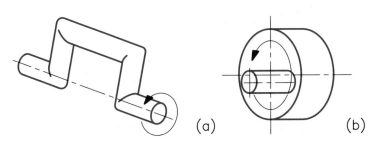

**Figura G1.63**
Presse a eccentrico, in cui si osservano l'albero a manovella (a), il volano (b), la trasmissione a cinghia (c), l'innesto (d), la biella (e), il perno (f), lo slittane (g), le guide (h), l'appoggio dell'albero (i), il freno (l), l'asta di comando (m), il motore elettrico (n).

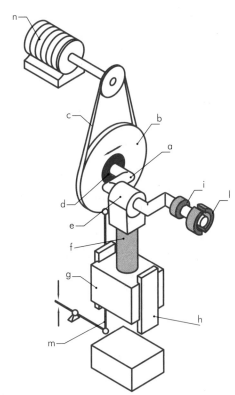

Un'estremità dell'albero a manovella (rotante nei cuscinetti) è connessa al volano, messo in rotazione dal motore elettrico mediante la trasmissione a cinghia. Mediante la manovella e la biella, l'albero a manovella è collegato allo slittone tramite il perno; un'estremità di questo è avvitata nella biella, mentre l'altra è collegata allo slittone (tramite un giunto sferico), in grado di muoversi tra le guide.

Essendo il volano folle sull'albero a manovella, l'energia che esso accumula viene trasmessa all'albero mediante l'innesto, che è inserito tramite l'asta comandata dal pedale o da pulsanti quando la manovella è al punto morto superiore (PMS).

A inserimento avvenuto, l'albero ruota e, mediante la manovella e la biella, fa scendere lo slittone con il semistampo superiore verso il pezzo collocato nel semistampo inferiore posto sul piano di lavoro.

Quando la manovella raggiunge il punto morto inferiore (PMI), si compie l'operazione di lavoro, con la chiusura del semistampo superiore su quello inferiore e la conseguente formatura del pezzo.

L'albero, innestato al volano, continua la rotazione portando la manovella e la biella al PMS e sollevando lo slittone ( ▶ **Fig. G1.64**).

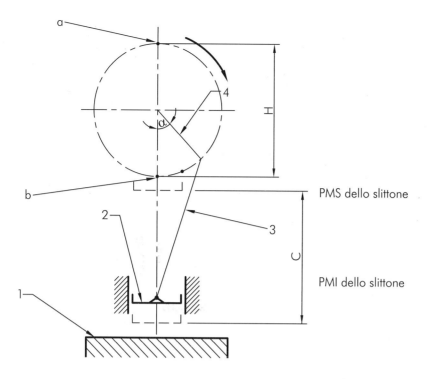

**Figura G1.64**
Rotazione dell'albero a manovella, in cui si osservano il punto morto superiore (PMS) (a), il punto morto inferiore (PMI) (b), il piano di lavoro con il semistampo inferiore (1), lo slittone con il semistampo superiore (2), la biella (3), la manovella (4).

L'innesto viene disinserito quando la manovella e la biella hanno raggiunto il PMS e, contemporaneamente, si utilizza il freno per fermare velocemente il manovellismo, senza il quale quest'ultimo potrebbe proseguire per inerzia oltre il PMS e lo slittone si abbasserebbe per forza di gravità.

Questo movimento spontaneo verso il basso è molto pericoloso perché potrebbe causare seri incidenti all'operatore, impegnato nell'estrazione del prodotto stampato.

Gli innesti sono generalmente a frizione che, azionati pneumaticamente, assicurano un collegamento graduale del volano e dell'albero e possono entrare in funzione per qualsiasi posizione dell'albero a manovella.

La corsa $C$ della pressa è data dalla seguente relazione:

$$C = 2x$$

in cui, nelle presse ad eccentrico, $x$ rappresenta l'eccentricità tra perno eccentrico e albero, mentre nelle presse a manovella indica il braccio di manovella.

La corsa $C$ è la distanza percorsa dallo slittone in una direzione durante la rotazione dell'albero.

La forza $F$ applicata allo slittone di una pressa eccentrica varia continuamente durante la corsa, in base alla posizione della manovella, ovvero all'angolo di manovella $\alpha$ ( ▶ **Fig. G1.65**). La forza massima si ottiene in prossimità del punto morto inferiore. La capacità di lavoro $L$ vale:

$$L = F \frac{C}{15} \ [\text{J}]$$

Le presse eccentriche sono impiegate per lavorazioni in cui la forza di lavoro non deve mantenersi costante per una lunga corsa.

**Figura G1.65**

Andamento della forza F applicata allo slittone di una pressa eccentrica in funzione dell'angolo di manovella α, fissata l'eccentricità x.
Per valori di x piccoli rispetto alla lunghezza della biella (come accade in pratica), vale l'equazione semplificata:

$$F = \frac{M}{x\,\text{sen}\,\alpha}$$

in cui M è la coppia motrice che agisce sull'albero a eccentrico.

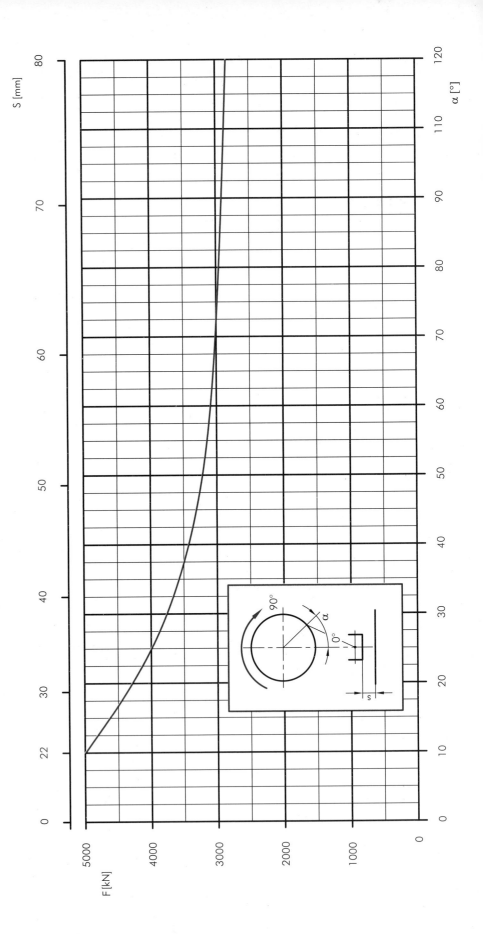

Le *presse a ginocchiera* sono una varietà di presse a manovella in cui la forza è trasferita dall'**albero a gomiti** allo slittone tramite una ginocchiera ( ▶ **Fig. G1.66**), ovvero un meccanismo costituito, nella sua forma più semplice, da due aste incernierate tra di loro a un'estremità (**a**).

Una delle due aste è anche incernierata (**b**) a un telaio fisso (**c**), mentre l'altra ha la seconda estremità (**d**) vincolata a muoversi lungo un percorso rettilineo.

| COME SI TRADUCE... | |
|---|---|
| **ITALIANO** | **INGLESE** |
| Albero a gomiti | Crankshaft |

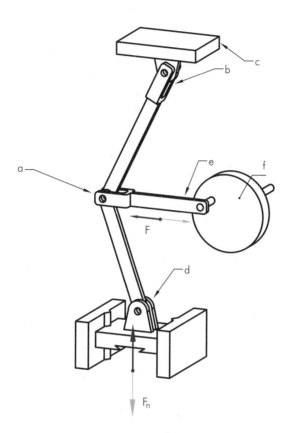

**Figura G1.66**
Ginocchiera, in cui si osservano le cerniere (a, b), il telaio (c), l'estremità con moto rettilineo (d), la biella (e), la manovella (f).

Alla cerniera (**a**) è applicata una forza $F$ mediante un manovellismo biella-manovella o un martinetto idraulico. La ginocchiera esercita una forza nominale $F_n > F$, disponibile solo 3-4 mm prima del PMI, in corrispondenza di un angolo di manovella pari a 32°.

Le presse a ginocchiera sono impiegate per tutti quei processi di lavorazione che richiedono notevolissime forze per corse di lavoro utile molto brevi.

Le *presse a cuneo* appartengono alla categoria delle presse a manovella ( ▶ **Fig. G1.67**) e sono particolarmente robuste. Lo slittone è azionato mediante il cuneo, spinto a sua volta tra il montante e lo slittone da un meccanismo biella-manovella.

Le presse a cuneo presentano i seguenti vantaggi:
— piccole deformazioni elastiche;
— precisione dei pezzi lavorati;
— minori carichi sulle guide dello slittone;
— lunga vita utile;
— minore usura degli stampi;
— migliore regolazione della corsa;
— brevi tempi di attrezzatura.

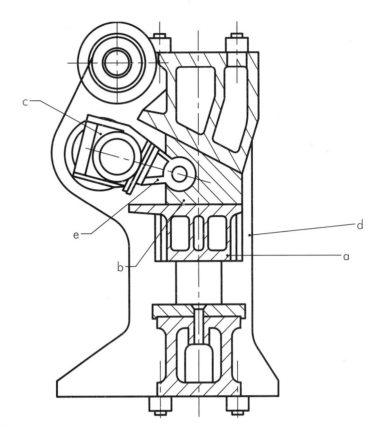

**Figura G1.67**
Pressa a cuneo, in cui si osservano lo slittone (a), il cuneo (b), il manovellismo (c), il montante (d), la biella (e).

### Presse idrauliche

Le *presse idrauliche* esercitano un'azione di deformazione mediante la pressione di fluidi (aria oppure olio). Poiché sono in grado di esercitare forze elevatissime, tali presse sono impiegate per la fucinatura libera e lo stampaggio di pezzi di grandi dimensioni.

La pressa idraulica è costituita da un cilindro a tenuta perfetta, che riceve il fluido in pressione; la pressione è esercitata sul pistone del cilindro che, traslando, trasmette la forza sullo slittone, cui è applicato lo stampo ( ▶ **Fig. G1.68a**).

Il funzionamento delle presse idrauliche si basa sul principio del torchio idraulico, che sfrutta la proprietà per la quale la pressione esercitata su un liquido si trasmette in ogni direzione con la stessa intensità (noto come "principio di Pascal"). Nel torchio idraulico ( ▶ **Fig. G1.68b**), due cilindri comunicanti (uno di grande sezione $S$ e uno di piccola sezione $s$) vengono riempiti con il liquido. Applicando una forza $F$ sul pistone di sezione $s$, si sottopone il liquido, in ogni suo punto, a una pressione $p$ uguale a:

$$p = \frac{F}{s} \; [\text{Pa}]$$

La pressione $p$, agendo sul pistone di sezione $S$, origina la forza $F_1$:

$$F_1 = p \, S$$

Essendo la forza $F_1$ maggiore della forza che agisce sullo stantuffo di sezione $s$ ($F = p\,s$), con valori di $s$ molto piccoli ed $S$ molto grandi, si ottengono forze rilevanti trasmesse dal pistone grande, applicando forze modeste sul pistone piccolo.

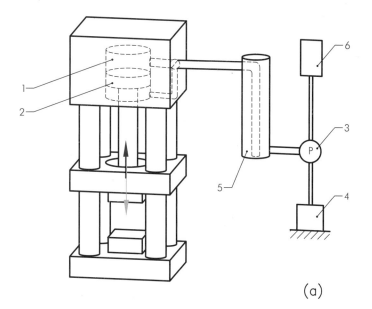

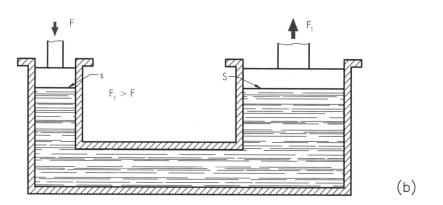

**Figura G1.68**
Pressa idraulica:
a) schema di funzionamento, in cui si possono osservare il cilindro (**1**), il pistone (**2**), la pompa (**3**), il motore elettrico (**4**), l'accumulatore (**5**), il serbatoio di olio (**6**);
b) torchio idraulico.

Le presse idrauliche possono essere costruite con incastellature a un montante, due montanti oppure quattro colonne. Il moto dello slittone si ottiene mediante un cilindro in cui è inviato il fluido in pressione (acqua, olio, aria), che è prodotto da un impianto ausiliario formato da una pompa idraulica (acqua, olio), o da un compressore (aria), e da un **accumulatore pneumatico** o **idropneumatico**.

L'accumulatore immagazzina il fluido ad alta pressione, usato durante la pressatura, poi viene riempito negli intervalli tra i successivi colpi di pressa.

Si consideri la pressa idraulica a quattro colonne, costituita da un cilindro di lavoro montato nella traversa superiore fissa. Questa è collegata, mediante le colonne, alla traversa inferiore, che costituisce il basamento della macchina solidale alle fondazioni.

Il pistone del cilindro è collegato allo slittone (traversa mobile), guidato dalle colonne. Lo slittone e la traversa inferiore fissa portano gli stampi per la lavorazione. Il ciclo di lavoro di una pressa idraulica è costituito da:
— una corsa a vuoto verso il basso della traversa mobile, dalla posizione iniziale in alto, fino a portare lo stampo a contatto con il pezzo;
— una corsa di lavoro verso il basso, durante la quale avviene la deformazione plastica del metallo;
— una corsa di ritorno della traversa mobile verso l'alto, per ritornare alla posizione iniziale.

**PER COMPRENDERE LE PAROLE**

**Accumulatore pneumatico**: è un serbatoio di aria in pressione.

**Accumulatore idropneumatico**: è costituito da una grossa bombola di acciaio contenente aria compressa nella parte superiore e, in quella inferiore, liquido inviato da una pompa.

Le presse idrauliche sono dotate di un cilindro di lavoro a doppio effetto che consente, oltre alla corsa di lavoro verso il basso, anche la corsa di ritorno verso l'alto. Come le presse meccaniche, quelle idrauliche possono essere a effetto singolo, doppio e triplo; nel caso di presse a doppio o triplo effetto, il premilamiera e ciascuno slittone sono mossi da cilindri separati.

### Processi di produzione innovativi

Il processo di stampaggio massivo tende a evolversi verso cicli operativi che comprendono la colata continua seguita dallo stampaggio (come avviene per la laminazione), in modo da ridurre i tempi di lavorazione ( ▸ **Fig. G1.69** ).

**Figura G1.69**
Processi di stampaggio massivo innovativi:
a) colata continua seguita dallo stampaggio;
b) formatura allo stato semisolido, o *thixoforming*.

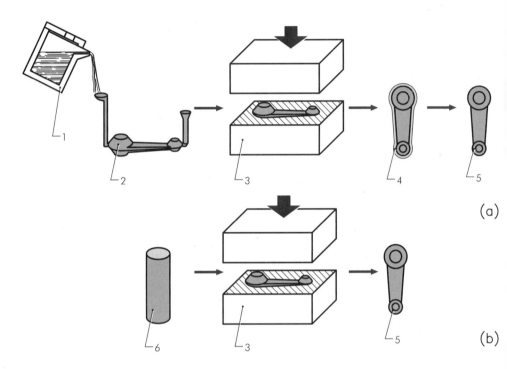

Tale obiettivo è raggiungibile anche impiegando nuove tecnologie quali la formatura allo stato semisolido, o *thixoforming*, e la lavorazione a semicaldo.

### Formatura allo stato semisolido

Secondo questo processo un semilavorato in lega metallica viene deformato a una temperatura per cui il suo stato fisico si trova nell'intervallo liquido-solido; il riscaldamento è ottenuto mediante induzione. Con uno stampaggio successivo il semilavorato assume la forma definitiva.

### Lavorazione a semicaldo

La deformazione plastica a semicaldo di materiali in acciaio avviene a temperature superiori a quella ambiente e inferiori alle temperature comprese tra 1000 e 1200 °C della forgiatura a caldo.

Lo spezzone è riscaldato a una temperatura tale da coniugare i vantaggi della lavorazione a freddo – quali la buona precisione e la migliore qualità superficiale – con la più elevata deformabilità caratteristica della lavorazione a caldo. In particolare, non occorre l'operazione di sbavatura, poiché lo stampaggio porta a una forma molto vicina a quella finale senza sfrido.

La scelta della temperatura ottimale per la deformazione a semicaldo dell'acciaio non è univoca; essa dipende da vari fattori quali la forma e le dimensioni del pezzo, l'entità della deformazione, il materiale e le tolleranze ammesse.

Per gli acciai non legati o basso-legati, le temperature hanno valori compresi fra 600÷800 °C: sotto i 600 °C la fragilità non favorisce la deformazione plastica; oltre gli 800 °C si ha la tendenza alla formazione di ossidi e alla decarburazione al bordo dei grani.

Le forze necessarie per lo stampaggio sono circa 2÷2,5 volte quelle necessarie per lo stampaggio a caldo, ma, in ogni caso, sono circa un terzo di quelle richieste nella lavorazione a temperatura ambiente.

## Difetti di stampaggio

I *difetti di stampaggio* derivano da errori commessi nella scelta dei parametri di processo, nella progettazione degli stampi o nella loro disposizione.

La **figura G1.70** illustra cricche superficiali in pezzi forgiati, dovuti alla bassa temperatura di riscaldamento per la deformazione a caldo.

**Figura G1.70**
Cricche superficiali in pezzi forgiati.

La **figura G1.71** riporta i difetti dovuti a errori commessi nella progettazione o nella disposizione degli stampi, che generano ripiegature nel prodotto stampato.

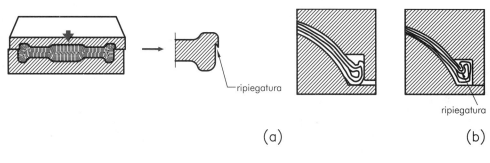

**Figura G1.71**
Ripiegature:
a) dovute a errore di posizionamento degli stampi;
b) dovute a errore di progettazione degli stampi con ridotto raggio di raccordo che costringe il materiale a ripiegarsi.

La **figura G1.72** riporta, infine, un pezzo di scarto dovuto a un errore di posizionamento del pezzo nello stampo.

**Figura G1.72**
Pezzo di scarto dovuto a un errore di posizionamento del pezzo nello stampo.

# G1.4 ESTRUSIONE

**PER COMPRENDERE LE PAROLE**

**Estrusione**: operazione simile al processo di estrazione della maionese realizzato premendo il contenitore.

L'**estrusione** è un processo di lavorazione per deformazione plastica mediante il quale un metallo, racchiuso in un contenitore cilindrico, è sottoposto a sollecitazione di compressione, che lo costringe a fluire attraverso l'apertura dello stampo detto **matrice**. Questa tecnologia è molto importante, specialmente per la lavorazione delle leghe leggere, nel campo dell'industria aeronautica e ferroviaria ( ▸ **Fig. G1.73**) e della fabbricazione di prodotti per l'edilizia (serramenti).

**Figura G1.73**
Estrusi di lega dell'alluminio usati per la fabbricazione di carrozze ferroviarie:
a) vista in sezione che evidenzia l'impiego di estrusi diversi;
b) estruso della trave portante;
c) vista di un treno ad alta velocità.

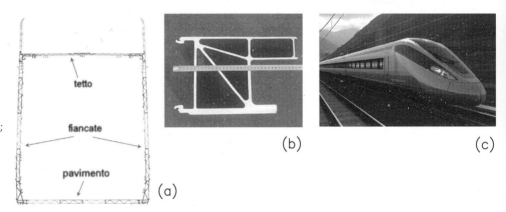

| COME SI TRADUCE... | |
|---|---|
| **ITALIANO** | **INGLESE** |
| Estrusione | Extrusion |
| Matrice | Die |
| Estrusione diretta | Forward extrusion |
| Estrusione indiretta | Backward extrusion |

Si possono estrudere anche il rame, il bronzo, l'ottone, le leghe del titanio, dello zinco e l'acciaio, ottenendo prodotti lunghi, con sezione trasversale di forma molto variabile, detti *estrusi*. Tale lavorazione è eseguita a caldo, tuttavia non mancano esempi di applicazione dell'estrusione a freddo.

L'estrusione si esegue su spezzoni di billette e barre o lamiere, oppure su preformati a forma di coppetta, per ottenere prodotti cavi. Tale processo discontinuo richiede che lo spezzone sia inserito nel cilindro dell'estrusore.

I principali processi di estrusione ( ▸ **Fig. G1.74**) sono l'**estrusione diretta**, l'**estrusione indiretta**, l'estrusione idrostatica, l'estrusione a impatto, usata per sezioni cave.

**Figura G1.74**
Principali processi di estrusione:
a) estrusione diretta;
b) estrusione indiretta;
c) estrusione idrostatica;
d) estrusione a impatto.
Si osservano il pistone spintore (**1**), la falsa billetta (**2**), la billetta (**3**), il contenitore (**4**), l'estruso (**5**), la matrice (**6**), la contromatrice (**7**), il disco di supporto e guida (**8**), lo stelo di supporto della matrice (**9**), l'anello di tenuta (**10**).

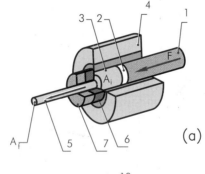
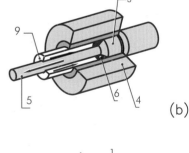
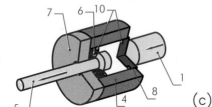

# Parametri di estrusione

## Flussi di metallo nell'estrusione

La **figura G1.75** pone in evidenza l'andamento delle linee di flusso del metallo omogeneo, assimilato a un fluido viscoso, durante il passaggio attraverso la matrice.

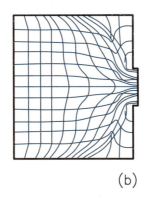
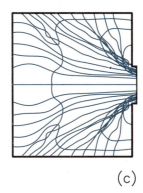

(a)  (b)  (c)

**Figura G1.75**
Andamento delle linee di flusso del materiale estruso:
a) senza attrito;
b) con attrito alto;
c) con attrito elevatissimo.

La variazione della velocità del materiale lungo una sezione trasversale ha andamento parabolico.

Nel caso d'assenza di attrito tra metallo in lavorazione, matrice e cilindro contenitore, il flusso di materiale segue completamente il profilo della camera di estrusione ( ▸ **Fig. G1.75a**).

Se l'attrito è alto, si sviluppa una zona morta e la superficie del metallo è inglobata nel flusso, provocando difetti interni ( ▸ **Fig. G1.75b**). Con un attrito elevatissimo con il contenitore, la zona morta si estende all'indietro e, se l'estrusione avviene a caldo, si ha la formazione di difetti a tubo ( ▸ **Fig. G1.75c**).

## Forza e lavoro di estrusione

Per determinare la forza e il lavoro di estrusione, si consideri lo schema rappresentato nella **figura G1.76**, relativo all'estrusione diretta.

L'esame semplificato dell'estrusione avviene ipotizzando di trascurare l'attrito.

Supponendo che l'estruso abbia solo cambiamenti nelle dimensioni e non nella forma, si consideri il caso in cui l'estruso abbia simmetria assiale.

Lo spezzone cilindrico ha sezione iniziale di area $A_i$ e lunghezza iniziale $l_i$, estruso alla sezione finale di area $A_f$ e alla lunghezza finale $l_f$.

Il rapporto tra le aree $A_i$ e $A_f$ è definito *rapporto di estrusione E*:

$$E = \frac{A_i}{A_f}$$

L'estrusione è paragonabile alla laminazione, pertanto è analizzata in modo analogo. Si può, infatti, considerare il passaggio dell'estruso attraverso la matrice come il passaggio del laminato spinto tra i rulli fermi.

La forza $F_{id}$, che agisce sull'area $A_i$ dello spezzone, è la forza ideale necessaria per estrudere il materiale, causandone la deformazione plastica.

Alla forza $F_{id}$ si oppone la risultante $R$ delle forze applicate dalla matrice al materiale, con retta d'azione orizzontale ( ▸ **Fig. G1.77**).

**Figura G1.76**
Schema dell'estrusione diretta di uno spezzone cilindrico, in cui si osservano lo spezzone iniziale (**a**), la matrice (**b**), l'estruso (**c**), i rulli di laminazione virtuali (**d**), il cui calibro è analogo all'apertura della matrice.

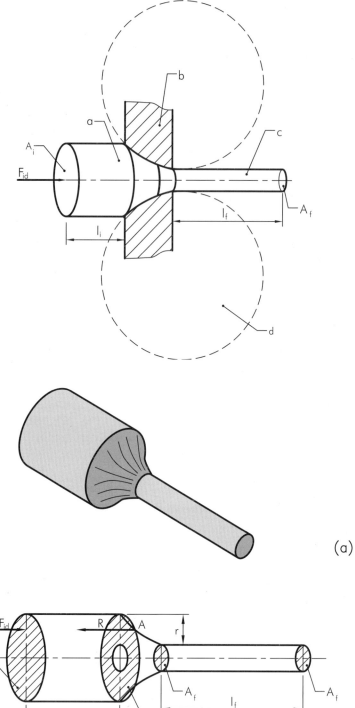

**Figura G1.77**
Forze presenti durante l'estrusione:
a) vista d'insieme;
b) sezione longitudinale; l'esame è limitato alla parte superiore della sezione per via della simmetria di comportamento tra le due parti. La risultante $R$ delle forze applicate dalla matrice al materiale estruso è collocata nel punto A, posto a metà del raggio della corona circolare $r$.

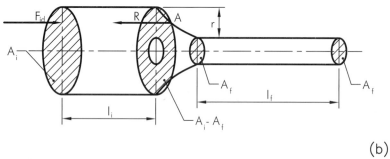

Trascurando l'attrito, la forza ideale di estrusione $F_{id}$ vale:
$$F_{id} = k_c A_i \varphi \; [\text{N}]$$

in cui $k_c$ indica la resistenza del materiale alla deformazione plastica e il parametro $\varphi$ è dato dalla seguente relazione:

$$\varphi = \ln \frac{A_i}{A_f}$$

Considerando la corsa del pistone estrusore pari a $l_i$, il lavoro ideale di deformazione $L_{id}$ vale:

$$L_{id} = F_{id}l_i \left[ \text{J} \right]$$

### Attrito

Durante l'estrusione si sviluppa l'attrito esterno a causa dei movimenti relativi tra materiale e contenitore, pistone pressatore e matrice.

In particolare, quando lo spintore si trova molto vicino al fondo del contenitore, l'attrito su di esso acquista un effetto predominante, determinando un brusco aumento della forza di estrusione.

Tra i diversi tipi di processo, si registrano le seguenti differenze.
— Estrusione diretta: l'attrito dello spezzone lungo le pareti del contenitore aumenta molto le forze richieste per l'estrusione.
— Estrusione inversa e a impatto: l'attrito è limitato e le forze applicabili inferiori per via dell'uso di un pistone cavo.
— Estrusione idrostatica: non si ha attrito con le pareti del contenitore.

All'attrito esterno si aggiunge anche quello interno del materiale dovuto allo scorrimento plastico tra i piani cristallini (deformazione plastica reale).

Si tiene conto delle perdite globali dovute all'attrito interno ed esterno introducendo un rendimento di estrusione $\eta_e$. Nel caso di estrusione diretta, $\eta_e$ varia tra 0,5 e 0,8. La forza reale di estrusione diretta $F$ vale:

$$F = \frac{F_{id}}{\eta_e} = \frac{k_c A_i \varphi}{\eta_e} \left[ \text{N} \right]$$

Il lavoro reale di deformazione $L$ vale:

$$L = F l_i \left[ \text{J} \right]$$

### Effetto dell'angolo di entrata

Nella **figura G1. 78** viene schematizzata una semplice matrice o stampo, con angolo di entrata $\alpha$.

La forza richiesta per l'estrusione, nel processo reale dipende dall'angolo $\alpha$, infatti:
— la forza richiesta per il lavoro di deformazione plastica cresce con l'angolo di entrata $\alpha$;
— la forza richiesta per vincere l'attrito diminuisce con il crescere dell'angolo, in quanto diminuisce la lunghezza del percorso.

Nel caso di estrusione dell'alluminio si possono usare anche matrici con **angoli di entrata** $\alpha$ di 90°, dette **matrici quadre**.

---

**COME SI TRADUCE...**

| ITALIANO | INGLESE |
| --- | --- |
| Attrito | Friction |
| Angolo di entrata | Die angle |
| Matrici quadre | Square o shear dies |

**Figura G1.78**
Schema della matrice di estrusione o stampo, con angolo di entrata α, in cui si osservano il tratto di calibrazione (**a**), il cono di entrata (**b**).

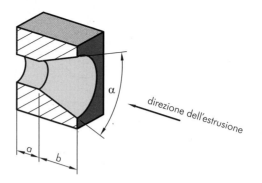

### PER COMPRENDERE LE PAROLE

**Estrusione a caldo dell'acciaio**: l'estrusione dell'acciaio presenta problemi non tanto connessi con la resistenza del materiale quanto con le temperature elevate a cui si deve operare; a 1100÷1200°C cui si lavora, la resistenza dell'acciaio è poco superiore a quella delle leghe di alluminio.

**Forzamento**: accoppiamento bloccato di un elemento meccanico tipo albero in un altro forato; l'operazione di inserimento dell'elemento tipo albero si esegue con pressa o sfruttando le dilatazioni termiche ottenute scaldando o raffreddando uno degli elementi dell'accoppiamento.

## LUBRIFICAZIONE

Per ridurre l'attrito tra billetta e contenitore occorre usare dei lubrificanti. La scelta del lubrificante non è facile a causa delle elevate temperature in gioco.

Per l'**estrusione a caldo dell'acciaio** e dei metalli refrattari si usa la polvere di vetro che, alla temperatura in gioco, risulterà allo stato liquido. Il vetro fuso mantiene una buona viscosità ad alta temperatura e agisce da barriera termica; in alternativa, si usa grafite o disolfuro di molibdeno.

Per le leghe non ferrose non si usa lubrificante, bensì grafite. Per il rame si usa grafite oppure olio minerale grafitato. L'alluminio, in genere, si estrude senza lubrificante: si potrebbe usare grafite, ma questa formerebbe una pellicola bruna sull'estruso che così si danneggerebbe esteticamente.

## ESTRUSIONE DIRETTA

Nella **figura G1.79** è riportato lo schema classico di un gruppo di estrusione diretta, i cui componenti sono elencati di seguito.

— Il contenitore (**a**), formato da una camicia di acciaio legato, piantata in un corpo di ghisa o acciaio dolce; le tensioni residue indotte da questo **forzamento** si oppongono validamente alle tensioni generate durante la lavorazione, riducendo così i pericoli di fessurazione.
— Lo spintore (**b**), con il disco pressatore (**c**) che, oltre ad assicurare la necessaria tenuta meccanica, protegge lo spintore (parte integrante della pressa) dagli effetti negativi del contatto con il metallo caldo.
— La matrice (**d**) in acciaio inserita nell'apposita portamatrice.
— La staffa (**e**), a ferro di cavallo con lo scopo di bloccare il portamatrice contro il contenitore; a estrusione terminata essa è sollevata permettendo l'estrazione della matrice e il taglio della materozza (la parte di materiale non estruso).
— La lama di taglio (**f**) dell'estruso.

**Figura G1.79**
Schema di un gruppo di estrusione diretta, in cui si riconoscono il contenitore (**a**), lo spintore (**b**), il disco di supporto e la guida (**c**), la matrice (**d**), la staffa (**e**), la lama di taglio (**f**).

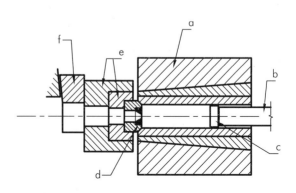

## ESTRUSIONE INDIRETTA

Nell'*estrusione diretta* ( ▸ **Fig. G1.80a**), il materiale è pressato dallo spintore contro il foro della matrice che si trova dal lato opposto. La zona di deformazione si forma solamente nella zona a ridosso della matrice. Questo tipo di estrusione non è adatto alla lavorazione di spezzoni molto lunghi.

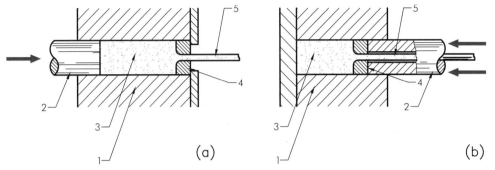

**COME SI TRADUCE...**

| ITALIANO | INGLESE |
|---|---|
| Estrusione idrostatica | Hydrostatic extrusion |
| Estrusione a freddo | Cold extrusion |

**Figura G1.80**
Confronto tra estrusione:
a) diretta;
b) indiretta.
In entrambi i casi si deve considerare anche l'attrito tra materiale e matrice.
Si può osservare il contenitore (**1**), lo spintore (**2**), lo spezzone (**3**), la matrice (**4**), il metallo estruso (**5**).

In questo caso, la parte dello spezzone posta dietro la zona di deformazione deve traslare, vincendo la notevole resistenza dovuta all'attrito lungo l'estesa superficie di contatto con il contenitore. Nell'estrusione indiretta ( ▸ **Fig. G1.80b**), lo spezzone non ha moto relativo rispetto al contenitore poiché si muove la matrice. L'unica forza d'attrito coinvolta nel processo è quella costante e relativamente piccola che si sviluppa tra spintore e contenitore.

## ESTRUSIONE IDROSTATICA

Nell'**estrusione idrostatica**, tra il pistone pressatore e lo spezzone si interpone un fluido incompressibile che trasmette la pressione necessaria per estrudere il metallo ( ▸ **Fig. G1.74c**). Ciò evita lo sviluppo dell'attrito con il contenitore e permette di utilizzare bassi angoli per il foro della matrice. Si utilizzano come fluidi oli vegetali a bassa temperatura e cere, polimeri o vetri ad alta temperatura.

Tale sistema non è molto utilizzato industrialmente per la complessità del sistema di tenuta del fluido in pressione.

## ESTRUSIONE A FREDDO

L'**estrusione a freddo** indica una combinazione di processi come l'estrusione diretta e indiretta e la forgiatura. Lo spezzone di metallo è deformato dall'azione del punzone, spinto da una pressa che lo comprime contro la matrice.

Tale processo determina sforzi molto elevati su utensili e stampi (60÷65 HRC di durezza). La lubrificazione è molto importante: si usano oli additivati con cloruri, fosfuri o solfuri, saponi o cere.

L'estrusione a freddo è adottata sempre più frequentemente rispetto all'estrusione a caldo perché si ottengono i seguenti vantaggi:
— elevate proprietà meccaniche, dovute all'incrudimento del metallo e all'andamento ideale delle fibre all'interno del prodotto estruso;
— buon controllo delle tolleranze dimensionali, tali da non richiedere operazioni di finitura;
— superfici con buona finitura, anche grazie all'impiego del lubrificante;
— assenza di ossidi superficiali;
— notevole risparmio di materiale greggio;
— alta produttività e conseguente minor costo per elemento estruso.

| COME SI TRADUCE... | |
|---|---|
| **ITALIANO** | **INGLESE** |
| Camera di saldatura | welding chamber |

La formatura a freddo di spezzoni di acciaio comprende la produzione di particolari destinati al mercato degli autoveicoli, come per esempio gli alberi e i cambi di velocità.

### ESTRUSIONE A IMPATTO

È un processo di estrusione a freddo simile all'estrusione indiretta ( ▶ **Fig. G1.74d**). L'impatto, ad alta energia, del punzone contro il pezzo, porta a estrudere verso l'alto un tubo con pareti sottili (rapporto spessore/diametro fino a 0,005).

### MACCHINE PER L'ESTRUSIONE

Si usano presse idrauliche orizzontali per l'estrusione a caldo e verticali per quella a freddo; le presse idrauliche di tipo orizzontale esercitano forze comprese tra 10 e 200 MN. La matrice è realizzata in acciaio speciale, contenente Cr, Ni, Mo, Si, Mn, W con un'elevata resistenza all'abrasione, oppure in carburo di tungsteno. Nel caso dell'alluminio, si possono utilizzare matrici complesse per estrudere forme cave, utilizzando il metodo della camera di saldatura posta dopo la matrice stessa. Il pezzo, che esce diviso dalla matrice, si risalda all'interno della **camera di saldatura** per effetto dell'enorme pressione.

Nella **figura G1.81** è schematizzato, a titolo di esempio, il processo di formatura di un tubetto di dentifricio in lega di alluminio.

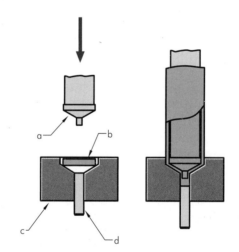

**Figura G1.81**
Produzione di un tubetto di dentifricio: il punzone (a) preme sul disco di metallo (b) posto nella matrice (c).
Il metallo, risalendo in parte lungo il punzone, forma il tubetto, mentre la porzione rimasta nella matrice forma l'estremità da filettare.
Il punzone eiettore (d) inferiore, risalendo, espelle il pezzo finito.

### DIFETTI DI ESTRUSIONE

#### Materozza

Alla fine della corsa di estrusione, l'andamento parabolico del flusso di metallo nell'estrusore comporta una concavità nella parte finale dello spezzone, che determina nell'estruso delle soffiature. Per questo motivo si limita la corsa del pistone pressatore in modo da lasciare all'interno del cilindro la parte di metallo con la concavità, detta *materozza*. Quest'ultima, tagliata dal resto dell'estruso, è eliminata come rottame.

#### Cricche

Velocità di estrusione troppo elevate e locali aumenti di temperatura possono portare alla formazione di cricche superficiali, che si eliminano diminuendo velocità e temperatura.

Le deformazioni plastiche disomogenee del materiale all'interno della matrice possono creare **cricche interne a forma di bolla**, poste al centro del prodotto ( ▶ **Fig. G1.82**). Esse sono generate dalla lacerazione del metallo compreso tra le due zone di deformazione plastica e le parti di materiale rigido (ovvero poco deformabili) della billetta e dell'estruso. Tale fenomeno si riduce aumentando l'attrito e diminuendo l'angolo di entrata $\alpha$ della matrice.

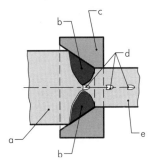

**Figura G1.82**
Processo di formazione di cricche interne a forma di bolla, in cui si possono osservare il metallo rigido della billetta (a), il metallo deformato plasticamente (b), la matrice (c), le cricche interne a forma di bolla (d), il metallo rigido dell'estruso (e).

### Inclusioni

Si tratta di difetti di estrusione dovuti all'inclusione di ossidi e impurità che, durante il processo, sono inglobati e indirizzati verso il centro del pezzo dai flussi di materiale.

## G1.5 TRAFILATURA

La **trafilatura** è una lavorazione **a freddo** effettuata su materiale di forma diversa (**filo**, tondino, **barra**, tubo) per ottenere un prodotto a sezione costante, con una buona finitura superficiale e una stretta tolleranza dimensionale.

La trafilatura è simile all'estrusione, l'unica differenza è che il materiale viene tirato all'uscita dalla matrice (detta *trafila*) e risulta in trazione invece che in compressione. La **figura G1.83** mostra lo schema della lavorazione.

**COME SI TRADUCE...**

| ITALIANO | INGLESE |
|---|---|
| Cricche interne a forma di bolla | Central burst |
| Trafilatura a freddo | Cold drawing |
| Filo | Wire |
| Barra | Rod |

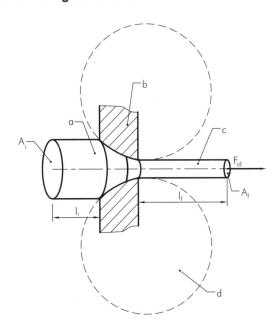

**Figura G1.83**
Schema della trafilatura di uno spezzone cilindrico, in cui si osservano lo spezzone iniziale (a), la matrice o trafila (b), il filo trafilato (c), i rulli di laminazione virtuali, il cui calibro è analogo all'apertura della matrice (d).

| COME SI TRADUCE... | |
|---|---|
| **ITALIANO** | **INGLESE** |
| Trafilatura a caldo | Hot drawing |
| Trafilare | Draw |

Il metallo è fatto passare attraverso il foro calibrato a sezione decrescente della matrice. All'interno del foro, il materiale subisce l'effetto combinato della trazione della forza $F_{id}$ e della compressione generata dalle pareti del foro, e si deforma diminuendo di sezione e allungandosi. La **trafilatura a caldo** si esegue solo in casi particolari come nella produzione dei fili in tungsteno, impiegati per la fabbricazione delle lampadine a incandescenza.

## Parametri di trafilatura

### Forza e lavoro di trafilatura

Si consideri lo schema rappresentato nella **figura G1.83**, relativo alla trafilatura di fili o barre di forma circolare.

L'esame semplificato avviene trascurando l'attrito materiale-matrice, supponendo che il trafilato abbia solo cambiamenti nelle dimensioni e non nella forma. Lo spezzone cilindrico ha sezione iniziale $A_i$ e lunghezza iniziale $l_i$, trafilato alla sezione finale $A_f$ e alla lunghezza finale $l_f$. Il rapporto tra le aree $A_i$ e $A_f$ è detto *rapporto di trafilatura T*:

$$T = \frac{A_i}{A_f}$$

La forza $F_{id}$, che agisce sull'area $A_i$ dello spezzone, è la forza ideale necessaria per **trafilare** il materiale, causandone la deformazione plastica.

Alla forza $F_{id}$ si oppone la risultante $R$ delle forze applicate dalla matrice al materiale, con retta d'azione orizzontale ( ▶ **Fig. G1.84**).

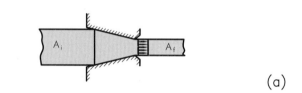

(a)

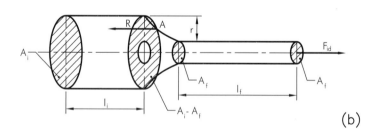

(b)

**Figura G1.84**
Forze presenti durante la trafilatura:
a) vista d'insieme;
b) sezione longitudinale; l'esame è limitato alla parte superiore della sezione per via della simmetria di comportamento tra le due parti. La risultante $R$ delle forze applicate dalla matrice al materiale trafilato è collocata nel punto A, posto a metà del raggio della corona circolare $r$.

Trascurando l'attrito, la forza ideale di trafilatura $F_{id}$ vale:

$$F_{id} = k_c A_f \varphi \; [\text{N}]$$

dove $k_c$ è la resistenza del materiale alla deformazione plastica nel caso di lavorazione a freddo e il parametro $\varphi$ è dato dalla seguente relazione:

$$\varphi = \ln \frac{A_i}{A_f}$$

Considerando la corsa della pinza di trazione pari a $l_f$, il lavoro ideale di deformazione $L_{id}$ vale:

$$L_{id} = F_{id}l_f \left[ \text{J} \right]$$

### Attrito

Durante la trafilatura si sviluppa l'attrito esterno a causa dei movimenti relativi tra metallo e matrice. All'attrito esterno si aggiunge anche quello interno del materiale dovuto allo scorrimento plastico tra piani cristallini (deformazione plastica reale). Si tiene conto delle perdite globali dovute all'attrito interno ed esterno introducendo un rendimento di estrusione $\eta_t$, che varia tra 0,4 e 0,8. La forza reale di trafilatura $F$ vale:

$$F = \frac{F_{id}}{\eta_t} = \frac{k_c A_f \varphi}{\eta_t} \left[ \text{N} \right]$$

Il lavoro reale di deformazione $L$ vale:

$$L = F l_f \left[ \text{J} \right]$$

### Massima riduzione di sezione per passata

La massima riduzione di sezione per ogni passata del filo nella matrice si ottiene ricordando che la tensione di trazione non può superare il carico di snervamento in trazione sul materiale all'uscita dalla trafila. Per questo motivo, la riduzione massima di sezione è del 63% per trafilatura in fili, o barre cilindriche, e del 58% per nastri piani. Gli attriti e la deformazione plastica reale la riducono ulteriormente. In pratica non si usano riduzioni superiori al 45%, poiché possono dare origine a rotture. Si fanno riduzioni leggere intorno al 10% per migliorare la finitura superficiale e tolleranza dimensionali.

### Effetto dell'angolo di entrata

Come avviene per l'estrusione, l'angolo di ingresso $\alpha$ nella trafila influenza sia l'attrito sia il lavoro reale di deformazione, pertanto esiste un angolo di ingresso $\alpha$ ottimale, compreso tra 3 e 8°, in base alla riduzione d'area compresa tra 5 e 45%.

## PROCESSI DI TRAFILATURA

Il tondino, o filo, ha le estremità rastremate per l'inserimento nella filiera, e viene preso nelle pinze d'afferraggio della macchina trafilatrice.

La macchina tira il filo, che passa attraverso la filiera e subisce la riduzione di sezione prevista. È possibile effettuare la trafilatura in tandem facendo passare il filo attraverso più filiere in serie. In tal caso il filo subisce successive riduzioni di sezione. A causa degli attriti e della deformazione plastica, il metallo si scalda, perciò le sezioni maggiori del filo sono trafilate a temperature elevate.

Per ridurre la tensione tra una filiera e la successiva, si inseriscono nelle filiere **rulli avvolgitori motorizzati**, su cui il filo compie 1 o 2 giri che, oltre a trascinarlo in uscita, applicano una tensione antagonista sul filo in entrata successiva, facilitando la trafilatura.

COME SI TRADUCE...

| ITALIANO | INGLESE |
|---|---|
| Rulli avvolgitori motorizzati | Bull block |

| COME SI TRADUCE... | |
|---|---|
| **ITALIANO** | **INGLESE** |
| Angolo di entrata | Entering angle |
| Angolo di approccio | Approach angle |
| Condotto cilindrico | Bearing surface, land |
| Angolo di scarico posteriore | Back relief angle |

I fili vengono resi dritti facendoli passare in flessione attraverso più filiere disallineate. Come in tutte le lavorazioni a freddo, il metallo subisce il fenomeno dell'incrudimento. Nel caso di trafilature in serie a freddo, il materiale deve essere ricotto nel corso del processo. La ricottura si esegue tra una passata e l'altra, prima di raggiungere le sue dimensioni finali e, in ogni caso, alla fine del processo stesso per restituire al materiale le sue caratteristiche meccaniche originarie. Le velocità di trafilatura vanno da 0,15 a 50 m/s in base ai diametri e alla riduzione per passata.

### Lubrificazione

In base alla lubrificazione, si possono avere due tipi di trafilatura:
— trafilatura a secco;
— trafilatura a umido.

Nella *trafilatura a secco* si rimuove l'ossido superficiale per attacco chimico e poi il materiale passa attraverso un bagno di sapone in polvere prima di entrare nella filiera. Nel caso di metalli ad alta resistenza, come gli acciai, si riveste il filo o la barra con metalli duttili (rame o stagno) o rivestimenti di conversione. Per il titanio si usano polimeri. Nella *trafilatura a umido*, il pezzo e la matrice sono completamente immersi nel lubrificante (oli ed emulsioni).

### Macchine e matrici per la trafilatura

Per mettere in trazione e trafilare i pezzi si usano due tipi di macchine:
— banchi da trafilatura, simili a macchine per trazione orizzontali, che arrivano a trafilare pezzi fino a 30 m di lunghezza; per sezioni molto grosse, che richiedono carichi elevati, si usano macchine azionate da sistemi idraulici;
— rulli avvolgitori motorizzati, che avvolgono i fili trafilati e applicano la trazione necessaria alla trafilatura.

La forma tipica della sezione di una matrice, detta anche *trafila* o *filiera*, è visibile nella **figura G1.85**. Si osservano il raggio di raccordo all'ingresso della matrice (**a**), il cono con angolo di entrata (**b**), il cono con angolo di approccio (**c**), il tratto calibrato (**d**), il cono con angolo di scarico posteriore (**e**).

**Figura G1.85**
Sezione di una matrice.

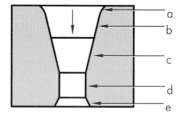

Il cono con **angolo di entrata** corrisponde alla zona di deformazione: gli angoli tipici vanno da 6 a 15°. Il cono con **angolo di approccio** corrisponde alla zona di lubrificazione; il **condotto cilindrico** corrisponde alla zona di calibratura.

Il cono con **angolo di scarico posteriore** corrisponde alla zona di ritorno elastico del metallo: gli angoli tipici vanno da 10 a 24° secondo il tipo di trafilatura e il metallo da lavorare. La matrice, o stampo interno, viene montata all'interno di un portatrafila; essa è realizzata in acciaio per utensili, carburi o diamante (singolo cristallo o policristallino, cioè cristalli inglobati in matrice metallica).

Gli inserti di diamante e quelli di carburi sono supportati da una parte in acciaio. Le trafile di grandi dimensioni sono realizzate in acciaio al carbonio o in acciaio rapido, mentre quelle di dimensioni piccole e medie sono realizzate in carburo di tungsteno. Per la trafilatura di fili di piccolissimo diametro, sino a 0,005 mm, sono realizzate speciali filiere in diamante. L'usura maggiore nelle matrici avviene in corrispondenza della prima zona di contatto del pezzo.

### Produzione di tubi

I tubi prodotti per estrusione sono ulteriormente ridotti in spessore o diametro per trafilatura; all'interno del foro è inserito un mandrino coassiale alla trafila.

Nella **figura G1.86** sono illustrati i diversi tipi di mandrino utilizzati in funzione della riduzione che si vuole ottenere.

**COME SI TRADUCE...**

| ITALIANO | INGLESE |
|---|---|
| *Rastrematura* | Swaging |

**AREA DIGITALE**

Sagomatura tubi

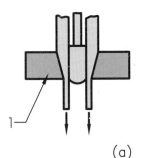
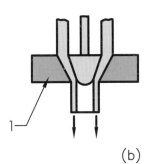
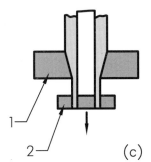

(a)      (b)      (c)

**Figura G1.86**
Diversi tipi di mandrino utilizzati in funzione della riduzione che si vuole ottenere:
a) mandrino cilindrico per la riduzione del solo spessore;
b) mandrino conico per la riduzione anche del diametro;
c) barra cilindrica per ottenere spessori minimi.
Si osservano la trafila (1) e la bocca di calibratura (2).

## DIFETTI DI TRAFILATURA

Si osservano difetti simili a quelli di estrusione, soprattutto cricche interne (centrali) che aumentano al crescere dell'angolo di trafilatura oppure al diminuire della riduzione per passata (in entrambi i casi aumenta la deformazione disomogenea). A causa della deformazione non omogenea, anche nella trafilatura si hanno tensioni residue e, in superficie, striature, piegature o cricche longitudinali che possono crescere a causa delle lavorazioni successive. Per ridurre tali difetti bisogna controllare i parametri di lavorazione e la lubrificazione.

## G1.6 RASTREMATURA

La **rastrematura** riduce la sezione di tubi o cilindri ed è nota anche come *forgiatura radiale* o *rastrematura per rotazione*. Con questo processo si possono produrre pezzi con sezione interna particolare ( ▶ **Fig. G1.87a**) e sezioni non circolari esternamente ( ▶ **Fig. G1.87b**). Con la rastrematura si ottengono ottime finiture superfiali, tolleranze e proprietà meccaniche.

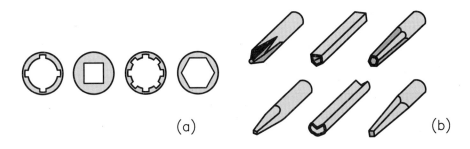

(a)      (b)

**Figura G1.87**
Pezzi prodotti per rastrematura:
a) con sezione interna particolare;
b) sezioni non circolari esternamente.

# G1.7 DISPOSITIVI DI SICUREZZA PER LE LAVORAZIONI DI STAMPAGGIO, ESTRUSIONE, TRAFILATURA

**Figura G1.88**
Pressa meccanica a doppio montante.

I dispositivi di sicurezza devono essere conformi all'allegato V del DLgs 81/08.

## Presse

Le presse idrauliche, utilizzate nei processi di deformazione plastica dei materiali metallici, hanno i dispositivi di sicurezza già presentati nel **paragrafo F2.2**.

Le presse meccaniche con innesto meccanico sono pericolose, perché il ciclo di lavoro non può essere arrestato fino al suo completamento.

Con questa macchina è obbligatorio utilizzare:
— *stampi chiusi*;
— *schermi fissi o mobili*;
— *dispositivo antiripetitore del colpo*, anche se non garantisce la sicurezza assoluta.

Nelle presse meccaniche con innesto a frizione, invece, il movimento è consentito da un meccanismo freno-frizione che permette di bloccare la corsa del punzone in qualsiasi posizione ( ▶ **Fig. G1.88**).

Oltre ai dispositivi di sicurezza analoghi a quelli montati sulle presse idrauliche, si aggiunge il *dispositivo antiripetitore del colpo*. Se però quest'ultimo dovesse guastarsi, è necessario che:
— non si generi una ripetizione del colpo, dopo l'arresto della pressa;
— sia impedito il colpo successivo fino alla riparazione del guasto.

### Norme comportamentali di prevenzione

Il tecnico operatore, a garanzia della qualità del lavoro e nel rispetto delle norme antinfortunistiche, dovrà avere cura di:
— seguire le istruzioni impartite dal datore di lavoro, dai dirigenti e dai preposti di reparto;
— seguire le informazioni riportate sul manuale d'uso e manutenzione della macchina;
— utilizzare gli appositi dispositivi di protezione individuale;
— inserire la lamiera da deformare a macchina ferma;
— regolare il corretto allineamento delle fotocellule;
— attivare la discesa dello stampo con gli appositi pedali o pulsanti;
— non mettere le mani nella zona pericolosa fino a quando non è stato completato il ciclo di lavoro;
— disattivare la macchina a fine ciclo;
— eseguire le operazioni di pulizia e manutenzione solo a macchina ferma e fredda;
— non modificare le attrezzature di propria iniziativa;
— non rimuovere o modificare le protezioni o i dispositivi di sicurezza senza l'autorizzazione del preposto o del capo reparto;
— segnalare immediatamente qualsiasi difetto o inconveniente rilevato durante la propria attività.

# Macchine per estrusione

Le presse utilizzate per le operazioni di estrusione (▶ **Fig. G1.89**) possono presentare i seguenti dispositivi di sicurezza:
- *ripari* muniti di un sistema di interblocco su tutti i lati della macchina per impedire l'accesso durante i movimenti pericolosi di chiusura in corrispondenza della zona dello stampo;
- *ripari* per impedire l'accesso a tutti i punti pericolosi della zona di alimentazione;
- *ripari fissi* o *d'isolamento* delle parti della macchina in cui la temperatura massima di funzionamento potrebbe superare 80°C;
- *targa* per segnalare le parti calde della macchina.

(a)  (b)

**Figura G1.89**
Estrusione:
a) estrusore dell'alluminio;
b) profili estrusi di alluminio.

## Norme comportamentali di prevenzione

Il tecnico operatore, a garanzia della qualità del lavoro e nel rispetto delle norme antinfortunistiche, dovrà avere cura di:
- seguire le istruzioni impartite dal datore di lavoro, dai dirigenti, dai preposti e dai responsabili di reparto;
- seguire le informazioni riportate sul manuale d'uso e manutenzione della macchina;
- utilizzare gli appositi dispositivi di protezione individuale;
- non mettere le mani nella zona pericolosa fino a quando non è stato completato il ciclo di lavoro;
- disattivare la macchina a fine ciclo;
- eseguire le operazioni di pulizia e manutenzione solo a macchina ferma e fredda;
- non modificare le attrezzature di propria iniziativa;
- non rimuovere o modificare le protezioni o i dispositivi di sicurezza senza l'autorizzazione del preposto o del capo reparto;
- segnalare immediatamente qualsiasi difetto o inconveniente rilevato durante la propria attività.

# Trafilatrice

Le macchine utilizzate per le operazioni di trafilatura ( **Fig. G1.90**) possono presentare i seguenti dispositivi di sicurezza:
- *ripari* per la chiusura e l'isolamento della zona di lavoro;
- *consensi elettrici* che bloccano la macchina in caso di rottura del filo o di apertura dei ripari antinfortunistici;
- *ripari* antinfortunistici e di contenimento del liquido lubrificante facilmente estraibili per il recupero del metallo e per la pulizia.

**Figura G1.90**
Linea di trafilatura rettilinea.

### Norme comportamentali di prevenzione

Il tecnico operatore, a garanzia della qualità del lavoro e nel rispetto delle norme antinfortunistiche, dovrà avere cura di:
- seguire le istruzioni impartite dal datore di lavoro, dai dirigenti, dai preposti e dai responsabili di reparto;
- seguire le informazioni riportate sul manuale d'uso e manutenzione della macchina;
- utilizzare gli appositi dispositivi di protezione individuale;
- non mettere le mani nella zona pericolosa fino a quando non è stato completato il ciclo di lavoro;
- disattivare la macchina a fine ciclo;
- eseguire le operazioni di pulizia e manutenzione solo a macchina ferma e fredda;
- non modificare le attrezzature di propria iniziativa;
- non rimuovere o modificare le protezioni o i dispositivi di sicurezza senza l'autorizzazione del preposto o del capo reparto;
- segnalare immediatamente qualsiasi difetto o inconveniente rilevato durante la propria attività.

# UNITÀ G1

# VERIFICA DI UNITÀ

Gli esercizi sono disponibili anche nella versione digitale come test interattivi e autocorrettivi

## COMPLETAMENTO

1. Riscaldando il metallo _____ alla temperatura di _____ si genera la _____ atomica rendendo il materiale nuovamente deformabile e meno _____.

2. Durante lo stampaggio è necessario che il materiale riempia per intero la _____, quindi il pezzo _____ introdotto nello _____ deve avere un _____ superiore a quello effettivo del particolare da ottenere.

3. La _____ è un processo di riduzione dell'_____, o cambio di sezione di un manufatto, mediante _____ applicata tramite due rulli _____.

4. Il funzionamento delle presse _____ si basa sul principio del _____ idraulico che sfrutta la proprietà per la quale la _____ esercitata su un liquido si trasmette in ogni _____ con la stessa intensità (principio di _____).

5. I manufatti ottenuti mediante operazione di _____ garantiscono elevata resistenza alle sollecitazioni _____ e alla fatica perché le _____ mantengono l'orientamento nello spazio preesistente nel _____ di partenza.

## SCELTA MULTIPLA

6. Il metallo incrudito presenta:
    a) corrosione superficiale
    b) elevata temperatura di fusione
    c) maggiori proprietà elastiche
    d) scarsa attitudine alla lavorazione per deformazione plastica

7. Le lamiere con ampie riduzioni di spessore si ottengono utilizzando un sistema di laminazione:
    a) duo reversibile
    b) a grappolo
    c) planetario
    d) a quattro rulli

8. L'estrusione indiretta non è adatta alla lavorazione di manufatti:
    a) molto lunghi
    b) in alluminio
    c) sottili
    d) poco resilienti

## VERO O FALSO

9. Le presse a manovella sono dette eccentriche.
    Vero ☐   Falso ☐

10. Durante il processo di estrusione il metallo è sottoposto a sollecitazione di trazione.
    Vero ☐   Falso ☐

11. Il maglio esegue la deformazione del metallo con più colpi.
    Vero ☐   Falso ☐

12. Durante l'operazione di stampaggio il materiale è sottoposto a sollecitazione di compressione.
    Vero ☐   Falso ☐

13. La sollecitazione di trazione applicata sul materiale all'uscita dalla trafila, non può superare il carico di snervamento.
    Vero ☐   Falso ☐

591

# LAVORAZIONI DELLE LAMIERE

## Obiettivi

### Conoscenze
- I principali processi tradizionali e innovativi di lavorazione e taglio delle lamiere.
- Il principio di funzionamento delle principali macchine operatrici.
- I difetti che si possono riscontrare al termine del processo di imbutitura.

### Abilità
- Scegliere il processo di taglio o di deformazione delle lamiere idoneo al manufatto da realizzare.
- Scegliere il processo di taglio o di deformazione delle lamiere idoneo al manufatto da realizzare.

**COME SI TRADUCE...**

| ITALIANO | INGLESE |
|---|---|
| Lamiera | Plate, Sheet, Sheet metal |
| Deformazione plastica | Plastic deformation |
| Taglio | Cut |

**AREA DIGITALE**

 Utilizzo del laser per la lavorazione della lamiera

## PER ORIENTARSI

La **lamiera** metallica viene generalmente lavorata a freddo, mediante **deformazione plastica** oppure operazioni di **taglio**. Si utilizzano stampi e utensili speciali per dare forma a un foglio piano, senza avere produzione di truciolo.

La **tabella G2.1** riassume le principali lavorazioni delle lamiere.

**Tabella G2.1** Principali lavorazioni delle lamiere

| Processo | Tipo di lavorazione |
|---|---|
| Taglio | • Tranciatura<br>• Punzonatura<br>• Cesoiatura |
| Deformazione plastica | • Piegatura<br>• Imbutitura<br>• Calandratura<br>• Profilatura<br>• Aggraffatura |
| Altri processi | • Ossitaglio<br>• Plasma<br>• Water jet<br>• LASER |

Per evitare che si verifichino rotture del materiale e rendere più agevole la lavorazione, occorre lubrificare tutte le superfici della lamiera a contatto con lo stampo, così da prolungare anche la vita dello stampo stesso.

I lubrificanti sono scelti in base al ciclo di lavorazione applicato e dei materiali coinvolti nella lavorazione.

In generale, la scelta dei materiali con cui costruire gli elementi che formano lo **stampo**, il **punzone** e la **matrice** dipende dai seguenti fattori:
— le dimensioni dello stampo;
— la tipologia della operazione per deformazione plastica (troncatura, piegatura, imbutitura ecc.);
— la temperatura di esercizio dello stampo (deformazione plastica a caldo oppure a freddo);
— il materiale che costituisce la lamiera da lavorare.

È comune l'uso dell'acciaio UX 200 Cr 13 che, sottoposto a trattamento termico di bonifica (tempra e rinvenimento), acquista valori di durezza HRC = 60÷62.

Per grandi produzioni, invece, è consigliabile l'uso di stampi in metallo duro (carburo di tungsteno), ottenuto per sinterizzazione (HRC = 72÷76).

### COME SI TRADUCE...

| ITALIANO | INGLESE |
|---|---|
| Stampo | Die, Matrix, Mould |
| Punzone | Punch |
| Matrice | Matrix |
| Cesoia | Shearing machine, Shears |

## G2.1 CESOIATURA

Il taglio della lamiera viene eseguito con una macchina operatrice denominata *cesoia* (▶ **Fig. G2.1**).

**Figura G2.1**
Centro di cesoiatura.

La **cesoia** è costituita da una incastellatura a cui sono fissate due lame di acciaio (X200Cr13), che muovendosi in senso opposto recidono la lamiera (▶ **Fig. G2.2**). La lama inferiore è fissata all'incastellatura, mentre quella superiore trasla parallelamente a se stessa oppure trasla e ruota, contemporaneamente, attorno ad un perno.

Generalmente la lama superiore viene fatta scendere con velocità limitate:

$$V_{recisione} = 1 \div 3 \left[ \frac{m}{min} \right]$$

**Figura G2.2**
Operazione di cesoiatura:
a) schema di funzionamento della cesoia: ferma lamiera (A); lamiera (B); porta lama superiore (C); porta lama inferiore (D);
b) angoli caratteristici dell'utensile.

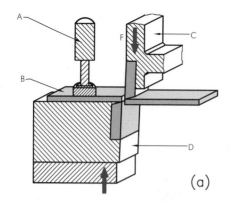
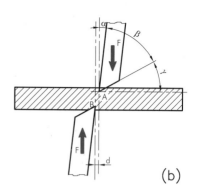

**Figura G2.3**
Taglio con cesoia a lame parallele.

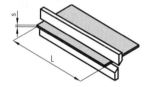

Gli angoli caratteristici dipendono da:
— durezza del materiale da tagliare;
— qualità del materiale della lama.

Nel rispetto della condizione geometrica:

$$\alpha + \beta + \gamma = 90°$$

e per le comuni applicazioni industriali (lame e lamiere di acciaio), si utilizzano i seguenti valori angolari:
— angolo di rilievo $\alpha = 2° \div 5°$;
— angolo di taglio $\beta = 80° \div 85°$;
— angolo di spoglia superiore $\gamma = 3° \div 5°$.

Quando la pressione esercitata dai taglienti supera la resistenza al taglio del metallo, il materiale viene reciso seguendo il piano di scorrimento dei taglienti.

Per evitare l'interferenza tra i taglienti, le lame sono montate su piani paralleli. Il loro reciproco posizionamento ($d$) varia in funzione dello spessore ($s$) della lamiera e del materiale da tagliare:

$$d = (0,05 \div 0,1) s \, [\text{mm}]$$

Le due forze uguali ed opposte, distanti $d$, rappresentano una coppia di forze sviluppante un momento che tende a incurvare la lamiera stessa. Il materiale sarà sottoposto a una sollecitazione composta di taglio e flessione.

### SFORZO DI TAGLIO

L'operazione di taglio può avvenire disponendo le lame tra di loro parallele, oppure con una lama inclinata.

Saranno di seguito specificati, gli sforzi massimi di taglio necessari per entrambe le modalità operative.

#### Cesoia a lame parallele

Con questa modalità operativa lo sforzo per recidere la lamiera è elevato, perché elevati risultano la sezione da tagliare e l'urto iniziale della lama superiore contro la lamiera (▶ **Fig. G2.3**).

La forza di taglio teorica vale:

$$F_{teorica} = S\,\tau_{teorico} = (L\,s)\,\tau_{teorico}\ [N]$$

essendo
- $S$ = sezione della lamiera da recidere [mm²];
- $L$ = lunghezza di taglio [mm];
- $s$ = spessore della lamiera [mm];
- $\tau_{teorico}$ = carico unitario di rottura al taglio [N/mm²]

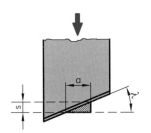

**Figura G2.4**
Taglio con cesoia a lama inclinata.

Dalla teoria della resistenza dei materiali metallici, $\tau$ dipende dal carico unitario di rottura a trazione $R_m$ [N/mm²]:

$$\tau_{teorico} = \frac{4}{5} R_m = 0{,}8\,R_m$$

Da questa relazione teorica risulta $\tau_{teorico} < R_m$; in realtà l'elevato attrito sviluppatosi nel contatto lame-lamiera e la locale sollecitazione di flessione a cui risulta sottoposta la lamiera, richiedono un carico unitario $\tau$ superiore a $R_m$:

$$\tau_{reale} = (1{,}5 \div 1{,}6)\,R_m$$

Ne consegue:

$$F_{reale} = (L\,s)\,\tau_{reale}$$

Nella **tabella G2.2** sono specificati i valori medi sperimentali del carico unitario di rottura al taglio, per materiali metallici di uso frequente.

**Tabella G2.2** Valori di $\tau$ medi sperimentali

| Materiale | $\tau$ medio sperimentale [N/mm²] |
|---|---|
| Acciaio dolce | 650 |
| Acciaio duro | 1000 |
| Duralluminio | 350 |
| Ottone | 300 |
| Zinco | 150 |

### Cesoia a lama inclinata

Lo sforzo di taglio, inizialmente nullo, aumenterà gradualmente, fino ad assumere il suo valore massimo quando la lama si troverà nella posizione indicata nella **figura G2.4**.

Da esperienze pratiche di officina, la forza massima di taglio può esprimersi:

$$F_{max} = 0{,}25\,a\,s\,\tau_{reale}$$

Dal triangolo rettangolo di figura possiamo ricavare l'espressione di $a$:

$$a = \frac{s}{\mathrm{tg}\,\lambda}$$

dove $\lambda$ = angolo tra le due lame (0,5°÷5°).
Operando la sostituzione, risulterà:

$$F_{max} = 0,25 \frac{s^2}{tg\,\lambda} \tau_{reale}$$

## G2.2 TRANCIATURA E PUNZONATURA

Le macchine industriali denominate **tranciatrice** e **punzonatrice** eseguono la stessa operazione meccanica: cambia invece il prodotto finale (▶ **Tab. G2.3**).

**Tabella G2.3** Tranciatura e punzonatura

| Operazione meccanica | Prodotto finale utilizzato | Sfrido |
|---|---|---|
| Tranciatura | Pezzi tagliati dalla lamiera | Lamiera forata |
| Punzonatura | Lamiera forata | Pezzi tagliati dalla lamiera |

**COME SI TRADUCE...**

| ITALIANO | INGLESE |
|---|---|
| Tranciatura | Blanking |
| Tranciatrice | Shearing machine |
| Punzonatura | Punching |
| Punzonatrice | Punch press |

Sono lavorazioni molto diffuse che permettono di forare con precisione la lamiera, seguendo il generico profilo del punzone (precisione dimensionale ISO IT6÷IT9). Il pezzo tagliato cade nella matrice, che presenta un angolo di spoglia ($\alpha$=2°÷5°) per non ostacolare il movimento del punzone e della lamiera recisa (▶ **Fig. G2.5**). Nelle lavorazioni di precisione o di grande serie, il primo tratto della matrice (2÷3 mm) è privo di spoglia per permettere le raffilature successive e per provocare un taglio più netto.

**Figura G2.5**
Schema dell'operazione di tranciatura/punzonatura, in cui si osservano la matrice (**a**), il punzone (**b**), il premilamiera (**c**), la lamiera da tranciare (**d**), l'angolo di spoglia della matrice $\alpha$.

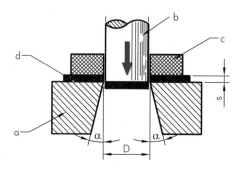

### GIOCO TRA PUNZONE E MATRICE

La qualità del taglio e il prolungato funzionamento dell'attrezzatura sono garantite dal giuoco ($g$) esistente tra punzone e matrice, misurato sul raggio, uguale lungo tutto il perimetro di taglio. Nell'ipotesi di dover ottenere un foro di forma circolare, il giuoco si ottiene dalla semi differenza tra il diametro della matrice ($D$) e il diametro del punzone ($d$). L'entità del giuoco dipende dalla qualità della lamiera e dallo spessore ($s$) reciso, come riportato dalle seguenti espressioni:
— spessore lamiera $s \leq 3$ mm;

$$g = \frac{c\,s\sqrt{\tau}}{\sqrt{10}}$$

— spessore lamiera $s \geq 3$ mm;

$$g = \frac{(1,5\,c\,s - 0,015)\sqrt{\tau}}{\sqrt{10}}$$

essendo:
— $c$ = coefficiente variabile tra $0,005 \div 0,035$; in cui si ha 0,035 per il minimo sforzo di tranciatura e 0,005 per gli spigoli netti e precisi;
— $\tau$ = carico unitario di rottura al taglio della lamiera da tranciare (▸ **Tab. G2.4**); per l'acciaio $\tau = 4/5\,R_m$ [N/mm²].

**Tabella G2.4** Principali valori di $\tau$ per lamiere allo stato ricotto

| Materiale | $\tau$ [N/mm²] |
|---|---|
| Acciaio da imbutitura | $300 \div 350$ |
| Acciaio (0,1% C) | 250 |
| Acciaio (0,6% C) | 560 |
| Acciaio al silicio | 450 |
| Acciaio inossidabile | 520 |
| Alluminio | $70 \div 90$ |
| Rame | $180 \div 220$ |
| Ottone | $220 \div 300$ |
| Bronzo fosforoso | $320 \div 400$ |

Con una formulazione generica, ma di buona approssimazione, è possibile correlare il diametro della matrice $D_m$, il diametro del punzone $d_p$, il gioco $g$ e lo spessore della lamiera $s$:

$$D_m = d_p + gs$$

$$D_m = d_p + (0,05 \div 0,12)s$$

## CORSA ATTIVA DEL PUNZONE

Rappresenta la profondità di penetrazione $p$ necessaria al punzone per provocare il completo distacco della lamiera.

Il suo valore dipende dallo spessore e dalla qualità della lamiera. L'attività sperimentale conduce ai seguenti risultati:
— materiali tenaci, $p = 0,6\,s$;
— materiali duri, $p = 0,4\,s$.

## SFORZO DI TAGLIO

La tranciatura (punzonatura) delle lamiere può avvenire con taglio rettilineo oppure obliquo. Saranno di seguito specificati, gli sforzi massimi di taglio necessari per entrambe le modalità operative.

**Figura G2.6**
Tranciatura con utensile ad angolo.

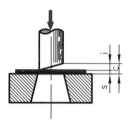

## Utensile piatto e parallelo

Equivale allo schema di **figura G2.5**, in cui l'azione di taglio avviene contemporaneamente su tutto il profilo del tagliente.

Lo sforzo aumenta progressivamente durante il primo tratto della corsa di lavoro del punzone, perché il materiale sottoposto a sollecitazione di compressione subisce una deformazione plastica.

Nel secondo tratto della corsa del punzone, raggiunto il carico di rottura a taglio, si ha il distacco del pezzo. Trascurando gli attriti sviluppatisi nel contatto lamiera-punzone e lamiera-matrice, lo sforzo massimo teorico di taglio potrà esprimersi:

$$F_t = \tau l s \, [\text{N}]$$

dove:
— $\tau$ = carico unitario di rottura al taglio [N/mm$^2$];
— $l$ = perimetro del pezzo tagliato [mm];
— $s$ = spessore della lamiera [mm].

Sperimentalmente, per tener conto degli attriti, dei posizionamenti iniziali, dei giuochi tra punzone e matrice, dello stato di affilatura, della frequenza dei colpi, delle condizione di lubrificazione, delle variazione di resistenza del materiale tranciato, è possibile maggiorare lo sforzo teorico del 50%. Pertanto, lo sforzo reale massimo di taglio può esprimersi:

$$F_r = 1{,}5 F_t \, [\text{N}]$$

Se si considera la corsa del punzone pari allo spessore $s$ della lamiera, il lavoro reale di tranciatura da esso svolto potrà indicarsi:

$$L = F_r s \, [\text{J}]$$

## Utensile ad angolo

Con questo tipo di utensile si riducono lo sforzo massimo di taglio ($F_r' < F_r$) e l'urto di distacco, perché il contorno viene tagliato progressivamente; aumenta però la corsa di taglio del punzone $c = s + i$ (▶ **Fig. G2.6**). Il lavoro compiuto da un utensile ad angolo risulta, pertanto, uguale a quello compiuto da un utensile parallelo:

$$F_r s = F_r' (s + i)$$

ricaveremo il valore di $F_r'$:

$$F_r' = \frac{F_r s}{(s+i)} = F_r \frac{s}{(s+i)} \, [\text{N}]$$

ne consegue che $F_r' < F_r$ perché la frazione $\frac{s}{s+i} < 1$.

## Stampi e materiali

Nello stampo per tranciare di **figura G2.7** si può riconoscere il portamatrice (**a**) e la matrice (**b**) ad essa fissata mediante viti mordenti. Sulla matrice sono visibili le guide laterali (**c**) per il nastro metallico.

Le colonne (**d**) creano un riferimento tra il portamatrici e la piastra mobile (**e**). La piastra mobile ha funzione di guida del punzone, di premilamiera e di estrattore.

Il punzone (**f**) è spinto in basso dal portapunzone (**g**) tramite la piastra (**h**), mentre è trascinato durante la risalita dalla piastra (**l**).

La piastra mobile (**e**) viene spinta elasticamente verso il basso dall'azione di molle (**m**) che contrastano con la piastra (**l**) di trascinamento del punzone.

I particolari meccanici che compongono gli stampi (punzoni, matrici, lame ecc.), devono possedere:
— elevata durezza;
— tenacità;
— elevata resistenza all'usura e all'abrasione.

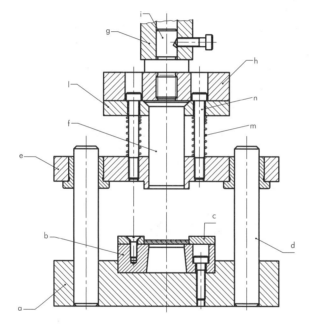

**Figura G2.7**
Stampo per tranciare: si può osservare il portamatrice (a); la matrice (b); le guide laterali (c); le colonne (d); la piastra mobile (e); il punzone (f); il portapunzone (g); la piastra (h); il codolo di attacco (i); la contropiastra (l); le molle (m); i perni di guida (n).

Gli acciai più comunemente utilizzati sono riportati nella **tabella G2.5**.

**Tabella G2.5** Materiali per stampi di tranciatura/punzonatura

| Materiale | Caratteristiche |
|---|---|
| X205Cr12KU | Acquista elevata durezza dopo trattamento termico di bonifica |
| X155CrVMo121KU | Elevata tenacità |
| 55WCrV8KU | Resistenza agli urti ripetuti |
| Metalli duri sinterizzati | Elevata durezza superficiale HRC = 75÷80 |

Il taglio di lamiere in lega di alluminio potrebbe originare formazione di bave; per tale motivo è stato sviluppato il sistema di tranciatura che utilizza un cuscino di gomma poliuretanica (▶ **Fig. G2.8**). Questo elastomero possiede, contemporaneamente, caratteristiche elastiche e resistenza meccanica alla compressione.

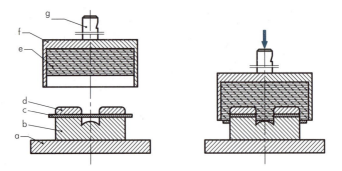

**Figura G2.8**
Tranciatura/punzonatura con cuscino di gomma poliuretanica, in cui possiamo osservare: la tavola della pressa (**a**); il tranciante (**b**); la lamiera (**c**); il premilamiera (**d**); il cuscino di gomma (**e**); il contenitore (**f**); l'attacco per parte mobile della pressa (**g**).

### TRANCIATURA FINE

La tranciatura fine è un procedimento brevettato all'inizio del secolo scorso, che permette la fabbricazione di componenti funzionali pronti all'impiego grazie alla possibilità di ottenere facce tranciate perfettamente lisce e di precisione dimensionale elevata.

È possibile tranciare metalli di forte spessore (1÷15mm), oppure eseguire piegature, coniature, imbutiture accurate di profili complessi, a cui si richiedono elevati requisiti funzionali (ganasce per freni a tamburo, supporti per freni a disco, flange per sistemi di scarico, dischi frizione, componentistica per cinture di sicurezza e sedili auto).

#### Principio di funzionamento

Nella **figura G2.9a** si osserva che la forza di taglio $F_1$ è direttamente applicata al punzone (**C**), mentre la **figura G2.9b** mostra che la forza di taglio $F_1$ agisce sulla matrice (**A**) che trasla verso l'alto. La forza $G_2$ agisce contemporaneamente sul disco (**B**) il cui rilievo circolare a forma di V blocca in modo stabile la lamiera da tranciare (**E**). Conclusa l'operazione di taglio, l'espulsore (**D**) viene allontanato consentendo l'estrazione del particolare tranciato.

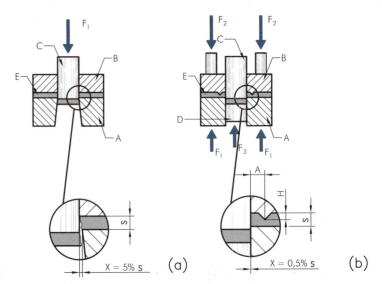

**Figura G2.9**
Confronto fra processi di tranciatura:
a) convenzionale;
b) fine.

## Vantaggi

La tecnica della tranciatura fine offre numerosi vantaggi rispetto al taglio convenzionale:
— tolleranze ristrette sulla distanza punzone-matrice X=0,5% s (nella tranciatura convenzionale vale 5÷6% s);
— buona precisione delle superfici di taglio e loro utilizzo come superfici funzionali, direttamente dopo il taglio (maggiore precisione angolare, dimensionale e di planarità);
— migliore finitura della superficie di taglio ($Ra = 2 \div 3$ μm), con possibilità di eliminare i trattamenti di post-produzione (molatura o fresatura);
— ottimizzazione dei tempi di lavoro;
— minor consumo di materiale.

**COME SI TRADUCE...**

| ITALIANO | INGLESE |
|---|---|
| Aggraffatura | Seaming |
| Aggraffatrice | Seaming machine, Stapling machine |
| Piegatura | Bending |
| Piegatrice | Bending machine |

## G2.3 AGGRAFFATURA

È un procedimento che collega le estremità di due lamiere piegate, interponendo un mastice oppure una lega saldante, generalmente Sn-Pb (▶ **Fig. G2.10**).

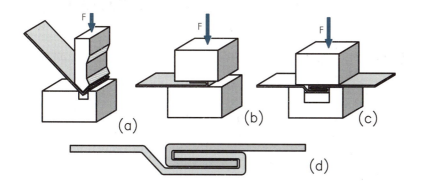

**Figura G2.10**
Operazione di aggraffatura:
a) piegatura del primo elemento;
b) completamento della piegatura del primo elemento;
c) unione dei due elementi;
d) pezzo finito.

La macchina **aggraffatrice** è in grado di lavorare lamiere sottili, con spessori non superiori a 0,8 mm (contenitori ad uso alimentare, unione di parti di carrozzeria per autoveicoli, ecc.).

## G2.4 PIEGATURA

La **figura G2.11** schematizza l'operazione di **piegatura** singola in cui una corsa del punzone produce un solo angolo della lamiera (▶ **Fig. G2.11a**) e di piegatura doppia in cui una corsa del punzone produce più angoli nella lamiera (▶ **Fig. G2.11b**).

La pressa **piegatrice** (▶ **Fig. G2.12**) sottopone la lamiera piana a sforzo di flessione con un carico superiore al limite della deformazione permanente, così da costringerlo ad assumere la forma prefissata.

**Figura G2.11**
Operazione di piegatura:
a) singola;
b) doppia.

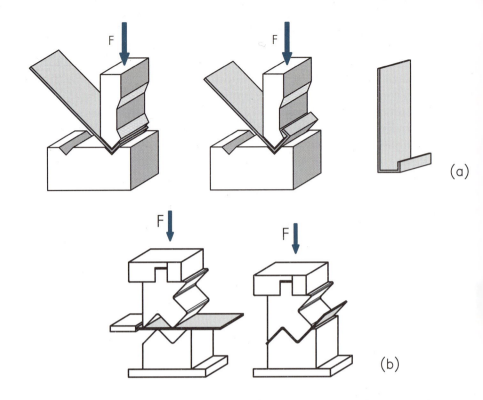

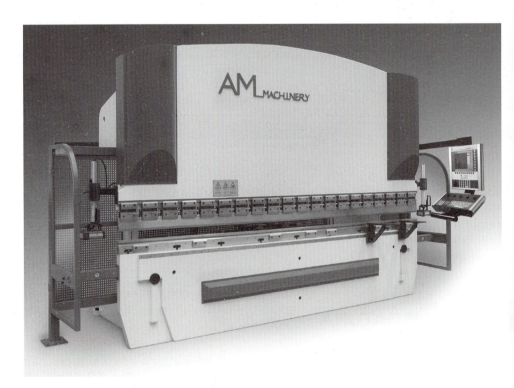

**Figura G2.12**
Pressa piegatrice.

## SVILUPPO DELLE LAMIERE

Per ottenere una lamiera piegata è necessario conoscere la lunghezza della lamiera di partenza indeformata.

Tale valore coincide con le dimensioni dello sviluppo in piano $L$ del pezzo piegato ( ▶ **Fig. G2.13**) e si ricava con la seguente relazione:

$$L = l_1 + \alpha \frac{\pi}{180}\left(R + e\frac{s}{2}\right) + l_2$$

in cui:
— $L$ indica la lunghezza dello sviluppo piano della lamiera incurvata;
— $R$ rappresenta il raggio interno di curvatura;
— $l_1, l_2$ sono le lunghezze delle ali;
— $s$ è lo spessore della lamiera;
— $\alpha$ è l'angolo di piegatura;
— $e$ indica il coefficiente di correzione ( ▶ **Tab. G2.6**).

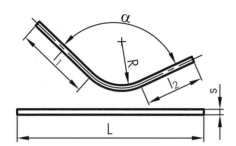

**Figura G2.13**
Sviluppo in piano di una lamiera curvata.

**Tabella G2.6** Coefficiente di correzione *e*

| R/s | 5,0 | 3,0 | 2,0 | 1,2 | 0,8 | 0,5 |
|---|---|---|---|---|---|---|
| e | 1 | 0,9 | 0,8 | 0,7 | 0,6 | 0,5 |

## Forza di piegatura

La relazione matematica della forza di piegatura deve tenere conto dei fattori descritti di seguito.
— Le caratteristiche meccaniche del materiale lavorato ($R_m$).
— La forma impressa alla lamiera (a "V", "U" oppure "L").
— Il ritorno elastico nelle zone della lamiera in cui lo sforzo meccanico non supera il limite elastico di proporzionalità non si verificano deformazioni permanenti e al cessare del carico la lamiera subisce un ritorno elastico, quindi occorre piegare la lamiera più del dovuto imprimendo un colpo breve e secco, per provocare la plasticizzazione della zona soggetta a elasticità residua.
— Il raggio minimo di piegatura, la lamiera piegata dovrà avere un raggio di piegatura maggiore rispetto a quello minimo ammissibile:

$$r_{piegatura} > r_{min}$$

sapendo che:

$$r_{min} = s\,c$$

in cui $r_{piegatura}$ indica il raggio di piegatura [mm], $r_{min}$ è il raggio minimo ammissibile [mm], $s$ indica lo spessore della lamiera [mm], $c$ è il coefficiente che dipende dal tipo di materiale ( ▶ **Tab. G2.7**).

**Tabella G2.7** Coefficiente *c* del materiale

| Materiale | c |
|---|---|
| Al | 0,01 |
| Cu | 0,01 |
| FePO$_2$ | 0,01 |
| C15 – C20 | 0,1 |
| C35 – C40 | 0,3 |

Per lo stampo a "V" si consideri la lamiera appoggiata sullo stampo e caricata in mezzeria (▶ **Fig. G2.14**), da cui è possibile ottenere la seguente relazione:

$$F = 1,2 \frac{R_m b s^2}{l}$$

in cui:
— $F$ indica la forza massima di piegatura [N];
— 1,2 è il coefficiente di correzione;
— $R_m$ è il carico di rottura [N/mm$^2$];
— $s$ rappresenta lo spessore della lamiera [mm];
— $b$ indica la larghezza della lamiera, o profondità, [mm];
— $l$ è la distanza tra gli appoggi [mm].

**Figura G2.14**
Schema di calcolo della forza di piegatura *F* per lo stampo a "V".

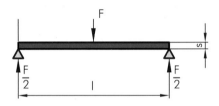

Con la precedente notazione si esprime la forza di piegatura, rispettivamente:
— per lo stampo a "U":

$$F = 0,4 \, R_m b s$$

— per lo stampo a "L" (▶ **Fig. G2.15**):

$$F = 0,2 \, R_m b s$$

**Figura G2.15**
Piegatura a "L".

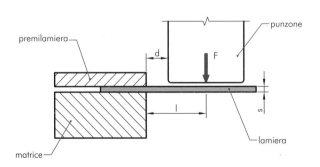

## G2.5 CALANDRATURA E CURVATURA

La **calandratura** è un procedimento di **curvatura** a freddo delle lamiere, con cui si ottengono generalmente corpi cilindrici e tronco-conici. Con speciali dispositivi controllati dal CNC è possibile ottenere cilindri ellittici e appiattiti.

Nella sua costituzione più semplice, la **calandra** è costituita da tre rulli ad asse orizzontale: due ad asse fisso che trascinano la lamiera (motori) e uno cosiddetto "folle", regolabile in senso verticale (▶ **Fig. G2.16**). Inclinando uno dei tre cilindri si ottengono manufatti tronco-conici; i lembi estremi della lamiera saranno eventualmente preparati a parte, per la successiva saldatura.

| COME SI TRADUCE... | |
|---|---|
| **ITALIANO** | **INGLESE** |
| Calandratura | Calendering |
| Curvatura | Bending |
| Calandra | Calender, Bending machine |
| Imbutitura | Deep-drawing, drawing |
| Pressa per imbutitura | Drawing press |

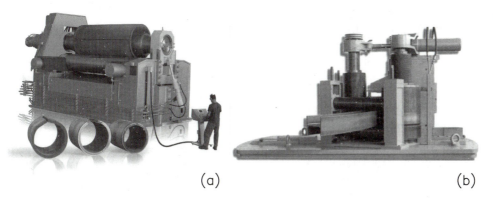

**Figura G2.16**
Calandratura:
a) calandra a 3 rulli;
b) calandra-curvatrice.

## G2.6 IMBUTITURA

Mediante l'**imbutitura** una lamiera piana è trasformata in un corpo cavo, riproducendo la forma del punzone.

La **figura G2.17** schematizza la lavorazione di una **pressa per imbutitura**, per ottenere un corpo cavo a fondo piano. La coniatura a freddo, è una soluzione tecnologica, semplice ed economica, per la produzione di pentole e padelle con fondi ad alto spessore.

In passato gli utensili da cucina riportati nella **figura G2.17** venivano prodotti mediante fusione o pressofusione.

**Figura G2.17**
Pentole e padelle imbutite a freddo.

Anche le parti di carrozzeria di una vettura sono ottenute per imbutitura.

**Figura G2.18**
Imbutito cilindrico con r≤10mm.

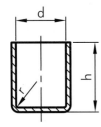

Il processo di imbutitura può essere:
— semplice, quando la lamiera grezza è appoggiata sulla matrice, deformata e trascinata nel foro della matrice stessa dall'azione meccanica del punzone;
— con premilamiera, quando i lembi esterni della lamiera sono bloccati contro la matrice e il punzone può spingere con uno sforzo maggiore, evitando grinze e increspature della lamiera.

L'uso del premilamiera è condizionato dal valore dello *spessore relativo* $S_r$:

$$S_r\% = \frac{s}{D}100$$

in cui:
— $S_r\%$ è minore del valore critico (uso del premilamiera);
— $s$ indica lo spessore della lamiera [mm];
— $D$ è il diametro del disco di partenza [mm].

Se $S_r$ è minore di 1,7%, per una lamiera in acciaio dolce si usa la premilamiera.

### Calcolo del diametro del disco da imbutire (recipiente cilindrico)

Affinché il prodotto finito abbia le dimensioni di progetto, occorre calcolare le dimensioni del diametro $D$ del disco di lamiera da imbutire.

Se durante l'imbutitura il volume e la densità del materiale impiegato restano inalterati, si può ritenere con approssimazione pratica, che resti costante lo spessore $s$ della lamiera.

Pertanto si possono considerare i seguenti casi pratici:
— pezzi con raggio di raccordo $r \leq 10$ mm (▶ **Fig. G2.18**):

$$D = \sqrt{d^2 + 4dh}$$

— pezzi con raggio di raccordo $r > 10$ mm (▶ **Fig. G2.19**):

$$D = \sqrt{(d-2r)^2 + 4\left[1,57r(d-2r) + 2r^2 + d(h-r)\right]}$$

**Figura G2.19**
Imbutito cilindrico con r >10 mm.

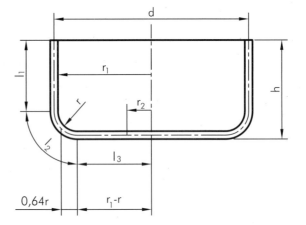

La **tabella G2.8** riporta le relazioni matematiche per il calcolo del diametro del disco grezzo di partenza, per i principali manufatti cilindrici.

# Tabella G2.8  Calcolo del diametro *D* del disco da imbutire

| Forma del recipiente | Diametro *D* del disco da imbutire | Forma del recipiente | Diametro *D* del disco da imbutire |
|---|---|---|---|
| | $\sqrt{d^2 + 4\,d\,h}$ | | $\sqrt{d^2 + 4\left(h_1^2 + d\,h_2\right)}$ |
| | $\sqrt{d_2^2 + 4\,d_1 h}$ | | $\sqrt{d_2^2 + 4\,h_2}$ |
| | $\sqrt{d_3^2 + 4\left(d_1 h_1 + d_2 h_2\right)}$ | | $\sqrt{d_2^2 + 4\left(h_1^2 + d_1 h_2\right)}$ |
| | $\sqrt{d_1^2 + 4\,d_1 h + 2f\left(d_1 + d_2\right)}$ | | $\sqrt{d_1^2 + 4\,h^2 + 2f\left(d_1 + d_2\right)}$ |
| | $\sqrt{2\,d_2^2} = 1,4\,d$ | | $\sqrt{d_1^2 + 2s\left(d_1 + d_2\right)}$ |
| | $\sqrt{1,4\,d^2 + 2\,d\,h}$ | | $\sqrt{d_2^2 + 2,28\,r\,d_2 - 0,56\,r^2}$ |
| | $\sqrt{d_1^2 + d_2^2}$ | | $\sqrt{d_2^2 + 2,28\,r\,d_2 - 0,56\,r^2 + 4\,d_2 h}$ |
| | $\sqrt{d^2 + 4\,h^2}$ | | $\sqrt{d_3^2 + 4\,d_2\left(0,57\,r + h\right) - 0,56\,r^2}$ |

LAVORAZIONE DELLE LAMIERE **UNITÀ G2**

## IMBUTITURA PROFONDA

L'*imbutitura profonda* è caratterizzata da un basso valore del rapporto d'imbutitura $R_i < 0,5$:

$$R_i = \frac{d}{D}$$

essendo $d$ il diametro del punzone a pezzo finito [mm] e $D$ il diametro del disco di partenza [mm].

Tanto più piccolo è il diametro $d$ del punzone rispetto al dimetro $D$ del disco di partenza, tanto maggiore sarà la pressione occorrente per la deformazione plastica. Ciò potrebbe causare lacerazioni della lamiera per il superamento dei limiti di resistenza della stessa.

Saranno quindi necessarie passate successive, in ognuna delle quali il diametro del pezzo imbutito è ridotto del 15÷30%:

— I passata, $d_1 = m_1 D$;

— II passata, $d_2 = m_{succ} d_1$;

— III passata, $d_3 = m_{succ} d_2$;

— IV passata, $d_4 = m_{succ} d_3$;

— $n$-esima passata, $d_n = m_{succ} d_{n-1}$.

La **tabella G2.9** riporta i coefficienti $m_1$ e $m_{succ}$, rispettivamente per la prima e per le successive operazioni di imbutitura.

**Tabella G2.9** Coefficienti di riduzione per imbutitura profonda

| Materiale | Prima passata $m_1$ | Passate successive $m_{succ}$ |
|---|---|---|
| Lamiera acciaio per imbutiture non profonde | 0,6 | 0,8 |
| Lamiera acciaio per imbutiture profonde | 0,55÷0,60 | 0,75÷0,80 |
| Lamiera acciaio inossidabile | 0,50÷0,55 | 0,80÷0,85 |
| Latta | 0,50÷0,55 | 0,75÷0,80 |
| Lastra di rame | 0,55÷0,60 | 0,85 |
| Lastra di zinco | 0,65÷0,70 | 0,85÷0,90 |
| Lastra di alluminio | 0,53÷0,60 | 0,80 |
| Lastra di duralluminio | 0,55÷0,60 | 0,90 |

## FORZA DI IMBUTITURA PER PEZZI CILINDRICI

La forza d'imbutitura che il punzone imprime alla lamiera vale:

$$F = \pi \, d \, s \, R_m \, n \, [\text{N}]$$

MODULO G PROCESSI DI LAVORAZIONE PER DEFORMAZIONE PLASTICA

in cui:
— $d$ indica il diametro del punzone [mm];
— $s$ rappresenta lo spessore della lamiera [mm];
— $R_m$ è il carico di rottura alla trazione [N/mm²];
— $n$ è il fattore di correzione che dipende dal rapporto $d/D$ (▸ **Tab. G2.10**);
— $D$ indica il diametro del disco di partenza [mm].

**Tabella G2.10** Fattore di correzione $n$

| $d/D$ | 0,55 | 0,575 | 0,60 | 0,625 | 0,65 | 0,675 | 0,70 | 0,725 | 0,75 | 0,775 | 0,80 |
|---|---|---|---|---|---|---|---|---|---|---|---|
| $n$ | 1,00 | 0,93 | 0,86 | 0,79 | 0,72 | 0,66 | 0,60 | 0,55 | 0,50 | 0,45 | 0,40 |

Dalla **tabella G2.6** si evince che il coefficiente $n$ cresce al diminuire del rapporto $d/D$, poiché diminuendo il diametro del punzone $d$, occorre aumentare la forza d'imbutitura. Nel caso di imbutitura con passate successive, la forza massima da considerare è quella relativa al punzone di maggiore diametro.

## FORZA SUL PREMILAMIERA

Il premilamiera deve bloccare la lamiera sottostante con uno sforzo meccanico ben calibrato. Se così non fosse, la lamiera potrebbe incrudirsi e strapparsi (sforzo eccessivo), oppure generare grinze sul pezzo e rigature sul punzone (sforzo insufficiente). Il valore approssimato si esprime nel seguente modo:

$$F = \frac{\pi}{4}\left(D^2 - d^2\right)p\left[\text{N}\right]$$

in cui:
— $F$ è lo sforzo massimo del premilamiera all'inizio dell'imbutitura [N];
— $D$ è il diametro del disco di partenza [cm];
— $d$ indica il diametro del punzone [cm];
— $p$ è la pressione specifica [N/cm²].

La **tabella G2.11** riporta i valori di pressione specifica $p$ per i principali tipi di materiali utilizzati nelle operazioni di imbutitura.

**Tabella G2.11** Pressione specifica $p$

| Materiale | $p$ [N/cm²] |
|---|---|
| Lamiera di acciaio | 196÷245 |
| Acciaio dolce stagnato | 245÷294 |
| Acciaio inossidabile | 157÷196 |
| Alluminio | 98÷118 |
| Duralluminio | 128÷157 |
| Ottone | 137÷196 |
| Zinco | 118÷147 |

Si osservi che procedendo con l'avanzamento del punzone, potrebbe rendersi necessario variare la forza $F$ oppure la pressione specifica $p$.

## Velocità d'imbutitura

È la velocità con cui si muove il punzone nell'istante in cui viene a contatto con la lamiera da imbutire. La **tabella G2.12** riporta i valori sperimentali, per un buon compromesso tra i costi e la qualità produttiva.

**Tabella G2.12** Velocità d'imbutitura

| Materiale | Velocità d'imbutitura [mm/s] |
|---|---|
| Lamiera di acciaio inossidabile | 200 |
| Lamiera di acciaio per imbutitura | 280 |
| Lamiera di acciaio stagnato | 750 |
| Lamiera di alluminio ricotto | 500 |
| Lamiera di zinco | 200 |

## Difetti nei pezzi imbutiti

La deformazione della lamiera comporta lo sviluppo di sollecitazioni meccaniche nelle varie zone del manufatto (▶ **Fig. G2.20**).

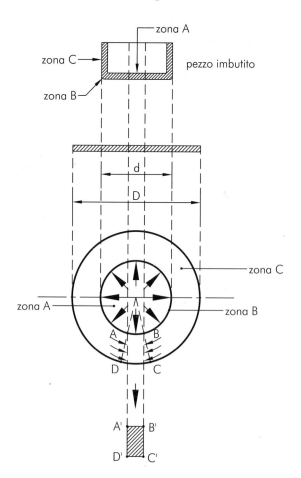

**Figura G2.20**
Forze che agiscono sul pezzo imbutito.

Le fibre metalliche della zona A (fondo della pentola) sono sottoposte a sollecitazione di trazione in direzione radiale; quelle della zona B, a sollecitazione di piegamento; quelle della zona C (pareti laterali della pentola), a trazione in senso radiale e a compressione in senso circonferenziale. La contemporanea presenza di queste due sollecitazioni (trazione e compressione), comporta una diminuzione di spessore in prossimità del fondo del pezzo imbutito.

Al termine del processo di imbutitura si possono riscontrare, pertanto, i seguenti difetti:
— rottura del pezzo, nelle zone meccanicamente più sollecitate;
— formazione di grinze, dovuta a materiale in eccesso che viene richiamato in altre zone dalla sollecitazione di trazione; aumentando il carico sul premilamiera, oppure adottando i cosiddetti anelli *rompigrinze*, la lamiera viene frenata e scorre meno (▸ **Fig. G2.21**);
— ritorno elastico del materiale, che provoca variazione di forma del manufatto; il ritorno elastico si elimina applicando carichi di imbutitura corrispondenti al campo plastico del diagramma di trazione; la **figura G2.22** mostra che a parità di carico $F_0$ di imbutitura, è da preferire il materiale $b$.

**Figura G2.21**
Applicazione dell'anello rompigrinze in uno stampo di imbutitura: si osservano il premilamiera (a), l'anello rompigrinze (b), la matrice (c), il pezzo imbutito (d), il punzone (e).

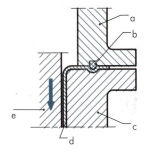

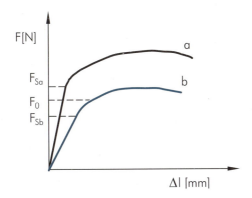

**Figura G2.22**
Diagramma di trazione: scelta del materiale per imbutitura.

## Caratteristiche delle lamiere da imbutitura

Nello stampaggio a freddo la lamiera deve avere le seguenti caratteristiche: spessore costante su tutta la superficie; materiale omogeneo; superficie pulita e levigata; materiale malleabile e resistente; ottimo coefficiente d'imbutibilità.

Dovendo scegliere una lamiera di acciaio, è da preferire un acciaio ricotto per le migliori caratteristiche di imbutibilità; la presenza di silicio, cromo e manganese, invece, riducono la deformabilità a freddo. Le lamiere di alluminio, trovano largo impiego per le note caratteristiche di leggerezza e di resistenza.

**AREA DIGITALE**

 Produzione di bombole gas

## Materiali speciali per stampi di imbutitura

I materiali speciali utilizzati per la costruzione di stampi d'imbutitura sono:
— il legno laminato, formato da tanti fogli di legno, compressi e imbevuti di sostanze resinose ($R_{m\,trazione} \sim 100\,N/cm^2$ e $R_{m\,compressione} \sim 190\,N/cm^2$); è impiegato per stampaggi relativamente pesanti nella lavorazione del legno e dei metalli; possiede buona conduttività termica e ottime qualità lubrificanti;
— gomme uretaniche, materiale sintetico derivato dai polimeri dell'adripene; le buone proprietà di resistenza all'abrasione, alla rottura per trazione, all'urto, al calore, alla corrosione e all'olio, abbinate alla notevole elasticità, le rendono adatte per la lavorazione di lamiere lucide e verniciate, senza danneggiare le superfici; vengono altresì impiegate per grandi produzioni in serie, al fine di ridurre il costo di manutenzione.

## IMBUTITURA CON ESPLOSIVO

È particolarmente indicata per produrre pezzi di alluminio e rame di grandi dimensioni, con forme complesse. La **figura G2.23** ne schematizza il principio di funzionamento. Una carica esplosiva (**a**), libera energia la cui onda d'urto investe il liquido (**e**), acqua oppure olio. La lamiera (**c**) sottostante, premuta dal premilamiera (**b**), sarà obbligata ad assumere la forma dello stampo (**d**). Prima dell'esplosione una pompa di aspirazione toglie l'aria presente tra la lamiera e lo stampo; tale operazione è necessaria perché l'onda d'urto si muove a velocità così elevata (~7000 m/s) che non darebbe tempo all'aria di allontanarsi.

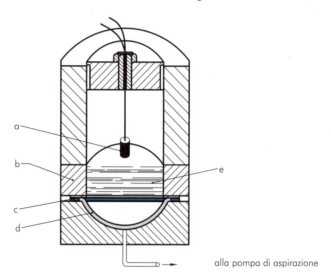

**Figura G2.23**
Imbutitura con esplosivo, in cui si osservano la carica esplosiva (**a**), i premilamiera (**b**), la lamiera (**c**), lo stampo (**d**), il liquido (**e**).

## IMBUTITURA ELETTROIDRAULICA

Nel circuito elettrico rappresentato nella **figura G2.24**, il condensatore (**b**) immagazzina la quantità di energia elettrica prodotta dal generatore (**a**) e regolata dalla resistenza (**c**). Con la chiusura dell'interruttore (**d**) l'energia si scarica istantaneamente nell'acqua (**e**), attraverso la presenza del filamento immerso (**f**). La conseguente onda d'urto deforma la lamiera (**i**) contro la sagoma dello stampo (**g**), ottenendo il pezzo imbutito (**h**).

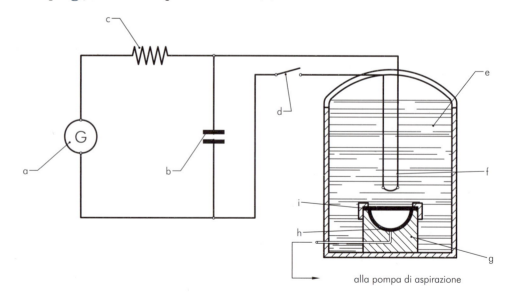

**Figura G2.24**
Imbutitura elettroidraulica, in cui si osservano il generatore (**a**), il condensatore (**b**), la resistenza (**c**), l'interruttore (**d**), l'acqua (**e**), il filamento (**f**), lo stampo (**g**), il pezzo imbutito (**h**), la lamiera (**i**).

## IMBUTITURA ELETTROMAGNETICA

L'energia elettrica accumulata in una batteria di condensatori, viene improvvisamente scaricata in un solenoide (in milionesimi di secondo), generando un elevato picco di intensità di corrente e un altrettanto intenso campo magnetico. Si sviluppa pertanto un sistema uniforme di forze radiali, in grado di deformare velocemente la lamiera contro lo stampo.

La bobina può essere disposta esternamente alla lamiera oppure internamente a essa (▶ **Fig. G2.25**).

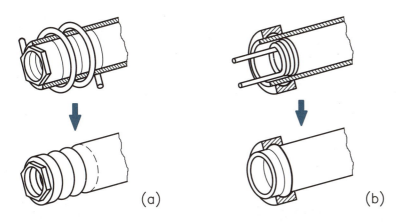

**Figura G2.25**
Imbutitura elettromagnetica:
a) bobina esterna alla lamiera;
b) bobina interna alla lamiera.

Le velocità di produzione sono elevate, la riproducibilità dei pezzi è eccellente, la lubrificazione non necessaria perché non vi sono componenti in moto relativo. Non si possono, però, produrre forme complesse e non si possono raggiungere pressioni elevate.

## IMBUTITURA CON PUNZONE IDRAULICO

La **figura. G2.26** schematizza il processo di imbutitura con punzone idraulico. L'olio in pressione (fino a 1500 bar) muove una slitta (**1**) ponendo a contatto la membrana di gomma (**2**) con la lamiera da imbutire (**3**).

L'azione meccanica dell'olio, inoltre, deformerà superiormente la membrana di gomma (**4**), costringendo la lamiera a modellarsi contro il semistampo (**5**), per ottenere il prodotto finito (**6**).

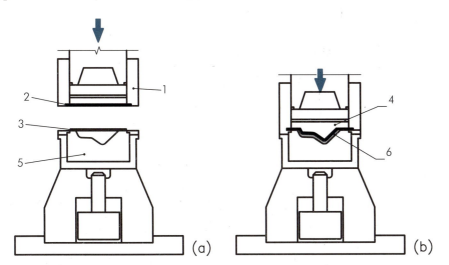

**Figura G2.26**
Imbutitura con punzone idraulico:
a) prima della formatura;
b) dopo la formatura.

## Imbutitura al tornio

Normalmente applicata su materiali a elevata deformabilità (alluminio, rame, magnesio, nichel e loro leghe), l'imbutitura al tornio ottiene corpi cavi con attrezzature semplici, poco costose ma con un procedimento abbastanza lento (▶ **Fig. G2.27**). Per tali motivi si utilizza nelle produzioni con limitato numero di pezzi, che non giustificano il costo di uno stampo (pentolame, vasellame, strumenti musicali a fiato).

**Figura G2.27**
Imbutitura al tornio:
a) tornio automatico;
b) forme realizzabili.

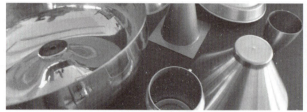

(a)   (b)

## G2.7 PROFILATURA

La macchina **profilatrice** sagoma a freddo un nastro di lamierino piatto, mediante coppie di rulli disposte in batteria e capaci di modificarne gradualmente la sezione e lo spessore (▶ **Fig. G2.28**).

**Figura G2.28**
Linea di profilatura.

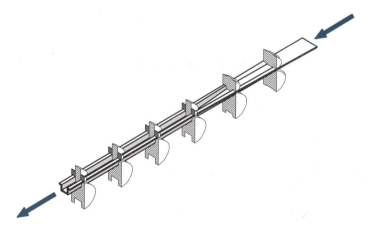

| COME SI TRADUCE... | |
|---|---|
| **ITALIANO** | **INGLESE** |
| *Profilatrice* | *Profile-cutting machine* |
| *Profilatura* | *Forming, Profiling* |

La **profilatura** offre molti vantaggi, fra cui si annoverano:
— buoni volumi produttivi, perché la lamiera può viaggiare a velocità superiori a 1 m/s;
— la graduale azione delle coppie dei rulli non danneggia l'eventuale rivestimento protettivo (zincatura, plastificazione, verniciatura);
— ottenimento di profilati a sezione complessa (▶ **Fig. G2.29**).

**Figura G2.29**
Esempi di profilati ottenuti con il processo di profilatura.

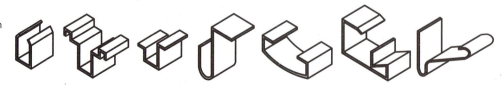

## G2.8 DISPOSITIVI DI SICUREZZA DELLE ATTREZZATURE DI LAVORO

I dispositivi di sicurezza devono essere conformi all'allegato V del DLgs 81/08.

### CESOIA

Le cesoie possono presentare i seguenti dispositivi di sicurezza ( ▶ **Fig. G2.30**):
— *riparo mobile interbloccato* tale da consentire la discesa della lama e del premilamiera unicamente a riparo chiuso e permettere l'apertura del riparo solamente quando la lama abbia raggiunto il punto morto superiore;
— *schermo fisso o mobile* che impedisca che le mani o altre parti del corpo dei lavoratori addetti possano essere offese dalla lama;
— *dispositivi di comando* che impegnino entrambe le mani degli addetti per tutta la durata della discesa della lama;
— *pedale di comando* provvisto di dispositivo di sicurezza e custodia atta ad evitare ogni possibile azionamento accidentale;
— *barriere immateriali* (cellule fotoelettriche) che arrestino immediatamente la macchina se viene interrotto il fascio luminoso e che rendano impossibile l'introduzione delle mani tra gli stessi fasci (distanza eccessiva tra i fasci);
— *barra distanziatrice* alta 1 m e distante 70 cm dalla lama posizionata nella parte posteriore della macchina;
— *pulsante d'arresto* della macchina a ripristino manuale;
— *cartello* di divieto d'accesso.

**Figura G2.30**
Cesoia a ghigliottina idraulica.

### Norme comportamentali di prevenzione

Il tecnico operatore, a garanzia della qualità del lavoro e nel rispetto delle norme antinfortunistiche, dovrà avere cura di:
— seguire le istruzioni del datore di lavoro, dei dirigenti e preposti di reparto;
— seguire le informazioni riportate sul manuale d'uso e manutenzione della macchina;
— utilizzare gli appositi dispositivi di protezione individuale;
— inserire la lamiera da tagliare a macchina ferma;
— regolare il corretto allineamento delle fotocellule;
— attivare la discesa delle lame con gli appositi pedali o pulsanti;
— non mettere le mani nella zona pericolosa fino a che non sia stato completato il ciclo di lavoro;
— disattivare la macchina a fine ciclo;
— eseguire le operazioni di pulizia e manutenzione a macchina ferma e fredda;
— non modificare le attrezzature di propria iniziativa;
— non rimuovere o modificare le protezioni o i dispositivi di sicurezza senza l'autorizzazione del preposto o del capo reparto;
— segnalare immediatamente qualsiasi difetto o inconveniente rilevato durante la propria attività.

**Figura G2.31**
Punzonatrice.

**Figura G2.32**
Piegatrice CNC.

## TRANCIATRICE - PUNZONATRICE

Le macchine tranciatrici possono avere tali dispositivi di sicurezza (▶ **Fig. G2.31**):
— *ripari agli organi di taglio frontali e laterali* in acciaio di adeguato spessore complete di cerniere;
— *barra distanziatrice* alta 1 m e distante almeno 70 cm dalla lama, posizionata nella parte posteriore della macchina, quando essa risulta liberamente accessibile;
— *dispositivi di comando* che impegnino entrambe le mani degli addetti per tutta la durata della discesa della lama;
— *pedale di comando* provvisto di dispositivo di sicurezza e custodia atta a evitare ogni possibile azionamento accidentale;
— *pulsante d'arresto* della macchina a ripristino manuale;
— *cartello* di divieto d'accesso.

### Norme comportamentali di prevenzione

Il tecnico operatore, a garanzia della qualità del lavoro e nel rispetto delle norme antinfortunistiche, dovrà avere cura di:
— seguire le istruzioni del datore di lavoro, dei dirigenti e preposti di reparto;
— seguire le informazioni riportate sul manuale d'uso e manutenzione della macchina;
— utilizzare gli appositi dispositivi di protezione individuale;
— inserire la lamiera da tagliare a macchina ferma;
— attivare la discesa delle lame con gli appositi pedali o pulsanti;
— non mettere le mani nella zona pericolosa fino a quando non sia stato completato il ciclo di lavoro;
— disattivare la macchina a fine ciclo;
— eseguire le operazioni di pulizia e manutenzione a macchina ferma e fredda;
— non modificare le attrezzature di propria iniziativa;
— non rimuovere o modificare le protezioni o i dispositivi di sicurezza senza l'autorizzazione del preposto o del capo reparto;
— segnalare immediatamente qualsiasi difetto o inconveniente rilevato durante la propria attività.

## PIEGATRICE

Le macchine piegatrici possono avere tali dispositivi di sicurezza (▶ **Fig. G2.32**):
— *schermi mobili* in acciaio di adeguato spessore, completi di cerniere;
— *barriere immateriali* (cellule fotoelettriche) che arrestino immediatamente la macchina se viene interrotto il fascio luminoso e che rendano impossibile l'introduzione delle mani tra gli stessi fasci (distanza eccessiva tra i fasci);
— *barra di stanziatrice,* collocata nella parte posteriore della macchina, alta 1 m e distante almeno 70 cm dalla lama, quando la macchina risulta liberamente accessibile;
— *dispositivi di comando* che impegnino entrambe le mani degli addetti per tutta la durata della discesa della lama;
— dispositivo antiripetitore del colpo;
— *pedale di comando* provvisto di dispositivo di sicurezza e custodia atta a evitare ogni possibile azionamento accidentale;
— *pulsante d'arresto* della macchina a ripristino manuale;
— *cartello* di divieto d'accesso.

### Norme comportamentali di prevenzione

Il tecnico operatore, a garanzia della qualità del lavoro e nel rispetto delle norme antinfortunistiche, dovrà avere cura di:
— seguire le istruzioni del datore di lavoro, dei dirigenti e preposti di reparto;
— seguire le informazioni riportate sul manuale d'uso e manutenzione della macchina;
— utilizzare gli appositi dispositivi di protezione individuale;
— inserire la lamiera da deformare a macchina ferma;
— regolare il corretto allineamento delle fotocellule;
— attivare la discesa dell'utensile/stampo con gli appositi pedali o pulsanti;
— non mettere le mani nella zona pericolosa fino a quando non sia stato completato il ciclo di lavoro;
— disattivare la macchina a fine ciclo;
— eseguire le operazioni di pulizia e manutenzione a macchina ferma e fredda;
— non modificare le attrezzature di propria iniziativa;
— non rimuovere o modificare le protezioni o i dispositivi di sicurezza senza l'autorizzazione del preposto o del capo reparto;
— segnalare immediatamente qualsiasi difetto o inconveniente rilevato durante la propria attività.

## CALANDRA

Le macchine curvatrici (calandre) possono avere tali dispositivi di sicurezza (▶ **Fig. G2.33**):
— *schermi di protezione* della zona di imbocco della lamiera, che la rendano inaccessibile per tutta la sua estensione;
— *dispositivo di arresto rapido dei cilindri*, che l'operatore può azionare da qualsiasi posizione, con una facile manovra;
— *fune di guardia o barra sensibile interbloccata* e contornante la zona pericolosa attivabile da qualsiasi posizione e con una facile manovra, collegata a interruttori di fine corsa atti a provocare l'arresto dei cilindri nel caso in cui la barra stessa sia urtata dal corpo dell'operatore e con ritorno automatico in posizione neutra;
— *barriera distanziatrice*, collocata nella zona operativa del sistema di sgancio dei cilindri;
— *dispositivi di comando*, che impegnino entrambe le mani degli addetti per tutta la durata della discesa della lama;
— *pedale di comando* provvisto di dispositivo di sicurezza e custodia atta ad evitare ogni possibile azionamento accidentale;
— *pulsante d'arresto* della macchina a ripristino manuale;
— *cartello* di divieto d'accesso.

**Figura G2.33**
Calandra.

**Figura G2.34**
Pressa meccanica per imbutitura a doppio montante.

### Norme comportamentali di prevenzione

Il tecnico operatore, a garanzia della qualità del lavoro e nel rispetto delle norme antinfortunistiche, dovrà avere cura di:
— seguire le istruzioni del datore di lavoro, dei dirigenti e preposti di reparto;
— seguire le informazioni riportate sul manuale d'uso e manutenzione della macchina;
— utilizzare gli appositi dispositivi di protezione individuale;
— verificare che i rulli siano nella corretta posizione di lavoro e adeguatamente fissati nella loro sede;
— regolare la distanza fra i rulli in base allo spessore del pezzo da calandrare;
— inserire la lamiera da deformare a macchina ferma;
— non mettere le mani nella zona pericolosa fino a quando non sia stato completato il ciclo di lavoro;
— disattivare la macchina a fine ciclo;
— eseguire le operazioni di pulizia e manutenzione a macchina ferma e fredda;
— non modificare le attrezzature di propria iniziativa;
— non rimuovere o modificare le protezioni o i dispositivi di sicurezza senza l'autorizzazione del preposto o del capo reparto;
— segnalare immediatamente qualsiasi difetto o inconveniente rilevato durante la propria attività.

## PRESSA PER IMBUTITURA

Le presse per imbutire possono avere tali dispositivi di sicurezza ( ▶ **Fig. G2.34**):
— *pannelli fissi e mobili* posti a protezione della zona stampi, dotati di materiale fonoassorbente;
— *sicurezza idraulica* regolabile contro i sovraccarichi;
— barriere fotoelettriche;
— *dispositivi di comando*, che impegnino entrambe le mani degli addetti per tutta la durata della discesa della lama;
— *pedale di comando* provvisto di dispositivo di sicurezza e custodia atta ad evitare ogni possibile azionamento accidentale;
— *pulsante d'arresto* della macchina a ripristino manuale;
— *cartello* di divieto d'accesso.

### Norme comportamentali di prevenzione

Il tecnico operatore, a garanzia della qualità del lavoro e nel rispetto delle norme antinfortunistiche, dovrà avere cura di:
— seguire le istruzioni del datore di lavoro, dei dirigenti e preposti di reparto;
— seguire le informazioni riportate sul manuale d'uso e manutenzione della macchina;
— utilizzare gli appositi dispositivi di protezione individuale;
— regolare il corretto allineamento delle fotocellule;
— attivare la discesa dello stampo con gli appositi pedali o pulsanti;
— non mettere le mani nella zona pericolosa fino a quando non sia stato completato il ciclo di lavoro;
— disattivare la macchina a fine ciclo;
— eseguire le operazioni di pulizia e manutenzione a macchina ferma e fredda;
— non modificare le attrezzature di propria iniziativa;
— non rimuovere o modificare le protezioni o i dispositivi di sicurezza senza l'autorizzazione del preposto o del capo reparto;
— segnalare immediatamente qualsiasi difetto o inconveniente rilevato durante la propria attività.

# UNITÀ G2

# VERIFICA DI UNITÀ

Gli esercizi sono disponibili anche nella versione digitale come test interattivi e autocorrettivi

## COMPLETAMENTO

1. La _____ è un procedimento di curvatura a freddo delle _____, con cui si ottengono generalmente corpi _____ e tronco-conici.

2. L'_____ è un procedimento che collega le estremità di due lamiere _____, interponendo un _____ oppure una _____ saldante, generalmente stagno-piombo.

3. Mediante l'operazione di _____, una lamiera _____ è trasformata in un corpo _____, riproducendo la forma del _____.

4. Nell'operazione di _____, per evitare il ritorno _____ della lamiera, occorre imprimerle un colpo breve e _____ per provocare la plasticizzazione della zona soggetta a elasticità _____.

5. Con la tranciatura _____ si ottengono facce _____ perfettamente _____ e di precisione _____ elevata.

## SCELTA MULTIPLA

6. Per ridurre lo sforzo di cesoiatura conviene usare una cesoia:
   a) con quattro lame
   b) con moto intermittente
   c) a lame parallele
   d) a lame inclinate

7. Il premilamiera è:
   a) un anello di acciaio che comprime la lamiera evitando che essa si strappi oppure possa formare grinze
   b) un disco di acciaio che comprime la lamiera riducendone il suo spessore
   c) un disco di acciaio che comprime e taglia in più parti la lamiera
   d) un disco di acciaio che comprime la lamiera riducendone l'ingombro

8. L'operazione di tranciatura è una lavorazione meccanica:
   a) in cui i pezzi tagliati rappresentano lo sfrido
   b) il cui prodotto finale è rappresentato dai pezzi tagliati e distaccati dalla lamiera
   c) per il taglio delle pietre preziose
   d) che impiega un getto d'acqua in pressione

## VERO O FALSO

9. Gli stampi devono avere elevata resistenza all'usura e all'abrasione.
   Vero ☐    Falso ☐

10. L'operazione di profilatura non danneggia l'eventuale rivestimento protettivo di zincatura superficiale.
    Vero ☐    Falso ☐

11. La profondità di penetrazione del punzone non dipende dallo spessore della lamiera.
    Vero ☐    Falso ☐

12. La forza di imbutitura ammette valori corrispondenti al campo elastico del diagramma della prova di trazione.
    Vero ☐    Falso ☐

13. Il prodotto finale della punzonatura è la lamiera forata.
    Vero ☐    Falso ☐

## MODULO G — VERIFICA FINALE DI MODULO

- Si vuole realizzare un contenitore della forma riportata nella **figura G.1**. Ipotizzando che il manufatto sia realizzato in lega di alluminio, individuare e descrivere i processi produttivi e gli impianti che si devono utilizzare in relazione alla fabbricazione del:

    — **prodotto laminato di partenza;**

    — **prodotto finito.**

- Descrivere, inoltre, le necessarie prove tecnologiche per verificare le proprietà dei processi descritti e gli eventuali difetti che si possono riscontrare.

**Figura G.1**
Vaso di metallo.

# MODULO H

## COLLEGAMENTI DEI MATERIALI

### PREREQUISITI

#### Conoscenze

- I passaggi di stato fisico della materia al variare della temperatura e la legge di Ohm.
- Le tipologie delle reazioni chimiche.
- La microstruttura dei materiali e i relativi difetti, la proprietà dei materiali metallici esaminati nel *modulo D*.
- Le proprietà dei materiali non metallici esaminati nel *modulo E*.

#### Abilità

- Tracciare le curve che esprimono la variazione della temperatura durante le fasi di riscaldamento e raffreddamento, in funzione del tempo.
- Calcolare la resistenza e la potenza elettriche.
- Eseguire il bilanciamento di una reazione chimica.
- Descrivere un materiale metallico sulla base delle proprietà termiche che lo caratterizzano.
- Descrivere un materiale non metallico sulla base delle proprietà termiche che lo caratterizzano.

### AREA DIGITALE

- **Video**
  # *Saldatura TIG*
  # *Incollaggio robotizzato di alcune parti dell'autoveicolo*
- **Verifiche interattive**
- **Approfondimento** CLIL Lab
  *Plasma Cleaning*

Ulteriori esercizi e Per documentarsi 🌐 hoepliscuola.it

---

### OBIETTIVI

#### Conoscenze

- La classificazione delle saldature, dei procedimenti delle giunzioni meccaniche e di incollaggio.
- I principi generali dei diversi procedimenti di saldatura.
- Le caratteristiche dei materiali per la saldatura, la giunzione meccanica e l'incollaggio.
- I principi generali dei diversi procedimenti di giunzione meccanica.
- I principali fattori che determinano l'incollaggio.
- La classificazione degli adesivi.

#### Abilità

- Descrivere il funzionamento delle apparecchiature di saldatura e di giunzione meccanica.
- Schematizzare i processi di saldatura.
- Schematizzare i processi di giunzione meccanica.

#### Competenze di riferimento

- Affrontare in modo sistemico la scelta delle apparecchiature e dei materiali di collegamento in relazione ai tipi di materiali da collegare.
- Organizzare il processo produttivo contribuendo a definire le modalità di realizzazione, di controllo e collaudo del prodotto.
- Gestire progetti secondo le procedure e gli standard previsti dai sistemi aziendali della qualità e della sicurezza.

---

### UNITÀ H1
**PROCESSI DI SALDATURA**

### UNITÀ H2
**GIUNZIONI MECCANICHE E INCOLLAGGIO**

# AREA DIGITALE
# VERIFICA PREREQUISITI

Gli esercizi sono disponibili anche nella versione digitale come test interattivi e autocorrettivi

## COMPLETAMENTO

1. La prima legge di Ohm afferma che se si _____ agli estremi A e B di un _____ metallico una differenza di _____ elettrico $V = V_B - V_A$, nel _____ circola una _____ elettrica, la cui intensità ___ è direttamente proporzionale alla differenza di _____, cioè: ___ = R ___ dove R è una costante di proporzionalità, detta _____ elettrica, che si misura in ohm.

2. Un materiale metallico, non soggetto ad alcuna sollecitazione meccanica _____, sottoposto a _____, subisce dilatazione lineare, _____ e volumetrica. L'espressione che ne determina l' _____ vale $\Delta L = \alpha_L \cdot \Delta T \cdot L_{iniziale}$.

3. Eseguire il bilanciamento della seguente reazione chimica: $SiH_4$ + ___ $O_2$ → $SiO_2$ → ___ $H_2O$.

4. La funzionalità di un _____ definisce la _____ di creare un _____ con altri _____.

## SCELTA MULTIPLA

5. La resistenza elettrica di un conduttore metallico di forma cilindrica lungo 1 m e avente il diametro di 4 mm, considerando una resistività $\rho = 1,7 \times 10^{-8}$ [Ω m] alla temperatura di 20 °C, vale:
   a) $1,30 \times 10^{-3}$ Ω
   b) $1,35 \times 10^{-3}$ Ω
   c) $1,40 \times 10^{-3}$ Ω
   d) $1,45 \times 10^{-3}$ Ω

6. Indicare quale trattamento termico degli acciai ha i seguenti effetti sul materiale: rilevante aumento (sino ai valori massimi) della durezza e della resistenza a trazione; forte incrudimento del materiale; forte diminuzione della resilienza e della deformabilità.
   a) Normalizzazione
   b) Cementazione
   c) Tempra
   d) RInvenimento

7. Qual è l'elemento indispensabile affinché un acciaio sia inossidabile?
   a) Nichel
   b) Cromo
   c) Molibdeno
   d) Vanadio

## VERO O FALSO

8. I materiali ceramici sono buoni conduttori elettrici e termici.
   Vero ☐   Falso ☐

9. Da un punto di vista teorico si definisce acciaio una lega Fe – C con C ≤ 2%.
   Vero ☐   Falso ☐

10. Si ha la rottura con deformazione (resiliente) quando la sezione di rottura presenta un'area esterna con aspetto fibroso, dovuto allo scorrimento plastico, e un'area interna che evidenzia i grani cristallini lucenti, dovuta alla decoesione.
    Vero ☐   Falso ☐

11. Le caratteristiche delle materie plastiche dipendono dalla loro massa molecolare e dalla temperatura.
    Vero ☐   Falso ☐

# PROCESSI DI SALDATURA

**H1**

## Obiettivi

**Conoscenze**
- I processi di saldatura dei metalli.
- La classificazione dei processi di saldatura.
- Le macchine per la saldatura.
- I materiali per la saldatura.
- I difetti di saldatura.

**Abilità**
- Definire la funzione dei materiali per la saldatura.
- Caratterizzare le macchine per la saldatura in relazione ai tipi di materiali da collegare e delle giunzioni da ottenere.
- Valutare le caratteristiche dei processi di saldatura, al fine di operarne la scelta in relazione ai tipi di materiali da collegare e delle giunzioni da ottenere.

## Per orientarsi

Spesso è necessario **assemblare** tra loro i pezzi fabbricati. L'assemblaggio si effettua utilizzando diversi processi di **collegamento**: saldatura, incollaggio, giunzione meccanica.

La saldatura e l'incollaggio permettono un collegamento definitivo dei pezzi; la giunzione meccanica, invece, ne consente lo smontaggio.

I processi di unione di pezzi per saldatura si basano sulla fusione; i pezzi da unire possono essere fabbricati in materiale metallico, in ceramico o in polimero. Ai **processi di saldatura** per fusione si aggiunge il collegamento di pezzi per diffusione allo stato solido. Il fenomeno della diffusione è favorito dal riscaldamento dei pezzi da unire che, tuttavia, non raggiunge la temperatura di fusione dei materiali dei pezzi stessi.

Con il processo di **collegamento per diffusione** si possono unire pezzi metallici o ceramici.

**PER COMPRENDERE LE PAROLE**

**Assemblare**: insieme di operazioni che consistono nel montare e collegare fra loro i diversi componenti di un prodotto industriale finito.

**COME SI TRADUCE...**

| ITALIANO | INGLESE |
|---|---|
| Collegamento | Joining |
| Processi di saldatura | Welding process |
| Collegamento per diffusione | Diffusion bonding |

## H1.1 DEFINIZIONE E CLASSIFICAZIONE DEI PROCESSI DI SALDATURA

### Definizione

La saldatura è un collegamento di parti solide, che realizza la continuità del materiale fra i pezzi uniti. Nella terminologia tecnica corrente si indica con il nome di saldatura sia l'operazione di saldatura sia il risultato dell'operazione stessa, cioè il giunto saldato. La saldatura permette di realizzare un'economia sensibile di materie prime e l'alleggerimento delle strutture. Consente, inoltre, un ampio impiego dei laminati e il collegamento semplice dei profilati e dei pezzi più diversi. La **figura H1.1** illustra una complessa struttura ottenuta saldando laminati d'acciaio.

**Figura H1.1**
Basamento di macchina utensile (dimensioni: 5000×2700×2400 mm; massa: 25 000 kg):
a) in fase di saldatura;
b) prodotto finito.

(a)　　　　　　　　　　　　　　　　(b)

> **PER COMPRENDERE LE PAROLE**
>
> **Sincristallizzazione**: è l'unione di due superfici metalliche per messa in comune di atomi nella costituzione del reticolo cristallino della zona di giunzione. Nella saldatura la sincristallizzazione è realizzata per pressione.

Di seguito si definiscono i concetti di materiale base e materiale d'apporto, che valgono per la saldatura dei metalli, dei polimeri e dei ceramici:
— il materiale base è il materiale che costituisce i pezzi da collegare;
— il materiale d'apporto è il materiale che può essere aggiunto a quello di base per costituire il giunto saldato.

La saldatura dei metalli stabilisce la continuità tra le parti unite realizzata con il legame chimico metallico.

Si tratta quindi di un collegamento permanente che si differenzia nettamente da ogni altro tipo che, come l'incollaggio e giunzione meccanica, non realizzi la continuità metallica fra i pezzi uniti.

## Classificazione

La classificazione dei processi di saldatura descritta nella **tabella H1.1** è operata per tipo di energia impiegata e per il modo con cui questa è utilizzata.

**Tabella H1.1** Classificazione dei processi di saldatura

| Saldatura autogena ||Saldatura eterogena o brasatura ||
|---|---|---|---|
| **Per fusione** | **Per pressione** | **Saldobrasatura** | **Brasatura propriamente detta** |
| A ossi-gas (ossiacetilenica ecc.) | A resistenza elettrica | Alla fiamma ossiacetilenica | Alla fiamma |
| Elettrica ad arco | A gas | | In forno |
| Alluminotermica | | All'arco elettrico | A resistenza elettrica |
| A idrogeno atomico | A induzione | | A induzione |

Le due classi principali, in cui rientrano tutti i processi di saldatura, sono:
— la saldatura autogena, nella quale il metallo base partecipa, per fusione o per **sincristallizzazione**, alla costituzione del giunto saldato, e può essere eseguita con o senza metallo d'apporto;
— saldatura eterogena o brasatura, ottenuta per sola fusione del metallo d'apporto.

Da tali definizioni emerge che la presenza di metallo d'apporto non è essenziale all'esecuzione di una saldatura autogena, mentre lo è nel caso della brasatura.

Il metallo d'apporto nella saldatura autogena, inoltre, può essere o no uguale al materiale base: nel primo caso si ottiene una saldatura autogena omogenea; nel secondo, una saldatura autogena eterogenea.

Nella brasatura, invece, il metallo d'apporto deve essere necessariamente diverso da quello di base, poiché, alla temperatura di saldatura, deve fondere, mentre il metallo base deve restare solido.

## H1.2 PROCESSI DI SALDATURA AUTOGENA

La saldatura autogena si può ottenere in due modi ( ▶ **Tab. H1.1** ):
— per *fusione*, quando il collegamento può avvenire con o senza metallo d'apporto, sfruttando la miscibilità dei metalli allo stato liquido;
— per *pressione*, quando si deve esercitare una pressione meccanica, anche se vi è fusione dei lembi o delle zone da unire, sfruttando la sincristallizzazione dei metalli a temperatura convenientemente elevata, accompagnata o no da fusione parziale localizzata.

Lungo la linea di giunzione, si crea un cordone di saldatura che presenta spesso una sezione assimilabile a un triangolo ( ▶ **Fig. H1.2** ).
Due lati del triangolo rappresentano la linea di separazione fra il cordone di saldatura e il metallo circostante, mentre il terzo è la traccia della faccia libera.

### CLASSIFICAZIONE DEI GIUNTI SALDATI

La **figura H1.3** rappresenta i diversi tipi di giunto saldato, definiti secondo la posizione reciproca dei pezzi collegati.
Nei pezzi da saldare le superfici minori che limitano i pezzi stessi sono detti *lembi*, *bordi* o *teste* dei pezzi, quelle maggiori sono dette *facce*. Come si intuisce, la saldatura può aver luogo fra i lembi dei pezzi, fra le facce o fra un lembo di un pezzo e una faccia dell'altro.

**PER COMPRENDERE LE PAROLE**

**Cianfrinato**: relativo al cianfrinare, operazione di smussatura del bordo di un pezzo.

**Figura H1.2**
Geometria del cordone di saldatura, in cui si osserva la superficie del cordone di saldatura (**a**), il vertice spigolo opposto alla superficie (**b**), l'asse del cordone di saldatura perpendicolare passante per il baricentro della sezione del cordone (**c**).

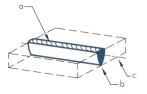

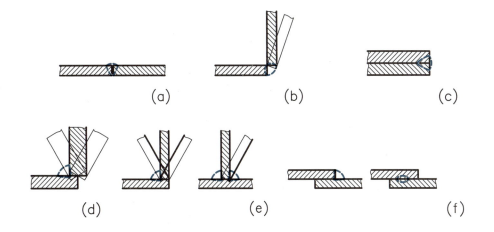

**Figura H1.3**
Giunti saldati:
a) giunto di testa;
b) giunto di spigolo;
c) giunto d'orlo;
d) giunto a "L";
e) giunto a "T";
f) giunto a sovrapposizione.

### PREPARAZIONE DEI LEMBI PER LA SALDATURA AUTOGENA PER FUSIONE

I processi di saldatura autogena per fusione richiedono la preparazione dei lembi dei pezzi da saldare, per garantire che si porti a fusione lo spessore desiderato di materiale. La preparazione può essere:
— a lembo retto nel caso in cui questo giace in un piano normale a quello di una faccia del pezzo nelle vicinanze del lembo stesso;
— a lembo **cianfrinato** negli altri casi.

La preparazione è denominata a *lembi retti* quando l'unico lembo interessato o i due lembi interessati sono retti. Si ottiene così il giunto di spigolo a lembi retti, il giunto a "T" a lembo retto ecc.

Nel caso in cui l'unico lembo, uno dei lembi o entrambi siano cianfrinati, la preparazione prende il nome dalla forma di sezione della cianfrinatura stessa.

La **figura H1.4** illustra i principali tipi di preparazione.

**Figura H1.4**
Tipi di preparazione dei lembi:
a) a "I" (lembi retti);
b) a "V";
c) a "Y";
d) a "X" simmetrico;
e) a doppia "U";
f) a bordi rilevati, ottenuta piegando a 90° i lembi retti per le lamiere. Si osservano la spalla del cianfrino (a), la distanza fra i lembi (distacco) (d), l'angolo di cianfrino (α), il raggio di fondo cianfrino, la larghezza del cianfrino (l), l'altezza dei lembi (b).

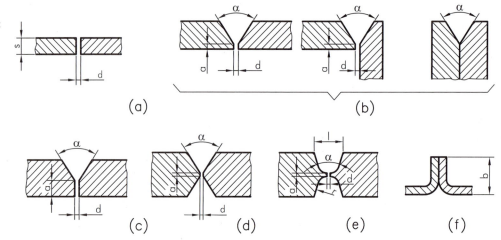

## H1.3 PROCESSO DI SALDATURA OSSIACETILENICA

**PER COMPRENDERE LE PAROLE**

**Acetilene**: gas combustibile ($C_2H_2$). È un idrocarburo non saturo della serie aciclica, prodotto di sintesi, che non si trova in natura.

**Ossigeno**: gas comburente ($O_2$) che determina la combustione di altre sostanze in modo molto attivo, anche se non è infiammabile.

La saldatura ossiacetilenica è un processo di saldatura autogena per fusione che sfrutta, quale sorgente di energia termica, la combustione dell'**acetilene** a opera dell'**ossigeno** con formazione della fiamma ossiacetilenica.

La saldatura si realizza fondendo localmente i lembi dei pezzi da unire e l'estremità di una bacchetta di materiale d'apporto, posti a contatto della fiamma.

I due gas sono mescolati, secondo un rapporto opportuno, all'interno di un cannello. La miscela dei due gas è incendiata all'esterno del cannello.

La combustione prosegue automaticamente per effetto dell'emissione del calore di reazione e si stabilizza su una superficie conica avente per base l'orifizio stesso. Questa superficie è detta *dardo* ed è più o meno lunga secondo la velocità d'uscita della miscela gassosa.

Il dardo della fiamma ossiacetilenica presenta tre zone distinguibili a vista ( ▶ **Fig. H1.5**).

**Figura H1.5**
Dardo della fiamma ossiacetilenica: zona del dardo conico (a); zona riduttrice o della combustione secondaria (b); zona esterna o pennacchio (c).

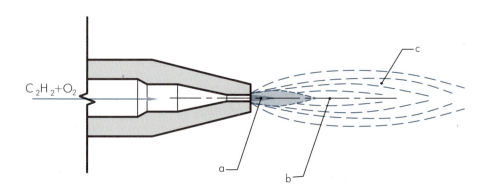

La prima zona è costituita dal dardo conico, bianco abbagliante, sulla cui superficie inizia la combustione, cioè avviene la seguente **reazione esotermica**:

$$C_2H_2 + O_2 \rightarrow 2CO + H_2 + 443\ 800\ J$$

La reazione è detta *primaria* perché avviene per prima in ordine di tempo e produce gas (CO e $H_2$) suscettibili di essere ulteriormente ossidati. All'estremità del dardo vi è il punto di temperatura (3030÷3120 °C) più elevata ed è proprio la zona intorno a questo punto che è utilizzata in saldatura.

La seconda zona è detta *riduttrice* o *della combustione secondaria*, nella quale penetrano i gas riducenti della combustione primaria, che venendo a contatto con l'ossigeno dell'aria all'intorno di questa zona, completano la loro ossidazione trasformandosi in $CO_2$ e $H_2O$ (vapore acqueo) e producendo altro calore.

La terza zona, detta *esterna* o *pennacchio*, è costituita essenzialmente dai prodotti finali della combustione, di azoto e di ossigeno atmosferico in eccesso. Essa è essenzialmente ossidante ed è luminosa in tutta quella zona in cui i gas rimangono a una temperatura sufficientemente elevata (1200 °C).

> **PER COMPRENDERE LE PAROLE**
>
> **Reazione esotermica**: processo chimico di reazione che avviene con sviluppo di calore.

## CARATTERISTICHE DELLA FIAMMA OSSIACETILENICA

Le fiamme per saldatura devono possedere idonee caratteristiche termiche, chimiche e tecnologiche.

Le caratteristiche termiche sono quelle più importanti. È evidente che una fiamma sarà tanto più atta a saldare, quanto più alta è la temperatura raggiunta e quanto più localmente essa apporta la propria energia termica, in modo da concentrarla in un punto ben determinato.

Dall'esame della **tabella H1.2**, che riporta le temperature massime delle fiamme ossi-gas, si evince che la fiamma ossiacetilenica è nettamente superiore alle altre fiamme ossi-gas.

**Tabella H1.2** Temperature massime delle fiamme ossi-gas

| Fiamma | Composizione | Temperatura massima [°C] |
|---|---|---|
| Ossidrica | $O_2 + H_2$ | 2480 |
| Ossimetanica | $O_2 + CH_4$ | 2730 |
| Ossipropanica | $O_2 + C_3H_8$ | 2730 |
| Ossibutanica | $O_2 + C_4H_{10}$ | 2830 |
| Ossietilinica | $O_2 + C_2H_4$ | 2840 |
| Ossiacetilenica | $O_2 + C_2H_2$ | 3030 |

Una fiamma per saldatura deve possedere caratteristiche chimiche tali da evitare l'ossidazione e la carburazione del metallo, che possono provocare nel giunto saldato bassa resistenza meccanica.

La fiamma ossiacetilenica produce nella combustione primaria solo gas riducenti (CO e $H_2$) che si propagano nella zona di massima temperatura creandovi un'atmosfera che protegge il metallo dall'ossidazione dell'aria.

Le caratteristiche tecnologiche riguardano la facilità d'impiego e dipendono dalla stabilità, rigidità e regolazione della fiamma, garantite dall'alta velocità d'uscita dei gas dall'orifizio del cannello (100 m/s). La regolazione della fiamma è facilitata dalla variazione rapida di luminosità del dardo.

PROCESSI DI SALDATURA **UNITÀ H1**

**Figura H1.6**
Valvola per bombole per ossigeno, in cui si riconoscono il tappo di sicurezza (**a**), la pastiglia di materia plastica (**b**), la vite portapastiglia (**c**), il dado premiguarnizione (**d**), guarnizione (**e**), il volantino (**f**), l'asticciola (**g**), il corpo valvola (**h**).

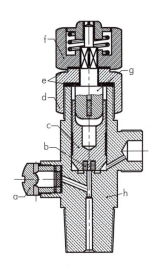

## Ossigeno

L'ossigeno è un gas a temperatura ambiente che presenta le proprietà fisiche principali indicate nella **tabella H1.3**.

**Tabella H1.3** Proprietà fisiche dell'ossigeno

| Proprietà | Valori |
|---|---|
| Temperatura di fusione $T_f$ [K]; [°C] | 54,16; −219 |
| Temperatura di ebollizione $T_e$ [K]; [°C] | 90,16; −183 |
| Massa volumica $\rho$ (a 0 °C e 101 325 Pa) [kg/dm³] | 0,00143 |

È estratto dall'aria per distillazione frazionata e rettificazione a partire dall'aria liquida con due metodi industriali fondamentali:
— il processo Linde;
— il processo Claude.

Con questi procedimenti si ottiene ossigeno al 97÷99,8% di purezza.
   Alla produzione, l'ossigeno è immagazzinato (allo stato gassoso) in bombole d'acciaio, per consentirne il trasporto.
   La bombola è dotata di valvola munita di un otturatore che si manovra dall'esterno ruotando un apposito volantino (▶ **Fig. H1.6**).
   L'otturatore assicura la tenuta a valvola chiusa, mentre, quando la valvola è aperta, viene erogato l'ossigeno attraverso un raccordo laterale.

## Acetilene

L'acetilene ($C_2H_2$) è un idrocarburo che contiene una quantità notevole di carbonio: il 92,3% in massa.
   L'acetilene, a pressione e temperatura ordinaria, è un gas; le sue principali proprietà fisiche sono indicate nella **tabella H1.4**.

**Tabella H1.4** Proprietà fisiche dell'acetilene

| Temperatura di fusione $T_f$ [K]; [°C] | 189,16; 84,0 |
|---|---|
| Temperatura di ebollizione $T_e$ [K]; [°C] | 189,16; 84,0 |
| Massa volumica (a 15 °C e 101325 Pa) [kg/dm³] | 0,00111 |
| Potere calorifico superiore [kJ/mol] | 1301,86 |
| Potere calorifico inferiore [kJ/mol] | 1256,79 |
| Limite di infiammabilità inferiore [%] | 2,5 |
| Limite di infiammabilità superiore [%] | 80,0 |

La proprietà chimica dell'acetilene, fondamentale per la saldatura ossiacetilenica, è la sua reazione esotermica con l'ossigeno, che sviluppa un'energia termica complessiva di 1,26 MJ. Questa reazione avviene in due tempi: nella combustione primaria con l'ossigeno proveniente dal cannello; nella combustione secondaria con l'ossigeno dell'aria circostante.
   La reazione di combustione si verifica quando la quantità di acetilene della miscela dei gas comburenti e combustibili è compresa, alla pressione atmosferica, entro i limiti d'infiammabilità espressi nella **tabella H1.4**.

Il metodo di preparazione industriale più usato, per la sua economicità, semplicità e adattabilità sia alle piccole che alle grandi produzioni, si basa sull'attacco chimico del carburo di calcio ($CaC_2$) con l'acqua, secondo questa reazione:

$$CaC_2 + 2H_2O \rightarrow C_2H_2 + Ca(OH)_2$$

L'acetilene così prodotto può essere consumato in posto, o trasportato a distanza in bombole, sotto forma di acetilene disciolto sotto pressione nell'acetone puro e secco.

La decomposizione dell'acetilene nei suoi elementi (C e $H_2$) è particolarmente grave perché essa può assumere anche forma esplosiva.

Per assicurare la più grande stabilità dell'acetilene e impedire che, sotto l'azione di un urto meccanico o di un riscaldamento, si generi la decomposizione dell'acetilene sotto pressione, si riempiono le bombole di materie porose cui si fa assorbire l'acetone.

In tali condizioni né il gas disciolto nell'acetone né quello libero, sempre presente in piccola quantità come fase gassosa in equilibrio con la soluzione, sono esplosivi.

La valvola (▶ **Fig. H1.7**) è costituita da un corpo di acciaio con raccordo a pressione con staffa per il collegamento del riduttore, attraverso cui fuoriesce il gas.

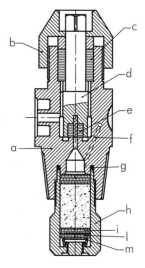

**Figura H1.7**
Valvola per bombole di acetilene disciolto: corpo valvola (**a**); dado premistoppa (**b**); premistoppa (**c**); vite portapastiglia (**d**); pastiglia (**e**); condotto al tappo di sicurezza (**f**); guarnizione (**g**); dispositivo arresto scoppio (**h**); granito (**i**); feltro (**l**); tela metallica (**m**).

## Riduttori di pressione

Di solito, i gas di saldatura sono compressi, mentre la loro utilizzazione avviene a pressioni inferiori, variabili secondo le condizioni di lavoro.

Per queste ragioni bisogna inserire fra la bombola (o generatore) e il cannello un riduttore di pressione del gas regolabile a una pressione finale costante.

Nella **figura H1.8** è rappresentato lo schema di un riduttore di pressione per ossigeno.

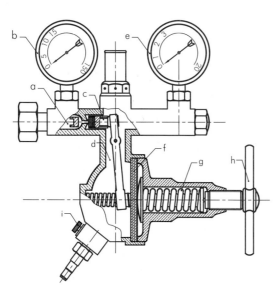

**Figura H1.8**
Riduttore di pressione per ossigeno: camera alta pressione (**a**); manometro alta pressione (**b**); otturatore con guarnizione (**c**); camera bassa pressione (**d**); manometro bassa pressione (**e**); membrana elastica (**f**); molla regolatrice o molla esterna (**g**); vite regolatrice, valvola di sicurezza (**h**); rubinetto dell'ossigeno (**i**).

Il riduttore è costituito da due camere: una di alta pressione e una di bassa pressione; ogni camera è controllata da un manometro. Fra le due camere è interposto un otturatore che può chiudere l'orifizio di comunicazione.

**PER COMPRENDERE LE PAROLE**

**Portata di acetilene**: è l'erogazione oraria di acetile espressa in l/h.

L'apertura e la chiusura dell'otturatore sono comandate da una leva, su cui si può agire dall'esterno, per mezzo della vite regolatrice, attraverso una molla (detta *molla esterna*) e una membrana elastica. La funzione di quest'ultima è di regolare automaticamente la portata di gas alle variazioni di utilizzazione.

## CANNELLI PER SALDATURA

Il cannello per saldatura è lo strumento che serve a ottenere la fiamma ossiacetilenica e deve assicurare:
— portata dei gas adatta alla saldatura che si vuol eseguire;
— stabilità di fiamma;
— facilità di direzione e di regolazione della fiamma;
— miscela perfetta dei due gas, allo scopo di ottenere la migliore combustione e il riscaldamento limitato della punta del cannello.

La **portata di acetilene** definisce la potenza di un cannello.

I cannelli per saldatura si dividono in due categorie:
— cannelli a bassa pressione, in cui l'acetilene arriva a bassa pressione (0,98÷2,940 kPa) e viene aspirato dalla corrente di ossigeno a pressione più elevata (98÷294 kPa);
— cannelli ad alta pressione, in cui l'acetilene e l'ossigeno arrivano a pressione sensibilmente uguale (29,40÷68,64 kPa).

### Cannello a bassa pressione

L'ossigeno ad alta pressione entra nell'eiettore (▶ **Fig. H1.9**) e passa attraverso l'orifizio, trasformando la propria energia di pressione in energia cinetica.

Uscendo dall'eiettore aspira l'acetilene entrato nella camera circostante e lo trascina nella camera di miscelazione. La miscela creata percorre la lancia, esce dalla punta a notevole velocità (100÷150 m/s) e viene infiammata all'orifizio di uscita.

**Figura H1.9**
Cannello a bassa pressione a erogazione fissa: eiettore (**a**); camera di miscelazione (**b**); lancia (**c**); punta (**d**).

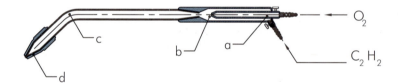

### Cannello ad alta pressione

Attraverso il convergente i gas pervengono nella camera di miscela, dalla quale sono poi avviati all'orifizio di uscita (▶ **Fig. H1.10**). La variazione di portata si può ottenere per regolazione della pressione d'alimentazione o per cambiamento della punta. Questo tipo di cannello è molto semplice e la sua fiamma è molto stabile. Inoltre, non è soggetto a ritorni di fiamma, perché l'acetilene compresso scorre nei suoi condotti a velocità e pressione notevoli.

**Figura H1.10**
Cannello ad alta pressione: convergente (**a**); camera di miscelazione (**b**); punta (**c**).

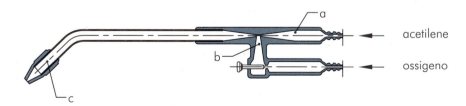

## H1.4  PROCESSI DI SALDATURA ELETTRICA AD ARCO

La saldatura elettrica ad arco è un procedimento di saldatura autogeno per fusione in cui la sorgente di calore è costituita da un **arco voltaico** che scocca fra due **elettrodi** con carica elettrica di segno opposto. La saldatura elettrica ad arco è il più diffuso processo d'unione dei metalli.

Il termine "saldatura ad arco" è applicato a un vasto e diversificato gruppo di processi di saldatura che utilizzano un arco elettrico come sorgente di calore per fondere e unire metalli. La saldatura ad arco di metalli può richiedere o no l'apporto di materiale e/o di atmosfera controllata.

### CARATTERISTICHE DELL'ARCO VOLTAICO

Gli elettroni, emessi dal **catodo** ad alta temperatura, si dirigono verso l'**anodo** a forte velocità e, attraversando il gas che separa i due elettrodi, producono per urto la ionizzazione delle molecole gassose.

Gli ioni positivi, che così si formano, tendono a migrare verso il catodo e, scontrandosi con gli elettroni emessi dal catodo, si neutralizzano, sviluppando una notevole quantità di calore. Si ottiene così la temperatura necessaria all'emissione termica di altri elettroni e il fenomeno, una volta avviato, prosegue automaticamente, purché fra gli elettrodi sussista una sufficiente differenza di potenziale. Se i due elettrodi sono sufficientemente vicini e la **tensione** misurata ai loro capi è abbastanza elevata, scocca un arco elettrico.

Nell'arco si individuano le seguenti zone:
— zona centrale luminosissima detta, per la sua forma, *fuso dell'arco*, dove avviene il flusso di elettroni e che costituisce una specie di ponte conduttore fra i due elettrodi;
— zona esterna, detta *aureola*, costituita da particelle solide o gassose ad alta temperatura o in combustione.

L'arco elettrico può essere a elettrodo fusibile, costituito dallo stesso metallo d'apporto, oppure a elettrodo non fusibile o refrattario, costituito da materiale non fusibile, alla temperatura dell'arco, o da refrattario.

L'elettrodo fusibile può essere filo continuo o elettrodo rivestito; l'elettrodo non fusibile può essere in carbonio o in tungsteno.

Utilizzando un elettrodo non consumabile, il materiale d'apporto può essere introdotto nel bagno di fusione impiegando filo o bacchette supplementari.

L'arco elettrico è una sorgente di calore assai intensa e concentrata: nel fuso d'arco, si raggiunge una temperatura anche superiore ai 6000 K.

> **PER COMPRENDERE LE PAROLE**
>
> **Arco voltaico:** arco elettrico che si manifesta a causa del passaggio di una corrente di elettroni attraverso un mezzo gassoso ionizzato.
>
> **Elettrodi:** conduttori di forma cilindrica, attraverso i quali circola una corrente elettrica che passa nel mezzo gassoso.
>
> **Catodo:** elettrodo con carica negativa; il catodo è collegato al polo negativo (–) di una sorgente di energia elettrica.
>
> **Anodo:** elettrodo con carica positiva; l'anodo è collegato al polo positivo (+) di una sorgente di energia elettrica.
>
> **Tensione:** esiste un valore minimo della tensione al capi degli elettrodi al disotto della quale l'arco non si accende.

## H1.5  MACCHINE PER SALDATURA AD ARCO

### CLASSIFICAZIONE E CIRCUITO DI SALDATURA

L'alimentazione elettrica degli archi di saldatura deve essere fatta con macchine generatrici di corrente elettrica dette *saldatrici ad arco* o *generatori*.

Secondo la corrente generata per l'alimentazione dell'arco, le macchine elettriche per saldatura ad arco si possono classificare in:
— saldatrici o generatori in corrente alternata;
— saldatrici o generatori in corrente continua.

PROCESSI DI SALDATURA **UNITÀ H1**  **631**

Il circuito di saldatura è essenzialmente composto dai seguenti elementi:
- saldatrice o generatore di corrente;
- pinza o torcia portaelettrodo ( ▶ **Fig. H1.11c**);
- elettrodo;
- pinza o morsetto di massa ( ▶ **Fig. H1.11b**);
- cavi di collegamento al generatore della pinza portaelettrodo e della pinza di massa ( ▶ **Fig. H1.11a**).

**Figura H1.11**
Elementi del circuito di saldatura:
a) cavi di collegamento;
b) pinza o morsetto di massa; c) pinza o torcia portaelettrodo.

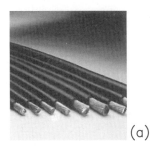 (a)  (b) 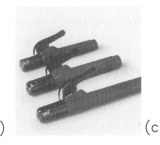 (c)

La pinza, o torcia portaelettrodo, deve garantire un buon contatto elettrico all'elettrodo per il passaggio della corrente e deve essere ben isolata per salvaguardare l'operatore.

La pinza o il morsetto di massa e i cavi assicurano la chiusura del collegamento elettrico tra il generatore e il pezzo da saldare.

## GENERATORI O SALDATRICI

I valori di corrente e di tensione richiesti dalle caratteristiche di funzionamento dell'arco variano da caso a caso, secondo gli elettrodi usati e il tipo di corrente impiegata (corrente continua oppure corrente alternata).

La funzione principale del generatore è quella di ridurre la tensione della linea d'alimentazione portandola a valori adatti al processo di saldatura e introducendo l'isolamento galvanico a sicurezza dell'operatore.

Nella **figura H1.12** è riportata la configurazione elementare di un **generatore per saldatura ad arco**.

### COME SI TRADUCE...

| ITALIANO | INGLESE |
|---|---|
| Generatore per saldatura ad arco | Arc welding power source |
| Corrente costante | Constant-current |
| Tensione costante | Constant-voltage |

**Figura H1.12**
Configurazione elementare di un generatore per saldatura ad arco: ingresso corrente alternata della rete di distribuzione (**a**); collegamento di messa a terra (**b**); interruttore di sicurezza con fusibile (**c**); cavi collegamento elettrico (**d**); unità di riduzione della tensione del generatore (**e**); unità di controllo e regolazione delle caratteristiche elettriche in uscita (**f**); elettrodo (**g**); pezzo (**h**).

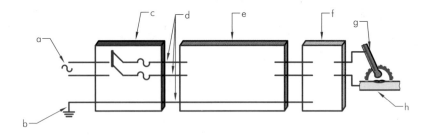

Il generatore di corrente ha, inoltre, la funzione di mantenere acceso l'arco elettrico, erogando una corrente che deve mantenersi costante indipendentemente dalla lunghezza dell'arco.

Il campo di corrente utilizzato nei processi di saldatura può variare da un valore minimo di 30 A fino a un valore massimo di 1500 A.

I generatori per saldatura ad arco possono essere a:
- **corrente costante**;
- **tensione costante**.

## Generatori per saldatura a raddrizzatore

In questo caso sono impiegati sistemi di regolazione posti al secondario di un trasformatore, che permettono di ottenere le caratteristiche di uscita a corrente costante o a tensione costante.

I sistemi di regolazione impiegano **diodi** controllati **SCR** (**Silicon Controlled Rectifier**), detti anche **tiristori**.

Essi sono raddrizzatori della corrente elettrica poiché trasformano la corrente alternata in corrente continua.

Nella **figura H1.13** è schematizzato un generatore per saldatura a trasformatore con ponti, costituiti da quattro diodi SCR posti al secondario del trasformatore.

**PER COMPRENDERE LE PAROLE**

**Diodo**: è un componente elettronico con due terminali che permette il flusso di corrente elettrica in una direzione impedendola nell'altra.

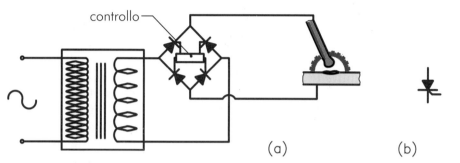

**Figura H1.13**
Generatore monofase che eroga corrente continua utilizzando un controllo costituito da un ponte con quattro diodi SCR:
a) schema elettrico;
b) simbolo del diodo SCR.

## Generatori per saldatura a struttura inverter ad alta frequenza

I moderni generatori si basano quasi esclusivamente sull'uso dell'inverter ad alta frequenza, che permette il controllo elettronico più preciso dell'arco e dei parametri di saldatura (tensioni, correnti, frequenze).

L'inverter è un dispositivo elettronico in grado di convertire corrente continua in corrente alternata eventualmente a tensione diversa, oppure una corrente alternata in un'altra di differente frequenza.

**COME SI TRADUCE...**

| ITALIANO | INGLESE |
|---|---|
| Raddrizzatore controllato al silicio | Silicon Controlled Rectifier |
| Saldatura ad arco rivestito | Shielded Metal Arc Welding |
| Elettrodi rivestiti | Covered electrodes |
| Saldatura con elettrodo fusibile | Welding consumables |

## Processo di saldatura ad arco elettrico con elettrodo fusibile rivestito

La **saldatura ad arco** con elettrodo metallico **rivestito** è un processo manuale (Manual Metal Arc Welding, MMAW), in cui l'arco elettrico scocca fra l'elettrodo rivestito e il pezzo da saldare, sviluppando il calore che provoca una rapida fusione sia di una coppetta del materiale base sia dell'estremità dell'elettrodo.

La saldatura con elettrodo rivestito è anche identificata con la sigla SMAW (Shielded Metal Arc Welding).

L'**elettrodo rivestito** è composto da due parti:
— un'anima metallica che funge da materiale d'apporto;
— un rivestimento che ne fornisce la protezione (▶ **Fig. H1.14**).

Durante la saldatura, l'elettrodo si consuma e deve quindi essere frequentemente sostituito poiché ha una lunghezza ridotta.

Ciò comporta la scarsa produttività del processo a fronte d'indubbi vantaggi operativi dovuti all'elevata versatilità.

L'arco nella **saldatura con elettrodo fusibile** si presenta come illustrato nella **figura H1.15**. Le gocce di metallo fuso provenienti dall'elettrodo sono trasferite, mediante l'arco, nella coppetta di metallo base fuso formando con questo il bagno di fusione.

**Figura H1.14**
Elettrodi fusibili rivestiti.

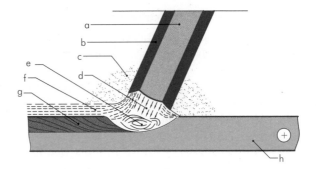

**Figura H1.15**
Schema dell'arco elettrico nella saldatura con elettrodo fusibile rivestito: elettrodo (**a**); rivestimento (**b**); atmosfera di protezione (**c**); gocce di metallo fuso (**d**); bagno di fusione (**e**); scoria (**f**); cordone di saldatura (**g**); metallo base (**h**).

Nello stesso tempo il rivestimento dell'elettrodo in parte fonde e in parte sublima. La parte fusa si deposita sul bagno di fusione, rimanendo o venendo a galla grazie alla minore massa volumica e alla peculiare tensione superficiale, e costituisce la scoria.

La scoria fusa protegge il bagno di fusione dall'atmosfera durante la solidificazione. In seguito la scoria solida è asportata. I gas prodotti dal rivestimento sublimato formano un'atmosfera che si diffonde nel fuso d'arco e nella zona circostante e che contribuisce alla protezione dell'estremità dell'elettrodo dove il materiale è fuso e crea, inoltre, una sovrappressione locale dei gas nell'arco, capace di provocare il distacco e il trasferimento della goccia.

Attraverso tale atmosfera il metallo fuso si trasferisce dall'estremità dell'elettrodo al bagno, senza subire la contaminazione dell'aria. In questo caso il rivestimento, che fonde contemporaneamente al metallo, avvolge le gocce di metallo fuso creando un'ulteriore protezione contro le ossidazioni.

Il trasferimento attraverso l'arco del metallo dall'elettrodo al bagno di fusione avviene in tre modi diversi, che possono o no sussistere al contempo:
— a gocce successive di metallo fuso ( ▶ **Fig. H1.16**);
— a spruzzi di goccioline, proiettate ad altissima velocità, dalla punta dell'elettrodo al bagno di fusione;
— per sublimazione e condensazione successiva a contatto del bagno di fusione.

**Figura H1.16**
Sequenza del trasferimento attraverso l'arco di metallo fuso a gocce successive. Il tempo di passaggio di una goccia è dell'ordine di 0,01 s.

Il rivestimento dell'elettrodo ha le seguenti funzioni:
— protezione contro l'ossidazione;
— disossidazione del bagno;
— depurazione del bagno;
— apporto di elementi di lega;
— influenza sulla stabilità dell'arco.

## Tipi di rivestimento
### Rivestimento acido

È un rivestimento costituito da ossidi di ferro e da ferroleghe a base di manganese e di silicio.

## Rivestimento al rutilo

È un rivestimento simile a quello acido contenente il biossido di titanio che facilita la realizzazione dei cordoni di saldatura e conferisce al deposito un ottimo aspetto superficiale dopo la solidificazione. Garantisce un'ottima stabilità dell'arco e un'elevata fluidità del bagno.

## Rivestimento cellulosico

Il rivestimento è costituito da **cellulosa** contenente elementi di lega disossidanti, come manganese e silicio, che svolge un'azione depurante del bagno fuso.

Durante la saldatura, il rivestimento cellulosico è, per la maggior parte, gassificato e ciò minimizza la scoria sul bagno fuso.

## Rivestimento basico

Questo tipo di rivestimento contiene ossidi di ferro, ferroleghe a base di manganese e silicio e soprattutto carbonati di calcio e magnesio ai quali viene aggiunto, per facilitarne la fusione, fluoruro di calcio (fluorite).

## CIRCUITO DI SALDATURA

Il circuito per la saldatura a elettrodo è costituito da un generatore e da due pinze: una per la massa e l'altra per il portaelettrodo (▶ **Fig. H1.17a**). I generatori funzionano in corrente continua e alternata, sviluppando la potenza necessaria a innescare l'arco elettrico e a mantenerlo durante tutta la fase di saldatura (▶ **Fig. H1.17b**).

> **PER COMPRENDERE LE PAROLE**
> Rutilo: detto anche *ilmenite*, è un materiale composto al 95% di biossido di titanio di colore rosso acceso dal quale deriva il proprio nome.

> **COME SI TRADUCE...**
> | ITALIANO | INGLESE |
> |---|---|
> | Cellulosa | Cellulose |

(a)

(b)

**Figura H1.17**
Saldatura ad elettrodo:
a) circuito di saldatura;
b) generatore con portata di 500 A.

La scelta della corrente di saldatura si effettua in funzione del tipo di rivestimento e del diametro dell'elettrodo impiegato (▶ **Tab. H1.5**).

**Tabella H1.5** Valori medi della corrente di saldatura [A]

| Diametro e tipo di rivestimento | Diametro elettrodo [mm] | | | | | | |
|---|---|---|---|---|---|---|---|
| | 1,50 | 2,00 | 2,50 | 3,25 | 4,00 | 5,00 | 6,00 |
| Elettrodo acido | – | – | – | 100÷150 | 120÷190 | 170÷270 | 240÷380 |
| Elettrodo rutilo | 30÷55 | 40÷70 | 50÷100 | 80÷130 | 120÷170 | 150÷250 | 220÷370 |
| Elettrodo cellulosico | 20÷45 | 30÷60 | 40÷80 | 70÷120 | 100÷150 | 140÷230 | 200÷300 |
| Elettrodo basico | 50÷75 | 60÷100 | 70÷120 | 110÷150 | 140÷200 | 190÷260 | 250÷320 |

# H1.6 PROCESSI DI SALDATURA AD ARCO ELETTRICO A FILO CONTINUO

## Principio di funzionamento dei processi di saldatura ad arco a filo continuo

Un impianto di saldatura ad arco a filo continuo è costituito dai seguenti elementi ( ▶ **Fig. H1.18** ):
— un aspo su cui è avvolto il filo-elettrodo (**a**);
— una coppia di rulli di trascinamento (traina-filo) che determina l'avanzamento del filo (**b**) con motore per la trasmissione del moto;
— un generatore di corrente di saldatura (**c**);
— un pezzo da saldare (**d**);
— un dispositivo che apporta nella zona d'arco il mezzo di protezione (**e**).

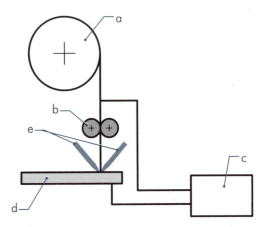

**Figura H1.18**
Schema di impianto di saldatura ad arco elettrico a filo continuo.

Il principio di funzionamento è il seguente: prima di iniziare la saldatura il filo-elettrodo è fatto scorrere, attivando il motore di avanzamento, sino a portare la sua estremità a contatto con il materiale base oppure a una distanza di qualche millimetro.

Quindi, fatto affluire il mezzo di protezione, viene chiuso il circuito elettrico relativo al generatore di corrente.

Opportuni dispositivi o particolari condizioni di funzionamento determinano l'originarsi di un arco tra l'elettrodo e il materiale base.

Si ripete pertanto ciò che avviene nella saldatura manuale con elettrodi rivestiti: la temperatura sviluppata dall'arco porta a fusione una parte del materiale base e l'estremità del filo-elettrodo.

Nei processi a filo continuo l'avanzamento progressivo del filo-elettrodo è garantito dai rulli di trascinamento azionati dal motore, in modo da compensare la sua continua fusione e mantenere la distanza della sua estremità dal pezzo a un valore costante.

L'arco viene traslato lungo l'asse del giunto a una certa velocità, definita *velocità di saldatura,* realizzando in tal modo la saldatura del giunto stesso.

I fili si dividono in due categorie:
— fili pieni, ottenuti per trafilatura, composti di solo metallo;
— fili animati composti di metallo con un'anima interna contenente granuli che ha le stesse funzioni di protezione del bagno di saldatura del rivestimento degli elettrodi.

## SALDATURA AD ARCO A FILO CONTINUO CON PROTEZIONE DI GAS

La **saldatura ad arco a filo continuo con protezione di gas** (Gas Metal Arc Welding, GMAW) è un processo in cui l'arco elettrico scocca tra il metallo da saldare e il filo metallico fusibile che fuoriesce da una torcia contemporaneamente al gas protettivo e alimenta costantemente la zona di saldatura.

La saldatura è anche identificata con le sigle:
— **MIG** (Metal Inert Gas), nel caso di impiego di atmosfera protettiva di **gas inerte**;
— **MAG** (Metal Active Gas), nel caso di impiego di atmosfera protettiva di **gas attivo**;

I gas di protezione nei procedimenti MIG-MAG sono:
— gas inerti che non sono dissociabili e non reagiscono chimicamente con gli altri elementi presenti nel plasma dell'arco (**argon**, **elio** e miscele argon-elio);
— gas attivi suscettibili di dissociarsi (ionizzarsi) e riassociarsi in modo da variare la composizione chimica del bagno (**anidride carbonica**, miscela anidride carbonica-ossigeno, miscela anidride carbonica-argon, **miscele attive**).

La funzione principale del gas di protezione è di tenere lontana l'aria ambiente dal bagno di fusione e dal filo per evitare i rischi di contaminazione del giunto.

I gas inerti allo stato puro garantiscono una protezione del bagno più che sufficiente, tuttavia l'aggiunta di gas attivi, con proprietà ossidanti, può migliorare le condizioni generali di esecuzione della saldatura e il trasferimento del materiale d'apporto.

### Circuito di saldatura

Il circuito di saldatura è composto dai seguenti elementi ( ▶ Fig. H1.19):
— generatore (**a**);
— torcia con fascio cavi (**b**);
— traina-filo (**c**) e filo (**d**);
— gruppo di raffreddamento ad acqua (**e**);
— bombola di gas con sistema di regolazione (**f**);
— morsetto con cavo di massa (**g**).

---

**COME SI TRADUCE...**

| ITALIANO | INGLESE |
|---|---|
| Saldatura ad arco a filo continuo con protezione di gas | Gas Metal Arc Welding |
| Gas inerte | Inert gas |
| Gas attivo | Active gas |

**PER COMPRENDERE LE PAROLE**

**Argon** (Ar): gas inerte estratto dall'aria contenente tracce d'impurità quali azoto, vapore acqueo e ossigeno, adatto, comunque, alla maggior parte delle applicazioni in saldatura; garantisce una buona stabilità dell'arco e un facile innesco.

**Elio** (He): gas inerte ricavato dal sottosuolo (sorgenti naturali), rispetto all'argon garantisce più penetrazione ma una minore stabilità dell'arco; è adatto a saldare grossi spessori e materiali difficoltosi come rame e alluminio.

**Anidride carbonica** ($CO_2$): gas ricavato sia dall'atmosfera sia dal sottosuolo, provoca spruzzi eccessivi e arco poco stabile; buona la penetrazione.

**Miscele attive**: argon-ossigeno; argon-ossigeno-$CO_2$; argon-$CO_2$.

**Figura H1.19**
Circuito di saldatura ad arco a filo continuo (GMAW o processi MIG/MAG).

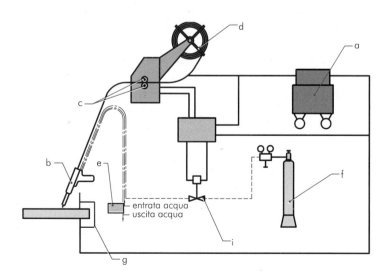

PROCESSI DI SALDATURA **UNITÀ H1** **637**

**COME SI TRADUCE...**

| ITALIANO | INGLESE |
|---|---|
| Filo animato | Flux or self shielded wire |

Il generatore ( ▶ **Fig. H1.20a**) presiede all'alimentazione della zona di saldatura che mantiene acceso l'arco elettrico, comandando il traina-filo e l'invio del gas protettivo e fornendo la necessaria tensione alla torcia.

Il traina-filo ( ▶ **Fig. H1.20b**) è un dispositivo a motore che spinge il filo dalla bobina attraverso la torcia sino alla zona di saldatura. La torcia con fascio cavi ( ▶ **Fig. H1.20c**), isolata esternamente, permette di trasferire il materiale d'apporto alla zona di saldatura, il gas protettivo e la corrente.

**Figura H1.20**
Saldatrice ad arco a filo continuo:
a) generatore;
b) alimentatore traina-filo;
c) torcia con fascio cavi;
d) morsetto con cavo di massa.

(a)     (b)     (c)     (d)

La torcia è dotata di un pulsante che comanda contemporaneamente l'alimentazione della corrente elettrica, l'avvio del motore traina-filo e la fuoriuscita del gas protettivo dalla bombola. Il fascio di cavi contiene un conduttore di corrente, una guaina di contenimento del filo e il condotto per l'acqua di raffreddamento. Il gruppo di raffreddamento ad acqua è un dispositivo usato per il raffreddamento della torcia nel caso di saldatura con tensioni di corrente elevata per evitare il surriscaldamento della torcia stessa. La bombola con sistema di regolazione contiene i gas di protezione del cordone di saldatura.

Il sistema di regolazione consiste in un manometro con riduttore di pressione che permettono di segnalare la quantità di gas all'interno della bombola e grazie a un'elettrovalvola, comandata dal pulsante sulla torcia, il flusso di gas. Il morsetto con cavo di massa collega il generatore al materiale da saldare ( ▶ **Fig. H1.20d**).

## SALDATURA AD ARCO A FILO CONTINUO SENZA PROTEZIONE DI GAS

In questo tipo di saldatura, l'arco elettrico scocca tra il metallo da saldare e il filo metallico fusibile animato. I **fili animati** sono costituiti da tubicini, ottenuti da nastro ( ▶ **Fig. H1.21**), contenenti polveri di ferro scorificanti e di materiali, atte a fornire elementi di lega come il rivestimento degli elettrodi fusibili.

**Figura H1.21**
Sezioni tipiche di fili animati per saldatura:
a) a nastro avvolto;
b) a nastro accostato;
c) a tubo chiuso;
d) a nastro doppio avvolto.

 (a)    (b)    (c)    (d)

La saldatura a filo animato senza bombola di gas sostituisce quella con filo pieno quando occorre eliminare gli spruzzi di metallo e ridurre il sovracordone o per effettuare rivestimenti superficiali in metallo.

## Saldatura in arco sommerso

Il processo di saldatura in arco sommerso (Submerged Arc Welding, SAW) è del tutto, o almeno parzialmente, automatizzato.
L'arco elettrico scocca direttamente sul pezzo ed è alimentato da un filo continuo.

In questo procedimento ( ▶ **Fig. H1.22**) non è presente il gas di protezione poiché il bagno fuso è protetto dall'ossidazione da una copertura di un flusso granulare o pulverulento, erogato da una tramoggia, che mantiene il giunto fuori del contatto dell'aria.

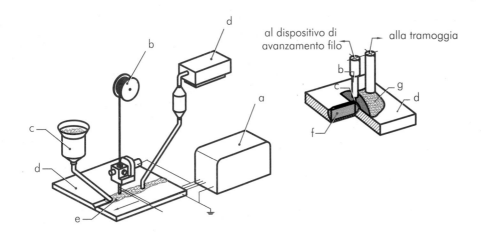

**Figura H1.22**
Schema del processo di saldatura ad arco sommerso: generatore di corrente (a); filo elettrodo fusibile (b); flusso di protezione (c); pezzo (d); bagno di fusione (e); cordone di saldatura (f); scoria (g).

Il flusso può avere anche la funzione di fornire al giunto fuso elementi in lega, disossidanti ecc. Il flusso, che copre completamente il bagno impedendone la visibilità, determina poi la formazione di scoria superficiale che dovrà essere in seguito asportata.

Questo tipo di processo permette di saldare grossi spessori adottando anche più fili contemporaneamente; per contro lo spessore da saldare deve essere almeno di 8 mm altrimenti, a causa delle correnti elevate, si sfonda il cianfrino.

Un impianto automatico di saldatura ad arco sommerso è tipicamente costituito da:
— bobina per alimentazione filo;
— tramoggia per il flusso;
— impianto di recupero flusso;
— generatore a caratteristica piana o cadente.

### Fili

I fili hanno diametro il cui valore che può oscillare da 1,6 a 6 mm, sono forniti sotto forma di bobine, e devono essere sbobinati senza tensionatura o torsionatura del filo.

La superficie dei fili è ricoperta da un sottile strato di rame o di nichel che funge da protezione contro eventuali attacchi atmosferici e buona conducibilità all'alimentazione elettrica.

### Flussi

I flussi contengono ossidi, silicati e ferroleghe in modo da creare reazioni chimiche nel bagno di fusione e di aggiungere elementi di lega.

**AREA DIGITALE**
▶ Saldatura TIG

## SALDATURA AD ARCO IN GAS INERTE CON ELETTRODO INFUSIBILE DI TUNGSTENO

La saldatura ad arco in gas inerte con elettrodo infusibile di tungsteno (Tungsten Inert Gas, TIG o Gas Tungsten Arc Welding, GTAW) è un processo di saldatura in cui l'arco elettrico scocca tra l'elettrodo infusibile, che si trova sotto protezione gassosa, e il materiale da saldare.

L'elettrodo è in tungsteno, materiale ad alta temperatura di fusione e con ottime proprietà di emissione termoionica. Il TIG è un processo poco produttivo, utilizzato per piccoli spessori. La saldatura in TIG può avvenire con apporto di altro materiale oppure per fusione del materiale base.

Nella **figura H1.23** è schematizzo il modo di trasferimento del metallo d'apporto.

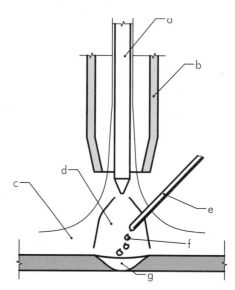

**Figura H1.23**
Modo di trasferimento del metallo d'apporto nel processo TIG: elettrodo in tungsteno (a); ugello diffusore del gas (b); atmosfera del gas di protezione (c); arco elettrico (d); metallo d'apporto (e); gocce di metallo fuso protette dal gas (f); bagno di fusione (g).

### Circuito di saldatura

Il circuito di saldatura è essenzialmente composto dai seguenti elementi (▶**Fig. H1.24**):
— generatore di corrente;
— torcia portaelettrodo di tungsteno con fascio cavi;
— bacchetta di materiale d'apporto;
— bombola di gas con circuito di pressione;
— pinza con cavo di massa;
— gruppo raffreddamento ad acqua.

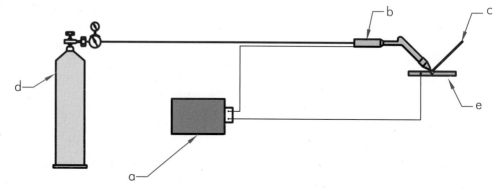

**Figura H1.24**
Circuito di saldatura ad arco in gas inerte con elettrodo infusibile di tungsteno: generatore (a); torcia portaelettrodo di tungsteno con fascio cavi (b); bacchetta di materiale d'apporto (c); bombola di gas (d); pezzo (e).

Il generatore di corrente deve fornire una quantità sufficiente di corrente per mantenere acceso l'arco elettrico. La torcia portaelettrodo con fascio cavi, con elettrodo in tungsteno, oltre a essere collegata al generatore per alimentare elettricamente la zona di saldatura funge anche da convogliatore del gas di protezione.

Vi sono torce con raffreddamento naturale, per mezzo del gas protettivo, e torce raffreddate ad acqua quando si usano correnti elevate.

La bacchetta di materiale d'apporto, immersa nella zona dell'arco lateralmente al bagno di fusione, serve ad apportare materiale nella zona di saldatura. Il metallo d'apporto è generalmente simile a quello base.

La bombola di gas con circuito di pressione è composta da una bombola, con un manometro e un riduttore di pressione, contenente il gas di protezione e da un'elettrovalvola, comandata dal pulsante torcia, per aprire e chiudere il flusso di gas.

La funzione principale del gas di protezione è quella di evitare la contaminazione del bagno di fusione da agenti esterni.

I gas di protezione utilizzati sono: l'argon, l'elio, le miscele argon-elio e le miscele argon-idrogeno.

La pinza con cavo di massa consente il collegamento elettrico tra il generatore di corrente e il materiale base da saldare.

Il gruppo di raffreddamento consente la continua circolazione dell'acqua nella torcia, mantenendola a basse temperature e aumentandone l'efficacia.

Il processo si applica principalmente nella saldatura degli acciai inossidabili, dell'alluminio e delle sue leghe, del nichel, del rame, del titanio e delle loro leghe ( ▶ **Fig. H1.25**).

(a)

(b)

(c)

**Figura H1.25**
Saldature con il processo TIG/GTAW:
a) giunzioni eterogenee di tubi in acciaio bassolegato e acciaio inossidabile);
b) di pareti molto spesse (fino a 80 mm);
c) tubi di dimensioni diverse con saldatura ad angolo.

La saldatura in atmosfera di argon è applicata anche agli acciai dolci e legati, nichel e sue leghe, rame e sue leghe, titanio e metalli nobili. L'arco elettrico è acceso mediante un rapido contatto fra l'elettrodo di tungsteno e il pezzo oppure mediante dispositivo di accensione senza contatto. La posizione ottimale di saldatura è raffigurata nella **figura H1.26**. Il processo di saldatura può essere:

— manuale, con lunghezza d'arco ed elettrodo controllati dal saldatore;
— semiautomatico, lunghezza d'arco ed elettrodo controllati dalla macchina, mentre il saldatore sposta l'elettrodo lungo la saldatura;
— automatico, tutte le operazioni sono effettuate dal robot.

**Figura H1.26**
Posizione di saldatura del processo GTAW: bacchetta di materiale d'apporto (**a**); torcia (**b**); direzione di avanzamento della torcia (**c**).

## SALDATURA AD ARCO A ELETTROSCORIA

La saldatura ad arco a elettroscoria (ElectroSlag Welding, ESW) è un processo di saldatura elettrica automatica a filo continuo che prevede la formazione di

**Figura H1.27**
Schema di funzionamento del processo di saldatura a elettroscoria:
a) sezione secondo il piano delle lamiere;
b) sezione trasversale del giunto di saldatura con i lembi dei pezzi da saldare disposti testa a testa e l'asse del giunto in posizione verticale.
È possibile osservare i pezzi in lavorazione (**1**), il cordone depositato (**2**), i pattini di rame di sostegno (**3**), il bagno di fusione (**4**), lo strato di scoria allo stato fuso (**5**), i fili elettrodo (**6**), l'unità d'alimentazione con motore d'avanzamento che li svolge da appositi aspi (**7**).

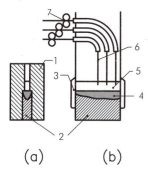

un arco elettrico tra l'elettrodo e il metallo base da saldare sotto la copertura del flusso elettroconduttore, all'interno del giunto formato dai lembi dei pezzi da saldare (▶ **Fig. H1.27**).

L'arco porta alla fusione il metallo base e il flusso di copertura creando un bagno fuso di scoria che aumenta progressivamente la sua profondità. La fusione del metallo base avviene sotto la protezione della scoria fusa.

L'incremento della temperatura della scoria fusa e della sua capacità conduttiva porta al successivo spegnimento dell'arco. In tali condizioni, la corrente elettrica di saldatura attraversa la scoria fusa e crea, grazie alla resistenza elettrica della scoria, l'energia necessaria per la saldatura.

La saldatura a elettroscoria non trasferisce l'energia dal generatore al bagno di saldatura tramite l'arco elettrico, ma per effetto Joule.

Il bagno di saldatura che si forma all'interno del giunto viene sostenuto da appositi supporti in rame raffreddati ad acqua che possono traslare o meno con la testa di saldatura.

Si possono utilizzare uno o più elettrodi (anche 3) in parallelo secondo lo spessore che si deve saldare. L'elettrodo, inoltre, può traslare orizzontalmente nel giunto.

In genere il flusso contiene ossidi basici (di Mg, Ca, Al, Si, Mn, Ti) e soprattutto fluoruro di calcio ($CaF_2$) in quantità dal 15 al 90% e non presenta attività dal punto di vista metallurgico.

### SALDATURA AD ARCO A ELETTROGAS

La saldatura ad arco a elettrogas (ElectroGas Welding, EGW) è un processo di saldatura autogena, simile al processo a elettroscoria, che utilizza come mezzo di protezione un gas inerte (o miscela di gas).

Lo schema di funzionamento del processo di saldatura è analogo a quello esaminato per il processo a elettroscoria. Questo procedimento è utilizzato per spessori di lamiera da 12 a 100 mm senza alcun movimento d'oscillazione dell'elettrodo.

La preparazione dei giunti può essere a lembi retti oppure a "V".

Come per gli altri processi con protezione gassosa, si impiegano sia fili animati sia fili pieni, mentre i tipi di gas sono gli stessi di quelli utilizzati per il GMAW.

## H1.7 PROCESSI DI SALDATURE PER RESISTENZA ELETTRICA

La saldatura a resistenza è una saldatura autogena, per pressione, senza materiale d'apporto, mediante il passaggio di corrente elettrica attraverso la zona da unire che fornisce, per resistenza elettrica e per effetto Joule, il calore necessario per portare localmente le superfici da saldare a temperatura di forgiatura o di fusione. Si possono realizzare due tipi di giunti saldati:
— a sovrapposizione, nei quali la saldatura è limitata a piccole porzioni delle superfici sovrapposte;
— di testa, nei quali la saldatura si estende a tutta la superficie di contatto dei pezzi.

La saldatura elettrica a resistenza su giunti a sovrapposizione si esegue applicando alle superfici a contatto una pressione mediante elettrodi che conducono anche la corrente ai pezzi da saldare.

La saldatura è realizzata per fusione e per pressione nella zona delle superfici combacianti, attraversata dalla massima densità di corrente. La saldatura elettrica a resistenza su giunti a sovrapposizione si può fare in tre modi:
— a **punti**, quando la saldatura è realizzata con formazione di uno o più punti di saldatura (▶ **Fig. H1.28a**);
— a **rulli**, quando la saldatura è realizzata per mezzo di una linea di punti di saldatura ottenuta con elettrodi a disco (detti rulli), ruotanti lungo la linea di giunto (▶ **Fig. H1.28b**);
— a **rilievi**, quando la forma e l'estensione della zona saldata sono determinate essenzialmente dalla forma e dalle dimensioni di certi rilievi precedentemente ricavati sulle superfici da saldare (▶ **Fig. H1.28c**).

La saldatura elettrica a resistenza su giunti di testa si può fare in due modi (▶ **Fig. H1.28**):
— a **resistenza pura**, quando le superfici da saldare, portate allo stato pastoso unicamente dal calore sviluppato per resistenza elettrica, sono saldate mediante l'applicazione di una pressione che è mantenuta durante tutto il periodo di saldatura (▶ **Fig. H1.28d**);
— a **scintillio**, quando le superfici da saldare sono portate a incipiente fusione mediante scintillio, cioè per produzione di una serie di piccoli archi elettrici fra le superfici stesse, e sono saldate infine per ricalcamento mediante una brusca applicazione di pressione (▶ **Fig. H1.28e**).

## Principio della saldatura a resistenza

Si consideri il caso della saldatura a punti, che è concettualmente fondamentale, fra i procedimenti di saldatura a resistenza. La **figura H1.29** riporta lo schema del principio di funzionamento della saldatura a resistenza a punti con due lamiere sovrapposte fra due elettrodi di rame, collegati agli estremi del secondario di un trasformatore. Sull'elettrodo superiore, che trasla verticalmente rispetto a quello inferiore fisso, si esercita una certa pressione.

Chiudendo l'interruttore si permette il passaggio della corrente nel circuito secondario che svilupperà nelle sue varie sezioni un calore tanto più intenso quanto più alta sarà la resistenza incontrata, secondo la legge di Joule:

$$Q = R I^2 t\, k$$

dove:
— $Q$ è la quantità di calore [J];
— $I$ è l'intensità di corrente [A];
— $R$ è la resistenza elettrica che dipende dal materiale da saldare posto tra i due elettrodi e dalla pressione con cui sono premute le parti da saldare [$\Omega$];
— $t$ è il tempo [s];
— $k$ è un coefficiente che tiene conto delle perdite di calore per irraggiamento, conduzione e convezione.

### PER COMPRENDERE LE PAROLE

**Punto**: si chiama *punto di saldatura* la zona saldata limitata attorno a un punto la cui forma ed estensione sono funzione essenzialmente della forma e delle dimensioni degli elettrodi.

**Figura H1.28**
Processi di saldatura elettrica a resistenza:
a) a sovrapposizione a punti;
b) a sovrapposizione a rulli;
c) a sovrapposizione a rilievi;
d) di testa a resistenza pura;
e) di testa a scintillio.

(a)

(b)

(c)

(d)

(e)

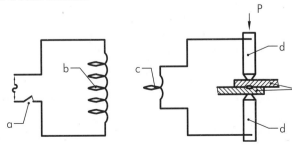

**Figura H1.29**
Schema del principio di funzionamento della saldatura a resistenza a punti: interruttore (**a**); primario del trasformatore (**b**); secondario del trasformatore (**c**); elettrodi (**d**); lamiere (**e**).

La resistenza elettrica $R$ del circuito secondario è data dalla somma delle seguenti resistenze poste in serie ( ▸ **Fig. H1.30a**):
- $R_1$ e $R_7$, resistenza del circuito secondario fino alle punte degli elettrodi, costituito da un materiale che è ottimo conduttore dell'elettricità (rame);
- $R_2$, resistenza di contatto fra l'elettrodo superiore e la lamiera superiore;
- $R_3$, resistenza della lamiera superiore;
- $R_4$, resistenza di contatto fra le due lamiere;
- $R_5$, resistenza della lamiera inferiore;
- $R_6$, resistenza di contatto fra la lamiera inferiore e l'elettrodo inferiore;
- $R_1$ e $R_7$ sono trascurabili, le resistenze $R_3$ e $R_5$ delle lamiere sono notevoli ma meno importanti per il riscaldamento, mentre le resistenze di contatto $R_2$, $R_4$ e $R_6$ sono le resistenze fondamentali per il riscaldamento come si evince dall'andamento della temperatura riportato nella **figura H1.30b**.

**Figura H1.30**
Saldatura a resistenza a punti: a) ripartizione delle resistenze nel circuito secondario; b) andamento delle temperature.
Si osservano il nocciolo di metallo fuso (**a**), il guscio di metallo allo stato plastico (**b**), l'acqua di raffreddamento (**c**).

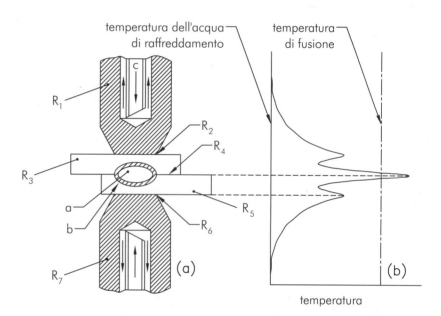

La **figura H1.30a** dimostra che le resistenze di contatto $R_2$, $R_4$ e $R_6$ devono il loro elevato valore alla presenza di microscopiche asperità superficiali che, riducendo la sezione di passaggio della corrente, incrementa la resistenza.

Tale resistenza diminuisce aumentando la forza F di compressione delle lamiere che produce lo schiacciamento delle asperità e l'aumento della superficie di contatto.

È necessario, quindi, determinare la forza F di compressione adatta a produrre in particolare un valore $R_4$ di resistenza di contatto fra le due lamiere, tale da generare in questa zona la quantità di calore per fondere localmente il materiale.

In tal modo, nella zona di contatto fra le due lamiere sottoposte a pressione si forma il nocciolo fuso di saldatura ( ▸ **Fig. H1.30a**), mentre attorno a esso, dove la temperatura non ha raggiunto la temperatura di fusione ma ha superato la temperatura di forgiatura, si forma un guscio di metallo allo stato plastico che impedisce che il metallo fuso del nocciolo venga proiettato all'esterno sotto la pressione e lo protegge da qualsiasi ossidazione atmosferica.

La pressione esercitata dagli elettrodi salda le due lamiere lungo il piano di contatto in un unico punto.

## SALDATURA A PUNTI

La saldatura a punti è il processo di saldatura a resistenza più utilizzato; i parametri che caratterizzano l'esecuzione del punto sono:
— l'intensità di corrente nel circuito di saldatura;
— la pressione sulle facce da saldare data dal rapporto tra la forza $F$ di compressione esercitata dagli elettrodi normalmente alle superfici a contatto e l'area della punta dell'elettrodo dipendente dalla forza $F$ di compressione esercitata dagli elettrodi;
— il tempo di saldatura.

La distribuzione nel tempo dei primi due parametri forma i cicli periodici di saldatura che si ripetono nell'esecuzione di ogni punto.

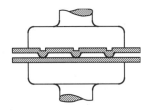

**Figura H1.31**
Forma degli elettrodi per la saldatura a rilievi: elettrodo con tre punti di saldatura effettuati contemporaneamente.

## SALDATURA A RILIEVI O A PROIEZIONE

La saldatura a rilievi, detta anche *a proiezione*, ha lo stesso principio di funzionamento della saldatura a punti, solo che in questo caso in una delle lamiere è stata eseguita una lavorazione preliminare di formatura dei rilievi nei punti dove si vuole realizzare la saldatura, tramite il processo di imbutitura.

Le lamiere sono saldate tramite elettrodi piatti e larghi su tutta l'area che contiene i rilievi, che fungeranno anche da piano di pressione e di contatto ( ▶ **Fig. H1.31**).

Durante la fase di saldatura, la pressione applicata dagli elettrodi tende a ripartirsi uniformemente se i rilievi sono di uguale altezza.

Il circuito di saldatura si divide in tanti circuiti derivati quanti sono i rilievi e la corrente si ripartisce uniformemente su di essi, riscaldandoli.

I rilievi cedono plasticamente e fondono insieme alla zona di contatto della lamiera opposta, mentre le impronte esterne d'imbutitura si colmano durante la deformazione plastica e in pratica spariscono.

Le due lamiere si accostano e la pressione garantisce la chiusura del nocciolo fuso, durante le fasi di fusione e di successiva solidificazione.

Nella **figura H1.32** è riportata la forma emisferica e tronco-conico dei rilievi su lamiera.

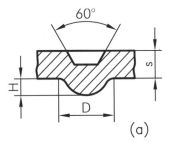
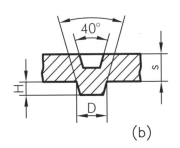

**Figura H1.32**
Forma dei rilievi su lamiera:
a) emisferico;
b) tronco-conico.

## SALDATURA A RULLI

La saldatura a rulli è un processo di saldatura a resistenza che consiste nel passaggio delle due lamiere da saldare attraverso alcuni rulli rotanti ( ▶ **Fig. H1.33**).

Tali rulli sono sottoposti al passaggio di corrente di intensità crescente, ottenendo in questo modo una saldatura longitudinale continua delle due lamiere.

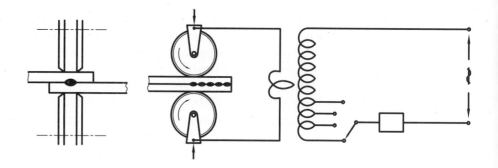

**Figura H1.33**
Schema del principio di funzionamento della saldatura a rulli.

## SALDATURA DI TESTA A RESISTENZA E A SCINTILLIO

La saldatura è detta *di testa* quando si compie su tutta la superficie affacciata delle parti da unire.

### Saldatura di testa a resistenza

Questo processo si basa su un principio assai semplice. Due barre da saldare di testa sono serrate fra due morse, una delle quali è fissa e l'altra è mobile orizzontalmente.

Le due morse sono costituite da un materiale che è buon conduttore dell'elettricità, dovendo portare la corrente ai pezzi; di conseguenza, esse sono alimentate dal secondario del trasformatore di saldatura.

Facendo avanzare la morsa mobile verso quella fissa, si applica una forza di compressione che mette in pressione le teste.

Si fa quindi passare la corrente in modo da riscaldare tutta la zona dei pezzi fra le morse e specialmente, grazie alla resistenza di contatto, le superfici da saldare.

Quando queste hanno raggiunto la temperatura di forgiatura e cominciano a diventare pastose, si applica un forte aumento di pressione facendo avanzare la morsa mobile e si ricalcano le due teste.

Contemporaneamente si toglie la corrente e si provvede, mantenendo la pressione, alla forgiatura finale. Si ottiene in tal modo una sezione gonfiata, in corrispondenza della superficie di saldatura. Il rigonfiamento, se necessario, è poi eliminato con molatura.

### Saldatura di testa a scintillio

La saldatura a scintillio si esegue con un'apparecchiatura analoga a quella esaminata per la saldatura di testa a resistenza, ma il principio e la successione operativa sono differenti ( ▸**Fig. H1.34**).

**Figura H1.34**
Schema del principio di funzionamento della saldatura di testa a scintillio.

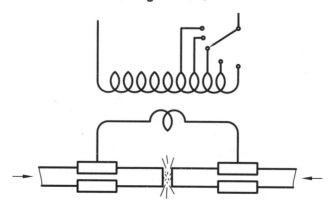

Le due superfici da saldare sono accostate, ma non compresse. Il contatto si realizza così solo attraverso le asperità delle superfici dovute alla loro rugosità. Inviando la corrente nel circuito di saldatura, essa si concentra con notevole densità nei punti di contatto che, per effetto Joule, sono portati a fusione. Le goccioline di metallo fuso, sotto l'azione della corrente elevata che le percorre, esplodono e sono proiettate in minuti spruzzi all'esterno della superficie di contatto, mentre una parte del metallo volatilizza.

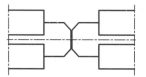

**Figura H1.35**
Saldatura per scintillio: lo smusso delle teste facilita l'innesco.

Si formano allora sulle superfici affacciate delle piccole cavità fra le quali scoccano scintille, in pratica piccoli archi instabili. Si fa, quindi, avanzare il pezzo mobile verso quello fisso portando in contatto altre asperità. Lo scintillio, di conseguenza, si propaga gradualmente a tutte le superfici affacciate, ricoprendole di un velo liquido e portando le teste dei pezzi allo stato pastoso.

Raggiunta una temperatura sufficiente su tutta la superficie da saldare e nella zona adiacente, si applica una forte e brusca pressione fra i pezzi.

Il velo liquido (con le impurezze di ossidi che contiene) viene schiacciato e proiettato all'esterno, le teste in parte si compenetrano e in parte si ricalcano slabbrandosi verso l'esterno, mentre la corrente viene interrotta non appena le superfici combaciano.

Si realizza così la saldatura per sincristallizzazione; poiché la zona ricalcata è irregolare, bisogna compiere una successiva lavorazione meccanica di finitura.

È importante sottolineare che lo smusso delle teste facilita l'innesco dello scintillio ( ▸**Fig. H1.35**).

## MACCHINE PER SALDATURA A RESISTENZA

La realizzazione dei cicli di saldatura nei processi di saldatura a resistenza, esaminati in precedenza, è ottenuta con macchine che si distinguono in:
— saldatrici a punti;
— saldatrici a rilievi o a proiezione;
— saldatrici a rulli;
— saldatrici di testa a resistenza o a scintillio.

I primi tre tipi di macchine presentano molte caratteristiche costruttive comuni, mentre le differenze sono limitate principalmente agli organi destinati a eseguire direttamente la saldatura (elettrodi, piastre, rulli).

Gli organi fondamentali comuni provvedono all'alimentazione della corrente, all'applicazione della pressione e al controllo dei tempi e dei cicli di saldatura.

Le saldatrici di testa sia a resistenza sia a scintillio presentano, invece, sostanziali differenze rispetto ai primi tre tipi, dovute al giunto da realizzare, alla necessità di immorsamento dei pezzi, alle maggiori potenze e pressioni impiegate.

Nel seguito sono esaminate solo le macchine per saldatura a punti.

### Macchine per saldatura a punti

Le macchine per saldatura a punti ( ▸**Fig. H1.36**) a pedale, in cui l'operatore determina direttamente la forza di compressione e i tempi di saldatura, è utilizzata solo per lavorazioni artigianali o di scarsa importanza.

Il trasformatore costituisce il cuore del sistema di saldatura a resistenza e da esso dipende la potenza dell'apparecchiatura.

Il trasformatore per saldatrici a resistenza ha una costruzione molto particolare, poiché deve essere in grado di erogare correnti di elevata intensità per tempi brevissimi.

**Figura H1.36**
Saldatrici a resistenza a punti:
a) pensile a pinza;
b) fissa, a colonna a comando elettropneumatico;
c) fissa, a colonna a comando a pedale.

 (a)
 (b)
 (c)

**PER COMPRENDERE LE PAROLE**

**Bagnatura**: effetto della capacità del metallo liquido di apporto di bagnare il metallo grazie alla sua tensione superficiale.

**Infiltrazione capillare**: fenomeno fisico basato sulla diffusione della lega brasante nella struttura intergranulare del materiale base; il fenomeno viene favorito dalla capillarità della lega brasante e dall'opportuna geometria dei giunti.

Il controllo di saldatura ha il compito di regolare la quantità di corrente durante i tempi di saldatura agendo sul sistema di controllo della potenza fornita al trasformatore. I dispositivi atti a pilotare i trasformatori sono controlli a inverter. Gli elettrodi, montati su bracci portaelettrodi, sono gli organi che intervengono direttamente nell'esecuzione della saldatura, poiché trasmettono la corrente elettrica e applicano la pressione di saldatura.

La loro natura, forma e dimensioni hanno importanza primaria sui risultati raggiungibili. È necessario che essi si mantengano a una temperatura sufficientemente bassa affinché non intervenga contaminazione da parte del materiale da saldare e deformazione della superficie estrema della punta, dove il contatto con la lamiera sviluppa un notevole calore al passaggio della corrente.

Per queste ragioni s'impiegano elettrodi cavi raffreddati a circolazione forzata d'acqua che raggiunge il corpo dell'elettrodo mediante tubi con i loro raccordi. La punta dell'elettrodo è l'organo fondamentale dell'elettrodo stesso giacché è a contatto con i pezzi da saldare e dalla sua usura dipendono molto i risultati tecnici ed economici della saldatura. Il corpo dell'elettrodo è realizzato in genere in rame elettrolitico.

## H1.8 PROCESSI DI SALDATURA ETEROGENA O DI BRASATURA

La brasatura permette la realizzazione di giunti con la sola fusione della lega metallica di apporto, la cui temperatura di fusione è inferiore a quella dei pezzi da assemblare, mantenendo così integri i lembi del giunto.

L'unione del metallo d'apporto con quello di base avviene attraverso il duplice fenomeno della **bagnatura** e dell'**infiltrazione capillare**.

Si possono distinguere tre categorie di brasatura:
— brasatura forte, con temperature superiori ai 400 °C e inferiori al punto di fusione del materiale del giunto e con preparazione del giunto adatta a favorire la penetrazione della lega per capillarità;
— brasatura dolce, con temperature inferiori ai 400 °C e inferiori al punto di fusione del materiale del giunto e con preparazione del giunto adatta a favorire la penetrazione della lega per capillarità;

— **saldobrasatura**, che utilizza leghe di apporto fondenti a temperature più elevate di quelle utilizzate nella **brasatura** forte e comunque inferiori al punto di fusione del materiale del giunto e con preparazione del giunto simile alla saldatura autogena.

## BRASATURA FORTE

La brasatura forte permette la realizzazione di giunti tra materiali base, simili o dissimili, a temperature tali da consentire la fusione della lega brasante e lasciare integri i materiali base. Le leghe ad alto contenuto di argento (Ag-Cu-Zn-Cd; Ag-Cu-Zn-Sn; Ag-Cu-Zn) sono adatte, per la loro grande capillarità, facilità e velocità d'uso, a brasare la maggior parte dei metalli: rame, leghe di rame, acciai comuni, acciai basso legati, acciai inossidabili, ferro zincato.

Per i giunti rame-rame o per i giunti ferro-ferro, gli ottoni o, ancora, gli ottoni speciali, fondenti a temperature relativamente elevate, si impiegano le leghe Ag-Cu-P e Cu-P **disossidanti** sul rame. La distanza tra le superfici da brasare deve permettere, dopo la dilatazione alla temperatura di brasatura, lo scorrimento del metallo di apporto per capillarità. I processi di saldatura si distinguono secondo le modalità di riscaldo in brasatura al cannello, brasatura in forno, brasatura a induzione, brasatura a resistenza elettrica e brasatura a immersione.

## BRASATURA DOLCE

La brasatura dolce permette la realizzazione di giunti tra materiali base simili o dissimili e in ogni caso tali da permettere la fusione della lega brasante, lasciando integri i materiali base. La brasatura dolce rappresenta il metodo principale per realizzare le giunzioni di componenti elettronici, come resistori, condensatori o circuiti integrati ai circuiti stampati o ai substrati ceramici utilizzati per i microcircuiti ibridi. Tale brasatura, nota comunemente come *saldatura a stagno*, utilizza leghe brasanti a base di stagno e **flussi**.

## SALDOBRASATURA

La saldobrasatura ( ▶ **Fig. H1.37**) presuppone la preparazione del giunto tipica della saldatura autogena a fusione e utilizza leghe di apporto fondenti a temperature inferiori ai metalli del giunto: un esempio tipico è la saldobrasatura di testa di un tubo di acciaio su una flangia di acciaio, o una riparazione su ghisa o un riporto su bronzo.

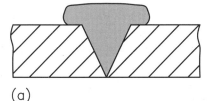
(a)

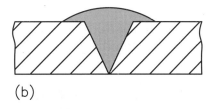
(b)

**Figura H1.37**
Stato delle superfici:
a) lembi non puliti, il metallo d'apporto non bagna il metallo base;
b) lembi decapati, il metallo d'apporto bagna il metallo base.

Le leghe comunemente usate sono ottoni fondenti a temperature elevate: per la saldobrasatura dell'acciaio tra 800÷950 °C, per la ghisa tra 650÷800 °C, per il rame e i bronzi tra 850÷950 °C. La saldobrasatura non può sfruttare a pieno il fenomeno della capillarità, poichè usa leghe di apporto a temperature elevate. La preparazione dei lembi attraverso operazioni di pulitura o di decapaggio è fondamentale per la buona riuscita della saldobrasatura.

---

**COME SI TRADUCE...**

| ITALIANO | INGLESE |
|---|---|
| Saldobrasatura | Soldering |
| Brasatura | Brazing |

**PER COMPRENDERE LE PAROLE**

**Disossidante**: composto chimico che, fondendo, rimuove gli ossidi superficiali favorendo l'azione capillare della lega brasante.

**Flussi**: composto chimico che riduce gli strati sottili di ossido sul substrato o sulla lega brasante, diminuisce la tensione superficiale della lega brasante per migliorare il flusso capillare e ottimizza la geometria del giunto.

## H1.9 DISPOSITIVI DI SICUREZZA PER I PROCESSI DI SALDATURA

**PER COMPRENDERE LE PAROLE**

**DPI (Dispositivi di Protezione Individuale)**: occhiali dotati di protezioni laterali e *filtri colorati inattinici*; schermo facciale con filtro colorato inattinico o a cristalli liquidi per saldatura ad arco elettrico; guanti resistenti alle particelle incandescenti, con protezione del polso e dell'avambraccio; tappi o cuffie per le orecchie; scarpe di sicurezza con puntale protettivo; grembiule e protezioni parziali resistenti alle particelle incandescenti; maschera di protezione delle vie respiratorie; elmetto a protezione del capo contro la caduta di carichi, oppure urti accidentali; sistemi anticaduta (imbragatura); abbigliamento ad alta visibilità.

**Filtri colorati inattinici**: vetri capaci di assorbire le radiazioni elettromagnetiche nocive all'occhio dell'operatore (raggi UV, luce visibile e raggi infrarossi).

**Figura H1.38**
Operazione di saldatura manuale.

I dispositivi di sicurezza devono essere conformi all'allegato V del DLgs 81/08.

### SALDATRICE A PUNTI E AD ARCO ELETTRICO

Durante le operazioni di saldatura a punti o ad arco elettrico è necessario prevedere i seguenti dispositivi di sicurezza:
— *schermo parascintille* in policarbonato trasparente, completo di attacco meccanico e di supporto a braccio flessibile;
— *schermi mobili* per area di saldatura, costituiti da solida intelaiatura metallica e bandelle in materiale plastico, trasparente idoneo a frenare il 99% dei raggi ultravioletti;
— *protezione delle pinze portaelettrodi* contro i contatti accidentali;
— *protezione superiore del pedale* di azionamento in lamiera pesante, sagomata e atta a evitare azionamenti accidentali del pedale stesso;
— *impianto di aspirazione* fumi e gas;
— *cartello segnaletico* norme di sicurezza per l'uso della saldatrice.

### Norme comportamentali di prevenzione

Il tecnico operatore, a garanzia della qualità del lavoro e nel rispetto delle norme antinfortunistiche, dovrà avere cura di:
— seguire le istruzioni impartite dal datore di lavoro, dai dirigenti e dai preposti;
— preparare i pezzi da saldare prima della saldatura mediante raschiatura o pulizia (sgrassaggio);
— utilizzare gli appositi **DPI** ( ▶ **Fig. H1.38**);
— posizionare il pezzo da saldare in una morsa sul banco di saldatura;
— verificare che la massa sia collegata al pezzo da saldare;
— posizionare la bocca di aspirazione dei fumi nei pressi dell'area di lavoro;
— accendere il generatore;
— avvicinare la torcia al pezzo da saldare, innescando l'arco;
— a fine saldatura, togliere la maschera di protezione e spegnere il generatore;
— rimuovere il pezzo dalla morsa (o posizionatore) utilizzando i guanti e/o le pinze;
— non modificare le attrezzature di propria iniziativa;
— non rimuovere o modificare le protezioni o i dispositivi di sicurezza senza l'autorizzazione del preposto o del capo reparto;
— segnalare immediatamente qualsiasi difetto o inconveniente rilevato durante la propria attività.

### SALDATRICE OSSIACETILENICA

Durante le operazioni di saldatura ossiacetilenica è necessario prevedere i seguenti dispositivi di sicurezza ( ▶ **Fig. H1.39**):
— *schermo parascintille* in policarbonato trasparente, completo di attacco meccanico e di supporto a braccio flessibile;
— *schermi mobili* per area di saldatura, costituiti da solida intelaiatura metallica e bandelle in materiale plastico, trasparente e idoneo a frenare il 99% dei raggi ultravioletti;

— *valvola idraulica di sicurezza*, sul cannello di saldatura, per impedire il ritorno di fiamma e l'afflusso dell'ossigeno nelle tubazioni del gas combustibile;
— *impianto di aspirazione* fumi e gas;
— *cartello segnaletico* con le norme di sicurezza per l'uso della saldatrice.

**Figura H1.39**
Linea di ossitaglio CNC a quattro teste.

## Norme comportamentali di prevenzione

Il tecnico operatore, a garanzia della qualità del lavoro e nel rispetto delle norme antinfortunistiche, dovrà avere cura di:
— trasportare le bombole per la saldatura impiegando mezzi che garantiscano la stabilità dei gasogeni; ancorarle stabilmente per evitare la loro caduta accidentale e posizionarle in luoghi sicuri e non caldi;
— non eseguire operazioni di saldatura o taglio su recipienti o tubi chiusi;
— non eseguire operazioni di saldatura o taglio su recipienti o tubi aperti che contengano sostanze che sotto l'azione del calore possano avere reazioni esplosive e/o pericolose;
— non eseguire operazioni di saldatura o taglio su recipienti o tubi che contengano sostanze che sotto l'azione del calore o dell'umidità possano formare miscele esplosive;
— togliere preliminarmente ogni condizioni di pericolo (apertura dei recipienti chiusi e asportazione di sostanze pericolose, sotto la costante sorveglianza di un esperto);
— non effettuare saldature a meno di 5 metri di distanza dai generatori o dai gasometri di acetilene;
— pulire la postazione e le apparecchiature di lavoro soprattutto dal grasso e dai lubrificanti;
— verificare, con ispezione visiva, che tutte le apparecchiature dell'impianto di saldatura siano in efficienza (riduttori di pressione, manometri, valvole);
— verificare la stabilità dello staffaggio delle bombole di ossigeno e di acetilene;
— verificare che l'ugello di uscita del gas dal cannello sia pulito e non ostruito;
— accendere il cannello, rivolgendolo dalla parte opposta al corpo dell'operatore;
— movimentare i pezzi saldati, utilizzando i guanti e/o le pinze;
— utilizzare uno schermo facciale durante la martellinatura dei pezzi saldati a protezione dalle scorie che potrebbero colpire l'operatore;
— non modificare le attrezzature di propria iniziativa;
— non rimuovere o modificare le protezioni o i dispositivi di sicurezza senza l'autorizzazione del preposto o del capo reparto;
— segnalare immediatamente qualsiasi difetto o inconveniente rilevato durante la propria attività.

# UNITÀ H1

# VERIFICA DI UNITÀ

Gli esercizi sono disponibili anche nella versione digitale come test interattivi e autocorrettivi

## COMPLETAMENTO

1. La saldatura ossiacetilenica è un processo di saldatura _____ per fusione che sfrutta, quale sorgente di energia _____, la combustione dell'_____ ad opera dell'_____ con formazione della _____ ossiacetilenica.

2. I _____ a bassa pressione sono quelli in cui l'_____ arriva a bassa pressione e viene _____ dalla corrente di ossigeno a pressione più _____; i cannelli ad alta pressione sono quelli in cui l'_____ e l'ossigeno arrivano a pressione sensibilmente _____.

3. Il principio di funzionamento dei processi di saldatura ad arco a filo continuo è il seguente: prima di iniziare la saldatura, il filo-elettrodo viene fatto _____, attivando il motore di _____, sino a portare la sua estremità a contatto con il _____ base oppure a una distanza di qualche millimetro.

4. Il processo di saldatura ad arco in gas inerte con _____ infusibile di _____ è un processo di saldatura per _____, autogeno.

## SCELTA MULTIPLA

5. Nella brasatura la temperatura di fusione del metallo d'apporto deve essere:
   a) inferiore alla temperatura di fusione del metallo base
   b) uguale alla temperatura di fusione del metallo base
   c) superiore alla temperatura di fusione del metallo base
   d) superiore alla temperatura di fusione del metallo base di almeno 100 °C

6. Indicare quale fonte di energia non è utilizzata per ottenere l'emissione di calore necessaria per la saldatura autogena:
   a) energia chimica      b) energia elettrica
   c) energia radiante     d) energia meccanica

7. Il dispositivo elettronico in grado di convertire corrente continua in corrente alternata eventualmente a tensione diversa, oppure una corrente alternata in un'altra di differente frequenza si chiama:
   a) trasformatore      b) tiristori
   c) inverter           d) diodo

8. La saldatura a proiezione è il processo di saldatura:
   a) a punti      b) a rilievi
   c) a rulli      d) a scintillio

9. Nella saldatura a resistenza, le resistenze fondamentali per il riscaldamento sono:
   a) le resistenze del circuito secondario fino alle punte degli elettrodi
   b) le resistenze della lamiera
   c) le resistenze di contatto
   d) tutte le resistenze precedenti

## VERO O FALSO

10. Nella terminologia tecnica corrente si indica con il termine "saldatura" sia l'operazione di saldatura sia il risultato dell'operazione stessa, cioè il giunto saldato.
    Vero ☐      Falso ☐

11. Nella brasatura l'unione del metallo d'apporto con quello di base avviene attraverso il duplice fenomeno della bagnatura e dell'infiltrazione capillare.
    Vero ☐      Falso ☐

# GIUNZIONI MECCANICHE E INCOLLAGGIO

## Obiettivi

**Conoscenze**
- Gli elementi di collegamento delle giunzioni meccaniche.
- I processi di collegamento con le giunzioni meccaniche.
- I principi che sono alla base dell'incollaggio.
- La classificazione degli adesivi.

**Abilità**
- Classificare gli adesivi in funzione della loro struttura.
- Valutare le caratteristiche delle giunzioni meccaniche e dell'incollaggio al fine di operarne la scelta in relazione all'impiego richiesto.

## PER ORIENTARSI

Il collegamento di pezzi di materiale uguale o diverso può essere ottenuto anche impiegando i processi di fissaggio mediante **giunzioni meccaniche** o di incollaggio con adesivi. Le giunzioni meccaniche si realizzano per mezzo di **rivetti**, **bulloni**, viti, **graffe** o per interferenza. Si hanno, pertanto, i procedimenti di rivettatura o chiodatura, avvitatura, **graffatura** e di forzatura.

Gli adesivi hanno la funzione di garantire il collegamento tra le parti da unire rendendolo idoneo, se necessario, sia per gli impieghi strutturali sia per assicurare la tenuta contro la fuoriuscita di liquidi.

**COME SI TRADUCE...**

| ITALIANO | INGLESE |
|---|---|
| Giunzioni meccaniche | Fasteners |
| Rivetti | Rivets |
| Bulloni | Bolts |
| Graffe | Tabs, glamp |
| Graffatura | Clinching |
| Concentrazione di tensione | Stress concentration |

## H2.1 GIUNZIONI MECCANICHE

### RIVETTATURA O CHIODATURA, AVVITATURA

Gli elementi di collegamento sono i rivetti, i bulloni e le viti. Per inserire tali elementi, si devono forare i pezzi da collegare che diventano così localmente più deboli. Sollecitando meccanicamente i pezzi collegati, infatti, si ha la formazione di punti di **concentrazione di tensione** nel gambo della giunzione o nel pezzo forato, che possono portare alla rottura del collegamento.

Con ogni tipo di giunzione meccanica si possono collegare pezzi prodotti in materiale metallico e/o polimerico.

I ceramici, invece, non si possono rivettare o imbullonare perché le tensioni di contatto tra i pezzi, dovute alla forza di serraggio, potrebbero causare la loro rottura fragile. Di conseguenza, i componenti ceramici sono collegati meccanicamente ad altri ceramici o a pezzi metallici solo con tecniche che annullano o rendono minime le concentrazioni di tensione come, per esempio, con la graffatura.

**Figura H2.1**
Rivetto pieno (ribattino).

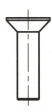

### Rivetti

I rivetti sono costituiti da un gambo cilindrico sormontato da una testa; essi possono essere pieni o tubolari con un mandrino interno ( ▶ **Fig. H2.1** ).

GIUNZIONI MECCANICHE E INCOLLAGGIO **UNITÀ H2** 653

| COME SI TRADUCE... | |
|---|---|
| ITALIANO | INGLESE |
| Rivetti autoperforanti | Self-piercing rivets |
| Rivetti ciechi | Blind rivets |

**Figura H2.2**
Tipi di rivetti:
a) a testa tonda;
b) a testa conica in sede fresata;
c) a spina permanente.

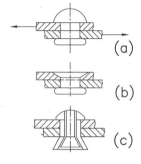

**Figura H2.3**
Schema di giunzione mediante rivetti autoperforanti:
a) prima della rivettatura;
b) giunto rivettato.
Si possono osservare
il punzone (**1**), il rivetto (**2**),
le lamiere da accoppiare
(**3**), la premilamiera (**4**),
il controstampo (**5**).

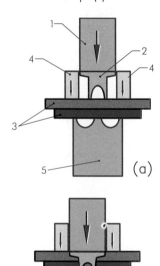

Quando si parla di "rivettatura" si intende una giunzione di due elementi mediante un rivetto tubolare, mentre per "chiodatura" o "ribattitura" si intende la giunzione mediante rivetti pieni detti anche *ribattini* o *chiodi*. Si impiegano per ottenere collegamenti di lamiere a sovrapposizione, a semplice coprigiunto, a doppio coprigiunto. È anche possibile unire più di due lamiere per volta.

Il dimensionamento del diametro, la scelta della forma e del materiale dei rivetti o dei ribattini è funzione del tipo di giunzione che occorre effettuare.

La lunghezza dei ribattini dipende dallo spessore totale delle lamiere da collegare e dalla forma della testa rivettata desiderata. Il fissaggio meccanico delle lamiere da collegare si ottiene inserendo il rivetto nei fori sovrapposti e deformando la parte del gambo che fuoriesce in modo da formare una seconda testa; questa operazione è eseguita a freddo oppure a caldo, secondo le dimensioni del rivetto.

È anche possibile eseguire la rivettatura e la chiodatura di parti non preforate mediante **rivetti autoperforanti** e sistemi integrati di punzonatura e rivettatura.

La testa dei rivetti può essere:
— sporgente: tonda (▶ **Fig. H2.2a**), tonda larga, piatta;
— incassata: a sede fresata, (▶ **Fig. H2.2b**) o con sede imbutita.

La rivettatura normale richiede l'accessibilità da ambo le facce dei corpi collegati. Ove ciò non sia possibile, si sono studiati rivetti speciali (**rivetti ciechi**) nei quali si ottiene la formazione della seconda testa per dilatazione del gambo cavo: rivetti esplosivi, rivetti a spina estraibile, rivetti a spina permanente in cui la spina conica di dilatazione viene tranciata e rimane entro il rivetto (▶ **Fig. H2.2c**). Il materiale dei rivetti può essere metallico (alluminio e leghe, ottone, acciaio al carbonio, acciaio inossidabile) e polimerico. Con la rivettatura e con la chiodatura è possibile unire materiali diversi, ferrosi e non, materiali verniciati o rivestiti, materiali compositi. Nei processi di rivettatura si impiegano macchine rivettatrici o ribattitrici automatiche che agevolano l'operazione.

Nel fissaggio con rivetti tubolari autoperforanti, si impiega una pressa che, mediante un punzone, spinge il rivetto attraverso le lamiere da accoppiare contro uno stampo che lo fa espandere nella lamiera inferiore, in genere non perforata (▶ **Fig. H2.3**). È necessario poter accedere a entrambe le facce del giunto.

## Viti e bulloni

Una vite è una barra cilindrica con un filetto elicoidale ricavato sulla superficie. I filetti hanno un proprio profilo unificato. Attualmente il profilo più usato e pratico è il profilo metrico triangolare ISO.

La vite, in genere, ha una testa che può assumere forme diverse (testa cilindrica, testa a bottone, testa tonda, testa mezza tonda, testa svasata piana, testa svasata con calotta).

Una variante è costituita da una barra interamente filettata. La filettatura della vite può non essere presente per tutta la sua lunghezza, poiché non ha nessuna utilità nella zona interna allo spessore dei materiali.

Il bullone è costituito dall'accoppiamento di una vite e di un dado. Normalmente la vite è a testa esagonale e, più raramente, a testa cilindrica con esagono incassato o quadrata. Il dado ha solitamente forma esagonale e presenta un foro in cui è ricavata una filettatura complementare a quella della vite.

La vite e il bullone presentano rispetto al rivetto il vantaggio di potere essere smontati e rimontati senza perdere efficacia. I pezzi da congiungere con la vite semplice devono essere in precedenza forati e filettati con un filetto complementare a quello della vite per mezzo di una punta elicoidale e di un maschio a filettare. Il filetto può essere anche generato dalla vite stessa. In quest'ultimo caso la vite è detta *autofilettante*. Le viti autofilettanti hanno solitamente un'estremità appuntita per favorire l'imbocco nel foro e a volte l'intero corpo è conico invece che cilindrico. Alcune viti, dette *autoperforanti* hanno una punta particolarmente appuntita è sono in grado di perforare materiali sottili come lamiere e materiali plastici, senza bisogno di praticare precedentemente un foro di invito. Nel caso di giunzione con bulloni, i pezzi sono preliminarmente forati con un diametro maggiore del diametro esterno della vite e, successivamente, sono accoppiati facendo attraversare il foro comune ai due pezzi con una vite sulla quale si avvita il dado. La vite ha una testa di dimensioni maggiori del foro.

### COME SI TRADUCE...

| ITALIANO | INGLESE |
|---|---|
| Punti di giunzione per pressatura | Press joints |
| Clinciatura | Clinching |

## GRAFFATURA

La graffatura mediante graffe o punti metallici è impiegata per la giunzione dei ceramici, del legno, dei cartoni ecc. Le graffe permettono di collegare un elemento a un altro serrandoli come avviene tra le ganasce di una morsa.

La **figura H2.4** riporta un esempio di graffatura di un utensile ceramico per tornitura. I punti metallici possono essere di diversa lunghezza, in funzione dello spessore degli elementi da unire. Le aggraffatrici possono essere meccaniche o pneumatiche, con caricatore a stecca o a rotolo. Il grado di penetrazione del punto, può essere regolato sull'aggraffatrice, per avere una chiusura totale o una chiusura cieca.

**Figura H2.4**
Esempio di graffatura di un utensile ceramico.

La graffatura mediante **punti di giunzione per pressatura** è un innovativo sistema di giunzione a freddo per lamiere e profilati metallici, denominato anche **clinciatura**. Permette di assemblare due o più spessori, materiali diversi (acciaio inox, leghe a base di rame, alluminio e zinco) con o senza rivestimento superficiale (laccatura, verniciatura, zincatura, rivestimenti plastici o metallici). I punti di clinciatura sono prodotti dall'interazione di una matrice e di un punzone. Secondo il tipo di punzone, i punti di clinciatura sono rotondi o rettangolari. Il processo avviene premendo il punzone sulle lamiere in uno stampo (matrice) fino a ottenerne la deformazione che permette il loro bloccaggio nel *bottone* che si genera ( ▶ **Fig. H2.5**), con una lieve o trascurabile distorsione dei pezzi.

È necessario l'accesso a entrambe le facce del giunto. Ne deriva un accoppiamento a elevata resistenza con un ottimo comportamento a fatica, dovuto alla distribuzione più omogenea e graduale degli sforzi attorno alla giuntura.

### PER COMPRENDERE LE PAROLE

**Accoppiamento con interferenza**: tipo di accoppiamento albero-foro in cui la dimensione del foro è sempre minore della dimensione dell'albero. Questo si verifica quando le zone di tolleranza albero-foro non risultano sovrapposte nemmeno parzialmente e la zona di tolleranza del foro è sempre inferiore a quella dell'albero.

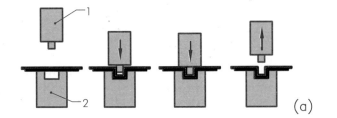 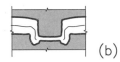

**Figura H2.5**
Schema di giunzione mediante graffatura (*clinching*):
a) fasi del processo;
b) bottone di clinciatura.

## FORZATURA

Gli elementi da unire con un collegamento forzato devono presentare prima dell'unione dimensioni tali da permettere un **accoppiamento con interferenza**, che in seguito creerà lo stato di tensione sufficiente per la stabilità del montaggio.

**Figura H2.6**
Fastener fissati su lamiere per la chiusura rapida a 1/4 di giro.

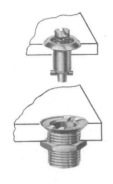

**PER COMPRENDERE LE PAROLE**

**Colla**: è un adesivo costituito da soluzione acquosa di materie base animali, vegetali o sintetiche per l'incollaggio a caldo o a freddo.

Il collegamento forzato utilizza quindi l'attrito tra le superfici e la pressione di contatto, per impedire il moto relativo degli elementi collegati. La forzatura si ottiene eseguendo il calettamento a caldo o a freddo, che sfruttano la proprietà dei materiali di dilatarsi o contrarsi termicamente. La conseguente variazione delle dimensioni consente il montaggio dei pezzi, mentre il successivo ritorno alla temperatura ambiente produce l'accoppiamento con interferenza.

Il calettamento a caldo è realizzato attraverso il riscaldamento induttivo, per mezzo di bagno d'olio o in forni a muffola del pezzo con foro da collegare. Per esempio, si esegue il calettamento a caldo di ruote dentate o di cuscinetti da montare su alberi. Il calettamento a caldo offre anche la possibilità di eseguire serraggi reversibili. Con il riscaldamento induttivo è possibile eseguire rapidamente il cambio di un utensile cilindrico dal mandrino portautensili. Dopo il raffreddamento, sull'utensile inserito viene esercitata un'elevata pressione radiale di serraggio. Il procedimento di serraggio può essere ripetuto illimitatamente.

Il calettamento a freddo si compie eseguendo il raffreddamento dell'estremità dell'albero, mediante azoto liquido, e il successivo inserimento all'interno del foro. Il ritorno alla temperatura ambiente porta a una dilatazione che fissa saldamente il collegamento. Analogamente si procede per lo smontaggio. L'azoto liquido si impiega per il calettamento di vari componenti come, per esempio, sedi di valvola, linee cilindri, cuscinetti ecc.

### ASSEMBLAGGIO VELOCE

Gli elementi per assemblaggio veloce, denominati *fastener*, permettono montaggi e smontaggi veloci di particolari come pannelli, coperchi e componenti vari, che richiedono un assemblaggio sicuro ma anche uno smontaggio veloce. La rapidità di chiusura e apertura consente l'accesso veloce per la manutenzione e la regolazione di macchine e attrezzature industriali. I fastener sono montati con operazioni preliminari di foratura dei pezzi da collegare ( ▶ **Fig. H2.6**).

I fastener costituiti da viti, dadi, rivetti sono fissati su lamiere, in genere, con operazioni di graffatura eseguite con presse.

## H2.2 INCOLLAGGIO

Il collegamento per incollaggio si ottiene interponendo tra due elementi da unire, di materiali uguali o diversi, uno stato di materiale non metallico, ben aderente alle superfici. Il materiale applicato tra le superfici è chiamato *adesivo*; il materiale da incollare è chiamato *aderendo*.

Salvo poche eccezioni (**colla** d'amido, colla di vetro solubile ecc.), gli adesivi sono costituiti da resine sintetiche termoplastiche o reticolabili e, in modo limitato, da gomme naturali o sintetiche. Si ottiene un giunto resistente alla separazione e, soprattutto, allo scorrimento. Lo strato, di spessore di pochi centesimi di millimetro è quindi sollecitato al taglio ( ▶ **Fig. H2.7**).

**Figura H2.7**
a) Giunto incollato caricato a trazione.
b) Strato adesivo sollecitato al taglio che si deforma per scorrimento.

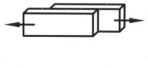
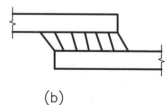

(a)      (b)

Supponendo sufficientemente resistenti gli strati sottostanti degli elementi da unire (substrati) tramite l'adesivo, l'efficacia del collegamento dipende da due fattori principali (▸ **Fig. H2.8**):
— adesione, ovvero la resistenza di incollaggio dell'adesivo sugli strati sottostanti delle parti da unire;
— coesione, ovvero la resistenza interna dell'adesivo.

A questi fattori si aggiunge la diffusione che vale solo nel caso della giunzione di alcuni tipi di polimeri termoplastici.

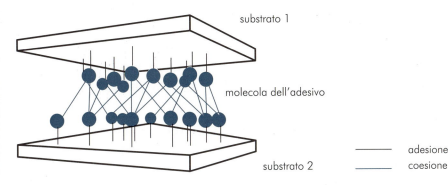

**Figura H2.8**
Distinzione tra adesione e coesione.

## Adesione

L'adesione è definita come la resistenza d'incollaggio in corrispondenza dell'interfaccia di contatto tra due materiali sovrapposti.

Nel processo di incollaggio rivestono la massima importanza le forze fisiche d'attrazione e assorbimento, basate sul **legame di Van der Walls**. L'intensità di tali forze dipende dall'estensione della superficie di contatto tra adesivo e gli strati sottostanti delle parti da incollare.

L'adesivo deve bagnare completamente l'intera superficie di contatto (▸ **Fig. H2.9**) e penetrare perfettamente nella rugosità, per ottenere forze di Van der Walls sufficienti a garantire un assemblaggio stabile.

La resistenza della forza di adesione dipende quindi sia dalla superficie realmente bagnata (contatto intermolecolare) sia dalla capacità adesiva della stessa.

Non esiste ancora una teoria unificata che spieghi il fenomeno dell'adesione nel suo complesso, ma soltanto diversi modelli che descrivono casi specifici. Nessuno di questi modelli è in grado di spiegare a fondo il fenomeno dell'adesione ed è pertanto necessario ricorrere a una combinazione di diverse teorie, classificate in funzione dei fenomeni fisici e chimici che avvengono sull'interfaccia adesivo/substrato.

Le teorie basate su fenomeni fisici si classificano in:
— modello di adesione meccanica;
— teoria della diffusione;
— teoria elettrostatica.

La teoria basata su fenomeni chimici è la *teoria dell'assorbimento termodinamico*.

Secondo il modello di adesione meccanica, l'adesione avviene quando l'adesivo si fissa ai pori della superficie e ai punti rugosi del substrato (▸ **Fig. H2.10a**).

La penetrazione dell'adesivo nella rugosità superficiale del substrato aumenta la superficie di contatto effettivo tra i due materiali, che risulta così di parecchie centinaia di volte superiore alla **superficie di contatto apparente**. L'adesione, di conseguenza, è maggiore quanto le superfici da unire sono scabre.

**PER COMPRENDERE LE PAROLE**

**Legame di Van der Waals**: si basa sull'attrazione dipolare tra atomi (elettricamente neutri). In un atomo, la carica è in movimento, e in ogni istante si distribuisce in modo asimmetrico rispetto al nucleo. La distribuzione istantanea costituisce un dipolo elettrico a causa di tale asimmetria. Questo dipolo induce la formazione di un altro dipolo in un atomo vicino; per cui i due dipoli si attraggono.

**Superficie di contatto apparente**: è la superficie di sovrapposizione tra i due elementi incollati.

**Figura H2.9**
Condizioni di bagnabilità:
a) scarsa;
b) media;
c) buona.

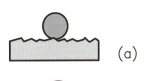 (a)

 (b)

 (c)

**Figura H2.10**
Adesione:
a) modello meccanico;
b) teoria della diffusione;
c) teoria elettrostatica.

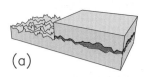

(a)

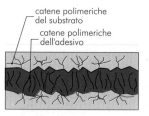

catene polimeriche del substrato
catene polimeriche dell'adesivo

(b)

adesivo
substrato

(c)

Nella **figura H2.10b** è schematizzata la *teoria della diffusione* che considera l'adesione come il risultato di una diffusione tra le molecole degli strati superficiali che conduce alla creazione di un'area di transizione tra l'adesivo e il substrato in cui si ha la formazione di lunghe catene di polimeri reciprocamente solubili.

La *teoria elettrostatica* ( ▶ **Fig. H2.10c**) paragona il sistema adesivo/substrato a un condensatore piatto in cui le piastre sono composte dai due materiali di diversa natura posti a contatto. In queste condizioni si forma un doppio strato elettrico positivo e negativo che spiega il fenomeno dell'adesione per attrazione elettrostatica. Questo modello si può applicare soltanto a determinati casi specifici. La teoria dell'assorbimento termodinamico permette di definire il comportamento di molti giunti incollati per mezzo del fenomeno della bagnatura superficiale. L'adesivo liquido, quando si crea un giunto incollato, bagna la superficie da unire. Durante la fase di contatto si verifica l'assorbimento tra il solido e il liquido e si sviluppano le forze di bagnatura che danno resistenza all'incollaggio.

Le forze derivano da:
— legami primari di tipo ionico e covalente;
— legami secondari dovuti alle forze di Van der Walls e ai ponti di idrogeno.

Una buona bagnatura è quindi indispensabile per ottenere una sufficiente resistenza del giunto.

### Coesione

La coesione tiene insieme le molecole interne del materiale polimerico che forma l'adesivo ed è caratterizzata dalle forze dovute ai seguenti legami chimici:
— interni alle macromolecole dei polimeri;
— di attrazione intermolecolare tra le macromolecole (legame di Van der Waals).

Le forze di adesione e coesione in un giunto adesivo sono all'incirca uguali tra loro.

### Diffusione

L'incollaggio per diffusione si ottiene mediante il rigonfiamento o lo scioglimento delle superfici di giunzione. Con questo processo si ottengono unioni simili alla saldatura, con il rischio però di provocare la formazione di cricche interne.

## ADESIVI

In generale, i principali componenti di un adesivo sono:
— il costituente base;
— gli additivi;
— i riempitivi e gli addensanti.

Normalmente il nome di un adesivo deriva dal suo costituente base. Le proprietà di un adesivo dipendono sia dalle proprietà del componente di base sia da quelle degli altri componenti utilizzati nella sua formulazione. Il costituente base può essere un monomero, un oligomero o un polimero, inoltre, può essere una singola sostanza chimica, una miscela di diverse sostanze o di costituenti modificati chimicamente. Gli additivi sono sostanze che modificano le caratteristiche fisiche e chimiche di base dell'adesivo prima e dopo la sua polimerizzazione. Tra gli additivi più comuni si citano i coloranti, gli antiossidanti, gli iniziatori, gli stabilizzanti, i plastificanti e gli agenti adesivanti. I riempitivi e gli addensanti, in genere, sono sostanze impiegate per modificare la reologia dell'adesivo prima della polimerizzazione e/o le caratteristiche meccaniche dell'adesivo polimerizzato.

## Classificazione degli adesivi

Gli adesivi possono essere classificati nelle categorie di seguito esposte.
— In base alla destinazione d'impiego: adesivi metallo-metallo, per il legno, per i materiali plastici, per uso generale, per la carta e l'imballaggio ecc.
— In base alle caratteristiche fisiche, alla composizione chimica, al metodo di applicazione, alle modalità di polimerizzazione, all'adattabilità a particolari condizioni di lavoro.
— In base al metodo di applicazione: adesivi sensibili alla pressione, modellabili a caldo, attivati chimicamente ecc.
— In base alla temperatura richiesta dall'adesivo per stabilire un legame: si ha pertanto un'attivazione a freddo per temperature al di sotto dei 20 °C, a temperatura ambiente tra i 20 e i 30 °C, a temperatura intermedia tra i 30 e i 100 °C e a caldo per temperature al di sopra dei 100 °C.
— Per **impiego strutturale** o meno.

In genere le classificazioni più utilizzate sono basate sulla composizione chimica e sul metodo d'applicazione.

La classificazione basata sulla composizione chimica divide gli adesivi in naturali e sintetici. Esaminando i soli sintetici essi si suddividono nelle seguenti tre categorie:
— elastomeri;
— termoplastici;
— termoindurenti.

Gli elastomeri sono usati ampiamente per la modifica dei sistemi termoindurenti. La loro buona stabilità chimica permette di usarli anche come sigillanti. Le resine termoplastiche sono fuse e applicate a caldo e fanno presa appena raffreddate. Non si prestano a essere usate per resistere a grandi valori di carico, specie se a elevate temperature, si ammorbidiscono se sono scaldate e raramente possono andare oltre i 90 °C. Le resine termoindurenti sono costituite da polimeri d'alta massa molecolare che reagiscono per polimerizzazione e formare sostanze dure insolubili e non fusibili, rigide e con notevoli proprietà di resistenza. Dal punto di vista meccanico gli adesivi termoindurenti forniscono buona resistenza al taglio e allo scorrimento viscoso, che ne consentono l'utilizzo in applicazioni strutturali.

Le famiglie più importanti sono:
— gli adesivi anaerobici, costituiti da resine acriliche, che induriscono in presenza di metallo e in assenza di ossigeno ad assemblaggio avvenuto;
— gli adesivi cianoacrilici, a base di esteri cianoacrilici, che induriscono molto rapidamente in film sottili per effetto dell'umidità presente nell'atmosfera e contenuta sulla superficie degli aderenti;
— gli adesivi acrilici modificati, costituiti da resine acriliche rinforzate e flessibilizzate con elastomeri, che induriscono per attivazione di un catalizzatore;
— gli adesivi ultravioletti (UV) reticolabili, che induriscono se esposti a raggi ultravioletti (provenienti dal sole o da apposite sorgenti);
— gli adesivi epossidici, realizzati con resine epossidiche, che induriscono per miscelazione con indurenti a temperatura ambiente o dopo riscaldamento a temperature elevate;
— gli adesivi poliuretanici, a base di polimeri contenenti gruppi reattivi, che reticolano dopo miscelazione con sostanze induranti oppure per azione dell'umidità atmosferica.

---

**PER COMPRENDERE LE PAROLE**

**Impiego strutturale**: è definito *adesivo per impiego strutturale* quello utilizzato per giunti sottoposti a elevate sollecitazioni; il criterio convenzionale per definire un adesivo strutturale è dato da un carico sull'incollaggio che comporti una tensione nominale tangenziale superiore ai 10 N/mm² a temperatura ambiente; gli adesivi non strutturali non possono sopportare carichi elevati e sono impiegati per fissare in una posizione le parti di un assemblaggio o per realizzare un'adesione temporanea.

---

**AREA DIGITALE**

 Incollaggio robotizzato di alcune parti dell'autoveicolo

# UNITÀ H2

## AREA DIGITALE

# VERIFICA DI UNITÀ

Gli esercizi sono disponibili anche nella versione digitale come test interattivi e autocorrettivi

## COMPLETAMENTO

1. Il processo di giunzione mediante rivetti autoperforanti richiede l'impiego di una _____ che, mediante un _____, spinge il rivetto attraverso le lamiere da accoppiare contro uno _____ che lo fa _____ nella lamiera _____ che, in genere, non è _____. È necessario poter accedere a entrambe le _____ del giunto.

2. Il calettamento a freddo si compie eseguendo il _____ dell'estremità dell'_____, mediante _____ liquido, e il successivo _____ all'interno del _____; il ritorno alla temperatura ambiente porta a una _____ che fissa saldamente il collegamento.

## SCELTA MULTIPLA

3. L'accessibilità da ambo le facce dei corpi collegati è necessaria per la rivettatura con:

   a) rivetti esplosivi

   b) rivetto pieno

   c) rivetti a spina permanente

   d) rivetti a spina estraibile

4. Nel processo di giunzione di lamiere, il bottone si genera mediante:

   a) avvitatura con viti con testa a bottone

   b) imbullonatura

   c) clinciatura

   d) nessuna delle lavorazioni precedenti

5. La resistenza interna dell'adesivo è data dalla:

   a) adesione

   b) forza di Van der Walls

   c) diffusione

   d) coesione

6. Gli adesivi anaerobici induriscono:

   a) in presenza di metallo e in assenza di ossigeno

   b) in presenza di ultravioletti

   c) in presenza di ossigeno e in assenza di metallo

   d) in presenza di temperature elevate

## VERO O FALSO

7. La formazione di punti di concentrazione di tensione nel gambo della giunzione o nel pezzo forato può portare alla rottura del collegamento.

   Vero ☐          Falso ☐

8. L'attacco esagonale per innestare il cacciavite sulla testa della vite è detto a brugola.

   Vero ☐          Falso ☐

9. Gli adesivi epossidici sono termoindurenti.

   Vero ☐          Falso ☐

# MODULO H
# VERIFICA FINALE DI MODULO

- Indicare quali processi di giunzione tra quelli esaminati (saldature, giunzioni meccaniche e incollaggio) si possono utilizzare per collegare due lamiere di uguale spessore (4Fig. H.1) in lega di alluminio con un giunto a sovrapposizione. Descrivere inoltre le caratteristiche dei processi e le apparecchiature utilizzate.

**Figura H.1**
Giunto tra due lamiere di uguale spessore in lega di alluminio.

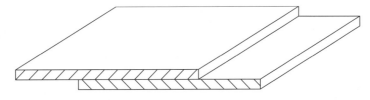

Il coupon che trovi nella pagina a fianco (terza di copertina) ti consente di:
- scaricare gratuitamente la versione digitale del libro (eBook+);
- accedere a tutti i materiali digitali integrativi (risorse online) riservati a questo volume presenti sul sito www.hoepliscuola.it alla pagina web del testo.

Grattando la vernice del coupon troverai il codice di accesso.

**E-BOOK +**

## COME UTILIZZARE IL COUPON PER SCARICARE LA VERSIONE DIGITALE DEL LIBRO (E-BOOK+)

Il coupon riportato nella pagina a fianco (terza di copertina) è utilizzabile una sola volta per accedere alla versione digitale del libro, scaricabile seguendo le istruzioni riportate alla pagina web:

**www.hoepliscuola.it/libri_digitali**

ATTENZIONE: l'accesso alla versione digitale del libro (eBook+), utilizzabile su tablet, LIM e computer è a titolo gratuito ed è riservato all'utente registrato che ha accettato le relative condizioni generali di licenza d'uso e ha inserito il codice di attivazione. Tale codice può essere attivato una sola volta e la relativa utenza e la connessa licenza di utilizzo hanno durata temporalmente illimitata e non sono trasferibili a terzi. Per le condizioni di licenza d'uso, vedi www.hoepliscuola.it.

**RISORSE ONLINE**

## COME UTILIZZARE IL COUPON PER SCARICARE I CONTENUTI DIGITALI INTEGRATIVI (RISORSE ONLINE)

Il coupon riportato nella pagina a fianco (terza di copertina) ti consente di accedere a un'area riservata all'interno del sito dell'editore, dove troverai MyBookBox, il contenitore virtuale con risorse e contenuti digitali integrativi. Segui questi passaggi.

1. Registrati al sito www.hoepliscuola.it utilizzando un indirizzo email valido.
2. Accedi alla pagina dedicata a questo volume.
3. Nello spazio bianco accanto al logo MyBookBox inserisci il codice coupon riportato nella pagina a fianco (terza di copertina) e nascosto sotto la vernice grattabile; avrai così accesso a tutte le risorse digitali del tuo volume.

ATTENZIONE: l'accesso gratuito ai contenuti digitali integrativi in MyBookBox (risorse online) è riservato all'utente registrato che ha inserito il codice di attivazione e accettato le condizioni generali d'uso presenti su www.hoepliscuola.it.